PHILOSOPHISCHE PROBLEME DER MODERNEN NATURWISSENSCHAFT

Materialien der Allunionskonferenz zu den philosophischen Fragen der Naturwissenschaft Moskau 1958

AKADEMIE-VERLAG · BERLIN

1962

Russischer Originaltite :
Философские проблемы современного естествознания, Москва 1959

Herausgegeben von der Akademie der Wissenschaften der UdSSR
im Verlag der Akademie der Wissenschaften der UdSSR

Die deutsche Ausgabe wird vom Lehrstuhl „Philosophische Fragen der Naturwissenschaft" am Institut für Philosophie der Humboldt-Universität zu Berlin herausgegeben. Die Übersetzung besorgte ein Kollektiv dieses Lehrstuhls unter Leitung von Dieter Müller und Gerd Pawelzig.

Erschienen im Akademie-Verlag GmbH, Berlin W 8, Leipziger Straße 3—4

Lizenz-Nr. 202 · 100/178/62
Gesamtherstellung: Druckhaus „Maxim Gorki", Altenburg
Bestellnummer 5453 · ES 3 B 4 · 18 A · Preis DM 19,50

INHALTSVERZEICHNIS

Vorträge und Erläuterungen

Diskussion

Schlußworte der Referenten

VORWORT ZUR DEUTSCHEN AUSGABE

Die Moskauer Allunionskonferenz zu philosophischen Fragen der modernen Naturwissenschaft vom Oktober 1958 gehört heute bereits zur Geschichte der Naturwissenschaft und der Entwicklung des dialektischen Materialismus. Ihr Termin folgte kurzfristig dem Auftreten der ersten Sputniks, dieser grandiosen Erfolge der sowjetischen Naturwissenschaft und Technik, mit denen auf weltentscheidenden Gebieten die USA überholt wurden. Inzwischen erfolgten bis zum Moment dieser Niederschrift der erste Start einer Venussonde aus einer Umlaufbahn und der kühne Flug Gagarins in den Kosmos mit Landung auf vorher gewähltem Zielgebiet. Die Allunionskonferenz von 1958 beweist, in welchem Umfang breite philosophische Diskussionen den stürmischen Fortschritt von Naturwissenschaft und Technik in der Sowjetunion begleitet haben. Alte und neue Probleme berührten sich. Variabilität der Teilchenzahl, die Umwandlungen der Nukleonen ineinander, die Heisenberg-Gleichung, paramagnetische Resonanz, strukturelle Eigenart der Halbleitersysteme, elektronen-mikroskopische Histochemie tauchten in der Debatte auf. Zur Rotverschiebung und zur angeblich gleichmäßigen Verteilung der Materie im Weltall gab es vollständig neues Material. Chemie, Physik, Funktion der Proteine, Virologie und Evolution, Informationsgehalt von DNS unter Stoffwechseleinfluß erhitzten die Partner gleicher naturwissenschaftlicher Fachrichtung. Einigkeit bestand trotz heftiger Auseinandersetzungen, daß Regelprobleme das unbedingte Vorhandensein von Determiniertheit, Kausalität bestätigen. Die Definitionen der Kybernetik häuften sich und widersprachen sich, während die Sputniks und Luniks eindeutig gelenkt wurden. Die Physik hoher Energien lieferte aus der Dialektik von Welle und Korpuskel eine erneuerte Diskussion der Bohrschen Komplementarität, während die Isotopentechnik im Stoffwechselaufbau und -abbau von Makromolekülen Geschwindigkeiten in der Größenordnung von c nachgewiesen hat. Die relativistische Quantenmechanik erneuerte die Diskussion der Relativitätstheorie.

In den imperialistischen Staaten waren die sowjetischen Fortschritte der Naturwissenschaften Anlaß zu besonders intensiver Verbreitung des subjektiven Idealismus. In der Sowjetunion ist der dialektische Materialismus die führende Weltanschauung. Die amerikanischen Zielsetzungen wurden von einer Philosophie begleitet, die Unerkennbarkeit der Naturwirklichkeit lehrt und das öffentliche Schulsystem als Grundlage wissenschaftlicher Ausbildung und Forschung zu einem ständigen Sinken der Anforderungen gebracht hat. In der Sowjetunion orientierte der dialektische Materialismus auf die Erkennbarkeit der Welt. Die sozialistischen Produktionsverhältnisse gestatten Schwerpunktbildung für besonders wichtige Gebiete von Forschung und Anwendung, erhöhten zugleich von den ersten Tagen der Oktoberrevolution an das Bildungsniveau der gesamten Bevölkerung und ließen eine große Anzahl von Spitzenkönnern aus diesem verbreiterten Fundament hervorgehen. Sputniks, Luniks und Weltraumflug sind nicht nur absolute Erfolge im Wettbewerb der Systeme innerhalb der Epoche des Übergangs vom Kapitalismus zum Sozialismus, sondern Triumph der überlegenen Weltanschauung.

In dieser Beziehung zeigt die Moskauer Konferenz, mit welcher Leidenschaft und Gründlichkeit in allen Zweigen der Naturwissenschaften um den Sinngehalt neuer Entdeckungen gerungen wird. Seit der Entdeckung des Planckschen Wirkungsquantums hat der Fortschritt der Physik der Mikroteilchen erkenntnistheoretische Probleme zur Debatte gestellt. Sie entspringen aus dem dialektischen Charakter dieser neuen Schichten der Naturwirklichkeit. Sie sind also insofern objektiver Art, als die Besonderheit der auftretenden Probleme weltanschauliche Bewältigung verlangt. In der spätbürgerlichen Ideologie verstärken die vorhandenen Schwierigkeiten den in den Gebieten ihrer Herrschaft grassierenden Pessimismus. In der Sowjetunion beschleunigte die vorherrschende weltanschauliche Position des dialektischen Materialismus jene Folge wissenschaftlich-technischer Revolutionen, die sich vor unseren Augen vollziehen.

Der vorliegende Band bringt die den Konferenzteilnehmern überreichten Hauptreferate, die bei Beginn der Konferenz zu diesen gehaltenen Erläuterungen, die Beiträge der zahlreichen Diskussionsredner, die Schlußworte der Referenten und die Arbeitsentschließung der Tagung.

Die allgemeine Berührung der Naturwissenschaft mit dem dialektischen Materialismus hat die Kühnheit von Forschung und Anwendung gesteigert. Die direkte Zusammenarbeit von Naturwissenschaftlern und Philosophen bringt die philosophische Theorie auf den neuesten Stand naturwissenschaftlicher Erkenntnisse und gestattet eine dialektische Verallgemeinerung komplizierter Erscheinungen in anfänglich unübersichtlichem Gebiet neuester Entdeckungen in der Naturwirklichkeit. Die Diskussionsbemerkungen lassen jeweils erneut die Intensität erkennen, mit der um die konkrete und philosophische Bewältigung der Probleme gerungen wurde. Ein spontaner dialektischer Materialismus gibt den Naturwissenschaftlern meist entsprechende Sicherheit, um die praktische Forschungsarbeit gegen Auswirkungen idealistischer Deutungen abzuschirmen. Wenn die Naturwissenschaftler der spätbürgerlichen Gesellschaft den Thesen der in ihren Ländern herrschenden Philosophie folgen wollten, könnten sie den Beruf wechseln. Die Unerkennbarkeit der Welt wird durch ihre praktische Arbeit laufend widerlegt. Die Anzweiflung der Materialität der Welt unterliegt dem gleichen Kriterium. Die Kraft des logischen Denkens erweist sich bei der Begründung und Auffindung neuer, weiter führender Theorien, in dem Erschließen weiterer mathematischer Gegenstandsbereiche. Der Verstand beweist die Güte seiner geistigen Instrumente.

Das Experiment beschäftigt sich mit objektiv vorhandenen Gegenständen und ihren Problemen. Die Auflösung der Welt in Mathematik, die an die Stelle der Materie treten sollte, irritierte ebensowenig. Die Mathematik erweist ihre wissenschaftliche Stellung durch die eminente Kraft, mit der sie in den Ingenieurwissenschaften ihre Eigenschaften an den materiellen Gestalten demonstriert, die Menschengeist entwirft. Damit belegt sie ihre Fähigkeit, die in der objektiven Realität vorhandenen Gesetze im Bewußtsein widerzuspiegeln und beherrschbar zu machen.

In der Mikrophysik hat die theoretische Bestreitung von Kausalität und Determinismus nur bei wenigen Gelehrten ein Versiegen ihrer schöpferischen Produktivität zur Folge gehabt. Wer sich in der bürgerlichen Welt als Gelehrter ausweist, denkt wissenschaftlich spontan dialektisch-materialistisch. Er bemüht sich um das Auffinden von Gesetzen, die den prozeßhaften Charakter des Naturgeschehens wiedergeben, und um ihre Ausnutzung im praktisch-technischen Anwenden. Die Welt wird als materiell und erkennbar angesehen, wenn auch beide Tatsachen theoretisch bestritten werden. In der Regel darf unter keinen Umständen der Verdacht bewußter materialistischer Gesinnung auftauchen. Gelegentlich wird eine Umstülpung der materialistischen Dialektik in den Agnostizismus versucht.

Die sowjetischen Naturwissenschaftler setzen sich, wie die Moskauer Tagung belegt, mit allen irgendwie vorkommenden naturwissenschaftlichen Theorien und ihren Interpretationen auseinander. Der dialektische Materialismus ist die in der Sowjetunion herrschende Weltanschauung. Er unterstützt also das Eindringen in die Naturwirklichkeit. Im übrigen wird aber jede zu neuen Problemstellungen auftauchende Anschauung mit äußerster theoretischer Rücksichtslosigkeit diskutiert. Da in der Forschung der bürgerlichen Staaten sich der größte Teil der Arbeit hinter dem Rücken der eigenen Weltanschauung vollzieht, tritt auch aus diesen Gründen auf den wichtigsten Gebieten unter den störenden Bedingungen ihrer gesellschaftlichen Verhältnisse ein deutliches Zurückbleiben hinter der Sowjetunion ein.

Unter den sowjetischen Wissenschaftlern herrscht offensichtlich eine offenere Diskussionsatmosphäre als unter den an die Spielarten der bürgerlichen Weltanschauung gebundenen Forschern der bürgerlichen Welt. Irrtümer kann es dabei auf beiden Seiten geben. Über naturwissenschaftliche Wahrheiten entscheiden Experiment, Praxis, Anwendung. Sie überprüfen, ob der Gang des Denkens die Wirklichkeit widerspiegelt. Die Philosophie des dialektischen Materialismus lehrt ein solches wissenschaftliches Verhalten. Wie früher in der Genetik, so sind auch bei sowjetischen Diskussionen über Relativitätstheorie mechanistische oder idealistische Schwankungen bzw. Voreingenommenheiten von einzelnen Naturwissenschaftlern ausgegangen. Die verschiedenen Beiträge geben darüber Auskunft. Wenn in solchen Fällen Vertreter der Philosophie sich schiefen oder falschen Interpretationsversuchen gelegentlich angeschlossen haben, so wird damit nur die Notwendigkeit engsten Kontakts zwischen größeren Gruppen von Naturwissenschaftlern und Philosophen bestätigt. In dem Komplex der Kybernetik haben die technischen Wissenschaften der Sowjetunion die USA durch die Arbeiten Ljapunows bereits vor dem Ende des 2. Weltkrieges durch dessen hervorragende mathematische Arbeiten zu überholen begonnen. Die Fernlenkung der kosmischen Flugkörper setzte die theoretische und praktische Beherrschung von Steuerproblemen und Automatisierungstechnik voraus, die primär auf mathematischem Gebiet lag. Spätere Diskussionen über Definition und Geltungsbereich des als Kybernetik bezeichneten Problemkomplexes wurden durch weltanschauliche Interpretationsversuche ausgelöst, die der kommerziellen Ausbreitung Ziffern verarbeitender Rechenmaschinen im Westen parallel gingen. Der Fetischismus idealistischer Interpretationen wurde in der Sowjetunion in Erprobung erfolgreicher Telemechanik überwunden. Die phantastische „Rechenmaschinensprache", die sich in den USA förmlich zu einer Springflut gesteigert hatte, bewirkte zu einem Teil das praktische Zurückbleiben. Die westliche Ideologie benutzt Ereignisse der modernen Naturwissenschaft mit besonderer Vorliebe zur Unterstützung politischer Thesen. Da aber von den Naturwissenschaften ein ständiger Strom neuer Erkenntnisse in das Bewußtsein eindringt, lassen sich faktisch nicht immer schnell genug richtige philosophische Verallgemeinerungen vollziehen. Vorschnelle Verallgemeinerungen gehören zur idealistischen Methode.

Die geistige Anstrengung, neue Probleme zu lösen, spiegelt sich in ihr oft als falscher Weg, neue Schranken der Erkenntnisfähigkeit aufzuwerfen, oder als Pseudobestätigung alter unwissenschaftlicher Behauptungen, die überholten Erkenntnisbereichen und alt gewordenen Ideologien entstammen. Die Moskauer Konferenz beschäftigte sich mit philosophischen Problemen der Physik und Chemie, der Biologie, der Kosmogonie und den zahlreichen, sich widersprechenden Definitionsversuchen der Kybernetik. Sie berührte außerdem Fragen der Mathematik, der Psychologie, der Medizin. Die Absicht der Diskussionspartner konnte nicht sein, sämtliche in den genannten Gebieten auftauchenden Fragen zu besprechen. Die aus neuen Gegenständen entspringenden Probleme sind so vielfältig wie die Zweige, in denen sich der Fortschritt der einzelnen großen Disziplinen und der in sie eingeschlossenen, ständig wachsenden Spezialwissenschaften vollzieht.

Es gehört zu den bemerkenswerten Tatsachen der Auseinandersetzung von Naturwissenschaftlern und Philosophen, daß Erscheinungen von äußerster Divergenz sich bei näherer Betrachtung oft auf einige wenige erkenntnistheoretische Komplexe zurückführen lassen. Trotzdem sind die zu Auseinandersetzungen führenden Punkte gerade in den Einzelheiten der Erörterung wert. Wenn eine Verschiedenheit der Sachverhalte sich in den neu aufgedeckten Erscheinungen ergeben hat, dann besitzt auch der Anschein der Unterschiedlichkeit eine objektive Bedeutung. Umgekehrt gestattet die Reduzierung auf einen einfachen philosophischen Sachverhalt nicht, die Besonderheiten der einzelnen naturwissenschaftlichen Disziplinen zu unterschätzen. Philosophische Aussagen über die Naturwirklichkeit verlangen in wachsendem Umfang vielfältige naturwissenschaftliche Spezialkenntnisse. Der Naturwissenschaftler muß häufig — ob er will oder nicht — philosophische Fragen lösen, die das von ihm bearbeitete Sachgebiet aufgibt.

Die Entwicklung der Produktivkräfte hat in unserer Zeit zu einem Stadium geführt, in dem die Wissenschaft zu einer Produktionspotenz ersten Ranges geworden ist. In den Anfängen der Industrie überwog eine nicht verallgemeinerte praktische Erfahrung die wissenschaftliche Durchdringung des Produktionsprozesses und seiner Elemente. Textilindustrie und Maschinenbau befruchteten im 19. Jahrhundert manche Einzelwissenschaft. Aus Chemie und Elektrotechnik entsprangen schließlich ganze Industriezweige, in denen die inzwischen erworbenen Kenntnisse von Naturgesetzen auf direkte praktische Anwendung drängten. Sie erzwangen ihrerseits Ausbreitung des wissenschaftlichen Horizonts. Wechselseitig befruchteten sich mit wachsender Beschleunigung Forschung und Industrie. Ihr wechselseitiger Einfluß nahm inzwischen systematische Gestalt an. Nur Zufälligkeit der Berührung wurde zum kaum noch vorkommenden Sonderfall. In der Industrie entsteht immer von neuem ein Programm künftiger Forschung, in dem die Produktionspraxis auf die wissenschaftliche Lösung empirischer Befunde drängte. Die Erkundungsforschung wurde zu einer notwendigen Ergänzung aller nicht in den wissenschaftlichen Laboratorien der Industrie schnell und erfolgreich zu bearbeitenden Probleme. Daneben waren die klassischen Zweige der Naturwissenschaft in Gebiete vorgedrungen, deren technische Nutzbarmachung in weiter Ferne schien. In der Physik der Elementarteilchen aber spiegelt sich die Beschleunigung, mit der Naturwissenschaft in das Industriegeschehen eindrang, neue Produktionen entstehen ließ, alte Verfahren umstürzte. Die Revolutionierung der Naturerkenntnisse hatte die Revolutionierung der Technologie zur Folge. Der technische Fortschritt wurde zu einer Funktion des wissenschaftlichen Potentials. Im gleichen Zuge erhöhte sich der Einfluß der unterschiedlichen Produktionsverhältnisse auf das Tempo der Entwicklung der Produktivkräfte. Die Qualifizierung der sozialistischen Volksbildung wurde zu einem Faktor der Überlegenheit. Im Gegensatz zu den wissenschaftlichen Anforderungen der Produktion senkte sich in der spätbürgerlichen Welt das Ausbildungsniveau. In Westdeutschland werden die Vermittlung naturwissenschaftlicher Kenntnisse und die Allgemeinbildung vernachlässigt. Weil Wissenschaften zur direkten Produktionspotenz geworden sind, ist in der Gesamtheit der sozialistischen Bevölkerung naturwissenschaftliche Allgemeinbildung Voraussetzung, um die eigenen Kräfte voll zu entwickeln und Verständnis für die allgemeinen Tendenzen der Entwicklung der Produktivkräfte zu erwerben. In den sozialistischen Arbeitsgemeinschaften vereinigt sich das vertiefte Spezialwissen, um Sonderprobleme in allen ihren Beziehungen angehen zu können. Die leitenden Persönlichkeiten solcher Gemeinschaften zeichnen sich in der Regel durch die Beherrschung der

Grundlagen verschiedener spezialisierter Disziplinen und besondere schöpferische Phantasie aus.

Bei den Beziehungen zwischen Naturwissenschaft und Philosophie kommt es darauf an, daß ein zunehmend wechselseitiges Verständnis für die Grundfragen beider Bereiche entsteht. Allgemeine Grundkenntnis der Naturwirklichkeit in Physik, Chemie und Biologie gestattet eine Übersicht über die Hauptrichtungen, in denen der wissenschaftliche Fortschritt sich bewegt. Die Kenntnis der materialistischen Weltanschauung gibt einen gesicherten Standpunkt in Natur und Gesellschaft. Sie vermittelt das Selbstverständnis der Rolle des schöpferischen Menschen innerhalb der sozialistisch-kommunistischen Produktionsverhältnisse. Neben der engeren persönlichen Berührung zwischen Naturwissenschaftler und Philosoph fördert der Fortschritt der sozialistischen Allgemeinbildung das Verständnis der Beziehungen, die sich im gesellschaftlichen Fortschritt ergeben.

Ingenieure und Naturwissenschaftler meinen häufig, der Beziehung zur Philosophie entbehren zu können. Für diesen Standpunkt gibt es eine objektive Ursache. Sie beschäftigen sich mit der Natur und der Auswirkung von Naturgesetzen. Experiment und Industrie kontrollieren und korrigieren unmittelbar die Ergebnisse der wissenschaftlichen Tätigkeit. Daraus entsteht unabhängig von der weltanschaulichen Position des Einzelnen ein spontanes materialistisches und dialektisches Verhalten. Das Auffinden und Formulieren von Gesetzmäßigkeiten bedeutet, die Natur so zu betrachten, wie sie ist. Die Naturwirklichkeit erzwingt im Experiment und in der Industrie die Korrektur von Vorstellungen, die sich aus den früheren Ergebnissen herausgebildet haben. Die idealistischen Vorstellungen einer Unerkennbarkeit der Welt, der absoluten Relativität naturwissenschaftlicher Einsichten, der Unmöglichkeit, Gesetze zu finden, verschwinden vor dem praktischen Bemühen, die wachsenden Kenntnisse den Erscheinungen der Naturwirklichkeit anzupassen. Dem einzelnen Naturwissenschaftler braucht es nicht direkt in seiner Arbeit zu schaden, wenn er falsche Vorstellungen über seine eigene konkrete Tätigkeit besitzt. Trotzdem beeinträchtigen falsche Widerspiegelungen der Naturwirklichkeit die Ausdehnung naturwissenschaftlicher Erkenntnisse im Volk und geben eine verkehrte Weltansicht. Die Popularisierung falsch interpretierter naturwissenschaftlicher Einsichten dient in den kapitalistischen Ländern dem Zweck, in der Bevölkerung Ansichten zu verbreiten, die dem gesellschaftlichen Fortschritt entgegengesetzt sind. Die Philosophie vermag jedoch den Naturwissenschaftlern nur dann besseres Verständnis seiner eigenen Tätigkeit und der in ihr auftretenden Probleme zu geben, wenn sie sich mit den Fragen selbst vertraut macht. Da sowohl die naturwissenschaftlichen wie philosophischen Probleme mit dem Eindringen in tiefere Schichten der Naturwirklichkeit komplizierter werden, verlangt die gegenseitige Beratung bereits bei der Aufstellung neu interpretierender Thesen eine entsprechende Zusammenarbeit. Wenn sich der Philosoph an ältere naturwissenschaftliche Vorstellungen hält, vermag er der neueren Problematik kaum zu folgen. Andererseits pflegt das

Bekanntwerden neuer naturwissenschaftlicher Gesetzmäßigkeiten in keiner Weise die Grundfragen der Erkenntnistheorie anzutasten. In den ersteren spricht die Natur selbst zu uns. Ihr wurden auf Grund einer höheren Entwicklung der technischen Mittel der Forschung bisher unbekannte Sachverhalte und Gesetzmäßigkeiten abgerungen. Die Objektivität der Naturwirklichkeit wird also durch den Fortschritt der Wissenschaft bestätigt und kann durch keine noch so ungewohnte neue Tatsache erschüttert werden. Alle in dieser Richtung aber vorstoßenden Meinungen tragen von vornherein das Stigma einer Unsicherheit an sich, die vom Standpunkt des dialektischen Materialismus her zu vermeiden ist, da gerade die neu bekannt werdenden Gesetzmäßigkeiten in besonders hohem Maße dialektisch zu sein pflegen. Der philosophische Hauptreferent der Moskauer Tagung, Omeljanowski, empfahl, zur Erörterung der Grundfragen Lenins Werke „Materialismus und Empiriokritizismus", „Über streitbaren Materialismus" und den „Philosophischen Nachlaß" heranzuziehen. Diese Werke geben auch philosophische Grundlagen für die besonders komplizierten neu auftauchenden Probleme. Da offenbar alle Elementarteilchen sich ineinander umwandeln können, wurde die formallogische Auffassung von der Konstanz dieser Teilchen noch stärker als durch die erste Entdeckung der Wandlungsbeziehungen zwischen Photonen und Elektronen gestört. Relative Konstanz bei ständiger Veränderung ist eine dialektische Erscheinung. Formale Logik fühlt sich dadurch manchmal schockiert. Deshalb macht die dialektische Verbindung von Genetik und Evolution oft noch Schwierigkeiten. Selbst die Entdeckung von Antiteilchen führte zu philosophischen Verwicklungen, obwohl sie mit besonderer Prägnanz die Kraft des Denkens, die Rolle des Experiments als Wahrheitskriterium *und* die Objektivität der Naturerscheinungen bewies. Die sogenannte „Antimaterie" ist entsprechend der Leninschen Materiedefinition nicht minder objektive Realität, soweit ihre Existenz nachgewiesen ist. Wenn Naturwissenschaftler das Gefühl haben, bei irgendeiner neuen Problemstellung ungenügende Unterstützung zu finden, dann hilft in der Regel die breite Popularisierung der neuen Horizonte, die sich der Forschung aufgetan haben. Um den technischen Fortschritt zu beschleunigen, ist ausgedehntes Verständnis für die modernen Probleme von Naturwissenschaft und Technik in breiten Schichten besonders förderlich. Der auf erweiterte uneingeschränkte Anwendung vieler neuer Erkenntnisse gerichtete Optimismus durchdrang die Debatten des Kongresses. Wenn schon bei kleineren Teilaufgaben sich die Bildung sozialistischer Gemeinschaften von der Sache her nötig macht, dann ist erst recht bei größeren praktischen Aufgaben Gemeinschaftsarbeit geboten, da der einzelnen Person längst das Verständnis aller in einem Produktionsvorgang anschlagenden technischen und naturwissenschaftlichen Gesetzmäßigkeiten unmöglich geworden ist. Wer sich mit Philosophie beschäftigt, muß sich auch über diesen Sachverhalt klar sein. Er vermag anderen die philosophischen Grundlagen von Natur und Gesellschaft zu vermitteln, wenn er selbst bereit ist, den ständigen Kontakt mit der Praxis und Theorie, den in Forschung und Produktion auftauchenden Problemen zu halten.

Auf der Allunionskonferenz wird verschiedentlich der philosophischen und der naturwissenschaftlichen Seite von dem jeweiligen Partner vorgeworfen, wesentliche Seiten des Gegenstandes zu übersehen und deshalb zu Auffassungen zu kommen, die der Wirklichkeit nicht entsprechen. Derartige Vorkommnisse sind praktisch immer möglich, da die wechselseitige Information über neue Ereignisse einen bestimmten Zeitfaktor braucht, um in die verschiedenen Schichten des allgemeinen Bewußtseins einzudringen. Die Entwicklung der sowjetischen Technik ist das stärkste Argument, um zu beweisen, daß gelegentliche Mißverständnisse in der Genetik, der Relativitätstheorie oder einzelnen Fragen der Astronomie einen wesentlich geringeren Wirkungsgrad aufwiesen als die hemmenden Einflüsse uralter Behauptungen, die im Verlauf der Geschichte die Philosophie des Idealismus in den verschiedensten Spielarten vorgebracht hat. Es sei nur an die unaufhörliche Bekämpfung des Atomismus erinnert, die der Empiriokritizismus und Positivismus bis in die jüngste Zeit betrieben hat.

Ein kurzer Überblick über Probleme und Ereignisse der Allunionskonferenz mag darüber Aufschluß geben. Zwischen Blochinzew und Fock war der Konferenz eine Diskussion über das Primat des einzelnen Elektrons und der Ensembles von Elementarteilchen vorausgegangen. Sie bezog sich auf zwei Aspekte, die in der mikrophysikalischen Wirklichkeit objektiv vorhanden sind. Das Auftreten einzelner Elektronen schließt Gesetzmäßigkeiten nicht aus, die sich nur im Ensemble ergeben. Die Notwendigkeit, Ensembles zu berücksichtigen, gestattet nicht, die Existenz von Elementarteilchen anzuzweifeln.

Diese Anschauung ist bei Blochinzew nicht vorhanden, wie sein in der DDR verbreitetes physikalisches Lehrbuch ausweist. Das philosophische Problem besteht in den Beziehungen zwischen Einzelnem und Allgemeinem. Die Wirklichkeit ist aus Einzelnem zusammengesetzt. Das Allgemeine ist mit Gesetzmäßigkeiten verschiedenen Umfangs identisch, bezieht sich also auf viele einzelne Gegenstände, in denen es objektiv existiert. Innerhalb der Mikropartikel ist die Anzahl der einzelnen Objekte jedoch bekanntlich nicht konstant. Sie wandeln sich ineinander um, wobei das Auftreten von Elementarteilchen eines anderen Typus gerade unter Berücksichtigung der von Blochinzew besonders hervorgehobenen Ensembles in mathematischen Ausdrücken beschrieben werden kann. Es handelt sich um Wahrscheinlichkeiten, in denen sich die besondere Gesetzmäßigkeit des betreffenden Gebietes ausdrückt. Da sich diese Wahrscheinlichkeiten für Gruppen von Gegenständen objektiv unterscheiden lassen, drücken sich in ihnen Gesetzmäßigkeiten aus. An das Wesen solcher Gesetzmäßigkeiten werden sich noch viele Diskussionen heften. Sie verbinden sich mit Überlegungen über die Determiniertheit solcher Beziehungen, die sich in mathematischen Ausdrücken widerspiegeln lassen und technisch beherrschbar sind. Sie verbinden sich mit Untersuchungen des wissenschaftlichen Begriffs, da ihr Inhalt durch jede neue Entdeckung bereichert wird. Es ist naheliegend, über die Bedeutung von Begriffen besondere Überlegungen anzustellen. Dieses Anliegen betreibt die Semantik, die sich als besonderer naturwissenschaftlich-philosophischer Zweig herausgebildet hat. Sie hat engste Beziehungen zur Mathematik. Weil die Semantik dabei ihre Bedeutung nachweisen konnte, stellten sich weiter Diskrepanzen zwischen ihrem objektiven Inhalt und ihrer meist subjektiv-idealistischen Interpretation ein. Gegen die hypersemantische Beseitigung von Materie und Geist zugunsten einer exklusiven Bedeutungslehre findet sich bei den großen Physikern genügend bewußtes Verständnis der Materialität von Erscheinungen und ihres dialektischen Charakters. Sie geraten gelegentlich in Widerspruch zu den bei den gleichen Gelehrten vorhandenen idealistischen Vorstellungen. Durch die spezielle und allgemeine Relativitätstheorie sind verschiedene erkenntnistheoretische Fragen entstanden, die sich mit denen der Quantenphysik zwar nicht decken, aber sie berühren. Das Verhältnis von Raum und Zeit zur Materie, die objektive Bedeutung der Beziehungen von Körpern, das Verhältnis von Feld und Singularität zum Elementarteilchen und dem Ensemble von Elementarteilchen, die Existenz von Invarianten, die Bedeutung der Eigenzeit weisen aufeinander hin. Da eine Vereinigung von Relativitätstheorie und Quantenmechanik noch nicht möglich geworden ist, ist der Bereich der philosophischen Probleme bis zu einem gewissen Grade getrennt. Im philosophischen Bewußtsein des Naturwissenschaftlers haben sich jedoch in beiden Disziplinen der Physik Folgerungen gelegentlich berührt, die aus einem sehr einfachen Sachverhalt entstanden sind. Die Entdeckung des objektiven Charakters der Raum-Zeit erschütterte alte, mechanistische Vorstellungen der besonderen Existenz eines Raumes, in dem sich Materie befindet. Die alte materialistische Vorstellung sprach von Materie und dem Leeren. Da diese inzwischen von vielen Naturwissenschaftlern als unbrauchbare Philosophie angesehen wurde, entstand aus der Relativitätstheorie die Vorstellung der allgemeinen Erschütterung der Begriffswelt. Die gleiche Folge hatte der Umsturz der Begriffe in der Quantenmechanik. Aus diesem Grunde bedeutet Alexandrows Diskussion des absoluten Charakters der Relativitätstheorie auch eine Auseinandersetzung mit Meinungen, die sich als direkte Folge eines Fortschritts der naturwissenschaftlichen Kenntnisse ergeben haben. Sie hängen mit dem mangelnden Verständnis der objektiven Realität zusammen. Den objektiven Gehalt einer Theorie verstehen, heißt zugleich, die Gesetzmäßigkeit eines bestimmten Bereichs der Materie aufzufassen. Die Frage nach der Objektivität äußert sich in der Beurteilung des absoluten Charakters von Bewegungen, für deren Verhältnis die spezielle Relativität Gültigkeit besitzt. Das tiefere Verständnis für die Naturwirklichkeit und die Beseitigung idealistischer Vorstellungen über das Wesen von Raum und Zeit wurde erneut hochgespielt durch den Versuch einer Relativierung der Lehre des Kopernicus. Die Aufhebung der apokryphen Ansichten über eine Gleichberechtigung der Ansichten von Ptolemäus und Kopernicus ergab sich im Anschluß an die erkenntnistheoretische Bewältigung der von Einstein entdeckten Gesetzmäßigkeiten der speziellen Relativitätstheorie.

Bei der Frage nach der Objektivität von Koordinatensystemen handelt es sich wieder um die Bewältigung einer erkenntnistheoretischen Frage. Die Mathematik benutzt Begriffe, die Abstraktionen bestimmter Seiten der Wirklichkeit sind.

Koordinatensysteme können je nach dem Zweck verhältnismäßig willkürlich gewählt werden. Sie bedeuten jedoch ebenso objektive Beziehungen wie eine Kurve, die etwa durch das Auftragen von Temperatur gegen Zeit auf Ordinate und Abszisse entsteht. Das gleiche gilt für räumliche Koordinaten. Die Realität der Bezugssysteme ergibt sich aus der Objektivität der materiellen Wirklichkeit. Sie entscheiden, in welcher Weise bei ihrer Widerspiegelung entsprechende Koordinatensysteme gewählt werden können. Die allgemeine Relativitätstheorie Einsteins berührt das gleiche Problem, wenn die Krümmung des Raums in einer Weise extrapoliert wird, daß seine Endlichkeit daraus gefolgert wird. Die Annahme einer Endlichkeit der Welt hat einen spezifisch weltanschaulichen Charakter wie ihre Unendlichkeit.

Wieweit aus irgendwelchen naturwissenschaftlichen Sachverhalten Extrapolationen ohne Neuüberprüfung durch das Experiment möglich sind, war ein interessanter Gegenstand der Erörterungen der Allunionskonferenz. Das Intrapolieren und Extrapolieren ist jedoch ein legitimes Mittel jeder Forschung, wie die Benutzung des Experiments in der Naturwissenschaft. Wenn die idealistische Philosophie jedoch an Stelle des Experiments schlicht von Erfahrung spricht, lassen sich mit diesem anderen Begriff vollständig andere Inhalte verbinden, die seit der Jahrhundertwende oft den wirklichen Charakter des Experiments verwischt haben. Es entstehen dann verschiedene Verwechslungen und Verschiebungen von Begriffen. Der *Modellbegriff* wird etwa als Praxis bezeichnet, weil durch die Benutzung elektronischer Rechner Simulation möglich geworden ist. Die sog. innere Erfahrung wurde gelegentlich an die Stelle des am materiellen Gegenstand vollzogenen Experiments gesetzt. Damit traf sich jedoch das Mißverständnis über die Möglichkeit des Extrapolierens und Intrapolierens. Denken bedeutet immer im Begriff über den direkten Informationsbetrag der Sinnesempfindungen hinauszugehen. In der Praxis erweist sich erst, wieweit das Denken damit zu neuen Erkenntnissen vorstößt oder Behauptungen aufstellt, die neuen Ergebnissen der Wirklichkeit widersprechen und in den Bereich des Phantastischen evtl. vorstoßen. Der Unterschied von materiellem oder gesellschaftlichem Sein, dem individuellen oder gesellschaftlichen Bewußtsein muß von der philosophischen Seite her festgehalten werden, um die beiden Tätigkeiten bei der naturwissenschaftlichen Arbeit trennen zu können. In diesem Zusammenhang hat es viele Verwirrungen über das Wesen von Modellen in Mathematik, Biologie, Chemie, Medizin gegeben.

Gegenstand und Begriff werden nicht ohne Folgen für das Verständnis des Erkenntnisvorgangs und des sachlichen Ertrages der Wissenschaft willkürlich vermischt. Der Gegenstand der objektiven Realität gehört der materiellen Welt an. Das menschliche Bewußtsein vermag seine Gesetzmäßigkeiten widerzuspiegeln, indem es die verschiedenen Schichten seiner Erscheinungen begreift, analysiert, nach der qualitativen und quantitativen Seite untersucht und schließlich beherrscht. Das Fortschreiten des Wissens erfordert Untersuchungsinstrumente, deren Charakter von dem allgemeinen Stand der Entwicklung der Produktivkräfte abhängig ist. Die Mikrophysik ist eines der Gebiete, in denen die Kraft einer

Gesellschaftsordnung direkt auf den Umfang der möglichen Untersuchungsmittel einwirkt. Da diese zum Experiment benötigten Argumente einen außerordentlichen Umfang angenommen haben, hat sich die sog. Gerätekategorie im Bewußtsein zahlreicher Forscher verfestigt und spielte auf der Allunionskonferenz ebenfalls eine bedeutende Rolle. Die übliche Vermischung von dem Gegenstand und seinem Begriff führt zu einem weiteren Verwirrung stiftenden Faktor. Gegen Blochinzew und Omeljanowski mißt Fock der Gerätekategorie besondere Bedeutung zu. Er beruft sich dabei auf den bereits Heisenberg und Weizsäcker aufgefallenen Widerspruch zwischen dem klassischen Charakter der Beobachtungsmittel und dem nichtklassischen Charakter der widerspiegelten Objekte. Blochinzew bezweifelt, daß dem Elementarteilchen ohne Beobachtungsmöglichkeit das gleichzeitige Vorhandensein von Ort und Impuls zugestanden werden könne. In dieser Beziehung widersprechen ihm Fock und Omeljanowski. Die erkenntnistheoretische Problematik ergibt sich aus dem dialektischen Charakter von Welle und Korpuskel, die sich als zwei Aspekte jeglicher Art von Elementarteilchen ausweisen. Sie sind weder mit dem klassischen Wellenbegriff, noch mit dem üblichen Korpuskelbegriff identisch, da sie sich durch ihr gemeinsames Vorhandensein unterscheiden. Sie sind nach Belieben abfragbar, wobei sich der Nachweis der einen Seite oder der anderen gegenseitig ausschließen, soweit es sich um die Untersuchung desselben Gegenstandes zur gleichen Zeit handelt. Der Dualismus von Welle und Korpuskel, der Einfluß der Geräte und die Ausschaltung des Einflusses dieser Geräte haben deshalb einen erheblichen Teil des Gedankenaustausches eingenommen. Die Objektivität der nachgewiesenen Teilchen wurde nicht in Zweifel gezogen. Die Fragen der Wahrscheinlichkeitsverteilungen führten zu umfangreichen Diskussionen, wobei über die Gesetzmäßigkeit der aufgetretenen Erscheinungen Einigkeit erzielt wurde. Die Auffassungen von Bohm, Vigier, de Broglie wurden von den meisten Diskussionsrednern abgelehnt und als Rückschritt gegenüber den von der Quantenmechanik ausgearbeiteten Gesetzmäßigkeiten betrachtet. Offenbar hat der Versuch, idealistischen Folgerungen einiger Theoretiker der Quantenmechanik auszuweichen, nicht genügend Rücksicht auf den dialektischen Charakter der Beziehungen von Welle und Korpuskel genommen. Erkenntnistheoretisch handelt es sich um eine philosophische Frage, die der zwischen Fock und Blochinzew ähnlich ist. Die Einheit von Welle und Korpuskel schaltet die Existenz einzelner Individuen innerhalb größerer Gesamtheiten nicht aus. Wird nur der Charakter der einzelnen Individuen als solcher berücksichtigt, dann fällt die dialektische Durchdringung von Korpuskel und Welle. In diesem Dilemma der von Bohm und de Broglie in jüngerer Zeit versuchsweise aufgestellten Hypothese haben die sowjetischen Wissenschaftler sich an die Quantenmechanik gehalten, deren sachliche Vorstellungen im Experiment ihre Bestätigung haben. Daß vorkommende mathematische Ausdrücke nach Bohm und de Broglie in einer Weise umformbar sind, die den Dualismus von Welle und Korpuskel übergeht, ändert nichts an seinem experimentellen Nachweis. Dieser Tatsache wird der Vorrang eingeräumt. Frank und Engelhardt gestatten einen Einblick in den Prozeß, in dem Biophysik und Biochemie mikrophysikalische Zusammenhänge und makromolekulare Vorgänge in der Physiologie der Organismen darstellen. Selbst die Wechselwirkung zwischen DNS und RNS und dem Stoffwechsel und sein Einfluß auf die Struktur der Nukleinsäuren lassen sich schon teilweise exakt verfolgen.

Fragen der Kybernetik tauchten in verschiedenem Zusammenhang auf. Obwohl Ljapunow außerordentliche mathematische Leistungen zum Zweck der Beherrschung von Regelvorgängen vollbrachte, ergeben seine Ausführungen bemerkenswerte Angriffe gegen die Deszendenztheorie. Eine der Definitionen der Kybernetik durch Wiener nennt sie Wissenschaft vom Steuern und Regeln bei Mensch und Tier. Daraus leitete Ljapunow Folgerungen über biologische Probleme ab, die nach Auffassung verschiedener Diskussionsteilnehmer nichts miteinander zu tun haben. Technische Automatisierung beschäftigt sich wie die Nachrichtentechnik mit Weitergabe und Auswertung von Informationen. Ljapunows Leistung bezieht sich auf die Möglichkeit, Störungen in der Konstanz von Vorgängen schnell und wirkungsvoll zur Normallage zurückzuführen. Eine Übertragung auf den Strom von Informationen zwischen Desoxyribonukleinsäure oder Ribonukleinsäure und Soma, bzw. den entsprechenden Purinen, ist keine Frage einer irgendwie interpretierten Kybernetik, sondern der Biologie. Innerhalb dieser Wissenschaft beschäftigen sich mit diesem Problem Genetik und Evolutionstheorie.

Bei den Untersuchungen über erbliche Informationen läßt sich auch Mathematik anwenden, wie es bei der Fehlerrechnung schon lange selbstverständlich ist. Aus der Debatte ergab sich, wie heftig sich zahlreiche Biologen gegen die Anwendung der Mathematik noch immer zu Unrecht wehren. Gnedenko gab dafür eine Flut von Beispielen. Zwischen Somatikern und Genetikern gibt es nach wie vor heftige Auseinandersetzungen, obwohl die einen das Vorhandensein der Artkonstanz und von entsprechenden Stabilisatoren berücksichtigen, die anderen den Umwelteinfluß weiter als bisher fassen. Von den meisten scheint zugestanden zu sein, daß der materielle Nachweis der Bindung körperlicher und geistiger Eigenschaften an Teile des Organismus seit Demokrit mindestens nicht mehr als idealistisch oder „metaphysisch" aufgefaßt werden kann. In der Ausarbeitung der verschiedenen Seiten hat der Fortschritt der Wissenschaft gewonnen. Der Nachweis fixierter Eigenschaften an Makromolekülen schließt in keiner Beziehung den prägenden Einfluß der Umwelt oder gar der Evolution aus. Die relative Stabilität von Arten zeigt oft in klassischer Art dialektische Entwicklungsgesetze. In der Praxis zeigt sich, wie fruchtbar sich die verschiedenen technischen Einflußmöglichkeiten von Wasser und Kälte bis zum Azethylcholin bewähren können. Sie sind der praktische Gegenbeweis zu den Behauptungen, daß die Einbeziehung der physikalischen und chemischen Strukturen in die biologische Analyse den gesetzmäßigen Charakter der Makroprozesse beeinträchtige. Die Beziehungen zwischen Umwelt und Individuum nehmen unterschiedliche Gestalt an. Was in diesem Zusammenhang als Umwelt aufzufassen ist, entscheidet im jeweiligen Fall das Experiment, soweit es möglich ist, in jedem Fall aber der objektive Sachverhalt. Für Viren kann der entscheidende Faktor der Umwelt das Vorhandensein von anderen Lebewesen sein, die sich als Wirt anbieten. Klimatische Bedingungen sind dabei natürlich einzubeziehen. Natürlich konnte sich Lamarck nicht mit Fragen befassen, die erst Jahrzehnte später im Fortschreiten der Forschung aufgetreten sind. Selbst bei der Frage nach der Vererbung erworbener Eigenschaften ist allerdings eine Definition heranzuziehen, die bei anderen Zweigen von Wissenschaften als selbstverständlich vorausgesetzt wird. Die bleibende Beeinflussung von DNS durch Einflüsse der Umwelt, etwa durch Höhenstrahlung, ist auch eine erworbene Eigenschaft, die Veränderung des Stoffwechsels durch veränderte Umweltbedingungen nicht minder. Wieweit sie sich erbfest manifestieren, entscheiden das Experiment und die sonstige Praxis. Möglicherweise ergibt die mittels Lunik und Sputnik verwirklichte natürliche Höhenstrahlen-Passage von Drosophila bei späterer Auswertung hierzu weitere bemerkenswerte Ergebnisse.

Es besteht jedenfalls kein Grund, daß die in der Automatisierungstechnik, in der Telemechanik, bei der Simulation von Versuchen äußerst fruchtbare Kybernetik das Vorhandensein von Entwicklung in der Natur bestreiten müßte. Der Strom erblicher Informationen, wie sie bei DNS und RNS gegeben sind, hat einen anderen Charakter als aktive Beeinflussung somatischer Art. Es braucht keine Grenzüberschreitung der Kybernetik zu sein, informationstheoretisch die Funktion des Gehirns zu untersuchen. In der Vergangenheit führte das Vorhandensein von Ausfallerscheinungen bei Verletzungen des Gehirns zum Nachweis der Bedeutung des Gehirns für das Denken. Die gleichen Ausfallerscheinungen benutzt die Kybernetik, um den Weg zu untersuchen, auf dem Informationen in den entsprechenden bekannten Partien der Rinde gespeichert werden. Die Bestreitung der Möglichkeit von Entwicklung ist ein besonderes Anliegen der spätbürgerlichen Philosophie, die sie mit zahlreichen vorhergehenden idealistischen Systemen gemein hat. Der gesamte Bereich der Steuer- und Regeltechnik ist ein Beweis für die Entwicklung der Wissenschaften und sollte nicht ausgerechnet zur Bestreitung der Entwicklung benutzt werden, die sich auf den verschiedenen Gebieten manifestiert. Ebenso unfruchtbar sind die auch im Westen verbreiteten Versuche, Meßvorgänge mit Rückmeldung und automatischem Gegenkommando als identisch mit der Widerspiegelung der materiellen Wirklichkeit im Begriff *und* dem Prozeß der menschlichen Tätigkeit einschließlich der Veränderung der Natur aufzufassen. Frolow sorgte für saubere Trennung der verschiedenen Sachverhalte. Entwicklungsprobleme brachte außerdem die Astronomie in die Moskauer Allunionskonferenz. Ambarzumjan behandelte eingehend die Rot-Verschiebungstheorie, deren Interpretation als Dopplereffekt bestimmte Schlüsse über die in dem Weltall sich vollziehenden Prozesse zuläßt. Er brachte eine Reihe neuer Tatsachen vor, die vorhandene Auffassungen über eine gleichmäßige Verteilung von Milchstraßen korrigieren. Obwohl Hubble schon vor Jahren sich gegen ein niedriges Ansetzen der Entfernung der einzelnen Galaxien wendete, haben neuere Untersuchungen eine Vervielfachung der bisher angenommenen Abstände nahegelegt. Ambarzumjans Mitteilungen bekräftigen die Auffassung, daß unser Milchstraßensystem nicht als Mittelpunkt einer Expansionswelle angesehen werden kann und brachten Einzelheiten über Evolutionsvorgänge in den Milchstraßen selbst und der interstellaren Materie. Die phantastischen Kosmologien idealistischer Interpreten sind durch die Inbetriebnahme neuer Fernrohre bzw. von Schmidt-Spiegeln und das mit ihnen erarbeitete empirische Material auf den Boden der Wirklichkeit zurückgebracht worden. Für einige besonders enragierte Vertreter der Kybernetik bedeutet es schon eine unerhörte Selbstbeschränkung zuzugestehen, daß es Aufgaben gibt, die elektronische Rechenmaschinen nicht zu lösen imstande sind. So wird z. B. die klassische Aufgabe von der Identität von Worten in der Gruppentheorie als algorithmisch nicht lösbar betrachtet. Dabei klingen Gedanken an, durch die der Mathematiker den Ingenieuren vorschlägt, ihren gesamten Tätigkeitsbereich den Maschinen zu überlassen, die sich in beliebiger Weise selbst fortpflanzen können. Die kosmologischen Spekulationen von Milne und Eddington haben sich gegenwärtig auf ein anderes Gebiet verlagert. Der Kybernetik geschieht kein Unrecht, wenn ihr die Eigenschaft, Maschinen sich im Sinne der Fortpflanzung reproduzieren zu lassen, abgesprochen wird.

Interessante Probleme ergaben sich aus der wachsenden Verflechtung der verschiedenen Disziplinen in der Naturwissenschaft und dem Bereich der technischen Disziplinen. Der Unterschied der verschiedenen Bewegungsformen der Materie, wie sie Friedrich Engels formuliert hat, gibt dabei zu einigen Überlegungen Anlaß. Zweifellos ist die Bewegungsform des gesellschaftlichen Lebens dem Biologischen überlegen, die Biologie ein höheres Entwicklungsprodukt als jene anderen Vorgänge der objektiven Realität, die durch Chemie und Physik erschlossen werden. Die niedrigste Bewegungsform ist in der Verflechtung der Evolution von Sternen, Sternsystemen und Milchstraßen, von einzelnen kosmischen Körpern und dem auf ihnen entstehenden Leben, die Physik der Mikroteilchen. Obwohl sie jeder anderen Bewegungsform zugrunde liegt, ist sie gegenwärtig eines der kompliziertesten Arbeitsgebiete des Naturwissenschaftlers. Die Stellung einer bestimmten Wissenschaft im Entwicklungsprozeß sagt nichts über ihre Kompliziertheit aus oder über die Reihenfolge, in der sich das menschliche Wissen mit ihr beschäftigt.

Die Beschäftigung mit erkenntnistheoretischen Fragen, die in den Naturwissenschaften auftreten, bezieht nicht eine moralische Wertung der verschiedenen Wissenschaften ein, wie gelegentlich Einteilungsversuche aufgefaßt worden sind. In Medizin und Biologie hat sich gegenwärtig ebenso die Benutzung der naturwissenschaftlichen Grunddisziplinen durchgesetzt, wie es in der Technik der Fall ist. Umgekehrt deuten sich bereits in der Biologie Horizonte an, in denen die Kenntnis des Zellenaufbaus und der Mikrolebewesen Überlegungen zu späterer technischer Auswertung von Kenntnissen und Feinstruktur nahelegt. Die Gesamtheit der Beiträge der Allunionskonferenz ist von außerordentlichem Problemreichtum. Wie die Fragen im einzelnen gelöst wurden, zeigt in den meisten Fällen Wege einer fruchtbaren Berührung von Naturwissenschaft und Philosophie. Wo eine Aufklärung der aufgeworfenen Fragen noch in den Anfängen steckt, pflegt jedoch die praktische Beziehung zu den modernsten Bezirken der Technik den rationellen Charakter des gesamten Sachverhalts zu betonen. Die sowjetischen Naturwissenschaftler und Philosophen haben in ihrer großen Aussprache von 1958 einen Einblick in die fruchtbringenden Methoden geistiger Auseinandersetzung gegeben. Das materialistische Herangehen an die Naturwirklichkeit erleichtert die Auswertung von Naturgesetzen im Interesse der menschlichen Gesellschaft. Sie fördert die Entwicklung der theoretischen Kenntnisse, des Denkens und des praktischen Handelns.

Hermann Ley

VORWORT

Die moderne Naturwissenschaft befindet sich gegenwärtig in einem äußerst intensiven Entwicklungsprozeß. Dabei übt sie einen großen Einfluß auf das Wachstum der Produktivkräfte der Gesellschaft aus. Der Fortschritt der Wissenschaften ist begleitet von einer tiefen inneren Umgestaltung der theoretischen Grundlagen der Naturwissenschaften und der Ausarbeitung neuer wissenschaftlicher Begriffe und Vorstellungen. Die wissenschaftliche Analyse dieser Prozesse ist nur auf der Grundlage einer wahrhaft wissenschaftlichen Weltanschauung, des dialektischen Materialismus, möglich. Die materialistische Lösung der philosophischen Probleme fördert die Erhöhung des Niveaus der naturwissenschaftlichen Forschungen und entspricht den aktuellen Aufgaben des Kampfes gegen die reaktionäre idealistische Philosophie, die immer wieder versucht, ihre Positionen zu festigen, indem sie die Daten der modernen Naturwissenschaft verfälscht.

Mit dem Ziel der weiteren Verbesserung der theoretischen Forschung auf dem Gebiet der philosophischen Fragen der modernen Naturwissenschaften und der Verstärkung des Kampfes gegen die bürgerliche Ideologie wurde im Oktober 1958 eine Allunionskonferenz zu philosophischen Fragen der modernen Naturwissenschaft nach Moskau einberufen. Die Konferenz lenkte die Aufmerksamkeit einer sehr breiten wissenschaftlichen Öffentlichkeit sowohl unseres Landes als auch des Auslandes auf sich. Sie verlief unter dem Zeichen der Festigung der Positionen des dialektischen Materialismus in der modernen Naturwissenschaft. Sie zog das Fazit einer Reihe von Diskussionen zu philosophischen Fragen aus der Naturwissenschaft und demonstrierte anschaulich die Fruchtbarkeit einer schöpferischen und sachlichen Zusammenarbeit der Philosophen und Naturwissenschaftler auf der Basis des dialektischen Materialismus und der neuesten Errungenschaften der Naturwissenschaften.

An der Arbeit der Konferenz nahm eine große Anzahl von Wissenschaftlern teil. Diejenigen, welche leider keine Möglichkeit hatten, auf ihr selbst aufzutreten, stellten die Texte ihrer Reden dem Organisationskomitee der Konferenz zur Verfügung.

Die Konferenz hatte sich keinesfalls die Aufgabe gestellt, alle philosophischen Probleme der Naturwissenschaften zu erfassen. In das Programm der Konferenz wurde ein großer Kreis von für die modernen Naturwissenschaften wichtigen und aktuellen philosophischen Fragen aufgenommen. Die Konferenz zeigte die Einheit der Ansichten der Wissenschaftler in allen grundlegenden weltanschaulichen Fragen der modernen Naturwissenschaften. Die Teilnehmer der Konferenz bestehen keinesfalls auf einer endgültigen Lösung aller in der Diskussion berührten Probleme. Zu einigen methodologischen Fragen der modernen Naturwissenschaften wurden, wie der Leser sehen wird, verschiedene Standpunkte zum Ausdruck gebracht.

Das vorliegende Werk hat die Aufgabe, die Resultate der Konferenz möglichst allseitig zu beleuchten und einen weiteren schöpferischen Gedankenaustausch zu prinzipiellen Fragen der modernen Naturwissenschaft und der philosophischen Verallgemeinerung der neuesten Ergebnisse der Wissenschaft auf der Grundlage des dialektischen Materialismus zu fördern.

Im vorliegenden Protokoll der Allunionskonferenz zu philosophischen Fragen der modernen Naturwissenschaften sind die Referate und die Schlußworte der Redner in vollständiger Form veröffentlicht. Die Diskussionsbeiträge zu den einzelnen Referaten sind in einer etwas gekürzten Form wiedergegeben.[1]

Die Redaktionskommission

[1] Die in der sowjetischen Ausgabe enthaltene kurze Übersicht über die Diskussionsbeiträge, die während der Konferenz dem Organisationskomitee zugestellt wurden, ist in die deutsche Ausgabe nicht mit aufgenommen worden. (D. Hrsg. d. dt. Ausg.)

A. N. Nesmejanow
Präsident der Akademie der Wissenschaften der UdSSR

ERÖFFNUNGSANSPRACHE

Die Akademie der Wissenschaften der UdSSR ist ein ungewöhnlich komplizierter wissenschaftlicher Organismus, in gewissem Grade ist sie auch in einigen ihrer Abteilungen ein Konglomerat wissenschaftlicher Institute, Schulen, Richtungen, Gedanken und Errungenschaften. Wir alle, vor allem aber das Präsidium der Akademie der Wissenschaften, sind uns der Notwendigkeit der integrierenden Funktion, die in der gedanklichen Verarbeitung und Lenkung dieses ungestümen wissenschaftlichen Stromes besteht, bewußt, aber zugleich auch ihrer gegenwärtigen Unzulänglichkeit. Diese Funktion, die Ergebnisse der Wissenschaft gedanklich zu verarbeiten, eine Methodologie ihrer Zweige zu sein und dem besseren Verständnis der Objekte der wissenschaftlichen Untersuchungen — der materiellen Welt, der Welt der menschlichen Gesellschaft — zu dienen, das ist die Funktion der besten Richtung des wissenschaftlichen Denkens.

Die im grauen Altertum aus der Praxis entstandenen Keime der verschiedenen Wissenschaften bildeten in der Antike mit der Philosophie ein einheitliches Ganzes. Die historische Entwicklung differenzierte die einzelnen Zweige der Wissenschaft und fährt fort, sie immer tiefgehender zu differenzieren. Der wissenschaftliche Spezialist dringt immer tiefer vor und grenzt sich immer mehr ab. Gleichzeitig wuchs die Wissenschaft so in die Breite, daß viele ihrer Zweige miteinander in Berührung kommen, sich ineinander verflechten und sich gegenseitig befruchten; es bildet sich ein einheitliches Gewebe der Wissenschaft.

Im Verlaufe der ganzen Menschheitsgeschichte hat es noch nie eine Epoche mit einer derart stürmischen Entwicklung der Wissenschaft gegeben. Noch nie verliefen diese einander entgegengesetzten und in ihrer Gegensätzlichkeit einheitlichen Prozesse der Differenzierung und Verflechtung so intensiv. Es entstehen ständig neue Grenzdisziplinen. Nachdem sich von der Chemie bereits die organische, anorganische und physikalische Chemie abgezweigt hatten, entstand auf der Grenze zur Physik die chemische Physik, auf der Grenze zur Geologie die Geochemie, auf der Berührungslinie dreier Disziplinen entstand die Biogeochemie, auf der Grenze der organischen und anorganischen Chemie die elementorganische Chemie. Die Physik hat sich im Grunde genommen in eine Reihe von Disziplinen gespalten, denen nur die experimentellen und mathematischen Methoden bei der

Untersuchung der Erscheinungen gemeinsam sind. Auch die Differenzierung der biologischen Disziplinen ist nicht weniger tief. Gleichzeitig kommen manchmal weit entfernte Disziplinen miteinander in Berührung, so zum Beispiel die mathematische Logik und die Philologie bei der Technik der automatischen Übersetzung, oder die Mathematik, Elektronik und Physiologie, indem sie die Kybernetik hervorbringen. Die Differenzierung ist also nur die andere Seite der Berührung und der gegenseitigen Durchdringung der Wissenschaften. Diese stürmischen Prozesse des wissenschaftlichen Wachstums und der wissenschaftlichen Entwicklung führen mitunter zu unerwarteten Resultaten, zu völlig neuen Gesichtspunkten, die nicht immer von Einwänden frei sind.

Gerade in dieser stürmischen Epoche der Bildung des einheitlichen und umfassenden Gewebes der Wissenschaft, das aus so verschiedenartigen Fäden gebildet wird, ist die gedankliche Verarbeitung und Lenkung des ganzen Prozesses unumgänglich. Das eben ist die Sache der Philosophie. Unserer Auffassung nach ist sie untrennbar mit dem Gesamtgebäude der Wissenschaft verbunden, stellt sie den wesentlichen, integrierenden Teil desselben dar. Die Philosophie verallgemeinert die gesamte Erfahrung der Wissenschaft und daher kommt es ihr zu, als Kompaß für die Entwicklung der Wissenschaft zu dienen, diesen vielgestaltigen Prozeß zu lenken und vor prinzipiellen Fehlern und Abweichungen vom richtigen Weg, wofür die Geschichte der Wissenschaft so viele Beispiele kennt, zu bewahren.

Die Naturwissenschaft der neuesten Zeit bedurfte einer neuen Philosophie und gewann diese im dialektischen Materialismus. Der dialektische Materialismus, die einzig konsequente wissenschaftliche Weltanschauung, sichert das Bündnis der materialistischen Philosophen und der fortschrittlichen Naturforscher und trägt zur fruchtbringenden Entwicklung der modernen Naturwissenschaft bei.

Gerade die dialektisch-materialistische Weltanschauung vermag der Entwicklung der Wissenschaft insgesamt und der Wechselwirkung ihrer Teile die richtige Orientierung zu geben, sie vermag jeden Zweig und jeden Spezialzweig der Wissenschaft richtig zu orientieren. Die Unterschätzung des theoretischen Denkens, die vielen Naturforschern vergangener Zeiten eigen war, ist bei der überwiegenden Mehrheit der heutigen Forscher überwunden. Dadurch spielt die Philosophie in der heutigen naturwissenschaftlichen Forschung eine immer aktivere Rolle.

Man kann jedoch nicht leugnen, daß sich bei einem Teil der Naturforscher nach wie vor Vorurteile gegenüber der Philosophie erhalten haben. Sie werden bei ihnen durch die falsche Vorstellung von der Existenz zweier „unabhängiger" Formen des Denkens — des theoretischen und des allgemeinphilosophischen Denkens — unterstützt. Diese Naturwissenschaftler übernehmen die positivistische Losung „die Wissenschaft selbst ist Philosophie" und verfallen dabei der Illusion, sie könnten ohne jede Philosophie auskommen. Dem Wesen nach aber sind sie, wie bereits Engels zeigte, Sklaven der schlechtesten Philosophie.

Die Wissenschaft besitzt ihre objektiven Entwicklungsgesetze. Bisweilen mag das Wirken dieser Gesetze selbst den Schöpfern wissenschaftlicher Theorien nicht tiefgehend bewußt werden. Aber diese Gesetze existieren und die Analyse ihrer Wirkung gehört zur allerersten Aufgabe des dialektischen Materialismus. Indem die wissenschaftliche Philosophie die Struktur und Wirkung der Entwicklungsgesetze der Naturwissenschaft untersucht, kann sie sich nicht indifferent gegenüber der Naturwissenschaft selbst verhalten. Ihrerseits kann die Naturwissenschaft nicht auf den lenkenden Einfluß von seiten der wissenschaftlichen Philosophie verzichten. So wie für den Forscher in der Biologie neben den spezifischen Gesetzmäßigkeiten die allgemeinen Entwicklungsgesetze des Organismus von größter Bedeutung sind, so besitzen auch die theoretischen Leitsätze des dialektischen Materialismus auf allen Etappen der Entwicklung der wissenschaftlichen Theorie eine unverlierbare Bedeutung. Die ideologische Grundlage des theoretischen Denkens der modernen Naturwissenschaftler, die die grundlegenden Fragen der Entwicklung der uns umgebenden Welt beantworten wollen, ist somit die materialistische Philosophie. Deshalb eben müssen die Anstrengungen der Naturforscher auf die tiefe und schöpferische Aneignung der dialektisch-materialistischen Philosophie gerichtet sein, die eine Verallgemeinerung der Errungenschaften des gesamten Komplexes der Wissenschaften darstellt, die ein richtiges allgemeines Weltbild gibt und die die Erkenntnis der Welt mit effektiven Methoden ausrüstet.

Die philosophischen Fragen der Naturwissenschaft, das ist das Gebiet, wo eine Vereinigung der Bemühungen von Philosophen und Naturforschern lebensnotwendig ist. Das richtige philosophische Herangehen an die Lösung der Kardinalfragen der Naturwissenschaft bestimmt weitgehend die weiteren Erfolge der Wissenschaft.

Die Hauptaufgabe der gegenwärtigen Beratung — die Festigung der schöpferischen Einheit zwischen Philosophen und Naturwissenschaftlern — findet ihr Ziel darin, das theoretische Niveau der Naturwissenschaft zu heben und zur schnellen Lösung wichtiger Fragen der Wissenschaft beizutragen.

In der progressiven Entwicklung der Wissenschaft tauchen immer neue Probleme auf. Bei ihrer Lösung spielt die allgemeinste Untersuchungsmethode eine besonders wichtige Rolle. Vor allem gerade hier zeigt sich der philosophische Weitblick des Naturforschers, seine Fähigkeit, ein Problem allseitig zu analysieren, seine Fähigkeit, sich frei und fehlerlos im empirischen Material zu orientieren.

Wenn vor den naturwissenschaftlichen Spezialisten die Aufgabe der gründlichen Aneignung der Prinzipien der materialistischen Dialektik steht, so sind die philosophischen Spezialisten verpflichtet, auf der Basis einer gründlichen Beherrschung der Ergebnisse der modernen Wissenschaft die marxistische dialektische Methode zu vervollkommnen und zu entwickeln. Die moderne Wissenschaft eröffnet hierfür unerschöpfliche Möglichkeiten. Diesen Weg wies Lenin.

Ich hoffe, daß unsere Beratung zu der für uns so wichtigen Annäherung der Mitarbeiter der philosophischen Front und der Naturwissenschaftler und zur gegenseitigen Bereicherung der Naturwissenschaft und der dialektisch-materialistischen Philosophie beiträgt.

K. W. Ostrowitjanow
Mitglied der Akademie der Wissenschaften der UdSSR

ANSPRACHE

Genossen! Die Akademie der Wissenschaften der UdSSR und das Ministerium für Hochschulwesen haben sich, als sie diese Konferenz zu philosophischen Fragen der Naturwissenschaften einberiefen, das Ziel gestellt, alle schöpferischen Anstrengungen der Philosophen und Naturwissenschaftler bei der Verallgemeinerung der neuesten Erkenntnisse der modernen Naturwissenschaften von der Position des dialektischen Materialismus zu vereinigen.

Die wissenschaftlich-technische Revolution, die sich vor unseren Augen vollzieht, wirft große und komplizierte Fragen auf. Philosophische Schlußfolgerungen und Verallgemeinerungen sind für die Naturwissenschaft heute mehr denn je unumgänglich.

Weiter ist es notwendig zu bemerken, daß sich der ideologische Kampf gegenwärtig außerordentlich verschärft; die dem Materialismus feindlichen philosophischen Strömungen sind auch auf dem Gebiet der philosophischen Fragen der Naturwissenschaften aktiver geworden.

Eine der wichtigsten Aufgaben, die vor den Philosophen und Naturwissenschaftlern steht, ist die materialistische Verallgemeinerung der Errungenschaften der modernen Physik, Biologie und Physiologie, ist die Entfaltung der Kritik der idealistischen und metaphysischen Anschauungen in den Naturwissenschaften. Die Ausarbeitung der philosophischen Probleme der modernen Naturwissenschaft macht eine Vereinigung und Koordinierung der Anstrengungen der Philosophen und Naturwissenschaftler, der entsprechenden Institute der Akademie der Wissenschaften der UdSSR, der Akademien der Wissenschaften der Unionsrepubliken und der Lehrstühle für Philosophie an den Hochschulen notwendig.

Große Bedeutung für eine erfolgreiche materialistische Verallgemeinerung der Errungenschaften der Naturwissenschaften hat die Durchführung von schöpferischen Diskussionen. Sie ermöglichen es, Fragen der Philosophie der Naturwissenschaften in einem breiten Umfang zu behandeln und Einseitigkeit und Dogmatismus zu vermeiden.

Das Organisationskomitee will durch die Einberufung der wissenschaftlichen Konferenz erreichen, daß sich die Diskussion auf der Basis einer völlig kameradschaftlichen Zusammenarbeit entwickelt, daß sie zum Zusammenschluß der großen Zahl der sowjetischen Wissenschaftler zu einem einheitlichen, freundschaftlichen

Forschungskollektiv führt und die Vereinigung der Naturwissenschaftler und Philosophen auf dem Boden des dialektischen Materialismus fördert.

Dieses Ziel bestimmt von vornherein den Ton und den Charakter der Diskussion. Die gesamte Diskussion soll von einem schöpferischen Geist durchdrungen sein. Das höchste Kriterium der Theorie und der Unbestreitbarkeit von wissenschaftlichen Wahrheiten ist in letzter Instanz die Praxis. Wissenschaftliche Streitigkeiten werden durch die Überprüfung mittels des Experiments, durch die Einführung der Erkenntnisse der Wissenschaften in die Praxis des kommunistischen Aufbaus entschieden.

Das Programm der gegenwärtigen Konferenz beinhaltet Vorträge zu philosophischen Problemen der Physik, der Biologie, der Kosmogonie und der Kybernetik. Es ist aber nicht möglich, alle philosophischen Probleme der Naturwissenschaften, die unter den Naturwissenschaftlern und Philosophen Diskussionen hervorrufen, zu erfassen.

Das Organisationskomitee hat den Kreis der Fragen der Konferenz auf die in den vorliegenden gedruckten Vorträgen, die an alle Teilnehmer dieser wissenschaftlichen Konferenz verschickt wurden, gestellten Fragen beschränkt. Dieser Fragenkreis ist breit genug und beinhaltet außerordentlich wichtige Fragen der Philosophie der Naturwissenschaften. Eine Erweiterung derselben wäre unter den gegebenen Bedingungen keinesfalls wünschenswert, da die Aufnahme neuer Probleme, zu denen keine Vorträge vorbereitet wurden, die Aufmerksamkeit von den Fragen, die auf der Tagesordnung der Konferenz stehen, ablenken würde und einen negativen Einfluß auf das Niveau der Diskussion hätte.

Wir hoffen, daß diese Allunionskonferenz zu philosophischen Fragen der Naturwissenschaften nicht die letzte sein wird und daß weitere Konferenzen folgen werden, auf denen die Fragen, die in die Tagesordnung der heutigen Konferenz nicht aufgenommen wurden, diskutiert werden können.

Das Organisationskomitee der Konferenz schlägt vor, eine Diskussion des Problems „Der dialektische Materialismus und die moderne Naturwissenschaft" durchzuführen. Dieses Problem gehört zu den wichtigsten der von der Akademie der Wissenschaften ausgearbeiteten Probleme der sowjetischen Wissenschaft.

Es muß darauf hingewiesen werden, daß diese Konferenz eine Allunionskonferenz ist. An ihr nehmen die Mitarbeiter der Akademie der Wissenschaften der UdSSR, die Mitarbeiter der Akademien der Unionsrepubliken und die Vertreter der Hochschulen teil. Insgesamt nehmen teil: 20 Mitglieder der Akademie der Wissenschaften der UdSSR, 30 Korrespondierende Mitglieder der Akademie der Wissenschaften der UdSSR, 15 Mitglieder und 34 Korrespondierende Mitglieder der Akademien der Unionsrepubliken, 186 Mitarbeiter der Hochschulen, darunter 80 aus entfernteren Gebieten, sowie 240 Mitarbeiter aus wissenschaftlichen Forschungsinstituten. An der Konferenz nehmen weiterhin Vertreter von ausländischen wissenschaftlichen Organisationen teil. Gestatten Sie mir, diese Vertreter im Namen dieser Konferenz auf das herzlichste zu begrüßen und unsere große Genugtuung darüber auszudrücken, daß sie an unserer Arbeit teilnehmen.

Unsere Konferenz erhielt ein Telegramm von Prof. Dr. Todor Pawloff, der an der Konferenz nicht teilnehmen kann. Erlauben Sie mir, es zu verlesen: „Gestatten Sie mir, liebe Genossen, im Namen der Bulgarischen Akademie der Wissenschaften und des Redaktionskollegiums der Zeitschrift „Filosofska mysl“ der Allunionskonferenz zu philosophischen Fragen der Naturwissenschaften einen heißen kommunistischen Gruß zu überbringen.

Diese Konferenz wird und muß eine wichtige Bedeutung nicht nur für die sowjetischen, sondern auch für alle fortschrittlichen wissenschaftlichen Mitarbeiter auf dem Gebiet der philosophischen Fragen der Naturwissenschaften haben. Die bulgarischen Philosophen haben, indem sie sich bemühen, unter der Führung der Bulgarischen Kommunistischen Partei mit Blagojeff und Dimitroff an der Spitze den Weg des großen Lenin zu gehen, den philosophischen Fragen der Naturwissenschaften immer große Bedeutung beigemessen. Leider habe ich nicht die Möglichkeit, an der Arbeit der Konferenz selbst teilzunehmen. Ich zweifle aber nicht, daß die hervorragenden Vorträge der Gegenstand einer allseitigen und gründlichen Diskussion sein werden. Ich zweifle auch nicht daran, daß uns die Zeitschrift „Fragen der Philosophie“ nach der Konferenz die Möglichkeit geben wird, einige Überlegungen und kameradschaftliche kritische Bemerkungen zu einzelnen Thesen und Formulierungen einiger Vorträge zu machen.

Ich wünsche der Allunionskonferenz zu philosophischen Fragen der Naturwissenschaft von ganzem Herzen die besten Erfolge.“

Das Organisationskomitee bringt den heißen Wunsch und die Überzeugung zum Ausdruck, daß die erste Allunionskonferenz zu philosophischen Fragen der Naturwissenschaften auf einem hohen Niveau verläuft und den Charakter einer schöpferischen kameradschaftlichen Diskussion trägt.

M. B. Mitin
Mitglied der Akademie der Wissenschaften der UdSSR

EINE STARKE IDEOLOGISCHE WAFFE ZUR ERKENNTNIS UND UMGESTALTUNG DER WELT

(Zum 50. Jahrestag des Erscheinens von Lenins Werk „Materialismus und Empiriokritizismus")

Genossen! Die gegenwärtige Konferenz, die vom Präsidium der Akademie der Wissenschaften der UdSSR und vom Ministerium für Hochschulbildung einberufen wurde, ist aktuellen Problemen der modernen Naturwissenschaft gewidmet.

Unsere Konferenz fällt mit einem bemerkenswerten Datum zusammen, dem 50. Jahrestag der Fertigstellung von Lenins Arbeit „Materialismus und Empiriokritizismus". Gerade am 27. Oktober 1908 teilte Lenin in einem Brief an A. I. Uljanowa-Jelisarowa den Abschluß seiner Arbeiten an dem Buch mit und bat, ihm eine zuverlässige Adresse in Rußland für die Übersendung und Herausgabe des Buches zu schicken.

Das Werk Lenins ist eine grundlegende Arbeit zu Fragen der marxistisch-leninistischen Philosophie und der Philosophie der Naturwissenschaften. Deshalb ist es völlig natürlich, daß auf unserer Konferenz ein Vortrag über dieses Werk im Zusammenhang mit dem 50. Jahrestag seines Erscheinens gehalten wird.

Lenins „Materialismus und Empiriokritizismus" wurde in der Periode der Reaktion nach der Niederlage der Revolution von 1905—1907 geschrieben.

Das war eine schwere Zeit in der Geschichte der Partei. Die zaristische Regierung ging zur Offensive gegen die Kräfte der Revolution über und griff dabei zum brutalsten Terror. Unter der Intelligenz griff eine Niedergangsstimmung um sich; es wurden alle möglichen religiösen und mystischen Ideen propagiert, man wandte sich von den großen gesellschaftlichen Problemen ab und beschäftigte sich mit dem persönlichen Leben, mit eng begrenzten Alltagsfragen.

Vortrefflich hat K. A. Timirjasew in seinem Buch „Wissenschaft und Demokratie" die düstere Atmosphäre jener Zeit gekennzeichnet: „Alle Kräfte der Finsternis zogen gegen die beiden Kräfte, denen die Zukunft gehört, zu Felde — auf geistigem Gebiet gegen die Wissenschaft, im praktischen Leben gegen den Sozialismus. Nur auf einem geistig zerrütteten Boden konnte dieses Bündnis zwischen den Wortführern der Finsternis und den Wortführern der Gewalt auf Erfolg rechnen."[1]

[1] K. A. Timirjasew, Werke, Bd. 9, S. 18, russ.

Rußland wurde von Übersetzungen der philosophischen Literatur des Auslands überschwemmt, einer Literatur, die den Idealismus, den Agnostizismus und den Indeterminismus propagierte und der revolutionären Weltanschauung des Marxismus feindlich gegenüberstand. Besonders stark wurde die Philosophie von Mach und Avenarius verbreitet, die sich als die „modernste Philosophie der Naturwissenschaften“ ausgab. Es bestand die ernste Gefahr, daß der Einfluß dieser zersetzenden Ideen auf bestimmte Schichten der Intelligenz und auf einen Teil der Arbeiter übergriff, die unter der Niederlage der Revolution schwer litten und ihre Ursachen nicht verstanden. Kompliziert wurde die Lage dadurch, daß unter den Sozialdemokraten, vor allem unter den Menschewiki, sowie unter dem Teil der schwankenden Intelligenz, der sich zeitweilig dem Bolschewismus angeschlossen hatte, die machistische Philosophie in Bogdanow, Basarow, Valentinow, Juschkewitsch und anderen Anhänger fand.

Angesichts der Offensive der Reaktion, angesichts der allgemeinen Stagnation, der ideologischen Unsicherheit und des Renegatentums erwies es sich für die Partei als dringend notwendig, die revolutionären Kräfte des Proletariats zu erhalten, die Klarheit des Denkens und die feste Überzeugung vom kommenden Sieg der Volksrevolution zu bewahren, die Reihen der Kämpfer für die Sache der Partei zu festigen und ihnen wieder den festen Glauben zu vermitteln, daß sie den richtigen Weg gewählt hatten, daß der Zusammenbruch der Reaktion unvermeidlich und ein neuer Aufschwung der Revolution unausbleiblich ist. Zu diesem Zweck mußte der von der Reaktion verbreiteten ideologischen Dekadenz und Zersetzung eine in sich geschlossene wissenschaftliche Weltanschauung, die Philosophie des dialektischen Materialismus, entgegengestellt werden. Es galt, allen Versuchen, die Grundsätze des dialektischen Materialismus zu revidieren, energisch entgegenzutreten. Deshalb wurde für Lenin als den Führer der Partei die Stellungnahme zu philosophischen Fragen zur vordringlichen Aufgabe.

Sollte diese Aufgabe erfolgreich gelöst werden, so war es notwendig, die neuesten Richtungen der westeuropäischen Philosophie, in erster Linie den Machismus, der die Forschungsergebnisse der Naturwissenschaften benutzte, um den Materialismus zu „widerlegen“ und den Idealismus zu propagieren, einer ernsthaften philosophischen Analyse und Kritik zu unterziehen, die marxistische Philosophie zu verteidigen und sie entsprechend den neuen Bedingungen der gesellschaftlichen Entwicklung sowie unter sorgfältiger Berücksichtigung der Forschungsergebnisse der Wissenschaft weiterzuentwickeln. Zu diesem Zweck schrieb Lenin sein Buch „Materialismus und Empiriokritizismus“.

Lenins Werk ist ein Dokument der Partei, das in den innerparteilichen Auseinandersetzungen nach der Niederlage der Revolution von 1905 eine außergewöhnliche Rolle gespielt hat. Die inspirierende Bedeutung dieses Buches für die Festigung der bolschewistischen Partei in der Atmosphäre der Enttäuschung und der ideologischen Zersetzung und Depression, die sich in weiten Kreisen der russischen Sozialdemokraten und unter der russischen Intelligenz ausgebreitet hatte, ist kaum zu überschätzen. Lenins Buch ist eine wissenschaftliche Leistung, die eine neue Etappe in der Entwicklung der marxistischen Philosophie darstellt. Sein Werk ist ein hochbedeutsamer Beitrag zur philosophischen Verallgemeinerung der neuesten Entdeckungen der Naturwissenschaften, die das Ende des vorigen und den Beginn unseres Jahrhunderts kennzeichneten. Die Verbindung konsequenter kommunistischer Parteilichkeit und strenger Wissenschaftlichkeit ist ein besonderer Charakterzug dieses Buches.

In den fünfzig Jahren, die seit der Vollendung des Buches vergangen sind, haben sich in der UdSSR und in der ganzen Welt gewaltige Veränderungen vollzogen. Mit dem Siege der Großen Sozialistischen Oktoberrevolution begann eine neue Epoche in der Geschichte der Menschheit, die Epoche des Übergangs vom Kapitalismus zum Kommunismus. In der UdSSR ist der Sozialismus errichtet worden, und es wird erfolgreich am Aufbau des Kommunismus gearbeitet. Gesiegt hat die große Volksrevolution in China. In einer Reihe von Ländern Europas und Asiens hat sich die Volksdemokratie durchgesetzt. Es ist ein sozialistisches Weltsystem entstanden. Die revolutionäre Arbeiterbewegung wächst und erstarkt. Der nationale Freiheitskampf in den kolonialen und abhängigen Ländern hat gewaltige Ausmaße angenommen und führt einen Schlag nach dem anderen gegen den Kolonialismus. Diese großen geschichtlichen Ereignisse sind ein wahrer Prüfstein für die verschiedensten Theorien, Lehren und Ideen. Lenins Buch „Materialismus und Empiriokritizismus“ hat diese Prüfung durch die Zeit bestanden. Die hierin entwickelten Thesen sind in den letzten fünfzig Jahren glänzend bestätigt worden. Lenins Ideen haben sich als eine mächtige Kraft zur Erkenntnis und Umgestaltung der Welt erwiesen.

Gewaltig waren die Leistungen der Wissenschaft in diesen fünfzig Jahren. Auf allen Gebieten des menschlichen Lebens, in der ganzen materiellen und geistigen Kultur der Menschheit riefen sie weitreichende Veränderungen hervor. Die für diese fünfzig Jahre charakteristischen wissenschaftlichen Entdeckungen — von der Ausnutzung der im Atomkern gespeicherten kolossalen Energiereserven bis zum Abschuß der ersten künstlichen Erdsatelliten, wobei die sowjetische Wissenschaft eine führende Rolle spielt — sind außerordentlich umfangreich und mannigfaltig. Während die Entdeckung der Kernenergie die heutige und die künftige Generation in unbegrenzten Mengen mit der erforderlichen Energie versorgt, leitet der Start der künstlichen Erdsatelliten eine neue Ära ein, die Ära der Weltraumflüge.

Diesen Errungenschaften des menschlichen Geistes liegen solche wissenschaftlichen Theorien zugrunde wie Mendelejews Periodisches System der Elemente, dessen große Bedeutung sich gerade in den letzten Jahrzehnten offenbart hat, Einsteins Relativitätstheorie und die Theorie der Quantenmechanik. Diese Theorien haben neben anderen zu radikalen Veränderungen in unseren Vorstellungen über die Struktur der Materie, über das Wesen von Zeit und Raum, über das Wesen und den Charakter der Mikrophysik geführt. Sie haben zur Überwindung alter wissenschaftlicher Begriffe, zur Entstehung neuer Begriffe und zur Entdeckung neuer, bisher unbekannter Gesetzmäßigkeiten geführt.

Dies alles mußte die Wissenschaftler natürlich vor sehr bedeutsame philosophische, weltanschauliche Fragen stellen, die einerseits über das Wesen der neuesten Entdeckungen Klarheit schaffen und andererseits selbst zum Anlaß für weitere Errungenschaften der Wissenschaft in dieser stürmischen Epoche ihrer Entwicklung werden sollten. Angesichts dieser gewaltigen Veränderungen im Leben der Gesellschaft wie in der Entwicklung der Wissenschaft behält die Leninsche Lösung wichtigster weltanschaulicher Probleme und methodologischer Fragen auch heute noch ihre ganze Bedeutung.

Lenins Buch „Materialismus und Empiriokritizismus" ist vor allem eine wirksame theoretische Waffe der Arbeiterklasse und ihrer Partei im Kampf gegen Idealismus und Metaphysik im allgemeinen und gegen die idealistischen und metaphysischen Lehren der Epoche des Imperialismus im besonderen. In diesem Buch, das man mit Recht eine philosophische Enzyklopädie des Marxismus nennen kann, hat Lenin die wichtigsten Vorgänge auf philosophischem Gebiet, die sich während der Epoche des Imperialismus und der proletarischen Revolutionen in der bürgerlichen Welt vollziehen, erschöpfend charakterisiert. Er kritisierte die neuesten Formen des Idealismus und legte ihren ideologischen Kern bloß. Das waren jene idealistischen Theorien, die zu Lebzeiten von Marx und Engels eben erst aufkamen, dann aber zu üppigster Blüte gediehen — der Machismus und seine Spielarten, der Empiriokritizismus, der Empiriomonismus, der Empiriosymbolismus sowie das Neukantianertum, die Immanenzphilosophie, der Pragmatismus, der Positivismus, der „physikalische" Idealismus usw.

Lenin hat die Arbeit von Marx und Engels auf philosophischem Gebiet fortgesetzt und dabei die idealistischen, unwissenschaftlichen Richtungen erschöpfend kritisiert. Seine genialen Darlegungen zur Kritik der verschiedenen idealistischen Schulen in „Materialismus und Empiriokritizismus" wirken so, als wären sie heute geschrieben. Sie treffen auch die heutigen Gegner der Philosophie des Marxismus, die modernen bürgerlichen Soziologen und Theoretiker, die Opportunisten und Revisionisten aller Richtungen und Schattierungen. Lenins Argumente gegen den Idealismus, sein Nachweis, daß sich der Idealismus in nicht zu rechtfertigender Weise, entgegen aller Logik und allen Forschungsergebnissen der Wissenschaft, ausschließlich auf die Analyse subjektiver Erscheinungen konzentriert und es ablehnt, die Bewußtseinstatsachen mit der lebendigen Wirklichkeit zu konfrontieren, sein Nachweis, daß der subjektive Idealismus zum Solipsismus führt — das alles richtet sich ganz und gar auch gegen die modernen idealistischen Schulen, welche neue Bezeichnung sie sich auch immer beilegen mögen. Darum gehört Lenins Buch zu dem nie veraltenden geistigen Rüstzeug der Marxisten.

In dem weltumspannenden Kampf der Ideologien erringt der dialektische Materialismus, das theoretische Fundament des wissenschaftlichen Kommunismus, immer neue Siege über das Lager des Obskurantismus, des Idealismus und des Pfaffentums. Wenn die Gegner des Marxismus zetern, der Marxismus sei „veraltet", die marxistische Philosophie befinde sich in einer „Krise", so können sie dadurch den Siegeszug der Ideen des dialektischen Materialismus nicht aufhalten. Immer stärker wird in der Welt der Einfluß der marxistisch-leninistischen Philosophie. Lenins Werke, darunter auch sein Buch „Materialismus und Empiriokritizismus", sind heute in viele Sprachen der Welt übersetzt. Nach der Weltstatistik stehen die Auflagen der Leninschen Bücher gegenüber den Büchern anderer Autoren an erster Stelle in der Welt. Lenins Werke beeinflussen die Entwicklung der Wissenschaft entscheidend und schließen die progressiven Kräfte, die für Frieden und Sozialismus, gegen die Reaktion, gegen die überlebten Kräfte des Kapitalismus kämpfen, ideologisch zusammen.

In einem geschichtlich bedeutsamen Dokument unserer Zeit, in der Erklärung der Beratung von Vertretern der kommunistischen und Arbeiterparteien der sozialistischen Länder, wird die große Bedeutung des dialektischen Materialismus als der theoretischen Grundlage des Marxismus-Leninismus unterstrichen. In der Erklärung heißt es: „Diese Weltanschauung widerspiegelt die allgemeinen Entwicklungsgesetze der Natur, der Gesellschaft und des menschlichen Denkens. Diese Weltanschauung gilt für die Vergangenheit, Gegenwart und Zukunft."

Die Bücher Lenins sind gerade deshalb so wertvoll, weil sie der Kommunistischen Partei der Sowjetunion und den mit ihr brüderlich verbundenen kommunistischen und Arbeiterparteien der anderen Länder als starke ideologische Waffe dienen. In diesen Büchern hat Lenin die philosophischen Schlußfolgerungen aus den theoretischen und praktischen Erfahrungen des ideologischen Kampfes der Arbeiterklasse in einer neuen Epoche gezogen, eine philosophische Analyse der Entwicklung der Naturwissenschaften seit dem Tode von Marx und Engels gegeben, ein detailliertes Programm zur Säuberung der Wissenschaft von idealistischen Entstellungen ausgearbeitet und die ganze Bedeutung der wissenschaftlichen, marxistischen Weltanschauung als theoretische Grundlage im Kampf der Arbeiterklasse für den Kommunismus sichtbar gemacht.

*

Um die Jahrhundertwende mußte die alte, mechanistische Erklärung der Welt einer neuen, elektromagnetischen Theorie der Materie weichen. Das Wesen der revolutionären Umwälzung in den Naturwissenschaften, durch die der Eintritt der Menschheit in das 20. Jahrhundert gekennzeichnet wurde, bestand in dem Zusammenbruch der alten, mechanistischen Anschauungen über die Natur, über die Struktur der Materie und ihre Bewegung, in der Entstehung neuer Lehren. Dies war ein bedeutsamer Fortschritt in der Erkenntnis der objektiven Realität. Diese Revolution in der Wissenschaft, die Überwindung alter Anschauungen, die Bemühungen um neue Begriffe waren jedoch aus den verschiedensten Gründen sozialpolitischer wie erkenntnistheoretischer

Art von der Verbreitung idealistischer Anschauungen begleitet. Lenins Größe besteht darin, daß er es verstand, den objektiven Sinn und das Wesen dieser Umwälzung in der Wissenschaft zu enthüllen, auf die herangereiften Fragen eine Antwort zu geben und den Weg zur philosophischen Lösung naturwissenschaftlicher Probleme für längere Zeit vorauszusagen.

In diesem Zusammenhang ist es interessant, etwas genauer auf den Streit über die Realität der Außenwelt einzugehen, der zu Beginn unseres Jahrhunderts zwischen dem hervorragenden Physiker Max Planck und dem Physiker und Philosophen Ernst Mach ausgetragen wurde. Mach war bekanntlich ein leidenschaftlicher Gegner der Atomistik. Er bestritt die Realität der Atome, für ihn waren die Atome nur eine Sache des Glaubens. Das ist eine außerordentlich interessante und sehr aufschlußreiche Tatsache, die es verdient, in den Annalen der Wissenschaft verzeichnet zu werden; denn ein besseres Beispiel dafür, daß eine Theorie, die die einzige Philosophie der Naturwissenschaft zu sein behauptete, durch die Entwicklung der Wissenschaft völlig widerlegt wurde, wird schwer zu finden sein.

Max Planck hielt sich zwar anfangs für einen Anhänger des Machismus, änderte dann aber seine Ansichten und wandte sich recht energisch gegen die subjektiv-idealistischen Anschauungen Ernst Machs. Sein klarer Verstand und sein gesunder Sinn für Naturforschung erlaubten es nicht, die Anschauungen der Machisten über die Gegenstände der Physik zu akzeptieren. Es ist gerade fünfzig Jahre her, seit Max Planck in einem Vortrag an der Universität Leyden über die „Einheit des physikalischen Weltbildes“ entschiedene Kritik am Machismus übte. Er sagte damals: „Ist das physikalische Weltbild nur eine mehr oder weniger willkürliche Schöpfung unseres Geistes, oder müssen wir vielmehr zugeben, daß es reale, von uns völlig unabhängige Naturerscheinungen widerspiegelt? Konkreter formuliert, haben wir vernünftige Gründe für die Behauptung, daß das Prinzip von der Erhaltung der Energie in der Natur schon wirksam war, als noch kein Mensch daran denken konnte, oder daß die Himmelskörper sich auch dann noch nach dem Gravitationsgesetz bewegen werden, wenn die Erde mit allen ihren Bewohnern in Stücke zersplittert?“

Diese Sätze wurden von Planck ausgesprochen, bevor Lenins Buch „Materialismus und Empiriokritizismus“ erschien, das bekanntlich erst im Mai 1909 (in russischer Sprache) veröffentlicht wurde. Jedoch hat Lenin Plancks Vortrag nicht benutzen können, denn damals war sein Buch bereits völlig abgeschlossen und nach Rußland gesandt worden. Auffallend aber ist die erstaunliche Übereinstimmung in der Argumentation Lenins und Plancks gegen den Machismus. Lenin enthüllte die Unhaltbarkeit der subjektiv-idealistischen Begriffskonstruktionen von Mach und Avenarius, als er ihnen die „boshaften“ Fragen stellte, ob die Natur vor dem Menschen existiert habe und ob der Mensch mit dem Gehirn denke. Das deckt sich genau mit der nicht weniger „boshaften“ Frage Plancks, ob das Gesetz von der Erhaltung der Energie in der Natur schon wirksam gewesen sei, als noch kein Mensch daran habe denken können.

Diese Auseinandersetzung um die Realität des Atoms war im ersten Jahrzehnt unseres Jahrhunderts von großer prinzipieller Bedeutung. Auf der einen Seite standen die Machisten mit ihrem Führer Mach und die Idealisten aller möglichen Schulen, die nicht nur die Realität des Atoms bestritten, sondern sich scharf gegen die atomistische Theorie der Materie überhaupt wandten. Auf der andern Seite standen Planck, damals der bedeutendste Vertreter der theoretischen Physik in Europa, mit seiner Erklärung, die Atome seien nicht mehr und nicht weniger real als die Himmelskörper, K. A. Timirjasew und andere hervorragende Naturwissenschaftler sowie die materialistischen Philosophen, die Marxisten mit ihrem Führer Lenin, der in seinem Buche „Materialismus und Empiriokritizismus“ nicht nur die Auffassung von der objektiven Realität der Atome verfocht, sondern auch viele Gedanken über die Unerschöpflichkeit des Atoms, über die Bedeutung der neuen physikalischen Theorien für die Enthüllung kompliziertester Gesetzmäßigkeiten in der Struktur der Materie äußerte.

In diesem Zusammenhang ist es angebracht, an eine bemerkenswerte Äußerung Timirjasews zu der aufgeworfenen Frage zu erinnern. „Wenn man“, schrieb Timirjasew, „Kant den (wie wir gesehen haben, völlig unbegründeten) Vorwurf gemacht hat, er habe nach dreißig Jahren noch nichts von der Entdeckung des Spektroskops gemerkt, was soll man dann von Mach sagen, der sich sieben Jahre nach der Entdeckung des Spinthariskops und ein Jahr nach dem endgültigen Triumph des Atomismus in seiner Erwiderung auf Plancks völlig klaren Gedanken, die moderne Physik spreche von dem Gewicht des Atoms mit dem gleichen Recht, mit dem der Astronom von dem Gewicht des Mondes spreche, den nicht gerade geistreichen Fauxpas erlaubt: ‚Wenn der Glaube an die Atome für Sie so wesentlich ist, dann will ich mit der physikalischen Denkweise nichts mehr zu tun haben; ich verzichte darauf, ein wahrer Physiker zu sein, ich enthalte mich jedes Urteils über wissenschaftliche Werke, ich habe keine Lust, noch länger einer Gemeinde von Gläubigen anzugehören, die Freiheit des Denkens ist mir wichtiger‘.“

„Was für hochtrabende Phrasen!“ fährt Timirjasew fort. „Freiheit wovon? Von einer streng wissenschaftlich bewiesenen Tatsache, die eine philosophische Lieblingstheorie widerlegt. Kurz zuvor noch hatte Mach seine Leser gebeten, ihn als einen Wissenschaftler und nicht als einen Philosophen zu betrachten. Wie abwegig ist dieser Spott über die Physiker, diese Gleichsetzung der Physiker mit einer Gemeinde von Gläubigen im Munde eines Mannes, der sich von den Physikern getrennt hat, um sich zu der Lehre Seiner Heiligkeit des Bischofs Berkeley zu bekennen!“[1]

Heute, fünfzig Jahre nach diesem bedeutungsvollen Streit, seit die Physik eine so stürmische Entwicklung durchgemacht hat, hat sich die Frage nach der Richtigkeit des materialistisch-dialektischen Standpunkts von selbst gelöst, ist die völlige Unwissenschaftlichkeit und Unhaltbarkeit des idealistischen Stand-

[1] K. A. Timirjasew, Werke, Bd. 9, S. 130/31, russ.

punkts bewiesen, liegt es klar zutage, daß die machistische Leugnung des objektiven Charakters der Atome und der von der Atomtheorie enthüllten Vorgänge innerhalb der Atome nichts als Obskurantismus ist.

Lange bevor die Wissenschaft die Elementarteilchen *experimentell* entdeckte, lange bevor die Physik die Zerstörbarkeit des Atoms *experimentell* bewies, lange bevor sie in die „Geheimnisse" des Atomkerns eindrang, verfocht Lenin, als er die Forschungsergebnisse der Naturwissenschaft vom Standpunkt des dialektischen Materialismus philosophisch verallgemeinerte, seine berühmten Thesen von der Zerstörbarkeit des Atoms, von der Unerschöpflichkeit und der unendlichen Veränderlichkeit aller Bewegungsformen der Materie,' Thesen, die in unserer Zeit so glänzend bestätigt worden sind. Ist das nicht ein Beweis für die Stärke der dialektisch-materialistischen Methode? Zeigt das nicht, wie fruchtbar ihre Anwendung in der Wissenschaft ist?

Viele Jahrzehnte schon „bearbeiten" die Vertreter des Machismus, des Agnostizismus, des Neopositivismus die Frage, was physikalische Begriffe, physikalische Symbole sind, „beweisen" sie, daß man sie außerhalb jeglichen Zusammenhangs mit den physikalischen Objekten betrachten muß. Eine umfangreiche Literatur ist entstanden. Außer Mach und Avenarius haben sich Poincaré, Pearson, Bridgeman, Philipp Frank, Carnap und viele andere eingehend damit beschäftigt. Haben aber alle diese „Forschungen" die Philosophie auch nur einen Schritt vorangebracht, haben sie methodologische Richtlinien gegeben, die die Physik voranbringen oder wenigstens den Physikern dabei helfen könnten, diese Probleme weiterzuführen? Nichts dergleichen! Im Gegenteil, völlige Unfruchtbarkeit ist das Ergebnis dieser inhaltslosen, scholastischen Tüfteleien der idealistischen, machistisch-positivistischen Philosophie.

Wenn man die moderne bürgerliche Philosophie, ihren jetzigen Zustand untersucht, so ergibt sich ein düsteres und trostloses Bild völliger Perspektivlosigkeit, es fehlen jegliche tiefe, konstruktive Gedanken. So sieht sie aus, die Herrschaft des Idealismus, des Agnostizismus, des Indeterminismus, der Scholastik, die Isolierung vom Leben, die spiritualistische Verfälschung der Forschungsergebnisse der modernen Naturwissenschaft.

Von den idealistischen Richtungen sind in der bürgerlichen Welt heute der Neopositivismus, die Semantik und der logische Positivismus am meisten verbreitet, die im Grunde nur Spielarten einer einzigen Richtung sind. Es sind dies Richtungen der modernen bürgerlichen Philosophie, die sich aus dem Machismus entwickelt haben und ihn eigentlich nur fortsetzen. Die Vertreter des logischen Positivismus, der sich anmaßt, die Philosophie der Naturwissenschaft unserer Zeit zu sein, erklären wie seinerzeit Mach und Avenarius die Grundfrage der Philosophie, die Frage nach dem Verhältnis des Bewußtseins zur objektiven Realität, ebenfalls für nicht existent, während sie die Grundkategorien der Naturwissenschaft einer formal-logischen, verzerrten semantischen Analyse unterziehen.

Der nicht unbekannte Philipp Frank, der als einer der ältesten und bedeutendsten Positivisten und Semantiker gilt und mehrere Bücher über die philosophischen Probleme der modernen Naturwissenschaft verfaßt hat, formulierte den Standpunkt des Neopositivismus in seinem Referat vor dem XII. Internationalen Philosophenkongreß vom September 1958 folgendermaßen: „Die moderne Physik sagt uns nichts über die ‚Materie' oder über den ‚Geist', aber sie sagt uns sehr viel über die Semantik." Weiter erklärt er: „Wir können mit Hilfe logischer und historischer Argumente leicht einsehen, daß eine wissenschaftliche Theorie verschiedene philosophische Auslegungen zuläßt. Einsteins Relativitätstheorie ist im Sinne des Idealismus, des Materialismus, des Skeptizismus usw. gedeutet worden. Die Quantentheorie ist im Sinne des Subjektivismus, des Idealismus, aber auch des Positivismus und des Empirismus gedeutet worden." Damit sucht er zu beweisen, daß physikalische Theorien überhaupt mit keiner Philosophie in Verbindung gebracht werden dürfen, daß man sich auf die Analyse der wissenschaftlichen Begriffe, auf die Schaffung einer neuen wissenschaftlichen Sprache usw. beschränken müßte. Seine Schlußfolgerung lautet: „Alle Versuche, im Hinblick auf die Wissenschaft des 20. Jahrhunderts ein materialistisches oder ein spiritualistisches System zu stützen, sind gescheitert."

Philipp Frank gibt sich also den Anschein, „metaphysische Beschränktheiten", wie den Materialismus und den Idealismus, zu bekämpfen, leugnet so die Bedeutung der Grundfrage der Philosophie und umgibt sich mit dem Mantel der Neutralität gegenüber den philosophischen Grundrichtungen. In Wirklichkeit aber hat er eine typisch idealistische Konzeption entwickelt; denn alles läuft bei ihm *ausschließlich* auf eine semantische Analyse der wissenschaftlichen Begriffe hinaus, wobei er die Frage, in welchem Verhältnis diese Begriffe zur objektiven Realität stehen, völlig umgeht.

Einen ernsthaften Naturwissenschaftler, der sich über die wichtigsten philosophischen Probleme der modernen Wissenschaft Gedanken macht, können derartige philosophische Anschauungen schwerlich befriedigen. Die gleiche Unfruchtbarkeit, die für den alten Machismus so charakteristisch war, ist auch für die modernen idealistischen Fälscher der Wissenschaft kennzeichnend.

Wie leicht sogar ernsthafte Naturwissenschaftler bei philosophischen Fragen der modernen Wissenschaft in die Irre gehen können, zeigt das Beispiel des bedeutenden modernen Physikers Pauli. In der schweizerischen Zeitschrift „Dialectica" veröffentlichte er im Jahre 1957 einen Aufsatz unter dem Titel „Erscheinung und physikalische Realität". In diesem Aufsatz teilt Pauli (wie er schreibt, zur Unterrichtung der Philosophen) mit, daß er sich zu keinem philosophischen „Ismus" bekennt, daß in seinem Aufsatz die Begriffe „Erscheinung" und „Realität" unter dem Gesichtspunkt der physikalischen Praxis analysiert werden und daß dabei keiner philosophischen Richtung der Vorzug gegeben wird. Diese Erklärungen sind natürlich insofern interessant, als Pauli sich in seinem Aufsatz mit dem Problem der physikalischen Realität beschäftigt. Was hat er nun zum Kern des Problems zu sagen? „Als objektiv," schreibt er, „bezeichnen wir jede Forschungsmethode, die andere studieren, verstehen und — unter der Voraussetzung, daß notwendige Vorkenntnisse vorhanden sind — anwenden können und über die man sich mit anderen einigen kann." In dieser Definition der Objektivität einer Methode wird die Hauptsache nicht erwähnt, daß nämlich das Objektive in der Wissenschaft das ist, was das unabhängig vom Bewußtsein bestehende Sein widerspiegelt. Was aber die „Einigung mit anderen" betrifft, so handelt es sich dabei um eine typisch machistische, idealistische Auffassung der Objektivität. Der Machist Bogdanow hat einmal gesagt, das Objektive sei das Allgemeingeltende. Mit vollem Recht aber haben sowohl Plechanow als auch Lenin darauf hingewiesen, daß eine solche Auffassung des Objektiven geradewegs zum Pfaffentum führt. Viele Menschen mögen sich zum Beispiel mit anderen über das Dasein Gottes einigen, aber dies bedeutet nicht, daß diese „Realität" dadurch objektiv wird. So wird Pauli, der sich zu keinem „Ismus" bekennen will, in Wirklichkeit ein Opfer des schlimmsten „Ismus", des subjektiven Idealismus.

Pauli pflichtet auch denjenigen bei, die der Ansicht sind, daß „die wesentliche Einschaltung des Beobachters und der Forschungsbedingungen in die Naturerklärung, wie sie in der Quantenmechanik erreicht wurde, endgültig ist". Aus dieser Auffassung über die Rolle des Forschers und seines Geräts ziehen die Vertreter der Kopenhagener Schule und mit ihnen Pauli bekanntlich den Schluß, daß die mikrophysikalischen Prozesse indeterminiert seien. Auch hier gerät Pauli, der sich keinen philosophischen „Ismen" anschließen will, in den Bann der schlimmsten „Ismen". So rächt sich die Unkenntnis der fortschrittlichsten modernen Philosophie, des dialektischen Materialismus, sogar bei einem so hervorragenden Physiker wie Pauli, wenn er auf die aktuellen philosophischen Probleme der modernen Physik eine Antwort geben muß.

*

Der objektive Charakter der atomaren Prozesse ist längst bestätigt. Besonders schlagend wurde er wiederum bewiesen, als Methoden zur praktischen Anwendung der Atomenergie gefunden wurden. Die friedliche Anwendung der Atomenergie für Kraftwerke, für Eisbrecher usw. nach vorher ausgearbeiteten Plänen und Skizzen, die auf einer genauen Kenntnis der Gesetze der Mikrophysik beruhen, ist ein überzeugender Beweis dafür, daß die Theorien, die die Kausalität in der Mikrophysik leugnen, unhaltbar sind. Wenn der Mensch das Elektron zwingen kann, nach einem vorher festgelegten Plan zu seinem Nutzen (oder zu seinem Schaden, bei Anwendung der Atomenergie für militärische Zwecke) zu arbeiten, wie kann man dann noch von einer „Willensfreiheit des Elektrons" reden? Wenn die Wissenschaft, die Kenntnis von den Gesetzen des Atoms, von seinen kausalen Zusammenhängen und Beziehungen, es den Menschen ermöglicht, Atomexplosionen durchzuführen, wie kann man dann noch behaupten, in der Mikrophysik gebe es keine Determiniertheit?

Gerade das Wissen um die in der atomaren Welt wirkenden Kausalitätsgesetze ermöglicht es dem Menschen, die Atomenergie anzuwenden. Schon ehe die Menschen es gelernt hatten, die Atomenergie praktisch anzuwenden, entbehrte die philosophische Entstellung der neuesten Errungenschaften der Wissenschaft im Sinne des Idealismus, des Indeterminismus jeder wissenschaftlichen Grundlage; noch mehr aber gilt dies jetzt, wo die praktische Anwendung der Atomenergie, die den objektiven Charakter der atomaren Prozesse sichtbar bestätigt, größte Ausmaße annimmt. Die einzige Erklärung für die Möglichkeit derartiger Entstellungen ist in der Tatsache zu suchen, daß in den kapitalistischen Ländern eine auf Anarchie und Ausbeutung gegründete Produktionsweise herrscht, die den Mißbrauch der Wissenschaft zu reaktionären Zwecken bedingt, und daß idealistische Vorurteile unter den Wissenschaftlern weit verbreitet sind. Die Wissenschaft selbst ist an die einzig richtige, materialistische Auffassung der atomaren Prozesse sehr dicht herangekommen. Auch der eifrigste Idealist kann zum Beispiel die Realität der Atom- und Wasserstoffbomben ebensowenig bestreiten wie die Realität der Tragödie von Hiroshima und Nagasaki. Deshalb kann man den objektiven und realen Charakter der atomaren Prozesse nicht leugnen, ohne in krassen Widerspruch zur Logik zu geraten.

Ein besonders einleuchtendes Beispiel dafür, daß die moderne Physik in ihrer experimentellen Entwicklung die philosophischen Grundsätze des dialektischen Materialismus bestätigt, ist wohl die Feststellung, daß die Elementarteilchen ineinander übergehen, sich gegenseitig durchdringen, sich ineinander umwandeln können. Die Kernumwandlungen, die mit dem Experiment Rutherfords im Jahre 1919 begannen, sind später bekanntlich sehr viel weiter entwickelt worden und gehören heute zu den Grundlagen der Gewinnung von Kernenergie. Heute ist es experimentell bewiesen, daß die Elementarteilchen keine absolut stabilen, unveränderlichen, einfachsten Teilchen sind, daß es keine ein für allemal gegebenen „letzten Bausteine der Welt“ gibt. Gerade auf diesem Standpunkt aber steht der dialektische Materialismus, gerade davon hat Lenin in „Materialismus und Empiriokritizismus“ geschrieben.

Zweifellos spielt das Meßinstrument in der Quantenmechanik eine prinzipiell neue Rolle. Während des Experiments wird das Objekt von dem Gerät beeinflußt. Hieraus ziehen manche Wissenschaftler den idealistischen Schluß, daß es „ohne Gerät kein Objekt gibt“, daß das Gerät das Objekt „schafft“ usw. Werden denn aber durch die genau festgestellte neue Rolle des Geräts die objektive Realität der mit Hilfe des Geräts untersuchten Elementarteilchen oder die Kausalität in der Mikrophysik aus der Welt geschafft? Keineswegs! Die mikrophysikalischen Prozesse sind ebenso wie das vom Forscher angewendete Gerät eine objektive Realität. Also reduziert sich die Frage auf das Wechselverhältnis zwischen dem objektiven Gerät und den beobachteten objektiven physikalischen Prozessen, auf die neue Bedeutung des Geräts für den Ausgang des Experiments, die Einwirkung des Geräts auf das Experiment, die Berücksichtigung dieser Einwirkung. Damit diese neuen komplizierten Erscheinungen richtig verstanden werden können, bedarf es neuer Begriffe, neuer Schlußfolgerungen, neuer feinster Formen der Analyse des Experiments. Das aber ist eine ganz natürliche Etappe in der Entwicklung der Wissenschaft, in ihrem immer tieferen Eindringen in die Materie, eine Etappe in der Entdeckung immer neuer Gesetze. Über dies alles hat sich seinerzeit auch Lenin geäußert; dies alles vertritt der dialektische Materialismus, wenn er von der Relativität jeder einzelnen Stufe in der Erkenntnis der objektiv existierenden Materie auf dem Wege zur absoluten Wahrheit spricht.

Es gehört zu den wichtigen, bedeutungsvollen Vorgängen in unserer Zeit, daß in einer Reihe von Ländern bedeutsame Arbeiten zur Verteidigung des dialektischen Materialismus erschienen sind, in denen einzelne seiner Grundsätze im Kampf gegen die moderne idealistische Reaktion entwickelt werden. Hierher gehören zum Beispiel in England die Bücher „Wissenschaft contra Idealismus", „Zur Verteidigung der Philosophie" und „Der dialektische Materialismus" von Maurice Cornforth sowie „Wissenschaft und Gesellschaft" von John Bernal, in den USA „Der Pragmatismus — die Philosophie des Imperialismus" von H. Wells und in Frankreich die „Fragen der marxistisch-leninistischen Erkenntnistheorie" von Roger Garaudy. In verschiedenen Ländern sind zahlreiche Artikel und andere Publikationen ähnlicher Art erschienen, die darauf schließen lassen, daß der dialektische Materialismus immer neue Positionen erobert.

Bemerkenswert ist auch der Umschwung in den Ansichten des bekannten französischen Physikers und Mitschöpfers der Quantenmechanik Louis de Broglie. Ein Vierteljahrhundert lang vertrat de Broglie, wie er selbst zugegeben hat, in der Interpretation der neuesten Forschungsergebnisse der Physik die positivistischen Anschauungen der Kopenhagener Physikerschule, dann aber gab er diese Ansichten auf und stellte sich auf den Standpunkt des Materialismus. Sehr bezeichnend ist es, daß de Broglie sich trotz einer gewissen Inkonsequenz seiner Anschauungen von den idealistischen Ansichten offen losgesagt und die Richtigkeit des Materialismus sowie bezüglich des Korpuskel-Welle-Problems im Grunde die Richtigkeit des dialektischen Materialismus anerkannt hat. Dieser Standpunkt wird auch von seinen Schülern, wie dem jungen theoretischen Physiker Jean-Pierre Vigier und anderen, verteidigt und weiterentwickelt. Die Richtigkeit des dialektischen Materialismus wird von dem ungarischen Physiker Lajos Janossy und anderen bedeutenden Wissenschaftlern anerkannt. Der berühmte Physiker Paul Langevin erklärte an seinem Lebensabend: „Ich gebe zu, daß ich die Geschichte der Physik erst wirklich verstanden habe, nachdem ich mir die Ideen des dialektischen Materialismus zu eigen gemacht hatte." Auch ein so bedeutender Wissenschaftler unserer Zeit wie Joliot-Curie hat sich mehrfach für den dialektischen Materialismus ausgesprochen. Das alles läßt erkennen, wie stark heute das Interesse für den dialektischen Materialismus unter den Physikern nicht nur der Sowjetunion und der anderen Länder des sozialistischen Lagers, sondern auch der kapitalistischen Länder gewachsen ist und welchen Umfang die Tendenz angenommen hat, die inhaltslosen, scholastischen Hirngespinste der idealistischen Philosophie preiszugeben und den dialektischen Materialismus nicht nur als eine allgemeine Weltanschauung und Methode anzuerkennen, sondern auch als eine Methode, mit deren Hilfe die aktuellen Probleme der modernen Physik richtig zu lösen sind.

In den letzten fünf Jahrzehnten hat es sich gezeigt, daß die materialistische Richtung in der Physik sehr bedeutende Vertreter hat. In den letzten Jahren seines Lebens hat Albert Einstein am Positivismus Kritik geübt. Er schrieb: „In dieser Argumentation gefällt mir die positivistische Grundanschauung nicht, die meiner Meinung nach unannehmbar ist und, wie mir scheint, dasselbe besagt wie Berkeleys Prinzip ‚esse est percipi'." Wenn wir an so bedeutende sowjetische Physiker und Chemiker wie Wawilow, Nesmejanow, Kurtschatow, Semjonow, Joffe, Fock, Skobelzyn, Tamm, Blochinzew, Alexandrow, Weksler und viele andere denken, so wird deutlich, daß der Materialismus in der Physik die Oberhand gewinnt und immer stärker wird.

Viele unserer Wissenschaftler versuchen, die Gesetze der Quantenmechanik dialektisch-materialistisch zu interpretieren. Dabei ergeben sich verschiedene Standpunkte, was zweifellos dazu beiträgt, daß die Probleme vollständiger und gründlicher geklärt werden. Manche Autoren betonen mehr die für das Quantenensemble charakteristischen statistischen Gesetze, andere die individuelle Wellenfunktion, durch die auch äußere Wechselwirkungen erfaßt werden können. Alle aber erkennen die objektive Realität der Objekte der Mikrophysik und den dialektischen Charakter der mikrophysikalischen Prozesse an. Diese Diskussionen haben große Bedeutung für die Ausarbeitung richtiger philosophischer Verallgemeinerungen der Naturwissenschaft und richtiger methodologischer Richtlinien zur Lösung aktueller Probleme.

Zusammenfassend läßt sich sagen, daß die Erfolge der modernen Naturwissenschaft ein schönes Beispiel für den Triumph der dialektisch-materialistischen Auffassung der Entwicklung sind, ein Beispiel, durch das die idealistischen und mechanistischen Anschauungen über die Natur widerlegt werden.

Die Thesen des dialektischen Materialismus über den allgemeinen Zusammenhang und die Entwicklung der materiellen Welt, über die dialektische Einheit von Möglichkeit und Wirklichkeit, Quantität und Qualität, Innerem und Äußerem, Diskontinuität und Kontinuität setzen sich in der modernen Naturwissenschaft immer mehr durch. Immer sichtbarer bestätigen sich die so außerordentlich wichtigen Thesen und Schlußfolgerungen, die Lenin in seiner Arbeit „Materialismus und Empiriokritizismus" im Hinblick auf die philosophischen Probleme der Naturwissenschaft formuliert hat.

Eine wahrhaft dialektisch-materialistische Naturwissenschaft ist im Entstehen begriffen, und ihre Vorkämpfer sind die sowjetischen Wissenschaftler wie auch die Wissenschaftler der anderen sozialistischen Länder.

*

Die Hauptgefahr in der internationalen kommunistischen Bewegung ist heute der Revisionismus, der sich in allen Fragen der marxistisch-leninistischen Theorie, auch in philosophischen Fragen bemerkbar macht. Im Kampf gegen den Revisionismus ist Lenins Buch „Materialismus und Empiriokritizismus" eine unschätzbare Waffe. Gestützt auf dieses klassische Werk führen die kommunistischen und

Arbeiterparteien einen energischen Kampf gegen den modernen philosophischen Revisionismus. Als wären sie heute ausgesprochen, mahnen Lenins Worte: „Da aber das Kriterium der Praxis, d. h. der Verlauf der Entwicklung *aller* kapitalistischen Länder in den letzten Jahrzehnten die objektive Wahrheit der *ganzen* sozialökonomischen Theorie von Marx überhaupt und nicht nur die Wahrheit eines ihrer Teile oder einer ihrer Formulierungen und dergleichen beweist, so ist klar, daß es ein unverzeihliches Zugeständnis an die bürgerliche Ökonomie ist, wenn hier vom ‚Dogmatismus' der Marxisten gesprochen wird. Die einzige Schlußfolgerung, die man aus der von den Marxisten geteilten Auffassung, daß die Marxsche Theorie objektive Wahrheit sei, ziehen kann, besteht im folgenden: *Auf dem Wege* der marxistischen Theorie fortbewegend, werden wir uns der objektiven Wahrheit immer mehr und mehr nähern (ohne sie jemals zu erschöpfen); auf *jedem anderen Wege* aber können wir zu nichts anderem gelangen als zu Konfusion und Lüge."[1] So lautete Lenins Antwort an die Revisionisten seiner Zeit, und nicht weniger treffend werden dadurch auch die modernen Revisionisten entlarvt.

Lenin hat festgestellt, daß die Machisten offene philosophische Reaktionäre und Propagandisten des Fideismus fälschlich für Lehrer der Arbeiter ausgaben. Wenn Lenin den Machismus bekämpfte, so bekämpfte er damit das Eindringen der bürgerlichen Ideologie in die Arbeiterbewegung, so kämpfte er damit für den Triumph der sozialistischen Weltanschauung und forderte Kompromißlosigkeit gegenüber den Gegnern der marxistischen Theorie. In einem Brief an Maxim Gorki äußerte Lenin seine Absicht, ein philosophisches Werk zu schreiben, und bemerkte dazu:

„Ich würde keinen Lärm schlagen, wenn ich nicht unbedingt überzeugt wäre (und davon überzeuge ich mich jeden Tag mehr, je genauer ich die Quellen der Weisheit der Basarow, Bogdanow und Genossen kennenlerne), daß ihr Buch *ganz und gar*, vom Anfang bis zum Ende, von den Zweigen bis zur Wurzel, bis zu Mach und Avenarius absurd, schädlich, pfäffisch ist. Plechanow hat ihnen gegenüber im Grunde *vollkommen* recht, nur versteht er es nicht oder hat keine Lust oder ist zu bequem, dies *konkret*, ausführlich, einfach, ohne das Publikum durch philosophische Feinheiten unnötig einzuschüchtern, auszusprechen. Ich aber werde dies um jeden Preis *auf meine Art* aussprechen.

Was ist hier für eine ‚Versöhnung' möglich, lieber A. M.? Ich bitte Sie, es ist doch lächerlich, das auch nur anzudeuten. Der Kampf ist *absolut* unvermeidlich. Und die Anhänger der Partei müssen sich nicht um Vertuschung oder Aufschub oder Ausflüchte, sondern darum bemühen, daß die praktisch notwendige Parteiarbeit *nicht leidet*. Hierum müssen *Sie* sich kümmern, und 9/10 der russischen Bolschewiki werden Ihnen dabei helfen und Ihnen sehr dankbar sein.

Wie das zu machen ist? ‚Neutralität'? Nein. Von Neutralität kann und *wird nicht* die Rede sein in dieser Frage."[2]

[1] W. I. Lenin, Materialismus und Empiriokritizismus, Berlin 1952, S. 132.
[2] W. I. Lenin, Werke, Bd. 34, S. 338, russ.

So hat Lenin in der Frage des Kampfes gegen den philosophischen Revisionismus entschieden: Keinerlei Versöhnung, keinerlei Neutralität. Die Unversöhnlichkeit gegenüber allen Abweichungen vom Marxismus auf weltanschaulichem Gebiet — das ist Lenins Vermächtnis. Unsere Partei, die kommunistischen und Arbeiterparteien der anderen Länder halten sich streng an dieses Vermächtnis, wenn sie den Kampf gegen den Revisionismus in der Philosophie als eine ihrer wichtigsten Aufgaben betrachten.

Die heutigen Marxisten lernen von Lenin, gegen die heutigen Revisionisten ebenso entschieden aufzutreten, wie er es getan hat, und in dem Kampf für die Reinheit der marxistischen Philosophie nicht nur einen theoretischen Kampf im eigentlichen Sinne des Wortes zu sehen, sondern ihn mit dem täglichen politischen Kampf der Arbeiterklasse und aller Werktätigen für den Sozialismus zu verbinden. Lenin betont: „Der Streit darüber, was philosophischer Materialismus ist, weshalb die Abweichungen von ihm fehlerhaft, wodurch sie gefährlich und reaktionär sind, ist *stets* durch einen ‚lebendigen realen Zusammenhang' mit der ‚marxistischen sozialistischen politischen Strömung' verknüpft, — sonst wäre diese nicht marxistisch, nicht sozial-politisch und keine Strömung. Die ‚Realität' dieses Zusammenhanges leugnen können nur die beschränkten ‚Realpolitiker' des Reformismus oder des Anarchismus."[1]

Lenin hat sich außerordentlich verdient gemacht durch seine genaue Bestimmung der klassenmäßigen und erkenntnistheoretischen Wurzeln des Revisionismus sowie der wichtigsten Merkmale und Besonderheiten des Revisionismus in der internationalen Arbeiterbewegung.

Er hat auf die objektive Unvermeidlichkeit der Entstehung des Revisionismus in einer Klassengesellschaft, auf seinen internationalen Charakter hingewiesen und vorausgesehen, daß der Kampf gegen den Revisionismus späterhin, wenn das Proletariat unmittelbar vor der Aufgabe stehen würde, den Kapitalismus zu stürzen und die neue sozialistische Ordnung zu errichten, unvermeidlich noch heftigere Formen annehmen würde. Im Jahre 1908 schrieb er: „Was wir heute oft nur auf ideologischem Gebiet erleben: Auseinandersetzungen mit theoretischen Korrekturen an Marx — was heute in der Praxis nur in einzelnen Teilfragen der Arbeiterbewegung zum Durchbruch kommt, als taktische Meinungsverschiedenheiten mit den Revisionisten und Spaltungen auf dieser Grundlage —, das alles wird die Arbeiterklasse fraglos in noch viel größerem Maßstab durchzumachen haben, wenn die proletarische Revolution alle Streitfragen verschärfen, alle Meinungsverschiedenheiten auf Punkte von unmittelbarster Bedeutung für die Bestimmung der Haltung der Massen konzentrieren, wenn sie das Proletariat zwingen wird, im Feuer des Kampfes Feind von Freund zu scheiden und die schlechten Bundesgenossen von sich abzuschütteln, um entscheidende Schläge gegen den Feind zu führen."[2]

[1] W. I. Lenin, Sämtl. Werke, Bd. XV, Moskau 1941, S. 111.
[2] W. I. Lenin, Ausgew. Werke in 2 Bdn., Bd. I, Berlin 1953, S. 81.

Lenin hat seinerzeit den damaligen philosophischen Revisionismus vernichtend charakterisiert, und diese Charakteristik ist auch heute noch höchst aktuell. Lenin nannte damals die revisionistischen Ausfälle gegen die marxistische Philosophie eine „Rebellion auf den Knien". Das war insofern eine sehr treffende Bezeichnung, als die philosophischen Revisionisten es zwar nicht wagten, die marxistische Philosophie offen zu kritisieren, und sich mehr oder weniger zum Marxismus bekannten, ihn aber in Wirklichkeit bekämpften und den Idealismus einzuschmuggeln suchten. Ein wesentliches Merkmal des philosophischen Revisionismus bestand auch darin, daß er sich in der Zeit entwickelte, als die Reaktion brutal gegen die Revolutionäre vorging. In dem philosophischen Revisionismus reflektierte sich der Kampf der Reaktion gegen den Marxismus. Statt des in sich geschlossenen Systems des dialektischen Materialismus propagierte der philosophische Revisionismus ein buntes Durcheinander von Anschauungen, die er aus der bürgerlichen Modephilosophie übernommen hatte, ein mit allen möglichen idealistischen Absonderlichkeiten durchsetztes eklektisches Gemisch.

Unsere Zeit unterscheidet sich natürlich von der Zeit, in der Lenin sein Buch „Materialismus und Empiriokritizismus" geschrieben hat. Die geschichtliche Situation hat sich wesentlich verändert. Lenins Kritik des philosophischen Revisionismus bleibt aber auch unter den neuen Verhältnissen, im Kampf mit dem modernen Revisionismus, das methodologische Rüstzeug.

Ist der moderne philosophische Revisionismus, der sich ebenfalls mit marxistischen Phrasen maskiert, nicht auch eine Art „Rebellion auf den Knien"? Um das zu erkennen, braucht man sich nur die Äußerungen des französischen Revisionisten Lefèbvre, der seine Interpretation der Marxschen Gedanken für die einzig richtige erklärt, oder das revisionistische Programm des Bundes der Kommunisten Jugoslawiens, das sich ebenfalls auf Marx und den Marxismus beruft, vor Augen zu halten.

Die modernen Revisionisten lehnen es ab, wie das ihre von Lenin entlarvten Vorgänger auch getan haben, das Bestehen zweier Grundrichtungen in der Philosophie, des Materialismus und des Idealismus, anzuerkennen. Heute passen sich die Revisionisten dem gegenwärtigen sozialen Kampf an und sind bemüht, ihre ablehnende Haltung gegenüber dem Prinzip der Parteilichkeit in der Philosophie mit ihrer opportunistischen Einstellung zu verbinden, die das Bestehen der zwei sozialökonomischen Systeme, der zwei Lager in der Welt leugnet. So vertritt der französische Revisionist Lefèbvre die Ansicht, daß es keinen Gegensatz zwischen Materialismus und Idealismus mehr gäbe. Er wendet sich gegen die Lehre von den zwei Lagern, dem kapitalistischen und dem sozialistischen, und behauptet, gerade diese Lehre habe auf philosophischem Gebiet zum Wiederaufleben des Gegensatzes zwischen Materialismus und Idealismus geführt, der in Wirklichkeit keine wissenschaftliche Bedeutung mehr habe. Die gleiche Linie vertreten die jugoslawischen Revisionisten. Auch polnische Publizisten, wie S. Baumann und andere, stimmen in den Chor der Revisionisten ein und erklären, daß die Trennung der beiden Richtungen in der Philosophie durch einen unüberbrückbaren Abgrund weitgehend veraltet sei. Die Revisionisten wollen nicht einsehen, daß wir uns heute in einem erbitterten Klassenkampf zwischen den Kräften des Sozialismus und des Kapitalismus befinden und daß sich dieser Kampf in dem Kampf der philosophischen Richtungen, die als gegensätzliche Weltanschauungen der kämpfenden Kräfte auftreten, widerspiegelt.

Der moderne philosophische Revisionismus tritt in einer Zeit in Erscheinung, in der sich die durch die Erfolge des Sozialismus erschreckte Reaktion fieberhaft bemüht, der marxistischen Philosophie ihre eigenen Hirngespinste entgegenzustellen. Kennzeichnend für den modernen wie für den alten philosophischen Revisionismus ist ein eklektisches Gemisch aus den verschiedensten, längst überholten bürgerlichen Theorien, die man wieder ans Licht gezogen hat. Für den modernen philosophischen Revisionismus ist ferner kennzeichnend, daß er sich krampfhaft bemüht, den Marxismus des „Dogmatismus" und der „Stagnation" zu beschuldigen. Das sind altbekannte Weisen. Noch heute gilt uneingeschränkt Lenins Feststellung in „Materialismus und Empiriokritizismus": „Eine immer raffiniertere Verfälschung des Marxismus, immer raffiniertere Unterschiebungen von antimaterialistischen Lehren an Stelle des Marxismus — das kennzeichnet den modernen Revisionismus sowohl in der politischen Ökonomie als auch in den Fragen der Taktik und in der Philosophie überhaupt, in der Erkenntnistheorie ebenso wie in der Soziologie."[1]

Lenins Buch „Materialismus und Empiriokritizismus" ist vorbildlich in der Unversöhnlichkeit gegenüber dem Revisionismus, in seiner revolutionären Leidenschaftlichkeit und marxistischen Parteilichkeit, und gerade deshalb wird es von den Gegnern des Marxismus gehaßt. Es gibt heute eine ganze Literatur, die Lenins Lehre von der Parteilichkeit der Philosophie, von der Parteilichkeit der Ideologie „widerlegen" soll. Da ist der österreichische Philosophieprofessor und „Theoretiker" des Katholizismus Johann Fischl, der im Jahre 1953 das Buch „Materialismus und Positivismus heute" veröffentlicht hat. Neben dem Jesuitenpater Wetter, der sich darauf spezialisiert hat, die Entwicklung der Philosophie in der UdSSR zu verfälschen, stehen Bochenski mit seinem Buch „Der sowjetrussische dialektische Materialismus" und viele andere. Ihrer Meinung nach bedeutet die marxistische Auffassung über Parteilichkeit der Philosophie die Leugnung jeglicher Objektivität. „Das kann auch nicht anders sein", meint Bochenski, „denn die kommunistische Philosophie will die Gesellschaftstheorie der kommunistischen Partei sein, die sich für die Partei des Proletariats hält. Sie ist eine Waffe im Kampf der Partei und kann deshalb überhaupt nicht neutral oder objektiv sein."

Sie können und wollen selbstverständlich nicht zugeben, daß die Leninsche Parteilichkeit höchste und strenge Wissenschaftlichkeit, höchste Objektivität mit echt revolutionärem Geist in sich vereinigt, und zwar nicht zufällig, sondern weil dies zum Wesen dieser Lehre gehört.

[1] W. I. Lenin, Materialismus und Empiriokritizismus, Berlin 1952, S. 321.

Lenin schrieb seinerzeit in seiner Kritik an Michailowski: „Haben Sie noch nichts davon gehört, Herr Michailowski, daß als eines der hervorragendsten Musterbeispiele für unerbittliche Objektivität in der Erforschung gesellschaftlicher Erscheinungen mit Recht die berühmte Abhandlung über das ‚Kapital' gilt? Sehr viele Gelehrte und Ökonomen betrachten als den entscheidenden Mangel dieser Abhandlung gerade die unerbittliche Objektivität. Und doch werden Sie in einer wissenschaftlichen Abhandlung selten so viel ‚Herz', so viel glühende und leidenschaftliche Polemik gegen die Vertreter rückständiger Ansichten, gegen die Vertreter jener Gesellschaftsklassen finden, die nach Überzeugung des Autors die gesellschaftliche Entwicklung hemmen."[1]

Diese Charakteristik des „Kapitals" von Marx, seine Objektivität und sein revolutionärer Charakter, seine strenge Parteilichkeit und hohe Wissenschaftlichkeit trifft ohne Einschränkung auch auf Lenins Buch „Materialismus und Empiriokritizismus" zu, das gleichfalls ein Musterbeispiel der organischen Verbindung von strenger Wissenschaftlichkeit und revolutionärem Geist, ein Musterbeispiel des streitbaren dialektischen Materialismus ist.

*

Die von der ganzen Welt bewunderten Erfolge der sowjetischen Naturwissenschaft, die erfolgreiche Erforschung des Atominneren und des Weltraums durch sowjetische Wissenschaftler — das alles ist kein Zufall, sondern eine sich völlig gesetzmäßig entwickelnde Erscheinung.

Die neue soziale Ordnung in der Sowjetunion hat die Wissenschaft auf eine bisher unerreichte Höhe gehoben, hat sie unentbehrlich gemacht für die Entwicklung der Gesellschaft zum Kommunismus. Die Sowjetwissenschaft hat sich, gestützt auf die fortschrittlichen Traditionen des wissenschaftlichen Denkens in der ganzen Welt, erfolgreich entwickeln können, weil sie sich von der fortschrittlichsten Weltanschauung unserer Zeit, von der marxistischen Philosophie leiten läßt. Der dialektische Materialismus ist das befruchtende Prinzip, das die Entwicklung und Bereicherung der Sowjetwissenschaft fördert.

Die marxistische dialektische Methode wird immer mehr zum bewährten Forschungsinstrument der sowjetischen Naturwissenschaft. Das Denken der sowjetischen Naturwissenschaftler, ihre Einstellung zur Lösung wissenschaftlicher Probleme wird von ihr beherrscht, und dies muß zu wesentlichen Forschungsergebnissen führen. Über diese oder jene Interpretation der neuesten Forschungsergebnisse der Wissenschaft, darüber, welche von ihnen dem Geist des dialektischen Materialismus mehr entspricht, kann und soll man streiten, aber unbestreitbar ist, daß für die überwältigende Mehrheit der sowjetischen Naturwissenschaftler der dialektische Materialismus die maßgebliche Methode ist, daß er der Sowjetwissenschaft ihre Zielstrebigkeit und ihre Stärke verleiht.

In der erfolgreichen friedlichen Anwendung der Atomenergie, in den künstlichen Erdsatelliten sehen wir einen Beweis für die Leistungsfähigkeit der sowjetischen

[1] W. I. Lenin, Werke, Bd. 2, S. 498, russ.

Wissenschaftler, sehen wir eine gewaltige Leistung sowjetischer Arbeiter und Ingenieure. Wir sehen darin aber auch einen Beweis für die Kraft des dialektischen Materialismus als Weltanschauung und als allgemeine wissenschaftliche Methode.

In all dem leben die Ideen der philosophischen Werke Lenins, die die für wahrhaft geniale Werke charakteristische Eigenschaft besitzen, niemals zu veralten, sondern immer wieder ihren geistigen Reichtum zu offenbaren. Zu diesen Werken gehört das Buch „Materialismus und Empiriokritizismus“, dessen Bedeutung von Jahr zu Jahr größer wird.

M. E. Omeljanowski
Mitglied der Akademie der Wissenschaften der UdSSR

W. I. LENIN UND DIE PHILOSOPHISCHEN FRAGEN DER MODERNEN PHYSIK

Die Arbeiten W. I. Lenins sind in der geistigen Entwicklung der Menschheit von epochaler Bedeutung. W. I. Lenin, der den Marxismus in der Epoche des Imperialismus und der sozialistischen Revolution weiterentwickelte, konnte dabei nicht an der Physik vorübergehen, in der sich von 1895—1910 die ersten Elemente der gigantischen wissenschaftlichen und technischen Umwälzung abzeichneten, die in unseren Tagen mit dem Wort „Atomzeitalter" bezeichnet wird.

Im Artikel „Unsere Liquidatoren", in dem Lenin den philosophischen Kampf der Marxisten mit den Machisten zu Beginn unseres Jahrhunderts analysiert, weist er darauf hin, daß diese nicht zufällig 1908—1910 auftraten, in der Zeit der gesellschaftlichen und politischen Reaktion in Rußland, „wo die grundlegenden theoretischen, darunter auch die philosophischen Fragen für jede *lebendige* Richtung an eine der ersten Stellen rücken". Lenin schreibt weiter: „Darum war eine philosophische ‚Auseinandersetzung' gerade für die fortgeschrittene Klasse Rußlands notwendig und sie bereitete sich seit langem auch in den anderen Ländern der Welt insofern vor, als beispielsweise die neue Physik eine Reihe neuer Fragen aufwarf, mit denen der dialektische Materialismus ‚fertig werden' mußte"[1].

Bekanntlich führte Lenin diese philosophische Auseinandersetzung in seinem berühmten Buch „Materialismus und Empiriokritizismus" (1909). Auch nach der Fertigstellung dieses Buches zogen die Fragen der neuen Physik die Aufmerksamkeit Lenins auf sich. Davon zeugen vor allen Lenins „Philosophische Hefte" (1914—1916), in denen das Hauptthema — die Theorie der materialistischen Dialektik — untrennbar mit den philosophischen Schlußfolgerungen und Verallgemeinerungen aus der modernen Physik verbunden ist, und der programmatische Artikel „Über die Bedeutung des streitbaren Materialismus" (1922), in dem wesentliche Fragen aufgeführt sind, die sich auf die Naturwissenschaft und den dialektischen Materialismus beziehen.

Das wissenschaftliche Genie Lenins beschränkte sich nicht nur auf die Gesellschaftswissenschaften. Indem er den Marxismus und die marxistische Philosophie weiterentwickelte, und zwar in einer historischen Periode, die sich von jener Zeit

[1] W. I. Lenin, Gesammelte Werke, Verlag für fremdsprachige Literatur, Moskau 1941, Bd. XV, S. 111.

unterschied, in der durch Marx und Engels die Lehre der Arbeiterklasse geschaffen wurde, bereicherte er auch die philosophischen Grundlagen der Naturwissenschaften mit neuen Thesen und Schlußfolgerungen. Wenn infolge bestimmter Gründe, auf die wir hier nicht eingehen, der dialektische Materialismus in die Gesellschaftswissenschaften früher eindrang (das war im 19. Jahrhundert der Fall) als in die Naturwissenschaften, so dringt in unserer Zeit der dialektische Materialismus immer tiefer in die Naturwissenschaften ein. Der Anfang dazu wurde für die Naturwissenschaften unserer Epoche von Lenin gemacht, der in seinem Werk „Materialismus und Empiriokritizismus" von der Position des dialektischen Materialismus aus die Errungenschaften der Physik in der Periode von 1895—1909 verallgemeinerte.

„Die neueste Revolution in der Naturwissenschaft" (Lenin) begann im Zusammenhang mit der Entdeckung der Elektronen und der Radioaktivität zu Beginn unseres Jahrhunderts und dauert bis in die gegenwärtige Zeit an. Die ganze Entwicklung der Physik in unserer Epoche, dem „Atomzeitalter", verkörpert in der Physik den Triumph der Leninschen philosophischen Grundgedanken in gleichem Maße, wie die ganze Entwicklung der menschlichen Gesellschaft im 20. Jahrhundert ein Sieg des Leninismus in der ökonomischen, politischen und ideologischen Umgestaltung des menschlichen Lebens ist. Als das Buch „Materialismus und Empiriokritizismus" geschrieben wurde, machte die neue Physik erst die ersten Schritte ihrer Entwicklung. Die Relativitätstheorie und die Quantentheorie, die führenden physikalischen Theorien unseres Jahrhunderts, wurden erst formuliert, die Atom- und Kernphysik bildete sich erst heraus. Doch keiner der Gelehrten jener Zeit begriff so tief und sicher wie Lenin den Geist der neuen Physik. „Die Zerstörbarkeit des Atoms, seine Unerschöpflichkeit, die Veränderlichkeit aller Formen der Materie und ihrer Bewegung bildeten immer die Stütze des dialektischen Materialismus. Alle Grenzen in der Natur sind bedingt, relativ, beweglich, drücken das Näherkommen unseres Verstandes an die Erkenntnis der Natur aus ..."[1], schrieb Lenin lange vor der Entdeckung der sogenannten Elementarteilchen und ihrer Umwandlung, lange bevor die Physiker den wissenschaftlichen Inhalt der Relativität physikalischer Gesetze und Theorien, des physikalischen Weltbildes überhaupt, begriffen hatten.

Lenin enthüllte den philosophischen Inhalt der Revolution in der Physik unseres Jahrhunderts, gab die dialektisch-materialistische Erklärung dieser Revolution, zeigte damit gleichzeitig die Fehlerhaftigkeit der aus ihr gezogenen idealistischen Schlußfolgerungen und erklärte den hemmenden Einfluß des Idealismus und der Metaphysik auf die Entwicklung der modernen Wissenschaft. Lenin zeigte auch, daß die einzig wahre Konzeption, die der neuen Physik entspricht, der dialektische Materialismus ist, die Philosophie der Arbeiterklasse und ihrer Partei. Für unsere ganze Epoche wurde der Entwicklungsweg der modernen Physik philosophisch durch Lenin erhellt.

[1] W. I. Lenin, Materialismus und Empiriokritizismus, Berlin 1952, S. 271/272.

1

Wenn seit der Zeit der wissenschaftlichen Revolution des 16.—17. Jahrhunderts, die mit der Physik Newtons ihren Abschluß fand, die Entwicklung der Physik bis zum 20. Jahrhundert relativ stetig verlief und im wesentlichen evolutionären Charakters ist, so verläuft in unserer Epoche diese Entwicklung sprunghaft, in bestimmter Hinsicht „katastrophal" für die alten Theorien. Die neuen Theorien, die im Verlaufe von 10 bis 20 Jahren geschaffen und entwickelt wurden, überwinden die alten und verdrängen sie, wobei diese ihrerseits durch neuere zerschlagen und verdrängt werden. Aus dem Konflikt zwischen der klassischen Physik und den Problemen der Strahlung wurde die berühmte Quantenhypothese Plancks geschaffen. Ihre Modifikation und Entwicklung führte zu den Photonen Einsteins und zur Bohrschen Atomtheorie, und daraus ging die moderne Quantenphysik, die die Quantenmechanik und die Quantentheorie der Felder einschließt, hervor. Aus dem Konflikt zwischen der klassischen Mechanik und der Maxwellschen Theorie des Elektromagnetismus entstand eine andere äußerst wichtige Theorie der modernen Physik, die Relativitätstheorie, die den gewaltigen Raum des Weltalls zum Gegenstand hat. Die Entdeckung der korpuskularen Eigenschaften des Lichtes und der Welleneigenschaften des Stoffes, die Entdeckung sogenannter Elementarteilchen (des Elektrons und des Protons, des Neutrons, des Positrons, des Neutrinos, der positiven, negativen und neutralen Mesonen mit unterschiedlicher Masse, der Hyperonen und in der jüngsten Zeit des Antiprotons und des Antineutrons), deren Zahl wächst, gleichsam als ob sie den metaphysischen Verstand verspotten wolle, die Entdeckung der künstlichen Radioaktivität, die Umwandlung von Stoffteilchen in Licht und umgekehrt, die Entdeckung der Kernspaltung und der Kettenreaktionen, endlich die industrielle Ausnutzung der Atomenergie, deren Bedeutung für die Entwicklung der Kultur und Technik etwas Phantastisches darstellt — das sind die Marksteine der Vorwärtsentwicklung der modernen Physik.

Ein äußerst wichtiger Zug der Entwicklung der Physik seit Ende des 19. Jahrhunderts ist der in früheren Epochen nie dagewesene Fortschritt, die jähe Zerstörung alter, wesentlicher Grundlagen und Begriffe der Physik, die Schaffung neuer Theorien und Konzeptionen, die so „verwunderlich" und „unverständlich" erscheinen, daß in der alten Physik nicht einmal Andeutungen darüber gegeben sind. In der modernen Physik gibt es keine unveränderlichen Theorien. Wenn noch an der Schwelle der neuen Physik die Gelehrten sich nur unter Schwierigkeiten von den klassischen Vorstellungen trennten (das fällt besonders bei Planck und Lorentz, in gewisser Beziehung auch bei Einstein auf), so wird sich heutzutage kaum ein Physiker finden, der darauf besteht, daß die modernen Theorien ein für allemal die gegebene Grundlage der gesamten Physik bilden. Aber zugleich verwirft die moderne Physik nicht die zurückgedrängten Theorien, sondern sie erscheinen als Grenzfälle der neuen Theorien. In der neuen Physik erfährt die Anwendung der Mathematik eine besonders wichtige und eigenartige Entwicklung.

Bildete sie in der alten Physik vorzugsweise ein Mittel, um quantitative Schlüsse zu erhalten, so erhielt sie in der neuen Physik gewaltige heuristische Bedeutung. Dies verleiht den modernen Theorien scheinbar abstrakt symbolischen Charakter. Sie sind auf den ersten Blick weit von der „Anschaulichkeit“ und „Verständlichkeit“ der Theorien der klassischen Physik entfernt.

Alle diese Züge, die die Entwicklung der Physik seit dem Ende des 19. Jahrhunderts charakterisieren, zeigen, daß die Naturwissenschaft unserer Zeit unmöglich ohne philosophische Schlußfolgerungen und Verallgemeinerungen auskommt.

Die Physik, und diese Tatsache ist weit bekannt, war während ihrer ganzen Geschichte untrennbar mit der Philosophie verbunden. In unserer Zeit erlangt dieser Zusammenhang der physikalischen Erkenntnis mit der Philosophie qualitativ besonderen Charakter, durch den (ungeachtet einer gewissen Ähnlichkeit) die neue Physik vom Zustand der Physik in den vergangenen Epochen scharf unterschieden ist. Die alte Physik nahm spontan die materialistische Erkenntnistheorie an, mit anderen Worten, der idealistische Einfluß auf die Theorie der alten Physik drang nicht tief in den Inhalt der Wissenschaft ein und war objektiv ein Tribut an die herrschende Ideologie der Ausbeutergesellschaft. Im 20. Jahrhundert jedoch erhielt in der Physik der kapitalistischen Länder die idealistische und agnostizistische Erkenntnistheorie weite Verbreitung, anfangs in Form des Positivismus Machs und dann in Form des logischen Positivismus und ähnlicher philosophischer Strömungen. Es entstand und entwickelte sich der „physikalische Idealismus“. Von dessen Standpunkt aus wurden die idealistischen Anschauungen im wesentlichen nicht als irgendeine philosophische Deutung des Inhalts der Wissenschaft betrachtet, sondern als ein Teil dieses Inhalts, als organisches Element der Wissenschaft selbst. Die folgenden Ursachen bestimmten diese Situation. Der alten Physik mit ihrer scheinbar ein für allemal gegebenen Konzeption des Raumes, der Zeit, der Kraft und der Masse entsprach der mechanische Materialismus mit seinen beständigen Atomen und seiner Reduzierung aller Entwicklungsgesetze der Materie auf die Gesetze der Mechanik, mit seinen ewigen Wahrheiten usw. Es ist wahr, die Beschränktheiten des mechanischen Materialismus kamen auch in der alten Physik zum Ausdruck, besonders in der zweiten Hälfte des 19. Jahrhunderts, als die Gesetze der Erhaltung und Umwandlung der Energie durch Joule, Mayer und Helmholtz und das Periodische System der Elemente durch Mendelejew entdeckt wurden, als Faraday seine Entdeckungen machte und dadurch die Theorie des Elektromagnetismus geschaffen wurde. Die klassische deutsche Philosophie des 19. Jahrhunderts konnte infolge ihres Idealismus keine richtige Antwort auf die Fragen, die die Entwicklung der Naturwissenschaft stellte, geben. Diese Antwort konnte nur der dialektische Materialismus geben, der von Marx und Engels als Wissenschaft von den allgemeinen Gesetzen der Entwicklung der Natur, der Gesellschaft und des Denkens geschaffen wurde. Indem Engels die Leistungen der Naturwissenschaft seiner Zeit im „Anti-Dühring“ und der „Dialektik der Natur“ philosophisch verallgemeinerte, rief er die Gelehrten zur bewußten Anwendung des dialektischen Materialismus bei der Lösung der Schwierigkeiten und Widersprüche in der Naturwissenschaft auf.

Gegen Ende des 19. Jahrhunderts, als sich der Imperialismus herausbildete, der die Herrschaft der Reaktion auf der ganzen Linie der ökonomischen, politischen und ideologischen Fragen bedeutet, veränderten sich die sozialen Bedingungen für die Entwicklung der Physik stark. In der Umgebung der imperialistischen Reaktion konnte die Revolution in der Naturwissenschaft, die jähe Zerstörung der veralteten wissenschaftlichen Gesetze und Theorien durch neue Entdeckungen nur zu einem Anwachsen der idealistischen Stimmungen unter den Naturwissenschaftlern führen. Der metaphysische mechanische Materialismus entsprach nicht der neuen Physik, obwohl sich einzelne Gelehrte an die mechanizistischen Dogmen klammerten. Aber den dialektischen Materialismus, die Philosophie, die der neuen Physik adäquat ist, kannten die Gelehrten nicht. Infolgedessen erschien vielen von ihnen die Revolution in der Physik als Zusammenbruch des Materialismus und als Sieg des Agnostizismus und Idealismus. Zuerst wurde das von Lenin gekennzeichnet: „Die neue Physik", lesen wir in „Materialismus und Empiriokritizismus", „ist hauptsächlich gerade deswegen zum Idealismus abgeglitten, weil die Physiker die Dialektik nicht kannten. Sie kämpften gegen den metaphysischen (im Engelsschen, nicht im positivistischen, d. h. Humeschen Sinne des Wortes) Materialismus, gegen seinen einseitigen ‚mechanischen Charakter' und schütteten dabei das Kind mit dem Bade aus."[1]

Im engen Zusammenhang mit den angeführten Worten Lenins steht seine Charakteristik der Krise der modernen Physik. Diese Krise ist ein äußerst wichtiges Element der „neuesten Revolution in der Naturwissenschaft" und es ist nötig, an die entsprechende Formulierung Lenins zu erinnern.

„... In philosophischer Hinsicht", schreibt Lenin, besteht „das Wesen der ‚Krise der modernen Physik' darin, daß die alte Physik in ihren Theorien ... die Widerspiegelung einer objektiven Realität sah. Die neue Strömung in der Physik sieht hingegen in der Theorie nur Symbole, Zeichen, Merkmale für die Praxis, d. h., sie leugnet die Existenz der von unserem Bewußtsein unabhängigen und von ihm widergespiegelten objektiven Realität."[2]

Gleichzeitig damit begründete Lenin tief und allseitig den Gedanken, daß die neuen Entdeckungen und Theorien der Physik eine weitere Ausdehnung unserer Kenntnisse der Natur darstellen, daß sie ein Sieg der Wissenschaft sind und die Wahrhaftigkeit des Materialismus belegen.

Von diesem Gesichtspunkt aus ist die Abweichung zur reaktionären Philosophie, die wir bei den bekannten Physikerschulen vorfinden, ein „zeitweiliger Zickzack, eine vorübergehende krankhafte Periode in der Geschichte der Wissenschaft, eine Wachstumskrankheit, hervorgerufen vor allem durch den *jähen Zusammenbruch* der alten, bis dahin feststehenden Begriffe."[3]

[1] W. I. Lenin, Materialismus und Empiriokritizismus, S. 252.
[2] Ebenda, S. 246.
[3] Ebenda, S. 295.

Lenin hat niemals und nirgends Zweifel darüber geäußert, daß die Krise der modernen Physik überwunden wird und daß die Gelehrten neue gigantische Erfolge in der Erkenntnis der Natur erreichen werden. „Der fundamentale materialistische Geist der Physik", schreibt er, „wie aller modernen Naturwissenschaft, wird alle möglichen Krisen überwinden, aber nur bei unbedingter Ersetzung des metaphysischen Materialismus durch den dialektischen."[1]

Wir fragen, ist das, was Lenin 1908 über die Krise der neuen Physik schrieb, für die heutige Zeit richtig?

Seit der Herausgabe von „Materialismus und Empiriokritizismus" verging etwa ein halbes Jahrhundert, in dessen Verlauf im theoretischen Inhalt der Physik neue wesentliche Veränderungen vor sich gingen. Die klassische Konzeption des Raumes, der Zeit, der Masse und der Kraft wurde endgültig überwunden. An die Stelle der grundlegenden Begriffe der klassischen Theorien traten die Begriffe der Relativitätstheorie und der Quantenmechanik. Obwohl die physikalische Theorie bis heute keine einheitliche, der Newtonschen Synthese ähnliche Konzeption für die ganze Physik besitzt, die die innere Welt der Atome und den kolossalen Bereich des Weltalls umfassen würde, machen sich jedoch die Physiker mit dem Gedanken vertraut, daß die künftige synthetische Konzeption der ganzen modernen Physik, die sich zweifellos durch den Inhalt und den Charakter radikal von der Konzeption Newtons unterscheiden wird, nicht als ein für allemal gegeben betrachtet werden kann.

In den vergangenen Jahren, der ganzen Epoche der Kriege und Revolutionen, die das Gesicht unseres Planeten veränderten, wurden die sozialen Grundlagen der Wissenschaft bis auf den Grund umgestaltet. Es veränderte sich auch in vielem und wesentlichem die philosophische Atmosphäre, in der sich die Naturwissenschaft entwickelt. Die Voraussicht Lenins, daß der dialektische Materialismus die Krise der modernen Physik besiegen wird, ist völlig in Erfüllung gegangen. Unter dem unmittelbaren Einfluß des Marxismus-Leninismus entstand die fortschrittliche Sowjetwissenschaft, deren philosophische Grundlage der dialektische Materialismus ist. Der dialektische Materialismus dringt auch in die Wissenschaft der Länder der Volksdemokratien ein, wo erfolgreich die Aufgaben des sozialistischen Aufbaus gelöst werden. Der dialektische Materialismus verbreitet sich ebenfalls unter den fortschrittlichen Gelehrten der kapitalistischen Länder. In der vergangenen Zeit trat eine immer größere Zahl von Gelehrten der verschiedenen kapitalistischen Länder gegen die idealistische Auffassung der Physik auf. Unter der ausländischen Intelligenz vollzieht sich ein wesentlicher ideologischer Fortschritt.

Die radikalen entscheidenden Veränderungen in den vergangenen 50 Jahren im Leben der Gesellschaft und in der Lage der Wissenschaft heben nur die Vertiefung und Verstärkung der Krise der modernen Physik in den kapitalistischen Ländern hervor, die nach Lenin „in ihrem Abweichen von der unumwundenen, entschiedenen und unwiderruflichen Anerkennung des objektiven Wertes ihrer Theorie besteht ..."[2]

[1] Ebenda, S. 296.
[2] Ebenda, S. 296/297.

Die Krise der Physik des 20. Jahrhunderts drückt in einem Zweig der Wissenschaft eine der vielen Seiten des Verfalls der imperialistischen reaktionären Welt aus, wobei sie mit der allgemeinen Krise des Kapitalismus verbunden ist. Jetzt, wo der Sozialismus ein Weltsystem geworden ist und sich mit dem Kapitalismus in Koexistenz befindet, nimmt der ideologische Kampf häufig besonders scharfe Formen an. Das findet auch in den philosophischen Fragen der Physik seinen Ausdruck. Der Positivismus, dessen Ideen im 20. Jahrhundert viele führende Physiker der kapitalistischen Länder teilen, wurde in der vergangenen Zeit wie niemals zuvor aktiviert, wobei er noch stärker seinen Subjektivismus und Indeterminismus betont, sich mit theologischen Gruppierungen zusammenschließt und die Rückkehr zum Platonismus und anderen obskuranten idealistischen Systemen alter Zeit predigt.

Wenn nach dem ersten Weltkrieg die modernen philosophischen Richtungen in den kapitalistischen Ländern, um die reaktionäre Ideologie zu unterstützen, sich ohne jeden Grund an die Relativitätstheorie Einsteins klammerten, dann benutzten sie in jüngster Zeit dafür (wiederum ohne jeden vernünftigen Grund) die Quantenmechanik mit ihrer Unbestimmtheitsrelation und ihren besonderen statistischen Gesetzen. Es existieren nicht wenige positivistische Arbeiten pseudowissenschaftlichen Charakters in der Art folgender Bücher: Ph. Frank „Zwischen Physik und Philosophie" (1941), A. March „Physikalische Erkenntnis und ihre Grenzen" (1955), H. Reichenbach „Philosophische Grundlagen der Quantenmechanik" (1949), P. Feurie „Determinismus und Indeterminismus" (1955), P. Bridgeman „Betrachtungen eines Physikers" (1955). In ihnen wird, in dieser oder jener Form, die Haltlosigkeit des Materialismus und des Determinismus „bewiesen". Es gibt eine sich ständig vergrößernde Menge populärer Literatur, die gegen den Materialismus gerichtet ist. Als Beispiel möge „rowohlts deutsche enzyklopädie" dienen, an der sich hervorragende Naturwissenschaftler beteiligen. In physikalischen Zeitschriften und Sammelbänden, die in den vergangenen Jahren in den kapitalistischen Ländern herausgegeben wurden, treten Heisenberg, Pauli, Born, Bridgeman, Schrödinger und andere bekannte Gelehrte mit Artikeln auf, wobei sie von neuen Positionen aus verschiedene alte idealistische und agnostizistische Auffassungen zu beleben trachten. In der Schweizer Zeitschrift „Dialectica" wurden Artikel gegen die Anwendbarkeit des dialektischen Materialismus in der Naturwissenschaft gedruckt.[1] Ph. Frank, H. Margenau und andere führende Vertreter des modernen Positivismus streiten der marxistischen Philosophie ungeachtet der Tatsachen jede positive Rolle bei der Ausarbeitung der theoretischen Probleme der Naturwissenschaft ab.[2] Solche Beispiele gibt es in der ausländischen Literatur über die philosophischen Fragen der Physik so viel man will.

[1] Siehe z. B. E. Walter, Der Begriff der Dialektik im Marxismus, „Dialectica", 1947, Vol. I, Nr. 1.

[2] Siehe Ph. Frank, Zwischen Physik und Philosophie, Cambridge-Massachusetts, 1941, S. 139; H. Margenau, Die Natur der physikalischen Realität, New York, 1950, S. 20—24.

Gleichzeitig bildet der moderne „physikalische" Idealismus selbst nichts Homogenes. Man muß zwischen den Berufsphilosophen wie Ph. Frank, H. Reichenbach, H. Margenau (USA), dem bekannten englischen Positivisten Dingle und den Physikern, die sich über die philosophischen Fragen ihrer Wissenschaft äußern, wie Born, Bridgeman, Bohr, Schrödinger, Heisenberg u. a. unterscheiden. Zweifellos stimmt das theoretische Denken des idealistischen Physikers, wenn er als Physiker über die Natur spricht, nicht mit seinem theoretischen Denken überein, wenn er über sein Verhältnis zur Natur „philosophiert". Ein solcher Physiker wird zum Beispiel, wenn er eine Nebelspur in einer Wilsonkammer beobachtet, die Elektronen (von denen diese Spur herrührt) als objektive Realität betrachten und dabei seine „Philosophie" vergessen. Er verdrängt dabei die Ansichten Franks über die Realität, der das Elektron die Gesamtheit der physikalischen Größen nannte, die von uns für die Aufstellung von Prinzipien eingeführt wurden, aus denen wir logisch auf die Stellung des Zeigers des Meßapparates schließen können.

Wenn man die philosophischen Ansichten und Äußerungen moderner Physiker erörtert, die diese oder jene idealistische Idee vertreten, führt ein schablonenmäßiges Herangehen zu keinem Erfolg. Pauli zum Beispiel findet eine mehr als wunderliche Analogie zwischen dem „Unbewußten" und dem Begriff des „Feldes" in der Physik[1] und Heisenberg betrachtet das Wesen des Begriffes Materie in der Reduzierung auf die Mathematik, wobei er keinerlei prinzipiellen Unterschied zwischen der Philosophie Platons und der „Philosophie" der modernen Quantenphysik sieht.[2] Born dagegen unterstützt auf jede Art und Weise die These: „Wer glaubt, daß die einzig wichtige Realität das Reich der Ideen, des Geistigen ist, sollte sich nicht mit Naturwissenschaft beschäftigen"[3], aber gleichzeitig verteidigt Born den Indeterminismus in der Physik, indem er versucht, sogar in die klassische Mechanik indeterministische Grundlagen hineinzudeuten.

In den Ansichten bedeutender moderner Physiker der kapitalistischen Länder zeigt sich ihre Unkenntnis des dialektischen Materialismus, was sich aus dem sozialen Milieu, in dem sie leben, erklärt. Darauf weist Lenin in „Materialismus und Empiriokritizismus" hin. Er lenkt die Aufmerksamkeit darauf, daß die „physikalischen" Idealisten „im Grunde genommen zwischen Idealismus und dialektischem Materialismus schwanken."[4]

Dieser Hinweis Lenins ist für die Analyse der Weltanschauung der Naturwissenschaftler unserer Epoche äußerst wichtig. Die Logik der Dinge führt die hervorragenden Physiker in bestimmten Fällen dicht an den dialektischen Materialismus heran. Manchmal fallen ihre Ansichten über einzelne philosophische Fragen der modernen Physik mit dem Standpunkt des dialektischen Materialismus direkt

[1] Siehe W. Pauli, Naturwissenschaftliche und erkenntnistheoretische Aspekte der Ideen vom Unbewußten, „Dialectica", 1955, Vol. 8, Nr. 4.
[2] Siehe W. Heisenberg, Plato und die moderne Physik, „Festschrift für Emil Prätorius", Inselverlag 1954.
[3] M. Born, Physik und Metaphysik, „Naturwissenschaftliche Rundschau", 1955, H. 8, S. 301.
[4] W. I. Lenin, Materialismus und Empiriokritizismus, S. 300.

zusammen. Das kann man bei Einstein, Bohr, Heisenberg, Born und anderen modernen Physikern, mit denen wir uns weiter befassen werden, verfolgen. Gleichzeitig offenbart sich aber in ihren philosophischen idealistischen Äußerungen, in der positivistischen Auslegung und Deutung der Theorien der modernen Physik ihre Unkenntnis und Ignorierung der materialistischen Dialektik.

Ein neues Moment des Kampfes zwischen Materialismus und Idealismus in der Physik in den vergangenen Jahren wird dadurch charakterisiert, daß eine immer größere Zahl von ausländischen Gelehrten offen gegen den Subjektivismus, Indeterminismus und Positivismus auftritt. Sie treten für den Determinismus, die materialistische Philosophie und den dialektischen Materialismus in der Physik ein, wobei sie die völlige Unterstützung der sowjetischen Gelehrten finden. Weit bekannt sind die Namen des verstorbenen P. Langevin, J. Bernal, L. de Broglie, die gegen die „intellektuelle Ausschweifung" (Langevin) der positivistischen Schulen in der Physik auftreten. Ihnen schließen sich die Physiker der jüngeren Generation D. Bohm, J. Vigier, L. Janossy und andere an.

So existiert die Krise der Physik, die Lenin untersuchte, in den kapitalistischen Ländern auch heute noch. Sie vertiefte sich in ihrem Inhalt und nahm neue Formen an. Diese kommen in einem früher nie dagewesenen heftigen Kampf der materialistischen und idealistischen Tendenzen in der Physik in ihrer modernen Etappe der Entwicklung im engen Sinne des Wortes zum Ausdruck. Damit darf man aber nicht jene Schwierigkeiten (größeren und kleineren Maßstabs) verwechseln, die unvermeidlich die Wissenschaft auf die Probe stellen und die auf ihre Art davon zeugen, daß die Wissenschaft sich sozusagen zu einem neuen Aufschwung rüstet. Und gerade eine solche Schwierigkeit (vor allem prinzipiellen Charakters) macht gegenwärtig die Quantenphysik bei der Schaffung der Theorie der Elementarteilchen durch. Im Kampf für den Materialismus in der modernen Physik gebührt dem Gelehrten, der sich bewußt auf den dialektischen Materialismus orientiert, der erste Platz.

Die neue Physik weist auf Grund des Wesens ihrer Entdeckungen und Theorien dem philosophischen Denken eine besonders wichtige Rolle zu. Sie vereinigt in höchster Synthese solche vom Standpunkt der klassischen Physik aus anscheinend unversöhnlichen Begriffe, wie die räumlichen und zeitlichen Charakteristiken der sich bewegenden Körper, das Licht und den Stoff, die Wellen- und Korpuskeleigenschaften der Materie, die räumlichen Eigenschaften und die im Raum verlaufenden materiellen Prozesse, die dynamischen und statistischen Gesetzmäßigkeiten. Diese Aufzählung kann erweitert werden. Die moderne Physik demonstriert mit verblüffender Überzeugungskraft den relativen Charakter jeglicher wissenschaftlicher Thesen über den Bau und die Eigenschaften der Materie, deckt das Fehlen absoluter Grenzen in der Natur auf und zeigt die Relativität der physikalischen Theorien. Mit ihrem ganzen Inhalt stellte die neue Physik die Aufgabe, die Philosophie und die Methode zu finden, die ihren Entdeckungen und Theorien adäquat ist.

Diese einzige Philosophie und diese einzige Methode ist, wie Lenin hervorhob, der dialektische Materialismus. Über die Dialektik wie über die Philosophie der modernen Naturwissenschaft sprechen heute auch die Gelehrten, die den dialektischen Materialismus nicht kennen oder sogar ihren philosophischen Anschauungen nach ihm fremd und feindlich sind. Zum Beispiel ist der bekannte Schweizer Physiker Pauli, wie er sagte, mit der Charakterisierung des „gemeinsamen Spieles" der sich wechselseitig ausschließenden Seiten, wovon die sogenannte Kopenhagener Interpretation der Quantenmechanik handelt, als „dialektisch" einverstanden.[1] Die Zeitschrift „Dialectica" publiziert darüber recht viele Artikel, was dem Wesen der Sache nach davon zeugt, daß die moderne Wissenschaft nicht ohne die Dialektik auskommen kann[2] (obwohl die Autoren dieser Artikel sich vor dem dialektischen Materialismus scheuen und nicht imstande sind, in ihm die Philosophie der Naturwissenschaft zu sehen, die sie suchen).

Durch Lenin wurde gezeigt, daß dialektischer Materialismus als Philosophie und Methode der Naturwissenschaft in der modernen Physik ständig geboren wird und er nicht etwas ist, was dem physikalischen Inhalt von außen gewaltsam aufgezwängt wird. Er bewies auch, daß die Festigung und das immer tiefere Eindringen des dialektischen Materialismus in die Physik unter den sozialen Verhältnissen unserer Epoche ohne den unversöhnlichen Kampf mit den idealistischen und agnostizistischen Anschauungen unmöglich ist. „Die moderne Physik", schrieb Lenin, indem er das Fazit seiner Analyse der philosophischen Schlüsse aus der neuesten Revolution in der Naturwissenschaft zog, „. . . liegt in Geburtswehen. Sie ist dabei, den dialektischen Materialismus zu gebären. Die Entbindung verläuft schmerzhaft. Außer dem lebendigen und lebensfähigen Wesen kommen unvermeidlich noch gewisse Produkte, einige Abfälle zum Vorschein, die in die Kehrichtgrube gehören. Zu diesen Abfällen gehört auch der ganze physikalische Idealismus, die ganze empiriokritische Philosophie samt dem Empiriosymbolismus, Empiriomonismus u. dgl. m."[3]

Die neue Physik stellte äußerst wichtige Fragen, die sich auf Probleme der objektiven Realität, der Kausalität und Notwendigkeit, des Raumes und der Zeit beziehen. Wir beschränken uns auf die beiden ersten Probleme, die im Mittelpunkt der Aufmerksamkeit der Quantentheorie stehen. Gerade um sie entwickelte sich ein besonders harter Kampf zwischen dem Materialismus und dem Idealismus in der modernen Literatur über die philosophischen Fragen der Physik.

2

Die von Lenin entwickelte Lehre des dialektischen Materialismus über die Materie ist die unentbehrliche prinzipielle Grundlage für das Verständnis des ganzen philosophischen Inhalts der Entdeckungen und Theorien der neuen

[1] Siehe W. Pauli, „Wahrscheinlichkeit und Physik", „Dialectica", 1954, Vol. 8, Nr. 2, S. 118.

[2] Siehe z. B. K. Miescher, „Einheit in der Gegensätzlichkeit als eine Grundlage unseres Wesens und unserer Erkenntnis", „Dialectica", 1948, Vol. 2, Nr. 1. Siehe auch die zahlreichen Artikel von F. Gonseth und anderen Autoren in der Zeitschrift „Dialectica" in der Zeit von 1947—1956.

[3] W. I. Lenin, Materialismus und Empiriokritizismus, S. 304.

Physik. Existieren denn ein für allemal gegebene Elemente, absolute Substanzen, ein unveränderliches Wesen der Dinge und ähnliches? Der Versuch, sie zu finden, das ist der charakteristischste Zug jeder metaphysischen Philosophie. Insbesondere der mechanische Materialismus sah in der Materie eine unveränderliche absolute Substanz, und die Naturwissenschaftler des 18. bis 19. Jahrhunderts verstanden gewöhnlich unter Materie unveränderliche winzige Teilchen, die sich nach den Gesetzen der klassischen Mechanik bewegen.

Der dialektische Materialismus erkennt die Existenz unveränderlicher Elemente, absolut unwandelbarer Substanzen nicht an. Er verneint das unveränderliche Wesen aller Dinge. „Die ‚Wesenheit' der Dinge oder die ‚Substanz' sind *ebenfalls* relativ; sie bringen nur die Vertiefung der menschlichen Erkenntnis der Objekte zum Ausdruck, und wenn gestern diese Vertiefung nicht weiter als bis zum Atom reichte, heute nicht weiter als bis zum Elektron und Äther reicht, so beharrt der dialektische Materialismus auf dem zeitlichen, relativen, annähernden Charakter aller dieser *Marksteine* in der Erkenntnis der Natur durch die fortschreitende Wissenschaft des Menschen."[1]

Für den dialektischen Materialismus ist nur eines unveränderlich: die Anerkennung der äußeren Welt, die unabhängig vom Bewußtsein der Menschen existiert. Keinerlei andere „Unveränderlichkeit", keinerlei anderes „Wesen" in dem Sinne, in dem dies die metaphysische und idealistische Philosophie darstellt, existiert für den dialektischen Materialismus. Dementsprechend gab Lenin seine berühmte Definition der Materie als der „... objektiven Realität, die dem Menschen in seinen Empfindungen gegeben ist, ... und unabhängig von ihnen existiert."[2] Aus dieser Definition, in der die materialistische Lösung der Grundfrage der Philosophie und die Dialektik innerlich verbunden sind, ergeben sich gewaltige Folgerungen, die sich nicht nur auf die Probleme der Realität, sondern auch auf die Probleme von Kausalität und Gesetzmäßigkeit, von Raum und Zeit und auf andere philosophische Probleme der Physik beziehen.

Makroskopische Körper, Moleküle, Atome, die schon der klassischen Physik bekannt waren, aber auch Atomkerne, Elektronen und andere Elementarteilchen, einschließlich der Antiteilchen, die verschiedenartigen physikalischen Felder (elektromagnetische Felder, Kernfelder u. a.), die von der modernen Physik untersucht werden, — sie alle existieren unabhängig vom menschlichen Denken, wobei sie durch physikalische Begriffe und Theorien wiedergegeben werden. Sie sind objektive Realität, Materie, und beweisen mit ihren Eigenschaften, daß nicht eine dieser Formen der Materie die Materie im ganzen erschöpft.

Lenin hob die Unendlichkeit der Natur, die Unerschöpflichkeit der Materie, die Relativität ihrer Eigenschaften hervor. Indem er den wirklichen Inhalt der Phrasen über das Verschwinden der Materie enthüllte, die bei den Physikern zu Beginn unseres Jahrhunderts bei der Beschreibung der Entdeckungen jener Zeit

[1] Ebenda, S. 252.
[2] Ebenda, S. 119.

auftauchten, schrieb Lenin: „‚Die Materie verschwindet' heißt: es verschwindet jene Grenze, bis zu welcher wir die Materie bisher kannten, unsere Kenntnis dringt tiefer; es verschwinden solche Eigenschaften der Materie, die früher als absolut, unveränderlich, ursprünglich gegolten haben (die Undurchdringlichkeit, die Trägheit, die Masse usw.) und die sich nunmehr als relativ, nur einigen Zuständen der Materie eigen entpuppen. Denn die *einzige* ‚Eigenschaft' der Materie, an deren Anerkennung der philosophische Materialismus gebunden ist, ist die Eigenschaft, *objektive Realität zu sein*, außerhalb unseres Bewußtseins zu existieren".[1]

Die Entwicklung der Atom- und Kernphysik bestätigt völlig alle diese Leninschen Thesen. Die modernen Auffassungen über die Elementarteilchen — das ist gewissermaßen das atomistische Bild des Aufbaus der Materie, das von den Denkern des Altertums erraten wurde und von den Naturwissenschaftlern des 18. und 19. Jahrhunderts in Form wissenschaftlicher Hypothesen formuliert wurde, jedoch mit gewaltigen Verbesserungen durch die wunderbaren experimentellen Entdeckungen der modernen Physik, die die früheren Anschauungen bis auf den Grund änderten.

Zum Unterschied von der Atomistik der alten Philosophen, der Atomistik der Naturwissenschaft des 19. Jahrhunderts, aber auch der Auffassung über die Elektronen, Protonen und anderen Elementarteilchen der Quantenmechanik, sind die Elementarteilchen keine unveränderlichen, einfachsten Elemente. Sie können sich im Prozeß der Wechselwirkung ineinander verwandeln. Sie können durch verschiedene miteinander vereinigte wechselwirkende Teilchen erzeugt oder vernichtet werden. Es existieren keinerlei unveränderliche primäre Elemente der Materie. Die wechselseitige Umwandlung der Elementarteilchen, die Möglichkeit ihres Entstehens und Verschwindens ist ein vollkommen neuer und äußerst wichtiger Zug der modernen Atomistik. Die Quantentheorie der Felder berücksichtigt in gewissem Maße diesen grundsätzlichen Zug der modernen Atomistik, insofern sie, im Unterschied zur Quantenmechanik, die Zahl der Teilchen als veränderlich betrachtet, was ein tieferes Verknüpfen von Feld und Teilchen zuläßt, als es die Quantenmechanik tun kann. Dementsprechend werden die Fragen über die Struktur des Teilchens, die Selbstidentität des Teilchens usw. auf neue Art — nicht so, wie in der klassischen Physik — gestellt. Der dialektische Materialismus mit seiner Lehre über die Materie eröffnet breiten Raum für die Lösung dieser Fragen, die den nächsten wesentlichen Schritt in der Erkenntnis der objektiven Realität kennzeichnen.

In der ausländischen Literatur über die philosophischen Fragen der Physik wird jedoch der entgegengesetzte Standpunkt verbreitet. Der österreichische Physiker A. March z. B. versuchte in seinen letzten Arbeiten zu zeigen, daß die Entwicklung der neuen Physik ein Prozeß der „Entsubstantialisierung" der elementaren Teilchen ist, die, was nach March angeblich aus der Quantentheorie

[1] Ebenda, S. 250/251.

folgt, reine Formen darstellen, „entsubstantialisierte" Strukturen, „die sich allein mit den Begriffen der Mathematik erschöpfend beschreiben lassen"[1]. Davon ausgehend zieht er den Schluß, daß der „Geist des Materialismus" und „die materialistische Denkweise" in der modernen Physik „gescheitert" sind.[2]

Weshalb kam March zu diesen Schlußfolgerungen? Erstens wiederholte er den unter den bürgerlichen Gelehrten zur Genüge verbreiteten Fehler, den philosophischen Materialismus mit der mechanistischen Lehre von den Atomen als kleinsten körperlichen Teilchen, die sich im leeren Raum bewegen, gleichzusetzen. Zweitens versteht er unter Substanz dasselbe wie die metaphysische Philosophie (d. h. das, was immer unverändert bleibt, „eben dasselbe" usw.), nur den „Träger" der Eigenschaften, die an der Substanz befestigt sind, „wie ein Kleid an einem Kleiderhaken".[3] Jedoch die „Substanz" erweist sich — wie die neue Physik zeigt — als „relativ", weil weder die Atome noch die Elektronen und andere Elementarteilchen, weder die „Feldmasse", weder die Wellen- noch die Korpuskeleigenschaften der Materie als ewig unveränderlich absolut, primär im Sinne der Metaphysik gegeben sind. Doch für all das ist March blind. Deshalb auch sein philosophisches Dilemma. „Entmaterialisierung" der Elementarteilchen bedeutet in Wirklichkeit doch nur, daß die Elektronen und die anderen Elementarteilchen nicht Teilchen der klassischen Mechanik sind, sondern Objekte von anderer Natur. Die Eigenschaften dieser neuen Objekte werden durch die Quantenmechanik wiedergegeben. Kurz gesagt, „die Entstofflichung" der Elementarteilchen, um den Ausdruck Marchs zu benutzen, ist ein Beweis dafür, daß der dialektische Materialismus gesetzmäßig in das physikalische Weltbild eingeht.

Die Anschauungen über die Elementarteilchen seien nur mathematischer Art, so äußert sich ähnlich den Anschauungen Marchs auch Heisenberg, wobei er sich darauf beruft, daß die Eigenschaften aller Elementarteilchen möglicherweise aus einigen allgemeinen Gleichungen abgeleitet werden können.[4] Wenn Heisenberg eine Gleichung findet, aus der sich die aus der Erfahrung bekannten Eigenschaften der Elementarteilchen ergeben, die nicht nur vom Standpunkt der klassischen Physik verstanden werden können, sondern auch vom Standpunkt der modernen physikalischen Theorien, wie sich jetzt immer mehr herausstellt, so bedeutet das das Verschwinden der Grenze, bis zu der die moderne Quantenmechanik, die die Gesetzmäßigkeiten der Elementarteilchen nicht umfaßte, die Materie kannte und daß die physikalische Wissenschaft einen neuen Schritt tiefer in die Erkenntnis der Materie eindringt.

[1] A. March, Das neue Denken der modernen Physik, Hamburg 1957, S. 120. Siehe auch vom gleichen Autor „Die physikalische Erkenntnis und ihre Grenzen", Braunschweig 1955, S. 50—63.

[2] Ebenda, S. 122.

[3] Ebenda, S. 116 und 120.

[4] Siehe W. Heisenberg, Philosophische Probleme der Atomphysik, Moskau 1953, S. 32, 100ff. Siehe auch W. Heisenberg, Plato und die moderne Physik, „Festschrift für Emil Prätorius", Inselverlag 1954.

Für Heisenberg ist die objektive Realität auf den Bereich beschränkt, den die Physik in Termini klassischer Begriffe beschreiben kann[1], d. h. Heisenberg vertauscht fehlerhaft die philosophische Kategorie der objektiven Realität mit der Vorstellung über die Realität in der klassischen Physik. Gleichzeitig ist es nach Heisenberg unmöglich, bei der Beschreibung atomarer Experimente ohne die klassischen Begriffe auszukommen. Anders gesagt, Heisenberg macht den Versuch, aus der Erfahrung bekannte Eigenschaften der Mikroobjekte, die vom Standpunkt der klassischen Physik aus unverständlich sind, auf der Grundlage klassischer Begriffe zu behandeln. Im Endergebnis dieser Überlegungen stellt er Grenzen der Anwendbarkeit der klassischen Begriffe, die „die Freiheit, die unentbehrlich für die harmonische und widerspruchsfreie Regulierung der Erfahrung ist", gewährleisten, auf und kommt zu der Auffassung, daß die Mathematik die atomaren Prozesse symbolisch darstellt, d. h. sie stellt diese Prozesse nicht selbst dar, sondern die atomaren Experimente, die mittels klassischer Begriffe beschrieben wurden. Indem er auf ähnliche Art die objektive Realität betrachtet, führt Heisenberg die „objektiv realen" oder „materiellen" Eigenschaften der Mikroteilchen auf die Mathematik zurück, wobei er sagt, daß „der eigentliche Kern alles Stofflichen für uns, wie auch für Platon, die ‚Form' ist, und nicht irgendein materieller Inhalt".[2]

Die Frage der objektiven Realität zog in den vergangenen Jahren die angespannte Aufmerksamkeit bedeutender ausländischer Physiker auf sich. In diesem Zusammenhang verweisen wir auf Artikel von M. Born, W. Heisenberg, W. Pauli und L. Rosenfeld (1953 bis 1956).[3]

Für alle diese Autoren, ungeachtet der einen oder anderen bisweilen existierenden Unterschiede ihrer persönlichen philosophischen Anschauungen, ist das Bestreben charakteristisch, eine bestimmte beständige Grundlage der vielfältigen Tatsachen zu finden, die durch die Physiker entweder direkt oder mit Hilfe verschiedener experimenteller Anordnungen beobachtet werden. Sie alle treten, der eine entschieden und klar (Born), der andere ziemlich unbestimmt und unklar (Heisenberg, Pauli), gegen den modernen Positivismus auf. Rosenfeld insbesondere versucht im Namen des dialektischen Materialismus aufzutreten.

Die Analyse der Ansichten dieser Gelehrten über die Fragen der objektiven Realität in der Physik ist von großem philosophischen Interesse.

Rosenfeld, ein Schüler des großen Physikers unserer Zeit, N. Bohr, verteidigt die Kopenhagener Interpretation der Quantenmechanik. Er kennt die marxisti-

[1] Siehe W. Heisenberg, Philosophische Probleme der Atomphysik, Moskau 1953, S. 38. Siehe auch W. Heisenberg, The Development of the Interpretation of the Quantum Theorie, „Niels Bohr and Development of Physics", London 1955, p. 27—28.

[2] W. Heisenberg, „Plato und die moderne Physik", 1954. Siehe auch die Bemerkungen im Artikel von W. Heisenberg „Die Ideen der antiken Naturphilosophie" im Sammelband „Philosophische Probleme der Atomphysik", Moskau 1953, S. 49—51.

[3] Siehe die Artikel Borns in „Physikalische Blätter" in den Jahren 1954—1955, die oben angeführten Artikel Heisenbergs und Paulis und auch den Artikel von L. Rosenfeld, Strife about Complementarity, „Science Progress", 1953, Vol. XLI, No. 163.

sche philosophische Literatur; er las den „Anti-Dühring“ von Engels, „Materialismus und Empiriokritizismus“ von Lenin und beruft sich auf sie. Aber hier schreibt er über die „Objektivität“: „Wir ... identifizieren die Objektivität der physikalischen Theorien mit ihrer Invarianz bezüglich der entsprechenden Transformationsklasse.“ Und weiter: „Zwischen der Objektivität der Komplementaritätsbeziehungen und der Objektivität der Gesetze der klassischen Physik existiert ein Unterschied in der Qualität, der durch den dialektischen Charakter des Übergangs von der einen zur anderen entsteht.“[1]

Eine solche Auffassung der Objektivität ist für den Idealismus annehmbar, gegen den sich Rosenfeld ausspricht. Der deutsche Theologe H. Dolch z. B. unterstützt ähnliche Ideen, die er im Zusammenhang mit der neuen Physik vorbringt, indem er sagt, daß sie mit der Lehre des Thomas von Aquino übereinstimmen.[2] Die Gleichsetzung des fundamentalen philosophischen Begriffs „Objektivität“ oder genauer der „objektiven Realität“ mit dem in der Physik angewandten mathematischen Begriff der „Invarianz“ ist eine fehlerhafte Gleichsetzung, weil sie ein unzulässiges Vermengen der Grundfrage der Philosophie mit der Frage der Eigenschaften der Objekte bedeutet, mit denen sich die physikalisch-mathematische Wissenschaft beschäftigt. Selbstverständlich existieren qualitative Unterschiede zwischen den Gesetzen der Quantentheorie (Rosenfeld schreibt: „Komplementaritätsbeziehung“) und den Gesetzen der klassischen Mechanik, jedoch bedeutet das durchaus nicht, daß ein Unterschied zwischen der Objektivität der Gesetze der Quantenmechanik und der Objektivität der Gesetze der klassischen Mechanik besteht. Die Natur ist sich bewegende Materie und die Bewegungsgesetze dieser Materie gibt die Quantenmechanik in bezug auf die Mikroprozesse und die klassische Theorie in bezug auf die Makroprozesse wider, d. h., die Gesetze der Quantenmechanik haben denselben objektiven Charakter wie die Gesetze der klassischen Physik.

Dieselben Motive in der Beurteilung des Charakters der physikalischen Realität, die wir bei Rosenfeld finden, sind sehr stark in den Ideen M. Borns, eines der Schöpfer der modernen Quantenmechanik, von dem die jetzt allgemeingültige statistische Deutung ihres wichtigsten Begriffes, der Wellenfunktion, stammt, zu finden. Nach Ansicht dieses Physikers erscheint jeder von uns wahrgenommene Gegenstand „unter unzähligen Aspekten; der Begriff des Gegenstandes ist die Invariante aller Aspekte“.[3]

Diese Idee entwickelt Born in verschiedener Hinsicht: Er verbindet sie mit der Anerkennung der außerhalb existierenden objektiven Welt und polemisiert mit den Vertretern des logischen Positivismus. Er geht an den Inhalt der modernen physikalischen Theorien hauptsächlich von der Seite der Synthese der von ihnen

[1] „Science Progress“, 1953, Vol. XLI, Nr. 163, p. 406—407.

[2] H. Dolch, Kausalität im Verständnis des Theologen und der Begründer neuzeitlicher Physik, Freiburg 1954, S. VII—VIII.

[3] M. Born, Die statistische Deutung der Quantenmechanik, „Physikalische Blätter“, 1955, H. 5, S. 202.

verwendeten Begriffe heran. Die Ansichten Borns lassen die Unmöglichkeit, den spontanen naturhistorischen Materialismus der Physiker aus der Welt zu schaffen, deutlich werden und erkennen, daß die spontane Überzeugung der Wissenschaftler von der Existenz der äußeren Welt die Oberhand über die Schliche der modernen idealistischen und agnostizistischen Philosophie, darunter des logischen Positivismus, gewinnt, obwohl Born den materialistischen Standpunkt nicht folgerichtig verwirklicht und dem Idealismus ernste Zugeständnisse macht.

Der logische Positivismus drängt die Naturwissenschaftler zur Verneinung der äußeren Welt. Der amerikanische Philosoph H. Margenau z. B. versucht in seinem Buch „Die Natur der physikalischen Realität" (1950), in dem er hervorhebt, daß in der Naturwissenschaft das „Bedürfnis nach Realität" nicht aus der Welt zu schaffen ist, zu zeigen, daß man die Behauptung über „die Existenz der Klasse realer Dinge ... im romanischen Sinne" (bei Margenau entspricht das Wort „romanisch" dem Worte „materialistisch", dessen Nichtanwendung er sich befleißigt) nur in vorläufiger Form annehmen kann und daß eine genauere Analyse uns zwingt, die Teilnahme der subjektiven Erfahrungen an der Bildung nicht nur der Vorstellungen über die Dinge der objektiven Welt, sondern auch dieser Dinge selbst anzuerkennen. „Das, was nicht real ist im romanischen Sinne", behauptet Margenau, „kann völlig real sein in diesem letzten Sinne ... Gott, gemäß einer solchen Version, ist für jene real, die an ihn glauben". In der Wissenschaft findet der Autor Beispiele der Realität dieser Art im „Phlogiston", dem „lichttragenden Äther" und dem „sich ausbreitenden Weltall", an das „wir heute alle glauben".[1]

Born widerspricht heftig den logischen Positivisten. „Der Wissenschaftler", sagt Born, „muß Realist sein. Er muß in seinen Sinneseindrücken mehr sehen als Halluzinationen, nämlich Botschaften einer realen Außenwelt."[2]

Ausgezeichnet kommt bei Born auch die Tatsache zum Ausdruck, daß der logische Positivismus eine reaktionäre, der Physik fremde Philosophie ist. „Wieso denn sind die Instrumente aus Stahl, Glas usw.", sagt Born, „nicht ein Teil einer an sich existierenden äußeren materiellen Welt? Wieso sind sie, wie Elektronen, Atome, Felder rein abstrakte Ideen, die man braucht, um die Phänomene vorauszusagen ...? Hier liegt eine Auffassung nach Art eines extremen Subjektivismus vor, welchen man zutreffend ‚physikalischen Solipsismus' nennen könnte".[3] Jedoch kann Born den materialistischen Standpunkt nicht konsequent durchführen, wenn er zu Fragen übergeht, die die Anwendung des Prinzips der Relativität unseres Wissens verlangen. Dabei zeigt sich die schwache Seite des naturhistorischen Materialismus.

Born ist nicht mit der Auffassung der Realität durch die logischen Positivisten einverstanden, denen zufolge der Begriff der Realität auf Atome, Elektronen u. ä.

[1] H. Margenau, The Nature of Physical Reality. A Philosophy of modern Physics. New York—Toronto—London, 1950, p. 9.

[2] M. Born, Physik und Metaphysik, „Naturwissenschaftliche Rundschau", 1955, H. 8, S. 301.

[3] M. Born, Physikalische Wirklichkeit, „Physikalische Blätter", 1954, H. 2, S. 50.

in einem anderen Sinne als auf sinnlich wahrnehmbare Dinge angewandt wird, oder eben seine Anwendung verboten wird (wie z. B. bei dem englischen Positivisten H. Dingle). Das Ultramikroskop gestattet, kolloidale Teilchen zu beobachten, das Elektronenmikroskop sogar große Moleküle. Wo „endet nun die makroskopische Wirklichkeit, in der der Experimentalforscher lebt und wo beginnt die Welt der Atome, aus der die Idee der Wirklichkeit als Illusion verbannt ist"?[1] fragt Born, und er hat mit seiner Kritik des logischen Positivismus vollkommen recht.

Obwohl es die Grenzen, die von den Positivisten zwischen „der Welt der Atome" und „der makroskopischen Wirklichkeit" eingeführt wurden, nicht gibt, unterscheiden sich beide Welten voneinander, wie das die moderne Physik zeigte. Born stellte die Frage, ob die moderne Naturwissenschaft „eine Definition des Begriffes Wirklichkeit geben kann, der gemeinsame Züge mit der ‚Wirklichkeit' eines Bauern, Handwerkers, Kaufmanns, Bankiers, Soldaten hat"[2]. Er löst die Frage positiv, aber gleichzeitig — unbemerkt für ihn — geht er zu dem Standpunkt über, daß die „Wirklichkeit" im Prozeß der Erkenntnistätigkeit des Menschen geschaffen wird.

Born führt ein Beispiel aus dem „vorwissenschaftlichen" Bereich an: Wenn ein Mensch einen Hund sieht, der neben ihm sitzt oder im Kreise springt oder in der Ferne verschwindet, dann vereinigen sich alle diese unterschiedlichen Wahrnehmungen im Unterbewußtsein zu einem und demselben Hund. „Ich schlage vor", sagt Born, „dies so auszudrücken, daß man sagt, der Verstand konstituiert durch einen unbewußten Prozeß die ‚Invarianten der Wahrnehmung', und diese sind es, was der einfache Mann ‚reale Dinge' nennt."[3]

Eben das macht nach Meinung Borns auch die Wissenschaft, nur tut sie es auf einer höheren Stufe, wenn sie Meßgeräte benutzt. Hier sind „die mannigfachen Beobachtungen wieder durch einige unveränderliche Züge verknüpft — Invarianten, die sich zwar von den Invarianten der gewöhnlichen Wahrnehmung unterscheiden, aber nichtsdestoweniger Indikatoren für Dinge, Objekte und Teilchen sind".[4] In der Relativitätstheorie z. B. ist ein Intervall eine solche Realität, eine Invariante räumlicher und zeitlicher Aspekte, in der Quantenmechanik stellen Elektronen und andere atomare Objekte die Invarianten korpuskularer und wellenmäßiger Aspekte dar. Dies gestattet, ihnen Realität zuzuschreiben.

Bei diesen Überlegungen Borns spürt man zweifellos die Anerkennung des dialektischen Charakters der physikalischen Realitäten. Jedoch der naturhistorische Materialismus ist nicht imstande, die Fragen zu lösen, bei denen eine dialektische Einstellung zur Erkenntnis der materiellen Welt erforderlich ist. „Alle Grenzen in der Natur" schrieb Lenin, „sind bedingt, relativ, beweglich, drücken das Näherkommen unseres Verstandes an die Erkenntnis der Materie aus, was aber nicht im mindesten beweist, daß die Natur, die Materie selbst, nur ein Symbol,

[1] Ebenda, S. 52.
[2] Ebenda, S. 51.
[3] „Naturwissenschaftliche Rundschau", 1955, H. 8, S. 300.
[4] Ebenda, S. 300.

ein konventionelles Zeichen, d. h. ein Produkt unseres Verstandes sei."[1] Gerade solchen idealistischen Auffassungen der Materie öffnet Born die Tür mit seiner Theorie der Gleichsetzung des Begriffs „objektive Realität" mit dem mathematischen Begriff Invarianz, trotz seiner Überzeugung von der Existenz der äußeren Welt.

Am Beispiel der Quantenmechanik kann man verfolgen, welche Bedeutung der dialektische Materialismus, besonders seine Lehre von der Materie, die von Lenin durch neue Thesen und Schlußfolgerungen bereichert wurde, für die moderne Physik hat.

Die Quantenmechanik ist die Theorie der Bewegung der Materie im atomaren Bereich, sie basiert auf der Entdeckung der doppelten, der korpuskularen und Wellennatur der atomaren Objekte. Der Grundgedanke der Untrennbarkeit der Korpuskel-Wellen-Eigenschaften der Materie wird sofort als etwas relativ Selbstverständliches angewandt. Es gehört der Vergangenheit an, daß die Physiker sich darüber verwunderten, daß nach einem halb scherzhaften Ausdruck eines Wissenschaftlers sich die Elektronen montags, mittwochs und freitags als Teilchen verhalten, aber an den übrigen Tagen als Wellen. Aber wahr ist, daß die Meinungen der Physiker auch heute in vielen Fragen über den Charakter der Synthese der korpuskularen und der Wellendarstellungen der Mikroteilchen auseinandergehen.

Die Atomtheorien, die die einheitliche Korpuskel-Wellennatur der Atomteilchen außer acht ließen — die ursprüngliche Theorie des „Wellenpaketes" von Schrödinger, der Grundgedanke des „Wellenpiloten" von L. de Broglie —, wurden durch die Entwicklung der Physik verworfen, weil sie nicht den Tatsachen entsprachen. Dabei bestand die Aufgabe, wie in anderen analogen Fällen, nicht darin, und davon zeugt die Geschichte der Quantentheorie, das empirische wellenmäßige und korpuskulare Bild des Verhaltens der Mikroobjekte zu versöhnen, sondern die Dinge erforderten eine ernste philosophische Durchdringung. Die Materie selbst, d. h. Stoff und Feld, ist im ganzen weder Teilchen noch Welle, noch ein Gemisch des einen und des anderen. Sie besitzt gleichzeitig Wellen- und Teilcheneigenschaften. Diese dialektische Position bei der Lösung der Frage nach dem Charakter der Synthese der Korpuskel-Wellen-Auffassung über die Mikroteilchen unterstreichen viele Gelehrte[2], jedoch mit höchster Klarheit sind sie in den Arbeiten S. I. Wawilows ausgedrückt und ausgeführt[3].

Dieser dialektischen Position entspricht völlig die Quantenmechanik, die die einheitlichen und gleichzeitig entgegengesetzten korpuskularen und Welleneigenschaften des sich bewegenden Stoffes widergibt. Die klassische Mechanik

[1] W. I. LENIN, Materialismus und Empiriokritizismus, S. 271/272.

[2] Siehe z. B. D. S. ROSHDESTWENSKI, Analyse der Spektren und der Spektralanalyse, „Uspechi fisitscheskich nauk", 1936, Bd. XVI, 7; I. J. TAMM, Neue Prinzipien der statistischen Mechanik von Bose-Einstein und die physikalische Natur der Materie, „Uspechi fisitscheskich nauk", 1926, Bd. VI, 2; D. I. BLOCHINZEW, Grundlagen der Quantenmechanik, Berlin 1957.

[3] Siehe S. I. WAWILOW, Die Mikrostruktur des Lichts, 1950, Auge und Sonne, 1950, und seine Artikel über die philosophischen Fragen der Physik.

hingegen widerspiegelt die Bewegung der Materie nur in den Fällen, in denen die Welleneigenschaften vernachlässigt werden können. Von diesem Standpunkt aus ist die Symmetrieeigenschaft des quantentheoretischen Formalismus auch die Wiedergabe der korpuskularen und gleichzeitig der Wellennatur der atomaren Objekte. Es wird auch verständlich, warum die quantentheoretischen Größen — Größen sui generis — nicht auf klassische Größen zurückgeführt werden können, obwohl sie ähnliche Züge haben. Mathematisch äußert sich das darin, daß die Symbole in der Quantenmechanik nicht mehr verhältnismäßig einfache Quantitäten (wie in der klassischen Physik) bezeichnen, sondern allgemeinere mathematische Bildungen (Differentialoperatoren und Matrizen), für die das kommutative Gesetz der Multiplikation nicht mehr gilt. Die Eigenschaften dieser Gebilde drücken in mathematischer Form eine äußerst wichtige und charakteristische Besonderheit der quantentheoretischen Größen aus. Sie werden in Form der vom Standpunkt der alten Physik seltsamen Wechselbeziehungen $PQ - QP = \frac{\hbar}{i}$ fixiert, aus denen die sogenannte Unbestimmtheitsrelation abgeleitet wird, die eine charakteristische Besonderheit der quantentheoretischen Größen ist, und insbesondere die Grenzen der Anwendbarkeit des klassischen Teilchenbegriffs für den Stoff bestimmt.

Die Quantenmechanik hat es so nicht mit atomaren Versuchen, atomaren Messungen und ähnlichem zu tun, sondern mit materiellen Prozessen, bei deren Untersuchungen weder von der korpuskularen noch von der wellenmäßigen Seite abstrahiert werden darf (wie das die klassische Theorie tut). Die Ansichten über die Quantenmechanik, die sich unter dem Einfluß des dialektischen Materialismus bildeten, erhalten immer größere Verbreitung. Sie werden durch die sowjetischen Wissenschaftler und die fortgeschrittensten ausländischen Gelehrten vertreten. Für sie kämpfte der hervorragende französische Physiker P. Langevin. In der letzten Zeit trat eine ganze Gruppe von ausländischen Wissenschaftlern für die materialistische Anschauung in der Quantenmechanik ein, unter ihnen einer der Schöpfer der Quantenmechanik L. de Broglie, sein Schüler J. Vigier, der amerikanische Physiker D. Bohm, der ungarische Physiker L. Janossy. Die materialistische Linie in der Quantenmechanik verteidigten der Schöpfer der Quantenhypothese, der berühmte deutsche Physiker Max Planck und der große Einstein.

Es existiert aber auch die Ansicht, daß Quantenmechanik und Materialismus unvereinbar sind. Diesen Standpunkt unterstützen die logischen Positivisten, ganz zu schweigen von den offen idealistischen Philosophen. So wird der wissenschaftliche Inhalt der Quantenmechanik entstellt. In dieser Beziehung ist eine Äußerung des schon oben erwähnten H. Margenau bezeichnend, der angesehene Naturwissenschaftler, unter Ausnutzung ihrer philosophischen Hilflosigkeit und idealistischen Fehler, nach rechts, an die Seite des Idealismus der Physiker der Kopenhagener und anderer physikalischer Schulen in den kapitalistischen Ländern drängt. Margenau spielt die Schwierigkeiten aus, die mit der „physikalischen

Interpretation“ des mathematischen Apparates der Quantenmechanik verbunden sind. „Die beobachtete Eigenschaft“, so verwirrt er den Leser, „ist insofern nicht Attribut des gegebenen Systems, als sie nicht durch die physikalische Operation, die ausgeführt werden muß, bestimmt wird. Zum Beispiel ist die Energie nicht das, als dessen Träger das System erscheint, sondern ist etwas Hervorgerufenes oder (bei konsequenter Durchführung des Standpunktes) im Akt Entstehendes, d. h., wenn wir das System der Wirkung einer ausgewählten Gruppe von Umständen unterwerfen.“[1]

Das ist die idealistische Tendenz der Kopenhagener Interpretation der Quantentheorie, von Margenau in eine idealistische Linie verwandelt. Die Kopenhagener Interpretation der Quantentheorie oder die Komplementaritätstheorie von Bohr und Heisenberg hat sich seit ihrer Begründung (1927—1930) wenig verändert, obwohl ihre Begründer und Fortsetzer (Bohr, Pauli, Jordan) versuchten, sie auf fast alle Gebiete des menschlichen Wissens und der Praxis auszudehnen (Biologie, Psychologie, Logik, den Bereich der Kultur usw.)[2], wobei jeder den einen oder anderen ihrer Aspekte unterstreicht.

In ihrer sozusagen klassischen Form läuft die Kopenhagener Interpretation oder die Komplementaritätsbeziehung auf folgendes hinaus: Die Vereinigung von Korpuskel- und Wellenbegriff ist wegen ihrer Widersprüchlichkeit unzulässig. Jedoch müssen in der physikalischen Theorie die durch die Erfahrung gegebenen Wellen- und Korpuskelbilder des Verhaltens der Mikroteilchen erfaßt werden. Andere Begriffe für die Beschreibung atomarer Experimente, außer solchen der klassischen Theorien, gibt es nicht. Um sie widerspruchsfrei anwenden zu können, muß man eine im Prinzip unkontrollierbare Wechselwirkung zwischen den atomaren Objekten und den Meßgeräten annehmen, was darauf hinausläuft, daß im atomaren Bereich die Benutzung e i n e s klassischen Begriffs (z. B. des Impulses) den anderen ausschließt (die Koordinate). Von diesem Standpunkt aus müssen für die Bestimmung des Impulses und der Koordinate des atomaren Objektes sich w e c h s e l s e i t i g a u s s c h l i e ß e n d e Meßgeräte angewandt werden, und Impuls und Koordinate „erhalten“ erst Realität bei Beobachtung des atomaren Objektes durch ein Gerät der entsprechenden Klasse. Weiter wird gesagt: Die Beschreibung des Verhaltens der atomaren Objekte durch raumzeitliche Begriffe schließt die kausale Beschreibung dieses Verhaltens aus und umgekehrt, d. h., die räumlich-zeitliche Beschreibung und das Kausalitätsprinzip in diesem Sinne sind komplementär.

Die Seele der Komplementaritätskonzeption ist der Gedanke der Unkontrollierbarkeit und des innerlich mit ihm verbundenen Begriffs der physikalischen

[1] H. Margenau, The Nature of Physical Reality, New York 1950, p. 343.

[2] Siehe z. B. Rede von N. Bohr „Die physikalische Wissenschaft und die Stellung des Menschen“ auf der Genfer Konferenz für die friedliche Anwendung der Atomenergie, herausgegeben durch die UNO im August 1955; siehe auch den Artikel von Weizsäcker „Komplementarität und Logik“, „Naturwissenschaften“, 1955, H. 19, 20, in der der Autor die Komplementarität als allgemeine „Eigenschaft der Logik“ auffaßt.

Realität als Gesamtheit all dessen, was wir aus Versuchen (Messungen) erhalten. Daraus geht hervor, daß der Begriff der physikalischen Realität in der Komplementaritätskonzeption eine subjektivistische Deutung erhält, was besonders in einem Ausspruch Paulis deutlich wird: „... jede Versuchsanordnung“, schreibt er, „wird von einer unbestimmbaren Wechselwirkung zwischen Meßinstrument und beobachtetem System begleitet, die zur Folge hat, daß jeder Gewinn an Kenntnis durch eine Beobachtung mit einem unwiderruflichen Verlust anderer Kenntnisse bezahlt werden muß. Welche Kenntnis gewonnen und welche andere Kenntnis unwiderruflich verloren ist, bleibt der freien Wahl des Experimentators zwischen einander ausschließenden Versuchsanordnungen überlassen ... Hierdurch bekommt die Beobachtung den Charakter der irrationalen, einmaligen Aktualität mit nicht vorhersagbarem Resultat.“[1]

Die Komplementaritätskonzeption wurde hinsichtlich ihres Kernes — der prinzipiellen Unkontrollierbarkeit und der subjektivistischen Tendenz — durch Physiker und materialistische Philosophen einer ernsthaften Kritik unterzogen. Von den letzten Arbeiten über die sich hierauf beziehenden Fragen hat der Artikel von W. A. Fock „Kritik der Ansichten Bohrs über die Quantenmechanik“ (veröffentlicht in der Tschechoslowakischen Physikalischen Zeitschrift, 5, 1955, 4) großes Interesse hervorgerufen. In ihm wird richtig der Gedanke hervorgehoben, daß es eine prinzipiell-unkontrollierbare Wechselwirkung überhaupt nicht gibt. Wenn Bohr von einer solchen Wechselwirkung spricht, so nur deshalb, weil es sich bei Bohr im Grunde genommen nicht um die möglichst vollständige Analyse der Wechselwirkung zwischen dem Objekt und dem Apparat handelt, sondern um die Beschreibung dieser Wechselwirkung in der wissentlich unvollkommenen Sprache der klassischen Mechanik. Bohr stellt sich die schon von Anfang an unlösbare Aufgabe, gleichzeitige Veränderungen des Impulses und der Koordinate des atomaren Objektes aufzuspüren, wobei er bis zuletzt der klassischen Mechanik treu bleibt. Wenn sich nun herausstellt, daß das unmöglich ist, so wird ein solches Resultat nicht der Welleneigenschaft der Materie zugeschrieben, sondern einer möglicherweise kontrollierbaren Wechselwirkung zwischen dem Objekt und dem Gerät. So, schließt W. A. Fock, muß man den Begriff der „prinzipiellen Unkontrollierbarkeit“ als unrichtig fallenlassen. Es war Bohr nur darum zu tun, eine logische Unstimmigkeit zu verdecken, die von der Benutzung der Begriffe der klassischen Mechanik außerhalb ihres Anwendbarkeitsbereiches herrührt.

Die Kopenhagener Interpretation ist eine vorzügliche Illustration der tiefen Wahrheit der Worte Lenins: „Die neue Physik ist hauptsächlich gerade deswegen zum Idealismus abgeglitten, weil die Physiker die Dialektik nicht kannten.“[2] Indem die Physiker der Kopenhagener Schule den Begriff der objektiven Realität mit den Darstellungen der klassischen Theorie über ihn vermengten, zogen sie aus

[1] W. Pauli, Wahrscheinlichkeit und Physik, „Dialectica“, 1954, Vol. 8, Nr. 2, S. 116 (Hervorhebungen von M. O.!).

[2] W. I. Lenin, Materialismus und Empiriokritizismus, S. 252.

der Entdeckung der gleichzeitigen Existenz von Wellen- und korpuskularen Eigenschaften der atomaren Objekte den fehlerhaften Schluß, man müsse den Begriff der objektiven Realität überprüfen und glitten dabei in deren Verneinung ab. Voraussetzung der Erkenntnis aller Naturerscheinungen, so wie sie sind, ohne subjektivistische und andere idealistische Zutat, ist, sie als Einheit der Widersprüche zu erkennen. Dieser Leninsche Gedanke findet seinen Ausdruck auch bei der Lösung des Problems der Realität in der Quantenmechanik. Beispiele zu dem Gesagten wurden schon angeführt. Daß das Problem der Realität auf einem solchen dialektischen Wege gelöst wird und die Physiker zu dieser Dialektik kommen werden, obwohl viele von ihnen tastend, spontan, nach dieser oder jener Seite abweichend zu ihr kommen, zeigt die Geschichte der modernen Quantenmechanik.

In dieser Hinsicht sind einige der letzten Äußerungen und Arbeiten über die philosophischen Fragen der Quantenmechanik von Vertretern der Kopenhagener Schule bezeichnend. In ihnen kann man einige neue Elemente finden, die von einer weiteren Verschärfung des Kampfes der materialistischen und idealistischen Tendenzen in der modernen Physik zeugen. Sie machen deutlich, daß das Zentrum dieses Kampfes eigentlich die Fragen der Dialektik sind.

Wie W. A. Fock mitteilte, äußerte sich Bohr in einem seiner jüngsten Gespräche mit ihm in dem Sinne, daß der Terminus „Unkontrollierbarkeit“ für die Bezeichnung grundsätzlicher Züge der Quantentheorie nicht bindend sei. Die Quantenmechanik beschreibt zwar die Eigenschaften der Atome, aber nicht das, was in den Meßapparaten geschieht und deshalb bezeichnet der Terminus „Komplementarität“ eine Situation, die sich in der Quantenmechanik durch die beschränkte Anwendung der Beschreibung (entsprechend der Unbestimmtheitsrelation) vermittels klassischer Begriffe herausgebildet hat.

Das ist ein wesentlicher Schritt, den Bohr weg von der subjektivistischen Auffassung der Quantenmechanik tat. Es handelt sich natürlich nicht darum, daß ein mißlungener Terminus verschwand. Termini sind nicht bloße Worthüllen, sondern bezeichnen genau definierte Begriffe. Deshalb ist die Anwendung eines Terminus in der Wissenschaft keine Formalität, sondern eine in bestimmter Beziehung wesentliche Frage. Zum Beispiel ist bekannt, wie seinerzeit die Idealisten den Ausdruck „die Materie verschwindet“, der von den philosophisch unbewußten spontan materialistischen Physikern angewandt wurde, ausnutzten. Der Verzicht Bohrs auf den Terminus „Unkontrollierbarkeit“ bedeutet streng genommen, daß klarer wird, was Bohr als Physiker in den Begriff „Komplementarität“ hineingelegt hat. Doch das ist schon recht viel.

Es ist notwendig zu erwähnen, daß der Terminus „Unkontrollierbarkeit“ in den letzten Artikeln Borns, von denen schon in anderem Zusammenhang die Rede war, nicht anzutreffen ist. Er ist auch nicht im Artikel Heisenbergs „Die Entwicklung der Interpretation der Quantentheorie“, der Ende 1955 in einem Niels Bohr gewidmeten Sammelband veröffentlicht wurde, anzutreffen.

Born hebt besonders hervor, daß man durch die atomaren Experimente die Objekte erkennt. So schreibt Born in seinem Artikel „Physikalische Wirklichkeit“:

„Bohr hat den Begriff der Komplementarität eingeführt zum Ausdruck der Tatsache, daß das maximale Wissen um eine physikalische Wesenheit nicht aus einer einzigen Beobachtung oder aus einer einzigen experimentellen Anordnung gewonnen werden kann, sondern daß es dazu verschiedener experimenteller Anordnungen bedarf, die sich gegenseitig ausschließen, aber komplementär sind ... Das Endergebnis komplementärer Experimente ist eine Gruppe von Invarianten, die für die betreffende Wesenheit charakteristisch sind.“[1]

Im Endergebnis ist der Atomphysiker, obwohl er sich, wie sich Born ausdrückt, von dem altmodischen Naturforscher abwandte, dennoch im Recht, wenn er die Kenntnis von etwas von dem Beobachter und seiner Meßapparatur Unabhängigem fordert. Gerade das sind die invarianten Besonderheiten, wie sie den durchgeführten Experimenten zukommen. Letztlich ist der Prozeß, durch den dieses Wissen erworben wird, durch das beobachtende Subjekt bedingt. Aber das bedeutet nicht, so sagt Bohr, daß man die Schlüsse über die Realität verwirft, denn der Experimentator ist mit seinem Meßinstrument ein Teil der wirklichen Welt.[2]

Born hat zweifellos recht, wenn er auf jede Weise die Aufmerksamkeit auf den objektiven Charakter der physikalischen Erkenntnis und die Möglichkeit der Erkenntnis der objektiv existierenden Dinge lenkt (obwohl er die objektive Realität philosophisch unrichtig auffaßt). Born hat auch darin recht, daß er zur objektiven Realität durch die Synthese ihrer sich wechselseitig ausschließenden und komplementären Seiten kommt. Im gegebenen Falle, in dem es sich um atomare Objekte handelt, kam Born dicht an die dialektische Lösung des Problems des Dualismus von Welle und Teilchen heran und teilweise löste er es auch. Die philosophischen Fehler und Mängel der Feststellungen Borns werden durch seine Unkenntnis des dialektischen Materialismus erklärt.

Ein dialektisches Herantreten an die Fragen der Quantenmechanik kann auch am Beispiel des Buches der deutschen Physiker G. Heber und G. Weber „Grundlagen der modernen Quantenphysik“ (Teil I, Quantenmechanik, Teil 1, Leipzig 1956) gezeigt werden. In diesem Buch, das als Lehrbuch geschrieben wurde, gibt es in klarer Form keinerlei philosophische Probleme, und seine Autoren kennen den dialektischen Materialismus anscheinend nicht. Die Autoren betrachten die Fakten und Gesetze der Quantenmechanik so, wie sie sich in der physikalischen Praxis darstellen, wobei sie nichts Nicht-Physikalisches hinzufügen, und kommen trotzdem zu Behauptungen, die idealistische Anschauungen ausschließen und die materialistischen Ansichten über die Quantenmechanik unterstützen. Im Buch wird nichts über das Komplementaritätsprinzip gesagt, nichts über die angeblich neue, im Vergleich zur klassischen Physik gnoseologische Rolle des Geräts in der Quantenmechanik, nichts über die physikalische Realität in der Auslegung der Positivisten usw. usf.

Die Autoren sind davon überzeugt, daß die atomaren Objekte mit ihren unteilbaren Korpuskel-Wellen-Eigenschaften unabhängig vom Beobachter existieren,

[1] M. Born, Physikalische Wirklichkeit, „Physikalische Blätter“, 1954, H. 2, S. 58.
[2] Ebenda, S. 58/59.

d. h. sie und ihre Eigenschaften objektiv real sind. Zum Unterschied zu den Positivisten, die den Materiewellen symbolischen Charakter verleihen, sind für die Autoren „Zweifel an der Realität" der Wellen, wie auch der korpuskularen Natur der Materie „vollkommen unmöglich" (S. 43). Heber und Weber weisen den positivistischen Standpunkt in der Frage der Vereinigung des Korpuskel- und des Wellen-Bildes der Materie zurück, sie sind auch nicht mit der Idee des Wellenpiloten L. de Broglies einverstanden. Indem sie die Vorzüge und die Nachteile der beiden Bilder der Materie zeigen, behaupten sie: „Die Materie . . . besteht eben weder aus Teilchen im klassischen Sinne noch aus einem Wellenfeld im klassischen Sinne; sie ist etwas Drittes, für das uns noch Vorstellung und Worte fehlen, das wir zur Zeit nur mathematisch beschreiben können" (S. 55—56).

Das ist auch die Lösung der Frage nach dem Charakter der Synthese der Wellen und Korpuskel-Vorstellungen von der Materie von der Position des dialektischen Materialismus aus, die durch die Arbeiten sowjetischer Wissenschaftler, besonders S. I. Wawilows, bekannt ist. Zu dem, was die Autoren sagten, muß man hinzufügen, daß der dialektische Materialismus auch die Begriffe, in denen die dualistische Korpuskel-Wellen-Eigenschaft widergespiegelt wird, zu bilden imstande ist. Dieselben Autoren zeigen, daß der korpuskulare Charakter der Materie wesentlich diskreter, diskontinuierlicher Natur ist, und der Wellencharakter kontinuierlicher Natur, wobei sie das entsprechende Faktenmaterial anführen. In der Tat kann die Dialektik Kontinuität und Diskontinuität miteinander verbinden. Zu dieser Frage gibt es in den „Philosophischen Heften" Lenins die folgende Stelle: „Indem Hegel Kant überaus streitlustig (und scharfsinnig) zergliedert, kommt er zu dem Ergebnis, daß Kant einfach in den Schlußfolgerungen das wiederholt, was er in den Voraussetzungen gesagt hat, und daß er namentlich wiederholt, daß es eine Kategorie der *Kontinuität* und eine Kategorie der *Diskretion* gebe. Daraus folgt nur, ‚daß keine dieser Bestimmungen, allein genommen, Wahrheit hat, sondern nur ihre Einheit. Dies ist die wahrhafte dialektische Betrachtung derselben, sowie das wahrhafte Resultat'."[1]

Entsprechend der Grundidee des Buches, daß die Materie aus Teilchen besteht, die in sich die Wellen- und die korpuskularen Eigenschaften vereinigen, betrachten die Autoren die Fragen der Quantenmechanik, die sich auf den Quantenformalismus beziehen, die Wege des Aufbaus der Quantenmechanik, die Unbestimmtheitsrelation usw. Die korpuskulare klassische Theorie, sagen sie, gibt keine Hinweise für die Existenz der im Versuch beobachteten Welleneigenschaften der Teilchen. Auf der anderen Seite werden diese Eigenschaften durch die klassische Wellentheorie widergespiegelt, wobei letztere nichts über die Existenz der Elementarteilchen, der Bausteine der materiellen Substanz, aussagt. Weil die Materie eine Einheit bildet, die gleichzeitig Wellen- und Korpuskel-Eigenschaften besitzt, deshalb ist es nötig, eine Theorie zu entwickeln, die diese beiden Eigenschaften erfaßt. Eine solche stellt die Quantenmechanik dar.

[1] W. I. Lenin, Aus dem philosophischen Nachlaß, Berlin 1954, S. 33.

So kommt, entsprechend den Untersuchungen Hebers und Webers, den Teilchen im Sinne der Quantenmechanik, mit ihrem dualistischen Korpuskel-Wellencharakter die gleiche Eigenschaft zu wie den Teilchen und Feldern der klassischen Mechanik, nämlich die, objektive Realität zu sein. Und das ist absolut richtig. Die Leninsche Auffassung der Materie, die die tiefste Dialektik der Natur, der Gesellschaft und der Erkenntnis voraussetzt, erhält in der Quantenmechanik eine weitere Bestätigung.

3

Für das Problem der Kausalität, das in der modernen Physik aktuell ist, hat die von Lenin ausgearbeitete Lehre des dialektischen Materialismus von der Kausalität außerordentliche Bedeutung. Gerade der dialektische Materialismus zeigte der Quantenmechanik den Ausweg aus der Sackgasse des Indeterminismus, in die sie die moderne, reaktionäre Philosophie zu führen versuchte.

Der mechanische Materialismus führte das Problem der Kausalität auf eine Verabsolutierung der Form des Determinismus zurück, die Engels „mechanischen Determinismus" nannte. Dieser Auffassung entspricht in der klassischen Mechanik der sogenannte „Laplacesche Determinismus", dessen Inhalt folgendermaßen ausgedrückt werden kann: Wenn auf einen Körper eine Kraft einwirkt, dann verändert sich seine Lage in der Zeit nach den Newtonschen Gesetzen und wird durch die Anfangslage bestimmt (die Lage selbst wird durch die Koordinaten und Impulse bestimmt). In der klassischen Physik wurde die Frage nach neuen Formen des Determinismus faktisch nicht gestellt und dies entsprach dem mechanischen Materialismus. Von seinem Standpunkt aus wurden die Formen des Zusammenhanges, die in der Natur existieren, auf die zurückgeführt, die die (klassische) Mechanik untersucht. Die klassische Mechanik leugnet die Objektivität des Zufalls und bekannte sich zur absoluten Notwendigkeit. Die mechanische (jedoch nicht materialistische) Auffassung der Kausalität teilte auch Kant. Die modernen Philosophen berufen sich auf Kant und Hume, wobei sie deren Lehre über die Kausalität als unübertroffen betrachten.

Die dialektische Philosophie hat eine andere Ansicht von der Kausalität entwickelt. Diese Auffassung arbeitete Hegel systematisch aus, jedoch auf falscher idealistischer Grundlage. Lenin lenkt die Aufmerksamkeit auf die Tatsache, daß Hegel relativ kurz auf die Frage der Ursächlichkeit einging, und erklärt das damit, daß für ihn die Kausalität nur eine der Bestimmungen des universellen Zusammenhangs ist, den er um vieles tiefer und allseitiger schon früher in seiner ganzen Darlegung erfaßte. Lenin sagte: „Es wäre sehr lehrreich, die ‚Geburtswehen' des Neuempirismus (respektive des ‚physikalischen Idealismus') mit den Lösungen, besser, mit der dialektischen Methode Hegels zu vergleichen."[1]

Der dialektische Materialismus betrachtet die Kausalität als eine der Formen, in der sich objektiv der reale Zusammenhang des Ganzen ausdrückt. Er betont

[1] W. I. Lenin, Aus dem philosophischen Nachlaß, S. 83.

den wechselseitigen Übergang von Ursache und Wirkung, den Zusammenhang der Kausalität mit der Wechselwirkung, die ständig sich vertiefende Erkenntnis der ursächlichen Zusammenhänge. Die Kausalität existiert nicht außerhalb der Notwendigkeit, jedoch ist sie nicht mit ihr identisch und bedingt auch die zufällige Erscheinung. Der Zufall existiert objektiv und ist ein Teil des objektiven, kausalen Zusammenhangs, wobei er die Erscheinungsform und Ergänzung der Notwendigkeit darstellt.

Alle diese Behauptungen des dialektischen Materialismus über die Kausalität, die von Lenin entwickelt wurden, bestätigt noch einmal die moderne Physik. Sie gestatten, sich über die neuen Tatsachen gründlich Klarheit zu verschaffen, vor denen der mechanische Materialismus mit seiner Lehre vom Determinismus halt machte. Die Entdeckung der Unbestimmtheitsrelation durch Heisenberg und der Wellengleichung durch Schrödinger, die Entdeckung der statistischen Gesetze der Quantenmechanik, die sich wesentlich von den statistischen Gesetzen der klassischen Mechanik unterscheiden, sind ein neuer Schritt in der Erkenntnis der objektiven kausalen Zusammenhänge durch den Menschen. Das weitere Eindringen der Physik in die Tiefe der Materie wird noch tiefere und allgemeinere, der modernen Quantenphysik unbekannte Zusammenhänge eröffnen, wie man schon an der bisherigen Theorie der Elementarteilchen sehen kann.

In der modernen bürgerlichen philosophischen Literatur wird ein entgegengesetzter Standpunkt vertreten, und zwar der, daß die moderne Physik die objektive Kausalität in der Natur ablehne und den Determinismus liquidiere. Der „physikalische" Idealismus unterstützt die philosophische Reaktion in der Frage der Kausalität. Und das ist natürlich, denn die Verneinung der objektiven Realität, die uns durch Empfindungen, Beobachtungen, Erfahrungen gegeben ist, führt unvermeidlich zur Behauptung von dem „Veraltetsein" des Begriffes der Determiniertheit, von der Indeterminiertheit der Natur, von der „Vorwissenschaftlichkeit" des Begriffes Kausalität usw. usf.

Wir werden in diesem Zusammenhang einige Äußerungen moderner ausländischer Physiker und Philosophen betrachten.

Heisenberg z. B. schließt, daß die Eigenartigkeit, der statistische Charakter der Quantenmechanik „eng an die Ungenauigkeit aller Wahrnehmungen geknüpft ist". Man könne zu der Vermutung verleitet werden, behauptet er, „daß sich hinter der wahrnehmbaren statistischen Welt noch eine ‚wirkliche' Welt verberge, in der das Kausalitätsgesetz gilt. Aber solche Spekulationen erscheinen uns ... unfruchtbar und sinnlos."[1] Und gleichzeitig behält Heisenberg die Kausalität bei, jedoch nicht für die „beobachtbare Welt", sondern für das mathematische Schema (außerhalb des Raumes und der Zeit) des Atoms, in dem das Prinzip der Kausalität in Form der Wellengleichung vom Typ eines dynamischen Gesetzes erscheint.[2]

[1] Zeitschrift für Physik, 43, H. 3—4, 1927, S. 117.

[2] W. Heisenberg, Physikalische Prinzipien der Quantentheorie, Moskau—Leningrad 1932. Das wird auch in einem Artikel Heisenbergs, der in dem Niels Bohr gewidmeten Sammelband enthalten ist, bestätigt (1955).

Der Standpunkt Heisenbergs zur Kausalität kommt der Humeschen Auffassung des Problems der Kausalität nahe, wonach strenge zuverlässige Gesetze nur in der Welt der Mathematik existieren. In der Welt der Wahrnehmung, und nur diese ist dem Menschen gegeben, existieren solche Gesetze nicht.

Ähnliche Ideen kann man bei dem Philosophen Reichenbach antreffen. Das Prinzip der Kausalität bedeutet nach Reichenbach die Möglichkeit, die Zukunft so genau man will vorauszusagen. Die Unbestimmtheitsrelation führt jedoch nach den Worten Reichenbachs zur Verneinung der Kausalität, weil wir entsprechend dieser Relation „nicht erwarten können, daß wir fähig sein werden, Voraussagen über künftige Beobachtungen zu machen“[1], und Reichenbach führt ein neues Prinzip, das von ihm so genannte „Prinzip der kausalen Anomalie“ ein. Er schließt, daß weder die Korpuskel- noch die Wellendeutung des Beobachteten so in der atomaren Welt realisiert werden kann, daß dem Kausalitätsprinzip entsprochen wird. Im vorliegenden Falle versucht Reichenbach die dualistischen Korpuskel-Wellen-Eigenschaften der Atome in eine abstrakte korpuskulare oder eine abstrakte Wellenkonzeption zu pressen, und da das auch zu unversöhnlichen Widersprüchen führt, findet er aus ihnen durch die Schaffung eines „neuen“ idealistischen Prinzips einen Ausweg.

Auf derselben philosophischen Position steht, wenn man zweitrangige Unterschiede außer acht läßt, der bekannte amerikanische Physiker P. Bridgeman. Er versucht zu zeigen, daß der Begriff der Kausalität als Verallgemeinerung nur der „makroskopischen Erfahrung“ entstand, aber Untersuchungen des Verhaltens der einzelnen Elektronen zwingen, auf die Kausalität in der Mikrowelt zu verzichten. „Dieser Schluß ist“, nach seinen Worten, „ohne Vorurteil der Leidenschaften anzunehmen, einfach so, wie man eine beliebige andere experimentell festgestellte Tatsache annimmt.“[2] Er entspricht, wie Bridgeman meint, völlig „der neuen Auffassung der Situation, die in der experimentellen Forschung entstanden ist.“ Diese Auffassung kann durch die folgende vereinfachte These ausgedrückt werden: „Tatsächlich wird festgestellt, daß es im Bereich der winzigsten Dinge nicht-voraussagbare Ereignisse gibt. Praktisch ist das gleichbedeutend damit zu sagen: Im Bereich der winzigsten Körper wirken das Kausalgesetz und seine Folgerungen nicht“.[3] Bridgeman rechnet auf diese Weise die „Vorhersagbarkeit“ zum Wesen der Kausalität, über die des Breiten in seiner Arbeit gesprochen wird.[4]

Es scheint, als ob im Gegensatz zum Physiker Bridgeman der positivistische Philosoph Margenau für die Kausalität in der atomaren Welt eintritt. Nach seiner Meinung besitzt das Prinzip der Komplementarität als „fundamentale epistemologische Entdeckung“ einen ernsthaften Mangel, der in folgendem besteht,

[1] H. Reichenbach, Philosophic Foundations of Quantum Mechanics, Berkely and Los Angeles, 1946, p. 4.

[2] P. Bridgeman, Reflection of a Physicist, New York, 1955, p. 225.

[3] Ebenda, p. 215—216.

[4] Ebenda, p. 210ff.

wobei sich Bohr selbst zu einem ewigen Dilemma verurteilt: entweder bei der Beschreibung der Natur auf die Kausalität im Sinne der klassischen Physik zu verzichten, oder die Natur nur im Sinne „abstrakter Zustände, die durch Wellenfunktionen, die die Kausalität zulassen, charakterisiert sind“, zu beschreiben. Margenau meint, daß die Wissenschaft die Auswahl zugunsten der zweiten Lösung traf.[1] Hier stimmt er im Kern mit Heisenberg überein, für den, wie wir sahen, das Kausalitätsprinzip nur in der Sphäre der „Mathematik des Atoms“ wirkt. Wie Margenau behauptet, ist die Kausalität — das ist bei ihm der Zusammenhang zwischen den „Konstruktionen“ — eine der „metaphysischen Forderungen, die an die Konstruktionen der Wissenschaft gestellt werden, wobei diese Konstruktionen auch so gewählt werden, daß sie kausale Gesetze hervorrufen“.[2] Von diesem Gesichtspunkt aus erkennt Margenau die Kausalität sowohl in der klassischen als auch in der Quantenphysik an. Aus dem Gesagten wird aber klar, daß diese „Anerkennung“ überhaupt nichts mit dem Materialismus Gemeinsames hat. Margenau selbst schreibt darüber: „Derjenige, der die Kausalität in der Quantenmechanik leugnet, belebt damit wieder den Kampf zwischen Kant und Hume“, und Margenau schlägt sich auf die Seite Kants, indem er dessen Anschauungen über die Gesetze der Natur als „höchste Errungenschaft“ betrachtet.[3]

Von bestimmtem Interesse sind die Äußerungen Borns über die Kausalität und den Determinismus. Auf der einen Seite leugnet er den Determinismus für die atomaren und sogar für die makroskopischen Erscheinungen. Der Determinismus, sagt er, ist „ein Idol, aber kein Ideal der Naturforschung und kann daher nicht als Einwand gegen die prinzipiell indeterministische, statistische Interpretation der Quantenmechanik gebraucht werden.“[4]

Andererseits erkennt Born die Kausalität in der Quantenmechanik an. Zum Beispiel lesen wir bei Born: „Die neue Quantenmechanik erlaubt keine deterministische Deutung; da aber die klassische Mechanik Kausalität und Determinismus gleichgesetzt hat, scheint das letzte Stündlein der kausalen Naturerklärung gekommen zu sein. Ich teile diese Ansicht keineswegs . . . Sie ist aber gefährlich . . . Die deterministische, mechanistische Auffassung brachte eine Philosophie hervor, die vor den offenkundigen Erfahrungstatsachen die Augen schloß. Aber eine Philosophie, die nicht nur den Determinismus, sondern damit zugleich auch jede Verursachung ablehnt, scheint mir ebenso absurd zu sein. Ich glaube aber, es gibt eine vernünftige Definition der Beziehung von Ursache und Wirkung — die darin besteht, daß eine bestimmte Situation von einer anderen abhängt . . .“[5]

Diesen Äußerungen über Kausalität und Determinismus sind folgende allgemeine Züge eigen: Zum ersten ignoriert man den Unterschied des mechanischen

[1] H. Margenau, The Nature of Physical Reality, New York—Toronto—London, 1950, p. 422.
[2] Ebenda, p. 96.
[3] Ebenda, p. 419/420.
[4] Physikalische Blätter, 1955, Heft 5, S. 201.
[5] Naturwissenschaftliche Rundschau, 1955, Heft 8, S. 297.

Determinismus vom Determinismus, wie ihn der dialektische Materialismus auffaßt; zum zweiten wird die Kausalität mit der dynamischen Gesetzmäßigkeit vermengt, wobei entweder die Kausalität (die dynamische Gesetzmäßigkeit) der statistischen Gesetzmäßigkeit gegenübergestellt wird, oder die Kausalität wird als statistisches Mittel der chaotischen elementaren Erscheinungen gedeutet; zum dritten, und das ist am wesentlichsten, wird die Kausalität in bestimmter Weise mit der Voraussagbarkeit dessen, was beobachtet wird, gleichgesetzt.

Die Meinung, die Präzision der Erkenntnis sei das Entscheidende bei der Beurteilung der Probleme der Kausalität (die von der These herrührt, Erkenntnis sei nur die Beschreibung des Beobachteten), ist eine idealistische Auffassung der Interpretation des Kausalitätsprinzips. Lenin trat gegen die Verabsolutierung des Gesetzesbegriffes, gegen seine Vereinfachung und Fetischisierung auf. Lenin unterstrich, daß die Kausalität nur lückenhaft und unvollkommen den allseitigen Zusammenhang der Welt zum Ausdruck bringt. Doch bei all dem finden sich bei Lenin folgende Zeilen: „Die wirklich wichtige erkenntnistheoretische Frage, die die philosophischen Richtungen scheidet, besteht nicht darin, welchen Grad von Genauigkeit unsere Beschreibungen der kausalen Zusammenhänge erreicht haben und ob diese Angaben in einer exakten mathematischen Formel ausgedrückt werden können, sondern darin, ob die objektive Gesetzmäßigkeit der Natur oder aber die Beschaffenheit unseres Geistes, das diesem eigene Vermögen, bestimmte apriorische Wahrheiten zu erkennen usw., die Quelle unserer Erkenntnis dieser Zusammenhänge ist.“[1]

Für die moderne Physik sind alle diese Gedanken Lenins äußerst wichtig. Es existieren keine ewigen Gesetze der Natur in dem Sinne, wie sie die metaphysische Philosophie darstellt. „... jedes Gesetz“ ist „eng, unvollständig, annähernd“, sagt Lenin.[2] Der Begriff der Kausalität wird nicht auf die mechanische Auffassung der kausalen Zusammenhänge zurückgeführt. Auch bei diesen Fragen verfangen sich die Physiker, die die Dialektik ignorieren, im Idealismus.

In den über die Kausalität angeführten Äußerungen ausländischer Physiker und positivistischer Philosophen kommt man nicht umhin, die Schwankungen zwischen dem Idealismus und dem dialektischen Materialismus zu bemerken. Diese Schwankungen fallen vor allem bei den Physikern ins Auge. Bei den positivistischen Philosophen sind sie gewöhnlich verhüllt und verschwommen idealistisch.

Der Physiker Born z. B. kann sich nicht von den Ideen der Gesetzmäßigkeit, Notwendigkeit und der Kausalität in der Natur trennen, gleichzeitig ist er aber auch nicht mit dem mechanischen Determinismus einverstanden. Jedoch ist er nicht imstande, all das in einer der modernen Physik adäquaten philosophischen Sprache auszudrücken, was nur vermittels des dialektischen Materialismus möglich ist. Die philosophische Antwort auf die durch die Quantentheorie gestellte Frage

[1] W. I. Lenin, Materialismus und Empiriokritizismus, S. 148.
[2] W. I. Lenin, Aus dem philosophischen Nachlaß, S. 70.

über die Kausalität, die Born zu lösen versucht, finden wir bei Lenin. In Lenins Werk „Aus dem philosophischen Nachlaß“ befinden sich die folgenden Zeilen: „Die Kausalität, wie sie gewöhnlich von uns verstanden wird, ist nur ein kleines Teilchen des universellen Zusammenhangs, aber ... ein Teilchen nicht des subjektiven, sondern des objektiv realen Zusammenhangs.“[1] In diesen Worten Lenins ist das ausgedrückt, was Born in der Frage der Kausalität suchte und nicht finden konnte.

Weiter wird oft von Physikern, die den dialektischen Materialismus nicht kennen, unrechtmäßig der Terminus „Indeterminismus“ angewendet, wenn es sich um statistische Gesetze handelt, was den idealistischen Philosophen den Vorwand verschafft, Schlußfolgerungen zu ihren Gunsten abzuleiten. Die Lösung dieser Frage vom Standpunkt des Materialismus führt natürlich nicht nur zum einfachen Ersatz eines Terminus durch einen anderen. Um diese Frage richtig, auf der Grundlage des Determinismus zu lösen, muß man enthüllen, wie sich statistische und dynamische Gesetzmäßigkeit zueinander verhalten.

Letztlich muß man noch eine wesentliche Seite des Problems in Betracht ziehen. Die Komplementarität der räumlich-zeitlichen Beschreibung und des klassischen Prinzips der Kausalität (Heisenberg nannte sie Grundkomplementarität) stellt eine eigenartige Antinomie in der Beschreibung atomarer Prozesse dar. Nach Heisenberg ist eine Beschreibung entweder in den Termini der klassischen korpuskularen Begriffe (und der statistischen Gesetze), oder eine Beschreibung durch die Wellenfunktion (und die dynamischen Gesetze) zulässig. In Wirklichkeit müssen wir, wenn wir die atomaren Prozesse richtig „beschreiben“ wollen, komplementäre „Beschreibungen“ nicht im einzelnen, sondern in ihrer Gesamtheit durchführen. Genauer, die Eigenschaften und Gesetze der atomaren Prozesse können nur richtig verstanden werden, wenn erstens die Korpuskel- und Welleneigenschaften und zweitens die statistischen und dynamischen Gesetze als Einheit betrachtet werden. Von diesem Standpunkt aus zeigt sich im Grundgedanken der Komplementarität eine gewisse Annäherung an die Dialektik der atomaren Prozesse.

Betrachten wir die aufgeworfene Frage näher.

Beginnen wir mit der Unbestimmtheitsrelation für den Impuls und die Koordinate, die von den „physikalischen“ Idealisten zu einer indeterministischen Begründung der Quantenmechanik herangezogen wird. Diese Beziehung ist ein Naturgesetz; sie ist bekräftigt durch die experimentellen Tatsachen, mit ihr werden neue Fakten entdeckt. In ihrer mathematischen Form figurieren die Normen der Operatoren des Impulses und der Koordinate. Aber das beweist doch, daß in der Unbestimmtheitsrelation Quantengrößen (und nicht klassische) miteinander verbunden sind, und es demzufolge in dieser Beziehung nichts Geheimnisvolles und Unverständliches gibt. Diese Beziehung wird nur dann geheimnisvoll und unverständlich, wenn versucht wird, sie vom klassischen Standpunkt aus zu behandeln.

[1] Ebenda, S. 80.

Und zwar kommt man dann in der Quantenmechanik zu idealistischen Mutmaßungen einschließlich des Indeterminismus.

Nach Heisenberg gibt die Unbestimmtheitsrelation nur die Grenzen der Genauigkeit unserer gleichzeitigen Kenntnis des Impulses und der Koordinate an. Da aber der Laplacesche Determinismus die Möglichkeit der gleichzeitigen beliebig genauen Kenntnis von Impuls und Koordinate voraussetzt, wird daher der Schluß gezogen, daß die Quantenmechanik mit dem Determinismus unvereinbar sei. Jedoch, wie Wawilow, Langevin und andere Autoren zeigten, folgt aus der Nichtanwendbarkeit des Laplaceschen Determinismus auf das atomare Gebiet noch nicht der Bankrott des Determinismus. Der Determinismus hat nicht nur die eine Laplacesche Form, und außerdem geht insbesondere aus der Unbestimmtheitsrelation hervor, daß der Quantenzustand nicht mit dem Begriff des Zustandes in der klassischen Mechanik identisch ist und deshalb der Quantenzustand den Laplaceschen Determinismus weder bestätigen noch widerlegen kann.

Dabei ist wesentlich, daß in der Quantenmechanik der Zustand nicht einfach anders charakterisiert wird, als der Zustand sich bewegender Teilchen in der klassischen Mechanik: Die klassische Physik verwendet z. B. für die Charakterisierung des Zustandes des elektromagnetischen Feldes nicht Koordinate und Impuls, sondern andere Größen; entsprechend ist der Begriff des Wellendeterminismus eingeführt worden. Für die Quantenmechanik ist charakteristisch, daß sie den Zustand in unlösbarem Zusammenhang mit der Wahrscheinlichkeit betrachtet (das wird mathematisch durch die Wellenfunktion charakterisiert). Folglich schließt die Analyse der Frage über den Determinismus in der Quantenmechanik notwendig die Beurteilung der Frage über die Beziehung der dynamischen und statistischen Gesetzmäßigkeit und der Frage über die Möglichkeit und Wirklichkeit ein.

Die statistischen und dynamischen Gesetzmäßigkeiten sind Formen des notwendigen, gesetzmäßigen kausalen Zusammenhangs der Erscheinungen der Natur: Sie sind miteinander verbunden, aber sie lassen sich nicht aufeinander zurückführen. Die dynamische Gesetzmäßigkeit, die die zeitliche Veränderung des Zustandes eines materiellen Systems beschreibt, bezieht sich auf ein materielles System, das unter bestimmten Bedingungen als isoliert von den anderen Systemen betrachtet wird. Die statistische Gesetzmäßigkeit bezieht sich auf eine Gesamtheit materieller Systeme, die unter bestimmten Bedingungen als gänzlich unabhängig voneinander betrachtet werden. Der Begriff der statistischen und dynamischen Gesetzmäßigkeit vergröbert immer den objektiv realen Zusammenhang, jedoch bei bestimmten Umständen der Untersuchung entspricht jeder von ihnen einer realen Situation. Deshalb ist von der dynamischen und statistischen Gesetzmäßigkeit im Sinne ihrer Wahrhaftigkeit, Richtigkeit, Bestimmtheit (wenn sie richtig angewandt wird) die eine weder „schlechter“ noch „besser“ als die andere.

Ein dynamisches Gesetz realisiert sich als unmittelbare Notwendigkeit. Ein statistisches Gesetz realisiert sich lediglich als herrschende Tendenz, als Notwendigkeit, die sich einen Weg durch die Masse der Zufälle bahnt und in ihnen erscheint als ein aus vielen Einzeldaten gebildetes Mittel der zufälligen Abweichungen.

Zweifellos setzt die statistische Gesetzmäßigkeit nicht irgendeine Unkenntnis oder die Annahme der Ursachlosigkeit (des reinen Zufalls) der elementaren Prozesse voraus, wie die Autoren behaupten, die im vorliegenden Falle metaphysische und idealistische Anschauungen unterstützen. Die statistischen und dynamischen Gesetzmäßigkeiten, das unterstreichen wir noch einmal, sind objektiv real und voneinander untrennbar. Dieser Standpunkt setzt sich auch in den Arbeiten der materialistischen Wissenschaftler durch (Smoluchowski, Langevin, Wawilow).

In letzter Zeit erhielt die dargelegte Anschauung von den statistischen und dynamischen Gesetzmäßigkeiten in den Arbeiten J. Vigiers, der entsprechende Gedanken Langevins weiter entwickelte, eine bestimmte Konkretisierung. Das Wesen der Ideen Vigiers besteht in folgendem: Auf dem einen oder anderen Niveau, das einen Zustand der Materie charakterisiert (z. B. im makroskopischen, atomaren oder subatomaren Zustand), wirken eigene, untrennbar miteinander verbundene dynamische und statistische Gesetze, wobei sich diese Gesetze beim Übergang von einem Niveau in ein anderes verändern müssen. Vigier schreibt: „... jedes Niveau wird durch kausale Gesetze regiert und unterliegt in Form von statistischen Gesetzen der chaotischen Einwirkung eines unendlichen Ensembles von Niveaus, welche in ihrer Gesamtheit die Natur darstellen. In jeder physikalischen Erscheinung sind Kausalität und Zufälligkeit in engster Art gleichsam verschlungen; jede Erscheinung ist gleichzeitig Synthese und bewegliches Differential der unendlich komplizierten Bewegung der Materie, aus der die gegebene Erscheinung entsteht.“[1]

Von diesem Standpunkt aus bildet die statistische Erkenntnis, die durch die Quantenmechanik gewonnen wurde, keinesfalls eine absolute Grenze der Erkenntnis der Gesetzmäßigkeiten, obwohl Heisenberg, indem er sich auf die „Unkontrollierbarkeit“, die „Ungenauigkeit aller Wahrnehmungen“ u. ä. beruft, das Entgegengesetzte behauptet. Die materialistischen Physiker bringen ein anderes Argument vor. S. I. Wawilow zeigte, daß uns noch „Modelle“ des Stoffes und des Lichtes fehlen, die gleichzeitig die Eigenschaften regulärer Wellen und eines chaotischen Stromes von Korpuskeln besitzen; eine ähnliche Sachlage war vorhanden, als in der Periode der Entdeckung der Brownschen Bewegung niemand wußte, wovon die chaotische Unordnung der Bewegung der Teilchen, die in Flüssigkeit aufgewirbelt werden, abhängt.[2] Wenn diese Unkenntnis beseitigt ist, wird es gelingen, die Ursachen des statistischen Charakters der Quantenmechanik aufzuklären und die Grenze der statistischen Erkenntnis, die die moderne Theorie der Mikroerscheinungen erreichte, zu überschreiten.

[1] J. Vigier, Über die Theorie des Verhaltens individueller Mikroobjekte, „Woprossi filosofii“, 1956, Nr. 6, S. 101.

[2] S. I. Wawilow, Die philosophischen Probleme der modernen Physik und die Aufgaben der sowjetischen Physiker, Sammelband „Philosophische Fragen der modernen Physik“, 1952, S. 27, russ.

Bei der Analyse der Probleme der Kausalität in der Quantenmechanik kommt den Kategorien Möglichkeit und Wirklichkeit eine wichtige Rolle zu. Möglichkeit und Wirklichkeit sind objektiv. Der dialektische Materialismus hebt ihren Unterschied und ihre Gegensätzlichkeit hervor, gleichzeitig unterstreicht er ihre Einheit, ihre Verwandlung ineinander. Ob etwas möglich oder unmöglich ist, das hängt von der Gesamtheit der Momente der Wirklichkeit ab. Die Möglichkeit wird bei entsprechenden Bedingungen in Wirklichkeit verwandelt, und diese Verwandlung stellt die Entfaltung der Gesamtheit der Momente der Wirklichkeit dar. Vom Standpunkt der Beurteilung dieser Kategorien ist die folgende Bemerkung Hegels, die Lenin in den „Philosophischen Heften“ anführt, von großer Bedeutung: „Durch die Wiederholung wird das, was im Anfang nur als zufällig und möglich erschien, zu einem Wirklichen und Bestätigten“, und Lenin macht dazu die Randbemerkung: „Die *Kategorien* des Möglichen und des Zufälligen *versus* Wirklichkeit und Bestätigung in der Geschichte.“[1]

Bei der Erkenntnis des Zusammenhangs der Erscheinungen der Natur kommt der Anwendung des Begriffes Wahrscheinlichkeit, der von den Physikern und Mathematikern ausgearbeitet wurde und dem Begriff der Möglichkeit entspricht, große Bedeutung zu. Die Wahrscheinlichkeit ist ein Maß der Möglichkeit der Realisierung irgendeiner Erscheinung unter diesen oder jenen Bedingungen, die beliebig oft wiederholt werden können. Die klassische Physik, genauer, ihre Vertreter konnten ohne den Begriff der Wahrscheinlichkeit auskommen, als sie die theoretischen Grundlagen ihrer Wissenschaft schufen (siehe Laplacescher Determinismus), als jedoch in der wissenschaftlichen Praxis Probleme, die sich auf bestimmte Arten von Massenerscheinungen beziehen, gelöst werden mußten, wurde die Einführung des Wahrscheinlichkeitsbegriffes notwendig (die kinetische Gastheorie z. B. fügte zu den mechanischen Prinzipien die Hypothese der molekularen Unordnung).

In der klassischen Physik war es noch möglich, von der Anerkennung der Objektivität der Wahrscheinlichkeit zu abstrahieren (obwohl auch das bestimmte Schwierigkeiten nach sich zieht, auf die M. Smoluchowski die Aufmerksamkeit lenkte), folglich konnte man Möglichkeit und Wirklichkeit als nicht miteinander verbunden betrachten. In der Quantenmechanik ist ihrem ganzen Inhalt nach eine solche Auffassung von Möglichkeit und Wahrscheinlichkeit ausgeschlossen. Der Zustand des Objektes in der Quantenmechanik, mathematisch dargestellt durch die Wellenfunktion, ist notwendigerweise innerlich mit der Wahrscheinlichkeit verbunden. Deshalb kann die Wahrscheinlichkeit in der Quantenmechanik nicht als Resultat irgendeiner Unkenntnis entstehen und stellt eine objektive Charakteristik dar. Die Wellenfunktion als Begriff gibt in quantitativer Hinsicht die objektive Möglichkeit, die sich auf die einzelnen atomaren Objekte bezieht, wider.

Für die Verwandlung der Möglichkeit in Wirklichkeit, d. h. für den Übergang von der Wahrscheinlichkeit von irgend etwas zum Verwirklichten, ist (wie dies

[1] W. I. LENIN, Aus dem philosophischen Nachlaß, S. 173.

aus der Definition der Wahrscheinlichkeit folgt) entweder die unbegrenzte Wiederholung der Bedingungen, in denen die Verwirklichung geschieht, oder eine unbegrenzte Zahl von Erscheinungen, die die realisierte Möglichkeit in den vorliegenden Fällen darstellen, notwendig. Jedoch ist dann bei der Verwandlung von Möglichkeit in Wirklichkeit, d. h. bei der Realisierung der Wahrscheinlichkeitsbehauptungen und -schlüsse der Quantenmechanik die Einführung des Begriffs des statistischen Ensembles unvermeidlich. Wenn wir diesen Umstand berücksichtigen, dann muß man die Wellenfunktion auf das Ensemble beziehen. Diese Auffassung der Wellenfunktion entspricht der Tatsache, daß bei den physikalischen Erscheinungen, mit denen es die Quantenmechanik zu tun hat (z. B. Spektren, Alpharadioaktivität usw.), nicht einzelne Individualitäten, sondern große Gesamtheiten auftreten.

Von diesem Standpunkt aus kann das Ergebnis der Diskussion über den physikalischen Sinn der Wellenfunktion zwischen W. A. Fock und D. I. Blochinzew folgendermaßen zusammengefaßt werden: W. A. Fock, der die These verteidigt, daß die Wellenfunktion sich auf die einzelnen atomaren Objekte bezieht, hebt das Moment der Möglichkeit und die Gesetze, die sie regieren, hervor; D. I. Blochinzew hebt beim Verteidigen der These, daß die Wellenfunktion sich auf das statistische Ensemble bezieht, das Moment der Wirklichkeit, der Realisierung der Möglichkeit hervor. Die Wahrheit jedoch ist der „Wirklichkeit“ und „Möglichkeit“ nicht in ihrer Vereinzelung eigen, sondern nur in ihrer Einheit. In der Quantenmechanik charakterisiert die Wellenfunktion die Wahrscheinlichkeit des Verhaltens einzelner atomarer Objekte und entsprechende Möglichkeiten werden durch viele atomare Objekte realisiert. Mit anderen Worten: Die Quantenmechanik verknüpft die Wahrscheinlichkeit für das atomare Objekt und das reale Verhalten einer Vielzahl von atomaren Objekten.

Indem wir dieses Fazit ziehen, bemerken wir, daß die Lösung der Fragen über den Determinismus in der Quantentheorie die dialektische Analyse von Kontinuität und Diskontinuität, von Möglichkeit und Wirklichkeit, von dem Einen und dem Vielen, von Unterschied und Einheit voraussetzt. Die Leninschen philosophischen Arbeiten, besonders die über die Dialektik, eröffnen dafür eine sehr breite Bahn.

4

Die moderne Physik hat schon lange den Weg der materialistischen Dialektik beschritten. Die sich gegenseitig ausschließenden und vereinigenden Korpuskular- und Welleneigenschaften der atomaren Prozesse, der innere Zusammenhang von Raum und Zeit, die Verneinung der Unveränderlichkeit der physikalischen Körper, die Anerkennung des Zusammenhangs und der Einheit verschiedener und gegensätzlicher Erscheinungen, ihrer Übergänge ineinander, die Relativierung scheinbar unveränderlicher physikalischer Begriffe, die Verneinung von ein für allemal gegebenen physikalischen Schemen und die Synthese sich einander gegenseitig ausschließender Theorien, die Vereinigung der mathematischen Form der Theorie und ihres physikalischen Inhalts in den Gesetzen und Begriffen der Physik sind Züge der modernen Physik, denen man von dieser oder jener Seite ihren dialektischen Charakter ansieht.

Die Anerkennung dieser Züge stellt dem philosophischen Denken eine bedeutende Aufgabe. Besonders deshalb, weil es sich bemüht, im System seiner Begriffe die ganze Welt mit ihrer unendlichen Kompliziertheit und ewigen Entwicklung zu erfassen. Das philosophische Denken kann sich nicht darin gefallen, nur einzelne Aspekte oder Gebiete der Natur oder der Theorien über die Natur zu erklären; es baut ein synthetisches, vollständiges System auf, in dem diese oder jene Seite der Wirklichkeit, wie sie von der Wissenschaft aufgedeckt wurde, ihren Platz findet. Dementsprechend bereichert sich das philosophische Denken an neuen positiven Feststellungen, und gleichzeitig erhalten die wissenschaftlichen Begriffe die nötige Allgemeinheit, die sie brauchen, um die Wirklichkeit zu erfassen.

Die metaphysische Philosophie mit ihren starren Kategorien und Leitsätzen entspricht der modernen Naturwissenschaft nicht. Die Notwendigkeit des Übergangs des Denkens von erdachten, konstanten Kategorien zum dialektischen Denken in „fließenden" Kategorien findet auch bei Physikern, die vom dialektischen Materialismus weit entfernt sind, Ausdruck in ihren Arbeiten und Äußerungen zu den Fragen der Dialektik, die oben erwähnt wurden. Im besonderen drückt sich diese Notwendigkeit auch in der Vielzahl von Versuchen zur Schaffung der sogenannten dreiwertigen Logik aus, gemäß der, außer dem Urteil A und Nicht-A, mit demselben logischen Recht ein drittes Zwischenurteil existiert. Die dreiwertige Logik bleibt im Rahmen der Vernunftkategorien und deshalb sprachen sich nicht zufällig die Physiker Bohr, Pauli und andere Gelehrte gegen eine dreiwertige Logik aus, obgleich die positivistischen Philosophen (z. B. Reichenbach) sie zum adäquaten Inhalt der Quantenmechanik rechnen.[1]

Das einzig mögliche und notwendige Verfahren des Denkens, der Logik, das der modernen Physik entspricht, ist die materialistische Dialektik. Lenin bewies dies, und alle philosophischen Arbeiten Lenins, in denen über die neue Physik gesprochen wurde, unterstreichen diesen letzten Gedanken. In dieser Beziehung haben die „Philosophischen Hefte" Lenins besondere Bedeutung, in denen die Theorie der marxistischen Dialektik ausgearbeitet wird, d. h. die Theorie der Logik, deren Hauptteil die Lehre von der Einheit der Gegensätze ist.

Es gibt keine unveränderlichen Dinge und unveränderlichen Begriffe. Jedes Ding (jede Erscheinung) befindet sich im vielfältigen Zusammenhang mit anderen Dingen (Erscheinungen), was sich in der Bewegung der Begriffe ausdrückt. Jedem Ding, jeder Erscheinung, jedem Prozeß wohnen innere gegensätzliche Tendenzen (und Seiten) inne. Die Entfaltung dieser gegensätzlichen Seiten oder Gegensätze, die gegenseitigen Übergänge, der unendliche Prozeß der Entwicklung neuer Seiten, der Übergang von der Erscheinung zum Wesen, von einem weniger tiefen zu einem

[1] Siehe in diesem Zusammenhang „Dialectica" 1948, Heft 7/8, Editorial.

tieferen Wesen, der Übergang von einer Form des Zusammenhangs und der gegenseitigen Abhängigkeit zu einer anderen, tieferen und allgemeineren, „die Wiederholung gewisser Züge, Eigenschaften etc. des niederen Stadiums im höheren und die scheinbare Rückkehr zum Alten (Negation der Negation)", so verstand Lenin die Entwicklung.[1]

Dementsprechend müssen die Begriffe auch elastisch, beweglich, relativ, mit wechselseitigen Übergängen und einheitlich in ihren Gegensätzen sein, nur dann können sie die sich ewig verändernde materielle Welt adäquat widerspiegeln. Die moderne Physik und ihre Begriffe, Theorien, Weltbilder entwickeln sich besonders in dieser Richtung. Physiker, die den dialektischen Materialismus kennen, halten bewußt an dieser Linie fest, und realisieren sie bewußt mit größerem oder geringerem Erfolg in ihren theoretischen Arbeiten. Andere Physiker, die moderne Theorien schaffen und den dialektischen Materialismus nicht kennen, verwirklichen diese Linie zickzackförmig nach der Art und Weise der Brownschen Bewegung von Teilchen, sie finden sie und verlieren sie häufig, gleichsam im dichten Nebel ihrer idealistischen und metaphysischen Anschauungen. Wir sehen dies bei Born, Bohr und den anderen bedeutenden Physikern der Gegenwart. Das kann man auch an den Überlegungen Einsteins sehen, wenn er die Relativität der Gleichzeitigkeit, das Raum-Zeit-Kontinuum, die Äquivalenz von Masse und Energie, die Identität von Trägheit und Gravitation betrachtet.

Die spontane Bewegung der modernen Physik zur Dialektik ist unter den Bedingungen der imperialistischen Reaktion mit dem „physikalischen" Idealismus verknüpft, dies zeigte Lenin, indem er das Wesen und die Bedeutung des „physikalischen" Idealismus analysierte. „Schwankendes Denken" in den Fragen der Objektivität der Physik, schrieb Lenin, ist das Wesen des „physikalischen" Idealismus. Er wurde hervorgerufen, erstens durch die Mathematisierung der Physik, und zweitens durch das Prinzip des Relativismus, der Relativität unseres Wissens, ein Prinzip, das sich den Physikern in der Periode des jähen Zusammenbruchs der alten Theorien mit besonderer Kraft aufdrängt und das — bei Unkenntnis der Dialektik — unvermeidlich zum Idealismus führt. Gleichzeitig bedeutete die Absage der Physiker an die Dogmatisierung bestimmter theoretischer Schemen (z. B. des Newtonschen), die in der klassischen Physik anerkannt waren, einen gewaltigen Fortschritt im wissenschaftlichen Denken. Dies geht aus der Leninschen Definition der Dialektik hervor, als „Lehre von der Entwicklung in ihrer vollständigsten, tiefsten und von Einseitigkeit freiesten Gestalt, die Lehre von der Relativität des menschlichen Wissens, das uns eine Widerspiegelung der sich ewig entwickelnden Materie gibt."[2]

Dasselbe muß umgekehrt auch von der Mathematisierung der Physik gesagt werden. Die gegenseitige Durchdringung von Physik und Mathematik ist ein be-

[1] W. I. Lenin, Aus dem philosophischen Nachlaß, S. 145.
[2] W. I. Lenin, Drei Quellen und drei Bestandteile des Marxismus, Ausgewählte Werke, Bd. I, Berlin 1953, S. 64.

deutender Fortschritt der Wissenschaft. Im mathematischen Apparat der Quantenmechanik z. B. spiegeln sich die dualistischen Korpuskular- und Welleneigenschaften der atomaren Objekte wider, die gewöhnlich nicht unmittelbar auf die Sinnesorgane des Menschen wirken, sondern dem Menschen nur durch die Aussagen der Geräte verständlich werden. Und dies ruft, wie wir bei den Vertretern der Kopenhagener Schule sahen, das Verschwinden der Materie in den Köpfen der Gelehrten hervor. Die materielle Welt löst sich in mathematische Gleichungen auf. „Die reaktionären Versuche werden durch den Fortschritt der Wissenschaft selbst erzeugt", schrieb Lenin, indem er die Bilanz seiner Beurteilung der „Mathematisierung der Physik" als Ursache des „physikalischen" Idealismus zog. „‚Die Materie verschwindet', es bleiben einige Gleichungen. Auf einer neuen Entwicklungsstufe und gleichsam auf neue Art kommt die alte Kantsche Idee wieder: die Vernunft schreibt der Natur die Gesetze vor."[1] Alles dies, von Lenin im Jahre 1908 geschrieben, bleibt auch für die heutige Entwicklungsetappe der modernen Physik gültig.

Beim Übergang der Physik in das Gebiet der atomaren Erscheinungen und in das subatomare Gebiet, bei ihrem Übergang zur Welt der Sternsysteme und der galaktischen Systeme, bei der Synthese der erhaltenen Kenntnisse über den Makro- und Mikrokosmos ist eine unendliche Geschmeidigkeit des theoretischen Denkens notwendig. Der außerordentlich komprimierte und tiefe Inhalt des Leninschen Fragments „Zu den Fragen der Dialektik" ist das Fazit dessen, was Lenin in den „Philosophischen Heften" geschrieben hat, wo er klar zeigt, daß eine solche unendliche Geschmeidigkeit nur dem dialektischen philosophischen Denken innewohnt.

„Spaltung des Einheitlichen und Erkenntnis seiner gegensätzlichen Bestandteile ... ist *das Wesen* ... der Dialektik."[2]

„Bedingung der Erkenntnis aller Vorgänge in der Welt in ihrer ‚*Selbstbewegung*', in ihrer spontanen Entwicklung, in ihrem lebendigen Sein ist die Erkenntnis derselben als Einheit von Gegensätzen. Entwicklung ist ‚Kampf' der Gegensätze."[3]

„*Nur* die zweite (dialektische Konzeption der Entwicklung — M. O.) liefert den Schlüssel zum Verständnis der ‚Selbstbewegung' alles Seienden; nur sie liefert den Schlüssel zum Verständnis der ‚Sprünge', der ‚Unterbrechung der Kontinuität', der Verwandlung in das Gegenteil, der Vernichtung des Alten und der Entstehung des Neuen."[4]

Alles dies ist von Lenin wie speziell für die neue Physik zur Lösung ihrer philosophischen Fragen geschrieben.

Der moderne Positivismus, wie auch der Subjektivismus und die Sophistik im allgemeinen, erheben die Relativität, das Relative zu einem metaphysischen Absolutum, für sie ist das Relative nur relativ und nicht mit dem Absoluten verbunden.

[1] W. I. Lenin, Materialismus und Empiriokritizismus, S. 298.
[2] W. I. Lenin, Aus dem philosophischen Nachlaß, S. 285.
[3] Ebenda.
[4] Ebenda, S. 286.

Die Realität existiert dieser Ansicht nach nicht außerhalb und unabhängig vom Subjekt. Lenin bemerkte, daß die Unterschiede zwischen Relativem und Absolutem relativ sind. „Für die objektive Dialektik ist auch *im* Relativen Absolutes enthalten."[1]

Die Relativierung der Begriffe der Physik ist eine große philosophische Frage, die von Physikern, die die Dialektik ignorieren, nicht bewältigt werden kann. Für Physiker, die sich vor dem Idealismus verneigen, bedeutet diese Relativierung den Verlust des Absoluten und Objektiven, die Umwandlung des Absoluten und Objektiven in etwas jenseits der Erfahrung und der physikalischen Erkenntnis Gelegenes, bedeutet sie Subjektivierung der Erfahrung und der physikalischen Erkenntnis. Für den dialektischen Materialismus zeigt sich im Relativen das Absolute. Jede wissenschaftliche Entdeckung und jede wissenschaftliche Theorie, die relativ ist, stellt einen Schritt vorwärts in der Erkenntnis des Objektiven, der absoluten Wahrheit, in der Erkenntnis der objektiven Realität dar. Mit anderen Worten, die Relativierung der Begriffe und Theorien bedeutet eine noch engere Verbindung der Erfahrungen und Erkenntnisse mit der objektiven Wirklichkeit.

Die Dialektik des Absoluten und Relativen wurde von Lenin auf die Fragen des Verhältnisses von Materie und Denken, des Objektiven und Subjektiven angewandt. Materie und Denken unterscheiden sich voneinander. Aber der Unterschied der Materie vom Geist ist relativ, nicht absolut. Das Objektive und das Subjektive, Materie und Geist sind gegensätzlich nur innerhalb der Grundfrage der Philosophie, d. h. in der Frage nach dem Verhältnis von Geist und Materie, von Bewußtsein und Sein, weil das Bewußtsein außerhalb und unabhängig von der Materie nicht existiert und nicht existieren kann. „Außerhalb dieser Grenzen", bemerkte Lenin, „mit der Gegensätzlichkeit von Materie und Geist, von Physischem und Psychischem als einer absoluten Gegensätzlichkeit zu operieren, wäre ein gewaltiger Fehler."[2]

Lenins Analyse des Verhältnisses des Objektiven und Subjektiven hat eine große Bedeutung für die moderne Physik, im besonderen für die Lösung des Problems der Rolle der Meßinstrumente in der Quantenmechanik. In der modernen physikalischen Literatur ist ein Standpunkt weit verbreitet, nach dem die Meßinstrumente und Mikroobjekte in der Quantenmechanik als unteilbare Objekte betrachtet werden. Dieser Gesichtspunkt erweitert den Begriff der Objekte der Quantenmechanik, indem er in diesen Begriff auch die Geräte einschließt, er drückt jedoch nicht aus, warum in der Quantenmechanik zwei „komplementäre" Typen von Geräten existieren. Das ist ein sehr anfechtbarer Punkt dieser Ansicht, denn so ist man gezwungen, eine „Komplementarität" zu postulieren. Die Einbeziehung der Meßgeräte in den Begriff des Objekts (mit dem sich die Quantenmechanik beschäftigt) ist fehlerhaft, weil man bei diesem Einschluß jeden Sinn der Gegenüberstellung von Meßgeräten und Objekten verliert, die unumgänglich ist, insofern

[1] Ebenda.
[2] W. I. Lenin, Materialismus und Empiriokritizismus, S. 236.

die Geräte Mittel der Erkenntnis darstellen, und nicht die Geräte (in Koordination mit Mikroobjekten) von der Quantenmechanik „widergespiegelt“ werden, sondern mit Hilfe des Geräts die Mikroobjekte und Mikroerscheinungen untersucht werden.

Selbstverständlich sind die Unterschiede der Geräte von den Objekten relativ und dürfen nicht aufgebauscht werden. Ein Gerät, das ist ein materielles physikalisches System. Und im Prozeß der Messung tritt es mit den Objekten in Wechselwirkung, aber dies hat damit nichts zu tun, daß die Objekte (die untersucht werden) außerhalb und unabhängig von den Geräten (mit deren Hilfe man die Objekte untersucht) existieren. Die Gegenüberstellung der messenden Geräte und der zu messenden Objekte ist in gewissen Grenzen absolut notwendig, aber außerhalb dieser Grenzen würde eine solche Gegenüberstellung unnötig und fehlerhaft sein. Die Wellen- und die korpuskularen Eigenschaften der Mikroobjekte äußern sich unter bestimmten Bedingungen, und diese Bedingungen werden in entsprechenden experimentellen Anordnungen verwirklicht.

Die Begriffe müssen geschmeidig, beweglich, relativ, wechselseitig miteinander verbunden und einheitlich in ihren Gegensätzen sein. Nur in diesem Fall erfassen sie die materielle Welt und spiegeln sie sie wider. Im anderen Fall ist ein Bruch mit der objektiven Welt unvermeidlich. Unter diesem Gesichtspunkt zerbrechen auf Grund der neuen Entdeckungen auch die grundlegenden Begriffe und Sätze der Physik, die ein neues synthetisches Bild des Weltalls schafft. In diesem synthetischen Bild werden die Einseitigkeiten verschwinden müssen, die einigen physikalischen Theorien und Teilen der Physik eigen sind, und im Zusammenhang damit werden diese Theorien einen der objektiven Realität entsprechenden Inhalt erhalten und einen höheren Wert darstellen. Die neueste Physik schreitet zur höchstentwickelten Synthese der Relativitätstheorie und der Quantenmechanik, der Feldphysik und der Stoffphysik vor, schreitet zu einem Weltbild, einer Theorie, die die Welt der kleinsten Entfernungen und die Welt der gigantischen Maßstäbe umfassen muß. Und nur die Dialektik erlaubt, den philosophischen Weg zur Lösung der vielen bei der Schaffung dieser gigantischen Synthese entstehenden äußerst komplizierten Probleme aufzuzeigen.

„Die Dialektik als eine *lebendige* vielseitige (bei ewig zunehmender Zahl von Seiten) Erkenntnis einer Unzahl von Schattierungen jedes Herangehens, jeder Annäherung an die Wirklichkeit (mit einem philosophischen System, das sich aus jeder Schattierung zu einem Ganzen auswächst) — das ist der unermeßlich reiche Inhalt verglichen mit dem ‚metaphysischen‘ Materialismus, dessen Haupt*übel* in der Unfähigkeit besteht, die Dialektik auf die Bildertheorie, auf den Prozeß und die Entwicklung der Erkenntnis anzuwenden.“[1] Mit diesen Worten charakterisiert Lenin mit treffender Genauigkeit die Philosophie, die die moderne Physik braucht.

Erkenntnis, d. h. Widerspiegelung der Natur im Bewußtsein des Menschen, wie Lenin unterstrich, ist der Prozeß einer Reihe von Abstraktionen, der Bildung

[1] W. I. Lenin, Aus dem philosophischen Nachlaß, S. 288.

von Begriffen, Thesen usw., die angenähert, unvollständig die universelle Gesetzmäßigkeit der sich unendlich bewegenden und entwickelnden Natur ausdrücken.

Mit der Entwicklung der Wissenschaft und Praxis wurde die Widerspiegelung dieser Gesetzmäßigkeiten viel präziser und vollständiger. Die moderne Physik bestätigt mit besonderer Genauigkeit den Gedanken Lenins: „Der Mensch kann die Natur nicht als *ganze*, nicht vollständig, kann nicht ihre ‚unmittelbare Totalität‘ erfassen — widerspiegeln — abbilden, er kann dem nur *ewig* näher kommen, indem er Abstraktionen, Begriffe, Gesetze, ein wissenschaftliches Weltbild usw. schafft.“[1]

Die objektive Wahrheit ist das Ensemble aller Aspekte der Wirklichkeit, ist Prozeß. Zur objektiven Wahrheit schreitet der Mensch, indem er in der Praxis und Technik seine Feststellungen, Begriffe und Theorien über die Welt überprüft. Dieser erhabene Gedanke Lenins charakterisiert den dialektischen Weg der Erkenntnis der objektiven Realität.

Die Notwendigkeit, die Dialektik auf prinzipielle Fragen der modernen Physik anzuwenden, ist klar zu sehen, wenn man die Frage der sogenannten Elementarteilchen betrachtet. Lenin unterstreicht die Unausschöpflichkeit der Materie, ihre unendliche Tiefe. „Die ‚Wesenheit‘ der Dinge oder die ‚Substanz‘ sind ebenfalls relativ“, sagt Lenin, und folgert aus dieser Behauptung: „Das Elektron ist ebenso *unerschöpflich* wie das Atom.“[2] Die Unendlichkeit der Materie in der Tiefe, das ist keine unendliche Wiederholung ein und desselben (z. B. der Gesetze, die die Bewegung der Materie auf ihrer makroskopischen Stufe bestimmen oder der Gesetze, die die Bewegung der Materie auf ihrer atomaren Stufe bestimmen). Die Unendlichkeit der Materie in der Tiefe setzt sich zusammen aus endlichen Wesenheiten verschiedener Ordnung, wobei die unendlichen Übergänge des einen Wesens zu einem anderen, tieferen und von diesem zu einem noch tieferen Übergänge von Quantität in Qualität und umgekehrt sind.

Von diesem Gesichtspunkt aus kann das Eindringen der Physik in das subatomare Gebiet die Notwendigkeit der radikalen Änderung der früher gebildeten grundlegenden physikalischen Begriffe und Gesetze bedeuten, die Schaffung neuer physikalischer Theorien, die sich grundlegend von denen unterscheiden, die heute existieren. Symptome der Notwendigkeit einer solchen Veränderung sind in diesem Falle die Widersprüche und Schwierigkeiten, die die Lage in der Theorie der Elementarteilchen charakterisieren und die damit verbunden sind, daß für die Schaffung dieser Theorie die heutigen Begriffe und Definitionen verwendet werden. Zum Beispiel folgt aus der Relativitätstheorie, daß Elektronen und andere Elementarteilchen punktförmige Gebilde darstellen. Aber selbst hieraus folgt nicht, daß Elementarteilchen keine Ausdehnung, Struktur usw. haben. (Im Zusammenhang mit der Annahme der Punktförmigkeit der Teilchen in physikalischen Theorien entstehen fundamentale Schwierigkeiten, entstehen divergierende

[1] Ebenda, S. 101.
[2] W. I. Lenin, Materialismus und Empiriokritizismus, S. 252f.

Ausdrücke anstelle der in Versuchen beobachteten Bedeutung einer Reihe von Größen.)

Jedoch folgt andererseits insbesondere, daß es für die Lösung der Frage der Ausdehnung, Struktur usw. der Elementarteilchen, allgemein gesprochen, falsch ist, nur die Relativitätstheorie heranzuziehen, daß die Relativitätstheorie nur dort richtig angewendet wird (unter anderen entsprechenden Bedingungen), wo man die Ausmaße der Elementarteilchen vernachlässigen kann (z. B. im atomaren Gebiet). Bekanntlich genügt die relativistische Quantenmechanik (die in einem gewissen Maße die Grenzen der Relativitätstheorie und der Quantenmechanik überwindet) nicht zur Lösung der Probleme der Theorie der Elementarteilchen. Beim Übergang zum Subatomaren sind neue grundlegende physikalische Begriffe und Thesen unvermeidlich. Auf diesem Weg der Entwicklung der Kernphysik wurden in letzter Zeit bestimmte Fortschritte erzielt. In den Arbeiten einer Reihe von sowjetischen und ausländischen Wissenschaftlern, in denen Wechselwirkungen von Elementarteilchen untersucht wurden, zeichnete sich ein neues Herangehen an die Lösung der wichtigsten Probleme der modernen Kernphysik ab, wobei ihnen die Idee der strukturellen Elementarteilchen zugrunde liegt (und nicht punktförmiger, wie in der heute existierenden Theorie angenommen wird).

Es ist sehr wahrscheinlich, daß für das subatomare Gebiet eine neue Überprüfung der Begriffe, die mit der Kontinuität und Diskontinuität in der Physik zusammenhängen, nötig ist.

Die Quantenmechanik führte diese Überprüfung in bezug auf den Stoff durch (ohne die Tatsache der gegenseitigen Umwandelbarkeit der Elementarteilchen zu berücksichtigen), aber die räumlichen und zeitlichen Begriffe behielten in der Quantenmechanik, wie auch in der klassischen Physik, ihren kontinuierlichen Charakter. Es ist unmöglich, anzunehmen, daß für das subatomare Gebiet dieselben räumlichen und zeitlichen Begriffe genügen, die mit hinreichender Vollständigkeit die räumlichen und zeitlichen Eigenschaften der Materie auf ihrer makroskopischen und atomaren Ebene ausdrückten. Die Elemente der Diskontinuität (die sich mit der Kontinuität vereinigen) müssen in Raum- und Zeitbegriffe eingehen, die zum subatomaren Gebiet gehören. Im besonderen wird der Begriff der Koordinaten der Teilchen, einer der fundamentalen Begriffe der Physik, dabei eine tiefe Änderung erfahren. „Die Bewegung ist die Einheit von Kontinuität (der Zeit und des Raumes) und Diskontinuität (der Zeit und des Raumes). Bewegung ist ein Widerspruch, eine Einheit von Widersprüchen."[1] Dieser Leninsche Gedanke erhellt die von Metaphysik und Idealismus verdunkelten Probleme der Diskontinuität und der Kontinuität von Raum und Zeit.

Die dialektische Tendenz, die in der Physik der vergangenen Epoche entstand, breitet sich in der modernen Physik mit all ihren Zweigen und in der Physik als Ganzes aus, wobei sie sich in ihren höchsten Höhen, in ihrer theoretischen Grundlage, durchsetzt. Dieser spontanen dialektischen Tendenz entspricht vollständig

[1] W. I. Lenin, Aus dem philosophischen Nachlaß, S. 193.

nur der dialektische Materialismus, der im Kampf mit den Ansichten des Idealismus und Agnostizismus tief in die Physik eindringt, indem er ihre philosophischen Fragen löst, die mit den neuen Entdeckungen und dem damit verbundenen Bruch mit den bestehenden grundlegenden Begriffen und Theorien verbunden sind.

Der dialektische Materialismus erkennt keine Unveränderlichkeit an, außer einer: das ist die Widerspiegelung der unabhängig von ihm existierenden und sich entwickelnden Außenwelt durch das menschliche Bewußtsein (wenn letzteres existiert). Darin liegt die Wurzel der unendlichen Elastizität, die dem dialektischen Materialismus eigen ist, der unendlichen Elastizität, die die Übereinstimmung des dialektischen Materialismus als Philosophie und Methode mit dem sich fortwährend ändernden Inhalt der modernen Physik bestimmt. Diese Wahrheit wurde von Lenin schon am Material der Anfangsetappe der Entwicklung der neuen Physik nachgewiesen. Die von Lenin gefundene Wahrheit und ihre Beweise veralten nicht und werden in der weiteren Entwicklung der Physik eine immer neue Bestätigung finden.

5

Zum Schluß werden wir uns kurz mit einigen Fragen beschäftigen, die die Wechselbeziehungen des dialektischen Materialismus mit der Naturwissenschaft unter den Bedingungen des gegenwärtigen ideologischen Kampfes berühren.

Lenin bestimmte in seinem Artikel „Über die Bedeutung des streitbaren Materialismus“ für eine ganze historische Periode den Inhalt, den Charakter und die Richtung der Tätigkeit unserer philosophischen Front und zeigte neben anderen Aufgaben die Notwendigkeit, ein Bündnis mit den modernen Naturwissenschaftlern herzustellen, die zum Materialismus neigen und gegen philosophische Schwankungen zum Idealismus und Agnostizismus kämpfen. Er rief die Wissenschaftler auf, bewußte Anhänger des dialektischen Materialismus zu werden, in Verbindung mit der Aufgabe, gegen die reaktionären philosophischen Richtungen, die sich der Theorien der modernen Naturwissenschaft bemächtigen, zu kämpfen. „Wir müssen begreifen“, schreibt Lenin, „daß keine Naturwissenschaft, kein Materialismus sich ohne eine gediegene philosophische Grundlage im Kampf gegen den Ansturm der bürgerlichen Ideen und gegen die Wiederherstellung der bürgerlichen Weltanschauung behaupten kann. Um diesen Kampf zu bestehen, um ihn mit vollem Erfolg zu Ende führen zu können, muß der Naturforscher moderner Materialist, bewußter Anhänger des von Marx vertretenen Materialismus sein, er muß dialektischer Materialist sein“.[1] Lenin stellte die Aufgabe der allseitigen Ausarbeitung der materialistischen Dialektik. In ihr finden die Naturwissenschaftler Antworten auf die Fragen, die durch die Revolution in der Naturwissenschaft in den Vordergrund gerückt wurden, „wenn sie es verstehen, danach zu suchen und wir es lernen, ihnen dabei zu helfen,“ unterstreicht Lenin. „Stellt man sich eine solche Aufgabe nicht, und arbeitet man nicht syste-

[1] W. I. Lenin, Marx—Engels—Marxismus, Berlin 1957, S. 528.

matisch an ihrer Lösung, so kann der Materialismus kein streitbarer Materialismus sein. Er wird, um einen Ausdruck Schtschedrins zu gebrauchen, nicht so sehr Streiter wie vielmehr Bestrittener sein. Wird dies unterlassen, so werden die großen Naturforscher auch in Zukunft ebenso häufig wie bisher in ihren philosophischen Schlußfolgerungen und Verallgemeinerungen hilflos sein.“[1]

Alle diese Aussprüche Lenins haben bis heute ihre große, für den Kampf gegen die bürgerliche Ideologie mobilisierende Bedeutung behalten.

In der letzten Zeit sprachen unsere Wissenschaftler von einer gewissen Schwächung des Bündnisses der Philosophen und Naturwissenschaftler. Diese Frage hat keine geringe Bedeutung für die Entwicklung der sowjetischen Wissenschaft und unseren Kampf gegen die bürgerliche Ideologie.

Was versteht man zunächst unter „Schwächung des Bündnisses“? Manchmal glaubt man, die Sache sei z. B. derart: Die Philosophen, die die Fakten der modernen Naturwissenschaft nicht kennen, erweisen sich bei der Beurteilung der großen Probleme der Wissenschaft, die prinzipielle Bedeutung haben, als unkompetent; die Naturwissenschaftler wandten sich so aus verständlichen Gründen von den Philosophen ab, was eine Schwächung des Bündnisses darstellte.

Natürlich trifft man unter den Philosophen unkompetente Personen, die über die Fakten der Naturwissenschaft urteilen, sie aber nicht kennen oder sie ignorieren, ebenso wie es unter den Naturwissenschaftlern Personen gibt, die sich nicht in Philosophie auskennen, aber sich die Freiheit nehmen, über philosophische Fragen zu urteilen. Jedoch besteht die Angelegenheit nicht darin, obwohl selbstverständlich eine solche Art von Unkenntnis diejenigen nicht schmückt, die sie an den Tag legen. Nicht nur einzelne Philosophen, sondern auch einzelne Naturwissenschaftler begingen ernste Fehler in bezug auf die neue Physik und andere Errungenschaften der modernen Naturwissenschaften (z. B. die Kybernetik). Erinnern wir uns an Prof. A. K. Timirjasew oder an Akademiemitglied W. F. Mitkewitsch, die gegen die Relativitätstheorie auftraten und die alten Anschauungen in der Physik verteidigten; sie begannen damit früher als unsere Philosophen.

Das Unglück dieser unserer Philosophen, die den traurigen Ruhm besitzen, daß sie mit der Relativitätstheorie oder der Theorie der Kybernetik „Schluß machen“ wollten, besteht darin, daß sie das Konservative in der Wissenschaft unterstützten und nicht das Neue in der Wissenschaft sahen, d. h. letzten Endes ließen sie den schöpferischen Charakter des Marxismus außer acht, sie waren nicht in der Lage, den dialektischen Materialismus schöpferisch anzuwenden. Das wird ihnen um so weniger verziehen, als Lenin, als er über die Relativitätstheorie sprach, Einstein den großen Umgestalter der Naturwissenschaft nannte und hervorhob, daß sich an die Relativitätstheorie die Masse der Vertreter der bürgerlichen Intelligenz klammert. Diesen Worten Lenins hätten sie die nötige Aufmerksamkeit schenken müssen.

[1] Ebenda, S. 529.

Womit ist es zu erklären, daß das Bündnis der marxistischen Philosophen und der Naturwissenschaftler, das Lenin als äußerst wichtig für den Fortschritt der Naturwissenschaft und die Entwicklung des dialektischen Materialismus bezeichnete, noch nicht so fest und dauerhaft ist, wie es das Leben und die Wissenschaft der sozialistischen Gesellschaft fordern?

Das ist vor allem durch die Mängel in unserer ideologischen Arbeit, deren tiefe Analyse der XX. Parteitag der KPdSU gab, zu erklären. Die dogmatische Auffassung des Marxismus, die Isolierung von der Praxis des sozialistischen Aufbaus, das Zurückbleiben hinter dem Leben — das sind ernste, auf dem Parteitag einer begründeten Kritik unterzogene Mängel in der Arbeit unserer Philosophen und der anderen sowjetischen Gesellschaftswissenschaftler. Bei den Philosophen zeigen sich diese Mängel besonders darin, daß die wissenschaftliche Forschungsarbeit auf dem Gebiet der Philosophie hinter der Entwicklung der Naturwissenschaft zurückbleibt.

Die dogmatische Auffassung des Marxismus, über die oben gesprochen wurde, war untrennbar mit dem Personenkult verbunden. Zitate anstelle einer gründlichen Untersuchung der Frage, Schulmeisterei der Philosophen in bezug auf die Naturwissenschaftler, alles das und vieles andere stellte sich als Resultat des Personenkultes ein. Wir Philosophen haben schlecht gelernt, den Naturwissenschaftlern zu helfen, im dialektischen Materialismus Antworten auf die philosophischen Fragen, die durch die noch andauernde Revolution in der Naturwissenschaft gestellt werden, zu finden.

Die Beschlüsse des XX. Parteitages unserer Partei über die ideologische Arbeit, die fordern, die revolutionäre Theorie schöpferisch anzuwenden, sie auf der Grundlage der Verallgemeinerung neuer historischer Erfahrungen weiterzuentwickeln, und die Tatsachen der lebendigen Wirklichkeit zu analysieren, zeigen auch den Weg für die erfolgreiche Verwirklichung der philosophischen Aufgaben, die die Entwicklung der modernen Naturwissenschaft stellt.

Die Errungenschaften der modernen Naturwissenschaft stellen die Aufgabe, die neuen und neuesten Daten der Wissenschaft materialistisch zu deuten und die Naturwissenschaftler mit der Theorie und Methode des dialektischen Materialismus besser auszurüsten, sie stellen demzufolge die äußerst wichtigen Aufgaben der weiteren Ausarbeitung des dialektischen Materialismus, seiner Logik und seiner Erkenntnistheorie.

Die Entwicklung der Theorie in der Naturwissenschaft auf der Grundlage der marxistisch-leninistischen Philosophie ist auch notwendig, um mit noch größeren effektiven Resultaten den Bereich der experimentellen Forschungen zu erweitern, um neue naturwissenschaftliche Verallgemeinerungen zu erhalten und um erfolgreicher gegen das Eindringen der idealistischen Weltanschauung in die Naturwissenschaft zu kämpfen.

Die theoretische Verallgemeinerung neuer empirischer Tatsachen ist nicht nur für die Naturwissenschaft notwendig. Auch die marxistische Philosophie, die sich nicht ohne den Zusammenhang mit den Errungenschaften der modernen Physik und anderer Wissenschaften, nicht losgelöst von der modernen wissenschaftlichen Erkenntnis entwickeln kann, braucht sie, weil sie sonst ihren schöpferischen Geist einbüßt und folglich aufhört, marxistische Philosophie zu sein. Zum Beispiel können die Kausalitätstheorie, das Problem des Raumes und der Zeit sowie deren Unendlichkeit, die Frage über die Materie, über das Gesetz, über Möglichkeit und Wirklichkeit und viele andere Fragen bei der modernen Darlegung des dialektischen Materialismus nicht so behandelt werden, wie das noch vor zwanzig bis dreißig Jahren möglich war. Heutzutage wird die Vertiefung vieler Momente der Lehre des dialektischen Materialismus, über die früher unter viel allgemeinerem Aspekt genügend gesprochen wurde, gefordert. Es ist die gründliche Ausarbeitung der Theorie der Dialektik und ihres Kerns — des Gesetzes der Einheit und des Kampfes der Gegensätze — notwendig.

Obwohl sowjetische Philosophen und Naturwissenschaftler in der vergangenen Zeit eine gewisse positive Arbeit für die materialistische Verallgemeinerung der modernen Naturwissenschaft und bei der Entlarvung der idealistischen Verzerrungen in den Naturwissenschaften leisteten, ist es nötig, zu unterstreichen, daß diese Arbeit noch ungenügend geführt wird und nicht den ständig wachsenden Forderungen von Wissenschaft und Praxis der sozialistischen Gesellschaft entspricht. Viele unserer Philosophen sind offensichtlich hinter den Leistungen der modernen Naturwissenschaft zurückgeblieben und deshalb gehen die Naturwissenschaftler an den Arbeiten solcher Philosophen vorbei. Das wurde unter anderem auch dadurch gefördert, daß bei einzelnen unserer Naturwissenschaftler eine unrichtige, nihilistische Beziehung zur Philosophie zutage trat, aus der letzten Endes nur die dem dialektischen Materialismus feindlich gesinnte idealistische Weltanschauung Nutzen zieht.

Während der vergangenen Jahre zeigten nicht wenige Tatsachen, daß eine Reihe unserer Philosophen eine seichte und bisweilen oberflächliche Beziehung zu den Fragen der Verallgemeinerung der Leistungen der modernen Naturwissenschaft hat. Einen gewissen Schaden brachte der Entwicklung der Wissenschaft der in unserer philosophischen Literatur noch bis vor kurzem verbreitete unkorrekte, unkameradschaftliche Ton, die „Etikettierung“, die unbewiesene Beschuldigung an die Adresse dieses oder jenes sowjetischen Autors, dessen Thesen man bestritt. Nicht weniger schädlich erwies sich der von den Philosophen praktizierte „Konsumenten“-Standpunkt in bezug auf die Leistungen der modernen Naturwissenschaft: Die Autoren von Büchern oder Artikeln über den dialektischen Materialismus begnügten sich mit der Zitierung einzelner Beispiele aus dem Bereich der Naturwissenschaft, die sie nicht selten einseitig auslegten, statt diese Leistungen der Naturwissenschaften für die weitere Ausarbeitung der Lehre des dialektischen Materialismus zu benutzen.

Das Zurückbleiben der philosophischen Arbeiten hinter den Leistungen der modernen Naturwissenschaft drückt sich auch darin aus, daß in der sowjetischen philosophischen und naturwissenschaftlichen Literatur nicht immer eine genügend tiefe und beweiskräftige Kritik der idealistischen Anschauungen gegeben wird.

Für die richtige Lösung der Frage der Kritik des modernen Kantianismus, des Machismus und des „physikalischen“ Idealismus hat der folgende Gedanke Lenins große Bedeutung: „Die Marxisten kritisierten (am Anfang des 20. Jahrhunderts) die Kantianer und die Anhänger Humes mehr auf Feuerbachsche (und Büchnersche) als auf Hegelsche Art.“[1] Ebenso sagt Lenin bezüglich Plechanow: Er „kritisiert den Kantianismus (und den Agnostizismus überhaupt) mehr vom vulgär-materialistischen als vom dialektischen materialistischen Standpunkt, *insofern* er ihre Gedankengänge nur a limine *verwirft*, sie aber nicht *richtigstellt* (wie Hegel Kant richtigstellte) dadurch, daß er sie vertiefen, verallgemeinern, erweitern, daß er den *Zusammenhang* und die *Übergänge* aller und jeder Begriffe aufzeigen würde.“[2]

Zu diesen Gedanken Lenins verhielten sich viele unserer Philosophen nicht mit der nötigen Aufmerksamkeit. Heute, wo die bürgerliche Philosophie den dialektischen Materialismus attackiert, wo sie danach trachtet, seinen wachsenden Einfluß auf die Entwicklung der Naturwissenschaft zu schwächen, muß seine Kritik des Positivismus, des „physikalischen“ Idealismus und anderer idealistischer Strömungen der modernen bürgerlichen Philosophie tief, überzeugend, beißend und konkret sein — entsprechend dem vortrefflichen Vorbild, das Lenin in seinen philosophischen Arbeiten gab.

In den vergangenen Jahren wurde in unserer Literatur in bezug auf Fragen der Naturwissenschaften die Praxis des Verschweigens philosophisch schwieriger Fragen der Naturwissenschaft geübt, was der Tradition der großen Naturwissenschaftler — Newton, Lomonossow, Mendelejew, Boltzmann, Einstein und vieler anderer —, die philosophischen Probleme der Naturwissenschaft ihrer Zeit nicht zu umgehen, sondern sie zu beheben, widerspricht. S. I. Wawilow kritisierte seinerzeit mit Recht einzelne sowjetische Physiker wegen ihres Formalismus und ihrer eigenartigen philosophischen „Neutralität“. Diese Kritik kann man entsprechend in bezug auf einige Arbeiten der letzten Zeit wiederholen. Gleichzeitig wäre es unrichtig, den Einfluß des modernen Positivismus auf einzelne unserer Wissenschaftler zu übersehen. Der Einfluß äußert sich in der Ansicht, daß die Naturwissenschaft ohne die Dialektik auskommen kann, daß für die naturwissenschaftlichen Gelehrten die Philosophie nicht unbedingt notwendig sei usw. Diese negativen Erscheinungen stehen im engen Zusammenhang damit, daß manche Super-Theoretiker unter der Flagge des Kampfes gegen den Personenkult versuchen, die theoretische, darunter die philosophische Arbeit der letzten Zeit für nichtig zu erklären und unumstößliche Leitsätze des Marxismus einschließlich richtiger Leitsätze J. W. Stalins in Zweifel zu ziehen.

Man muß dem Aufmerksamkeit schenken, daß viele unserer Naturwissenschaftler und Philosophen noch wenig mit dem Kampf der fortschrittlichen ausländischen Wissenschaftler gegen den Idealismus in der Naturwissenschaft bekannt sind. Diesen sowjetischen Wissenschaftlern bleibt im Grunde genommen auch die Po-

[1] W. I. Lenin, Aus dem philosophischen Nachlaß, S. 98.
[2] Ebenda.

sition der ausländischen Marxisten J. Haldane, J. D. Bernal, R. Garaudy, M. Cornforth, T. Pawloff und anderer, die in den vergangenen Jahren zu den Fragen der modernen Naturwissenschaft, zur Diskussion in unserer und in der ausländischen Literatur Stellung nahmen, unbekannt (Beispiele solcher Stellungnahmen sind die Artikel über die Fragen der Quantenmechanik in der Zeitschrift „La Pensée" in den Jahren 1953—1955, die Diskussion über den Indeterminismus in der Quantenmechanik in der Zeitschrift „La Nouvelle Critique" im Jahre 1955, die Diskussion über die philosophischen Fragen der Physik in der „Deutschen Zeitschrift für Philosophie" in den Jahren 1955 und 1956 u. a.). Der Kampf gegen den Idealismus in der wissenschaftlichen Literatur der kapitalistischen Länder wird schlecht studiert und wir erweisen den fortschrittlichen oder schwankenden Elementen unter den ausländischen Philosophen und Naturwissenschaftlern keine rechtzeitige Unterstützung.

Die Beschlüsse des XX. Parteitages unserer Partei über die Verbesserung und Verstärkung der ideologischen Arbeit fordern die schöpferische Anwendung der revolutionären Theorie, ihre weitere Entwicklung im Kampf für den Kommunismus. Sie verpflichten die sowjetischen Philosophen, die Fragen der marxistisch-leninistischen Philosophie im Zusammenhang mit dem praktischen kommunistischen Aufbau, den Errungenschaften der modernen Wissenschaft, den Aufgaben des Kampfes gegen die reaktionäre idealistische Philosophie auszuarbeiten. Der Hinweis der Partei über die schöpferische Anwendung der marxistischen Theorie ist besonders wichtig für den völligen Sieg des dialektischen Materialismus in der modernen Naturwissenschaft, weil der dialektische Materialismus die philosophische Grundlage der Wissenschaft ist und der überwiegende Teil der sowjetischen Naturwissenschaftler sich in seiner wissenschaftlichen Tätigkeit von der marxistisch-leninistischen Philosophie leiten läßt, wobei er bewußt deren Entwicklung fördert.

Bei der Untersuchung der philosophischen Fragen der Naturwissenschaft muß der Bearbeitung des Leninschen philosophischen Erbes und der Leninschen Etappe in der Entwicklung der marxistischen Philosophie ein zentraler Platz angewiesen werden. Lenin erhellte philosophisch die Perspektiven der Entwicklung der modernen Naturwissenschaften. Der ganze Verlauf der Entwicklung der modernen Naturwissenschaft durch die sowjetischen Gelehrten und die führenden Persönlichkeiten der Wissenschaft im Ausland erfolgt unter dem fruchtbringenden Einfluß der marxistischen Philosophie, die Lenin auf die höchste Stufe hob. Nur der Marxismus-Leninismus eröffnet den Wissenschaftlern den Weg vorwärts zum wirklichen Fortschritt der Wissenschaft, zur Ausnutzung ihrer Errungenschaften zum Wohle der Menschheit. Historisch entspricht das der Tatsache, daß gerade unser Land, das die sozialistische Gesellschaft aufgebaut hat, den kapitalistischen Ländern bei der Ausnutzung der Atomenergie für die Bedürfnisse der Volkswirtschaft voraus ist, und daß gerade die sowjetische Wissenschaft, Technik und Industrie die ersten künstlichen Erdsatelliten startete und damit eine neue Epoche der Erkenntnis der Erde und des Kosmos begründete.

Die Arbeiten Lenins gaben uns das Rüstzeug für die Erkenntnis und Veränderung der Welt. Jedoch in unserer Literatur wird offensichtlich ungenügend die Rolle der Leninschen Ideen für die Entwicklung der modernen Naturwissenschaft aufgedeckt. Es ist nötig, diese ernste Lücke zu beseitigen. Eine äußerst wichtige Aufgabe ist auch die Verwirklichung des durch Lenin entworfenen Programms für die weitere Ausarbeitung der Theorie der Dialektik, der Erkenntnistheorie und der Logik des dialektischen Materialismus. Gerade das benötigt die moderne Naturwissenschaft dringend, die für die Erfüllung dieser Aufgaben äußerst reichhaltiges Material zusammenträgt.

Die Arbeiten Lenins sind eine gewaltige schöpferische Kraft und müssen durch die sowjetischen Wissenschaftler im Kampf für den Sieg des Kommunismus voll ausgenutzt werden.

*

M. E. Omeljanowski, Mitglied der Akademie der Wissenschaften der UdSSR (Erläuterungen auf der Konferenz). Bekanntlich wurde mein Referat an alle Teilnehmer der Konferenz verschickt. Seit seiner Abfassung und der Veröffentlichung sind jedoch in der Naturwissenschaft und in der Philosophie bestimmte Veränderungen vor sich gegangen. Ich möchte jedoch auf sie heute nicht besonders eingehen. Denn das Grundlegende im Charakter dieser Veränderungen sind die philosophischen Aspekte der neuen wissenschaftlichen Probleme, die das schon von Lenin Gesagte bekräftigen. In der Erläuterung zu meinem Referat möchte ich gerade darauf die Aufmerksamkeit lenken und einige Seiten dieser Frage, die sich auf mein Thema beziehen, unterstreichen.

Das Zentrum aller philosophischen Fragen in der modernen Physik ist die materialistische Dialektik. Dies wurde von Lenin schon an Hand des Materials der Anfangsetappe der Revolution der Naturwissenschaft unseres Jahrhunderts bewiesen. Lenin stellte damals die Aufgabe der allseitigen Ausarbeitung der materialistischen Dialektik. Er wies darauf hin, daß in ihr die Naturwissenschaftler die Antworten auf alle philosophischen Fragen finden werden, wenn sie in der Lage sind, sie zu suchen und wenn wir ihnen dabei helfen. Lenin schreibt: „Stellt man sich eine solche Aufgabe nicht und arbeitet man nicht systematisch an ihrer Lösung, so kann der Materialismus kein streitbarer Materialismus sein. Er wird, um einen Ausdruck Schtschedrins zu gebrauchen, nicht so sehr Streiter wie vielmehr Bestrittener sein. Wird dies unterlassen, so werden die großen Naturforscher auch in Zukunft ebenso häufig wie bisher in ihren philosophischen Schlußfolgerungen und Verallgemeinerungen hilflos sein.“[1]

Die Entwicklung der heutigen Physik beweist mit verblüffender Überzeugungskraft diese Feststellungen Lenins. Die dialektische Tendenz, die noch in der alten klassischen Physik entstand, verbreitet sich in der modernen Physik und

[1] W. I. Lenin, Über den streitbaren Materialismus, enthalten in: W. I. Lenin, Über die Religion, Berlin 1956, S. 86.

all ihren Zweigen immer mehr, wobei sie sich auch in ihren theoretischen Grundlagen behauptet. Dieser spontanen dialektischen Tendenz entspricht völlig nur der dialektische Materialismus, der mit Notwendigkeit in der Auseinandersetzung mit idealistischen und agnostischen Anschauungen Eingang in die Physik findet, wobei er alle ihre philosophischen Fragen löst, die durch neue Entdeckungen und die mit ihnen verbundenen neuen Theorien und Ideen auf die Tagesordnung gesetzt werden.

Ich werde im weiteren versuchen, dies zu beweisen. Betrachten wir zunächst einige Seiten des Problems der Realität, das in der gesamten modernen Physik an erster Stelle steht.

Der Positivismus erklärte das Problem und den Begriff der Realität für sinnlos. Ungeachtet dessen widmeten die bekanntesten Physiker A. Einstein, N. Bohr, L. de Broglie, W. Heisenberg, M. Born besonders in ihren letzten Arbeiten diesem Problem ihre besondere Aufmerksamkeit. Das Wesen dieses Problems besteht kurz in folgendem: Besitzen die Elektronen und Mikroteilchen (und überhaupt die atomaren Erscheinungen), über die wir nur nach den Angaben der Instrumente urteilen, wobei die aus diesen Angaben gezogenen Schlußfolgerungen nicht in den Rahmen der Vorstellungen über die makroskopischen Körper passen, die gleiche objektive Realität, wie die makroskopischen Körper und Erscheinungen? Welche Position bezieht der dialektische Materialismus bei der Lösung dieses Problems?

Es existieren keinerlei metaphysische Unveränderlichkeiten in der Art einer absoluten und unveränderlichen Substanz, einer unveränderlichen „Natur“ oder eines solchen „Wesens“ der Dinge.

Das „Wesen“ der Dinge oder die „Substanz“ sind relativ, drücken nur die Vertiefung der Erkenntnis der Objekte durch den Menschen aus. Unabänderlich ist nur die Widerspiegelung der unabhängig vom menschlichen Bewußtsein (wenn letzteres existiert) existierenden und sich entwickelnden Welt durch das menschliche Bewußtsein. Mit dieser von Lenin ausgearbeiteten These befindet sich seine berühmte Definition der Materie als objektive Realität, die unabhängig vom menschlichen Bewußtsein existiert und von ihm widergespiegelt wird, in organischem Zusammenhang.

Aus dem Gesagten wird klar, daß die Elektronen (wie überhaupt alle Mikroteilchen) die gleiche objektive Realität besitzen wie die gewöhnlichen makroskopischen Körper, obwohl sich die Mikroteilchen qualitativ durch ihre physikalischen Eigenschaften (das Vorhandensein des Spins, der dualistischen Korpuskel-Wellen-Eigenschaften usw.) von den Makrokörpern unterscheiden. Auch die Elektronen sind objektive Realität, Materie. Sie existieren unabhängig vom Subjekt, werden von diesem mit Hilfe von Instrumenten erkannt und in den Begriffen der Quantentheorie widergespiegelt. Oder aber — ein bekanntes Beispiel — die sogenannte Annihilisation und der umgekehrte Prozeß, die Bildung von Elektronen und Positronen aus Photonen sind Umwandlungen der einen physikalischen Materieart in eine andere.

Dabei schließt der Materiebegriff (ein fundamentaler Begriff der marxistischen Philosophie) von Anfang an metaphysische Unveränderlichkeiten aus. Das ist die Grundlage für die unbegrenzte Elastizität des dialektischen Materialismus, die seine Übereinstimmung (als Philosophie und Methode) mit dem sich unaufhaltsam bereichernden Inhalt der modernen Physik bestimmt.

In der ausländischen nichtmarxistischen Literatur zu philosophischen Fragen der modernen Physik ist der positivistische Standpunkt zum Problem der Realität sehr verbreitet. So verteidigte zum Beispiel der bekannte Neopositivist, das aktive Mitglied des Wiener Kreises und heutige amerikanische Philosoph Philipp Frank in seinem auf dem Internationalen Philosophischen Kongreß in Venedig gehaltenen Vortrag die These, daß „die moderne Physik nichts über die ‚Materie' oder den ‚Geist', sehr viel aber über die Semantik auszusagen hat".

Nach der Auffassung Franks hat die Physik keinerlei Beziehung zu solchen Fragen, wie der über den Platz des Menschen im Universum. Sie darf keinem Einfluß von Fragen dieser Art unterliegen. Mit anderen Worten: Nach Frank befindet sich die Physik außerhalb des Kampfes zwischen Materialismus und Idealismus, obwohl „die politischen und religiösen Strömungen des XX. Jahrhunderts es vorzogen, der modernen Physik eine solche philosophische Auslegung zu geben, die ihre Lieblingsideen beweisen, wie es ähnlich auch der Lehre Newtons hinsichtlich der religiösen und politischen Strömungen des XVIII. Jahrhunderts erging".

Nach Frank hat es die Physik nur mit der „Erfahrung" zu tun. Die in diesen „Erfahrungen" gegebene objektive Realität verneint er, wobei er diese Frage zur „Metaphysik" gehörig betrachtet. Anders ausgedrückt: Frank betrachtet die Begriffe „Lage des Teilchens", „Masse des Körpers" usw. nicht als Begriffe, die die Außenwelt widerspiegeln, sondern als Worte zur Darstellung von Beobachtungen. Das ist aber Idealismus subjektiver Färbung, gegen den Frank angeblich auftritt. Dergestalt ist der Versuch Franks, sich bei der Lösung von philosophischen Fragen über Materialismus und Idealismus zu erheben, in Wirklichkeit eine Unterstützung des Idealismus, wie es auch nicht anders zu erwarten war.

Während viele positivistische Philosophen beim Versuch, den Begriff der objektiven Realität (der Außenwelt) aus dem philosophischen Habitus der modernen Physik zu vertreiben, offen gegen den Materialismus, und in den letzten Jahren besonders gegen den dialektischen Materialismus zu Felde ziehen, bemühen sich gewöhnlich eine große Anzahl von Physikern, die wir nicht ohne Grund zu den Verteidigern von idealistischen und positivistischen Ansichten zählen, um die Erhaltung des Begriffs der objektiven Realität, wenn sie philosophische Fragen ihrer Wissenschaft behandeln. Bei diesen Physikern gewinnt die philosophische spontane Überzeugung des Wissenschaftlers von der Existenz der Außenwelt (der naturhistorische Materialismus) zum Teil die Oberhand. Auf alle Fälle aber macht sie sich in der einen oder anderen Form bemerkbar. Die Unkenntnis des dialektischen Materialismus jedoch führt im Endresultat dahin, daß die Bemerkungen dieser Physiker gegen die idealistischen Anschauungen häufig einen höchst unbestimmten und verschwommenen Charakter tragen und die Kritik des Idealismus und Agnostizismus einseitig und inkonsequent ist. Diese Tatsache kann man in den letzten Arbeiten von Heisenberg und M. Born verfolgen.

Heisenberg zählt sich nicht zu den Positivisten und tritt — seinen Worten nach — sowohl gegen die Idealisten als auch gegen die Materialisten auf (wenn man den metaphysischen Materialismus im Sinn hat, so sind seine Einwände im allgemeinen gerechtfertigt). Er behauptet, daß das Reale in der Quantenmechanik die gleiche entscheidende Rolle wie in der klassischen Physik spielt. Dabei trennt er aber den Begriff des „Objektiven" von dem des „Realen". Das Objektive, behauptet er, ist das Mögliche und wird nur mathematisch beschrieben. Das Reale dagegen wird durch die Begriffe der klassischen Physik beschrieben. In der Quantenmechanik, so sagt Heisenberg, muß die klassische Idee der objektiv-realen Dinge in einer bestimmten Beziehung verworfen werden, die Idee des „Realen" bleibt jedoch erhalten, insofern man in der Quantenmechanik bei der Beschreibung von atomaren Experimenten ohne klassische Begriffe nicht auskommen kann. In Anwendung auf das Elementarteilchen heißt dies, wie er schreibt, daß „es dem Wesen nach kein materielles Gebilde in Raum und Zeit ist, sondern ein Symbol, dessen Einführung den Naturgesetzen eine besonders einfache Form gibt."

Andererseits trifft man bei Heisenberg nicht selten Aussagen, die anzuerkennen man nicht umhin kann. Ich möchte eine davon anführen, in der er, so muß man annehmen, eine grundlegende philosophische Idee der von ihm geschaffenen sogenannten einheitlichen Theorie der Materie, über die jetzt in der Physik lebhaft debattiert wird, darlegt.

„Durch Experimente der letzten Jahre wurde festgestellt", schreibt er, „daß sich die Elementarteilchen beim Zusammenstoß mit einem großen Energieaustausch ineinander verwandeln können. Diese Tatsache kann man auf einfachste Weise beschreiben, wenn man sagt, daß alle Teilchen im Grunde aus dem gleichen Stoff bestehen; sie sind nur verschiedene stationäre Zustände ein und derselben Materie. Es gibt nur eine einheitliche Materie, die jedoch in verschiedenen diskreten stationären Zuständen existieren kann."

Das wäre eine richtige Auslegung (wenn man von einigen terminologischen Ungenauigkeiten absieht) bestimmter physikalischer Fakten vom Standpunkt des dialektischen Materialismus, wenn nur der Autor dieser Aussagen — Heisenberg also — konsequent die Ansicht vertreten würde, daß die Materie, über die er schreibt, unabhängig vom menschlichen Bewußtsein existiert.

Wenden wir uns jetzt M. Born zu. Er seinerseits möchte ebenfalls eine gewisse beständige Grundlage für die verschiedensten Daten, die der Physiker unmittelbar oder mit Hilfe des Gerätes beobachtet, finden. Im Unterschied zu den Positivisten unterstreicht Born, daß der Gelehrte in seinen sinnlichen Eindrücken „mehr sehen muß, als nur eine Halluzination, nämlich eine Mitteilung über die reale Außenwelt." Die Geräte, Elektronen, Atome und Felder sind ein Teil der an sich existierenden Außenwelt, sagt er, wobei er die philosophischen Lehren, die diese Tatsache negieren, „physikalischen Solipsismus“ nennt.

Nachdem er die positivistische Auffassung der Realität verworfen hat, sieht Born den „Schlüssel“ zu einem rationalen Begriff der Realität in der Idee der Invarianz. Seiner Meinung nach sind das, was der einfache Mensch „reale Dinge“ nennt, „Invarianten der Wahrnehmung“, die die „Vernunft durch einen unbewußten Prozeß konstituiert.“ In der Relativitätstheorie ist die Realität ein Intervall — die Invariante des räumlichen und zeitlichen Aspekts; in der Quantenmechanik sind es die Elektronen und andere atomare Objekte, die die Invarianten des Korpuskel- und Wellenaspekts darstellen.

In den Ansichten Borns ringt sich zweifellos der Gedanke über den dialektischen Charakter der physikalischen Realität durch. Jedoch widerspricht die Behauptung, daß die Invarianten Konstruktionen der Vernunft sind, der Anerkennung der objektiven Realität der Außenwelt, von der Born selbst spricht. Außerdem muß der Begriff der Invarianz in seiner Beziehung zum Begriff der Realität dargelegt werden. Der Begriff der Invarianz als Begriff der mathematisch-physikalischen Wissenschaften kann den philosophischen Begriff der objektiven Realität nicht ersetzen, weil die Frage der Invarianz nicht mit folgender Frage zusammenfällt: Existieren die gewöhnlichen Dinge, die Atome, Felder und Mikroteilchen usw. unabhängig von dem sie erkennenden Verstand oder aber sind sie Produkte desselben? Und gerade diese Frage muß gelöst werden. Jedoch löst sie nicht die Theorie der Invarianz, sondern die Philosophie.

Die Quantenmechanik und die Quantentheorie des Feldes sind bemerkenswerte Beispiele dafür, welche philosophische Bedeutung der dialektische Materialismus und seine Lehre von der Materie für die moderne Physik haben. Die Quantenmechanik und die Quantentheorie des Feldes beruhen auf der Entdeckung der dualistischen Korpuskular-Wellen-Natur der sich bewegenden Mikroobjekte. Die empirischen Korpuskular- und Wellenbilder des Verhaltens von Mikroteilchen werden von keinem Physiker verneint. Aber wie soll man diese Bilder vereinigen? Um so mehr, als Teilchen und Wellen der Vernunft als einander ausschließend erscheinen!

Die Aufgabe besteht natürlich nicht in der einfachen Versöhnung dieser zwei entgegengesetzten Bilder, sondern in wesentlich ernsteren Dingen, die eine tiefe philosophische Durchdringung fordern.

Welchen Charakter kann nun diese Vereinigung oder Synthese tragen? Die Geschichte der Quantenmechanik kennt folgende drei Auffassungen dieser Synthese.

1. Die Mikroobjekte werden als Wellengebilde betrachtet. Der Korpuskularaspekt entsteht als Resultat der Interferenz der ursprünglichen Wellen (das „Wellenpaket“ der ursprünglichen Theorie Schrödingers).

2. Die Mikroobjekte werden als eigentümliche korpuskulare Gebilde betrachtet. Die Welleneigenschaften entstehen im Resultat einer prinzipiell unkontrollierbaren Wechselwirkung zwischen Gerät und Mikroobjekt. Die Realität der Welleneigenschaften der Mikroobjekte wird verneint. Die Wellen sind nur ein

halbanschauliches Bild einer mathematischen Funktion, die die Wahrscheinlichkeit bestimmter Meßergebnisse der Mikroobjekte bestimmt (Bohr, Heisenberg).

3. Die Wellen- und Korpuskulareigenschaften der Mikroobjekte sind gleich real und existieren nebeneinander (der „Wellenpilot" de Broglies; der Standpunkt, demzufolge der Korpuskularaspekt ein singuläres Gebiet des Wellenprozesses ist).

Es ist von Interesse, die möglichen Schicksale dieser Auffassungen einer Betrachtung zu unterziehen. Die erste Auffassung entfällt schon deshalb, weil sie den Fakten der Stabilität der Makrokörper widerspricht. Außerdem „verbreiten sich" entsprechend der Quantenmechanik mit Teilchen gekoppelte Wellen nicht im physikalischen dreidimensionalen Raum, sondern im sogenannten vieldimensionalen Konfigurationsraum.

Die zweite Auffassung ist unter den theoretischen Physikern weit verbreitet. Sie wurde in letzter Zeit einer ernsten Kritik unterzogen. Bestimmte Teile veränderten sich, wobei sich diese Auffassung von der Idee der „prinzipiellen Unkontrollierbarkeit" befreite. Entsprechend dieser zweiten Auffassung sind die sich auf Mikroobjekte beziehenden Korpuskularvorstellungen nicht identisch mit denen der klassischen Physik. In Form der „Komplementarität" des klassischen Begriffes der Koordinate *und* des klassischen Begriffes des Impulses, der Beschreibung mit Hilfe der klassischen Begriffe *und* der symbolischen Vorstellung mit Hilfe der Wellenfunktion, der statistischen Gesetze *und* der Wellengleichung vom Typ eines dynamischen Gesetzes sind diese Korpuskularvorstellungen in einer (obwohl phantastischen) Weise mit den Wellenvorstellungen innerlich verbunden.

Auf diese Weise ist die zweite Auffassung oder genauer die Idee der Komplementarität eine Form der Annäherung an das Grundgesetz der Dialektik von der Einheit und dem Kampf der Gegensätze, wenn dieses auch von den Verteidigern des Komplementaritätsprinzips idealistisch verflacht wird.

Die dritte Auffassung erhielt noch keine volle Ausbildung, befreite sich aber in ihrer Evolution allmählich von Einseitigkeiten, die ihrer ursprünglichen Form noch eigen waren. In ihrer heutigen Form hebt sie mehr das Moment des Nebeneinanderbestehens des korpuskularen und des Wellenaspekts als ihre gegenseitige Durchdringung hervor. Keine der drei Auffassungen, die entweder den Korpuskularbegriff oder den Wellenbegriff oder beide in den Vordergrund stellen, verwirft den Begriff, der dem in den Vordergrund gerückten entgegengesetzt ist, alle bemühen sich, den notwendigen Zusammenhang beider zu erfassen. Nur die Tendenz, die entgegengesetzten Begriffe von Korpuskel und Welle in der Theorie zu verbinden, kann unserer Ansicht nach eine richtige Lösung der Probleme der Mikrophysik gewährleisten. In den angeführten Auffassungen ist jedoch (in jeder auf ihre Art) der Zusammenhang der Korpuskular- und Wellenvorstellungen in einer der Identität der Gegensätze von Teilchen und Welle nicht adäquaten Form ausgedrückt. Daher stammen auch die Mängel dieser Auffassungen, von denen oben gesprochen wurde.

Die moderne Physik des Atoms und der Mikroteilchen entwickelt sich auf einem Wege, der zur Bestätigung der Idee der dualistischen Korpuskular-Wellen-

Natur des Stoffes und des Feldes in der Physik führte. Die Materie, d. h. Stoff und Feld, ist im Ganzen weder Teilchen noch Welle, noch ein Gemisch beider. Sie besitzt die Eigenschaften von Welle und Teilchen gleichzeitig. Diese dialektische Position bei der Lösung der Frage nach dem Charakter der Synthese der Korpuskular- und Welleneigenschaften der Mikroteilchen wurde von vielen Wissenschaftlern, insbesondere aber von Akademiemitglied Wawilow, unterstrichen.

Ihre weitere Entwicklung erhielt diese Idee in der Quantentheorie des Feldes. Ich werde auf diese Frage nicht näher eingehen. Ich möchte nur sagen, daß die Quantentheorie des Feldes die dialektische Idee von der Einheit des Feldes und des Stoffes, der Wellen- und der Korpuskulareigenschaften der Materie realisiert.

Gegen diesen Standpunkt in der Auffassung der Quantentheorie tritt der moderne Positivismus entschieden auf. Ph. Frank äußerte sich nicht gerade schmeichelhaft über die Autoren, die das Elektron als Einheit seiner gegensätzlichen Wellen- und Korpuskulareigenschaften betrachten. Seiner Meinung nach führen diese Autoren die Idee eines centaurusähnlichen Objektes in die Quantentheorie ein, eines Objektes, das halb Welle und halb Korpuskel ist, statt über die Methode der Anwendung einiger Ausdrücke nachzudenken.

Aber die Einheit der Gegensätze, die die Dialektik untersucht, ist keinesfalls ein centaurusähnliches Objekt, wie es Frank ausgedacht hat. Mir scheint, daß vor diesem Auditorium keine Notwendigkeit besteht, auf diese Frage einzugehen. Ich erinnere lediglich daran, daß der Fortschritt in der Physik selbst auch die Wissenschaftler, die subjektiv weit vom dialektischen Materialismus entfernt sind, unwillkürlich dazu zwingt, Thesen über den Charakter der Synthese von Wellen- und Korpuskularvorstellungen in der Quantenmechanik aufzustellen, denen ein marxistischer Philosoph seine Zustimmung nicht verwehren kann. Ich wies in diesem Zusammenhang schon auf die Ansichten von M. Born hin. In gewisser Hinsicht betrifft das teilweise auch den bekannten Physiker Pauli.

So wird in der Quantenphysik die Lehre des dialektischen Materialismus von der Materie als objektive Realität mit den ihr innewohnenden Widersprüchen, die vom Menschen mit seinen Begriffen und Theorien immer tiefer erkannt wird, einmal mehr bestätigt.

Die von Lenin entwickelte Lehre von der Materie ist nicht nur von seiten des modernen Positivismus systematischen Angriffen ausgesetzt, sondern auch von der Philosophie des Katholizismus, dem Neothomismus. Der bekannte Gegner des Marxismus, der Neothomist Wetter, bringt in seinem Büchlein „Die Philosophie und Naturwissenschaft in der Sowjetunion“, das 1958 in Westdeutschland erschien, im einzelnen Folgendes zum Ausdruck: Wenn man den dialektischen Materialismus anerkennt, so kann man von seiner Position, wie die sowjetischen Wissenschaftler zeigten, eine philosophische Interpretation der quantenphysikalischen Erkenntnisse geben, wenn man jedoch die positivistisch-idealistische Erkenntnistheorie zu Grunde legt, so kann man von ihrem Standpunkt, wie die Kopenhagener Schule zeigte, ebenfalls eine Interpretation der quantenphysikalischen Daten geben. Aus dem Gesagten ergibt sich nach Wetter die Schlußfolgerung, daß die philosophische Interpretation der physikalischen Daten nicht eindeutig bestimmt ist, was wiederum heißt, daß man nicht über die Bestätigung des dialektischen Materialismus durch die Quantenphysik sprechen kann, sondern nur über ihre Vereinbarkeit mit ihm.

Wetter fügt dem noch hinzu, daß die Anerkennung der Existenz einer vom erkennenden Subjekt unabhängigen Wirklichkeit kein „Materialismus" sei, weil diese Anerkennung nicht die Frage nach der Natur der Wirklichkeit entscheidet, d. h. die Frage, ob die Materie einzige und letzte Wirklichkeit ist.

Wetter hat den dialektischen Charakter der Leninschen Definition der Materie nicht verstanden, sonst würde er nicht die „einzige und letzte Wirklichkeit" suchen und die Frage nach der „Natur der Wirklichkeit" stellen. Aus diesem Unverständnis folgt auch die falsche Behauptung Wetters, daß die Quantenphysik den dialektischen Materialismus nicht bestätige, sondern nur mit ihm vereinbar sei.

Die Quantenphysik kann als Wissenschaft nicht existieren, wenn sie die Veränderlichkeit der Atome und Mikroteilchen, die gegenseitige Verwandelbarkeit von Stoff und Feld, die Einheit der Gegensätze von Wellen- und Korpuskulareigenschaften, die Vielfalt der Formen der Zusammenhänge und Abhängigkeiten usw. nicht anerkennt. Aber all dies — und vieles andere — bedeutet gerade, daß die Quantenphysik den dialektischen Materialismus bestätigt. Nicht zufällig überprüfen führende Vertreter der Kopenhagener Schule ihre positivistischen Ansichten, trennen sich von falschen Ansichten wie der prinzipiellen Unkontrollierbarkeit und nähern sich so oder so dem dialektischen Materialismus. Die Gesetze der Dialektik sind Gesetze der Erkenntnis und der objektiven Welt. Und gerade das wird von der modernen Physik bestätigt.

Ich komme zum Ende meiner Darlegung. Die Arbeiten Lenins sind ein großer Markstein in der marxistischen Philosophie. Lenin gab ein konkretes Programm der weiteren Ausarbeitung der Theorie der Dialektik, der Logik und der Erkenntnistheorie des dialektischen Materialismus. In der Verwirklichung dieses Programms besteht die wichtigste Aufgabe der marxistischen Philosophie und der modernen Naturwissenschaft.

Diese Aufgabe kann nur durch die gemeinsamen Anstrengungen der Philosophen und Naturwissenschaftler gelöst werden. Die Zusammenarbeit der Wissenschaftler, die Vereinigung der Naturwissenschaftler und Philosophen auf der Position des dialektischen Materialismus — das ist eines der Vermächtnisse Lenins. Vieles gestattet uns zu hoffen, daß unsere Konferenz wesentlich zur Festigung dieses Bündnisses beiträgt, wie es vom Leben selbst und von der Wissenschaft der sozialistischen Gesellschaft gefordert wird.

A. D. ALEXANDROW
Korrespondierendes Mitglied der Akademie der Wissenschaften der UdSSR

PHILOSOPHISCHER GEHALT UND PHILOSOPHISCHE BEDEUTUNG DER RELATIVITÄTSTHEORIE

Einleitung

Die Relativitätstheorie ist eine physikalische Theorie von Raum und Zeit. Mit ihr sind grundlegende physikalische Begriffe wie Bewegung, Masse, Energie u. a. eng verknüpft. Deshalb haben die allgemeinen Schlußfolgerungen dieser Theorie philosophische Bedeutung und ihr Verständnis ist ohne eine gebührende philosophische Analyse ihrer Grundlagen unmöglich.

Raum und Zeit sind Existenzformen der Materie. Das bedeutet, daß räumliche und zeitliche Beziehungen nicht an sich in reiner Form existieren, sondern durch die materiellen Zusammenhänge der Gegenstände und Erscheinungen bestimmt werden. Dementsprechend stellen die allgemeinen Gesetze dieser Beziehungen (die Eigenschaften von Raum und Zeit) Gesetze und Eigenschaften der allgemeinen Struktur der materiellen Zusammenhänge der Dinge und Erscheinungen dar. Deshalb entwickelt sich die Erkenntnis der Eigenschaften von Raum und Zeit in Abhängigkeit von der Erkenntnis der Eigenschaften der Materie selbst.

Wenn die Theorie des Raumes und der Zeit der klassischen Physik vor allem von den Eigenschaften und Beziehungen fester Körper ausging, so entstand die Relativitätstheorie auf Grund der Untersuchung elektromagnetischer Prozesse. Ihr wurde das Gesetz von der Konstanz der Lichtgeschwindigkeit (der Geschwindigkeit der Ausbreitung elektromagnetischer Wellen überhaupt) zugrunde gelegt. Als Grundlage kann auch das allgemeinere Gesetz der Begrenztheit der Ausbreitungsgeschwindigkeit jeder Wirkung (der Übertragung von Energie) genommen werden; die Grenzgeschwindigkeit ist gleich der Lichtgeschwindigkeit.

Daher liegen der Relativitätstheorie neue Schlußfolgerungen über die allgemeinen Eigenschaften materieller Zusammenhänge, der Wechselwirkungen physikalischer Eigenschaften zugrunde. Schon dadurch waren Entstehung und Entwicklung der Relativitätstheorie eine Bestätigung der Lehre des dialektischen Materialismus von Raum und Zeit als Existenzformen der Materie.

Indem sie sich auf die Bewegungsgesetze der Materie gründet, abstrahiert die Theorie des Raumes und der Zeit von den konkreten Eigenschaften der Dinge und Prozesse, um gerade die allgemeinen Gesetze der räumlichen und zeitlichen Beziehungen und Eigenschaften zu ermitteln. Sie abstrahiert notwendig die räumlichen und zeitlichen Formen von ihrem konkreten materiellen Inhalt, weil sie sonst keine Theorie von Raum und Zeit wäre.

Die Hauptschlußfolgerung der Relativitätstheorie besteht in der Feststellung eines solchen universellen Zusammenhangs von Raum und Zeit, auf Grund dessen sie zu einer einheitlichen Existenzform der Materie vereinigt werden, zur Raum-Zeit. Raum und Zeit sind gewissermaßen nur relative Seiten der absoluten Raum-Zeit, und ihre Trennung besitzt keinen absoluten Charakter, wie man sich das früher vorstellte. Die Trennung von Raum und Zeit ist nicht an sich bestimmt, sondern nur im Zusammenhang mit dem einen oder anderen inerten Bezugssystem. Anders gesagt, nur raum-zeitliche Beziehungen und Eigenschaften der Dinge und Erscheinungen besitzen absoluten Charakter, während die Trennung der räumlichen Eigenschaften und Beziehungen einerseits und der zeitlichen andererseits relativ, d. h. objektiv nicht an sich bestimmt ist, sondern nur in diesem oder jenem Bezugssystem (in Beziehung auf das eine oder andere materielle System).

Die Anwendung der Relativitätstheorie in der Mechanik und Elektrodynamik führte zu analogen Schlüssen. Es wurde festgestellt, daß eine ganze Reihe von Eigenschaften der Körper und Prozesse (z. B. die Spannung eines elektrischen Feldes usw.), die man früher als nicht relativ, den Körpern und Prozessen an sich zu eigen, angesehen hatte, sich nur als relative Seiten allgemeinerer Eigenschaften erweisen.

Die Relativität dieser oder jener objektiven Charakteristika physikalischer Erscheinungen ist seit langem bekannt. Zum Beispiel ist die Geschwindigkeit eines Körpers und damit auch seine kinetische Energie und Bewegungsmenge relativ, d. h. nicht für den Körper an sich objektiv bestimmt, sondern relativ zu anderen Körpern. Ein Gegenstand, der in bezug auf die Erde ruht, bewegt sich zusammen mit ihr in bezug auf die Sonne. Beide Bewegungen, und deshalb auch die Geschwindigkeit und andere Charakteristika der Bewegung, sind zwar real, aber auch relativ.

Die Relativitätstheorie stellte jedoch die Relativität solcher objektiver Charakteristika der Erscheinungen fest, die man früher als nicht-relativ betrachtet hatte: Das sind die Gleichzeitigkeit und, in bestimmtem Rahmen, die Aufeinanderfolge der Ereignisse in der Zeit, die Dauer von Prozessen, die Länge, d. h. der Abstand zwischen den gleichzeitigen Lagen der Endpunkte eines sich bewegenden Pfeiles, die Masse und andere. Das bedeutet selbstverständlich nicht, daß die Körper und Prozesse die ihnen an sich zukommenden Eigenschaften verlieren. So hat jeder Körper, jeder Prozeß, jedes System von Ereignissen bestimmte raum-zeitliche Eigenschaften, aber diese Eigenschaften treten in unterschiedlichen Verhältnissen verschieden in Erscheinung (z. B. existiert zwischen zwei Ereignissen ein bestimmtes raum-zeitliches Intervall, die Zeitspanne zwischen ihnen ist aber nur eine relative Seite, sie ist das In-Erscheinung-Treten dieser Eigenschaft des Paares von Ereignissen hinsichtlich des Bezugssystems; diese Zeitspanne hat eine verschiedene Größe in verschiedenen Systemen).

Ferner stellte die Relativitätstheorie z. B. fest, daß nur das elektromagnetische Feld eine absolute Bedeutung besitzt, während elektrische und Magnetfelder nur dessen relative Seiten sind, d. h. nur hinsichtlich dieses oder jenes Bezugssystems objektiv bestimmt sind. Diese Beziehung allgemeiner nichtrelativer Eigenschaften und ihrer relativen Seiten findet einen klaren mathematischen Ausdruck in der Angabe der physikalischen Größen durch vierdimensionale Vektoren und Tensoren, die nicht vom Bezugssystem abhängen, während ihre Bestandteile relativ sind, d. h. verschieden in verschiedenen Bezugssystemen.

Die allgemeine Auffassung der Relativität verschiedener Charakteristika physikalischer Erscheinungen besteht in folgendem: Körper und Prozesse besitzen Eigenschaften, die in verschiedenen objektiven Verhältnissen verschieden in Erscheinung treten; gerade dieses In-Erscheinung-Treten von Körpern und Prozessen stellt auch deren relative Charakteristik dar. Das Relative ist nur eine Seite, eine Erscheinungsform des Nichtrelativen, des Absoluten, und es ist genauso objektiv, wie die Körper und Prozesse selbst, wie deren Eigenschaften und Beziehungen. Die dialektisch-materialistische Auffassung von der Einheit des Relativen und Absoluten, von den Eigenschaften und ihren Erscheinungsformen in verschiedenen Verhältnissen, ist der metaphysischen entgegengesetzt, die nur das eine dem anderen gegenüberstellt und dadurch ihre objektive Einheit zerreißt.

Die Relativitätstheorie, die die früher unbekannte Relativität vieler Seiten physikalischer Erscheinungen aufdeckte, deckte gleichzeitig damit auch die allgemeineren Eigenschaften auf, deren Erscheinungsformen diese relativen Charakteristika sind. Sie stellte dadurch ihren tieferen inneren Zusammenhang fest. Die Bedeutung dieser Frage ist schon daraus ersichtlich, daß eines der hier gewonnenen Resultate sich als das fundamentale Gesetz des wechselseitigen Zusammenhangs von Masse und Energie erweist.

Das wirkliche Wesen der Relativitätstheorie besteht nicht darin, daß sie die Relativität der Zeit feststellte, auch nicht darin, daß sie die Erscheinungen in ihren Beziehungen zu diesem oder jenem Bezugssystem betrachtet und einen Unterschied in deren Charakteristika in bezug auf verschiedene Systeme findet. Das Wesen der Relativitätstheorie besteht in der Entdeckung, daß diese relativen Charakteristika lediglich Aspekte des Nichtrelativen, des Absoluten sind. Das Hauptsächliche besteht nicht in der Relativität von Zeit und Raum, sondern darin, daß sie nur Aspekte der einheitlichen absoluten Existenzform der Materie — der Raum-Zeit — darstellen. Das Relativitätsprinzip, das die Invarianz der Naturgesetze feststellte, ihre Gleichheit in bezug auf alle Inertialsysteme, konstatiert dadurch ihren nicht-relativen Charakter. Es ist daher eher ein „Prinzip der Nicht-Relativität". Diese Auffassung der Theorie wurde schon von Minkowski gegeben, der als grundlegenden Begriff die Raum-Zeit-Mannigfaltigkeit einführte und darauf hinwies, daß die Termini „Prinzip" oder „Postulat der Relativität" das Wesen dieses Prinzips nicht glücklich zum Ausdruck bringen und daß man es deshalb besser „das Postulat der absoluten Welt" nennen sollte.

Bei seiner richtigen Auffassung gibt der objektive Inhalt der Relativitätstheorie keinerlei Grund für deren Vermischung mit dem philosophischen Relativismus oder mit anderen Schattierungen des Idealismus, welche es auch sein mögen. Die Relativitätstheorie wurde jedoch unter den Bedingungen der philosophischen Krise der Physik begründet, unter den Bedingungen eines wachsenden Druckes des Idealismus auf die Physik. Die Entwicklung dieser Theorie bestätigt Lenins Gedanken: Die Physik „steuert auf diese einzig richtige Methode und einzig richtige Philosophie der Naturwissenschaft hin, aber nicht schnurstracks, sondern im Zickzack, nicht bewußt, sondern instinktiv, wobei sie ihr ‚Endziel' nicht klar sieht, sondern sich ihm tastend, schwankend nähert, manchmal sogar mit dem Rücken voran."[1] Es bestätigt sich Lenins Gedanke, daß die Physik, indem sie den dialektischen Materialismus gebiert, gleichzeitig auch einige tote Produkte hervorbringt, wozu der physikalische Idealismus mit allen seinen Varianten gehört.

Die Auffassung des Wesens der Relativitätstheorie, die faktisch den dialektischen Materialismus bestätigt, wurde in den Arbeiten einer Reihe von Wissenschaftlern unter dem Einfluß des Idealismus merklich entstellt. Dabei ging es nicht nur um eine idealistische Deutung der mit der Relativitätstheorie verknüpften allgemein philosophischen Fragen, sondern auch um die Entstellung des physikalischen Sinns der Theorie und ihrer grundlegenden Begriffe unter dem Einfluß der idealistischen Philosophie. Der Kernpunkt, an dem dieser Einfluß sichtbar wurde, war die Auffassung der Relativität: Erstens wird die Bedeutung dieses Begriffes in der Relativitätstheorie ungerechtfertigt übertrieben und zweitens wird er nicht objektiv, sondern subjektiv interpretiert.

In dem von Einstein selbst gegebenen Gebäude der Theorie spielt der Gesichtspunkt der Relativität die Hauptrolle, nach dem jede Erscheinung vor allem hinsichtlich irgendeines Bezugssystems behandelt wird. Dem entspricht auch die Bezeichnung der Theorie. Ein solches Herangehen imponiert dem Positivismus, obwohl natürlich in ihm an sich keinerlei Positivismus enthalten ist. Auf der Grundlage einer einseitigen Auffassung der Relativität treten Schwierigkeiten und Fehler beim Verständnis der Theorie auf. Deshalb erscheint es wichtig, die Auffassung der Grundlagen der Relativitätstheorie als Theorie der absoluten Existenzform der Materie — der Raum-Zeit — zu vertiefen.

Im ersten Teil der Arbeit betrachten wir kritisch eine Reihe von wesentlichen Fehlern in der Auffassung der Relativitätstheorie, im zweiten zeichnen wir in allgemeinen Zügen eine solche Auffassung ihrer Grundlagen, die in bestimmtem Sinn der Einsteinschen direkt entgegengesetzt ist. Das bedeutet nicht, daß wir uns anschicken, die Einsteinsche Theorie zu widerlegen oder zu „zerschlagen", wir protestieren entschieden dagegen, sie für eine „machistische Theorie", „reaktionären Einsteinianismus" usw. zu erklären, sondern bestehen darauf, daß eine tiefere Auffassung nicht nur des philosophischen Sinnes, sondern auch des physikalischen Inhalts und der Grundlagen der Theorie notwendig ist.

[1] W. I. Lenin, Materialismus und Empiriokritizismus, Berlin 1958, S. 304.

I.
Zur Kritik der Fehler in der Auffassung der Relativitätstheorie

§ 1. Die verkehrte Logik des gewöhnlichen Aufbaus der Relativitätstheorie und die damit verbundenen positivistischen Fehler

Einstein legte der speziellen Relativitätstheorie zwei fundamentale Naturgesetze zugrunde: das Relativitätsprinzip und das Prinzip der Konstanz der Lichtgeschwindigkeit. Das erste Prinzip behauptet, kurz gesagt, daß hinsichtlich aller inerten Bezugssysteme die Gesetze der physikalischen Erscheinungen gleich sind. Das zweite besteht darin, daß sich das Licht im Vakuum mit gleicher Geschwindigkeit hinsichtlich aller inerten Bezugssysteme ausbreitet.

Schon daraus ist ersichtlich, daß erstens der Grundbegriff der Theorie der Begriff des inerten Bezugssystems oder des damit verbundenen Systems der räumlichen und zeitlichen Koordinaten ist. Man muß bemerken, daß der erste Paragraph der grundlegenden Arbeit Einsteins „Zur Elektrodynamik bewegter Körper" mit den Worten beginnt: „Nehmen wir ein Koordinatensystem . . .", ebenso wie fast jede systematische Darlegung der Relativitätstheorie mit dem Begriff des Bezugssystems oder des Koordinatensystems beginnt. Ohne Definition dieser Begriffe können die Grundprinzipien der Theorie nicht formuliert werden. Zweitens ist bereits aus den angeführten Formulierungen dieser Grundprinzipien ersichtlich, daß sich als grundlegender, leitender Gesichtspunkt beim Aufbau der Theorie der Gesichtspunkt der Relativität erweist, wenn die Frage nicht in erster Linie nach der Erscheinung an sich gestellt wird, sondern nach deren Beziehungen zu diesem oder jenem Bezugssystem. Dieser Gesichtspunkt beherrscht gewöhnlich die weitere Entwicklung der Theorie, wenn man die relative Zeit, die Lorentz-Kontraktion, die relative Masse usw. betrachtet. Ausgangspunkt ist hier das In-Erscheinung-Treten dieses oder jenes Körpers oder Prozesses hinsichtlich dieses oder jenes Bezugssystems.

Bekanntlich sind Varianten bei der Darstellung der Relativitätstheorie möglich, wenn man anstelle des Gesetzes von der Konstanz der Lichtgeschwindigkeit als Grundlage irgendein anderes Gesetz nimmt. In allen Fällen *erweist sich jedoch so oder so als grundlegend der Begriff des inerten Bezugssystems (der Koordinaten) und als Ausgangspunkt der Gesichtspunkt der Relativität, nicht die absolute Struktur (Geometrie) der Raum-Zeit, nicht die Realität „an sich", sondern die Realität in ihren relativen Erscheinungsformen. Das Nicht-Relative wird durch das Relative als invariant bei der Transformation der Koordinaten definiert.*

Ein solches Herangehen ähnelt dem, wie wir die Form eines Gegenstandes nach seinen verschiedenen Projektionen abbilden. Es erübrigt sich wohl, darauf hinzuweisen, daß ein solches Herangehen völlig gerechtfertigt ist, weil es de facto eine richtige Theorie ergab. An und für sich führt es auch nicht zu einer „Auflösung der Dinge in ihre Beziehungen" und der Ausgangspunkt: Bezugssystem und In-Erscheinung-Treten der Körper und Prozesse in ihren Beziehungen zum

Bezugssystem sind bei weitem nicht weniger real als die Körper und Prozesse selbst, so wie der Schatten real ist, der von einem Gegenstand geworfen wird und dadurch dessen Projektion realisiert.

Trotzdem beinhaltet dieses Herangehen seine Schwierigkeiten und Mängel. Erstens entspricht das erwähnte Herangehen nicht in notwendiger Weise der objektiven Logik des Gegenstandes, da — in Übereinstimmung mit dieser Logik — das Primäre die Raum-Zeit als allgemeine Existenzform der Materie sein muß, der Gegenstand selbst mit seinen Eigenschaften, während sein relatives In-Erscheinung-Treten als etwas Sekundäres auftritt. Das Grundlegende muß das Absolute sein, da es absolut ist, während das Relative nur eine Seite, einen Aspekt des Absoluten darstellt. Wenn man als Ausgangspunkt das Relative nimmt, so wird der Gegenstand „von den Füßen auf den Kopf gestellt".

Wir wiederholen, daß der Gang vom Relativen zum Absoluten durchaus möglich ist, so wie es die Tatsache des Aufbaus der Relativitätstheorie selbst gezeigt hat. Das bedeutet jedoch nicht, daß der umgekehrte Weg, der vom Absoluten ausgeht, nicht dem Wesen der Sache mehr entsprechen und deshalb zu einem besseren Verständnis dieses Wesens führen kann. Selbstverständlich gibt es im Relativen Absolutes; das In-Erscheinung-Treten eines Gegenstandes hinsichtlich eines gegebenen Bezugssystems ist gleichzeitig die Eigenschaft eines Paares: des Gegenstandes plus Bezugssystem. Man muß es jedoch als unbestreitbar anerkennen, daß die relative Zeit zumindest nur ein Aspekt der absoluten Raum-Zeit-Mannigfaltigkeit ist, und deshalb käme es dem Wesen der Sache bei weitem näher, zunächst diese absolute Mannigfaltigkeit zu definieren und dann ihre relativen Aspekte, im besonderen die relative Zeit, aufzudecken.

Zweitens entspricht der Aufbau der Theorie, die vom Relativen ausgeht, zwar nicht der Logik des Gegenstandes, aber der Logik der Beobachtung, der Messung, der Untersuchung des Objekts. Der Beobachter nimmt wahr, entdeckt oder mißt in erster Linie die Seite des Gegenstandes, in der jener in bezug auf den Beobachter selbst oder in bezug auf die Mittel seiner Beobachtung und Messung auftritt. Deshalb ist das Herangehen an eine Theorie, die sich davon leiten läßt, was der Physiker in seinem Bezugssystem mißt oder beobachtet, im bestimmten Sinne einfacher und dem Physiker näher.

Dieses Herangehen enthält aber in sich eine große Gefahr, die sich der Positivismus zu nutze macht. Auf einem solchen Boden entsteht leicht die Vorstellung, als sei das Relative mit der Beobachtung oder Messung verbunden, als sei es vom Standpunkt des Beobachters abhängig und als sei es schließlich nicht objektiv, sondern subjektiv. Von da aus erfolgten nicht nur ständige Diskussionen über den Standpunkt des Beobachters, sondern auch die direkte Zurückführung der objektiven Relativität auf etwas, was vom Standpunkt des Beobachters abhängt und deshalb subjektiv ist.

Die idealistischen Deutungen der Relativitätstheorie zeigen als ihren Hauptzug den Ersatz des objektiv Relativen durch das subjektiv Relative. Die Wurzel dafür liegt in letzter Konsequenz in der verkehrten Logik beim Aufbau der Theorie.

Die einseitige Entwicklung dieses Zuges der Theorie ist hier auch die gnoseologische Quelle des Idealismus in der Auffassung der Relativitätstheorie.

Dieselbe Vermischung des objektiv Relativen mit dem subjektiv Relativen nahmen einige unserer Autoren vor, die im Grunde auf den Positionen des Materialismus stehen. Sie schrieben jedoch die Schlußfolgerungen der Relativitätstheorie selbst dem Idealismus zu und beschimpften deshalb die Theorie als „machistisch“, als „reaktionären Einsteinianismus“. Der Anlaß für solche Verirrungen war die verkehrte Logik des Aufbaus der Relativitätstheorie, deren richtigen Aspekt diese Autoren nicht sehen konnten.

Drittens führte die Möglichkeit der Auswahl verschiedener Bezugssysteme zu der falschen Ansicht über die Abhängigkeit des objektiv Relativen von einer solchen Auswahl, d. h. wiederum zu irgend etwas Subjektivem. Das Prinzip der Relativität formulierte man nicht als physikalisches Gesetz, sondern als Prinzip der Unabhängigkeit der Naturgesetze von einer willkürlichen Auswahl des Bezugssystems.

Dabei kann etwas Objektives nicht von einer subjektiven Auswahl abhängen. Das Relativitätsprinzip bringt die objektive Tatsache zum Ausdruck, daß unter gleichartigen Bedingungen, die sich objektiv in verschiedenen Inertialsystemen verwirklichen, die Erscheinungen ein und desselben Typs gleichartig ablaufen. Der Ersatz dieser Tatsache durch die Behauptung über die Unabhängigkeit der Naturgesetze von der Auswahl der Beschreibungsweise nimmt jedoch dem Relativitätsprinzip den Charakter eines physikalischen Gesetzes, weil diese Behauptung, obwohl sie zweifellos richtig ist, doch keinerlei speziellen Inhalt zum Ausdruck bringt.

Das Bezugssystem selbst versteht man, wenn auch nicht als Standpunkt des Beobachters, so doch als Art und Weise der Beschreibung oder Abbildung der Erscheinungen, was aufs Neue das Objektive durch das Subjektive ersetzt.

Das Bezugssystem jedoch ist eine objektive Koordination von Erscheinungen in bezug auf materielle Körper und Prozesse, die als Basis für das Bezugssystem dienen, es ist eine Koordination, die in letzter Instanz durch die materiellen Wechselwirkungen bestimmt wird. Und die Tatsache, daß wir verschiedene Koordinatensysteme für die Beschreibung der Erscheinungen auswählen können, ist nur abstrakter Ausdruck des objektiven Zusammenhangs der Erscheinungen mit verschiedenen Basen der Bezugssysteme. Ohne diese objektive Tatsache, die sich in der Methode der Beschreibung der Erscheinungen widerspiegelt, könnte die Beschreibung selbst keine objektive Bedeutung haben. Daß die wissenschaftlichen Methoden der Beschreibung eine objektive Grundlage haben, ist nicht mehr als eine spezielle Behauptung der Widerspiegelungstheorie.

Den Standpunkt, daß das Bezugssystem ein willkürliches und fiktives Netz sei, das durch den Beobachter der Außenwelt auferlegt wird, brachte außerordentlich konsequent Eddington zum Ausdruck. Das erste Kapitel seines bekannten Traktats beginnt er mit den Worten: „Beobachter, die sich in verschiedenen Bewegungszuständen befinden, müssen verschiedene Rechenschemata für raum-zeitliche

Beziehungen benutzen ..." Und weiter: „Verschiedene Beobachter können dieselben Vorgänge in der Außenwelt untersuchen, obwohl sie verschiedene raumzeitliche Bezugssysteme zugrunde legen. Das raum-zeitliche Bezugssystem wird daher erst vom Beobachter in die Außenwelt hineingelegt; die Raum-Zeit-Einteilung, die seinem Bezugssystem entspricht, wird durch fiktive Flächen hergestellt, die in ähnlicher Weise die Welt durchziehen, wie die Meridiane und Parallelkreise die Erdoberfläche. Aber eine solche Einteilung ist sehr nützlich und bequem für die Erscheinungen, und wir werden auch weiterhin von ihr Gebrauch machen; jedoch dürfen wir dabei nicht aus dem Auge verlieren, daß sie fiktiver und willkürlicher Art ist."[1]

All das ist natürlich nicht richtig. Wenn die Längen- und Breitenkreise den Linien des geologischen Baus der Erde wenig entsprechen, so entsprechen sie vollständig den Linien, die objektiv durch die Drehung der Erde bestimmt sind. Der Umstand, daß Leningrad, Oslo und die Südspitze Grönlands, das Kap Farewell auf gleicher Breite liegen, hat einen objektiven Sinn, weil die Tatsache der Gleichheit der Höhe des Polarsternes über dem Horizont in allen diesen Punkten oder die Tatsache der Gleichheit der Drehung des Focaultschen Pendels überhaupt nicht vom Beobachter abhängen und keinesfalls willkürlich oder fiktiv sind. Die Bequemlichkeit des geographischen Netzes für die Beschreibung von Erscheinungen bestimmt sich deshalb nicht durch die Willkür des Beobachters und durch die Anforderungen der „Denkökonomie", sondern durch die Übereinstimmung dieses Netzes mit objektiven Tatsachen.

Selbstverständlich wird niemand behaupten, daß in der Welt Koordinatennetze aufgezeichnet sind, aber es ist auch unmöglich zu behaupten, daß sie völlig fiktiv sind. Die Bezugssysteme der Astronomie, der Mechanik und der Relativitätstheorie entsprechen dem Bau der Welt, und zwar schon in dem Sinn, daß inerte Bezugssysteme durch objektive Eigenschaften charakterisiert werden, die überhaupt nicht von der Willkür des Beobachters abhängen. Ohne dies gäbe es keine experimentelle Möglichkeit, Bezugssysteme zu fixieren, und die Theorie verwandelte sich in ein willkürliches, fiktives Schema, das sich nicht auf die Erfahrung stützt. Die Willkür in der Auswahl dieses oder jenes Netzes ist, ohne daß die Theorie ihren physikalischen Sinn verliert, nur deshalb möglich, weil objektiv verschiedene Bezugssysteme existieren.

Man muß hervorheben, daß Eddington im angeführten Zitat eine Definition des Grundbegriffs der Theorie — des Bezugssystems — gibt, so daß schon nicht einfach über die philosophische Deutung der Theorie, sondern über die Physik selbst gesprochen wird. Ebenso ist die Formulierung des Relativitätsprinzips als Prinzip der Unabhängigkeit der Naturgesetze von der Art und Weise ihrer Beschreibung kein philosophischer Kommentar zur Theorie, sondern die Formulierung ihres Grundgesetzes. Daher wird in beiden Fällen über die Physik selbst gesprochen und wir sehen, wie philosophische Fehler zu sehr wesentlichen Fehlern

[1] EDDINGTON, Relativitätstheorie in mathematischer Behandlung, Berlin 1925, S. 10/11.

bei der Behandlung physikalischer Begriffe und Gesetze führen. Das unterstreicht ein übriges Mal den unausweichlichen Zusammenhang philosophischer Feststellungen dieses oder jenes Autors mit seiner Auffassung der Wissenschaft selbst. Der Ersatz des Objektiven und Notwendigen durch das Subjektive und Willkürliche ergibt sich in diesem Fall aus einer einseitigen Übertreibung jenes Zuges des Aufbaus der Theorie, der an die erste Stelle die Begriffe des Bezugssystems und der Relativität allgemein stellt.

Eine andere Variante der falschen Ansicht über die Koordinaten x, y, z, t im Inertialsystem besteht in der Vorstellung, daß sie bestimmt werden durch konventionell angenommene Meßoperationen. Hier werden die Koordinaten wiederum ihrer objektiven Bedeutung beraubt, die durch die Naturgesetze bestimmt ist. Jede Definition eines Begriffes hat nur insoweit wissenschaftliche Bedeutung, soweit sie etwas Objektives widerspiegelt, und wenn man sich über die Auswahl der Koordinaten x, y, z, t wirklich „einfach verabreden" könnte, wie z. B. S. M. Rytow schrieb, so wäre es ein wahres Wunder, daß in den konventionell angenommenen Koordinaten Naturgesetze in so bemerkenswerter Weise ausgedrückt sind, wie das in der Tat der Fall ist. Daraus folgt, daß diese Koordinaten etwas Fundamentalem in der Natur der Dinge selbst entsprechen.

Das gewöhnliche Herangehen an die Relativitätstheorie macht das nicht in genügendem Maße klar. Gewöhnlich betrachtet man die Koordinaten als schon definiert mit Hilfe fester Maßstäbe, Uhren und des Einsteinschen Verfahrens des Vergleichs der Zeiten an verschiedenen Orten im Inertialsystem. Dabei erhebt sich jedoch die Frage: Woher wissen wir, daß dieser Maßstab fest ist oder daß diese Uhren richtig gehen? Diese Frage ist selbstverständlich begründet, so daß hier eine reale Schwierigkeit besteht. Beim Suchen nach einem Ausweg entwickelte L. I. Mandelstam den Gedanken, daß die Koordinaten bestimmt werden durch die Vorschrift der Meßoperationen.

Diese Lösung ist jedoch dem wahren Tatbestand direkt entgegengesetzt, weil Meßoperationen nur dann rationelle Resultate ergeben, wenn sie mit den Naturgesetzen übereinstimmen. Wenn man jedoch Meßoperationen vor die objektiven Gesetze stellt und sie darüber hinaus als konventionell ansieht, so erhalten sie den Charakter von irgend etwas Subjektivem, so daß das Objektive wiederum durch das Subjektive ersetzt wird. Das ist nicht zufällig, dahin treibt die verkehrte Logik beim Aufbau der Theorie, wenn man als Ausgangspunkt das Koordinatensystem selbst nimmt, so daß die Frage über dessen objektive Grundlage verkleistert wird. Selbstverständlich ist es nicht so schwer, die entsprechende objektive Bedeutung der Koordinaten x, y, z, t festzustellen.[1] Wie schon gesagt, bringt das gewöhnliche Herangehen an die Relativitätstheorie das nicht zum Ausdruck und erzeugt dadurch Schwierigkeiten. Bei der Suche nach einem Ausweg hieraus gelangt man dann zu falschen Schlußfolgerungen im idealistischen Sinne.

[1] Das ist z. B. im Buch von W. A. Fock „Die Theorie von Raum, Zeit und Gravitation" geschehen. Eine andere Variante ist enthalten im Artikel von A. D. Alexandrow und W. W. Owtschinnikowa in „Bote der Leningrader Universität", 1953, Nr. 11.

Zusammenfassend sehen wir, daß der gewöhnliche Aufbau der Relativitätstheorie, wenn er auch völlig materialistisch verstanden werden kann, der Boden für positivistische Irrtümer in den Grundfragen ist, und zwar gerade infolge der Logik dieses Aufbaues, die vom Relativen abgeleitet wird, entgegen der Logik des Gegenstandes.

§ 2. Über die sogenannte allgemeine Relativität

Die Übertreibung der Rolle der Relativität, die bei Einstein mit der Logik des Aufbaus der Theorie zusammenhängt, führte zu wesentlichen Fehlern beim Verstehen ihres physikalischen Inhalts. Einstein selbst sah das eigentliche Wesen seiner speziellen Relativitätstheorie nicht in der Aufdeckung der Eigenschaften der absoluten Raum-Zeit-Mannigfaltigkeit, sondern im Relativitätsprinzip und begann selbst zu versuchen, dieses Prinzip auf beliebige Bewegungen, auf beliebige Bezugssysteme zu verallgemeinern.

Man behauptet nicht selten, daß die spezielle Relativitätstheorie nur mit Inertialsystemen zu tun hat, so daß in ihr z. B. Koordinaten, die mit einem rotierenden Körper verbunden sind, „unzulässig" sind (siehe z. B. „Evolution der Physik" von Einstein und Infeld, Rowohlt, Hamburg 1956, S. 153), und daß nur die allgemeine Relativitätstheorie beliebige Koordinatensysteme zuläßt. Das ist schon deshalb nicht richtig, weil man in der speziellen Relativitätstheorie faktisch nicht Inertialsysteme benutzt, wovon man sich überzeugen kann, wenn man bekannte Arbeiten ansieht (z. B. „Relativitätstheorie" von Pauli). Der fundamentale Unterschied zwischen spezieller und allgemeiner Relativitätstheorie besteht nicht im allgemeinen Charakter zulässiger Koordinatensysteme, sondern in verschiedenen Vorstellungen über die Eigenschaften der Raum-Zeit. Die unrichtige Ansicht, daß der Unterschied beider Theorien im Allgemeinheitsgrad „zulässiger" Koordinatensysteme bestehe, ist offensichtlich dadurch hervorgerufen, daß an die erste Stelle Bezugssysteme gesetzt werden und nicht die nichtrelativen Eigenschaften der Raum-Zeit, nicht das Absolute, wie es aus der Logik des Gegenstandes folgt, sondern das Relative.

Die Verallgemeinerung des Relativitätsprinzips auf beliebige Bewegungen wäre angeblich in der allgemeinen Relativitätstheorie gegeben. Die entsprechende Fragestellung wird im Buch von Einstein und Infeld „Evolution der Physik" z. B. so dargelegt (siehe Ausgabe Rowohlt, Hamburg 1956, S. 143): „Wenn es uns gelingt, physikalische Gesetze aufzustellen, die für alle Systeme gelten, und zwar nicht nur für die gleichförmig, sondern auch für die beliebig gegeneinander bewegten, so können wir die Naturgesetze auf jedes beliebige System anwenden, und die Frage, ob das Ptolemäische oder das Kopernikanische Weltbild das richtige sei, um die in den Anfängen der Naturwissenschaft ein so heftiger Streit entbrannte, wäre völlig gegenstandslos geworden. Es bliebe dann gleich, welches System man zugrunde legte, und es wäre reine Formsache, ob wir sagen: ‚Die Sonne ruht und die Erde bewegt sich' oder ‚Die Sonne bewegt sich und die Erde ruht'. Können wir aber wirklich eine für alle Systeme geltende relativistische Physik ausarbeiten, in der kein Raum mehr ist für absolute Bewegung, in der es nur noch relative Bewegung gibt? Nun ja, wir können es tatsächlich! Das Problem der Formulierung physikalischer Gesetze für alle Systeme wurde in der sogenannten allgemeinen Relativitätstheorie gelöst."

In demselben Sinn schrieb Pauli in seinem bekannten Buch: „Wir müssen also das Relativitätsprinzip erweitern: Die allgemeinen Naturgesetze sollen auf eine solche Form gebracht werden, daß sie in jedem Gaußschen Koordinatensystem gleichlauten, d. h. gegenüber beliebigen Transformationen der Koordinaten kovariant sind."[1]

Wir müssen jedoch bemerken, daß all das nicht nur im philosophischen, sondern auch direkt im physikalischen und mathematischen Sinn unrichtig ist.

Erstens ist es offensichtlich, daß beide Bezugssysteme — verbunden entweder mit der Erde oder mit der Sonne — zur Beschreibung der Bewegung der Gestirne benutzt werden können und die Auswahl eines von ihnen ist selbstverständlich eine Frage der Übereinkunft. Dies war jedoch seit langem bekannt und darüber zu streiten, gibt es im 20. Jahrhundert keinerlei Anlaß. Der Kampf zwischen den Anschauungen von Ptolemäus und Kopernikus betraf nicht vereinbarte Konventionen, sondern den objektiven Aufbau des Weltalls. In der Sprache der Bezugssysteme steht die Frage so: Sind, analog den Inertialsystemen, die Bezugssysteme, die mit der Erde oder der Sonne verbunden sind, gleichwertig, oder unterscheidet sich das System, das mit der Sonne verbunden ist, objektiv von dem mit der Erde verknüpften, so daß man es als privilegiert ansehen muß, selbstverständlich nicht in dem vulgären Sinn, daß die Sonne größer als die Erde ist usw., sondern in dem Sinn, daß in ihm die Naturgesetze anders zum Ausdruck kommen? Mit anderen Worten: Besitzt die Behauptung über die Drehung der Erde um die Sonne nur relative Bedeutung oder hat sie auch absoluten Charakter?

Es ist bekannt, daß die Bezugssysteme, über die wir sprechen, nicht gleichwertig sind, weil die Gesetze in ihnen in verschiedener Weise formuliert werden, und daß die Drehung der Erde um die Sonne nicht nur relativen, sondern auch absoluten Charakter hat. Hier gibt es keinen Grund zum Streit, da die Frage mit mathematischer Genauigkeit im Rahmen der allgemeinen Relativitätstheorie selbst gelöst wird, wie das mit aller Gründlichkeit W. A. Fock klärte.[2] Indessen geht der Streit weiter, und das ist alles durch die Übertreibung der Bedeutung der Relativität und der Rolle des Bezugssystems als Verfahren zur Beschreibung von Erscheinungen hervorgerufen.

Schon aus dem Gesagten folgt zweitens, daß die von Einstein formulierte Aufgabe — „eine reale relativistische Physik aufzubauen, in der keine absolute,

[1] W. Pauli jun., Relativitätstheorie, „Enzyklopädie der mathematischen Wissenschaften", Band V, 2. Teil, S. 7—10, Leipzig 1904—22.

[2] W. A. Fock, Theorie des Raumes, der Zeit und der Gravitation. Man muß jedoch bemerken, daß die Arbeiten Focks vor dem Erscheinen des Buches von Einstein herauskamen und bekannt wurden und daß vom allgemeinen Standpunkt das Problem schon früher hätte klar sein müssen, zur Zeit der Schaffung der allgemeinen Relativitätstheorie.

sondern nur relative Bewegung stattfände" — durch die allgemeine Relativitätstheorie nicht gelöst wurde. Die Bewegung der Erde um die Sonne ist nicht *nur* relativ. Darüber hinaus ist leicht zu sehen, daß in der allgemeinen Relativitätstheorie, wenn man nicht ihre Grenzfälle betrachtet, die der Wirklichkeit ungenügend entsprechen, jede Bewegung sich als absolut erweist. In Wirklichkeit ist nach dieser Theorie die Raum-Zeit allgemein gesprochen inhomogen und deshalb sind auch verschiedene Bewegungsrichtungen nicht gleichwertig.[1] Deshalb liquidiert die allgemeine Relativitätstheorie eher die Relativität jeder Bewegung, als daß sie diese von inerten Bewegungen auf beliebig beschleunigte ausdehnt.

Drittens ist ein allgemeines Relativitätsprinzip, das die Gleichberechtigung beliebiger Koordinatensysteme in dem Sinne behauptet, in dem das spezielle Prinzip die Gleichberechtigung von Inertialsystemen vertritt, überhaupt unmöglich. Das ist mathematisch streng bewiesen und ein lang genug bekanntes Theorem: In keiner vierdimensionalen Mannigfaltigkeit mit beliebiger Metrik oder beliebigem Linienelement $g_{ik}\, dx^i\, dx^k$ kann es eine größere Gleichberechtigung der Koordinatensysteme geben als die, die in der speziellen Relativitätstheorie gegeben ist. Mit anderen Worten: Eine solche Mannigfaltigkeit läßt keine umfangreichere Transformationsgruppe zu als die Lorentz-Gruppe.[2]

Wir sprachen gerade über das mathematische Theorem und deshalb ist die Behauptung, daß der Theorie irgendein allgemeines Relativitätsprinzip zugrunde liegt, etwa gleichbedeutend damit, als würde jemand behaupten, „daß der Theorie Einsteins ein allgemeines Gesetz zugrunde liegt, nach dem 2 mal 2 gleich 5 ist."

Was stellen sich schließlich Einstein und Pauli in den oben angeführten Zitaten unter der Verallgemeinerung des Relativitätsprinzips vor? Sie sprechen über die Anwendbarkeit beliebiger Koordinatensysteme und über die Möglichkeit, die Naturgesetze in einer solchen Form auszudrücken, daß sie ein und dieselbe Form in einem beliebigen solchen System haben. Das ist jedoch bei weitem keine Verallgemeinerung des Relativitätsprinzips, sondern eine ziemlich triviale mathematische Aufgabe, aus der man keinerlei physikalische Theorien ableiten kann.

[1] Wäre eine Krümmung in einem gegebenen Punkt nicht in allen (zweidimensionalen) Richtungen gleich, so sind in der Struktur der Raum—Zeit selbst die Richtungen nicht gleichberechtigt. Wenn jedoch, wie das in natürlicher Weise zu erwarten ist, die Metrik der Raum—Zeit analytisch ist, so ist sie entweder überall homogen, was unmöglich ist beim Vorhandensein von Ungleichmäßigkeiten in der Verteilung der Materie, oder sie ist inhomogen in jedem Punkt, wenn auch in Größen einer bestimmten höheren Ordnung.

[2] Es wird hier über eine Mannigfaltigkeit mit unbestimmter Metrik gesprochen, die in jedem Punkt mit $dx_1^2 + dx_2^2 + dx_3^2 - dx_4^2$ angegeben wird. Zu den gewöhnlichen Lorentz-Transformationen muß man noch die Ähnlichkeitstransformation hinzufügen. Dieses Theorem wird auf eine beliebige Zahl von Messungen und auf eine beliebige Metrik verallgemeinert. Den Beweis kann man z. B. im Buch von Eisenhart „Riemannsche Geometrie" finden. Wir bemerken noch, daß im schon zitierten Buch von Pauli bei der Frage der Transformationsgruppen ein grober Fehler unterlaufen ist. Dort wird über Gruppen gesprochen, die die allgemeine Form $g_{ik}\, dx^i\, dx^k$ haben. Aber die allgemeine Form reduziert sich für eine solche Gruppe auf eine identische Transformation! Für spezielle Fälle sind nichttriviale Gruppen möglich, die „größte" davon ist trotzdem die Lorentz-Gruppe.

Hat doch schon Lagrange in die Mechanik allgemeine Koordinaten eingeführt, und Gleichungen der mathematischen Physik in beliebigen Koordinaten zu schreiben, wurde vor hundert Jahren ausgearbeitet. Als Minkowski eine invariante Form für die Gleichungen der relativistischen Mechanik und Elektrodynamik angab, wurde deren Aufzeichnung in beliebigen Koordinaten zu einer trivialen mathematischen Aufgabe. Die Frage berührt nicht die Physik, sondern die formalen Transformationen von Koordinaten. Aber deshalb wird von der Einführung allgemeiner Koordinaten die spezielle Relativitätstheorie nicht mehr verallgemeinert als die Planimetrie beim Übergang von rechtwinkligen Koordinaten zu polaren oder beliebig anderen.

Das ganze Problem besteht darin, daß beim Niederschreiben von Gleichungen in beliebigen Koordinaten Größen eingeführt werden, die das Koordinatensystem selbst charakterisieren: die Koeffizienten g^{ik} der metrischen Form, ausgedrückt in diesen Koordinaten. Daher gibt es hier keine Invarianz in demselben Sinn, in dem die Gleichungen der speziellen Theorie invariant in bezug auf die Lorentz-Transformationen sind: Gehen doch in diese Gleichungen keinerlei Größen ein, die dieses oder jenes Koordinatensystem x, y, z, t charakterisieren! Folglich ist rein mathematisch klar, daß die allgemeine Kovarianz überhaupt keine Verallgemeinerung der Invarianz ist, und dementsprechend keinerlei Verallgemeinerung des Relativitätsprinzips dabei herauskommt.

Alle diese Fehler entstehen aus der Übertreibung der Rolle der Relativität und der Vernachlässigung der Tatsache, daß das wirkliche Wesen der Theorie Einsteins nicht im Relativitätsprinzip besteht, sondern in der Feststellung der Eigenschaften der einheitlichen absoluten Raum-Zeit-Mannigfaltigkeit. Gerade von diesem Standpunkt muß man auch an die allgemeine Relativitätstheorie herangehen.

Kurz gesagt, nimmt die spezielle Relativitätstheorie, die den wechselseitigen Zusammenhang von Raum und Zeit in der homogenen Raum-Zeit-Mannigfaltigkeit feststellt, die Hypothese über deren Homogenität an, was auch in der Gleichberechtigung der inertialen Bezugssysteme oder entsprechender Koordinatensysteme seinen Ausdruck findet. Die allgemeine Relativitätstheorie hebt diese Hypothese auf; ihre Grundthese besteht in der Annahme, daß die Raum-Zeit inhomogen ist und daß ihre Struktur (Metrik) durch die Verteilung und Bewegung materieller Massen bestimmt wird. Diese Struktur bestimmt gleichzeitig das Schwerefeld und damit die Bewegung der Körper „unter dem Einfluß der Schwerkraft“. Kurz: Beide Seiten, die Metrik der Raum-Zeit und die Bewegung der Massen befinden sich in untrennbarer Einheit und bestimmen einander wechselseitig. Deshalb ist die allgemeine Relativitätstheorie dem Wesen nach eine Gravitationstheorie. Was die allgemeine Relativität betrifft, so ist sie, wie schon gesagt wurde, überhaupt unmöglich. Einstein ließ sich schon beim Aufbau seiner Theorie faktisch davon leiten, daß die Materie die Eigenschaften der Raum-Zeit bestimmt, d. h. davon, daß diese eine Existenzform der Materie ist. Da er jedoch dieses philosophische Prinzip nicht klar sah, schlug er den Weg ein, nach einer nicht existierenden allgemeinen Relativität zu suchen, bekanntlich nicht ohne direkten

Einfluß von Mach. Und gerade deshalb, weil Einstein sich faktisch von einem richtigen Prinzip leiten ließ, stellte er seine bemerkenswerte Theorie auf, und die „allgemeine Relativität" blieb ein Nebenprodukt, die das Wesen dieser Theorie verdunkelte. Es ist hier angebracht, erneut an die Worte Lenins zu erinnern, daß die moderne Physik zum dialektischen Materialismus gelangt, ohne klar ihr Endziel zu sehen, indem sie sich ihm tastend, manchmal sogar im Rückwärtsgang nähert.

Der Übergang von der homogenen Raum-Zeit der speziellen Relativitätstheorie zur Raum-Zeit der Einsteinschen Gravitationstheorie ist dem Übergang von der Geometrie der Ebene zur Geometrie gekrümmter Oberflächen analog. Diese Analogie geht genügend weit und der mathematische Apparat der Gravitationstheorie erwuchs auch aus der Verallgemeinerung der Geometrie der Oberflächen. Wenn man diese einfache Analogie näher verfolgte, so würde noch klarer, daß die Suche nach einem „allgemeinen Relativitätsprinzip" und dessen Vermischung mit einer „allgemeinen Kovarianz" einen rein mathematischen Fehler bedeutet, der aus der Übertreibung der Rolle des Relativitätsprinzips hervorging, die die wahre Rolle der Einsteinschen Theorie als Theorie der Raum-Zeit-Mannigfaltigkeit verdunkelte.

§ 3. Über einige Versuche zur Kritik der Relativitätstheorie

Die Mängel der üblichen Auffassung der Relativitätstheorie, im besonderen ihre verbreiteten idealistischen Entstellungen, riefen natürlich den Wunsch hervor, an die Theorie irgendwie anders heranzugehen. Dieses Bemühen ging jedoch bei einer Reihe von Autoren in eine Negierung der Theorie und sogar in deren Beschimpfung als „machistisch", als „reaktionären Einsteinianismus", usw. über, weil sie nicht, wie es notwendig ist, den objektiven Gehalt der Theorie verstehen und ihn von idealistischen Deutungen unterscheiden konnten. Demzufolge richtete sich ihre Kritik nicht so sehr gegen den Idealismus in der Physik als gegen die Physik selbst.

Die philosophische Quelle derartiger Irrtümer war das ungenügende Verstehen der Dialektik, der Ersatz des dialektischen Materialismus durch den vulgären Materialismus. Je lauter diese Autoren den dialektischen Materialismus verkündeten, desto weiter gingen sie faktisch von ihm ab. Ihre Bezugnahme auf den dialektischen Materialismus und der entschiedene Kampf gegen den Idealismus schuf jedoch unter den Lesern, die ungenügend mit der Physik oder Philosophie vertraut sind, einen ganz bestimmten Eindruck. Objektiv führte das zur Verbreitung vulgär-materialistischer Ansichten in der Philosophie und zu einem unrichtigen Verhältnis zur Relativitätstheorie.

Der philosophische Charakter dieser Fehler erfordert deren Kritik und deren völlige Überwindung, um nicht nur die Relativitätstheorie, sondern im besonderen den dialektischen Materialismus in der Physik zu verteidigen. Weder Einstein noch Eddington gaben ihre Ansichten als dialektischen Materialismus aus und ihre rein philosophischen Entstellungen wurden hinreichend „zerschlagen". Wenn jedoch einige Autoren im Namen des dialektischen Materialismus auftreten, so darf man nicht zulassen, daß hierunter irgend etwas anderes verbreitet wird. Das ist die elementare Forderung der Parteilichkeit in der Philosophie. Deshalb besteht die Aufgabe im Kampf an zwei Fronten: sowohl gegen den Idealismus wie auch gegen die Vulgarisierung des dialektischen Materialismus.

Angesichts dessen müssen wir kritisch zu den Ansichten der genannten Autoren Stellung nehmen. Dabei werden wir den ihnen unterlaufenen, zum Teil außerordentlich groben speziellen Fehlern keine besondere Beachtung schenken, sondern uns bemühen, zumindestens einiges zu ihrer allgemeinen Stellung zur Relativitätstheorie zu sagen.

Die Vertreter dieser Richtung leugnen nicht die Formeln der Relativitätstheorie, halten aber die Theorie selbst für unrichtig. Nach ihrer Meinung muß man nicht über eine Theorie der Raum-Zeit sprechen, sondern über eine „Theorie schneller Bewegungen", die mindestens eine andere Interpretation der Formeln und der konkreten Schlußfolgerungen der Relativitätstheorie ergeben muß. „An sich stellen die Gleichungen, die in dieser Theorie auftreten, keine physikalische Theorie dar. „Die *materialistische* Deutung der Gesetzmäßigkeiten schneller Bewegungen ist in Wirklichkeit *die Absage von der Relativitätstheorie Einsteins als physikalischer Theorie* und die Entwicklung einer ihrem Wesen nach prinzipiell anderen physikalischen Theorie", schrieb z. B. I. W. Kusnezow in seinem Artikel im Sammelband „Philosophische Fragen der modernen Physik" (1952, russ.). Die Behauptung, daß die Gleichungen an sich noch keine physikalische Theorie darstellen, ist natürlich richtig, aber auch trivial. Daraus folgt jedoch nicht, daß man sich von der Relativitätstheorie abkehren muß. Wenn er über die Gleichungen der Theorie spricht, hat Kusnezow ebenso wie andere Autoren offensichtlich die Schlußfolgerungen der Theorie im Auge, die durch die Erfahrung bestätigt werden und von denen man sich deshalb nicht abwenden kann.

Einige Autoren schlagen vor, die relativistischen Effekte als Resultat der Wechselwirkung des Körpers mit diesem oder jenem materiellen System zu betrachten. Sie fordern, „bewirkende Ursachen" zu finden, die z. B. die Lorentz-Kontraktion hervorrufen. Sie meinen also, daß ein Pfeil infolge der Wechselwirkung mit dem System komprimiert wird, in dem er sich bewegt. In Übereinstimmung damit leugnen sie selbstverständlich das Relativitätsprinzip.

Einen Versuch, die relativistischen Effekte in dieser Art zu behandeln, unternahm der ungarische Wissenschaftler Janossy. Dabei wurde die Hauptfrage — die Frage nach den allgemeinen Eigenschaften der Raum-Zeit — gar nicht gestellt, als ob diese Frage und ihre Lösung, wie sie von der Relativitätstheorie gegeben wird, nicht existiert. Faktisch will man hier die alten Vorstellungen über Raum und Zeit erhalten, die als leere Behälter dienen, wo nur dank spezieller Mechanismen der Wechselwirkung relativistische Effekte sich abspielen. Der metaphysische Charakter eines solchen Herangehens an das Problem von Raum und Zeit beim modernen Niveau der Wissenschaft ist offensichtlich. Darauf zu verzichten, die

Grundfrage über die allgemeinen Eigenschaften der Raum-Zeit zu stellen, führt die Wissenschaft zurück und nicht vorwärts.

Man versucht, die allgemeine Voraussetzung zugrunde zu legen, daß „materielle Körper ganzheitliche Systeme eng wechselseitig verbundener Objekte bilden, bestimmte Strukturbildungen, die dieser oder jener einheitlichen, in ihr herrschenden Gesetzmäßigkeit unterworfen sind." „In Körpern, die in diesem oder jenem Grad ihren Zusammenhang mit dem einheitlichen materiellen System geändert haben, deren Teil sie sind, treten unausweichlich reale Veränderungen der räumlichen und zeitlichen Eigenschaften auf" (siehe die zitierte Arbeit von Kusnezow; beinahe wörtlich dasselbe schreibt im gleichen Sammelband S. J. Steinman). In solchen Veränderungen suchen die Autoren auch relativistische Effekte. Allein die Tatsache, daß bei Veränderungen der Zusammenhänge des Körpers mit dem System, in dem er sich bewegt, unausweichlich reale Veränderungen der räumlichen und zeitlichen Eigenschaften auftreten, ist einfach trivial. Ein Geschoß, das eine Waffe verläßt, wird etwas von dem Gegendruck der Luft komprimiert, eine in die Hand genommene Uhr verändert ihren Gang auf Grund einer bestimmten Abkühlung usw. All das hat keine Beziehung zu relativistischen Effekten. Diese Effekte betreffen nicht Veränderungen der Eigenschaften eines Körpers, sondern die Äußerung dieser Eigenschaften in bezug auf diese oder jene Körper. Deshalb gibt es nichts Erstaunliches daran, daß ein Körper gleichzeitig unendlich viele relative Längen, Massen usw. hat, ebenso wie er unendlich viele relative Geschwindigkeiten besitzt. Die von den Autoren vorgeschlagene Konzeption führte nicht weit weg von der schon früher verkündeten Vorstellung über die absolut einheitlich realen Bahnkurven und Geschwindigkeiten.

Der allgemeine Fehler besteht hier in der Vermischung von Eigenschaften der Körper mit der relativen Äußerung dieser Eigenschaften. Wenn Ultrarelativisten von nicht-relativen Eigenschaften abstrahieren und alles auf Beziehungen zurückführen wollen, so tritt hier die umgekehrte Erscheinung auf. In beiden Fällen erfolgt eine metaphysische Trennung der Eigenschaften und Beziehungen.

Ferner: Jeder Körper geht in viele „ganzheitliche" Systeme ein. Zum Beispiel geht der Erythrozyt im Daumen irgendeines Menschen, der in einem Zug fährt, ein in dessen Blutsystem, Daumen, Hand, Körper, in den Zug mit allen Passagieren, in die Erde mit allen Gegenständen, in das Sonnensystem. Über Wechselwirkungen mit welchen dieser Systeme soll man bei der Bestimmung relativistischer Effekte sprechen? Die Autoren vergessen, daß auch die gesamte Welt ein „ganzheitliches" System ist, und da wir über die Theorie von Raum und Zeit diskutieren, die universelle Existenzformen der Materie sind, wird es da nicht richtiger sein, von einzelnen Systemen zu abstrahieren?

Der allgemeine Fehler besteht hier im Unverständnis der Tatsache, daß die Theorie der Raum-Zeit einen bestimmten Grad der Abstraktion erfordert, weil es keine Theorie der Form ohne notwendige Abstraktion vom Inhalt geben kann. Ebenso ist die Leugnung der Gleichberechtigung von Inertialsystemen durch das Unverständnis hervorgerufen, daß diese Systeme nur im Rahmen einer bestimmten

Abstraktion, nur in bezug auf allgemeine Gesetze, jedoch nicht im konkreten Sinn gleichberechtigt sind. Sind doch ebenso rechtwinklige Koordinatensysteme in der Geometrie nur in den der Geometrie eigenen Grenzen der Abstraktion gleichberechtigt. Das Unverständnis der wirklichen Bedeutung der Abstraktion und ihre dialektische Beziehung zum Konkreten stellt, nebenbei bemerkt, einen gemeinsamen Zug sowohl des Positivismus wie auch des metaphysischen Materialismus dar.

Alle Versuche, die Relativitätstheorie auf eine „Theorie schneller Bewegungen" usw. zurückzuführen, sind auf nur zu eindeutigen Irrtümern begründet. Dahinter steht die allgemein philosophische Feststellung, die sehr klar insbesondere von I. W. Kusnezow in seinem erwähnten Artikel zum Ausdruck gebracht wurde, als er die Grundzüge des dialektischen Materialismus darlegte. Diese Darlegung geht von apriorischen und deshalb metaphysischen Forderungen aus, „die Welt im Ganzen zu betrachten", „die Frage nach der Natur der Welt zu lösen", von der apriorischen Forderung des Monismus usw. Der dialektische Materialismus entwickelt hingegen seine Thesen nicht aus apriorischen Forderungen, sondern aus den Befunden der Wissenschaft und der gesellschaftlichen Praxis. In Übereinstimmung damit besteht auch ein von ihm bestimmtes Herangehen an eine beliebige Theorie darin, sich nicht von naturphilosophischen Vorstellungen über ganzheitliche Systeme usw. leiten zu lassen, sondern von den realen Befunden der Wissenschaft.

Diese Befunde bestätigen die Relativitätstheorie, und deshalb besteht die Aufgabe nicht darin, sich von ihr zu lösen, sondern sie richtiger und tiefer zu verstehen.

II.

Die Relativitätstheorie als Theorie der Struktur der absoluten Raum-Zeit

§ 1. Allgemeine Prinzipien für das Herangehen an die Theorie

Räumliche und zeitliche Beziehungen sind nicht an sich bestimmt und existieren in der Wirklichkeit nicht an sich in reiner Form, sondern werden bestimmt durch die materiellen Zusammenhänge der Gegenstände und Erscheinungen. Wenn man sich eine Erscheinung vorstellt, die absolut nicht mit anderen Erscheinungen verbunden ist, so verliert die Frage über ihren Ort und ihre Zeit jeden Sinn, weil wir, wenn wir jegliche Zusammenhänge ausschließen, dadurch auch jeglichen Grund für die Antwort eliminieren.

Dementsprechend ist das, was man die Geometrie der Raum-Zeit nennt, ebenfalls nicht an sich bestimmt, sondern stellt gewisse allgemeine Gesetze der materiellen Beziehungen der Gegenstände und Erscheinungen, die raum-zeitliche Struktur der materiellen Welt dar. Da die Form im allgemeinen Sinn die Struktur des Inhalts ist, so bedeutet das Gesagte, daß die Raum-Zeit die Existenzform der Materie ist. Diese These des dialektischen Materialismus ist durch die gesamte Geschichte der Erkenntnis der Eigenschaften von Raum und Zeit begründet, beginnend mit den ersten, an der Schwelle des Bewußtseins entstandenen Begriffen über räumliche und zeitliche Beziehungen und endend mit der Relativitätstheorie.

Aus dem Gesagten geht hervor, daß eine rationale Theorie der Raum-Zeit von den materiellen Zusammenhängen der Erscheinungen ausgehen und aus den dabei ermittelten allgemeinen Gesetzen die Begriffe und Gesetze der raum-zeitlichen Beziehungen entwickeln muß. Die Theorie muß dabei von genügend allgemeinen universellen Zusammenhängen zwischen den Erscheinungen ausgehen, da die Raum-Zeit selbst universellen Charakter hat.

So ging faktisch auch Einstein vor, indem er seiner Theorie die Gesetze der Elektrodynamik zugrunde legte, vor allem das Gesetz über die Ausbreitung elektromagnetischer Schwingungen, die gerade eine außerordentlich allgemeine universelle Form des Zusammenhanges zwischen Gegenständen und Erscheinungen zumindest im makroskopischen Gebiet darstellen.

Ferner muß die Theorie vom konkreten Charakter und in bestimmtem Maße selbst vom materiellen Inhalt der Zusammenhänge zwischen den Erscheinungen abstrahieren und die Aufmerksamkeit nur auf die Struktur dieser Zusammenhänge richten. Sonst wäre sie, wie sich von selbst versteht, keine Theorie gerade der Existenz*formen* der Materie. Deshalb ist der Theorie der Raum-Zeit ein notwendiger Grad von Abstraktion eigen.[1]

Da schließlich die universelle Existenzform der Materie zur Diskussion steht, d. h. gewisse allgemeine Gesetze der universellen Struktur der Welt, so muß eine rationale Theorie der Raum-Zeit von der Gesamtheit der Beziehungen zwischen den Erscheinungen ausgehen, um auf diese Weise die raumzeitliche Struktur der Welt selbst aufzudecken, die absolute Raum-Zeit-Mannigfaltigkeit zu bestimmen und nicht diesen oder jenen ihrer relativen Aspekte.

Die Theorie muß vor allem das Absolute feststellen und davon zum Relativen übergehen, als zu einer Seite, zu einem Aspekt des Absoluten.

Diese letzte Forderung ist jedoch dem Weg, den Einstein ging und dem man in allen Darlegungen der Relativitätstheorie folgt, direkt entgegengesetzt. Bei dieser Auffassung der Theorie wird als Ausgangspunkt das Relative genommen und sowohl die Gesetze der Raum-Zeit wie auch andere Gesetze der Physik werden durch das Prisma ihres In-Erscheinung-Tretens in diesem oder jenem inertiellen Bezugssystem untersucht. Das Absolute wird auf den zweiten Platz gerückt und entschlüpft in bestimmten Fällen, wie wir sehen, aus einer solchen Auffassung der Theorie.

Die von uns entwickelte Forderung, daß die Theorie vom Absoluten ausgehen und nicht-relative Gesetze der raum-zeitlichen Struktur der Welt formulieren muß, ist völlig natürlich und sogar notwendig vom philosophischen Standpunkt her, da sie der Logik des Gegenstandes selbst entspricht. Sie ist in diesem Sinn dem Einsteinschen Herangehen direkt entgegengesetzt, das eher der Logik der Be-

[1] Das Nichtverstehen dieser Frage durch einige Autoren führte sie zu völlig entstellten Ansichten über die Relativitätstheorie und sogar über die gewöhnliche Geometrie.

obachtungen und Messungen, die auf der Grundlage dieses oder jenes Bezugssystems durchgeführt werden, entspricht.

Daher muß, obgleich dieselbe Theorie Einsteins zur Diskussion steht, doch ihr Gesamtgebäude, ebenso wie auch die Auffassung ihres Wesens, in bestimmtem Sinne direkt dem Einsteinschen entgegengesetzt sein. Von diesem Standpunkt aus handelt es sich nicht um eine Relativitätstheorie, sondern um die Theorie der absoluten Raum-Zeit-Mannigfaltigkeit als Existenzform der Materie.

Bekanntlich wurde der absolute Charakter der Raum-Zeit ebenso wie die entsprechende Interpretation des Relativitätsprinzips als „Postulat der absoluten Welt" schon von Minkowski klar formuliert. Wir gehen jedoch wesentlich weiter als Minkowski.

Wir werden beweisen, daß die dem umrissenen Programm entsprechende Auffassung der Theorie der Raum-Zeit durchaus möglich ist und werden in allgemeinen Zügen zeigen, wie ein solcher Aufbau der Theorie realisiert werden kann. Dabei werden wir vor allem die spezielle Relativitätstheorie im Auge haben, d. h. die Theorie der homogenen Raum-Zeit.

§ 2. Die anschauliche „elektromagnetische" Vorstellung von der Struktur der Raum-Zeit

Wir beginnen mit anschaulichen Erörterungen. Erfahrungen und elementare Erörterungen der Theorie zeigen, daß sich von jedem Körper in jedem Moment elektromagnetische Schwingungen ausbreiten. Die geringste Porturbation bringt eine Verlagerung von Ladungen und eine entsprechende Strahlung mit sich. Deshalb werden elektromagnetische Signale ständig von jedem Körper übertragen und sie dringen so oder so überall hin, wobei sie zwischen den Körpern und deren Teilen einen allgemeinen materiellen Zusammenhang und eine wenn auch verschwindend geringe Wechselwirkung herstellen.

Deshalb können wir uns die Welt als von Strahlung durchdrungen vorstellen, die nicht nur den materiellen Zusammenhang zwischen allen Körpern herstellt, sondern ein eigentümliches elektromagnetisches Medium bildet und ein System von Wechselwirkungen oder eine Struktur in der Mannigfaltigkeit der Erscheinungen bestimmt.

Die Autoren, die die Relativitätstheorie zu widerlegen oder zu „zerschlagen" versuchten, beharrten darauf, daß jeder Körper sich in einer bestimmten Umwelt bewegt und daß das Universum eine Gesamtheit von ganzheitlichen, qualitativ eigenartigen Systemen darstellt. Sie ließen jedoch die fundamentale Tatsache aus dem Auge, daß die elektromagnetische Strahlung eine bestimmte universelle Umwelt darstellt, in der sich die Körper bewegen, und daß das Universum selbst ein ganzheitliches System ist und seine „Ganzheit" konkret verwirklicht wird, im besonderen durch den wechselseitigen Zusammenhang von Körpern mittels der elektromagnetischen Strahlung.

Schon in dieser anschaulichen Vorstellung über das elektromagnetische Medium und über den wechselseitigen elektromagnetischen Zusammenhang der Körper und folglich auch über die dadurch bestimmte Struktur der Welt liegt die Grundlage für eine richtigere Auffassung der Theorie der Raum-Zeit. Im besonderen führt sie leicht zur Aufklärung einiger Fehler, die mit dem berüchtigten allgemeinen Relativitätsprinzip verbunden sind.

Von diesem Standpunkt ist es z. B. nützlich, an das Problem der Beziehungen der Systeme von Ptolemäus und Kopernikus heranzugehen. Die Planeten bewegen sich im Strahlungsfeld der Sonne, das zusammen mit der Strahlung anderer Körper das allgemeine Medium bildet, in dem sich die Planeten drehen. Diese Drehung hat also absoluten Charakter und „der Streit zwischen Ptolemäus und Kopernikus" entscheidet sich zugunsten des Letzteren. Das Medium der elektromagnetischen Strahlung fern von der Sonne bestimmt die Struktur der Raum-Zeit, so wie das die spezielle Relativitätstheorie behandelt. Mathematisch gesprochen, erweist sich das mit der Sonne verbundene Bezugssystem in der Unendlichkeit als ein Lorentzsches, während Systeme, die mit Planeten verbunden sind, über eine solche Eigenschaft (zumindest mit diesem Grad der Genauigkeit) nicht verfügen. Deshalb erweist sich das mit der Sonne verbundene System objektiv als „privilegiert", unabhängig davon, welche Verfahren für die Beschreibung der Bewegungen irgend jemand auswählt.

Genauso erlaubt die anschauliche Vorstellung über die Wechselwirkung von Körpern mit dem durch die elektromagnetische Strahlung geschaffenen Medium, bestimmte Fehler klarzumachen, die die Interpretation des Relativitätsprinzips und des Begriffes Bezugssystem betreffen.

Wenn wir über ein Strahlungsmedium sprechen, so darf man nicht denken, daß wir versuchen, unter diesem Begriff den alten Äther einzuschmuggeln. Der Äther ist nur ein Medium, das sich bewegen kann, das man sich aber auch als unbeweglich denken kann. Wellen breiten sich im Äther aus. Die Strahlung dagegen ist ein sich bewegendes Medium, sie ist selbst Welle, und eine unbewegliche elektromagnetische Schwingung ist einfach eine Sinnlosigkeit. Deshalb gibt es nichts Erstaunliches daran, daß der Begriff der Geschwindigkeit in bezug auf das Strahlungsmedium sich als sinnlos erweist, im Unterschied von der Geschwindigkeit in bezug auf den Äther.

Das Strahlungsmedium, das untrennbar die Ausbreitung im Raum mit der Zeit in sich schließt, stellt schon dadurch den allgemeinen Zusammenhang von Raum und Zeit her. Selbstverständlich verwirklichen sich in jeder Bewegung ein bestimmter konkreter Zusammenhang und eine konkrete wechselseitige Bedingtheit der räumlichen Verlagerung mit der Zeit. Der universelle Charakter des Strahlungsmediums zeigt jedoch, daß zwischen Raum und Zeit ein universeller Zusammenhang bestehen muß, daß, wie bei der Strahlung die Ausbreitung im Raum mit der Zeit untrennbar verbunden ist, so auch allgemein Raum und Zeit untrennbar verbunden sein müssen.

Diese qualitative Schlußfolgerung findet eine exakte Begründung in dem fundamentalen Gesetz von der Konstanz der Lichtgeschwindigkeit. Nicht nur die Lichtgeschwindigkeit im Vakuum ist ein und dieselbe, unabhängig von der Bewegung der Quelle in bezug auf ein beliebiges Inertialsystem, sondern auch die Frontgeschwindigkeit der elektromagnetischen Schwingung oder des Signals ist ein und dieselbe in jeglichem Medium.[1] Gerade die Frontgeschwindigkeit hat Bedeutung für die Herstellung eines Zusammenhanges mit der Zeit, weil mit ihr die Anfangsmomente der Aussendung und des Empfangs eines Signals verbunden sind.

Die Ausbreitungsgeschwindigkeit der Strahlung besitzt daher universelle Bedeutung. Sie wird ausgedrückt durch das Verhältnis des Weges zur Zeit und daher bedeutet die Existenz einer universellen Geschwindigkeit das Vorhandensein eines universellen Zusammenhanges zwischen räumlichen Abständen und Zeitabschnitten.

Indem wir in Übereinstimmung mit der Erfahrung die Geometrie des Raumes als euklidisch annehmen, können wir das Gesetz der Konstanz der Lichtgeschwindigkeit durch die Formel ausdrücken:

$$\sqrt{(x - x_0)^2 + (y - y_0)^2 + (z - z_0)^2} = c(t - t_0)$$

wobei x_0, y_0, z_0 die Koordinaten der Quelle und t_0 den Augenblick des Aussendens des Signals darstellen. Die Tatsache, daß aus der Forderung nach der Nichtveränderlichkeit dieser Formel bei der Transformation der Koordinaten und der Zeit die Lorentz-Transformation folgt[2], erweist sich als ein schon rein mathematisch bewiesenes Theorem.

So führt das Gesetz von der Konstanz der Lichtgeschwindigkeit zusammen mit der Annahme der Euklidizität des Raumes notwendig zu den Lorentz-Transformationen und demzufolge auch zur gesamten Kinematik der Relativitätstheorie: zur Relativität der Gleichzeitigkeit, zur Lorentz-Kontraktion, zum Additionsgesetz der Geschwindigkeiten usw.

Diese Schlußfolgerung nimmt ausgewählte (inertiale oder „Lorentzsche") Koordinatensysteme x, y, z, t zur Grundlage und bleibt in diesem Sinn bis jetzt auf dem Boden der gewöhnlichen Auffassung der Relativitätstheorie. Wir haben uns darauf nur bezogen, um die von uns entwickelten, zunächst anschaulichen Darstellungen zu bekräftigen.

Das Strahlungsmedium, „der Austausch von Signalen" zwischen den Körpern bestimmt deren wechselseitige Koordination im Raum und in der Zeit. Die Funkortung stellt die darauf begründete experimentelle Methode zur Bestimmung von Entfernungen dar. Die Bedeutung dieses Umstandes für das Verständnis der Relativitätstheorie wurde von W. A. Fock gezeigt. Genauso ist die bekannte Be-

[1] Dieses Gesetz ist außerordentlich wesentlich. Den Beweis dafür, der von Leontowitsch gegeben wurde, kann man im 5. Band der Werke von Mandelstam finden.

[2] Siehe die Arbeit von A. D. Alexandrow und W. W. Owtschinnikowa in „Bote der Leningrader Universität", 1953, Nr. 11.
Strenggenommen, müssen zu den Lorentz-Transformationen als zulässige Transformationen noch proportionale Veränderungen der Maßstäbe gleichzeitig für alle Koordinaten hinzugefügt werden oder, was das gleiche ist, ihre Multiplikation mit einem beliebigen allgemeinen Multiplikator, d. h. Ähnlichkeitstransformationen. Es ist offensichtlich, daß die Gleichungen der Relativitätstheorie bei einer solchen Transformation ebenfalls invariant sind.

stimmung der Gleichzeitigkeit räumlich entfernter Ereignisse, die von Einstein gegeben wurde, auf die Aussendung, Reflexion und den erneuten Empfang elektromagnetischer Signale begründet.

Alle diese Prozesse verlaufen ständig auf natürlichem Wege, weil die geringste Pertubation in einem gegebenen Körper eine, wenn auch schwache elektromagnetische Strahlung hervorruft, die von den getroffenen Körpern gestreut wird und, wenn auch in sehr geringem Grad, zurückkehrt. Mit anderen Worten: Die Prozesse, die der Funkortung und dem Uhrenvergleich nach Einstein entsprechen, gehen unaufhörlich auf natürlichem Wege vor sich. Sie stellen die wechselseitige Koordination der Körper und der sich in ihnen abspielenden Erscheinungen im Raum und in der Zeit her, und das erfolgt ohne jegliche Beobachter. Deshalb ist die Koordination der Körper und Prozesse in bezug auf einen gegebenen Körper eine objektive Tatsache und folglich ist ein Bezugssystem, das mit diesem Körper verbunden ist, völlig real; es realisiert sich materiell durch den beständigen „Austausch von Signalen" und durch das Strahlungsmedium. Daraus ergibt sich klar, daß im besonderen die Ansicht, das Bezugssystem sei irgend etwas völlig Fiktives, nur ein Verfahren der Beschreibung, völlig fehlerhaft ist. Entgegen der im ersten Teil angeführten Behauptung Eddingtons entsprechen inertiale Bezugssysteme dem realen Bau der Welt, und zwar der Struktur des Strahlungsfeldes.

So verwirklicht das Strahlungsfeld die materiellen Zusammenhänge der Körper und Erscheinungen; diese Zusammenhänge bestimmen die räumliche und zeitliche Koordination der Körper und Erscheinungen, und die Struktur des Strahlungsmediums bestimmt die allgemeine Struktur der raum-zeitlichen Beziehungen; man braucht nur vom konkreten materiellen Inhalt zu abstrahieren, und man erhält eine Vorstellung von der Raum-Zeit in ihrer reinen abstrakten Gestalt.

Selbstverständlich darf man die universelle Bedeutung dieses anschaulichen Bildes nicht übertreiben, es ist jedoch nicht nur wegen seiner Anschaulichkeit nützlich, sondern auch deshalb, weil es eine einfache und richtige Orientierung in einer Reihe von Fragen gibt, in deren Deutung Fehler zugelassen wurden, und mehr noch deshalb, weil es in sich das Hauptsächliche enthält: eine klare Auffassung, daß raum-zeitliche Beziehungen, ebenso wie die Eigenschaften der Raum-Zeit insgesamt durch die materielle Wechselwirkung bestimmt werden. Kurz: Wir haben hier ein anschauliches, der modernen Physik entsprechendes Bild, das die allgemeine These realisiert, daß die Raum-Zeit die Existenzform der Materie ist.

§ 3. Die Einheit der kausalen und raum-zeitlichen Struktur der Welt

Die Relativitätstheorie schließt das allgemeine Gesetz von der Begrenztheit der Geschwindigkeiten bei der Ausbreitung jeglicher Wirkungen in sich ein, sei es Strahlung oder irgend etwas anderes, und wir werden aus diesem Gesetz einige notwendige Schlußfolgerungen ziehen. Dieselben Schlußfolgerungen erhält man auch aus dem Gesetz von der Konstanz der Lichtgeschwindigkeit.

Unter einem Ereignis werden wir, wie das allgemein üblich ist, eine „punktförmige“ Erscheinung von der Art eines außerordentlich kurzfristigen Aufblitzens einer Punkt-Lampe verstehen, d. h. eine Erscheinung, deren Verlauf im Raum und in der Zeit man vernachlässigen kann. Alle Erscheinungen kann man als aus Ereignissen bestehend betrachten, und deshalb ist die Welt von diesem Standpunkt aus in allen ihren Ausdehnungen im Raum und in der Zeit eine Vielzahl oder Mannigfaltigkeit von Ereignissen.

Jedes Ereignis wirkt so oder so auf andere Ereignisse ein. Die physikalische Natur dieser Einwirkung kann außerordentlich verschiedenartig sein: die Ausbreitung von Licht oder Schall, der Flug eines Teilchens usw. Die Bewegung eines kleinen Körpers kann man als eine Reihe von Ereignissen betrachten, in der die vorhergehenden Ereignisse auf die folgenden einwirken. Die Einwirkung braucht nicht unbedingt unmittelbar zu sein, sie kann durch eine Reihe von Agenzien hindurchgehen. Man kann sagen, daß die Wirkung in der Übertragung einer Energie besteht. Wir abstrahieren jedoch auch vom konkreten Charakter der Einwirkung, von deren energetischen oder anderen physikalischen Charakteristika und behalten nur die Tatsache der Einwirkung eines Ereignisses auf andere im Blickfeld.

Die Ereignisse, die der Einwirkung eines bestimmten Ereignisses A unterworfen sind, oder, prinzipiell gesprochen, unterworfen werden können, bilden ein bestimmtes „Gebiet der Wirkung des Ereignisses A“. Es ist nützlich, eine bestimmte geometrische Vorstellung zu benutzen und eine Vielzahl von Ereignissen in der Art eines vierdimensionalen Raumes darzustellen. Dabei werden die rechtwinkligen Koordinaten x, y, z, t entsprechend den drei räumlichen Koordinaten und der Zeit eingeführt. Ereignisse werden durch Punkte dieses Raumes dargestellt.

Bei einer solchen Darstellung wird das Gebiet der Wirkung des Ereignisses A wiedergegeben durch einen geraden Kreiskegel mit der Spitze im Punkt A, mit einer Achse, die der Achse t parallel ist, und mit einem Öffnungswinkel (d. h. dem Winkel zwischen der Achse und einer beliebigen Geraden des Kegelmantels), dessen Tangens gleich der Grenzgeschwindigkeit c für die Ausbreitung der Wirkung ist.

Die Oberfläche des Kegels bildet Ereignisse ab, die durch eine Einwirkung erreicht werden, die vom Ereignis A mit dieser Grenzgeschwindigkeit c ausgeht.[1] Da diese Geschwindigkeit mit der Lichtgeschwindigkeit zusammenfällt, so sprechen wir über Ereignisse, die durch Licht erreichbar sind, das direkt ohne Streuung vom Ereignis A ausgeht. Deshalb nennt man den betrachteten Kegel oder richtiger dessen Oberfläche den Lichtkegel. Im allgemeineren Sinn können wir, wenn wir das Gesamtgebiet der Wirkung im Sinn haben, über den Wirkungs-

[1] Wir halten in Übereinstimmung mit der Relativitätstheorie die Grenzgeschwindigkeit für erreichbar. Das ist jedoch nicht unbedingt beim abstrakten Aufbau der Theorie notwendig; man kann annehmen, daß sie im Gegenteil nicht erreichbar ist. Dann wird der Kegel offen sein, d. h. die Oberfläche wird aus ihm ausgeschlossen. Ebenso besteht beim abstrakten Aufbau der Theorie keine Notwendigkeit, von vornherein die Grenzgeschwindigkeit als mit der Lichtgeschwindigkeit zusammenfallend anzunehmen.

kegel des Ereignisses A sprechen. Dabei ist es nicht notwendig, sich diesen Kegel geometrisch zu denken; wir sprechen über eine Vielzahl von Ereignissen, die der Einwirkung des Ereignisses A unterworfen sind; wir stellen das nur mit Hilfe eines Kegels in der gegebenen geometrischen Interpretation dar.

Die Wirkungskegel bestimmen in einer Mannigfaltigkeit von Ereignissen ein bestimmtes System von Verhältnissen oder eine Struktur, die nichts anderes ist als ein System der Wirkungsverhältnisse der einen Ereignisse auf andere insgesamt genommen. Da die Grenzgeschwindigkeit die Lichtgeschwindigkeit ist, so wird diese Struktur eben durch die Lichtkegel bestimmt, so daß das hier betrachtete System von Beziehungen oder die Struktur mit der zusammenfällt, über die wir in anschaulicherer Form schon oben gesprochen haben. Nur hat jetzt bei allgemeinerer Betrachtung der Frage der spezielle Charakter der Wirkungen, die sich mit Grenzgeschwindigkeit ausbreiten, keinerlei Bedeutung.

Es zeigt sich, daß das System der Wirkungsverhältnisse der einen Ereignisse auf andere völlig die Geometrie oder die Struktur der Raum-Zeit bestimmt!

Das ist die direkte Folge des streng mathematisch bewiesenen Theorems, das in allgemeiner Form in der schon zitierten Arbeit von A. D. Alexandrow und W. W. Owtschinnikowa bewiesen wurde (unter vollständigeren Voraussetzungen ist es schon seit langem bekannt).

Dieses Theorem reduziert sich kurz darauf, daß Transformationen, die die Struktur der Wirkungsverhältnisse aufrechterhalten, eben Lorentz-Transformationen sind. Da aber die Forderung nach Invarianz in bezug auf diese Transformationen die Geometrie der Raum-Zeit bestimmt, so bestimmt dadurch die Struktur der Wirkungsverhältnisse auch die Geometrie der Raum-Zeit.

Die allgemeinen Gesetze der raum-zeitlichen Struktur der Welt stellen nichts anderes dar als das In-Erscheinung-Treten ihrer allgemeinen Struktur, die durch die Einwirkungen der einen Ereignisse auf andere bestimmt wird.

Weil die Einwirkung die einfachste Form eines ursächlichen Zusammenhanges ist, so kann man bildhafter, wenn auch weniger genau, diese Schlußfolgerung in folgenden Worten formulieren: *Die allgemeine raumzeitliche Struktur der Welt ist das In-Erscheinung-Treten ihrer allgemeinen kausalen Struktur.*

Der Ersatz des Begriffs der Einwirkung durch den Begriff der Ursache ist nicht genau, weil der Begriff der Ursache komplexer ist und zudem sich mit dem Begriff der Einwirkung nicht deckt. Daraus, daß eine Erscheinung auf eine andere einwirkt, folgt überhaupt noch nicht, daß sie deren Ursache ist. Wenn wir über die Ursachen komplizierter Erscheinungen urteilen, z. B. der gesellschaftlichen oder psychischen, so ist eine Zurückführung auf elementare Einwirkungen fast immer sinnlos. Deshalb ist es unzweifelhaft exakter, über die Einwirkungen oder sogar elementaren Einwirkungen der einen Ereignisse auf andere zu sprechen.

Die Welt kann man, wie schon gesagt, als Mannigfaltigkeit von Ereignissen ansehen. In dieser Mannigfaltigkeit gibt es ein System von Wirkungsverhältnissen der einen Ereignisse auf andere, das auch deren raum-zeitliche Struktur bestimmt. Bei der Bestimmung der Form abstrahiert man aber notwendig vom

Inhalt, und dann bleibt vom materiellen Ereignis nur der Begriff vom Element, vom Punkt der Mannigfaltigkeit. In Übereinstimmung damit kann man folgende Definition der Raum-Zeit geben:

Die Raum-Zeit ist die Menge aller Ereignisse in der Welt, abstrahiert von allen ihren Eigenschaften außer denen, die durch das System der Wirkungsverhältnisse der einen Ereignisse auf andere bestimmt werden.

Dabei müssen selbstverständlich auch die Wirkungen selbst, ebenso wie die Ereignisse in Abstraktion von ihrem materiellen Inhalt betrachtet werden. Richtiger sprechen wir über ein System von Verhältnissen als Form und nicht über die Wirkungen selbst.

Die gegebene Definition ist nichts anderes als der der modernen Physik entsprechende konkrete und genaue Ausdruck dafür, daß die Raum-Zeit eine Existenzform der Materie ist.

Eine solche Definition war im Rahmen der Vorstellungen der klassischen Physik unmöglich. Damals nahm man an, daß Wirkungen mit beliebig großen Geschwindigkeiten übertragen werden können. Dabei wird das Gebiet der möglichen Einwirkung eines gegebenen Ereignisses auf alle Ereignisse ausgedehnt, die ihm in der Zeit folgen, so daß die Wirkungsverhältnisse gar nichts bestimmen außer der einfachen Aufeinanderfolge in der Zeit. Dem entspricht auch die absolute Aufeinanderfolge in der Zeit; was die quantitativ bestimmte Zeit t und die Geometrie des Raumes betrifft, so müssen sie dann durch irgend etwas anderes bestimmt werden. Darüber hinaus ist uns allgemein keine Definition von Raum und Zeit bekannt, die den Vorstellungen der klassischen Physik entspräche und so genau und kurz wie die oben gegebene Definition der Raum-Zeit wäre. Schon die Tatsache, daß es möglich ist, eine solche kurze und exakte Definition zu geben, stellt einen gewaltigen Vorzug der Relativitätstheorie dar und zeigt, wie tief sie in das Wesen der universellen Existenzform der Materie eindrang. Es ist bemerkenswert, daß das System der Wirkungsverhältnisse, das die Raum-Zeit bestimmt, dadurch nicht nur die Aufeinanderfolge in der Zeit oder richtiger in verschiedenen relativen Zeiten bestimmt, sondern auch die Geometrie des Raumes oder sogar aller relativen Räume. Es ist wesentlich zu unterstreichen, daß die Definition sofort für die Raum-Zeit gegeben wird, d. h. für die absolute Mannigfaltigkeit und nicht einzeln für den Raum und für die Zeit, die lediglich deren relative Aspekte darstellen.

Es ist eine These des dialektischen Materialismus, daß Raum und Zeit Existenzformen der Materie sind. Als diese These aufgestellt wurde, gab es keine Anzeichen für die Relativitätstheorie mit der von ihr entdeckten Einheit von Raum und Zeit. Heute jedoch, wo sicher festgestellt ist, daß der Raum an sich und die Zeit an sich nur relative Aspekte der einheitlichen Raum-Zeit sind, ist es richtiger, vor allem von der Raum-Zeit als der einheitlichen und universellen Existenzform der Materie zu sprechen. Raum und Zeit verlieren selbstverständlich nicht ihre Bedeutung als Formen der Existenz der Materie, sie erweisen sich jedoch auf jeden Fall als Aspekte einer einheitlichen Form, die man auch in erster Linie im Auge haben muß.

§ 4. Aufbau der Theorie

Jetzt wollen wir in allgemeinen Zügen den Aufbau einer Theorie der Raum-Zeit besprechen, der dem in Teil II, § 1 dargelegten Programm folgt und als Grundlage nur die oben gegebene Definition der Raum-Zeit nimmt.

Wir gehen von den Begriffen des Ereignisses und der Einwirkung eines Ereignisses auf das andere aus, so wie sie schon definiert wurden. Die Welt ist eine Mannigfaltigkeit von Ereignissen, und zwischen den Ereignissen existiert ein allgemeiner Zusammenhang, der darin besteht, daß die einen Ereignisse auf andere einwirken.

In Abstraktion vom physikalischen Inhalt wandelt sich das Ereignis in einen Punkt der Mannigfaltigkeit und das Verhältnis der Wirkung in ein Verhältnis des Vorangehens. Darunter wird eine antisymmetrische transitive Beziehung verstanden.

Wir könnten den Terminus „Wirkung" beibehalten, es ist jedoch besser, das nicht zu tun und für die raum-zeitlichen Beziehungen den Terminus „Vorangehen" einzuführen. Den Terminus „Wirkung" behalten wir für die Fälle bei, wenn die physikalische, materielle Seite der Sache und nicht nur die raumzeitliche Form hervorgehoben werden soll. Außerdem geht ein Ereignis A, das auf B einwirkt, diesem in der Zeit absolut voran, d. h. in Hinsicht auf alle Bezugssysteme, und deshalb ist es natürlicher, hier von einem Vorangehen oder sogar von einem absoluten Vorangehen zu sprechen.

So werden wir in Abstraktion vom physikalischen Inhalt anstelle „Das Ereignis A wirkt auf B" sagen: „Der Punkt A geht B voran" oder „Der Punkt B folgt auf A".

Die erste Grundthese der Theorie besteht einfach in der Definition der Raum-Zeit, die wir jetzt lediglich leicht abwandeln.

1. *Die Raum-Zeit ist die Mannigfaltigkeit (Menge) aller Ereignisse, genommen nur vom Standpunkt ihrer Struktur, die durch ein System von Beziehungen des Vorangehens (oder Folgens) bestimmt wird, in Abstraktion von allen anderen Eigenschaften.*

Als zweite Grundthese nehmen wir folgenden sicher festgestellten Sachverhalt:

2. *Die Raum-Zeit ist eine vierdimensionale Mannigfaltigkeit.*

Entsprechend der ersten These wird die Struktur der Raum-Zeit, folglich auch ihre Eigenschaften der Kontinuität oder, wie die Mathematiker sagen, die Topologie — durch die Beziehungen des Vorangehens von Ereignissen bestimmt, mit anderen Worten, die Umgebungen in der Menge der Ereignisse müssen durch diese Beziehungen bestimmt werden und dabei so, daß infolgedessen die Menge der Ereignisse sich als vierdimensionale Mannigfaltigkeit erweist. Dementsprechend kann man die zweite These in folgender Weise verstehen:

Für jedes Ereignis A existieren solche darauf folgende Ereignisse X und ihm vorhergehende Ereignisse Y, daß, wenn man die Umgebung des Ereignisses A als Menge von Ereignissen definiert, die irgend einem X vorhergehen und gleichzeitig irgendwelchem Y folgen, infolge dieser Definition der Umgebungen die Menge aller Ereignisse sich als vierdimensionale Mannigfaltigkeit erweist.

Wenn man die vierdimensionale Vorstellung der Relativitätstheorie vor Augen hat, so ist ersichtlich, daß die hier aufgeführten Ereignisse X und Y so genommen werden, daß das Ereignis A gleichzeitig innerhalb des Kegels von Ereignissen liegt, die X vorausgehen und innerhalb des Kegels von Ereignissen, die auf Y folgen.

In der Möglichkeit, die Topologie der Raum-Zeit auf die genannte Weise zu bestimmen, ist schon die Tatsache der Begrenztheit der Ausbreitungsgeschwindigkeit aller möglichen Wirkungen eingeschlossen. Bei unbegrenzter Geschwindigkeit wäre die auf die genannte Weise bestimmte Umgebung des Ereignisses A immer eine unendliche Schicht und eine Menge von Ereignissen mit einer solchen Topologie würde überhaupt keine Mannigfaltigkeit bilden. Das zeigt den tiefen Zusammenhang der fundamentalen Schlußfolgerung der Relativitätstheorie über die Begrenztheit der Geschwindigkeit mit der grundlegenden Eigenschaft der Raum-Zeit, eine vierdimensionale Mannigfaltigkeit zu sein. Eine solche Wechselbeziehung grundlegender Thesen der Theorie stellt eine außerordentlich bemerkenswerte Besonderheit dar.

Wenn auch der Begriff der Geschwindigkeit mit dem Begriff des Bezugssystems verbunden ist, so kann man trotzdem das Prinzip der Begrenztheit der Geschwindigkeiten leicht durch eine einfache These ersetzen, in der überhaupt die Begriffe der Geschwindigkeit und des Bezugssystems fehlen. Sie kann man darauf zurückführen, daß solche Gebiete von Ereignissen existieren, in denen die Ereignisse aus verschiedenen Gebieten nicht aufeinander einwirken und dadurch nicht durch die Beziehung der Folge verbunden sind. Wir formulieren diese Behauptung nicht als grundlegende, da man sie ableiten kann. Nach der Behauptung, daß die Raum-Zeit eine vierdimensionale Mannigfaltigkeit ist, kann man als dritte Grundthese eine solche heranziehen, die in bestimmtem Sinn das Relativitätsprinzip zum Ausdruck bringt. Etwas unbestimmt kann man diese These so formulieren:

3. *Die Raum-Zeit ist maximal homogen, d. h. ihre Transformationsgruppe, die die Beziehungen der Folge aufrechterhält, ist die maximale von allen möglichen.*

Klarer kann man das in folgender Weise ausdrücken:

Zwei beliebige Ereignisse A und B befinden sich in einer der folgenden fünf Beziehungen:

1. A liegt innerhalb des Gebietes von Ereignissen, die auf B folgen.
2. A liegt an der Grenze dieses Gebietes.
3. und 4. Dasselbe wie bei 1. und 2. mit Vertauschung von A und B.
5. Übrige Möglichkeiten.

Die Behauptung besteht darin, daß, welche zwei Paare von Ereignissen A, B und A′, B′, die sich in gleichartigen Beziehungen befinden, man auch nehmen mag, eine eindeutige Abbildung der Menge von Ereignissen auf sich selbst existiert, die die Beziehung der Aufeinanderfolge aufrechterhält und die Ereignisse A und B in A′ und B′ überführt.

Der Zusammenhang der aufgestellten Behauptung mit dem Relativitätsprinzip ist hinreichend offensichtlich, da dieses Prinzip von der Möglichkeit spricht, eine beliebige Erscheinung in beliebigen Inertialsystemen auf ein und dieselbe

Weise wiederzugeben, was eben gerade die bekannte Homogenität der Raum-Zeit bedeutet. Bei unserem Herangehen kann man das so ausdrücken: Eine beliebige Erscheinung kann so wiedergegeben werden, daß zwei beliebige Ereignisse A und B in ihr zwei anderen beliebigen Ereignissen A′ und B′ entsprechen, die sich in derselben Beziehung befinden, wenn man die genannten fünf Beziehungen beachtet.

Wir können noch nicht beweisen, daß die formulierten Thesen die Raum-Zeit der speziellen Relativitätstheorie bestimmen, dafür müssen wir z. B. eine Hilfsannahme mathematischen Charakters heranziehen. Sie besteht darin, daß (4) sowohl die Mannigfaltigkeit selbst, die die Raum-Zeit darstellt, wie auch die Transformationen, die in der These (3) genannt wurden, differenzierbar sind.

Für Physiker, die gewöhnt sind, sich nicht allzu sehr um solche Dinge wie Differenzierbarkeit oder Nichtdifferenzierbarkeit der betrachteten Funktionen zu sorgen, dürfte die klare Formulierung einer solchen These kaum Interesse beanspruchen; sie hat eher für den Mathematiker Bedeutung, der sich um eine maximale Exaktheit seiner Schlußfolgerungen bemüht.[1]

Man kann beweisen, daß die formulierten Grundbehauptungen die Raum-Zeit der speziellen Relativitätstheorie bestimmen, d. h. es zeigt sich, daß Transformationen, die die Beziehungen der Folge aufrechterhalten, Lorentz-Transformationen sind (einschließlich Ähnlichkeits-Transformationen), und daß man solche Koordinaten einführen kann, in denen sie durch gewöhnliche lineare Formen ausgedrückt werden. Solche Koordinaten kann man auf verschiedene Weise einführen, wobei die Transformationen von einer zur anderen sich als die gleichen Lorentz-Transformationen erweisen. Das sind dieselben Koordinaten x, y, z, t, die bei der gewöhnlichen Darstellung von Anfang an als inertiale Bezugssysteme eingeführt werden. Sie sind bisher ziemlich formal definiert, man kann jedoch auch ihren Sinn tiefgehender erklären, ohne den Begriff Inertialsystem einzuführen, indem man völlig auf dem Boden des Grundbegriffs des Vorhergehens, d. h. der Wirkung von Ereignissen, bleibt.

Betrachten wir im besonderen die Definition der Gleichzeitigkeit, was der Definition einer Menge gleichzeitiger Ereignisse gleichwertig ist, die in den genannten Koordinaten eine Fläche $t = const$ bilden.

Eine solche Menge M kann man z. B. durch zwei Forderungen definieren. Erstens muß sie die Mannigfaltigkeit aller Ereignisse in zwei Teile entsprechend dem Vorangegangenen und Zukünftigen teilen, und zweitens muß sie homogen sein. Letzteres bedeutet, daß, welche zwei Paare von Ereignissen A, B und A′, B′ aus der Menge M man auch nimmt, eine eindeutige Abbildung der gesamten Mannigfaltigkeit der Ereignisse auf sich existieren muß, die die Beziehung der Folge aufrechterhält, M in sich selbst überführt und gleichzeitig die Ereignisse A, B in A′, B′. Diese

[1] Zum Beispiel benutzen die bekannten Schlußfolgerungen des Maxwellschen Gesetzes über die Verteilung der Geschwindigkeiten oder der Proportionalität der Entropie zum Logarithmus der Wahrscheinlichkeit die Differenzierbarkeit der eingeführten Funktionen ohne jeden Vorbehalt, während die Beseitigung der Annahme über die Differenzierbarkeit in Wirklichkeit eine ziemlich schwierige mathematische Aufgabe darstellt.

Forderungen bestimmen tatsächlich, wie man beweisen kann, eine beliebige der Flächen $t = const$.

Den Grund für die Forderung der Homogenität kann man darin sehen, daß die Gleichzeitigkeit durch ein bestimmtes Gesetz definiert werden muß, das gleichartig auf verschiedene Paare von Ereignissen angewandt werden kann. Das drückt sich eben in der Existenz der erwähnten Transformationen für beliebige Paare von Ereignissen aus der Menge M aus.

So kann man sagen, daß jede Definition der Gleichzeitigkeit, die sich auf irgendein allgemeines Gesetz stützt, der klassischen Definition Einsteins gleichwertig sein muß. Das zeigt die tiefe Begründung des Begriffs der Gleichzeitigkeit, der von Einstein eingeführt wurde.

Weiter muß man unterstreichen, daß, sofern das System der Wirkungsverhältnisse die Struktur der Raum-Zeit im ganzen und die Gesamtheit der relativ gleichzeitigen Ereignisse, d. h. den „Raum" bestimmt, es insofern auch die Geometrie des Raumes bestimmt. Diese Geometrie erweist sich selbstverständlich infolge der angenommenen Thesen als euklidisch. Den Grund dafür zu verstehen, ist ziemlich einfach. Die Ausbreitung der Wirkungen von einem beliebigen Punkt mit maximaler Geschwindigkeit bestimmt im Raum ein System von Kugeln (z. B. die sphärischen Fronten von Lichtquellen), und dies bestimmt bekanntlich schon die euklidische Geometrie des Raumes.

So bestimmt das allgemeine System der Wirkungsverhältnisse der einen Ereignisse auf andere auch die relativen Zeiten t und alle möglichen rechtwinkligen Raumkoordinaten x, y, z. Diese raumzeitlichen Koordinaten sind folglich überhaupt nicht konventionell oder fiktiv, sondern durch den Bau der Welt, durch die materiellen Wechselwirkungen der Ereignisse in ihr bestimmt. Daraus wird die Unrichtigkeit der Behauptungen vom konventionellen Charakter der Definitionen oder vom fiktiven Charakter dieser Koordinaten besonders klar. Das einzige, was konventionell bleiben kann, ist die Auswahl gerade eines bestimmten Systems von Koordinaten unter allen möglichen.

Nachdem man die Lorentz-Transformationen erhalten und die ausgewählten Koordinatensysteme definiert hat, gewinnt man die Schlußfolgerungen der relativistischen Kinematik, die Relativität der Zeit- und Längenabstände, das Gesetz der Addition der Geschwindigkeiten und andere, schon auf gewöhnlichem Wege. Aber jetzt tritt der wahre Charakter der relativistischen Effekte schon klarer zutage. Da die absolute Struktur der Raum-Zeit der Ausgangspunkt ist, so müssen wir z. B. jeden Körper vor allem in seinen raum-zeitlichen Ausdehnungen betrachten. In diesem Sinn sind dem Körper nicht-relative Charakteristika eigen. Seine rein räumlichen Ausmaße erweisen sich selbstverständlich als relativ; sie bringen die Beziehung des Körpers zu einer beliebig ausgewählten Gesamtheit M gleichzeitiger Ereignisse zum Ausdruck. Da alle möglichen dieser Gesamtheiten durch das gesamte System der Wirkungsverhältnisse bestimmt sind, so werden dadurch letzten Endes auch die relativistischen Effekte bestimmt. Irgendwelche spezielle, sie hervorrufende „wirkende Ursachen" zu suchen, wie das einige Autoren vorschlagen, ist völlig unbegründet. Mit demselben Erfolg könnte man besondere Ursachen dafür suchen, daß irgend eine Senkrechte kürzer als eine Schräge ist. Diese „Ursachen“ liegen in den allgemeinen Gesetzen der Geometrie, die ihrerseits als „Ursache“ die allgemeine Struktur der Welt haben, die durch die Wirkungsverhältnisse zwischen den Ereignissen bestimmt wird.

Wenn man die dargelegten Grundlagen der Theorie der Raum-Zeit kurz zusammenfaßt, so kann man folgendes sagen:

Die Raum-Zeit ist die Menge aller Ereignisse in der Welt, abstrahiert von allen ihren Eigenschaften außer denen, die durch die Struktur des Systems der Wirkungsverhältnisse der einen Ereignisse auf andere bestimmt werden, wobei die Raum-Zeit eine vierdimensionale Mannigfaltigkeit ist, maximal homogen, soweit es überhaupt das System der genannten Beziehungen erlaubt. Ausgewählte inertiale, oder wie wir vorschlagen würden zu sagen, Lorentzsche Koordinatensysteme zeichnen sich dadurch aus, daß sie durch diese Struktur selbst ausgewählt sind.

Philosophisch gesprochen bestimmt die Materie selbst, in der Wechselwirkung, in der Bewegung ihrer Elemente, ihre Existenzform — die absolute Raum-Zeit. In dieser absoluten Mannigfaltigkeit bestimmt die gleiche allgemeine Struktur der Wechselwirkungen die Menge der relativ gleichzeitigen Ereignisse, die relativen Räume und Zeiten. Nicht die Relativität und noch weniger konventionelle Definitionen, nicht besondere „wirkende Ursachen“, sondern der absolute Bau der Welt ist die wahre Grundlage und der wahre Inhalt der Theorie.

Nach dem Aufbau der Grundlagen der Theorie der Raum-Zeit, d. h. entsprechend dem gewöhnlichen Herangehen, nach dem Aufbau der Kinematik der Relativitätstheorie, muß man zur eigentlichen Physik übergehen, vor allem zur Mechanik und Elektrodynamik. Dabei ist es selbstverständlich notwendig, die Forderung zu Grunde zu legen, daß die Gesetze dieser Theorien die Lorentz-Invarianz aufweisen. Die Notwendigkeit dieser Forderung bei dem gegebenen Aufbau der Theorie ist offensichtlich.

Tatsächlich werden die Eigenschaften der Raum-Zeit aus den Eigenschaften des Systems der Wirkungsverhältnisse abgeleitet, das sich sowohl durch elektromagnetische Wellen wie durch mechanische Bewegung und auf anderem Wege realisieren kann. Deshalb stimmen die allgemeinen Gesetze dieser Prozesse schon dadurch mit den Eigenschaften der Raum-Zeit überein wie der Inhalt mit der Form. Wenn wir jetzt von der allgemeinen Struktur der Wirkungsverhältnisse logisch zu konkreten Arten der Wechselwirkungen übergehen, so ist es notwendig, das eine mit dem anderen in Übereinstimmung zu bringen. Die allgemeine Eigenschaft der Homogenität der Raum-Zeit ergibt, wenn man sie mathematisch formuliert, indem man die ausgewählten Koordinaten x, y, z, t benutzt, die Forderung der Lorentz-Invarianz.

Die Formulierung der Gesetze der Mechanik und Elektrodynamik führt dazu, daß die von uns etwas abstrakt definierten Koordinatensysteme x, y, z, t sich genau als die erweisen, in denen diese Gesetze ihre gewöhnliche Form haben. Mit anderen Worten: Es stellt sich heraus, daß es sich um Inertialsysteme handelt. Die konkrete

Fixierung solcher Systeme mit Hilfe von Meßoperationen und dergleichen erfolgt nicht infolge von vereinbarten Konventionen, sondern in Übereinstimmung mit den Gesetzen der Natur. Dabei benutzt man mechanische und elektrodynamische Mittel, feste Maßstäbe, die Ausbreitung des Lichtes und anderes.

Bisher handelte es sich um die Raum-Zeit in den Grenzen der Vorstellungen, die der speziellen Relativitätstheorie entsprechen. Die allgemeine Relativitätstheorie, genauer die Gravitationstheorie, unterscheidet sich von der speziellen Theorie vor allem dadurch, daß sie die Forderung nach Homogenität der Raum-Zeit aufhebt. Die allgemeine Definition der Raum-Zeit und die Tatsache, daß sie eine vierdimensionale Mannigfaltigkeit ist, bleibt in Kraft. Aber an die Stelle der Forderung nach der Homogenität der Raum-Zeit in ihrer Gesamtheit tritt die Forderung nach ihrer Homogenität nur „in unendlich kleinen Teilen". Das findet seine Analogie beim Riemannschen Raum, der nur im unendlich Kleinen euklidisch ist. Formal kommt das in der Einführung der allgemeinen metrischen Formel $g_{ik}\, dx^i dx^k$ zum Ausdruck.

Die Gravitationstheorie unterscheidet sich daher von der speziellen Relativitätstheorie nicht durch den allgemeinen Charakter der angewandten Koordinatensysteme, sondern durch den allgemeineren Charakter der Annahme über die Struktur der Raum-Zeit. Sie ist überhaupt keine allgemeine Relativitätstheorie. Bei unserem Aufbau der Theorie ist das besonders offensichtlich, wurde doch unter unseren grundlegenden Thesen eindeutig die Forderung nach maximaler Homogenität der Raum-Zeit formuliert, die auch das Relativitätsprinzip zum Ausdruck brachte. Deshalb ist es völlig klar, daß es überhaupt keine größere Homogenität der Raum-Zeit und folglich auch keine größere Relativität geben kann.

Schluß und Zusammenfassung

Die Relativitätstheorie, sei es die spezielle oder die allgemeine, ist im Grunde eine Theorie der Raum-Zeit. Sie ist eigentlich keine Relativitätstheorie, sondern eine Lehre über die absolute Raum-Zeit als Existenzform der Materie, die unserem heutigen Stand der physikalischen Kenntnisse entspricht. Der tiefe Inhalt der Theorie besteht darin, daß die Raum-Zeit durch die allgemeinen Gesetze der Wirkungen der einen Erscheinungen auf andere bestimmt wird.

Das philosophische Ergebnis der Relativitätstheorie kann in folgender Weise zusammengefaßt werden:

1. Die Relativitätstheorie bestätigt, konkretisiert und entwickelt die Lehre des dialektischen Materialismus über Raum und Zeit als Existenzformen der Materie:

a) Raum und Zeit werden in einer einheitlichen Existenzform der Materie — in der Raum-Zeit — vereinigt;

b) die Struktur der Raum-Zeit wird durch die Wechselwirkung, durch die Bewegung der Elemente der Materie bestimmt, so daß die Einheit der kausalen und der raum-zeitlichen Struktur der Welt festgestellt wird; letztere wird durch das System der Beziehungen der materiellen Wirkungen der einen Ereignisse auf andere bestimmt;

c) es wird (in der Gravitationstheorie) die konkrete Abhängigkeit der Struktur der Raum-Zeit von der Verteilung und Bewegung der Materie festgestellt.

2. Die Relativitätstheorie bestätigt und vertieft die Vorstellung über die Untrennbarkeit von Materie und Bewegung:

a) Die Masse — „das Maß der Trägheit" — erweist sich gleichzeitig als Maß der Energie, d. h. der vorhandenen oder real möglichen Bewegung;

b) die Bewegungsgesetze der Körper im Schwerefeld werden durch die Gesetze dieses Feldes selbst bestimmt, das seinerseits durch die Verteilung und Bewegung der Körper bestimmt wird.

3. Die Relativitätstheorie bestätigt und entwickelt die allgemeine These vom wechselseitigen Zusammenhang verschiedener Seiten der Erscheinungen und von der dialektischen Einheit des Absoluten und Relativen. Sie stellte einen solchen inneren Zusammenhang und die Einheit einer ganzen Reihe von Seiten der materiellen Wirklichkeit fest. Deshalb hat nur deren Einheit absolute (nichtrelative) Bedeutung, während ihre Trennung, jede von ihnen im einzelnen, relativ ist:

a) die Einheit der raum-zeitlichen Eigenschaften, in der die räumlichen und zeitlichen Charakteristika der Erscheinungen sich nur als deren relative Seiten erweisen;

b) die Einheit von Impuls und Energie (Impuls-Energievektor);

c) die Einheit des elektrischen und magnetischen Feldes usw.

4. Dadurch, daß die Relativitätstheorie alle diese Zusammenhänge des Raumes mit der Zeit, der Struktur der Raum-Zeit mit der Materie, der Struktur der Raum-Zeit mit der Kausalität, der Masse mit der Energie usw. feststellte, bestätigt und entwickelt sie die Lehre des dialektischen Materialismus vom wechselseitigen Zusammenhang und der wechselseitigen Bedingtheit aller Seiten der Wirklichkeit, von der materiellen Einheit der Welt.

5. Durch die Stellung und Lösung konkreter Probleme der Dialektik: Inhalt und Form, Konkretes und Abstraktes, Absolutes und Relatives, Eigenschaft und Beziehung usw., gibt die Relativitätstheorie reiches Material für die Entwicklung der Dialektik im allgemeinen und ihrer Kategorien im besonderen.

Die Relativitätstheorie muß sich selbstverständlich entwickeln, wie die Schwierigkeiten der relativistischen Elektrodynamik und der Theorie der Prozesse mit großen Energien zeigen. Deshalb besitzen eine tiefere Auffassung und eine allseitige Diskussion ihrer Grundlagen nicht nur philosophische Bedeutung, sondern werden unzweifelhaft bei der weiteren Entwicklung der Theorie selbst eine Rolle spielen. In dieser Hinsicht ist die oben gekennzeichnete Auffassung der Relativitätstheorie besonders wesentlich, weil sie die Abhängigkeit des Begriffs der Raum-Zeit von der Wechselwirkung der Erscheinungen aufdeckt. Sie zeigt dadurch, daß im Quantengebiet dieser Begriff selbst, und nicht einfach die Vorstellung über die Geometrie der Raum-Zeit wahrscheinlich einer Veränderung unterworfen werden muß. Das wird offensichtlich nicht den diskreten Charakter, den Quantencharakter von Raum und Zeit betreffen, sondern eher eine Art Zertrümmerung ihrer festen Struktur bedeuten, wenn der Begriff des Lichtkegels und sogar der Begriff des Punktereignisses selbst entsprechenden Veränderungen unterworfen werden.

Wie jedoch auch die weitere Entwicklung der Theorie der Raum-Zeit vor sich gehen mag, die Relativitätstheorie wird immer eine große Errungenschaft der Wissenschaft bleiben. Und dies nicht nur infolge ihrer konkreten Ergebnisse, sondern auch deshalb, weil sie die Theorie der Raum-Zeit als Existenzform der Materie ist, weil nicht die „Relativität", sondern die Struktur der Raum-Zeit, die durch die Materie bestimmt wird, nicht das Relative, das nur ein Aspekt des Absoluten ist, sondern gerade das Absolute das wahre Wesen der Theorie darstellt.

*

A. D. Alexandrow, Korrespondierendes Mitglied der Akademie der Wissenschaften der UdSSR (Erläuterungen auf der Konferenz). Das Hauptanliegen meines Referates war es, jene Auffassung von der Relativitätstheorie darzulegen, nach der das eigentliche Wesen dieser Theorie nicht etwa darin besteht, daß sie die Einheit von Raum und Zeit in der einheitlichen absoluten Existenzform der Materie feststellt, die wir „Raum-Zeit" nennen, sondern darin, daß die Relativitätstheorie zugleich die Einheit der kausalen und der raumzeitlichen Struktur der Welt aufdeckt.

Gerade auf diese Seite der Sache wollte ich die Aufmerksamkeit lenken, weil diesen Umstand fast niemand bemerkte und weil die 1921 veröffentlichte Arbeit des irländischen Physikers Alfred Robb zu diesem Thema der Vergessenheit anheim fiel.

Ich persönlich bin davon überzeugt, daß dieses Vergessen nicht zufällig ist. Das wurde nicht nur durch den mißlungenen Charakter der Darlegung dieser Arbeit hervorgerufen (in ihr sind 21 Postulate enthalten, die im Geiste der Postulate der Euklidischen Geometrie formuliert sind, so daß es für den Physiker nicht sehr angenehm war, eine solche Arbeit zu lesen), sondern es erklärt sich auch daraus, daß Robb seine Auffassungen entschieden den bestehenden Auffassungen über die Relativitätstheorie entgegenstellte. Diese gebräuchlichen Auffassungen der Relativitätstheorie imponieren aber dem Positivismus und Empirismus, die auch die Entwicklung des von Robb vorgeschlagenen Herangehens an die Theorie hemmten.

Die Relativitätstheorie ist ihrem Wesen nach eine Theorie des Raumes und der Zeit. Das ist unbestreitbar, obwohl es auch einen anderen Standpunkt gibt, der sich bemüht, die Relativitätstheorie als irgend etwas anderes, als „Theorie schneller Bewegungen" hinzustellen. Aber dieser Standpunkt scheint mir völlig unbegründet. Darüber hinaus sind die Versuche, die Frage nach der Natur von Raum und Zeit abzulehnen, nicht nur in der theoretischen Physik, sondern im theoretischen Denken überhaupt, ein Schritt zurück. Diese Frage ist gestellt, sie muß gelöst werden und die Wissenschaft löst sie.

Die Relativitätstheorie ist also die Theorie von Raum und Zeit. Deshalb ist es anscheinend natürlich, dieser Theorie die Auffassung der Raum-Zeit als einheitlicher absoluter Existenzform der Materie zugrunde zu legen und damit die Relativitätstheorie nicht als Theorie der Relativität, sondern in entgegengesetzter Richtung darzustellen, d. h. das zu vertiefen und fortzusetzen, was schon vor fünfzig und mehr Jahren Minkowski verkündete, als er sagte, daß die Bezeichnung „Postulat der Relativität" viel zu blaß den wahren Inhalt dieses Postulats wiedergibt und daß diese Bezeichnung infolgedessen zu ersetzen sei durch „Postulat der absoluten Welt."

Die absolute einheitliche Existenzform der Materie — die Raum-Zeit — ist auch der hauptsächliche und primäre Gegenstand der Relativitätstheorie, und nicht das relative In-Erscheinung-Treten verschiedener Erscheinungen hinsichtlich dieses oder jenes Bezugssystems.

In meinem Referat behaupte ich (bedauerlicherweise konnte der Charakter des Referates es nicht gestatten, dafür einen hinreichenden mathematischen Beweis zu liefern), daß man folgende Definition der Raum-Zeit formulieren kann: Die Raum-Zeit ist die Menge der Ereignisse in der Welt, abstrahiert von allen ihren Eigenschaften, außer denen, die durch das System der Wirkungsverhältnisse der einen Ereignisse auf andere bestimmt sind.

Dieser Definition wurden zwei Begriffe zugrunde gelegt: Ereignis und Wirkung. Als ich mit dieser Konzeption auftrat, wurden natürlich, wie das immer in ähnlichen Fällen geschieht, Einwände erhoben: Es sei unverständlich, was das für ein Ereignis und was das für eine Wirkung sei. Hierauf antwortete ich demjenigen, der sich für ein axiomatisches Herangehen interessiert, folgendermaßen: Vom Standpunkt eines axiomatischen Aufbaus der Theorie sind der Begriff Ereignis und der Begriff Wirkung Begriffe, die nicht definiert sind, ebenso wie beim axiomatischen Aufbau der Euklidischen Geometrie die Begriffe Punkt und Gerade nicht definiert sind. Wenn jedoch eine Erläuterung dessen, was sie darstellen, gewünscht wird, so ist sie nicht schwer zu geben. Unter einem Ereignis wird eine blitzschnelle, punktförmige Erscheinung von der Art des Aufblitzens einer punktförmigen Lampe verstanden, d. h. eine solche Erscheinung, die unter gegebenen Bedingungen so betrachtet werden kann, als nähme sie kein bestimmtes Volumen ein und beanspruche keinerlei Zeit. Diese Abstraktion ist von der gleichen Ordnung wie der Begriff Punkt in der Geometrie. Obwohl es keinen Punkt ohne Ausdehnung gibt, haben wir uns daran gewöhnt, eine solche Abstraktion zu verwenden. Das gleiche trifft auf das Ereignis zu. Das Ereignis ist in bezug auf die Erscheinungen eine ebensolche Abstraktion wie der Punkt in bezug auf die Körper in der Geometrie.

Was die Wirkung betrifft, so ist das eine ganz gewöhnliche Angelegenheit. Das Licht geht von der Lampe aus, fällt auf den Stuhl und wirkt auf ihn so oder so ein. Ich spreche und rufe so akustische Wellen hervor. Sie üben irgendeine Wirkung aus. Wenn man dem Begriff Wirkung eine genaue physikalische Formulierung geben will, so könnte man sagen, daß die Wirkung eine Übertragung von

Energie und Bewegungsgröße ist. Ich glaube jedoch, daß der Begriff Ereignis und der Begriff Wirkung elementarer sind als der Begriff Energie.

Die Welt stellt sich in Form einer Gesamtheit von Ereignissen dar, und jedes Ereignis wirkt irgendwie auf andere ein (nicht auf alle, aber auf einen Teil der anderen Ereignisse). Dadurch gibt es in der Welt eine allgemeine Struktur, die durch die Wirkungen der einen Ereignisse auf andere bestimmt wird.

Wenn wir nun in dieser Gesamtheit von Ereignissen mit ihrer Struktur von ihrem materiellen Inhalt abstrahieren und nur die Tatsache nehmen, daß gewisse Elemente existieren — Ereignisse und durch die Beziehungen zwischen ihnen bestimmte Wirkungen —, so ist eben das, was eine derartige Abstraktion ausdrückt, nichts anderes als die Raum-Zeit, wie man sie in der Relativitätstheorie auffassen muß.

Diese Abstraktion ist gesetzmäßig, weil sie einfach die These bestimmter ausdrückt, daß die Raum-Zeit die Existenzform der Materie ist, weil die Form in ihrer Reinheit auf dem Wege der Abstraktion vom Inhalt gewonnen wird. Die Relativitätstheorie könnte eben keine Theorie der Existenzform der Materie sein, wenn sie nicht gebührendermaßen vom materiellen Inhalt abstrahiert.

Zudem kann man dieser Vorstellung die bekannte geometrische anschauliche Form geben, wenn man mit jedem Ereignis im vierdimensionalen Raum, der die vierdimensionale Raum-Zeit-Mannigfaltigkeit darstellen soll, einen Kegel verbindet, der durch die Punkte, d. h. die Ereignisse gebildet wird, auf die das gegebene Ereignis einwirkt.

Daß man die genannte Definition der Raum-Zeit geben kann, das ist eine mathematisch beweisbare Behauptung. Sie folgt mathematisch streng aus der Relativitätstheorie, so daß hier kein Grund zum Streit vorliegt. Mag das jemandem gefallen oder nicht, es ist eben einfach eine strenge mathematische Folgerung aus der Relativitätstheorie, daß eine solche Definition gegeben werden kann.

Mir scheint die Tatsache, daß die Relativitätstheorie es uns gestattet, unter Verwendung solcher elementaren, für jeden Menschen geläufigen Begriffe, wie der Begriffe Ereignis und Wirkung eines Gegenstandes auf einen anderen, eine Definition von Raum und Zeit zu formulieren und dabei eine solche Definition, die als Grundlage einer wirklich mathematisch entwickelten Theorie dienen kann, — diese Tatsache scheint mir außerordentlich bemerkenswert. Ich habe bisher nicht gehört, daß irgend jemand mit einem derartigen Genauigkeitsgrade definieren konnte, was die Raum-Zeit ist.

Es ist interessant, daß in der Newtonschen Theorie eine ähnliche Definition unmöglich war, weil die Möglichkeit einer solchen Definition von Raum und Zeit durch die Wirkung sich auf die endliche Ausbreitungsgeschwindigkeit von Wirkungen gründet. Nach der klassischen Theorie kann sich eine Wirkung mit beliebig großer Geschwindigkeit ausbreiten. Deshalb bestimmen die Wirkungsverhältnisse hier nur den Unterschied zwischen Vergangenheit, Gegenwart und Zukunft. Die Gesamtheit der Ereignisse stellt sich nur als in Schichten gleichzeitiger Ereignisse geteilt dar und nichts weiter. In der klassischen Theorie ist demnach nur die Aufeinanderfolge in der Zeit durch die Wirkung bestimmt. Was die Geometrie des Raumes betrifft, so ist sie überhaupt nicht bestimmt und muß von irgend etwas anderem abgeleitet werden.

Die Frage nach dem Ablauf, nach der Metrik der Zeit warf eine größere Schwierigkeit auf: die Gleichheit oder Ungleichheit von Zeitabschnitten. Welche physikalischen Prozesse, welcher materielle Inhalt sie bedingt, das blieb unformuliert. Das Fehlen solcher Formulierungen, darunter auch in der Relativitätstheorie, bis zur Einführung der oben angegebenen Definition, führte und führt auch heute noch zu Schwierigkeiten.

Bei der Frage, was Zeit ist, ist man gewöhnt, auf die Uhr zu weisen: Zeit — das ist das, was die Uhren anzeigen. Dann ergibt sich der Einwand: Woher wißt ihr, daß die Uhren richtig gehen? Was bedeutet: Die Uhren gehen richtig oder falsch?

Wenn wir über eine so universelle Sache wie die Zeit, die sich jeder Mensch vorstellen kann, zu sprechen beginnen und dabei unmittelbar auf die Uhr verweisen, so ist ein solches Herangehen ziemlich naiv. Die Frage nach der Zeit ist selbstverständlich weitaus tiefgehender als die Frage nach der Uhr und man darf den Begriff Zeit selbst nicht durch die Wahl irgendeiner Uhr als definiert ansehen. Aber die Relativitätstheorie gestattet, die Raum-Zeit zu definieren und von hier aus auch weiterhin Raum und Zeit einzeln zu definieren als gewisse relative Aspekte der absoluten Existenzform der Materie — der Raum-Zeit.

Aus Zeitmangel kann ich jetzt nicht im Detail darlegen, wie man aus dem Begriff der einheitlichen Raum-Zeit den Begriff Zeit und den Begriff Raum ableiten kann.

Man kann z. B. die Gesamtheit der gleichzeitigen Ereignisse und so den Begriff der Gleichzeitigkeit durch folgende Forderungen definieren. Erstens muß die Gesamtheit der gleichzeitigen Ereignisse die Ereignisse in vorhergehende und zukünftige trennen; die vorhergehenden Ereignisse wirken auf die zukünftigen; aber nicht umgekehrt. Zweitens muß das Gesetz, das die Gleichzeitigkeit von Ereignissen bestimmt, universellen Charakter besitzen, d. h. die Gleichzeitigkeit bestimmt sich für ein Paar von Ereignissen ebenso, wie sie sich auch für ein anderes bestimmt, was gleichbedeutend ist mit der Forderung der bekannten Homogenität der Gesamtheit von gleichzeitigen Ereignissen (eine exaktere Formulierung dieser Forderung wird im vorliegenden Referat gegeben).

Wenn wir die Gleichzeitigkeit durch solche allgemeinen Forderungen definieren, so zeigt sich, daß dies zur gewöhnlichen Einsteinschen Auffassung der Gleichzeitigkeit in der Relativitätstheorie führt: Beide Definitionen sind äquivalent.

Um die oben angeführte Definition der Raum-Zeit tatsächlich zum Ausgangspunkt der Theorie zu machen, muß man sie noch mit der Formulierung dieser oder jener allgemeinen Eigenschaften der Mannigfaltigkeit der Ereignisse verbinden. Dies kann in verschiedener Weise geschehen. Ich meinerseits schlage vor, vor allem zwei Forderungen ins Auge zu fassen: Erstens, daß die Raum-Zeit vierdimensional ist, und zweitens, daß sie maximal homogen ist. Die letztere Forderung kann man exakt formulieren, wie das im vorliegenden Referat geschehen ist (siehe Teil II, § 4). Sie ist der abstrakte Ausdruck des Relativitätsprinzips, weil dieses Prinzip eben gerade die Homogenität der Raum-Zeit ausdrückt.

Auf der Grundlage der angeführten Thesen — unter bekannten zusätzlichen Voraussetzungen mathematischen Charakters, die die Differenzierbarkeit der eingeführten Funktionen betreffen — kann man beweisen, daß ein Koordinatensystem existiert, in dem die Transformationen der Gesamtheit der Ereignisse, bei denen die Wirkungsverhältnisse erhalten bleiben, als gewöhnliche Lorentz-Transformationen dargestellt werden. Damit ist bewiesen, daß unsere Forderungen tatsächlich die Raum-Zeit der Relativitätstheorie definieren.

Nachdem dies feststeht, wird die wichtigste Forderung der Relativitätstheorie nach der Invarianz der physikalischen Gesetze gegenüber Lorentz-Transformationen hinreichend klar. Dem eingeführten Begriff der Raum-Zeit entsprechend wird deren Struktur durch die Bewegung der Materie, durch die Wechselwirkung ihrer Elemente bestimmt. Die Eigenschaft der Lorentz-Invarianz dieser Struktur ist folglich eine Eigenschaft der Materie selbst, der allgemeinen Gesetze ihrer Bewegung und der Wechselwirkung ihrer Elemente. Eins bedingt das andere. Deshalb ist die Forderung der Lorentz-Invarianz allgemeiner Gesetze oder der Gleichungen der Mechanik, der Elektrodynamik usw. notwendig mit dem vorgeschlagenen Aufbau der Theorie verbunden.

Ferner gestattet dieser Aufbau der Theorie, einige Fragen zu klären und zu präzisieren, die oft genug Gegenstand von Mißverständnissen waren.

Ich sprach bereits vom Begriff der Gleichzeitigkeit. Es gibt einen Streit darüber, ob die von Einstein gegebene Definition der Gleichzeitigkeit in gewissem Grade konventionell ist. Wie aber gezeigt wurde, kann man diesen Begriff durch die sehr allgemeinen und natürlichen Forderungen definieren, daß eine Gesamtheit von gleichzeitigen Ereignissen das Vorhergehende vom Zukünftigen trennt und daß die Gleichzeitigkeit durch ein hinreichend universelles Gesetz bestimmt wird, durch welches aber konkret — das ist belanglos. Dies führt zu einem Begriff, der dem von Einstein eingeführten äquivalent ist. Damit ist klar, daß der Einsteinsche Begriff der Gleichzeitigkeit durchaus nicht zufällig, nicht konventionell, sondern im Gegenteil notwendig ist und nicht mit der Wahl dieser oder jener konkreten Meßoperation oder dem Verfahren zur Feststellung der Gleichzeitigkeit zweier Ereignisse zusammenhängt.

Ein anderer Punkt, auf den ich besonders die Aufmerksamkeit lenken möchte, besteht in folgendem: Bei der Entwicklung der Relativitätstheorie spielte der Gesichtspunkt eine bestimmte negative, in gewissem Sinne sogar bestimmende Rolle, daß diese Theorie eben eine Theorie der R e l a t i v i t ä t sei, daß ihre hauptsächliche Besonderheit darin bestehe, daß sie die Relativität der Gleichzeitigkeit, der Länge, der Masse u. dgl. enthüllt, daß sie alle Erscheinungen in bezug auf dieses oder jenes Bezugssystem betrachte und dementsprechend das Relativitätsprinzip als Prinzip der Gleichartigkeit der Äußerung der Naturgesetze in verschiedenen Inertialsystemen aufstellt.

Aber dieser Standpunkt führte zu einer Überbewertung der Relativität und Einstein suchte die Entwicklung seiner Theorie (ich spreche von der speziellen Relativitätstheorie) auf dem Wege der Verallgemeinerung des Relativitätsprinzips. So entstand die allgemeine Relativitätstheorie, als ob ihr ein allgemeines Relativitätsprinzip zugrunde gelegt wäre, das nicht nur die Gleichberechtigung von Inertialsystemen, sondern auch aller Bezugssysteme überhaupt behauptet. Indessen ist die Behauptung, daß es, in welcher vierdimensionalen Mannigfaltigkeit mit einer Metrik es auch sei, keine größere Gleichberechtigung von Bezugssystemen als die in der speziellen Relativitätstheorie geben kann, ein mathematisch bewiesenes und lange bekanntes Theorem. Den Beweis dieses Theorems kann man in den bekannten Lehrbüchern der Riemannschen Geometrie finden.

Deshalb ist die Behauptung, daß der Theorie Einsteins ein allgemeines Relativitätsprinzip zugrunde liegt, der Behauptung äquivalent, daß der Theorie ein Prinzip zugrunde liegt, nach dem $2 \times 2 = 5$. Das kann aber einfach aus mathematischen Gründen nicht sein. Hier gibt es keinerlei Anlaß für philosophischen und physikalischen Streit. Kurzum, man kann die allgemeine Relativitätstheorie nicht so auffassen.

Damit hängt auch die Ansicht von der Äquivalenz der Systeme des Ptolemäus und Kopernikus zusammen. Allerdings ist es ebenso zulässig, heliozentrische wie geozentrische Koordinatensysteme zu benutzen. Wir sagen z. B. ständig, daß die Sonne aufgeht und untergeht, obwohl wir die bekannte Bedingtheit dieser Redensart sehr wohl verstehen. Darum geht es nicht, sondern darum, ob diese Systeme ebenso gleichberechtigt sind wie Inertialsysteme, oder ob sie nicht gleichberechtigt sind, weil zwischen ihnen ein objektiver Unterschied hinsichtlich der Form des In-Erscheinung-Tretens von Naturgesetzen besteht. Es ist bekannt, daß sie in diesem Sinne nicht gleichberechtigt sind, und auch hier kann es keinen Anlaß für einen wissenschaftlichen Streit geben.

Die allgemeine Relativitätstheorie ist die Theorie der inhomogenen Raum-Zeit. Und gerade wegen der Inhomogenität der Raum-Zeit in dieser Theorie kann es auch keine äquivalenten Bezugssysteme in dem Sinne geben, wie die Inertialsysteme in der speziellen Relativitätstheorie äquivalent sind.

Was die Möglichkeit betrifft, verschiedene Koordinatensysteme zu benutzen und die Gleichungen der Physik entsprechend zu transformieren und sie in einer allgemeinen kovarianten Form zu schreiben, so ist das bereits eine rein mathematische Aufgabe. Eine solche Form kann den Gleichungen auch im Rahmen der speziellen Relativitätstheorie leicht gegeben werden.

Es scheint mir besonders lehrreich zu sein, die Aufmerksamkeit darauf zu lenken, daß die genannten Fehler, die sich letzten Endes einfach als mathematische Fehler erweisen, aus einer falschen Zielsetzung hervorgehen, die durch das positivistische Herangehen an die Relativitätstheorie hervorgerufen wurde.

Vor kurzem, etwa vor einem Jahr, wurde in den „Fortschritten der physikalischen Wissenschaften" („Успехи физических наук") die Übersetzung eines Artikels von Born zu seinen philosophischen Anschauungen veröffentlicht, wo er insbesondere gegen den Positivismus polemisiert, obwohl er dem Positivismus auch eine gewisse positive Bedeutung zuerkennt.

Aus dem Gesagten wird jedoch ersichtlich, daß der Positivismus, zumindest ein gewisser Anflug von Positivismus, eine führende Rolle in der Relativitätstheorie spielte, weil er dazu führte, daß eine derart bedeutsame Errungenschaft wie die allgemeine Relativitätstheorie selbst von dem genialen Autor dieser großartigen Theorie fehlerhaft gedeutet wurde.

Die Anmaßung des Positivismus auf seine positive Rolle ist also in diesem Falle vollkommen absurd. Im Gegenteil, er spielte sichtlich eine negative Rolle und führte zu direkten mathematischen Fehlern.

Zum Abschluß möchte ich sagen, daß ich einen Aspekt der philosophischen Bedeutung und des philosophischen Inhalts der Relativitätstheorie erwähnt habe: den Zusammenhang von Raum und Zeit einerseits und der kausalen Struktur der Welt andererseits. Indessen enthüllt die Relativitätstheorie noch eine ganze Reihe anderer bedeutsamer allgemeiner Zusammenhänge in der Welt und gibt außerdem reiches Material für die Entwicklung der Dialektik, ausgezeichnete Beispiele für die Fragestellung nach dem Verhältnis von Form und Inhalt, von Abstraktem und Konkretem usw.

Im Vortrag habe ich mich auch zu zeigen bemüht, daß die Lösung philosophischer Fragen der Naturwissenschaft nicht dadurch gegeben werden kann, daß wir bereits bekannte physikalische Auffassungen der Theorie einfach philosophisch auslegen — das reicht nicht aus. Um wirklich zu einem echten Verständnis der Theorie zu gelangen, muß das Bedürfnis entstehen, ihr Verständnis gerade im Sinne der Physik selbst zu vertiefen.

Deshalb kann die richtige Philosophie der Naturwissenschaft nicht von der Naturwissenschaft getrennt sein und über oder außerhalb von ihr stehen in der Form irgendeines über- oder nebengeordneten Aufbaus: keine darf hinsichtlich der anderen über- oder nebengeordnet sein; die Einheit der philosophischen und biologischen, der philosophischen und physikalischen, der philosophischen und mathematischen Untersuchungen ist erforderlich, wenn der Biologe, der Physiker, der Mathematiker, die in die Probleme mittels ihrer spezifischen Methoden eindringen, sich mit der Philosophie beschäftigen, und wenn der Philosoph bei der Suche nach philosophischen Lösungen auch mit den Methoden der Naturwissenschaft arbeitet und ihre Fragen konkret untersucht. Nur dann erhält man ein echtes Resultat.

B. M. Kedrow

ÜBER DAS VERHÄLTNIS DER BEWEGUNGSFORMEN DER MATERIE IN DER NATUR

I. Abschnitt
Allgemeine Leitsätze über die Bewegungsformen der Materie in der Natur

Fragestellung: Es ist bekannt, daß der Gegenstand der wissenschaftlichen Erkenntnis (die Welt) drei große Gebiete umfaßt: die Natur, die Gesellschaft und das menschliche Denken. Jedes dieser Gebiete hat seine Besonderheiten, die in der Spezifik der entsprechenden Bewegungsformen, die auf jedem Gebiet wirken, ihren Ausdruck finden. Der vorliegende Vortrag beschäftigt sich nur mit dem ersten Gebiet, das von den Naturwissenschaften untersucht wird. Die Aufgabe besteht darin, festzustellen, welches die Grundformen der Bewegung der Materie sind, wie sie in der Natur auftreten, wodurch ihre Spezifik bedingt wird und wie sie sich zueinander verhalten.

Bei unserer Betrachtung gehen wir von folgender These aus: Ebenso wie im allgemeinen die Bewegung die Art und Weise des Bestehens der Materie ist, so entspricht in jedem Einzelfall *einer spezifischen Art der Materie eine spezifische Bewegungsform*, die als Art und Weise des Bestehens eben dieser und nicht irgendeiner anderen Art der Materie in Erscheinung tritt. Die Spezifik jeder Bewegungsform ist durch die Besonderheiten des materiellen Objektes, der Art der Materie (Stoff, Licht usw.) bedingt, die der Veränderung unterliegt, d. h. die sich bewegt. Im lebenden Körper vollziehen sich die Veränderungen anders als im einzelnen Atom, die Veränderungen des Elektrons verlaufen nicht so, wie etwa die Veränderungen eines Gesteins. Darum ist der Schlüssel zum Verständnis jeder besonderen Bewegungsart in den Besonderheiten ihres materiellen Trägers, d. h. ihres materiellen Inhalts, zu suchen. Bei der aufgeworfenen Frage, gibt es eine Bewegungsform, wie z. B. die chemische oder nicht, hängt die Antwort voll und ganz davon ab, ob die Chemie ein für sie spezifisches materielles Objekt hat oder nicht; wenn die Chemie ein solches Objekt besitzt, so werden dessen Veränderungen eben die „chemische Bewegungsform" ausmachen. Und umgekehrt, wenn der Nachweis geführt würde, daß die Chemie ein solches spezifisches Objekt nicht besitzt, so entfiele damit die Frage nach seinen Veränderungen, d. h. nach der chemischen Bewegung als einer selbständigen Bewegungsform. Wurde jedoch die Existenz eines besonderen materiellen Objektes und folglich eine ihm adäquate Art der Bewegung festgestellt, so stellt sich die Spezifik dieser Bewegung, ihr Unterscheidungsmerkmal heraus, sobald wir bei der Untersuchung des gegebenen

Objektes feststellen, auf welche Art und Weise es sich verändert, wie in ihm die Ablösung eines Zustandes durch einen anderen vor sich geht.

Die Wechselwirkung der Körper als Grundlage der Form ihrer Bewegung. Es gibt keine absolut isolierte Bewegung irgendeines Körpers, da die Körper untereinander durch verschiedene Wechselwirkungen verbunden sind[1] und in verschiedene Systeme von Körpern eingehen. Die Körper bewegen sich, verändern ihre Lage oder ihren Zustand in bezug auf andere, und üben dabei aufeinander eine bestimmte Einwirkung aus. Diese wechselseitige Einwirkung ist nach der Definition F. Engels' eben die Bewegung. Betrachten wir zur Veranschaulichung in Übereinstimmung mit den Vorstellungen der klassischen Physik die Bewegung eines einzelnen Moleküls innerhalb der Gesamtheit einer Molekülmenge, die wir als Gas bezeichnen.

Man kann voraussetzen, daß die Bewegung des einzelnen Moleküls als eines ganzen Teilchens in einem verdünnten Gas im wesentlichen mechanischen Charakter trägt und den Gesetzen der Mechanik unterworfen ist. In diesem Falle abstrahieren wir, wie dies auch die Physik tut, von Details, z. B. von der Einwirkung der van-der-Waalsschen-Kräfte der Kohäsion und betrachten die Bewegung des Moleküls abstrakt, „in reiner Form", als rein mechanische. Die Wechselwirkung eines Moleküls mit allen übrigen Molekülen trägt daher ebenfalls mechanischen Charakter, da sie sich überwiegend auf den Zusammenstoß mit diesen reduziert.[2] Wenn wir den Weg des von uns ausgewählten Moleküls in Gedanken verfolgen, oder wenn wir uns abstrahierend vorstellen, daß in dem vorliegenden, abgeschlossenen Volumen nur dieses eine Molekül vorhanden ist, so können wir annähernd sagen, daß wir es hier mit der gewöhnlichen mechanischen Bewegungsform der Materie zu tun haben, deren Wesen in der Verschiebung von Massen im Raum, d. h. im Ortswechsel besteht.

Stellen wir uns weiter vor, daß wir zu dem ursprünglich isolierten Molekül noch ein Molekül hinzufügen. Dieses System aus zwei sich frei bewegenden Molekülen hört damit nicht auf, ein mechanisches zu sein und die ganze Wechselwirkung beschränkt sich auch in diesem Falle auf die mechanische Wechselwirkung. Dasselbe werden wir auch beobachten, wenn wir die Anzahl der Moleküle weiter vergrößern. Aber dabei wird sich allmählich ein neuer Umstand offenbaren: In dem Maße, wie sich die Anzahl der in mechanischer Wechselwirkung stehenden Moleküle vergrößert, wird sich immer klarer eine neue Gesetzmäßigkeit bemerkbar machen, die nicht vorhanden war, als wir es nur mit einem oder zwei Molekülen

[1] Unter Wechselwirkung verstehen wir den wechselseitigen Zusammenhang aufeinander in beliebiger Weise einwirkender materieller Körper der Natur (physikalische Teilchen, chemische Stoffe, mechanische Massen, Lebewesen oder in ihnen vorkommende Stoffe usw.). In Abhängigkeit vom Charakter der in Wechselwirkung befindlichen Körper kann die Wechselwirkung selbst den Charakter einer „Kraft", einer physikalischen, chemischen oder biologischen Wechselwirkung tragen, gleich der mechanischen Wechselwirkung gegenseitig aufeinander stoßender Körper.

[2] In Wirklichkeit geht der Zusammenstoß der Moleküle weit komplizierter vor sich und ist kein „direkter Kontakt", sondern eine Wechselwirkung durch elektromagnetische Felder.

zu tun hatten. Es ist eine Gesetzmäßigkeit des Kollektivs, die statistischen Charakter trägt.[1]

Entsprechend dem Gesetz der großen Zahl wird sich die statistische Gesetzmäßigkeit um so vollständiger und genauer zeigen, je größer die Zahl der elementaren, individuellen, von uns berücksichtigten Ereignisse ist, auf die sie sich erstreckt. Deshalb ist für ein solches Kollektiv, wie es ein aus 10^{22} Teilchen bestehendes Gassystem ist, die Wirkung der statistischen Gesetzmäßigkeiten hinreichend genau. Ein solches System ist schon kein mechanisches mehr, sondern ein thermodynamisches mit den ihm eigenen Eigenschaften und Bewegungsformen, vor allem der Wärmebewegung.

Was aber liegt solchen Eigenschaften, wie z. B. der Temperatur oder dem Druck (Gasdruck) zugrunde? Sie waren bei einem einzelnen Molekül nicht vorhanden, das bekanntlich keine Temperatur, sondern eine bestimmte Bewegungsgeschwindigkeit (bei einer gegebenen Masse) aufweist, und das auf die Gefäßwände keinen Druck ausübt, sondern ihnen durch elastische Stöße einen gewissen Impuls vermittelt.

Es ist offensichtlich, daß beim Übergang von einzelnen Molekülen zu einem Molekülkollektiv (dem Gas) nichts außer einer gewissen Anzahl von Molekülen zum Ausgangssystem hinzugefügt wird, daß keinerlei „Substanzen", keinerlei „verborgene Qualitäten" und ähnliche Dinge hinzutreten. In stofflicher Hinsicht ist in dem Gase nichts außer den sich bewegenden Molekülen, und gleichzeitig ist das Gas nicht nur die einfache Summe dieser Moleküle.[2] Wenn es nur ihre einfache Summe wäre, so würde es den gleichen mechanischen Charakter besitzen, wie auch ein einzelnes Molekül oder zwei mechanisch zusammenstoßende Moleküle. Ein Unterschied bestünde nur im Maßstab: Das, was als Individualität erschien (d. h. das einzelne Molekül), müßte 10^{22} Mal wiederholt werden. Die Masse eines Gases bei konstanter Temperatur ist eine solche Eigenschaft. Die Eigenschaften des Druckes und der Temperatur dagegen besitzen wesentlich anderen Charakter. Sie drücken das Resultat einer allgemeinen, umfassenden Wechselwirkung (d. h. der Zusammenstöße) aller Moleküle, die zum jeweiligen Kollektiv gehören, ihr summarisches Verhalten im Kollektiv aus, welches infolgedessen nicht als einfache Summe der Teilchen, sondern als etwas Zusammenhängendes, Ganzes, innerlich Einheitliches erscheint.

Beim Übergang zum Gas besteht das Neue in bezug auf die einzelnen Moleküle gerade in der umfassenden Wechselwirkung und nur darin. Die thermodynamischen

[1] Es wird vorausgesetzt, daß sich jedes Molekül in den Grenzen des gegebenen Raumes frei, unabhängig von anderen Molekülen bewegt, was seinen Ausdruck im Begriff der „molekularen Unordnung" findet.

[2] Der Ausdruck „nichts in stofflicher Hinsicht" wird hier und im weiteren im Sinne der Hinzufügung irgendwelcher anderer stofflicher Gebilde zu diesem System außer dessen Ausgangsbestandteilen, welche die Rolle des Trägers dieses gegebenen Typs der Wechselwirkung bilden, aufgefaßt. So enthält das Gas z. B. keinen besonderen „Ausdehnungsstoff", der durch seine Anwesenheit die elastischen Eigenschaften des Gases bedingen würde.

Gasgesetze sind dem Wesen nach Gesetze dieser summarischen Wechselwirkung (der Gesamtheit der Zusammenstöße) aller Moleküle, die das entsprechende thermodynamische System bilden. Die innere Ganzheit eines solchen Systems, sowie ihre qualitative Bestimmtheit ist gerade durch das Vorhandensein dieser Art der Wechselwirkung (im gegebenen Fall der Zusammenstöße) bedingt. Das letztere eben bedingt auch die spezifische Bewegungsform der Materie (die Wärme), die der Art der Materie entspricht, die wir als Kollektiv materieller Teilchen (in diesem Falle: sich frei bewegender Moleküle) bezeichnen.

Konkrete Fälle der Wechselwirkung. Wir haben den einfachsten, sozusagen den Idealfall der Wechselwirkung zwischen Individualitäten betrachtet, die durch diese Wechselwirkung ein Kollektiv (ein Gas) bilden. Derselbe Gedankengang bleibt im Prinzip auch für die Betrachtung anderer, komplizierterer Fälle erhalten.

Nehmen wir an, daß dieselben zwei Moleküle, wie auch im vorhergehenden Beispiel, gegeben seien. Nehmen wir weiter an, daß beide Moleküle allmählich ihre Energie verlieren. In diesem Falle kann bei ihrem Zusammenprall schon nicht wie vorher ein elastischer Stoß, sondern eine wechselseitige Anziehung auf Grund elektrischer Kräfte („van-der-Waalsscher" oder molekularer Kräfte) auftreten, in deren Folge sich ein System von zwei physikalisch (aber natürlich nicht chemisch) verbundenen Teilchen bildet, die eben durch elektrische Wechselwirkung miteinander im Zusammenhang stehen. Wenn wir anstelle der einzelnen, auf diese Weise miteinander verbundenen Teilchen ihre Gesamtheit betrachten, die ein thermodynamisches System — eine Flüssigkeit — bildet, so befindet sich die letztere in genau demselben Verhältnis zum Ausgangspaar der elektrisch verbundenen Teilchen, in dem sich auch das Gas zu den einzelnen, in ihm frei schwebenden Molekülen befindet. Hier geht wiederum dasselbe vor, was auch bei der Gasbildung erfolgt: Das Ganze (die Flüssigkeit) ist nur die Gesamtheit der Teile, die durch bestimmte Wechselwirkung miteinander verbunden sind; in stofflicher Hinsicht ist in der Flüssigkeit außer diesen Teilen, und natürlich ihrer Energie und ihren physikalischen Feldern, nichts weiter enthalten. Aber die Eigenschaften der Flüssigkeit und ihre Gesetzmäßigkeiten sind durchaus nicht nur eine quantitative Vergrößerung der Eigenschaften der einzelnen Teilchen oder eine Wiederholung der Gesetzmäßigkeit in vergrößertem Maßstab, nach der sich zwei Moleküle zu einem elektrisch verbundenen System vereinigen. Die Gesetzmäßigkeiten des Kollektivs (der Flüssigkeit) tragen hier denselben statistischen Charakter, mit den diesem Kollektiv eigenen Verteilungen, nur komplizierterer Natur als im Falle des Gases.

Betrachten wir ein anderes Beispiel. Nehmen wir voneinander isolierte Strukturteile des Atoms, den Kern und die Elektronen. Solange zwischen ihnen keine bestimmte Wechselwirkung aufkommt, in deren Folge sich die Elektronenhülle des Atoms bildet, solange gibt es auch kein Atom. Aber dabei ist im Atom nichts enthalten, außer dem Kern und Elektronen mit ihrer Masse und Energie und ihren physikalischen Feldern, weil die Entstehung des Atoms und der ihm entsprechenden Bewegungsform der Materie einzig und allein gerade durch die Wechselwirkung seiner früher voneinander getrennten Strukturteile bedingt ist. Eine solche Trennung bedeutet durchaus nicht ihre wechselseitige Isolierung, so etwa, als würden sie in verschiedene, voneinander isolierte Volumen eingeschlossen sein. Bei einem großen Vorrat an innerer Energie (d. h. also, bei äußerst hohen Temperaturen, wie sie innerhalb der Sterne zu beobachten sind) existieren die Kerne im „entblößten Zustand“, d. h., sie sind ihrer Hülle beraubt, und bewegen sich im gemeinsamen Volumen mit den Elektronen. Die Bewegungsenergie der Teilchen ist so groß, daß sie die Energie des wechselseitigen Zusammenhangs zwischen dem Kern und den Elektronen übertrifft und zur völligen Ionisierung der Atome führt.

Aus der Gegenüberstellung der voneinander getrennten elektrisch geladenen Strukturteile des Atoms und derselben Teile im Zustand der gegenseitigen Wechselwirkung, wenn sie ein ganzes Atom bilden, können wir schließen, daß sich im Atom nur diese Teile mit ihren Massen, ihren Energien und ihren Feldern befinden und nichts anderes mehr. Der ganze Unterschied des Atoms von der Summe der voneinander getrennten Elektronen und des Kerns besteht nur im Vorhandensein der aufgezeigten Wechselwirkung. Sie eben verleiht dem Atom seine Qualität, seine Ganzheit als physikalisches System mit einer ihm entsprechenden Bewegungsform der Materie. Der letzteren liegt jene spezifische Wechselwirkung der Teile zugrunde, durch die die Existenz des Atoms selbst bedingt ist.

Das bisher Gesagte gestattet es, eine allgemeinere Schlußfolgerung zu ziehen: Wenn sich aus den einzelnen Teilen oder Individuen ein qualitativ neues System als etwas Ganzes bildet, so wird dessen Spezifik, wie auch die Spezifik der entsprechenden Bewegungform der Materie durch den Charakter oder den Typ der Wechselwirkung bestimmt, durch die die Ausgangsteile untereinander verbunden sind, wenn sie das jeweilige Kollektiv oder das jeweilige System bilden.

Wechselwirkung der Körper und physikalische Kräfte. Um Unklarheiten zu vermeiden, wollen wir hervorheben, daß der Begriff „Wechselwirkung“ von dem in der Physik angewandten Begriff der „Kraft“ unterschieden ist. So sind in der Physik z. B. Gravitationskräfte, Kernkräfte, elektrische Kräfte bekannt, denen in der Natur vorhandene physikalische Felder entsprechen: Gravitationsfelder, Kernfelder, elektromagnetische Felder. Außerdem kann auf die mechanische Kraft verwiesen werden, die mit der Ortsveränderung der Körper im Raum unter der Einwirkung einer ihnen vermittelten mechanischen Bewegung verbunden ist. Diese Kräfte liegen der Bildung komplizierter Bewegungsformen der Materie zugrunde, wie z. B. der chemischen, der molekular-physikalischen und anderer.

Diese Kräfte erschöpfen jedoch nicht das Wesen der Wechselwirkung innerhalb eines komplizierten Systems, das letzten Endes aus physikalischen Teilchen gebildet ist, die über eine elektrische Ladung verfügen oder auch elektrisch neutral sind, und die durch die Gravitationskraft oder auf dem Wege mechanischer Zusammenstöße (Kontakte) usw. aufeinander einwirken.

Kann man z. B. annehmen, daß sich die Wechselwirkung innerhalb eines Gases auf mechanische Prozesse reduziert und durch die mechanischen Kräfte, die zwischen den einzelnen Molekülen wirken, erschöpft wird? Dies ist offensichtlich unmöglich, da nämlich das Gas als ein thermodynamisches System nicht die einfache mechanische Summe seiner einzelnen Moleküle darstellt.

Eine analoge Situation entsteht bei der Analyse beliebiger anderer Bewegungsformen der Materie. Ein und dieselben elektrischen Kräfte schließen die Strukturteile des Atoms (die Elektronen und den Kern) in einem System zusammen, das wir Atom nennen; sie schließen auch die Atome zu Molekülen zusammen, wobei chemische Zusammenhänge entstehen, und sie verbinden auch die Moleküle zu amorphen (flüssigen) oder kristallinen Aggregaten. Aber daraus folgt noch nicht, daß sich all diese verschiedenen Arten der Wechselwirkung zwischen den Teilen darin erschöpfen, daß die physikalischen Kräfte, welche die einzelnen Teile miteinander vereinigen, vom Standpunkt der Physik letzten Endes denselben Charakter tragen.

So wie sich ein Gas qualitativ von den Molekülen unterscheidet, die es bilden, wie sich seine Eigenschaften nicht auf die mechanischen Kräfte reduzieren, die zwischen den *einzelnen* Molekülen wirken, so reduzieren sich auch in den angeführten Beispielen die Prozesse, die zur Bildung des Atoms aus dem Kern und den Elektronen, des Moleküls aus Atomen (im Ergebnis eines chemischen Prozesses), des Kristalls und der Flüssigkeit aus Molekülen oder Ionen führen, nicht darauf, daß in ihnen elektrische Kräfte mitwirken, die die *einzelnen* Teile untereinander verbinden.

In Wirklichkeit wird der chemische Prozeß nicht durch das erschöpft, was erstens mit den einzelnen Elektronen innerhalb des Atoms geschieht, was zweitens mit den einzelnen Atomen und Molekülen, außerhalb des gesamten reagierenden Stoffes betrachtet, geschieht, so wie sich auch der Wärmeprozeß nicht darin erschöpft, was mit den einzelnen kollidierenden Molekülen innerhalb des Gases vor sich geht. Wenn man nur die aus dem chemischen Gesamtsystem der Stoffe herausgelösten einzelnen Moleküle betrachtet, so kann natürlich gezeigt werden, daß sich der eigentliche chemische Prozeß darin erschöpft, daß im Ergebnis der elektrischen Wechselwirkung eine Umgruppierung der Valenzelektronen (oder der „Elektronenwolke") in den Atomen stattgefunden hat, die in die Reaktion eingegangen sind und sich untereinander vereinigt haben. In Wirklichkeit ist dies ebenso ungenügend, wie auch die Darstellung der Wärmebewegung auf der Grundlage der Untersuchung des mechanischen Zusammenstoßes von zwei beliebigen Molekülen innerhalb eines Gases.

Wenn man sich vorstellt, daß aus zwei physikalischen Systemen, von denen jedes aus zwei Körpern besteht — einem Proton und einem Elektron — ein neues physikalisches System entsteht, das aus vier Körpern — zwei Protonen und zwei Elektronen — besteht, dann kann z. B. bei einem abstrakten Herangehen an die Untersuchung chemischer Prozesse gezeigt werden, daß sich die Reaktion bei der Bildung molekularen Wasserstoffes (H_2) aus atomarem (H) in dem Vorgang

$$p, e^- + p, e^- = 2p, 2e^-$$

erschöpft.

In Wirklichkeit nehmen jedoch an einem chemischen Prozeß erstens nicht einfach einzelne Elektronen, sondern Moleküle und Atome als ganze Systeme, die sich qualitativ von den zu ihnen gehörenden Atomkernen und Elektronen unterscheiden, und zweitens nicht isolierte Moleküle und Atome teil, sondern Stoffe, die von einer Anzahl Teile derselben Ordnung gebildet werden wie auch im Falle des Gases. Unter diesen Bedingungen kann der chemische Prozeß ebensowenig durch die Analyse der physikalischen Wechselwirkung zwischen den einzelnen elektrisch geladenen Teilen erschöpft werden, wie die Thermodynamik des Gases durch den mechanischen Zusammenstoß einzelner Moleküle.

Es ist ebenso unmöglich und nutzlos, sich ein chemisches System in Form eines physikalischen Modells vorzustellen, das aus einzelnen, durch elektrische Kräfte miteinander verbundenen Kernen und Elektronen besteht, wie es nutzlos ist, ein Gas als rein mechanisches System aufzufassen und im Sinne von Laplace die Bewegungsgleichung für jedes einzelne Molekül aufzuschreiben, die den Ausgangszustand des Moleküls mit einbezieht. Auf diesem Wege kann man jedoch grundsätzlich an die Entstehung der Gesetzmäßigkeit des gesamten Prozesses nicht herangehen, weil dieser Weg zwar Antwort auf die Frage nach dem Charakter des elementaren Aktes gibt, der in den summarischen Prozeß eingeht, weil er aber keine Antwort auf die Frage gibt, welchen Charakter diese summarische Wirkung im ganzen besitzt.

Wenn wir von der Wechselwirkung als der Grundlage jeder Bewegungsform sprechen, so haben wir dabei nicht die Einwirkung *einzelner* Teile im Auge, die den Elementarakt bilden, der in die jeweilige Bewegungsform eingeht und in bezug auf sie eine niedere Bewegungsform darstellt, sondern die *gesamte* Wechselwirkung aller Elemente, aus denen das System der Körper als Träger der jeweiligen uns interessierenden Bewegungsform besteht. Mit anderen Worten, wir verstehen unter „Wechselwirkung" nicht den einzelnen Zusammenstoß zweier Moleküle innerhalb eines Gases, sondern die Gesamtheit der Zusammenstöße aller Moleküle, nicht die elektrische Attraktion oder Repulsion der Elektronen, der Kerne oder ganzer Ionen innerhalb des Stoffes, sondern die Gesamtheit aller dieser Attraktionen und Repulsionen innerhalb chemisch reagierender Stoffe usw.

In Übereinstimmung damit behaupten wir, daß die Spezifik der Bewegungsformen im Charakter der summarischen Wechselwirkung gesucht werden muß, durch die sich die jeweilige Form der Materie gebildet hat, die die Rolle des spezifischen Trägers der jeweiligen Bewegungsform spielt.

Komplizierte und einfache, höhere und niedere, hauptsächliche und untergeordnete Bewegungsformen der Materie. Für die Lösung des hier betrachteten Problems ist die Frage von außerordentlich großer Bedeutung, welche Formen der Materie und folglich welche ihrer Bewegungsformen als einfache und niedere, und welche dagegen als komplizierte und höhere zu betrachten sind. Im Zusammenhang damit tauchen zwei verschiedene Gesichtspunkte auf, unter denen wir die Beziehungen zwischen den Bewegungsformen der Materie betrachten können: der strukturelle und der genetische Aspekt.

Für den *strukturellen* Aspekt ist die Gegenüberstellung von Einfachem und Kompliziertem, von Teil und Ganzem, von Homogenem und Zusammengesetztem charakteristisch. Man muß aber hier schon den Vorbehalt machen, daß all diese Begriffe relativen Charakter tragen: Etwas ist einfach nur im relativen Sinne, wenn es nämlich in bezug auf etwas Komplizierteres genommen wird; etwas kann Bestandteil eines komplizierteren Systems sein und dabei gleichzeitig seinerseits zusammengesetzten Charakter tragen usw. Der strukturelle Aspekt berücksichtigt die wechselseitigen Beziehungen der Teile, die im Raum koexistieren, d. h. er widerspiegelt das, was man gewöhnlich als den inneren Aufbau eines Gegenstandes bezeichnet.

Für den *genetischen* Aspekt ist die Gegenüberstellung von Niederem und Höherem, von Unentwickeltem und Entwickeltem, von Keimhaftem und voll Entwickeltem charakteristisch. All diese Begriffe sind ebenso relativ, wie die vorangegangenen. Wenn der strukturelle Aspekt Antwort auf die Frage gibt, wie der jeweilige Gegenstand aufgebaut ist, so antwortet der genetische Aspekt auf die Frage, wie er entstanden ist, wie er sich gebildet hat. Das genetische Herangehen klärt die wechselseitigen Beziehungen zwischen den Entwicklungsphasen des Gegenstandes, seiner Entstehung.

In letzter Instanz fallen beide Aspekte zusammen und führen zu ein und demselben Resultat. So zeigt z. B. der strukturelle Aspekt, daß das Gas aus einzelnen, sich frei bewegenden Molekülen *besteht*; der genetische Standpunkt zeigt, daß das Gas aus diesen Molekülen *entstanden* ist, daß es sich historisch aus ihnen gebildet hat. Genau so setzt der strukturelle Standpunkt die Klärung der Frage voraus, aus welchen Teilen das Atom aufgebaut ist, wie sein Modell aussieht, und der genetische Standpunkt Klarheit darüber, wie das Atom aus dem nackten Kern und den einzelnen Elektronen hervorgeht, die vom Kern oder dem „Gerüst" nacheinander erfaßt werden, d. h. die Klärung dessen, was Bohr als „Entwicklung" der Elektronenhülle des Atoms bezeichnet hat.

Nachdem wir die entsprechenden Begriffe konstatiert haben, können wir nunmehr eine gewisse Verallgemeinerung vornehmen, indem wir sie in logischen Zusammenhang untereinander bringen. Eine solche Verallgemeinerung wird durch den Begriff der aufsteigenden Entwicklung, die eine Bewegung vom Einfachen zum Komplizierten, vom Niederen zum Höheren darstellt, ermöglicht.

Die Beziehung der verschiedenen Bewegungsformen der Materie gründet sich speziell darauf, daß bei der Entstehung einer höheren Bewegungsform aus der niederen (einer komplizierten aus einer einfachen) die niedere, einfache Bewegungsform nicht vernichtet wird, nicht verschwindet, sondern in der höheren, der komplizierten *aufbewahrt* wird. Die niedere verliert dabei jedoch ihre Selbständigkeit, da sie sich der komplizierten, höheren Bewegungsform unterordnet. Sie geht in die höhere, komplizierte Form so ein, wie in struktureller Beziehung der Teil in das Ganze eingeht. In völliger Übereinstimmung damit kann gesagt werden, daß die höhere, kompliziertere Bewegungsform das Resultat der Wechselwirkung zwischen Objekten ist, denen eine Bewegung einfacherer, niederer Ordnung eigen ist.

So ist in einem Gas die mechanische Bewegung (Ortsveränderung) der einzelnen Moleküle erhalten, aber sie spielt hier schon nicht mehr die entscheidende Rolle, da sie von der komplizierteren Bewegungsform — von der Veränderung im Zustand des gesamten Kollektivs — des Gases, insbesondere von seiner Wärmebewegung übertroffen und überwunden worden ist.

Für das Gas ist die thermische Form der Bewegung die *hauptsächliche* Bewegungsform. Durch sie wird die Spezifik des komplizierteren materiellen Gebildes, das das Gas im Vergleich zu den einzelnen Molekülen, von denen es gebildet wird, darstellt, bestimmt. Diese hauptsächliche Form untersuchen wir unmittelbar beim Studium der Thermodynamik des gegebenen physikalischen Objektes. Die mechanische Bewegung der einzelnen Moleküle dagegen, die in diese hauptsächliche Form eingeht und sowohl strukturell als auch genetisch mit ihr verbunden ist, ist hierbei die *untergeordnete* Bewegungsform in dem Sinne, daß sie schon nicht die entscheidende Bedeutung besitzt, die ihr in allen mechanischen Prozessen zukommt. Sie ist deshalb untergeordnet, weil sie gleichsam in „aufgehobener" Form fortexistiert, d. h., ihre Selbständigkeit verloren hat und durch eine komplizierte Form, die in diesem Prozeß die hauptsächliche ist, übertroffen wurde.

Allgemein sind in jeder (unter gegebenen Bedingungen) hauptsächlichen Bewegungsform der Materie untergeordnete Bewegungsformen enthalten, aus denen sie im Entwicklungsprozeß der Natur entstanden ist.

Der stufenförmige Charakter der Komplizierung der Bewegungsformen der Materie. Die Untersuchung der Bewegungsformen der Materie unter dem Gesichtspunkt des Verhältnisses von einfachen und komplizierten, niederen und höheren, untergeordneten und hauptsächlichen gestattet es, ihre strukturelle und genetische (historische) Aufeinanderfolge zu erschließen. Im Resultat dieser Untersuchung können diese Formen in der Ordnung ihrer Komplizierung und folglich ihrer Entwicklung in eine allgemeine Reihe eingeordnet werden. Es versteht sich, daß diese Reihe nicht alle Bewegungsformen der Materie im Gebiet der Natur erschöpfen kann. Um so mehr kann sie nicht das Vorhandensein irgendeiner absolut einfachen, einer Ausgangsform, voraussetzen, von der aus angeblich die Entwicklung der Natur begonnen habe, weil eine solche Form bei der „Unendlichkeit der Materie in der Tiefe", wie Lenin sich ausdrückte, nicht existieren kann. Aber innerhalb der Grenzen der von der Wissenschaft bereits entdeckten und untersuchten Bewegungsformen der Materie bringt eine derartige Reihe ihre wechselseitigen Beziehungen sowohl in struktureller als auch in genetischer Hinsicht zum Ausdruck.

Jedes folgende Glied dieser Reihe schließt als eine hauptsächliche Bewegungsform alle ihm vorangegangenen Glieder als diesem untergeordnete Bewegungsformen der Materie in sich ein; es geht seinerseits in alle folgenden Glieder der Reihe als nun schon untergeordnete Form ein.

Dieser allgemeinen Reihe der Bewegungsformen korrespondiert eine ebenso allgemeine Reihe von Formen der Materie, die die „Träger" der ihnen entsprechenden

Bewegungsformen darstellen. Im Resultat dessen ergibt sich eine Art Stufenleiter der Entwicklung der Natur, die durch die folgerichtig angeordneten Formen der Materie und der Bewegung gebildet wird.

Jede Stufe auf dieser Leiter stellt eine einzelne Bewegungsform der Materie dar, die durch einen dialektischen Übergang mit der vorangegangenen verbunden ist, aus der sie genetisch entstanden ist, und die als untergeordnete in deren Struktur eingeht. Sie ist ebenso mit der folgenden verbunden, welche genetisch aus ihr hervorgeht und sie ihrerseits als untergeordnete in sich einschließt.

Nehmen wir an, wir untersuchen die Entstehung von Atomkernen aus Nukleonen (Protonen und Neutronen) und die diesem Prozeß adäquate *kernphysikalische* Bewegungsform der Materie. Nehmen wir weiter an, daß dies die erste Stufe ist, mit der wir unsere Untersuchung beginnen, aber bei weitem nicht die erste im Verlaufe der Entwicklung der gesamten Materie und ihrer Bewegungsformen. Wir gehen nun zur Bildung eines Atoms (mit seiner Atomhülle) aus Elektronen und einem schon früher entstandenen Kern über. Dann wird dieses die zweite Stufe sein, der die *elektrische* Bewegungsform der Materie entspricht. Aus den Atomen bilden sich weiter Moleküle, und auf dieser (nach unserer Darstellung dritten) Stufe tritt die *chemische* Bewegungsform der Materie auf. Die Moleküle vereinigen sich weiter zu Aggregaten, angefangen von den Gasen, in denen sie sich frei bewegen, bis zu den Flüssigkeiten und festen (kristallinen und amorphen) Körpern, in denen sie durch van-der-Waalssche (molekulare) Kräfte und durch die Kräfte der Kristallbildung zusammengehalten werden. Auf dieser (bereits vierten) Stufe wirkt die *molekular-physikalische* Bewegungsform. Im weiteren folgt die Bildung der Gesteine aus Kristallen (Mineralien), denen eine besondere Bewegungsform der Materie entspricht (oder entsprechen muß), die unter dem breiten Begriff der *geologischen* Bewegungsform zusammengefaßt wird. Sie schließt die Bewegungen in sich ein, die in der Erdrinde vor sich gehen, alle Veränderungen geologischer Ordnung, die Prozesse der Gebirgsbildung u. a.[1]

Aber von der chemischen Bewegungsform aus können wir nicht nur zu solchen höheren Bewegungsformen der Materie fortschreiten, die in der anorganischen Natur auftreten, sondern auch zu solchen höheren Bewegungsformen, in denen sich die Entwicklung der belebten Natur vollzieht. Die Komplizierung der organischen Verbindungen führt uns zu den Eiweißstoffen, deren Daseinsweise nach der Bestimmung Engels' das Leben, d. h. die *biologische* Bewegungsform der Materie ist.

W o r i n b e s t e h t d a s W e s e n e i n e r q u a l i t a t i v n e u e n B e w e g u n g s f o r m d e r M a t e r i e ? Bei der Analyse der aufeinanderfolgenden Reihe der Bewegungs-

[1] Gewöhnlich werden die geologischen Prozesse nicht für eine besondere Bewegungsform der Materie gehalten, sondern nur für eine Gesamtheit anderer Bewegungsformen, nämlich der mechanischen, physikalischen und chemischen. Nach unserer Ansicht muß man jedoch auch von einer besonderen geologischen Bewegungsform der Materie sprechen, und zwar aus demselben Grunde, weshalb man auch von einer chemischen und besonders von einer biologischen Bewegungsform spricht.

formen der Materie stellen wir fest, daß von der stofflichen Seite her jede höhere und kompliziertere Form nichts anderes in sich einschließt, als die in Wechselwirkung befindlichen materiellen Träger der ihr am nächsten befindlichen niederen und einfacheren Bewegungsform, aus der sie entsteht und natürlich aller anderen einfacheren und niederen Bewegungsformen. Von der (der Stufenleiter der Entwicklung der Natur nach) vorangegangenen Bewegungsform unterscheidet sie sich eben durch das Vorhandensein dieser Wechselwirkung, die nicht vorhanden war und nicht vorhanden sein konnte, solange die Träger der vorangegangenen Form vereinzelt, außerhalb ihrer Wechselwirkung betrachtet wurden. Aber diese Wechselwirkung selbst vollzieht sich gemäß der Natur und den Eigenschaften der Träger der einfacheren und niederen Bewegungsform: Die Moleküle kollidieren nach den Gesetzen der Mechanik (insbesondere nach dem Gesetz vom Stoß elastischer Kugeln), insofern sie nämlich selbst annähernd als mechanische Systeme elastischer Miniaturkugeln betrachtet werden können und von der klassischen Physik tatsächlich so betrachtet werden. Die Elektronen befinden sich untereinander und mit dem Kern in Wechselwirkung, entsprechend den Gesetzen, welche die Wechselwirkung elektrisch geladener Mikroteilchen lenken, da auch der Kern und die Elektronen über eine elektrische Ladung verfügen.

Gleichzeitig aber erschließt sich uns in derselben Wechselwirkung etwas Neues, was in den isolierten Individuen oder Komponenten nur der Möglichkeit nach, im Keime angelegt war, ähnlich wie auch in der unentwickelten Ausgangsform die Möglichkeit des gesamten weiteren Progresses angelegt ist.

Zusammen mit der Entstehung eines neuen Typs der Wechselwirkung im Verlaufe der Komplizierung der Bewegungsformen der Materie und der Materieformen als Träger der ersteren entsteht auch eine neue Qualität, bilden sich neue Gesetzmäßigkeiten, die mit dieser verbunden sind.

In stofflicher Hinsicht ist im Atomkern nichts als die in Wechselwirkung befindlichen Nukleonen enthalten (nur beim leichten Wasserstoff H^1 ist ein Proton der ganze Kern). Die Nukleonen sind in der Lage zu zerfallen und ihren Zustand nacheinander zu ersetzen. Sie besitzen Masse und Energie einer bestimmten Größe sowie die entsprechenden Kernfelder (die Protonen außerdem elektromagnetische Felder). Und gleichzeitig ist der Kern etwas von den einzelnen Nukleonen (Neutronen und Protonen) qualitativ Unterschiedenes. Dieser Unterschied besteht folglich in dem Neuen, das beim Übergang von den einzelnen Nukleonen zum Kern entsteht. Er besteht darin, daß in dem einen Falle die Nukleonen außerhalb ihrer gegenseitigen Wechselwirkung, als Träger einer einfacheren, niederen Bewegungsform der Materie genommen werden, im anderen Falle aber in ihrer gegenseitigen Wechselwirkung, die eine kompliziertere, höhere Bewegungsform darstellt. Von der stofflichen Seite her ist aber im Vergleich zu den ursprünglichen Nukleonen außer der Tatsache, daß die Nukleonen in Wechselwirkung getreten sind, im Atomkern nichts weiter enthalten.

Dasselbe trifft auch für das ganze Atom zu, für seine Atomhülle: Außer der Wechselwirkung zwischen Kern und Elektronen und zwischen den Elektronen selbst ist in einem neutralen („entwickelten“) Atom im Vergleich zu seinen ursprünglichen strukturellen Komponenten — dem Kern und den einzelnen Elektronen — in stofflicher Hinsicht nichts weiter enthalten.

Dasselbe beobachten wir auch bei den Molekülen, die in stofflicher Hinsicht nichts weiter enthalten als die in Wechselwirkung befindlichen, durch chemische Zusammenhänge verbundenen Atome. Das gleiche gilt für die physikalischen Aggregate, in denen nichts als die zu physikalischen Komplexen assoziierten Moleküle enthalten sind; für die Gesteinsarten, die von den Mineralien gebildet werden, und die nichts als die in ihre Zusammensetzung eingehenden Minerale enthalten usw. Im Stoff der lebenden Körper ist ebenso nichts weiter enthalten, als die in komplizierter Wechselwirkung stehenden chemischen Komponenten (Eiweiß und andere Stoffe).

Wenn wir die gesamte Stufenleiter der Bewegungsformen der Materie in der anorganischen und der organischen Natur betrachten, können wir also sagen, daß von der stofflichen Seite her in den höchsten und kompliziertesten Materieformen und ihren Bewegungsformen nichts weiter enthalten ist, als die ursprünglichen, einfachsten der uns bekannten Materieformen und die ihnen entsprechenden physikalischen Bewegungsformen, nichts weiter, als die aufeinanderfolgende Reihe der verschiedenen Typen der Wechselwirkung (Wechselwirkungen innerhalb des Kerns, elektrische Wechselwirkungen innerhalb der Atomhülle, der chemische Zusammenhang im Molekül; van-der-Waalssche- und Molekularkräfte, sowie die Kräfte der Kristallbildung in physikalischen Aggregaten, der organische Stoffwechsel in lebenden Körpern usw.). Jede ihrem Typ nach neue Wechselwirkung verursacht und bedingt eine neue qualitative Stufe in der Entwicklung der Materie und folglich eine qualitativ neue Bewegungsform der Materie. Dabei wird eine streng gesetzmäßige Stufenfolge bei der Bildung dieser Typen der Wechselwirkung und folglich auch der Bewegungsformen der Materie eingehalten.

Wenn ein Zweifel daran entsteht, ob die Bildung einer neuen, spezifischen Bewegungsform der Materie aus einer anderen Bewegungsform, die schon vordem als besondere Bewegungsform anerkannt war, wirklich stattfindet, so muß zur Lösung dieser Frage folgendes geprüft werden: Haben wir es hier mit einer *ihrem Typ nach besonderen Wechselwirkung* zu tun, durch die die materiellen Träger der früher bekannten einfacheren Form miteinander zu einem gewissen qualitativ neuen Gebilde verbunden werden? Wenn eine solche spezifische Wechselwirkung nicht vorhanden ist und das neue, kompliziertere Gebilde als einfache Zusammensetzung und Wiederholung dessen betrachtet werden kann, was bereits auf der vorangegangenen Entwicklungsstufe zu beobachten war, d. h. als einfaches quantitatives Anwachsen eines bereits früher Vorhandenen, so bedeutet das, daß in diesem Falle keine neue, besondere Bewegungsform der Materie entsteht. Wenn dagegen eine solche Art Wechselwirkung vorhanden ist, die für eine kompliziertere und höhere Entwicklungsstufe der Natur spezifisch ist, so kann man daraus schließen, daß auf dieser Stufe auch eine neue, qualitativ unterschiedene Bewegungsform der Materie entsteht. Man kann daher sagen, daß jeder Bewegungsform ein bestimmter Typ der Wechselwirkung entspricht.

Die Anschauung von der Qualität als etwas Korrelativem zum Typ der Wechselwirkung, die der Bildung einer bestimmten Materieform zugrunde liegt, kann folgenden Einwand hervorrufen: Eine gleichwertige Wechselwirkung kann zwischen den verschiedensten Körpern stattfinden, z. B. zwischen elektrisch geladenen Teilchen (Elektronen, Mesonen, Nukleonen, Kernen, Ionen, Kolloidteilchen usw.), aber ihr quantitativer Unterschied unterliegt keinem Zweifel. Das bedeutet also, daß nicht immer einer besonderen Bewegungsform der Materie ein nur für diese charakteristischer Typ der Wechselwirkung entspricht. Um die Spezifik der gegebenen Bewegungsform zu erschließen, ist es daher erforderlich, nicht nur den Typ der Wechselwirkung der materiellen Träger dieser Wechselwirkung zu berücksichtigen, sondern auch die qualitativen Besonderheiten dieser materiellen Träger selbst.

Das muß natürlich auch getan werden, wenn vollkommen verschiedene, unmittelbar (genetisch oder strukturell) nicht miteinander verbundene Materieformen und folglich deren Bewegungsformen gegenübergestellt werden. Uns dagegen interessierte bisher eine andere Frage, die *ein und dieselben materiellen Objekte* betraf, die wir aber gleichsam unter zwei Aspekten betrachten, einmal als einzelne, voneinander isolierte Körper und zum anderen diese in ihrer gegenseitigen Wechselwirkung, d. h. als einheitliches, kompliziertes System, dessen Ganzheit eben durch diese Wechselwirkung bedingt ist.

Wenn wir von der Wechselwirkung der Körper als der Grundlage einer neuen Qualität sprechen, so dürfen wir nicht vergessen, daß die an dieser Wechselwirkung beteiligten Teilchen selbst nicht unverändert bleiben, sondern manchmal äußerst wesentliche Veränderungen und Umwandlungen erfahren, die sich bis zu ihrer vollständigen Vernichtung erstrecken können. So führt die Erhöhung der Temperatur eines Gases, die mit der Beschleunigung der Bewegung der Moleküle verbunden ist, die dieses Gas bilden, anfänglich zur Dissoziation der Moleküle in Atome und bei der weiteren Erhitzung zur Ionisation der Atome, d. h. zum Verlust der Außenelektronen. Im weiteren kann sie dazu führen, daß die Atome einen bedeutenden Teil ihrer Hülle oder die gesamte Hülle verlieren. Im letzteren Falle wird das Gas aus freien Elektronen und Kernen bestehen. Ebenso erfahren die Atome, die untereinander chemische Verbindungen eingehen, mehr oder weniger bedeutende Veränderungen. Daraus ergibt sich auch die Unmöglichkeit, im vorliegenden Fall das mechanische Prinzip der Additivität der Eigenschaften einer Verbindung in bezug auf die Eigenschaften ihrer Bestandteile in deren freiem Zustande anzuwenden.

Die innere Struktur und Qualität der Dinge. Vom allgemein-methodologischen Standpunkt her wird die Qualität eines Dinges und seine Bewegungsform manchmal aus der inneren Struktur dieses Dinges bestimmt. Untersuchen wir von diesem Standpunkt aus drei qualitativ verschiedene Aggregatzustände des Stoffes: den festen, den flüssigen und den gasförmigen. In Abhängigkeit vom allgemeinen Vorrat an innerer Energie kann sich ein und dieselbe Menge ein und derselben Moleküle in dem einen oder dem anderen Aggregatzustand befinden. Der Umschlag von Quantität in Qualität vollzieht sich jeweils im Ergebnis der Energiezunahme oder des Energieverlustes des betreffenden Systems. Damit wird jedoch noch nicht der innere „Mechanismus“ der Umwandlung eines Qualitätszustandes, z. B. des tropfbar-flüssigen, in einen anderen, z. B. den gasförmigen oder kristallinen Qualitätszustand erschlossen.

Um diesen „Mechanismus“ zu enthüllen, muß man unbedingt analysieren, wie sich unter dem Einfluß der entsprechenden thermischen Veränderungen die innere Struktur des Dinges verändert. In einer Flüssigkeit wirken die van-der-Waalsschen Molekularkräfte der Kohäsion, die auch ihre qualitativen Besonderheiten als Flüssigkeit bedingen (die Viskosität, die Fähigkeit, die Form des sie umschließenden Gefäßes anzunehmen usw.). In einem Gase werden diese Kräfte und die von ihnen bedingten Zusammenhänge zwischen den Molekülen zu einem großen Teil gesprengt, wodurch sich die physikalische Struktur des Aggregatzustandes grundlegend verändert: Die Gase besitzen keine bestimmte Form und kein konstantes Volumen, sie streben nach unbegrenzter Ausbreitung usw. Analog dazu kann man sich auch die Veränderung der inneren Struktur des untersuchten Gegenstandes beim Gefrieren (der Kristallisation) einer Flüssigkeit vorstellen. Hier vollzieht sich ebenfalls eine Veränderung im Charakter der Zusammenhänge zwischen den Molekülen, die durch elektrische Kräfte bedingt werden, die hier wirken.

Wodurch wird aber seinerseits der innere „Mechanismus“ bei der Verwandlung einer Struktur eines Dinges in eine andere Struktur desselben Dinges, und folglich eines seiner qualitativen Zustände in einen anderen bedingt? Dieser „Mechanismus“ ist offensichtlich durch die Veränderung im Charakter der Wechselwirkung zwischen den Teilchen bedingt, die mit ihren Zusammenhängen und gegenseitigen Einwirkungen die Struktur dieses Dinges zustande bringen. So haben wir es bei dem Charakter der Wechselwirkung, bei der im wesentlichen frei bewegliche Moleküle kollidieren, mit dem gasförmigen Zustand und mit einer diesem eigenen einfachsten Struktur des Stoffes zu tun. Der Zusammenschluß von Molekülen vermittels der van-der-Waalsschen Kräfte verändert die Struktur des Aggregatzustandes des Stoffes, indem sie das Gas in eine Flüssigkeit umwandelt. Dieser Prozeß vollzieht sich direkt und unmittelbar im Ergebnis der Veränderungen im Charakter der Wechselwirkung zwischen den Molekülen.

Wenn wir also von der inneren Struktur der Dinge sprechen, haben wir nicht einfach die diese Dinge bildenden Bestandteile, sondern auch die bestimmte Wechselwirkung zwischen den letzteren im Auge. Der Unterschied zwischen den beiden Begriffen (Struktur und Wechselwirkung) besteht nur darin, daß der Begriff „Struktur“ das Resultat der Wechselwirkung sozusagen als etwas Statisches zum Ausdruck bringt, der Begriff „Wechselwirkung“ dagegen drückt die Struktur des Dinges dynamisch, in der Bewegung seiner Elemente aus.

Deshalb kann man die Struktur eines Dinges als die fixierte, verhärtete Wechselwirkung, die Wechselwirkung aber als die fließende, bewegliche, nur in ihrer Bewegung existierende Grundlage der Struktur des Dinges bezeichnen. Aber ebenso, wie die Qualität eines Dinges durch die innere Struktur dieses Dinges zum Ausdruck kommt, wird sie auch durch die Wechselwirkung ausgedrückt, die sowohl die Qualität als auch die Struktur dieses Dinges und damit auch die der Qualität dieses Dinges entsprechende Bewegungsform der Materie bedingt.

Das gegenseitige Verhältnis der Bewegungsformen und die Klassifikation der Wissenschaften. Mit der Frage nach dem gegenseitigen Verhältnis der Bewegungsformen der Materie ist das Problem der Klassifikation der Wissenschaften untrennbar verbunden. Dem Zusammenhang dieser beiden Probleme entspricht das Verhältnis eines Objektes der Natur (einer Bewegungsform) zu seiner Widerspiegelung im Bewußtsein des Menschen (zur Wissenschaft).

Innerhalb der Natur heben sich einige große Gebiete von Erscheinungen heraus, deren Grundlage durch bestimmte Bewegungsformen der Materie gebildet wird: die mechanische, physikalische, chemische, biologische und geologische Bewegungsform. Diese Bewegungsformen können als Grundformen der Bewegung innerhalb der Naturwissenschaft bezeichnet werden. Ihnen entsprechen die grundlegenden Zweige der Naturwissenschaft, d. h. die hauptsächlichen Naturwissenschaften. Jede dieser Wissenschaften kann ihrerseits differenziertere Bewegungsformen der Materie betrachten, die mit den grundlegenden verbunden sind. Jede Naturwissenschaft hat als Untersuchungsgegenstand entweder eine einzelne Bewegungsform oder eine Reihe untereinander verbundene Bewegungsformen oder auch ein Gebiet, in dem eine Bewegungsform in eine andere oder in mehrere andere übergeht. Die Klassifikation aller grundlegenden Zweige der Naturwissenschaft dagegen setzt das Studium und die Widerspiegelung der gesamten Reihe von Bewegungsformen der Materie in ihren wechselseitigen Beziehungen untereinander voraus. Mit einem Wort, der Zusammenhang der Wissenschaften ist die Folge und die Widerspiegelung des in der Natur selbst real existierenden Zusammenhanges der Bewegungsformen der Materie. Daher kann man auch die gegenseitigen Beziehungen zwischen den Bewegungsformen durch die Analyse der gegenseitigen Beziehungen zwischen den Naturwissenschaften, die diese Formen untersuchen, erfassen.

Wenn man die realen Bewegungsformen als äußerlich nebeneinanderbestehende (d. h. als einander „beigefügte") auffaßt, kommt man zu derselben Vorstellung auch über die Wissenschaften selbst, so daß diese ebenfalls nur äußerlich miteinander in Beziehung stehen. Und umgekehrt bedeutet die Auffassung der Wissenschaften als rein mechanisch aneinandergefügte, daß auch die Bewegungsformen der Materie selbst als ebenso zueinandergefügte betrachtet werden.

Im Gegensatz dazu führt die Auffassung, daß die Bewegungsformen auseinander entstehen — die höhere aus der niederen, die komplizierte aus der einfachen —, unmittelbar zu einer analogen Auffassung von den Wissenschaften, als sich entwickelnde und auseinander hervorgehende. Eine solche Auffassung von der Wissenschaft setzt ihrerseits voraus, daß die Bewegungsformen selbst vom Standpunkt des allgemeinen Zusammenhanges und der Entwicklung der Natur betrachtet werden.

Man darf nicht vergessen, daß es hierbei kein mechanisches Zusammenfallen gibt, denn die Widerspiegelung der Bewegungsformen und ihrer Wechselbeziehung vollzieht sich in theoretisch und logisch verallgemeinerter Form und setzt nicht in jedem Einzelfall des realen Prozesses die vollständige Übereinstimmung voraus. Man darf z. B. nicht daraus, daß es eine physikalische Chemie gibt, den Schluß ziehen, daß deshalb auch irgendeine „physikalisch-chemische" Bewegungsform der Materie vorhanden sein muß, so etwa wie es physikalische Bewegungsformen, die den Gegenstand der Physik bilden, und eine chemische Bewegungsform gibt, die den Gegenstand der Chemie bildet. In Wirklichkeit bildet nicht irgendeine selbständige Bewegungsform der Materie den Gegenstand der physikalischen Chemie, sondern der wechselseitige Zusammenhang und der wechselseitige Übergang zweier Bewegungsformen — der physikalischen und der chemischen.

Eine eingehendere Untersuchung des Problems der Klassifikation der Wissenschaften ist nicht die Aufgabe der vorliegenden Abhandlung. Wir haben diese Frage hier nur erwähnt, um im weiteren die Möglichkeit zu haben, wenn wir auf das Verhältnis der Bewegungsformen eingehen, auch jene Thesen heranzuziehen, die sich unmittelbar auf das Problem der Klassifikation der Wissenschaften beziehen, die sich aber gleichzeitig direkt auf die uns interessierende Frage beziehen, weil diese Frage die allgemeine Grundlage des aufgeworfenen Problems bildet.

Die allgemeine Reihe der Grundformen der Bewegung der Materie. Die Frage der Bewegungsformen der Materie und ihres gegenseitigen Verhältnisses wurde von F. Engels vom Standpunkt des dialektischen Materialismus aus speziell untersucht.

Was die einfachste Bewegungsform der Materie betrifft, so nennt Engels die mechanische Bewegungsform der Makrokörper, worunter er die Ortsveränderung relativ großer Gegenstände, irdischer und stellarer Massen, versteht. Auf diese folgt die physikalische Bewegungsform, oder, genauer gesagt, eine Reihe physikalischer Bewegungsformen (Wärme, Strahlung, elektrische und magnetische Bewegungen), die Engels, entsprechend den Vorstellungen seiner Zeit, mit der Bewegung der Moleküle in Zusammenhang brachte. Darauf folgt die chemische Bewegungsform, die Engels als die Form der Bewegung der Atome innerhalb der Moleküle, d. h. als eine Form der Bewegung ansah, in deren Ergebnis sich die Veränderung der chemischen Zusammensetzung und Struktur der Stoffe vollzieht. Die allgemeine Reihe der Bewegungsformen wird schließlich durch die biologische Bewegungsform vollendet, deren Träger das lebende Eiweiß ist. Schematisch kann man sich diese Reihe in folgender Weise vorstellen (in Klammern ist diejenige Materieform, d. h. das materielle Objekt gezeigt, deren Daseinsweise die jeweilige Bewegungsform darstellt):

Mechanische Form	*Physikalische Form*	*Chemische Form*	*Biologische Form*
(Massen)	(Moleküle)	(Atome)	(Eiweiße)

Es ist schwer zu sagen, warum Engels in diese Reihe der Grundformen der Bewegung der Materie die geologische nicht mit eingeschlossen hat. Es ist möglich, daß er sie nur als die Voraussetzung, die Bedingung für die Entstehung der biologischen Bewegungsform angesehen hat, und sie nicht als besondere Bewegungsform, sondern nur als eine Vereinigung bereits bekannter Formen, der mechanischen, physikalischen und chemischen Bewegungsform betrachtete.

Es kann auch sein, daß Engels bestrebt war, eine einlinige Reihe der Grundformen der Bewegung aufzustellen. In einer solchen Reihe wäre aber kein Platz für die geologische Bewegungsform, weil man sie weder am Anfang der gesamten Reihe, vor die mechanische Ortsveränderung, und noch weniger zwischen die chemische und die biologische Bewegungsform einordnen kann, was bedeuten würde, daß das Leben aus toten Steinen entstanden wäre.

Genaugenommen verhält es sich so, daß sich von der chemischen Bewegungsform aus die weitere Entwicklung der Natur gleichsam polarisiert, in zwei Zweige spaltet, von denen der eine zur Entwicklung des Lebens (zur biologischen Bewegungsform), der andere zu den Gesteinen, den Gebirgsarten, also zu geologischen Gebilden führt, von denen es schon keinen direkten und unmittelbaren Übergang zum Leben mehr gibt. Vom Standpunkt der allgemeinen aufsteigenden Entwicklung finden nicht alle Zweige der Entwicklung in der Natur ihre progressive und unmittelbare Fortsetzung. So findet auch in der lebenden Natur eine Spaltung der Entwicklung (angefangen bereits von den Protisten) in Pflanzen und Tiere statt: Der erste Zweig besitzt, auf der Stufe der höheren Pflanzen angelangt, keine Möglichkeit, sich über den Rahmen der eigentlichen Natur hinaus fortzuentwickeln, auf eine höhere Stufe, nämlich in den Bereich der Geschichte, überzugehen. Das wird nur im zweiten Zweig erreicht, dessen Entwicklung zur Entstehung des Menschen führt und damit zu einer qualitativ neuen, komplizierteren und höheren Entwicklungsstufe der gesamten Materie.

Dieselbe Divergenz ist auch bei der Entstehung des Menschen selbst aus seinen nächsten Vorfahren (den menschenähnlichen Affen) zu beobachten, die eine Mittelstellung zwischen dem Menschen und den heute lebenden Primaten einnahmen: Von diesen hochentwickelten Vorfahren führte ein Zweig, der progressive, zum Menschen, der andere, der sich als weniger progressiv, oder sogar in bestimmter Beziehung als regressiv erwies, zu den heute lebenden Primaten.

Gewöhnlich betrachten wir nur die progressive Entwicklungslinie der Materie und ihrer Bewegungsformen und sagen deshalb, daß aus dem Anorganischen durch chemische Prozesse das Leben (Eiweiß) entstanden ist, das durch seine weitere Komplizierung die Stufe der Zelle und schließlich des Organismus erreicht hat; die Komplizierung der lebenden Organismen führte schließlich zur Entstehung des Menschen, mit dem der Entwicklungsprozeß über die Grenzen der eigentlichen Natur hinaustrat. Dabei lassen wir alle Abzweigungen von dieser hauptsächlichen, progressiven Entwicklungslinie außer acht, die den Übergang auf eine höhere Stufe nicht ermöglichten, obgleich sie möglicherweise Bedingung und Voraussetzung für einen solchen Übergang sein konnten, wie dies z. B. bei den Pflanzen hinsichtlich der pflanzenfressenden Tiere, und bei den letzteren hinsichtlich der Fleischfresser und der Allesfresser unter den höheren Tieren der Fall war.

Eine derartige Rolle spielt auch die geologische Bewegungsform in bezug auf die Hauptlinie der progressiven Entwicklung, in unserem Falle in bezug auf die biologische Bewegungsform: Obgleich die geologische Bewegung nicht direkt in die biologische übergeht, stellt sie doch für die letztere eine unablässige Voraussetzung, eine notwendige Bedingung für deren Entstehung und Entwicklung dar.

Kritik des Mechanizismus. Im Zusammenhang mit der Analyse der Bewegungsformen der Materie und ihren gegenseitigen Beziehungen unterzieht Engels die mechanische Konzeption in der Naturwissenschaft einer Kritik. Der Mechanizismus geht davon aus, daß zwar die höheren Bewegungsformen aus den niederen entstehen und die niederen als die untergeordneten in den höheren enthalten sind, daß aber in diesen höheren überhaupt nichts prinzipiell Neues enthalten ist und sie sich daher vollkommen in den niederen erschöpfen (sich auf sie „reduzieren"). Der genetische und teilweise auch der strukturelle Zusammenhang zwischen den Bewegungsformen wird hier als Grundlage einer derartigen „Reduzierung" genommen.

Der Gedankengang des Mechanisten ist folgender: In den höheren, komplizierten Formen ist außer der Wechselwirkung der Träger der niederen, einfachen Form, nichts weiter enthalten; das bedeutet, daß die niedere Bewegungsform imstande ist, die höhere vollständig zu erklären (zu „erschöpfen"). Genauso wird die Entstehung des Ganzen aus den Teilen dazu benutzt, um die Möglichkeit der Reduzierung des Ganzen auf die einfache Summe seiner Teile zu „begründen". Analog wird die Bedingtheit der qualitativen Veränderungen durch die quantitativen zum Anlaß genommen, um die Qualität auf die Quantität zu reduzieren.

Der Mechanizismus in der Naturwissenschaft tritt in verschiedenen Formen auf. Man kann drei besonders typische Erscheinungsformen hervorheben:

a) Die Reduzierung der qualitativen Unterschiede auf rein quantitative; die Auffassung der Entwicklung als einfaches Wachstum und Vergrößerung (oder Verkleinerung);

b) die Reduzierung des Höheren auf das Niedere, des Komplizierten auf das Einfache;

c) die Reduzierung des Ganzen auf die Summe seiner Teile, des Kollektivs auf die Summe der Individuen; diese letztere Erscheinungsform des Mechanizismus setzt voraus, daß alle Eigenschaften des Systems in bezug auf die Eigenschaften seiner Komponenten für additiv erklärt werden; sie negiert genaugenommen die Nichtadditivität der Eigenschaften, die nicht einzelne Teile für sich genommen, sondern das gesamte System oder Kollektiv als Ganzes charakterisieren. Das Prinzip der Additivität ist, absolut aufgefaßt, dem Prinzip der Wechselwirkung direkt entgegengesetzt, welche das Moment der Bildung der qualitativ neuen, höheren und komplizierteren Bewegungsform der Materie widerspiegelt.

Im XIX. Jahrhundert hat der Mechanizismus mit seiner mit aller logischen Konsequenz durchgeführten Idee der „Reduzierung", genau wie im XVII. und

XVIII. Jahrhundert, im Prinzip die Möglichkeit zugelassen, alle Bewegungsformen auf die mechanische Bewegung zu reduzieren. Die letztere ist für die Mechanisten das Ideal einer mechanischen Konzeption, da sie sämtliche drei oben gezeigten Erscheinungen in sich einschließt: Erstens untersucht die klassische Mechanik die mechanische Bewegung nur von ihrer quantitativen Seite her, wobei sie die qualitative Spezifik der Bewegungsformen vernachlässigt; zweitens hielt man im XIX. Jahrhundert die mechanische Bewegung für die einfachste Bewegung überhaupt, für die niedrigste, erste, ursprüngliche, so daß die Reduzierung auf sie damit auch die Reduzierung auf das Einfachste und Niedrigste überhaupt darstellte; drittens realisiert sich das Prinzip der Additivität vollständig nur im Falle der mechanischen Bewegung und überhaupt im Falle der mechanischen Beziehungen zwischen den Körpern, so daß der mechanische Zusammenhang keine neue Qualität, sondern nur die einfache Summe der mechanisch zusammengefügten Körper ergibt. Deshalb ist in diesem Falle das Ganze tatsächlich nur die einfache Summe seiner Teile. Eben deshalb wurde von Engels die Konzeption der „Reduzierung“ als mechanische oder mechanistische bezeichnet.

Engels verwarf diese Konzeption als eine einseitige, metaphysische und daher unwissenschaftliche, mit dem Entwicklungsstand der Naturwissenschaft in der zweiten Hälfte des XIX. Jahrhunderts unvereinbare Konzeption und wies nach, daß sich der Mechanizismus durchaus nicht in der Reduzierung aller Erscheinungen der Welt auf die mechanische Bewegung erschöpft. Der Mechanizismus kann auch in Form der Reduzierung der biologischen Bewegungsform auf die physikalische und chemische, der sozialen auf die biologische (Sozialdarwinismus) usw. auftreten. Wichtig und wesentlich ist, daß in allen Fällen dieser Art eine „Reduzierung“ vorliegt (des Höheren auf das Niedere, des Komplizierten auf das Einfache, des Ganzen auf die Teile, der Qualität auf die Quantität).

Der Mechanizismus besitzt seine gnoseologischen (erkenntnismäßigen) und seine psychologischen Wurzeln. Er spielt auf den verschiedenen Etappen des wissenschaftlichen Fortschritts eine unterschiedliche Rolle. Sehr häufig, besonders zu Beginn einer wissenschaftlichen Untersuchung, entsteht der Mechanizismus als einseitige Übertreibung (die manchmal bis zur Verabsolutierung reicht) der ersten Erfolge der Wissenschaft bei der Aufdeckung des Wesens der untersuchten Erscheinungen, bei der Enthüllung ihrer wirklichen Ursachen. Bis zum XVII. Jahrhundert blieben die Ursachen der Naturerscheinungen fast völlig unbekannt, was sich selbst auf die Teilursachen bezieht. Dasselbe gilt hinsichtlich vieler Naturprozesse auch noch für spätere Zeiten. Im Mittelalter erdachte man sich deshalb allerlei Arten „verborgener Qualitäten“, „Substanzen“ usw., gegen die die ersten Naturwissenschaftler und Philosophen der Neuzeit, unter ihnen Galilei und Descartes, auftraten. Später setzten die Empiriker unter den Wissenschaftlern dem Wesen nach die gleiche Linie fort, indem sie sich verschiedene „Kräfte“ (Auftriebskraft u. a.) und „Fluida“ (Wärmestoff u. ä.) ausdachten, mit denen sie an die Erklärung der beobachteten Erscheinungen herangingen, deren wirkliche Ursachen noch unerkannt waren. Die Erfindung derartiger „Ursachen“ zeugt nur davon, daß die echte wissenschaftliche Forschung noch nicht in das entsprechende Gebiet der Natur eingedrungen war.

Unter diesen Bedingungen stellte die Entdeckung einer *beliebigen realen Seite* einer beobachteten und ihrem Wesen nach noch völlig unbekannten Erscheinung, selbst wenn diese Seite das Wesen der betreffenden Erscheinung bei weitem noch nicht erschöpfte, einen gewaltigen Fortschritt für die Wissenschaft, den Anfang einer echten Kenntnis der Ursachen der gegebenen Erscheinungen dar. So ist es auch bis heute geblieben. So führte im XVII. Jahrhundert die Untersuchung der mechanischen Seite der Prozesse, die sich im lebendigen Organismus vollziehen, Harvey zur Entdeckung des Blutkreislaufes; die Untersuchung der physikalischen Prozesse in der uns umgebenden Atmosphäre ermöglichte es Pascal, den Luftdruck zu entdecken. Später erschloß Dalton auf demselben methodologischen Wege zu Beginn des XIX. Jahrhunderts das Gesetz der Partialdrucke der Gase und gelangte später durch die Weiterentwicklung seiner Ideen zur Entdeckung des Gesetzes der einfachen, ganzzahligen Verhältnisse, das die empirische Grundlage der gesamten chemischen Atomistik darstellt. Außerdem bildet in all den genannten Fällen die mechanische Bewegung, von deren Untersuchung man bei den entsprechenden Entdeckungen ausgegangen war, bei weitem nicht das wirkliche Wesen der beobachteten Naturerscheinungen. Sie bildete nur eine untergeordnete, aber dafür eine wirklich *reale Seite der Bewegung*, die in den aufgezeigten Erscheinungen tatsächlich vorkommt. Die Erkenntnis dieser Bewegung bedingte damals den gewaltigen Fortschritt der Wissenschaft, denn sie bedeutete den Übergang von ausgedachten „Ursachen" zur Erforschung einer bestimmten *Seite des realen Wesens* der zu untersuchenden Erscheinung.

Verallgemeinernd können wir feststellen, daß in der Naturwissenschaft die Entdeckung des Wesens einer Erscheinung gewöhnlich mit der Erklärung der Seite der inneren Gesetzmäßigkeit dieser Erscheinungen begann oder begleitet war, die deren Zusammenhang mit einfacheren, niederen Bewegungsformen der Materie, speziell der mechanischen Bewegungsform, widerspiegelt.

Besonders unter Bedingungen, da die Wissenschaftler die dialektische Denkmethode nicht beherrschten, wie dies im XVII. und XVIII. Jahrhundert der Fall war, brachte jedoch der erste ernsthafte Erfolg im Verständnis der wirklichen Grundlage der zu untersuchenden Erscheinung den Gedanken hervor, *daß diese erste entdeckte Seite der Erscheinung* (z. B. ihre mechanische Seite) *das ganze gesuchte Wesen dieser Erscheinung überhaupt erschöpft*. Psychologisch ist dieser Gedanke erklärlich und sogar in gewissem Maße verständlich: Anfangs war ja *überhaupt nichts* über das Wesen der gegebenen Erscheinung bekannt; jetzt aber war es gelungen, etwas zu finden, teilweise hinter den Vorhang des Unbekannten vorzustoßen; daher mußte sich auch der Gedanke aufdrängen, daß dieses „Etwas" *alles* ist, auf dessen Erforschung die Bemühungen der Wissenschaftler gerichtet waren. Außer diesem nun erkannten *Etwas* blieb ja alles übrige vorläufig noch unbekannt; es war deshalb unter den *gegebenen Bedingungen* nur so weit möglich, die jeweilige Erscheinung vom wissenschaftlichen Standpunkt aus zu erklären, soweit ihre Ursachen, ihr Wesen unter dem Aspekt des bereits Erkannten dargelegt wurden, d. h. z. B. unter dem Aspekt der mechanischen Bewegung, soweit wir von der Naturwissenschaft im XVII. und XVIII. und im ersten Drittel des XIX. Jahrhunderts sprechen.

Man kann sagen, daß die Versuche, alle Naturerscheinungen auf die Mechanik zu reduzieren, damit verbunden waren, daß die mechanische Seite die *erste* und damals *einzige* war, deren Wesen bekannt war. Unter diesen Bedingungen, d. h. im XVII. und XVIII. und im ersten Drittel des XIX. Jahrhunderts, war der Mechanizismus eine progressive Erscheinung, mehr noch, er war in bedeutendem Maße die Entwicklungsform der Naturwissenschaft jener Zeit. Beim weiteren Fortschritt der wissenschaftlichen Erkenntnis trat seine Beschränktheit hervor und der Mechanizismus erschien als einseitige Übertreibung der Rolle der Seite der Erscheinungen, die als erste erkannt war und eine Zeit lang die einzig erkannte blieb. Die normale Entwicklung der wissenschaftlichen Forschung überwand naturgemäß eine derartige Übertreibung in dem Maße, wie die anderen, komplizierteren Seiten der untersuchten Erscheinungen entdeckt und erkannt wurden.

Infolge der Zählebigkeit der Traditionen in der Wissenschaft wirkten die mechanistischen Tendenzen jedoch noch weiter fort und wirken teilweise noch in der heutigen Zeit, obgleich der Mechanizismus im ganzen am Ende des ersten Drittels des XIX. Jahrhunderts seine progressive Bedeutung verloren hat und sich mehr und mehr in ein ernstes Hindernis für die Entwicklung der Naturwissenschaft zu verwandeln begann. Nur örtlich, in einzelnen Zeitabschnitten und auf einzelnen Teilgebieten der Wissenschaft kann man in gewissem Maße das Auftauchen mechanistischer Tendenzen im Verlaufe des wissenschaftlichen Fortschritts in der modernen Naturwissenschaft verstehen. Das betrifft besonders neu entstehende Zweige der Wissenschaft, solange die eben erst entdeckte, niedere, einfachere Bewegungsform der Materie erforscht wird, die in eine kompliziertere, höhere Bewegungsform eingeht. Aber auch hier treten diese Tendenzen als die Schattenseiten der Erfolge in der wissenschaftlichen Erkenntnis auf, die Wissenschaft wird sozusagen „vor Erfolgen vom Schwindel befallen“. Sie sind bei Unkenntnis der Dialektik eine fast unumgängliche Übertreibung der Bedeutung der neu entdeckten Seite einer Erscheinung. Im ganzen kann man daher in bezug auf den Mechanizismus sagen, daß er eine Art „Kinderkrankheit“ in der Entwicklung der Wissenschaften in ihren frühen Etappen darstellt; auf späteren Etappen spielt er die Rolle von „Scheuklappen“, die daran hindern, andere kompliziertere Seiten im Wesen der untersuchten Erscheinungen zu erkennen, den Gegenstand im ganzen, von allen seinen Seiten her, zu erfassen.

C h a r a k t e r i s t i k d e r e i n z e l n e n B e w e g u n g s f o r m e n i n i h r e m w e c h s e l s e i t i g e n Z u s a m m e n h a n g. Das formale Herangehen an die Analyse erfaßt die äußere Seite dieser Beziehungen, wobei diese Formen eine neben die andere gestellt, aber nicht eine aus der anderen abgeleitet werden. Dieses Prinzip der *Koordination* ist dem Prinzip der Subordination entgegengesetzt. Das Prinzip der *Subordination* dagegen gestattet es, eine Bewegungsform aus der anderen, die höhere aus der niederen abzuleiten. Es erschließt damit die genetischen Zusammenhänge zwischen ihnen, auf deren Grundlage es möglich ist, jede Bewegungsform nicht isoliert, als etwas Abgesondertes, sondern eben vom Standpunkt der wechselseitigen Zusammenhänge und Übergänge aller Bewegungsformen der Materie ineinander zu bestimmen.

Untersuchen wir von diesem Standpunkt aus eingehender drei Grundformen der Bewegung, die durch wechselseitige Übergänge und Zusammenhänge miteinander verbunden sind: die physikalische, die chemische und die biologische.

Die physikalische Bewegungsform. Als Engels die physikalische Bewegung als die Mechanik der Moleküle definierte, hatte er natürlich vor allem die Molekularphysik, und besonders die Wärmelehre im Auge.

Aber bereits im XIX. Jahrhundert war es völlig offensichtlich, daß eine solche Bestimmung der physikalischen Bewegung eine vorübergehende war, die nur dem damaligen Entwicklungsstand der Naturwissenschaft entsprach. Es war offensichtlich, daß sie sich mit der Zeit erweitern mußte, und zwar infolge der Untersuchung der elektrischen Bewegungsform und der Strahlung (allgemein: der elektromagnetischen Form).

Die chemische Bewegungsform. Die Frage nach dem Verhältnis der chemischen Bewegung zur mechanischen und zu den verschiedenen Arten der physikalischen Bewegung interessierte viele Wissenschaftler des vergangenen Jahrhunderts.

Bereits im ersten Drittel des XIX. Jahrhunderts erhob Auguste Comte in seinem „Cours de philosophie positive“ Einwände gegen die Reduzierung der Chemie auf die Mechanik oder auf die Physik, ungeachtet der Tatsache, daß zu dieser Zeit die Chemie noch nicht vollständig entwickelt war und im wesentlichen eben erst als selbständige Wissenschaft entstanden war. Comte verhielt sich äußerst kritisch zur Meinung des Mechanisten Laplace, nach der man alle chemischen Erscheinungen als das Resultat der Newtonschen Gravitation, die durch die Gestalt und die gegenseitige Lage der Atome abgewandelt wird, betrachten kann. Comte bemerkte, daß diese Anschauung in Wirklichkeit nicht den geringsten nützlichen Einfluß auf den Fortschritt der chemischen Kenntnisse ausüben kann. Selbst wenn man zugesteht, daß die chemische Verwandtschaft lediglich die Folge einer artveränderten universellen Gravitation ist, so bleiben dennoch alle chemischen Erscheinungen notwendigerweise komplizierter als die physikalischen. Die Chemie muß deshalb als selbständige Wissenschaft hervorgehoben, und nicht als einfache Ergänzung zur Physik aufgefaßt werden.

Wenn diese Meinung im Jahre 1830 vertreten werden konnte und ihre Berechtigung hatte, so besaß sie um so größere Berechtigung in der zweiten Hälfte des XIX. Jahrhunderts, als die Grundlagen der gesamten modernen Chemie, sowohl der anorganischen, als auch der organischen, und auch der physikalischen Chemie geschaffen waren.

Wenn Engels die chemische Bewegung als die Bewegung der Atome (und die Chemie als die Physik der Atome) definiert, so hebt er damit den Zusammenhang dieser beiden Bewegungsformen und die Spezifik der Chemie im Vergleich zur

Physik hervor. Die physikalische Bewegung, von den Molekülen als ganzen Teilen auf die diese bildenden Atome übertragen, hört bereits auf, eigentlich physikalische zu sein und wird zu einer qualitativ von dieser verschiedenen, d. h. zur chemischen Bewegung. Der Übergang von der physikalischen Bewegung zur chemischen entspricht genau dem Übergang von der Bewegung der Moleküle zur Bewegung der Atome. Dieser Übergang aber ruft die Veränderung im Chemismus des Stoffes, d. h. die Veränderung der Zusammensetzung und der Struktur der Moleküle selbst, ihrer Qualität hervor. Die chemische Bewegungsform ist nach Engels eben die innere qualitative Veränderung der Moleküle selbst.

Außerordentlich interessant ist eine Äußerung D. I. Mendelejews über die chemische Bewegungsform der Materie. Im Unterschied zu den Mechanisten, die im XIX. Jahrhundert erklärten, die chemische Bewegung reduziere sich im wesentlichen auf die mechanische (und auf jeden Fall auf die physikalische), erkannte Mendelejew den offensichtlichen Zusammenhang zwischen Mechanik und Chemie an, hob aber gleichzeitig auch die Selbständigkeit der Chemie als einer besonderen Wissenschaft hervor. Der Zusammenhang zwischen der Masse als einer mechanischen Eigenschaft der Atome und dem Chemismus (der Individualität der Elemente) liegt der Mendelejewschen Formulierung des periodischen Gesetzes zugrunde. Die Spezifik des Chemismus, die Unmöglichkeit der Reduzierung der Chemie auf die Mechanik, der chemischen Bewegung auf die mechanische wird dadurch nicht negiert, sondern im Gegenteil hervorgehoben. Mendelejew war der Meinung, daß in der Zukunft nicht die Mechanik die Chemie verschlucken wird, sondern daß zwischen beiden eine Art Übereinstimmung erzielt, d. h., eine richtige Beziehung hergestellt werden wird, die sowohl den wechselseitigen Zusammenhang zwischen beiden, als auch die Spezifik der chemischen Bewegung berücksichtigen wird.

Mendelejew gebrauchte nicht nur den Terminus „chemische Bewegung", sondern auch den Begriff „chemische Bewegungsform", worunter er alle chemischen Veränderungen, Reaktionen und Prozesse im weitesten Sinne des Wortes verstand. Mendelejew spricht von „chemischen Erscheinungen, als einer Bewegungsform", er behandelte die „chemischen Erscheinungen als eine besondere Form der Teilchenbewegungen" (d. h. der Bewegung der Materieteilchen). Er verweist auf die Umwandlung der chemischen Bewegung in mechanische, stellt die „chemische Bewegung in der Erdrinde als Quelle der Gesteins- und Bodenbildung" dar und betrachtet die „Veränderung der chemischen Bewegungen in den Pflanzen und Tieren". Mendelejew vergleicht damit die chemische Bewegungsform nicht nur mit der mechanischen (der physikalischen) Bewegung und verbindet sie durch eine genetische Beziehung, sondern vergleicht und verbindet sie auch mit der geologischen und biologischen. Das aber bedeutet, daß Mendelejew schon lange vor der Entstehung der Geochemie und der Biochemie Gebiete des Übergangs einmal zwischen der chemischen und der geologischen Bewegung und zum anderen zwischen der chemischen und biologischen gesehen hat.

Die biologische Bewegungsform. Wenn Engels die biologische Bewegungsform als den Chemismus der Eiweiße bestimmt, dessen allgemeinstes und wesentlichstes

Merkmal der organische Stoffwechsel ist, so verfährt er dabei ebenso, wie auch bei der Bestimmung der physikalischen und chemischen Bewegungsformen. Die Spezifik des Lebenden mit dem ihm eigenen ununterbrochen vor sich gehenden Stoffwechsel als Existenzbedingung jedes lebenden Körpers besteht eben darin, daß hier ein höherer Typ der Wechselwirkung aller niederen Bewegungsformen untereinander vorliegt, wobei die chemische Wechselwirkung zwischen den Stoffen des lebenden Körpers und den Stoffen der ihn umgebenden Umwelt an erster Stelle steht.

Engels vergleicht die biologische Bewegungsform mit den übrigen Formen und stellt dabei fest, daß der Mechanismus die Bewegung der Massen ist, der Chemismus (im breitesten Sinne des Wortes) die Bewegung der Mikroteilchen der Materie, der Organismus die Bewegung jener Körper, in denen eins vom anderen (d. h. Mechanismus und Chemismus) nicht zu trennen ist. Denn für Engels ist ohne Zweifel der Organismus die „höhere Einheit, die Mechanik, Physik und Chemie zu einem Ganzen in sich bezieht, wo die Dreiheit nicht mehr zu trennen" ist.[1]

Im Vergleich zu den übrigen Bewegungsformen besteht also die Spezifik der biologischen Bewegung nach Engels eben im Vorhandensein einer besonderen Art der Wechselwirkung (der höheren „Einheit") zwischen allen einfacheren und niederen Bewegungsformen der Materie auf der Stufenleiter der Entwicklung der Natur, einer solchen Wechselwirkung, die ihre höchste Synthese und gleichzeitig das Hinausgehen über die Grenzen der unbelebten Natur und den Übergang zu einem qualitativ unterschiedenen Gebiet, zum Gebiet der Lebenserscheinungen bedingt.

In stofflicher Hinsicht ist im Organismus nichts enthalten, als die in Wechselwirkung befindlichen Atome und Moleküle und deren Bestandteile (Atomkerne, Elektronen usw. mit den ihnen eigenen Bewegungsformen). Aber all diese Träger der chemischen und physikalischen (und auch mechanischen) Bewegung sowie auch diese Bewegungsformen selbst befinden sich in einer solchen Wechselwirkung, sind so miteinander verbunden, daß sie schon aufhören, einzelne Bewegungen chemischer oder physikalischer Ordnung zu sein, daß sie sich zu einem einheitlichen Gesamtprozeß verbinden, den wir als Lebenstätigkeit oder biologische Bewegung bezeichnen.

Wenn die chemische Bewegung lebendes Eiweiß hervorbringt, bemerkt Engels, dann geht der chemische Prozeß bereits über seinen eigenen Rahmen hinaus, wie das z. B. auch im mechanischen Prozeß beim Stoß oder bei der Reibung ist. Durch dieses Hinausgehen über ihren Rahmen betritt die chemische Bewegung ein inhaltlich reicheres Gebiet (das Gebiet des organischen Lebens). Die Physiologie, schreibt Engels, ist natürlich die Physik und besonders die Chemie des lebenden Körpers. Gleichzeitig aber hört sie auf, speziell Chemie zu sein: Ihre Wirkungssphäre wird einerseits beschränkt, aber andererseits erhebt sie sich damit auf eine höhere Stufe.

[1] F. Engels, Dialektik der Natur, Berlin 1952, S. 267.

Die einseitige und deshalb unrichtige Lösung der Frage nach dem Verhältnis zwischen der biologischen Bewegungsform und den übrigen Bewegungsformen tritt in der Naturwissenschaft in doppelter Form in Erscheinung. Einmal tritt sie als mechanische Reduzierung der biologischen Bewegungsform auf solche Bewegungsformen, die in der anorganischen Natur wirken, besonders auf die physikalische und chemische und letzten Endes auf die mechanische Bewegung in Erscheinung. Das ist eine typische Erscheinungsform des Mechanizismus, die von Engels in einem Atemzug mit allen übrigen Erscheinungsformen dieser metaphysischen Strömung in der Naturwissenschaft kritisiert wurde.

Grundlage einer solchen Deutung des Organismus und allgemein der biologischen Bewegung ist wiederum der Einwand, daß im lebenden Organismus in stofflicher Hinsicht nichts anderes enthalten ist als die Wechselwirkung der diesen Körper bildenden materiellen Teilchen (der Atome, Moleküle usw.) und die mit ihnen verbundenen Bewegungsformen der Materie. Das Belebte wird deshalb auf das Unbelebte reduziert, weil es sich aus dem Unbelebten bildet, aus ihm entsteht. Die Wechselwirkung der Materieteilchen, die die Spezifik des Lebens (der biologischen Bewegung) bedingt, erschöpfe sich in den Eigenschaften und Gesetzmäßigkeiten dieser Teilchen und ihrer Bewegung, wobei diese Gesetzmäßigkeiten und Eigenschaften in der unbelebten Natur dieselben sind wie auch in der belebten und gleichermaßen hier wie auch dort wirken. Auf diese Weise gelangt man dazu, die Spezifik des Lebens vollständig zu beseitigen.

Zweitens tritt die Metaphysik in der Deutung des Belebten als Versuch auf, das Belebte und das Unbelebte auseinanderzureißen, das erstere vom letzteren zu trennen und das Belebte dem Unbelebten prinzipiell entgegenzusetzen. Auf diese Weise kommt eine Verabsolutierung der Spezifik des Belebten zustande, das Belebte verwandelt sich in ein selbständiges „Prinzip“ oder in eine Art „Lebenssubstanz“. Diese „Lebenssubstanz“ kann angeblich prinzipiell nicht mit den physikalisch-chemischen Prozessen verbunden sein und vom Standpunkt des wechselseitigen Zusammenhangs und der wechselseitigen Übergänge der biologischen Bewegungsform und der physikalischen und chemischen Bewegungsformen nicht begriffen werden. Eine derartige metaphysische Konzeption, die die Spezifik der Lebenserscheinungen verabsolutiert und ihren genetischen Zusammenhang mit den niederen Bewegungsformen zerreißt, führt logisch zum Idealismus (zum Begriff der „Lebenskraft“, zum modernen Vitalismus).

Damit wird noch einmal die Berechtigung der Leninschen These unterstrichen, nach der die Metaphysik (Hölzernheit, Einseitigkeit, Verknöcherung der Begriffe usw.) gnoseologische Wurzel des Idealismus ist.[1]

Der Vitalismus leugnet, daß das Leben eine besondere, ihrem Typ nach höhere Wechselwirkung der Träger niederer Bewegungsformen der Materie ist, eine Wechselwirkung, die man vor allem als organischen Stoffwechsel, als chemische Tätigkeit der Eiweiße bezeichnen kann. Der Vitalismus sucht die Spezifik des

[1] W. I. Lenin, Aus dem philosophischen Nachlaß, Berlin 1949, S. 289.

Lebens in einem besonderen „Träger“ nichtmateriellen Charakters, in einer Art „Lebenskraft“, die dem lebenden Organismus angeblich seine Fähigkeit zur Lebenstätigkeit verleiht. Solche Eigenschaften, wie die Vererbung, die Anpassungsfähigkeit usw., besonders aber die psychische Tätigkeit der höheren Lebewesen erklären die Idealisten für etwas prinzipiell Unerklärbares vom Standpunkt der Eigenschaften, die der Materie im ganzen zukommen.

Engels hat die beiden extremen metaphysischen Auffassungen vom Belebten abgelehnt und als unwissenschaftlich entlarvt: sowohl die mechanistische, die die Spezifik des Lebens negiert und das Belebte auf das Unbelebte reduziert, als auch die vitalistische, die die Spezifik des Lebens verabsolutiert und eine unüberbrückbare Kluft zwischen dem Belebten und dem Unbelebten errichtet.

II. Abschnitt

Das Verhältnis der Bewegungsformen der Materie unter Berücksichtigung der Ergebnisse der modernen Naturwissenschaft

Korrekturen, die durch den Fortschritt der Wissenschaft in der allgemeinen Reihe der Bewegungsformen vorgenommen wurden. Die Entwicklung der Naturwissenschaft machte in den letzten 60 Jahren gewaltige Fortschritte. Die Naturwissenschaft gelangte zu immer tieferer Erkenntnis der Materie und ihrer Eigenschaften, ihrer Formen und der mit diesen verbundenen Bewegungsformen. Das Engelssche Schema, das das Verhältnis der Grundformen der Bewegung der Materie zum Ausdruck bringt, verlangt heute in seinem konkreten Teil eine genauere Fassung. Dabei bleibt die Grundidee der Anordnung der Materieformen und der ihnen entsprechenden Bewegungsformen nach ihrer Entwicklung, ihrer Komplizierung vom Einfachen zum Komplizierten, vom Niederen zum Höheren völlig unter Berücksichtigung der Besonderheiten des Übergangs von einer Bewegungsform zur anderen erhalten.

Wenn wir von Einzelheiten absehen, so können wir die Korrekturen, die der Fortschritt der Naturwissenschaft in die allgemeine Reihe der Bewegungsformen hineingetragen hat, auf drei Hauptmomente reduzieren.

Erstens wurden zwischen allen, mindestens zwischen allen hauptsächlichen Bewegungsformen der Materie die gegenseitigen Übergänge und Zusammenhänge nicht nur entdeckt, sondern in den Mittelpunkt der Erforschung der Bewegungsformen selbst gestellt. Die moderne Naturwissenschaft spiegelt die einzelnen Bewegungsformen nicht in ihrer Isoliertheit voneinander, nicht als etwas Abgesondertes und nur mechanisch miteinander Verbundenes wider, sondern in ihrem inneren Zusammenhang, der durch den allgemeinen Entwicklungsprozeß der Materie und folglich auch ihrer Bewegungsformen bedingt wird. Dementsprechend ist das Vorhandensein von „Übergangs-“ oder „Grenzwissenschaften“

wie der physikalischen Chemie, der chemischen Physik, der Biochemie, der Geochemie, der Biogeochemie, der Biophysik, der Geophysik u. a. einer der charakteristischsten Züge des modernen Entwicklungsstands der Naturwissenschaften. Diese Wissenschaften untersuchen benachbarte Erscheinungen, Grenzerscheinungen, die zwischen zwei oder mehr Bewegungsformen der Materie liegen, wobei sie in erster Linie den Übergang und die gegenseitige Verwandlung der einen Bewegungsformen in andere erforschen.

Zweitens tritt nunmehr das relativ erste Glied in der allgemeinen Reihe der Bewegungsformen der Materie (vom Standpunkt des modernen Entwicklungsstandes der wissenschaftlichen Erkenntnis), das relativ einfachste, elementarste der bisher erforschten in völlig neuer Gestalt in Erscheinung. Wenn zu Engels Zeiten die mechanische Bewegung (die einfache Ortsveränderung) der Makrokörper als dieses Anfangsglied auftrat, so ging diese Funktion nunmehr vor allem an die quantenmechanische Bewegung der sogenannten physikalischen „Elementarteilchen“ und deren qualitative Umwandlungen („Kernumwandlungen“) über.

Drittens macht sich eine ausgesprochene Teilung der Bewegungsformen der Materie in zwei Gruppen oder Kategorien bemerkbar: Die einen sind mit den Mikroteilchen der Materie und den Mikroprozessen, die anderen mit den Makrokörpern und den Makroprozessen verbunden. Diese Teilung der Bewegungsformen entspricht dem Verhältnis zwischen dem Bestandteil einer Gesamtheit und der als Ganzes genommenen Gesamtheit selbst, entspricht speziell dem Verhältnis zwischen Individuum und Kollektiv.

Wie auch im XIX. Jahrhundert wird das Problem des Verhältnisses zwischen den Bewegungsformen der Materie in der Natur in der modernen Naturwissenschaft vor allem in zwei Grundrichtungen verwirrt:

(1) in Form der *„Reduzierung“* der höheren Formen auf die niederen (das kann am Beispiel der Versuche gezeigt werden, die Chemie auf die Physik, speziell auf die Quantenmechanik, wie auch die Biologie auf die Chemie und auf die Physik zu reduzieren);

(2) in Form der *Lostrennung* der höheren Formen von den niederen (das kann am Beispiel des Versuches gezeigt werden, eine Reihe biologischer Erscheinungen mit Hilfe rein biologischer Begriffe zu erklären, ohne dabei die Zusammenhänge dieser Erscheinungen mit ihrer physikalisch-chemischen Seite zu berücksichtigen).

Dementsprechend werden wir im weiteren einige Aspekte des Verhältnisses zwischen den Bewegungsformen der Materie in der modernen Naturwissenschaft untersuchen. Wir berühren dabei speziellere Fragen, strittige Fragen, die einzelne Naturwissenschaften betreffen, wie die Frage nach dem Verhältnis zwischen Physik (vor allem Quantenmechanik) und Chemie, sowie einige Fragen, die auf den ersten Blick nur die Biologie betreffen. Die spezielleren Fragen werden in dem vorliegenden Vortrag mit dem Ziel behandelt, konkret zu zeigen, daß sie, ungeachtet ihres speziellen Charakters, mit dem allgemeinen Problem des Verhältnisses zwischen den Bewegungsformen der Materie in der Natur untrennbar verbunden sind und daß die Lösung dieses allgemeinen Problems die allgemeine *Methode* oder den *Schlüssel* zur Lösung der genannten Teilfragen und anderer analoger Fragen liefern kann.

Wie überall hat auch hier die *Praxis* ohne Zweifel das entscheidende Wort. Jede Theorie, so auch eine philosophische, die von der Praxis losgelöst ist, sich nicht auf sie gründet und nicht an ihr geprüft worden ist, um so mehr aber noch eine Theorie, die der Praxis widerspricht, erweist sich als unhaltbar. Deshalb müssen solche wissenschaftlichen Richtungen, die mit der Praxis eng verbunden sind, die unmittelbar praktische Fragen ausarbeiten, besonders aktiv unterstützt werden. Ein hervorragendes Beispiel für die richtige Verbindung zwischen Theorie und Praxis gab der große Naturforscher I. W. Mitschurin. Er war einer der echten Marxisten unter den Naturwissenschaftlern.

Das Gesagte bedeutet durchaus nicht, daß ohne kritische Prüfung und Einschätzung eine beliebige spezielle naturwissenschaftliche Vorstellung oder Verallgemeinerung deshalb automatisch anerkannt werden muß, weil sie von Menschen aufgestellt worden ist, die diese oder jene praktische Frage mit Erfolg bearbeitet haben. So kann z. B. die idealistische Theorie, die die Kernprozesse im Sinne des Ostwaldschen Energetismus als Verwandlung der Materie in Energie darstellt, durch keinerlei praktische Erfolge bei der technischen Gewinnung und Ausnutzung der Atomenergie gerechtfertigt werden. Analog dazu geben noch so viele praktische Erfolge auf dem Gebiet der Medizin keinerlei Anlaß, den „physiologischen" Idealismus zu rechtfertigen. In all diesen und ähnlichen Fällen werden philosophische Schlußfolgerungen und Verallgemeinerungen nicht auf der Grundlage der Praxis, sondern im Gegensatz zu ihr vorgenommen. Deshalb wäre auch folgender Schluß unhaltbar: Wenn ein bestimmter Wissenschaftler ein guter Praktiker ist und wenn er erklärt, daß er seine konkrete theoretisch-naturwissenschaftliche und um so mehr seine philosophische These als Verallgemeinerung praktischer Ergebnisse gewonnen hat, muß man diese These ohne weitere Kritik glauben. Diese Anschauung muß verworfen werden, besonders dann, wenn diese oder jene theoretische These, wie sehr man sie auch mit empirischem Material belegen möge, Elemente des Energetismus und überhaupt des „physikalischen", „physiologischen", „biologischen" und anderer Arten des Idealismus, des theologischen Denkens und anderer der Naturwissenschaft und dem Materialismus feindlicher Konzeptionen enthält. In solchen Fällen besteht die Aufgabe der Kritik darin, das Vorhandensein der genannten fehlerhaften Elemente in den untersuchten Theorien oder Vorstellungen aufzudecken und diese Elemente zu beseitigen, da die konkretisierte, von fehlerhaften Annahmen oder ad hoc erdachten Hypothesen befreite Theorie der Praxis erfolgreicher dienen kann.

Das Verhältnis zwischen den physikalischen Bewegungsformen und der chemischen Bewegungsform der Materie. Im Vergleich zur Naturwissenschaft des XIX. Jahrhunderts haben sich die tiefsten Veränderungen zweifellos auf dem Gebiet der Physik vollzogen. Ein neuer Zweig der Physik ist entstanden, der im vorigen Jahrhundert fehlte, die Atomphysik. Es wurden die materiellen Träger schon früher bekannter Bewegungsformen, der elektrischen

Bewegung und der Strahlung (das Elektron und das Photon, das ein elektromagnetisches Feld darstellt), entdeckt. Es wurden andere materielle Teilchen und früher nicht bekannte Bewegungsformen der Materie entdeckt (so z. B. quantenmechanische Prozesse, Kernumwandlungen u. a.). Im Ergebnis dieser Entdeckungen teilte sich die früher (im wesentlichen) einheitliche Physik in zwei mehr oder weniger voneinander abgegrenzte Gebiete: die Atomphysik und die molekulare Physik, wobei sich das Zentrum der Entwicklung der Physik, wie auch der gesamten modernen Naturwissenschaft eben auf die Atomphysik, insbesondere auf die Kernphysik, verlagerte.

Die Spaltung der Physik schuf eine neue Situation für die Untersuchung der gesamten Reihe der Bewegungsformen der Materie und vor allem für das Verständnis der physikalischen Bewegungsform selbst. Die alte Physik des XIX. Jahrhunderts, die vorwiegend die molekulare Bewegung (Wärmebewegung u. a.) untersuchte, wurde von der neuen Physik abgelöst, die die inneratomaren physikalischen Bewegungen, besonders die Kernbewegungen untersucht. Die Sphäre der alten Physik und das spezielle Gewicht der von ihr untersuchten Bewegungsformen wird in der modernen Physik immer mehr eingeengt: Vieles aus ihr geht in die neue Physik über.

So wurden z. B. im XIX. Jahrhundert die physikalische Statistik und die Thermodynamik am Material der Beziehungen zwischen den einfachsten der in dieser Zeit untersuchten Bewegungsformen ausgearbeitet, der mechanischen und der Wärmebewegung, wobei als materielle Träger dieser Bewegungen die Gase und die diese bildenden Moleküle dienten. So entstand historisch die kinetische Gastheorie. Im XX. Jahrhundert wurden einfachere, vom Standpunkt der Physik „elementarere" Systeme als die molekularen Gase entdeckt und untersucht, so z. B. das Photonengas, das der Bose-Einstein-Statistik unterworfen ist, und das Elektronengas, das der Fermi-Dirac-Statistik unterliegt. Auf diesen materiellen Objekten und den ihnen entsprechenden physikalischen Bewegungsformen der Materie gründen sich nicht nur einzelne statistische und thermodynamische Theorien, sondern auch allgemeine Theorien, die früher an Hand anderer physikalischer Systeme, nämlich der Molekularsysteme, ausgearbeitet wurden.

In der Gegenwart wird der Gegenstand der Physik, d. h. die physikalischen Bewegungsformen der Materie, ständig dadurch abgewandelt, daß sich die Gebiete, die mit der Untersuchung neu erschlossener und noch zu erschließender Formen der inneratomaren Bewegung verbunden sind, ständig erweitern, und daß sich die Gebiete, die mit der Untersuchung molekularer Bewegungen verbunden sind, ständig verkleinern. Aus den letzteren heben sich die speziellen physikalischen Lehren von den Flüssigkeiten, vom kristallinen Zustand des Stoffes, von den physikalischen Eigenschaften der Stoffe, so z. B. von der Viskosität usw. heraus. Es wäre jedoch falsch, aus diesem Grund den Schluß zu ziehen, daß die molekularen Bewegungen aufgehört hätten oder aufhören würden, physikalische Bewegungen zu sein. Die moderne Physik und folglich auch die moderne Auffassung ihres Gegenstandes und der Bewegungsformen, die zur Kategorie der physikalischen Bewegungsformen der Materie gehören, stellen eine sehr komplizierte Überschneidung des Gegenstandes der alten, klassischen Physik mit den im XX. Jahrhundert neu entstandenen neuen Gebieten dieser Wissenschaft dar.

Im Ergebnis der Entdeckung neuer, einfacherer und „elementarerer“ physikalischer Bewegungsformen und bei Beibehaltung der früher erforschten molekularen Bewegung in der Reihe der physikalischen Bewegungsformen wurde für das Verhältnis zwischen physikalischen und chemischen Bewegungsformen eine neue, außerordentlich originelle und ungewöhnliche Situation geschaffen. In welche Richtung wir, ausgehend von der Atombewegung als dem Gegenstand der Chemie, bei der Untersuchung der chemischen Bewegung auch gehen mögen, wir gelangen unmittelbar zu der einen oder anderen Art der physikalischen Bewegung. Vom Einfachen zum Komplizierten fortschreitend, d. h., von der atomaren Bewegung, die sich im Inneren der Moleküle vollzieht und bei der deren Struktur zerstört wird, zur Bewegung der Moleküle selbst als ganze Systeme gelangen wir in das Gebiet der (physikalischen) Molekularbewegung. Bewegen wir uns in entgegengesetzter Richtung, nämlich vom Komplizierten zum Einfachen, d. h., von der Bewegung der Atome als ganzer Gebilde zur Bewegung der Elektronen, die sich innerhalb des Atoms vollzieht und erst recht zur Bewegung innerhalb des Kernes, so befinden wir uns wiederum in der Sphäre der physikalischen (in diesem Falle der inneratomaren) Bewegung.

Das zeigt uns, daß die chemische Bewegungsform durch die Spaltung der Physik in molekulare und Atomphysik (oder besser subatomare Physik) gleichsam überall an die physikalische Bewegungsform angrenzt: sowohl in dem Punkte, wo die niederen und einfacheren Bewegungsformen in die chemische als die höhere und kompliziertere übergehen, als auch in dem Punkte, wo die chemische Bewegungsform selbst ihrerseits in eine noch höhere und kompliziertere übergeht. Dementsprechend „umkreist“ die Physik gleichsam die Chemie, sie umfaßt sie, wenn wir die allgemeine Reihe der Bewegungsformen der Materie betrachten, von beiden Seiten. Die geschaffene Lage ruft große Schwierigkeiten nicht nur für das Verständnis des wechselseitigen Zusammenhanges zwischen physikalischen Bewegungsformen und der chemischen Bewegungsform der Materie, sondern auch für das Verständnis jeder dieser Formen für sich hervor. In der letzten Zeit wurden mindestens vier Lösungen zur Überwindung der entstandenen Schwierigkeiten vorgeschlagen, die wir der Reihe nach betrachten wollen.

Erste Lösung: Die Chemie reduziert sich auf die Physik. Vom logischen Standpunkt her kann eine solche Lösung, bei der nur eine Seite des Verhältnisses existiert, nämlich die Physik, als die einfachste erscheinen. Die Chemie dagegen wird vollständig liquidiert, womit auch die Frage nach dem Verhältnis der beiden Seiten selbst liquidiert wird, insofern nämlich nur eine von ihnen übrig bleibt. Diese Lösung wird von einigen Wissenschaftlern unterstützt, besonders von Physikern und von einigen Physiko-Chemikern. Sie reduziert sich darauf, die Chemie als einen Teil der Physik anzuerkennen, die chemische Bewegungsform in den physikalischen Bewegungsformen aufzulösen, kurz, die chemische Bewegung auf die physikalische zu reduzieren.

Als Hauptargument für diese Lösung wird der Umstand benutzt, daß im XX. Jahrhundert das Atom Gegenstand der Untersuchung für die Chemie und in nicht geringerem Maße auch für die Physik ist und daß deshalb die Atombewegung aufhörte, Gegenstand der Untersuchung einzig und allein für die Chemie zu sein. Mehr noch, das wichtigste Resultat dieser Bewegung, die Bildung des chemischen Zusammenhanges zwischen den Atomen, beginnt man heute von den Positionen der Physik her zu betrachten, weil nämlich dieser Zusammenhang selbst hauptsächlich durch die Wechselwirkung der Valenzelektronen gebildet wird, deren Bewegung im Atom sich den allgemeinen physikalischen Gesetzen, den Gesetzen der Quantenmechanik und der Wechselwirkung elektrischer Ladungen unterwirft.

Bereits zu Beginn unseres Jahrhunderts verwies Lenin auf den Ausspruch der Wissenschaftler jener Zeit, wonach es von Tag zu Tag klarer wird, daß sich die chemische Verwandtschaft auf die Elektrizität reduziert („reduzieren" im Sinne von „hervorrufen", „bedingt werden"). Das seit dieser Zeit verflossene halbe Jahrhundert hat diesen Gedanken unvergleichlich klarer und beweiskräftiger werden lassen. Hieraus entstehen auch die Versuche, die Chemie mit ihrem Gegenstand (der chemischen Bewegungsform) als einen Überrest des früheren Zustandes der Wissenschaft zu erklären, eines Zustandes, in dem die physikalischen Gesetzmäßigkeiten, die allen chemischen Theorien, Gesetzen und Begriffen zugrunde liegen, noch nicht ausgearbeitet waren.

Das Periodische Gesetz der Elemente z. B., das im XIX. Jahrhundert als spezifisch chemisches Gesetz entdeckt und interpretiert wurde, tritt heute in erster Linie als physikalisches Gesetz auf, das mit dem physikalischen Aufbau der Atomhülle und den Kernumwandlungen der Elemente in Zusammenhang steht. Der Begriff „chemisches Element" selbst wird heute ausschließlich durch seine physikalischen Merkmale definiert (durch die Kernladung, deren Konstanz durch die Masse des Kernes bedingt wird), und nicht durch rein chemische Merkmale, wie dies bis zum Ende des XIX. Jahrhunderts der Fall war. Damals wurde das Element nach Lavoisier als ein chemisch ungeteilter und sogar überhaupt unteilbarer Stoff definiert. Außerdem spielt der Begriff „chemisches Element" für die Chemie die gleiche fundamentale Rolle, wie der Begriff „Energieform" für die Physik oder der Begriff „biologische Art" für die Biologie.

Ein Anhänger des dargelegten Standpunktes urteilt etwa so: Das, was man im XIX. Jahrhundert chemische Bewegung nannte, ist mit der Bewegung der Atome verbunden. Aber in stofflicher Hinsicht ist in den Atomen nichts weiter enthalten, als seine in Wechselwirkung befindlichen physikalischen Strukturteile, so wie auch in der Wechselwirkung der Atome selbst letzten Endes nichts weiter enthalten ist, als die Wechselwirkung derselben physikalischen Teile, aus denen die Atome bestehen und natürlich vor allem der peripheren oder Valenzelektronen. Das bedeutet aber, daß es keinerlei besondere, „chemische" Bewegung oder Wechselwirkung gibt, daß sie sich vollkommen, restlos auf die physikalische Bewegung und auf die physikalische Wechselwirkung „reduziert" (im Sinne von „erschöpft").

Nicht zufällig wird z. B. behauptet, daß die Theorie des *„chemischen* Aufbaus" der Moleküle von Butlerow heute durch eine neue Theorie ihres *„physikalischen* Aufbaus" ersetzt werden müsse. Eben auf diesem Boden konnten die Versuche entstehen und sich ausbreiten, die Chemie, einschließlich der organischen Chemie, auf die Quantenmechanik zu reduzieren (im Sinne von „erschöpfen").

Es versteht sich, daß die Quantenmechanik, wie auch die Quantenchemie, die eine wissenschaftliche Ergänzung der Quantenmechanik in bezug auf die Chemie darstellt, keinerlei Verantwortung für Versuche solcher Art tragen, die nichts anderes sind als eine Erscheinungsform des Mechanizismus in der modernen Naturwissenschaft. Anders darf man diese Versuche, die Chemie und erst recht die Biologie auf die Physik, auf die Quantenmechanik zu reduzieren (im Sinne von „erschöpfen") nicht bewerten. Die höheren Bewegungsformen, darunter die chemische und biologische „reduzieren sich" auf die physikalischen Formen nur in einem Sinne: dem genetischen, insofern nämlich überhaupt alle höheren Formen im Entwicklungsprozeß der Natur aus niederen (und damit aus den physikalischen) entstehen. Deshalb enthalten sie alle jene niederen Formen, aus denen sie entstanden sind.

Selbst die größten Erfolge der Quantenchemie zeigen ganz klar, daß es bisher nicht gelungen ist, die chemische Bewegungsform auf die physikalische, die chemischen Gesetzmäßigkeiten auf die physikalischen, speziell auf die quantenmechanischen zu „reduzieren" (im Sinne von „erschöpfen"). Die letzteren zeigen ihre unbestreitbare große Bedeutung für die Erkenntnis mit seltenen Ausnahmen nur, wenn Gesetzmäßigkeiten, die von der Chemie bereits früher aufgedeckt wurden, vom physikalischen Standpunkt her interpretiert werden.

Natürlich darf man nicht a priori die Möglichkeit ausschließen, daß in bezug auf eine prinzipiell wichtige neue, bisher in der Chemie noch unbekannte Erscheinung die Quantenmechanik den Chemikern helfen kann, diese zu entdecken oder vorauszusehen. Aber in den drei Jahrzehnten, in denen die Quantenmechanik existiert, wurde auf deren Grundlage hinsichtlich der organisch-chemischen Prozesse keine irgendwie entscheidende Voraussage gemacht.

In einem gleich langen Zeitabschnitt (von 1861 bis 1893) hat dagegen die Theorie des chemischen Aufbaues von Butlerow als eine speziell chemische Theorie den Chemikern die Vorhersage und die Synthese tausender neuer organischer Stoffe ermöglicht. Dieser Unterschied erklärt sich meiner Ansicht nach daraus, daß die Butlerowsche Theorie die qualitative Spezifik der von der organischen Chemie untersuchten Erscheinungen vollständig widerspiegelt, während die Quantenchemie sich ihrem Wesen nach das Ziel stellt, die *physikalische* Seite der Erscheinungen zu untersuchen. Das ist zweifellos von großem wissenschaftlichen Interesse, kann aber nicht die gegebene Erscheinung im ganzen erfassen und ihre qualitative Spezifik widerspiegeln. Hieraus ergibt sich auch, so scheint mir, die Beschränktheit der Bedeutung der Quantenmechanik für die Erkenntnis (im Sinne der Vorhersage) auf dem Gebiet der organischen Chemie.

Die Seite der chemischen Gesetzmäßigkeiten, die die Physik untersucht und erschließt, und die zweifellos sehr wichtig und wesentlich ist, kann man als die Untersuchung unter dem genetischen Aspekt bezeichnen, d. h. unter dem Aspekt, wie die chemische Bewegung überhaupt aus der einfacheren, physikalischen entsteht. Eine solche Betrachtung kann jedoch keinesfalls das ersetzen oder erschöpfen, was die Chemie mit den für sie spezifischen Erkenntnisverfahren bei der Untersuchung der Stoffe zustande bringt. Warum ist dies so? Um diese Frage zu beantworten, muß geklärt werden, worin vom Standpunkt der modernen Naturwissenschaft aus und damit auch vom Standpunkt der modernen Physik die Spezifik der chemischen Bewegungsform besteht.

Wenn man behauptet, daß sich die chemische Bewegung vollständig auf die physikalische reduziert, so wird vorausgesetzt, daß man sich das Objekt der Chemie als rein physikalisches System vorstellen kann, das aus so und so viel elektrisch geladenen Teilen, Elektronen und Kernen, besteht, die sich untereinander in physikalischer Wechselwirkung befinden. Ein Wasserstoffatom (H) z. B. ist vom Standpunkt der Physik aus ein System zweier Körper, eines Protons und eines Elektrons, worüber wir schon weiter oben gesprochen haben. Ein Physiker betrachtet deshalb die einfachste chemische Wechselwirkung zwischen zwei Wasserstoffatomen und die Bildung eines Wasserstoffmoleküls ($H + H = H_2$) nicht als Vereinigung *zweier chemischer*, *ganzer Einheiten*, der Atome, sondern als unmittelbare *Vereinigung* und Wechselwirkung von *vier physikalischen Teilchen*, von zwei Protonen und zwei Elektronen.

Außerdem verlaufen in Wirklichkeit die chemischen Prozesse bedeutend komplizierter, als sich dies auf der Grundlage des hier angeführten einfachen Falles darstellt, und in ihnen kommt der oben erwähnte stufenartige Charakter klar zum Ausdruck.

Einige Wissenschaftler halten es jedoch dennoch für möglich, sämtliche chemischen Prozesse überhaupt in Analogie zu den *einfachsten* chemischen Gebilden, die in der Chemie Einzelfälle sind, zu betrachten. Diese Wissenschaftler glauben, daß das angeführte einfache Beispiel der Bildung eines Moleküls H_2 (oder noch einfacher, eines Iones H_2') eine prinzipielle Lösung allgemeinen Typs abgibt: Wenn man sich einmal H_2 (oder H_2') als System von vier (oder drei) elektrisch geladenen physikalischen Teilchen vorstellen kann, so kann man auch *jede beliebige* chemische Verbindung, *jede beliebige* chemische Reaktion, *jede beliebige* Bildung eines chemischen Zusammenhanges im Prinzip auf ein dem Wesen nach ebensolches physikalisches System reduzieren, das nur aus einer größeren Anzahl geladener Teilchen besteht.

Folglich ergibt sich ein scheinbar nur quantitativer Unterschied, ein Unterschied nur in der Anzahl der beteiligten Kerne und Elektronen. Ein solches Herangehen ist jedoch einseitig, und daher unrichtig, mechanistisch. Es berücksichtigt nicht die qualitative Seite der chemischen Einheiten (der Atome), die ihrerseits aus physikalischen Einheiten (Kernen und Elektronen) entstehen.

Außerdem schlagen hier, wie überall in der Natur, quantitative Veränderungen (die Vergrößerung der Anzahl der physikalischen Teilchen, die an der Bildung des chemischen Systems beteiligt sind) auf einer bestimmten Stufe ihrer Anhäufung in qualitative um, in die beobachtbaren spezifisch chemischen Gesetzmäßigkeiten, die man nicht direkt und *unmittelbar* auf die Wechselwirkung der Elektronen mit den Kernen und der Elektronen untereinander reduzieren darf. Das kommt insbesondere bereits darin zum Ausdruck, daß bei der Untersuchung der physikalischen Seite einer chemischen Wechselwirkung zwischen zwei Atomen, die komplizierter sind als H, z. B. zwischen K und Cl (bei der Bildung des Salzes KCl) *nicht alle* Elektronen, die in den Hüllen beider Atome vorkommen, berücksichtigt werden, sondern nur die peripheren, die Valenzelektronen. Folglich beschränkt sich selbst in bezug auf *zwei* abstrakt betrachtete Atome die Aufgabe auf die Untersuchung der Wechselwirkung des Atom„gerüsts“ als eines Ganzen mit einer peripheren Elektronenhülle.

Wir nahmen nur zwei Atome, K und Cl. Aber die Unmöglichkeit der „Reduzierung“ eines chemischen Prozesses auf die Bewegung der physikalischen Teilchen wird natürlich in dem Maße offensichtlicher und spürbarer, wie sich erstens die *Anzahl* der Elektronen in der Atomhülle vergrößert und wie sich zweitens die *Anzahl* der Atome vergrößert, die an dem entsprechenden chemischen Prozeß beteiligt sind. Mit anderen Worten, der Umschlag von Quantität in Qualität (und dementsprechend der Umschlag von einer qualitativ bestimmten Bewegungsform — der physikalischen — in eine andere von ihr qualitativ unterschiedene Bewegungsform — die chemische —) wird um so klarer, je stärker die Quantität in ihren Ausmaßen jene Grenze überschreitet, bei deren Erreichung sie in eine neue Qualität umschlägt.

Der Stand der Dinge ist im Falle des Übergangs von der physikalischen Bewegungsform zur chemischen bei Vergrößerung der Anzahl der am Prozeß beteiligten physikalischen Teilchen der Situation analog, die nicht nur bei der Bildung eines Gases aus einzelnen Molekülen, sondern überhaupt bei der Bildung eines Kollektivs aus einzelnen Individuen besteht.

Etwas ähnliches, natürlich unter Berücksichtigung der Spezifik des Objektes (der physikalischen Teilchen und der chemischen Systeme) ist auch beim Anwachsen der Anzahl der Elektronen zu beobachten, die in chemisch reagierenden Atomen vorkommen. Auf einer bestimmten Stufe der Vergrößerung ihrer Anzahl beginnt die Spezifik der chemischen Bewegung hervorzutreten, und zwar um so deutlicher, je größer diese Zahl wird.

Die oben angeführten Beispiele der Wechselwirkung physikalischer Teilchen (Elektronen und Kerne), die in Atomen vorkommen, und der Wechselwirkung ganzer Atome, die untereinander mit Hilfe derselben elektrischen Kräfte chemisch verbunden sind, gestatten es, den Schluß zu ziehen, daß mindestens im vorliegenden Falle die Wechselwirkungen — wenn man so sagen kann — stufenartig und daher vermittelt zustande kommen. Auf der einen Stufe entsteht die Wechselwirkung zwischen den Elektronen und den Kernen, sowie zwischen den Elektronen selbst *innerhalb* des Atoms (das ist die Wechselwirkung, sagen wir, erster Ordnung); auf einer weiteren Stufe bildet sich die Wechselwirkung unmittelbar *zwischen* den Atomen, und folglich auch zwischen den Elektronen, die zu verschiedenen Atomsystemen gehören (das ist im gegebenen Fall die Wechselwirkung zweiter Ordnung).

Es ist deshalb im Prinzip unmöglich, sich die Wechselwirkung der Atome einfach als Wechselwirkung der in ihnen vorkommenden Elektronen und Kerne vorzustellen, ähnlich wie es unmöglich ist, sich die menschliche Gesellschaft als aus lebenden Zellen bestehend vorzustellen; denn in der menschlichen Gesellschaft stehen *unmittelbar* nicht die Zellen in Wechselwirkung, sondern die Menschen, die Individuen, von denen jedes natürlich aus Zellen besteht, das aber in seinen Beziehungen zu anderen Menschen durchaus nicht als ein bloßes System von Zellen, nicht nur als vielzelliger Organismus auftritt.

Wenn wir z. B. sagen, ein bestimmtes Dorf besteht aus einigen Gebäuden, die Gebäude sind aus Ziegelsteinen errichtet, der Ziegelstein besteht aus Lehm, so können wir nicht sagen, daß das Dorf aus Lehm besteht, weil wir in diesem Fall eine Reihe Zwischenglieder, die Wechselwirkungen verschiedenen Typs widerspiegeln, überspringen würden. Diese Zwischenglieder sind die Wechselwirkungen zwischen dem Lehm, das den Ziegelstein bildet, zwischen den Ziegelsteinen, die das Gebäude bilden und zwischen den Gebäuden, aus denen unmittelbar das gegebene Dorf besteht. Und obgleich in letzter Instanz, d. h. mittelbar, das ganze Dorf aus Lehm entstanden ist, gibt uns diese Tatsache nicht das Recht, das Dorf unmittelbar und direkt auf den ursprünglichen Lehm zu reduzieren und damit das Vorhandensein gewisser Zwischentypen der Wechselwirkung zu ignorieren.

Eine ganz analoge Situation liegt auch in dem uns interessierenden Falle der Beziehung der physikalischen (der niederen) Bewegungsform und der chemischen (der im Vergleich zu ihnen höheren) Bewegungsform der Materie vor. Obgleich die Atome aus Elektronen und Kernen aufgebaut sind, kann man sich doch die Bildung der Moleküle aus Atomen und die Umwandlung dieser Moleküle infolge der Bewegung der sie bildenden Atome nicht als Resultat der *unmittelbaren Wechselwirkung* zwischen ebenso viel Kernen und Elektronen vorstellen. Das wäre dasselbe, als würde man einem Architekten vorschlagen, ein Haus nicht aus Ziegelsteinen, sondern unmittelbar aus einer ihrem Gewicht und Umfang nach gleichen Menge Lehm aufzubauen, der vorher noch in Ziegelsteine umgeformt werden muß.

Und in der Tat, wenn wir im einfachsten Falle, im Falle des Wasserstoffmoleküls auf den ersten Blick noch zugestehen können, daß der Ausgangspunkt für die Lösung der Aufgabe ein System aus vier physikalischen Teilchen ist (zwei Protonen und zwei Elektronen), so tritt beim Chlorieren des Benzols eine wesentliche Veränderung ein: Der Chemiker stellt diesen Prozeß als Vereinigung zweier Moleküle dar, bei der sich zwei neue Moleküle bilden: $C_6H_6 + Cl_2 = C_6H_5Cl + HCl$. Wenn wir hier das Prinzip der „Reduzierung“ der chemischen Bewegung auf die physikalische anwenden, so muß als unmittelbares Ausgangssystem ein physikalisches System angenommen werden, das seiner allgemeinen Anzahl nach aus 90 Teilchen besteht (14 Kernen und 76 Elektronen), die 152 elektrische Ladungen besitzen. Sodann müßte ihre wahrscheinlichste Verteilung gesucht werden. Da jedoch die Atomkerne ihrerseits aus Nukleonen bestehen, so müßte, wenn das Prinzip der „Reduzierung“ konsequent durchgehalten würde, ein physikalisches System aus 224 Teilchen angenommen werden (von ihnen 148 Nukleonen — Protonen und Neutronen). Ein solches System und sein „Verhalten“ zu berechnen, ist praktisch unmöglich, und zwar nicht deshalb, weil dazu sehr viel Zeit erforderlich wäre, sondern deshalb, weil man *unmittelbar*, ausgehend von der vorliegenden allgemeinen Zahl der Elektronen und Nukleonen, nicht zur Erklärung übergehen darf, wie zwei Moleküle — Benzol und Chlor — untereinander chemisch reagieren werden.

Um eine solche Rechnung durchzuführen, müssen *zuerst* die Atomkerne von sechs Molekülen Kohlenstoff und zwei Molekülen Chlor ausgezählt (d. h. gedanklich konstruiert) werden, wobei sechs Protonen als Wasserstoffkerne frei bleiben. Diese Rechnung muß nach den Gesetzen der Kernphysik vorgenommen werden. *Danach* müßten schon *nach anderen* Gesetzen, nach den Gesetzen der Quantenmechanik, die Atomhüllen der Atome des Kohlenstoffes, des Wasserstoffes und des Chlors ausgezählt (konstruiert) werden, d. h., es müßten diese Atome selbst konstruiert werden. Erst *danach* könnte nach den Gesetzen der Chemie, gestützt auf deren quantenchemische Interpretation, das Benzolmolekül konstruiert werden, damit man *schließlich* unter Zuhilfenahme derselben chemischen Gesetze in ihrer Verbindung mit den quantenchemischen Vorstellungen zur Lösung der Aufgabe übergehen kann, den Verlauf der Reaktion zwischen einem Molekül Benzol und einem Molekül Chlor zu klären.

Die Unmöglichkeit der vollständigen „Reduzierung“ der Chemie auf die Quantenmechanik wird manchmal als rein praktische Schwierigkeit interpretiert, die mit der Zeit überwunden wird und die im Prinzip zu überwinden ist. Das ist ein Irrtum. Die Unmöglichkeit einer solchen „Reduzierung“ trägt prinzipiellen Charakter. Eine solche „Reduzierung“ geht von der Möglichkeit aus, das Vorhandensein eines bestimmten Typs der Wechselwirkung zwischen Atomen in der objektiven Welt (der Natur) zu ignorieren, an dem zwar die physikalische (die quantenmechanische) Bewegung, aber nur als der höheren Bewegungsform, der chemischen Bewegung untergeordnete Bewegung teilnimmt. Aber dies ist prinzipiell unzulässig.

Oben wurde das Beispiel einer chemischen Wechselwirkung zweier Moleküle, Benzol und Chlor, angeführt, aber das ist ein vom Standpunkt der Chemie ideal einfacher Fall, der in dieser „reinen Form“ in der Wirklichkeit selbst im Verlauf der Reaktion beim Chlorieren des Benzols in der gasförmigen Phase nicht vorkommt. Das ist die denkbar höchste Abstraktion, die aus dem realen Prozeß abgeleitet ist, um dessen grundlegendes chemisches Wesen, seinen Chemismus zu erklären.

Im realen Prozeß dagegen, mit dem es die Chemie faktisch zu tun hat, ist die Zahl der beteiligten Moleküle verschiedener Stoffe nicht zwei, sondern eine Zahl der Größenordnung 10^{22}. Unter diesen Bedingungen sind nicht nur die wahrscheinlichsten und häufigsten Fälle des Verlaufes einer bestimmten Reaktion möglich, sondern auch beliebige andere, die mit dem Vorhandensein der entsprechenden Stoffe in Zusammenhang stehen. Außerdem muß man unbedingt berücksichtigen, daß es in der Natur keine ideal reinen Stoffe gibt, daß die Komponenten einer chemischen Reaktion außerdem noch andere Stoffe enthalten, wie z. B. Wasser (das sind aber keine Verunreinigungen!). Der Einfluß dieser Stoffe muß jedoch bei der Analyse einer realen chemischen Bewegung, wie sie sich im chemischen Laboratorium, und um so mehr unter natürlichen Bedingungen vollzieht, berücksichtigt werden. Aber all diese Prozesse verlaufen in einem bestimmten Milieu. Um daher die chemische Bewegung in ihrer ganzen qualitativen Spezifik, als eine besondere Bewegungsform der Materie zu verstehen, ist es nicht nur notwendig zu berücksichtigen, *was* reagiert, sondern auch, *wie* diese Reaktion vor sich geht.

Die Quantenmechanik ist selbst unter Zuhilfenahme der vollkommensten Elektronenrechenmaschinen nicht in der Lage, eine solche Aufgabe zu lösen, und zwar aus dem Grunde, weil für diese Lösung in erster Linie andere Gesetzmäßigkeiten berücksichtigt werden müssen, die eben jener Bewegungsform zukommen, die wir als die chemische bezeichnen. Diese Spezifik macht es erforderlich, die ganze Kompliziertheit der realen chemischen Systeme zu berücksichtigen, in denen sich chemische Bewegungen vollziehen.

Zweite Lösung: Die Kernphysik ist Chemie, aber keine Physik. Eine andere Methode zur Überwindung der Schwierigkeit, die mit der Abgrenzung von Physik und Chemie verbunden ist, gründet sich im Vergleich zu der oben behandelten auf eine direkt entgegengesetzte Annahme. Ausgehend von der alten Bestimmung der Chemie als der Wissenschaft von der Umwandlung der Stoffe schlagen einige Chemiker vor, die Kernumwandlungen als chemische Umwandlungen zu betrachten, weil nach ihrer Meinung eine jede Umwandlung des Stoffes eher eine chemische Bewegung ist.

Kernreaktionen sind zweifellos grundlegende Umwandlungen des Stoffes, die bedeutend tiefer gehen als chemische Umwandlungen: bei letzteren bleiben die chemischen Elemente erhalten, bei den ersteren werden sie jedoch zerstört, ineinander umgewandelt.

Es ist aber offensichtlich völlig unzulässig, die Kernumwandlungen auf Grund rein terminologischer Einwände und veralteter, unrichtig gewordener Definitionen zur Chemie zu rechnen. Wenn in der Natur neue Tatsachen festgestellt werden, die sich nicht unter die bisherigen Begriffe und Bestimmungen bringen lassen, so besteht der einzig richtige Weg darin, die Begriffe und Bestimmungen in Übereinstimmung mit den neuen Tatsachen zu verändern und nicht etwa darin, die neuen Tatsachen unter die alten Begriffe und Bestimmungen zu zwängen.

Wenn man nach Lavoisier unter einem chemischen Element einen unzerlegbaren Stoff verstand, so mußte man nach der Entdeckung der Radioaktivität diese schon unrichtig gewordene, veraltete Definition verändern, und nicht z. B. das

Radium aus der Reihe der chemischen Elemente ausschließen, nur um die alte Formel zu erhalten, wie dies Ostwald tat. Das wäre dasselbe, als machten es die Gelehrten der Stiefmutter aus dem Märchen vom Aschenbrödel gleich und schnitten die Zehen ab, die nicht in den engen Schuh hineinpassen. Jeder vernünftige Mensch würde natürlich anders handeln: Er würde die enge Formel verwerfen und sie durch eine neue, dem veränderten Inhalt adäquate ersetzen und nicht einen Teil des lebenden Körpers abschlagen, der nicht in diese Formel hineinpaßt. Die Wissenschaft liebt den nicht, der ihren Inhalt zugunsten veralteter Denkformen verstümmelt.

Die Chemiker, die sich an alte Formeln klammern, begehen einen prinzipiellen Fehler, wenn sie neue Tatsachen unter diese Formeln zwängen wollen. Die Definition der Chemie, und folglich der chemischen Bewegungsform, die von vornherein alle stofflichen Verwandlungen als Monopol der Chemie betrachtet, muß als veraltet und unter den neuen Bedingungen als falsch geworden verworfen werden. Die chemische Bewegungsform ist nicht mit jeder stofflichen Umwandlung überhaupt verbunden, sondern nur mit einer solchen, bei der sich eine Atombewegung unter Erhaltung der Atome selbst, ohne grundlegende Zerstörung der Atome vollzieht.

Nebenbei sei bemerkt, daß es uns nicht vor der ursprünglichen Unklarheit rettet, wenn wir die Kernphysik als Chemie betrachten. Selbst wenn wir dies zugeben, fällt die Schwierigkeit der Abgrenzung zwischen Physik und Chemie nicht nur nicht weg, sondern wird sogar noch vergrößert: Wenn wir nämlich vom Molekül aus in die Tiefe des Aufbaus der Materie vordringen, würden wir zunächst aus dem Gebiet der physikalischen Bewegung (der Molekularbewegung) auf das Gebiet der chemischen Bewegung (Atombewegung) übergehen und danach von neuem auf das Gebiet der physikalischen Bewegung, die die Elektronen innerhalb des Atoms vollführen; weiter kommen wir beim Übergang in die Tiefe des Kerns, d. h. in das Gebiet der Kernumwandlungen, von neuem, schon zum zweiten Male, aus dem Gebiet der physikalischen Bewegung in das Gebiet der chemischen, wenn wir die Kernreaktionen nur als chemische betrachten, und schließlich gehen wir wiederum, und auch hier zum zweiten Mal, von der chemischen Bewegung zur physikalischen über, wenn wir zu den „Elementarteilchen" und den Feldern vordringen.

Als Ergebnis erzielten wir dabei ein ziemlich künstliches und wenig berechtigtes Durcheinander in den Bewegungsformen der Materie, das in der Natur selbst nicht vorhanden ist. Und die ganze künstliche Konstruktion entstünde nur aus dem Wunsch heraus, um jeden Preis eine veraltete Formel beizubehalten, nach der die Chemie irgendwann in der Vergangenheit einmal (als die Kernreaktionen noch nicht entdeckt waren) als Wissenschaft von den Umwandlungen des Stoffes definiert wurde. Hieraus drängt sich klar der Schluß auf: Man darf sich nicht an eine veraltete Formel klammern, sondern muß sie durch eine neue ersetzen, die dem gegenwärtigen Stand der wissenschaftlichen Kenntnisse entspricht.

Dritte Lösung: Die Molekularphysik ist keine Physik. Das zweifache Verhältnis zwischen Physik und Chemie, das sich in der Gegenwart herausgebildet hat, kann vereinfacht und auf ein gewöhnliches, einfaches Verhältnis reduziert werden, wenn man der Physik nur das Gebiet der elementarsten Bewegungsformen der Materie überläßt und alle weiteren, komplizierteren Formen aus ihr ausschließt. Oben wurde bereits bemerkt, daß dies die Entwicklungstendenz der modernen Physik, zumindest von einigen ihrer alten Gebiete ist.

Bereits zu Beginn unseres Jahrhunderts sagte P. N. Lebedew, daß als eigentliche Physik das Gebiet der elektromagnetischen Erscheinungen und der physikalischen Felder zu betrachten ist. Die Molekularbewegungen dagegen, darunter auch die einfachsten, die sich in Gasen vollziehen, sind nach ihm schon keine physikalische Bewegung mehr, sondern eine chemische. Die Schwierigkeit der Abgrenzung der Sphäre der Physik von der Sphäre der Chemie wurde hier also dadurch überwunden, daß ein Teil der Physik der Chemie übertragen wurde, d. h., daß alle Molekularbewegungen zu den chemischen Bewegungen gerechnet wurden. In diesem Falle würde die Abgrenzung der beiden Bewegungsformen der Materie und ihrer wechselseitigen Beziehung folgendermaßen sein: Diejenigen Bewegungsformen sind physikalische, deren Träger Felder oder einfachere materielle Teilchen als das Atom sind, chemische dagegen sind jene Formen, deren Träger die Atome, die Moleküle, Komplexe und Aggregate von Molekülen sind.

Diese Anschauung vom Gegenstand der Physik und der physikalischen Bewegung selbst ist möglicherweise zum Teil dadurch bedingt, daß sich für die Fachleute auf dem Gebiet der Optik die Molekularphysik als fast ebenso weit von ihrem physikalischen Spezialfach entfernt darstellt wie die Chemie.

Man kann durchaus damit einverstanden sein, daß die Entwicklungstendenz der Physik derart ist, daß sich das spezifische Gewicht der alten Physik ständig, wenn nicht absolut, so doch relativ verringert, während das spezifische Gewicht ihrer neuen Zweige sowohl absolut als auch relativ wächst. Die Analyse der gegenseitigen Beziehungen der Wissenschaften darf jedoch nicht vorauseilen und das voraussehen, was noch nicht eingetreten ist und was vielleicht überhaupt nicht eintreten wird. Es kann natürlich im Rahmen der Voraussicht nicht verboten werden, Vermutungen über einen möglichen Weg des wissenschaftlichen Fortschritts in der Zukunft aufzustellen. Im Moment jedoch besteht unsere Aufgabe darin, davon auszugehen, was die Entwicklung der Wissenschaften bis zum heutigen Tag bereits real geliefert hat, die Resultate dieser Entwicklung und nicht die einer vermuteten oder geplanten Entwicklung, die aber tatsächlich noch nicht erreicht sind, zu verallgemeinern. Insofern daher heute real zwei Gebiete der Physik existieren, das alte und das neue, das molekulare und das subatomare, besteht unsere Aufgabe nicht darin, sich dem Wesen nach um diese Situation herumzudrücken, indem wir sie als zeitlich begrenzt und vorübergehend charakterisieren, sondern im Gegenteil darin, von dieser unbestreitbaren Tatsache auszugehen und sie nach besten Kräften zu erklären.

Vierte Lösung: Die Physik bleibt vorläufig durch die Chemie in zwei Teile gespalten. Diese Lösung gründet sich auf die Anerkennung der bekannten Tatsache, daß die Physik in zwei große Teile gespalten ist und auf den Versuch, diese Tatsache auf bestimmte Weise zu erklären. Die chemische Bewegungsform und die physikalischen Bewegungsformen, die eng miteinander verbunden sind, stellen dennoch keine Abarten voneinander dar, sondern sind völlig spezifische Bewegungsformen, von denen jede ihre individuellen Eigenarten besitzt, die nur ihr und keiner anderen Bewegungsform zukommen.

Von diesem Standpunkt aus sind die Forschungsmethoden der Molekularphysik im Prinzip denen der Kernphysik ähnlich, denen die Anwendung und Ausnutzung großer oder kleiner Energiemengen zugrunde liegt. Die Chemie indessen unterscheidet sich in ihren Forschungsmethoden von der Kernphysik in qualitativer Hinsicht ebenso wie von der Molekularphysik (natürlich haben wir nicht die physiko-chemischen Methoden im Auge, bei denen die Ausnutzung beider Bewegungsformen der Materie vereinigt ist). Das dient bis zu einem gewissen Grade als Rechtfertigung und Erklärung dafür, warum in der Gegenwart ein solch originelles Verhältnis zwischen den zwei betrachteten Bewegungsformen entstanden ist, bei dem sich die chemische Form als von den physikalischen Formen „eingekreist" erweist und sich gleichzeitig nicht in ihnen auflöst und nicht von ihnen verschluckt wird.

Wenn jemand ein abstraktes, ideales Schema sucht, so mag diese These vielleicht unbefriedigend erscheinen. Das wissenschaftliche Herangehen muß jedoch immer konkret sein und weniger davon ausgehen, wie das Verhältnis der Bewegungsformen im Idealfall *sein müßte*, sondern davon, *wie es in Wirklichkeit ist*, welche Vorstellung sich historisch, im Ergebnis der langen Entwicklung der wissenschaftlichen Erkenntnis von diesem Verhältnis gebildet hat. Die Wissenschaft ist ein lebendiger Organismus, in dem selbst rudimentäre Organe ihre Berechtigung und ihre Erklärung haben.

Wir schlagen also keine Lösung im strengen Sinne des Wortes vor, sondern denken, daß man einfach die Tatsache anerkennen muß, daß die chemische Bewegung die physikalischen Bewegungen berühren kann und diese auch berührt und in sie übergeht, so wie auch umgekehrt die physikalischen Bewegungen in die chemische übergehen — sowohl in dem Punkte, wo sich aus Elektronen die Atomhülle bildet, als auch in dem Punkte, wo sich aus Atomen Moleküle bilden. Das aber bedeutet anzuerkennen, daß sich die Chemie dem Wesen nach zwischen zwei Gebieten der Physik befindet.

Man kann an diese Frage noch anders herangehen. Die moderne Physik ist nicht nur in die alte und in die neue gespalten, sondern in noch stärkerem Maße in die Physik der Makrokörper und Makroprozesse („Makrophysik") und die Physik der Mikrokörper („Mikrophysik"). In diesem Falle könnte man sagen, daß die chemische Bewegungsform fähig ist, in die physikalischen Bewegungsformen und umgekehrt sowohl in den Punkt überzugehen, der durch die Mikrophysik dargestellt wird, wo sich also die sogenannten Elementarprozesse vollziehen (dieser Berührungspunkt beider Bewegungsformen wird von den Vertretern der chemischen Physik, N. N. Semjonow und anderen, untersucht), als auch in dem Punkte, der durch die Makrophysik dargestellt wird, wo die Umwandlung der Energieformen nicht in einzelne elementare Akte zergliedert ist, sondern gleichsam summarisch vor sich geht (dieser Berührungspunkt beider Bewegungsformen wird von der klassischen physikalischen Chemie untersucht).

Über die Spezifik der chemischen Bewegung und über das Verhältnis der Quantenmechanik zur Chemie. Das oben Gesagte gestattet es, an die Frage nach der Spezifik der chemischen Bewegungsform im Vergleich zur physikalischen heranzugehen. Obgleich die Atome bekanntlich komplizierte aus Kernen und Elektronen aufgebaute Systeme sind, nehmen sie jedoch in der chemischen Bewegung als (in ihrer Grundlage) ganze Einheiten teil, die keiner grundlegenden Zerstörung oder Veränderung ausgesetzt sind. Ihre Ionisierung, und um so mehr die Verschiebungen im äußeren Teil der Elektronenhülle, sind gleichbedeutend mit einer Veränderung des elektrischen Zustandes des Atoms bei seiner Erhaltung als ein Teilchen des jeweiligen chemischen Elements (oder des jeweiligen Isotops). Alle Prozesse, in denen die Atome erhalten bleiben, wenn sie untereinander in Wechselwirkung treten, sind eben spezifisch chemische Prozesse, die in ihrer Gesamtheit die chemische Bewegungsform der Materie bilden.

Andererseits sind alle Prozesse, bei denen die Atombewegung innerhalb der Moleküle nicht zu einer Veränderung der Struktur der Moleküle selbst führt, offensichtlich keine chemischen Prozesse, insofern nämlich die chemische Umwandlung des Stoffes in erster Linie eine Veränderung der inneren Struktur der Moleküle des Stoffes ist. Auf Grund des Gesagten kann folgende Definition gegeben werden: *Die chemische Bewegungsform der Materie* (oder kürzer: die chemische Bewegung) *ist die Bewegungsform, bei der sich eine Veränderung der inneren Struktur des Moleküls im Ergebnis der Bewegung der sie bildenden Atome und Elektronen vollzieht, bei der aber keine grundlegende Veränderung* (Zerstörung oder wechselseitige Umwandlung) *der Atome selbst stattfindet.*

Wenn die innere Struktur der Moleküle bei der Bewegung der sie bildenden Teilchen nicht zerstört wird, so ist diese Bewegung als physikalische anzusehen, speziell als molekular-physikalische. Wenn aber im Verlaufe des Prozesses die Atome selbst zerstört werden, sich ineinander umwandeln oder in einzelne „Elementarteilchen" zerfallen (besonders in Nukleonen), so ist dieser Prozeß ebenfalls als physikalischer zu betrachten, in diesem Falle als kernphysikalischer. Eine ziemlich deutliche Grenze zwischen der chemischen und den physikalischen Bewegungsformen der Materie kann so auf Grund der gleichzeitigen Berücksichtigung zweier Merkmale gezogen werden: 1. Erhaltung oder Nichterhaltung der inneren Struktur der Moleküle eines Stoffes und 2. Erhaltung oder Nichterhaltung der Atome, die am gegebenen Prozeß beteiligt sind.

Als wichtiges Hilfsmittel bei der chemischen Forschung liefern quantenmechanische Berechnungen nur dann Resultate, wenn bei ihrer Anwendung von der Berücksichtigung der relativen Stabilität der inneren Teile des Atoms, seines „Gerüstes" ausgegangen wird. Aber was bedeutet das? Das bedeutet, daß von Anfang an als Ausgangsvoraussetzung für eine quantenmechanische Berechnung das grundlegende Merkmal der chemischen Bewegungsform angenommen wird:

Die Bewegung und Wechselwirkung der Atome vollzieht sich bei deren relativer Stabilität, bei ihrer Erhaltung nicht nur im Bereich des Atomkerns, sondern auch in den inneren Schichten der Elektronenhülle.

Wenn somit die Berechnung durch Beschränkung der Zahl der an der Bildung eines bestimmten chemischen Zusammenhanges beteiligten physikalischen Teilchen vereinfacht wurde, so wird damit de facto anerkannt, daß die Wechselwirkung der Teilchen tatsächlich stufenförmigen Charakter trägt: In der Rechnung werden die physikalischen Wechselwirkungen (1) der Nukleonen innerhalb des Kerns und (2) zwischen dem Kern und den Elektronen, die in das „Gerüst" eingehen, sowie auch zwischen den Elektronen innerhalb des „Gerüsts" selbst überhaupt nicht berücksichtigt. Von all dem muß abgesehen werden, wie man auch von der Formung der Ziegelsteine aus Lehm und vom Bau der Häuser aus Ziegelsteinen absieht, wenn man sagt, daß ein Dorf aus einzelnen Gebäuden besteht.

Die Möglichkeit der Durchführung einer quantenmechanischen Berechnung wird vor allem durch die Angaben der Chemie und besonders durch die Tatsache bestimmt, daß in chemischen Wechselwirkungen und an der Bildung eines chemischen Zusammenhanges nicht die inneren Elektronen, die das „Gerüst" bilden, teilnehmen, sondern die Valenzelektronen. Die Quantenmechanik, die in diesem Falle von der Chemie den Hinweis erhält, welches die *qualitative* Seite der zu untersuchenden chemischen Erscheinung ist, stellt durch ihre Berechnung die *quantitative* Seite dieser Erscheinung fest und darin liegt ihre gewaltige Bedeutung. Sie kann aber nicht etwa für die Chemie auch die qualitative Seite eines chemischen Prozesses bestimmen, da sie nicht über solche Erkenntnismethoden der Forschung verfügt, die es gestatten würden, die ganze Spezifik der chemischen Bewegung adäquat wiederzugeben.

Das Verhältnis der Quantenmechanik zur Chemie, zur chemischen Bewegung, erinnert etwas an das Verhältnis der Statistik zur ökonomischen Wissenschaft: Die qualitative ökonomische Analyse einer Erscheinung gibt die ökonomische Wissenschaft, und wenn diese Analyse nicht im voraus gegeben ist, sind keine statistischen Berechnungen und Auszählungen in der Lage, die Aufgaben richtig zu lösen, d. h. ein Bild von der Entwicklung dieses oder jenes Prozesses im gesellschaftlichen Leben zu geben. Wenn dagegen die qualitative ökonomische Analyse durchgeführt ist, errechnet die Statistik die quantitative Seite der zu untersuchenden ökonomischen Erscheinung, des ökonomischen Prozesses.

Das Verhältnis zwischen der Quantenmechanik bei ihrer Anwendung auf die Chemie (der Quantenchemie) und der Chemie selbst, läßt zwei Extreme beobachten, die vom Nichtverstehen der wirklichen Beziehungen zwischen der chemischen und den physikalischen Bewegungsformen zeugen.

1. Das eine Extrem besteht in der *Überschätzung* der Rolle der Quantenmechanik, in den Versuchen, die chemische Theorie letzten Endes herabzusetzen und sogar die Existenz der chemischen Bewegungsform als besondere selbständige Bewegungsform der Materie überhaupt zu negieren. Dieses Extrem ist bei einigen Physikern zu beobachten, die mit der Chemie nur wenig bekannt sind, die die

ganze Kompliziertheit der chemischen Erscheinungen im Vergleich zu den physikalischen nicht kennen und sich nicht vorstellen können.

2. Das andere Extrem besteht in der *Leugnung* der Bedeutung der Quantenmechanik für die Chemie, in den Versuchen, die chemische Theorie auf die klassischen Begriffe der Zeiten Butlerows und Mendelejews einzuschränken, wobei diese Begriffe im besten Falle noch durch vereinfachte Vorstellungen über die Elektronen ergänzt werden (etwa vom Typ des alten Bohrschen Modells oder der Kosselschen oder Lewisschen Modelle des ersten Viertels des XX. Jahrhunderts).

Die Anhänger des zweiten Extrems kennen die moderne Physik wenig und halten sie für den Experimentalchemiker, z. B. für den organischen Synthetiker nicht für erforderlich. Sie verstehen nicht die Bedeutung der quantenmechanischen Berechnungen für die Chemie, die es gestatten, die quantitative, physikalische Seite chemischer Erscheinungen, deren qualitative Seite bereits durch die Chemiker selbst untersucht worden ist, zu erschließen. Dieses Unverständnis kommt daher, daß einige Chemiker nicht sehen oder nicht berücksichtigen, daß die chemische Bewegungsform genetisch aus der einfacheren physikalischen Bewegungsform entsteht und daß daher die Untersuchung der physikalischen Seite einer chemischen Bewegung ein tieferes Verständnis des Wesens dieser Bewegung selbst gestattet.

Das allgemeine Verhältnis der Bewegungsformen in der anorganischen Natur. Nachdem wir nun die Wechselbeziehung zweier Bewegungsformen, der chemischen und der physikalischen, eingehend betrachtet haben, können wir die allgemeinere Frage nach dem Verhältnis der Grundformen der Bewegung in der anorganischen (unbelebten) Natur stellen. Ohne die kosmischen Körper und Systeme zu berühren, die Gegenstand der Astronomie sind, beschränken wir uns auf die Hülle unseres Planeten. Die Bewegungen, die sich hier vollziehen, werden im allgemeinsten Fall als *geologische* bezeichnet.

Zur geologischen Bewegungsform gehört in erster Linie die feste Erdrinde (Lithosphäre), sie umfaßt aber auch die flüssige (Hydrosphäre) und die gasförmige Hülle (Atmosphäre). Die Spezifik der geologischen Bewegungsform besteht eben im Vorhandensein einer bestimmten Art der Wechselwirkung zwischen diesen drei Sphären unseres Planeten sowie auch innerhalb dieser Sphären. Genetisch entstehen diese Wechselwirkungen aus niederen und einfacheren Bewegungsformen der Materie (der mechanischen, physikalischen, chemischen), sind deren besondere Synthese, in der die entsprechenden Faktoren einen untergeordneten Platz einnehmen, wobei diese durch ihr Zusammenwirken die Bewegung, Veränderung und Entwicklung sowohl der Erdrinde im ganzen als auch ihrer einzelnen Teile bedingen. Hier ist es aber notwendig, auch den Einfluß der Biosphäre zu berücksichtigen, jedoch wollen wir diese Frage vorläufig beiseite lassen, weil wir uns ja auf die unbelebte Natur beschränken.

Dem Beispiel von Engels folgend, der den Übergang von einer Bewegungsform zur anderen mit der Teilung eines anorganischen Körpers in immer kleinere Teile in Zusammenhang brachte, kann man folgendes erwägen: Wir teilen zunächst jede der drei aufgezählten Sphären unseres Planeten in immer kleinere Teile. Im Ergebnis gelangen wir in jedem Falle zum Überschreiten der Grenzen der geologischen Bewegungsform und zum Übergang in das Gebiet der physikalischen Bewegung, der Molekularbewegung. Besonders anschaulich wird dieser Prozeß für die Lithosphäre. Im Falle der Hydro- und Atmosphäre führt uns diese Teilung unmittelbar zur Aussonderung einzelner Moleküle des Stoffes, wie dies z. B. im Falle der Verdampfung einer Flüssigkeit mit der Bildung einzelner Dampfmoleküle stattfindet.

Wenn dagegen ein festes geologisches Gebilde der Teilung unterworfen wird, so gelangen wir, die Zwischenstufen (z. B. die Gesteinsfalten und die Gebirgsgrate, einen einzelnen Berg usw.) zunächst auslassend, zum Gestein — zum Stein. Die weitere Teilung zieht die Zerstörung der qualitativen Einheit des Gesteins nach sich, den Übergang vom Stein (dem Gegenstand der Petrographie) zu den einzelnen ihn bildenden Mineralien und überhaupt zu den mineralischen Gebilden (dem Gegenstand der Mineralogie). Die weitere Teilung führt uns sodann zum kristallinen Bestandteil, wenn wir es mit einem Kristallkörper zu tun haben, und schließlich zum Übergang in das Gebiet der physikalischen Bewegungsformen. Nehmen wir an, daß wir bei einer solchen Teilung zum Uranmineral gelangt sind, — zur Uranblende, aus der wir reines Uranoxyd ausgesondert haben. Die Trennung eines gewissen Quantums dieses Stoffes in Teile führt uns zu seinem Molekül, das aus Uran- und Sauerstoffatomen besteht. Die weitere Teilung ruft den Übergang von physikalischen Bewegungsformen, in deren Gebiet wir uns bisher befanden, zur chemischen Bewegungsform, mit anderen Worten, eine chemische Reaktion hervor. Dies ist der erste Punkt, in dem sich die chemische Bewegungsform mit den physikalischen berührt. Wenn wir jedoch von Anfang an über ein Stück metallischen Urans verfügten, so könnten wir beliebige Veränderungen in der Wechselwirkung seiner Teile untereinander hervorrufen, könnten es z. B. bis zum Schmelzen erhitzen, wir würden stets innerhalb der Grenzen der physikalischen Bewegungsformen verbleiben und zur chemischen Bewegung nur an der Grenze der Teilung übergehen, wenn wir ein einzelnes Atom erreicht haben.

Die weitere Teilung des Uranatoms durch allmähliche Ionisation, d. h. durch die Lostrennung aller seiner 92 Elektronen nacheinander, führt uns zum Atomkern des Urans. Damit würden wir von neuem die Grenze überschreiten, die die chemische und physikalische Bewegungsform voneinander trennt, und würden uns im Gebiet der Physik der Elektronenhülle und dementsprechend im Gebiet der quantenmechanischen Bewegung befinden, die von der Mikrophysik untersucht wird. Die weitere Teilung des Urankernes führt zu einem neuen Typ der physikalischen Bewegung, nämlich zur kernphysikalischen Bewegung, die sich z. B. spontan als radioaktiver α-Zerfall oder als Teilung des Kerns in zwei Bruchstücke äußert. Diese Bewegung ist ebenfalls Gegenstand der Mikrophysik. Bei der Teilung des Urankerns werden einzelne Nukleonen (Neutronen) frei, die Bestandteil eines Urankernes waren. Als Resultat ergibt sich eine aufeinanderfolgende Reihe von Übergängen zu immer kleineren diskreten Gebilden der Materie (Stein,

Molekül, Atom, Elektronen der Atomhülle und Kern, Nukleon) und zu den ihnen eigenen Bewegungsformen der Materie (geologische, molekularphysikalische, chemische, subatomar-physikalische).

Schematisch läßt sich diese Reihe sich aufeinander beziehender Bewegungsformen und ihrer Träger (in Klammern gesetzt) in der anorganischen Natur so darstellen:

Subatomare Bewegung *physikalische B.*	Atomare Bewegung *chemische B.*	Molekulare Bewegung *physikalische B.*	*geologische B.*
(Kerne, Elektronen und andere Teilchen)	(Atome)	(Moleküle, Aggregatzustände des Stoffes)	(Minerale, Steine, kompliziertere geologische Gebilde)

Über den Platz der makro- und der mikromechanischen Bewegung in der allgemeinen Reihe der Bewegungsformen der Materie. Wie weiter oben gezeigt wurde, betrachtete man im XIX. Jahrhundert als die einfachste Bewegungsform die makromechanische, deren Träger mechanische Massen (Himmelskörper und irdische Massen) sind. In der eben betrachteten Reihe der Bewegungsformen in der anorganischen Natur ist jedoch für diese Bewegungsform der Materie scheinbar kein Platz vorhanden. Wir könnten zwar sagen, daß große Körper, z. B. ein Stein als ein ganzer Körper, lediglich eine mechanische Bewegung ausführen und daß die Zerstücklung dieser Körper in Teile, die wir vornahmen, um einzelne Minerale und Kristalle aus ihnen auszusondern, nur mit Hilfe mechanischer Bewegung möglich war (z. B. durch Schläge mit einem Hammer). Aber das alles bildet nur eine rein äußerliche Seite des Prozesses.

Die mechanische Bewegungsform ist gerade jene Form, die die äußere Seite der Bewegung der Makrokörper der Natur wiedergibt. Sie kommt daher jedem beliebigen Makrokörper zu, sowohl einem toten (Stein) als auch einem lebenden (pflanzlicher und tierischer Organismus). Wenn wir die allgemeine Reihe der Bewegungsformen, angefangen von den einfachsten bekannten Formen, heute, in dieser Hinsicht Engels folgend, mit bestimmten Formen der Materie in Zusammenhang bringen, so verfahren wir in bezug auf die mechanische Bewegung anders: Wir berücksichtigen *nur die äußere Seite* der gesamten und äußerst komplizierten Bewegung beliebiger Makrokörper. Wir abstrahieren dabei von der ganzen übrigen Spezifik der Bewegung des materiellen Körpers (des Trägers der Bewegung), von seiner inneren qualitativen Spezifik. In dieser Hinsicht ist die Hervorhebung der mechanischen Bewegungsform der Hervorhebung der mathematischen quantitativen Seite der Dinge und Erscheinungen in der Natur ähnlich.

Zur mechanischen Bewegungsform (der Terminus mechanische wird von uns überall im Sinne der makromechanischen Bewegung angewandt) gelangen wir im Ergebnis einer ersten Abstraktion, wobei wir von der qualitativen Charakteristik des sich bewegenden Körpers, von seiner inneren Natur absehen. Wir berücksichtigen z. B. nur die räumlich-zeitliche Charakteristik der Bewegung (die Verlagerung des Körpers im Raum und in der Zeit) und die Masse des Körpers. Damit gelangen wir in das Gebiet der konkreteren Untersuchung der mechanischen Bewegung, das Dynamik genannt wird. Wir können aber, wenn wir in der gleichen Richtung, d. h. in der Richtung immer höherer Abstraktionen, fortschreiten, auch von der Eigenschaft der Masse des Körpers absehen, womit wir aus dem Gebiet der Dynamik in das abstraktere Gebiet der Mechanik, die Kinematik übergehen, die uns nur die „Geometrie" der Bewegung gibt. Aber selbst in dieser verarmten Form haben wir immer noch die reale mechanische Bewegung als besondere Bewegungsform vor uns, die ein reales Moment einer realen Bewegung jedes Makrokörpers darstellt.

Wenn wir uns in der gleichen Richtung fortbewegen, in der Richtung immer höherer Abstraktionen von einzelnen Seiten realer physikalischer Bewegungen, so können wir nicht nur von der Masse der Körper, sondern auch von der Zeit als einer Form des Seins absehen und nur die räumliche Form des Seins betrachten: In einem solchen Falle tritt uns das Resultat der mechanischen Bewegung allein mit seiner räumlichen, geometrischen Seite entgegen. Wir vollziehen dann sofort den Übergang aus dem Gebiet der Mechanik, nämlich der Kinematik, in das Gebiet der Mathematik, nämlich der Geometrie, die den konkretesten Teil der Mathematik bildet. Damit begeben wir uns aus dem Gebiet der Erforschung der realen, obgleich auch abstrakt vorgestellten Bewegungsformen der Materie in das Gebiet der Untersuchung der räumlichen und quantitativen Verhältnisse der sich bewegenden und in Wechselwirkung stehenden Körper.

Innerhalb der Mathematik können wir denselben Prozeß der Bildung neuer Abstraktionen, die von der konkreten, qualitativ vielseitigen Bewegung in der Natur immer weiter entfernt sind, fortsetzen. Wenn wir, von der Zeit abstrahierend, von der Kinematik zur Geometrie übergehen, so führt uns die weitere Abstraktion, nunmehr schon von der räumlichen Seinsform, aus dem Gebiet der Geometrie und der Topologie in das Gebiet der Algebra, der Analysis, der Zahlentheorie, d. h. in das Gebiet der Erforschung der rein quantitativen Beziehungen der Dinge und Erscheinungen. Wenn wir den weiteren Abstraktionsprozeß in der gleichen Richtung vollziehen, gelangen wir zunächst in das Gebiet der mathematischen Logik und durch dieses in das Gebiet der allgemeinen (formalen) Logik.

Die Beziehung zwischen der mechanischen Bewegungsform und den anderen Formen, die von den einzelnen Naturwissenschaften untersucht werden, wird damit jetzt nicht mehr als Verhältnis der niederen, unentwickelten Form zur höheren, entwickelten, bestimmt, wie das im XIX. Jahrhundert der Fall war, sondern als Verhältnis zwischen einer abstrakt herausgehobenen Seite der Bewegung und ihren konkreten Formen, die auch diese abstrakt herausgehobene Seite in sich einschließen.

In bezug auf die Mikroteilchen der Materie und deren konkrete Bewegung, die ihre qualitative Spezifik zum Ausdruck bringt, spielt die Quantenmechanik oder Mikromechanik eine analoge Rolle: Sie gibt ebenfalls nur eine Seite der Mikroprozesse wieder und berücksichtigt dabei nicht die Spezifik der einzelnen Formen der Materie und ihrer Bewegungsformen, sondern die des gesamten Gebietes der Mikroteilchen überhaupt im Vergleich zum Gebiet der Makrokörper.

Wenn sich ein fester Makrokörper als diskretes Gebilde verhält, das völlig bestimmte räumliche Grenzen aufweist, so stellt das Mikroteilchen der Materie ein innerlich widersprüchliches Gebilde dar, das die Eigenschaften sowohl von Korpuskeln als auch von Wellen in sich vereinigt, d. h., als Einheit der Gegensätze — der Diskontinuität und der Kontinuität — auftritt.

Schematisch kann die Wechselbeziehung der makro- und mikromechanischen Bewegungsformen mit den übrigen Bewegungsformen in der unbelebten Natur auf folgende Weise dargestellt werden (die punktierte Linie grenzt die abstrakt ausgesonderte mechanische Bewegungsform ab; in Klammern werden die materiellen Träger der entsprechenden Bewegungsformen angeführt):

Quantenmechanische Bewegung (Mikroteilchen)		Makromechanische Bewegungen (Makrokörper)	
Subatomar-*physikalische* Bewegung	*Chemische* Bewegung	Molekular-*physikalische* Bewegung	*Geologische* Bewegung
(Kerne, Elektronen)	(Atome)	(Moleküle, Aggregatzustände des Stoffes)	(Minerale, Steine)

Über das Verhältnis der biologischen Bewegungsform der Materie zu den physikalischen und der chemischen Bewegungsform. In der gegenwärtigen Darstellung der biologischen Bewegungsform und ihres Verhältnisses zu den physikalischen und der chemischen Bewegungsform wurden Anschauungen weiterentwickelt, die sich bereits im XIX. Jahrhundert bildeten. Gleichzeitig entstand viel wesentlich Neues, was gestattet, das Verhältnis dieser Bewegungsform mit den physikalischen Formen und der chemischen Form sowie die Spezifik der biologischen Form konkreter und tiefer zu untersuchen. Ich stelle mir nicht die Aufgabe, diese Frage mehr oder weniger vollständig zu beleuchten und berühre nur einige allgemeine Thesen, die auf den uns interessierenden Problemkreis Bezug haben.

Vor allem muß man unterstreichen, daß dank der gewaltigen Erfolge der Biochemie, die den wechselseitigen Zusammenhang und die Übergänge der chemischen und der biologischen Bewegungsform der Materie erschlossen hat, immer tiefer und konkreter der Gedanke von der chemischen Entstehung des Lebens (die Hypothese A. I. Oparins), von der prinzipiellen Möglichkeit einer Synthese lebenden Eiweißes und folglich von der Möglichkeit bestätigt wird, mit der Zeit den künstlichen Übergang vom Unbelebten zum Belebten praktisch durchzuführen. Die Untersuchung der chemischen und physikalisch-chemischen Prozesse in den lebenden Organismen einerseits und das immer tiefere Eindringen in die Struktur der Eiweißstoffe andererseits fördert die Erkenntnis sowohl der genetischen als auch der strukturellen Zusammenhänge und Beziehungen zwischen der chemischen (der niederen) und der biologischen (der höheren) Bewegungsform der Materie.

Der Prozeß der Entwicklung der biologischen Bewegungsform wird detaillierter und konkreter insbesondere durch die Erfolge der Zellentheorie sichtbar, die zeigte, daß die Entwicklung vom lebenden Eiweiß nicht unmittelbar zum kompliziertesten Organismus fortgeschritten ist, sondern sich stufenförmig unbedingt zunächst durch Bildung der Zelle und dann durch die Wechselwirkung der Zellen zum vielzelligen Organismus vollzogen hat.

Außerordentliche prinzipielle und praktische Bedeutung für die Erklärung der wechselseitigen genetischen und strukturellen Zusammenhänge zwischen der chemischen und der biologischen Bewegungsform der Materie besitzt die Mitschurinsche Lehre, von der ein Eckpfeiler die These von der untrennbaren Einheit des Äußeren und des Inneren ist, d. h. der Einheit des Organismus und der ihn umgebenden materiellen Umwelt, mit der er in ununterbrochener Wechselwirkung steht (Stoffwechsel, Energieaustausch). Die Einheit der Prozesse der Lebenstätigkeit und der materiellen Bedingungen, unter denen sie verläuft, tritt nicht nur als Einheit von Innerem und Äußerem in Erscheinung, die das Wesen des Lebensprozesses selbst erschließt, sondern gleichzeitig auch als die konkrete Einheit der äußeren physikalischen und chemischen Bewegungen, die sich in der organischen Natur vollziehen, und derselben Bewegungen in ihrer abgewandelten Form, die von einer höheren Bewegungsform, der biologischen, in die sie beim Stoffwechsel übergehen und die ihre höhere Synthese ist, übertroffen wird. Die Untersuchung der lebenden Natur im ganzen genommen, in ihrem Zusammenhang mit der unbelebten Natur, wie auch die Untersuchung der unbelebten Natur unter dem Aspekt der gesamten Einwirkung der organischen Welt auf sie, gestattet, nicht nur das Verhältnis zwischen „Organismus“ und „Chemismus“ (bei der Lösung der Frage nach der Entstehung des Lebens aus der anorganischen Natur), sondern auch die Wechselbeziehung der gesamten Biosphäre mit den übrigen Sphären der Erdrinde (Atmosphäre, Hydrosphäre und Lithosphäre) zu bestimmen. Die letztere wird von der biochemischen Schule W. I. Wernadskis erforscht.

Von großer Bedeutung für die Biologie und die landwirtschaftliche Praxis ist in Zusammenhang mit der von uns untersuchten Frage nach dem Verhältnis der Bewegungsformen der Materie in der Natur die Untersuchung der Abhängigkeit zwischen einem biologischen Prozeß (der Entwicklung des Organismus) und der Wirkung solcher physikalischer Faktoren wie Wärme und Licht.

Alle aufgezählten sowie auch zahlreiche andere wissenschaftliche Errungenschaften der modernen Biologie gestatten uns, die lebendige Natur vom Standpunkt der Wechselwirkung verschiedener Bewegungsformen untereinander, verschiedener Sphären der Erdrinde und gleichzeitig verschiedener lebender Organismen, ganzer Gruppen (Arten) und Gemeinschaften zu betrachten.

Damit verbunden bildeten sich im XX. Jahrhundert wie auch im XIX. Jahrhundert fehlerhafte Konzeptionen in der Auffassung vom Wesen des Lebenden und seines wechselseitigen Zusammenhanges mit physikalischen und chemischen

Bewegungen, und zwar hauptsächlich in zwei Richtungen: Erstens in der Richtung der „Reduzierung" des Lebens auf Chemie und Physik, besonders auf Quantenmechanik (z. B. bei E. Schrödinger); zweitens in der Richtung der Trennung der biologischen Bewegungsform von der Physik und der Chemie, damit im Zusammenhang werden irgendwelche „besondere", absolut spezifische biologische Faktoren erdacht, die angeblich keinerlei Zusammenhang mit den physikalischen und chemischen Bewegungen aufweisen.

In dem einen wie auch in dem anderen Fall erweist sich die Metaphysik als ein Weg, der zum Idealismus führt, tritt sie als gnoseologische Wurzel oder Quelle des Idealismus auf. So führt die geringste Trennung zwischen Belebtem und Unbelebtem, der Versuch, die Spezifik des Lebenden als Erscheinung anzusehen, die absolut keine Zusammenhänge, weder strukturelle noch genetische, mit den niederen Bewegungsformen (den chemischen, den physikalischen u. a.) besitzt, unweigerlich zur Restauration oder zur Fortsetzung der Konzeption des Vitalismus („Neovitalismus"). Am Beispiel Schrödingers sehen wir, daß der moderne Mechanizismus, der bestrebt ist, das Wesen des Lebens auf die Quantenmechanik zu „reduzieren", dem Wesen nach zu denselben idealistischen Schlüssen führt.

In der modernen Naturwissenschaft steht die Frage nach der Natur der biologischen Bewegung im Prinzip genauso, wie sie schon im vorigen Jahrhundert gestanden hat. Das Leben ist eine komplizierte, höhere Synthese aller niederen und einfacheren Bewegungsformen der Materie, was in der Anerkennung der entscheidenden Rolle des Stoffwechsels und damit der Einheit von Organismus und Umwelt als einem wesentlichen Merkmal des Lebens zum Ausdruck kommt.

Aber auch im lebenden Körper ist in stofflicher Hinsicht nichts enthalten als die untereinander in qualitativ spezifischer komplizierter Wechselwirkung stehenden Materieteilchen, die Moleküle und Atome; das bedeutet aber nichts anderes als die Kerne und Elektronen, aus denen sie aufgebaut sind. Mit ihnen sind die chemische und die physikalischen Bewegungsformen verbunden, die im lebenden Organismus vorhanden sind.

Obgleich die einfacheren, niederen Bewegungsformen im lebenden Organismus nur untergeordnet sind und von der höheren, der biologischen Bewegungsform der Materie, d. h. von ihrer höheren Synthese übertroffen werden, in der sie wiederum gleichsam in „aufgehobener Form" enthalten sind, schmälert dieser Umstand jedoch nicht im geringsten die große Bedeutung der Tatsache, daß für das Verständnis des Wesens des Lebens eine allseitige und tiefgründige Untersuchung aller dieser Bewegungsformen, die sich im lebenden Körper vollziehen, darunter auch der quantenmechanischen Bewegungen, erforderlich ist. Nur auf diesem Wege können die strukturellen wie auch die genetischen Zusammenhänge zwischen der biologischen und anderen Bewegungsformen in der Natur, vor allem der chemischen und den physikalischen, in vollem Maße aufgedeckt werden.

Aus der Tatsache, daß im lebenden Körper nichts weiter enthalten ist als die Mikroteilchen der Materie, die untereinander sowie mit den Teilchen der Umwelt in Wechselwirkung stehen, geht durchaus nicht hervor, daß das Lebende auf diese

Mikroteilchen „reduziert“ werden kann, daß es sich in *deren* Eigenschaften, *deren* Gesetzmäßigkeiten, in *deren* Spezifik erschöpft. Wenn das so wäre, so könnte das Wesen des Lebens, ausgehend von den einzelnen Molekülen, Atomen, Elektronen usw., d. h. ausgehend von der Spaltung des Lebenden in seine kleinsten physikalischen und chemischen Bestandteile erfaßt werden. In Wirklichkeit besteht das Wesen und die Spezifik des Lebenden eben in dem höheren Typ ihrer Wechselwirkung, die bei dem Übergang vom Lebenden als etwas qualitativ Besonderem, innerlich Einheitlichem, zu den einzelnen Materieteilchen, die am Prozeß der Lebenstätigkeit beteiligt sind, gerade verlorengeht.

Die Unmöglichkeit der „Reduzierung“ des Belebten auf das Unbelebte, auf die chemische und die physikalischen Bewegungsformen führte zu dem Versuch, eine Vorstellung von einem gewissen Prinzip der „Ganzheit“ einzuführen, das angeblich die Einheit des Organismus, seinen qualitativen Unterschied vom Chemismus und Mechanismus zum Ausdruck bringen soll. So entstand z. B. die idealistische Anschauung des „Holismus“ (Smuts), der bestrebt ist, die Ganzheit des Organismus zu verabsolutieren und sie in ein besonderes nicht materielles Prinzip zu verwandeln. Dasselbe gilt für den Begriff der „Entelechie“ von Driesch (Neovitalismus), der berufen sein soll, ein gewisses nichtmaterielles Lebensprinzip auszudrücken.

Die Trennung der Wechselwirkung zwischen den verschiedenen materiellen Objekten oder Seiten oder Faktoren der Lebenstätigkeit führt unweigerlich nicht nur zur Verfälschung der Vorstellung vom gegebenen Prozeß selbst, sondern ermöglicht es auch, von hier aus die gewünschten gnoseologischen Schlußfolgerungen zugunsten des Idealismus zu ziehen. Man darf sich deshalb hier nicht nur auf die Kritik der Metaphysik beschränken (oder des Mechanizismus als einer besonderen Form der Metaphysik), man muß diese Kritik bis zur Widerlegung der gnoseologischen Schlußfolgerungen fortführen, die aus den vorgenommenen Verfälschungen gezogen wurden.

Im weiteren werden wir zeigen, wie wichtig es ist, den Zusammenhang der biologischen mit der chemischen und den physikalischen Bewegungsformen zu berücksichtigen.

Die Erfolge der modernen Biologie, Biochemie, Biophysik, Biogeochemie und anderer Wissenschaften ermöglichten es den modernen Biologen, die Grundideen Darwins vom Kampf ums Dasein zu bestätigen. Zum Inhalt dieses Begriffs gehört auch der Kampf zwischen den Organismen um die physikalischen, chemischen und anderen Bedingungen zu ihrer Entwicklung, ohne die eine normale Lebenstätigkeit unmöglich ist.[1]

[1] Es versteht sich von selbst, daß der Begriff vom Kampf ums Dasein nicht auf die Vorstellung von der Überbevölkerung bei den Organismen beschränkt werden darf. Insofern aber für Individuen ein und derselben Art örtlich (d. h. auf einzelnen Abschnitten im Raum und im Verlaufe einzelner Zeitabschnitte) eine relative Überbevölkerung entstehen kann, werden wir diesen Fall weiter untersuchen. In dieser Fragestellung ist unserer Ansicht nach nichts spezifisch Malthusianistisches enthalten.

Das erklärt sich daraus, daß das wesentlichste Merkmal alles Lebenden, der Stoffwechsel, den *untrennbaren Zusammenhang und die Einheit von Umwelt und Organismus* voraussetzt. Die Anerkennung dieser Einheit ist der Eckpfeiler der Mitschurinschen, materialistischen Lehre in der modernen Biologie. Für bestimmte Organismen (z. B. für die Mehrzahl der Pflanzen) ist diese Einheit ein Zusammenhang zwischen *physikalischen, chemischen* und anderen Bewegungsformen der Materie, die im gegebenen Falle das Milieu, d. h. die materiellen Bedingungen der Lebenstätigkeit bilden, und der *biologischen* Bewegungsform, dem Organismus selbst. (Uns interessiert hier eben dieser Fall oder diese Seite der Einheit von Umwelt und Organismus, denn unser Thema ist das Wechselverhältnis der Bewegungsformen der Materie in der Natur.) Die Assimilationsprozesse (und entsprechend die Dissimilationsprozesse), die im lebenden Organismus stattfinden, treten in diesem Falle als Aneignung der äußeren, materiellen Existenzbedingungen durch den Organismus auf und folglich — im betrachteten Falle — als Umwandlung der physikalischen Bewegungen (z. B. Licht, Wärme) und der chemischen Bewegungen (z. B. Nahrung, Feuchtigkeit, Luft) sowie deren materieller Träger in biologische Bewegung und deren Träger. Aber dies ist eine konkrete Erscheinung des allgemeinen Verhältnisses der physikalischen, chemischen und biologischen Bewegungsform der Materie in der Natur.

Die Leugnung des innerartlichen „Kampfes“ als eines Kampfes der Individuen einer Art um physikalische, chemische und andere Lebensbedingungen führt, wie mir scheint, dem Wesen nach zu einer gewissen Trennung der biologischen Bewegungsform von den niederen Bewegungsformen der Materie, mit denen diese unlösbar verbunden ist. Anstatt z. B. in einem bestimmten, konkreten Falle den Untergang eines Individuums (einer biologischen Erscheinung) durch den Mangel, sagen wir an Feuchtigkeit (einem chemischen Faktor) oder Licht (einem physikalischen Faktor) zu erklären, weil diese Faktoren von anderen, stärkeren und angepaßteren Individuen derselben Art verwendet worden sind, wird die künstliche und äußerst hypothetische Annahme eingeführt, dieses Individuum sei infolge rein biologischer Gründe durch „Selbstvernichtung“ zugrunde gegangen (nämlich im Interesse des Gedeihens der Art). Damit ist es bereits unmöglich, die biologische Erscheinung von der Seite ihres Zusammenhanges mit physikalisch-chemischen Faktoren und folglich die biologische Bewegungsform in ihrem Zusammenhang mit den physikalischen und der chemischen zu betrachten.

Die oben angeführten Auffassungen und die aus ihnen entspringenden logischen Folgen sind nicht mit dem Ausgangspunkt der Mitschurinschen Biologie zu vereinbaren, die Lösung der entstandenen wissenschaftlichen Fragen in der Einheit zwischen Umwelt und Organismus zu suchen, in deren gegenseitiger Wechselwirkung, folglich in der Einheit und der Wechselwirkung aller Bewegungsformen der Materie, vor allem aber der biologischen mit den physikalischen und der chemischen. Die richtige Lösung kann hier nur vom Standpunkt der Grundthesen der Mitschurinschen Lehre von der Einheit von Organismus und Umwelt, durch die Aufdeckung des richtigen Verhältnisses zwischen der biologischen Bewegungsform einerseits und den physikalischen und der chemischen Bewegungsform der Materie andererseits gefunden werden.

Um die Diskussion über das allgemeine Problem des Verhältnisses zwischen den Bewegungsformen der Materie in der Natur präziser zu führen, um sie zu der einen oder anderen Lösung zu führen, muß man diese nicht nur mit Diskussionen über Spezialfragen der Naturwissenschaft verbinden, sondern auch zeigen, wie von der einen oder anderen Lösung des allgemeinen Problems die entsprechende Lösung von Teilfragen abhängt. Damit wird man den oft beobachteten Zwiespalt überwinden, der zwischen der Formulierung des allgemeinen Problems und der Behandlung konkreter physikalischer, chemischer und biologischer Probleme besteht. Es scheint mir deshalb im vorliegenden Falle zweckmäßig zu sein, die Frage konkreter zu formulieren. Es fallen z. B. einige Keime von Individuen ein und derselben Art in ein bestimmtes Gebiet (sagen wir, der Erde), wobei ihre Anzahl bewußt größer ist als die Zahl der Individuen, die in erwachsenem Zustande hier existieren können. Es fragt sich: *Warum* entwickeln sich einige von ihnen nicht und sterben ab, und *warum* gerade diese, und nicht andere?

Wenn man die biologische Bewegungsform in ihrem untrennbaren Zusammenhang mit den physikalischen und der chemischen Bewegung betrachtet, wird die Antwort einfach, klar und streng *kausal* sein, im Geiste des *Darwinschen Determinismus*, der die alte Teleologie widerlegte: Da Feuchtigkeit, Licht, Luft, Nahrung, Territorium usw. nicht für alle Individuen ausreichend vorhanden sind, deren Keime sich auf dem betreffenden Gebiet befinden, überleben wegen des Mangels an diesem oder jenem äußeren, physikalischen oder chemischen Faktor von allen Individuen der betreffenden Art nur die am meisten angepaßten. Die weniger angepaßten Individuen sind nicht in der Lage, die erforderlichen Mengen Licht, Luft, Feuchtigkeit usw. zu erlangen und gehen eben infolge ihrer geringen Angepaßtheit zugrunde. Im Ergebnis vollzieht sich die natürliche Auslese. Urteilt man anders, so wird man unweigerlich zur falschen Lamarckschen Darstellung der Frage im Sinne des alten Teleologismus zurückkehren. Nur bei Berücksichtigung des Verhältnisses der biologischen Bewegungsform zu anderen, niederen Bewegungsformen der Materie, die die anorganische Natur bilden, kann man eine derartige Frage beantworten.

Weiter werden wir im Zusammenhang mit der allgemeinen Frage nach dem Verhältnis der Bewegungsformen der Materie (und nur in diesem Zusammenhang) einige Streitfragen des Problems der Vererbung berühren, wobei wir uns durchaus nicht das Ziel stellen, diese Frage im ganzen oder auch nur in ihren wichtigsten Zügen zu beleuchten. Diese Frage interessiert uns hier ausschließlich unter dem Gesichtspunkt, daß in ihren verschiedenen Lösungsversuchen verschiedene Ansichten über das Verhältnis der biologischen mit anderen, niederen Bewegungsformen der Materie ihren Ausdruck gefunden haben.

Bekanntlich wurde ursprünglich die Konzeption von der Existenz einer besonderen, ewigen, unveränderlichen, unsterblichen Vererbungssubstanz („Keimplasma") als einzigen Träger der Vererbung auf der Grundlage der Leugnung des

Zusammenhanges der Eigenschaft der Vererbung mit dem ganzen Organismus, seinem Soma, und durch das Soma mit den materiellen Lebensbedingungen überhaupt, konstruiert (Weismann). Das war zweifellos eine metaphysische und gleichzeitig direkt zum Idealismus führende Konzeption. Ähnlich wie im Vitalismus wurde in dieser Konzeption eine der spezifischen Äußerungen der biologischen Bewegungsform (die Vererbung) in etwas von den niederen Bewegungsformen vollkommen Losgelöstes verwandelt, obwohl diese in Wirklichkeit von außen, von der Seite des materiellen Milieus her, in dem der Organismus lebt und mit dem er unlösbar verbunden ist, einen ständigen Einfluß auf den lebenden Organismus ausüben.

Unmittelbare Versuche, die von den Vertretern der sogenannten formalen Genetik selbst durchgeführt wurden (Bestrahlung der Geschlechtszellen mit ultravioletten und Röntgenstrahlen, um künstliche Mutationen hervorzurufen), widerlegten dem Wesen nach diese ursprüngliche Auffassung von einer Vererbungssubstanz als einem absolut autonomen, von äußeren physikalischen Faktoren unabhängigem Stoff. In noch stärkerem Maße wurde dies von I. W. Mitschurin widerlegt.

Der Fehler der Anhänger Weismanns und Morgans bestand darin, daß sie den Begriff eines mystischen Gens als Inhaber des Vererbungs*monopols* eingeführt haben und das ganze Problem auf die Kombinatorik der Gene reduzierten.

Meiner Ansicht nach treten einige Gegner des Weismannismus unexakt auf, wenn sie bei der Verwerfung der genannten Konzeption mit dieser die Vorstellung von *spezifischen* materiellen Trägern der Vererbung, d. h. von solchen materiellen Gebilden überhaupt, ablehnen, in denen im Grunde diese Fähigkeit des lebenden Körpers lokalisiert (konzentriert) ist, obgleich sie sich in diesen nicht erschöpft. Es muß zugegeben werden, daß die Eigenschaft der Vererbung nicht allein in den Geschlechtszellen konzentriert ist, sondern daß sie in diesem oder jenem Maße auch anderen Zellen des Organismus zukommt, was durch die Tatsachen der vegetativen Hybridisation bewiesen wird. Aber daraus darf keinesfalls der übereilte Schluß gezogen werden, daß es bei den höheren Organismen keinerlei *Spezialisierung* der Organe gibt und daß alle ihre Zellen *in gleichem Maße* mit der Fähigkeit begabt sind, die Eigenschaft der Vererbung zu realisieren.

Eng damit ist eine Frage verbunden, die unmittelbar das Problem des Verhältnisses zwischen den Bewegungsformen der Materie betrifft, vor allem das Verhältnis der biologischen Bewegungsform einerseits und der chemischen und der physikalischen Bewegungen andererseits. Die These, daß die Vererbung als eine allgemeine Eigenschaft alles Lebenden einen materiellen Träger besitzt, kann heute als bewiesen angesehen werden. Aber die Meinungsverschiedenheiten unter den materialistischen Biologen entstehen sofort, wenn man konkret zu erklären versucht, auf welche Weise sich die Vererbung in ihrem materiellen Träger fixiert, welches der innere „Mechanismus" dieser Fixierung ist.

Wenn man von der Einheit und dem wechselseitigen Zusammenhang zwischen der biologischen, der chemischen und den physikalischen Bewegungsformen ausgeht, so muß man anerkennen, daß beliebige biologische Veränderungen im Organismus in der Struktur und Gruppierung dieser oder jener Moleküle, die zum Stoff des gegebenen Organismus gehören, ihren Ausdruck finden müssen, gleichgültig, ob es sich um den Stoff der Keimzellen oder um den Stoff anderer Zellen handelt, die über die Eigenschaft der Vererbung verfügen (die z. B. an der vegetativen Hybridisation beteiligt sind). Ähnlich wie das Eiweiß (der allgemeine materielle Träger des Lebens) durch seine chemische Struktur und seinen physikalischen Zustand (Labilität, Beweglichkeit, Veränderlichkeit chemischer Zusammenhänge usw.), seine Fähigkeit zum organischen Stoffwechsel, d. h. zur ununterbrochenen Wechselwirkung mit dem äußeren Milieu ausdrückt, so muß auch die Eigenschaft der Vererbung, als eine biologische Eigenschaft, ihren spezifischen physikalisch-chemischen Ausdruck haben, obgleich sie sich nicht auf diesen reduzieren wird. Wenn sich z. B. unter dem Einfluß äußerer Faktoren (physikalischer, chemischer u. ä.) die Vererbung eines Organismus verändert, so muß diese Veränderung einen adäquaten Ausdruck in der Veränderung des chemischen und physikalischen Aufbaus der Stoffteilchen finden, die als materielle Gebilde am Prozeß der Realisierung der Eigenschaft der Vererbung durch den Organismus teilnehmen.

Hieraus ergibt sich die Aufgabe, die physikalisch-chemische Seite der Vererbung als einer biologischen Erscheinung aufzufinden und zu untersuchen, den inneren „Mechanismus“ der Vererbung nicht nur in dem Sinne zu untersuchen, daß z. B. die Details des Befruchtungsprozesses und der daran anschließenden Teilung der Geschlechtszellen geklärt werden, sondern auch in dem Sinne, daß die physikalisch-chemische Seite solcher Prozesse, wie auch der Prozesse bei der vegetativen Hybridisation der Pflanzen, untersucht wird.

Ein solches Herangehen ergibt sich unmittelbar aus der Anerkennung des Zusammenhanges und der Einheit aller Bewegungsformen der Materie in der Natur, vor allem der biologischen, chemischen und physikalischen, was engstens mit der Mitschurinschen Lehre von der Untrennbarkeit von Umwelt und Organismus verflochten ist. Deshalb wäre es auch falsch, mit den alten Fehlern der formalen Genetik auch die Fragestellung nach der physikalisch-chemischen Seite der Vererbung als einer spezifisch biologischen Erscheinung, die Frage nach den Stoffen, die durch ihre innere, physikalisch-chemische Struktur die Besonderheiten dieser Eigenschaft zum Ausdruck bringen, aus der Wissenschaft zu verbannen.

Es existiert die Meinung, der Unterschied zwischen einer unwissenschaftlichen Theorie und einer wissenschaftlichen Theorie in der Genetik bestehe darin, daß die erstere die Erblichkeit mit irgendwelchen speziellen materiellen Trägern, überhaupt mit der physikalisch-chemischen Struktur des Stoffes verbindet, die zweite dagegen nicht. Eine solche Meinung erscheint mir nicht richtig.

Der wirkliche Unterschied liegt meiner Ansicht nach überhaupt nicht hier, sondern darin, daß eine wissenschaftliche Theorie, ausgehend von der Einheit zwischen Organismus und Umwelt, d. h. von der Untrennbarkeit der biologischen und der physikalisch-chemischen Seite der Erscheinung, den Einfluß äußerer, materieller Bedingungen auf die Vererbung, sowohl durch das Soma als auch bei ihrer unmittelbaren Wirkung auf die Geschlechtszellen, anerkennt. Die unwissenschaftliche Theorie dagegen ignoriert oder negiert sogar diesen Zusammenhang zwischen der Vererbung als einer biologischen Eigenschaft und den äußeren Bedingungen überhaupt, oder sie erkennt diese Wirkung nur in dem Falle an, wenn sie unmittelbar auf die Geschlechtszellen ausgeübt wird (Röntgenstrahlen, radioaktive Strahlung u. ä.), nicht aber durch das Soma. Da aber das äußere Milieu in bezug auf den Organismus vor allem in der Form physikalischer Faktoren (Energie) und chemischer Faktoren (Stoff) auftritt, ist die Trennung der Vererbung vom Milieu, von den materiellen Lebensbedingungen vor allem eine Trennung der biologischen Seite oder des Wesens der Erscheinung von ihrer physikalisch-chemischen Seite.

Wenn die äußeren Bedingungen (z. B. solche physikalisch-chemischen Faktoren wie Temperatur, Licht, Feuchtigkeit usw.), die auf das Soma einen bestimmten Einfluß ausüben, im Soma, in seinen Eigenschaften und Fähigkeiten irgendwelche Veränderungen hervorrufen, so sind diese Veränderungen innerhalb des jeweiligen Organismus ebenfalls nicht nur rein biologische, sondern auch physikalisch-chemische, entsprechend dem Charakter der äußeren Faktoren, die diese Veränderungen hervorgerufen haben. So kann z. B. bei solchen Veränderungen die Struktur der Eiweiße oder ihrer Komponenten verändert werden, wobei die durch äußere, physikalisch-chemische Faktoren hervorgerufenen Veränderungen im Soma durch die Vererbung gefestigt und auf die folgenden Generationen übertragen werden, wenn die entsprechenden Stoffe an der Vererbung beteiligt sind. Die Metaphysik und der Agnostizismus der bekannten Konzeption des Weismannismus bestand eben in der Anerkennung der absoluten Isoliertheit der erdachten „Vererbungssubstanz" von den äußeren Einflüssen, d. h. der absoluten Isoliertheit der biologischen Seite oder des Wesens der Erscheinung der Vererbung von deren realen physikalisch-chemischen Seiten. Das berechtigt uns aber in keiner Weise, die wissenschaftliche Untersuchung der physikalisch-chemischen Seiten der Erblichkeit mit den genannten falschen Anschauungen allein aus dem Grund zu vermengen, daß Weismann zu seiner Zeit von einer „Vererbungssubstanz" gesprochen hat, und heute die stoffliche, materielle Grundlage der Vererbung, ihre physikalisch-chemische Seite untersucht wird.

Der physikalisch-chemische Aufbau des Stoffes in den lebenden Organismen einschließlich des Stoffes der Geschlechtszellen erschöpft natürlich nicht das Wesen und die biologische Spezifik der Eigenschaft der Vererbung selbst, sondern zeigt nur, wie sich diese Eigenschaft auch durch die Wechselwirkung und den wechselseitigen Zusammenhang einfacherer Bewegungsformen der Materie, die hier bereits nur noch als untergeordnete auftreten, zu erkennen gibt.

Für die Untersuchung des Wesens und der Spezifik der vorliegenden Erscheinung ist es notwendig, diese als *biologische* zu betrachten, die natürlich eine physikalisch-chemische Grundlage oder Seite aufweist, sich aber nicht auf diese Seite reduziert. Das bedeutet insbesondere, daß man zur Erforschung der Spezifik der Vererbung nicht nur von den in ihr existierenden strukturellen Zusammenhängen zwischen der biologischen und anderen, niederen Bewegungsformen der Materie ausgehen muß, sondern auch von den Eigenschaften des Organismus im ganzen, wobei die Wechselwirkungen aller an seinem Lebensprozeß beteiligten Bewegungen (chemische und physikalische), ihre wechselseitigen Zusammenhänge mit den äußeren materiellen Bedingungen zu berücksichtigen sind. Mehr noch, das strukturelle Herangehen allein ist hier überhaupt ungenügend, es kommt vor allem auf das genetische oder, in diesem Falle besser gesagt, historische Herangehen an, das die gesamte lange Evolution der lebenden Welt vom Moment ihrer Entstehung bis zur Gegenwart berücksichtigt. Die Berücksichtigung der Gesamtheit aller dieser Momente ergibt das, was wir eine biologische Analyse nennen, die sich auf die physikalischen und chemischen Daten stützt, sich aber nicht auf diese reduziert.

Auf das Problem der Vererbung kann in noch stärkerem Maße das angewandt werden, was Engels in bezug auf das Denken gesagt hat. Zweifellos „reduzieren" wir irgendwann einmal das Denken experimentell auf molekulare und chemische Bewegungen im Gehirn (d. h. wir stellen uns den vorliegenden Prozeß von seiner physikalisch-chemischen Seite her vor): Aber, fragt Engels, erschöpft sich denn damit das Wesen des Denkens?

Analog erschöpft sich das Wesen der Vererbung entgegen der Behauptung einiger Wissenschaftler nicht in der molekularen und chemischen Bewegung.

Einige Bemerkungen über den modernen Mechanizismus. Die allgemeinen Züge des Mechanizismus, von denen wir oben gesprochen haben, sind dieser Strömung auch in der modernen Naturwissenschaft eigen. Wie auch in der Vergangenheit, entsteht der Mechanizismus heute in einzelnen Gebieten der Naturwissenschaft besonders in dem Moment, wenn diese Gebiete eben erst entstehen und sich anschicken, früher noch nicht beleuchtete Seiten gewisser Naturerscheinungen zu erklären. Heute wie auch früher erweist sich der Mechanizismus als Kehrseite der großen Erfolge der Naturwissenschaft. Er ist mit der Übertreibung und um so mehr mit der Verabsolutierung der Bedeutung neu entdeckter Seiten der untersuchten Erscheinungen verbunden, mit dem Versuch, das Wesen dieser Erscheinungen auf die neu entdeckte Seite zu reduzieren, obgleich es sich nicht in dieser erschöpft.

Wir zeigten bereits am Beispiel des Versuches, die Chemie auf die Quantenmechanik zu „reduzieren", worin diese im Grunde mechanizistischen Tendenzen bestehen. Sie entstehen im Zusammenhang damit, daß man hofft, nicht nur die elementaren physikalischen Prozesse, die an chemischen Reaktionen, bei der Bildung chemischer Zusammenhänge usw. beteiligt sind, sondern auch alle chemischen Erscheinungen überhaupt allein von den Positionen der Quantenmechanik her zu interpretieren. Der Umstand, daß es gelungen ist, die physikalische, speziell quantenmechanische Seite der chemischen Erscheinungen zu entdecken, ist natürlich ein gewaltiger Erfolg der Erkenntnis auf diesem Gebiet der wissenschaftlichen Forschung. Aber die offensichtliche Überschätzung des real Erreichten, der Versuch, zu erklären, die Chemie ließe sich auf die Quantenmechanik „reduzieren“, die Theorie des chemischen Zusammenhangs und der chemischen Verbindung könne nur eine quantenmechanische Theorie und keine andere sein — all das zeugt von einem Zug, der jeder mechanistischen Konzeption überhaupt eigen ist. Darin zeigt sich die Kehrseite der Errungenschaften der Quantenchemie.

Vor nicht allzu langer Zeit wurden wir Zeugen eines anderen, analogen Falles. Dabei ging es um die Kybernetik. Der erstaunliche Erfolg auf dem Gebiet der Schaffung von Elektronenrechenmaschinen und ihrer breiten Anwendung auf den verschiedensten Gebieten der theoretischen und praktischen (technischen) Tätigkeit ist gut bekannt. Es ist ganz offensichtlich, daß sich in den Elektronenrechenmaschinen eine bestimmte Seite zeigt, die diese mit den Prozessen im menschlichen Gehirn in gewissem Maße gemeinsam haben. Es existiert folglich ein bestimmter Zusammenhang (oder eine Analogie) zwischen den Vorgängen im Gehirn und der Arbeit der Elektronenrechenmaschinen. Dieser Zusammenhang (oder diese Analogie) trat besonders plastisch dann hervor, als es sich zeigte, daß die Elektronenrechenmaschinen solche Aufgaben lösen können, die man immer nur der Denktätigkeit des Menschen für zugänglich hielt (logische Aufgaben, Übersetzungen von einer Sprache in die andere u. ä.).

All das ist zweifellos ein Beweis für den außerordentlichen Erfolg auf diesem Gebiet der Erkenntnis und der Praxis. Aber wie es schon früher war, zog die Entdeckung einer neuen Seite der untersuchten Erscheinungen (im vorliegenden Falle der psychischen Prozesse, die sich im menschlichen Gehirn vollziehen), die Entdeckung eines bestimmten Zusammenhanges zwischen einer höheren Bewegungsform der Materie (in diesem Fall der höheren Nerventätigkeit des Menschen) und einer niederen Bewegungsform (nämlich derjenigen, die in den Elektronenrechenmaschinen auftritt und von der Kybernetik untersucht wird) eine gewisse Übertreibung der Bedeutung dieser neu erschlossenen Seite der Erscheinungen nach sich: Man begann, die Idee von der „Reduzierung“ des Gehirns auf ein rein physikalisches System, die Idee vom Ersatz des Gehirns durch eine Maschine, von „denkenden Maschinen“ usw. vorzubringen.

Die allgemeine Reihe der Bewegungsformen der Materie nach den Angaben der modernen Naturwissenschaft. Wir wollen versuchen, alles oben Gesagte in Form einer allgemeinen Reihe der Bewegungsformen der Materie, die sowohl in der anorganischen als auch in der organischen Natur wirken, zusammenzufassen.

Stellen wir zunächst jene Bewegungsformen der Materie zusammen, die als die grundlegenden betrachtet werden können. Das sind zunächst die gesondert einzuordnenden Formen der quantenmechanischen und der makromechanischen Bewegung, sodann die subatomar-physikalische, die chemische, die molekular-physikalische, die geologische und die biologische Bewegungsform. Ihr Verhältnis kann in folgendem kurzen Schema dargestellt werden, in dem die Folge des Übergangs der einen Bewegungsformen in die anderen durch Pfeile dargestellt und die mechanischen Bewegungsformen durch Punkte abgeteilt sind:

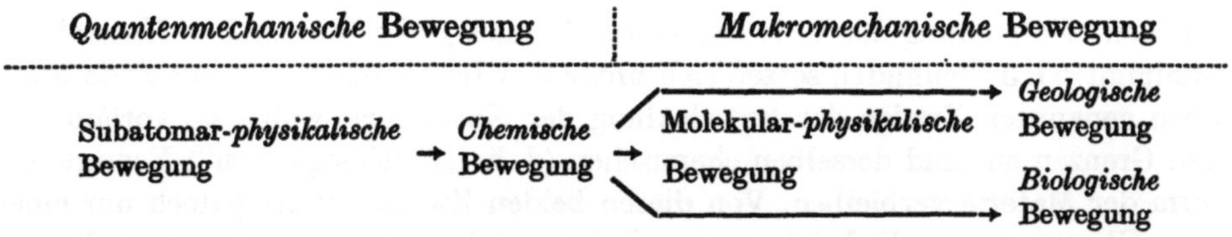

In dieser allgemeinen Reihe der Grundformen der Bewegung der Materie in der Natur nimmt die chemische Bewegungsform einen besonderen, sehr wesentlichen, man kann sagen, zentralen Platz ein. Von dieser Bewegungsform aus beginnt der Übergang zu komplizierteren Bewegungsformen — zur biologischen Bewegungsform, d. h. zu den Lebenserscheinungen, und zur geologischen Form, d. h. zu den Erscheinungen, die sich vor allem in der Erdrinde, in allen ihren Sphären vollziehen. Zur chemischen Bewegungsform führen gleichzeitig die physikalischen (subatomaren) Bewegungsformen der Materie im Prozeß ihrer allmählichen Komplizierung und vor allem solche Bewegungsformen, wie die Gravitations-, die elektromagnetische und die Kernbewegung. Auch höhere physikalische (molekulare) Bewegungsformen berühren die chemische Bewegungsform eng.

In diesem Schema werden jedoch nicht die materiellen Träger der entsprechenden Bewegungsformen abgebildet, und außerdem werden die Übergänge von der chemischen und der molekular-physikalischen Bewegungsform der Materie zur geologischen Bewegungsform einerseits und zur biologischen andererseits nicht im Detail gezeigt. Um all dies zu erfassen, muß unser Schema entsprechend detailliert werden.

Vor allem muß man bemerken, wie dies schon oben für einzelne Glieder in der Entwicklung der Natur getan wurde, daß für diese Entwicklung eine spezifische Aufspaltung oder Divergenz charakteristisch ist (z. B. Pflanzen- und Tierwelt). Die tiefste Polarisierung in der Entwicklung der Materie findet jedoch beim Übergang vom Chemismus zum Leben statt.

Sie besteht darin, daß die Komplizierung nicht jeder chemischen Verbindung überhaupt (d. h. nicht jedes beliebigen Trägers der chemischen Bewegungsform) zu diesem Übergange führt, sondern nur die Komplizierung derjenigen, die Kohlenstoff (organische Verbindungen) enthalten. Alle übrigen Verbindungen, die beliebige andere chemische Elemente außer Kohlenstoff enthalten, führen nicht zum Leben, sondern in die Sphäre der geologischen Bewegungsform.

Die Komplizierung und Entwicklung eines chemischen Stoffes, die mit dem Moment der Bildung chemischer Verbindungen auf den Sternen (in ihren äußeren Sphären) überhaupt beginnt, polarisiert sich von allem Anfang an in zwei Zweige: in den Entwicklungszweig, der mit der Zeit zur lebenden Natur führen muß, und in den, dessen Entwicklung zur unbelebten Natur führt (zu Gebirgsbildungen, Steinen und Mineralen). Insofern bereits auf der Sonne Verbindungen zwischen Kohlenstoff und Wasserstoff spektroskopisch festzustellen sind, beginnt sich dieser erste Zweig also bereits unter Bedingungen zu bilden, unter denen von Leben noch nicht die Rede sein kann. Unabhängig davon, ob man die Hypothese von der

„heißen“ Entstehung der Erde (Kant und Laplace) oder ihre „kalte“ Entstehung annimmt (O. J. Schmidt), setzen sich unter den Bedingungen unserer Erde beide oben genannten Zweige der Entwicklung der Natur fort, wobei sie vorläufig in den Grenzen ein und derselben chemischen (d. h. „vorbiologischen“) Bewegungsform der Materie verbleiben. Von diesen beiden Zweigen führt jedoch nur einer zum Übergang vom Unbelebten zum Leben, und zwar der, in dem sich die allmähliche Komplizierung der organischen Verbindungen (Kohlenstoffverbindungen) und der mit ihnen verbundenen chemischen Bewegung vollzieht.

Der andere Zweig dagegen, auf dem die ebenso allmähliche Komplizierung des anorganischen (kohlenstofflosen) Stoffes verläuft, führt zur Bildung der Lithosphäre, der Hydrosphäre und der Atmosphäre, deren Vorhandensein in ihrer entwickelten Form mit der Zeit zu einer notwendigen Voraussetzung dafür wird, daß sich der Sprung zum Leben, der durch den ersteren der beiden Zweige in der Entwicklung der Natur vorbereitet wurde, vollziehen konnte. Diese Vorstellung enthält nichts Künstliches oder Verwunderliches. Mehr noch, sie erhebt nicht den geringsten Anspruch, eine irgendwie originelle Theorie zu sein, sondern ist nur die Konstatierung allgemein bekannter und allgemein anerkannter Fakten.

Wenn wir den Prozeß der Spaltung (der Divergenz) der Entwicklung der Natur in Belebtes und Unbelebtes von der Seite der chemischen *Zusammensetzung* des sich komplizierenden Stoffes betrachten, der die Kohlenstoffverbindungen und die kohlenstofflosen Verbindungen hervorbringt, so können wir sagen, daß dieser Prozeß bereits innerhalb der Grenzen der Chemie, d. h. der chemischen Bewegungsform der Materie beginnt. Wenn wir aber von der Seite des physikalischen *Zustandes* der Stoffe, deren Spaltung wir überprüft haben, an diesen Prozeß herangehen, so lassen sich hier in allgemeinen Zügen folgende Entwicklungslinien feststellen: Ausgehend von der molekularen Bewegungsform der Materie entdecken wir einerseits eine Linie, die mit dem *Kolloid*zustand des Stoffes verbunden ist, und andererseits eine Linie, die mit den gewöhnlichen Aggregatzuständen, darunter auch mit den kristallinen und amorphen Zuständen verbunden ist.

Diese beiden Zustandsarten sind bekanntlich sowohl in der lebenden als auch in der unbelebten Natur anzutreffen. Die Beweglichkeit, die Labilität der Kolloide ist jedoch eine notwendige Bedingung für den Ablauf der Lebensprozesse (z. B. im Protoplasma), ähnlich wie die spezifischen Besonderheiten des Kohlenstoffes dessen höhere Verbindungen zu den Trägern des Lebens machen. Dagegen machen die relative Vollendetheit und Stabilität der Zusammenhänge zwischen den Teilchen eines Kristallgitters das Kristall zur Grundlage der gesamten unbelebten Natur auf der Erde neben den amorphen festen, flüssigen und gasförmigen Zuständen, die der geologischen Bewegungsform der Materie eigen sind. Dieser Umstand gibt natürlich keinen Grund, das Lebende mit den Kolloiden zu identifizieren, zur biologischen Bewegungsform überhaupt alle Erscheinungen zu zählen, die von Kolloiden herrühren, unabhängig von ihrer chemischen Zusammensetzung.

Nur die Berücksichtigung beider Seiten, der chemischen Zusammensetzung und des physikalischen Zustandes, gestattet es, den oben bezeichneten Prozeß der

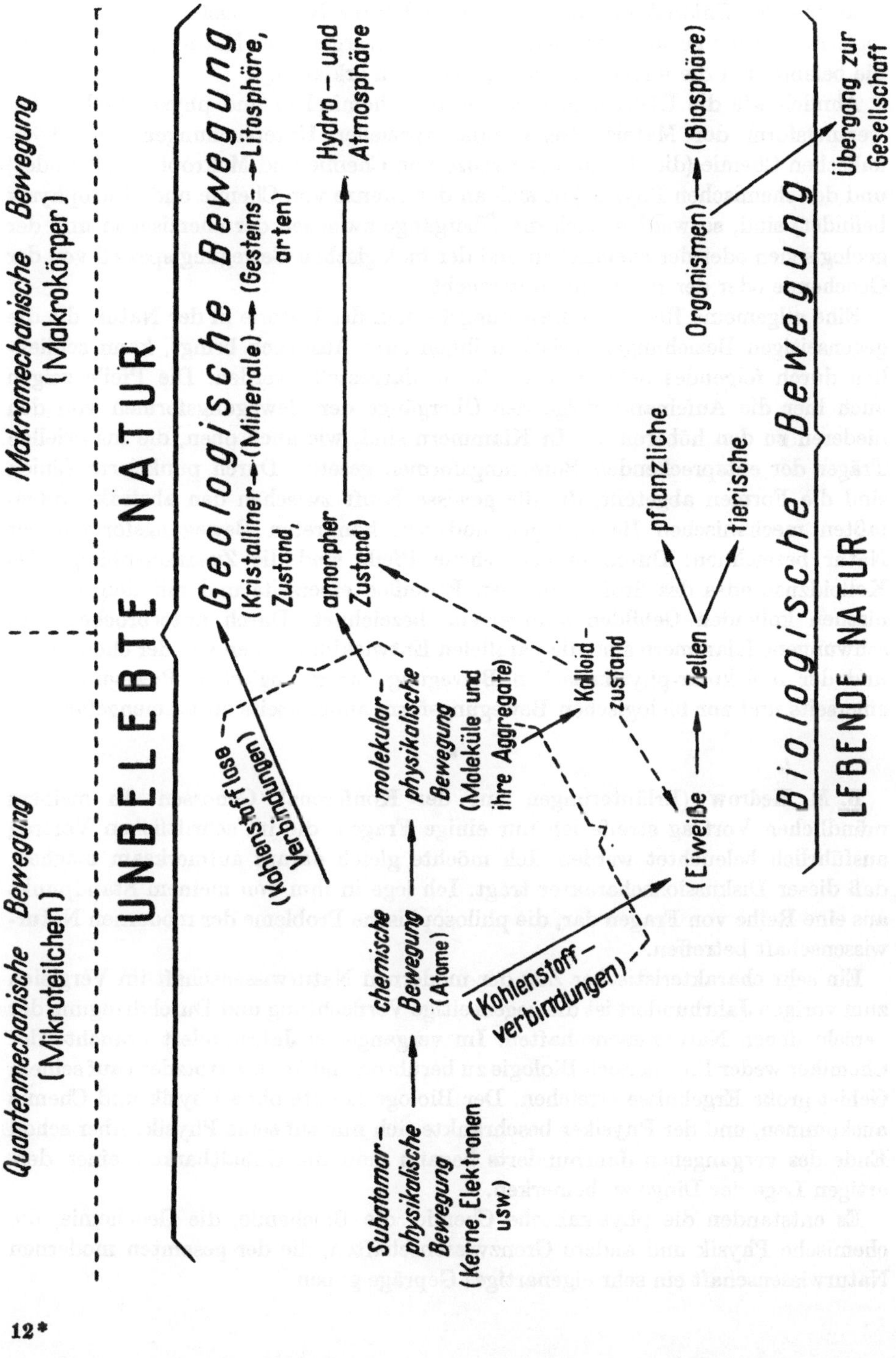
Quantenmechanische Bewegung
(Mikroteilchen)
Makromechanische Bewegung
(Makrokörper)
UNBELEBTE NATUR
Geologische Bewegung
Subatomar-physikalische Bewegung
(Kerne, Elektronen usw.)
chemische Bewegung
(Atome)
(Kohlenstoffverbindungen)
(Kohlenstofflose Verbindungen)
molekular-physikalische Bewegung
(Moleküle und ihre Aggregate)
Kolloidzustand
(Kristalliner Zustand,
amorpher Zustand)
(Minerale)
(Gesteinsarten)
Litosphäre,
Hydro- und Atmosphäre
(Eiweiße)
Zellen
pflanzliche
tierische
Organismen)
(Biosphäre)
Übergang zur Gesellschaft
Biologische Bewegung
LEBENDE NATUR

Spaltung der Entwicklung der Materie und ihrer Bewegungsformen in die biologische und die geologische, und damit die Divergenz der Natur in zwei Zweige, die belebte und die unbelebte Natur, richtig zu erklären.

Ähnlich wie die Übergänge zwischen der chemischen und physikalischen Bewegungsform der Materie Gegenstand spezieller Untersuchungen der physikalischen Chemie (die sich an der Grenze von Chemie und Makrophysik befindet) und der chemischen Physik (die sich an der Grenze von Chemie und Mikrophysik befindet) sind, so werden auch die Übergänge zwischen der chemischen und der geologischen oder der chemischen und der biologischen Bewegung speziell von der Geochemie oder der Biochemie untersucht.

Eine allgemeine Reihe der Bewegungsformen der Materie in der Natur, die die gegenseitigen Beziehungen zwischen ihnen zum Ausdruck bringt, kann schließlich durch folgendes detailliertes Schema dargestellt werden. Die Pfeile zeigen auch hier die Aufeinanderfolge der Übergänge der Bewegungsformen von den niederen zu den höheren an. In Klammern sind, wie auch oben, die materiellen Träger der entsprechenden Bewegungsformen gesetzt. Durch punktierte Linien sind die Formen abgeteilt, die die gewisse Kluft zwischen den abstrakt aufgefaßten mechanischen Bewegungen und den konkreten Bewegungsformen der Natur bezeichnen. Durch unterbrochene Pfeile sind die Zusammenhänge des Kolloidzustandes des Stoffes mit den Eiweißen einerseits und mit den anorganischen kolloiden Gebilden andererseits bezeichnet. Durch unterbrochene geschwungene Klammern sind die parallelen Entwicklungslinien von der chemischen und der molekular-physikalischen Bewegung zur geologischen Bewegungsform einerseits und zur biologischen Bewegungsform andererseits zusammengefaßt.

*

B. M. Kedrow (Erläuterungen auf der Konferenz). Genossen! In meinem mündlichen Vortrag streife ich nur einige Fragen, die im schriftlichen Vortrag ausführlich beleuchtet werden. Ich möchte gleich darauf aufmerksam machen, daß dieser Diskussionscharakter trägt. Ich lege in ihm von meinem Standpunkt aus eine Reihe von Fragen dar, die philosophische Probleme der modernen Naturwissenschaft betreffen.

Ein sehr charakteristischer Zug der modernen Naturwissenschaft im Vergleich zum vorigen Jahrhundert ist die gegenseitige Verflechtung und Durchdringung der verschiedenen Naturwissenschaften. Im vergangenen Jahrhundert brauchte der Chemiker weder Physik noch Biologie zu berühren und konnte trotzdem auf seinem Gebiet große Ergebnisse erreichen. Der Biologe konnte ohne Physik und Chemie auskommen, und der Physiker beschränkte sich nur auf seine Physik. Aber schon Ende des vergangenen Jahrhunderts begann man die Unhaltbarkeit einer derartigen Lage der Dinge zu bemerken.

Es entstanden die physikalische Chemie, die Biochemie, die Geochemie, die chemische Physik und andere Grenzwissenschaften, die der gesamten modernen Naturwissenschaft ein sehr eigenartiges Gepräge gaben.

Schon hieraus entsteht das Problem des Verhältnisses der verschiedenen Bewegungsformen der Materie in der Natur, weil jede Naturwissenschaft entweder eine einzelne Bewegungsform oder zusammenhängende, ineinander übergehende Bewegungsformen untersucht. Wichtig ist in dieser Beziehung die Tatsache, daß sich die Bewegungsformen auseinander entwickeln, die höheren aus den niederen. Im Prozeß ihrer Entwicklung gehen die einen Formen in andere über, und diese Übergänge sind erstens Gegenstand der erwähnten Grenzwissenschaften und zweitens eine bemerkenswerte Besonderheit der gesamten modernen Naturwissenschaft.

Um zu zeigen, welche Rolle das Problem des Verhältnisses der Bewegungsformen der Materie in der modernen Naturwissenschaft spielt, berühre ich einige Fragen, die Diskussionsgegenstand in einer Reihe von Spezialgebieten der Naturwissenschaft sind.

Wir möchten vor allem bemerken, daß gerade dieses Problem die Grundlage der zwei hauptsächlichen allgemeinen Verfahren bei der Lösung naturwissenschaftlicher Fragen ist: des strukturellen und des genetischen Herangehens. Nehmen wir an, daß wir von der einfachsten physikalischen Bewegungsform, von der Bewegung der „Elementar"teilchen ausgehen. Überall in der Natur, wo sich Elektronen und andere „Elementar"teilchen bewegen, werden wir es mit der entsprechenden Bewegungsform der Materie zu tun haben.

Aber wenn wir den Prozeß der Komplizierung der Bewegungsformen betrachten, so werden wir unmittelbar nach den Elektronen und, ich ergänze, Atomkernen zu den Molekülen kommen, zu ihrer Bewegung als ganze, qualitativ besondere Gebilde der Materie. Die Bewegung der Atome in den Molekülen, die Veränderungen in der chemischen Zusammensetzung der Moleküle selbst hervorrufen, tritt als chemische Bewegungsform auf.

Zwischen der physikalischen und chemischen Bewegungsform existiert dasselbe Verhältnis, wie zwischen dem Atom und den in ihm enthaltenen Elektronen: das Atom (ich meine die Atomhülle) entstand aus Elektronen und besteht aus Elektronen. Dem entspricht dasselbe Verhältnis zwischen den beiden Bewegungsformen der Materie: Die chemische Form entstand aus der physikalischen (genetisch) und schließt sie in sich ein (strukturell). Wenn wir auf der Stufe der Bewegung freier Elektronen stehen, auf der niedrigsten Stufe, so ist die physikalische Bewegungsform hier die Hauptform; wenn wir uns aber auf eine höhere Stufe erheben, wo sich aus Elektronen Atome gebildet haben und aus Atomen Moleküle, so wird sich die Bewegung der Elektronen in diesem System natürlich fortsetzen, verliert aber ihren selbständigen Charakter, wird durch die kompliziertere Bewegung, nämlich die chemische Bewegung, übertroffen werden. Deshalb wird auf dieser Stufe der Entwicklung der Materie und ihrer Bewegungsformen die chemische Bewegungsform die Hauptform sein, und die physikalische verwandelt sich schon aus der Hauptform in eine Nebenform oder, besser gesagt, in eine untergeordnete Form, d. h. die einfachere Form, die die andere begleitet, geht in diese ein.

Genauso verwandelt sich auf der noch höheren Entwicklungsstufe, wo wir einerseits in das Gebiet der Biologie eintreten, andererseits in das Gebiet der Geologie, auch die chemische Bewegungsform in eine untergeordnete Form, wird hier in die kompliziertere und höhere Bewegungsform eingehen, in die biologische, die auf dieser Entwicklungsstufe zur Hauptform wird.

Aber so, wie sich die chemische Bewegungsform selbst im Prozeß der Komplizierung der physikalischen Form gebildet hat und letztere in sich einschloß, so geht zusammen mit der chemischen Bewegungsform auch die physikalische Bewegungsform, als untergeordnete in bezug auf die chemische und noch mehr auf die biologische Form, in diese ein.

Das genetische Herangehen bedeutet die Betrachtung der Geschichte der Entstehung der höheren Formen aus den niederen, des Hervortretens dieser höheren Formen, die Aufdeckung des sogenannten „Mechanismus“ des Übergangs der Materie auf eine höhere Stufe im Prozeß ihrer Entwicklung.

Das strukturelle Herangehen bedeutet die Betrachtung desselben Prozesses, aber von einer anderen Seite aus, nämlich von der, die zeigt, wie innerhalb der höheren Form, die sich schon kompliziert und entwickelt hat, die niedere Form ihr Wirken fortsetzt, und in dieser die noch einfacheren Formen, bis zu den einfachsten physikalischen Formen, die uns bekannt sind.

Als Beispiel für die Anwendung des genetischen Herangehens kann das Problem der Entstehung des Lebens dienen, als Beispiel für das strukturelle Herangehen die Erforschung der physikalisch-chemischen Seite eines biologischen Problems, wo schon die überaus komplizierte Bewegungsform betrachtet wird, die den biologischen Prozeß bildet.

Aber ich unterstreiche, daß man nur dann, wenn man beide Verfahren zusammen als einander ergänzende Verfahren berücksichtigt, ein richtiges Ergebnis erreichen kann.

Oft wird nämlich das Wesen der höheren und komplizierteren Bewegungsform der Materie infolge der Erkenntnis ihres wechselseitigen Zusammenhanges mit der einfacheren, niederen Form aufgedeckt, gleichsam infolge der Erkenntnis des wechselseitigen Überganges der einen Form in die andere.

Ich erinnere daran, daß das Wesen der Wärme als besonderer Bewegungsform der Materie nur auf der Grundlage der mechanischen Wärmelehre und darauf der kinetischen Gastheorie aufgedeckt wurde, d. h., auf der Grundlage der Erkenntnis des Übergangs der mechanischen Bewegung in Wärme und umgekehrt; bis dahin mußte die Physik mit der Theorie des Wärmestoffs auskommen, die die Wärme von der mechanischen Bewegung trennte.

Ich erinnere auch daran, daß das Wesen des Chemismus nur dank der Aufdeckung seines Zusammenhangs mit der physikalischen, vor allem mit der elektrischen Bewegungsform entdeckt wurde, bis dahin mußte sich die Chemie auf die rein empirische, beschreibende Vorstellung von der chemischen Verwandtschaft beschränken. Dem analog wurde das Wesen des Lebens erst dann entdeckt, als der Prozeß der Lebenstätigkeit in seiner allgemeinsten Form als chemische Tätigkeit der Eiweißkörper auftrat, als organischer Stoffwechsel.

Die Aufgabe jeder Wissenschaft, darunter auch der Naturwissenschaft, besteht im Eindringen in das Wesen der untersuchten Erscheinungen (im Gegensatz zu dem, was Agnostiker, Empiriker, Vertreter phänomenologischer Schulen wie Energetiker usw. behaupten). Deshalb ist die Betrachtung der wechselseitigen Beziehungen zwischen den verschiedenen Bewegungsformen der Materie ohne Zweifel unter diesem Gesichtspunkt von sehr großem Interesse.

Bei der stufenweisen Bewegung der Wissenschaft in die Tiefe des zu erkennenden Gegenstandes, bei der Bewegung vom Wesen einer Ordnung zum Wesen einer höheren Ordnung, beobachtet man zwei grundlegende Abweichungen vom richtigen Weg, wodurch zahlreiche Einzelschwierigkeiten in jedem Zweig der Naturwissenschaft bedingt werden. Die erste Abweichung besteht in dem Verzicht, den Zusammenhang der höheren Bewegungsformen mit den niederen zu sehen, in der Loslösung dieser höheren Formen von den niederen, in ihrer Verwandlung in irgendein absolut selbständiges Objekt. Die Erklärung von Prozessen, die sich in diesem Objekt vollziehen, wird in diesem Falle nicht mit der Wirkung dieser oder jener Nebenformen der Bewegung innerhalb dieses Objektes in Zusammenhang gebracht, sondern besteht in der Erfindung spezifischer „Grundsätze" oder „Prinzipien", die angeblich mit der höheren Bewegungsform verbunden sind. So war es in der Vergangenheit, als die Spezifik der physikalischen Bewegung in unwägbaren Fluida gesehen wurde, die Spezifik der chemischen Bewegung in einer ebenso erdachten „Affinitätskraft", die Spezifik der biologischen Bewegung in einer „Lebenskraft" als Träger des Lebensprinzips.

In jedem konkreten Fall rissen diese Vorstellungen den Zusammenhang und den Übergang zwischen den entsprechenden höheren und niederen Bewegungsformen der Materie auseinander. Durch die Aufdeckung des strukturellen und genetischen Zusammenhangs der höheren Bewegungsformen mit den niederen zerstört der Fortschritt der Wissenschaft alle diese Vorstellungen. Jedoch halten sich in der Wissenschaft bis heute Tendenzen, und manchmal entstehen sie in Form eines krankhaften Rückfalls, die höhere Bewegungsform, z. B. die biologische, von den niederen, der physikalischen und chemischen, zu trennen und zu isolieren. Gerade von derartigen Tendenzen sind die idealistischen Strömungen in der modernen Biologie durchdrungen, der Neovitalismus mit seinen „Entelechie"-Begriffen, der Holismus, der die Zweckmäßigkeit oder besser gesagt, die qualitative Spezifik des lebenden Organismus zu einem besonderen, vom chemisch-physikalischen Gesichtspunkt unerklärbaren Prinzip erhebt. Es ist gut bekannt, daß der Weismannismus bestimmte biologische Eigenschaften und Prozesse für absolut autonom, von äußeren physikalischen und chemischen Einwirkungen der materiellen Umwelt auf den lebenden Organismus isoliert, erklärte.

An allen diesen Beispielen sehen wir, wie die Einseitigkeit, die Aufreißung einer Kluft zwischen den höheren und niederen Bewegungsformen zum Idealismus führt. Mit anderen Worten, die Metaphysik dient hier wie immer als gnoseologische Quelle für den philosophischen Idealismus. In allen ähnlichen Fällen ist das Eindringen der Wissenschaft in das Wesen jener Erscheinungen, die als Träger höherer

Bewegungsformen fehlerhaft isoliert und von den niederen Formen abgetrennt wurden, ein gewaltiger Fortschritt für die wissenschaftliche Erkenntnis, und gleichzeitig versetzt dieses Eindringen dem Idealismus, der die Tatsache ausnutzte, daß das Wesen der entsprechenden Erscheinungen noch unerkannt blieb, einen vernichtenden Schlag. Jedoch führt gerade dieser Fortschritt selbst, der der Metaphysik und dem Idealismus einen Schlag versetzt hat, oft zur zweiten Abweichung vom richtigen Weg der wissenschaftlichen Erkenntnis. Diese Abweichung besteht im Mechanizismus, d. h. im Versuch, die höheren Bewegungsformen auf die niederen zu reduzieren, sie in die niederen aufzulösen, das Komplizierte auf das Einfache zu reduzieren, das Ganze auf die Summe der Teile usw., im Versuch, zu erklären, daß das gesamte Wesen der Hauptform der Bewegung in der untergeordneten Form erschöpft wird, die in die höhere Form strukturell eingeht und aus der die höhere genetisch entsteht.

Wissenschaftler, die zum Mechanizismus neigen, fassen das Resultat des Eindringens in das Wesen der Erscheinungen, die bisher unerklärbar schienen, zu einseitig, die Ergebnisse überschätzend, und deshalb falsch auf. Wenn man den Mechanizismus kritisiert, muß man seine erkenntnistheoretischen Wurzeln aufdecken und, wenn man will, auch die psychologischen Motive einer derartigen Überschätzung und Einseitigkeit.

Ich erinnere an ein Beispiel aus der Geschichte der Wissenschaft. Die mechanische Seite der Ortsveränderung des Blutes untersuchend, entdeckte Harvey den Blutkreislauf. Dies war eine große Entdeckung, die den Grundstein für die wissenschaftliche Physiologie legte. Nebenbei bemerkt, entdeckte schon lange vorher, im 13. Jahrhundert, der arabische Arzt Ibn-an-Nafis das Prinzip des kleinen Blutkreislaufes. Die Entdeckung Harveys bestand darin, daß im komplizierten physiologischen Prozeß, der überhaupt noch nicht erklärt war, die untergeordnete Bewegungsform, die mechanische Bewegung von Flüssigkeiten gefunden und aufgedeckt wurde, was die Möglichkeit schuf, von dieser Seite her kennenzulernen, wie im lebenden Organismus das Blut fließt. Auf dieser ursprünglichen Etappe des Eindringens in das Wesen der Erscheinung gab es noch nicht die Möglichkeit, irgendeine andere Seite dieses Prozesses zu erkennen, weder die thermische noch die chemische, noch weniger die biologische. Erst nach über 100 Jahren kam Lavoisier zu seiner Sauerstofftheorie, die den Chemismus der Atmung erklärte. Nichtsdestoweniger war der erste Schritt in der Aufdeckung des Wesens dieser Erscheinung getan, und dieser Schritt war beschränkt auf die Aufdeckung der Rolle der mechanischen Bewegung in diesem Prozeß.

Ein anderes Beispiel ist die Entdeckung der chemischen Atomistik. Zu dieser Entdeckung kam Dalton durch die Betrachtung wieder der rein mechanischen Seite in der Gasdiffusion. Dabei verwarf er mit seinem Gesetz der Partialdrücke die Spekulationen über die Anziehungskräfte zwischen Gasen, in deren Ergebnis sich angeblich ihre gegenseitige Lösung vollzieht.

Man versuche, sich heute an die Stelle jenes Gelehrten zu versetzen, der als erster in das Wesen irgendeiner Naturerscheinung eingedrungen ist, in ihr ihre mechanische Seite entdeckt hat, der durch diese Entdeckung die Spekulationen der Scholastiker und ähnlicher Metaphysiker, der Empiriker, verwarf. Bisher war das Wesen überhaupt nicht bekannt gewesen. Bei der Suche nach seiner Erkenntnis fand der Gelehrte den ersten Zugang zur Erkenntnis. Anstelle erdachter Faktoren oder völligen Fehlens irgendwelcher Vorstellungen kam er einer realen Seite einer Erscheinung auf die Spur. Psychologisch ist uns verständlich, warum der Gelehrte, als er diesen Schritt gemacht hatte, besonders in den ersten Zeiten seines Erfolges, zu denken begann, daß jetzt schon das ganze Wesen dieser Erscheinung gefunden worden sei, daß die Entdeckung ihrer mechanischen Seite alles erschöpft, was wir von ihrem Wesen erkennen können. Da, ich wiederhole, außer dieser mechanischen Seite die Gelehrten noch nichts vom Wesen der gegebenen Erscheinung kennen, fallen sie auch leicht in den Fehler, diese mechanische Bewegung, die ihnen bisher allein bekannt ist, für das Wesen der Erscheinung zu halten. Aber sie verlieren aus dem Auge, daß in Wirklichkeit diese von ihnen erkannte Seite durchaus nicht das ganze Wesen der Erscheinung erschöpft, daß man nicht nur eine Seite betrachten muß, sondern auch ihren Zusammenhang mit anderen, komplizierteren, und möglicherweise sogar noch nicht erkannten Seiten, und daß man vor allem den Platz beachten muß, den die gegebene, eben erst entdeckte Seite im ganzen Prozeß einnimmt, anders gesagt, den Platz, den die untergeordnete Bewegungsform in der Hauptform einnimmt.

Um sich anschaulicher vorzustellen, in welcher Weise derartige Vorstellungen entstehen, möchte ich einen Fall anführen, der mir noch aus meiner Studentenzeit im Gedächtnis haften geblieben ist. Vor 30 Jahren fand in eben diesem Haus der Gelehrten ein Kongreß statt, wenn ich mich nicht irre, von Therapeuten. Mit einer sehr interessanten Mitteilung trat der bekannte Physikochemiker Professor N. A. Schilow auf. Er berichtete von einem Verfahren zur Verhütung der Arteriosklerose: Man muß, sagte er, vom Tage der Geburt an in den Organismus eine bestimmte Menge Jod einführen, dann wird die Ablagerung von Kalziumsalzen in den Gefäßwänden nicht beginnen. Die Ärzte dankten dem Vortragenden, bemerkten aber, daß sie das von ihm empfohlene Verfahren leider unmöglich anerkennen können, weil, obwohl mit Hilfe dieses Verfahrens die Arteriosklerose verhindert werden kann, der Organismus seine Ordnung dadurch bei weitem früher verliert, als die Ablagerung der Salze in den Gefäßen beginnt. Ich beabsichtige hiermit nicht, N. A. Schilow zu den Mechanisten zu rechnen, ich will nur zeigen, daß ein derartiger Fehler dann leicht entsteht, wenn man nur eine untergeordnete Bewegungsform (die in diesem Falle die chemische Bewegung war) beachtet und den Prozeß (oder Organismus) als Ganzes mit seiner Hauptform der Bewegung aus den Augen verliert.

Die mechanistische Tendenz reduziert das Wesen der untersuchten Erscheinungen auf die Seite, die zuerst entdeckt wurde und die scheinbar verspricht, der Schlüssel zur Erschöpfung des gesamten Wesens der gegebenen Erscheinung zu werden. So war es auf den frühesten Entwicklungsstufen der Wissenschaft, als sich noch nicht die ganze Kompliziertheit und Unerschöpflichkeit des untersuchten

Gegenstandes abhob, oder eben auf ersten Anfangsetappen des Eindringens in das Wesen dieses Gegenstandes, als seine anderen Seiten und der Zusammenhang der eben erst erkannten Seite mit allen Prozessen im Ganzen noch nicht in vollem Maße geklärt waren. Deshalb, scheint mir, kann man eine derartige Überschätzung und Einseitigkeit als „Kinderkrankheit" in der Entwicklung der wissenschaftlichen Erkenntnis bezeichnen: Mit der Zeit, wenn die Wissenschaft reifer wird, wenn das Wesen der von ihr untersuchten Dinge sich in seiner ganzen Tiefe zeigt, wird sie, zumindest im wesentlichen, von dieser Krankheit geheilt werden und nur in Form von Rückfällen werden Tendenzen auftreten, die höhere Bewegungsform (mit ihrem Wesen) auf niedere Formen zu reduzieren, die im gegebenen Fall die Rolle der untergeordneten Bewegungsformen spielen.

Das Studium der dialektischen Methode und insbesondere die Kenntnis davon, wie das Problem des Verhältnisses zwischen den Bewegungsformen der Materie mit Hilfe dieser Methode gelöst wird, kann, wie ich mir vorstelle, helfen, derartige Rückfälle zu verhindern, wenn sie aber schon aufgetreten sind, sie schneller zu überwinden.

An zwei Beispielen werde ich mich bemühen, zu zeigen, daß diese Frage der Naturwissenschaft durchaus nicht fremd ist, daß sie sich ebenso auf das Gebiet der Philosophie bezieht wie auch auf das Gebiet der speziellen Naturwissenschaften. Wenn der Physiker, Chemiker oder Biologe mit ihr zu tun hat, so bemüht er sich, diese Frage im Rahmen einer Wissenschaft zu lösen. Indessen ist es dem Wesen der Sache nach für die Lösung dieser Frage notwendig, allgemeiner heranzugehen. Es kommt auf die Berücksichtigung des wechselseitigen Zusammenhangs aller oder fast aller grundlegenden Naturwissenschaften an. Und dies ermöglicht nun eben die Philosophie.

Als erstes Beispiel möchte ich die Resonanztheorie in der Chemie anführen und hierzu meine Meinung sagen. Bei der Kritik dieser Theorie wurden meiner Auffassung nach Fehler gemacht. Diese Theorie wurde aus dem Grunde für machistisch erklärt, weil ihr Autor schrieb, daß er sich bemüht habe, ein bequemes Verfahren zur Lösung des Problems des chemischen Zusammenhangs zu finden. Aber weil Lenin schrieb, daß Idealismus entsteht, wenn man das Prinzip der Bequemlichkeit in die Erkenntnistheorie einführt, wurde erklärt, daß auch in der Chemie das Prinzip der Bequemlichkeit Machismus bedeute. Hier liegt offenbar eine Vulgarisierung der philosophischen Frage vor: Es sieht so aus, als ob der dialektische Materialismus obligatorisch auf unbequemen Untersuchungsverfahren bestehe, und wenn der Wissenschaftler eine bequeme Rechnung oder einen günstigen Kolben verwenden möchte, dann droht ihm die Gefahr, des Machismus beschuldigt zu werden.

Natürlich waren in der Resonanztheorie Fehler idealistischen Charakters enthalten, aber überhaupt nicht dort, wo sie einige philosophierende Chemiker sahen: Gerade umgekehrt, man vergaß, daß die Resonanzstrukturen nur zur Bequemlichkeit eingeführt wurden und daß sie deshalb keine reale Bedeutung haben, und einige Anhänger dieser Theorie begannen, sie in der Wirklichkeit selbst zu suchen, d. h.

begannen, die von ihnen gerade zur Bequemlichkeit eingeführten Bildungen, die in der realen Wirklichkeit nicht existieren, zu objektivieren.

Um zu verstehen, wie es kommen konnte, daß diese Theorie bei uns Verbreitung fand, muß man das berücksichtigen, was ich früher über das Verhältnis zwischen verschiedenen Bewegungsformen der Materie im Zusammenhang mit der Entdeckung des Wesens der untersuchten Erscheinungen gesagt habe. In diesem Falle handelt es sich um das Verhältnis zwischen der quantenmechanischen und der chemischen Bewegung. Die Entdeckung der quantenmechanischen Seite der chemischen Erscheinungen (womit sich die Quantenchemie befaßt) hat für die moderne Chemie dieselbe Bedeutung wie die Entdeckung der mechanischen Seite der chemischen und biologischen Prozesse im 17., 18. und zu Beginn des 19. Jahrhunderts, die zu vielen großen Entdeckungen führte, oder wie die Aufdeckung des wechselseitigen Zusammenhangs zwischen Chemismus und Elektrizität Ende des 19. und zu Beginn unseres Jahrhunderts.

Es ist völlig verständlich, wenn man eine solche sehr wichtige Seite überaus komplizierter Naturprozesse wie ihre quantenmechanische Seite aufdeckt, daß dies zu der Erwartung führen kann, mit Hilfe der Vorstellungen über diese reale Seite die chemische, und darauf die biologische Bewegungsform in ihrem Wesen, in ihrer qualitativen Spezifik zu erschöpfen, wenn man sie auf die Quantenmechanik reduziert. Dabei verliert man aus dem Auge, daß die quantenmechanische Seite der genannten Erscheinungen im Falle der höheren Bewegungsformen nur als untergeordnete, aber nicht als Hauptform auftritt. Sie muß notwendigerweise erkannt werden, da es anders unmöglich ist, die entsprechende höhere Form vom genetischen oder vom strukturellen Gesichtspunkt zu betrachten, was bedeuten würde, daß auch diese höhere Bewegungsform in ihrem Wesen unerklärt bleibt. Aber gleichzeitig kann die quantenmechanische Seite, die auf dem Gebiet der Chemie und Biologie als untergeordnete Bewegungsform auftritt, keineswegs deren Qualität, deren Wesen erschöpfen.

Das Wesen der Sache besteht gerade in der Erklärung des richtigen Verhältnisses zwischen den verschiedenen Bewegungsformen der Materie, von denen die einen (die chemische und die biologische) als höhere auftreten, andere (die physikalische, die quantenmechanische) als niedere mit allen sich daraus ergebenden Folgen.

Ich führe ein anderes Beispiel derselben Natur an. Wir sind Zeugen des noch nie dagewesenen, man kann sagen, schwindelerregenden Erfolges, den die Kybernetik und die Elektronenrechenmaschinen davontragen. Dies ist im echten Sinn eine neue technische Revolution. Ich erinnere daran, daß Marx den Hauptzug der technischen Revolution des 18. Jahrhunderts nicht in der Einführung der Dampfmaschine an sich sah, obgleich für die neue Technik damals auch eine neue energetische Basis notwendig war, sondern in der Schaffung des Webstuhls und anderer Maschinen, die in der frühen Manufakturproduktion die Hand des Arbeiters selbst ablösten. Heute sind wir bei einer beginnenden Umwälzung in der neuen Technik zugegen, in der die Steuerungsmaschinen auch „ablösen", oder genauer gesagt, das Gehirn des Arbeiters, Meisters und sogar des Ingenieurs abzulösen scheinen, so wie vor 200 Jahren die ersten Maschinen die menschliche Hand ablösten. Und ähnlich, wie damals die Dampfmaschine die neue Energiequelle für die neue Technik war, erfüllt heute diese Rolle die Atomenergie. Die Kernphysik im Verein mit der Kybernetik, das ist das theoretische Fundament einer noch grandioseren Revolution in der Technik, der Industrie, im Transport und auf anderen Gebieten unseres Lebens, als es jene Revolution war, die seinerzeit Dampfkraft und Webstuhl auslösten.

Aber gerade dieser gewaltige Erfolg erzeugte auch seine negative Seite. Weil die Kybernetik eine bestimmte Seite der Steuerungsmaschinen aufdeckt, die sie mit der Tätigkeit des menschlichen Gehirns gemeinsam haben, gab es Anlaß zu einseitigen Tendenzen, die Tätigkeit des Gehirns auf die Arbeit einer idealen, entsprechend komplizierten Rechenmaschine zu reduzieren. Hieraus folgen die Auffassungen über die scheinbare Möglichkeit der Ablösung des Gehirns durch die Rechenmaschine. Natürlich wäre es völlig falsch, aus diesem Grunde die gesamte Kybernetik zu verwerfen und das Vorhandensein des festgestellten Zusammenhangs und einer bestimmten Gemeinsamkeit zwischen Rechenmaschine und Tätigkeit des menschlichen Gehirns zu negieren. Letzteres würde ein anderes Extrem bedeuten, das zur Aufreißung einer Kluft zwischen der höheren, der Hauptform der Bewegung und der niederen Bewegungsform führt, die in diese höhere als untergeordnete Bewegungsform eingeht.

Hier sehen wir anschaulich, wie wichtig es ist, das strukturelle Herangehen mit dem genetischen Herangehen zu vereinigen. Keine Maschine ist in der Lage, eine längere historische Entwicklung zu reflektieren, genau gesagt, die gesamte biologische und soziale Evolution, in deren Ergebnis das Gehirn des modernen Menschen entstand. Dieser historische, genetische Gesichtspunkt des Problems verschwindet völlig beim Versuch, mit Hilfe des strukturellen Herangehens allein, gestützt nur auf eine Seite des untersuchten Gegenstandes, die er mit Steuerungsmaschinen gemeinsam hat, die Tätigkeit des Gehirns auf eine in bestimmter Weise konstruierte komplizierte Elektronenmaschine zu reduzieren.

Zum Schluß möchte ich bemerken, daß Tendenzen der Loslösung der höheren Bewegungsform von den niederen sich auf dem Gebiet der Biologie jedesmal zeigen, wenn ein biologischer Prozeß oder eine biologische Eigenschaft der Lebewesen als etwas absolut von physikalischen oder chemischen Prozessen, von der chemischen Struktur der Stoffe, die die materiellen, stofflichen Träger des jeweiligen Prozesses sind, Gesondertes behandelt wird.

W. A. Fock
Mitglied der Akademie der Wissenschaften der UdSSR

ÜBER DIE INTERPRETATION DER QUANTENMECHANIK

Eine charakteristische Seite der zeitgenössischen Physik ist die, daß sie immer tiefer in die Gesetzmäßigkeiten der Welt der Atome und anderer kleinster Teilchen der Materie eindringt. Diese Gesetzmäßigkeiten erfordern nicht nur eine neue Experimentaltechnik für ihre Aufdeckung, sondern auch neue Begriffe für ihre Formulierung. Für die Beschreibung der atomaren Erscheinungen sind neue Methoden notwendig, die von denjenigen verschieden sind, die beim Studium größerer Objekte der äußeren Welt gebraucht werden. Die neue Aufgabenstellung bei der Beschreibung der atomaren Objekte hat insofern eine große prinzipielle Bedeutung, als mit dieser Beschreibung Begriffe verbunden sind, die auch in anderen Gebieten der Naturwissenschaft Anwendung finden. Durch die zeitgenössische Physik werden somit einige Fragen philosophischen Charakters aufgeworfen, auf die wir jetzt die Aufmerksamkeit lenken wollen.

Wie es sich in der Geschichte der Physik schon oft gezeigt hat, war der mathematische Teil der Theorie, zusammen mit einigen die Theorie mit dem Experiment verbindenden formalen Regeln, früher ausgearbeitet als die entsprechenden physikalischen Begriffe. Der keinerlei innere Widersprüche enthaltende Apparat der nichtrelativistischen Quantenmechanik ließ sich erfolgreich zur Lösung konkreter Aufgaben der atomaren Physik anwenden, jedoch seine physikalische Deutung blieb lange Zeit unklar. Immer stärker wurde die Notwendigkeit einer grundlegenden physikalischen Interpretation des seit langem ausgearbeiteten Apparates der Quantenmechanik fühlbar.

§ 1 Versuche einer klassischen Deutung der Wellenfunktion und die Gründe ihrer Unhaltbarkeit

Der ursprünglich von de Broglie und Schrödinger vorgeschlagene Standpunkt bestand darin, daß in der Quantenmechanik die Wellenfunktion ein bestimmtes, im Raume ausgebreitetes Feld darstellt, ähnlich dem elektromagnetischen und anderen früher schon bekannten Feldern. Nach Schrödinger entsprechen die stationären Zustände der Atome den Eigenschwingungen dieses Feldes. Etwas später hat de Broglie einen anderen Standpunkt vorgeschlagen, demzufolge das im Raum ausgebreitete Feld Träger der Teilchen ist und deren Bewegung im klassischen Sinne bestimmt (die Pilot-Welle, oder genauer die Führungswelle). Diese Idee wurde von de Broglie zwar bald aufgegeben, doch kehrte er später — nach 25 Jahren — zu ihr zurück. Dieser Ansicht schließen sich auch die Arbeiten von Bohm an, der versuchte, den Begriff der Bahn eines Teilchens aufrechtzuerhalten und ihn mit den Formeln der gewöhnlichen Quantenmechanik durch Einführung eines in jedem Einzelfall speziell zu wählenden „Quantenpotentials" in Einklang zu bringen. Eine gewisse Abwandlung der Theorie der „Pilot-Welle" stellen die Bestrebungen von Vigier dar, die Idee Einsteins von der Partikel als einer Singularität des Feldes im vorliegenden Fall anzuwenden. Im übrigen werden diese Versuche nicht durch irgendwelche überzeugende mathematische Argumente gestützt.

Wenn es in den ersten Jahren der Entwicklung der Wellenmechanik auch ganz naturgemäß erschien, zu versuchen, sie im klassischen Sinn zu interpretieren, so kann man das in keiner Weise von jenen Versuchen sagen, die in den letzten Jahren von de Broglie und seiner Schule unternommen wurden. Ein allgemeines Merkmal aller dieser Versuche ist ihr äußerst gekünstelter Charakter und das vollständige Fehlen jeglichen heuristischen Wertes: Die Autoren dieser Versuche haben keine einzige neue Aufgabe auch nur in Angriff zu nehmen versucht. Im Gegenteil, ihre Überlegungen wurden (ohne dabei zu überzeugen) den bereits aus der Quantenmechanik bekannten Ergebnissen einfach angepaßt. Somit spricht also das Kriterium der Praxis entschieden gegen diese wissenschaftliche Richtung.

Worin bestehen nun die Besonderheiten der Quantenmechanik, die es nicht gestatten, sie in klassischem Sinne zu interpretieren und in der Wellenfunktion ein im Raum ausgebreitetes Feld, ähnlich dem klassischen, zu sehen? Wenn man die tiefer liegenden Gründe erkenntnistheoretischer Art zunächst einmal beiseite läßt, so kann man eine Reihe formaler Gründe anführen, die eine solche Deutung nicht zulassen.

Zum ersten hängt im Falle eines zusammengesetzten Systems, das aus vielen Partikeln besteht, die Wellenfunktion nicht von den drei Raumkoordinaten ab, sondern von allen Veränderlichen, die den Freiheitsgraden des Systems entsprechen. Sie ist die Funktion eines Punktes im vieldimensionalen Konfigurationsraum des Systems und nicht im realen physikalischen Raum.

Zweitens sind in der Quantenmechanik kanonische Transformationen der Wellenfunktion von der Art der Fourierschen Transformation zulässig, wobei alle auf diesem Wege erhaltenen transformierten Wellenfunktionen ein und denselben Zustand beschreiben und mit der ursprünglichen Wellenfunktion, die durch die Koordinaten ausgedrückt wird, gleichberechtigt sind; physikalische Bedeutung hat nicht nur das Absolutquadrat der ursprünglichen Wellenfunktion, sondern haben auch die Absolutquadrate der transformierten Funktionen.

Drittens, das Mehrkörperproblem (insbesondere das Problem mehrerer gleichartiger Partikel) hat in der Quantenmechanik Besonderheiten, die es weder gestatten, es auf die Probleme einzelner Teilchen zurückzuführen, noch es als Problem der Feldbestimmung im gewöhnlichen dreidimensionalen Raum zu formulieren. Wenn auch ein zusammengesetztes System eine Wellenfunktion hat, die für alle Partikel gemeinsam ist, so darf man doch nicht den einzelnen Partikeln besondere Wellenfunktionen zuschreiben; außerdem existiert für den Fall gleicher Partikel, die dem Pauli-Prinzip genügen, eine spezifisch quantenmechanische Wechselwirkung zwischen den Partikeln, die nicht auf eine Wechselwirkung von Kräften im gewöhnlichen Raum zurückgeführt werden kann. Eine andere Art von Wechselwirkung, die auch nicht auf eine klassische Kraftwirkung zurückzuführen ist, besteht zwischen gleichartigen Partikeln, die durch symmetrische Wellenfunktionen beschrieben werden.

Schließlich existiert die Wellenfunktion nicht nur für den Fall vieler Partikel, sondern auch für ein einzelnes Partikel nicht immer, und nicht immer verändert sie sich gemäß der Schrödinger-Gleichung; unter bestimmten Umständen wird sie einfach aufgehoben und durch eine andere ersetzt (die sogenannte Reduktion des Wellenpakets, vgl. § 11). Es ist klar, daß eine solche Art „augenblicklicher Veränderung" nicht mit dem Begriff des Feldes zu vereinbaren ist.

Die genannten Besonderheiten der Quantenmechanik verurteilen alle Versuche, die Wellenfunktion im klassischen Sinne zu deuten, von vornherein zum Scheitern. Der Zusammenhang der Quantenmechanik mit der klassischen Mechanik ist in anderer Richtung zu suchen, und zwar im Korrespondenzprinzip, gemäß dem ein Grenzfall existiert, bei dem die Formeln der Quantenmechanik, die unmittelbar mit dem Experiment verglichen werden können, in die klassischen Formeln übergehen. In diesem Grenzfall kann man die für das betreffende mechanische System charakteristischen Größen von der Dimension einer Wirkung als groß im Verhältnis zum „Wirkungsquantum" h[1] betrachten. Das Korrespondenzprinzip war von Bohr ganz am Anfang der Entwicklung der Quantenmechanik aufgestellt worden und es hat in ihrer Weiterentwicklung eine große Rolle gespielt.

Eine andere Art des Zusammenhangs zwischen klassischer Mechanik und Quantenmechanik ergibt sich aus der Tatsache, daß bei der Erforschung atomarer Objekte klassisch beschreibbare Meßinstrumente unentbehrliche Vermittler sind.

§ 2 *Die Ideen von Niels Bohr und seine Terminologie*

Der wahre Sinn der Wellenfunktion und anderer Begriffe der Quantenmechanik wurde erst im Verlauf einer allmählichen Entwicklung sichtbar, die mit den

[1] Für einen Massenpunkt in einem zeitunabhängigen Kraftfeld kann man $\frac{m \cdot v^2}{w}$ als charakteristische Größe wählen, wobei m die Masse des Partikels, v dessen Geschwindigkeit und w dessen Beschleunigung ist. Da es hier nur auf die Größenordnung ankommt, kann man anstelle von v und w ihren Mittelwert (in diesem oder jenem Sinne) setzen. Wenn man unter h die Plancksche Konstante, geteilt durch 2π versteht, so läßt sich das Kriterium der Anwendbarkeit der klassischen Mechanik auf die Bewegung eines Massenpunktes als $mv^3 > hw$ schreiben (vgl. W. Fock, Wiss. Abh. der Leningrader Staatlichen Universität, Serie Physik, Bd. 3, S. 5/9, 1937, russ.).

Arbeiten von Max Born über die statistische Deutung der Quantenmechanik einsetzte. Dabei zeigte sich die fundamentale Bedeutung des Begriffs der Wahrscheinlichkeit; obwohl anfangs unklar war, um welche Wahrscheinlichkeit es sich handelt. Eine wesentliche Rolle bei der Klärung dieser Frage, wie überhaupt bei der richtigen Interpretation der Quantenmechanik hat eine Idee von Niels Bohr gespielt. Nach dieser Idee muß die quantenmechanische Beschreibung von Eigenschaften des atomaren Objektes mit der klassischen Beschreibung der Beobachtungsmittel (der experimentellen Apparatur) verbunden werden.

In seinen, den prinzipiellen Fragen der Quantenmechanik gewidmeten Arbeiten, unterstrich N. Bohr besonders die Notwendigkeit, das Experiment als Ganzes zu betrachten und die Beschreibung des Experiments so weit zu führen, daß auch die Angaben der Meßgeräte einbegriffen sind. An sich ist dieser Gedanke in dem Sinne richtig, daß es im Prinzip möglich sein muß, die Beschreibung des Experiments bis zu den Angaben der Geräte weiterzuführen. Die übermäßige Hervorhebung der Rolle der Geräte gab jedoch den Anlaß, Bohr vorzuwerfen, er unterschätze die Bedeutung der Abstraktion und vergäße gewissermaßen, daß der eigentliche Gegenstand der Untersuchung die Eigenschaften der Mikroobjekte und nicht die Angaben der Meßinstrumente sind. Solche Eigenschaften der atomaren Objekte aber, wie Ladung, Masse, Spin, Form des Energieoperators, Gesetz der Wechselwirkung der Partikel mit einem äußeren Feld, sind einerseits völlig objektiv und können von den Beobachtungsmitteln abstrahiert werden, andererseits aber fordern diese Eigenschaften für ihre Formulierung ganz neue, quantenmechanische Begriffe. Insbesondere bezieht sich das auf die Formulierung des quantenmechanischen Mehrkörperproblems.

Anlaß für Mißverständnisse ist auch die von Bohr verwendete Terminologie. So spricht er z. B. von „nichtkontrollierbarer Wechselwirkung“, obwohl jede Wechselwirkung, als physikalischer Prozeß betrachtet, immer kontrollierbar ist. Bohr ist genötigt, von „Nicht-Kontrollierbarkeit“ zu sprechen, um eine Unstimmigkeit zu verdecken, welche entsteht, wenn klassische Begriffe außerhalb ihres Gültigkeitsbereiches angewendet werden. Weiter kann man auf die Gegenüberstellung von „Komplementaritätsprinzip“ und „Kausalitätsprinzip“ bei Bohr hinweisen. Bei wortwörtlicher Auffassung dieser Terminologie ist eine solche Gegenüberstellung selbstverständlich falsch. Jedoch versteht Bohr unter Komplementarität nicht nur die Heisenbergschen Unbestimmtheitsrelationen, sondern alles, was die Quantenmechanik von der klassischen Mechanik in charakteristischer Weise unterscheidet. Die Kausalität versteht Bohr im engsten mechanischen Sinne — im Sinne des Determinismus von Laplace. Somit meint Bohr eigentlich nur die Unvereinbarkeit der Quantenmechanik mit dem Laplaceschen Determinismus, aber nicht mit dem Kausalitätsprinzip im allgemeinen Sinn. Dann aber kann man mit ihm einverstanden sein.

Das Kausalitätsprinzip im allgemeinen Sinne muß man als Behauptung der Existenz der Naturgesetze verstehen, insbesondere derjenigen, die mit den allgemeinen Eigenschaften von Raum und Zeit zusammenhängen (endliche Grenzgeschwindigkeit der Ausbreitung von Wirkungen; Unmöglichkeit von Einflußnahme auf die Vergangenheit). Bei einer solchen Auffassung widerspricht die Quantenmechanik nicht nur nicht dem Kausalitätsprinzip, sondern gibt ihm einen neuen Ausdruck und erweitert seinen Anwendungsbereich auf Wahrscheinlichkeitsgesetze.

Ich hatte die Möglichkeit, mich in persönlichen Unterhaltungen mit Niels Bohr davon zu überzeugen, daß sein Standpunkt dem materialistischen tatsächlich viel näher ist, als es beim Lesen seiner Werke über prinzipielle Fragen der Quantenmechanik scheinen mag. Vor allem, meint Bohr, müsse man die Natur so nehmen, wie sie ist. Er drückt entschieden seine Ablehnung des positivistischen Standpunktes aus und erkennt die Objektivität der Eigenschaften der atomaren Objekte ohne Vorbehalt an. Was die Terminologie betrifft, so ist Bohr bereit, sich von der Anwendung des Terminus „nichtkontrollierbare Wechselwirkung" loszusagen, den er selbst für unglücklich hält. Bohr erklärt sich auch damit einverstanden, daß das allgemeine Kausalitätsprinzip vom Determinismus Laplaceschen Typs zu unterscheiden ist und daß nur dieser Determinismus den Gesetzmäßigkeiten der Atomphysik widerspricht.[1]

§ 3 Die Ablehnung neuer Ideen als Reaktion auf ihre positivistische Deutung

Die Neuartigkeit der Ideen Bohrs und ihre schwerverständliche Darstellung sowie die Benutzung einer nicht immer glücklich gewählten Terminologie gaben Anlaß zu vielen Mißverständnissen und zur falschen Auslegung dieser Ideen im Sinne des Positivismus. (Man muß bemerken, daß gerade diese positivistische Auslegung der neuen Ideen gewöhnlich unter der Bezeichnung „Kopenhagener Schule" verstanden wird.) Einen extrem positivistischen Standpunkt nimmt P. Jordan ein; andere, ernsthaftere Physiker, wie M. Born, W. Heisenberg u. a., haben zwar zeitweilig positivistische Ansichten vertreten, wenden sich in der letzten Zeit aber mehr und mehr davon ab. So anerkennt Heisenberg in einer seiner letzten Arbeiten, die in einem Sammelband zum 70. Geburstag von N. Bohr erschienen ist, schon die Objektivität des Begriffs „Quantenzustand".

Die Auslegung der Ideen Bohrs im Sinne des Positivismus, wie sie von einigen seiner Anhänger vorgenommen wurde, rief naturgemäß eine im Namen des Materialismus die neuen Ideen ablehnende Reaktion hervor (de Broglie, Bohm, Vigier u. a.). Dem Bestreben der genannten Wissenschaftler, das sie eine negative Haltung gegenüber der gewöhnlichen, wahrscheinlichkeitstheoretischen Auffassung der Quantenmechanik einnehmen ließ, liegt die falsche Ansicht zugrunde, daß die Wahrscheinlichkeitsauffassung einen Verzicht auf die Objektivität der Mikrowelt und ihrer Gesetze bedeute, d. h. eine Absage an grundlegende Thesen

[1] Die neuen Formulierungen Bohrs fanden ihren Niederschlag in seiner Arbeit „Quantenphysik und Philosophie", „Fortschritte der physikalischen Wissenschaften", Bd. 67, S. 37, 1959 (russ.).

des Materialismus. Nach Meinung der Anhänger der Schule de Broglies ist nur der Determinismus klassischen Typs mit dem Materialismus vereinbar.

Die Beschränktheit und deshalb auch die Unrichtigkeit einer solchen Auffassung des Materialismus steht für uns außer Zweifel. Der Natur gerade die deterministische Form der Gesetzmäßigkeiten aufzwingen zu wollen und allen Tatsachen zum Trotz darauf zu verzichten, ihre allgemeinere wahrscheinlichkeitstheoretische Form anzuerkennen, bedeutet, von irgendwelchen Dogmen auszugehen, aber nicht von den Eigenschaften der Natur selbst. Eine solche Anschauung ist philosophisch unrichtig. Deshalb darf man sich über den Mißerfolg aller Versuche, die Quantenmechanik deterministisch zu deuten, nicht wundern; ein Mißerfolg, dessen formale Gründe wir im § 1 analysiert haben. Gleichzeitig macht die hartnäckige Wiederaufnahme von Versuchen dieser Art und das ihnen von Nichtfachleuten entgegengebrachte Interesse, dadurch bedingt, daß diese Versuche im Namen des Materialismus unternommen werden, eine tiefere Analyse der neuen Ideen der Quantenmechanik vom Standpunkt der materialistischen Philosophie dringend notwendig. Eine solche Analyse führt eindeutig zu dem Schluß, daß die neuen Ideen zwar den Kreis der Begriffe, mit denen die materialistische Philosophie operiert, bedeutend erweitern, aber keineswegs dem Geist des Materialismus widersprechen.

§ 4 Die Bezugnahme auf die Beobachtungsmittel

Wir wollen versuchen, die grundlegenden Besonderheiten der Quantenmechanik, die sie von der klassischen Mechanik unterscheiden, herauszustellen.

Die Eigenschaften der Objekte erscheinen immer in ihrer Wechselwirkung mit anderen Objekten, insbesondere mit Beobachtungsmitteln (Meßinstrumenten). Dies gilt sowohl in der klassischen wie auch in der Quantenphysik. Aber in der klassischen Physik konnte in weitaus größerem Maße von den Beobachtungsmitteln abgesehen werden, als es in der Quantenmechanik möglich ist. Das wird begreiflich, wenn man bedenkt, daß die Beobachtungsmittel immer von „menschlicher" Größe sind, während die Größenordnungen der Objekte, mit denen die klassische Physik einerseits und die Quantenphysik andererseits operieren, ganz verschieden sind: Die klassischen Objekte sind im allgemeinen nicht kleiner als die Beobachtungsmittel, während die quantenmechanischen Objekte unvergleichlich kleiner sind als diese.

In der klassischen Physik wird angenommen, daß bei genügend sorgfältiger Anwendung die Beobachtungsmittel das Untersuchungsobjekt nicht in merklicher Weise beeinflussen; wenn sie es dennoch tun, ist es möglich, diese Beeinflussung in der Berechnung zu korrigieren. Deshalb ist es dort auch möglich, so zu verfahren, als ob die Beobachtungsmittel überhaupt keine Rolle spielten, und man kann z. B. über den Zustand eines Objekts ohne Bezugnahme auf die Beobachtungsmittel sprechen, wodurch der Begriff „Zustand" verabsolutiert wird. Allerdings bleibt auch hier ein Element der Relativität bestehen, insofern auch in der klassischen

Physik alle Größen auf ein bestimmtes Inertialsystem bezogen werden müssen; unter dem hier entwickelten Gesichtspunkt ist es möglich, dies als Berücksichtigung der Bewegung der Beobachtungsmittel zu deuten. In der Quantenphysik ist es aber notwendig, nicht nur die Bewegung der Beobachtungsmittel, sondern auch ihre innere Beschaffenheit zu berücksichtigen.

Also kann man unter klassischer Beschreibung eine Beschreibung ohne Bezugnahme auf die Beobachtungsmittel verstehen (wenn man von deren Bewegung absieht). Die Genauigkeit einer solchen Beschreibung ist durch die Unbestimmtheitsrelation von Heisenberg begrenzt. Diese Genauigkeit genügt zwar für die Beschreibung mechanischer Eigenschaften größerer Gegenstände, aber sie erweist sich als unzureichend für die Beschreibung von Objekten der Mikrowelt. Nicht nur die Genauigkeit im quantitativen Sinne, sondern auch die Formulierung qualitativ neuer Eigenschaften der Mikroobjekte erfordert neue Beschreibungsmethoden, und es ist vor allem notwendig, in ihre Beschreibung ein neues Element der Relativität — der Bezugnahme auf die Beobachtungsmittel — einzuführen.

Es ist vollkommen klar, daß die Relativität mit der Objektivität durchaus verträglich ist. Schon in der klassischen Physik erscheinen sogar solche einfachen Begriffe, wie die Bahn eines Massenpunktes, die völlig objektiv ist, zugleich als relativ, weil sie einen Sinn nur bei Angabe eines bestimmten Bezugssystems erhalten. Dementsprechend präzisiert in der Quantenmechanik die Bezugnahme auf die Beobachtungsmittel nur die physikalischen Begriffe und erlaubt, neue einzuführen, beraubt sie aber keineswegs ihrer Objektivität. Die Objekte der Mikrowelt sind ebenso real und ihre Eigenschaften ebenso objektiv wie die von der klassischen Physik untersuchten Objekte und Eigenschaften.

§ 5 Der Begriff des Meßinstruments

Im vorhergehenden Paragraphen haben wir auf einige allgemeine Konsequenzen aus der einfachen, aber fundamentalen Tatsache hingewiesen, daß das Studium der Welt der Atome nur mittels größerer Gegenstände möglich ist, die als Beobachtungsmittel (Meßinstrumente) gebraucht werden. Weil dieser Begriff des Meßinstrumentes in unseren Überlegungen eine große Rolle spielt, müssen wir ihn präzisieren. Wir verstehen unter „Meßinstrument" eine Einrichtung, die einerseits mit dem Mikroobjekt in Wechselwirkung treten und von diesem eine Rückwirkung erfahren kann, andererseits aber eine für den betreffenden Zweck hinreichend genaue klassische Beschreibung gestattet (und folglich keiner weiteren „Beobachtungsmittel" bedarf). Man muß gleichzeitig bemerken, daß es bei dieser Definition des Meßinstruments ganz unwesentlich ist, ob das Gerät von Menschenhand geschaffen wurde oder ob es ein natürliches Gebilde darstellt, das die für die Beobachtung des Mikroobjekts geeigneten äußeren Bedingungen realisiert. Wesentlich ist nur, daß diese Bedingungen wie auch die eigentlichen Beobachtungsmittel klassisch beschrieben werden.

Wenn der Terminus „Meßinstrument“ in diesem Sinne verstanden wird, können wir die Aufgabe der quantenmechanischen Beschreibung eines Mikroobjektes folgendermaßen formulieren:

Alle Eigenschaften der Mikroobjekte, einschließlich der spezifisch quantenmechanischen, d. h. solcher, für deren Beschreibung die klassische Mechanik unzureichend ist, müssen aus der Einwirkung der Mikroobjekte auf klassisch beschreibbare Meßinstrumente erschlossen werden.

§ 6 Das Wesen des Dualismus Welle—Korpuskel

Damit verschiedene Eigenschaften des atomaren Objekts in Erscheinung treten, sind verschiedene äußere Bedingungen erforderlich. Es kann sich erweisen, daß verschiedene Typen von äußeren Bedingungen miteinander unvereinbar sind. Betrachten wir z. B. die Streuung von Elektronen am Kristallgitter. Eine regelmäßige Anordnung der Streuzentren ist zur Gewinnung eines klar umrissenen Diffraktionsbildes notwendig und damit auch zur Aufdeckung der Welleneigenschaften des Elektrons. Aber dieselbe Regelmäßigkeit der Anordnung ist ein Hindernis für die genaue räumliche Lokalisierung der Elektronen, die eine Diffraktion erfahren: Wenn man nämlich die Regelmäßigkeit der Anordnung der Zentren nicht verletzt, ist es unmöglich festzustellen, durch welches von ihnen das Elektron abgelenkt wurde. In der Literatur, besonders in den Arbeiten von N. Bohr und W. Heisenberg, sind viele derartige Beispiele untersucht worden, die man als Illustration der Unvereinbarkeit der äußeren Bedingungen betrachten kann, die zur Aufdeckung einerseits der Welleneigenschaften des Elektrons und andererseits seiner korpuskularen Eigenschaften erforderlich sind.

Es sind auch solche Bedingungen möglich, bei denen die Wellen- und die Korpuskeleigenschaften des Elektrons gleichzeitig in Erscheinung treten, aber dann sind diese Eigenschaften nur undeutlich ausgeprägt. Zum Beispiel hat die Wellenfunktion für ein im Atom gebundenes Elektron die Form einer stehenden Welle mit einer sich mit wachsendem Abstand vom Atomzentrum rasch verringernden Amplitude. Das bedeutet, daß das Elektron näherungsweise lokalisiert ist (also korpuskulare Eigenschaft besitzt), während gleichzeitig zum Teil auch Welleneigenschaften zum Vorschein kommen.

So treten bei atomaren Objekten unter den einen Bedingungen Welleneigenschaften, unter anderen dagegen korpuskulare Eigenschaften in den Vordergrund; es sind sogar solche Umstände möglich, wo diese beiden Eigenschaften, wenn auch wenig ausgeprägt, so doch gleichzeitig auftreten. Man kann daher sagen, daß es für das atomare Objekt eine *potentielle Möglichkeit* gibt, je nach den äußeren Bedingungen entweder als Welle, oder als Korpuskel, oder in einer Zwischenform zu erscheinen. Gerade in dieser potentiellen Möglichkeit einer Offenbarung verschiedenartiger Eigenschaften, die dem atomaren Objekt innewohnen, besteht das Wesen des Dualismus Welle-Korpuskel. Jede andere mehr buchstäbliche Auffassung dieses Dualismus im Sinne irgendeines Modells ist unrichtig. Insbesondere das von de Broglie und seiner Schule vorgeschlagene Modell des von einer Welle getragenen Korpuskels oder das Modell des Teilchens als einer Singularität des Feldes, sind absolut unannehmbar, wie schon in § 1 gezeigt wurde.

Außerdem muß man beachten, daß die Besonderheiten der Quantenmechanik (auch der nicht-relativistischen) nicht durch den Welle-Korpuskel-Dualismus erschöpft sind. Solche Eigenschaften der Elektronen wie der Spin und die Quantenstatistik (Pauli-Prinzip) lassen sich nicht auf diesen Dualismus zurückführen, und doch können auch sie mit Hilfe des Apparates der Quantenmechanik formuliert werden. Der fundamentale Charakter dieser Eigenschaften ergibt sich schon daraus, daß gerade sie die Struktur der Elektronenhüllen der Atome bestimmen, und somit auch deren optische und chemische Eigenschaften.

Der Apparat der Quantenmechanik, der eine Reihe fundamentaler Eigenschaften atomarer Objekte richtig widerspiegelt, erhält seine rationelle Deutung nur auf der Grundlage einer erweiterten Aufgabenstellung der Beschreibung der Mikroobjekte, und zwar einer solchen, bei der ihr Verhalten nicht von ihrer Wechselwirkung mit den Beobachtungsmitteln getrennt wird.

§ 7 Wahrscheinlichkeitstheoretische Beschreibung der Wechselwirkung zwischen Objekt und Meßinstrument

Wenn wir von einer Wechselwirkung zwischen Mikroobjekt und Meßinstrument sprechen, müssen wir zwei Seiten der Sache unterscheiden: Erstens, die Wechselwirkung als physikalischen Prozeß und zweitens, die Wechselwirkung als Übergang zwischen dem Teil des Systems, das quantenmechanisch (Mikroobjekt), und dem Teil, das klassisch (Meßinstrument) beschrieben wird. Im ersten Fall wird das Wort „Wechselwirkung" in einem mehr wörtlichen Sinn verwendet, im zweiten Fall dagegen in indirektem Sinn. Uns interessiert hier hauptsächlich die zweite Seite des Problems, weil der Begriff der quantenmechanischen Beschreibung gerade auf eine Analyse der Wechselwirkung in diesem zweiten Sinn gegründet werden muß.

Welches sind die Besonderheiten der Wechselwirkung eines atomaren Objektes mit dem klassischen Meßinstrument?

Bei der Beantwortung dieser Frage muß man beachten, daß sowohl die äußeren Bedingungen, in denen sich das Objekt befindet, als auch das Resultat seiner Wechselwirkung mit dem Meßinstrument in der Sprache der klassischen Physik beschrieben werden müssen. Aus diesen klassisch formulierten Angaben muß man dann auf die quantenmechanischen Charakteristiken der atomaren Objekte Rückschlüsse ziehen.

Selbst wenn sich das atomare Objekt in fixierten äußeren Bedingungen befindet, ist das Resultat seiner Wechselwirkung mit dem Meßinstrument im allgemeinen nicht eindeutig. Dieses Resultat kann auf der Grundlage der vorangegangenen Beobachtungen, wie exakt diese auch sein mögen, nicht mit Bestimmtheit vorausgesagt werden. Einen bestimmten Wert hat nur die Wahrscheinlichkeit eines gegebenen Resultats. Der vollständige Ausdruck der Resultate einer Serie von Messungen wird nicht der genaue Wert der gemessenen Größe, sondern eine Wahrscheinlichkeitsverteilung für sie sein.

Selbstverständlich kann es geschehen, daß die Wahrscheinlichkeit eines Wertes der zu messenden Größe (oder eines engen Wertintervalls) die Wahrscheinlichkeiten aller übrigen Werte derart überwiegt, daß es praktisch möglich ist, der betreffenden Größe gerade diesen Wert zuzuschreiben. In diesem Falle ist eine genaue oder fast genaue Vorhersage des Resultats der Messung möglich. Doch ist dieser Fall immer nur eine Ausnahme oder besser ein Spezialfall. Charakteristisch für die Situation in der Quantenmechanik ist der allgemeine Fall, daß die Messung zu einer Wahrscheinlichkeitsverteilung führt.

Diese Tatsache, daß vorangehende Beobachtungen im allgemeinen keine eindeutige Vorhersage des Resultats der Messungen erlauben, hat große prinzipielle Bedeutung. Man muß sie als Ausdruck eines Naturgesetzes betrachten, das mit den Eigenschaften der atomaren Objekte, insbesondere mit dem ihnen eigenen Korpuskel-Welle-Dualismus zusammenhängt. Die Anerkennung dieser Tatsache bedeutet eine Absage an den klassisch-mechanischen Determinismus und fordert neue Ausdrucksformen des Kausalitätsprinzips. An sich ist der Ausdruck der Resultate einer Serie von Messungen in Form einer Wahrscheinlichkeitsverteilung auch der klassischen Physik nicht fremd. Aber dort wird die Wahrscheinlichkeit als ein „fremdes Element" betrachtet, als Resultat der Nichtbeachtung gewisser unbekannter Bedingungen und als Mittelung über unbekannte Parameter. In der klassischen Physik wurde immer die prinzipielle Möglichkeit vorausgesetzt, die beobachteten Objekte so auszusondern, daß man danach im Ergebnis der Beobachtung nur einen Wert der gemessenen Größe und keine Wahrscheinlichkeitsverteilung erhält. Im Gegensatz dazu ist in der Quantenphysik eine solche Aussonderung der atomaren Objekte unmöglich, weil entsprechend der den atomaren Objekten innewohnenden Eigenschaften die zu messenden Größen unter den gegebenen Bedingungen keine bestimmten Werte haben können. In der Quantenphysik ist der Wahrscheinlichkeitsbegriff ein primärer Begriff, und er spielt dort eine fundamentale Rolle. Mit ihm hängt auch der quantenmechanische Begriff des Zustandes eines atomaren Objekts zusammen.

§ 8 Die Wahrscheinlichkeitscharakteristik des Zustands eines Objekts

Für die Untersuchung der Eigenschaften der atomaren Objekte ist eine experimentelle Anordnung ausschlaggebend, bei der man drei Stadien unterscheiden kann: die Vorbereitung des Objekts, das Verhalten des Objekts unter fixierten äußeren Bedingungen und die eigentliche Messung. Dementsprechend kann man in der Versuchsanordnung einen vorbereitenden Teil, einen eigentlich arbeitenden Teil und einen registrierenden Teil unterscheiden. Zum Beispiel ist bei der Beobachtung der Diffraktion von Elektronen an Kristallen die Quelle eines monochromatischen Bündels von Elektronen der vorbereitende Teil; dazu gehören auch das Diaphragma und andere Vorrichtungen, welche sich vor dem Kristall befinden. Der eigentlich arbeitende Teil ist der Kristall selbst, und der registrierende Teil ist eine Fotoplatte oder ein Zähler.

Bei einer solchen Versuchsanordnung kann man den abschließenden Teil (die Messung) variieren, während die ersten beiden Stadien unverändert bleiben. Die physikalische Deutung des formalen Apparates der Quantenmechanik kann man gerade auf diese Weise am bequemsten verfolgen.

Indem man den abschließenden Teil des Experiments variiert, kann man, ausgehend von ein und demselben Anfangszustand des Objekts, Messungen verschiedener Größen an ihm durchführen (z. B. der Energie eines Teilchens oder seiner Geschwindigkeit oder seiner Lage im Raum). Jeder Größe entspricht eine eigene Serie von Messungen, deren Resultate in Form einer Wahrscheinlichkeitsverteilung für diese Größe zum Ausdruck kommen.

Alle aufgezeigten Wahrscheinlichkeitsverteilungen können parametrisch durch ein und dieselbe Wellenfunktion ausgedrückt werden, die nicht vom Endstadium des Experiments abhängt und somit also eine objektive Charakteristik des Zustandes des Objekts unmittelbar vor dem Endstadium darstellt.

Der von der Wellenfunktion beschriebene quantenmechanische Zustand des Objekts ist objektiv in dem Sinne, daß er eine objektive (vom Beobachter unabhängige) Charakteristik der potentiellen Möglichkeiten dieses oder jenes Resultates der Wechselwirkung des atomaren Objekts mit dem Meßinstrument darstellt. Der auf diese Weise definierte Begriff „Zustand“ bezieht sich gerade auf ein gegebenes einzelnes Objekt. Jedoch ist dieser objektive Zustand noch nicht wirklich, und zwar in dem Sinne, daß für ein Objekt im betreffenden Zustand sich die genannten potentiellen Möglichkeiten noch nicht verwirklicht haben. Der Übergang vom potentiell Möglichen zum Verwirklichten, zum Wirklichen, geht im abschließenden Stadium des Experiments vor sich. Für die statistische Charakteristik dieses Übergangs, d. h., um experimentell die entsprechende Wahrscheinlichkeitsverteilung zu ermitteln, ist schon eine Serie von Messungen nötig; die Wahrscheinlichkeitsverteilung erhält man dann nach statistischer Bearbeitung dieser Serie von Messungen. Diese experimentell gefundene Wahrscheinlichkeitsverteilung kann sodann mit der theoretischen verglichen werden, die aus der Wellenfunktion folgt.

Man muß bemerken, daß, obwohl das unmittelbare Resultat des abschließenden Stadiums des Experiments klassisch formuliert wird, man aus ihm auf Grund der Theorie auch die Bedeutung spezifisch quantenmechanischer Größen ableiten kann, wie Spin des Teilchens, Energieniveau des Atomsystems usw. Somit kann man also aus der statistischen Bearbeitung einer Serie von Messungen die Wahrscheinlichkeitsverteilungen nicht nur für die Größen, die den klassischen analog sind, sondern auch für die spezifisch quantenmechanischen Größen gewinnen.

§ 9 Der Begriff des potentiell Möglichen und des Wirklichen in der klassischen Physik

In der klassischen mechanisch-deterministischen Physik entsteht das Problem des Übergangs vom potentiell Möglichen zum Wirklichen überhaupt nicht, da dort eine eindeutige Vorherbestimmtheit des Ablaufs der Ereignisse postuliert wird, kraft der alles potentiell Mögliche sich auch verwirklicht, so daß es keine Notwendigkeit gibt, das eine von dem anderen zu unterscheiden. Die praktische Unmöglichkeit, alle Ereignisse vorauszusagen, wird dort auf die Unvollständigkeit der Ausgangsdaten zurückgeführt.

Ein derartiger deterministischer Standpunkt ist keineswegs eine logische Notwendigkeit, sondern ist durch historische Ursachen bedingt, in erster Linie durch die Erfolge der Mechanik der Himmelskörper im 18. und 19. Jahrhundert. Die von den Astronomen erreichte hohe Genauigkeit in der Voraussage der Bewegung der Himmelskörper rief eine Begeisterung für den mechanischen Determinismus (den Laplaceschen Determinismus) hervor. Infolge dieser Begeisterung verbreitete sich die mechanisch-deterministische Weltanschauung auf die gesamte Physik (vielleicht mit Ausnahme der Thermodynamik) und beanspruchte für sich, die einzige wissenschaftliche Weltanschauung zu sein. Die Fortschritte der elektromagnetischen Lichttheorie, die den Begriff des Feldes als physikalische Realität formulierte, zeigten zwar die Begrenztheit des mechanischen Standpunktes, konnten jedoch den Glauben an den Determinismus nicht erschüttern.

Allerdings sprachen die Erfahrungen des alltäglichen Lebens, in welchem man ja die Möglichkeit von ihrer Verwirklichung streng unterscheiden muß, dagegen; aber diese Erfahrung wurde als „unwissenschaftlich" abgelehnt. Auf dem Gebiete der Physik blieb die Thermodynamik eine im Sinne des Determinismus „unsichere" Disziplin, die man vergeblich mit dem mechanischen Determinismus in Übereinstimmung zu bringen versuchte. Jedoch der wirkliche Zusammenbruch des Determinismus wurde erst durch die Entwicklung der Quantenmechanik herbeigeführt, angefangen von den Arbeiten A. Einsteins über die Quantentheorie der Strahlung (1916), in denen er zum ersten Male die a-priori-Wahrscheinlichkeiten in die Physik einführte.[1] Die quantenmechanische Beschreibung der Eigenschaften der atomaren Objekte in ihrer einzig richtigen Deutung schließt den deterministischen Standpunkt vollständig aus. Die Quantenmechanik stellt die durch die Lebenserfahrung diktierte Unterscheidung des bloß Möglichen vom Verwirklichten wieder her.

[1] Interessant ist, daß Einstein, der viel für die Quantentheorie in der Anfangsperiode ihrer Entwicklung geleistet hat und der als erster in der Physik die a-priori-Wahrscheinlichkeiten einführte, in der Folge zum Gegner der Quantenmechanik und zum Anhänger des Determinismus wurde. Er sagte des öfteren halb scherzend halb ernst, er könne nicht glauben, „daß der liebe Gott würfelt".

§ 10 Wahrscheinlichkeit und Statistik in der Quantenmechanik

Der wahrscheinlichkeitstheoretische Charakter der Quantenmechanik unterliegt keinem Zweifel, und er wird auch von fast niemandem bestritten. Aber die Fragen, worauf sich eben diese Wahrscheinlichkeiten beziehen, in welcher statistischen Gesamtheit sie erfaßt werden und ob die Quantenmechanik eine Theorie individueller atomarer Objekte oder nur eine Theorie der Gesamtheiten solcher Objekte darstellt — diese Fragen werden noch immer diskutiert, obgleich es gegenwärtig möglich ist, darauf eine vollkommen eindeutige Antwort zu geben.

In den ersten Jahren der Entwicklung der Quantenmechanik, in den frühen Versuchen ihrer statistischen Deutung, lösten sich die Physiker noch nicht von der Vorstellung des Elektrons als eines klassischen Massenpunktes. Über das Elektron sprach man so, als ob es ein Teilchen mit bestimmten, allerdings unbekannten Werten der Koordinaten und der Geschwindigkeit wäre. Die Relationen Heisenbergs wurden als Relationen der Ungenauigkeit, aber nicht als Relationen der Unbestimmtheit aufgefaßt. Das Absolutquadrat der Wellenfunktion wurde als Wahrscheinlichkeitsdichte, die dem Teilchen bestimmte Koordinaten gibt, gedeutet (als ob die Koordinaten immer bestimmte Werte hätten). Analog deutete man das Absolutquadrat der Wellenfunktion im Impulsraum, indem beide Wahrscheinlichkeiten (im Koordinatenraum und im Impulsraum) gleichzeitig betrachtet wurden, als ob die Werte der Koordinaten und Impulse gleichzeitig bestimmt wären. Die durch die Relationen Heisenbergs ausgedrückte tatsächliche Unmöglichkeit, sie gleichzeitig zu messen, erschien bei solcher Betrachtung als ein Paradoxon oder eine Laune der Natur, derzufolge nicht alles Existierende der Erfahrung zugänglich sein soll.

All diese Schwierigkeiten entfallen, wenn man die Korpuskel-Welle-Doppelnatur des Elektrons in vollem Ausmaß anerkennt, das Wesen dieses Dualismus aufdeckt und begreift, worauf sich die in der Quantenmechanik betrachteten Wahrscheinlichkeiten beziehen. Um das schon oben Erklärte nicht zu wiederholen, erinnern wir nur daran, daß die aus der Wellenfunktion erhaltenen Wahrscheinlichkeiten für verschiedene Größen sich auf verschiedene Versuchsanordnungen beziehen, und daß sie nicht das Verhalten der Teilchen „an sich" charakterisieren, sondern ihre Wechselwirkung mit dem Meßinstrument eines bestimmten Typs.

Die Frage, zu welchem statistischen Kollektiv die Wahrscheinlichkeiten gehören, war ebenfalls Gegenstand der Diskussion. Einer der ersten, der diese Frage stellte, war Akademiemitglied L. I. Mandelstam (Werke Band 5, S. 356 russ.), aber er gab hierauf eine unrichtige Antwort. Mandelstam spricht von einer „mikromechanischen Gesamtheit, auf die sich die Wellenfunktion bezieht", und nennt diese sogar „Elektronengesamtheit", womit er selbst unterstreicht, daß er ein Ensemble in bestimmter Art vorbereiteter Mikroobjekte meint. In diesen Ausgangsthesen Mandelstams gibt es Ungenauigkeiten, die mit einer nicht genügend exakten Definition der statistischen Gesamtheit zusammenhängen. Wir wollen versuchen, sie zu verbessern und eine exaktere Definition des Begriffs „Gesamtheit“ zu geben.

Stellen wir uns eine unbegrenzte Serie von Elementen vor, die mit verschiedenen Merkmalen behaftet sind, nach welchen man diese Elemente sortieren und die Häufigkeit des Auftretens der Elemente mit bestimmtem Merkmal beobachten kann. Wenn für das Auftreten des Elements mit irgendeinem bestimmten Merkmal eine bestimmte Wahrscheinlichkeit existiert[1], dann stellt die betrachtete Serie der Elemente eine statistische Gesamtheit dar.

Welche Elementenfolge darf man in der Quantenmechanik als statistische Gesamtheit betrachten? Offenbar nur eine Gesamtheit von klassisch beschriebenen Elementen, da man nur solchen Elementen immer bestimmte Werte von Parametern zuschreiben kann, nach denen sie sortiert werden können. Aus diesem Grunde kann ein Quantenobjekt kein Element einer statistischen Gesamtheit sein, auch dann nicht, wenn es sich in solchen Bedingungen befindet, daß man ihm eine bestimmte Wellenfunktion zuschreiben kann. Somit kann man unmöglich von einer „mikromechanischen“ und einer „Elektronen-Gesamtheit“ im Sinne Mandelstams sprechen.

Elemente der in der Quantenmechanik betrachteten statistischen Gesamtheit sind nicht die Mikroobjekte selbst, sondern die Resultate der Experimente mit ihnen, wobei eine bestimmte Meßanordnung einer bestimmten Gesamtheit entspricht. Soweit die aus der Wellenfunktion erhaltenen Wahrscheinlichkeitsverteilungen für verschiedene Größen sich auf verschiedene Versuchsanordnungen beziehen, insofern beziehen sie sich auch auf verschiedene Gesamtheiten. Daher kann die Wellenfunktion auch keiner bestimmten statistischen Gesamtheit entsprechen. Das Gesagte kann man mit folgendem Schema veranschaulichen:

E	p	x	…
Ψ_1			
Ψ_2			
Ψ_3			
⋮			

[1] Die Existenz einer bestimmten Wahrscheinlichkeit ist eine Hypothese, die entweder apriorisch (z. B. aus der Erwägung der Symmetrie) oder auf Grund der Beständigkeit jener äußeren Bedingungen, unter denen die physikalische Realisierung der betrachteten Serie der Elemente vor sich geht, eingeführt wird. Die Hypothese über die Existenz der Wahrscheinlichkeit ist mit der Hypothese gleichbedeutend, daß die gegebene Serie von Elementen ein statistisches Kollektiv darstellt.

Jedem Rechteck dieses Schemas entspricht eine bestimmte statistische Gesamtheit mit ihrer Wahrscheinlichkeitsverteilung. Auf einer Linie sind die Gesamtheiten untergebracht, die man bei der Messung der verschiedenen Größen E, p, x (Energie, Impuls, Ort u. dgl. m.), ausgehend von ein und demselben Anfangszustand, erhält. In einer Spalte sind die Gesamtheiten aufgeführt, welche man beim Ausmessen der entsprechenden Größen, ausgehend von den verschiedenen Zuständen $\Psi_1, \Psi_2, \Psi_3 \ldots$, erhält.

Der tiefere Grund dafür, daß der Wellenfunktion keine statistische Gesamtheit entsprechen kann, besteht darin, daß sich der Begriff der Wellenfunktion auf die potentielle Möglichkeit (auf die noch nicht durchgeführten Experimente) bezieht, während der Begriff der statistischen Gesamtheit sich auf das Verwirklichte (auf die Resultate schon durchgeführter Experimente) bezieht.

Versuche, die Wellenfunktion auf eine Gesamtheit von Mikroobjekten zu beziehen, haben verschiedene Autoren unternommen, wobei die Meinung ausgesprochen wurde, daß ja die gesamte Quantenmechanik eine Theorie solcher Ensembles von Mikroobjekten sei, während eine Theorie der einzelnen individuellen Mikroobjekte noch nicht existieren würde. Eine solche Meinung gründet sich vor allem auf das Nichtverstehen dessen, was Wahrscheinlichkeit ist. Die Wahrscheinlichkeit dieses oder jenes Verhaltens des Objektes unter bestimmten äußeren Bedingungen wird durch die inneren Eigenschaften des gegebenen individuellen Objektes und dessen äußere Bedingungen bestimmt; sie ist die zahlenmäßige Schätzung der potentiellen Möglichkeiten für dieses oder jenes Verhalten des Objekts. Diese Wahrscheinlichkeit tritt in der Verhältniszahl der verwirklichten Fälle des gegebenen Verhaltens des Objekts auf, und diese Zahl ist auch ihr Maß. Somit bezieht sich die Wahrscheinlichkeit auf das einzelne Objekt und charakterisiert seine potentiellen Möglichkeiten; gleichzeitig ist für die experimentelle Bestimmung des zahlenmäßigen Wertes der Wahrscheinlichkeit die Statistik der Verwirklichung dieser Möglichkeiten notwendig; das heißt, eine mehrfache Wiederholung des Meßvorgangs. Hieraus wird klar, daß der Wahrscheinlichkeitscharakter einer Theorie nicht ausschließt, daß sie sich auch auf ein einzelnes Objekt bezieht. Das gilt auch für die Quantenmechanik.

§ 11 Ausdrucksformen des Kausalitätsprinzips in der Quantenmechanik

Der quantenmechanische Begriff des Zustands gestattet das Kausalitätsprinzip für die atomaren Erscheinungen zu formulieren. Gemäß der Quantenmechanik genügt die Wellenfunktion eines atomaren Systems einer Wellengleichung, welche die Wellenfunktion eindeutig mittels ihrer Anfangswerte bestimmt (Schrödinger-Gleichung). Damit wird auch das Gesetz der Änderung der durch die Wellenfunktion ausgedrückten Wahrscheinlichkeiten bestimmt. Die Wellenfunktion gestattet, nicht-stationäre Aufgaben der Quantenmechanik zu lösen, die Experimenten entsprechen, in denen die verschiedenen Stadien zeitlich getrennt sind. Ein typisches Beispiel dafür ist das Problem des Zerfalls des quasi-stationären

Zustandes eines atomaren Systems, insbesondere das Problem der Ionisierung eines Atoms durch ein elektrisches Feld; prinzipiell gehört hierher auch das Problem des radioaktiven Zerfalls des Atomkerns.

In der modernen Physik verbindet man das Kausalitätsprinzip nicht nur mit der Unmöglichkeit der Einwirkung auf das Vergangene, sondern auch mit der Existenz einer Grenzgeschwindigkeit der Ausbreitung von Wirkungen, die gleich ist der Lichtgeschwindigkeit im Vakuum. Diese beiden Forderungen sind auch in der Quantenmechanik erfüllt. Allerdings wird in ihrer nichtrelativistischen Form (in der Theorie Schrödingers) die Existenz einer Grenzgeschwindigkeit nur mittelbar durch die Zusatzforderung berücksichtigt, daß die dort betrachteten Geschwindigkeiten klein sind im Vergleich zur Grenzgeschwindigkeit. Jedoch wird in allen relativistischen Verallgemeinerungen der Quantenmechanik die Existenz der Grenzgeschwindigkeit automatisch beachtet. Die aus dem Kausalitätsprinzip sich ergebenden Relationen, insbesondere die Relationen für die Streuungsamplituden, spielen in der Quantentheorie des Feldes eine große Rolle.

Im Zusammenhang mit der Existenz der Grenzgeschwindigkeit der Wirkungsausbreitung muß man die Frage nach der sogenannten „Reduktion des Wellenpakets" betrachten. Darunter versteht man folgendes: Wenn man annimmt, daß das abschließende Stadium des einen Experiments zugleich das Anfangsstadium eines anderen ist, so muß die Wellenfunktion, welche die Wahrscheinlichkeitsverteilung der Resultate dieses Experiments gab, durch eine andere, dem tatsächlich erhaltenen Resultat entsprechende, ersetzt werden. Ein solches Ersetzen geht sprungweise vor sich; die Änderung der Wellenfunktion verläuft nicht nach der Schrödinger-Gleichung. Es könnte scheinen (und diese Frage wurde auch tatsächlich diskutiert), als stünde die sprunghafte Veränderung der Wellenfunktion im Widerspruch zur Existenz einer Grenzgeschwindigkeit für jede Ausbreitung einer Wirkung. Man ersieht jedoch leicht, daß wir es hier nicht mit der Ausbreitung irgendeiner beliebigen Wirkung zu tun haben, sondern mit der Änderung der Fragestellung nach der Wahrscheinlichkeit. Im durchgeführten Experiment verwirklichte sich eines von den potentiell möglichen Resultaten, welche durch die ursprüngliche Wellenfunktion vorgesehen sind. Die Veränderung der Fragestellung nach der Wahrscheinlichkeit besteht gerade in der Berücksichtigung des zustande kommenden Resultats, d. h. in der Berücksichtigung neuer Daten. Und den neuen Daten entspricht auch eine neue Wellenfunktion.

Diese Überlegungen zeigen, wie wichtig es ist, bei der Deutung der Quantenmechanik das potentiell Mögliche vom Wirklichen zu unterscheiden. Sie zeigen auch mit voller Klarheit, daß die Wellenfunktion kein wirkliches Feld ist, und daß ihre plötzliche Änderung nicht ein physikalischer Prozeß ist, wie etwa eine Ausbreitung des Feldes. Mit der Durchführung des Experiments hängt zwar ein wirklicher physikalischer Prozeß zusammen, aber er widerspiegelt sich nicht unmittelbar in der Wellenfunktion, sondern nur mittels der von ihm hervorgerufenen Notwendigkeit, das Wahrscheinlichkeitsproblem neu zu formulieren.

Die quantenmechanische Form der Kausalität unterscheidet sich wesentlich von der klassischen Form, obwohl jene deren natürliche Verallgemeinerung darstellt. Den klassischen (Laplaceschen) Determinismus, über den wir im § 9 sprachen, kann man als einen Gesichtspunkt definieren, dementsprechend die Vervollkommnung der Beobachtungsmethoden zusammen mit der Präzisierung der Formulierung der Naturgesetze und ihrer mathematischen Bearbeitung im Prinzip eine eindeutige Voraussage des gesamten folgenden Verlaufs der Ereignisse ermöglicht. Die Erforschung der atomaren Welt zeigt, daß der klassische Determinismus nicht nur den Naturgesetzen nicht entspricht, sondern es sogar unmöglich macht, sie mit hinreichender Genauigkeit zu formulieren. Dieses Nichtentsprechen tritt selbst in einfachen Elementarprozessen (Quantensprüngen) zutage, so daß es nicht etwa an der Kompliziertheit der Erscheinung, sondern an der Unzulänglichkeit der alten Methoden für deren Beschreibung liegt. Die wesentlichen Seiten der neuen Methoden bestehen, wie wir sahen, im wahrscheinlichkeitstheoretischen Charakter der Beschreibung, demzufolge man das potentiell Mögliche vom Wirklichen unbedingt unterscheiden muß; sie bestehen ferner im Beachten der Relativität in bezug auf Beobachtungsmittel und schließlich in einer neuen Auffassung des Kausalitätsprinzips, laut welcher dieses Prinzip sich unmittelbar auf Wahrscheinlichkeiten bezieht, d. h. auf das potentiell Mögliche, aber nicht auf die sich tatsächlich verwirklichenden Ereignisse.

§ 12 Von der Quantenmechanik aufgeworfene philosophische Fragen

Die Entwicklung neuer Ideen, die von der Atomphysik ausging, fordert die Ausarbeitung einer Reihe philosophischer Probleme, besonders der mit der Analyse des Erkenntnisaktes verbundenen Fragen. Diese Fragen entstanden im Zusammenhang mit der oben festgestellten Unmöglichkeit, beim Studium der atomaren Objekte von den Beobachtungsmitteln abzusehen, und auch im Zusammenhang mit der Unumgänglichkeit, die Wahrscheinlichkeit als fundamentalen Begriff einzuführen und das potentiell Mögliche vom Wirklichen scharf zu unterscheiden, womit seinerseits eine neue Formulierung des Kausalitätsprinzips verbunden ist. Hier kann man sich unmöglich mit dem Studium des klassischen Erbes und mit dem Herausgreifen von Zitaten der Klassiker begnügen; man muß vielmehr schöpferisch an die Lösung der philosophischen Fragen der Naturwissenschaft herangehen. Es ist nötig, den dialektischen Materialismus schöpferisch weiterzuentwickeln. Dabei muß man sich vergegenwärtigen, daß die Ideen der Atomphysik wirklich radikal neu sind und daß niemand mit ihnen fertig werden kann, indem er versucht, die Sache auf Ideen zurückzuführen, über die bereits gültige Urteile der Klassiker vorliegen.

Aber es ist auch unmöglich, sich darauf zu berufen, daß die Begriffe der gebräuchlichen Quantenmechanik noch nicht das letzte Wort der Wissenschaft sind, oder darauf, daß eine befriedigende Quantentheorie des Feldes noch nicht aufgestellt wurde. Jede Theorie, darunter auch die Quantenmechanik, stellt nur eine relative Wahrheit dar, aber das ist kein Grund für die Nichtanerkennung der von ihr ausgehenden neuen Ideen und Begriffe. Die physikalischen Begriffe werden sich zweifellos entwickeln, aber schon jetzt ist klar, daß diese Entwicklung in der Richtung einer weiteren Entfernung von den klassischen Vorstellungen, aber niemals in der Richtung einer Rückkehr zu ihnen verlaufen wird. Im besonderen spricht nichts für die von einigen Physikern der Schule de Broglie's ausgesprochene Hoffnung auf die Rückkehr zu irgendeiner neuen Form des klassischen Determinismus. Wer im Namen des Materialismus versucht, die neuen Ideen abzulehnen und die alten zu restaurieren, erweist dem Materialismus einen schlechten Dienst.

Die philosophische Verallgemeinerung der neuen Ideen, die zuerst in der Atomphysik aufgetreten sind, kann sich sogar als nützlich erweisen für die Entwicklung anderer Gebiete der Wissenschaft, in denen Fragen entstehen können, die den schon in der Quantenphysik gelösten analog sind.

Die in der Quantenphysik erreichte Lösung der Widersprüche zwischen der Wellen- und Korpuskelnatur des Elektrons, zwischen Wahrscheinlichkeit und Kausalität, zwischen der quantenmechanischen Beschreibung des atomaren Objekts und der klassischen Beschreibung des Meßinstrumentes und schließlich zwischen den Eigenschaften des individuellen Objekts und ihren statistischen Erscheinungen liefert eine Reihe anschaulicher Beispiele einer praktischen Anwendung der Dialektik auf Fragen der Naturwissenschaft. Das steht als Tatsache fest, unabhängig davon, ob die dialektische Methode bewußt oder unbewußt angewandt wurde. Die Errungenschaften der Quantenmechanik sind ein mächtiger Hebel für die Weiterentwicklung des dialektischen Materialismus. Die Einbeziehung der neuen Ideen in seine Schatzkammer erscheint uns als allerwichtigste Aufgabe der materialistischen Philosophie.

*

W. A. Fock, Mitglied der Akademie der Wissenschaften der UdSSR (Erläuterungen auf der Konferenz). Die Quantenmechanik ist eine Theorie von Objekten atomaren Maßstabes. Die hervorstechendste Eigenschaft dieser Art Objekte ist die, daß sie sehr klein sind. Man kann sie nicht ebenso unmittelbar untersuchen wie größere Objekte. Für ihre Untersuchung sind Meßgeräte notwendige Vermittler. Diese unumgänglich zweistufige Art der Untersuchung atomarer Objekte drückt auch der Art ihrer Beschreibung ihren Stempel auf. Wenn man die Art der Beschreibung atomarer Objekte als quantenmechanisch bezeichnen kann, so kann man im Gegensatz dazu die Art der Beschreibung der Meßinstrumente als klassisch bezeichnen. Wodurch unterscheidet sich die eine Art der Beschreibung von der anderen? Die klassische Beschreibungsart, die auf größere Prozesse und größere Objekte angewendet wird, ist dadurch charakterisiert, daß die Prozesse und Objekte an und für sich betrachtet werden, unabhängig davon, auf welche Art sie untersucht werden, unabhängig von irgend einem Meßgerät. Weil die Art der Beschreibung atomarer Objekte dagegen zweistufig ist, ist es bei der Beschreibung atomarer

Objekte notwendig, nicht nur die Bedingungen festzuhalten, in denen sich das atomare Objekt befindet, sondern auch irgendwie den Typ der Meßinstrumente zu charakterisieren, mit denen es in Wechselwirkung tritt.

Die Begrenztheit der früheren Beschreibungsweise, die in der gesamten alten Physik, in der gesamten klassischen Physik angewendet wurde, folgt daraus, daß die Welleneigenschaften der atomaren Objekte gleichzeitig mit den korpuskularen Eigenschaften auftreten. Die einen wie die anderen sind unzweifelhafte, experimentell erwiesene Tatsache.

Wenn man jedoch die eine oder andere Eigenschaft im klassischen Sinne betrachtet, so ergeben sich Widersprüche und Paradoxa. Stellen wir uns z. B. eine Blende mit zwei winzigen Öffnungen vor. Wenn man versucht, die Erscheinung der Elektronenbeugung an diesen beiden Öffnungen in klassischer Form zu beschreiben, so ergibt sich natürlich die Frage, ob das Elektron durch eine Öffnung hindurchgeht oder ob es sich in eine Welle verwandelt und durch beide zugleich hindurchgeht. Daß man eine Beugung von Wellen beobachtet, die durch diese Öffnungen hindurchgegangen sind, zeigt, daß beide Öffnungen eine bestimmte Rolle spielen.

Andererseits offenbart die Tatsache, daß die Ortslage des Elektrons (wenn sie festgestellt werden kann) nur an einer bestimmten Stelle festgestellt wird, die korpuskulare Natur des Elektrons.

Aus dieser ganz einfachen und unverrückbar feststehenden Tatsache folgt daher bereits die Begrenztheit der klassischen Beschreibung, der Beschreibung, die das Beobachtungsmittel unberücksichtigt läßt. Die Begrenztheit, die der klassischen Beschreibung anhaftet, kann mit Hilfe der sogenannten Heisenbergschen Ungleichungen mathematisch formuliert werden. Diese Ungleichungen hängen bekanntlich ihrerseits zusammen mit der Unbestimmtheit der Lage der atomaren Objekte und ihrer Impulse. Diese beiden Unbestimmtheiten sind einander umgekehrt proportional. In analoger Weise sind die Unbestimmtheiten der Zeitdauer, während der eine gewisse Änderung der Energie des Objektes erfolgt, und der Größe dieser Änderung verknüpft. Nur die Berücksichtigung der Heisenbergschen Ungleichungen gestattet es, Paradoxa zu vermeiden, die mit der klassischen Beschreibungsweise verbunden sind. Die Formulierung der Bedingungen, die es gestatten, derartigen Paradoxa zu entgehen, stammt von Bohr und wurde von ihm „Komplementarität" genannt. Die Komplementarität bezieht sich also auf die Beschränkungen, die der klassischen Beschreibungsweise auferlegt sind.

Andererseits zieht die quantenmechanische Beschreibungsweise der atomaren Objekte wesentlich den Begriff der Wahrscheinlichkeit heran. Jedoch ist es hier vor allem nötig, exakter zu bestimmen, um welche Wahrscheinlichkeit es sich handelt. Wenn man sich daran erinnert, daß die Beschreibung eines atomaren Objekts mit Notwendigkeit zweistufig ist, kann man sagen: Es handelt sich um die Wahrscheinlichkeit einer bestimmten Wirkung der atomaren Objekte auf das klassische Meßinstrument. Hinsichtlich des Begriffes Wahrscheinlichkeit muß man zugleich die Präzisierung machen, daß der Begriff Wahrscheinlichkeit sich vom Begriff Statistik unterscheidet. Die Wahrscheinlichkeit wird — wie gesagt — durch die inneren Eigenschaften des Objekts unter gegebenen konkreten Umständen bestimmt. Die Wahrscheinlichkeit bezieht sich also auf ein gegebenes Objekt, jedoch tritt diese Wahrscheinlichkeit auf statistische Weise in Erscheinung, d. h. bei mehrmaliger Wiederholung der gleichen Erscheinung unter eben den gleichen Bedingungen.

Aus dem Umstand also, daß die Theorie mit Wahrscheinlichkeiten operiert, folgt keineswegs, daß sie auf eine Beschreibung der Eigenschaften von individuellen Objekten verzichtet. Im Gegenteil stellt diese Art der Beschreibung mit Hilfe der Wahrscheinlichkeiten für die möglichen Resultate einer Wirkung der Objekte auf die Meßgeräte ein mächtiges Mittel für die Beschreibung atomarer Objekte dar, das uns viel weiter vorzudringen gestattet als dies die klassische Theorie, die klassische Physik, zuläßt.

Ich sagte, daß die Wahrscheinlichkeit, die in der Quantenmechanik betrachtet wird, die Wahrscheinlichkeit für bestimmte Resultate der Wirkung von Objekten auf dieses oder jenes Meßgerät ist. Wenn das Objekt sich in ein und demselben Zustand befindet, der messende Teil des Gerätes aber variiert wird, so kann man die Wahrscheinlichkeit für die Resultate der Wirkung des gegebenen Objekts auf verschiedene Meßgeräte erhalten, z. B. die Wahrscheinlichkeitsverteilung für die Lage der Elektronen. Derartige Wahrscheinlichkeitsverteilungen sind die üblichen photographischen Aufnahmen der Elektronenbeugung. Die Dichte des Auftreffens der Elektronen stellt selbst die Wahrscheinlichkeitsverteilung dar. Hier muß man nur daran erinnern, daß an der Erscheinung der Elektronenbeugung sich nichts ändert bei einer Schwächung der Intensität des Bündels; wenn man ein Bündel von so schwacher Intensität nimmt, daß die Elektronen eines nach dem anderen passieren, so erfährt jedes von ihnen eine Beugung. Diese Wahrscheinlichkeiten charakterisieren also die potentielle Möglichkeit dafür, daß das Objekt so oder so mit dem Meßgerät reagiert.

Andererseits werden entsprechend der Quantenmechanik die Wahrscheinlichkeiten für verschiedene Größen — sagen wir für die Koordinaten, für den Impuls — unter bestimmten Bedingungen durch ein und dieselbe Hilfsfunktion dargestellt, die zugleich die beste Charakteristik der potentiellen Möglichkeiten ist, die dem Objekt unter den gegebenen Bedingungen zukommen.

Man muß vermerken, daß die Natur der Wahrscheinlichkeiten hier eine andere ist als in der klassischen Physik. In der Quantenphysik wird die Wahrscheinlichkeit als primärer Begriff für die Charakteristik der potentiellen Möglichkeiten, die dem Objekt eigen sind, eingeführt. In der klassischen Physik aber, z. B. in der kinetischen Theorie der Gase, erhält man die Wahrscheinlichkeiten im Resultat einer Mittelung; in der kinetischen Gastheorie erhält man die Wahrscheinlichkeiten aus dynamischen Modellen der Erscheinungen, aus solchen Modellen, in denen sich jedes Gasmolekül, wenn auch in unbekannter, so doch genau bestimmter Weise bewegt. In der Quantenmechanik jedoch wird die Wahrscheinlichkeit als etwas Primäres eingeführt.

Noch eine weitere Besonderheit der quantenmechanischen Beschreibung der Prozesse und der quantenmechanischen Beschreibung der Eigenschaften der atomaren Objekte muß erwähnt werden. Diese Besonderheit ist die, daß die einzige Art, ein atomares Objekt — sofern dies möglich ist — detailliert zu untersuchen, darin besteht, es zu zwingen, sich an verschiedenen Prozessen zu beteiligen. Einen bestimmten Prozeß, z. B. den Durchgang eines Elektrons durch zwei Öffnungen im einzelnen zu verfolgen, im einzelnen zu analysieren, ist unmöglich angesichts der von mir erwähnten notwendigen Zweistufigkeit unserer Untersuchung von Elektronen wie von atomaren Objekten überhaupt.

Betrachten wir die Frage: Ist die Quantenmechanik mit dem Determinismus verträglich? Um auf diese Frage zu antworten, muß man vor allem eine Definition davon geben, was „Determinismus" ist, weil hierunter verschiedene Dinge verstanden werden, wobei die Philosophen oft das eine und die Physiker das andere meinen.

Ich will diesen Begriff zu präzisieren versuchen. Determinismus könnte verstanden werden als Kausalität im allgemeinsten Sinne, im Sinne der Existenz von Naturgesetzen und im Sinne der Beziehung zwischen Ursache und Wirkung. In eben diesem Sinne verwenden die Physiker das Wort „Kausalität", die Philosophen dagegen verwenden ungeachtet dessen das Wort „Determinismus". Wenn man Kausalität in diesem Sinne versteht, kann man sagen, daß die Kausalität auch in der neuen Physik, sowohl in der Quantenphysik wie auch in der Relativitätstheorie voll erhalten bleibt. Wie das gestern A. D. Alexandrow in seinem Vortrag zeigte, können auf dieser Grundlage die hauptsächlichen Korrelationen der Relativitätstheorie aufgebaut werden. Die Kausalität bleibt also erhalten.

Der Determinismus wird auch — und hauptsächlich von den Physikern — in einem anderen Sinne verstanden, nämlich im Sinne des Laplaceschen Determinismus. Dieser Begriff — der Laplacesche Determinismus — schließt mathematische Eindeutigkeit in sich ein, d. h. den Umstand, daß eine Gleichung, die einen gegebenen physikalischen Prozeß mathematisch beschreibt, eine durch die Anfangsbedingungen eindeutig bestimmte Lösung besitzt. Von solcher Art sind z. B. die Bewegungsgleichungen für ein System von Körpern, die sich aus der Newtonschen Mechanik ergeben. Sie bestimmen tatsächlich den Zustand jenes Systems von Körpern eindeutig, wenn man unter Zustand die Gesamtheit der Lagen und Geschwindigkeiten aller Körper versteht. Wenn der Zustand im Anfangszeitpunkt bekannt ist, wenn außerdem die Kräfte bekannt sind, die zwischen den Körpern wirken, so kann man mit Hilfe der Bewegungsgleichungen den Zustand in jedem folgenden Zeitpunkt ermitteln.

Dies ist ein Beispiel des mathematischen Determinismus. Dieses Beispiel diente auch Laplace als Grundlage für seine philosophische Verallgemeinerung.

Der Ausdruck „Determinismus" besitzt aber noch einen anderen Sinn, der sich zwar nicht in der klassischen Mechanik, wohl aber in der Quantenmechanik von diesem unterscheidet, nämlich: eindeutige Voraussagbarkeit der Ereignisse. Der Determinismus in diesem Sinne kann definiert werden als die Überzeugung, daß eine hinreichende Genauigkeit bei der Feststellung der Anfangsbedingungen die gesamte Kette der Ereignisse beliebig exakt vorauszusagen gestattet.

Die Quantenmechanik lehnt den Laplaceschen Determinismus ab. In der Quantenmechanik gibt es keine eindeutige Voraussagbarkeit der Ereignisse; die Quantenmechanik sagt nur die Wahrscheinlichkeiten und ihre Änderungen in der Zeit voraus, aber das ist keine eindeutige Voraussage der Ereignisse selbst, der Meßresultate selbst, weil es sich hierbei um Wahrscheinlichkeiten handelt. In der Quantenmechanik bleibt also die Kausalität erhalten, jedoch wird der Laplacesche Determinismus verworfen.

Bei der Entwicklung der Ideen, über die ich sprach, insbesondere der Ideen, die mit der Begrenztheit der klassischen Beschreibungsweise zusammenhängen, spielten die Arbeiten des dänischen Physikers Niels Bohr, der nicht nur ein bedeutender Physiker, sondern auch ein bedeutender Denker ist, eine große Rolle. Bohr charakterisierte und untersuchte besonders eingehend und besonders überzeugend jenen Sachverhalt, den er Komplementarität nannte. Die Komplementarität bezieht sich auf die Begrenztheit der klassischen Mechanik.

Die allerersten Formulierungen von Bohr waren nicht völlig exakt. So unterschied er z. B. nicht zwischen den verschiedenen Bedeutungen des schlecht definierten Begriffes Determinismus und der Kausalität, und man konnte in seinen Arbeiten fortwährend auf die Behauptung stoßen, daß die von ihm festgestellte Komplementarität im atomaren Gebiet der Kausalität widerspricht. Ferner verwendete er, um die Rolle der Meßinstrumente zu erläutern, den schlecht definierten Begriff der „nichtkontrollierbaren Wechselwirkung" zwischen Meßinstrument und Objekt. Wenn er schließlich über die Rolle der Meßinstrumente sprach, formulierte er seine Gedanken so, als schriebe er den Geräten eine größere Realität zu als den atomaren Objekten. Das ist ebenfalls falsch.

Diese unrichtigen, unexakten Formulierungen Bohrs dienten als Anlaß, seine Ideen in positivistischem Sinn zu deuten. Eine Reihe anderer Physiker, Schüler von Bohr, übernahmen den im Wesen richtigen physikalischen Teil seiner Ideen, schwenkten jedoch gleichzeitig in philosophischer Hinsicht nach der falschen Seite ab.

Gerade diese falsche positivistische Deutung der Ideen Bohrs erhielt die Bezeichnung „Kopenhagener Schule". Aber diese Bezeichnung sollte man lieber nicht verwenden, denn das Wesen der Sache besteht nicht in dieser falschen Deutung, sondern in dem richtigen Kern, der in den Ideen Bohrs enthalten ist. Vor anderthalb Jahren hatte ich in Kopenhagen eine Reihe von Gesprächen mit Bohr, in denen ich ihn auf die Unexaktheiten seiner Formulierungen hinwies — auf jene Unexaktheiten, die ich eben nannte. Kürzlich erhielt ich nun von Bohr den hektographierten Text einer neuen Arbeit, betitelt „Quantenphysik und Philosophie"[1], aus der ersichtlich ist, daß er in vielen wesentlichen Punkten mit mir übereinstimmt.

[1] Inzwischen veröffentlicht in: Fortschritte der physikalischen Wissenschaften (Успехи физитеских наук) 1959, Bd. 67, S. 317 (russ.)

So unterstreicht Bohr in dieser Arbeit die völlige Objektivität der quantenmechanischen Beschreibung und ihre Unabhängigkeit vom erkennenden Subjekt. Ferner betont Bohr, daß die Angaben der Meßinstrumente lediglich Mittel zur Untersuchung der objektiven Eigenschaften atomarer Objekte sind. Bohr erkennt die Kausalität an und lehnt nur den Laplaceschen Determinismus ab. Ferner wird hier die „nicht-kontrollierbare Wechselwirkung" zwischen Meßgerät und Objekt gar nicht mehr erwähnt, sondern davon gesprochen (wovon ich Bohr seinerzeit überzeugte), daß die Unterschiede in der Darstellung von Meßinstrumenten und Objekten von logischer Ordnung sind, aber keinesfalls darin bestehen, daß es unmöglich ist, die Wechselwirkung zwischen ihnen zu kontrollieren.

Mir scheint also, daß man, nachdem Bohr seine Formulierungen korrigiert hat, in allem Grundsätzlichen mit ihm übereinstimmen kann. Dies bedeutet natürlich nicht, daß man nicht weitergehen sollte. Bohr unterstreicht in seinen Arbeiten hauptsächlich die Komplementarität, d. h. die Begrenztheit der klassischen Beschreibungsweise. Ich versuche hingegen, neue Begriffe heranzuziehen, z. B. den Begriff der im atomaren Objekt liegenden potentiellen Möglichkeiten, und mir scheint, daß der mathematische Apparat der Quantenmechanik (der ganze mathematische Apparat insgesamt nämlich, und nicht nur die Heisenbergschen Ungleichungen) nur auf der Grundlage dieser neuen Begriffe richtig verstanden werden kann.

Deshalb wird es möglicherweise angebracht sein, sich vom Gebrauch des Terminus „Kopenhagener Schule" im negativen Sinn loszusagen. Nach den Korrekturen, die Bohr vornahm, bleibt von der Kopenhagener Interpretation der Quantenmechanik nichts Schlechtes mehr übrig.

Ich möchte noch eine kritische Bemerkung zu den Versuchen de Broglies machen. Ich werde diese Versuche nicht eingehender darlegen. Ihre Grundlage besteht darin, daß sie die Theorie ablehnen, die auf den Begriff des potentiell Möglichen gegründet ist, und daß sie alle Erscheinungen nach der Art irgendeiner kinetischen Theorie — nur in einem subatomaren Maßstab — auf alter Grundlage erklären wollen. Mir scheint, daß eine solche Erklärung unmöglich ist. Ohne auf irgendwelche Einzelheiten einzugehen, kann man darauf hinweisen, daß dies eine bereits recht alte Idee ist, der noch nie ein Erfolg beschieden war. Wenn man im gegebenen Falle das Kriterium der Praxis anwendet, so spricht es entschieden gegen diese wissenschaftliche Richtung. Daher kann ich in dieser Beziehung mit Ihnen, Gen. Mitin, nicht übereinstimmen, wenn Sie die Idee de Broglies positiv bewerten. Was jedoch Ihre Grundthese betrifft, daß die moderne theoretische Physik bei ihrer richtigen Auffassung zum dialektischen Materialismus gelangt, so bin ich damit selbstverständlich völlig einverstanden.

An die Philosophen muß man die Forderung stellen, daß sie sich im Wesen der Sache gründlich auskennen und, wenn sie auf positivistische Formulierungen stoßen, sich durch diese Formulierungen nicht verwirren lassen, sondern sich bemühen herauszufinden, wodurch sie hervorgerufen wurden und welche möglicherweise falsch verstandene Tatsache die westlichen Wissenschaftler veranlaßt hat, so mißlungen zu formulieren. Man kann also fordern, nicht bloß abzulehnen, sondern richtigzustellen.

Andererseits möchte ich mich an die Physiker wenden mit dem Wunsche, daß sie sich von dem geringschätzigen Verhalten gegenüber den Philosophen lossagen und sich auch selbst mit der Analyse der prinzipiellen Seite der von ihnen betrachteten physikalischen Probleme beschäftigen. Unter diesen Bedingungen darf man hoffen, daß unsere gemeinsame Arbeit in Gang kommt.

S. L. Sobolew
Mitglied der Akademie der Wissenschaften der UdSSR
und A. A. Ljapunow

KYBERNETIK UND NATURWISSENSCHAFT

Der Gegenstand der Kybernetik

Die Kybernetik ist eine neue Richtung in der Wissenschaft, die in den letzten Jahrzehnten entstanden ist. Die Entstehung der Kybernetik hängt mit der Herausgabe des gleichnamigen Buches von Wiener im Jahre 1948 zusammen. In diesem Buch umreißt Wiener die Problematik der Kybernetik und zeigt ihre Beziehungen zu anderen Wissenschaften.

In der Literatur gibt es eine Reihe von Definitionen des Gegenstandes der Kybernetik. Am verbreitetsten sind folgende:

1. Die Kybernetik ist die Wissenschaft, die mit mathematischen Methoden die Systeme und Prozesse der Steuerung untersucht.

2. Die Kybernetik ist die Wissenschaft von den Prozessen der Übertragung, Verarbeitung und Aufbewahrung von Informationen.

3. Die Kybernetik ist die Wissenschaft, die die Art und Weise der Schaffung, der Entdeckung, des Aufbaus und der identischen Umwandlung der Algorithmen untersucht, die tatsächlich verlaufende Prozesse der Steuerung beschreiben.

Die äußerliche Verschiedenheit dieser Definitionen erzeugt den Eindruck einer Meinungsverschiedenheit, die in der Kybernetik herrscht. Allein, wenn wir uns mit dem Inhalt der wissenschaftlichen Literatur über die Kybernetik und nicht nur mit den formalen Definitionen, sondern auch mit ihrem konkreten Inhalt beschäftigen, so werden wir sehen, daß wir eine profilierte wissenschaftliche Disziplin vor uns haben. Die verschiedenen Definitionen mit ihrer unvermeidlichen Einseitigkeit widerspiegeln nur verschiedene Seiten des Gegenstandes der Kybernetik.

Darum werden wir in unserem Vortrag nicht versuchen, über die Definitionen der Wissenschaft zu sprechen, sondern wir wollen einen zusammenhängenden Überblick über das geben, was sie umfaßt.

In den letzten Jahren wuchs die Bedeutung der Wissenschaft von den Prozessen der Steuerung bedeutend. Das Streben nach maximaler Automatisierung der Steuerung der Produktionsprozesse, die Notwendigkeit der Automatisierung es Einsatzes der Kriegstechnik, und in gewissen Fällen auch der Operationen der Truppen, die überragende Bedeutung der Automatisierung bei den Prozessen der ökonomischen Planung der Volkswirtschaft — dies alles bedingt die Notwendigkeit der Entwicklung der allgemeinen Theorie der Prozesse der Steuerung und ihrer Automatisierung. In Verbindung damit entstand die Kybernetik.

Zu derselben Zeit entstand ein sehr mächtiger Apparat, der auf anderen Gebieten der menschlichen Tätigkeit ausgearbeitet wurde, ein Apparat, der sich als außerordentlich eng mit den Prozessen der Steuerung verbunden erwies. Die Notwendigkeit der Durchführung von Rechenoperationen größten Ausmaßes für die Lösung von Aufgaben der modernen Technik führte zur Schaffung elektronischer Rechenmaschinen. Die außerordentlich schnelle Arbeit dieser Maschinen zwang den Mathematiker, spezielle Methoden ihrer Steuerung zu entwickeln, um ihre höchste Ausnutzung zu gewährleisten.

Es kommt nicht nur darauf an, die mathematischen Operationen zu automatisieren. Die Maschine muß vor allem so eingerichtet werden, daß sie die Operationen selbsttätig ordnen und ihre Durchführung steuern kann. Eine andere Steuerung der Arbeit der Maschine wäre unmöglich.

Dabei wurde entdeckt, daß sich die Möglichkeiten der elektronischen Rechenmaschinen keineswegs nur auf das Gebiet der Rechenarbeit beschränken, sondern es zeigte sich, daß diese Maschinen auch für die Lösung der mannigfaltigsten logischen Aufgaben angewandt werden können. Genauer gesagt, diese Maschinen können als Hilfsapparat des menschlichen Intellekts dienen. In vielen Fällen kann man ihnen gewisse Funktionen der geistigen Arbeit des Menschen übertragen. Diese Maschinen fanden besonders Anwendung bei Problemen, die mit der Steuerung der Produktion verbunden sind.

Nähere Betrachtungen der Funktionsprinzipien dieser Maschinen zeigen weitgehende Übereinstimmung ihrer Arbeit mit der Tätigkeit des Nervensystems der höchstentwickelten Tiere oder des Menschen. Diese Übereinstimmung drückt sich darin aus, daß in Maschinen wie auch in Lebewesen Mechanismen existieren, die bestimmte Tätigkeiten ausführen, Mechanismen, die die richtige Reihenfolge der Erfüllung dieser Funktionen gewährleisten und Verbindungslinien, die sie untereinander verbinden.

Es gibt zwei Arten dieser Verbindungslinien: Die direkte Verbindung, die das steuernde Organ mit dem ausführenden Mechanismus verbindet; auf dieser Linie werden Signale weitergeleitet, die durch das Steuerungsorgan ausgearbeitet worden sind und den ausführenden Mechanismus veranlassen, auf eine bestimmte Art zu funktionieren. Die zweite Linie ist die Linie der Rückverbindung, auf der Signale vom ausführenden Mechanismus zum Steuerungsorgan geleitet werden und es über den Zustand des ausführenden Mechanismus und die von ihm ausgeführten Operationen informieren. Diese Signale werden vom Steuerungsorgan wahrgenommen, und dadurch werden dort weitere steuernde Signale erzeugt.

Die Gesamtheit der Benachrichtigungen, die in den Steuerungsprozessen übertragen werden können, erhält die Bezeichnung Information. Man unterscheidet direkte Informationen und Rückinformationen.

In den Maschinen dienen elektrische Impulse zur Übertragung der Information. Im Nervensystem dienen Impulse der Nervenerregung, die über die Nervenfasern weitergegeben werden, zur Übertragung der Information.

Die Prozesse, die in den Maschinen und in den lebenden Organismen ablaufen, haben von diesem Standpunkt aus viel Gemeinsames.

Die Verarbeitung der Information, die vom Steuerungsorgan durchgeführt wird, besteht darin, daß dieses eine Reihe elementarer Akte folgerichtig ausführt, von denen jeder in der Wahrnehmung der einen Signale und der Erzeugung anderer besteht. In der Mehrzahl der Fälle wird jeder elementare Akt von einem speziellen Mechanismus ausgeführt, das geschieht dadurch, daß er die spezielle Einschaltung dieses oder jenes Mechanismus erfordert.

Um zu klären, in welcher Reihenfolge die einzelnen elementaren Akte der Verarbeitung der Information aufeinanderfolgen müssen und in welcher Reihenfolge diese oder jene Teile des Steuerungssystems einzuschalten sind, müssen in diesem System einige spezielle Bedingungen automatisch geprüft werden. Die Gesamtheit aller elementaren Operationen, die die Informationen verarbeiten, und der logischen Bedingungen, die dabei geprüft werden, bildet den Algorithmus der Verarbeitung der Informationen im jeweiligen Steuerungsprozeß.

In vielen Fällen hängt die Reihenfolge, in der Operationen bei der Lösung der Aufgaben auszuführen sind, von den Ergebnissen der vorhergehenden Rechnung ab. Auf diese Weise kann die Information, die von der Maschine empfangen wird, die Reihenfolge der Tätigkeiten dieser Maschinen bestimmen, d. h. die Reihenfolge der Verarbeitung dieser Information. Jede arithmetische Operation setzt sich aus einigen Verarbeitungen von Informationen zusammen. Wenn die Zahl x bekannt und, sagen wir, 2^x gesucht ist, so vollzieht sich eine bestimmte, richtige aufeinanderfolgende Reihe logischer und arithmetischer Operationen. Das ist der Algorithmus des Potenzierens. Wir wollen zunächst erklären, wie wir die Zahl a mit 2^7 potenzieren, d. h. die Zahl a^{2^7} errechnen. Zur Lösung dieser Aufgabe muß man die Zahl a quadrieren. Das Quadrat wird abermals quadriert, dieses abermals und so fort, im ganzen siebenmal. Wir erhalten auf diese Art und Weise nacheinander die Zahlen a^2, a^4, a^8, a^{16}, a^{32}, a^{64}, und schließlich a^{128}. Der Algorithmus zur Lösung dieser Aufgabe muß in der schrittweisen Ausführung dieser Operation und der Summierung ihrer Anzahl bestehen. Nach dem 7. Mal muß die Operation abgebrochen werden.

Schließlich trifft man in der Praxis bedeutend kompliziertere Algorithmen an, die aus vielen arithmetischen und logischen Operationen bestehen. Aber ihre Struktur ist im allgemeinen analog der Struktur des betrachteten einfachen Beispiels.

Auf diese Weise sehen wir, daß die dargelegten speziellen Definitionen des Gegenstandes der Kybernetik die verschiedenen Seiten dieser Wissenschaft zeigen, aber keineswegs einander widersprechen.

Dieses ganze Gebiet ist sehr umfangreich. Innerhalb der Untersuchung der Prozesse und der Systeme der Steuerung treten eine Reihe von einzelnen Gebieten in Erscheinung, von denen jedes allmählich zu einem selbständigen wissenschaftlichen Gebiet wird, wobei die gemeinsame Verwendung der Ergebnisse, die von diesen einzelnen Wissenschaftsgebieten erzielt werden, es erlaubt, die außerordentlich verschiedenen Fragen, die die Praxis in Verbindung mit der Untersuchung der Steuerungssysteme stellt, zu lösen.

Der Stand der Forschung auf diesen Gebieten ist verschieden: Einige von ihnen tragen zur weitentwickelten Teilung der Mathematik bei, andere beschreiben und präzisieren noch ihre Problematik, dritte befinden sich im Keimzustand. Allein schon jetzt kann man sagen, daß sich für sie in der modernen Wissenschaft große Perspektiven eröffnen.

Wir wollen uns bemühen, einen kurzen Überblick über den wissenschaftlichen Inhalt der verschiedenen Zweige der Kybernetik und über ihre gemeinsame Nutzung für die Untersuchung der realen Prozesse der Steuerung zu geben.

Die Information und ihre Übertragung

Die Übertragung, Verarbeitung und Aufbewahrung der Information sind notwendige Bestandteile aller Prozesse der Steuerung. Deshalb ist es natürlich, daß das erste Gebiet der Kybernetik die Informationstheorie ist, deren Aufgabe im Studium der Prozesse der Informationsübertragung, in erster Linie der verschiedenen Methoden ihrer Kodierung besteht. Bei jeder Übertragung der Information geht die Kodierung mit Hilfe von Signalen bestimmter physikalischer Natur vor sich.

Nehmen wir an, daß wir einen Kanal haben, der fähig ist, Signale entsprechender Natur zu leiten. Dann besteht die Aufgabe darin, jede Mitteilung, die durch diesen Kanal weitergeleitet wird, mit Hilfe bestimmter Gesamtheiten dieser Signale auszudrücken. Zum Beispiel wird bei der schriftlichen Übertragung irgendeines Textes dieser Text mit Hilfe von Buchstaben ausgedrückt, die im betrachteten Falle die Rolle von ausgesandten Signalen spielen. Bei der Übertragung von Telegrammen wird jeder Buchstabe im Morsealphabet mit Hilfe von Punkten, Strichen und freien Stellen ausgedrückt. Die Nervenerregung, die über die Nervenfaser übertragen wird, besteht aus aufeinanderfolgenden Wechseln von Zuständen.

Die einen oder die anderen Signale können verschieden für die Übertragung ein und derselben Mitteilung ausgenutzt werden. Zum Beispiel können auf einer Telegraphenlinie Telegramme in jeder beliebigen Sprache übertragen werden, wenn nur ein System der Darstellung des Alphabets ausgearbeitet wurde, durch das diese Sprache mit Hilfe der telegraphischen Zeichen aufgeschrieben werden kann. Allein die Leistungsfähigkeit der Kanäle wird in Abhängigkeit davon, auf welche Weise diese oder jene Nachricht mit Hilfe der elementaren Signale dargestellt wird, verschieden sein.

Eine der Aufgaben der Informationstheorie besteht in der Ermittlung der Methoden zur Kodierung der Informationen, bei denen die Leistungsfähigkeit der Kanäle optimal ist.

Hier entsteht eine eigenartige Aufgabe. Um die Leistungsfähigkeit von Verbindungskanälen zu vergleichen, die in verschiedenen Gebieten arbeiten und zur Übertragung von Informationen dienen, ist es nötig, die Menge der Informationen zu messen, die auf diesen Kanälen in diesen oder jenen Gebieten übertragen werden. Es ist klar, daß dieses Maß der Informationsmenge nicht von der Methode der Kodierung dieser Informationen mit Hilfe von Signalen der Kanäle abhängen kann, sondern nur von der Struktur der übertragenen Ausgangsinformation, denn sonst ist es untauglich zur Bewertung der verschiedenen Kodierungsmethoden.

Das Maß der Informationsmenge

Solch ein Maß für die Informationsmenge wurde von Shannon eingeführt. Ein eingehendes Studium der Eigenschaften des Maßes der Information, oder, wie man dazu sagt, der Entropie der Information, wurde von den sowjetischen Forschern A. J. Chintschin und A. N. Kolmogorow durchgeführt.

Der Struktur des Maßes der Informationsmenge liegen Überlegungen der Wahrscheinlichkeitsrechnung zugrunde. Der Inhalt der einzelnen Mitteilungen wird dabei nicht in Betracht gezogen, jedoch wird berücksichtigt, mit welcher Wahrscheinlichkeit diese oder jene Variante der möglichen Nachrichten erscheinen kann.

In den Fällen, in denen die Vielfalt der Varianten groß und die Wahrscheinlichkeit des Auftretens sehr vieler von ihnen gleich groß ist, ergibt sich eine große Entropie der Wahrscheinlichkeit. In den Fällen, in denen die Gesamtmenge der verschiedenen Varianten klein ist, oder wo mit sehr hoher Wahrscheinlichkeit eine Nachricht aus einem geringen Vorrat von Nachrichten auftritt, aber alle übrigen Nachrichten in der Gesamtheit nur mit kleiner Wahrscheinlichkeit erscheinen, ist die Informationsentropie klein. In dem Falle, wo es nur eine endliche Zahl von möglichen Nachrichten gibt, die mit den Wahrscheinlichkeiten $P_1, P_2, \ldots, P_k$ auftreten, wird die Entropie der Information mit Hilfe der Formel von Shannon bestimmt:

$$H = -\sum_{i=1}^{k} P_i^{\log P_i}$$

Zur Erhöhung der Leistungsfähigkeit eines Kanals wird gefordert, solche Kodierungen zu wählen, die Nachrichten mit großer Wahrscheinlichkeit so verschlüsseln, daß ihre Übertragung auf dem Kanal nur geringe Zeit erfordert, und wenig wahrscheinliche Nachrichten werden so kodiert, daß für ihre Übertragung größere Zeit erforderlich ist. Die Befolgung dieser Methode der Kodierung führt dazu, daß durch einen gegebenen Kanal in der Zeiteinheit eine Information größtmöglicher Entropie übertragen werden kann. Die Durchlässigkeit eines Kanals kann bestimmt werden als die Informationsentropie, die auf diesem Kanal durchschnittlich in der Zeiteinheit übertragen wird.

Man kann eine andere Definition der Durchlässigkeit eines Kanals geben, wenn man von der Zahl der Zeichen ausgeht, die in der Zeiteinheit durchschnittlich übertragen werden. Bei entsprechender Wahl der Systeme von Maßeinheiten erweisen sich beide Definitionen als einander äquivalent.

Fehler bei der Übertragung der Information

Es ist notwendig zu erwähnen, daß die Übertragung der Information, die über einen beliebigen Kanal geschieht, mit dem Auftreten von Fehlern infolge verschiedener Störungen verknüpft ist. Beispiele für Störungen sind das Rauschen in Radioempfängern und Fernsehgeräten oder Fehler im Text übertragener Telegramme.

Bekanntlich kann der richtige Inhalt der Telegramme immer dem Sinn nach wiederhergestellt werden, wenn nicht zu viele Fehler im Telegramm sind. Dies ist verbunden mit einigen Besonderheiten der Kodierung der Sprache mit Hilfe von Buchstaben. Bei weitem nicht alle Kombinationen von Buchstaben ergeben einen Sinn, im Gegenteil, die Anzahl der einen Sinn ergebenden Texte der Telegramme ist nicht groß, verglichen mit der Zahl der möglichen Buchstabenkomplexe entsprechender Länge. Infolgedessen entsteht bei der überwiegenden Mehrheit von Fehlern eine sinnlose Kombination von Buchstaben.

Der Adressat, der ein solches Telegramm erhalten hat, beginnt nachzudenken, wie es abzuändern ist, damit es einen sinnvollen Text erhält. Dabei rechnet der Adressat damit, daß nur einige Buchstaben vertauscht sind. Wenn die Sache so wäre, daß wir bei beliebiger Kombination von Buchstaben, etwa bei Verändern von 2—3 Zeichen, viele verschiedene sinnvolle Telegramme erhalten könnten, so wäre die Berichtigung von Fehlern äußerst schwierig, es entstünden Mehrdeutigkeiten. In Wirklichkeit gibt es das nicht, weil sich unter realen Bedingungen aus einem verworrenen Telegramm nur ein vernünftiger Text herauskristallisiert. Deshalb berichtigt der Adressat in der Mehrzahl der Fälle den Fehler im Telegramm völlig sicher. An diesem Beispiel zeigt sich das eigenartige Prinzip der Kodierung der Information. Es wird gefordert, in Abhängigkeit von der Fehlerwahrscheinlichkeit bei Übertragung von Informationen, die Methoden ihrer Kodierung so auszuwählen, daß sich zwei beliebige sinnvolle Kodierungen voneinander derart unterscheiden, daß es bei Fehlern noch möglich ist, aus den entstellten Texten den ursprünglichen Text zuverlässig wiederherzustellen.

Die Forderungen, die durch die Vergrößerung der Durchlaßfähigkeit des Kanals und die Erhöhung der Störungsbeständigkeit der Informationsübertragung gestellt werden, widersprechen sich. Deshalb arbeitet man Methoden des Aufbaus solcher Kompromißlösungen aus, bei denen eine genügend hohe Fehlerbeständigkeit bei optimaler Kapazität erreicht wird.

Die allgemeinen Erwägungen der Informationstheorie und ihre Methoden finden breite Anwendung in der Theorie der Nachrichtenübertragung, der Physiologie, der Genetik und in anderen Teilgebieten der Biologie, bei der Organisation der Ausnutzung von Rechenmaschinen, in automatischen Regelungen usw.

Die Verarbeitung der Information

Abgesehen von der Übertragung der Information enthalten alle Probleme kybernetischer Natur auch Fragen der Verarbeitung der Information. Diese Fragen werden in doppelter Weise aufgeworfen: In einigen Fällen muß man den Aufbau des Algorithmus kennen, der eine bestimmte Verarbeitung der Information bewirkt. Das ist die Aufgabe der Analyse des Algorithmus. Diese Aufgabe steht zum Beispiel vor der Physiologie, die die Tätigkeit des Nervensystems untersucht und die klären muß, worin die Verarbeitung der Information durch das Nervensystem des untersuchten Lebewesens besteht, vor der Genetik, die den Prozeß der Übertragung, Aufbewahrung und Wahrnehmung von ererbten Informationen im Prozeß der individuellen Entwicklung des Organismus untersucht, vor dem Kommandeur auf dem Schlachtfeld, der den Algorithmus aufklärt, mit dessen Hilfe man die Handlungen des feindlichen Kommandos beschreiben kann, um die Absicht des Gegners im Kampf vorauszusehen. In noch höherem Maße steht diese Aufgabe vor dem Kriegskommando in der Zeit des Kampfes von automatischen Einheiten, die von Rechenmaschinen gesteuert werden.

In anderen Fällen ist es erforderlich, Geräte zu schaffen, die eine vorgegebene Verarbeitung der Informationen durchführen. Diese Aufgabe ist die Synthese des Algorithmus. Die Aufgabe der Synthese des Algorithmus tritt in den verschiedensten Anwendungen der Kybernetik zutage. Für ihre Lösung ist es erforderlich, den Algorithmus, der die geforderte Verarbeitung der Informationen verwirklicht, zu beschreiben, d. h. die elementaren Akte und die logischen Bedingungen zu bestimmen und sie zu einem einheitlichen System zu verbinden, das die gestellte Aufgabe der Verarbeitung der Information erfüllt.

Deshalb ist es erforderlich, ein Gerät zu entwerfen, das den gegebenen Algorithmus verwirklicht und die Übermittlung der eintreffenden Informationen an dieses Gerät gewährleistet. Für die Lösung dieser Aufgabe ist es an erster Stelle notwendig, die Wissensgebiete umfassend auszunutzen, auf deren Grundlage sie entstand. Wenn es sich zum Beispiel um die automatische Steuerung des Stahlschmelzens handelt, so ist es nötig, die Tätigkeit erfahrener Stahlwerker genau zu beschreiben, ihre Reaktionen auf diese oder jene Anzeichen des Prozesses zu untersuchen und, in Form eines Algorithmus ausgearbeitet, in einer Maschine zu deponieren. Nur indem man dies alles ausführlich untersucht, kann man die elementaren Operationen und logischen Bedingungen ausarbeiten, aus denen der gesuchte Algorithmus besteht. Diesem Algorithmus muß man für seine Realisierung in der Maschine eine günstige Form geben. Auf dieser Grundlage entstehen viele Aufgaben der Ausarbeitung von Methoden der formalen identischen Umwandlung der Algorithmen, von Methoden der Bewertung der Produktivität des Algorithmus usw. Zur Lösung dieser Probleme wird gegenwärtig eine intensive Arbeit geleistet. Diese Probleme müssen als einige der wichtigsten der Kybernetik angesehen werden.

Die Maschinen für die Verarbeitung der Information

Die folgende Gruppe von Aufgaben besteht darin, aus den gegebenen Elementen (zum Beispiel Kontakten, Relais, Elektronenröhren, Ferritkernen, Halbleiterelementen usw.) ein Aggregat zu bauen, das den gewählten Algorithmus verwirklicht. Hier finden wir die Vereinigung der physikalischen Prinzipien, die die Tätigkeit dieser elementaren Geräte regeln, mit eigenartigen logischen Prinzipien, die es gestatten, die Funktion der Systeme zu beschreiben, wenn die Funktionen ihrer einzelnen Elemente bekannt sind. Das bildet den Inhalt der angewandten mathematischen Logik.

Auf diesem Gebiet wurden von Shannon und seinen Mitarbeitern, von von Neumann, W. I. Schestakow, M. A. Gawrilow, S. W. Jablonski und ihren Schülern grundlegende Resultate erzielt.

Großes Interesse erregte ein Zyklus von Arbeiten über die Theorie der Automaten, die unter der allgemeinen Leitung von Shannon, Makmalok und von Neumann ausgeführt wurden, in denen von diesem Standpunkt aus die Tätigkeit einiger Klassen von Aggregaten, die dem Nervensystem oder Elektronenrechenmaschinen ähnlich sind, betrachtet werden.

Die Theorie der Spiele

Oft entstehen Aufgaben, die mit dem Kampf eines regelnden Systems gegen ein anderes verbunden sind. Solche Aufgaben entstehen bei militärischen Fragen, bei Fragen der Leitung der Wirtschaft, aber auch bei der Analyse verschiedener Spiele. Auf dieser Grundlage entwickelte sich ein Zweig der Kybernetik, der die Bezeichnung „Theorie der Spiele" trägt, dessen Ziel in der Ausarbeitung eines Algorithmus über die taktischen Handlungen der Spielteilnehmer besteht, wenn die Spielregeln bekannt sind. Dieses Gebiet wurde ungefähr in den zwanziger Jahren begründet durch die Arbeiten Borels und v. Neumanns, aber seine wesentliche Entwicklung fand es erst in den fünfziger Jahren. In der Theorie der Spiele werden einerseits die allgemeinen Prinzipien der Strategie untersucht, andererseits wird die Frage nach der Existenz der einen oder anderen strategischen Prinzipien von Elektronenrechenmaschinen oder Spezialautomaten betrachtet.

In den theoretischen Untersuchungen entspringt die Klassifizierung der Spiele einigen allgemeinen Gesichtspunkten: Spiele mit und ohne Auftreten von Zufällen, Spiele, bei denen die Gegner die volle Kenntnis voneinander haben (Schachspiel), und Spiele, in denen die Gegner nicht die völlige Kenntnis voneinander haben (Domino, Seeschlacht), Spiele, in denen man theoretisch die Verwendung aller Möglichkeiten ausnutzen kann, und Spiele, in denen die Verwendung aller Möglichkeiten praktisch nicht zu verwirklichen ist (Schach).

In der Theorie wird die Existenz einer besten Strategie für ein beliebiges Spiel mit einer endlichen Zahl von Möglichkeiten bewiesen. Allein der Aufbau dieser besten Strategie erfordert die Verwendung aller existierenden Möglichkeiten. Deshalb gelingt es bei weitem nicht immer, die beste Strategie zu entwickeln. In vielen Fällen, selbst wenn die Spielregeln keine zufälligen Elemente enthalten, beinhaltet diese beste Strategie selbst eine zufällige Wahl mit einer bestimmten Wahrscheinlichkeitsverteilung.

Vom Standpunkt der Entwicklung der Theorie der Spiele ist die Schaffung von Rechenmaschinen für die einen oder anderen Spiele von großem Interesse. So spielen z. B. Maschinen Domino, lösen Schachaufgaben usw.

Die experimentelle Durchführung von Partien, an denen Rechenmaschinen beteiligt werden, liefert höchst wertvolles Material für die Ausarbeitung von allgemeinen Prinzipien der Aufstellung taktischer Algorithmen.

Solche Versuche sind notwendig zur Entwicklung rationeller Verfahren, um die Maschinen zur Leitung der Produktion, zur Planung und Leitung der Wirtschaft und zur Leitung militärischer Operationen anzuwenden.

Die Aufstellung angenäherter Algorithmen

In einigen Fällen erweist sich die Umarbeitung einer Information, die durch einen erfahrenen Kommandeur oder Wirtschaftsleiter vorgenommen wird, als höchst kompliziert und eigenartig. Es gelingt bei weitem nicht immer, einen formal wirkenden Algorithmus zu konstruieren, der genau dieselbe Verarbeitung der Information besorgt, die ein Mensch durchführt, der spezielle Erfahrungen besitzt. Nicht selten muß man sich in der ersten Zeit mit der Aufstellung eines angenäherten Algorithmus begnügen.

Darunter versteht man den Aufbau eines Algorithmus, der in der überwiegenden Mehrzahl der Fälle eine Verarbeitung der Information ermöglicht, die der geforderten ziemlich nahe kommt.

Das Gebiet, in dem die angenäherte Aufstellung von Algorithmen eine besonders große Bedeutung hat, ist die Übersetzung von Texten aus einer Sprache in eine andere mit Hilfe von Rechenmaschinen.

Wenn ein erfahrener Übersetzer übersetzt, benutzt er Sprachkenntnis und Verständnis des übersetzten Textes. Wenn eine Maschine die Übersetzung anfertigt, so benutzt sie ein Spezialwörterbuch, die formalen Kennzeichen des übersetzten Textes und eine spezielle grammatische Information über die Wörter, die im Wörterbuch stehen.

Die Regeln der maschinellen Übersetzung bauen sich wie folgt auf: Wenn man die Tätigkeit eines erfahrenen Übersetzers beobachtet, d. h., wenn einige Ausgangstexte und ihre Übersetzung einander gegenübergestellt werden und wenn die Grammatik beider Sprachen benutzt wird, kann man spezielle Regeln darüber formulieren, welcher Satzaufbau der einen Sprache dem einen oder anderen Satz einer anderen Sprache entspricht.

Diese Regeln gelten nicht absolut, wie auch die grammatischen Regeln nur mit bestimmten Ausnahmen gelten. Jedoch muß das Verzeichnis der Regeln so vollständig sein, daß in der überwiegenden Mehrzahl der Fälle die Texte, für die die gegebenen Regeln formuliert sind, mit Hilfe dieser Regeln und mit Hilfe eines vorhandenen Wörterbuches hinreichend genau und richtig übersetzt werden können.

Solche Systeme von Regeln konstruiert man zur Übersetzung von Texten zahlreicher Sprachen in andere. Die Amerikaner stellen auf einer Maschine Übersetzungen vom Russischen, Französischen, Deutschen und Italienischen ins Englische her. Von einer Maschine angefertigte Versuchsübersetzungen wurden von ihnen veröffentlicht. Im Institut für Feinmechanik und Rechentechnik der Akademie der Wissenschaften der UdSSR wurden Versuchsübersetzungen vom Englischen ins Russische durchgeführt. Im Mathematischen Institut der Akademie der Wissenschaften der UdSSR wurde eine Versuchsübertragung vom Französischen ins Russische angefertigt usw.

Alle diese Versuchsübersetzungen unterscheiden sich ein wenig von den Übersetzungen, die von qualifizierten Übersetzern ausgeführt werden. Jedoch fiel der Text, der von Maschinen angefertigt wurde, völlig annehmbar aus. Der formale Algorithmus der Übersetzung arbeitet nicht ganz so wie ein Mensch als Übersetzer, jedoch arbeitet er völlig zufriedenstellend. Übrigens sind die Übersetzungen, wenn ein Text von verschiedenen Übersetzern übersetzt wird, keineswegs identisch, jeder Übersetzer führt die Arbeit in seiner Art aus, deshalb wäre es schwer möglich, zu erwarten, daß die Maschine die Arbeit genau so ausführt wie ein Übersetzer.

Genauso wie sich bei der Leitung der Produktion oder von Truppen die individuellen Besonderheiten in der Tätigkeit der einzelnen Kommandeure zeigen, so werden auch die Tätigkeiten der Maschine nicht identisch mit denen von Menschen sein. Allein wenn der Algorithmus, nach dem die Maschine arbeitet, gut angelegt ist, so zeigt praktisch die Qualität der Tätigkeit der Maschine keinen Unterschied zur Qualität der Tätigkeit eines erfahrenen Menschen.

Die Analyse der Operationen

Auf Grund dessen entsteht eine besondere große Gruppe von Fragen hinsichtlich der Analyse der Operationen oder der Bewertung der Qualität von Algorithmen. Bevor man einen Algorithmus für die praktische Anwendung in einer wichtigen Frage empfehlen kann, ist es nötig, die Arbeit eines Algorithmus der Arbeit eines erfahrenen Menschen oder eines Kollektivs von Menschen gegenüberzustellen.

Dafür wählt man ein bestimmtes Kriterium für die Qualität der Arbeit aus. Das Beste ist die Verwendung eines Kriteriums, wie es in der Praxis gang und gäbe ist. Wenn man ein solches Kriterium hat, wird es notwendig, eine Reihe von Versuchsarbeiten mit Hilfe des Algorithmus durchzuführen, ihn mit Hilfe dieses Kriteriums zu bewerten und die erhaltenen Bewertungen mit den Bewertungen analoger Arbeiten, die von einem Menschen ausgeführt werden, zu vergleichen. Wenn es sich zeigt, daß der Wert der Arbeit des Algorithmus im Durchschnitt schlechter ist als der Wert der Arbeit eines Menschen, so kann man diesen Algorithmus nicht empfehlen. Er muß nochmals bearbeitet werden. Man muß erreichen, daß der Wert der Arbeit eines Algorithmus nicht dem Wert der Arbeit eines qualifizierten Menschen nachsteht. Nur dann kann dieser Algorithmus in die Praxis eingeführt werden.

Es versteht sich von selbst, daß die Wahl des Kriteriums für die Bewertung, aber auch die Beurteilung der Gegenüberstellung der Bewertungen unter Berücksichtigung der gesamten in dieser Hinsicht gemachten Erfahrung erfolgen muß. Die Ausarbeitung solcher Kriterien und der Methoden ihres Gebrauchs bilden den Gegenstand der Analyse der Operationen.

Spezialisierte und universelle Maschinen

Damit die Maschine die geforderte Verarbeitung der Informationen durchführt, d. h., damit sie nach dem gegebenen Algorithmus arbeitet, ist es nötig, daß diese Maschine entsprechend eingerichtet ist. Es gibt zwei Möglichkeiten, die Maschinen einzurichten. Die eine besteht darin, daß Maschinen zur Ausführung einer genau bestimmten, eng begrenzten Funktion gebaut werden. So ist z. B. der Wattsche Regulator dafür vorgesehen, die Drehzahl einer Maschinenwelle zu regeln. Er nimmt die Informationen über die Bewegung der Welle auf und verarbeitet sie in Kommandos, indem er ein Ventil verstellt, das den Zufluß des Dampfes regelt. Die Verarbeitung von Informationen anderer Natur ist mit dem Wattschen Regulator nicht möglich. Eine andere Möglichkeit besteht darin, daß man eine universelle Maschine verwendet.

Diese Maschine ist so gebaut, daß sie eine vielfältige Verarbeitung eingegangener Informationen durchführen kann. Damit sie jedoch nach diesem oder jenem Verfahren arbeitet, muß ihr ein Programm gegeben werden, nach dem sie arbeitet. Dieses Programm besteht aus einem Verzeichnis aller elementaren Akte, die die Maschine ausführen muß, und einer Aufstellung ihrer Reihenfolge.

In der Praxis gebraucht man sowohl spezialisierte Maschinen, die eine genau bestimmte Verarbeitung der Informationen durchführen, wie auch universelle Maschinen, die nach eingegebenen Programmen arbeiten. Die speziellen Maschinen werden nur in dem Fall brauchbar sein, wo es sich darum handelt, eine streng monotype Verarbeitung der Information nach einem homogenen Algorithmus, wie z. B. beim Wattschen Regulator, auszuführen.

Wenn man es mit verschiedenen Arten der Verarbeitung von Information zu tun hat oder wenn der Algorithmus kompliziert ist und heterogene Elemente umfaßt, ist eine spezielle Maschine nicht vorteilhaft. Viel geeigneter ist in diesem Fall eine universelle Maschine, die sich besser zu einer solchen Form der Verarbeitung von Informationen eignet.

Die modernen universellen Zahlenrechenmaschinen sind so gebaut, daß ein und dieselbe Maschine in Abhängigkeit von dem ihr eingegebenen Programm z. B. die Berechnung des Profils der Tragflügel eines Flugzeuges, der Düsen von Düsenantrieben, von Kernreaktionen im Atomreaktor, und von Flugtabellen von Artilleriegeschossen durchführen kann. Sie kann auch Texte von einer Sprache in die andere übersetzen, vielfältige logische Aufgaben lösen, Domino und Préférence spielen. Sie kann die Bewegung eines Eisenbahnzuges oder die Bewegung eines Flugzeuges auf einer Luftlinie leiten. Aber auch, wenn nur eine dieser Aufgaben vorliegt, z. B. die Berechnung der Flugbahn eines Geschosses, ist es nicht selten vorteilhafter, für diese Zwecke eine universelle Maschine zu bauen.

Die Programmierung

Damit die Maschine eine bestimmte Aufgabe lösen kann, muß ein entsprechendes Programm aufgestellt und dieses Programm in der Maschine deponiert werden. Die Fertigkeit der Programmaufstellung erhielt die Bezeichnung Programmierung. Dies ist ein wichtiger Zweig der modernen angewandten Mathematik. Ihr Zweck besteht darin, den Algorithmus zur Verarbeitung der Information in eine Form zu bringen, die für die Maschine geeignet ist. Gegenwärtig wird die Programmierung teilweise von der Maschine selbst ausgeführt. Die Aufgabe des Mathematikers, der das Programm aufstellt, besteht darin, den Aufbau des Algorithmus, der die Aufgabe löst, in eine spezielle logische Sprache umzuschreiben. Diese Aufzeichnungen übergibt er der Maschine. Er führt in die Maschine ein spezielles programmierendes Programm ein, das ein für allemal vorbereitet wurde. Dieses Programm nimmt die erwähnte Information auf und verarbeitet sie zum Arbeitsprogramm der Maschine.

Jedoch können gegenwärtig bei weitem nicht alle Fragen der Programmierung als gelöst angesehen werden.

Die Ausarbeitung allgemeiner Methoden der Programmierung stellt einen der grundlegenden Teile der Kybernetik dar. Die Möglichkeiten der universellen Rechenmaschinen sind so groß, daß sie als universelle Mittel zur Kontrolle und Überprüfung willkürlicher Algorithmen, die Informationen verarbeiten, ausgenutzt werden können.

Wenn man einen Algorithmus hat, der zur Steuerung eines bestimmten Prozesses verwendet wird, ist es möglich, die Arbeit dieses Prozesses modellmäßig festzuhalten und den steuernden Algorithmus in die Rechenmaschine einzuführen. Besonders wenn es sich um die Beurteilung der Arbeit eines Algorithmus an einem bestimmten Kriterium handelt, kann man, anstatt zu fordern, daß der Algorithmus unter wirklichen Bedingungen gilt, sein Funktionieren in der Maschine fordern, daß er das Modell des untersuchten Prozesses leitet, das der Maschine auf dem Programmweg zugrunde gelegt wurde.

In vielen Fällen geht dies bei weitem billiger und bei weitem schneller. Solche Methoden der Modellierung der Arbeit eines steuernden Algorithmus besitzen z. B. große Bedeutung beim Studium der Verfahren zur automatischen Leitung der Arbeit von Maschinen.

Kybernetik und Biologie

Besonders wesentlich ist die Anwendung kybernetischer Überlegungen auf bestimmten Gebieten der Biologie. Die Physiologie des Nervensystems befaßt sich ständig mit dem Studium der Zirkulation von Informationen im Nervensystem. Die Wahrnehmung äußerer Informationen durch die Rezeptoren, ihre Verarbeitung in Nervenimpulse, die Übergabe der Nervenimpulse durch Nervenfasern an die Nervenzentren, die Verarbeitung dieser Informationen in den Nervenzentren und die Erarbeitung von Antwortreaktionen, alle diese Fragen, die von der Physiologie des Nervensystems untersucht werden, sind eng mit der Kybernetik verbunden.

Es besteht ein großes Interesse an der Aussonderung einzelner Informationsströme im Nervensystem und der Klärung ihrer Funktion. Das Studium bestimmter pathologischer Fälle erlaubt festzustellen, daß die Funktionen des Nervensystems getrennt gestört sein können. So sind z. B. Fälle bekannt, wo Kranke die Orientierung nach Begriffen behalten, fähig sind, ihre Gedanken richtig in Worten auszudrücken, aber nicht fähig sind, Worte zu verstehen, die von anderen Menschen gesprochen werden. Geschriebene Worte verstehen diese Kranken jedoch richtig. In anderen Fällen kann der Kranke das, was andere Leute sagen, richtig verstehen und auch geschriebenen Text lesen, aber er kann seine Gedanken nicht in Worten ausdrücken, obgleich er diese Gedanken niederschreiben kann. Manchmal ist die Fähigkeit des richtigen Sprechens und Schreibens erhalten und auch das Verständnis für das, was andere Menschen sagen, aber die Fähigkeit, einen geschriebenen Text richtig zu verstehen, ist verlorengegangen.

Besonders verwunderliche Fälle beobachtet man beim Verlust des Sprechvermögens von Menschen, die mehrere Sprachen sprechen. Es kommt vor, daß der Kranke eine Sprache vergißt, sogar seine Muttersprache, aber die Möglichkeit behält, eine fremde Sprache zu sprechen. Es kommt vor, daß der Mensch den Besitz einer Reihe von Sprachen behält, außer irgendeiner, die er früher kannte, und in dieser Sprache verliert er jede Fähigkeit, die Menschen zu verstehen, vergißt er jeden Zusammenhang zwischen Worten und Begriffen und jeden richtigen grammatikalischen Aufbau. Alles dies zeugt davon, daß der Prozeß des Sprechens aus einer Reihe verschiedener Informationsströme im Gehirn besteht und diese Ströme verschiedene Wege durchlaufen, so daß die Krankheit, von der oben berichtet wurde, diesem oder jenem Weg zugehören kann. Dies führt auch dazu, daß sich eine Verletzung der Funktion des Nervensystems verschieden äußert.

Die Beobachtung normaler und pathologischer Fälle und die Gegenüberstellung des Beobachteten erlaubt uns, die einzelnen Informationsströme zu katalogisieren, und damit entwickelt sich unser Verständnis von den Prozessen, die im Nervensystem verlaufen, weiter.

Die Modellierung von biologischen Prozessen

Es wäre interessant, in Erfahrung zu bringen, wie man diese Prozesse, wenn auch nur teilweise, in der Rechenmaschine modellmäßig darstellen kann. Der erste Schritt auf diesem Wege wurde schon getan. So ist es z. B. mit Hilfe einer Rechenmaschine möglich, die Prozesse des Bildens und des Auslöschens bedingter Reflexe modellmäßig darzustellen.

Im übrigen kann man bedingte Reflexe auch mit weit einfacheren Einrichtungen modellmäßig darstellen. Die sogenannte elektronische Schildkröte, mit deren Hilfe man die Möglichkeit der technischen Imitation von einfachen Fällen des Verhaltens von Lebewesen demonstriert, ist allgemein bekannt.

Die Modellierung von biologischen Prozessen in Maschinen ist deshalb wesentlich, weil sie erlaubt, den Vollständigkeitsgrad der Beschreibung der untersuchten Erscheinung zu prüfen. Wenn die beschriebene Erscheinung zusammenfassend auf die Form eines Algorithmus reduziert wurde, und dieser Algorithmus programmiert und in der Maschine deponiert wird, erhalten wir die Möglichkeit, indem wir mit dieser Maschine experimentieren, zu klären, inwieweit sich die Lebewesen unter dieser oder jener Bedingung und Voraussetzung so verhalten wie die Maschine, ob unsere Beschreibung richtig ist. Indem wir das Verhalten der Maschine dem Verhalten des Lebewesens gegenüberstellen, können wir klären, welche Elemente im Verhalten der Lebewesen durch unsere Beschreibung richtig erfaßt sind, und welche Elemente ihres Verhaltens über die Grenzen der vorgeschlagenen Beschreibung hinausführen. So sehen wir ein weiteres Mal, welche nützlichen Möglichkeiten zu Modellbildungen von Steuerungsprozessen in Rechenmaschinen bestehen.

Kybernetik und Genetik

Ein anderes Gebiet der Biologie, das auf das engste mit der Kybernetik verbunden ist, ist die Genetik, d. h. die Wissenschaft von der Übertragung von Eigenschaften der Organismen durch Vererbung.

Bei eingehender Betrachtung zeigt es sich, daß durch die Vererbung von den Eltern zu den Nachkommen erbliche Informationen übergeben werden. Das Studium der Genetik besteht im Studium der Struktur dieser erblichen Information, der Art und Weise ihrer materiellen Kodierung, der Art und Weise ihrer Erscheinung in neuen Organismen im Prozeß der individuellen Entwicklung.

Die Unterschätzung der Bedeutung der Zirkulation der erblichen Information führt nicht selten zu traurigen Folgen. So zum Beispiel hatte sich unter den Biologen die These von der anpassenden Vererbung verbreitet, das heißt die Auffassung, daß mit Hilfe der Vererbung hauptsächlich günstige Vorzeichen übergeben werden, zu deren Begründung das Vorhandensein eines Stroms erblicher Informationen von den Organismen der Nachkommen zu den Organismen der Eltern erforderlich ist. Jedoch stellt sich das Vorhandensein eines solchen Stromes als sehr problematisch heraus. Wenn dieser Umstand beachtet würde, würde kein Gelehrter die These von der anpassenden Vererbung oder gerichteten Evolution, die unabhängig von der Zuchtwahl ist, aufwerfen.

So wurde die Behauptung von der Übergabe erworbener Eigenschaften durch die Vererbung vollkommen gleichbedeutend mit der Behauptung von der Existenz eines Informationsstroms über den Aufbau der Organismen im Ganzen oder in einzelnen Organen zu den Embryonalzellen. Selbstverständlich gibt es hier eine Erklärung der natürlichen Prozesse ohne Heranziehung von Begriffen, die keine naturwissenschaftliche Bedeutung haben. Tatsache ist jedoch, daß der Strom der erblichen Informationen, der von dem Organismus im Ganzen zu seinen Embryonalzellen geht, nicht bekannt ist, und keiner der Anhänger Lamarcks stellt die Frage nach seinem Auftreten. Dagegen befindet sich die klassische Genetik in vollkommener Übereinstimmung mit den Voraussetzungen, die von der Kybernetik zugrunde gelegt werden.

Die diskrete Natur der genetischen Information

Die klassische Genetik mißt der Feststellung von Informationsströmen, die diese oder jene Wirkung hervorrufen, und dem Aufbau dieser Ströme große Bedeutung bei. So wurde z. B. die diskrete Natur der erblichen Information festgestellt, die durch eine bestimmte Struktur der Moleküle der Nukleinsäure in genau bestimmten Bereichen bestimmter Chromosomen verschlüsselt werden.

Die Funktion der erblichen Information in den Organismen besteht darin, daß der Aufbau der Moleküle der Nukleinsäure den Aufbau der Eiweißstoffe bestimmt, die in den diese Moleküle enthaltenden Zellen aufgebaut werden. Im Prozeß der Entwicklung der Organismen geht eine Verdoppelung der Moleküle der Nukleinsäure und die Übergabe dieser Moleküle an alle neu geschaffenen Zellen dieses Organismus vor sich. Auf diese Art und Weise werden die erblichen Informationen, die in den befruchteten Eizellen eingeschlossen sind, dem ganzen Organismus übergeben und wirken auf seine chemischen und damit auf die makroskopischen Eigenschaften des Organismus ein.

Darin zeigt sich das sogenannte Prinzip der Verstärkung, das im Innern des lebenden Organismus wirkt und das die individuellen Eigenschaften der ultramikroskopischen Bildungen im molekularen Maßstab auf die makroskopischen Eigenschaften des Organismus überträgt.

Es ist von Bedeutung, daß die Menge der Informationen in einem Molekül groß ist. Sie übertrifft die Menge der Informationen, die in einem dicken Band niedergeschrieben sind. Die Verfahren der Verschlüsselung der erblichen Informationen, die von der Natur selbst im Prozeß ihrer evolutionären Entwicklung entwickelt wurden, erweisen sich als außerordentlich ökonomisch. Sie sind wesentlich ökonomischer, als die Verfahren, die die Technik zur Kodierung von Informationen verwendet. Deshalb ist ihre detaillierte Untersuchung vom Gesichtspunkt der Kybernetik aus außerordentlich verheißungsvoll. Man kann hoffen, daß sie uns mit der Zeit eine wesentlich kompaktere Kodierung der Information in technischen Einrichtungen ermöglicht.

Die Konstruktion von Steuerungsmaschinen

Allgemein ist es vom Gesichtspunkt der technischen Anwendung der Prinzipien der Kybernetik sehr wichtig, einen Satz genügend vielfältiger Elemente zu haben, deren Funktion bekannt ist und deren technische Anwendungen einfach und zuverlässig sind.

Die rationelle Kombination dieser Elemente erlaubt die Schaffung sehr komplizierter und vielfältiger Steuerungssysteme, die fähig sind, beliebige Algorithmen zu realisieren. Diese Fragen stellen den Forschern eine Reihe eigenartiger Aufgaben, deren Lösung auf verschiedenen Wegen möglich ist. Auf der einen Seite kann man den Weg der virtuosen Interpretation bei jedem einzelnen Teilfall gehen. Jedoch besteht die Notwendigkeit, eine einheitliche Instruktion zu schaffen, die im weiteren bei einer sehr großen Anzahl von Exemplaren realisiert werden kann, und die vielfältig anwendbar ist, so daß dieser Weg vollkommen beschritten werden kann. Auf der anderen Seite ist es möglich, nach Prinzipien einer rationellen Konstruktion einer ganzen Klasse von Mechanismen mit Standardmethoden zu suchen, mit deren Hilfe beliebige der Mechanismen einer gegebenen Klasse leicht konstruiert werden können. Dabei wird gefordert, daß in jeder Klasse diese Konstruktionen dem Optimalfall nahe sind, jedoch sind Fälle möglich, wo einzelne Mechanismen einer gegebenen Klasse auf der Grundlage anderer Prinzipien bedeutend einfacher konstruiert werden können. So erhält man Prinzipien zur Klassifizierung der Steuerungsmechanismen, aus denen sich dann die Klassen von Mechanismen hervorheben, die auf der einen Seite eine genügende Anzahl von praktisch wichtigen Mechanismen vereinigen und auf der anderen Seite einheitliche Konstruktionsverfahren zulassen, die eine genügend vorteilhafte Realisierung erlauben.

Kybernetik und mathematische Logik

Auf diesem Boden entstehen eine eigene mathematische Problematik und ein eigentümlicher mathematischer Apparat. Dieser Apparat ist die mathematische Logik mit Erweiterungen, die die Bezeichnung „mehrwertige Logik“ erhielten. Gegenwärtig findet die Ausnutzung logischer Methoden sehr breite Anwendung bei der Konstruktion hinreichend komplizierter logischer Mechanismen. In enger Verbindung zur Kybernetik stehen einige Probleme der mathematischen Logik, auf die wir unsere Aufmerksamkeit lenken.

Eine der wichtigsten Fragen in jeder Disziplin besteht in der Frage nach der Grenze der Anwendbarkeit. Auf dieser Ebene steht die Aufgabe, zu klären, welche Probleme die Rechenmaschinen lösen können. Es zeigt sich, daß die Klasse dieser Probleme hinreichend groß ist. Damit die Probleme, die mit der Verarbeitung von Informationen verbunden sind, mit Rechenmaschinen gelöst werden können, genügt es, die Verfahren zur Verarbeitung der Informationen mit Hilfe von Algorithmen zu beschreiben, die für Maschinen zugänglich sind. Wenn die Aufgabenstellung so ist, daß sie allgemein keine algorithmische Lösung erlaubt, das heißt, wenn richtige Verfahren, mit denen es möglich wäre, sie zu lösen, nicht existieren, dann zeigt sich, daß eine Rechenmaschine diese Aufgaben nicht lösen kann.

Welche Aufgaben, die die algorithmische Lösung zulassen, sind für eine Maschine zugänglich? Im allgemeinen Fall ist diese Frage sehr schwierig. In jedem einzelnen Falle hängt die Lösung davon ab, ob es einer gegebenen Maschine möglich ist, alle Elemente des Algorithmus zu realisieren und ob der Umfang ihres Gedächtnisses ausreicht.

Unlösbare Aufgaben der Logik

Bis vor verhältnismäßig kurzer Zeit wurde angenommen, daß der Aufbau des Algorithmus, der auf diese oder jene Weise eine Abart der Verarbeitung der Information durchführt, nur eine Frage der mathematischen Interpretation ist. Vor einigen Jahrzehnten war der Gesichtspunkt allgemein verbreitet, daß es gegenwärtig unlösbare mathematische Aufgaben nur infolge der noch ungenügenden Fähigkeiten der Mathematiker gibt, die es bisher nicht verstehen, den geforderten Algorithmus aufzubauen, der die Verarbeitung der Information ermöglicht.

Die Lage änderte sich in den 30er Jahren, als Post, Tschertsch, Turing und andere Gelehrte eine genaue Definition des Begriffs Algorithmus gaben und Beispiele logischer Natur ableiteten, die eine algorithmische Lösung nicht zulassen. Bis zur Entstehung einer genauen Definition des Begriffs Algorithmus waren solche Resultate unmöglich. Allerdings trugen in der ersten Zeit algorithmisch nicht lösbare Aufgaben, die mit der Verarbeitung von Informationen verbunden waren, künstlichen Charakter. Dies waren Aufgaben, die mit der Analyse spezieller logischer Begriffe verbunden waren. Man äußerte weiter die Vorstellung, daß in der realen Mathematik solche Aufgaben nicht entstehen. Wenig später zeigte jedoch B. S. Nowikow, daß die klassische Aufgabe von der Identität von Worten in der Gruppentheorie algorithmisch nicht lösbar ist. Auf diese Weise zeigte es sich, daß in der realen Mathematik Aufgaben existieren, die einer algorithmischen Lösung nicht zugänglich sind. Solche Aufgaben können in Rechenmaschinen nicht gelöst werden.

Man muß jedoch ergänzen, daß der menschliche Intellekt bei vielen Aufgaben, die nicht algorithmisch lösbar sind, die Lösung für Spezialfälle finden kann. Das Aufsuchen der Antwort für diese Aufgaben mit Hilfe von Verfahren des wiederholten Einsetzens kann jedoch auch von sehr leistungsfähigen Maschinen ausgeführt werden. Wir werden sofort auf diese Frage zurückkommen.

Wir ließen uns jetzt etwas von unserer Hauptaufgabe ablenken, weil sich die allgemeine Problematik der Theorie der Algorithmen im Rahmen der eigentlichen Kybernetik befindet, weil man in ihr Algorithmen betrachtet, die fähig sind, eine unendliche Anzahl von Operationen auszuführen, während sich die Kybernetik nur für endliche Algorithmen interessiert, jedoch finden Gesetzmäßigkeiten, die in der allgemeinen Theorie der Algorithmen niedergelegt sind, häufig auch eigentümliche Äußerungen in der Theorie der endlichen Algorithmen.

Die Kybernetik und die praktische Analysis

Außer der mathematischen Logik muß man von den anderen Zweigen der modernen Mathematik, auf die die Kybernetik und die Entwicklung der mathematischen Maschinen Einfluß ausübten, an erster Stelle selbstverständlich die praktische Analysis im engsten Sinne des Wortes erwähnen.

Die Informationstheorie erlaubt die Beurteilung der Algorithmen, die in der praktischen Analysis verwendet werden, vom Gesichtspunkt ihrer Qualität und der erforderlichen quantitativen Wirkungen, die zum Erhalten von Resultaten notwendig sind, vom Gesichtspunkt der Charakteristiken der Maschinen, die für die Durchführung der Berechnungen mit hinreichender Genauigkeit verlangt werden, usw.

Jedoch gibt es auf diesem Gebiet bei weitem noch mehr zu lösende Aufgaben als Resultate. Sehr wichtig ist die Aufstellung einer allgemeinen Theorie der Algorithmen, um beurteilen zu können, in welchen Fällen die Kompliziertheit des Algorithmus, der zur Lösung bestimmter Aufgaben aufgestellt ist, der Schwierigkeit der Aufgaben entspricht, und in welchen Fällen der Algorithmus übermäßig kompliziert ist. Auf dem Gebiet der Aufstellung der Theorie der Algorithmen mit Bewertung machte man bisher nur die ersten Schritte. Im allgemeinen Falle ist es durchaus nicht klar, welche Parameter die Schwierigkeit der Aufgabe und die Schwierigkeit der Algorithmen charakterisieren können.

Steuerungsmaschinen zur Suche der Lösung

Wir sprachen schon oben davon, daß es Versuche gibt, die steuernde Maschine mit den Möglichkeiten der Durchführung von Versuchen der besseren Lösung dieser oder jener Aufgaben auszustatten. Dies ist eine der neuen und sehr wichtigen Richtungen der Kybernetik, über die es sich lohnt, im einzelnen zu sprechen. Einer der ersten Schritte auf diesem neuen Weg ist die von dem Psychologen Ashby gebaute Maschine, die von ihm HOMÖOSTAT genannt wurde.

Das Wirkungsprinzip dieser Maschine besteht in folgendem: In Abhängigkeit von den Bedingungen, unter denen sich die Maschine befindet, ist sie bestrebt, einen Zustand anzunehmen, der beim Auftreten äußerer Einwirkungen widerstandsfähig ist. Durch die Steuerungsrichtung wird die Maschine im ersten Augenblick auf eine bestimmte Art und Weise eingeschaltet. Wenn sich herausstellt, daß die eingeschaltete Steuerungseinrichtung es so nicht erlaubt, die Maschine in den widerstandsfähigen Zustand zu bringen, dann führt die Maschine selbst eine Umschaltung ihrer Steuerungseinrichtung in zufälliger Art und Weise aus, bis sie den widerstandsfähigen Zustand gefunden hat. Die Möglichkeiten, die der Maschine innewohnen, erweisen sich als ausreichend, die Mehrzahl der äußeren Einwirkungen zu unterdrücken, wenn sich die Maschine nach anfänglichem Einschalten der Steuerungseinrichtung im widerstandsfähigen Zustand befindet.

In dem gegebenen Fall erlaubt die Möglichkeit der zufälligen Umschaltung der Steuerungseinrichtung mit der nachfolgenden Beobachtung ihrer Arbeit der Maschine, ein solches Schema ihrer eigenen Arbeit aufzufinden, das keineswegs von ihrem Konstrukteur vorausgesehen wurde und das darüber hinaus diesem Konstrukteur früher nicht bekannt war.

Wenn dieses Prinzip genügend gut untersucht wird, und wenn rationelle Verfahren zur Konstruktion von Einrichtungen, die nach diesem Prinzip arbeiten, bekannt sind, wird es offenbar sehr vielfältige Anwendungen finden. Gegenwärtig kennen wir keine vollständigen praktischen Anwendungen dieses Prinzips, jedoch werden die ersten Schritte zu seiner Ausnutzung getan, so zum Beispiel in den USA, wo man Versuche zur Anwendung von elektronischen Rechenmaschinen für die Steuerung des Hochofenprozesses durchführt.

Diese Maschine ist an einen Hochofen angeschlossen, der von einer qualifizierten Brigade geleitet wird. Die Maschine ist mit einem Programm ausgestattet, mit dessen Hilfe sie Beobachtungen der Arbeit des Hochofens und der Arbeit der leitenden Brigade durchführt. Im besonderen laufen in der Maschine Informationen über alle Prozesse, die im Ofen verlaufen, zusammen, d. h. über alle technischen Messungen und auch über alle Einwirkungen der leitenden Brigade. Außerdem hat man in der Maschine ein vorbereitetes Programm, mit dessen Hilfe sie die Arbeit des Ofens leiten könnte, obgleich eine Reihe von Parametern in dieser Vorbereitung fehlen. Nachdem sie genügend lange Zeit die Arbeit dieser Brigade beobachtet hat, bestimmt die Maschine die ihr fehlenden Parameter und führt sie in ihr Programm ein. Nach Verlauf einiger Monate Arbeit unter diesen Bedingungen übernimmt die Maschine selbst alle leitenden Funktionen und steuert den Hochofenprozeß schon ohne Einmischung der Brigade. Wie man sieht, hat dieser Weg der automatischen Leitung der Produktion sehr große Perspektiven. Hier kann man erreichen, daß die Maschine die Produktion mit Hilfe des Algorithmus leitet, in dessen Aufbau sich in bedeutendem Maße die Widerspiegelung der Produktionserfahrungen findet, die von den Menschen angesammelt wurden. Man schafft auch leicht solche Varianten dieser Methode, wo die Maschine die Erfahrungen einer Reihe verschiedener Brigaden berücksichtigen kann. Es genügt zum Beispiel, die Arbeit der Brigaden schichtweise zu organisieren, damit die Maschine die ihr nötigen Parameter bestimmt, indem sie der Reihe nach die Arbeit der verschiedenen Brigaden beobachtet. Man kann sich denken, daß es in diesem Falle die Maschine versteht, modernere Verfahren der Leitung zu erarbeiten, als es die Verfahren sind, die von jeder Brigade einzeln angewandt werden.

Was ist Kybernetik?

Alles Dargelegte ist ein Versuch, ein Gesamtbild der wissenschaftlichen Problematik der Kybernetik zu geben, die sich so oder so auf die Fragen der Übertragung und Verarbeitung der Information oder auf die Realisierung von Steuerungen mit Hilfe der Übergabe und Verarbeitung von Informationen bezieht. Das ist ein Kreis von Fragen, der gewöhnlich vom Bewußtsein des denkenden Menschen gelöst wird oder höchstens von der Arbeit des Nervensystems lebender Wesen. Bis vor verhältnismäßig kurzer Zeit wurden nur einige Fragen dieses Charakters durch technische Einrichtungen gelöst.

Die historische Entwicklung der Kybernetik in den letzten Jahren war letzten Endes einem wichtigen Ziel untergeordnet. Dieses Ziel ist der Gedanke von der Übertragung verschiedenartiger Ausnutzungen von Informationen an technische Einrichtungen und von der Schaffung technischer Geräte, die fähig sind, selbst verschiedenartige Manipulationen mit Informationen durchzuführen. Mit anderen Worten, vor der modernen Wissenschaft und Technik stand die Frage nach der Möglichkeit, eine Reihe von Funktionen des Intellekts an Maschinen zu übertragen.

In diesem Zusammenhang wurde es notwendig zu klären, was das Allgemeine in der Arbeit von lebenden Organismen und von Maschinen ist. Der Weg, der erlaubt, das Allgemeine der Prozesse der Verarbeitung von Informationen in diesen oder jenen Geräten oder lebenden Organismen aufzudecken, ist der Weg der algorithmischen Beschreibung dieser Prozesse. Es ist klar, daß die Aufgabe der Philosophie darin besteht, diesen Kreis wissenschaftlicher Fragen zu studieren, das zu klären, was an ihnen vom Standpunkt der Philosophie besonders wichtig scheint, und auch zu erkunden, mit welchen Gebieten der menschlichen Fähigkeiten diese neue Problematik etwas Gemeinsames hat.

Wir sind keine Philosophen, wir möchten auch der Lösung aller dieser Fragen nicht vorgreifen, aber wir halten es für notwendig, die Gesetzmäßigkeiten ihrer Fragestellung zu erwähnen.

Die bis vor einiger Zeit ein krankhaftes Interesse hervorrufende Frage über die Unterschiede und die äußerlichen Ähnlichkeiten zwischen der Arbeit des Gehirns und der Arbeit von Rechenmaschinen gehört nach unserer Meinung nicht in die Philosophie, sondern in die Kybernetik, wie diese auch die weiteren Erfahrungen in dieser Wissenschaft sammeln und auswerten muß.

Jeder Erfolg in bezug auf die steuernden Maschinen ist mit der Möglichkeit einer vollständigen Formalisierung der Arbeit des menschlichen Intellekts verbunden. Dies erlaubt zu erklären, welche Möglichkeiten den zukünftigen Maschinen zugrunde gelegt werden können, damit sie den menschlichen Intellekt in noch verschiedenartigeren Fällen und mit noch größerer Produktivität ersetzen können. Auf jeden Fall muß in dieser Richtung die Klärung der realen Möglichkeiten erfolgen, und die Versuche zur Ausnutzung neuer Möglichkeiten sind bei weitem fruchtbringender als eine unbegründete Schaffung von Grenzen der Anwendbarkeit von Maschinen.

Ist die Kybernetik eine idealistische Wissenschaft?

Manchmal begegnet man der Behauptung, daß die Kybernetik eine idealistische Richtung in der Wissenschaft darstellt, weil sie versucht, die Untersuchung der Bewegung der Materie durch die Untersuchung der Zirkulation von Informationen zu ersetzen. Dieser Gesichtspunkt ist mißverständlich. Vor allem gibt es in der Naturwissenschaft keine idealistischen und materialistischen Tatsachen. Dieser oder jener Wissenschaftler kann bei der einen oder der anderen Meinung festhalten, aber er beeinflußt damit nicht den objektiven Inhalt der Wissenschaft.

Jedes Gebiet der Wissenschaft, das Prozesse untersucht, die objektiv in der Wirklichkeit verlaufen, hat die materielle Welt zu ihrem Gegenstand und stützt sich organisch darauf, daß der von ihr untersuchte Kreis von Erscheinungen objektiv existiert. Entsprechend dem Leninschen Materiebegriff ist die Kybernetik, wenn sie die objektiv existierenden Prozesse untersucht, auf diese Weise in ihrer Grundlage materialistisch.

Ist die Kybernetik mechanistisch?

Auf der anderen Seite hört man nicht selten die Meinung, daß die Kybernetik in ihrem Wesen mechanistisch sei, weil sie die Maschinen dem Bewußtsein gleichstellt.

Solche Ansichten sind ebenfalls unbegründet. Die Kybernetik setzt niemals und nirgends die Maschinen dem Bewußtsein gleich, und auch die Behauptung einer solchen Gleichheit ist sinnlos.

Die Kybernetik untersucht Erscheinungen, die in steuernden Systemen verlaufen, abstrahiert in gewissem Maße von der physikalischen Natur dieser Systeme, indem sie das Allgemeine beibehält, was sie unter einem gewissen, genau bestimmten Gesichtspunkt enthalten.

Dieser Gesichtspunkt besteht im Studium der Informationsströme in Steuerungssystemen, der Algorithmen, die Informationen verarbeiten und in allgemeinen Besonderheiten des Aufbaus von Steuerungssystemen, soweit sie wesentlich für die Übergabe und Verarbeitung von Informationen sind.

Dies ist ein großer Kreis inhaltsreicher wissenschaftlicher Probleme, die aus der praktischen Tätigkeit der Menschheit entstanden sind, die bisher bei der Erarbeitung dieser Probleme durch die fruchtbringende Anwendung in der Praxis erhalten wurden. Allein dies spricht davon, daß irgendeine fehlerhafte philosophische Konzeption in den Grundlagen des wissenschaftlichen Gehalts der Kybernetik nicht enthalten ist.

Schluß

Die Kybernetik nimmt ihren bestimmten Platz in der Reihe der anderen Wissenschaften ein, sie steht mit ihnen in Wechselwirkung, indem sie in einigen Fällen ihre Erfolge ausnutzt und indem sie in anderen Fällen ihnen die Möglichkeit zur weiteren Entwicklung auf der Grundlage der Erfolge der Kybernetik gibt.

Ihre Wechselwirkung mit anderen Gebieten der menschlichen Tätigkeit ist im großen und ganzen dieselbe wie auch bei beliebigen anderen inhaltsreichen Wissenschaften.

Jedoch das Neue der grundlegenden Problematik der Kybernetik und weiterhin die ungenügende Informiertheit breiter Kreise der wissenschaftlich-technischen Intelligenz über die Kybernetik führt zu einer Reihe Komplikationen. Im besonderen besteht ein äußerst trauriger Zustand bei uns im Mangel an genügender wissenschaftlicher Literatur auf dem Gebiet der Kybernetik. Besonders bedauerlich ist es auch, daß der überwältigenden Mehrheit unserer Philosophen bis in die letzte Zeit die Kybernetik nicht bekannt war.

Wie uns scheint, ist die Entwicklung der Kybernetik unter den Bedingungen des Sozialismus besonders wichtig, wo die grundlegende Aufgabe die Befreiung des Menschen von allen schweren Formen der Arbeit und ihre Ersetzung durch bewußte und schöpferische ist. Die Kybernetik befreit den Menschen von all dem, was noch ermüdend und erniedrigend in der Arbeit seines Gehirns ist. Auf der anderen Seite eröffnet sich der Kybernetik in einem sozialistischen Land ein unermeßliches Wirkungsfeld bei solchen Aufgaben wie der Leitung verschiedener Gebiete der Volkswirtschaft, der Industrie, der Planung.

Es ist offensichtlich, daß sie eine starke und reale Unterstützung der menschlichen Tätigkeit ist. Darin liegt die Gewähr ihrer zukünftigen Erfolge.

*

S. L. Sobolew, Mitglied der Akademie der Wissenschaften der UdSSR (Erläuterungen auf der Konferenz). Genossen! Mein Mitautor Prof. A. A. Ljapunow und ich sind keine Philosophen. Deshalb erheben wir keinen Anspruch, in unserem Vortrag komplizierte philosophische Fragen zu lösen. Man muß zugestehen, wir verstehen sogar einige dieser Probleme in bezug auf die Kybernetik nicht. Wir müssen manchmal die Wünsche von seiten der Philosophen hören, daß es notwendig ist, „die philosophische Bedeutung der Elektronenrechenmaschinen materialistisch zu erklären". Man muß zugestehen, uns ist nicht sehr verständlich, wie man die philosophische Bedeutung der Elektronenrechenmaschinen erklären soll.

Es gibt auch den Wunsch, eine „allseitige philosophische Begründung des Wirkungsprinzips der Elektronenrechenmaschinen" zu geben. Wir verstehen, daß man über das Wirkungsprinzip komplizierter Elektronenrechenmaschinen sprechen kann, aber wenn man sagt: Gebt eine philosophische allseitige Darlegung dieses Prinzips, so bleibt uns dies unverständlich. Deshalb ist in unserem Vortrag auf eine solche Art von Fragen keine Antwort enthalten.

Die Aufgabe unseres Vortrags ist eine ganz andere. Im Zusammenhang mit der Kybernetik entstanden sehr viel Diskussionen, die nach unserer Meinung in einigen Fällen durch Mißverständnisse, aber auch durch eine nicht sehr vollständige, nicht sehr klare Vorstellung darüber verursacht sind, was die Kybernetik ist. Uns scheint, daß sich viele dieser Mißverständnisse (es gibt genügend betrübliche, wovon wir durch unsere Presse und häufig mündlich erfuhren) klären, wenn man in mehr oder weniger zusammenhängender Form (ich weiß nicht, wie weit uns dies gelungen ist) die Frage beleuchtet, was die moderne Kybernetik ist, welche Zusammenhänge sie zu anderen Wissenschaften besitzt, welche Wechselbeziehungen zwischen Physik und Kybernetik bestehen. Deshalb nannten wir unseren Vortrag „Die Kybernetik und die Naturwissenschaften".

Zunächst möchte ich über die Definitionen der Kybernetik sprechen. Wir sind keine Meister im Geben von Definitionen. Es gibt überhaupt viele Definitionen. Sie sind im Vortrag angeführt, so daß ich jetzt nur versuche, kurz das Wesen, die Ähnlichkeit und den Unterschied dieser Definitionen zu beleuchten.

Die erste Definition: Die Kybernetik ist die Wissenschaft, die mit mathematischen Methoden die Systeme und Prozesse der Steuerung untersucht. Es ist offensichtlich (und darauf weist auch ihre Bezeichnung hin: „kybernis" bedeutet „Steuerung"), daß die Kybernetik die Wissenschaft der Steuerung ist.

Die zweite Definition: Die Kybernetik ist die Wissenschaft von den Prozessen der Übertragung, Verarbeitung und Aufbewahrung von Informationen. Ist auf den ersten Blick ersichtlich, was Information und Steuerung gemeinsam haben? In Wirklichkeit aber sind dies zwei Seiten eines einheitlichen Ganzen.

Schließlich die dritte Definition: Die Kybernetik ist die Wissenschaft, die die Art und Weise der Schaffung, der Entdeckung des Aufbaus und der identischen Umwandlung der Algorithmen untersucht, die tatsächlich verlaufende Prozesse der Steuerung beschreiben.

Sind diese Definitionen verschieden oder nicht? Der Form nach sind sie unbedingt verschieden, dem Wesen nach aber nicht, da die in der letzten Zeit in der Technik entstandene Tendenz zur Automatisierung, zur Schaffung von Steuerungssystemen, Steuerungsmaschinen sich darauf gründet, daß von diesen Maschinen oder in die Prozesse, durch die diese Maschinen steuern, von beiden Seiten Informationsströme fließen. Die Steuerungsmaschinen müssen Signale von dem erhalten, was sie steuern, müssen diese Signale verarbeiten und umgekehrt Steuerungssignale aussenden.

Die dritte Definition schließlich spricht vom Algorithmus. Ein Algorithmus ist eine Zergliederung des Prozesses der Verarbeitung von Informationen in Elementaroperationen. Die Theorie der Algorithmen konzentriert die Hauptaufmerksamkeit auf die Verarbeitung der Information; aber die Verarbeitung von Informationen ohne ihre Übertragung, ohne ihre Aufbewahrung hat für sich genommen keinen konkreten Sinn, weil wir nichts zu verarbeiten haben, wenn bei uns nichts eingeht. Bei der Verarbeitung muß unbedingt etwas Eingehendes, etwas, das bearbeitet wird, und etwas Übergebenes vorhanden sein. So spricht die dritte Definition über dasselbe. Deshalb sind die Widersprüche zwischen den oben angeführten drei Definitionen nur scheinbare. Es geht jedoch nicht um Formulierungen, sondern um das Wesen dessen, womit sich die Wissenschaft der Kybernetik beschäftigt.

Im Zusammenhang mit der Hauptaufgabe der Kybernetik werden von ihr auch die Kommunikationskanäle untersucht, durch die die Information übertragen wird. Die telegraphische Information wird durch die Telegraphenleitung übertragen, die Information über Empfindungen, die durch unsere Sinnesorgane erhalten wurden, wird durch die Nerven in das Zentralnervensystem übertragen; die Information, welche Impulse unsere Muskeln vollführen müssen, erhalten wir von den Zellen des Großhirns. Es gibt verschiedene Kanäle zur Übertragung von Informationen. Die Frage besteht darin, Kanäle für günstigste Verarbeitung der größten Informationsmenge zu schaffen. Das ist sehr wichtig, sehr interessant und unterliegt der weiteren Erforschung.

Die Ähnlichkeit in vielen Steuerungssystemen ist groß, und ich muß gleich sagen, daß die Kybernetik sich nicht mit der Erforschung der konkreten Methoden der Verwirklichung dieses oder jenes Steuerungssystems beschäftigt. Die Physiologie des Nervensystems geht in die Kybernetik nicht ein. Die Kybernetik kann sich auch nicht mit der Lösung der Aufgaben von der Ausbreitung von Wellen in der Atmosphäre beschäftigen. Letzteres unterliegt der Untersuchung im Rahmen der mathematischen Physik. Aber nichtsdestoweniger gibt es im Prozeß der Ausbreitung von Radiowellen etwas Wesentliches, nämlich, daß diese Wellen eine Information tragen. Wie der Mathematiker sich mit Größen beschäftigt und dabei manchmal von ihrem konkreten Inhalt absieht, so widmet sich die Kybernetik der Übertragung von Informationen, ihrer Verarbeitung und der Steuerung außerhalb des Zusammenhangs mit der Frage, durch welche Kanäle sich dies verwirklicht.

Aus welchen Teilen besteht die Kybernetik? Ich sprach schon von der Information und ihrer Übertragung. Offensichtlich ist die Frage, wie Informationen übertragen werden, eine komplizierte Frage; das ist schon zum großen Teil entweder eine physikalische oder eine physiologische Frage. Kann es jedoch günstig sein, einen beliebigen Informationskanal auszunutzen, kann es ungünstig sein? Oft entstehen bei der Übertragung Fehler. Wenn man einen ganzen Satz einer beliebigen Sprache mit einer Chiffre kodiert — es gibt solche Standardtelegramme (Glückwunschtelegramme u. a.) —, so überträgt man sie sehr wirtschaftlich. Es genügt für sie, mit dem Telegraphen die Ziffer 5 zu übertragen, und es wird bedeuten: „Ich gratuliere zum Geburtstag“. Nehmen wir aber an, daß anstelle der 5 irrtümlicherweise die Ziffer 6 festgestellt wird. Man kann erhalten: „Ich empfinde Mitgefühl mit dem schweren Verlust.“ Folglich ist dieses außerordentlich wirtschaftliche Verfahren sehr unzuverlässig im Falle von Störungen. Wenn wir dagegen aufschreiben „Beisetzung Freitag“, und im Telegraph wird ein Buchstabe verwechselt, und daraus wird „Beiletzung Freitag“, so werden wir immer bemerken, daß dies Beisetzung heißt. Wenn die Übertragung von Informationen sehr wirtschaftlich durchgeführt werden kann, deswegen aber manchmal der Möglichkeit verschiedener Störungen unterworfen ist, so macht eine weniger wirtschaftliche Übertragung sie störungswiderstandsfähiger.

In der Kybernetik entstand auch die Frage, wie man eine beliebige Information wirtschaftlich und gleichzeitig störungsbeständig übertragen kann.

Woraus die Verarbeitung der Information besteht, sagte ich schon. Die Verarbeitung von Informationen gliedert sich in Elemente. Dies erinnert an das Kinderspiel mit „Ja“ und „Nein“. Bei diesem Spiel wird ein Teilnehmer aus dem Zimmer geschickt, in dem sich die anderen befinden. Während dessen Abwesenheit wird irgendein Gegenstand gedacht. Zurückgekehrt, hat der Teilnehmer das Recht, beliebige Fragen zu stellen, als Antwort hört er jedesmals nur „Ja“ oder „Nein“. Mit Hilfe dieser „Ja“ und „Nein“ muß er auch eine vollständige Antwort auf die gestellte Frage erhalten. Dafür muß er seine Anfrage in einzelne Fragen gliedern, mit deren Hilfe, die Antworten „Ja“ und „Nein“ erhaltend, er sich letzten Endes ein vollständiges Bild verschafft.

Das ist ein sehr einfaches Beispiel eines Algorithmus, d. h. der Gliederung der verarbeiteten Information in bestimmte Operationen, mit deren Hilfe man sehr komplizierte und schwierige Informationen verarbeiten kann.

Hier möchte ich noch etwas darüber sagen, daß man, wenn man von der Information spricht, die Quantität der Information irgendwie messen muß, die man übertragen kann, denn solange es keine Quantität gibt, gibt es keine Möglichkeit, verschiedene Kommunikationskanäle, verschiedene Übertragungsverfahren, Verarbeitungs- und Aufbewahrungsverfahren usw. zu vergleichen.

Die Informationsmenge ist ein Begriff, der der Wahrscheinlichkeitstheorie entlehnt ist. Er ist mit dem Begriff der Entropie verbunden. In unserem Vortrag wird die Formel angeführt, die dies ausdrückt. Das Wesen der Sache besteht darin, daß die Information für sehr groß gehalten wird, wenn aus einer großen Anzahl wenig wahrscheinlicher Ereignisse gezeigt wird, welches sich vollzog. Wenn von insgesamt zwei Ereignissen gesagt wird, daß sich eines von beiden vollzog, so ist die Informationsmenge nicht so groß, und die Entropie der Information ist nicht sehr groß. Sagen wir, wenn zu Ihnen zwei Menschen kommen können und Sie erkennen, wer gerade von diesen kam, so ist die Information klein, aber wenn zu Ihnen einer von tausend Ihrer Bekannten kam, so ist in der Mitteilung, wer kam, die Information groß. Hierauf ist das Verfahren der Messung der Information begründet, das die Möglichkeit gibt, verschiedene Methoden der Übertragung und Verarbeitung von Informationen zu vergleichen.

Zur Verarbeitung von Information fanden in der letzten Zeit mathematische Maschinen, von denen natürlich viele von Ihnen schon hörten, eine sehr große Verbreitung. Insofern der Prozeß der Verarbeitung der Information in einzelne Operationen zerfällt, insofern kann eine universelle mathematische Maschine, die fähig ist, diese einfachsten logischen mathematischen Operationen zu erfüllen, sehr viele Funktionen bei der Verarbeitung von Informationen erfüllen.

Es gibt noch einige Gebiete der Theorie der Kybernetik, über die ich etwas sagen möchte, das ist die Theorie der Spiele. Lohnt es, hierbei des langen und breiten zu verweilen? Es lohnt deshalb, weil es außer Schach- und Dominospielen noch ernsthafte Dinge gibt, die unter denselben Begriff fallen, z. B. die Lenkung von militärischen Operationen.

Alle kennen die Analogie zwischen dem Feldherrn am Schachbrett und dem Feldherrn auf dem Schlachtfeld. Diese Analogie ist jedoch nicht nur oberflächlich, sie geht auch tiefer. Man muß viele strategische Regeln kennen, von denen sich ein Feldherr leiten lassen muß. Einige strategische Regeln sind bekannt, andere nicht. Man muß die besten Regeln finden, man muß verstehen, mit einem Gegner zu kämpfen, der, ebenfalls Informationen vom Schlachtfeld oder aus anderen Quellen erhaltend, diese Informationen verarbeitet und die Truppen lenkt, die verschiedenen Bewaffnungssysteme (Luftabwehr usw.). Die Theorie der Spiele ist ein wichtiger Teil der modernen Kybernetik, wenn die Rede von der Verarbeitung von Informationen, von ihrem Algorithmus, der Aufbewahrung usw. ist. Nicht immer werden diese Dinge genau gemacht, nicht immer ist es möglich, genau aufzuschreiben, wie man handeln muß.

Bisher sprach ich von solchen logischen Fragen, bei denen alles klar und deutlich war. Das gibt es jedoch nicht immer. Es gibt auch solche Fragen, bei denen es keine genaue Lösung gibt und geben kann (z. B. Fragen der Maschinenübersetzung, der Übersetzung von einer Sprache in eine andere). Es gibt keine absolut genaue Übereinstimmung, sagen wir, zwischen den Wendungen der chinesischen und der russischen Sprache. Aber nichtsdestoweniger kann man angenähert gut genug Grundgedanken übersetzen, nehmen wir an, Grundgedanken einer Wendung von der chinesischen Sprache in die russische.

So sind nicht alle Fragen der Kybernetik scharf ausgefeilte logische Fragen. Es gibt Fälle, in denen es notwendig ist, angenäherte Algorithmen aufzustellen. Damit beschäftigt sich die Kybernetik auch.

Wenn ein Algorithmus aufgebaut ist, ist es oft nötig zu prüfen, ob er gut arbeitet, ebenso wie man nach dem Aufbau eines Automaten, der ein beliebiges Energiesystem steuert, untersuchen muß, ob dieser Automat gut konstruiert ist, ob es nicht nötig ist, ihn zu vervollkommnen.

Dieser Zweig der Kybernetik ist die Analyse der Operationen. Man muß den Algorithmus prüfen, man muß finden, wie man ihn verbessern und durch einen anderen ersetzen kann. Natürlich ist nicht von den exakten Algorithmen die Rede, etwa einem, der dazu dient, zu prüfen, ob sich eine Zahl durch eine andere teilen läßt, sondern von angenäherten Algorithmen, die angenähert komplizierte Prozesse ausdrücken.

Die Kybernetik rief eine neue Richtung oder eine neue Disziplin ins Leben, die Programmierung genannt wird und ihr Ziel in der Übersetzung des Algorithmus aus der logischen Sprache in eine Sprache hat, die für die mathematische Maschine zugänglich ist. Die Information, die man in die Maschine einführen muß, wird in diese Maschine in Form der Zusammensetzung des Algorithmus eingeführt. Bisher wurde dies von Menschen gemacht. Heute treten anstelle der Menschen oft Programmierungseinrichtungen auf.

Das ist das, was ich über den Problemkreis der Kybernetik sagen kann. Im einzelnen verweilen möchte ich bei aufgetretenen großen Meinungsverschiedenheiten (die, wie mir scheint, ebenfalls auf Mißverständnisse gegründet sind) der Zusammenhänge der Kybernetik mit der Biologie. Zweifellos haben wir es auch bei lebenden Organismen mit Steuerungssystemen, mit der Übertragung, Verarbeitung und Erhaltung von Informationen zu tun. Es ist klar, daß sich der Mensch, wenn er eine beliebige Handlung vollführt, immer von irgendeiner Information leiten läßt, die er aus der Außenwelt erhalten hat, und sie verarbeitet und Steuerungsbefehle sendet. So ist die äußere Seite gleichartig.

Ich muß sagen, daß es, insofern die Kybernetik die Prozesse außerhalb ihrer Abhängigkeit davon, durch welche konkreten — physikalischen oder biologischen — Verfahren sie verwirklicht werden, untersucht, klar ist, daß Prozesse, die in lebenden Organismen verlaufen, die mit der Verarbeitung von Informationen verbunden sind, mit der Steuerung, auch von der Kybernetik untersucht werden.

Worauf gingen wir im gedruckten Vortrag ein und worüber wollten wir sprechen? Es ist gut bekannt, daß Versuche gemacht wurden, mit Hilfe von Maschinen einige Züge des Verhaltens lebender Organismen zu imitieren. Man nennt sie deshalb Schildkröten (es kann sein, es sind nicht immer Schildkröten). Es wurden solche Geräte geschaffen, die z. B. fähig sind, sich an den Weg zu irgendeinem Gegenstand zu erinnern. Eine solche Schildkröte läuft, wenn der Vorrat des Akkumulators versiegt, zur Wand, schließt automatisch einen Stöpselkontakt, ladet auf und setzt dann den Spaziergang fort.

Man kann sogar bedingte Reflexe imitieren. Wenn im Verlauf einer genügend langen Zeitdauer diese Schildkröte ein Signal erhält, so verarbeitet sie es in der Gedächtniseinrichtung und gibt dieser einige neue Methoden für die Verarbeitung von Informationen, die in ihr auftreten werden.

Welche Bedeutung haben diese Versuche? Natürlich ist es üblich, sie in erster Linie als interessante Spiele für Kinder zu betrachten, aber nicht nur. Eine solche Art von Versuchen erlaubt, den Vollständigkeitsgrad der Beschreibung einer beliebigen biologischen Erscheinung zu prüfen.

Zu einem Modellspielzeug kann man sagen: „Ein Märchen ist Lüge, aber in ihm ist eine Anspielung.“ Diese Anspielung besteht darin, daß wir, wenn wir ein gutes Modell bauen, im Versuch vieles prüfen können, was wir diesem oder jenem lebenden Objekt hinsichtlich des Systems seiner Steuerung zugeschrieben haben.

Eine große Bedeutung hat eine solche bemerkenswerte Erscheinung wie die Vererbung der lebenden Organismen. Was ist Vererbung? Vererbung ist die Verarbeitung der Information des elterlichen Organismus und der Strom der Information vom elterlichen Organismus zum Organismus der Nachkommen. Die Entwicklung des lebenden Organismus vollzieht sich aus Keimzellen, in denen die Informationen aufbewahrt werden, die vom elterlichen Organismus in diese Keimzellen übertragen worden sind. Das ist nicht Physik, auch nicht Physiologie, das ist die Wissenschaft von der Übertragung von Informationen. Wir haben hier zweifellos ein Beispiel der Aufbewahrung und Verarbeitung, der Übertragung von Informationen. Die Keimzelle bewahrt die Information auf, die sie verwenden muß für die Steuerung der Entwicklung des lebenden Organismus in der Folge. Dieser Strom ist unbezweifelbar.

Es gibt vorgefaßte Meinungen, daß hier ein umgekehrter Strom fließt: die Voraussicht, daß irgendein Merkmal für die Nachkommenschaft nützlich sein kann. Es entsteht angeblich ein Rückeinfluß des elterlichen Organismus auf die Keimzelle, und sie kann die in ihr niedergelegten Informationen steuern, um die Vererbung nur der günstigen Merkmale zu ermöglichen. Es ist schwer zu sagen, wie sich dies vollziehen könnte. Es ist sehr schwer, sich vorzustellen, daß ein elterlicher Organismus, der sich lange Zeit in der Kälte befand, diese Information kodieren kann und sie den Nachkommen übertragen kann. Es kann sein, daß später ein solcher Mechanismus entdeckt wird, aber bisher ist dies wenig wahrscheinlich.

Über die diskrete Natur der Information. Die Sache besteht darin, daß es unmöglich ist, die ganze Mannigfaltigkeit dessen, was im lebenden Organismus sich vollziehen kann, in der kleinen Zelle niederzuschreiben und zu kodieren; man muß dies diskret mit Hilfe der Atome, Moleküle, der chemischen Struktur der Keimzelle beschreiben. So wie diese Struktur immer diskret ist, so ist es unmöglich sich vorzustellen, daß dort die Information in anderer Weise niedergeschrieben würde als diskret.

Über den Einfluß der Kybernetik auf Naturwissenschaft und Technik. Im gedruckten Vortrag, der den Teilnehmern an der Konferenz zugegangen ist, sind einige Abschnitte dieser Frage gewidmet. Die Kybernetik stimuliert die Konstruktion von Steuerungsmaschinen und Automaten. Diese Frage ist so gut bekannt, daß es nicht notwendig ist, sie eingehend zu beleuchten. Es ist gut bekannt, daß heute Werkbänke mit Programmsteuerung gebaut werden, daß in Flugzeugen Autopiloten arbeiten, daß wir vorhaben, die Industrie so umzugestalten, daß der Mensch von der eintönigen geistigen Arbeit befreit wird, die er erfüllen muß. Man muß nicht denken, daß die geistige Arbeit immer sehr interessant für den Menschen ist. In jeder Arbeit fällt ein sehr großer Prozentsatz auf eintönige geistige Arbeit, wo der Mensch sich in ein Anhängsel der Maschine verwandelt, ja, der steuernden, kybernetischen Maschine. Aber dieses Anhängsel kann durch die vom Menschen geschaffene moderne Maschine ersetzt werden. Dann können Prozesse, die keine schöpferischen Anstrengungen von seiten des Menschen erfordern, und viele Prozesse, die völlig nach Standardregeln verlaufen, der Maschine übergeben werden. Der Mensch kann für bei weitem interessantere schöpferische Tätigkeit befreit werden.

Einen großen Einfluß übte die Kybernetik auf die mathematische Logik aus. Wenn man außer acht läßt, daß die Untersuchung der Algorithmen erlaubte, sich über ihre Struktur klar zu werden, erlaubte, neue Aufgaben zu lösen, kann man bemerken, daß die gleichzeitige Entwicklung der mathematischen Logik und der mathematischen Maschinen einige wichtige Eigenschaften gleichsam unserer mathematischen Ausrüstung aufdeckte. Es wurde die Existenz einiger unlösbarer Aufgaben der Logik entdeckt.

Wir wollen vom Einfluß sprechen, den die Kybernetik auf die praktische Analysis ausübte. Dieser Einfluß ist unmittelbar. Ohne die Schaffung solcher

Maschinen, die die Arbeit sehr vieler Menschen ablösen, erwies sich in den letzten Jahren die Lösung einer Reihe von Aufgaben als völlig unreal. Aber jetzt sind wir imstande, solche Berechnungen durchzuführen. Ich denke, daß die neue Technik undenkbar ist ohne Rechenmaschinen. Nicht eine ernsthafte schwierige Aufgabe in der neuen Technik kann ohne die Anwendung von Rechenmaschinen heute gelöst werden.

Folglich muß man die Methoden der praktischen Analysis an die neuen Maschinen anpassen und an die neuen Möglichkeiten — das vollzog sich und vollzieht sich in der letzten Zeit.

W. A. Ambarzumjan
Mitglied der Akademie der Wissenschaften der UdSSR

EINIGE METHODOLOGISCHE FRAGEN DER KOSMOGONIE

Das Problem der Entstehung und Entwicklung der Himmelskörper gehört zu den wichtigsten Fragen der modernen Naturwissenschaft. Entsprechend seiner Bedeutung für die wissenschaftliche Weltanschauung sowie für die Entwicklung unserer philosophischen Anschauungen gehört es zu den Kardinalproblemen wie den Problemen des Aufbaus der Stoffe, der Entstehung des Lebens, des Mechanismus der Vererbung u. a.

Wollten wir behaupten, daß das Problem der Entstehung und der Entwicklung der Himmelskörper nur eines der wichtigsten Probleme in der Astronomie darstellt, so hieße das, seine Bedeutung zu unterschätzen. In Wirklichkeit ist der hauptsächliche Zweck aller astronomischen und astrophysikalischen Forschungen das Erkennen der Natur der Himmelskörper und der Natur der Systeme, die sie bilden. Aber der dialektische Materialismus lehrt, daß die tiefgehende Erkenntnis der Naturerscheinungen nur dann möglich ist, wenn diese Erscheinungen in ihrer Veränderung und Entwicklung studiert werden. Deshalb ist eine tiefgehende Erkenntnis der Himmelskörper (Planeten, Sterne, Nebelflecken, Galaxen) nur dann möglich, wenn diese Körper in ihrer Veränderung und Entwicklung betrachtet werden. Daraus folgt, daß das kosmogonische Problem die Hauptaufgabe der Astronomie und der Astrophysik ist. Jede spezielle astronomische Aufgabe, die zugleich von prinzipieller Bedeutung ist, erhält im Prozeß der Lösung ständig einen kosmogonischen Sinn.

Daraus folgt aber keineswegs, daß einzelne Fragen der Astronomie zum Zwecke ihrer praktischen Lösung von den allgemeinen kosmogonischen Fragen nicht getrennt werden könnten. Im Gegenteil, das ist durchaus möglich, und es wird häufig so verfahren. Zum Beispiel erweist sich bei der Lösung von Fragen des Zeitdienstes sowie vieler anderer praktischer Aufgaben die bedingte Trennung der Probleme der Positionsastronomie von den tiefgründigen Fragen der Kosmogonie als zweckmäßig. Eine solche bedingte Trennung hat sich in der Praxis vollkommen bewährt.

Aber die Bedingtheit dieser Trennung ist daraus ersichtlich, daß eine einigermaßen tiefgründige Betrachtung von Fragen der Positionsastronomie sofort zu solchen fundamentalen Aufgaben führt, wie denen der Entstehung der heute zu beobachtenden Verteilung der Geschwindigkeiten der Sterne in der Galaxis, des Charakters der Bewegung in den Assoziationen und Sternanhäufungen usw.

Man könnte noch viele andere Beispiele anführen, welche zeigen, daß die Trennung bedeutender astronomischer Fragen von kosmogonischen Problemen bedingt, mit dem Ziel der Lösung bestimmter konkreter Aufgaben, aber nicht prinzipiell zweckmäßig ist. Dadurch wird die fundamentale Rolle des kosmogonischen Problems für die gesamte Astronomie und Astrophysik bestätigt.

Hieraus wird klar, daß von den methodologischen Fragen der modernen Kosmogonie zu sprechen gleichbedeutend damit ist, von den methodologischen Grundfragen der modernen Astronomie und Astrophysik zu sprechen.

Das muß deshalb unterstrichen werden, weil in Arbeiten, die den Fragen der Geschichte und der Methodologie der astronomischen Wissenschaft gewidmet sind, manchmal fälschlicherweise unter kosmogonischen Forschungen nur die Erarbeitung mehr oder weniger spekulativer kosmogonischer Hypothesen verstanden wurde, die einen bestimmten Kreis kosmischer Erscheinungen erläutern sollten.

Ausgehend vom materialistischen Standpunkt, nach dem sich wissenschaftliche Theorien auf Tatsachen aufbauen müssen, die durch die Wissenschaft sowie aus Beobachtungen und Erfahrungen ermittelt wurden, halten wir einen anderen Standpunkt für richtig, dementsprechend jede tiefgründige astronomische Untersuchung, die etwas prinzipiell Neues in das Studium des Weltalls hineinträgt, einen kosmogonischen Wert hat und eine kosmogonische Untersuchung darstellt.

Wenn man auch die große Rolle rein gedanklicher Erwägungen für die Entwicklung der Wissenschaft anerkennt, muß man trotzdem feststellen, daß manchmal eine ernsthafte konkrete astronomische Forschung, selbst wenn sie keinen Anspruch auf die Lösung irgendwelcher kosmogonischer Aufgaben erhebt, einen weitaus größeren Wert für die Kosmogonie hat als ein ganzes Bündel schlechter kosmogonischer Hypothesen. Ich betone nochmals, daß es sich nicht um eine Erörterung der Hypothesen im allgemeinen handelt, sondern um die Unzulässigkeit einer Unterschätzung der kosmogonischen Bedeutung konkreter Entdeckungen und Forschungen auf dem Gebiet der Astronomie und Astrophysik.

Dabei ist zu beachten, daß wir gerade auf den Gebieten, wo die Aufdeckung neuer Gesetzmäßigkeiten zu verzeichnen ist, die im Widerspruch zu alten, tief verwurzelten Begriffen stehen, stets in der Anfangsetappe der Untersuchung über verhältnismäßig dürftiges Faktenmaterial verfügen, was das Auftreten einer großen Anzahl verschiedener Hypothesen — manchmal schwach begründeter, manchmal bedeutend ernsthafterer — hervorruft, die aber immer den von der Realität losgelösten spekulativen Konstruktionen einen weiten Spielraum eröffnen.

Durch ähnliche spekulative Konstruktionen dringen antiwissenschaftliche, idealistische und mechanistische Ansichten und Konzeptionen in die Wissenschaft ein. Gerade in den Fällen, wo es noch wenig Faktenmaterial gibt, das mit neuen, noch nicht aufgedeckten Gesetzmäßigkeiten der Natur in Verbindung steht, erscheinen Idealisten auf der Bühne, die sich bemühen, die noch nicht erklärten

Erscheinungen so zu deuten, daß sie angeblich vom Bewußtsein des erkennenden Subjekts abhängen oder daß sie irgendeine jenseitige übernatürliche Kraft, irgend etwas Unerkennbares, zum Ausdruck bringen. Andererseits treten in solchen Fällen Mechanisten auf, die die tiefe prinzipielle Bedeutung der neuen Entdeckungen unterschätzen, die die Notwendigkeit der Überprüfung alter Ansichten nicht begreifen und nicht erkennen, daß die Natur in Wirklichkeit viel tiefgründiger und komplizierter ist als unsere derzeitigen Vorstellungen über sie; weil die Natur unabhängig vom Bewußtsein existiert, ist unser Wissen über die Natur, auch wenn es vollkommen scheinen mag, in Wirklichkeit nur ihr angenäherter Ausdruck und obendrein nur Ausdruck eines begrenzten Gebietes der in diesem oder jenem Grade untersuchten Erscheinungen. Infolgedessen bemühen sich die Mechanisten, die neuen Tatsachen zu vereinfachen, ihnen eine vulgäre und somit eine antiwissenschaftliche Deutung zu geben.

Aber in der Geschichte der Wissenschaft ist es immer so gewesen, daß das wissenschaftliche materialistische Herangehen an eine Frage gesiegt hat. Die Aufdeckung neuer Gesetzmäßigkeiten, deren Unkenntnis die bis dahin noch nicht erklärten Erscheinungen mit einer geheimnisvollen Note versah, deckt stets die tiefe Dialektik in der unabhängig von uns existierenden objektiven Realität auf und erbringt neue Beweise für die unendliche Tiefgründigkeit sowie unendliche Mannigfaltigkeit der Naturerscheinungen.

Erinnern wir uns an die Lage in der Frage der Rotverschiebung in den Spektren der außergalaktischen Nebel in den 30er und 40er Jahren unseres Jahrhunderts. Die Mehrheit der Astronomen und der Physiker faßte die Tatsache, daß die Größe der Rotverschiebung ungefähr proportional der Entfernung ist und bis zur Grenze der Leistungsfähigkeit der modernen Teleskope dieselbe bleibt, als einen direkten Beweis dafür auf, daß sich die fernen außergalaktischen Nebel von uns mit einer Geschwindigkeit entfernen, die ungefähr ihrer Entfernung von uns proportional ist. Offensichtlich führt das zu der Schlußfolgerung über die Ausdehnung der Metagalaxis, d. h. jenes großen Systems der Galaxen, zu welcher wahrscheinlich alle, oder in jedem Fall die Mehrheit der für uns sichtbaren äußeren Sternsysteme (Galaxen) gehören.

Diese neue und unbestreitbar feststehende Tatsache beweist, daß wir es hier mit Erscheinungen zu tun haben, die von den bekannten Gesetzmäßigkeiten der Physik und der Astronomie nicht erfaßt werden; ihr Studium muß die Aufdeckung neuer, tiefgründigerer Gesetzmäßigkeiten der Makrowelt nach sich ziehen, deren Bedeutung für die Systeme von kleinerem Maßstab weniger zu bemerken ist als im gegebenen Fall. Es ist natürlich, daß zu dieser Frage eine große Zahl verschiedener Hypothesen entstand.

Eine Reihe von Physikern und Astronomen, die den Apparat der Gravitationstheorie Einsteins anwandten, ist durch grobe Vereinfachung der Erscheinungen zu der Vorstellung vom sogenannten endlichen und expandierenden Weltall gelangt, wobei sie annahmen, daß die Metagalaxis ideal homogen ist, und willkürlich zuließen, daß die Metagalaxis ein System darstellt, das das gesamte Weltall ausfüllt. Hieraus haben bereits die idealistischen Philosophen und die Physiker, die den gleichen philosophischen Standpunkt vertraten, Schlußfolgerungen über den Zeitpunkt der Erschaffung der Welt und über die geheimnisvolle Kraft gezogen, die für diese Schöpfung verantwortlich ist. Es ist vollkommen klar geworden, daß das Fehlen ausreichender Kenntnisse über die Struktur der Metagalaxis oder die ungenauen Kenntnisse über sie sowie die falschen Vorstellungen von ihr, die jene besaßen, denen sogar die spärlichen Tatsachen jener Zeit wenig bekannt waren, ein weites Feld für schrankenlose Extrapolationen schufen, die diese Hypothesen von der modernen Wissenschaft weit weg auf das Gebiet idealistischer Erfindungen führten.

Andererseits wurden Versuche gemacht, die Bedeutung der neuen, und zwar prinzipiell neuen Naturerscheinung völlig zu vertuschen. Ohne irgendeine experimentelle Begründung versuchte man zu behaupten, daß die Rotverschiebung nicht mit dem Dopplereffekt in Verbindung stehe, sondern irgendeine andere Ursache habe. Gleichzeitig versuchte man im Grunde genommen, das Aufkommen einer neuen Wissenschaft von der Metagalaxis, die neue Gesetzmäßigkeiten der Makrowelt aufdeckt, zu hemmen.

Aber eine andere befriedigende Erklärung für die Rotverschiebung konnte nicht gefunden werden. Andererseits stimmte ihre Erklärung auf der Grundlage des Dopplereffekts vollständig mit den anderen Angaben der außergalaktischen Astronomie überein. Die vor kurzem erfolgte Entdeckung der Rotverschiebung der neutralen Wasserstofflinie von 21 cm Länge, die durch Radiomethoden bei der Radiogalaxis Schwan A beobachtet wurde, hat bestätigt, daß die Veränderungen der Rotverschiebung der Wellenlängen vom Ultraviolett bis zum Dezimetergebiet in großem Ausmaß genau der Formel entsprechen, die auf dem Dopplerprinzip beruht. Deshalb kann man sagen, daß die Ansichten der Mechanisten und Konservativen, die es starrköpfig ablehnten, die Erscheinung der Ausdehnung der Metagalaxis anzuerkennen, vollständig zusammengebrochen sind.

Aber auch diejenigen, die erdachte Schemata eines homogenen, sich ausdehnenden Weltalls konstruierten, befanden sich in keiner besseren Lage. Wenn es vor zwanzig Jahren noch möglich war, die Hypothese von der gleichartigen Dichte des Weltalls damit zu rechtfertigen, daß beim Fehlen ausreichender Angaben über die Verteilung der entfernten Galaxen die Vermutung über die Homogenität der Metagalaxis als vollkommen natürlich erscheint, wenn auch als eine sehr grobe Annäherung, und wenn damals eine solche Ansicht einen gewissen Halt in den Berechnungen von Hubble fand, so hat sich jetzt die Situation grundlegend geändert. Neue Angaben, die sich auf die scheinbare und räumliche Verteilung der Galaxen beziehen, stehen in vollem Widerspruch zu der Annahme über die Homogenität auch nur in grober Annäherung. Ich glaube, wenn man versuchen würde, mit zwei Worten die Vorstellung über die Verteilung der Galaxen zu charakterisieren, die sich innerhalb der letzten Jahre auf der Grundlage der neuesten Daten gebildet hat, so wäre der geeignetste Ausdruck dafür „äußerste Inhomogenität". Mit anderen Worten, die Lage ist so, daß die Hypothese über die Homogenität in keinem Fall als Grundlage für irgendwelche Berechnungen dienen kann, die sich auf physikalische Erscheinungen beziehen, die innerhalb der Metagalaxis vor sich gehen.

Versuchen wir, die Sachlage etwas genauer zu schildern.

Es ist schon lange bekannt, daß in der Zusammensetzung der Metagalaxis Anhäufungen von Galaxen sowie einige — hinsichtlich ihrer Anzahl — spärlichere Gebilde vorhanden sind, die man als Gruppen von Galaxen bezeichnen kann. Vor zwanzig Jahren konnte man annehmen, daß die genannten Anhäufungen und Gruppen lediglich Inselchen im weiten allgemeinen metagalaktischen Feld darstellen. In bezug auf dieses allgemeine metagalaktische Feld war allerdings nicht bewiesen worden, daß es homogen ist. Es konnte zum Beispiel einen beliebigen stetigen Gradienten aufweisen, der langsamen Veränderungen der Dichte entspricht. Aber die zu Beginn der 50er Jahre durchgeführten Berechnungen und statistischen Untersuchungen führten zu der Schlußfolgerung, daß die Tendenz zur Bildung von Gruppen und Anhäufungen das hauptsächlichste Charakteristikum der Metagalaxis ist.

Es muß erwähnt werden, daß die Tendenz zur Anhäufung besonders stark in dem Abschnitt der Metagalaxis zu bemerken ist, die unsere Galaxis unmittelbar umgibt. Unsere Galaxis selbst ist ein Glied eines lokalen Systems von Galaxen, das in räumlicher Hinsicht ein isoliertes System darstellt. Ebensolche mehr oder weniger isolierte Systeme stellen die Anhäufungen von Galaxen in den Sternbildern Jungfrau, Haar der Berenice und Perseus dar. Die Entfernung von uns bis zu diesen nächstliegenden Anhäufungen ist im Vergleich zum Durchmesser der Anhäufungen und hauptsächlich zum Durchmesser des lokalen Galaxensystems sehr groß.

Wohl schien es so, als ob einzelne isolierte Galaxen vorhanden wären, die dem lokalen System näher liegen als die genannten Anhäufungen. Aber Untersuchungen haben gezeigt, daß selbst solche „isolierte" Galaxen in Wirklichkeit überhaupt nicht isoliert, sondern von nicht so hellen Galaxengruppen umgeben sind. So liegen zum Beispiel die hellen Galaxen M 81 und M 101 bedeutend näher als die Anhäufung im Sternbild der Jungfrau, aber, wie sich gezeigt hat, bilden sie Zentren von verhältnismäßig kleinen Galaxengruppen, die eine geringere Leuchtkraft haben. Da M 81 und M 101 übergroße Galaxen sind und in den sie umgebenden Gruppen keine weiteren übergroßen vorhanden sind, erhält man eine falsche Vorstellung über ihre angebliche Isoliertheit.

Auf diese Weise entstand die neue Vorstellung, wonach die Metagalaxis im Grunde genommen aus Anhäufungen und Gruppen von Galaxen besteht. Allem Anschein nach kann man behaupten, daß der größte Teil des Stoffes der Metagalaxis, wenn nicht sogar ihr überwiegender Teil, diesen Anhäufungen angehört. Man könnte sich zwar bemühen, die Hypothese über die Homogenität der Metagalaxis zu retten, wenn man annimmt, daß diese Homogenität innerhalb größerer Maßstäbe besteht, d. h., daß im Raum nicht die Galaxen selbst, sondern die Zentren ihrer Anhäufungen mit gleicher Dichte verteilt sind. Aber selbst diese Annahme erweist sich als völlig falsch. Die Anhäufungen der Galaxen bilden manchmal doppelte und dreifache Systeme, und laut Vaculeur bilden die nächstliegenden Galaxenanhäufungen ein gigantisches abgeplattetes System, das einen Teil der Metagalaxis darstellt.

Die Betrachtung der Karten des Palomar-Sternatlasses zeigt, daß die Verteilung der Galaxen bis zur 18. Größe sogar in ein und derselben galaktischen Breite äußerst ungleichmäßig ist. Dies bestätigen recht gut die Berechnungen von Schön und Viertanen, die auf den Aufnahmen von Lik beruhen. Die Verteilungsdichte am Himmel verändert sich auf ein und derselben galaktischen Breite zehnmal und mehr. Berücksichtigt man aber den ausgleichenden Einfluß der Projektion, so wäre zu sagen, daß die Veränderungen der realen räumlichen Dichte in entsprechender Richtung wahrscheinlich das Hundertfache und noch mehr betragen. Die Galaxen bis zur 18. Größe befinden sich durchschnittlich in einer Entfernung von der Größenordnung von 100 Millionen Parsek, das sind ungefähr 300 Millionen Lichtjahre. Gerade bei so großen Entfernungen beobachten wir sehr starke Veränderungen der Verteilungsdichte, was nicht nur mit der Existenz von Anhäufungen erklärt werden kann. Bei sehr schwachen Galaxen kennen wir noch nicht einmal die Gesetzmäßigkeit der räumlichen Verteilung im groben. Aber auch hier liegt vorläufig kein Grund zur Annahme einer Homogenität vor. Deshalb ist beim Studium der Metagalaxis das Problem ihrer räumlichen Struktur die Grundfrage, deren Lösung auch eine völlige Abkehr von den alten Vorstellungen über die Homogenität bedeutet. Unter diesen Bedingungen muß jedes theoretische Studium der Eigenschaften der Metagalaxis, das auf der Annahme einer gleichmäßigen Dichte beruht, zu falschen Schlußfolgerungen führen.

Bei Betrachtung der Frage der Expansion der Metagalaxis wird gewöhnlich noch angenommen, daß sie isotrop und gleichförmig verläuft, d. h., daß die Geschwindigkeit des gegenseitigen Sichentfernens zweier beliebiger Galaxen voneinander gleich ist einer universellen Konstante multipliziert mit der Entfernung zwischen ihnen im gegebenen Zeitpunkt.

Da innerhalb einer jeden Galaxenanhäufung eine bedeutende Dispersion der Geschwindigkeiten vorhanden ist, kann eine solche Annahme bestenfalls nur mit gewisser Näherung als gerechtfertigt angesehen werden. Es taucht der Gedanke auf, ob die Behauptung der Proportionalität von Geschwindigkeit und Entfernung bezüglich der Bewegung der Schwerpunkte der Galaxenanhäufungen berechtigt ist. Das Studium der Frage zeigt jedoch, daß es sich auch hier nur um eine äußerst grobe Annäherung handelt.

Um die Proportionalität der Rotverschiebung zum Abstand zu beweisen, muß man die Entfernungen der äußeren Galaxen mit einem gewissen Genauigkeitsgrad bestimmen können. Leider ist diese Genauigkeit noch gering. Hier sind Fehler um das anderthalb- oder zweifache durchaus möglich; der Fehler im Logarithmus der Entfernung kann z. B. 0,3 erreichen. Ich möchte nicht, daß man annimmt, ich gäbe den Pessimisten in der Wissenschaft recht. Im Gegenteil, eine solche

Genauigkeit bei der Bestimmung der Entfernung stellt bei Objekten, die sich in einer Entfernung bis zu zwei, drei Milliarden Lichtjahren von uns befinden, eine gewaltige wissenschaftliche Errungenschaft und Widerlegung eines jeglichen Agnostizismus dar, aber diese Genauigkeit genügt nicht, um darüber urteilen zu können, inwieweit das Gesetz der Rotverschiebung streng erfüllt ist, d. h., inwieweit die Fluchtgeschwindigkeit der Galaxen genau proportional ihrer Entfernung ist.

Vor fünf Jahren stellte Baade fest, daß es notwendig wäre, die Skala der Entfernungen der äußeren Galaxen zu überprüfen. Dabei zeigte sich, daß alle früher im lokalen Galaxensystem ermittelten Entfernungen um das Doppelte vergrößert werden mußten. Hieraus ergab sich die Notwendigkeit, entsprechende Veränderungen bei der Abschätzung der Entfernungen auch aller übrigen, weiter entfernten Objekte der Metagalaxis vorzunehmen. Würde sich die Angelegenheit darauf beschränken, dann wären lediglich ein Einfluß auf den Wert der Proportionalitätskonstante im Gesetz der Rotverschiebung und eine Verringerung dieses Wertes um das Zweifache zu verzeichnen, wobei sich keine neuen Zweifel bei der Frage nach der Exaktheit dieses Gesetzes ergeben würden. Aber vor zwei bis drei Jahren wurde es klar, daß — insofern die Entfernungen der außerhalb unseres lokalen Systems befindlichen Galaxen durch andere Methoden bestimmt werden als die Entfernungen der näher liegenden Objekte — die Frage nach der Entfernung der weiter entfernten äußeren Galaxen einer erneuten Überprüfung unterzogen werden muß. Es hat sich herausgestellt, daß die früheren Entfernungen der Galaxen, die sich in weit entfernten Anhäufungen befinden, fast um das Dreifache, wenn nicht sogar noch mehr, vergrößert werden müssen. Hierbei bleiben noch einige Unsicherheiten bei der Bestimmung dieses verbesserten Koeffizienten bestehen, die dadurch bedingt sind, daß die individuellen Entfernungen der einzelnen entfernten Galaxen und auch ihrer Anhäufungen stets schwer zu ermitteln sind. Diese Situation in der Frage nach dem Wert der Konstanten des Gesetzes der Rotverschiebung zeugt indirekt davon, daß es vorläufig noch schwierig ist, die Frage nach dem Genauigkeitsgrad dieses Gesetzes hinsichtlich der einzelnen Galaxen zu beantworten. Trotzdem muß gesagt werden, daß die Beziehung zwischen der Größe der Rotverschiebung und der scheinbaren Sternengröße der sehr helleuchtenden Galaxen in den reichen Anhäufungen einen ausreichenden Beweis zugunsten der Erfüllung des Gesetzes der Rotverschiebung für diese Anhäufungen mit einer Genauigkeit von 10—15% erbringt. Man könnte also die Ergebnisse der sich auf das Gesetz der Rotverschiebung beziehenden Angaben folgendermaßen formulieren: Die Gesamtheit der reichhaltigen Galaxenanhäufungen, die sich in einem Volumen des Raumes um uns befinden, erweitert sich annähernd gleichförmig und isotrop, obwohl die Verteilung dieser Anhäufungen im Raum — wie oben gezeigt wurde — bei weitem nicht homogen ist.

Die oben gemachten kritischen Bemerkungen, die sich auf die Versuche beziehen, eine Theorie des Weltalls im ganzen aufzubauen, das eine gleichmäßige Dichte besitzt, bedeuten keineswegs, daß die Untersuchungen einiger formaler Lösungen der Gravitationsgleichungen von Einstein unter gewissen idealisierten, erdachten Voraussetzungen keinen Sinn hätten. Keineswegs. Es handelt sich lediglich darum, die Bedeutung dieser Lösungen richtig einzuschätzen.

Die Tatsache, daß unter bestimmten Bedingungen keine stabilen, stationären Lösungen existieren, und auch der Charakter der Lösungen, die von Friedmann gefunden worden sind, haben jedoch — wenn sie sich auch auf die oben erwähnten idealisierten, erdachten Voraussetzungen beziehen — zweifellos eine direkte Beziehung zu der beobachteten Erscheinung der Ausdehnung der uns umgebenden Gesamtheit der Galaxen. So kann man es bereits als unmittelbar feststehend betrachten, daß die linearen Ausmaße dieser Gesamtheit Milliarden von Parsek erreichen. Ganz gleich, wie man die Durchschnittsdichte dieser Gesamtheit einschätzen möge, immer kommt dabei heraus, daß ihr Gravitationsradius als eine Größe erscheint, die mit diesen linearen Ausmaßen zu vergleichen ist. Deshalb müssen die Effekte, die sich aus der Gravitationstheorie Einsteins ergeben, für die Metagalaxis eine ganz wesentliche Bedeutung haben. Die Eigenschaften der Lösungen der Gravitationsgleichungen müssen in den Besonderheiten der Metagalaxis ihren Ausdruck finden. Eine dieser Besonderheiten ist die Ausdehnung der uns umgebenden Gesamtheit von Galaxen.

Jedoch ein konkreteres Bild von der Ausdehnung erhält man aus den erwähnten Gleichungen nur in dem Fall, wenn man solche Anfangsbedingungen einführt, die dem Zustand des uns umgebenden Galaxensystems entsprechen. Diese schwierige Arbeit muß noch vollbracht werden. Die Einführung gewisser erdachter, idealisierter Anfangsbedingungen in diese Gleichungen kann — wenn sie es auch gestattet, einige interessante Eigenschaften der Lösungen der Gravitationsgleichungen aufzudecken — trotzdem keine richtige Beschreibung der Erscheinungen in der Metagalaxis vermitteln.

Zum Glück ist gegenwärtig, dank der in Benutzung genommenen Teleskope des Systems Schmidt, eine schnelle Anhäufung von Faktenmaterial zu verzeichnen, das sich auf verschiedene Fragen der außergalaktischen Astronomie bezieht. Keine geringere Bedeutung haben die Daten, die sich aus den Radiobeobachtungen ergeben. Deshalb wird in den nächsten Jahren das Material zur Beurteilung der Probleme der Metagalaxis immer mehr erweitert werden; im Ergebnis dessen werden die verschiedenen Theorien und Hypothesen weitaus besser begründet werden.

Wenn auf dem Gebiet der außergalaktischen Astronomie die Dürftigkeit des Faktenmaterials bisher als ein ernsthaftes Hindernis bei der Entwicklung der Theorie auftrat, so war die Situation auf dem Gebiet der galaktischen Astronomie — hauptsächlich der Physik der Sterne — eine ganz andere.

In den letzten Jahrzehnten waren, dank der Anhäufung einer großen Zahl von Angaben über die Spektren hunderttausender Sterne große Erfolge auf dem Gebiet ihrer spektralen Klassifizierung zu verzeichnen. Die Spektren einiger tausend Sterne sind zum Gegenstand einzelner monographischer Untersuchungen geworden. Auf der Grundlage des Studiums des Spektrums entsteht eine mehr oder weniger genaue Vorstellung über den physikalischen Zustand der Sternatmosphäre, sowie über die Zahlenwerte einiger Parameter, die den Zustand der Sterne im ganzen charakterisieren. Die auf diese Art erhaltenen Angaben müssen natürlich der Theorie über die Entstehung und Entwicklung der Sterne zugrunde gelegt werden, sie müssen die Grundlage der Sternkosmogonie bilden.

Selbstverständlich begegnen wir auch hier der für alle kosmogonischen Probleme charakteristischen Schwierigkeit, die darin besteht, daß der Zeitraum, in dessen Verlauf bedeutende Veränderungen im Zustand der Sterne vor sich gehen, in der Regel im Vergleich zur Länge der Periode der von den Menschen durchgeführten astronomischen Beobachtungen sehr groß ist. Deshalb muß die Hauptaufgabe der Sternkosmogonie in einem solchen Vergleich der Angaben, die sich auf verschiedene Sterne und Nebel beziehen, bestehen, daß er die Beantwortung der Frage ermöglicht, wie sich der Stern im Verlauf seiner Evolution bezüglich des Diagrammes der Sternzustände verschiebt und welches der Anfangszustand eines Sternes ist, der sich soeben aus dem Vorsternstoff gebildet hat. Eine andere, schwierigere Frage stellt das Problem der Natur des Vorsternstoffes und seiner Rolle in der Kosmogonie der gesamten Galaxis dar.

Selbstverständlich sind auch auf diesem Gebiet, insbesondere in der Anfangsperiode, Versuche unternommen worden, auf einem rein spekulativen Weg vorzugehen, indem man nur einige Vorstellungen über den inneren Aufbau der Sterne zugrunde legte. Ich erinnere hier an verschiedene Schemata, die seinerzeit von Russel, Jeans und Eddington vorgeschlagen wurden. Bald aber wurde völlig offensichtlich, daß solche rein spekulativen Konstruktionen nur von der Wirklichkeit losgelöste und vereinfachte Konstruktionen ergeben.

Beobachtungen gestatten die Feststellung, daß die Gesamtheit der verschiedenen Zustände der Sterne äußerst mannigfaltig ist und daß sie nicht in einem einfachen linearen Schema dargestellt werden kann. Es wurde klar, daß man mit einer Vielfalt von Wegen der Sternevolution im Diagramm der Sternenzustände rechnen muß, was offensichtlich auch eine Verschiedenartigkeit der Anfangszustände bedeutet. In einer solchen Situation mußte ein rein empirisches Herangehen — bei dem die Gegenüberstellung der Beobachtungsdaten ohne jede theoretische Berechnungen in bezug auf den Charakter der möglichen Veränderungen im Zustand des Sternes vorgenommen wird — auch auf bedeutende Schwierigkeiten stoßen und das geschieht auch tatsächlich. Deshalb ist unserer Ansicht nach ein solches Herangehen an die Lösung der Probleme der Sternkosmogonie fruchtbarer, bei dem die Verallgemeinerung und die Analyse des vorhandenen unübersehbaren empirischen Materials unter Benutzung des Apparates der modernen theoretischen Physik und Astrophysik durchgeführt wird, wozu ständig mathematische Berechnungen zwecks Überprüfung bestimmter Hypothesen und Vermutungen angestellt werden müssen.

Es scheint vollkommen unbestreitbar, daß wir — unter Benutzung der Methoden der theoretischen Astrophysik, die sich auf Angaben der theoretischen Physik aufbaut, die es gestatten, das Verhalten eines Stoffes unter hoher Temperatur und hohem Druck zu untersuchen — in der Lage sind, die innere Zusammensetzung eines beliebigen Sternes zu berechnen, wenn einige äußere Parameter, die ihn charakterisieren, bekannt sind. Kurz gesagt, wir können ein mathematisches „Modell" des Sternes aufbauen und sogar ermitteln, wie sich dieses Modell mit der Zeit verändern muß. Es schien, als ob dies der beste Weg zur Lösung der Aufgaben der Sternkosmogonie wäre. Jedoch erwies sich diese „Modellmethode" nicht als sehr fruchtbringend. Der Grund liegt darin, daß man infolge der großen Kompliziertheit der Aufgabe in verschiedenen Berechnungsetappen eine Reihe mehr oder weniger willkürlicher Vereinfachungen einführen muß, die sich auf die Eigenschaften des Stoffes unter den Bedingungen im Inneren eines Sternes beziehen. Das bringt in die Modelle eine große Vieldeutigkeit hinein. Mehr noch, viele Erscheinungen, die sich auf die Physik der Elementarteilchen beziehen, sind noch mangelhaft erforscht. Aus diesem Grunde ist es nicht möglich, die Rolle dieser Erscheinungen im Leben der Sterne vorauszusehen. So muß jedes von uns konstruierte Modell wohl oder übel von der Annahme ausgehen, daß die nicht erforschten Erscheinungen keine wesentliche Rolle im Leben der Sterne spielen.

Verschiedene Verfasser können die Vollkommenheit unserer Kenntnisse, die sich auf das Verhalten eines Stoffes innerhalb eines Sternes beziehen, unterschiedlich einschätzen. Jedoch die geringe Fruchtbarkeit der großen Anzahl der bisher nach der Modellmethode durchgeführten Untersuchungen zeigt, daß ihre Bewertung noch strenger sein muß. Außerdem darf man nicht außer acht lassen, daß verschiedene Sterne einen unterschiedlichen Aufbau haben. Deshalb ist es durchaus möglich, daß die für die einen Sterne vorhandenen Vorstellungen über den Aufbau des Stoffes für die Konstruktion der Modelle völlig genügen, daß aber für andere Sterne Erscheinungen, die wir noch nicht voraussehen und berechnen können, eine wesentliche Rolle spielen können.

Um nicht allzu abstrakt an die Frage über die Bedeutung der rein spekulativen Modelle heranzugehen, führe ich folgendes konkrete Beispiel an: Bei der beobachteten Ausstrahlung bestimmter Sterne, die in der letzten Zeit die Bezeichnung „nicht stationär" erhalten haben, tritt die Erscheinung der sogenannten kontinuierlichen Emission auf. Diese Erscheinung ist in der Energetik der äußeren Schichten vieler dieser Sterne vorherrschend. Andererseits ist es bekannt, daß die Theorie des Aufbaus der äußeren Sternschichten (der Atmosphäre der Sterne) bei weitem besser ausgearbeitet ist als die Theorie des inneren Sternaufbaus. Ungeachtet dessen konnte die Theorie der äußeren Schichten der Sterne weder die genannte Erscheinung der kontinuierlichen Emission, noch ihre fundamentale Rolle für die Atmosphäre einiger Sterne voraussagen; aber auch jetzt, wo viele Einzelheiten dieser Erscheinung auf Grund der Beobachtungen studiert werden, kann sie die physikalische Ursache dieser Erscheinungen nicht erklären. Es wäre unsinnig anzunehmen, daß wir, wenn wir zum Gebiet des inneren Aufbaus der Sterne übergehen, nicht auf ähnliche Fälle stoßen, d. h. auf Erscheinungen, die wir entweder noch nicht auf der Grundlage bekannter Daten der theoretischen

Physik erläutern können, oder die man auf der Grundlage dieser Angaben nicht erläutern kann, da in ihnen prinzipiell neue, mittels der theoretischen Physik noch nicht aufgedeckte Naturgesetzmäßigkeiten eine Rolle spielen.

Außerdem sei bemerkt, daß das methodologische Herangehen, bei dem eine Analyse und Verallgemeinerung des empirischen Materials auf der Grundlage der Benutzung der Angaben der theoretischen Physik vorgenommen wird, sich vom kosmogonischen Standpunkt aus als sehr fruchtbar erwiesen hat. Ich führe einige Beispiele an.

Die Analyse der empirischen Angaben, die sich auf die doppelten und vielfachen Sterne beziehen, die unter Hinzuziehung einiger Ergebnisse der statistischen Mechanik durchgeführt wurde, gestattete es, eine der Grundfragen der Kosmogonie der doppelten und vielfachen Sterne völlig eindeutig zu lösen. Es handelt sich darum, ob sich die doppelten und die vielfachen Systeme durch gegenseitiges Einfangen von früher unabhängig voneinander entstandenen Sternen gebildet haben oder ob die Komponenten eines jeden Vielfachsystems einen gemeinsamen Ursprung haben. Die Antwort erwies sich als völlig exakt sowohl für die engen als auch für die weiten Paare. Die Komponenten haben einen gemeinsamen Ursprung. Eine Ausnahme können nur die selten auftretenden übermäßig weiten Paare bilden, wobei zwischen den Komponenten ein Abstand von über 30000 astronomischen Einheiten besteht. Die Tatsache, daß nach der Lösung dieser Frage einige Autoren die Ausarbeitung von Hypothesen über das Einfangen weiter fortsetzten, die sich auf rein spekulativen Konstruktionen aufbauten, wird stets ein interessantes Kuriosum in der Geschichte der Wissenschaft bleiben.

Der Vergleich der empirischen Angaben, die sich auf die Veränderungen des Funkelns und des Spektrums des Sterns ψ Kassiopeia beziehen, mit den theoretischen Vorstellungen über die Strahlung von verdünnten Gasmassen, die sich in der Nähe der Sterne befinden, gestattete es, Schlußfolgerungen in bezug auf sich wiederholende Ausschleuderungen von Gaswolken aus heißen Sternen mit Emissionslinien zu ziehen.

Der Vergleich der empirischen Daten über die Radiostrahlung und das visuelle Leuchten des Nebels im Sternbild Krebs mit der Theorie des „leuchtenden Elektrons" gestattete es, die Entstehung der Strahlung des Nebels im Sternbild Krebs als das Ergebnis des Leuchtens von relativistischen Elektronen im Magnetfeld zu deuten. Diese Erklärung fand ihre direkte Bestätigung in der Entdeckung eines hohen Polarisationsgrades des Lichtes des Nebels im Sternbild Krebs.

Ein Vergleich der Beobachtungsdaten, die sich auf die Bewegung der Sterne der Orion-Assoziation beziehen, mit den Angaben der galaktischen Dynamik, führte zu der Schlußfolgerung, daß der Stern AE im Sternbild Fuhrmann ein Objekt ist, das unsere Galaxis verlassen hat. Daraus kann man zweifellos folgern, daß, wenn nicht alle Sterne, die über Geschwindigkeiten verfügen, die genügen, um unsere Galaxis zu verlassen, so doch mindestens ein Teil von ihnen von Anfang an mit einer solchen Energie ausgestattet war und sie diese nicht im Ergebnis der Wechselwirkung mit anderen Objekten der Galaxis erhalten haben, wie dies einige Verfasser annehmen. Man könnte noch andere, wirksamere Beispiele für die Fruchtbarkeit der Anwendung der Theorie zur Analyse des empirischen Materials anführen.

Aus dem Erwähnten geht keineswegs hervor, daß die abstrakte Ausarbeitung von Modellen überhaupt keine fruchtbringenden Ergebnisse liefern könnte. Aber wir haben den Eindruck, daß diese Ergebnisse noch erfolgreicher sein könnten, wenn man diese Methode mit einer genauen Analyse der Beobachtungsdaten verbinden würde. In diesem Zusammenhang muß man an die Verwendung der Ergebnisse der Theorie des inneren Aufbaus der Sterne beim Problem der Evolution der Sternhaufen, insbesondere der kugelförmigen Anhäufungen, erinnern. Obwohl die Folgerungen von Schwarzschild, der diese Richtung ausgearbeitet hat, noch endgültig bestätigt werden müssen, besteht doch kein Zweifel darüber, daß sie einen wesentlichen Beitrag zur Lösung der betrachteten Aufgabe darstellen.

Das richtige Herangehen an die Fragen der Sternkosmogonie setzt sich immer mehr durch, was die folgerichtige Lösung einer großen Anzahl kosmogonischer Probleme beschleunigen muß. Wir können stolz darauf sein, daß gerade in der Sowjetunion in dieser Richtung die größten Erfolge erzielt wurden. Diese Tatsache ist völlig verständlich, da der dialektische Materialismus die hauptsächliche Weltanschauung der sowjetischen Astronomen ist, der sich auf der Grundlage der Entwicklung der konkreten wissenschaftlichen Disziplinen und der Praxis des kommunistischen Aufbaus ständig mit neuem Inhalt bereichert. Es besteht kein Zweifel, daß die methodologische Analyse der jüngsten Etappe in der Entwicklung der Naturwissenschaft die sowjetischen Astronomen bei der weiteren Entwicklung ihrer Erfolge auf dem Gebiet der Sternkosmogonie unterstützen wird, die insbesondere den Beweis erbracht haben, daß in unserer Galaxis der Prozeß der Sternenbildung andauert.

Im letzten Teil meines Vortrages möchte ich die Kosmogonie des Sonnensystems behandeln, d. h. die Frage, die das Problem der Entstehung unserer Erde enthält.

Die Tatsache, daß mehr oder weniger genaue Angaben nur in bezug auf ein, nämlich auf unser Planetensystem vorhanden sind, erschwert die Lösung des zu betrachtenden Problems stark. Es besteht kein Zweifel darüber, daß in der Galaxis eine Vielzahl von Planetensystemen um andere Sterne herum besteht. Davon zeugen unzählige indirekte Angaben. Aber über diese Planetensysteme besitzen wir nicht einmal die kärglichsten Mitteilungen. So sind wir gezwungen, über die Entstehung und Entwicklung eines Objekts zu urteilen, das uns nur in einem Exemplar bekannt ist. Natürlich erfordert das ein äußerst genaues Studium allen Faktenmaterials, das sich auf die großen, die kleinen Planeten und auf die Kometen bezieht. Eine besonders große Schwierigkeit hängt damit zusammen, daß uns gar nichts über den Anfangszustand des Planetensystems bekannt ist.

Dadurch unterscheidet sich die Lage hier stark von der Lage der Sternkosmogonie. Es ist schwer abzuschätzen, ob man auf rein spekulativem Wege sowohl den Anfangszustand als auch die ganze aufeinanderfolgende Gesamtheit der

Entwicklungsetappen, die das Planetensystem durchlaufen hat, rekonstruieren kann. Deshalb ist es auch schwer, sich auf die Erfolge einer großen Anzahl sogenannter kosmogonischer Hypothesen zu verlassen, die auf rein spekulativem Wege geschaffen wurden.

Übrigens sei bemerkt, daß unter diesen Hypothesen die populärsten entweder nur einen Anhänger, den Verfasser dieser Hypothese, oder eine nicht sehr große Gruppe von Anhängern besitzen. Wir glauben aber, daß die Entwicklung der Vorstellungen über die Entstehung des Sonnensystems sehr fruchtbringend sein kann, wenn eine planmäßige Arbeit in bezug auf die Untersuchung der kosmogonischen Fragen, die sich auf die einzelnen Objekte beziehen, durchgeführt wird. Ich zähle hier einige solcher Fragen auf.

1. Die Entstehung der Meteorkörper im Sonnensystem. Diese Frage steht in engem Zusammenhang mit dem Problem der Beziehung zwischen den Kometen und Meteoren, das schon von Bredichin gestellt wurde. Die schnelle Anreicherung der Fakten auf diesem Gebiet läßt diese Richtung als vielversprechend erscheinen.

2. Noch verlockender ist die Untersuchung der Frage nach der Entstehung von kurzperiodischen Kometen, weil ernsthafte Beweise dafür vorhanden sind, daß deren Leben nicht sehr lang sein kann. Es ist notwendig, mit allen Kräften die Entwicklung dieses für die Sowjetunion traditionellen Zweiges der Astronomie zu unterstützen.

3. Eine vergleichende Untersuchung der Zusammensetzung der Atmosphäre verschiedener Planeten, um die Ursachen aufzuklären, die zu den beobachteten Unterschieden führen.

4. Die Frage nach der Entstehung der Einzelheiten der Mondoberfläche, wo sehr interessante Gesetzmäßigkeiten beobachtet werden.

5. Am wichtigsten ist natürlich die Frage nach der Entwicklung der Erde, die auf der Grundlage der Daten der Evolutionsgeologie und der Evolutionsgeophysik auszuarbeiten wäre.

Eine gewisse Erklärung für die Unfruchtbarkeit vieler Arbeiten auf dem Gebiet der Planetenkosmogonie ist folgendes: Die Daten, die die grundlegenden Seiten des Aufbaus des Planetensystems als System von Massenpunkten betreffen, sind schon lange bekannt. Diese bekannten Gesetzmäßigkeiten sind von Laplace für den Aufbau seiner Kosmogonie ausgenutzt worden. Die Hypothese von Laplace war die größte Errungenschaft seiner Zeit, aber sie entspricht bei weitem nicht dem gegenwärtigen Stand der Wissenschaft. Zur Zeit ist es schwer festzustellen, ob die Aufgabe im Ergebnis einer einzigen, und sei es auch noch so tiefgründigen Arbeit hinsichtlich der Verallgemeinerung der neuen Daten auf einmal gelöst werden kann. Offensichtlich muß die Sache — wie auch bei der Sternkosmogonie — mit der Lösung einzelner besonderer Aufgaben beginnen, ungeachtet dessen, daß sie an und für sich auch eine selbständige Bedeutung haben können. Beispiele für ähnliche Aufgaben wurden oben aufgezählt.

Letzten Endes muß bei der Lösung des Problems der Kosmogonie des Planetensystems folgendes beachtet werden: Die Sonne ist einer der Sterne, und das Vorhandensein des Planetensystems um die Sonne offensichtlich die Folge von Gesetzmäßigkeiten ihrer Entwicklung. Soweit man die Gesetzmäßigkeiten der Entwicklung der Sterne in der Sternkosmogonie betrachtet, die bereits jetzt bedeutende Erfolge zu verzeichnen hat, muß man annehmen, daß das Begreifen ihrer Probleme stark auf die Erklärung verschiedener Fragen, die sich auf die Entwicklung der Planeten beziehen, einwirken kann. Obwohl die Gesetzmäßigkeiten der Planetenbildung natürlich ihre Besonderheiten haben müssen, erwartet man gerade von der Sternkosmogonie die Erklärung für das Entstehen der Bedingungen, unter denen die Bildung der Planeten möglich wird. Mit anderen Worten, man kann von der Sternkosmogonie gerade in bezug auf die Frage über die Anfangsphase der Planetenbildung Hilfe erwarten.

Das ist besonders wichtig, da bei sehr vielen kosmogonischen Problemen die Frage nach der Anfangsphase die meisten Schwierigkeiten bereitet.

Es muß bemerkt werden, daß die Anhänger der einen oder anderen kosmogonischen Hypothese mit der Zeit an eine konkrete Arbeit beim Lösen spezieller Aufgaben, die eine kosmogonische Bedeutung haben, herangehen werden.

Aus all dem Gesagten geht hervor, daß in der wissenschaftlichen Kosmogonie im Verlauf der letzten Jahrzehnte der richtige materialistische Standpunkt immer mehr den Sieg davonträgt, der die objektive Realität der außerhalb von uns existierenden astronomischen Welt, den Reichtum und die Verschiedenartigkeit ihrer Erscheinungen sowie die unerschöpfliche Tiefe ihrer Eigenschaften voraussetzt. Diese unendliche Tiefe bedingt die Verschiedenartigkeit der konkreten Entwicklungswege in den verschiedenen Stufen der Hierarchie der kosmischen Systeme.

Das Zurückweichen vor der großen Verschiedenartigkeit der Erscheinungen des Weltalls, der Versuch, in diesen Erscheinungen eine Offenbarung von etwas Übernatürlichem und Unerkennbarem zu sehen, führt jedesmal zu einem Stillstand in der Entwicklung unseres Wissens. Andererseits sind auch die Versuche reaktionär, die Kompliziertheit der astronomischen Erscheinungen nicht anzuerkennen, sie grob zu vereinfachen und in alte mechanistische Schemata hineinzuzwängen, das qualitativ Neue zu übersehen, wenn wir zu einer neuen Welt von Erscheinungen übergehen.

Der einzig richtige Weg zur Erkenntnis der Natur — das ist der Weg des dialektischen Materialismus. Die Bedeutung dieses Weges für die moderne Naturwissenschaft legte W. I. Lenin in seinem genialen Werk „Materialismus und Empiriokritizismus" dar. Diesen Weg beschreiten bewußt oder unbewußt die fortschrittlichen Forscher aller Länder. Und nur dieser Weg kann zur Lösung der großen Aufgaben führen, die vor der modernen Kosmogonie stehen.

*

W. A. Ambarzumjan, Mitglied der Akademie der Wissenschaften der UdSSR (Erläuterungen auf der Konferenz). Genossen! Mein Beitrag wird dadurch erleichtert, daß der Vortrag gedruckt und verteilt worden ist. Darum gestatte ich mir, nur einige ergänzende Bemerkungen zu machen. Das ist natürlich, weil die Wissenschaft, die ich hier vertreten darf, sich außerordentlich rasch entwickelt und im Laufe des Jahres, das nach der Niederschrift des Vortrages verging, mehr als genug Veränderungen eintraten, die unsere Wissenschaft beeinflussen, Veränderungen, die fundamentale Bedeutung besitzen.

Ich beginne mit folgender Frage: Fast vier Jahrhunderte vergingen seit der großen Revolution in der Geschichte der Wissenschaft. Diese Revolution bestand im Übergang von der geozentrischen zur heliozentrischen Weltanschauung. Die Menschheit sagte sich von der Vorstellung über die Erde als Zentrum des Weltalls los. Jedoch blieb die Erde auch weiterhin die hauptsächliche Plattform, auf der alle unsere Beobachtungseinrichtungen aufgestellt waren. Deshalb blieb sie das Bezugssystem, von dem Beobachtungen ausgeführt wurden. Im Ergebnis dessen müssen wir, in welchem Bezugssystem wir auch alle unsere theoretischen Berechnungen durchführen mögen, trotzdem später die erhaltenen Resultate in ein Bezugssystem überführen, das mit der Erde zusammenhängt.

Im Laufe des vergangenen Jahres wurden zum ersten Mal künstliche Begleiter der Erde aufgelassen und deshalb sagte sich die Menschheit bereits nicht nur in theoretischer Hinsicht, sondern auch in praktischer Hinsicht vom Geozentrismus los, und deshalb begannen wir, den Kosmos, die uns umgebende Welt, von einem umfassenderen Gesichtspunkt zu betrachten. In vielen praktischen Fragen begannen wir viel weiter zu sehen, als es bisher der Fall war. Dieses Ereignis ist ein überaus bedeutendes historisches Ereignis, das große philosophische Bedeutung besitzt. Mehr noch, die erstmalige Schaffung von künstlichen Erdtrabanten in der Sowjetunion und die gewaltigen Perspektiven, die sich jetzt unmittelbar auf dem Gebiet der interplanetaren Verbindungen eröffnen, stellen dem Menschen in umfassender Weise solche großen Probleme wie das der Wechselbeziehung des Menschen mit dem Kosmos, mit einer bei weitem größeren Welt als der Welt, auf die der Mensch bisher einwirkte und in der er bisher lebte.

Die moderne Technik schreitet außergewöhnlich schnell voran. Wenn wir heute bei der Erörterung der wahrscheinlichen Fristen der weiteren Beherrschung des kosmischen Raumes, bei der Erörterung der Durchführung kosmischer Flüge von Jahren und Jahrzehnten sprechen, so muß man im Auge haben, daß zehn Jahre eine doch geringfügige Zeitspanne in der Geschichte der Menschheit sind.

Wir stehen jedoch auf dem marxistischen Standpunkt und sind davon überzeugt, daß der menschliche Fortschritt sich über Millionen Jahre fortsetzen wird. Stellen Sie sich doch einmal das gewaltige und dabei sich immer mehr beschleunigende Tempo des menschlichen Fortschritts im Verlaufe von Millionen Jahren vor! Es ist klar, daß infolge der Lösung des Problems kosmischer Flüge noch kompliziertere Fragen der Einwirkung des Menschen auf den Kosmos und der Ausnutzung kosmischer Räume stehen werden. In diesem Sinne ist das Neue, was jetzt entsteht und was zum ersten Male in unserem Lande entstand, von großem und tiefem philosophischen Interesse, was ich hier vor allem hervorheben wollte.

Nun möchte ich mich den konkreten Fragen zuwenden, die im vorgelegten Text berührt wurden. Allen ist klar, daß innerhalb der Fragen der Astronomie die Frage nach dem Aufbau des uns umgebenden Weltalls eine der wichtigsten ist und sehr große Bedeutung besitzt. Dabei müssen wir erst über das Konkrete sprechen, was unserer Untersuchung zugänglich ist, nämlich über den Aufbau des Teiles des Weltalls, der bereits für unsere Teleskope erreichbar ist, und von hier aus allgemeine Schlüsse über die Eigenschaften und allgemeinen Gesetzmäßigkeiten des Aufbaus des Weltalls ziehen.

Viele Eigenschaften, die in der Literatur dem Weltall als Ganzem zugeschrieben werden, hängen mit verschiedenen Hypothesen zusammen. Im Text des Vortrages werden diese Hypothesen erörtert und es wird auf zwei Arten von Fehlern methodologischen Charakters hingewiesen, die gerade im Zusammenhang mit diesem großen Problem begangen werden. Das große Problem vom Aufbau des Weltalls hängt zusammen mit einer außerordentlich interessanten und tiefreichenden Erscheinung, die durch die moderne Astrophysik entdeckt wurde. Das ist die Erscheinung der Rotverschiebung in den Spektren entfernter Galaxen. Einige betrachten diese Rotverschiebung als Folge einer universellen Ausdehnung des Weltalls im ganzen. Hierauf baut die Theorie vom expandierenden Weltall auf. Aber in diesen Theorien wird zuweilen eine vollkommen zügellose Extrapolation zugelassen, die in vielen Fällen zu äußerst extremen idealistischen und fideistischen Folgerungen führt. — Andererseits muß man sich auch mit solchen Fällen beschäftigen, in denen einige Gelehrte die tiefgehende Bedeutung der genannten Tatsache vergessen und ignorieren, daß wir es hier mit einer außerordentlich wesentlichen Erscheinung der Natur zu tun haben.

Sie bemühen sich, die Augen vor dem zu verschließen, was sich hinter dieser Erscheinung verbirgt. Diese Rotverschiebung ist — wie die Beobachtungen zeigen —, grob gesprochen, proportional dem Abstand von uns. Bekanntlich erweisen sich alle Versuche, die Rotverschiebung nicht als Dopplereffekt zu deuten, als erfolglos. Deshalb besteht aller Grund, von einer realen Ausbreitung des gesamten Systems der Galaxen zu sprechen. Nichtsdestoweniger finden sich Autoren, die weiterhin auf der fruchtlosen Position beharren, die Ausbreitung des Systems der Galaxen zu negieren.

Zweifellos tritt in dem Teil des Weltalls, den wir beobachten, eine außerordentlich interessante Erscheinung der gegenseitigen Entfernung der Galaxen, aller Sternsysteme, voneinander auf. Im Text des Vortrages habe ich andererseits zu zeigen versucht, daß verschiedene Annahmen, die einigen modernen Schemata des expandierenden Weltalls zugrunde liegen, unrichtig sind. Insbesondere ist dort von der Annahme der Homogenität des Weltalls die Rede, davon, ob das Weltall, das wir beobachten, im makroskopischen Sinne dieses Wortes homogen ist oder nicht.

Daß es inhomogen ist im engeren Sinne des Wortes, das ist ohne Zweifel, weil das Weltall aus Galaxen und die Galaxen aus Sternen bestehen. Aber wenn man diese Frage in einem sehr weiten makroskopischen Sinne nimmt, d. h., wenn man die Erscheinung in einem sehr großen Maßstab betrachtet, so muß man zur Lösung der Frage reichhaltigeres Beobachtungsmaterial heranziehen. In letzter Zeit erschienen neue Angaben zu dieser Frage. Es stellt sich heraus, daß die Resultate der Forschungen in dieser Richtung folgendermaßen formuliert werden können: Die uns umgebenden Galaxen sind oft in Anhäufungen von Galaxen konzentriert. Mehr noch: Die Mehrheit der Galaxen ist in diesen Anhäufungen konzentriert. Es ist auch interessant, daß diese Anhäufungen sich schroff voneinander in der Quantität des Stoffes, in der Anzahl der Galaxen, die in ihnen eingeschlossen sind, unterscheiden. So übertrifft die von uns größenordnungsmäßig 90 Millionen Parsek entfernte Anhäufung von Galaxen im Haar der Berenice im Reichtum an Galaxen alle näheren Anhäufungen. Das bedeutet, daß dort eine gewaltige Menge von Stoff konzentriert ist. Wenn wir andere Richtungen untersuchen, so erweist sich, daß wir in einem Abstand bis zu 90 Millionen Parsek nirgend woanders eine derartig gewaltige Anhäufung von Stoff beobachten. Deshalb erreichen die Ausmaße der Inhomogenitäten 200 Millionen Parsek. Mit anderen Worten: Wir müssen ein Volumen mit einem um vieles größeren Durchmesser als 200 Millionen Parsek nehmen, um in irgendeinem Grade von der Homogenität dieses Volumens zu sprechen.

Aus den letzten Veröffentlichungen von Zwicki ergibt sich, daß wir auch in bezug auf Volumina mit einem Durchmesser, der 200 Millionen Parsek übertrifft, noch nicht von Homogenität sprechen können. Doch gibt es einige Hinweise darauf, daß bei Abständen bis zu einer Milliarde Parsek ein gewisser Grad von Homogenität eintritt, d. h. z. B.: Die mittlere Dichte bei einem Abstand von einer Milliarde Parsek wird annähernd die gleiche wie in einem großen Volumen um unsere Galaxis herum.

Doch die Schwierigkeiten, die es bei der Lösung dieser Frage, bei der Bestimmung der mittleren räumlichen Dichte des Stoffes gibt, zwingen, von diesem Resultat als von einem nur vorläufigen zu sprechen, um so mehr als von anderen Forschern, die ungefähr mit dem gleichen Material arbeiten, Resultate erhalten wurden, die sich davon unterscheiden.

So kann man die im Vortrag aufgestellte These, die davon spricht, daß wir, wenn wir die Sachlage bei der Verteilung des Stoffes im uns umgebenden Raum durch zwei Werte charakterisieren wollen, sagen können, daß sie sich darstellt als „extreme Inhomogenität" als durch neue Angaben bestätigt ansehen.

Die Inhomogenität wird nicht nur in quantitativer Beziehung beobachtet. Eine sehr starke Inhomogenität beobachtet man auch in qualitativer Beziehung. Wir leben bekanntlich in der Galaxis. In unserer Nähe befinden sich noch einige Galaxen; sie bilden zusammen das sogenannte Lokale System der Galaxen.

Wir haben heutzutage recht gut untersucht, welche Grundtypen von Galaxen in diesem Lokalen System vorkommen. Es gibt eine Tendenz, die erhaltenen Resultate auf weiter entfernte Galaxen, auf weiter entfernte Anhäufungen von Galaxen zu extrapolieren. Es zeigte sich jedoch, daß eine der größten Anhäufungen von Galaxen, die Anhäufung im Sternbild Jungfrau, in sehr großer Menge Galaxen eines solchen Typs enthält, der in unserem Lokalen System völlig fehlt. Dies sind Galaxen des Typs IC 3475 von etwas unregelmäßiger Form, die überhaupt nicht in unserem Lokalen Galaxensystem existieren.

Das ist der erste Fakt, der die Vorstellung von der qualitativen Inhomogenität im Weltall hervorruft, von einem Unterschied, der zwischen dem Lokalen Galaxensystem, in dem wir uns befinden, und dem Galaxensystem, der Anhäufung von Galaxen in der Jungfrau, besteht, die sich in einem Abstand von ungefähr 15 Millionen Parsek von uns befindet, d. h. in einem Abstand von nahezu 45 Millionen Lichtjahren. Wir entfernen uns jetzt bis zu der oben erwähnten Anhäufung von mehr als zehntausend Galaxen im Sternbild Haar der Berenice, die sich in einer Entfernung von 90 Millionen Parsek befinden.

Dort begegnen wir schon Objekten, die in uns näheren Raumgebieten nicht existieren. Wir begegnen dort den sogenannten blauen Galaxen, die sich durch außergewöhnlich interessante Eigenschaften auszeichnen. Die Entdeckung der blauen Galaxen erfolgte durch den mexikanischen Astronomen Aro. Ihr blaues Licht deutet darauf hin, daß wir in diesen Galaxen bei weitem intensivere Prozesse der Sternbildung haben als in den Galaxen, die sich in unserem System befinden, in der Lokalen Gruppe von Galaxen, obwohl in der Mehrheit von ihnen der Prozeß der Sternbildung ebenfalls andauert.

Das ist bereits eine qualitativ neue Erscheinung, die sich von denjenigen unterscheidet, die sich innerhalb einer Sphäre mit einem Radius von etwa 80 Millionen Parsek finden. Entfernen wir uns weiter, begegnen wir abermals in qualitativer Hinsicht etwas vollkommen Neuem.

Wir beobachten eine außerordentlich interessante Anhäufung von Galaxen in der Richtung des Sternbildes Schwan. Der Abstand dieser Anhäufung übertrifft 200 Millionen Parsek. In dieser Anhäufung von Galaxen beobachteten wir eine Quelle der Radiostrahlung von gigantischer Intensität, wie sie weder in näheren Abständen von uns, noch in Abständen, die einige Male — um das 5- bis 6fache — größer sind, existieren. Bis zu einem Abstand von der Größenordnung 1 Milliarde Parsek finden wir keine anderen ähnlichen Objekte.

Allerdings wird der Standpunkt vertreten, wonach diese Quelle außergewöhnlich mächtiger Radiostrahlung das Resultat eines zufälligen Zusammenstoßes zweier Galaxen ist und daß man angeblich diesem Fakt keine besondere Bedeutung vom Standpunkt des Aufbaus des Weltalls im ganzen beizumessen brauche.

Der andere Standpunkt, der immer mehr Bestätigung findet, nimmt an, daß die Radiogalaxis im Schwan durchaus kein zufälliger Zusammenstoß zweier Galaxen ist, sondern das Resultat einer gesetzmäßigen Entwicklung von Objekten, die im Weltall existieren. Deshalb ist die Existenz dieses Objektes ein neues Zeugnis für die qualitative Inhomogenität des uns umgebenden Teils des Weltalls.

Deshalb gestatte ich mir, zu der konstatierten großen Inhomogenität in der Dichte und in der Verteilung der Zahl der Galaxen diesen Fakt der qualitativen Verschiedenartigkeit dieser Objekte hinzuzufügen. Diese Verschiedenartigkeit nimmt mit der Entfernung zu immer größeren Abständen immer mehr zu.

Die maximale Entfernung, bis zu der wir gelangen können, in der wir noch absolut klare Galaxen beobachten können, ist die Entfernung von größenordnungsmäßig 1 Milliarde Parsek.

So wird eine der Grundlagen der modernen vereinfachten Modelle des Weltalls untergraben. Es gibt kein derartiges homogenes Weltall, von dem man in diesen Modellen spricht. Aber es gibt auch einen zweiten Umstand: Alle diese Modelle nehmen als Grundpostulat eine lineare Abhängigkeit der Fluchtgeschwindigkeit vom Abstand an. Leider reicht unsere präzise Kenntnis des Abstandes der Galaxen nicht für eine Überprüfung dieser Annahme aus.

Um die Lage auf diesem Gebiet zu charakterisieren, verweise ich darauf, daß im Jahre 1952 der amerikanische Astronom Baade auf der Grundlage von Beobachtungen, die er mit Hilfe des großen Palomar-Reflektors durchführte, auf dem Kongreß der Internationalen Astronomischen Gesellschaft in Rom mit dem begründeten Vorschlag auftrat, daß alle uns bis dahin bekannten Abstände der Galaxen um das Doppelte vergrößert werden müssen, d. h., daß sie bis dahin im Vergleich zum wirklichen Abstand um die Hälfte zu klein waren.

Aber es vergingen einige Jahre, und heutzutage fand bereits eine erneute, wenn auch noch nicht abgeschlossene Überprüfung der Abstandsskala statt. Es erweist sich, daß die Überprüfung, die im Jahre 1952 von Baade durchgeführt wurde, nur in bezug auf die nächsten Galaxen berechtigt war, sagen wir auf die Galaxen unseres Lokalen Systems und auf einige andere Gruppen, die sich relativ nahe bei unserem Lokalen System befinden. Im Grunde genommen werden aber die Beziehungen zwischen der Fluchtgeschwindigkeit und dem Abstand, die erstmalig von Hobble aufgestellt wurden, für diese näheren Galaxen durchweg nicht erfüllt. Die Ursache dafür besteht darin, daß diese Galaxen eine so große Geschwindigkeit der Eigenbewegung besitzen, daß sie den Fluchteffekt überdecken. Wenn wir deshalb sagen, daß die fernen Galaxen den Effekt der Rotverschiebung zeigen, so haben wir Galaxen im Auge, die sich in Abständen befinden, die ein bestimmtes Minimum übertreffen. Folglich müssen wir, um das Gesetz der Rotverschiebung zu prüfen und aufzustellen, über die Grenzen dieses Abstandes hinausgehen. Es zeigte sich, daß für solche fernen Galaxen der Fehler in der Abstandsskala viel größer ist. Die Abstände der nächsten Galaxen wurden zweimal zu niedrig veranschlagt, aber die Abstände der Galaxen, die weiter entfernt sind, wurden — wie jetzt erhellt — ungefähr fünfmal zu niedrig veranschlagt.

In diesem Jahre fand in Brüssel die Solvay-Konferenz statt, die den Galaxen und der Kosmologie gewidmet war. Dort wurden sehr bestimmte Angaben genannt (zur Zeit ist ein Teil von ihnen veröffentlicht), die von der Notwendigkeit zeugen, die Abstandsskala im Vergleich zu jener, die bis zum Jahre 1952 galt, hinsichtlich dieser fernen Galaxen nicht nur zwei-, sondern etwa fünf- bis sechsmal zu vergrößern. Die Tatsache an und für sich, daß wir gezwungen sind, viele Abstände zu Galaxen zu verbessern, weist darauf hin, daß die Methode zur Bestimmung des Abstandes von fernen Galaxen nicht gut genug ausgearbeitet ist. So ist für Galaxen, die sich in einem Abstand von einigen hundert Millionen Parsek von uns befinden, die Genauigkeit der Abstandsbestimmung vorläufig noch sehr klein. Deshalb können wir nach wie vor nur von einer sehr groben Erfüllung der linearen Abhängigkeit zwischen Abstand und Fluchtgeschwindigkeit dieser oder jener Gruppe von Galaxen sprechen.

Eine große Neuigkeit besteht darin, daß es in einigen Galaxensystemen eine sehr große Dispersion der Geschwindigkeiten gibt. Während des Internationalen Astronomischen Kongresses, der in Moskau stattfand, teilte Barbiddi die Entdeckung einer Anhäufung von Galaxen mit, deren Mitglieder derart große Geschwindigkeiten besitzen, daß sie sich voneinander trennen müssen, weil die Newtonsche Anziehungskraft nicht genügt, um sie in einer Anhäufung zurückzuhalten.

Die Entdeckung eines derartigen Systems, d. h. eines Systems mit positiver Gesamtenergie, besitzt große Bedeutung. Sie zeigt, daß neben dem allgemeinen Auseinanderstreben der Galaxen auch die lokale Erscheinung eines Auseinanderstrebens von Galaxengruppen existiert. Letzteres hängt mit den von uns konstatierten Prozessen der gruppenmäßigen Bildung von Galaxen zusammen. Wenn die Ursachen für das Auseinanderstreben solcher einzelner Anhäufungen im Prozeß der Entstehung der Galaxen selbst enthalten sein können, warum kann denn dann nicht das System der Anhäufungen der Galaxen bei seiner Entstehung derartige Eigenschaften erhalten haben?

Methodologisch ist folgender Umstand sehr wichtig. Bei der Untersuchung von Erscheinungen, die im kosmischen Raum vor sich gehen, müssen wir mit der Tatsache rechnen, daß nicht alle diese Erscheinungen sofort auf der Grundlage der bereits bekannten Gesetze der theoretischen Physik erklärt werden können. Allerdings geht die Sache in letzter Zeit so vor sich, daß neue Gesetze der Physik im Laboratorium auf der Erde entdeckt werden, im Unterschied zur Epoche Newtons, als das Grundgesetz der Physik — das Gravitationsgesetz — auf Grund astronomischer Angaben gefunden wurde. Es ist jedoch vollkommen klar, daß wir bei der Untersuchung des Stoffes, der sich in einer derart großen Entfernung von uns befindet, nicht in allen Fällen in unseren Laboratorien exakt die Bedingungen reproduzieren können, in denen sich der kosmische Stoff befindet. Deshalb können in diesen Erscheinungen Äußerungen von solchen Naturgesetzen anzutreffen sein, die es bislang noch nicht mit Hilfe des Versuchs zu entdecken gelang.

Damit müssen wir rechnen. Wir können solchen Erscheinungen begegnen, die wir nicht ohne weiteres auf Grund der vorhandenen Gesetze erklären können. Dies geschieht aus zwei Ursachen: Erstens, weil die Erscheinung ungenügend untersucht ist oder nicht so weit begriffen ist, daß sie erklärt werden kann. Aber das kann zweitens auch daher kommen, daß die Gesetze, die dieser Erscheinung zugrunde liegen, von uns noch ungenügend untersucht oder uns überhaupt noch nicht bekannt sind. In diesem Sinne sind eine ganze Reihe von neuen, in den letzten Jahren entdeckten Erscheinungen interessant, die Gegenstand einer Erörterung der Astronomen sind. Als Beispiel möchte ich auf eine von holländischen Astronomen gemachte Entdeckung verweisen, bei der es sich darum handelt, daß aus dem Zentrum unserer Galaxis, aus dem Kern unserer Galaxis eine gewaltige Gasmasse mit einer Geschwindigkeit von 50 km/sec ausströmt. Das bedeutet jedoch, daß der Zentralkern unserer Galaxis, über den wir noch sehr wenig wissen, außerordentlich interessante neue Eigenschaften besitzt, die sich von denen anderer uns bekannter Gebilde unterscheiden. Was das für Eigenschaften sind, das wird die weitere Untersuchung zeigen, und eine große Rolle bei der Untersuchung dieser Erscheinungen gebührt der Radioastronomie.

Zum Schluß möchte ich darauf hinweisen, daß bei der Erklärung dieser Erscheinungen, die größte Bedeutung für die Lösung des kosmologischen Problems besitzen, die sowjetische Astronomie eine große Rolle spielt, weil sie die Aufmerksamkeit vor allem auf Erscheinungen richtet, deren Untersuchung neue Angaben für die Lösung der Grundfragen der Kosmogonie bringen kann.

Man muß diese Linie in der Entwicklung der sowjetischen Astronomie fortsetzen. Besonders die Fragen der Untersuchung der Metagalaxis gewinnen heutzutage große prinzipielle Bedeutung. Man muß sagen, daß wir gerade auf diesem Gebiet, zum Teil im Ergebnis der noch immer andauernden Schwäche unserer Beobachtungsbasis, bis jetzt zurückgeblieben waren. Jedoch haben heutzutage die sowjetischen Wissenschaftler auf dem Gebiet der außergalaktischen Astronomie bereits ziemlich umfangreiche Arbeiten begonnen. Es besteht kein Zweifel, daß diese Arbeiten viele interessante Ergebnisse liefern werden.

Die zweite Bemerkung betrifft die Forderung, mit der wir uns, die wir uns mit rein konkreten Fragen beschäftigen, an die Philosophen wenden. Wir erwarten trotz alledem, daß die Situation ein Ende nimmt, in der die Philosophen uns auf der Suche nach dem Neuen zurückhalten (so war es wenigstens bisher sehr oft). Wenn wir kühn irgend eine Frage stellen oder wenn die Wissenschaft an irgend etwas noch nicht Enträtseltes, an irgend etwas Tiefgehendes und Interessantes herangeht, so befleißigten sich einige Philosophen, uns zurückzuhalten — daß unsere Wissenschaftler ja nicht in Idealismus verfallen! Die Philosophen müssen wissen, daß sie eine große Verpflichtung haben, und wir wollen, daß unsere Philosophen sich so weit in die Lösung der großen prinzipiellen Fragen auf dem Gebiet der Naturwissenschaften vertiefen, daß sie mit der Fackel des philosophischen Denkens den neuen Weg beleuchten können, der durch die moderne Naturwissenschaft eröffnet wird.

G. M. Frank
Korrespondierendes Mitglied der Akademie der Medizinischen Wissenschaften der UdSSR
W. A. Engelhardt
Mitglied der Akademie der Wissenschaften der UdSSR

ÜBER DIE ROLLE DER PHYSIK UND CHEMIE BEI DER ERFORSCHUNG BIOLOGISCHER PROBLEME

Wenn man von der die Biologen interessierenden Frage nach der Rolle der Chemie und Physik in der Biologie spricht, muß man sich vor allem daran erinnern, daß schon im 19. Jahrhundert gerade die Erfolge der Chemie Friedrich Engels die Möglichkeit gaben, seine klassische Definition des Wesens des Lebens zu geben. „Leben ist die Daseinsweise der Eiweißkörper, und diese Daseinsweise besteht wesentlich in der beständigen Selbsterneuerung der chemischen Bestandteile dieser Körper.“[1]

In der Biologie dominierte bis zu dieser Periode die beschreibende Methode bei der Erforschung der Tier- und Pflanzenwelt. Sie wurde auch in der Physiologie angewandt, wo man den wechselseitigen Zusammenhang und die wechselseitige Abhängigkeit der verschiedenen Funktionen des Organismus feststellte. Auch die großartige Verallgemeinerung von Charles Darwin gründete sich auf das Material von Beobachtungen und Beschreibungen, ohne jedoch das innere Wesen der Lebensprozesse zu berühren.

Vom vergangenen Jahrhundert hat die Biologie übernommen: die erkannten Gesetzmäßigkeiten auf dem Gebiete der Evolution der lebenden Welt, der individuellen Entwicklung und der Funktionen der lebenden Organismen und auch einige Gesetzmäßigkeiten des wechselseitigen Zusammenhangs mit der Außenwelt. Jedoch in allen diesen Erkenntnissen, die die Biologie als selbständigen Wissenszweig schufen, operierte der Forscher mit den lebenden Systemen als mit etwas Gegebenem, ohne in das Wesen der materiellen Prozesse einzudringen, die dem Leben zugrunde liegen, während er gleichzeitig einige Gesetzmäßigkeiten aufstellte, die in vielen Beziehungen erstaunlich tiefgehend und weitblickend waren.

Wenn man vom Wesen der materiellen Prozesse spricht, die den Lebenserscheinungen zugrunde liegen, muß man unterstreichen, daß in dieser Hinsicht nur bestimmte Kapitel der modernen Biologie überprüft werden müssen. Die Möglichkeit der dazu notwendigen Methoden fordert ein bestimmtes historisches Vorbereitetsein der verschiedenen Zweige der Biologie sowohl hinsichtlich der Anhäufung deskriptiven Materials, der Feststellung des wechselseitigen Zu-

[1] F. Engels, Herrn Eugen Dührings Umwälzung der Wissenschaft, Berlin 1952, S. 97.

sammenhangs der Erscheinungen und der wichtigsten rein biologischen Gesetzmäßigkeiten, als auch hinsichtlich des Vorhandenseins eines Arsenals chemischer und physikalischer Mittel, die der zu lösenden Aufgabe adäquat sind. So ist das Vorhandensein oder die Möglichkeit einer chemischen und physikalisch-chemischen Analyse der Lebenserscheinungen bei weitem nicht ausschlaggebend für die Sicherung der Wissenschaftlichkeit in der Fragestellung ausnahmslos aller biologischen Probleme. Die Biologie als Disziplin, die die spezifischen Formen der Bewegung der Materie untersucht, die wir als Lebenserscheinungen im weitesten Sinne des Wortes bezeichnen, hat ihren Gegenstand und ihre Methode in der Untersuchung der Lebenserscheinungen, wobei sich auf einer bestimmten Entwicklungsstufe diese Untersuchung durch das Hinzuziehen der Grenzdisziplinen der Chemie und Physik vertieft.

Gleichzeitig ist für die moderne Entwicklungsetappe der Biologie charakteristisch, daß das Hinzuziehen der Chemie und Physik allmählich, in dem Maße der Entstehung neuer Formen der physikalisch-chemischen und mathematischen Analyse der Erscheinungen, immer wieder neue biologische Probleme durchdringt. Ungeachtet dieser Erfolge der Chemie und Physik unterliegen die allgemeinsten und grundlegendsten Probleme der Biologie, wie die Evolution des Lebendigen, die Artenbildung usw. gegenwärtig einer streng wissenschaftlichen Analyse und theoretischen Verallgemeinerung ohne unmittelbaren Zusammenhang mit dem physikalisch-chemischen Wesen der Lebensprozesse selbst. Jedoch auch hier leistet das quantitative Herangehen an die Erscheinungen, die Benutzung der Methoden der mathematischen Statistik eine wesentliche Hilfe bei der Untersuchung dieser allgemeinsten Probleme der Biologie.

Die auf absteigender Linie folgende Hierarchie der Probleme der Biologie, die Untersuchung der Lebenstätigkeit der einzelnen Organismen in der Wechselwirkung mit der Umwelt, erhält neben der Feststellung des wechselseitigen Zusammenhangs und der Gesetzmäßigkeiten der Funktionen der Organe und Systeme, d. h. der Fragen, die allgemein als physiologische bezeichnet werden, immer mehr Möglichkeiten der biochemischen und physikalisch-chemischen Analyse. Sogar ein so kompliziertes funktionelles System wie die Hirnrinde der höheren Tiere unterliegt, abgesehen von rein physiologischen Untersuchungsweisen, schon in gewissem Maße der Erforschung vom biochemischen, physikalisch-chemischen und sogar mathematischen Gesichtspunkt. Dabei wurden bekanntlich bedeutende Erfolge erreicht.

Die dritte in absteigender Linie verlaufende Hierarchie der Aufgaben ist schließlich die Untersuchung der Lebenserscheinungen auf der Basis der Zelle. Dieses Gebiet basiert in der Gegenwart in bedeutendem Maße, wenn nicht ganz, auf der biochemischen und biophysikalischen Analyse des Wesens der elementaren Lebenserscheinungen. Aber noch mehr, der Versuch, bei der Untersuchung dieser Fragen auf dem deskriptiven, morphologischen oder sogar rein physiologischen Wege zu bleiben, erweist sich als unfruchtbar und ohne Perspektive. Es versteht sich von selbst, daß die biochemische und biophysikalische Analyse der elementaren biologischen Prozesse die folgende Stufe der physiologischen Untersuchung der Probleme und schließlich die Erforschung der höheren allgemeinbiologischen Probleme befruchten muß. Sogar hier, bei der Schaffung der allgemeinen Theorie der Evolution des Lebens, müssen die biochemisch und biophysikalisch zu analysierenden Wechselbeziehungen der Organismen und der Umwelt in Betracht gezogen werden. Außerdem muß man noch die nützliche Anwendung der exakten Methoden der mathematischen Analyse der Erscheinungen und der Schaffung von Modellen komplizierter, viele Komponenten enthaltender Prozesse in Betracht ziehen, worüber wir weiter unten ausführlicher berichten werden.

Jedoch diese Hierarchie der Wechselbeziehungen der Biologie mit den Grenzdisziplinen, die nur ein Produkt der Entwicklung der Wissenschaft in den letzten Jahrzehnten ist, erwuchs im Prinzip aus rein deskriptiven Gesichtspunkten und Beobachtungen der Naturforscher des vergangenen Jahrhunderts.

Erst die allmähliche Anhäufung von Daten rein chemischer Natur, die mit einer Vervollkommnung der Methoden verbunden waren, führte im vergangenen Jahrhundert zu einer allmählichen Herausbildung der Vorstellung, daß jeder lebende Körper, jedes lebende Substrat in sich unbedingt eine chemische individualisierte Substanz enthält, die man Eiweiß oder Protein nannte.

Die Beobachtungen, die schon im Altertum zu philosophischen und naturkundlichen Erörterungen über Nahrung und Atmung der Lebewesen führten, kristallisierten sich letzten Endes im 19. Jahrhundert im Begriff der chemischen Prozesse, die ununterbrochen im lebenden Organismus vonstatten gehen und streng bestimmt sind. Das notwendige Vorhandensein von Eiweiß und der unaufhörlich vor sich gehende Stoffwechsel, der von den Chemikern, Physiologen und Ärzten erforscht wurde, legten den Grundstein zu der Formulierung des materiellen Wesens des Lebens, die Engels gab.

So sind wir gerade der Chemie für die erste naturwissenschaftliche und gleichzeitig tief philosophische Bestimmung des Spezifischen und Unwiederholbaren verpflichtet, das eben prinzipiell das Belebte vom Unbelebten unterscheidet. Im weiteren Verlauf vertieften und entwickelten die stürmisch einsetzende Entwicklung der chemischen Erforschung der Lebenserscheinungen und die gleichzeitig eng mit der Chemie verbundene physikalische Forschung die ursprüngliche Verallgemeinerung von Friedrich Engels vom materiellen Wesen der Lebensprozesse außerordentlich. Die Wissenschaft von der Chemie des Lebens — die Biochemie — formierte sich in der ersten Hälfte unseres Jahrhunderts, und wenn man es an der Zahl der in der ganzen Welt veröffentlichten Untersuchungen mißt, ist sie gegenwärtig das am weitesten entwickelte Gebiet der Biologie, das in gewisser Weise sogar andere Wissenszweige übertrifft.

Gleichzeitig damit entwickelt sich gegenwärtig ein neuer Zweig, die Biophysik, die die physikalisch-chemische Erforschung der Lebenserscheinungen, physikalische Eigenschaften und physikalische Prozesse, die sich in lebenden Objekten vollziehen, einbezieht und durch das neue Zwischengebiet — die physikalische Biochemie — aufs engste mit der Biochemie im ganzen verflochten ist.

Wenn man aufmerksam und genau untersucht, welcher Art die großartigen Errungenschaften der Biologie in den letzten Jahrzehnten waren, so wird es augenscheinlich, daß sie in diesem oder jenem Grade aufs engste in erster Linie mit der Anwendung der Biochemie und auch der Biophysik verbunden sind. Nicht richtig ist die oft ausgesprochene Meinung, daß die Chemie und die Physik bestrebt sind, aus dem komplizierten Komplex der Erscheinungen, die dem Leben zugrunde liegen, nur die chemische und physikalische Seite dieser Erscheinungen herauszulösen. Gerade weil die biochemische und biophysikalische Analyse unverrückbar zum System der Untersuchung der Lebensprozesse im ganzen gehört, so daß einzelne Seiten dieser Prozesse nicht künstlich isoliert, sondern im Gegenteil unsere Kenntnisse von der Spezifik der Lebenserscheinungen bereichert und Voraussetzungen für die Formierung synthetischer Vorstellungen geschaffen werden, werden uns neue Wege in der Forschung eröffnet.

Sowohl die Biochemie wie auch die Biophysik stehen bei richtiger Auffassung der Aufgaben dieser Disziplinen nicht der Biologie mit ihren spezifischen Gesetzmäßigkeiten gegenüber. Im Gegenteil, man muß sie begreifen als organische Glieder der Biologie, als Mittel zur tieferen Aufdeckung gerade der Besonderheiten der Lebenserscheinungen.

Die Lehre I. P. Pawlows, die prinzipiell neue Methoden zum Studium der höheren Nerventätigkeit aufzeigte, kennzeichnete in der ersten Hälfte unseres Jahrhunderts ein ganzes wissenschaftliches Entwicklungsstadium.

Die Methoden, die von Pawlow entwickelt wurden, ermöglichten eine quantitative Analyse der Erscheinungen und hoben das Experiment auf dem Gebiet der nerval-psychischen Tätigkeit vom rein deskriptiven Niveau subjektiver Beobachtungen auf das Niveau einer präzisen und, was die Hauptsache ist, völlig objektiven Analyse der Erscheinungen. In der Sphäre des biologischen Experiments bleibend, sah I. P. Pawlow genau, daß all das Neue, das von ihm in das biologische Experiment hineingetragen wurde, vor allem in der objektiven quantitativen Analyse der Erscheinungen besteht, wodurch eine notwendige Voraussetzung für eine physikalisch-mathematische Erforschung der Lebensprozesse geschaffen und dieser der Weg geebnet wird.

Deshalb sind seine Worte, die damals prophetisch klangen, nicht zufällig gewesen, sondern sie werden in unserer Zeit mit jedem Schritt der Entwicklung der Biologie bestätigt. „Auf diese Weise ist das ganze Leben von den einfachsten bis zu den kompliziertesten Organismen, selbstverständlich einschließlich des Menschen, eine lange Reihe von Gleichgewichtseinstellungen mit der Umwelt, die mit höherer Stufe immer komplizierter wird. Die Zeit wird kommen, auch wenn sie noch fern ist, wo die mathematische Analyse, auf die naturwissenschaftliche Analyse gestützt, in imposanten Gleichungen alle diese Gleichgewichtseinstellungen erfassen und sich schließlich auch selbst in diese einbeziehen wird."[1]

[1] I. P. Pawlow, Gesammelte Werke, Bd. III/1, Berlin 1953, S. 85/86.

Obwohl im vergangenen Jahrhundert und insbesondere auch in der ersten Hälfte dieses Jahrhunderts riesige Fortschritte in der Erkenntnis der materiellen Grundlage des Lebens gemacht wurden, existieren jedoch noch bis zur Gegenwart drei verschiedene Standpunkte bei der Betrachtung des Wesens der Lebenserscheinungen: der dialektisch-materialistische, der mechanistische und der idealistische. Die klassenmäßigen und weltanschaulichen Quellen dieser Standpunkte sind sowohl in der klassischen als auch in der modernen Literatur genügend herausgearbeitet, und deshalb verweilen wir nur bei ihren naturwissenschaftlichen Voraussetzungen.

Die mechanistischen Vorstellungen vereinfachen die Betrachtung der Lebenserscheinungen und identifizieren diese Erscheinungen direkt mit der Summe der chemischen und physikalischen Prozesse der unbelebten Natur.

Die wissenschaftlichen Quellen des Mechanizismus sind bekannt; er wurde von den ersten Erfolgen der Naturwissenschaft, insbesondere von den Erfolgen der Physik und Chemie bei der Analyse der Naturerscheinungen hervorgebracht. Der übermäßige Optimismus und der Mangel an Faktenmaterial in bezug auf die materiellen Grundlagen der Lebensprozesse erzeugten eine illusorische Hoffnung, daß man auf der Grundlage elementarer Fakten und der einfachsten Gesetzmäßigkeiten gleichzeitig auch das Wesen der Lebenserscheinungen erklären könne. Nicht zufällig wird dieser Standpunkt in der Literatur als „naiv“ bezeichnet.

Die andere Richtung geht in ihren Quellen auch auf frühere Zeiten zurück und ist wiederum mit dem naiven Erstaunen des Menschen verbunden, der ungewöhnliche Erscheinungen der Lebenstätigkeit der Lebewesen betrachtet, angefangen von den Gesetzmäßigkeiten des Wachstums der Pflanzen bis zum menschlichen Bewußtsein selbst. Für den Beobachter, der keinerlei Kenntnisse vom Wesen der Lebenserscheinungen besitzt, stellen sich die Lebewesen so spezifisch anders und so verschieden in ihrem „Verhalten“ gegenüber den Gegenständen und Stoffen der unbelebten Welt dar, daß es ihm einfach nicht möglich erscheint, wie einfache materielle Substanzen einen solchen „wunderbaren“ Ablauf der Lebensprozesse bedingen können.

Hieraus wird auf die Existenz eines immateriellen Wesens der Lebenserscheinungen geschlossen. So entsteht im Gegensatz zum naiven Materialismus, der die Lebenserscheinungen mit den Erscheinungen der unbelebten Natur direkt identifiziert, die naive Vorstellung von der Unerkennbarkeit des Wesens des Lebens. Dem übermäßigen Optimismus des Mechanizisten steht der übermäßige wissenschaftliche Pessimismus des Idealisten gegenüber.

Der dritte und schließlich einzig wissenschaftliche Standpunkt zum Wesen der Lebenserscheinungen, der in den Arbeiten der Begründer der Philosophie des dialektischen Materialismus entwickelt wurde, hebt einerseits das materielle Wesen der Lebenserscheinungen und die Erkennbarkeit dieser Erscheinungen hervor und schafft andererseits eine Vorstellung von der qualitativen Eigenart des Wesens der Lebenserscheinungen als einer anderen, höheren Form der Bewegung der Materie, die sich in ihrer Gesamtheit von den Prozessen unterscheiden, die in der unbelebten Natur vor sich gehen.

Die Entwicklung der biologischen Forschungen, besonders in den letzten fünfzig Jahren, bestätigte völlig den einzig wissenschaftlichen Standpunkt zum Wesen der Lebenserscheinungen, der von Engels entwickelt wurde.

Heute ist die Anwendung der Chemie sowie auch der Physik auf die Biologie, d. h. die Entwicklung der Biochemie und Biophysik, so weit fortgeschritten, sind die feinsten Details der chemischen und physikalischen Prozesse, die den Lebenserscheinungen zugrunde liegen, so weit ausgearbeitet und erforscht, daß der naive mechanistische Standpunkt ein völliger Anachronismus geworden ist. Der Wissenschaftler, der auf dem Gebiete der Erforschung der chemischen und physikalischen Prozesse des Lebens genügend versiert ist und der fähig ist, logisch zu denken, wird das besondere System der chemischen und physikalischen Erscheinungen, die sich im lebenden Organismus vollziehen, nicht mit der Summe der einzelnen physikalischen und chemischen Prozesse der unbelebten Natur identifizieren. Wenn man auch nur etwas kritisch an die Sache herangeht, bleibt für die mechanistische Vereinfachung in der modernen Wissenschaft kein Platz. Niemandem wird es einfallen, auf der Grundlage der einfachsten Gesetzmäßigkeiten der elementaren chemischen Umwandlungen und der Analyse der Bewegung der einzelnen Atome und Moleküle die materiellen Grundlagen des Lebens erkennen zu wollen. Es geht nicht nur um einen vernünftigen Aspekt bei der Betrachtung der Lebenserscheinungen als solcher, sondern auch um die folgerichtige Einbeziehung immer komplizierterer Systeme in die Betrachtung im Zusammenhang mit der Entwicklung der Chemie und Physik selbst.

Wenn der vulgäre Mechanizismus in einem Stadium der Entwicklung der Wissenschaft entstand, als ihr nur die Erkenntnis der einfachsten Gesetzmäßigkeiten und der einfachsten Formen der Bewegung der Materie möglich war, so wird jetzt sowohl in der Chemie als auch in der Physik eine Anwendung der früher festgestellten Gesetzmäßigkeiten auf solche Objekte und Prozesse vorgenommen, so daß innerhalb der Disziplin selbst eine ganze Rangordnung von Prozessen offenbar wird, die in elementarer Weise nicht aufeinander reduziert werden können. Mehr noch, der Versuch einer solchen Reduktion wäre unzweckmäßig und unwissenschaftlich.

Kein einziger Chemiker wird daran zweifeln, daß die chemischen Eigenschaften und folglich auch die Richtung und der Charakter der Erscheinungen, die bei Mitwirkung bestimmter Stoffe entstehen, nicht unmittelbar aus den Eigenschaften gefolgert werden können, die diese Komplexe einfacherer Bestandteile bilden. Die Eigenschaften und das Verhalten der Polypeptidkette sind nicht unmittelbar (elementar) völlig aus den Eigenschaften und dem Verhalten der einzelnen Aminosäuren ersichtlich.

Wenn man von der mechanistischen Konzeption der Reduktion spricht, dann muß man zuerst feststellen, daß im gewöhnlichen und streng wissenschaftlichen Sinn des Wortes das Eiweißmolekül nicht auf die Summe der Aminosäuren reduziert werden kann. Diese Tatsache ist unbestreitbar und allgemein bekannt. Wesentlich ist jedoch etwas ganz anderes. Die heutigen Erfolge der Physik und

Chemie des Eiweißes verwischen nicht nur nicht die Grenzen zwischen dem Eiweiß und der Summe der Aminosäuren, sondern vertiefen unsere Vorstellungen vom Wesen der spezifischen Besonderheiten des Eiweißes und geben ihm eine chemische und physikalische Charakteristik in Termini, die nicht für die einzelnen Aminosäuren verwendbar sind.

Ähnliche Beispiele auf dem Gebiet der Chemie können beliebig vermehrt werden. Aber auch unter den einfacheren physikalischen Objekten führt die allmähliche Komplizierung des Systems zum Entstehen von Gesetzmäßigkeiten, die sich nicht auf die einzelnen elementaren Teilprozesse oder auf die Eigenschaften der das entsprechende Objekt bildenden Atome und Moleküle reduzieren lassen.

Als Beispiel kann man die Tatsache anführen, daß es die Physik bis vor kurzem, wenn man von festen Körpern sprach, mit Leitern oder Isolatoren zu tun hatte. Einige Stoffe, die ihren Eigenschaften nach eine Zwischenstellung einnehmen, lenkten keine besondere Aufmerksamkeit auf sich. Die neuen Kategorien der Stoffe, die gegenwärtig künstlich geschaffen und in der Technik sehr verbreitet angewendet werden, die Halbleiter, besitzen Eigenschaften, die so verschieden sind gegenüber den gewöhnlichen Stoffen, daß auf sie die Gesetzmäßigkeiten, die von den Physikern für die gewöhnlichen Substanzen festgestellt wurden, nicht anwendbar sind.

Ungeachtet des Vorhandenseins der Elektronenleitfähigkeit und des Fehlens der Erscheinungen der Polarisation ist für die Halbleiter das Ohmsche Gesetz ungültig. Als eigenartig erweisen sich auch die sogenannten Temperatureffekte in diesen Stoffen. Obwohl die Halbleiter entweder reine Stoffe, aber mit einer auf besondere Weise geschaffenen Struktur, oder ein Gemisch reiner Stoffe sind, sind ihre physikalischen Eigenschaften und ihr physikalisches Verhalten im ganzen nicht nur nicht unmittelbar aus den Eigenschaften und dem Verhalten dieser Stoffe in gewöhnlicher Form oder in isolierter Form zu erklären, sondern es sind für die Untersuchung der sich in ihnen vollziehenden Prozesse neue Verfahren notwendig, und ihre Gesetzmäßigkeiten sind nicht auf Gesetzmäßigkeiten gewöhnlicher Ordnung rückführbar. Es entsteht eine neue Physik — die Physik der Halbleiter.

In noch größerem Maße kann man dasselbe von den komplizierten heutigen Elektronenschemata sagen, deren Tätigkeit nicht vom Gesichtspunkt des Verhaltens der einzelnen Elemente des Schemas — der Physik der Kathodenemission, der elektrischen Parameter der Widerstände und Kondensatoren u. a. — analysiert werden kann. An die Charakteristik der Tätigkeit dieser Schemata und an die Untersuchung der Gesetzmäßigkeiten der sich in ihnen vollziehenden Prozesse kann man unmöglich nur mit der Kenntnis der Tätigkeit und der Eigenschaften der einzelnen Elemente, die dieses Schema bilden, herangehen. Mehr noch, in der Tätigkeit dieser Elektronenschemata entstehen völlig neue Prozesse, die, obwohl sie rein physikalisch sind, doch prinzipiell den einzelnen Elementen, und mehr noch, den Gesetzmäßigkeiten fremd sind, die bis jetzt in den Prozessen, die sich in der unbelebten Natur vollziehen, bekannt sind.

In der modernen Naturwissenschaft eignet sich der Forscher, der die Technik der Erforschung des Wesens der sich immer mehr komplizierenden Erscheinungen beherrscht, gut die Grundprinzipien der Dialektik der Naturwissenschaft, der Entstehung einer neuen Qualität aus den Verbindungen und der sich vergrößernden Gesamtheit der einzelnen Elemente an.

Die zwei aufgeführten Beispiele, die sich auf die Halbleiter und Elektronenschemata beziehen, sind nur von dem Gesichtspunkt wesentlich, daß der Mensch, mit Elementen der unbelebten Natur mit gut erforschten Eigenschaften operierend, gelernt hat, künstlich einen solchen wechselseitigen Zusammenhang dieser Elemente zu schaffen, der nicht die gewöhnlichen Gesetzmäßigkeiten der unbelebten Natur besitzt, sondern der neuen, früher nicht bekannten Gesetzmäßigkeiten unterworfen ist.

In ihrer praktischen Tätigkeit sind Wissenschaft und Technik so weit fortgeschritten, daß der Mechanizismus und das naive Prinzip der Reduzierung des Komplizierten auf das Einfache nur noch ein Erbe der Vergangenheit sind und nicht in den Aussagen von Wissenschaftlern, sondern höchstens von Dilettanten noch eine Rolle spielen.

In gleicher Weise bezieht sich das Gesagte auch auf die Erforschung biologischer Gesetzmäßigkeiten. Wenn man zur Zeit von Engels noch über die Frage der Reduzierbarkeit der Lebenserscheinungen, insbesondere über die Reduzierbarkeit des Bewußtseins auf die Bewegung der einzelnen Atome und Moleküle diskutieren und damals mit Recht behaupten konnte, daß auf diese Art und Weise das Wesen des Bewußtseins nicht erkannt werden wird, so macht heute kein Forscher, der das Wesen der Lebenserscheinungen vom chemischen und physikalischen Gesichtspunkt aus analysiert, einen solchen Versuch.

Dieses Herangehen wäre noch sinnloser als der Versuch einer Analyse der elektrischen Parameter der Halbleiter vom Gesichtspunkt des Ohmschen Gesetzes oder die Ausarbeitung der Theorie von Rechenmaschinen vom Gesichtspunkt der Eigenschaften der Kathoden der einzelnen Elektronenlampen.

Gerade die Erfolge der Naturwissenschaft, und in erster Linie der Chemie und Physik, lehren uns, in neuen Kategorien bei der Erforschung komplizierter Systeme zu denken und das materielle chemische und physikalische Wesen der Tätigkeit dieser Systeme zu finden, ohne sie auf die chemischen und physikalischen Eigenschaften der einzelnen Elemente zu reduzieren.

Und so deckt die moderne Wissenschaft eine qualitative Eigenart sogar unter den Erscheinungen der unbelebten Natur auf. Allerdings sind zweifellos die qualitativen Unterschiede zwischen den Lebenserscheinungen und den Erscheinungen der anorganischen Welt größer. Diese Unterschiede betreffen die komplizierte Gesamtheit von Eigenschaften. Gleichzeitig bleiben die Erscheinungen der lebenden Natur materielle Erscheinungen, deren Grundlage ein besonderes, eine neue Qualität bildendes System physikalischer und chemischer Prozesse auf einem völlig neuen Organisationsniveau ist, obwohl die einzelnen Elemente dieser Organisation und die Systeme der Prozesse, einzeln genommen, in der unbelebten Natur gefunden werden können.

Obwohl es auf den ersten Blick so aussieht, als ob die Logik der Entwicklung der modernen Wissenschaft mechanistische Vereinfachungen ausschließt, dringen sie doch mehr oder weniger noch in die moderne wissenschaftliche Literatur ein und der Kampf mit ihnen bleibt eine wichtige Aufgabe der sowjetischen Biologie. Bemerkenswert ist jedoch, daß der methodologische, philosophische Fehler in diesen Fällen immer und offensichtlich verbunden ist mit einer gewissen Inkonsequenz der rein wissenschaftlichen Argumentation.

Die Vernachlässigung der realen Fakten, die die Besonderheit und Kompliziertheit der materiellen Prozesse zeigen, die die Lebenserscheinungen zur Grundlage haben, führt zu einer Verletzung der Folgerichtigkeit in wissenschaftlichen Überlegungen. Die mechanistische Tendenz in wissenschaftlichen Erwägungen signalisiert fehlerlos entweder tendenziöse Faktenauswahl oder direkte Vernachlässigung deutlich beobachtbarer Erscheinungen. Eine solche Vernachlässigung kann sich nur durch die große Kompliziertheit der zu erörternden Fragen maskieren. Ähnliche Vorwürfe einer Tendenz zur Vereinfachung können in bezug auf einige Thesen gemacht werden, die von P. P. Lasarew in seiner Ionentheorie der Reizbarkeit entwickelt wurden und auch z. B. von Reschewski in seiner mathematischen Biophysik. Gleichzeitig fügt der Entwicklung der sowjetischen Biologie jene unzulässige Tendenz großen Schaden zu, die unter dem Deckmantel des Kampfes gegen den Mechanizismus die Bedeutung der Aufdeckung der intimen Mechanismen der Lebenserscheinungen unter Zuhilfenahme der Physik und Chemie verkleinert.

Wenn man von der Anwendung der Physik und Chemie in der Biologie spricht, so muß man die Aufmerksamkeit vor allem auf die Rolle neuer methodischer Verfahren richten. Sehr häufig schaffen nämlich diese neuen methodischen Verfahren ganze Gebiete der modernen Biologie. Sie sind nicht nur ein bequemeres Mittel der Forschung, das es erlaubt, feinere Gesetzmäßigkeiten zu registrieren, sondern sie werfen in der Regel prinzipiell die Vorstellungen aus früherer Zeit über den Haufen.

Als Beispiel kann man die Methode der Isotopenindikatoren anführen, die es erlaubt, die Gesetzmäßigkeiten der Bewegung der Stoffe im Organismus unmittelbar zu beobachten und die das Wesen vieler chemischer Prozesse entdeckte, die früher der Forschung unzugänglich waren.

Das Wesen der Sache besteht darin, daß es nur mit der Methode der Isotopenindikatoren möglich ist, die Bewegung der Stoffe, die sich im Organismus vollzieht, unmittelbar zu beobachten. Die gewöhnlichen chemischen Methoden decken diese Prozesse nur in dem Falle auf, wenn eine Neuverteilung der Stoffe, eine Vergrößerung oder Verkleinerung ihrer Quantität in diesen oder jenen Organen und Geweben vor sich geht. Jedoch im Falle des dynamischen Gleichgewichts, das in lebenden Systemen vorhanden ist, maskiert die Beständigkeit der Zusammensetzung die wirkliche Geschwindigkeit der Bewegung und auch die Wege dieser Bewegung. Es hat sich erwiesen, daß sich im Prozeß des Metabolismus völlig unerwartet hohe Geschwindigkeiten der Bewegung finden, daß ein ununterbrochener Zerfall und eine Wiederherstellung komplizierter organischer Komplexe vor sich geht, die in biologischen Strukturen vorkommen. Diese Geschwindigkeiten sind so groß, daß einer der bedeutendsten biochemischen Forscher, der den Sprung in unseren Vorstellungen einschätzte, der durch die Methodik der markierten Verbindungen erfolgte, es bildlich so ausgedrückt hat, man habe früher von einem Metabolismus gesprochen und jetzt das Vorhandensein eines „metabolischen Wirbelwindes“ festgestellt. In prinzipieller Weise haben sich auch die Vorstellungen von den Wegen der Bewegung der Stoffe geändert. Man war der Meinung, daß in der Regel der Zerfall im Prozeß des Stoffwechsels direkt bis zu den Endprodukten geht. Es erwies sich jedoch, daß große molekulare Bruchstücke ein zweites Mal für den Bau komplizierter Strukturen benutzt werden können und daß auf diese Art und Weise eine mehrmalige Umlaufsfähigkeit im Prozeß des Zerfalls und eine Wiederholung der Synthese unter Benutzung derselben Produkte der teilweisen Dekomposition entstehen können.

Diese mehrmalige Umlaufsfähigkeit deckt nicht nur die oben erwähnte unerwartete Geschwindigkeit der stofflichen Bewegung auf, „den metabolischen Wirbelwind“, der durch die Beständigkeit der Zusammensetzung maskiert wird, sondern sie enthüllt auch völlig neue Mechanismen der Synthese im Prozeß des Stoffwechsels.

Keine geringere Bedeutung hat auch die Anwendung der Elektronenmikroskopie und der Röntgenstrukturanalyse für das Studium der Zellstrukturen über die lichtmikroskopischen Grenzen hinaus. Die Elektronenoptik und die Beugung der Röntgenstrahlen eröffneten eine neue Ära in der Erforschung des Lebenden. Es entsteht ein neues Gebiet, das man molekulare Morphologie nennen könnte. In diesem Gebiet entsteht, angefangen bei der Struktur des Eiweißmoleküls, der Struktur der Nukleinsäuren, der Nuklein-Proteidkomplexe und der „zwischenmolekularen Architektonik“ bis zu den im gewöhnlichen Lichtmikroskop sichtbaren Zellelementen, eine ununterbrochene Stufenleiter der Strukturverhältnisse.

Ergebnis dieser neuen Technik der elektronenmikroskopischen Forschungen lebender Gewebe (ultrafeiner Medien) waren in den letzten drei Jahren ungefähr tausend Arbeiten in der Weltpresse. In ihnen wurden mit großem Wahrheitsgehalt die Molekularstrukturen enthüllt, die charakteristisch sind für alle die Elemente des Lebendigen, die besonders verantwortliche Funktionen haben. Wir sehen, daß das Elektronenmikroskop etwas unermeßlich Größeres in den Händen des Histologen und Zytologen ist als einfach ein neues Gerät zum Studium des Aufbaus des Objektes. Es wurden nicht nur neue „Bilder“ geschaffen, sondern auch die Methodologie des Experimentes selbst wurde erneuert, ganz zu schweigen von der Entwicklung theoretischer Methoden zu Problemen, die weit über die Grenzen der gewöhnlichen Kompetenz des Morphologen hinausgehen.

Wenn sich die Wissenschaftler bei der Erforschung des Bildes des Aufbaues des Objektes bis in zwischenmolekulare Beziehungen vertiefen, gehen sie von der einfachen Beschreibung der „Bilder“ zur Methode der chemischen und physikochemischen Analyse über. In diesen Strukturen mit besonderer Heterogenität des Substrats (und folglich auch der Eigenschaften), das häufig aus einer großen Zahl praktisch bimolekularer Schichten besteht, kann die Erklärung für viele sich im lebenden System vollziehende materielle Prozesse gefunden werden, die früher unerklärbar waren.

Wenden wir uns jetzt den physikalischen Erscheinungen zu, die sich im lebenden System finden.

Wenn wir das materielle Wesen der Lebenserscheinungen mit dem unaufhörlich vor sich gehenden Stoffwechsel verbinden, geben wir den chemischen Prozessen den Vorrang in der Charakteristik des materiellen Wesens des Lebens. Ein solches Primat der chemischen Prozesse ist völlig gerechtfertigt, weil eben die ununterbrochene Selbsterneuerung des Lebendigen und dessen Unterstützung durch die innere Organisation der vor sich gehenden Reaktionen des chemischen Austausches das Charakteristischste und auffallend Spezifische ist im Unterschied zu den Erscheinungen der unbelebten Natur.

Deshalb werden die physikalischen Prozesse und die physikalischen Eigenschaften des lebenden Systems in gewisser Weise mit Recht als vom Stoffwechsel abgeleitet angesehen.

In der Tat hat die elektrische Tätigkeit der Zellen und der Gewebe vom Gesichtspunkt des rein physikalischen Phänomens eine bestimmte Gerichtetheit der chemischen Prozesse, insbesondere die Abspaltung oder Bindung freier Elektronen, zur Grundlage.

Die Stoffbewegung im Organismus kann nicht auf die Erscheinung der Diffusion reduziert werden und der Stoffwechsel ist immer verbunden mit einer engen chemischen Wechselwirkung der Stoffe mit den Strukturelementen der Zellen und des Zytoplasmas und mit den Bildungen, die die Rolle von semipermeablen Membranen spielen. Gerade durch das Vorhandensein chemischer Prozesse, die der Lebenstätigkeit der Zellen zugrunde liegen, kann man die Bewegung der Stoffe gegen den Konzentrationsgradienten erklären. Die mechanischen Eigenschaften und mechanischen Prozesse bei der Bewegung des Protoplasmas und der Muskelkontraktion sind ebenfalls sekundär, von chemischen Umwandlungen abgeleitet, insbesondere von der Entstehung neuer chemischer Zusammenhänge im hochpolymeren Eiweißsystem.

Die Wärmeproduktion und die Eigenart der Thermodynamik des Lebendigen basieren ganz und gar auf der Gesamtheit des Stoff- und Energiewechsels.

Eine derartige Betrachtung der physikalischen Erscheinungen ist völlig gerechtfertigt und ruft auf den ersten Blick keinen Zweifel hervor. Jedoch gibt es noch eine andere Seite dieser Frage.

Im eigentlichen Sinne des Wortes können wir unter chemischem Aspekt nur die Umwandlungen betrachten, die sich in einem einfachen System vollziehen, z. B. in Lösungen, auch bei Teilnahme einer bedeutenden Anzahl von Komponenten und einer katalytischen Regulation dieser Erscheinungen.

Alles das trifft nicht nur auf die chemischen Prozesse zu, die ihren äußeren Ausdruck in der Veränderung physikalischer Eigenschaften finden, sondern überhaupt alle chemischen Erscheinungen des Austausches (hier ist das lebende System gemeint) vollziehen sich in einem äußerst komplizierten heterogenen mehrphasigen Substrat mit verzweigten Oberflächen und mit eigenartigen Wechselwirkungen der intermolekularen Komplexe kolloider Teilchen, die in vielschichtigen Strukturen organisiert sind.

Hier in diesem mehrphasigen System, das seine Mehrphasigkeit bis auf molekulare Ausmaße bewahrt, werden die chemischen Prozesse nicht im eigentlichen Sinn des Wortes nur von chemischen Gesetzmäßigkeiten geleitet, von der Reaktionsfähigkeit der entsprechenden Komponenten, von der Aktivität der Fermente und vom Massenwirkungsgesetz, sondern auch von den Kräften, die charakteristisch sind für das heterogene, mehrphasige System. Gewöhnlich bezieht man diese Kategorie der Erscheinungen, inbegriffen die Eigenart der Oberflächeneigenschaften, elektrischen (elektrostatischen) Kräfte u. ä., nicht nur auf die Chemie, sondern auch auf die physikalische Chemie, d. h. im wesentlichen betrachtet man sie unter physikalischem Aspekt.

In der Tat sind die grundlegenden Gesetzmäßigkeiten der physikalischen Chemie nichts anderes als die Anwendung rein physikalischer Gesetzmäßigkeiten auf komplizierte mehrphasige Systeme und die Auffindung neuer Kategorien physikalischer Prozesse in diesem spezifisch organisierten Milieu.

So kann die Physik der Kräfte und Erscheinungen, die mehrphasige heterogene Systeme steuern, ein vollkommen rechtmäßiges Gebiet sein, das selbständige Bedeutung besitzt.

Von diesem Standpunkt können wir vom Physikalischen nicht nur als von etwas Nebensächlichem, von chemischen Prozessen Abgeleitetem sprechen, sondern wir müssen es auch als eine Summe von Eigenschaften und Erscheinungen ansehen, die keine geringe Bedeutung für das Wesen des chemischen Stoffwechsels selbst haben. Es findet eine sehr enge Wechselwirkung und Verflechtung chemischer und physikalischer Prozesse statt, die faktisch die Grenzen zwischen diesen beiden Seiten der Erscheinung verwischen.

Wie es schon mehrmals in der Geschichte der Wissenschaft der Fall war, besonders in der letzten Zeit, erwächst aus einer solchen Verflechtung wissenschaftlicher Disziplinen ein neues Wissensgebiet. In diesem Fall erhielt es die Bezeichnung „Biophysik" und kann gleichzeitig bestimmt werden als biologische physikalische Chemie, die unmittelbar dem Zweig der Biochemie zuneigt, wo in immer größerem Maßstab nicht nur physikalische Methoden, sondern auch die Physik im weitesten Sinn des Wortes für die Erklärung der beobachteten Erscheinungen benutzt werden. Deshalb ist es wichtig zu unterstreichen, daß die Logik der Entwicklung der Wissenschaft derart verläuft, daß zur Sphäre der Biophysik nicht nur einige neue zusätzliche Fragen gehören, in bezug auf die sich rationelle physikalische Methoden eröffnen, sondern auf paritätischen Grundlagen untersuchen die Biophysik und die Biochemie einen großen Kreis von Aufgaben, die sich früher innerhalb einer rein biochemischen Kompetenz befanden.

Zu dem Gesagten muß man noch hinzufügen, daß die Verflechtung der Physik und Chemie in der modernen Naturwissenschaft außerhalb der Biologie so groß ist, daß in einer Reihe von Fragen, die früher ganz zur Chemie gehörten, die Physik heute als völlig gleichwertiger Partner auftritt. Das bezieht sich auf die Möglichkeit einer rein physikalischen Betrachtung der Theorie chemischer Verbindungen, einer rein physikalischen Theorie der Katalyse usw.

Eine gewisse Bedeutung für die Prozesse des chemischen Austausches hat die Erscheinung der Bildung freier Radikale, die vom rein physikalischen Standpunkt ursprünglich nur in sehr einfachen Systemen, in Gasen, aufgedeckt und gut erforscht wurde. Es erweist sich, daß in einigen Fällen „radikale" Zustände auch in den Zwischenstadien der biochemischen Reaktionen auftreten. Hier spielt ebenfalls der physikalische Prozeß der Übergabe, Übertragung oder, wie man sagt, der Migration der Energie eine wichtige Rolle.

Überaus detailliert erforscht ist die Entstehung freier Radikale unter der Einwirkung der Strahlung auf organische Stoffe, Eiweißsysteme und sogar Aminosäuren.

Die Erscheinung „radikaler" Zustände kann in diesen Fällen der Anfang der eigenartigen Kette physikalisch-chemischer und weiterhin chemischer Veränderungen sein, die sich im Ergebnis der Ionisierung des Substrats entwickeln und zu solchen spezifischen biologischen Folgen führen.

Es ist sehr interessant, daß mit der direkten Methode der sogenannten paramagnetischen Resonanz die Erscheinung der freien Radikale auch bei der Fotosynthese entdeckt wurde. Es ist nicht ausgeschlossen, daß auf diesem Wege fehlende physikalische Kettenglieder dieses bei weitem noch nicht völlig enträtselten grundlegenden Prozesses der Schaffung organischer Stoffe in der Natur gefunden werden.

Ein äußerst interessanter Gesichtspunkt, der in der modernen Literatur entwickelt wird, ist die Analogie zwischen dem hochorganisierten lebenden Substrat und den Halbleitersystemen, die wir schon erwähnt haben. In der Tat besitzen viele biologische Objekte auf Grund der Eigenart ihrer Struktur ähnliche ungewöhnliche physikalische Eigenschaften. Ein Umstand, der diese Feststellung ermöglicht, ist das in letzter Zeit viel behandelte Problem der Fähigkeit der in einigen Fällen vor sich gehenden Energieausbreitung im lebenden Substrat ohne Streuung. Eine solche Art der Migration in Form der Elektronenleitfähigkeit ist charakteristisch für Halbleiter.

Nicht weniger interessant in der Gegenüberstellung ist auch die Frage des Zusammenhangs der strukturellen Eigenart der Halbleitersysteme mit ihrer katalytischen Fähigkeit und des Zusammenhangs biologischer Strukturen mit ihrer fermentativen Aktivität.

Man muß jedoch unterstreichen, daß bei dem oben erwähnten Beispiel die Gegenüberstellung lebender Strukturen mit Halbleitern selbstverständlich nur bei der Schaffung von Modellen von bestimmten Seiten dieser Erscheinungen betrachtet werden kann.

Hier ist es notwendig, speziell bei dem Problem der Modellbildung als Forschungsverfahren zu verweilen.

Völlig rechtmäßig und, wie sich erwiesen hat, äußerst fruchtbar für die gegenwärtige Etappe der Entwicklung der Biologie ist nicht nur das unmittelbare Studium der chemischen und physikalischen Seiten der Lebensprozesse auf dem Wege des Experiments am biologischen Objekt, sondern auch ein Herangehen an die Untersuchung der Erscheinungen, das man als Modellbildung bezeichnen muß.

So sind zum Beispiel beim Studium der Tätigkeit des zentralen Nervensystems außer dem streng objektiven, logisch begründeten, aber rein physiologischen Herangehen, das I. P. Pawlow entwickelte, noch zwei Wege möglich.

Der erste bezieht sich auf die Erforschung der Funktion der einzelnen Elemente der chemischen und physikalischen Grundlagen der elementaren biologischen Prozesse. Man hat hier die Aufdeckung des Wesens der Erscheinungen im Auge, die der Tätigkeit der einzelnen Zellen und Nervenbahnen zugrunde liegen.

Der zweite Weg — das ist nicht nur der Weg der Betrachtung der Mechanismen der Tätigkeit der einzelnen Elemente, sondern auch der Gesetzmäßigkeiten ihrer Wechselwirkung, die die komplizierte Tätigkeit des Nervensystems und in erster Linie seines obersten Abschnitts, der Hirnrinde, bedingen.

Ebenso wie es sinnlos ist, den Prozeß der Erregung und der Hemmung in seiner elementaren Gestalt vom Standpunkt der Gesetzmäßigkeiten der Veränderung der einzelnen Atome und Moleküle zu betrachten, so kann auch die gesamte Tätigkeit des Nervensystems nicht unmittelbar aus der Untersuchung des chemisch-physikalischen Wesens der Tätigkeit der einzelnen Zellen abgeleitet werden.

Gleichzeitig mit der immer mehr zunehmenden Kompliziertheit der zu untersuchenden Systeme geht ein prinzipieller Wechsel der chemischen und physikalischen „Ausrüstung" für die Analyse dieser Systeme vor sich.

Wie schon oben gesagt wurde, ist es nicht nur unfruchtbar, sondern einfach sinnlos, die Tätigkeit der einzelnen reizbaren Zelle vom Gesichtspunkt des Verhaltens der Summe der einzelnen Atome und Moleküle, die das lebende Substrat bilden, zu studieren. Die Eigenart der Organisation und die Entstehung neuer Eigenschaften schafft auch, bildlich gesprochen, eine neue Physik und Chemie dieser Systeme.

Ferner ist es sinnlos, ein Studium der Tätigkeit des zentralen Nervensystems, der Gesetzmäßigkeiten der Entstehung auch einfachster psychischer Vorgänge auf der Grundlage der Analyse der Tätigkeit jeder einzelnen Zelle durchzuführen und eine Konzeption der materiellen Grundlagen dieser Erscheinungen nur auf der Basis der physiologischen Erscheinungen der Physik und Chemie der einzelnen Zellen aufzubauen.

Jedoch auch für diese integrierende Tätigkeit des Nervensystems erweisen sich prinzipiell neue Wege der physikalischen und physikalisch-mathematischen Analyse fruchtbar, ähnlich den Recheneinrichtungen, die in Verbindung mit der neuen Technik entwickelt werden. Wenn, wie wir schon weiter oben festgestellt haben, sich das Studium der Erscheinungen auf der Ebene der Zellen schon in bedeutendem Maße im Kompetenzbereich der physikalisch-chemischen Analyse befindet, so kann man im letzteren Problem die Geburt der Biophysik komplizierter Prozesse sehen. Jedoch ist es wichtig zu unterstreichen, daß für die Entwicklung dieser Richtung nicht etwa die Übernahme von Methoden und Verfahrensweisen der Forschung genügt, die beim Studium der Zellprozesse entwickelt wurden, sondern daß man hier völlig neue Forschungsprinzipien suchen muß. Es ist charakteristisch, daß beim Übergang zu komplizierteren Systemen die mathematische Analyse der Erscheinungen eine immer größere Rolle zu spielen beginnt.

Mit dieser Frage war vor kurzem ein Mißverständnis in der modernen Literatur verbunden, als einige Kritiker die Versuche der Schaffung von Analogien zwischen der Tätigkeit des zentralen Nervensystems und der Rechenmaschinen (ein Gebiet, das die Bezeichnung Kybernetik erhielt) zu den methodologisch unbegründeten, und mehr noch, zu den schädlichen Versuchen zählten.

Hier entsteht die schon oben erörterte Frage nach der Gesetzmäßigkeit der Modellbildung von Erscheinungen. Es unterliegt keinem Zweifel, daß die menschlichen Extremitäten ganz und gar nicht den gewöhnlichen mechanischen Hebeln oder den Einrichtungen von der Art der Bagger, Hebekräne usw. entsprechen. Jedoch ist die Analogie mit den mechanischen Einrichtungen (ohne Identifizierung dieser Einrichtungen mit den realen sich bewegenden Gliedmaßen des lebenden Körpers) fruchtbar für die Betrachtung bestimmter Seiten der Bewegungsfunktion.

Nicht weniger wesentlich ist die Anwendung bestimmter Vorstellungen der Hydrodynamik zum Studium der Funktion des Blutkreislaufs, obwohl es niemandem in den Sinn kommt zu glauben, daß die Funktion des Herzgefäßsystems völlig identifiziert werden kann mit einer Pumpe, die eine zähe Flüssigkeit durch ein verzweigtes System elastischer Röhren befördert. Wenn wir im Zusammenhang mit dem Unterschied, der zwischen dem Herz und einer Pumpe besteht, eine solche Anwendung in bezug auf die hydrodynamische Analyse zum Studium der Funktion des Blutkreislaufes verbieten würden, würden wir die Entwicklung der Forschungen auf dem Gebiete der Physiologie des Blutkreislaufes hemmen.

Außerordentlich schädlich ist, daß in einzelnen Fällen, obwohl der Forscher die spezifischen Unterschiede des Modells und des zu erforschenden Objekts begriffen hat, die Benutzung der Methode der Modellbildung zu ungerechten und unkritischen Vorwürfen der Simplifizierung führt.

Analoge Erscheinungen gibt es auch in bezug auf die Kybernetik, wo eine ganze Reihe von Fragen auf dem Gebiete der Informationstheorie, insbesondere der Programmierung der Prozesse, der Theorie der Folgesysteme und der Rückkopplungen und auch der „Speichereinrichtungen", d. h. der Koordination einer Tätigkeit einer bedeutenden Anzahl von Elementen, die allgemeine gesetzmäßige, integrale Reaktionen ergeben und die fähig sind, logisch begründete Aufgaben zu lösen, mit Erfolg auf die Analyse einiger Seiten der Tätigkeit des zentralen Nervensystems anwendbar sind.

Wenn wir von der Modellbildung von einigen Seiten der biologischen Prozesse, und sei es nur mit Hilfe rein physikalischer Schemata, sprechen, dürfen wir uns nicht verwirren lassen von der Unvollkommenheit der durchzuführenden Analogie. Diese Modellbildung ist eben deshalb fruchtbar, weil sie ohne Anspruch auf Reproduktion der ganzen Erscheinung die Möglichkeit gibt, einzelne Seiten oder einige allgemeine Prinzipien zu untersuchen.

Gleichzeitig erlaubt die Modellbildung, über die Grenzen des nur für bestimmte Zwecke gebauten Modells hinauszugehen und rein theoretisch neue Gesetzmäßigkeiten zu entdecken. Eine solche Operation ist völlig gerechtfertigt, z. B. für die mathematische Physik, wo die mathematische Symbolik und die Untersuchung des wechselseitigen Zusammenhangs der Erscheinungen an „Modellen" mathematischer Abstraktionen auf Grund der Logik der Forschung selbst Gesetzmäßigkeiten voraussagen, die im Experiment noch nicht entdeckt wurden. Beispiele dafür sind hinreichend bekannt und wir werden uns dabei nicht aufhalten.

Ebenso stößt auch die Modellbildung von anderem Typ, mit Hilfe der Elektronenschemata und der Rechenmaschinen auf mögliche Gesetzmäßigkeiten, die nicht unmittelbar im Experiment sichtbar sind und die zu suchen zweckmäßig ist.

Obgleich es offensichtlich absurd wäre, die psychischen Funktionen des Menschen von der Tätigkeit einer kybernetischen Maschine abzuleiten, verspricht jedoch ihre Fähigkeit, eine ganze Reihe psychischer Funktionen des Menschen zu reproduzieren, große Möglichkeiten in der Entwicklung einer neuen Forschungsrichtung.

Wir sehen so, daß neue Kategorien komplizierterer Erscheinungen eine neue allmählich komplizierter werdende und qualitativ andere Hierarchie physikalischer Verfahren hervorbringen.

Dem naiven Mechanizisten, der noch an den Vorstellungen des 18. Jahrhunderts hängt, konnte es noch im 19. Jahrhundert scheinen, daß die Aufgabe der Physik und Chemie darin besteht, das Denken aus der Bewegung der einzelnen Atome und Moleküle heraus zu verstehen. Gegen eine solche naive Interpretation der exakten Wissenschaften kämpfte und protestierte Engels.

Heute erzeugt die Entwicklung der Physik und ihre Anwendung auf kompliziertere, um nicht zu sagen, unermeßlich kompliziertere Prozesse eine Serie völlig neuer physikalischer Formen und Kategorien, die die Erscheinungen verallgemeinern und sie nicht in die Summe der einzelnen Elemente aufgliedern, sondern die es möglich machen, die Spezifik und Eigenart der Erscheinung herauszufinden.

Das Verblüffendste in einem biologischen System auf verschiedenen Stufen seiner Organisation, angefangen von einzelligen Organismen bis zum Menschen, ist die verschiedene Stufe der Kompliziertheit der Regulationsprozesse, die sowohl die individuelle Existenz wie auch die Fortsetzung der Art in der Nachkommenschaft sichern.

Im lebenden System unterstützen und schaffen tausende chemische Prozesse, die in Übereinstimmung verlaufen, nicht nur die komplizierten chemischen Komponenten neu, sondern auch die spezifische Struktur des Lebens. Eine derartige Tätigkeit wird nur durch die hohe Exaktheit der Selbstregulation garantiert. Es ist wichtig festzustellen, daß die ganze Kompliziertheit dieser Regulation nicht nur verbunden ist mit der Aufrechterhaltung bestimmter stationärer Zustände, sondern auch mit der günstigsten Anpassung des lebenden Systems an die sich verändernden Verhältnisse der Umwelt. Das bezieht sich nicht nur auf den Mechanismus zur Erhaltung der Lebensprozesse, sondern auch auf die Erscheinungen des Verhaltens höherer Organismen.

Eine gewisse Imitation eines solch komplizierten Komplexes biologischer Prozesse finden wir in den Rückkopplungssystemen, deren Theorie eng mit der Kybernetik verbunden ist. Die mathematische Ausarbeitung der Theorie dieser Fragen, die Physik der Elektronenerscheinungen, die sich in den Elementen des Schemas vollziehen, die Technik der Schaffung von Elektronenaggregaten mit vielen Komponenten erlauben es, in maschineller Weise vielfältige Operationen zu verwirklichen, die äußerlich verblüffend den Prozessen ähnlich sind, die sich im zentralen Nervensystem vollziehen. Die Maschinen verrichten komplizierte Rechnungen, wählen logisch vernünftige Varianten aus und besitzen von diesem Gesichtspunkt aus ein Element einer kritischen Beziehung zum Material, besitzen die Fähigkeit des „Gedächtnisses" und sind in gewisser Weise sogar zur Abstraktion oder Verallgemeinerung von Begriffen fähig.

Jedoch existieren ungeachtet der bekannten Gemeinsamkeit der Erscheinungen auch zwei Kategorien, die prinzipielle Unterschiede bezeichnen. Die erste Kategorie, die in der modernen kybernetischen Literatur gut analysiert wurde, bezieht sich auf die rein formalen Unterschiede der Möglichkeiten der menschlichen Psyche einerseits und der Möglichkeiten der Rechenmaschinen andererseits. Deshalb verweisen wir nur darauf, daß es in der gegebenen Etappe der Entwicklung dieser Technik sehr wesentlich ist, daß die Maschine, die außerordentlich komplizierte und gleichsam menschenähnliche Operationen ausführt, diese nur unter der Bedingung ausführen kann, daß sie vom Menschen ein bestimmtes Programm erhalten hat. Manchmal wird das in der Populärliteratur bei diesen Maschinen als Fehlen der „Phantasie" bezeichnet.

Die zweite Kategorie der Unterschiede bezieht sich darauf, daß die Maschine ein ein für allemal geschaffenes, feststehendes strukturelles Aggregat ist. Das lebende System dagegen, und darin besteht sein grundlegender Unterschied, ist ein sich ununterbrochen erneuerndes System, das sich selbst reproduziert und das ständig durch chemische Prozesse unterstützt wird und sich nicht nur in seiner individuellen Existenz entwickelt, sondern auch in der Reproduktion einer Reihe von Nachkommen immer neuer, sich ihrerseits selbst entwickelnder und sich selbst regulierender Systeme. Die Selbstregulation des lebenden Systems ist so beschaffen, daß es, wenn es einen bestimmten Zyklus seiner Entwicklung durchläuft, kybernetisch ausgedrückt, nicht nur dem niedergelegten

Programm dieser individuellen Entwicklung folgt, sondern auch Grundlage der Entwicklung und Tätigkeit zukünftiger Generationen ist. Dies vollzieht sich nach einem noch nicht völlig zugänglichen „Code", der in spezifischer Weise mit der Wechselwirkung der Stoffwechselprozesse, der durch diese Stoffwechselprozesse geschaffenen und erhaltenen Strukturen und der Regulierung der Stoffwechselerscheinungen durch die Strukturen verbunden ist.

Bis vor kurzem schien es, daß diese Programmierung der individuellen Entwicklung, um mit einem modernen Terminus zu sprechen, und noch mehr der Entwicklung der Nachkommen im Prozeß der Vererbung nur von einem äußeren, rein biologischen Gesichtspunkt untersucht werden kann.

Diese Fragen schienen so kompliziert, daß es sinnlos erschien, neue Methoden zur Dechiffrierung der Mechanismen dieser Erscheinungen von der chemischen und physikalischen Seite zu suchen.

Es besteht kein Zweifel, daß die in den neuesten Methoden der Physik und Chemie entstandenen Möglichkeiten, sogar die kompliziertesten biologischen Erscheinungen zu enthüllen, sich noch mit größerer Wirksamkeit auf dem Gebiete des Studiums der materiellen Grundlagen der Mechanismen der Vererbung als wirksam erwiesen. Die klassischen Forschungen, die an höherorganisierten Objekten durchgeführt wurden — z. B. an Insekten (Drosophila) und Pflanzen (Mais) —, legten die Grundlagen für allgemeinere Vorstellungen von der Diskretheit der Erbinformation, von den Gesetzen der Kombinatorik, die das Auftreten der elterlichen Merkmale bei den folgenden Generationen regeln, und ermöglichten bestimmte Vorstellungen von der chemischen Natur der Erbsubstanz. Die Entwicklung dieser Forschungen mit dem Übergang zur Ausnutzung bedeutend einfacher organisierter Objekte — Schimmelpilze, Mikroben und sogar Viren — sicherte neue, alles früher Gesagte weit hinter sich zurücklassende Errungenschaften auf diesem Gebiet und führte zu Resultaten, die bis vor kurzem noch als nahezu unerreichbar galten. An die Stelle der biologischen Forschungsmethoden wie der Kreuzung, der Selektion und der Beobachtungen über lange Jahre hin traten die präzisen Methoden der chemischen Analyse der Nukleinsäuren. Die Röntgenstrukturanalyse und die räumlich-molekulare Modellbildung erlaubten es, ein umfassendes Bild der Struktur dieser Verbindungen zu schaffen, die mathematische Analyse begann, mögliche Grundlagen der chemischen „Kodierung" der Erbinformation aufzudecken, und auf dem Wege der präparativen Chemie gelang es, Stoffe zu erhalten, deren künstliche Einführung die Erbanlage des einzelligen Versuchsorganismus in vorher bestimmter Weise verändert.

In dieser Beziehung ist die Wechselwirkung der Bakteriophagen und der Mikrobenzellen von großem Interesse. Wenn man ein Bakteriophag einführt, das die Mikrobe angreift, so ruft nur ein Nukleinbestandteil die völlige und spezifische Reproduktion des gegebenen Virus im Innern der Zelle hervor. Die Nukleinsäure und ihre Eigenschaften geben gleichsam das Programm der Synthese dem ganzen Teilchen, einschließlich der sogenannten Eiweißkappe auf.

Diese Tatsachen führten zu einer ganzen Reihe von Forschungen über die Wechselbeziehung von Nukleinsäuren und Eiweiß im Prozeß der Autoreproduktion des lebenden Systems. Auf dem vorliegenden Gebiet wurden erst die ersten Schritte unternommen, und in den veröffentlichten Arbeiten spürt man das Suchen nach einer formalen Lösung der Frage nach der Art und Weise der Kodierung einer bestimmten Richtung der Eiweißsynthese in der Struktur der Nukleinsäuren, einer Kodierung, die in der Reihenfolge des Wechsels der Aminosäuren in der Polypeptidkette dechiffriert wird.

Wir sehen, daß in der vorliegenden Frage die Informationstheorie eine neue Anwendung auf biologische Probleme ebenso findet wie auch bei den Versuchen der Modellierung psychischer Funktionen mit Hilfe „kybernetischer" Einrichtungen.

Wenn man auch nur die ersten Schritte bei der Analyse der Erscheinungen der Autoreproduktion aufmerksam betrachtet, bemerkt man, daß, geht man von den Besonderheiten der biologischen Problemstellung aus, hier nicht von der Anwendung fertiger Schemata und der Ausnutzung vorhandener Analogien die Rede sein kann, sondern mehr von einer spezifischen Entwicklung physikalisch-mathematischer Ideen, die auf einem anderen Gebiet entwickelt worden sind.

So gliedert sich im vorliegenden Fall das biologische Problem auch nicht in Komponenten auf, die den Erscheinungen oder Prozessen der unbelebten Natur entsprechen (wobei eine Identifizierung biologischer Erscheinungen mit diesen Komponenten erfolgt), sondern es erzeugt neue Ideen der mathematischen Physik, die durch die Eigenart der zu untersuchenden Erscheinungen entstehen.

Damit ist jedoch die Kompetenz der Physik in dieser Frage nicht erschöpft. Wenn es heute schon gelänge, ein auch nur rein formales Schema der Wechselwirkung der bestimmten Struktur der Nukleinsäuren mit einer bestimmten Richtung der Eiweißsynthese auszuarbeiten, würden weitere physikalisch-chemische und dem Wesen nach auch physikalische Fragen entstehen: Von welcher Natur sind jene Kräfte, die die verschiedenen Aminosäuren zwingen, sich in ganz bestimmter Weise räumlich zu orientieren und auf der Nukleinmatrize „niederzulassen"? Die Untersuchung derartiger Gesetzmäßigkeiten, zu denen man sich nur den Zugang suchen muß, ignoriert durchaus nicht die Spezifik der biologischen Erscheinungen, sondern dient im Gegenteil einer tiefergehenden Aufdeckung des Wesens dieser Spezifik, so daß man nicht nur das naive Erstaunen über die „Wunder des Lebens" überwindet, sondern auch das zutiefst schöpferische, aber rein biologische Herangehen an das Problem.

Ein schädlicher Fehler wäre der Gesichtspunkt, daß der Forscher, der sich bemüht, die Informationstheorie auf das Problem der Autoreproduktion anzuwenden, nach einer leichten Lösung des materiellen Wesens dieses Problems, sozusagen nach der Lösung „auf Anhieb", strebe.

Hier ist nur von den Versuchen der Modellierung einer Seite der zu beobachtenden Beziehungen die Rede.

Alle bis heute erforschten Codes geben noch keine Möglichkeit, den wechselseitigen Zusammenhang zwischen der Struktur der Nukleinsäuren und der

Anordnung der wechselnden Aminosäurereste in der Polypeptidkette aufzudecken.

Ein Pessimist könnte von einem prinzipiellen Mißlingen derartiger Verfahren sprechen. In Wirklichkeit geht es jedoch darum, daß die ersten Schritte zur Modellbildung des Prozesses sich als fruchtbar erwiesen haben, vor allem von dem Gesichtspunkt aus, daß sie ermöglichten, von einem Teil a priori aufgestellter Thesen abzugehen und damit gleichzeitig die Richtung für neue Versuche zu bestimmen.

Es ist völlig klar, daß es noch einige unberücksichtigte Faktoren gibt, deren Einführung es erlauben muß, Schemata zu schaffen, die bedeutend besser der Wirklichkeit entsprechen.

Von Interesse sind einige unlängst veröffentlichte Befunde, nach denen die Eiweißsynthese in der Mikrobenzelle nicht so sehr von der Anwesenheit einer bestimmten Struktur der Nukleinsäuren, sondern von dem Prozeß der Synthese der Nukleinsäure selbst bestimmt wird.

Wenn den Bakterienzellen eine der Komponenten fehlt, die für die Synthese der Nukleinsäuren (jedoch nicht für die Eiweißsynthese) notwendig sind, so wird die Reproduktion des Eiweißes unterbrochen oder es tritt eine Unordnung ein. Dies geht ohne Rücksicht auf das Vorhandensein eines bedeutenden Vorrats von Nukleinsäuren in der Zelle, die im statischen Zustand gleichsam Ballast sind, vor sich. So ist die Programmierung des Prozesses der Eiweißsynthese im gegebenen Fall nicht so sehr in der Form der Struktur der Nukleinsäuren als im Prozeß ihrer Reproduktion im Verlaufe des normalen Stoffwechsels kodiert.

Möglicherweise werden wir im Hinblick auf eine künftige Analyse der materiellen Grundlagen eines der wichtigsten Elemente der Lebenserscheinungen auch diesen dynamischen Faktor sowohl bei der Ausarbeitung formaler Schemata der Wechselwirkung von Nukleinsäuren und Eiweiß als auch hinsichtlich der Kräfte, die diese Wechselwirkung steuern, berücksichtigen müssen.

Aus der gesamten Darlegung sehen wir, daß wir im Verlaufe des Jahrhunderts, das seit der Formulierung, die Engels vom materiellen Wesen des Lebens gab, vergangen ist, durch eine Fülle prinzipiell neuer Befunde und Ideen bereichert wurden.

Die Anwendung der Chemie und Physik verlief auf vielen Wegen, war äußerst fruchtbar und diente der weiteren Festigung der dialektisch-materialistischen Anschauungen vom Wesen der Lebenserscheinungen.

Heute ist die Logik der Entwicklung der Wissenschaft derart, daß das tiefe Eindringen der chemischen und physikalischen Analyse in die biologischen Prozesse nicht nur zu keiner mechanistischen Vereinfachung führt, sondern unsere Vorstellungen von der Spezifik der Lebenserscheinungen bereichert, indem sie diese Spezifik konkretisiert und die Erkennbarkeit der materiellen Grundlagen der Lebenserscheinungen offenbar werden läßt.

Wenn wir uns jedoch auch weit von der chemischen und physikalischen Vereinfachung der beobachteten Prozesse entfernt haben und wenn die komplizierte Gesamtheit des vorhandenen wissenschaftlichen Apparates ein unüberwindbares Hindernis für eine solche Vereinfachung aufgestellt hat, verschwand jedoch, vom ideologischen Gesichtspunkt aus betrachtet, bei weitem noch nicht die Gefahr einer idealistischen Auslegung des Wesens der Lebenserscheinungen.

Diese idealistische Auslegung ist in der modernen westlichen Literatur in zwei Formen vertreten. Einerseits zeigt sie sich im parasitären Wuchern unwissenschaftlicher Schlußfolgerungen aus einer streng wissenschaftlichen Grundlage und mehr noch in der unwissenschaftlichen Benutzung des gesamten vorhandenen Faktenmaterials. Diese idealistischen Konstruktionen haben in ihren allgemeinen Schlußfolgerungen nichts mit der wissenschaftlichen Grundlage gemein.

Die zweite Gefahr entsteht aus den Versuchen, einige biologische Probleme rein theoretisch unter physikalischem Aspekt zu betrachten, die prinzipielle Unähnlichkeit der physikalischen Prozesse im lebenden System mit den Prozessen der toten Natur spekulativ zu behaupten.

Ein Beispiel für eine solche Konstruktion sind die vor einiger Zeit aufgetretenen Äußerungen über eine eigenartige Anwendbarkeit des Prinzips der Unbestimmtheit auf biologische Fragen.

Das Wesen dieses Standpunktes besteht darin, daß, wenn bei der Untersuchung rein physikalischer Probleme dieses Prinzip nur auf die inneratomaren Erscheinungen anwendbar ist, es sich in der Biologie angeblich auch die Makroprozesse unterwirft. Von hier aus wird der Schluß gezogen, daß die Lebenserscheinungen prinzipiell unerkennbar seien.

Wenn man von der Gefahr idealistischer Entstellungen in Fragen der Wechselbeziehungen von Physik und Biologie spricht, so besteht sie in der Schaffung von Vorstellungen über die absolute Unvergleichbarkeit des Verlaufs physikalischer Prozesse im lebenden Organismus mit demjenigen in der toten Natur, aber überhaupt nicht in der physikalischen Vereinfachung der beobachteten Erscheinungen.

Der konsequente dialektisch-materialistische Standpunkt, der die Erkennbarkeit der materiellen Grundlage der Lebensprozesse anerkennt, und die breite Entwicklung der Anwendung von Chemie und Physik auf die Biologie schließen bei einer vernünftigen Anwendung eine mechanistische Vereinfachung aus; man findet die wirklichen Grenzen der Besonderheiten im Verlauf chemischer und physikalischer Prozesse im Lebenden, wobei man gleichzeitig jeglichen Versuch einer idealistischen Entstellung und einer Verwendung der Physik für den Beweis der Unerkennbarkeit der materiellen Grundlagen der Lebenserscheinungen widerlegt.

*

G. M. Frank, Korrespondierendes Mitglied der Akademie der Medizinischen Wissenschaften der UdSSR (Erläuterungen auf der Konferenz). Im Vortrag wurden Erwägungen über die Rolle der Physik und Chemie bei der Erforschung biologischer Probleme in der gegenwärtigen Etappe der Wissenschaft gemacht. Es versteht sich, daß diese komplizierte Frage in der veröffentlichten Darlegung nicht erschöpft werden konnte. In ihr werden nur einige Aspekte berührt.

Die Grundidee besteht, wenn man etwas schematisiert, darin, daß die breite Anwendung der Chemie und Physik einerseits ungewöhnliche Perspektiven dafür eröffnet, in das materielle Wesen der Lebenserscheinungen einzudringen, zur weiteren Bestätigung der Erkennbarkeit der Lebenserscheinungen, zur Bestätigung der materialistischen Konzeption führt und andererseits Mechanismen der Erscheinungen aufdeckt, die besonders überzeugend von den Besonderheiten, der Spezifik der Lebensprozesse als besonderer Bewegungsform der Materie zeugen. Uns scheint, daß die veröffentlichte Darlegung eine zusätzliche Begründung für die These verlangt, daß in den Händen des Forschers, der mit der marxistischen dialektischen Erkenntnismethode ausgerüstet ist, die breite Anwendung von Chemie und Physik nicht zur Vereinfachung führt, sondern dem Verständnis der biologischen Gesetzmäßigkeiten selbst dient.

Ohne die allgemeine Fragestellung zu berühren, möchte ich einige konkrete Beispiele aus dem experimentellen Faktenmaterial anführen, die in einem gewissen Grade diese allgemeine Fragestellung illustrieren.

Es ist jedoch notwendig, von vornherein einen Vorbehalt zu machen. Sowohl in unserer mündlichen wie in unserer schriftlichen Darlegung ist weder von allen Problemen der modernen Biologie noch von der Biologie im ganzen die Rede. Wir beschränkten uns auf die Betrachtung der Fälle, in denen der physikalisch-chemische Aspekt der Untersuchung fruchtbar ist und den Weg für die Erkenntnis des materiellen Wesen des Lebens eröffnet.

Das ist erstens der Fragenkreis, der heute oft als Forschung auf der Zellebene bezeichnet wird. Hierher gehören Aufgaben, die mit der Lebenstätigkeit einzelner, individueller Organismen in ihrem wechselseitigen Zusammenhang mit den Umweltfaktoren zusammenhängen, d. h. dem Wesen nach physiologische Aufgaben. Im letzteren Falle können unter physikalisch-chemischem Aspekt nicht alle Fragen des individuellen Lebens der einzelnen komplizierten Organismen betrachtet werden, aber dieser Aspekt bringt einen großen Nutzen, und hier entstehen neue Wege der Analyse, insbesondere der mathematischen Analyse der integrierenden Tätigkeit komplizierter Systeme, z. B. des Nervensystems.

Es versteht sich von selbst, daß hier nicht Probleme höherer Ordnung, allgemeinste biologische Probleme berührt werden, da es dort undenkbar und naiv wäre, mit der physikalisch-chemischen Analyse heranzugehen, wie z. B. an das Evolutionsproblem u. a.

Wenn wir neue Befunde über das materielle Wesen der Lebenserscheinungen heranziehen und etwas vorgreifen, können wir vor allem bemerken, daß die klassische Definition des Wesens der Lebenserscheinungen von Engels als Daseinsweise der Eiweißkörper, die in der ständigen Selbsterneuerung der chemischen Bestandteile besteht, nicht nur der Prüfung durch die Zeit standgehalten hat, sondern auch immer mehr konkretisiert wird, sowohl in bezug auf den Begriff der Eiweißkörper, der komplizierten Zusammensetzung und Struktur des lebenden Substrats (wenn man unter Eiweißkörpern Eiweißsysteme oder -komplexe, die in bestimmter Weise im Raum organisiert sind, und übermolekulare Strukturen versteht), als auch in bezug auf die Gesetzmäßigkeiten der Prozesse ihrer ständigen Selbsterneuerung, d. h. des Stoffwechsels.

Es ist interessant, daß die entscheidende Rolle bei dieser Konkretisierung, bei dieser Vertiefung der klassischen Formulierung in der letzten Zeit solche methodischen Verfahren, die Bildung solcher Systeme von Vorstellungen in der Wissenschaft spielten, die für die letzten Jahre im ganzen überhaupt charakteristisch und in der modernen Naturwissenschaft und Technik epochemachend sind. Das ist einerseits die Kernphysik und Kerntechnik und andererseits die Radioelektronik, wenn man zu ihr auch solche abgeleiteten Gebiete wie die Automatik und die Rechenmechanismen zählt.

In der Tat wurden durch die Anwendung von Isotopen-Indikatoren, die ein Produkt der Erfolge der Kernphysik und Kerntechnik und kein unbedeutendes Glied der friedlichen Ausnutzung der Atomenergie sind (ich habe die breite Anwendung künstlicher radioaktiver Stoffe auf den verschiedenen Wissensgebieten im Auge), solche prinzipiell neuen Gesetzmäßigkeiten der Stoffwechselprozesse entdeckt, die für gewöhnliche chemische Methoden überhaupt unzugänglich waren.

Das Wesen der Sache besteht darin, daß die chemischen Methoden die Prozesse der Ortsveränderung der Stoffe im Organismus nur in dem Falle aufdecken, wenn in diesem oder jenem Organ oder Gewebe ihre Neuverteilung, ihre quantitative Vergrößerung oder Verminderung erfolgt.

In Fällen des dynamischen Gleichgewichts, das in lebenden Systemen stattfindet, maskiert jedoch die Beständigkeit der Zusammensetzung die wirkliche Geschwindigkeit der Verschiebung und auch die realen Wege dieser Verschiebung des Stoffes.

Es erwies sich, daß im Prozeß des Metabolismus, völlig unerwartet, hohe Verschiebungsgeschwindigkeiten auftreten, die früher nicht vermutet wurden. Ein so schneller Aufbau, Zerfall und Neuaufbau komplizierter organischer Komplexe, die in biologische Strukturen eingehen, verläuft auf Wegen, die früher mit gewöhnlichen chemischen Methoden überhaupt nicht entdeckt werden konnten. Diese Geschwindigkeiten sind derart, daß einer der bedeutendsten biochemischen Forscher bei der Einschätzung der Sprünge in unseren Vorstellungen, die durch die Methoden der markierten Verbindungen erfolgten, durch die die Wege und Geschwindigkeiten der Stoffverschiebung „beleuchtet werden", sehr bildhaft sagte, daß wir früher die Frage des Metabolismus erörterten, aber jetzt stellten wir durch die markierten Atome das Vorhandensein eines „metabolischen Wirbelwindes" im lebenden System fest.

Die Vorstellung von den Wegen der Stoffbewegung veränderte sich prinzipiell. Man war in der Regel der Meinung, daß der Zerfall im Prozeß des Stoffwechsels bis zum Auftreten der Endprodukte geht. Es erwies sich jedoch (und dies wurde besonders klar durch die Methode der Isotopen-Indikatoren gezeigt), daß große molekulare Bruchstücke zum zweiten Male für den Aufbau komplizierter Strukturen ausgenutzt werden können und daß auf diesem Wege eine mehrmalige

Umlaufsfähigkeit im Zerfallsprozeß und gleichsam eine Wiederholbarkeit der Synthese mit Ausnutzung dieser oder jener Produkte einer teilweisen Dekomposition entstehen kann.

Gleichzeitig mit den Stoffwechselprozessen wurde auch eine neue Beziehung zur Struktur des Lebenden im submikroskopischen molekularen Bereich aufgedeckt. Die Elektronenoptik — die Elektronenmikroskopie und die Beugung von Röntgenstrahlen — eröffnete eine neue Ära in der Erforschung des Aufbaus des Lebenden.

Es wurde ein Gebiet geschaffen, das als molekulare Morphologie bezeichnet werden kann. Auf diesem Gebiet wurde, von der Struktur der Eiweißmoleküle angefangen und über die zwischenmolekulare Architektonik, eine ununterbrochene Stufenleiter der strukturellen Beziehungen und der räumlichen Organisation im lebenden Stoff bis zu den mit dem gewöhnlichen Lichtmikroskop sichtbaren Elementen der Zelle aufgestellt.

Die besondere Technik der elektronenmikroskopischen Erforschung der Gewebe und Zellen mit Hilfe von „ultrafeinen Schnitten“ erbrachte in der Weltliteratur innerhalb der letzten drei Jahre über tausend Arbeiten.

Hier wurde eine große Regelmäßigkeit molekularer Strukturen entdeckt, die früher nicht vermutet wurde und die für diese Elemente des Lebens charakteristisch ist. Wir sehen, daß die Elektronenmikroskopie etwas unvergleichlich Größeres in den Händen der Biologie ist, als einfach ein neuer Apparat zur Untersuchung des Aufbaus, der Morphologie. Mit ihrer Hilfe wurden nicht nur neue Bilder entdeckt, sondern auch eine neue, eigene Methodologie des Experiments und ein schöpferisches Herangehen an ein Problem erreicht, das weit über die Grenzen der gewöhnlichen Kompetenz der Morphologie hinausgeht. Bei der Betrachtung dieses Bildes des Aufbaus des Lebenden geht der Forscher von der einfachen Beschreibung des Bildes zur Sprache der Chemie und Physikochemie über.

In diesen Strukturen mit besonderer Heterogenität des Substrats und folglich auch der Eigenschaften, die oft aus einer großen Zahl praktisch bimolekularer Verbindungen bestehen, kann die Erklärung vieler der sich im lebenden System vollziehenden materiellen Prozesse, die früher unerklärbar waren, gefunden werden.

Die Untersuchung ultrafeiner Strukturen durch die molekulare Morphologie hat insgesamt eine Geschichte von einigen Jahren. Aber buchstäblich vor unseren Augen, im Jahre 1958, vollzog sich die Geburt eines neuen Gebietes, eines neuen Zweiges in dieser elektronenmikroskopischen Untersuchung der lebenden Strukturen. Dies ist die sogenannte elektronenmikroskopische Histochemie oder Histosubmikrochemie. Die Histochemie drang nach einer ganzen Reihe von Versuchen im Verlaufe der vergangenen Jahre erst in diesem Jahr in das submikroskopische Gebiet vor.

Es wurden auch eine ganze Reihe in der Presse noch nicht veröffentlichter Untersuchungen durchgeführt, die das ausgezeichnete wahlweise Absorptionsvermögen einer Reihe von Stoffen mit Darlegungen der Topographie verschiedener Fermentsysteme im submikroskopischen Bereich zeigen.

Es erwies sich, daß eine derartige geschichtete übermolekulare Organisation für die komplizierte chemische Tätigkeit des lebenden Systems, das ein dynamisches chemisches System ist, und für die Sicherung des Stoffwechsels, der echten Grundlage des Lebens, notwendig ist und wie man sieht, in allen entsprechenden Strukturen beobachtet wird.

Es ist sehr interessant, daß sie im Elektronenmikroskop nur dann gesehen werden kann, wenn der Forscher sehr schnell und operativ arbeitet. Hier eignet sich nicht das Tempo der gewöhnlichen Histologie, z. B. bei Biopsie oder bei der Tötung der Versuchstiere mit Fixierung des Präparats. Schon im Verlaufe einiger Minuten nach Einstellung der Sauerstoffaufnahme und folglich der Verletzung des normalen Kreislaufes, der Oxydationsprozesse und der mit diesen zusammenhängenden anderen Stoffwechselprozesse wird diese geschichtete Organisation in einigen sehr entscheidenden Elementen, den Mitochondrien, den Stäbchen und Zäpfchen der Netzhaut, im Protoplasma der Nervenzellen usw. schnell zerstört. So unterhalten nur die ständig und gesetzmäßig verlaufenden Stoffwechselprozesse diese Struktur und machen die Beständigkeit dieser spezifischen und unwiederholbaren Organisation aus.

Andererseits führt die Störung dieser Organisation durch beliebige Methoden (das kann man experimentell zeigen), durch chemische, mechanische Methoden, durch Hindurchleiten von elektrischem Strom, zur unverzüglichen Desorganisation des geordneten Verlaufs der Stoffwechselprozesse.

Wenn wir uns in dieses Verhältnis vertiefen, sehen wir im wechselseitigen Zusammenhang der strukturellen Organisation der Stoffwechselprozesse jenen typischen Zusammenhang, der das verbindliche Element jedes automatischen Regulationsprozesses ist.

Wirklich, wenn man daraus den logischen Schluß zieht, führt nicht nur die Desorganisation des Stoffwechsels, sondern führen auch Umschläge der Stoffwechselprozesse unausbleiblich zur Veränderung der Struktur, und umgekehrt müssen sich strukturelle Veränderungen auf den Verlauf der Stoffwechselerscheinungen abbilden.

Es ist durchaus möglich, daß gerade in diesem umgekehrten Zusammenhang eines der Glieder der auffallenden automatischen Regulation und automatischen Stabilisierung der Chemie des Lebens liegt. Dies ist die mit großer Geschwindigkeit sich vollziehende mehrmalige Umschlagsfähigkeit des Stoffes, die die erstaunliche Ordnung, ungeachtet der gleichzeitigen Tätigkeit Dutzender, Hunderter und sogar Tausender von Fermentsystemen sichert.

Der lebende Organismus ist ein außerordentlich kompliziertes System einer zahllosen Menge chemischer Prozesse, die durch Katalysatoren gelenkt werden. Damit das Leben jedes individuellen Organismus lenkbar wird, muß dieses System durch außerordentlich feine, im Prozeß der Evolution ausgearbeitete, regulierende, automatisch steuernde Einrichtungen aufrechterhalten werden.

Die Anwendbarkeit der Vorstellungen der modernen Kybernetik auf einige Seiten der Lebenstätigkeit, insbesondere der Tätigkeit der Nervenprozesse, führt uns dazu, das kybernetische Verfahren auch auf die elementaren Prozesse der Lebenserscheinungen, auf die automatische Steuerung der chemischen Reaktionen im Organismus, in den einzelnen Zellen der Gewebe, d. h. auf ein Gebiet, das bedingt als Mikrokybernetik bezeichnet werden kann, anzuwenden.

Wenn man über die Grenzen der rein formalen Fragestellung hinausgeht und konkret die Kanäle der Verbindung und die Verfahren der Übertragung von Informationen in diesen mikrokybernetischen Systemen betrachtet, kann man mit etwas Phantasie sich vorstellen, daß die Information von der dynamischen Stoffwechselseite des Wesens der Erscheinungen in der Struktur auftritt, und zwar in Form eines größeren oder geringeren Niveaus der Aufnahme der Zwischenprodukte, die sich gebildet haben.

Es ist völlig natürlich, daß in diesem, bildlich gesprochen, chemischen Mechanismus die Wahrscheinlichkeit eines Spielraums dieser oder jener Glieder chemischer Reaktionen vorhanden ist.

Das erhöhte Niveau im Ergebnis des Spielraums chemischer Prozesse spiegelt sich sofort im Grad der Lockerung des molekularen Zusammenhalts oder im Charakter der Wechselwirkung zwischen den einzelnen Strukturelementen wider, insbesondere in der Veränderung der elektrostatischen Zusammenhänge, die eine große Rolle spielen und so auch von der Ionenkonzentration abhängen.

Die Verletzung der Oberfläche der Strukturen kann sich auch auf die katalytische Funktion auswirken und die beschleunigte Reaktion hemmen.

Es versteht sich von selbst, daß die vereinbarte, halbphantastische Vorstellung auf alle Systeme der automatischen Regulierung und der Rückkopplung anwendbar ist, wo das Auftreten des Rauschens die Ordnung der Arbeit des Systems stört.

Welche Rolle spielt das Rauschen in dieser Regulation der Lebensprozesse? Es kann angenommen werden, daß die Braunsche Bewegung, die ständig auf die strukturellen Beziehungen einwirkt, das statistische Schwanken der Geschwindigkeiten und folglich der örtlichen Konzentration chemischer Produkte, das Zerbrechen polymerer Ketten durch Fluktuation mechanischer Spannungen die Rolle des Rauschens in dieser automatischen Regulation im Rückkopplungssystem spielen, im System der Struktur, der Kinetik chemischer Umwandlungen.

Ich habe infolge Zeitknappheit nicht die Möglichkeit, Ausführungen über die Mechanismen der katalytischen Tätigkeit der lebenden Struktur zu machen, die mit ihrer spezifischen Organisation zusammenhängen.

Es gibt Befunde, die die ungewöhnliche Heterogenität und die katalytischen Eigenschaften in diesen geschichteten Strukturen und in der Hauptsache die gewaltigen Flächen der verzweigten Oberflächen mit den spezifischen Besonderheiten ihrer katalytischen Funktion in Zusammenhang bringen.

Wenn wir diese oder jene Form der Bewegung als Veränderung definieren, die sich im materiellen System vollzieht, so kommen wir überein, daß man eine Kategorie von Veränderungen zur Reihe der spezifischen Bewegungsformen der Materie rechnen muß. So muß man zweifellos übereinkommen, die Stoffwechselprozesse und alles, was über ihre ungewöhnliche Regulierbarkeit gesagt wurde, zu der biologischen Bewegungsform der Materie zu rechnen. Gleichzeitig muß man als eine der charakteristischen Bewegungsformen hier auch die Bewegung im eigentlichen Sinn nennen, d. h. die Ortsveränderung der lebenden Organismen, ihre Beweglichkeit, wie auch die Bewegung und Beweglichkeit der einzelnen Teile oder Elemente innerhalb des Organismus, innerhalb des geschlossenen lebenden Systems, z. B. die Protoplasmaströme der Pflanzen, die Veränderungen beim Wachsen, bei der Entwicklung, bei der Zellteilung u. ä.

Die Bewegungen, die mit der Zellteilung, dem Prozeß der Mitose und der Bewegung der Chromosomen zusammenhängen, sind ein sehr auffallendes Beispiel der Beweglichkeit in der lebenden Zelle.

Man kann zeigen, daß dieser Prozeß in erster Linie für den wachsenden, sich entwickelnden Organismus, für die Erneuerung einiger Strukturelemente, z. B. des Hautepithels der Tiere und des Menschen charakteristisch ist, aber ich erinnere an eine den Anwesenden allgemein bekannte Wahrheit, wenn ich sage, daß im erwachsenen, nicht mehr wachsenden Organismus des Menschen, z. B. bei uns allen, täglich tausend Milliarden neue rote Blutkörperchen produziert werden. Einer der sich bewegenden Mechanismen des Lebenden ist der Muskel, der die Beweglichkeit der höheren Organismen und die Arbeit des Herzens sichert, das ununterbrochen von der späten Embryonalperiode an bis zum Moment des Todes arbeitet.

Allgemein sind dies natürlich bekannte, populäre Fakten, aber ich möchte die Aufmerksamkeit auf einen sehr wichtigen Umstand lenken: Im Prozeß dieser Beweglichkeit, die außerordentlich mannigfaltig auftritt, verlaufen ständige strukturelle Umwandlungen. Dieser Beweglichkeit liegen strukturelle Mechanismen und mit diesen strukturellen Mechanismen zusammenhängende Umschläge im Niveau und in der Richtung der chemischen Prozesse zugrunde. Im Moment der Veränderung des funktionellen Zustandes, im Moment der Veränderung der Aktivität verlaufen Veränderungen der wechselseitigen Zusammenhänge, Struktur- und Stoffwechselumschläge.

Es muß bemerkt werden, daß das Muskelgewebe ein Gewebe ist, in dem sich bei der Arbeit außerordentlich gewaltige chemische Prozesse vollziehen, die mit großer Geschwindigkeit und mit exakter Wiederholbarkeit verlaufen. Die Struktur der Muskelfaser eines Insekts ist fähig, in der Sekunde einige hundert Zyklen der Kontraktion und Entspannung zu vollführen. Mit diesem mechanischen Zyklus muß der Zyklus des Aufloderns der chemischen Prozesse zeitlich außerordentlich genau synchronisiert sein. Jedoch hängen die strukturelle Beweglichkeit und die Zyklik des Chemismus nicht nur in solchen Erscheinungen und Prozessen zusammen, in denen eine gut unterscheidbare Umstellung stattfindet. In den letzten Jahren gelang es uns zu beobachten, daß die Ausbreitung eines Nervenimpulses in der Nervenfaser nicht nur die Ausbreitung der Welle der Depolarisation der Nervenfaser und der damit verbundenen chemischen Aktivität ist. Mit Hilfe einer Reihe von Methoden gelang es uns zu zeigen, daß dem auch eine Welle von strukturellen Prozessen zugrunde liegt. Dies ist besonders gut zu beobachten, wenn man den Nerv künstlich mit einer erhöhten Frequenz reizt, da dann jeder folgende Reizimpuls noch in das veränderte Substrat fällt. Dann sammeln sich gleichsam nach einer Serie von Impulsen die strukturellen Veränderungen an. Dies kann auch mit Hilfe des Elektronenmikroskops beobachtet werden, wenn man einige methodische Kniffe anwendet.

Die Beweglichkeit des Substrats im Prozeß der Lebenstätigkeit existiert auch dann, wenn makroskopisch keinerlei Bewegung sichtbar ist.

Der Durchlauf des Nervenimpulses ruft einen 10000—20000mal schwächeren mechanischen Effekt hervor als der mechanische Effekt einer Muskelfaser von analoger Stärke beträgt, wie wir berechnet haben. Dessenungeachtet können die Wellen der Strukturprozesse und die Veränderung der mechanischen Eigenschaften, die Veränderung einer Art Ziehkraft im Prozeß des Laufs des Nervenimpulses erkannt werden.

Hierzu kann man noch ergänzen, daß die Resterscheinungen, die nach der Reizung der Nerven durch elektrische Impulse erhöhter Frequenz auftreten, eine Art von Aufbewahrung der Information im erregten Substrat darstellen.

Die Gesamtheit der uns zur Verfügung stehenden Angaben spricht dafür, daß die Stoffwechselprozesse die Grundlage der Lebenserscheinungen sind. Hieraus wird auch die Rolle der Chemie bei der Erforschung biologischer Probleme verständlich. Aus diesem Grunde ist es auch in gewisser Weise gerechtfertigt, die physikalischen Prozesse und physikalischen Eigenschaften des lebenden Systems nur für etwas vom Stoffwechsel Abgeleitetes zu halten. In der Tat hat die elektrische Tätigkeit der Zellen und Gewebe eine bestimmte Gerichtetheit der chemischen Prozesse zur Grundlage. Die Bewegung der Stoffe im Organismus kann nicht allein auf die Erscheinung der Diffusion reduziert werden. Gerade das Vorhandensein chemischer Prozesse, die der Lebenstätigkeit der Zellen zugrunde liegen, kann die Bewegung der Stoffe gegen den Konzentrationsgradienten erklären. Die mechanischen Eigenschaften und die mechanischen Prozesse bei der Beweglichkeit des Protoplasmas und der Muskelkontraktion sind auch sekundäre Ableitungen von den chemischen Umwandlungen. Die Wärmeproduktion und die Eigenart der Thermodynamik des Lebenden im Ganzen basieren auf der Gesamtheit des Stoff- und Energiewechsels.

Diese Frage hat jedoch auch eine andere Seite. Im eigentlichen Sinn des Wortes können wir unter chemischem Aspekt Umwandlungen betrachten, die sich nur in einem einfachen System, z. B. in Lösungen, vollziehen.

Alles nicht nur über die chemischen Prozesse, die ihren äußeren Ausdruck gerade in der Veränderung der physikalischen Eigenschaften haben, Gesagte, sondern überhaupt alle chemischen Erscheinungen des Stoffwechsels (ich habe ein lebendes System im Auge) vollziehen sich in einem sehr komplizierten heterogenen mehrphasigen Substrat mit verzweigten Oberflächen. Hier, in diesem mehrphasigen System, werden die chemischen Prozesse nicht nur durch im eigentlichen Sinne chemische Gesetzmäßigkeiten, durch die Reaktionsfähigkeit der entsprechenden Komponenten, die Aktivität der Fermente, das Massenwirkungsgesetz, sondern auch durch solche Kräfte gelenkt, die für heterogene mehrphasige Systeme charakteristisch sind. Gewöhnlich rechnet man diese Kategorie von Erscheinungen einschließlich der Eigenart der Oberflächeneigenschaften, der elektrischen (elektrostatischen) Kräfte u. ä. weniger zur Chemie als zur physikalischen Chemie, d. h. dem Wesen nach betrachtet man sie unter physikalischem Aspekt.

So kann es ein legitimes Gebiet geben, das seine selbständige Bedeutung hat, das man als Physik der Kräfte und Erscheinungen bezeichnen muß, die mehrphasige heterogene Systeme steuern.

Von diesem Gesichtspunkt können wir von der Physik nicht nur als von etwas Nebengeordnetem, von den chemischen Eigenschaften und Prozessen Abgeleitetem sprechen, sondern auch als von einer Summe von Eigenschaften und Erscheinungen, die eine nicht geringe Bedeutung für das Wesen des chemischen Stoffwechsels selbst haben.

Die Ausnutzung der Physik und Chemie erfolgte auf vielen Wegen. Sie zeigte ihre ausnehmende Fruchtbarkeit und dient der Festigung der dialektisch-materialistischen Anschauung über das Wesen der Lebenserscheinungen. Dies bedeutet jedoch nicht, daß die Möglichkeit ausgeschlossen ist, einerseits primitiv, vereinfacht an die Betrachtung des Wesens der Lebenserscheinungen heranzugehen, wenn man irgendeine, zufällig genommene Seite der betrachteten Prozesse mit dem Wesen der Lebenserscheinungen identifiziert oder die künstlich herausgegliederte physikalische oder chemische Charakteristik der Prozesse als entscheidende Charakteristik in den materiellen Grundlagen der Lebenserscheinungen angenommen wird. In Wirklichkeit passiert dies vor allem dann oft, wenn unvorsichtige, unüberlegte Äußerungen von einzelnen Forschern gemacht werden, die die ganze Logik der Entwicklung der Wissenschaft verwerfen.

Andererseits gibt es auch die umgekehrte Gefahr: Versuche, von rein physikalischer Position idealistische Konzeptionen in der Biologie zu beweisen. Einer der bedeutendsten modernen Physiker, Niels Bohr, sprach seinerzeit die Idee von der Unerkennbarkeit der Lebenserscheinungen aus und versuchte, sie zu begründen. Ein solcher Ausspruch ist im Munde eines Physikers sehr seltsam. N. Bohr ging von der Annahme einer besonderen Verstärkereigenschaft der biologischen Prozesse und der Möglichkeit aus, die Erscheinungen der Mikrowelt auf die Kategorie der Makroerscheinungen zu heben mit der Extrapolation insbesondere des Prinzips der Unbestimmtheit auf diese Sphäre.

Bei richtiger Anwendung der Physik und Chemie in der Biologie erhält der Forscher jedoch ein ausgezeichnetes Werkzeug für die tiefe Erkenntnis der Geheimnisse der Lebensprozesse, wodurch die Perspektive, und eine verlockende Perspektive, geschaffen wird, in Zukunft diese Prozesse dem Willen des Menschen, der Praxis der Medizin, der Landwirtschaft usw. dienstbar zu machen.

A. I. OPARIN
Mitglied der Akademie der Wissenschaften der UdSSR

DAS PROBLEM DER ENTSTEHUNG DES LEBENS IM LICHTE DER ERRUNGENSCHAFTEN DER MODERNEN NATURWISSENSCHAFT

1. Der in der Naturwissenschaft Ende des vergangenen und Anfang unseres Jahrhunderts herrschende mechanische Materialismus erwies sich als völlig unfähig, eine rationale, wissenschaftlich begründete Antwort auf die Frage nach der Entstehung des Lebens zu geben und führte dieses Problem erwiesenermaßen in eine Sackgasse. Die Ursache dafür lag in folgendem: Gemäß der mechanistischen Auffassung gibt es keinen prinzipiellen Unterschied zwischen den Organismen und den Körpern der anorganischen Natur. Die Lebewesen sind nur besonders kompliziert gebaute Verbindungen materieller Teilchen.

Deshalb ist die Entstehung von Lebewesen nicht die Entstehung von etwas qualitativ Neuem. Lebewesen müssen unbedingt unter irgendwelchen Bedingungen aus den Objekten der anorganischen Natur auf einmal ursprünglich entstehen, ähnlich wie ein Kristall bei der Bildung aus ungeordneten in der Mutterlösung verstreuten Molekülen und Ionen eine bestimmte Struktur annimmt. So ist die Anerkennung des Prinzips der Urzeugung eine sich logisch zwangsläufig ergebende Folge der mechanistischen Vorstellungen. Den einzig möglichen Weg zur Lösung des Problems der Entstehung des Lebens sahen die Mechanisten darin, diese Erscheinung mit allen der Wissenschaft zugänglichen Methoden zu untersuchen, indem man die Urzeugung, sei es auch eines allereinfachsten Organismus, in der Natur entdeckt oder im Laboratorium künstlich herstellt.

Jedoch zeigten die zahlreichen und sehr exakt durchgeführten Beobachtungen und Versuche in überzeugender Weise, daß alle diese früheren Behauptungen von der Möglichkeit einer Urzeugung falsch waren. Das entzog den Naturwissenschaftlern, die an das Problem der Entstehung des Lebens von mechanistischen Positionen aus herangingen, den Boden.

Nach Pasteurs Versuchen und anderen analogen Forschungen wurden sie jeder Möglichkeit des experimentellen Herangehens an die Lösung dieses Problems beraubt, was sie zu sehr pessimistischen Schlußfolgerungen führte. Einige waren bestrebt, von diesem Problem abzurücken, indem sie vermuteten, daß das Leben niemals entstanden ist, sondern daß die Lebewesen von irgendwo anders her auf die Erde getragen wurden, andere gingen offen auf idealistische Positionen über und erklärten, daß dieses Problem eine Sache des Glaubens sei.

2. Völlig andere Perspektiven bei der Lösung des Problems der Entstehung des Lebens eröffnen sich, wenn man nicht metaphysisch, nicht losgelöst von der allgemeinen Entwicklung der Materie, sondern dialektisch an das Problem herangeht, wenn man sich auf die Untersuchung der Geschichte dieser Entwicklung stützt. Nach dem dialektischen Materialismus bleibt die Materie niemals in Ruhe, sie bewegt und entwickelt sich ständig und dabei geht sie von einer Bewegungsform in immer neuere, immer kompliziertere und vollkommenere Formen über. Auch das Leben ist solch eine besondere, sehr komplizierte Form der Bewegung der Materie, die als neue Qualität auf einer bestimmten Stufe der allgemeinen Entwicklung der Materie entstand.

Dies rief einen Umschwung im Bewußtsein der Naturforscher unserer Zeit in ihrem Verhältnis zum Problem der Entstehung des Lebens hervor. Wenn früher im Verlauf nahezu der gesamten ersten Hälfte des 20. Jahrhunderts dieses Problem fast völlig aus dem wissenschaftlichen Leben ausgeschlossen wurde, wenn man diesem Problem in der Weltliteratur einen verschwindend kleinen Raum widmete, so sind die jetzt schon unzähligen Bücher und Artikel Zusammenstellungen und Darstellungen experimenteller Arbeiten gewidmet, die sich die Aufgabe stellen, unser Wissen faktisch zu prüfen und auf experimentellem Wege die einzelnen Etappen der historischen Entwicklung der Materie zu reproduzieren.

3. Zur Erleichterung der Darlegung kann man die ganze Geschichte der Entwicklung der Materie bis zur Entstehung des Lebens in folgende drei Etappen einteilen:

1) Die ursprüngliche Entstehung der Kohlenwasserstoffe und ihrer nächsten Derivate als Ausgangsstoffe für die Bildung verschiedenartiger organischer Stoffe im Prozeß der Evolution;

2) die Entstehung zahlreicher komplizierter und hochmolekularer organischer Verbindungen, darunter von Polynukleotiden und eiweißartigen Polypeptiden;

3) die Entstehung von Eiweißsystemen mit Stoffwechsel, d. h. die Entstehung einfachster Organismen.

4. Es ist richtiger, die Erforschung dieser aufeinanderfolgenden Entwicklung der Materie, die irgendwann zur Entstehung des Lebens auf der Erde geführt hat, vor allem mit der Erforschung des Problems der ursprünglichen Bildung einfachster organischer Stoffe auf unserem Planeten zu beginnen. Ohne organische Stoffe in moderner Auffassung ist das Leben überhaupt unmöglich, undenkbar. Alle Lebewesen ohne Ausnahme sind im wesentlichen aus diesen Stoffen gebildet worden und die für das Leben charakteristischste Erscheinung, der Stoffwechsel, ist nur auf der Grundlage der Umwandlung organischer Verbindungen möglich.

Gegenwärtig bestimmt man die organische Chemie als Chemie der Kohlenwasserstoffe und deren Derivate. Diese Definition weist nicht nur richtig auf den genetischen Zusammenhang jeder organischen Verbindung mit den Kohlenwasserstoffen hin, aus denen sie gewonnen werden können, sondern spiegelt auch die qualitative Spezifik der organischen Chemie als Wissenschaft wider, deren Forschungsgegenstand eine höher organisierte Form der Materie im Vergleich zum

Gegenstand der anorganischen Chemie ist. Gleichzeitig ist der Übergang der anorganischen Verbindungen des Kohlenstoffs in organische irgendwann der erste außerordentlich wichtige Schritt zur Entstehung des Lebens gewesen. Deshalb ist es für die Lösung des uns interessierenden Problems vor allem notwendig, sich eine klare Vorstellung darüber zu verschaffen, wie unter natürlichen Bedingungen im Prozeß der Bildung unseres Planeten oder in den ersten Stadien seiner Existenz die Kohlenwasserstoffe und ihre einfachsten Derivate ursprünglich entstanden, d. h. die Kohlenstoffverbindungen, aus denen sich im weiteren Verlauf alle übrigen, auch die kompliziertesten organischen Stoffe bilden konnten, die die materielle Grundlage des Lebens sind.

5. Noch vor verhältnismäßig kurzer Zeit war sogar diese erste Etappe auf dem Weg zur Entstehung des Lebens dem Verständnis und der Untersuchung völlig unzugänglich, weil man annahm, daß unter natürlichen Bedingungen die Umformung anorganischer Formen der Kohlenwasserstoffverbindungen in organische nur vermittels lebender Wesen (biogen) vor sich geht. Diese Meinung bildete sich auf der Grundlage der Erforschung desjenigen Zustandes, der auf der Erde in der gegenwärtigen Epoche besteht. Aber das Herangehen an das Problem von breiteren Grundlagen aus, die Bekanntschaft mit Tatsachen, die sich auf andere Himmelskörper unseres Weltalls beziehen, überzeugt uns völlig von der Möglichkeit der abiogenen Bildung von Kohlenwasserstoffen.

Die Erforschung der Geschichte der Bildung der Erde zeigt, daß sowohl auf ihr, wie auf anderen Himmelskörpern die Kohlenwasserstoffe und deren einfachste Ableitungen sich lange vor dem Entstehen der Lebewesen abiogen gebildet haben müssen. Erst nach der Entstehung des Lebens, dieser höheren Bewegungsform der Materie, entstanden neue, äußerst vollkommene Methoden der Umwandlung anorganischer Formen des Kohlenstoffs in organische auf biogenem Wege. Im Ergebnis wurde die riesige Menge des Kohlenstoffs auf der Erdoberfläche in den biologischen Prozeß einbezogen und die alte abiogene Methode der Bildung der Kohlenwasserstoffe verlor ihre Bedeutung und trat in den Hintergrund, wie das immer bei der Entwicklung der Materie, bei der Entstehung neuer, höher entwickelter Formen ihrer Bewegung zu sein pflegt.

6. Es gibt Gründe zur Annahme, daß unser Planet einen großen Teil der Zeit seiner Existenz unbelebt war. Die Kohlenwasserstoffe und deren einfachste Derivate begannen bereits auf der Erdoberfläche in den frühesten Perioden ihrer Bildung zu entstehen. Aber sie waren nur die Ausgangsverbindungen und das Anfangsglied einer langen Kette derjenigen abiogenen organisch-chemischen Umwandlungen, die auf der Oberfläche der noch unbelebten Erde vor sich gingen und die zur Entstehung einer großen Menge verschiedenartiger und mitunter äußerst komplizierter und hochmolekularer Stoffe in ihrer Atmosphäre und Hydrosphäre führten, ähnlich denen, die heute im Körper der Tiere und Pflanzen vorkommen.

Die allgemeine prinzipielle Möglichkeit dieser zweiten Etappe der Entwicklung der Materie — von den einfachsten Kohlenwasserstoffen zu den kompliziertesten organischen Stoffen — war im Keim in den ursprünglichen Kohlenwasserstoffen selbst enthalten, die in sich riesige chemische Potenzen bargen. Wenn man diese Potenzen und die zusätzlichen Energiequellen in Rechnung stellt, die auf der Erdoberfläche in Form von Strahlenenergie (insbesondere in Form des ultravioletten Lichtes), in Form elektrischer Entladungen und in Form der Energie des Atomzerfalls natürlicher radioaktiver Stoffe vorhanden waren, hat man genügend Gründe zur Annahme der Möglichkeit der abiogenen Entstehung kompliziertester organischer Verbindungen und man kann die Möglichkeit einer solchen Entstehung unter den Bedingungen, die auf der Erdoberfläche in den Anfangsperioden ihrer Existenz herrschten, sogar experimentell begründen.

Die verhältnismäßig einfachen Gesetzmäßigkeiten der Thermodynamik und chemischen Kinetik, die im wesentlichen allein den Verlauf der chemischen Vorgänge im Wasser des Urozeans bestimmten, genügen, um uns die Wege der ursprünglichen Bildung der Zucker, der Aminosäuren, Porphyrine, Purin- und Pyrimidinbasen und sogar die der mehr oder weniger komplizierten Polymere — Polypeptide, Polynukleotide etc. — verständlich zu machen.

7. Einige moderne Autoren sind der Meinung, daß auf dieselbe Art und Weise, eben auf der Grundlage dieser Gesetzmäßigkeiten, wir uns auch die Entstehung der für das Leben spezifischen Verbindungen erklären können — der Eiweiße mit ihren fermentativen Funktionen, der Nukleoproteide mit ihrer Fähigkeit zur Selbstreproduktion usw. In der ursprünglichen Entstehung dieser Verbindungen sehen diese Autoren den Schlüssel zum Verständnis der Entstehung des Lebens. Diese Möglichkeit real zu zeigen, mißlingt jedoch völlig, wenn man nur von den chemischen Gesetzmäßigkeiten ausgeht. Deshalb nehmen diese Autoren gewöhnlich an, daß die Entstehung der Eiweiß- und Nukleinmoleküle dank eines äußerst seltenen Zufalls vor sich ging, eines „glücklichen" Zusammentreffens von Atomgruppierungen, das vielleicht insgesamt einmal in der ganzen Zeit der Existenz der Erde erfolgt sein mag. Aber eine solche Art des Herangehens verschließt die Tür zu jeder wissenschaftlichen Erforschung unseres Problems völlig.

8. Die Moleküle der heutigen Eiweiße oder der Nukleinsäuren besitzen nicht nur einen sehr komplizierten Bau. Charakteristisch für sie ist, daß dieser Bau sehr gut, vollständig der Erfüllung bestimmter wichtiger biologischer Funktionen angepaßt ist. Die Eiweiße, Fermente oder Hormone usw., sind sehr vollkommene, „rationell gebaute" Organe des lebenden Protoplasmas. Deshalb erinnert die Vorstellung, daß sie einmal irgendwie ursprünglich entstanden seien und sich dann aus ihnen schon das Protoplasma gebildet hat, bis zu einem gewissen Grade an die Vorstellung des Empedokles, nach der zuerst die einzelnen Organe entstanden und sich dann auf dem Weg ihres Zusammenwachsens die Organismen gebildet haben.

Vom modernen, darwinistischen Standpunkt ist die Fehlerhaftigkeit derartiger Vorstellungen völlig klar. Das eine oder das andere Organ kann nur auf der Grundlage der evolutionären Entwicklung des gesamten Organismus als eines einheitlichen Ganzen entstehen und sich vervollkommnen. Man kann sich die

Evolutionen eines einzelnen Organs, wie z. B. des Empedoklesschen „Auges ohne Stirn" unmöglich vorstellen, weil für das Auge selbst die Funktion, an die sein Bau angepaßt ist, keine Bedeutung hat. Genau wie auch die katalytische Aktivität eines Ferments, z. B. die Fähigkeit der Karboxylase, die Dekarboxylierung der Brenztraubensäure zu beschleunigen, seine Bedeutung nicht für das Ferment selbst hat, sondern für den lebenden Körper, in dem die gegebene Reaktion verläuft.

9. Nach unserer Meinung ist es unrichtig zu denken, daß ursprünglich im Prozeß der Evolution Eiweiße, Nukleinsäuren und andere sehr komplizierte Stoffe des Protoplasmas entstanden, deren innermolekularer Bau sehr gut, vollkommen an die Erfüllung bestimmter biologischer Funktionen angepaßt war und daß dann auf der Grundlage der Vereinigung dieser Stoffe auch das lebende Protoplasma selbst entstand. Die Entstehung der Organisation, die den Lebewesen eigen ist, konnte sich nur auf der Grundlage der Evolution, sei es auch primitiver, aber ganzer Ausgangssysteme vollziehen. Diese Systeme besitzen im Moment ihrer Bildung keine für das Leben spezifischen Besonderheiten und erst im weiteren Verlauf, im Ergebnis der Entstehung prinzipiell neuer Gesetzmäßigkeiten verwandelten sie sich in Systeme höherer Ordnung, in ursprüngliche Lebewesen.

10. Alle Angaben, über die wir gegenwärtig verfügen, zeigen, daß sich die ursprünglich gebildeten organischen Polymere und in erster Linie die hochmolekularen eiweißähnlichen Polypeptide und Polynukleotide in einer bestimmten Periode der Evolution der Kohlenstoffverbindungen in Form vielmolekularer Aggregate aus einer homogenen Lösung gebildet haben müssen, die ähnlich den im Labor zu erhaltenden Koazervattropfen sind, weil nämlich die Erscheinung der Koazervation das stärkste Mittel für die Konzentrierung hochmolekularer Verbindungen aus ihren verdünnten Lösungen darstellt.

Gleichzeitig war die Bildung der Koazervate im Wasser der Erdhydrosphäre eine sehr wichtige Etappe in der Evolution der ursprünglichen organischen Stoffe und im Prozeß der Entstehung des Lebens, weil sich auf diesem Wege individuelle Systeme bildeten — die Koazervattropfen, von denen jeder einen besonderen Bau hatte.

11. Die bei einfacher Mischung von Lösungen zweier verschieden geladener Kolloide künstlich erhaltbaren komplexen Koazervate sind Bildungen, deren Beständigkeit einen statischen Charakter trägt. Ihre mehr oder weniger lange Existenz, die von den Verhältnissen der Löslichkeit oder dem Vorhandensein von Oberflächenhäutchen bestimmt wird, ist verbunden mit der Erhaltung der Beständigkeit der Systemeigenschaft in der Zeit. Aber nicht ein derartiger Charakter der Beständigkeit des Systems spielte die entscheidende Rolle in der Evolution der Materie zur Entstehung des Lebens hin. Diese Evolution konnte nur auf der Grundlage der Wechselwirkung des Systems mit der umgebenden Umwelt vor sich gehen, d. h. auf der Grundlage der Bildung offener Systeme. Unter den Bedingungen der ursprünglichen Erdhydrosphäre, wo der Tropfen nicht einfach im Wasser schwamm, sondern in einer Lösung verschiedenartiger Stoffe, die in ihn eindringen und mit den Stoffen in Wechselwirkung treten konnten,

die den Tropfen bilden, mußte er unbedingt die Züge eines offenen Systems annehmen. Eben ein solches System war auch das Ausgangssystem für die Evolution der organisierten Materie.

12. Schon in diesem Anfangsstadium der Evolution unserer Ausgangssysteme sollten sich zwei für die weitere Entwicklung der Materie sehr wichtige Umstände bemerkbar machen. Einerseits gaben die individuellen Besonderheiten der physikalisch-chemischen Organisation jedes einzelnen Koazervattropfens den chemischen Reaktionen, die in ihm vorgingen, ein bestimmtes Gepräge. Andererseits waren für das weitere Schicksal des Tropfens die chemischen Prozesse nicht gleichgültig, nicht einmal, wenn sie vereinzelt auftraten. Die einen chemischen Prozesse begünstigten eine größere dynamische Beständigkeit des Tropfens, während andere im Gegenteil diese Beständigkeit zerstörten und zum Verschwinden des Koazervatsystems führten.

So entstand schon auf diesem Stadium der Evolution der Materie eine bestimmte „Auslese" der individuellen Kolloidsysteme nach dem Merkmal der Übereinstimmung ihrer Organisation mit der Aufgabe der Erhaltung des gegebenen Systems unter den Bedingungen der ständigen Wechselwirkung mit der sie umgebenden Umwelt. Natürlich trug diese „Auslese" noch einen sehr primitiven Charakter und kann nicht unmittelbar mit der vollwertigen „natürlichen Auslese" im streng biologischen Sinn dieses Wortes gleichgesetzt werden, aber trotzdem ging unter ihrer Kontrolle die weitere Evolution der Ausgangssysteme vor sich und deshalb nahm sie eine völlig bestimmte Richtung an.

13. Vor allem veränderte sich im Ergebnis dieser gerichteten Evolution der Charakter der Beständigkeit der Ausgangssysteme selbst prinzipiell. Der Koazervatzustand und die Organisation der sich im Tropfen vollziehenden Prozesse konnten anfangs unabhängig voneinander existieren. Aus den oben dargelegten Gründen mußten sich diese zwei Seiten der Organisation im Prozeß der gerichteten Evolution folgerichtig immer mehr zu einem einheitlichen System vereinigen, so daß die Existenz des Systems von einem Netz der sich in ihm vollziehenden Reaktionen abhing und umgekehrt wurde das Netz selbst von der Organisation des Systems im ganzen bestimmt.

Beim Fehlen einer solchen Übereinstimmung, aber ständiger Wechselwirkung mit der Umwelt, mußte das System als individuelles Gebilde sehr schnell verschwinden. Wenn eine solche Wechselwirkung von Umwelt und System aus irgendeinem Grund abgebrochen wurde, so wurde damit solch ein statisches System aus dem allgemeinen Prozeß der Evolution ausgeschlossen. Auf diese Art und Weise verwandelten sich die Koazervattropfen im Prozeß der gerichteten Evolution in Systeme, deren Existenz unter den gegebenen Umweltbedingungen von der Organisation der sich in ihnen vollziehenden Prozesse abhing.

Mit anderen Worten, es entstanden Systeme, die auf Grund der ständig in ihnen vor sich gehenden Prozesse der Selbsterneuerung zur Selbsterhaltung, zur dauerhaften Existenz auf der Grundlage einer ständigen Wechselwirkung mit der Umwelt fähig waren.

14. Die Laboruntersuchungen der Koazervate und der isolierten Zellstrukturen und die Angaben der vergleichenden Biochemie der heutigen Organismen erlauben es uns, folgendes Bild der Komplizierung der Organisation der Ausgangssysteme im Prozeß der gerichteten Evolution zu entwerfen:

1) Als erstes Resultat dieser Evolution entstand die Fähigkeit der Systeme zur Selbsterhaltung unter den Bedingungen der ständigen Wechselwirkung mit der Umwelt;

2) der zweite Schritt in dieser Richtung war die Entstehung von Systemen, die nicht nur zur Selbsterhaltung fähig waren, sondern auch zur Vergrößerung ihrer Masse auf Kosten von Stoffen der sie umgebenden Umwelt (zum Wachstum);

3) der dritte Schritt auf dem Wege zur Entstehung des Lebens war, daß die Ausgangssysteme im Ergebnis der gerichteten Evolution nicht nur dynamisch beständig wurden, sondern auch dynamischer, weil das Prinzip der maximalen Geschwindigkeit (die jedoch mit der Existenz des Systems selbst vereinbar ist) ein wichtiger Faktor zur Vervollkommnung der organisierten Gebilde war.

15. Man muß bemerken, daß die Fähigkeit zur Selbsterhaltung und sogar zum schnellen Wachstum des ganzen dynamischen Systems noch nicht eine völlige Unveränderlichkeit dieses Systems bedeutete. Im Gegenteil, nur beim Vorhandensein von Veränderungen dieser Art wurde das Material für die Auslese und für die weitere Entwicklung des Systems geschaffen. Es ist jedoch verständlich, daß diese Veränderungen nicht über den Rahmen der dynamischen Beständigkeit des Systems hinausgehen durften. Eine Auslese für die weitere Entwicklung der Systeme ging deshalb beim schnellen und massenhaften Anwachsen der Ausgangssysteme nur bei den Systemen vor sich, in denen die Reaktionen des Netzes unter sich so übereinstimmten, daß stationäre, ständig sich wiederholende Ketten oder sogar geschlossene Reaktionszyklen entstanden, in denen diese Reaktionen sich die ganze Zeit in ein und demselben Kreis vollzogen und wo nur an bestimmten Punkten dieses Kreises eine Abzweigung entstand, die zu einer ständig sich wiederholenden Neubildung der einen oder anderen Produkte des Austauschs führte.

16. Aus dieser Beständigkeit der Wiederholbarkeit der wechselseitig verbundenen, untereinander zu einem einheitlichen Netz koordinierten Reaktionen entstand die bereits für lebende Systeme charakteristische Fähigkeit zur Selbstreproduktion.

Von diesem Moment an kann man von der Entstehung des Lebens sprechen. In diesem Stadium der Evolution der Materie gewann die natürliche Auslese in vollem Umfang ihren biologischen Sinn und auf dieser Grundlage begann sich die immer höhere Angepaßtheit der lebenden Organismen an die Existenzbedingungen und die genaue Übereinstimmung aller Details ihrer inneren Organisation mit den zu erfüllenden Lebensfunktionen schnell herauszubilden, d. h. das, was nicht selten mit dem Ausdruck „Zweckmäßigkeit“ des Aufbaus lebender Körper bezeichnet wird.

*

A. I. Oparin, Mitglied der Akademie der Wissenschaften der UdSSR (Erläuterungen auf der Konferenz). Es ist sehr schwierig, innerhalb der halben Stunde, die mir für meinen Vortrag gegeben wurde, systematisch, folgerichtig Ereignisse darzulegen, die sich im Verlauf von Milliarden Jahren vollzogen. Jedoch wird meine Aufgabe dadurch stark vereinfacht, daß vor kurzem mein Buch erschienen ist[1], das dem Problem der Entstehung des Lebens gewidmet ist, und außerdem vor einem Jahr in Moskau ein Internationales Symposium zu diesem Problem stattfand, dessen vorbereitende Materialien ebenfalls veröffentlicht wurden.[2] Deshalb beschränke ich mich in meinem Vortrag auf das, was sich seit diesem Symposium an Neuem ergeben hat, welche neuen Tatsachen aufgedeckt wurden, in welcher Richtung sich heute das wissenschaftliche Denken bei der Erforschung unseres Problems bewegt.

Wenn früher, vor zehn Jahren, das Problem der Entstehung des Lebens von breiten Kreisen der Naturwissenschaftler nahezu völlig ignoriert wurde und fast keine Widerspiegelung in der wissenschaftlichen Weltliteratur fand, so hat sich heute ein grundlegender Umschwung im Bewußtsein vieler Wissenschaftler vollzogen: Diesem Problem ist eine Vielzahl von Büchern und Artikeln, Zusammenstellungen und Darstellungen experimenteller Arbeiten gewidmet. Viel Material kann in unserer Frage insbesondere aus der bedeutenden Anzahl von Vorträgen entnommen werden, die auf dem IV. Internationalen biochemischen Kongreß gehalten wurden, der im September 1958 in Wien stattfand. So hat sich schon innerhalb eines Jahres nach der Beendigung des Moskauer Symposiums ein derartig umfassendes Material zum Problem der Entstehung des Lebens angesammelt, daß es hier nur sehr kurz in Form von Thesen dargelegt werden kann.

Vor allem muß man feststellen, daß schon auf dem Moskauer Symposium mit voller Entschiedenheit gezeigt wurde, daß der evolutionäre Weg der Lösung dieses Problems heute zum herrschenden, in der Naturwissenschaft allgemein anerkannten Weg geworden ist, während es noch vor wenigen Jahren Versuche gab, an das Problem der Entstehung des Lebens metaphysisch heranzugehen, losgelöst von der allgemeinen Entwicklung der Materie, von der Erforschung der Geschichte dieser Entwicklung; aber heute hat sich die Anerkennung der evolutionären Methode als einzig möglicher Weg für die Lösung dieses Problems durchgesetzt.

So wurde die dialektisch-materialistische Methode auf dem von uns untersuchten Wissensgebiet völlig bestätigt und anerkannt. Mehr noch. Wie besonders aus Arbeiten ersichtlich ist, die im letzten Jahr erschienen, findet die Auffassung eine immer weitere Verbreitung, daß auch die Erkenntnis des Wesens des Lebens nur in untrennbarem Zusammenhang mit der Aufdeckung des Problems der Entstehung des Lebens erfolgen kann. Wenn man, wie ich schon ausführte, früher

[1] Deutsch: A. I. Oparin, Die Entstehung des Lebens auf der Erde, Berlin 1957.

[2] Heft 2/1958 der Zeitschrift „Sowjetwissenschaft—Naturwissenschaftliche Beiträge" enthält die deutsche Übersetzung der wichtigsten Referate des Symposiums. Vgl. dazu auch: G. D. Bernal, Die Entstehung des Lebens auf dieser Erde, in: Einheit, Heft 1/1958; A. I. Oparin, Die Entstehung und Entwicklung des Lebens auf der Erde, in: Sowjetwissenschaft — Naturwissenschaftliche Beiträge, Heft 7/1959 (d. Hrsg.).

in der Naturwissenschaft dieses Problem ignorierte, so sind heute viele Gelehrte, die sich früher überhaupt nicht für dieses Problem interessierten, der Meinung, daß man nur im Zusammenhang mit der Untersuchung der Geschichte der Entwicklung der Materie zur Lösung des Problems des Wesens des Lebens kommen kann, daß das Wesen des Lebens und die Entstehung des Lebens nur zwei Seiten ein und desselben Problems sind.

So findet die dialektische Methode der Lösung des Problems des Wesens des Lebens und seiner Entstehung in immer breiteren Kreisen der Naturwissenschaftler ihre Anerkennung.

Dem Arbeitsprogramm des Moskauer Symposiums lagen jene drei Etappen der Entwicklung der Materie zugrunde, die ich in meinem Buch anführe. Das ist erstens die ursprüngliche Entstehung von einfachsten organischen Stoffen, von Kohlenwasserstoffen und ihren nächsten Derivaten; zweitens die Umwandlung dieser Ausgangsstoffe auf der Erdoberfläche in komplizierteste organische Verbindungen, insbesondere in Stoffe vom Typ der Eiweiße und Polynukleotide; und drittens die Bildung von vielmolekularen offenen Systemen von Komplexen, die Stoffwechsel aufweisen, d. h. die Entstehung der ursprünglichen, äußerst primitiven Organismen.

Die Beleuchtung der ersten von mir genannten Etappe ist sehr eng mit der Planetenkosmogonie verbunden, weil die Entstehung der einfachsten organischen Stoffe im Prozeß der Formierung der Erde in den ersten frühen Stadien der Existenz unseres Planeten stattfand.

Mit Recht sprach Akademiemitglied Ambarzumjan in seinem Vortrag sehr zurückhaltend in bezug auf die Planetenkosmogonie. Eine besonders große Schwierigkeit ist nach meiner Meinung in dieser Beziehung damit verbunden, daß uns nichts über den Anfangszustand des Planetensystems, über den Ausgangszustand für die folgende Evolution bekannt ist. Jedoch überzeugt uns die Untersuchung der verschiedenartigsten astronomischen Objekte, der Oberflächen von Sternen, der interstellaren gas- und staubförmigen Materie, der Atmosphäre der Planeten, der Meteoriten und der Kometen von der Notwendigkeit der ursprünglichen Bildung von Kohlenwasserstoffen im Prozeß der Formierung unserer Erde. Die ganze Frage reduziert sich darauf, welcher der zahlreichen möglichen Wege dieser Gebilde bei der Entstehung unseres Planeten und bei seiner folgenden Evolution der generelle war.

Gleichzeitig wurden in der letzten Zeit geologische Funde gemacht, die zeigen, daß der Prozeß der abiogenen Bildung von Kohlenwasserstoffen sich auch heute vollzieht, wenn auch in sehr beschränktem Maßstab. So gelang es, Kohlenwasserstoffe in Primärgesteinen zu entdecken, die von Ablagerungen von Sedimentgesteinen weit entfernt lagen. In Granitspalten wurden auch Gase entdeckt wie Methan, Äthan, Propan, aber auch unbedeutende Mengen flüssiger Kohlenwasserstoffe, die sich hier nur auf anorganischem Wege bilden konnten. Folglich zeigen sowohl die Geschichte der Bildung der Erde als auch die modernen geologischen Forschungen ohne Zweifel, daß im Prozeß der Formierung unseres Planeten

Kohlenwasserstoffe ebenso, wie auch auf anderen Himmelskörpern, auf anorganischem Wege, abiogen entstanden sein müssen.

Analog trifft auch die Vorstellung von der zweiten von mir genannten Etappe, die im wesentlichen auf den Gesetzmäßigkeiten der chemischen Kinetik und der Thermodynamik basiert, heute auf keine prinzipiellen Einwände. Umgekehrt gibt es heute eine sehr große Zahl von experimentellen Arbeiten, die sich schnell anhäufen und überzeugendes Material für unsere Vorstellungen liefern, wie auf der Erdoberfläche, in der irdischen Lithosphäre, Hydrosphäre und Atmosphäre, sich die Veränderung der ursprünglichen Kohlenwasserstoffe vollzog, was zur Entstehung komplizierter organischer Stoffe führte.

Wenn jedenfalls früher, vor 30 Jahren, eine derartige Möglichkeit der abiogenen Bildung von organischen Stoffen auf der Erdoberfläche unter natürlichen Bedingungen von der überwältigenden Mehrheit der Naturwissenschaftler voll und ganz abgelehnt wurde, so ist es keine Übertreibung, zu sagen, daß heute sich kaum ein Forscher finden läßt, der an der Möglichkeit der Bildung von sehr komplizierten chemischen Verbindungen, sogar solcher Verbindungen, wie Polypeptide, Polynukleotide, Porphyrine usw., auf abiogenem Wege in der ursprünglichen Hydrosphäre der Erde zweifelt.

Folglich kann man heute die These für allgemein anerkannt halten, daß in irgendeiner Periode der Existenz der Erde in ihrer Hydrosphäre, im Wasser des Urozeans, verschiedenartige, darunter auch sehr komplizierte organische Stoffe enthalten waren, die sich hier auf abiogenem Wege gebildet hatten. So war dieses Wasser eine eigenartige „Nährbouillon“, in der jedoch noch nicht die primitivsten Lebewesen vorhanden waren, die fähig waren, sich von dieser „Bouillon“ zu ernähren.

Also ist in bezug auf die ersten beiden Etappen der evolutionären Entwicklung, die zur Entstehung des Lebens führte, im Prinzip eine weitgehende Einmütigkeit erreicht worden. Hier gibt es Meinungsverschiedenheiten nur in Details.

Der prinzipielle Streit beginnt mit der dritten von mir genannten Etappe, wenn die weiteren Wege der Evolution, die ursprüngliche Entstehung primitiver Organismen zu Sprache kommen.

Diese Frage rief auch Meinungsverschiedenheiten auf dem Moskauer Symposium hervor. Sie tritt auch in der wissenschaftlichen Literatur dieses Jahres auf. Deshalb ist eine eingehendere Darlegung gerade dieser Etappe, die Beleuchtung der Frage, welche Richtung ihre Bearbeitung heute nimmt, nicht uninteressant.

Noch vor sehr kurzer Zeit war in der Naturwissenschaft der Standpunkt weit verbreitet, ich würde sagen, vorherrschend, daß das Leben ursprünglich in Form eines einzelnen „lebenden“ Moleküls entstanden ist. Im Wasser des Urozeans, in dem zahlreiche verschiedenartige organische Stoffe gelöst waren, bildete sich auf irgendeinem, möglicherweise sogar zufälligem Wege irgendein sehr kompliziertes Molekül, dessen innere molekulare Struktur auch alle grundlegenden Lebenseigenschaften bestimmte, insbesondere die Fähigkeit dieses ersten „lebenden Moleküls“ zur Selbstreproduktion oder sogar zur Vermehrung. Diese Richtung bei der Lösung des Problems der Entstehung des Lebens war im wesentlichen mit der Lehre Morgans und seiner Anhänger über die Gen-Natur des Lebens verbunden. So schrieb insbesondere Muller noch vor relativ kurzer Zeit, daß das Leben in Form eines einzelnen Genmoleküls erzeugt wurde, welches auch die einfachste Ausgangsform des Lebens war. Im weiteren eigne sich dieses Genmolekül irgendwie Protoplasma an, aber dies sei schon eine sekundäre Erscheinung gewesen. Analoge Gedanken finden wir bei Alexander und Bridges, die über Molekülbionten schreiben, über einzelne Moleküle, die mit der Fähigkeit zur Selbstreproduktion und mit allen anderen Lebenseigenschaften ausgestattet sind, bei Beadle, der der Meinung ist, daß die ursprüngliche Form des Lebens zur Autokatalyse des Moleküls fähig war, und bei vielen anderen Autoren.

Dieser anfangs unbestimmte Begriff vom Genmolekül und Molekülbiont erhielt später seine chemische Konkretisierung in der Vermutung, daß ein derartiges lebendes Molekül ein Teilchen eines Nukleoproteids sei. Hier kann man sich auf das Buch von Blum, auf die Äußerungen von Roka und von vielen anderen Autoren berufen. In einer Reihe von Fällen wird sogar auch für die heutigen Organismen als lebend nur das Desoxyribonukleinproteid-Teilchen anerkannt, während der übrige Zellinhalt nur als Milieu für dieses „lebende Molekül“ angenommen wird.

Nach den Versuchen von Schramm und Fraenkel-Conrat, die zeigten, daß der aktive Teil des Virus die Nukleinsäure ist, wurde diese Vorstellung noch mehr vereinfacht und es wurde angenommen, daß nur das Molekül der Desoxyribonukleinsäure (DNS) lebend ist.

Dieser Standpunkt fand auch auf dem Moskauer Symposium seine Verteidiger. Insbesondere der amerikanische Genetiker Horowitz brachte sehr bestimmt die Meinung zum Ausdruck, daß das erste Lebewesen auf der Erde ein Molekül der Nukleinsäure war. Diese Meinung unterstützten bis zu einem gewissen Grade Stanley und einige andere Gelehrte.

Im Gegensatz dazu wurde von mir und einer Reihe anderer Teilnehmer des Symposiums die Meinung zum Ausdruck gebracht, daß Ausgangssysteme für die Entstehung des Lebens vielmolekulare offene Systeme waren, die sich ständig in Wechselwirkung mit der Umwelt befanden, und daß man deshalb die Erforschung der ursprünglichen Organismen auf der Grundlage von Untersuchungen und Versuchen der Reproduktion derartiger vielmolekularer Systeme führen muß.

Was wurde in der gezeigten Beziehung im vergangenen Jahr an Neuem festgestellt und in welcher Richtung entwickelte sich die Forschungsarbeit in dieser Frage?

Man kann mit voller Bestimmtheit sagen, daß die in der letzten Zeit gesammelten biochemischen Angaben und insbesondere die Angaben, die auf dem Wiener biochemischen Kongreß mitgeteilt wurden, die Vorstellung vom DNS-Molekül als „lebendem Molekül“ nicht bestätigen, sondern eher widerlegen. Heute kann nicht nur keine Rede mehr sein von irgendeiner lebensbestimmenden innermolekularen Struktur der Desoxyribonukleinsäure, sondern im Lichte dieser neuen Angaben muß sogar die Auffassung der Rolle der DNS in der Vererbung einer sehr ernsthaften Überprüfung und Veränderung im Vergleich zu vereinfachten Vorstellungen unterzogen werden, die noch vor kurzer Zeit eine weite Verbreitung in der wissenschaftlichen Literatur hatten.

Als Beispiel ziehe ich hier den Vortrag von Chargaff heran, der als grundlegende verallgemeinernde Mitteilung in der Plenarsitzung des Internationalen biochemischen Kongresses gehalten wurde. Dieser Vortrag war der Frage der Untersuchung der Nukleinsäure im Zusammenhang mit ihrer Rolle in der Vererbung gewidmet. Chargaff ist einer der bedeutendsten Kenner der Chemie und Biochemie der Nukleinsäuren, und deshalb muß seiner Meinung eine sehr ernsthafte Aufmerksamkeit entgegengebracht werden. Auf der Grundlage eines sehr umfassenden biochemischen Materials zeigte Chargaff, daß nicht nur die DNS, sondern auch die RNS, die Eiweißstoffe, komplizierte Kohlenhydrate und Lipoide, d. h. im wesentlichen der gesamte vielmolekulare Komplex des Zellprotoplasmas, bei der Übertragung der erblichen Eigenschaften eine wesentliche Rolle spielen. Hieraus wird vollkommen klar, daß von einer Monopolrolle der DNS bei der Bestimmung der Vererbung nicht die Rede sein kann. Gleichzeitig darf man natürlich auch nicht zum anderen Extrem neigen und die Rolle der DNS bei der Vererbung völlig negieren. Das wäre völlig unrichtig. Jedoch muß man leider einsehen, daß auch jetzt die Ansichten über diese Rolle einen sehr hypothetischen Charakter tragen, und hier haben wir sehr wenig unmittelbare biochemische Angaben, sondern mehr indirekte Erwägungen und scharfsinnige Analogien.

Gewöhnlich umreißt man die Sache so, daß das DNS-Molekül infolge der ihm eigenen spezifischen Struktur (z. B. infolge einer bestimmten Aufeinanderfolge mononukleotider Reste in der polynukleotiden Kette) die Fähigkeit zur Selbstreproduktion besitzt, d. h. die Fähigkeit, bei Befinden in einem bestimmten Milieu neue, genau dieselben Moleküle zu bilden. Gleichzeitig bestimmt diese Struktur auch die spezifische Synthese des Eiweißes oder dient für diese Synthese unmittelbar als eine Art Matrize, oder (in der modernen Sprache der Physiker ausgedrückt) übergibt durch die RNS die für die Eiweißsynthese notwendige „Information“, die in der Struktur der DNS selbst kodifiziert ist.

Die dargelegte Vorstellung trägt bisher noch rein spekulativen Charakter und die in der Biochemie und Mikrobiologie angehäuften Fakten widersprechen dieser Vorstellung eher, als daß sie sie bestätigen. Insbesondere wurde z. B. gezeigt, daß in einer Bakterie, die natürlich einen bedeutenden Vorrat fertiger Nukleinsäuren mit ihrer spezifischen Struktur enthält, die Eiweißsynthese stark verzerrt wird oder sogar ganz aufhört, falls der untersuchten Bakterie Komponenten fehlen, die zwar nicht für die Eiweißsynthese notwendig sind, aber für die Neubildung der Nukleinsäuren. Auf diese Weise wird der Eindruck geschaffen, daß die Spezifik der Eiweißsynthese nicht unmittelbar durch die Anwesenheit einer bestimmten Struktur der Nukleinsäuren, insbesondere der DNS, bestimmt wird, sondern im Prozeß der Reproduktion der Nukleinsäuren im Verlauf des normalen Stoffwechsels.

Diese Reproduktion können wir natürlich unmittelbar einfach nach Ansammlung der DNS in einer beliebigen wachsenden lebenden Zelle beobachten. Aber dabei darf man in keinem Falle das übrige Protoplasma der Zelle als ein passives Milieu für das sich in ihm „vermehrende" DNS-Molekül betrachten. Im Gegenteil, die Gesamtheit der heute bekannten biochemischen Faktoren zeigt, daß es hier keinerlei „Vermehrung" der Nukleinmoleküle gibt, sondern nur ihre streng beständige Neubildung stattfindet, die durch einen ganzen Komplex energetischer, katalytischer und struktureller Systeme des Protoplasmas verwirklicht wird. Insbesondere wird durch die Arbeiten von Ochoa, Grunberg-Manago und anderen Autoren experimentell die Möglichkeit der Synthese von Polynukleotiden aus Nukleosidphosphaten in vitro bei Fermentwirkung von Polynukleotidphosphorylase gezeigt.

Ochoa sagte mir, daß diese Synthese nur erfolgreich verläuft bei Anwesenheit eines schon fertigen Polynukleotids, das hier die Rolle eines Zünders spielt, ähnlich, wie dies bei der fermentativen Synthese der Stärke aus Glukosemonophosphat geschieht. Jedoch das Stärkemolekül ist nur aus einem, sich immer wiederholenden Monomer (Glukoserest) aufgebaut, während die Spezifik des Aufbaus der Nukleinsäuren darin besteht, daß in ihrer polymeren Kette verschiedene Mononukleotide verschieden aufeinander folgen können und auf diese Weise eine gewaltige Zahl möglicher Varianten schaffen. Es drängt sich die Vermutung auf, daß bei Vorhandensein einer bestimmten Nukleinsäure (die die Rolle des Zünders spielt) durch die Fermente des Protoplasmas neue DNS-Moleküle synthetisiert werden, die genau dieselbe spezifische Lage der Monomere besitzen wie der Zünder. Dies ist bis jetzt natürlich nur eine Vermutung, die nicht durch irgendwelche unmittelbaren faktischen Angaben begründet ist. Aber wenn wir sie trotzdem annehmen, welche Folgen ergeben sich daraus für die Bestimmung der Rolle der DNS bei der Übertragung der Erbeigenschaften?

Auf dem Wiener Kongreß teilte mir Professor Commoner hierüber seine Hypothese mit, die ich hier auch, seine Lösung benutzend, darlegen möchte. Ich halte diese Hypothese nicht für bewiesen (dies nimmt offensichtlich ihr Autor selbst auch nicht an), aber ich führe sie hier nur als Beispiel einer anderen (im Vergleich zu der gewöhnlichen) möglichen Deutung der dargelegten Erscheinung an.

Nach der Gesamtheit der biochemischen Angaben verwirklicht sich der Lebensprozeß in einem komplizierten vielmolekularen offenen System, wie es das Protoplasma einer Zelle im ganzen ist. Diesem Prozeß liegt ein kompliziertes Netz wechselseitig zusammenhängender Stoffwechselreaktionen zugrunde. Die Kern-DNS spielt hier nur die Rolle des Zünders in dieser Synthese ihrer neuen Moleküle, die durch die fermentative Wirkung der Protoplasmaeiweiße entstehen. Dabei werden diese entstandenen Moleküle in Art einer Reserve „in den Kühlschrank" zurückgelegt, scheiden bis zu einem gewissen Grad aus dem Stoffwechsel aus (darauf weisen außerdem auch Versuche mit markierten Atomen hin). Aber bei ihrer Bildung reißen sie aus dem metabolischen Komplex die ständig in ihm sich in bestimmter Beziehung und in bestimmter Quantität synthetisierenden mannigfaltigen Mono-, Di- und Polynukleotide heraus, die im Stoffwechsel eine sehr wichtige Rolle als Kofermente usw. spielen. Die Herausnahme dieser aktiven Stoffe aus dem Stoffwechsel bei der DNS-Synthese verwirklicht sich in für die gegebene DNS streng spezifischer Ordnung. Gleichzeitig wissen wir, daß es im Netz von offenen Systemen genügt, auch nur einen Faden zu ziehen, um in mehr oder minder großem Grade das ganze Stoffwechselnetz zu verändern, zu verschieben, und das findet eben heute seinen spezifischen Ausdruck im Aufbau und im Verhalten der Organismen.

Genauso wie die eigene DNS kann auch fremde Desoxyribonukleinsäure wirken, wenn es gelingt, sie in die Zelle einzuführen, ohne die ihr eigene spezifische polymere Struktur zu verletzen. Dies kann sich auch bei den Versuchen der Transformation von Bakterienstämmen in andere unter dem Einfluß von aus letzteren gewonnenen DNS-Präparaten vollziehen.

Es ist leicht zu sehen, daß wir vom Standpunkt der von mir jetzt dargelegten Vorstellungen aus nur den gesamten vielmolekularen metabolischen Komplex mit seiner spezifischen Organisation sowohl im Raum als auch in der Zeit, mit seiner bestimmten Struktur und bestimmten Aufeinanderfolge und Übereinstimmung der Stoffwechselreaktionen als lebend anerkennen können. Äußerst charakteristisch für diese Organisation ist, daß alle Teile des Komplexes sehr vollkommen an die entsprechende Erfüllung bestimmter, für das Leben notwendiger Funktionen angepaßt sind, während die Organisation des gesamten Komplexes auf seine ständige Selbsterhaltung und Selbstreproduktion unter den gegebenen Umweltbedingungen gerichtet ist.

Eine solche Art der Organisation konnte nicht plötzlich oder zufällig entstehen. Sie ist das Ergebnis einer längeren Evolution, bei der die individuellen offenen Ausgangssysteme einer Auslese unter dem Einfluß der Umweltbedingungen unterlagen. Darauf deutet auch die vergleichende Erforschung des Stoffwechsels der primitivsten heutigen Organismen hin.

Wie auch andere Ingradienten des lebenden Systems, hat die DNS im heutigen Protoplasma ihre eigene Funktion, wodurch der bekannte Konservatismus der Vererbung bestimmt wird. Aus dem Stoffwechsel ausgeschlossen und in unveränderter Form in die neue Zelle übergeben, schafft sie im metabolischen Komplex dieser Zelle einige streng beständige Veränderungen, aber sie ist natürlich nicht die Ursache des Stoffwechsels selbst, dieser für das Leben spezifischen Bewegungsform der Materie.

So ist die Rolle der DNS in der heutigen lebenden Zelle sehr wichtig, aber diese Rolle ist ohne Zweifel nicht primär, „lebensbestimmend".

In dem mir unlängst zugeschickten Abdruck seiner Arbeit „The Integrated Cell" gibt Lindegreen folgende (meiner Meinung nach sehr interessante) Analogie. Er zieht eine Parallele zwischen dem Gen und den Telefonleitungen von Chicago. Natürlich, schreibt er, sind für eine derartige große Stadt wie Chicago diese Leitungen völlig notwendig, aber hieraus folge überhaupt nicht, daß ohne diese Leitungen überhaupt keine Stadt früher existieren und sich entwickeln konnte.

In analoger Weise gibt es noch mehr Grund zu meinen, daß im Prozeß der Formierung des Lebens ursprünglich vielmolekulare offene Systeme entstanden, in denen sich allmählich eine Vervollkommnung des Stoffwechsels vollzog. Die Rolle der DNS bildete sich erst in späteren Entwicklungsetappen des Lebens heraus. Insbesondere wuchs sie bei der Entstehung des Geschlechtsprozesses.

Die praktische Schlußfolgerung, die ich für mich aus dem Gesagten ziehe, besteht darin, daß bei der Arbeit am Problem der Entstehung des Lebens besondere Aufmerksamkeit auf die Untersuchung der vielmolekularen offenen Systeme gerichtet werden muß, die die Ausgangssysteme für die Evolution sein konnten, und auf die Untersuchung der Wege dieser Evolution, die zur Entstehung des Lebens auf der Erde führten.

N. I. Graschtschenkow

Korrespondierendes Mitglied der Akademie der Wissenschaften der UdSSR

DIE LENINSCHE WIDERSPIEGELUNGSTHEORIE UND DIE MODERNE PHYSIOLOGIE DER SINNESORGANE

Seit W. I. Lenin seine ausgezeichnete Analyse des Wesens des physiologischen Idealismus gegeben hat, ist allen, die sich mit der Physiologie der Sinnesorgane beschäftigen, die Möglichkeit gegeben, sich eine richtige Vorstellung von den Grundlagen des physiologischen Idealismus und den idealistischen Fehlern im Geiste Kants zu machen, die Johannes Müller bei der Formulierung des Gesetzes von den spezifischen Sinnesenergien unterlaufen sind.

Der Weltanschauung von Johannes Müller lagen Antievolutionismus und Vitalismus zugrunde. Daraus entsprangen viele Fehler, unter anderem auch die Formulierung des „Gesetzes" von den spezifischen Energien in der Tätigkeit der Sinnesorgane. Das Wesen dieses idealistischen kantianischen „Gesetzes" besteht bekanntlich in folgendem: Die spezifischen optischen, akustischen, Geruchs- und Geschmacksempfindungen entstehen infolge spezifischer Funktionen, die gleichsam den betreffenden Sinnesorganen eigen sind und in ihnen von vornherein angelegt sind, und nicht durch spezifische Umweltreize, die von speziell angepaßten Nervenapparaten aufgenommen werden, die sich im Ergebnis einer langen, komplizierten Wechselbeziehung zwischen Organismus und Umwelt bzw. den ökologischen Bedingungen entwickelt haben. Es ist im wesentlichen die alte Humesche idealistisch-solipsistische Behauptung, die Johannes Müller wieder aufgegriffen und durch die Formulierung des Gesetzes von den spezifischen Sinnesenergien physiologisch „begründet" hat.

Der Versuch, zu leugnen, daß unsere Wahrnehmungen Abbilder der objektiven Realität sind, ist nicht nur für Johannes Müller als den Begründer der idealistischen Theorie von einer von Anfang an gegebenen, unveränderlichen Spezifität der Sinnesorgane, sondern auch für seine modernen Epigonen charakteristisch. Alle diejenigen, die in direkter oder versteckter Form an den theoretischen Konzeptionen Johannes Müllers von einem Gesetz der spezifischen Sinnesenergien festhalten, betrachten die Empfindung nicht als eine Verbindung des Bewußtseins mit der äußeren Welt, sondern als eine Schranke, die das Bewußtsein von der äußeren Welt trennt.

Eine Empfindung, die durch ein normal funktionierendes Sinnesorgan erzeugt wird, das an die Aufnahme und Analyse einer spezifischen Reizform angepaßt ist,

ist nichts anderes als ein Abbild der äußeren Erscheinung, als ein Zustand, der die objektiv und außerhalb unseres Bewußtseins existierende vielfältige materielle Welt widerspiegelt.

Die von W. I. Lenin formulierte Widerspiegelungstheorie bringt ein allgemeines Gesetz zum Ausdruck, dessen Inhalt mit jeder neuen Entdeckung auf dem Gebiet der Physiologie der Sinnesorgane weiterentwickelt wird, in seinem Wesen aber unerschüttert bleibt. Es enthält die Aussage, daß die Quelle unserer Empfindungen die äußere Welt ist, die objektive Realität, die außerhalb und unabhängig von unserem Bewußtsein existiert.

Wir leugnen natürlich nicht, daß in der Funktion der verschiedenen Sinnesorgane spezifische Besonderheiten bestehen. Aber unter dieser Spezifität verstehen wir im Unterschied zu Johannes Müller nicht eine ein für allemal gegebene, unveränderliche Eigenschaft der Sinnesorgane, sondern das Ergebnis der evolutionären Entwicklung der Wechselbeziehungen zwischen Organismus (einschließlich des kompliziertesten Organismus — des Menschen) und Umwelt. Nur infolge der ständigen Wechselbeziehungen der Vertreter des Tierreiches, unter ihnen seines höchsten Vertreters, des Menschen, mit ihrer Umwelt entstehen durch die vielfältigen spezifischen Reizeinwirkungen der Umwelt spezifische Formen optischer, akustischer, Geruchs-, Geschmacks-, taktiler und anderer Empfindungen. Allein diese Reize führen auch zur Ausbildung spezifischer peripherer Rezeptoren für die entsprechenden Erregungsformen. Im Ergebnis dieser Entwicklung entstehen Impulsströme, deren physikalisch-chemische Charakteristik in der Permeabilität der tierischen Membranen, in der Verlagerung der positiv und negativ geladenen Ionen aus den inneren Membranstrukturen auf die Membranoberfläche, in der Entstehung und Weiterleitung von Aktionsströmen bestimmter Frequenz und Amplitude längs der Membranen der nervalen Elemente deutlich zum Ausdruck kommt.

Die Anfangsform der spezifischen Erregung im peripheren rezipierenden Apparat erleidet auf dem Wege durch die Leitungselemente in den verschiedenen Etagen des Nervensystems bestimmte Transformationen, bevor diese Erregungswelle die entsprechenden zentralen Nervenformationen im Bereich der subkortikalen und kortikalen Zentren erreicht. In der Großhirnrinde kommt die subtilste Analyse zustande, und dort entsteht, wie Akademiemitglied I. P. Pawlow zeigen konnte, die Synthese derjenigen Erscheinungen, die die spezifische Reizquelle darstellte, deren Reize über die Erregungswellen in eine bestimmte Empfindung umgewandelt werden.

I. P. Pawlow gab auf Grund seiner Untersuchungen über die Physiologie der höheren Nerventätigkeit durch Anwendung der Methode der bedingten Reflexe zum ersten Male eine physiologische Begründung für einen so komplizierten Prozeß wie die Analyse und Synthese in ihrer dialektisch-materialistischen Einheit. Er zeigte, daß die Analyse im peripheren rezipierenden Nervenapparat beginnt und ihre qualitative Charakteristik von einem Niveau des Nervensystems zum anderen (Rückenmark, Hirnstamm, Subkortex und schließlich Hirnrinde) immer mehr zunimmt.

Nur der kortikale Anteil des mehrstufigen Analysators (nach I. P. Pawlow) sichert einen hohen Grad qualitativer Analyse der optischen, akustischen, Geruchs-, Geschmacks- und anderen Empfindungen. Dies kommt bei pathologischen Zuständen im Zentralnervensystem, vor allem im Gehirn, besonders deutlich zum Ausdruck. Hirnverletzungen, Hirntumore und entzündliche Vorgänge am Gehirn, besonders diejenigen Formen, die reversibel sind oder später kompensiert werden, zeigen quantitative und qualitative Störungen der analytischen Prozesse in den verschiedenen Analysatoren sowie ihrem zentralen und peripheren Ende.

Auch die Synthese der verschiedenen Reize, die die peripheren rezipierenden Nervenapparate treffen, beginnt stets im peripheren Ende des Analysators, erreicht aber ihren höchsten qualitativen Ausdruck erst in seinem kortikalen Ende, das an die Erfassung und Analyse des betreffenden spezifischen (optischen, akustischen usw.) Reizes angepaßt ist. Darüber hinaus erfolgt die Synthese nicht nur im kortikalen Ende des betreffenden Analysators, sondern infolge der Wechselbeziehung zwischen den Analysatoren auch in den anderen Analysatoren, ja in der gesamten Großhirnrinde. Somit ist, strenggenommen, die gesamte Großhirnrinde im wesentlichen ein synthetischer kortikaler Analysator.

Analyse und Synthese eines beliebigen spezifischen Reizes, der den Organismus aus dem äußeren oder inneren Milieu trifft, sind, obwohl qualitativ verschieden, doch dialektisch wechselseitig verbunden und bedingt als zwei Seiten eines einheitlichen Prozesses, die sich gegenseitig durchdringen und einander bedingen. Dem Zustandekommen der Prozesse der Analyse und Synthese dienen die gleichen Strukturen der peripheren und kortikalen Enden der Analysatoren, wenn auch am Ablauf der Synthese eine größere Anzahl von Hirnstrukturen beteiligt ist als am Ablauf der Analyse. Dadurch ist jedoch der eine Prozeß keinesfalls einfacher oder komplizierter als der andere.

Zur Begründung meiner Feststellung, daß die Einwirkungen der Umwelt und ihre spezifischen Reizformen zur Ausbildung der verschiedenen peripheren und zentralen Analysatorenglieder führen, möchte ich einige histologische Ergebnisse über die morphologische Struktur einzelner Sinnesorgane anführen.

Unser hervorragender Zeitgenosse S. I. Wawilow, der seinerzeit zahlreiche Arbeiten über die Physik des Lichtes durchgeführt und auch den Fragen der Biophysik des Sehens große Aufmerksamkeit gewidmet hat, stellte fest, daß sich die besondere Anpassung des Auges an die durch die Sonne auf der Erde geschaffenen Belichtungsbedingungen im Laufe einer langen Evolution gebildet hat.

Nach Meinung von S. I. Wawilow ist das Auge ein Ebenbild der Sonne. Man kann es nicht verstehen, wenn man die Sonne nicht kennt. Umgekehrt kann man in allgemeinen Zügen den besonderen Bau des Auges theoretisch umreißen, wenn man die Eigenschaften der Sonne kennt.[1]

Die gleiche Feststellung kann man auch über den Zusammenhang zwischen der Natur des Reizes und der Struktur besonders der peripheren Teile der Sinnesorgane,

[1] Siehe S. I. Wawilow, Auge und Sonne, 5. Aufl. Moskau 1950; deutsch: Berlin 1953.

d. h. der peripheren Analysatorenglieder, für den akustischen und vestibulären Analysator (Analysator des Gleichgewichts, der die Lage des Körpers im Raum regelt) sowie auch für die „chemischen“ Analysatoren des Geschmacks und Geruchs treffen. Auch die zahlreichen sogenannten Exterorezeptoren, die in den verschiedenen Schichten der Hautoberfläche liegen und die zahlreichen Interorezeptorenzellen, die inneren Rezeptoren, die in den Skelettmuskeln und Sehnen, in den inneren Organen sowie in den Blut- und Lymphgefäßen liegen, stellen keine Ausnahme von dieser Regel dar.

Die Netzhaut des Auges besitzt gewisse Ähnlichkeiten mit einem sehr empfindlichen Farbfilm. Zahllose Zäpfchen und Stäbchen fangen das verschieden intensive Tages- und Dämmerlicht und die unterschiedliche Farbe der äußeren, vom Auge wahrgenommenen Gegenstände auf. Alle diese die Lichtreize aufnehmenden Einheiten besitzen eigene Nervenfasern und eine eigene Projektion in den subkortikalen und kortikalen Formationen. In ihrem Verlauf schalten sich die Nervenfasern systematisch um und sind wechselseitig mit anderen Analysatoren verbunden. Durch diese gegenseitigen Verbindungen entsteht die anatomisch-physiologische Grundlage für den Mechanismus der Wechselwirkung in den peripheren Teilen der Sinnesorgane wie auch in den subkortikalen und kortikalen Analysatoren.

Nicht weniger kompliziert, und doch spezifisch, ist das Ohr aufgebaut. Man kann es mit einem kompliziert gebauten Musikinstrument, mit einer umfangreichen Klaviatur vergleichen, wobei jede „Taste“ einer bestimmten, vom Hörorgan wahrgenommenen Tonhöhe entspricht.

Einen eigenartigen Bau besitzt der Vestibularapparat, der für die genaue Wahrnehmung der Körperlage im Raum bestimmt ist. Er ist daran angepaßt, diese Lage mit Bezug auf den Unterstützungspunkt auf der Erde zu korrigieren, so daß die vertikale Körperhaltung des Menschen erhalten bleibt. Dieser Apparat steht nicht nur mit den peripheren Nervenfasern aus den Muskeln, Sehnen und inneren Organen in Verbindung, die alle Verlagerungen und das Ausmaß der Anspannung und Dehnung der Muskeln und Sehnen signalisieren, sondern auch mit dem optischen Apparat, der die Lage des Körpers im Raum im Verhältnis zu den sichtbaren Gegenständen feststellt.

Die peripheren, als Sinnesbecher bezeichneten Enden des Geruchs- und Geschmacksanalysators sind nach dem Typ chemischer Geräte gebaut und dienen der Aufnahme spezifischer chemischer Reize: flüchtiger (Geruch) und Kontaktreize (bitterer, süßer, saurer und salziger Geschmack). Einen eigenartigen Aufbau haben die Exterorezeptoren, die an die Aufnahme von Berührungs- und Druckreizen sowie von Wärme- und Kältereizen (Temperaturreizen) angepaßt sind. Es handelt sich dabei um Säckchen oder Kapseln mit Nervenfasern, die Reizimpulse mit einer Frequenz von 100 bis 500 und mehr pro Sekunde übertragen. Sie sind somit für eine exakte, infolge ihrer Adaptation zeitlich intermittierende Signalisation bestimmt. Die optischen, akustischen, vestibulären und chemischen Reize werden ebenfalls durch Apparate übertragen, die eine schnelle Signalisation sichern; bei ihnen ist jedoch der Adaptationsgrad an die Reize ein anderer als bei den Exterorezeptoren.

In allen diesen Fällen handelte es sich um Analysatoren der höheren Tiere und des Menschen. Wenn wir jedoch niedere Wirbeltiere, Knochenfische und Insekten betrachten, so sind bei ihnen die Analysatoren, die Sinnesorgane primitiver und folglich funktionell weniger bedeutungsvoll. Rudimentären Sinnesorganen begegnen wir auf allen Stufen des Tierreiches, angefangen von den Insekten. Eine allgemeine Gesetzmäßigkeit für den Bau und die Funktion der Sinnesorgane, die für alle Vertreter des Tierreichs gültig ist, besteht darin, daß sie den ökologischen Lebensbedingungen der betreffenden Tiere und der Grundfunktion der Wechselbeziehungen des betreffenden Organismus mit seiner ökologischen Umwelt angepaßt sind. Deshalb ist bei den einzelnen Tierarten jeweils ein anderer Analysator am höchsten entwickelt. Geruchs- und Gesichtssinn bei den Bienen, der Vestibularapparat bei den Vögeln usw. Dennoch ist in diesen Fällen das Ausmaß der strukturellen und funktionellen Vollkommenheit sehr weit von dem entfernt, das wir bei den höheren Tieren und beim Menschen antreffen.

Um das Ausmaß der Kompliziertheit der Struktur und Funktion der Analysatoren der höheren Tiere und des Menschen richtig verstehen zu können, die durch die Komplizierung ihrer Wechselbeziehungen mit ihrer Umwelt bzw. mit ihren ökologischen Lebensbedingungen zustande kommt, müssen wir die Struktur und Funktion der Analysatoren der Insekten, der Knochenfische und der anderen niederen Wirbeltiere etwas näher betrachten. Wenn man die Sinnesorgane oder Analysatoren vergleichend-physiologisch untersucht, enthüllt sich der Entstehungsmechanismus der Spezifität in der Funktion der Sinnesorgane. Es handelt sich dabei um einen Mechanismus der allmählichen Anpassung jedes einzelnen Analysators an die Aufnahme der aus dem äußeren und inneren Milieu eintreffenden spezifischen Reize, wobei sich diese Anpassung im gesamten Analysator von seinem peripheren Ende bis zu den subkortikalen und kortikalen Formationen vollzieht. Aus diesem Grunde verlieren die Vorstellungen von Johannes Müller über die angeborenen, von Anfang an gegebenen, unveränderlichen spezifischen Eigenschaften der Sinnesorgane jeden Sinn, und das Gesetz der Entstehung spezifischer Energien in den Sinnesorganen erhält seine evolutionäre, materialistische Begründung.

Um nicht falsch verstanden zu werden, möchte ich betonen, daß das Gesetz der Spezifität in der Funktion der Sinnesorgane im materialistischen evolutionären Sinne nicht nur für die Sinnesorgane, sondern auch für alle spezifischen Gewebe und Organe der Säugetiere und des Menschen gilt. In all diesen Fällen ist die Spezifität nicht ein für allemal gegeben, sondern sie bildet sich im Ergebnis eines langdauernden evolutionären Prozesses der gegenseitigen Abhängigkeit und Wechselwirkung von Organismus und Umwelt.

Man muß unterstreichen, daß die erwähnte Spezifität, die nicht nur den Sinnesorganen, sondern allen Geweben und Organen zukommt, auf der Grundlage der führenden Rolle des Nervensystems in den Wechselbeziehungen zwischen Organismus und Umwelt entsteht. Folglich kann man ohne Übertreibung sagen, daß die Spezifität aller Gewebe und Organe der Säugetiere und des Menschen bis zu einem gewissen Grade eine Spezifität ihrer Nervenapparate ist, da bei den komplizierten Wechselbeziehungen der Säugetiere und des Menschen mit ihrer Umwelt dem Nervensystem die führende Rolle zukommt und innerhalb des Nervensystems natürlich den rezipierenden Apparaten, zu denen die Sinnesorgane gehören.

Die moderne allgemeine Physiologie und die moderne Physiologie der Sinnesorgane stützen sich auf einige allgemeine Gesetzmäßigkeiten, mit deren Hilfe man die einzelnen Erscheinungsreihen in der Physiologie der Sinnesorgane richtig verstehen und bewerten kann. Beim ersten Auftreffen spezifischer äußerer Reize auf die für ihre Aufnahme bestimmten rezeptorischen Apparate entstehen Impulsströme, die eine bestimmte physikalisch-chemische, Frequenz- und Amplitudencharakteristik haben.

Die moderne Technik der Registratur und Analyse dieser Erscheinungen bedient sich schon seit über 30 Jahren der Elektronik (Kathodenstrahlröhre), um die Mikropotentiale zu verstärken und (akustisch oder optisch) zu objektivieren, wobei die Registrierung auf einem Leuchtschirm oder auf einem mit unterschiedlicher Geschwindigkeit bewegten Filmstreifen erfolgt. Diese Methoden, die zur Schaffung komplizierter Verstärker und Registriereinrichtungen (Oszillographen) geführt haben, ermöglichen eine exakte quantitative und qualitative Analyse der Mikropotentiale. Diese Verfahren der objektiven Analyse haben uns gezeigt, daß die qualitativen Eigenschaften der untersuchten Erscheinungen verschieden sein können, wobei die Unterschiede von den Entstehungsbedingungen, besonders von der Stufe der Erregbarkeit oder Labilität des Nervensubstrats abhängen, in dem die betreffende Erscheinung oder Erregung als Antwort auf äußere spezifische Reize entsteht.

Der Begriff der Labilität des Nervensubstrats wurde zum ersten Male von dem russischen Physiologen N. J. Wedenski angewandt, als er eine Reihe von Gesetzmäßigkeiten der Tätigkeit des Nerv-Muskel-Apparates untersuchte. Diese Gesetzmäßigkeiten wurden jedoch später mit vollem Recht sowohl auf das die peripheren Rezeptoren und Sinnesorgane bildende nervale Substrat als auch auf die zentralen Analysatorenglieder, insbesondere auf das subkortikale und kortikale Niveau der Analysatoren übertragen.

Der Zustand der Labilität des Nervensystems selbst ist eine veränderliche Größe, die, wie N. J. Wedenski zeigte, von den vorausgehenden Erregungswellen und von der Stärke der physikalisch-chemischen Umwandlungen abhängig ist, die in dem Nervensubstrat, in dem die Erregungswellen und elektrischen Potentiale als Antwort auf die äußere spezifische Reizung entstehen, stattfinden. Das Labilitätsniveau des Nervensubstrats und folglich des peripheren Endes des Analysators wird auch durch das Erregbarkeitsniveau der subkortikalen und kortikalen Enden der Analysatoren bestimmt.

Gleichzeitig mit der Bedeutung der Labilität des (rezeptierenden, afferenten) Nervensubstrats wurde auch die Bedeutung der Parabiose und ihrer verschiedenen

Phasen, die in den afferenten Systemen, d. h. sowohl in den peripheren als auch in den zentralen Enden der Analysatoren eintreten, gezeigt.

Neben diesen allgemeinen physiologischen Gesetzmäßigkeiten wurden besonders die Erscheinungen der Adaptation untersucht, die in den verschiedenen Sinnesorganen unterschiedlich stark ausgeprägt auftreten. Diese Fragen wurden dank der von Akademiemitglied P. P. Lasarew schon im Jahre 1913 begonnenen Untersuchungen in unserem Lande besonders eingehend bearbeitet. Auf Grund zahlreicher theoretischer und experimenteller Untersuchungen über die sogenannte Adaptation des Auges, die P. P. Lasarew durchführte, kam er zu der Schlußfolgerung, daß der Erregungsprozeß und die ihm nachfolgenden verschiedenen Zeitabschnitte der Adaptation vom Gesichtspunkt der von ihm entwickelten Ionentheorie der Erregung verstanden werden müssen.

P. P. Lasarew und nach ihm viele ausländische Forscher, z. B. der englische Neurophysiologe E. D. Adrian, der schwedische Forscher Granit und andere, zeigten, daß im Auge bei Lichteinwirkung aus dem Sehpurpur ionisierte Stoffe gebildet werden, die auf die Enden der Sehnerven eine Reizwirkung ausüben. Gleichzeitig laufen Restitutionsprozesse des Sehpurpurs ab, wobei einer der ersten dieser rein chemischen Prozesse bereits während der Lichteinwirkung auf die Netzhaut vor sich geht. Dabei wurde ein bestimmtes Abhängigkeitsverhältnis zwischen der Konzentration des Sehpurpurs und der Anfangsintensität des einwirkenden Lichtes festgestellt.

Neben dieser rasch ablaufenden Reaktion der Regeneration des Sehpurpurs wurden auch langsam ablaufende Prozesse entdeckt, an denen die Zellen des Pigmentepithels teilnehmen.

Akademiemitglied P. P. Lasarew führte auch quantitative Untersuchungen über andere Sinnesorgane wie das Hörorgan, das Geschmacks- und das Geruchsorgan durch. Auch dabei ließ sich ein bestimmtes Abhängigkeitsverhältnis der entstehenden Anpassungsreaktionen von den verschiedenen spezifischen äußeren Reizen zeigen, die das jeweilige Sinnesorgan treffen. Insbesondere besteht eine Abhängigkeit von der Intensität und Frequenz des äußeren Reizes, was auch eine unterschiedliche Adaptationsstärke oder eine unterschiedliche Anpassung an die betreffende Reizart zur Folge hatte.

In den letzten Jahren wurden die Probleme der Adaptation der Sinnesorgane noch eingehender experimentell bearbeitet, wodurch außerordentlich interessantes Beweismaterial zusammengetragen wurde. So besitzen z. B. einzelne Sinnesorgane (das trifft besonders auf die Berührung und Druck aufnehmenden Hautrezeptoren zu) eine überaus rasch eintretende Adaptation zu diesen Reizen, während andere, besonders einzelne Muskelrezeptoren, die die langanhaltende tonische Anspannung der Muskulatur sicherstellen, sich durch eine sehr langsam eintretende Adaptation auszeichnen.

Daraus geht hervor, daß auch das Gesetz der Adaptation auf die einzelnen Sinnesorgane in unterschiedlichem Maße zutrifft und durch den Charakter der funktionellen Besonderheiten des betreffenden Sinnesorgans sowie durch die Art der Wechselbeziehungen von Organismus und Umwelt bedingt wird. Diese Tatsache unterstreicht nur noch einmal, daß die Spezifität der Funktionen der Sinnesorgane (oder Analysatoren) als Mittel zu einer besseren Wechselbeziehung des Organismus zu seiner Umwelt entstanden ist und sich entwickelt hat. Ja, diese Spezifität ist selbst ein Produkt der spezifischen Eigenschaften und Qualitäten der Umwelt, die objektiv außerhalb unseres Bewußtseins existiert und in den subjektiven Eindrücken unseres Bewußtseins aktiv widergespiegelt wird.

Beziehungen zur Funktion der Sinnesorgane haben auch die entsprechenden trophischen Prozesse, da die Ausführung ihrer verschiedenen Funktionen an einen bestimmten nerval-trophischen Zustand gebunden ist. Wenn wir berücksichtigen, daß wir unter der nervalen Trophik die Gesamtheit der hochkomplizierten biochemischen und physikalisch-chemischen Prozesse in den verschiedenen Geweben und Organen, darunter auch den Sinnesorganen, verstehen, dann kann die von Akademiemitglied L. A. Orbeli ausgearbeitete Theorie der adaptationstrophischen Einflüsse auch auf die Funktionen der Sinnesorgane angewandt werden. Bekanntlich wird in dieser Theorie die führende Rolle des vegetativen Nervensystems, insbesondere seines sympathischen Abschnitts, das die adaptations-trophischen Eigenschaften der verschiedenen Organe und Organsysteme, darunter auch der Sinnesorgane sichert, hervorgehoben. Von hier aus wird die große Bedeutung des vegetativen Nervensystems, besonders seines sympathischen Teils, für die Sicherung der funktionellen Eigenschaften der Sinnesorgane verständlich. In dieser Richtung wurden noch in den letzten Jahren zahlreiche experimentelle und klinisch-physiologische Untersuchungen von Schülern und Mitarbeitern der Laboratorien L. A. Orbelis sowie auch von unseren Mitarbeitern in der Abteilung für Physiologie und Pathologie der Sinnesorgane am Unions-Institut für experimentelle Medizin durchgeführt.[1]

In den durchgeführten Untersuchungen wurde die Bedeutung des sympathischen Nervensystems für die Funktion der Netzhaut, des Vestibularapparates, der Haut- und Muskelrezeptoren, der Rezeptoren in den inneren Organen und Gefäßen sowie der Geruchs- und Geschmacksrezeptoren gezeigt.

Als eine der Störungen der adaptations-trophischen Einflüsse des vegetativen Nervensystems auf die einzelnen Sinnesorgane (oder Analysatoren) treten auch Veränderungen im Charakter der Bioströme oder elektrischen Potentiale auf, die von den Rezeptoren vor und nach verschiedenen physikalischen und chemischen Einwirkungen auf die mit ihnen verbundenen sympathischen Ganglien abgeleitet werden. Im Laufe derartiger Versuche wurde ein unmittelbarer physiologischer Einfluß der sympathischen Ganglien auf die Funktion der Hautrezeptoren nachgewiesen.

Ein wichtiges Problem der Physiologie der Sinnesorgane, das darüber hinaus für sie spezifisch ist, ist das der Wechselwirkung der Sinnesorgane (oder Analysatoren) sowohl in ihren peripheren als auch in ihren subkortikalen und kortikalen Enden.

[1] Siehe das Buch „Klinische Physiologie der Sinnesorgane", Arbeiten der Akademie der Medizinischen Wissenschaften der UdSSR, Bd. 4, Moskau 1949.

Das Problem der Wechselwirkung der Sinnesorgane hat schon seit langem die Aufmerksamkeit der Physiologen auf sich gezogen, und die klinische Praxis hat gezeigt, daß die funktionellen Eigenschaften der einen Sinnesorgane Veränderungen unterliegen, wenn man in verschiedener Weise auf andere Sinnesorgane einwirkt. So ist z. B. schon lange bekannt, daß sich bei bestimmten Einwirkungen auf das Auge die Hörschwelle verändert.

Verschieden starke und verschieden langdauernde achromatische und chromatische Einwirkungen können das Hörorgan beeinflussen, wobei sowohl eine Erhöhung als auch eine Verminderung seiner Empfindlichkeit eintreten kann.

Weiter fanden sich auch ausgeprägte Rückwirkungen von seiten gleichzeitiger Geruchsreize auf den Geschmacksapparat, wobei entweder die Geschmackswahrnehmungen für bitter, süß, sauer und salzig verschlechtert oder, umgekehrt, verbessert werden können.

Darüber hinaus ließ sich zeigen, daß unterschiedlich starke, getrennte oder gleichzeitige Einwirkungen auf die Muskel- und Hautrezeptoren die funktionellen Eigenschaften der verschiedenen Sinnesorgane wie Auge, Geschmack usw. verändern, wobei diese Einflüsse je nach ihrer Art und Stärke zu einer Verschlechterung oder Verbesserung der funktionellen Eigenschaften führen.

Die Wechselbeziehungen zwischen den Sinnesorganen wurden Gegenstand zahlreicher experimenteller und besonders klinisch-physiologischer Untersuchungen. Die größte Anzahl von Untersuchungen zu diesem Problem wurde in unserem Lande von umfangreichen Kollektiven von Klinikern, Physiologen und materialistisch eingestellten Psychologen durchgeführt. So konnte Prof. S. W. Krawkow bei der Anwendung verschiedenartiger optischer Reize nicht nur die Wechselbeziehungen zwischen den Stäbchen- und Zäpfchenapparaten der Netzhaut, zwischen den chromatischen und achromatischen Lichtempfindungen aufdecken, sondern er zeigte auch den Einfluß derartiger optischer Reize auf die Funktionen des Gehörorgans und anderer Sinnesorgane.

Eine große Anzahl von Untersuchungen über den Einfluß der Haut- und Muskelrezeptoren auf die funktionellen Eigenschaften der Sinnesorgane wurde von Prof. K. Ch. Kektschejew und seinen Mitarbeitern durchgeführt. Auch von unseren Mitarbeitern wurden in dieser Richtung bedeutende Untersuchungen angestellt (1933—1947).

Derartige Untersuchungen haben sich als außerordentlich fruchtbar für die Praxis erwiesen. So wurde unter Berücksichtigung des Gesetzes der Adaptation das Ausmaß der Ermüdung in den Rezeptorensystemen untersucht und Zeitpunkt und Art des Eintritts der Ermüdung festgestellt. Diese Versuche sind für verschiedene Berufe von besonderer Wichtigkeit, bei denen ausschließlich ein einziges Sinnesorgan in monotoner Weise beansprucht wird (z. B. für die Arbeit von Funkern oder für den nächtlichen Wachtdienst, wobei der optische Apparat besonders beansprucht wird usw.).

Im Ergebnis der Untersuchungen über den Mechanismus des Eintretens der Ermüdung und Hemmung wurden bestimmte Verfahren ausgearbeitet, bei denen durch Einwirkung auf andere Sinnesorgane die Ermüdung und Hemmung in diesem oder jenem Sinnesorgan beseitigt wird.

So ließ sich zeigen, daß verschiedene Geruchsreize eine Ermüdung im optischen Apparat beseitigen können und daß eine Reizung der Haut- und Muskelrezeptoren Ermüdungserscheinungen im Hörorgan aufheben kann.

Wenn man sich mit diesen Fragen beschäftigt, muß man den Begriff der Ermüdung und Hemmung in den Analysatoren (den Sinnesorganen) exakter definieren. Ermüdung und Hemmung sind keine identischen Begriffe. Erregung und Hemmung sind die beiden Nervengrundprozesse, die in jedem beliebigen Nervengewebe vonstatten gehen. Beide Prozesse bedingen einander und lösen sich gleichsam gegenseitig ab. Wenn wir jedoch ein und dasselbe periphere Analysatorenende wiederholt und gleichförmig reizen, dann entsteht in ihm nach verschieden langer Zeit, die von der Labilität des betreffenden nervalen Substrats abhängt, eine Ermüdung, die ein immer stärkeres (quantitatives und qualitatives) Absinken der Erregbarkeit zur Folge hat und schließlich dazu führt, daß auf den betreffenden gleichförmigen (monotonen) Reiz keine Antwort mehr erfolgt. Es tritt ein Hemmungszustand ein; aber nicht ein solcher, wie er normalerweise periodisch mit dem Erregungszustand abwechselt, sondern eine eigenartige Überbelastungshemmung. Dieser qualitativ neuartige Hemmungsprozeß ist der Indikator für die in dem peripheren und zentralen Ende des Analysators eingetretene Ermüdung. Diese Überbelastungshemmung ist gleichzeitig der reversible Prototyp einer pathologischen Hemmung oder einer sich entwickelnden Parabiose (einer parabiotischen Hemmung).

Diese Vorgänge der Ermüdung und Überbelastungshemmung (oder Parabiose) wurden von N. J. Wedenski und I. P. Pawlow eingehend untersucht. Sie stellen eine der Gesetzmäßigkeiten der Nerventätigkeit und der höheren Nerventätigkeit dar, und sie sind auch für das Verständnis der Funktion der Sinnesorgane (oder Analysatoren) wichtig.

Das theoretische Problem der Wechselwirkung der Sinnesorgane wurde in der praktischen Tätigkeit in breitem Umfange ausgenutzt. Ja noch mehr: Auf seiner Grundlage wurden eine Reihe von Vorschlägen zur Einführung verschiedener neuer diagnostischer Verfahren und zur besseren Beurteilung gewisser therapeutischer Maßnahmen gemacht. So wurde gezeigt, daß verschieden starke Störungen in den Wechselbeziehungen zwischen dem Geruchsanalysator und dem optischen Analysator bei vielen Erkrankungen auftreten, die sich im Gehirn oder in anderen Organen und Organsystemen des menschlichen Organismus abspielen. Diese Ergebnisse stimmen gut mit den Untersuchungen über den Mechanismus der Wechselwirkung zwischen dem Geruchsanalysator und dem optischen Analysator sowohl auf subkortikalem als auch auf kortikalem Niveau überein.

Nach der Art der Störung und Wiederherstellung der Wechselbeziehung zwischen den Analysatoren läßt sich die Wirksamkeit einer Therapie gut beurteilen, und die objektiven Verfahren zur Messung der optischen Chronaxie und der exakten Dosierung von Geruchsreizen erwiesen sich als gute quantitative und qualitative

Indikatoren für den pathologischen Prozeß und für die Wirksamkeit verschiedener Behandlungsformen.

Bekanntlich enthält der Begriff der Chronaxie die Zeitcharakteristik der Erregbarkeit des Nervensubstrats unter Berücksichtigung der Größe seiner Schwellenerregbarkeit. Somit machen der zeitliche und räumliche Indikator der Erregbarkeit den Begriff der Chronaxie aus (Lapicque). Die Methode zur Messung dieser Größen bezeichnet man als Chronaximetrie. Es zeigte sich, daß man diese Methode auch zur Charakterisierung der Erregbarkeit der Sinnesorgane anwenden kann.

Das Problem der Wechselwirkung der Sinnesorgane (oder Analysatoren) wurde nicht nur an den peripheren Rezeptorenapparaten, sondern auch an ihren zentralen Enden untersucht. Vor den klassischen Arbeiten von I. M. Setschenow und I. P. Pawlow gab es keine klare Vorstellung über die physiologischen Grundgesetze der Funktion der Sinnesorgane.

Durch seine breitangelegten Arbeiten über die Physiologie der höheren Nerventätigkeit und durch die Anwendung der Methode der bedingten Reflexe schuf I. P. Pawlow die Möglichkeit, die Physiologie der Sinnesorgane von Grund auf umzugestalten und ihr ein wissenschaftliches, materialistisches, objektives Fundament zu geben.

Untrennbar mit der gesamten Physiologie der höheren Nerventätigkeit verbunden ist I. P. Pawlows biologische Lehre von den Analysatoren. Sie gab die Möglichkeit, von der rein subjektiven Deutung der Empfindungen und Wahrnehmungen zur objektiven, streng wissenschaftlichen Untersuchung dieser ihrem Wesen nach physiologischen Erscheinungen überzugehen.

Der Leitgedanke der Lehre Pawlows von den Analysatoren (den Sinnesorganen) ist die Vorstellung, daß die an der Wahrnehmung beteiligten Apparate von ihren peripheren Enden bis zur Großhirnrinde ein einziges funktionelles System darstellen, das im wesentlichen aus drei Abschnitten besteht:

I. *Der periphere oder rezeptorische Abschnitt*, zu dem sowohl die Haut-, Muskel- und Sehnenrezeptoren als auch die höheren Rezeptoren und Sinnesorgane wie das Auge, das Ohr, die Geschmacks- und Geruchsrezeptoren gehören.

II. *Der Leitungsabschnitt* mit zwischengeschalteten Nervenzentren. Dieser Abschnitt besteht aus einer Gruppe von Nervenfasern, die sämtlich in dem entsprechenden peripheren Rezeptor entspringen (in der Netzhaut, in den Riechzellen, in den Geschmacksknospen, im akustischen und Vestibularapparat und in den Haut- und Muskelrezeptoren), wobei jeder Rezeptor eine spezifische morphologische Struktur zeigt. Diese Nervenfaser kann in den entsprechenden Nervenzentren mehrere Umschaltungen erfahren.

III. Unmittelbar nach der letzten Umschaltung, die in allen derartigen sensiblen oder afferenten Systemen auf subkortikalem Niveau stattfindet, beginnt im Niveau der Hirnrinde der *kortikale* oder *zentrale Abschnitt* des Analysators, an dem vor allem die Sternzellen der oberen Rindenschichten beteiligt sind.

Bei der Untersuchung der Aktionsströme oder elektrischen Potentiale, die als Antwort auf spezifische Reize entstehen und von der Peripherie zum Zentrum laufen, stellte die moderne Physiologie fest, daß auf dem Wege ihrer Fortpflanzung vom Ort ihrer Entstehung im peripheren Rezeptorende zum kortikalen Ende des Analysators eine Transformation der Frequenz (oder des Rhythmus) und der Amplitude dieser Potentiale erfolgt.

Jede Umschaltung im sensiblen System geht mit einer Rhythmustransformation der elektrischen Potentiale einher, wobei sich Frequenz und Amplitude dieser Potentiale verringern. Diese Rhythmustransformation der elektrischen Potentiale (oder Aktionsströme) erfolgt in entsprechenden Nervenzentren oder Neuronenansammlungen (Nervenzelle mit ihren Zellfortsätzen).

Die Verbindung der afferenten, sensiblen Nervenfasern, die im peripheren Rezeptorenapparat ihren Ursprung hat, mit den entsprechenden Nervenzentren, in denen die Umschaltung dieser afferenten, sensiblen Faser vor sich geht, erfolgt über sogenannte Synapsen.

In den letzten zehn Jahren wurde dem Studium der Struktur und Funktion dieser Synapsen große Aufmerksamkeit gewidmet. Besonders wurde ihre Bedeutung für die Frequenz- und Amplitudentransformation der in den peripheren Rezeptoren entstehenden elektrischen Potentiale gezeigt. Diese Transformation hängt mit einer bestimmten zeitlichen Verzögerung der elektrischen Potentiale in der betreffenden Neuronengruppe oder im Nervenzentrum zusammen. Diese Verzögerungen können sehr kurz sein und sich in der Größenordnung von 0,2—0,4 msec bis zu einigen msec bewegen (1 Millisekunde = 0,001 Sekunde).

Die Synapsen selbst stellen außerordentlich feine Strukturen dar, in denen sich sehr komplizierte chemische Reaktionen abspielen, die den durch die Synapsen laufenden Nervenimpulsen vorausgehen oder sie begleiten. Damit wird gleichsam das physikalisch-chemische Milieu geschaffen, das die Weiterleitung des betreffenden Impulsstromes behindert oder begünstigt.

Unter bestimmten pathologischen Bedingungen können, wie schon vor längerer Zeit von mir und meinen Mitarbeitern gezeigt wurde, langanhaltende Verzögerungen in der Leitung der elektrischen Potentiale und damit der Nervenimpulse eintreten. Dadurch kommt es zu verschiedenartigen Störungen der Sensibilität, der Bewegungen oder anderer Funktionen, die über das Nervensystem ablaufen. Diese Störungen entstehen nach der Art der Entwicklung einer Überbelastungshemmung oder der Parabiose in den betreffenden Synapsen; sie werden deshalb von uns als funktionelle Asynapsien bezeichnet.

Durch die Einwirkung verschiedener chemischer Substanzen wie Strychnin, Koffein, Phenamin u. a. kann sich die synaptische Verzögerung der Nervenimpulse beträchtlich verkürzen und dadurch eine beschleunigte Impulsleitung durch die Synapsen zu den entsprechenden Neuronen erfolgen. Andere Substanzen können dagegen zu einer Zunahme der Verzögerung führen und sogar für lange Zeit eine Erregungsleitung durch die Synapsen verhindern. Zum Beispiel kann das Präparat Kurare die Impuls-(Erregungs-)Übertragung in der Nerv-Muskel-Synapse vom motorischen Neuron zum quergestreiften Muskel verzögern, was zur Erstarrung und zu einer eigentümlichen vorübergehenden Paralyse führt.

Wenn schon die chemischen Prozesse in dem mikroskopischen morphologischen Gebilde, das die Synapse darstellt, derart kompliziert sind, so weisen die chemischen Umwandlungen im Neuron selbst, in seinem Protoplasma, seinem Kern und seinen Zellfortsätzen (Axon, Dendriten) eine noch wesentlich größere Kompliziertheit auf.

Die von uns aufgeführten und noch andere Substanzen können den Erregbarkeitsgrad im Neuron unter Umständen in entgegengesetzter Weise beeinflussen, wodurch man Rückschlüsse auf das Schicksal des im Neuron durch die Synapsen entstehenden Nervenimpulses ziehen kann.

Es versteht sich von selbst, daß das verschiedene Ausmaß der Transformation der Nervenimpulse auch zu einer qualitativ verschiedenen Charakteristik dieser Impulse und damit letzten Endes zu einer verschiedenartigen Charakteristik der Empfindungen führt.

Der Übertragungsmechanismus der Impulse vom peripheren Rezeptor zum kortikalen Ende des Analysators ist also sehr kompliziert. Die Gesamtheit der genannten materiellen Veränderungen bedingt nun die Entstehung der Empfindungen.

Im sensiblen, afferenten Abschnitt des Nervensystems und besonders in der Hirnrinde vollzieht sich gleichzeitig die höchste und feinste Analyse, die, wie I. P. Pawlow zeigte, untrennbar mit der Synthese verbunden ist. Dieser einheitliche Prozeß der Analyse und Synthese der Umwelteinwirkungen auf den Organismus sichert die entsprechende, richtige, adäquate Reaktion oder Antwort auf den äußeren spezifischen Reiz.

Bekanntlich wurde der Begriff der reflektorischen (widergespiegelten) Vorgänge zum ersten Male von Descartes zur Erklärung des Mechanismus der rezeptorischen Funktion oder der Funktion der Sinnesorgane angewandt.

Die Reflextheorie erhielt ihre vollständige und allseitige Ausarbeitung und Begründung als eine materialistische Theorie, welche die Wechselbeziehungen zwischen dem äußeren materiellen spezifischen Reiz und seiner inneren subjektiven Wahrnehmung adäquat widerspiegelt, durch die Bemühungen der russischen physiologischen Schulen von I. M. Setschenow, I. P. Pawlow und N. J. Wedenski und ihren zahlreichen Schülern und Nachfolgern.

Die gesamte moderne Physiologie der Sinnesorgane wie auch die Lehre von den Analysatoren stützt sich in jeder Hinsicht auf die materialistische Reflextheorie. Das trifft selbst auf diejenigen Vertreter der modernen Physiologie zu, die gern die Berechtigung der Reflextheorie abstreiten möchten.

Selbstverständlich schließt die Tatsache, daß der Reflextheorie für die Physiologie der Sinnesorgane (der Analysatoren) eine führende Rolle zukommt, nicht die Tatsache aus, daß sich in den Analysatoren verschiedene physikalisch-chemische Veränderungen vollziehen. Im Gegenteil stellen diese physikalisch-chemischen Veränderungen, die sich im morphologischen Substrat der Sinnesorgane von den peripheren Rezeptoren bis zu den kortikalen Endigungen der Analysatoren abspielen, eine Voraussetzung für die Reflexvorgänge dar. Diese physikalisch-chemischen Umwandlungen finden, wie wir oben gezeigt haben, sowohl im peripheren Abschnitt in dem Augenblick statt, in dem ein spezifischer äußerer Reiz auftritt, als auch im kortikalen Abschnitt des Analysators, wenn der spezifische Reiz über die verschiedenen Transformationssysteme in Form vielfältiger Nervenimpulse mit ihrer Frequenz- und Amplitudencharakteristik, d. h. mit verschiedenen Wechselbeziehungen zu den Raum- und Zeitfaktoren, dorthin gelangt.

Wie sich aus der Leninschen Kritik am Wesen des physiologischen Idealismus und aus seiner Widerspiegelungstheorie ergibt, unterscheidet sich die moderne Physiologie der Sinnesorgane in grundsätzlicher Weise vom Sensualismus des 17. und 18. Jahrhunderts. Der Sensualismus stellte sich die Einwirkung der Materie auf unsere Sinnesorgane und die daraufhin erfolgende Entstehung der Empfindungen primitiv und mechanistisch vor. Dabei wurden weder die Kompliziertheit und wiederholte Transformation der Empfindungen und ihre spezifische Vielfalt noch der hochkomplizierte Prozeß der Wechselwirkung von Empfindung und Bewußtsein berücksichtigt. Der grobe Mechanizismus der Sensualisten des 17. und 18. Jahrhunderts gab allen kantianischen, idealistischen Theorien überhaupt und speziell in bezug auf Fragen der Physiologie der Sinnesorgane und der Wahrnehmungsprozesse Nahrung. Die moderne Physiologie der Sinnesorgane ist durch eine Überwindung des physiologischen Idealismus und durch eine materialistische Bearbeitung des Problems der Empfindung gekennzeichnet. Dies wird durch die höchst subtile Untersuchung von Struktur und Funktion der Sinnesorgane mit Hilfe elektro-physiologischer und anderer objektiver materieller, der quantitativen und qualitativen Analyse unterliegender Untersuchungsmethoden erreicht, darunter auch mit Hilfe der Methode der bedingten Reflexe.

Die moderne Physiologie der Sinnesorgane zeigte auf der Grundlage der Leninschen Widerspiegelungstheorie und unter Anwendung der Methode des dialektischen und historischen Materialismus (evolutionäre und vergleichende Morphologie und Physiologie der Sinnesorgane) das Vorhandensein eines realen unbestreitbaren Sprungs von der Materie oder den Erscheinungen der äußeren Welt, die in ihrer Vielfalt objektiv und außerhalb unseres Bewußtseins existieren, zu der Empfindung als einer (vom Standpunkt des Bewußtseins des Subjekts aus) subjektiven, aber physiologisch objektiven Widerspiegelung der Materie.

Darüber hinaus zeigte die moderne Physiologie der Sinnesorgane, und besonders die Lehre Pawlows von den Analysatoren, den realen, objektiven Weg des zweiten Sprunges, von der Empfindung zum Bewußtsein, zu den Denkakten. In diesem zweiten Falle gehen wir von der Leninschen philosophischen Lehre vom Bewußtsein und vom Denken aus, die nicht nur aus den durch die Materie hervorgerufenen Empfindungen bestehen, sondern auch aus den komplizierten subjektiven Zuständen, die durch das soziale Milieu, die Erziehung, die Weltanschauung usw. bedingt sind. Die Gesamtheit dieser Erscheinungen bestimmt den subjektiven Zustand, der unter der ständigen Einwirkung der objektiven sozialen und biologischen Umwelt, der komplizierten Natur in ihrer Wechselbeziehung mit dem Menschen zustande kommt. In dieser Wechselwirkung erkennt der Mensch die komplizierte Natur (die biologische wie die soziale) und gestaltet sie entsprechend seinen Bedürfnissen um.

Wie aus dem oben Gesagten klar hervorgeht, liefert die moderne materialistische Physiologie der Sinnesorgane viel Material zum Verständnis der Entstehung der elementaren Akte des menschlichen Bewußtseins, besonders wenn man die Lehre Pawlows über die Analysatoren und insgesamt die Lehre von der Physiologie der höheren Nerventätigkeit berücksichtigt. Jedoch handelt es sich dabei nur um die elementaren Akte des menschlichen Bewußtseins, da das menschliche Bewußtsein einen hochkomplizierten Prozeß darstellt, der nicht nur vom Standpunkt des Physiologen aus betrachtet werden darf, sondern der gleichzeitig psychologische, neurophysiologische und philosophische (dialektisch-materialistische) Untersuchungen und Verallgemeinerungen erfordert. In dieser „Stufenleiter der Erkenntnis" des komplizierten menschlichen Bewußtseins stellen die Neurophysiologie und die Physiologie der höheren Nerventätigkeit nur die materialistische Basis und naturwissenschaftliche Grundlage der Psychologie und der dialektisch-materialistischen Philosophie dar.

Damit will ich sagen, daß die materialistische Psychologie sich nicht in der Physiologie der höheren Nerventätigkeit erschöpfen kann. Die letztere ist die Neurophysiologie des Gehirns und insbesondere der Großhirnrinde, die die hochkomplizierten Gesetze der Funktion der Großhirnrinde mit objektiven Methoden untersucht. Wenn man von der Leninschen philosophischen Lehre über die dialektisch-materialistische Wechselwirkung und Wechselbeziehung von Subjektivem und Objektivem sowie von der Lehre vom Subjektiven als einer unmittelbaren oder mittelbaren Widerspiegelung des (sozialen und biologischen) Objektiven ausgeht, kann man die Bedeutung der subjektiven Methode der Analyse gewisser Erscheinungen, vor allem beim Studium der Sinnesorgane (Bewertung der subjektiven Empfindung auf eine objektive, quantitative Reizung), nicht abstreiten.

Man kann sich nicht auf den simplifizierenden Standpunkt stellen, alles Subjektive zu leugnen und es als etwas Nicht-Materialistisches zu bewerten. Wenn wir dies tun, gehen wir von der Leninschen dialektisch-materialistischen Lehre von der engen Verbindung und Wechselwirkung von Subjektivem und Objektivem ab. Damit geraten wir unweigerlich in den Sumpf des Mechanizismus und öffnen dem Neokantianismus in der Biologie und besonders in der Physiologie der Sinnesorgane Tür und Tor. Auch für unsere Vorstellungen über das Subjektive und Objektive müssen die Äußerungen Lenins zu dieser Frage richtungweisend sein.

In letzter Zeit sind im Ausland viele Monographien unter so hochtrabenden Bezeichnungen wie „Die neurophysiologische Grundlage des Bewußtseins"[1], „Hirnmechanismen und Bewußtsein"[2] u. a. erschienen.

Doch, obwohl die Verfasser dieser Bücher es wünschen, können sie die materialistische Reflextheorie nicht umgehen, da das mit Hilfe moderner subtiler Me-

[1] I. C. Eccles, The neurophysiological basis of mind, Oxford 1953.
[2] Sammelband "Brain mechanisms and consciousness", Oxford 1954.

thoden, insbesondere mit Hilfe der Elektrophysiologie gewonnene Tatsachenmaterial und die Verallgemeinerung dieses Tatsachenmaterials mit Nachdruck für die objektive, materielle Natur dieser Prozesse sprechen.

Einige Forscher wie Eccles sind geneigt, die Telepathie durch Ergebnisse der modernen Neurophysiologie zu untermauern. Sie versuchen, eine Begründung für die sogenannte extrasensorische Wahrnehmung zu geben. Jedoch stehen diese Bestrebungen in klarem Gegensatz zu ihren eigenen experimentellen Befunden.

Die Versuche einiger ausländischer Neurophysiologen, Untersuchungen über Probleme des Subsensorischen und Extrasensorischen zur Erklärung der Entstehung der Empfindungen und sogar der elementaren Akte des Bewußtseins heranzuziehen, führen uns zur Freudschen Vorstellung vom Unterbewußten und zur sogenannten Tiefenpsychologie zurück.

Derartige Behauptungen sind darauf gerichtet, einige Physiologen, die nicht über eine gefestigte philosophische Weltanschauung verfügen oder gar mit dem Neokantianismus sympathisieren, von den materialistischen, objektiven Positionen beim Studium der Physiologie der Empfindungen abzubringen.

Die von den hochempfindlichen Oszillographen aufgezeichneten Spurenreaktionen auf verschiedene Reize und die von den Interorezeptoren ausgehenden, parallel laufenden Erregungsprozesse werden von einigen Forschern als subsensorische und extrasensorische Erscheinungen betrachtet, obwohl es sich dabei um nichts anderes handelt als eben um Impulse als Antwort auf extero- und interorezeptive Reize, die nur mit einer unterschiedlichen quantitativen Charakteristik auftreten (hinsichtlich ihrer Frequenz und besonders hinsichtlich ihrer Amplitude). Die in diesem Falle auftretende andere quantitative Charakteristik der Impulse gibt uns jedoch nicht das Recht, eine qualitativ vollkommen entgegengesetzte Charakteristik der Erscheinungen anzunehmen oder ihnen gar eine besondere Bedeutung für die Entstehung des Bewußtseins zuzuerkennen. Derartige Bestrebungen beruhen nicht auf einer objektiven Einschätzung der betreffenden Erscheinungen, sondern sind nur durch eine subjektive Voreingenommenheit für die philosophische Weltanschauung des Neokantianismus zu erklären.

Vor nicht allzu langer Zeit führten der Rat für Internationale Organisation der medizinischen Wissenschaft bei der UNESCO und die Internationale Organisation für Gesundheitsschutz eine besondere Konferenz, ein Symposium zum Thema „Hirnmechanismen und Bewußtsein“ durch. An diesem Symposium nahmen hervorragende ausländische Forscher auf dem Gebiet der Physiologie des Nervensystems und der Sinnesorgane teil. Einige von ihnen wie Moruzzi, Jasper u. a. neigten dazu, die Fragen des Bewußtseins etwas einseitig zu behandeln und diese Funktion des Gesamtgehirns mit der Rolle der sogenannten formatio reticularis gleichzusetzen. Andere Forscher jedoch, wie z. B. Adrian, legten sehr wohl begründete Beweise für die physiologische Natur der Empfindungen vor, wobei sie sich auf die Analyse der als Antwort auf verschiedene spezifische Geruchsreize auftretenden elektrischen Potentiale stützten. Bekanntlich wiederholte E.D. Adrian diesen Vortrag im Mai 1956 auf einer besonderen Sitzung im Moskauer Haus der

Gelehrten. Die wichtigsten Thesen dieses Vortrages widersprechen in keiner Weise den Grundanschauungen I. P. Pawlows und seiner Schule.

Was die formatio reticularis betrifft, so erkennt ihr Adrian eine beträchtliche zusätzliche Bedeutung zu. So können elektrische Potentiale, die in den peripheren Rezeptoren entstanden sind und dem kortikalen Abschnitt des Analysators zustreben, in ihr unterdrückt werden, oder sie können durch die zusätzliche Signalisation verstärkt werden, die in der formatio reticularis durch die ihr über Kollaterale zuströmenden Nervenimpulse und durch direkte afferente Verbindungen bei der Entstehung nervaler Impulse in den peripheren Rezeptoren entsteht.

Ohne Zweifel gibt es auch heute noch in der Physiologie der Sinnesorgane die idealistische Richtung, die in den Äußerungen des deutschen Physiologen Ewald Hering ihren deutlichsten Ausdruck fand und bekanntlich zur Konzeption des sogenannten psycho-physischen Parallelismus gehört. Die Vertreter dieser Richtung versuchen zu beweisen, daß die physiologischen und die psychischen Erscheinungen parallel zueinander verlaufen, ohne im dialektisch-materialistischen Sinne dieses Wortes miteinander verbunden zu sein.

Dank der Lehre Pawlows von den Analysatoren und dank zahlreicher elektrophysiologischer Untersuchungen, die sowohl bei uns als auch im Ausland durchgeführt wurden, nimmt die Anzahl der Vertreter des sogenannten psycho-physischen Parallelismus immer mehr ab.

Unsere sowjetische, materialistische Psychologie, die voll und ganz auf der Grundlage der breitesten Anwendung der physiologischen Lehre I. P. Pawlows aufgebaut ist und ihre weitere Konkretisierung von den Positionen des dialektischen Materialismus aus erfährt, zeigt durch den ganzen Verlauf ihrer experimentell-psychologischen Untersuchungen, daß die physiologischen und psychischen Prozesse als ihrem Wesen nach einheitliche Prozesse in dialektisch-materialistischer Weise gegenseitig miteinander verbunden und voneinander abhängig sind. Unsere modernen Forschungsverfahren wie die Elektronenmikroskopie, die Histochemie, die physikalisch-chemischen und viele andere Untersuchungsmethoden haben unsere Sinnesorgane für eine bessere Erkenntnis der wechselseitigen Abhängigkeit der innerhalb des Organismus und in Wechselwirkung mit seiner Umwelt ablaufenden Vorgänge ausgerüstet. Dadurch erhalten wir die Möglichkeit, noch tiefer in die subtilsten Vorgänge der Verbindung des Organismus mit seiner Umwelt einzudringen. Diese gegenseitige Abhängigkeit tritt hauptsächlich durch Vermittlung des Nervensystems und der Sinnesorgane in Erscheinung. Die Physiologie der Analysatoren gibt uns die Möglichkeit, diejenigen Prozesse der Transformation noch tiefgehender zu erforschen, die beim Zusammentreffen des Organismus mit spezifischen materiellen und außerhalb unseres Bewußtseins existierenden Reizen in allen Analysatorengliedern eintreten. Sind es doch letztlich diese Reize, die zur Entstehung der verschiedenen Grade der Empfindungen als der materiellen Grundlage des Bewußtseins und des Denkens führen.

Die zahlreichen modernen experimentellen Untersuchungen · zur Physiologie der Sinnesorgane geben uns die feste Überzeugung von der Unerschütterlichkeit der Leninschen Widerspiegelungstheorie. Nicht nur philosophisch, sondern auch experimentell-physiologisch ist heute die materialistische Vorstellung von der Verbindung des Bewußtseins mit der äußeren Welt über die Empfindungen dargelegt und begründet worden, wobei den Empfindungen ein hochkomplizierter physiologischer Prozeß zugrunde liegt. Dieser Prozeß kann objektiv analysiert, gemessen und, wenn nötig, in der vom Menschen gewünschten Richtung verändert werden. Die moderne Physiologie der Sinnesorgane und die Pawlowsche Lehre von den Analysatoren sind die naturwissenschaftliche Grundlage der Leninschen Widerspiegelungstheorie.

*

N. I. Graschtschenkow, Korrespondierendes Mitglied der Akademie der Wissenschaften der UdSSR (Erläuterungen auf der Konferenz). Verehrte Genossen! Ich möchte nicht den Text des gedruckten Vortrages wiederholen, der den Teilnehmern der Konferenz zugestellt wurde, sondern nur Ihre Aufmerksamkeit auf einige prinzipielle Fragen lenken.

Die erste Frage betrifft die spezifischen Energien unserer Sinnesorgane. Bekanntlich haben bis zur Ausarbeitung der Physiologie der Sinnesorgane die Vertreter der idealistischen Philosophie behauptet, daß der gesamte qualitative Reichtum der Welt von uns nur deshalb erkannt wird, weil die Formierung der Außenwelt von den angeborenen Qualitäten unserer Sinnesorgane abhängt, die die qualitative Mannigfaltigkeit der Außenwelt vermitteln.

Bekanntlich hat Johannes Müller als echter Vertreter des Kantianismus in der Naturwissenschaft des XIX. Jahrhunderts versucht, diese idealistischen Vorstellungen physiologisch zu begründen. Er behauptete, daß die Erkenntnis der qualitativen Mannigfaltigkeit der äußeren Natur durch den Menschen mit den spezifischen Qualitäten und der Funktionsweise der Sinnesorgane (Auge, Ohr, Geruch, Geschmack, Tastsinn) verbunden ist, daß die Erkenntnis angeblich den in der äußeren Natur wahrgenommenen materiellen Erscheinungen spezifische Qualitäten gibt und daß diese spezifischen Qualitäten nicht der äußeren Natur eigen sind, sondern ihm durch die Sinnesorgane vermittelt werden.

Leider bleibt die Theorie der spezifischen Sinnesenergien in den verschiedenen Varianten bis auf den heutigen Tag recht zählebig. Wir müssen als Materialisten und Dialektiker diesem idealistischen Gesetz von den spezifischen Sinnesenergien die wahren Fakten, die sich aus der Erforschung der Struktur und Funktion der Sinnesorgane ergeben, gegenüberstellen, um die Widersinnigkeit der Behauptungen der Anhänger der idealistischen Theorie von den spezifischen Sinnesenergien zu zeigen.

Unsere Grundthese besteht darin, daß die strukturelle und funktionelle Vielfalt der Sinnesorgane unter Einfluß der qualitativ mannigfaltigen, objektiv außerhalb unseres Bewußtseins existierenden Materie, d. h. der qualitativ mannigfaltigen Außenwelt entstanden ist und sich entwickelt hat. Durch die Millionen Jahre währende Wechselwirkung der lebenden Organismen mit dieser qualitativ vielfältigen Außenwelt entstanden und entwickelten sich jene strukturellen und funktionellen Besonderheiten, durch die die Sinnesorgane charakterisiert werden.

Selbst für die Wahrnehmung solcher einfachsten Formen von Reizen, die aus der Außenwelt kommen, wie Berühren und Tasten, oder der verschiedenen Formen der Temperaturreizung, existieren vielfältige in der Haut, im Zellgewebe, in den Schleimhäuten, in den Muskeln und Sehnen gelegene Rezeptorenapparate.

Die zweite These, welche ich in meinem Beitrag zum schriftlichen Vortrag beleuchten möchte, ist das reflektorische Prinzip der Wechselwirkungen der Sinnesorgane und der Rindenanalysatoren mit der qualitativ mannigfaltigen Außenwelt.

Die Klassiker der russischen Physiologie I. M. Setschenow, I. P. Pawlow und andere haben mit größter Vollkommenheit die führende Rolle des reflektorischen Mechanismus bei der Verwirklichung der äußerst komplizierten Wechselwirkung des Organismus mit der Außenwelt nicht nur theoretisch begründet, sondern auch experimentell gezeigt. In diesem reflektorischen Mechanismus kommt den Rezeptorenapparaten, den afferenten Systemen, die an die adäquate Wahrnehmung der qualitativ vielfältigen Außenwelt und an ihre Widerspiegelung in unserem Bewußtsein angepaßt sind, bestimmende Bedeutung zu.

Die überaus wahrheitsgetreue und authentische Widerspiegelung wird nicht nur durch die entsprechende Struktur und die spezifische Funktionsweise der Sinnesorgane gewährleistet, sondern auch durch den Entwicklungsstand des menschlichen Bewußtseins, durch die Rolle der Praxis bei der Erkenntnis der Wahrheit.

Folglich ist diese Widerspiegelung keine mechanische, wie es sich die Sensualisten des XVIII. Jahrhunderts vorstellten, sondern sie trägt schöpferischen Charakter, hervorgerufen durch die aktive Rolle des Denkens und des Bewußtseins unter Einbeziehung der gesamten menschlichen Praxis, die nicht nur durch die jeweilige Generation, sondern auch durch ihre zahlreichen Vorfahren geschaffen und bereichert wurde.

Bei der Erforschung des reflektorischen Mechanismus zeigte die moderne Physiologie, daß die reflektorische Tätigkeit oft jene feinen physikalisch-chemischen Umwandlungen, die im Nervensubstrat — darunter in den Rezeptorenapparaten — im Augenblick der Entstehung einer beliebigen Erregung unter Einwirkung äußerer und innerer Reize stattfinden, zu ihrer Grundlage hat. Als Antwort auf den Reiz entsteht ein spezieller Strom von Impulsen, die in der Zeiteinheit mit einer bestimmten Geschwindigkeit durch die nervalen rezeptorischen und effektorischen Apparate strömen, in dessen Ergebnis sich komplizierte Akte vollziehen. Diese physikalisch-chemischen Veränderungen, die der Entstehung und Fortpflanzung der Erregung, welche verschiedene Stufen des zentralen Nervensystems erreicht, zugrunde liegen, stellen wirklich wirbelartige metabolische (wechselnde) und folglich biomikrochemische Veränderungen dar, die sich oft nach dem Typ der ausbrechenden, kettenartigen Reaktionen vollziehen, die von Akademiemitglied N. N. Semjonow untersucht wurden und in sehr kurzen zeitlichen Parametern im Bereich einer zehntel, hundertstel oder tausendstel Sekunde (und in möglicherweise noch kürzeren Zeitparametern) vonstatten gehen.

Die moderne reflektorische Theorie der Nerventätigkeit erhält ihre Konkretisierung und Weiterentwicklung durch die Erforschung bioelektrischer Erscheinungen, die der reflektorischen Tätigkeit zugrunde liegen und sie begleiten.

Die bioelektrischen Erscheinungen oder elektrischen Potentiale, welche durch moderne Geräte (Oszillographen) objektiviert und registriert werden können, sind an sich das Resultat jener schnell fließenden physikalisch-chemischen Umwandlungen, die im Nervensystem, besonders in den peripheren Rezeptoren und ihren Rindenanalysatoren vonstatten gehen.

Die reflektorischen Akte, die eine Bekräftigung und eine längere zeitliche Wiederholung erfordern, die sogenannten Erscheinungen der stabilen reflektorischen Akte, werden durch bestimmte biochemische und humorale Umwandlungen begleitet, die sich den zeitlichen Parametern nach auf längere Zeitabschnitte erstrecken können als jene metabolische Wirbel, von denen weiter oben die Rede war. Die neuroreflektorische und die neurohumorale Regulierung aller Funktionen des Organismus, darunter auch der nervalen Funktionen, die der Gewährleistung und Realisierung der Eigenschaft der Widerspiegelung zugrunde liegen, sind dadurch angenähert und stellen eine Einheit dar.

Die dritte Frage, die ich unterstreichen möchte, betrifft das Gesetz der Stärke der Tätigkeit der Sinnesorgane, das seinen Ausdruck im Weber-Fechnerschen Gesetz fand und in vereinfachter Form folgendes sagt: Die Stufe der Empfindung ist der Stärke der spezifischen Reizung gleich. Zu diesem Gesetz sind jedoch recht wesentliche Ergänzungen durch die russische Physiologenschule N. J. Wedenski und A. A. Uchtomski gemacht worden. Durch diese Schule wurde die Labilität des Nervenapparates und ihre Abhängigkeit von vorausgegangenen Erregungen, die sich im Nervensubstrat vollzogen haben, festgestellt und folglich die dynamische Veränderlichkeit der Erregbarkeits- und Erregungsschwellen als unbeständige Größen. Deshalb können solche Erscheinungen auftreten, wie eine hohe Stufe der Empfindung bei geringer Stärke und umgekehrt.

Dieselbe Schule hat nicht nur das Maß der funktionellen Labilität des Nervensubstrates festgestellt, sondern auch die verschiedenen Phasen der Entwicklung der Prozesse der Hemmung im Nervenapparat bis zur Entwicklung des sogenannten parabiotischen Zustandes.

Die Schule Wedenski-Uchtomski bestätigte das Prinzip der Evolution der Tätigkeit des Nervengewebes, die in Mikrointervallen in der Zeit gemessen wird.

In der Tätigkeit der Sinnesorgane und der Rindenanalysatoren ist das sogenannte Gesetz der Adaption der Sinnesorgane von nicht geringer Bedeutung.

Jedem ist aus dem alltäglichen Leben bekannt, daß wir auf Grund des Gesetzes der Adaption die beständige Berührung unserer Körperoberfläche durch die Kleidung nicht empfinden. Sonst wären diese Empfindungen quälend und würden unser Dasein stören. Der Adaptionsgrad ist jedoch bei verschiedenen Sinnesorganen verschieden ausgeprägt. So sind beispielsweise die Schmerzerregungen mit einem sehr langsamen Eintreten der Adaption verbunden, und in einer Reihe von Fällen tritt praktisch selbst ein solches Gewöhnen an die Schmerzerregungen überhaupt nicht auf. Das ist auch verständlich, denn es wäre ein Unglück, wenn auf eine solche Signalisierung wie der Schmerz es ist, schnell eine Adaption entstünde, da die Schmerzreaktionen nichts anderes sind als Signale über eine äußerste Gefahr für den Organismus, auf die entsprechende Reaktionen erfolgen müssen.

Dasselbe kann man von einer sehr langsam eintretenden Adaption auf Signale von der Dehnung der Muskeln sagen, besonders, wenn diese Dehnung nicht mit Schmerzempfindungen begleitet und mit einer längeren Reaktion der Pose oder der Fixierung der Lage des Körpers im Raum verbunden ist. Es wäre unmöglich, die kompliziertesten Zirkusakte oder andere sportliche Übungen durchzuführen, wenn auf Grund der Lage der Muskeln schnell eine Adaption eintreten würde.

Eine andere Sache ist die, daß die höchsten Abschnitte des zentralen Nervensystems auf die laufend ankommenden Impulse von diesem oder jenem Rezeptorenabschnitt, für den ein langsames Eintreten der Adaption typisch ist, nicht zu reagieren brauchen.

In dieser Hinsicht wurden unlängst auf dem internationalen Kolloquium über die Physiologie der höheren Nerventätigkeit und der Elektroenzephalographie interessante Ergebnisse dargelegt. Auf diesem Kolloquium demonstrierte Prof. Dash aus Indien Elektroenzephalogramme von Mitgliedern der Sekte der Yogas, die bekanntlich sehr komplizierte akrobatische Akte, besonders statische Akte (z. B. ein langes Sitzen mit einem um den Hals gewundenen Bein) erlernen. Es ist natürlich, daß diese Akte, die eine gewaltige Anspannung des peripheren Muskelapparates und eine große Willensanstrengung erfordern, um diese von unserem Standpunkt oft unnatürliche Lage des Körpers im Raum aufrechtzuerhalten, mit zahlreichen Impulsströmen von den peripheren Rezeptorenapparaten, jedoch mit dem Fehlen einer adäquaten Impulsation in Form von Elektroenzephalogrammen vom Gehirn, besonders dann, wenn diese Stellungen gut erlernt worden sind und keine Quelle von Qualzuständen darstellen, verbunden sind.

Aus der Darlegung folgt, daß das Gesetz der Adaption, das eines der wesentlichsten Gesetze der Tätigkeit der Sinnesorgane ist, sich durch seine Vielfalt, durch die verschiedenen Stufen seiner Ausgeprägtheit auszeichnet, was auch seine Entstehung und Entwicklung in völliger Übereinstimmung mit der Evolution in der Struktur und in den Funktionen der Sinnesorgane und ihrer subkortikalen und kortikalen Analysatoren bezeugt.

Gestatten Sie, meinen Beitrag zu beenden. Das Ihnen demonstrierte Material beweist die Richtigkeit der marxistisch-leninistischen Philosophie, des dialektischen Materialismus.

DISKUSSION

Professor M. F. Schirokow. Mein Beitrag befaßt sich mit der Frage nach dem materialistischen Inhalt der Relativitätstheorie. Dieses Problem bedarf, wie mir scheint, noch der weiteren Erörterung.

Die charakteristische Besonderheit der Relativitätstheorie ist vor allem, wie hier auch richtig in einem der Referate gesagt wurde, die neue Definition, die neue Auffassung vom Raum und von der Zeit. In der Relativitätstheorie werden Raum und Zeit im wesentlichen als Gesamtheit der Ausdehnung der materiellen Körper, Felder und Stoffe betrachtet, als Gesamtheit der Abstände zwischen den Körpern und als Gesamtheit einer besonderen Art der Ausdehnung, der sogenannten zeitlichen Ausdehnung der in diesen Körpern vor sich gehenden Prozesse. Die Eigenschaften des Raumes und der Zeit werden also in der Relativitätstheorie unter einem streng physikalischen Aspekt betrachtet. Dadurch unterscheidet sich die Relativitätstheorie wesentlich von den bis zu ihr herrschenden anderen Konzeptionen des Raumes und der Zeit, deren charakteristische Besonderheiten meistens darin bestanden, daß Raum und Zeit als irgend etwas bestimmt wurden, dessen Eigenschaften sich nicht aus experimentellen physikalischen Tatsachen ergeben, sondern im Bewußtsein des Menschen entstehen oder aus dem Bewußtsein des Menschen hervorgehen. Eben im Zusammenhang mit diesen Auffassungen von Raum und Zeit gibt es in der Relativitätstheorie auch die Auffassung von der Bewegung als nur zeitliche Veränderung des Abstands zwischen den materiellen Körpern, d. h. als nur relativ, was die Ursache war, daß für diese Theorie die Bezeichnung „Relativitätstheorie“ entstand. In der Relativitätstheorie betrachtet man die Bewegung als Veränderung des Abstands zwischen den Objekten, wobei natürlich das sich bewegende Objekt den Abstand im Verhältnis zu einem anderen Objekt oder einer Gesamtheit von Objekten verändert, welches oder welche als Koordinatensystem bezeichnet werden.

So vertrieb man aus der Relativitätstheorie die alten metaphysischen Vorstellungen von der absoluten Bewegung als Bewegung relativ zum leeren Raum — das heißt relativ zu einem nichtmateriellen Koordinatensystem —, von der Zeit als einer Dauer, nach einem Ausdruck Newtons einer reinen mathematischen Dauer, die mit keinerlei Prozessen in der Materie verbunden ist u. a.

In diesem Zusammenhang kann man die Relativitätstheorie genauer als Lehre von der Abhängigkeit der Eigenschaften des Raumes und der Zeit von der Bewegung der materiellen Körper und der Verteilung der Materie im Raum definieren. Diese Eigenschaften des Raumes und der Zeit werden in der Relativitätstheorie aus einigen Sätzen gefolgert, die man physikalische Gesetze nennen muß. Ohne hier Anspruch auf vollständige Aufzählung aller Axiome der Relativitätstheorie zu erheben, nennen wir die wichtigsten von ihnen: das Relativitätsprinzip und das neue Gesetz der universellen Gravitation, das das alte Newtonsche Gesetz als einen Spezialfall einschließt. Man kann hier noch das Prinzip der Konstanz der Lichtgeschwindigkeit in Inertialsystemen hinzufügen. Übrigens kann man statt dessen einfach sagen, daß in der Theorie eine Konstante existiert, die zahlenmäßig mit der Lichtgeschwindigkeit im Vakuum übereinstimmt und die für die Feststellung des wechselseitigen Zusammenhangs des Raumes und der Zeit, bei der Formulierung der Beziehung für den Abstand zwischen den Punkten — den Ereignissen in der Raum-Zeit — notwendig ist. Die zweite Konstante der Theorie ist die Konstante des Gesetzes der universellen Gravitation.

Aus diesen Sätzen folgen alle sogenannten relativistischen Veränderungen der Längen und der Zeit. Den ersten Satz kann man als Satz von der Gleichheit der Naturgesetze in allen — inertialen oder beschleunigten — Koordinatensystemen formulieren, die durch physikalische Körper verwirklicht werden können. Beiläufig bemerken wir hier, daß das geozentrische System des Ptolemäus als Koordinatensystem für die Welt insgesamt nicht durch konkrete materielle Körper realisiert werden kann, wie das gut in dem bekannten Buch von Landau und Lifschitz gezeigt wird. Es fällt selbstverständlich aus unserer Betrachtung als physikalisch nicht realisierbar heraus.

Indem wir das Relativitätsprinzip in dieser Form benutzen, drücken wir die Naturgesetze in einer besonderen mathematischen Sprache aus, so daß sie in allen Koordinatensystemen gleiche Gestalt haben. Hieraus kann man insbesondere streng mathematisch auf die Veränderung der Ausdehnung der Körper in Abhängigkeit von ihrer Geschwindigkeit und der Intensität des Gravitationsfeldes schließen, wie auf die Verzögerung des zeitlichen Rhythmus der Prozesse in den sich bewegenden Körpern und in den Gravitationsfeldern.

Nehmen wir an, es vollziehe sich ein Übergang vom Inertialsystem zum rotierenden Koordinatensystem, das mit irgendeinem rotierenden Körper, z. B. einem Diskus, verbunden ist. Indem man das Prinzip der relativistischen Intensität ausnutzt, kann man zeigen, daß die Körper, die sich in gewissem Abstand vom Zentrum des Diskus befinden, ihre Maße zu diesem Diskus so verändern, daß die Beziehungen der euklidischen Geometrie nicht mehr erfüllt werden. Beispielsweise wird das Verhältnis des Kreisumfangs des Diskus zu seinem Radius größer als 2π werden.

Beim Übergang von einem Koordinatensystem zum anderen mit Hilfe einer Koordinatentransformation kann man im Gang von Uhren, die in bestimmtem

Abstand vom Zentrum des Diskus aufgestellt sind, eine Veränderung gegenüber dem Gang von Uhren feststellen, die sich im Zentrum befinden.

Ein anderer, sehr wichtiger Satz der Theorie ist das neue Gesetz der universellen Gravitation. Aus ihm ergibt sich ebenfalls eine Folgerung physikalischer Art. Man kann beispielsweise zeigen, daß sich der Zeitrhythmus der Prozesse in Körpern, die sich in intensiven Schwerefeldern befinden, im Vergleich mit dem Rhythmus der Prozesse in solchen Körpern verlangsamt, die sich an anderen Stellen des Raumes befinden, wo das Schwerefeld schwach ist.

Aus den oben formulierten grundlegenden physikalischen Gesetzen — dem Relativitätsprinzip und dem universellen Gravitationsgesetz — ergeben sich zahlreiche fruchtbare Folgerungen, die breiteste Anwendung in der Optik, Elektrodynamik, Atomphysik, Mechanik, der Physik der Elementarteilchen usw. finden.

Eine charakteristische Besonderheit der Relativitätstheorie ist ihre Universalität. Sie ist nicht die Theorie irgendeiner bestimmten Klasse von Erscheinungen, wie zum Beispiel die Maxwellsche Theorie die Theorie der elektromagnetischen Erscheinungen oder die Quantenmechanik die Theorie der Mikroerscheinungen ist. Ihre grundlegenden Sätze, das Gravitationsgesetz und das Relativitätsprinzip, finden ihre Anwendung bei allen physikalischen Erscheinungen, bei den elektromagnetischen, atomaren, bei der Bewegung der Himmelskörper usw. Wir kennen beispielsweise die relativistische Quantenmechanik, die sich zu einer Theorie entwickelt, die dem allgemeinen Relativitätsprinzip genügt.

Die Relativitätstheorie ist die Theorie der Eigenschaften von Zeit und Raum. Hieraus ergibt sich auch ihre Universalität, da alle materiellen Erscheinungen in Zeit und Raum vor sich gehen.

Die Relativitätstheorie hat tiefe materialistische Bedeutung. Es genügt, an den bedeutsamen Satz von Engels zu erinnern, daß Raum und Zeit Existenzformen der Materie sind und ihn der Auffassung von Raum und Zeit in der Relativitätstheorie als Gesamtheit von Ausdehnungen der materiellen Körper und der Abstände zwischen ihnen und der zeitlichen Dauer der in den materiellen Körpern vor sich gehenden Prozesse gegenüberzustellen.

Am Schluß dieses Beitrags möchten wir auch auf andere Standpunkte eingehen, die nicht mit dem übereinstimmen, was hier entwickelt wurde. Diese Standpunkte können offen idealistisch, sie können auch andere sein, aber in jedem Fall unterscheiden sie sich von unserem Standpunkt. Die charakteristische Besonderheit dieser Standpunkte — der anderen, die sich von unserem unterscheiden (wie mir scheint, stimmt mein Standpunkt in dieser oder jener Form mit der Auffassung vom physikalischen Inhalt der Relativitätstheorie überein, die die überwältigende Mehrheit der Physiker und vor allem Einstein selbst hat) — ist die, daß in allen diesen Schemata vollständig oder teilweise der physikalische Inhalt der oben formulierten Gesetze, die der Relativitätstheorie zugrunde liegen, verneint wird, und in Verbindung damit wird der objektive Charakter der aus ihnen folgenden Veränderungen von Raum und Zeit verneint.

Betrachten wir vor allem den offen idealistischen Standpunkt des englischen Gelehrten Dingle, der mehr als Philosoph denn als Physiker bekannt ist. Er proklamiert beispielsweise, daß das Relativitätsprinzip eine These des philosophischen Relativismus ist, daß es nur die Beschreibung des Geschehens vom Standpunkt des Beobachters darstellt. Die relativistischen Veränderungen in der Raum-Zeit behandelt er rein subjektiv, als Widerspiegelung der Standpunkte verschiedener Beobachter. Die den Übergängen von einem Koordinatensystem zum anderen entsprechenden Koordinatentransformationen behandelt Dingle, als besäßen sie nur einen formalen, mathematischen Sinn. Im Zusammenhang damit erklärt er, daß alle Veränderungen der Koordinaten nichts Objektiv-reales enthalten.

Gehen wir jetzt auf die Konzeption A. D. Alexandrows ein. In seinem Referat verneint er die objektive Realität des allgemeinen Relativitätsprinzips als eines physikalischen Gesetzes. Im Zusammenhang damit erklärt er, daß auch alle Koordinatentransformationen (außer offensichtlich den Lorentzschen), die der allgemeinen Kovarianz entsprechen, nur formal-mathematische und obendrein triviale Bedeutung haben. Zu ihnen gehört auch die Transformation des Übergangs vom inertialen Koordinatensystem zur Beschleunigung, zum sich bewegenden Koordinatensystem. Damit verneint Gen. Alexandrow faktisch die objektive Realität der Felder der Inertialkräfte, wie der Coroliskraft, der Zentrifugalkraft und anderer, und aller physikalischen Effekte, die mit ihnen zusammenhängen.

Aus dieser Position, wenn man streng folgerichtig, logisch überlegt, folgt beispielsweise, daß optische und mechanische Erscheinungen der Erde, die durch deren Drehung bedingt sind, darunter auch so gut bekannte, wie die Änderung der Schwerkraftbeschleunigung mit der Breite, die Erscheinung der Passate u. a., nicht objektiv-real sind, weil sie als Folge einer Koordinatentransformation in einem rotierenden Koordinatensystem betrachtet werden müssen, die nur formal-mathematische, aber keine physikalische Bedeutung hat.

Die Position des Gen. Alexandrow ist also eine Rückkehr zur metaphysischen Deutung der Inertialkräfte in der Newtonschen Mechanik als nichtrealer, fiktiver Kräfte. Dabei erklärt er im Widerspruch mit der allgemeinen Logik der Relativitätstheorie, daß er das Gesetz der universellen Gravitation der allgemeinen Relativitätstheorie anerkennt. Indessen ist die Anerkennung des universellen Gravitationsgesetzes Einsteins unvereinbar mit der Verneinung des allgemeinen Relativitätsprinzips als eines physikalischen Gesetzes. Tatsächlich kann man in der Gravitationstheorie Einsteins nur Schlüsse über die Maße der Körper und die zeitliche Dauer der Prozesse in ihnen ziehen, wenn der Übergang zum örtlich ruhenden inertialen Koordinatensystem durch Koordinatentransformation vollzogen wird. Im letzteren kann der Ausdruck für ein Intervall in der Raum-Zeit auf die bekannte quadratische Galileische Form mit Differentialen der Koordinaten reduziert werden, die direkte metrische Bedeutung haben, d. h. objektivreale Längen und Zeitabstände darstellen.

Aber der Übergang zu dieser Form kann nur mit Hilfe von Koordinatentransformationen allgemeinen Charakters vollzogen werden, die dem allgemeinen

Relativitätsprinzip entsprechen und denen A. D. Alexandrow nur formal-mathematischen, aber keinen physikalischen Sinn zuspricht. Deshalb verschließt sich eben jeder, der wie A. D. Alexandrow das universelle Gravitationsgesetz Einsteins anerkennt, aber das allgemeine Relativitätsprinzip verneint, selbst die Möglichkeit, physikalische Schlüsse aus der Gravitationstheorie Einsteins zu ziehen.

*

Prof. D. D. Iwanenko. Viele Diskussionen, die hier geführt wurden, sind so, daß man sie in hohem Maße Etappenkämpfe nennen kann. Zum Beispiel wird im Referat W. A. Focks die Deutung der nichtrelativistischen Quantenmechanik betrachtet, die schon im Jahre 1927 aufgestellt wurde, A. D. Alexandrow erörtert allgemeine Fragen der Relativitätstheorie, die schon 1916 aufgeworfen wurden. Zweifellos bedürfen diese Probleme der Diskussion, jedoch gibt es eine Reihe wichtiger Fragen, die mit den neuen und neuesten Gebieten der Physik zusammenhängen, wie der Quantentheorie der Felder und der Theorie der Elementarteilchen, die auch einer breiten philosophischen Analyse bedürfen.

Ich beabsichtige hier nicht, endgültige Schlüsse vorzutragen, aber ich will in einem kurzen Beitrag auf diese neuen Probleme eingehen, um zu unterstreichen, daß der gegenwärtige philosophische Kampf auch in der vordersten Front der neuesten Physik vor sich geht. Zum Beispiel wohnen wir der interessanten Entwicklung Heisenbergs von der orthodoxen Kopenhagener Schule, vom Machismus und vom reinen Positivismus zur Position eines originellen Kantianismus bei. Zugleich geht Heisenberg bei der Betrachtung der Fragen der relativistischen Quantentheorie der Elementarteilchen zu einer neuen philosophischen Interpretation über, die der platonischen sehr nahe ist, dabei eines Platonismus durchaus nicht im besseren, sondern im schlechteren Sinne. Deshalb muß man ersichtlich sehr achtsam sein in Hinblick auf die Möglichkeit eines idealistischen Eindringens auch in diesen neuen Zweig der Physik. Es ist besser, unverzüglich die philosophische Erörterung neuester Probleme auf der Basis der materialistischen Philosophie durchzuführen, als nach einiger Zeit unsere ideologischen Gegner aus dem tiefen Hinterland zu kritisieren.

Noch eine Bemerkung, die die philosophische Aktualität der relativistischen Quantentheorie illustriert. Hier sprachen W. A. Fock und auch M. E. Omeljanowski viel über das Problem der Messung in der Quantentheorie. Wir wollen aber unterstreichen, daß im Bereich der relativistischen Quantentheorie die Frage anders steht. Nach allem, was zu sehen ist, wird hier eine Zuspitzung des Unbestimmtheitsprinzips stattfinden, wir werden offensichtlich keine paarweisen Heisenbergschen Fehler Δp und Δq in der Größenordnung von $\hbar (\Delta p \Delta q \sim \hbar)$ haben, sondern möglicherweise etwas in der Art „individueller" Fehler, wobei möglicherweise Δq selbst sich in der Größenordnung einer minimalen Größe r_0 zeigt. Das hängt damit zusammen, daß die Messung der Koordinate mit größter Genauigkeit, selbst unabhängig vom Impuls, zur Erzeugung von Teilchenpaaren in einem effektiven Gebiet führt.

Jetzt möchte ich die Aufmerksamkeit auf eine der Seiten der Situation richten, die im Gebiet der relativistischen Quantenfeldtheorie und der Physik der Elementarteilchen entstand und wahrhaftig ein Frontproblem darstellt; es geht um die Frage der Struktur des Stoffes.

Ich will die Aufmerksamkeit auf eine Seite dieses Problems lenken, auf die Versuche des Aufbaus einer einheitlichen Theorie. Das ist letzten Endes eine tiefe philosophische Frage, die im Verlauf der jahrhundertelangen Entwicklung unserer Wissenschaft mehrfach gestellt wurde. Es gab Versuche, eine mechanistische Weltanschauung (XVIII. Jahrhundert, erste Hälfte des XIX. Jahrhunderts) und ein geometrisches Weltbild (zwanziger Jahre unseres Jahrhunderts) aufzubauen. Diese Fragen waren im Laufe der Zeit für die Wissenschaft mehr oder weniger aktuell, gerade im vergangenen Jahr wurden sie bedeutend aktueller, sie gewannen allerhöchstes Interesse in den allerletzten Monaten. Sie wurden sehr aktuell, wurden real, weil in der jetzigen Zeit sehr viele Elementarteilchen, diese einfachsten Bausteine der Materie, entdeckt wurden, ungefähr 25—30: Photonen, Leptonen (Elektronen, Positronen, Neutrino, Antineutrino, leichte geladene Mesonen); mittlere neutrale und geladene Mesonen (Pionen), schwere neutrale und geladene Mesonen (K); Nukleonen (Protonen, Antiprotonen, Neutronen, Antineutronen) und überschwere Teilchen, die sogenannten Hyperonen (sie werden mit den Symbolen Lambda, Sigma, Xi bezeichnet, neutrale und geladene). Es sind, ich wiederhole, sehr viele Teilchen. Zwischen ihnen bestehen natürlich die verschiedensten Zusammenhänge. Viele Zusammenhänge wurden erforscht, wurden festgestellt, die Teilchen wurden erfolgreich auf Gruppen aufgeteilt mit Hilfe des ‚Isotopenspin‘, der Barionen- und Leptonenzahl und der „Eigentümlichkeiten“ (Hellmann, Nischidshima, auch J. P. Terletzki), aber zu einer allgemeinen Basis führte das noch nicht. Wir erleben auf diesem Gebiet jetzt etwas, das dem ähnlich ist, was die Chemiker vor der Entdeckung des Mendelejewschen Systems der Elemente in der Mitte des XIX. Jahrhunderts erlebten, als noch nicht die allgemeine Basis aller Elemente klar war, die sich eines ins andere auf der Grundlage verwandeln, daß letzten Endes alle aus Elektronen bestehen, die um die Kernprotonen und -neutronen rotieren.

Somit ist die Frage nach dem Aufbau eines einheitlichen „Atombilds“ der Materie besonders aktuell angesichts der Tatsache der wechselseitigen Umwandlung aller Teilchen ineinander. In der jetzigen Zeit besteht nach meiner Ansicht der einzig ernsthafte Versuch in dieser Richtung in der Möglichkeit des Aufbaus einer nichtlinearen Spinortheorie der Materie. Die Wurzeln dieser Hypothese sind mannigfaltig. Hier weisen wir vor allem auf die allgemeine Relativitätstheorie hin, die im wesentlichen nicht-linear ist. Die Nichtlinearität bedeutet, anschaulich gesprochen, die Wechselwirkung der Felder untereinander und zeigt im gegebenen Fall, daß das Gravitationsfeld nicht nur durch alle Arten der Materie erzeugt wird, sondern auch durch das Gravitationsfeld selbst. Hieraus entsteht eine ganze Reihe spezifischer Eigenschaften des Schwerefeldes, zum Beispiel die Möglichkeit, die Bewegungsgleichung der Teilchen aus der Feldgleichung selbst zu folgern.

Hierauf beziehen sich die Versuche der nichtlinearen Verallgemeinerung der elektromagnetischen Theorie, die mit dem Ziel der Beseitigung der Divergenzen, d. h. der unendlichen Werte der Energie von punktförmigen Ladungen, durch Mie unternommen und dann höchst interessant, aber nicht sehr erfolgreich in bezug auf konkrete Resultate in den Arbeiten von Born und Infeld entwickelt wurden. Man muß auch die Arbeiten der Gruppe Louis de Broglies, seines Schülers Vigier und seiner jungen Mitarbeiter erwähnen, die die relativistische Hydrodynamik erforschten und ein Teilchenmodell auf der Basis der nichtlinearen Verallgemeinerung der Gleichungen der Quantenfeldtheorie aufzubauen versuchten.

Gehen wir jedoch zum Versuch des Aufbaus einer einheitlichen nichtlinearen Quantenspinortheorie selbst über. Er beruht auf folgenden Argumenten. Erstens dem Argument de Broglies, das besagt, daß der Materie nur eine spinorielle oder grob gesagt rotierende Entstehung zugrunde liegen kann. Anschaulich gesprochen werden durch die Spinoren die Wirbel ersetzt, die früher Kelvin, Helmholtz und noch früher Descartes der Materie voranzustellen versuchten. Somit muß der Materie, wenn man überhaupt über eine Theorie sprechen kann, die noch nicht abgeschlossen ist (aber ich will auch die Aufmerksamkeit auf noch nicht abgeschlossene, aber außerordentlich interessierende Dinge lenken) — irgendetwas „Rotierendes" zugrunde liegen. Aus rotierenden Objekten kann man in der Tat Nicht-Rotierendes oder Schneller-Rotierendes aufbauen, jedoch aus nicht-rotierender Materie Rotation zu erhalten ist unmöglich. Das einfachste „rotierende" Feld aber (Spin $^1/_2\, h/2\,\pi$) wird beschrieben durch besondere Größen: durch Spinoren. Folglich muß der Materie irgendetwas Spinorielles, irgendein Spinor zugrunde liegen.

Jetzt kommt der zweite Punkt. Das Feld des gleichartigen fundamentalen „Weltspinors" muß unbedingt nichtlinear sein — auf dieses Argument wurde zuerst durch uns hingewiesen. Nichtlinear muß es unbedingt deshalb sein, da, wenn das Feld nur allein existiert, es nur dann mit sich selbst wechselwirken kann, denn nicht wechselwirken kann es nicht. Wir haben bereits 25 Elementarteilchen und nicht nur eine Materieart, obgleich es in der Natur noch mehr von ihnen geben mag. Die Elementarteilchen muß man sich als Erregungszustände der grundlegenden spinoriellen „Urmaterie" vorstellen. Somit müssen wir an die Spitze einer einheitlichen Theorie den Versuch stellen, die Gleichung eines nichtlinearen Spinorfelds aufzustellen. Deshalb muß man zur berühmten Diracgleichung, die den einfachsten Spinor beschreibt, ein nichtlineares Glied hinzufügen. Nach einer Reihe von Erwägungen muß dieses Zusatzglied das Aussehen haben: Ψ^3. Somit erhalten wir die von uns schon 1938 vorgeschlagene Gleichung, die wir ohne Erläuterung aufschreiben:

$$\gamma_\nu \frac{\delta \Psi}{\delta x_\nu} + m\Psi + \lambda \Psi^3 = 0$$

Dazu schlug Heisenberg vor, das Glied mit der Masse m wegzulassen, wobei er vernünftigerweise meint, daß die Masse sich aus der Theorie selbst ergibt. Später betrachteten wir mit A. M. Brodski andere mögliche nichtlineare Zusatzglieder, einen Teil davon benutzte im weiteren auch Heisenberg, wobei er sich in seinen vergangenen Vorträgen und Artikeln auf unsere Arbeiten beruft. Diese Feldgleichung ist jedoch unzureichend. Hier hat das dritte Argument Platz, das außerordentlich wichtig ist und das Heisenberg und seinen Mitarbeitern zukommt. Die Entwicklung der Arbeiten Heisenbergs lenkte die allgemeine Aufmerksamkeit auf sich, man kann sogar sagen, daß sie eine Sensation hervorrief und eine ungewöhnliche Wirkung ungefähr ein halbes Jahr danach erzielte.

Die Sache ist die: Wenn wir uns mit nichtlinearen Verallgemeinerungen begnügen, können wir nicht weiter vorwärts gehen, wir müssen noch die Quantisierungsregeln verändern, d. h. die Gegenüberstellung von Teilchen und Feldern. Heisenberg machte einen wichtigen Schritt vorwärts, indem er den sogenannten „zweiten Hilbert-Raum" (eingeführt schon von Dirac) ausnutzte, mit anderen Worten, er veränderte die Quantisierungsregel des Austauschs. Indem er durch Näherungsverfahren die erhaltene Gleichung löste, konnte Heisenberg mit seinen Mitarbeitern in endgültiger Form die Masse einer Reihe von Elementarteilchen und auch die Größe der elektrischen und jüngst auch der Mesonenladung erhalten. Das ist ein großer Schritt vorwärts und ein großer Erfolg, ungeachtet dessen, daß noch eine genaue quantitative Übereinstimmung mit dem Versuch fehlt, weil es bisher gar nicht gelang, das alles zu erhalten.

In der gewöhnlichen gegenwärtigen, wie man sagt, offiziellen relativistischen Quantenfeldtheorie wurden bedeutende Erfolge erzielt, aber ungeachtet dessen ist die gewöhnliche Theorie keine Feldtheorie der Elementarteilchen, ist sie nicht in der Lage, die Existenz auch nur eines der Teilchen, die Größe seiner Masse und Ladung zu folgern. Immer erhält man Unendlichkeiten. Das zeigt, daß die jetzige Theorie nicht abgeschlossen ist, und daß wir weitergehen, sie irgendwie verallgemeinern müssen, und damit taucht in der nichtlinearen Spinortheorie die erste Möglichkeit auf, ein ganzes System aller Elementarteilchen aufzubauen.

Die Physiker unter sich ziehen es vor, weniger über die Erfolge einer Theorie, als über deren Schwierigkeiten zu sprechen. Die großen Erfolge der Spezialisten sind klar, die Schwierigkeiten liegen darin, daß die gegenwärtige relativistische Quantentheorie, die gewöhnliche, die offizielle sozusagen, in der man die Studenten unterrichtet, die wir verpflichtet sind, den Studenten zu lehren, ich wiederhole, keine Theorie der Elementarteilchen ist und nicht sein kann. Die Sache ist keineswegs die, daß es noch nicht gelang, sie weiterzuentwickeln und daß man einige Jahre abwarten muß. Es handelt sich darum, daß in der Theorie grundlegende Dinge fehlen, nicht zuletzt eine neue Universalkonstante, offensichtlich vom Typ der Minimallänge, die dazu führt, daß bei kleinsten Entfernungen etwas Neues, Ungewöhnliches vor sich geht. In jedem Fall ist die frühere gewöhnliche lineare Theorie nicht abgeschlossen und kann im gegebenen Rahmen nicht abgeschlossen sein. Darüber, daß sie verallgemeinert werden muß, gibt es keinen Zweifel. Aber die Frage ist, wie verallgemeinern. Wie dem auch sei, es bietet sich eine Verallgemeinerung an, die mit einer Reihe von Schwierigkeiten verbunden ist; aber hier ist eine

Chance auf Erfolg. Ungeachtet einer Reihe von Schwierigkeiten in der Entwicklung der Theorie ist klar, daß wir einen Schritt vorwärts machen, der, wie mir scheint, popularisiert und philosophisch analysiert werden muß, indem die Aufmerksamkeit auf das Problem des Aufbaus einer einheitlichen Theorie, auf die verschiedenen Aspekte der Leninschen These von der Unerschöpflichkeit und anderes gelenkt wird.

Gehen wir noch auf einen Punkt ein. Die Sache ist die, daß, wie jede gegenwärtige relativistische Quantentheorie, der Ansatz zu einer einheitlichen nichtlinearen Theorie, der in der Hauptsache in den Arbeiten Heisenbergs und zugleich in den Arbeiten de Broglies und in einigen unserer sowjetischen Arbeiten unternommen wurde, lokal ist in dem Sinne, daß er bisher die Fragen der Gravitation ignoriert und sich vollständig von den verschiedenen kosmologischen Fragen fernhält.

Auf den ersten Blick scheint es, daß die Gravitation innerhalb des Atomkerns und in der Welt der Teilchen keine wesentliche Rolle spielt. Obgleich die Gravitation zweifellos im Vergleich mit den elektromagnetischen und Kernkräften sehr schwach ist, ist dennoch nicht offensichtlich, daß man die Gravitation in der Struktur der Teilchen vernachlässigen kann. Außerdem kommen wir, wenn wir die Quantentheorie der Gravitation entwickeln (man muß den Referenten den Vorwurf machen, ganz und gar nicht die Fragen der Quantengravitation berührt zu haben), dahin, daß das Gravitationsfeld sich in gewöhnlichere Formen der Materie verwandeln kann. Diese Transmutation wurde von uns berechnet, und jetzt bürgern sich ähnliche Schlüsse unter anderen Physikern ein. Teilweise schlossen sich dem Dirac in seinem Vortrag auf der Konferenz in Leipzig (1958) und Wheeler auf der Konferenz in Paris (1959) an.

Wenn jedoch das Gravitationsfeld fähig ist, sich in andere Felder umzuwandeln, so muß zwischen dem Gravitationsfeld (das engstens mit der Raum-Zeit verbunden ist) und dem Raum und der Zeit auf der einen Seite und der gewöhnlichen Materie auf der anderen Seite ein engerer Zusammenhang bestehen, als bisher vermutet wurde. Obgleich die Wahrscheinlichkeit dieser Prozesse sehr klein ist, bin ich nicht sicher, ob man sie nicht schon jetzt bei der Betrachtung des Aufbaus des Weltbilds im ganzen berücksichtigen muß.

Beim Aufbau des Weltbilds im ganzen müssen wir die Aufmerksamkeit auf folgenden Umstand lenken: Es darf nicht nur über die Entstehung der Sterne (eine sehr wichtige Frage, bei der bedeutende Erfolge durch die sowjetischen Gelehrten, insbesondere W. A. Ambarzumjan, erreicht wurden) und nicht nur über die Entstehung der Elemente gesprochen werden (bei deren Verständnis auf der Basis der Kernphysik jüngst bedeutende Erfolge erreicht wurden, die zum Teil auf dem astronomischen Kongreß im Sommer in Moskau erörtert wurden), sondern auch über die Entstehung der Elementarteilchen.

So paradox es auch auf den ersten Blick scheint, man kann die Frage nach dem Ursprung der Elementarteilchen selbst stellen! Wir alle bezweifeln nach dem Begreifen der tiefen Bedeutung der Leninschen These von der Unerschöpflichkeit des Elektrons, also auch aller Teilchen, nicht, daß hinter den Elementarteilchen noch etwas weiteres steht. Es handelt sich wiederum nicht nur um die Elementarteilchen, sondern auch um die mögliche Urmaterie und um die Entstehung der Teilchen und überhaupt um die Bedingungen der Entstehung unseres Teils des Universums.

Tatsächlich ist die Physik der Elementarteilchen sehr eng mit der Kosmologie verbunden, worauf unsere Aufmerksamkeit wenig gerichtet ist. Wir leben in einer Welt, wo sehr viele Protonen, Neutronen, Elektronen und sehr wenig Positronen und besonders Antiprotonen, Antineutronen vorhanden sind, die man nur mit Hilfe sehr teurer Beschleunigungsmaschinen erhalten kann. Die Antiprotonen z. B. kann man überhaupt nur auf zwei Maschinen in der Welt erhalten — auf unserer und der amerikanischen.

Folglich hat unser Teil des Universums eine Tendenz zur Konzentration bestimmter Sorten des Stoffs, d. h. bestimmter Sorten der Teilchen.

Von Dirac war bereits vor langer Zeit vorausgesagt worden, daß eine Antiwelt existieren könne, der Positronen, Antiprotonen, Antineutronen zugrunde liegen. Sehr interessant sind die Bemerkungen der chinesischen Physiker Li und Jang, den Autoren der letzten berühmten Arbeiten über die Parität, über die Möglichkeit der Existenz von Welten, in denen die vorwiegende „Spiralität“ (спиральность) der Teilchen eine andere ist im Vergleich zu der in unserem Teil des Universums beobachteten. Alle diese Fragen sind zweifellos eng mit der Kosmologie verbunden, und es scheint, daß diese Fragen völlig real gestellt werden müssen. Es handelt sich um die Entdeckung von Antiwelten anderer Teilchenkonzentration, wie es auch höchste Zeit ist, die Frage nach der Entdeckung der Gravitationswellen (Gravitationen) und nach der endlichen Ausbreitungsgeschwindigkeit der Gravitation real zu stellen. Man muß auch klären, ob die beobachtete vorherrschende Konzentration der einen Teilchen zu Ungunsten der anderen mit zufälligen Fluktuationen oder aber gesetzmäßig mit anderen fundamentalen Eigenschaften des Universums verbunden ist. Teils ernst, teils im Scherz kann man sagen, daß die vorherrschende Spiralität und Konzentration der Ladungen möglicherweise mit einem anderen, vielleicht einzigen fundamentalen Charakteristikum unseres kleinen Teils des Universums, eben seiner Ausdehnung, verbunden ist. Es ist doch gut bekannt, daß Friedmann als erster auf die Möglichkeit der Ausdehnung, wie auch der Kompression, oder der Pulsation der geometrischen Struktur der Welt hinwies.

Es ist möglich, daß diese Verhältnisse irgendwie miteinander verbunden sind, d. h. zum Beispiel, daß der sich ausbreitende Teil mit einem Teil verbunden ist, der sich zusammenzieht und eine andere vorherrschende Konzentration der Teilchen hinsichtlich der Ladungen oder der Spiralität hat. Dabei kann sich das ganze Große Universum insgesamt als völlig spiralig symmetrisch und neutral zeigen.

Nach unserer Ansicht muß man die Aufmerksamkeit unbedingt auf diese äußerst wichtigen neuesten Umstände richten. Ihre Analyse müssen Physiker, Philosophen und Astronomen unbedingt gemeinsam durchführen.

Professor E. Kolman. Die Physik entwickelt sich heute mit unaufhörlich wachsender Beschleunigung. Möglicherweise ist dieser Umstand, wenn auch nur zum Teil in der Lage, die Tatsache zu erklären, wenn er sie nicht auch rechtfertigen kann, daß unser philosophisches Denken ernsthaft hinter der Entwicklung der Physik zurückbleibt. Insbesondere erhielt gerade die Theorie in den Referaten unserer Konferenz keine ausreichende Widerspiegelung, die jetzt in den vordersten Teil der physikalischen Front rückte, die Theorie der Elementarteilchen. Damit verdient sie unsere angespannte doppelte Aufmerksamkeit, denn wie jede Theorie, die eine neue Epoche in der Wissenschaft eröffnet, hat die Theorie der Elementarteilchen doppelte Bedeutung für die dialektisch-materialistische Weltanschauung und die Methode. Erstens dadurch, daß sie objektiv Neues zum Weltbild beiträgt und in der Art, wie sie es entdeckt und von ihm Besitz ergreift. Zweitens durch die Fortschritte in den philosophischen Konzeptionen der Naturwissenschaftler selbst, die sie mit sich bringt.

Bekanntlich vollzog sich im Verlauf fast der ganzen ersten Hälfte unseres Jahrhunderts — am Anfang äußerst schmerzhaft — der Prozeß der Aneignung der relativistischen und Quantenbegriffe durch die Physiker. Sie waren für uns „wunderlich“, weil die Physik zur Erforschung einer Welt überging, die für unsere sinnliche Anschauung unzugänglich ist. Indem sie in gewissem Sinne diesem Prozeß zuvorkamen, setzten Einstein und seine Nachfolger die wiederholten Versuche fort, „eine einheitliche Materietheorie“ aufzubauen, die Theorie des Gravitationsfeldes und des elektromagnetischen Feldes zu vereinigen. Sie erwiesen sich alle als erfolglos, vor allem deshalb, weil diese Versuche von einseitigen metaphysischen Vorstellungen über eine kontinuierliche physikalische Vielfalt ausgingen. Aus seiner Geometrie sollten sich alle grundlegenden physikalischen Gesetzmäßigkeiten folgern lassen.

Es stimmt, daß es überhaupt nicht möglich war, eine solche vollständige einheitliche Theorie der Elementarteilchen und Felder zu schaffen, weil andere Arten der physikalischen Felder als das Gravitations- und das elektromagnetische Feld erst später entdeckt wurden. Allmählich begannen sich die Konturen der neuen Theorie abzuzeichnen. Jetzt erhielt diese Theorie ihre gegenwärtige Vollendung in der „Materiegleichung“, die Werner Heisenberg in Göttingen am 24. Februar des vergangenen Jahres mitteilte. Wie Heisenberg selbst zeigt, besteht das Ziel seiner Theorie darin, zu erklären, welche Gesetzmäßigkeiten die Materie selbst in sich birgt, warum sie gerade so ist, wie sich das uns im Versuch zeigt und nicht anders. Und obwohl, wie er bemerkt, man die Frage an die Natur in mathematischer Sprache stellen muß, denn nur so kann man Antwort erhalten, so ist die Frage selbst doch an den Prozeß gerichtet, der in der praktischen materiellen Welt abläuft.

Als er seine Theorie schuf, sagte sich Heisenberg bewußt von der induktiven Synthese schon existierender Teiltheorien einzelner Arten von Teilchen und Feldern los. Ausgehend von weitergehenden Analogien legte er ihr den verallgemeinerten Begriff eines einheitlichen physikalischen Feldes zugrunde, aus dem sich die Eigenschaften aller Abarten der Felder und Teilchen deduktiv ableiten lassen müssen.

Die erste Besonderheit der neuen Theorie besteht darin, daß ihr einheitliches Feld nicht einfach kontinuierlich ist, sondern die Diskontinuität einschließt. Weitere Besonderheiten dieser Theorie bestehen darin, daß sie den Forderungen der Unbestimmtheitsbeziehungen der Quantenmechanik entspricht; sie gewährleistet die Möglichkeit, die Eigenschaften beliebiger Teilchen zu folgern; sie ist in der Lage, die Wechselwirkung der Teilchen mit sich selbst zu berücksichtigen; sie befriedigt nicht nur die Bedingungen der relativistischen Kovarianz, sondern auch alle Erhaltungsgesetze; und zuletzt beseitigt sie auch die Widersprüche zwischen der speziellen Relativitätstheorie und der Quantentheorie, die bekanntlich zu Divergenzen führen. Und obwohl das zu physikalisch ungerechtfertigten negativen Wahrscheinlichkeiten führt, so nur für die Gebiete der Raum-Zeit, in denen infolge ihrer außerordentlich geringen Ausdehnung die Theorie auch ihren Sinn verliert.

Man kann die Theorie Heisenbergs als das Ergebnis der zweijahrtausendelangen Entwicklung der wissenschaftlichen Vorstellungen über die Struktur der Materie betrachten. Sie verlief im großen und ganzen von der einheitlichen Urmaterie zur Vielzahl elementarer Wesenheiten. Aber in der letzten Zeit kehrt sie, natürlich auf einem unvergleichlich höheren Niveau, zurück zur Kompliziertheit des „Apeiron“ Anaximanders. Bemerkenswert ist, daß in der neuen Theorie der dialektische Widerspruch der Materie derart in ihren Grundlagen enthalten ist, daß die Wellenfunktion sich nicht nur auf das Ensemble der Teilchen bezieht, sondern auch auf die individuellen Teilchen. Das bedeutet, daß sie grundlegende Eigenschaften beliebig strukturierter „elementarer“ Teile der Materie widerspiegelt und Charakteristik ihrer Wechselwirkung mit der Umgebung ist.

Wie Heisenberg selbst sagt, muß seine Gleichung nur als Projekt betrachtet werden, als erste Variante, die erst nach einigen Jahren mathematischer Analyse der aus ihr folgenden Schlüsse bestätigt werden kann. Dennoch, auch bei der ersten Annäherung erhält man sehr wichtige quantitative Charakteristika in derselben Ordnung, wie sie auch experimentell festgestellt wurden.

Entscheidende prinzipielle Bedeutung hat, daß in der neuen Theorie in Übereinstimmung mit der historischen Tendenz der Entwicklung der Physik, die Masse nicht als empirische, der mathematischen Analyse unzugängliche grundlegende Größe auftritt. Sie ist abgeleitet von den grundlegenden widersprüchlichen Charakteristika der Materie, Zeit und Raum, deren Widerspruch der Motor der Entwicklung der Materie ist. Die Masse ist jetzt nicht einfach empirisch gegeben, sondern deterministisch erklärt. So ist hier der Übergang vom metaphysischen Atomismus mit seinem Dualismus von Punktmaterie und leerem Raum zu einer neuen Atomistik vorhanden. Sie anerkennt, wie Engels schrieb, daß diskrete Teile verschiedener Stufen verschiedene Knotenpunkte darstellen, die verschiedene qualitative Formen der Existenz der Materie bedingen.

Mit der bestimmenden Rolle, die in der neuen Theorie die Widersprüchlichkeit der Raum-Zeit spielt, stimmen die Schlußfolgerungen der speziellen Relativitätstheorie über die Abhängigkeit der Masse der Körper von ihrer relativen Geschwindigkeit überein, die unwiderleglich experimentell überprüft wurden. Sie stimmt auch überein mit den Folgerungen der allgemeinen Relativitätstheorie über die wechselseitige Abhängigkeit der Bewegung der Massen und der Geometrie der Raum-Zeit. Besonders wird diese Rolle aber klar im Lichte der hervorragenden Entdeckung, die Emmi Nöther 1918 machte, daß die Erhaltungsgesetze des Impulses, der Energie und des Moments der Bewegungsgröße aus der Homogenität und Isotropie des Raums und der Zeit folgerbar sind, aber noch mehr dank der jüngst aufgedeckten Verletzung des Gesetzes der Erhaltung der Parität, des Gesetzes, das sich aus der Symmetrie des Raumes in bezug auf die Inversion ergibt.

Zusammen mit der dialektischen Einheit der polaren Gegensätze des Kontinuierlichen und Diskontinuierlichen, umfaßt die neue Theorie auch die unlösbare Einheit der Gegensätze Möglichkeit und Wirklichkeit, Notwendigkeit und Zufall. Sie reißt sich endgültig los von dem von Engels mit Recht verurteilten „gedankenlosen mechanischen Determinismus" und ersetzt ihn durch den dialektischen Determinismus.

Somit besteht die objektive Bedeutung der Heisenbergschen Theorie in der Vertiefung unserer Naturerkenntnis. Folglich besteht sie philosophisch auch in der Weiterentwicklung des Materialismus, aber des dialektischen Materialismus.

Aber wie ist die Entwicklung der philosophischen Ansichten des Autors dieser Theorie selbst? Die philosophischen Ansichten des Naturwissenschaftlers können wir keineswegs zu seiner privaten, uns nicht interessierenden Sache erklären. Im Verlauf dreier Jahrzehnte und bis in die letzte Zeit verteidigte doch Heisenberg kämpferisch machistische Ansichten, nach denen die Mikroobjekte nur existieren, insofern sie von uns beobachtet werden. Aus seinen hier angeführten neuesten Äußerungen geht scheinbar klar hervor, daß Heisenberg sich jetzt von seinen positivistischen subjektiv-idealistischen Anschauungen lossagt und ins Lager des Materialismus übergeht. Doch leider ist dieser Schluß falsch. Heisenberg wendet sich nur vom subjektiven Idealismus ab, aber er geht auf die Position des objektiven Idealismus über. Im Vortrag, der dem hundertsten Geburtstag Max Plancks gewidmet war, bekennt sich Heisenberg ausführlich und eindeutig als Anhänger eines objektiven Idealismus, der seiner Grundlage nach eine Abart des Platonismus ist. Er deutet paradoxerweise die große Entdeckung Plancks als Wiedergeburt der Ideen Platons, daß die letzte Quelle der Erscheinungen nicht die Materie, sondern die Form, die Gestalt, die Idee ist. Die Entdeckung Plancks hält er für die Einsetzung eines bestimmten Maßstabs in der Natur. Heisenberg besteht darauf, daß nicht etwa das faktische Ereignis selbst, sondern nur die Möglichkeit des Ereignisses einem streng naturwissenschaftlichen Gesetz unterworfen ist. In diesem platonischen Sinne faßt er die Realität.

Diese Tatsache des Übergangs Heisenbergs vom subjektiven zum objektiven Idealismus steht nicht allein. Sie ist in mehr oder weniger ausgeprägtem Maße charakteristisch für eine ganze Gruppe zeitgenössischer Physiker der kapitalistischen Länder, wie etwa Bohr und Born. Jedoch werden ihre neuesten Äußerungen über die „physikalische Realität" und über die „Wirklichkeit" manchmal von einigen unserer Philosophen für Materialismus gehalten. Diesen Philosophen stellen sich Wünsche als Wirkliches dar.

Es versteht sich von selbst, daß wir uns aufrichtig freuen, wenn Naturwissenschaftler — einzeln, aber noch besser in Gruppen — sich den dialektischen Materialismus aneignen oder wenn sie sich ihm annähern. Das ist doch vor allem im Interesse des Fortschritts der Naturwissenschaft selbst. Aber unsere Gefühle dürfen uns nicht zwingen, mit unserer Meinung von einer Seite zur anderen zu schwanken. Wir dürfen nicht, alle Maße verkennend, mit einer solchen Leichtfertigkeit den Idealismus für Materialismus ausgeben, mit der bis vor kurzem einige von uns physikalische Theorien nur aus dem Grund als reaktionär abstempelten, weil ihre Schöpfer Idealisten in der Erkenntnistheorie sind.

Natürlich ist im Sinne ihrer Unwissenschaftlichkeit der Unterschied zwischen subjektivem und objektivem Idealismus unwesentlich. Jedoch kann uns das nicht von der Pflicht befreien, den vor unseren Augen vor sich gehenden Prozeß der Abschwächung des Positivismus und der Erstarkung des objektiven Idealismus überhaupt aufmerksam zu studieren, darunter auch bei den bürgerlichen Naturwissenschaftlern. Denn bei oberflächlicher Kenntnis des Gegners und seiner Waffen kann man mit ihm keinen erfolgreichen Kampf führen, kann man nicht richtig feststellen, worauf das Feuer zu konzentrieren ist, wo die Verbündeten zu suchen sind.

Um ein detailliertes Urteil über die sozialen und erkenntnistheoretischen Wurzeln des aufgezeigten Prozesses abgeben zu können, muß man die Resultate der Forschung abwarten. Aber schon auf den ersten Blick ist offensichtlich, daß er durch eine starke Differenzierung der Intelligenz der kapitalistischen Länder hervorgerufen wurde, die intensiv unter den Bedingungen des verschärften ideologischen Kampfes verläuft. Dieser Kampf umfaßt jetzt die ganze Welt. Diese Differenzierung führt die besten Vertreter der Intelligenz zum Marxismus-Leninismus. Dabei unterliegen andere Gruppen von ihr immer mehr dem Einfluß der Ideologie der imperialistischen Bourgeoisie. Aber in unserer Epoche, wo der Kapitalismus krampfhaft für die Erhaltung der Überreste seiner einstmals ungeteilten Herrschaft kämpft, ist auch für die imperialistische Bourgeoisie eine unentschlossene positivistische Philosophie „der verachtenswerten Partei der Mitte" schon unzureichend. Die reaktionären imperialistischen Kräfte, die die Entwicklung der menschlichen Gesellschaft zum Kommunismus zu stören versuchen, brauchen einen konsequenten Fideismus, der sich auf die Masse der Gläubigen stützt. Sie brauchen besonders den Neothomismus, damit die Gelehrten, deren Arbeit außerordentliche Bedeutung für die Vorbereitung des Atom-, Wasserstoff- und Raketenkrieges hat, sich nicht der Friedensbewegung anschließen. Indem sie mit ihrem gewaltigen Propagandaapparat die dem Materialismus und dem sozialen Fortschritt feindlichste mittelalterliche Scholastik verbreiten, versuchen die päpstlichen Agenten der aggressiven Monopolisten der USA schlau den

Thomismus an die Gegenwart anzupassen. Sie suchen die Einheit mit den Naturwissenschaftlern für die Fälschung der Folgerungen der Physik, Kosmologie und Biologie.

Unter den gegenwärtigen Bedingungen der kapitalistischen Welt ist für eine bestimmte Schicht von Physikern der Übergang zum objektiven Idealismus, wie schon gesagt, die notwendige Erfüllung des „sozialen Auftrags". Aber möglich wird dieser Übergang infolge der Entwicklung der Physik selbst. Am Anfang unseres Jahrhunderts, die ungewöhnlichen Erscheinungen der Mikrowelt, die Radioaktivität, das Elektron vor Augen, schienen alle Prinzipien der Physik erschüttert. Jetzt gibt aber die moderne Physik unwiderlegliche Beweise der Realität ihrer Objekte, denn sie schafft sie praktisch in ihren Laboratorien. Durch die Beherrschung der Energie des Atomkerns gab sie selbst ein „tödliches" Argument, das der realen Existenz der physikalischen Objekte zugute kam. Selbstverständlich ist es unter diesen Bedingungen für den „physikalischen Idealismus", das Kind des letzten Viertels des vergangenen Jahrhunderts, äußerst schwer, seine grundlegende subjektiv-idealistische These vom „Verschwinden der Materie" zu verteidigen. Aber warum sagen sich viele Physiker, die an der machistischen Auffassung festhielten, los vom Subjektivismus? Viele Jahrzehnte, die auf Lenin folgten, richteten die dialektischen Materialisten ihre Kritik gegen die der Wissenschaft feindlichen subjektiv-idealistischen Konzeptionen in der Physik. Zweifellos spielte das auch eine positive Rolle. Jedoch fällt das Abgehen der Physiker vom subjektiven Idealismus, ihre Hinwendung zur Realität, wie schon gesagt, leider nicht immer mit ihrem Übergang zum Materialismus zusammen.

Von der Kompliziertheit des Umschwungs, der im Denken der zeitgenössischen Gelehrten der kapitalistischen Länder vor sich geht, zeugt klar eine erstaunliche Tatsache. Es zeigt sich, daß der Prozeß bei den Mathematikern gerade in diametral entgegengesetzter Richtung vor sich geht als bei den Physikern, eben vom objektiven zum subjektiven Idealismus. Wir nannten diese Tatsache erstaunlich deshalb, weil der Zusammenhang zwischen Mathematik und Physik niemals so fest war wie in unserer Zeit. Einerseits vollzieht sich die Mathematisierung der Physik. Die Mathematik dient schon nicht mehr nur der Verallgemeinerung der Resultate der Experimente. Sie ist zugleich und vor allem der Lieferant abstrakter Modelle für jene physikalischen Prozesse geworden, die nur nach der quantitativen Seite faßbar sind. Das fördert die Entstehung und Entwicklung neuer abstrakterer Zweige der Mathematik. Andererseits findet eine „Physikalisierung" der Mathematik statt. Die Schaffung schnell arbeitender Elektronenrechenmaschinen gibt nicht nur die Möglichkeit, Aufgaben zu lösen, die bisher den menschlichen Fähigkeiten unzugänglich waren. Sie führt zur Schaffung einer neuen „Maschinen"mathematik, zu neuen Berechnungsmethoden, die eine grundlegende Überprüfung selbst ihrer logischen Grundlagen erfordert. Diese wechselseitige Durchdringung von Physik und Mathematik zeigt sich auch bei der Suche nach der Synthese von Kontinuierlichem und Diskontinuierlichem, Endlichem und Unendlichem, Element und

Menge. In der Physik ist dieses Suchen, wie wir schon bemerkten, mit der Antinomie Teilchen-Feld verbunden. In der Mathematik geht es um die Gegensätze: natürliche Zahl—Kontinuum.

Es ist allgemein bekannt, daß beginnend mit den siebziger Jahren des vergangenen Jahrhunderts durch Georg Cantor die Mengentheorie begründet wurde. Allmählich wurde sie das axiomatische Fundament aller mathematischen Disziplinen und gab die Möglichkeit für das Erscheinen neuer ausnahmslos fruchtbringender Disziplinen. Ungeachtet dessen gelang es mit ihrer Hilfe nicht, eine einheitliche, ein für allemal gegebene logisch-philosophische Grundlage für die ganze Mathematik zu schaffen. Im Gegenteil, in den Grundlagen der Mengentheorie selbst wurden Widersprüche aufgedeckt. Es zeigte sich, daß sie zu logischen Paradoxien führten. Sie konnte nicht die kontinuierliche und diskontinuierliche, die endliche und unendliche Seite der Mathematik vereinigen. Erstens baut sich der Grundbegriff der Menge auf der Vorstellung der wirklichen Unendlichkeit auf. Die unendliche Menge gilt im voraus als fertig existierend, unabhängig davon, ob die wirkliche Form des Aufbaus ihrer Elemente bekannt ist. Das ist klar der Geist des Platonismus und des mittelalterlichen Realismus, was auch der Weltanschauung Cantors entspricht. Zweitens ist die Mengentheorie durch die formallogischen Regeln des Schlusses, darunter auch des Gesetzes vom ausgeschlossenen Dritten, begrenzt.

Der gezeigte Mißerfolg der Mengentheorie bei der Begründung der Mathematik — diese Aufgabe wurde metaphysisch gestellt, denn die Begründung der Mathematik muß sich mit ihrem Inhalt ändern — führte dazu, daß in den zwanziger Jahren unseres Jahrhunderts die Mathematiker selbst von der Krise der Grundlagen ihrer Wissenschaft sprachen. L. Brower, der auf äußerst subjektiv-idealistischen, mystischen Positionen steht, schuf die Schule des Intuitionismus. Sie anerkennt nur solche mathematischen Beweise, die nicht nur konstatieren, daß die Existenz des mathematischen Objekts nicht dem gegebenen Axiomensystem widerspricht. Die Beweise müssen wenigstens prinzipiell ein Mittel zum Aufbau dieses Objekts geben. Deshalb läßt er nur potentiell Unendliches zu und verwirft die Allgemeingültigkeit des Gesetzes vom ausgeschlossenen Dritten. Ungeachtet seiner reaktionären erkenntnistheoretischen Prinzipien und auch der agnostischen Versuche, aus der Mathematik viele ihrer wichtigen Resultate zu entfernen, erwies sich der Intuitionismus nicht als nutzlos. Seine Kritik der metaphysischen mengentheoretischen Einstellung gab den Anstoß zur Schaffung einer neuen Richtung in der Mathematik und Logik — des Konstruktivismus.

In der Gegenwart gehen die Mathematiker immer mehr zum konstruktivistischen Standpunkt über. Der Konstruktivismus hat große Erfolge. Er schuf die Theorie der Algorithmen, eine der mathematischen Grundlagen der Automatik und Kybernetik, dieser wichtigsten Tendenzen der gegenwärtigen technischen Revolution. Aber dennoch, obgleich viele Konstruktivisten, das bezieht sich vor allem auf die sowjetischen Mathematiker, sich entschieden von den Browerschen philosophischen Aussagen abgrenzen, bleibt die hartnäckige Tatsache, daß der gnoseologische Ausgangspunkt des Konstruktivismus bis zum Nominalismus und subjektiven Idealismus geht. Das mathematische Objekt existiert hier nur, insofern wir es aufbauen können. Es ist offensichtlich, daß eine große Arbeit erforderlich ist, um den Konstruktivismus vom Einfluß dieser subjektiv-idealistischen Konzeption zu befreien.

Stellen wir fest, daß unsere Analyse zeigte, wie stark der gegenwärtige Zustand der Entwicklung der Physik und Mathematik und auch die Einstellung der Physiker und Mathematiker sich von der Lage zu Beginn unseres Jahrhunderts unterscheidet. Dieser Unterschied ist so stark, daß es ein Hohn auf den schöpferischen Geist des großen Lenin wäre, wenn wir auf ihn einzelne spezielle Leitsätze des „Materialismus und Empiriokritizismus" buchstabengetreu ohne Berücksichtigung der vorgefallenen historischen Veränderungen anwenden würden. Das schöpferische Herangehen an den dialektischen Materialismus überhaupt und insbesondere seine Anwendung auf die Probleme der Naturwissenschaft, wozu uns die Partei aufruft, hat überhaupt nichts mit Versuchen gemeinsam, die lebendige, sich entwickelnde Naturwissenschaft in die Form von Zitaten zu pressen, die aus ihren historischen Bedingungen herausgelöst werden. Alle Begriffe füllen sich mit neuem Inhalt, darunter auch der Begriff des „physikalischen Idealismus". Dieses schöpferische Herangehen gestattet nicht, daß der Philosoph unter der Form des dialektischen Materialismus dem Naturwissenschaftler spekulativ naturphilosophische Schemata zur Lösung seiner Probleme aufdrängt. Im Gegenteil, es fordert, daß der Philosoph sich kritisch die Ergebnisse der Naturwissenschaft, aber auch die modernen logisch-mathematischen Mittel aneignet, nicht oberflächlich, und, indem er sich auf sie stützt, tiefgründig seine philosophischen Kategorien ausarbeitet, damit er sie präzisiert und verfeinert und die dialektisch-materialistische Logik entwickelt. Je mehr unser philosophisches Denken in diese Richtung gelenkt wird, je folgerichtiger wir das Leninsche Prinzip der Parteilichkeit der Philosophie verwirklichen, je strenger wir uns von dem leidenschaftlichen Streben, die Wahrheit zu finden, leiten lassen und dabei jede unnütze Erwägung beiseite lassen, je kühner wir die kameradschaftliche Erörterung ungelöster Probleme führen, und zwar innerhalb des Marxismus-Leninismus nicht weniger als in jeder anderen Wissenschaft, wobei wir nicht gestatten, daß wir nach eigenem Gutdünken, ausgehend von unseren Sympathien und gewohnten Ansichten, vorher eine Lösung als angenehm und die andere als unangenehm erklären, desto mehr wird die schöpferische umgestaltende Kraft unserer unbesiegbaren Lehre wachsen. Um so mehr werden die marxistischen Philosophen und die Naturwissenschaftler geschlossener in gleicher Front vorrücken und sich siegreich mit ihren ideologischen Gegnern aller Art schlagen.

Die Existenz der fortgeschrittensten Wissenschaft der Sowjetunion und der volksdemokratischen Länder gibt uns gewaltige Möglichkeiten für die Verbreitung des Marxismus unter den Gelehrten der kapitalistischen Länder und der Länder des Ostens. Aber wir nutzen sie alle noch schlecht. Es ist notwendig, daß wir in breiterem Maße als bisher die ausländischen Wissenschaftler mit unserer Philosophie bekanntmachen. Aber dafür müssen wir nicht nur regelmäßig und repräsentativ an internationalen philosophischen Kongressen und Konferenzen im Ausland teilnehmen, nicht nur unsere Professoren zum Lesen ihrer Lektionen dorthin schicken. Wir müssen bei uns selbst internationale Foren in der Art von Konferenzen, die Herausgabe der besten Bücher und Sammelbände in fremden Sprachen organisieren. Die Hauptsache ist, wir müssen eine internationale marxistische philosophische Zeitschrift schaffen, die gleichzeitig auch koordinierendes Forschungszentrum ist.

*

Professor J. P. Terletzki. Das Referat des Akademiemitglieds Fock hat eine ganz bestimmte Tendenz, und deshalb halte ich es für notwendig, das Wort zu ergreifen. Die Kopenhagener Interpretation der Quantenmechanik, die vor mehr als 30 Jahren formuliert wurde, wird von Akademiemitglied Fock als einzig mögliche dargelegt. Andere Interpretationen, die im Laufe des letzten Jahrzehnts von de Broglie und anderen bedeutenden Gelehrten aktiv der Kopenhagener entgegengestellt wurden, werden als „künstlich", „absolut unbrauchbar" oder „auf Unverständnis begründet" abgelehnt. Ich meine das Referat des Akademiemitglieds Fock, das in Form einer Broschüre verbreitet wurde (siehe oben S. 189ff., ferner „Erfolge der physikalischen Wissenschaften" Bd. 62, Heft 4, 1957). In seiner mündlichen Darlegung verblieb Akademiemitglied Fock auf dieser Position, obwohl er empfahl, einige offen positivistische Aussagen Bohrs und Heisenbergs zu verwerfen und sich sogar vom Terminus „Kopenhagener Schule" loszusagen.

Man muß dieses Referat unbedingt mit dem Artikel Heisenbergs „Die Entwicklung der Interpretation der Quantentheorie" vergleichen, der 1955 im Sammelband veröffentlicht wurde, der dem 70. Geburtstag von Niels Bohr gewidmet ist. Der Artikel Heisenbergs unterscheidet sich vom Referat Focks nicht durch die allgemeine Tendenz, sondern nur durch die Terminologie, den Charakter der Argumentation und die Stufe der Klarheit, die philosophischen Positionen wiederzugeben.

Heisenberg erklärt und weist noch einmal nach, daß die Grundlage der von ihm und Bohr geschaffenen Kopenhagener Interpretation eine neue philosophische Sprache (d. h. Philosophie) ist, die nach seiner Meinung über Positivismus, Materialismus oder Idealismus steht und Elemente aller drei Systeme des Denkens enthält.

Den grundlegenden Fehler der ganzen Vielzahl der Opponenten der Kopenhagener Interpretation sieht Heisenberg nicht in der physikalisch-mathematischen Seite der vorgeschlagenen Theorien, sondern in deren Streben, „. . zur Ontologie des Materialismus zurückzukehren; also zur Vorstellung einer objektiven, realen Welt, in der kleinste Teile in der gleichen Weise objektiv existieren wie Steine und Bäume, gleichgültig, ob wir sie beobachten oder nicht."

Indem er gründlich die Interpretationen der Quantentheorie analysiert, die sich von der Kopenhagener unterscheiden, anerkennt Heisenberg die innere Widerspruchsfreiheit der Interpretationen, die den durch Bohm oder de Broglie vorgeschlagenen gleich sind und auch die Unmöglichkeit, sie durch Experimente abzulehnen. Jedoch Heisenberg lehnt sie, ausgehend von der Erwägung der Vorzüge der „neuen philosophischen Sprache“ und der Unannehmbarkeit der veralteten „Ontologie des Materialismus“, ab. Von der gleichen Position kritisiert Heisenberg auch die allgemeinen materialistischen Ansichten Einsteins vom Inhalt der Quantentheorie.

Im Unterschied zu Heisenberg widmet Akad. Fock der konkreten wissenschaftlichen Analyse der antikopenhagener Interpretationen nicht viel Aufmerksamkeit. Er behauptet einfach, daß „ein allgemeines Merkmal dieser Versuche ihr äußerst künstlicher Charakter und das vollständige Fehlen jeglichen heuristischen Wertes ist“. Indem er nun von der Vorstellung der alleinigen Richtigkeit der Kopenhagener Interpretation ausgeht, verneint Akad. Fock jedes beliebige Modell des Dualismus Welle-Teilchen, und ohne jede Begründung bezeichnet er die Teilchenmodelle — das Teilchen als besonderer Punkt des Feldes oder als Teilchen mit Führungswelle —, die von de Broglie und seiner Schule vorgeschlagen, aber auch früher von Einstein betrachtet wurden, als „absolut unannehmbar“.

Analog Heisenberg sieht Akad. Fock den Grundfehler der Interpretation de Broglies, Vigiers und anderer Physiker in ihrer philosophischen Position. Er meint, daß sie auf die Rückkehr zum klassischen Determinismus hoffen und sie im Namen des Materialismus die neuen Ideen der Kopenhagener Schule ablehnen.

Alle Argumente von Akad. Fock, die er für die Verteidigung der Kopenhagener Interpretation, wie auch für die Kritik ihrer Opponenten benutzt, laufen im wesentlichen auf seine persönliche Überzeugung von der Existenz einer einzigen wahren Interpretation hinaus. Diese wahre Interpretation ist für Akad. Fock nur die Kopenhagener.

Am Schluß seines Referats fordert Akad. Fock, die philosophische Verallgemeinerung der neuen Ideen, die zuerst in der Atomphysik entstanden, für die Entwicklung des dialektischen Materialismus auszunutzen.

Es wäre notwendig gewesen, diese These etwas zu erläutern. Denn unter den neuen Ideen versteht Akad. Fock doch die philosophischen Ideen der Kopenhagener Schule. Wenn es keine philosophischen Ideen wären, dann wären sie nicht für die Entwicklung der Philosophie notwendig. Akad. Fock grenzt sich dabei nicht von der durch Heisenberg gegebenen Auslegung dieser Ideen ab. Folgt nicht in diesem Falle, daß man unter „Entwicklung“ des dialektischen Materialismus, wie sie Akad. Fock im Auge hat, die Aufgabe oder Abänderung der These versteht, die Heisenberg die „Ontologie des Materialismus“ genannt hat? Hier ist Klarheit notwendig, denn das ist die wichtigste Frage für unsere Philosophie. Ich persönlich denke, daß Akad. Fock diese These nicht ablehnt, die auch in der Formulierung Heisenbergs gegeben ist.

Das Ziel meines Auftretens besteht jedoch nicht in der Kritik der Konzeption von Akad. Fock. Ich habe diese Konzeption deshalb erwähnt, um den Unterschied zu anderen Ansichten zu untersuchen, auf deren Darlegung ich im Begriff bin einzugehen. Entgegen der Meinung Akad. Fock zählen wir in der gegenwärtigen Zeit die Entwicklung solcher wissenschaftlichen Richtungen zu den fortschrittlichen und besonders aktuellen, die eine andere, von der Kopenhagener Interpretation verschiedene Interpretation der Quantenmechanik geben.

Weil die Möglichkeit anderer Interpretationen durch Akad. Fock in der Hauptsache vom Standpunkt der Vorstellung her abgelehnt wird, daß es nur eine einzige wahre Interpretation gibt, verweilen wir zuerst bei der Erklärung der entgegengesetzten Vorstellung.

In Übereinstimmung mit der Leninschen Widerspiegelungstheorie kann jede wissenschaftliche Wahrheit in unserem Bewußtsein verschieden widergespiegelt werden, mittels verschiedener Theorien, Hypothesen und Formen. Die eine ist eine vollständige Vorstellung, die andere umfaßt nur einen Teil der Wahrheit. In der einen ist ein Teil der Wahrheit richtig, ein Teil falsch dargestellt, in der anderen fehlen falsche Vorstellungen. In der einen ist die Darstellung einfacher, in der anderen umfangreicher. Die eine kann übereinstimmen mit den Ausgangsthesen einer bestimmten Philosophie (natürlich, wenn sie überhaupt wissenschaftliches Denken zuläßt), die andere kann nicht übereinstimmen, oder sie fordert die Abänderung einiger Thesen dieser Philosophie.

Es können fast äquivalente Darstellungen vorkommen, die sich nur dadurch unterscheiden, daß die eine Darstellung besser irgendeine Seite der Wahrheit zeigt als die andere. Die Darstellungsform kann vom mathematischen Standpunkt fast übereinstimmen, aber sie unterscheidet sich durch die physikalische Deutung der in der Theorie vorkommenden Größen. Der Unterschied in der Deutung der Wahrheit kann auch in verschiedenen allgemeinphilosophischen Auffassungen der Bestimmung der Theorie und der Ziele des Experiments bestehen.

Erläutern wir diese Thesen durch Beispiele. Die klassische Mechanik konnte durch die Newtonschen Gleichungen, Lagrangegleichungen oder Hamiltongleichungen, aber auch durch das Prinzip der kleinsten Wirkung widergespiegelt werden. Es ist möglich, wie das durch Newton gezeigt wurde, die Mechanik auch in den Termini der euklidischen Geometrie wiederzugeben. Es sind auch vereinfachte Vorstellungen möglich, die nur einige Folgerungen allgemeiner Gesetze der Mechanik darstellen und es nur erlauben, Teilaufgaben mit Hilfe der Erhaltungsgesetze zu lösen.

Es ist bekannt, daß die Lagrangegleichungen geeignet sind für das Auffinden einfachster Differentialgleichungen zur Lösung neuer Aufgaben. Die Hamiltongleichungen sind besser für die Betrachtung der Aufgaben der statistischen Mechanik geeignet. Das Prinzip der kleinsten Wirkung erlaubte die Ausdehnung der Methode der Mechanik auf andere physikalische Objekte, z. B. auf die verschiedenen Felder. Letzten Endes hat auch die vereinfachte Theorie ihre Vorzüge, indem sie einige praktisch wichtige Aufgaben schnell zu lösen erlaubt.

Es sind verschiedene Darstellungsformen für die Vorstellungen über Raum und Zeit der speziellen Relativitätstheorie bekannt. Die Theorie von Lorentz ist formal mathematisch der Theorie von Poincaré und Einstein äquivalent, jedoch enthält sie die des physikalischen Inhalts entbehrende Vorstellung vom absoluten Äther. Die Theorie Einsteins ging in der ursprünglichen Variante von der Vorstellung des Nichtvorhandenseins irgendeines Äthers aus, deckt jedoch noch nicht den vierdimensionalen geometrischen Sinn der Lorentz-Transformation auf. Die Theorie von Minkowski deckt den grundlegenden Inhalt der Relativitätstheorie in seiner ganzen Fülle auf und gibt die allgemeine Methode zur Aufstellung der relativistischen kovarianten Bewegungsgleichungen. Es existieren auch verschiedene mathematisch äquivalente Interpretationen der allgemeinen Relativitätstheorie, wie etwa die Interpretation von Einstein und die Interpretation Focks. Keine dieser Interpretationen kann als besser durch die Versuche bestätigt gelten als die andere. Ebenso steht die Sache auch in beliebigen anderen Zweigen der Physik. Auch die Quantentheorie bildet keine Ausnahme. Die ursprüngliche Bohrsche Theorie umfaßt nur einen begrenzten Teil der Quantenprozesse und ist ein Grenzfall der Quantenmechanik.

Die Quantenmechanik der materiellen Punkte ist nur ein Spezialfall der allgemeinen Quantenfeldtheorie. Im Rahmen der allgemeinen Quantentheorie selbst sind einige fast vollständig äquivalente Vorstellungen möglich — die Heisenbergsche, die Schrödingersche, die Feynmansche und andere. Es gibt auch ein verschiedenes philosophisches Herangehen an die Deutung des Wesens der Quantentheorie. Einige Formulierungen der Quantentheorie sind für ihre positivistische Deutung sehr geeignet, andere aber erschweren eine solche Deutung bis zum äußersten.

Es ist möglich, die am weitesten verbreitete Form der Quantentheorie — die Theorie der Psi-Funktionen — als Theorie des Zusammenhangs der Aussagen der Makrogeräte zu deuten, die das Prinzip der Beobachtbarkeit befriedigt. In dieser Form läßt die Theorie die anschaulichen Mikroformen nicht zu und stimmt mit dem Positivismus überein. Jedoch ist es möglich, die Theorie der ψ-Funktion auch als besondere Art der statistischen Theorie der Mikroobjekte zu deuten, die Korpuskel- und auch Welleneigenschaften besitzen. An die letzte Konzeption halten sich Langevin, Wawilow und Mandelstam. Ein Versuch, die Quantenmechanik als statistische Theorie von Mikroobjekten — von den Punkten, die den Welleneigenschaften Rechnung tragen — zu deuten, war in der Theorie der Quantenensembles vorgelegt worden, die zu allererst von Nikolski vorgeschlagen wurde. Diese Theorie wurde auch durch andere sowjetische Autoren entwickelt. Sie wurde im Buch und in den Artikeln Blochinzews wiedergegeben. Leider waren die letzten Darstellungen nicht in allen Punkten konsequent, was den Anhängern der Kopenhagener Interpretation, die gegen die Quantentheorie der Ensembles auftraten, unnütz Argumente gab. D. J. Blochinzew konnte sich bis zum Schluß nicht von der Vorstellung lossagen, daß die Wellenfunktion vollständig den Zustand des Quantensystems darstellt, eine Vorstellung, die unannehmbar in der konsequenten statistischen Theorie und grundlegend in der Kopenhagener Interpretation ist. Das gibt Fock und Heisenberg den Anlaß, die ganze Konzeption der Quantenensembles als widerlegt zu betrachten.

Vollständig neue Möglichkeiten der Interpretation der Quantentheorie gibt die Feynmansche funktionale Vorstellung von ihr. Die Anhänger der Kopenhagener Interpretation übergehen stillschweigend die äußerst große Schwierigkeit der Darstellung der Feynmanschen Vorstellungen in den Termini der Aussagen der makroskopischen Geräte. In der Theorie von Feynman wird der Begriff des Weges oder der Trajektorie der Teilchen eingeführt, der sich wenig von der klassischen Vorstellung der Verschiebung der Teilchen von Punkt zu Punkt unterscheidet, wie er beispielsweise in der Theorie der Brownschen Bewegung verwendet wird. Dieser sich als sehr nützlich erweisende Begriff widerlegt direkt das Dogma des Prinzips der Beobachtbarkeit.

Möglich sind jedoch auch andere Vorstellungen der Quantentheorie, die sich entweder durch größte Allgemeinheit auszeichnen (d. h. sie erlauben auch Tatsachen zu erklären, die durch die existierende Theorie bisher nicht erklärt werden) oder die positivistische Deutung äußerst erschweren und die dialektisch-materialistische Auffassung der Prozesse erleichtern.

In den vergangenen Jahren, in direkter Verbindung mit der Diskussion über die Grundlagen der Quantentheorie, die in der Sowjetunion im Jahre 1948 begonnen wurde, haben ausländische Autoren viele Versuche unternommen, anstelle der traditionellen Kopenhagener Auslegung im Geiste des Komplementaritätsprinzips eine neue Interpretation der Quantenmechanik zu geben. Eine Reihe Autoren schlugen neue Varianten der Theorie der Quantenensembles in einer Form vor, die der gewöhnlichen statistischen Theorie der Markowprozesse nahestand (Fenges, Moiell u. a.).

Am interessantesten war jedoch der Versuch einiger Autoren, eine nichtlineare Feldtheorie aufzubauen, in der die Quantenteilchen enthalten wären als Bereich besonders großer und stabiler Erregung des Feldes, die sich bei statistischer Beschreibung nach den Gesetzen der Quantentheorie bewegen. Diese Richtung wurde durch eine Reihe von Autoren gekennzeichnet, in der Hauptsache durch Louis de Broglie und seine Schüler (Vigier, Loschak, Fer und andere), aber auch durch Rosen, Finkelstein, Leleve, Kudermann und andere. Bei der Entwicklung dieser Richtung wurden schon mehr als hundert wissenschaftliche Arbeiten veröffentlicht. Als ideellen Inspirator dieser Richtung kann man im großen Maße A. Einstein betrachten.

In Verbindung mit den Versuchen, diese Richtung als besonders reaktionär in der Wissenschaft darzustellen, will ich etwas ausführlicher beim Wesen und den grundlegenden Resultaten dieser Richtung verweilen, die man verkürzt einfach nichtlineare Verallgemeinerung oder Theorie nennen kann. Obgleich eine endgültige abgeschlossene Variante der nichtlinearen Theorie noch nicht formuliert ist, kann man ihren Entwurf als gegeben und auch als in bedeutendem Maße begründet betrachten.

Der nichtlinearen Theorie liegt die Vorstellung von der Existenz eines realen Subquantenfeldes zugrunde, das dargestellt wird durch einige Funktionen mit drei räumlichen Koordinaten und der Zeit.

Es wird angenommen, daß diese Feldfunktionen unmittelbar die Mikrorealität im Subquantenniveau widerspiegeln. Als Bewegungsgleichung des Subquantenfeldes wird eine nichtlineare Gleichung gewählt, die sich wesentlich von den bekannten linearen Gleichungen der verschiedenen Arten der physikalischen Felder durch das Vorhandensein zusätzlicher nichtlinearer Glieder unterscheidet. Im Fall kleiner Amplitude des Subquantenfeldes werden die nichtlinearen Glieder unwesentlich, und die Lösungen der nichtlinearen Gleichung fallen praktisch mit den Lösungen entsprechender linearer Gleichungen von Nichtquantenfeldern zusammen. Das Hauptinteresse gilt jedoch einer besonderen, sogenannten teilchenähnlichen Lösung der nichtlinearen Gleichungen, die in der linearen Theorie des klassischen Feldes nicht angetroffen wird.

Die teilchenähnlichen Lösungen sind stabile Verdichtungen des Subquantenfeldes großer Amplitude, die sich konzentrieren in kleinen räumlich lokalisierten Bereichen. Die Führungszentren der teilchenähnlichen Lösungen — das sind die Symmetriezentren der Verteilung des Feldes innerhalb des Bereichs großer Amplitude — können in den einfachsten Fällen unbewegt bleiben oder sich geradlinig und gleichmäßig bewegen. Doch in komplizierteren Fällen, bei Anwesenheit einiger wechselwirkender Führungszentren und zusätzlicher quasilinearer Subquantenfelder kleiner Amplitude, bewegen sich die Führungszentren in sehr komplizierten und verwickelten Trajektorien, so daß es praktisch möglich ist, nicht die Trajektorien selbst, sondern nur die Wahrscheinlichkeit zu berechnen, daß die Führungszentren bestimmte räumliche Punkte erreichen.

Durch de Broglie, Fer und andere Autoren wurde mit unterschiedlicher Deutlichkeit bewiesen, daß die Wahrscheinlichkeit für das Auftreten des Führungszentrums im gegebenen Bereich proportional dem Quadrat der Amplitude des Feldes der linearisierten Gleichung ist, so daß, wenn man die teilchenähnlichen Lösungen als die Teilchen selbst betrachtet, die Wahrscheinlichkeit ihres Auftretens genau auf dieselbe Weise bestimmt wird wie auch in der gewöhnlichen Quantentheorie. Dabei gibt es keine Identifizierung des Subquantenfeldes mit der Psi-Funktion, die die statistische Bewegung der Führungszentren darstellt. Folglich sind in der allgemeinen nichtlinearen Theorie des Subquantenfeldes alle physikalischen Resultate der orthodoxen Quantentheorie als Spezialfall enthalten.

So kann man zu den physikalisch begründeten Einwendungen der orthodoxen Quantentheorie gegen die nichtlineare Theorie nur die rechnen, in denen die Falschheit der entsprechenden Schlüsse de Broglies u. a. gezeigt werden kann. Weder Akad. Fock noch die anderen uns bekannten Autoren haben die entsprechenden Theoreme de Broglies und anderer analysiert und widerlegt. Faktisch hält Heisenberg diese Theoreme in der Darstellung Bohms für richtig, insofern er die mathematische Äquivalenz der Theorie Bohms und der gewöhnlichen Quantentheorie anerkennt.

In der nichtlinearen Theorie ist jedoch einiges mehr als in der orthodoxen Quantentheorie enthalten. Die nichtlineare Theorie gibt den Schlüssel zur Lösung der Probleme der Struktur der Elementarteilchen, was bis jetzt die orthodoxe Quantentheorie nicht zu tun vermochte. Tatsächlich widerspiegelt die Streuung des Feldes innerhalb des Bereichs der teilchenähnlichen Lösung vom Standpunkt des Subquantenfeldes auch die Struktur der Elementarteilchen. Die Analyse der nichtlinearen Gleichung zeigt, daß teilchenähnliche Lösungen verschiedenen Typs existieren. Jeder Lösung entspricht ein Teilchen mit bestimmter Masse, Spin, Ladung usw. So enthält die nichtlineare Theorie die Möglichkeit, grundlegende Eigenschaften der Elementarteilchen und ihrer natürlichen Systematik zu erklären.

Leider ist infolge der mathematischen Schwierigkeiten, die mit der Lösung der nichtlinearen Feldgleichungen verbunden sind, noch verhältnismäßig wenig in Richtung der Anwendung der nichtlinearen Theorie auf das Problem der Struktur der Elementarteilchen getan worden. Die nichtlinearen Gleichungen kann man nur mit elektronischen Rechenmaschinen wirklich lösen. Bei uns in der Moskauer Staatlichen Universität glückte die Berechnung nur der einfachsten Variante der vereinfachten Feldgleichung auf der Rechenmaschine „Strela". Jedoch bei diesem bewußt vereinfachten Fall gelang es, einige qualitativ wichtige Resultate zu erhalten. So zeigten bespielsweise die Berechnungen, daß das Massenspektrum der Teilchen, das wir durch ein skalares Subquantenfeld beschrieben hatten, bei bestimmten Größen der Konstanten, die beim nichtlinearen Glied auftritt, begrenzt ist. Wenn wir bisher in der Theorie irgendwelche Spektren erhalten haben, so erwiesen sie sich als nicht begrenzt, aber die Zahl der Elementarteilchen ist begrenzt, wie das aus den Experimenten bekannt ist.

Die unzureichende Menge zahlenmäßiger Berechnungen erlaubt noch nicht die Auswahl der der Wirklichkeit am besten entsprechenden konkreten Formen der nichtlinearen Gleichungen des Subquantenfeldes, jedoch die vorläufigen qualitativen Resultate erlauben zu hoffen, daß diese Gleichungen auf dem Weg des konsequenten Vergleichs der Rechenresultate mit den Versuchsergebnissen gefunden werden können.

So ist die relativ langsame Entwicklung der nichtlinearen Theorie in der Hauptsache mit den mathematischen Schwierigkeiten des Problems der Lösung nichtlinearer Gleichungen verbunden, die bedeutend größer sind als alle bekannten Schwierigkeiten der mathematisch primitiveren linearen Quantentheorie. Es gibt deshalb keinerlei Begründung dafür, die nichtlineare Theorie als durch die Erfahrung widerlegt zu betrachten, insofern sie noch nicht irgendwelche sicheren quantitativen Voraussagen oder Erklärungen der Struktur der Elementarteilchen in der Theorie gibt. Was aber die Folgerungen betrifft, die durch die existierende Quantentheorie gegeben werden, so müssen sie in Übereinstimmung mit den Theoremen de Broglies und anderer in der nichtlinearen Theorie als spezielle Resultate enthalten sein. Das heißt, daß die nichtlineare Theorie in jedem Fall eine mögliche Verallgemeinerung der Quantentheorie ist, die das Prinzip der Übereinstimmung befriedigt.

Man muß bemerken, daß Heisenberg beim Versuch, eine allgemeine Theorie der Elementarteilchen aufzubauen, auch gezwungen war, sich einer wesentlich nichtlinearen Feldtheorie zuzuwenden. Im Unterschied von de Broglie und anderen Autoren ging Heisenberg von der traditionellen Struktur der Theorie des zweifach gequantelten Feldes aus, er war jedoch gezwungen, die Quantisierungsregeln ein wenig zu verändern. So unterscheidet sich die nichtlineare Theorie Heisenbergs prinzipiell von der durch uns betrachteten nichtlinearen Theorie des Subquantenfeldes, jedoch kann man dennoch die Theorie Heisenbergs als gewisse Abweichung von der traditionellen Quantentheorie in Richtung der nichtlinearen Theorie betrachten.

Also, die existierende Kritik an der nichtlinearen Theorie ist nicht auf physikalische Einwände gegründet, obgleich eine ausreichende Menge solcher Einwände vorgebracht werden könnten, da die Theorie noch nicht vollendet ist. Diese Kritik gründet sich nur auf Erwägungen allgemein philosophischer Art.

Der nichtlinearen Theorie liegt die Vorstellung vom Materiellen zugrunde, das unabhängig von unserem Bewußtsein und vom Meßprozeß im Subquantenfeld existiert. So geht diese Theorie in ihrer allgemein philosophischen Begründung nicht über den Rahmen der Idee von der objektiv existierenden Welt hinaus, deren kleinste Teilchen eben objektiv existieren wie Steine und Bäume, unabhängig davon, ob wir sie beobachten oder nicht. Darin liegt nach unserer Ansicht ein kolossaler Vorzug. Die konsequente Durchführung der Kopenhagener Interpretation aber, wie das aus dem Auftreten ihrer aktivsten Verteidiger folgt, schlägt vor, sich von dieser These „der Ontologie des Materialismus" loszusagen oder sie zu verändern.

Vor 50 Jahren wurde durch Lenin gezeigt, daß jeder beliebige Versuch, eine Philosophie aufzubauen, die über dem Materialismus steht, zur Verneinung des Materialismus führt, d. h. zum Idealismus. Dorthin führt auch unvermeidlich jeder Versuch der Verabsolutierung der philosophischen Sprache der Kopenhagener Interpretation.

*

B. W. Jerofejew, Mitglied der Akademie der Wissenschaften der Belorussischen SSR. Im Vortrag Kedrows nimmt unter den verschiedenen Bewegungsformen der Materie die chemische Bewegungsform den zentralen Platz ein.

Die chemische Bewegungsform schließt als höhere Form die physikalischen Bewegungsformen der Materie ein und geht gleichzeitig in noch höhere Bewegungsformen, in die biologische und die geologische ein, die im Vortrag Kedrows betrachtet werden. In Verbindung damit taucht die Frage nach der Existenz verschiedener Erscheinungsformen der chemischen Bewegung auf.

Die Erscheinungsform der chemischen Bewegung in lebenden Organismen hat zweifellos ihre Spezifik und ihren Unterschied im Vergleich mit der Erscheinungsform der chemischen Bewegung in geologischen Prozessen. Existieren andere spezifische Erscheinungsformen der chemischen Bewegung?

Im Zusammenhang damit erscheint es wesentlich, die Frage nach der Katalyse als einer speziellen Erscheinungsform der chemischen Bewegung zu betrachten.

Die Betrachtung der Frage nach der Katalyse vom Standpunkt des dialektischen Materialismus hat auch aus anderen Gründen Bedeutung.

Fragen der Katalyse und katalytischer Umwandlungen werden von den Vertretern der bürgerlichen Wissenschaft nicht nur vom physikalisch-chemischen Blickpunkt aus betrachtet, sondern sie werden schon seit langem auch von philosophischen Positionen aus erörtert. Man muß gleichzeitig bemerken, daß bei uns in der Sowjetunion bis jetzt weder die Aufmerksamkeit der Chemiker noch die der Philosophen im notwendigen Maße auf die philosophische Seite der Fragen der Katalyse gerichtet war. Der bekannte deutsche Gelehrte Alwin Mittasch, der einen großen Beitrag zur Erforschung der katalytischen Prozesse und ihrer Verwertung in der Technik leistete, gab schon vor dem Kriege das Buch „Katalyse und Determinismus" heraus. Es ist möglich, daß eben infolge dessen, daß dieses Buch kurz vor dem Krieg herausgegeben wurde, es in der damaligen Zeit nicht die entsprechende Einschätzung erhielt und nicht der Kritik vom Standpunkt des dialektischen Materialismus unterzogen wurde.

Im Rahmen meines Diskussionsbeitrages vermag ich nicht auf das Buch Mittaschs einzugehen. Ich erwähne nur, daß dieses Buch von idealistischen Positionen aus geschrieben ist. Um das zu zeigen, kann man die Definition des Determinismus anführen, wie sie von Mittasch gegeben wurde: „Wenn wissenschaftlich von ‚Determinismus' geredet wird, so handelt es sich zunächst um einen Plan und ein Ziel, das ‚dem Weltlauf immanent' ist".[1] Wir sehen hier hinreichend deutlich den teleologischen Standpunkt.

Das Buch Mittaschs ist nicht das erste Beispiel für die Betrachtung der Katalyse durch bürgerliche Gelehrte. Philosophisches Herangehen an das Problem der Katalyse seitens bürgerlicher Gelehrter finden wir schon früher, insbesondere seitens des bekannten Physikers und Chemikers Wilhelm Ostwald. Die Aktualität der Erörterung der Fragen der Katalyse vom Standpunkt des dialektischen Materialismus ist deshalb hinreichend klar. Bekanntlich wurden vor 125 Jahren von dem schwedischen Chemiker Berzelius die Auffassungen von der katalytischen Wirkung dargelegt, er ordnete in die Gruppe der katalytischen Reaktionen jene Reaktionen ein, für deren Ablauf die Anwesenheit von Stoffen notwendig ist, die weder zu den Ausgangsstoffen noch zu den Produkten gehören, anders gesagt, Stoffe, welche nicht in stöchiometrische Reaktionsgleichungen eingehen, aber deren Anwesenheit nicht weniger notwendig für die Durchführung der Reaktion ist.

Die Definition der Katalyse, wie sie Berzelius gab, hat wesentliche Bedeutung für die Geschichte der chemischen Wissenschaft, vor allem deshalb, weil er die katalytischen Erscheinungen als besondere Gruppe chemischer Erscheinungen ansah.

Zur Zeit von Berzelius waren viele andere Formulierungen und Definitionen der Katalyse vorgeschlagen worden. Es ist bekannt, daß verschiedene Katalysedefinitionen Gegenstand wiederholter Erörterungen und Diskussionen waren.

[1] A. Mittasch, Katalyse und Determinismus, Springer Verlag, Berlin 1936, S. 127.

Dabei wurden oft die bedeutendsten Definitionen der Katalyse von ihren Autoren im Zusammenhang mit ihrer philosophischen Einstellung gegeben. Das betrifft insbesondere die von Ostwald aufgestellte Katalysedefinition, die besonders hervorhebt, daß Katalysatoren nur Reaktionen beschleunigen, die auch bei Abwesenheit der Katalysatoren, wenn auch mit sehr geringer Geschwindigkeit ablaufen.

Dieser Standpunkt Ostwalds wurde einer ernsten Kritik unterzogen und in der Gegenwart ist in die Katalysedefinition nicht nur das Merkmal der Beschleunigung, sondern auch das Merkmal der Anregung der Reaktion und der Richtung chemischer Prozesse einbezogen.

Mittasch insbesondere gibt eine solche Definition: Der Katalysator erscheint als ein Stoff oder Körper, „der eine chemische Reaktion oder Reaktionsfolge nach Richtung und Geschwindigkeit bestimmt"[1], gleichsam durch seine Anwesenheit.

Wenn man weiß, wie Mittasch zu seiner Definition kommt und wie er sie begründet, dann sieht man, daß diese Definition mit seinen teleologischen Konstruktionen zusammenhängt.

Der Mangel der von Ostwald, Mittasch u. a. Autoren gegebenen Katalysedefinitionen besteht darin, daß diese Definitionen der Katalyse und der Katalysatoren nicht den Platz der katalytischen Prozesse innerhalb der anderen bekannten Typen chemischer Reaktionen zeigen. Die existierenden Katalysedefinitionen stellen die katalytischen Erscheinungen als besondere Klasse von Reaktionen dar, deren wechselseitige Zusammenhänge mit anderen Typen chemischer Reaktionen — und ich meine dabei kinetische Typen — unklar bleiben.

Indessen ist es möglich, die Frage nach den wechselseitigen Zusammenhängen der katalytischen Reaktionen mit den anderen Typen chemischer Reaktionen auf Grund der Ausarbeitung der Klassifikation oder Systematik der komplizierten chemischen Reaktionen zu betrachten.

Katalytische Reaktionen sind komplizierte chemische Reaktionen in der Hinsicht, daß sie über zwei oder mehrere aufeinanderfolgende Stadien verlaufen. Von diesem Gesichtspunkt, d. h. vom Gesichtspunkt, daß die katalytischen Reaktionen als komplizierte Reaktionen betrachtet werden, ist es möglich, die Frage nach den wechselseitigen Zusammenhängen katalytischer Reaktionen mit anderen Typen komplizierter chemischer Reaktionen, und zwar mit Ketten-, gekoppelten und autokatalytischen Reaktionen zu stellen und zu lösen.[2]

Für den Aufbau eines solchen Systems komplizierter Reaktionen ist ein wesentliches Merkmal, um diese oder jene komplizierte Reaktion einem bestimmten Typ zuzuordnen, die Anwesenheit oder Abwesenheit von Teilchen, die wir als obligate Teilchen bezeichnen, in den verschiedenen zeitlichen Phasen der Reaktion.

[1] Ebenda, S. 10.

[2] Obwohl das Wort „katalytisch" auch die Bezeichnung „autokatalytisch" einbezieht, ist das vom Gesichtspunkt der Systematik komplizierter Reaktionen trotzdem ein spezieller Typ von Reaktionen.

In katalytischen Reaktionen sind obligate Teilchen Moleküle, Ionen, Atome, aktive Zentren der Katalysatoren, bei Kettenreaktionen sind das freie Radikale, Atome oder andere Teilchen, die Träger der Reaktionsketten usw. sind. Katalytische Reaktionen unterscheiden sich z. B. von Kettenreaktionen dadurch, daß die obligaten Teilchen bei katalytischen Prozessen in allen drei zeitlichen Phasen, am Anfang, während der Reaktion und am Ende anwesend sind, während bei Kettenprozessen die obligaten Teilchen nur in der Reaktionsphase anwesend sind. Das System der komplizierten Reaktionen, das unter Berücksichtigung der Rolle der obligaten Teilchen aufgebaut ist, erlaubt sowohl die Bestimmung der wechselseitigen Zusammenhänge katalytischer Prozesse mit anderen kinetischen Typen komplizierter Reaktionen als auch die Bestimmung der zwischen ihnen existierenden Unterschiede.

Der Aufbau des Systems komplizierter chemischer Reaktionen, wobei für die katalytischen Reaktionen in diesem System ein bestimmter Platz angewiesen wird, erlaubt, die katalytischen Prozesse zur chemischen Bewegungsform der Materie zu rechnen. Auf der Grundlage dieses Systems enthüllt sich gleichzeitig die Spezifik der katalytischen Erscheinungsform der chemischen Bewegung.

Für die Charakteristik der katalytischen Erscheinungsform der chemischen Bewegung ist es nötig, materielle Träger dieser Bewegungsform festzustellen. Solche materiellen Träger der katalytischen Erscheinungsform der chemischen Bewegung sind Teilchen des Katalysators und instabile Zwischenverbindungen, die vom Katalysator mit Teilchen anderer Reaktionskomponenten gebildet werden. Die Spezifik der katalytischen Erscheinungsform der chemischen Bewegung besteht darin, daß der Katalysator im Verlauf der Reaktion nur an der Bildung von Zwischenverbindungen teilnimmt, die unter den Reaktionsbedingungen instabil sind.

Darin besteht der grundlegende Unterschied zwischen den katalytischen Reaktionen und den anderen Typen chemischer Reaktionen.

Bei allen anderen Typen chemischer Reaktionen verwandeln sich die Stoffe, die an der Reaktion teilnehmen, in andere Stoffe: die Ausgangsmoleküle, Ionen und anderen Teilchen erweisen sich im Ergebnis der Reaktion als umgebildet oder in die Zusammensetzung neuer Moleküle und Teilchen eingegangen. Bei nichtkatalytischen Typen chemischer Reaktionen folgt die Existenz der chemischen Bewegungsform aus der Veränderung der chemischen Zusammensetzung der reagierenden Stoffe. Im Falle der typischen katalytischen Reaktionen macht der Katalysator keine chemische Veränderungen durch, weil in bezug auf den Katalysator die gewöhnliche Form der chemischen Bewegung nicht vorliegt. Analytische Bestimmungen der Zusammensetzung des Katalysators vor und nach der Reaktion zeigen ein und dieselbe Zusammensetzung, also scheint es so, als nähme der Katalysator an der chemischen Bewegung nicht teil.

Dieser Schluß ist jedoch nicht richtig, weil der Katalysator an der Bildung von Zwischenverbindungen teilnimmt, die unter den Bedingungen des Reaktionsverlaufes instabil sind. Es gelingt nicht immer, die Existenz von Zwischenverbindungen, die unter den Bedingungen katalytischer Reaktionen instabil sind, nachzuweisen, selbst nicht durch solche feine physiko-chemischen Methoden wie Spektralanalyse, Anwendung von Isotopen und andere Methoden. In der Gegenwart wird oft schon der Beweis der Existenz von Zwischenverbindungen in katalytischen Reaktionen auf Methoden der chemischen Kinetik begründet. Die Spezifik der materiellen Träger der katalytischen Erscheinungsform der chemischen Bewegungsform führt deshalb zur Schaffung spezieller Methoden der Erforschung dieser Bewegung der Materie. Instabile Zwischenverbindungen gibt es auch bei anderen Typen komplizierter chemischer Reaktionen. Doch die anderen Typen komplizierter chemischer Reaktionen unterscheiden sich dadurch, daß die Moleküle, die Ionen, die Atome, die an diesen Reaktionen teilnehmen, auch immer am gewöhnlichen Typ der chemischen Bewegung teilnehmen, der sich an der Veränderung der chemischen Zusammensetzung zeigt. Man muß mehr Aufmerksamkeit auf die Frage der philosophischen Betrachtung der Probleme der Katalyse richten.

*

Professor M. I. Schachparonow. Die moderne Naturwissenschaft befindet sich in einem Entwicklungsstadium, das man als Differenzierungsperiode charakterisieren kann. Der Differenzierungsprozeß erfaßte die Naturwissenschaften und berührte in bedeutendem Ausmaß die humanistischen Wissenschaften. Im Ergebnis wurde die moderne Wissenschaft ein äußerst kompliziertes Geflecht einzelner Wissensgebiete. Große Bedeutung gewinnt deshalb die Aufgabe der Ausarbeitung einer solchen Theorie, die den historischen Prozeß der spontanen Entstehung der verschiedenen Wissensgebiete auseinander zu erklären, die objektive Unvermeidlichkeit des Auftretens des modernen Systems der Naturwissenschaften mit allen seinen grundlegenden Besonderheiten zu begreifen und den Weg der weiteren Entwicklung dieses Systems vorauszusehen imstande ist.

Um die Gesetzmäßigkeiten zu finden, die die Entwicklung der Naturwissenschaften bestimmen, muß man verstehen, den Gegenstand der einzelnen Naturwissenschaften, d. h. die Bereiche der objektiven Realität, die von den verschiedenen Naturwissenschaften erforscht werden, zu charakterisieren. Eine philosophische Untersuchung des Gegenstandes der Physik, Chemie, Mathematik, Biologie, Geologie und der mit ihnen verbundenen spezielleren Wissenschaften ist erforderlich. Bis jetzt befindet sich diese Arbeit nur im Anfangsstadium.

Vor allem taucht eine Frage auf: Gibt es allgemeine Prinzipien, nach denen man sich richten müßte, um sich klar zu werden, welche Gebiete der materiellen Wirklichkeit gerade dem Gegenstand dieser oder jener Wissenschaft zugrunde liegen? Wenn man solche Prinzipien finden würde, so könnte man dadurch eine allgemeine Methode der Erforschung und Bestimmung des Gegenstandes der verschiedenen Natur- und der humanistischen Wissenschaften begründen.

Wenden wir uns den Schlüssen zu, die aus der marxistischen Philosophie folgen. Zur Erklärung des Gegenstandes der Wissenschaft ist offensichtlich vor allem der

Hinweis auf die Hauptformen der materiellen Objekte notwendig, die von dem entsprechenden Wissensgebiet erforscht werden. Gerade so geht man gewöhnlich bei der Charakterisierung des Gegenstandes der Physik, Chemie, Biologie und anderer Naturwissenschaften vor. Zum Beispiel bestimmt man die Chemie als Wissenschaft vom Stoff und seinen Umwandlungen. Doch diese Charakteristik ist unvollständig. Ein beliebiges materielles Objekt hat einen unendlichen Reichtum an Eigenschaften und wechselseitigen Zusammenhängen mit anderen Naturerscheinungen, aber die Möglichkeiten der menschlichen Erkenntnis sind historisch beschränkt. Darum sind nicht die materiellen Objekte der wissenschaftlichen Forschungen im ganzen, sondern einzelne spezifische Besonderheiten und wechselseitige Zusammenhänge, die den materiellen Objekten eigen sind, Gegenstand der Physik, Chemie und anderer Wissenschaften.

Es ist bekannt, daß allen Formen der Bewegung, allen Veränderungen von materiellen Objekten Widersprüche zugrunde liegen.

Für jede Bewegungsform der Materie haben die Widersprüche einen qualitativ verschiedenen spezifischen Charakter, wodurch auch die Verschiedenheit der Bewegungsformen bedingt wird. Die Spezifik der Widersprüche ist die Ursache der Existenz besonderer wechselseitiger Zusammenhänge, die den materiellen Objekten eigen sind, und sie finden in diesen wechselseitigen Zusammenhängen ihren Ausdruck.

Wenn es eine zahlreiche Gruppe von Erscheinungen gibt, für die ein und dieselben Widersprüche und wechselseitigen Zusammenhänge (Gesetze) charakteristisch sind, so existieren damit die objektiven Bedingungen für die Entstehung relativ selbständiger wissenschaftlicher Disziplinen, d. h. solcher Wissensgebiete, die ihren klar umrissenen Forschungsgegenstand haben.

Sobald diese spezifischen Widersprüche und wechselseitigen Zusammenhänge, die einer genügend großen Gruppe von Objekten eigen sind, Forschungsgegenstand werden, bildet sich eine neue Wissenschaft.

Die Formierung einer neuen Wissenschaft erfolgt in dem Maße, wie im Verlauf der Erforschung die Spezifik der Widersprüche und Gesetze, die die Objekte der gegebenen Wissenschaft sind, geklärt wird. So ist es notwendig, um den Gegenstand irgendeiner Wissenschaft zu bestimmen, auf die spezifischen Widersprüche, die der Bewegung der materiellen Objekte eigen sind, die von dieser Wissenschaft erforscht werden, hinzuweisen.

Aber auch das ist ungenügend. Jede wissenschaftliche Disziplin durchläuft in ihrer Entwicklung eine Reihe von Stufen. Auf jeder Stufe der Entwicklung der Wissenschaft zeigen sich die Widersprüche, die den gegebenen materiellen Objekten eigen sind, in neuem Licht, weil der Kreis der Forschungen umfassender wird, neue Etappen der Entwicklung der Materie sichtbar werden läßt und weil die Erkenntnis der Widersprüche tiefer wird.

Also ist es notwendig, um den Gegenstand irgendeiner Wissenschaft zu erklären, nicht nur die spezifischen Widersprüche der entsprechenden materiellen Forschungsobjekte zu bestimmen, sondern auch zu verfolgen, wie diese Widersprüche von der Wissenschaft auf ihren verschiedenen Entwicklungsstufen aufgedeckt wurden. Anders ausgedrückt, es ist nötig, den Gegenstand der Wissenschaft in seiner Entwicklung zu betrachten.

Die Erfahrung zeigt ferner: „In jedem komplizierten Prozeß der Entwicklung einer Erscheinung gibt es eine ganze Reihe von Widersprüchen, unter denen stets einer der Hauptwiderspruch ist; sein Bestehen und seine Entwicklung sind bestimmend für das Bestehen und die Entwicklung der übrigen Widersprüche und beeinflussen diese.“[1]

Wenn, wie das oft der Fall ist, eine Wissenschaft nicht einen, sondern einige Widersprüche untersucht, die der Bewegung der materiellen Objekte eigen sind, dann ist es deshalb nötig, aus diesen Widersprüchen den hauptsächlichen herauszusuchen, der für das gegebene Untersuchungssystem die führende und entscheidende Rolle spielt, und gerade der Hauptwiderspruch ist in erster Linie für die Bestimmung des Gegenstandes der Wissenschaft ins Auge zu fassen. Dabei muß man die Ungleichmäßigkeit in der Entwicklung der Erforschung der zwei Seiten des Widerspruchs berücksichtigen, jede von ihnen kann unter verschiedenen Bedingungen und auf verschiedenen Entwicklungsetappen sowohl eine hauptsächliche als auch eine nebensächliche Rolle spielen.

Es ist nach unserer Meinung nützlich, sich von solchen allgemeinen Prinzipien bei der philosophischen Erforschung und Bestimmung des Gegenstandes sowohl der Natur- wie auch der humanistischen Wissenschaften leiten zu lassen.

Versuchen wir jetzt die Anwendung solcher Prinzipien an der Analyse des Gegenstandes solcher Wissenschaften wie Chemie, Physik und Philosophie zu illustrieren. Wir unterstreichen, daß nur von einer Illustration die Rede ist, die das Ziel verfolgt, die Möglichkeiten der Erforschung zu demonstrieren, mehr nicht.

Beginnen wir mit der Frage nach dem Gegenstand der Chemie.

Das materielle Objekt der Chemie sind Stoffe, genauer die Stoffe, die aus Atomen, Ionen und Molekülen bestehen. Aber die Stoffe können nicht nur Forschungsgegenstand der Chemie, sondern auch der Physik, Biologie und anderer Naturwissenschaften sein. Im Unterschied zu anderen Naturwissenschaften erforscht die Chemie hauptsächlich jene wechselseitigen Zusammenhänge, denen der Widerspruch zwischen den Prozessen der Vereinigung der Atome und der Zerlegung der Moleküle eigen ist. Dieser Widerspruch liegt bekanntlich der chemischen Bewegungsform der Materie zugrunde.

Allein diese Charakteristik des Gegenstandes der Chemie würde dennoch ungenügend sein. Die Chemie durchlief einen jahrhundertelangen Entwicklungsweg, in dessen Verlauf sich der Gegenstand der Chemie veränderte. Um die hauptsächlichen Besonderheiten des Gegenstandes der modernen Chemie zu erklären, ist es nötig, ihn mit dem Gegenstand der Chemie der vergangenen Jahrhunderte zu vergleichen, d. h. den Gegenstand der Chemie in seiner Entwicklung zu betrachten. Dazu ist es nötig, zuerst die grundlegenden Entwicklungsetappen der Chemie zu bestimmen.

[1] MAO TSE TUNG, Über den Widerspruch, Berlin 1954, S. 37.

Die Fakten führen zur Schlußfolgerung, daß man in der Geschichte der Entwicklung der Chemie vier Etappen unterscheiden kann: die erste Etappe, die Periode der Entstehung der Chemie, die im Altertum begann und im XV. Jahrhundert endete; die zweite Etappe, die Periode der Formierung der Chemie vom Ende des XV. bis zur Mitte des XVIII. Jahrhunderts; die dritte Etappe, die Periode des Aufbaus fester theoretischer Grundlagen der Chemie von der Mitte des XVIII. Jahrhunderts bis zum letzten Viertel des XIX. Jahrhunderts; die vierte Etappe, die Periode der Differenzierung der Chemie vom letzten Viertel des XIX. Jahrhunderts bis in die Gegenwart.

Dem Inhalt nach analoge Perioden kann man in der Entwicklung der Naturwissenschaft im ganzen bemerken.

Wir sehen hier von einer Reihe von Fragen ab, die im Zusammenhang mit der Periodisierung der Naturwissenschaft entstanden, insbesondere von der Frage nach der Rolle der Metaphysik und Dialektik in der Entwicklung der Naturwissenschaften und von einigen anderen Fragen. Neue Perioden in der Entwicklung der Naturwissenschaften gingen in allen Fällen der Entstehung neuer Etappen in der Entwicklung der Gesellschaft etwas voraus, waren gleichsam Vorboten dieser Etappen. Der Einfluß der Produktivkräfte auf die Naturwissenschaften zeigt sich (wenigstens in der Klassengesellschaft) offensichtlich schneller als der auf die Produktionsverhältnisse.

Kommen wir zur Charakteristik des Gegenstandes der Chemie in den verschiedenen Etappen ihrer Entwicklung zurück. Die Chemie wurde erst auf der zweiten Etappe, in der Periode ihrer Formierung, eine Wissenschaft, die einen klar umrissenen Forschungsgegenstand hat. Im Laufe dieser Periode wurde objektiv die Hauptaufgabe der Chemie, die Erforschung der Widersprüche zwischen den Prozessen der chemischen Trennung und Vereinigung klar, was auch eine spontane Widerspiegelung in zahlreichen Bestimmungen des Gegenstandes der Chemie fand, die es in den Arbeiten der Chemiker des XVI.—XVIII. Jahrhunderts gibt.

Die chemische Bewegungsform der Materie besitzt im Unterschied zu einer Reihe anderer Formen eine sehr wesentliche, charakteristische Besonderheit. Der Hauptwiderspruch dieser Bewegungsform, der Widerspruch zwischen der Vereinigung der Atome und der Zerlegung der Moleküle besitzt für die Mehrzahl der chemischen Elemente eine ziemlich scharf ausgeprägte qualitative Spezifik. Der Hauptwiderspruch ist im großen Grade individualisiert, was sich in den charakteristischen chemischen Reaktionen, die den chemischen Stoffen eigen sind, zeigt. In der Periode des Aufbaus fester theoretischer Grundlagen der Chemie, als der Grundstein für die wissenschaftliche Atomistik gelegt, das periodische Gesetz entdeckt, die Theorie der chemischen Struktur aufgestellt wurde, führte die Entwicklung der Chemie zur allmählichen Konstituierung von drei Gebieten innerhalb der Chemie: der anorganischen Chemie, der organischen Chemie und der analytischen Chemie. Die objektive Ursache der Entstehung der Tendenz zur Teilung der Chemie in diese drei Gebiete ist das verschiedene Verhalten der organischen Chemie, anorganischen Chemie und analytischen Chemie zum oben erwähnten Grundwiderspruch der chemischen Bewegungsform.

So wird die anorganische Chemie durch die große Mannigfaltigkeit der Erscheinungsweisen des Widerspruchs in den Prozessen der Vereinigung der Atome und der Zerlegung der Moleküle charakterisiert.

In der organischen Chemie tritt der Widerspruch zwischen der Assoziation der Atome im Molekül und der Dissoziation der Moleküle in Atome hauptsächlich in Form eines eigenartigen Wettstreits zwischen den Kohlenstoffatomen und den Atomen anderer Elemente auf, eines Wettstreits, in dessen Verlauf die Möglichkeit der Entstehung der zahllosen verschiedenen organischen Moleküle entsteht. In der analytischen Chemie werden die Widersprüche der chemischen Bewegungsformen der Materie mit dem Ziel der Ausarbeitung von Methoden zur Bestimmung der chemischen Zusammensetzung des Stoffes, d. h. der Gewinnung einer Art „Fotografie" der chemischen Bewegungsform des Stoffes, untersucht. In der gegenwärtigen vierten Etappe der Entwicklung der Chemie ist der charakteristischste Zug ihr Differenzierungsprozeß.

Der Fortschritt der chemischen Forschung erlaubt die Erklärung der qualitativen Spezifik im Wirken des Hauptwiderspruchs der chemischen Bewegungsform für die verschiedenen Gruppen von Stoffen.

Es zeigen sich neue Formen der Bewegung, molekulare, disperse und Sorptionsbewegungen. Sie haben viel gemeinsam mit der chemischen Bewegungsform, sind aber nicht mit ihr identisch.

Infolge der wechselseitigen Durchdringung von Chemie und anderen Gebieten der Naturwissenschaft entstehen chemische Grenzwissenschaften, deren Gegenstand die Erforschung der chemischen Bewegungsform in ihrem wechselseitigen Zusammenhang mit anderen Bewegungsformen der Materie ist.

Der Gegenstand jeder Wissenschaft hat seine unwiederholbaren Züge. Vergleicht man den Inhalt von Physik und Chemie, kann man folgende Besonderheiten des Gegenstandes der Physik bemerken.

Im Unterschied zur Chemie, die sich auf die Erforschung der Stoffe, die aus Atomen, Molekülen und Ionen bestehen, beschränkt, untersucht die Physik alle in der Natur existierenden Formen der Materie ohne irgendwelche Beschränkung: Elementarteilchen und Himmelskörper, alle Arten des Stoffes und alle Arten von Feldern. Die Physik unterscheidet sich dadurch von den anderen Naturwissenschaften, daß sie die größte Zahl materieller Forschungsobjekte besitzt.

Daraus folgt, daß dem Gegenstand der Physik die Erforschung solcher Eigenschaften der Materie zugrunde liegt, die die größte Allgemeinheit besitzen und deshalb als Existenzformen der Materie charakterisiert werden können. Hierher gehören Raum, Zeit und Bewegung in ihren allgemeinsten Besonderheiten (z. B. Gesetz der Erhaltung der Energie). Es würde wahrscheinlich richtiger sein, nicht von drei, sondern von einer Existenzform der Materie: Raum—Zeit—Bewegung zu sprechen, weil sie sich in einer untrennbaren Einheit miteinander befinden. Gerade die Erforschung der Existenzform der Materie bildet das Fundament der gesamten Physik und vereinigt das komplizierte System der physikalischen Wissenschaften zu einem einheitlichen Ganzen.

Die Physik trat schon in der Mitte des XIX. Jahrhunderts in die Differenzierungsperiode ein, d. h. etwas früher als die Chemie, was unter Berücksichtigung der gewaltigen Mannigfaltigkeit der materiellen Objekte, die von diesem Gebiet der Naturwissenschaft erforscht werden, leicht zu begreifen ist. Zugleich mit den Existenzformen der Materie untersucht die Physik Widersprüche, die in der Bewegung einer sehr beschränkten, aber dennoch außerordentlich umfangreichen Gruppe materieller Objekte auftreten.

Das sind zum Beispiel Widersprüche der mechanischen Bewegung, Widersprüche in der Bewegung der Quantenobjekte, Widersprüche in der elektromagnetischen Bewegung, in der Wärmebewegung.

Die qualitativen Besonderheiten, die den physikalischen Formen der Bewegung (der mechanischen, der Wärmebewegung usw.) eigen sind, werden in der Regel bedeutend schärfer ausgedrückt als die Unterschiede zwischen den Bewegungsformen, die von der Chemie untersucht werden. Darum sind solche Zweige der Physik wie Mechanik, Thermodynamik, Quantenphysik, Elektrodynamik, Molekularphysik stärker voneinander abgesondert als die Grundzweige der Chemie.

Im Unterschied zu den chemischen Bewegungsformen sind in der Regel die Widersprüche, die den physikalischen Bewegungsformen zugrunde liegen, weniger individualisiert. Sie werden einfach von den individuellen Eigenschaften der entsprechenden Objekte abstrahiert und lassen sich leichter mathematisch bearbeiten. Die mathematischen Forschungsmethoden erlangen deshalb in der Physik besondere Bedeutung.

Für die konsequente philosophische Untersuchung des Gegenstandes der Physik ist es offensichtlich zweckmäßig, auf Grund einer Analyse des Weges, den die Physik gegangen ist, vor allen Dingen ihre grundlegenden Entwicklungsetappen zu bestimmen. Darauf müßte man, wenn man sich von den oben dargelegten Prinzipien leiten läßt, feststellen, wie sich der Gegenstand der Physik von einer Etappe zur anderen veränderte, wie zugleich mit der Erforschung sehr allgemeiner Widersprüche in der Bewegung des Stoffes und der Felder sich allmählich die Notwendigkeit der Untersuchung einer Reihe anderer Widersprüche der materiellen Bewegung herausstellte, wie sich im Zusammenhang damit die physikalischen Wissenschaften nacheinander formierten: Mechanik, Thermodynamik, Elektrizitätslehre, Molekularphysik usw., schließlich, wie im Schoße dieser Wissenschaften allmählich die objektiven Bedingungen einer neuen, noch tieferen Differenzierung heranreifen. Man kann annehmen, daß es auf diesem Wege gelingt, die inneren Gesetzmäßigkeiten, die innere Logik der Entwicklung der physikalischen Erkenntnisse zu bestimmen.

Einige Bemerkungen zur Frage nach dem Gegenstand der marxistischen Philosophie. In der philosophischen Literatur beobachtet man manchmal Tendenzen zur Übertreibung der Rolle fester, „ruhiger" wechselseitiger Zusammenhänge zwischen den Erscheinungen oder Gesetzen bei Verlust der Analyse der Widersprüche, die die Grundlage der Selbstbewegung alles Existierenden erfassen.

So werden zum Beispiel die Verhältnisse des Widerspruchs manchmal (oder vorwiegend) nur als Verhältnisse des wechselseitigen Zusammenhangs betrachtet. Unter diesem Aspekt scheint die bekannte Definition des Gegenstandes der marxistischen Philosophie als Wissenschaft von den allgemeinsten Gesetzen der Natur, der Gesellschaft und des Denkens nicht ganz befriedigend. Anscheinend würde es richtiger sein, die marxistische Philosophie als Wissenschaft von den allgemeinsten Widersprüchen in den Gesetzen der Natur, der Gesellschaft und des Denkens zu charakterisieren.

Die lebendige Grundlage des Gegenstandes einer beliebigen Wissenschaft, das Hauptsächliche in seinem Inhalt, sind die Widersprüche der objektiven Wirklichkeit. „Bedingung der Erkenntnis aller Vorgänge in der Welt in ihrer ‚Selbstbewegung', in ihrer spontanen Entwicklung, in ihrem lebendigen Sein, ist die Erkenntnis derselben als Einheit von Gegensätzen"[1], unterstrich Lenin.

Weist man die führende Rolle im Gegenstand der Wissenschaft den Widersprüchen der materiellen Wirklichkeit zu, muß man die Relativität des Unterschiedes zwischen Widersprüchen und Gesetzen im Auge haben. Die Widersprüche existieren nicht isoliert, sondern im wechselseitigen Zusammenhang mit der Umwelt. Sie schließen in sich Züge von Gesetzen ein und werden mittels der Erforschung der Gesetze erkannt. Die Gesetze ihrerseits enthalten immer in sich Elemente des Widerspruchs. Die Kenntnis der Widersprüche vertieft den Sinn der Gesetze, die im Verlauf der wissenschaftlichen Forschung entdeckt werden. Gesetze und Widersprüche sind zwei Seiten eines einheitlichen Ganzen. Spricht man von ihrem Unterschied, darf man darüber ihre Einheit nicht vergessen, und umgekehrt, wird ihre Einheit unterstrichen, darf man sie nicht aufeinander reduzieren.

Die Philosophie durchlief in ihrer Entwicklung Etappen, die augenscheinlich dem Inhalt nach den Entwicklungsetappen vieler anderer Wissenschaften ähnlich sind: Entstehungsperiode, Formierungsperiode, Periode der Schaffung fester theoretischer Grundlagen. Ähnlich wie in der Physik die relativ selbständigen physikalischen Wissenszweige der Thermodynamik, Molekularphysik und andere Wissenschaften entstanden und sich formierten, so formiert sich in der marxistischen Philosophie allmählich ein relativ selbständiger Zweig — die Philosophie der Naturwissenschaften —, ein Gebiet der Philosophie, das mit der Erforschung der Erscheinungsform der allgemeinsten Widersprüche und Gesetze der materiellen Wirklichkeit in der Natur verbunden ist.

Gestatten Sie mir jetzt kurz auf einige Fragen der laufenden Arbeiten auf dem Gebiet der Philosophie der Naturwissenschaften einzugehen.

Eines der brennendsten und noch nicht völlig gelösten Probleme der philosophischen Ausbildung der Studenten der Physik, Chemie, Biologie und anderer Fachrichtungen ist das unzureichende Niveau der Darlegung der philosophischen

[1] W. I. Lenin, Aus dem philosophischen Nachlaß, Berlin 1958, S. 285/86.

Fragen der Naturwissenschaften im Studium der Philosophie und der Spezialwissenschaften. Die Ursache dafür ist die ungenügende naturwissenschaftliche Ausbildung der Philosophen und die mangelhafte Aufmerksamkeit einzelner Naturwissenschaftler gegenüber philosophischen Problemen. Gleichzeitig gibt es an vielen Universitäten und großen Hochschulen schon jetzt Kader, naturwissenschaftliche Mitarbeiter, die sich in diesem oder jenem Grade mit philosophischen Problemen der Naturwissenschaft beschäftigen oder sich ernstlich für diese Probleme interessieren. Es wäre richtig, solche wissenschaftlichen Mitarbeiter zum Lesen kleiner Lektionszyklen über philosophische Fragen der Physik, Chemie oder Biologie heranzuziehen. Das würde nicht nur eine Erhöhung der Qualität des Philosophieunterrichts, eine Festigung der marxistischen Weltanschauung unter der studentischen Jugend erlauben, sondern würde auch beim Wachsen der naturwissenschaftlichen Kader, die sich eingehender mit der Philosophie beschäftigen und bei der Festigung des Bündnisses von Naturwissenschaftlern und Philosophen helfen.

Deshalb dünkt mich, unsere Konferenz würde richtig handeln, wenn sie eine Empfehlung annähme, an physikalischen, chemischen, biologischen und anderen Fakultäten von Universitäten und größeren Hochschulen Kurzlehrgänge über philosophische Probleme der Physik, Chemie, Biologie und Mathematik dort einzurichten, wo dies möglich ist, unter Heranziehung von Persönlichkeiten als Lektoren, die auf dem Gebiet der Naturwissenschaft oder der Philosophie der Naturwissenschaft führend sind. Es wäre nützlich, auch über die Schaffung entsprechender Lehrbücher nachzudenken.

Es ist nicht zu bezweifeln, daß die heutige Konferenz nützlich ist, insbesondere, wenn sie der Anfang einer systematischen, planmäßigen Arbeit auf dem Gebiet der marxistischen Philosophie der Naturwissenschaft im Landesmaßstab ist. In Zukunft muß man augenscheinlich Beratungen zu engeren, spezielleren Problemen periodisch durchführen.

Damit diese Arbeit durchgeführt wird, ist ein organisatorisches Zentrum erforderlich, das die Kader auf dem Gebiet der Philosophie der Naturwissenschaft vereinigt. In diesem Zusammenhang muß man die Notwendigkeit betonen, eine Zeitschrift „Fragen der Philosophie der Naturwissenschaft“ zu schaffen.

*

Professor P. K. Anochin. Im Referat des Akademiemitglieds Sobolew sind jene Grundzüge der Kybernetik dargelegt worden, die die Kybernetik als progressive Richtung vor allem auf dem Gebiet des technischen Denkens charakterisieren.

Das Referat berührte im wesentlichen die Informationstheorie, die Theorie der Nachrichtenübertragung und der Rückkopplungsmechanismen sowie andere Fragen der technischen Kybernetik.

Im Hinblick auf das im Referat angeführte Material bin ich vollkommen mit Akademiemitglied Sobolew einverstanden, daß es seltsam wäre, wenn irgend jemand die Kybernetik eine „Pseudowissenschaft“ nennen würde oder die progressive

Bedeutung aller sich entwickelnden Zweige der kybernetischen Richtung anzweifeln würde.

Ich muß jedoch bemerken, daß in dem Referat nicht alle Seiten der Kybernetik dargelegt wurden, und das Wichtigste: Es wurden gerade die Seiten nicht dargelegt, die strittig sind und den philosophischen Aspekt der Kybernetik darstellen.

Die Kybernetik hat ihre eigenen Prätentionen, ihre eigenen Perspektiven, die ihrerseits einen philosophischen Aspekt haben, und eben auf dieser Ebene spielt sich die Diskussion ab, die sowohl die Stichhaltigkeit ihrer Prätentionen als auch die Möglichkeiten der modellmäßigen Darstellung lebender Organismen, des Nervensystems, des Gehirns usw. betrifft.

Eben diese Seite der Sache, die in dem Referat des Akademiemitglieds Sobolew nicht berührt wurde, interessiert gerade uns Physiologen. Eben das, was im Referat des Akademiemitglieds Sobolew verborgen blieb — *der Endanpassungseffekt, der Endnutzen der Systeme, die nach dem Prinzip der Selbstregulierung arbeiten* — stellt für uns, Physiologen und Mediziner, das zentrale Kettenglied dar. Wir müssen an den wesentlichen Umstand denken, daß eine beliebige Information, beliebige Sendungen, beliebige Wechselwirkungen, sowohl direkte als auch rückwirkende, nur dann für den Organismus etwas bedeuten, wenn sie die Beständigkeit seiner Anpassungsreaktionen aufrechterhalten, d. h., wenn sie die Ganzheit des Organismus aufrechterhalten und bewahren.

Das ist ein sehr wichtiger Umstand, der unser Verhältnis zur Kybernetik mitbestimmt. Denn wie Sie wissen, erhebt die Kybernetik Anspruch auf die Aufdeckung der allgemeinen Gesetzmäßigkeiten solcher qualitativ verschiedenartiger Erscheinungen, wie es die Maschine, der Organismus und die Gesellschaft sind. Aber gerade dies ist jene wichtige Streitfrage, die Gegenstand gerade der philosophischen Beratung sein sollte. Wir Physiologen stellen die Frage so: Was gibt uns die Kybernetik und was können wir der Kybernetik bei der Enträtselung bestimmter Gesetze der Tätigkeit des Organismus durch die Anwendung der kybernetischen Mathematik und der Technik der selbstregulierenden Systeme geben? Es muß aber betont werden, daß die Kybernetik in ihrer letzten Fassung, in den letzten Arbeiten ihrer führenden Köpfe — Wiener und andere — diese Frage nicht stellt und keinen Versuch unternimmt, sie zu lösen. Die Kybernetik kann sich natürlich nicht „befruchtend" auf die verschiedenen Arten von Grenzdisziplinen, Grenzwissenschaften auswirken, wenn sie nicht dieses zentrale Glied aufdeckt, welches die Entstehung der Kybernetik als wissenschaftlicher Richtung rechtfertigt, die Anspruch darauf erhebt, andere Wissenschaften durch Kreuzung zu befruchten.

Die Frage steht also so: Gibt es irgendeine allgemeine Gesetzmäßigkeit für Erscheinungen verschiedener Klassen? Ja, die gibt es, und die Genesis dieser allgemeinen Gesetzmäßigkeit verstehe ich als Physiologe nur zu gut.

Die Kybernetik legt besonderes Schwergewicht auf das Gesetz der Rückkopplung oder Rückinformation, das es bei Maschinen erlaubt, sich über ihren Endnutzeffekt zu informieren und bei Organismen, sich automatisch zu regeln. Diese Rückkopplung wird durch Reafferenz dargestellt und ermöglicht dem zentralen Nervensystem eine Information über das Endresultat der Reflexhandlung. Es ist sehr wichtig, daß die Kybernetik dies bei der Konstruktion von Systemen mit automatischer Regelung betont an die Spitze gestellt hat. Das Rückkopplungsprinzip hat sich bei uns unter der Bezeichnung „feed back" eingebürgert.

Wenn man von der These I. P. Pawlows ausgeht, daß der Organismus ein selbstregulierendes System darstellt, ähnlich wie die selbstregulierenden Maschinen, dann ist die von der Kybernetik gestellte Frage vollkommen berechtigt, was denn das für beide Gebiete Gemeinsame sei. Hier wie dort kann der *Endnutzeffekt* nur unter der Bedingung nützlich sein, daß von diesem Endnutzeffekt eine entsprechende Rückinformation erfolgt, auf physiologischem Gebiet bedeutet das, daß Reafferenz erfolgt. Der letztgenannte Terminus eignet sich am besten für die lebenden Organismen, da bei ihnen bei der Reflexhandlung ein Strom von reafferenten Impulsen auftritt. Diese Gemeinsamkeit hat für uns Physiologen eine große Bedeutung, denn da wir es bei den einzelnen Erscheinungen mit qualitativ verschiedenartigen Regulierungsformen zu tun haben, erhalten wir durch diese Notwendigkeit der Rückinformation über die Handlungsergebnisse ein allgemeines Prinzip und kommen bis dicht an die Gesetze heran, die von den Technikern für ihre selbstregulierenden Maschinen mathematisch formuliert werden.

Wie ich schon in einigen veröffentlichten Arbeiten gezeigt habe, erwuchs also die Gemeinsamkeit der zyklischen selbstregulierenden Systeme historisch aus der Notwendigkeit, einen *Endnutzeffekt* zu haben. Wenn man dieses Prinzip weiter ausdehnt, übt es einen sehr großen Einfluß auf unsere physiologischen Vorstellungen aus. In welcher Frage? In der Theorie, die unserer ganzen Physiologie zugrunde liegt — nämlich in der Theorie der Reflexe. Die Reflextheorie in der Gestalt, in der sie schon über 300 Jahren existiert, beendet im Grunde genommen den Reflexprozeß mit der Handlung. Eben deshalb entstand auch der Begriff des „Reflexbogens". Das war ein Mangel der Reflextheorie, der sie 300 Jahre lang seit ihrer Formulierung durch Descartes daran hinderte, den wirklichen materialistischen Gehalt der „zweckgerichteten Anpassung" aufzudecken. Nur weil diese Besonderheit dès Reflexes — die Notwendigkeit der Rücksignalisierung über das Ende der Handlung — nicht rechtzeitig aufgedeckt wurde, konnte die Reflextheorie äußerst wichtige Mechanismen des Verhaltens nicht erklären.

Unser Standpunkt, der von uns seit 1935 entwickelt wurde, wonach die Reafferenz über die Resultate der Handlung die Bedeutung eines *vierten Gliedes des Reflexes* erhielt, wurde durch die Kybernetik bekräftigt.

Was hat uns die Kybernetik auf diesem Wege Neues gegeben? Durch die Einführung exakter mathematischer Berechnungen an den Knotenpunkten des zyklischen selbstregulierenden Systems kann sie dem Physiologen natürlich von großem Nutzen sein, denn dadurch kann sie solche Gesetzmäßigkeiten, solche Beziehungen vorhersagen, die durch die Biologen und Physiologen im Organismus nicht festgestellt werden können. Ein Modell aus der Technik oder der Elektronik gestattet dem Physiologen, die Tätigkeit der einzelnen Knotenpunkte des Systems mathematisch zu berechnen. Der Physiologe besitzt keine solchen exakten Methoden und keine solchen Möglichkeiten, alle Knotenpunkte der Bewegung der Prozesse unmittelbar zu berechnen, und daher kann er aus der Kybernetik einen großen Nutzen ziehen, wenn er sich auf zuverlässige Analogien stützt. In diesem Sinne können dem Physiologen die verschiedenen Modelle des Organismus, insbesondere Schildkröten und andere Maschinen, von Nutzen sein.

Wenn die Zusammenarbeit zwischen Physiologen, Kybernetikern und Technikern umfassender und beständiger wäre, d. h., wenn es eine von der Sache her gegebene Zusammenarbeit wäre, dann — davon bin ich überzeugt — könnten die Physiologen viele Bedingungen voraussagen, die die Techniker und Physiker bei der Konstruktion des Gehirnmodells oder des Modells des Organismus brauchen.

Was ist denn in der Tat für den ganzen Organismus bei seiner höheren Nerventätigkeit charakteristisch? Für ihn ist die Tatsache charakteristisch, daß jedes äußere Agens, welches auf das Nervensystem des Tieres wirkt, im zentralen Nervensystem nicht nur einen Strom effektorischer Nervenimpulse zur Reaktion bringt, sondern gleichzeitig den materiellen Apparat formt, der für die Einschätzung der künftigen Handlungen nötig ist. Alle diese Mechanismen wurden in Experimenten aufgedeckt, und ich nehme an, daß sie den Kybernetikern bei der Konstruktion komplizierter Rechenmaschinen von Nutzen sein können. Es gibt Tendenzen in dieser Richtung, und die Bekanntschaft mit diesem Apparat des menschlichen Organismus, die Bekanntschaft mit seiner höheren Nerventätigkeit würde für die gemeinsame Arbeit an dem zukünftigen Modell, das natürlich auch für das Studium des Organismus selbst von großem Nutzen sein würde, ein großer Gewinn sein.

Ich muß wiederholen, daß eine beliebige Absicht des Menschen, irgendeine Handlung zu begehen, sofort, im gleichen Moment, nicht nur die Handlung selbst formiert, sondern auch den Apparat, welcher die Reafferenz der Handlung empfängt, wodurch es dem Menschen ermöglicht wird, Fehler zu korrigieren, falls er bei der Ausführung der Handlung geirrt hat.

Es gibt prinzipiell keine Möglichkeit für den Menschen als sich selbstregulierender Mechanismus, die Fehler seiner Handlungen ohne diesen zusätzlichen Apparat zu korrigieren. Und wenn sich die Kybernetiker mit der Lösung des Problems der Modellbildung beschäftigen, ist dieser Apparat für sie der Stein des Anstoßes. Nur wenn alle Angaben unserer Wissenschaft berücksichtigt werden, wird eine solche Modellbildung für den Mechanismus der höheren Nerventätigkeit bedingter Reflexe möglich sein.

Der Weg zum weiteren Fortschritt, zu weiteren Errungenschaften bei der Ausarbeitung der Kybernetik ist folglich die engste Bekanntschaft der Physiologen mit den Technikern, mit den Kybernetikern, und eine ebensolche Bekanntschaft der Physiker mit den letzten Errungenschaften auf dem Gebiete der Physiologie. Ich bin überzeugt davon, daß bei einem solchen Bündnis ein noch schnelleres Vorwärtsschreiten bei uns möglich sein wird.

Professor W. I. Swiderski (Leningrad). Im Hinblick auf die Exaktheit der Anwendung philosophischer Begriffe und Argumentationen ist nicht alles ganz in Ordnung. Bei uns haben viele, verschiedenartige Diskussionen stattgefunden. Insbesondere fand eine Diskussion zu der Frage statt, ob die Quantenphysik Ensembles oder Einzelprozesse beschreibt. Eine philosophische Argumentation wurde von der einen wie auch von der anderen Seite gebracht. Ich persönlich halte die physikalischen Behauptungen W. A. Focks und nicht die philosophischen Gegenargumente für das Ensemble für beweiskräftig. Man sagt, daß die Ensembles eine Erklärung der statistischen Eigenschaften, der Erscheinung der Zufälligkeit geben, aber es ist doch philosophisch gesehen klar, daß eine einzelne Erscheinung stets mit Elementen der Zufälligkeit behaftet ist.

Ich muß ebenfalls sagen, daß ich keine philosophischen Vorteile der Konzeption de Broglies, Bohms und anderer sehe, aber dennoch sehe ich, daß die physikalische Kritik dieser Konzeption begründet ist. Es scheint mir, daß man entweder die philosophische Argumentation zugunsten dieser Konzeption ergänzen muß, oder daß man sich lediglich auf physikalische und mathematische Argumente beschränkt.

Es gab auch Streit darüber, welche kosmogonischen Konzeptionen richtig seien, die von Fessenkow oder die von Schmidt; aber ich habe eine überzeugende philosophische Argumentation weder für die eine noch für die andere gehört; ja das war in jener Etappe auch unmöglich, obwohl man sagen muß, daß man es versucht hat.

Sehr häufig wirkt sich eine falsche Vorstellung des Verhältnisses von Philosophie und Naturwissenschaft auf die Resultate der philosophischen Untersuchungen aus. Zum Beispiel bei der Interpretation des Gesetzes vom Verhältnis von Masse und Energie versucht man häufig, die Masse als adäquaten Ausdruck der Materialität zu betrachten. Aber das ist doch philosophisch völlig falsch! Ein weiteres Beispiel: Häufig hört man, daß die Einheit der Welt in ihrer Materialität besteht. Das ist richtig. Aber dann sagt man, daß diese Einheit in der Einheit der chemischen Zusammensetzung, in der Einheit der konkreten Gesetze usw. besteht. Das alles ist schon nicht mehr richtig. Die These, daß die Einheit der Welt in ihrer Materialität besteht, besagt etwas anderes. Diese Frage muß im streng philosophischen Sinne gelöst werden; es gilt die Einheit der Welt an Hand der allgemeinen Eigenschaften und der allgemeinen Existenzformen der sich bewegenden Materie — in ihrer streng philosophischen Bedeutung — aufzuzeigen. Darüber muß man eben sprechen.

Schließlich will ich hier noch folgende Tatsache erwähnen. In den Arbeiten und Diskussionsbeiträgen der Akademiemitglieder W. A. Fock und A. D. Alexandrow zur Relativitätstheorie wird oft über die Relativitätstheorie so gesprochen, daß der Eindruck entsteht, als sei die physikalische Theorie von Raum und Zeit, d. h. die Relativitätstheorie, die absolute Theorie von Raum und Zeit. Mit anderen Worten: Hier wird nicht genügend tief die physikalische und philosophische Seite bei der Betrachtung dieser Kategorien unterschieden. Man berücksichtigt nicht das Vorhandensein einer ganzen philosophischen Theorie von Raum und Zeit, die z. B. solche Seiten und Eigenschaften dieser Formen untersucht wie Objektivität, Absolutheit, Relativität, Wesen, Widersprüchlichkeit, Maß, Kontinuität und Diskontinuität, Unendlichkeit, Einheit, Unterschied, gegenseitige Abhängigkeit usw.

In den vor nicht allzu langer Zeit stattgefundenen Diskussionen wurden äußerst schwere Fehler sowohl hinsichtlich der Relativitätstheorie als auch der Quantenmechanik zugelassen, wodurch eine Reihe unserer Genossen bis an den Rand des Obskurantismus gelangten. Dies führte dazu, daß sie das kristallklare gnoseologische Merkmal der Objektivität außer acht ließen. Es tauchte die Tendenz auf, die Abhängigkeit vom Bezugssystem, vom Koordinatensystem, vom Meßinstrument als Subjektivität zu interpretieren. Aber das sind doch völlig verschiedene Dinge. Wenn man beweisen würde, daß die Abhängigkeit vom Bezugssystem etwas Subjektives ist, dann wäre es so; aber das gelingt doch gar nicht. Diesen Begriff hat man im Ausland mit einem Begriff der Gnoseologie vertauscht, aber wir haben kein Recht, dies zu tun.

Eine kompliziertere Frage ist die Verwechslung bestimmter Seiten der Philosophie selbst, die Verwechslung des ontologischen und des gnoseologischen Gesichtspunktes. Früher zeigte sich die Tendenz, überhaupt die ganze Philosophie auf die Gnoseologie zu reduzieren. Wir bewegen uns jetzt in der Sphäre der methodologischen Funktion der Philosophie, und damit diese Funktion wirkt, müssen auch die übrigen Funktionen von uns berücksichtigt werden; dazu gehören auch die ontologische und die gnoseologische Funktion unserer Philosophie.

Bekanntlich erhob sich die Frage überhaupt erst angesichts der Schlußfolgerungen der modernen Wissenschaft, angesichts der Frage nach der Interpretation des Absoluten und Relativen, z. B. der Bewegung. In den „Grundrissen des dialektischen Materialismus“ von M. A. Leonow wird davon gesprochen, daß der Begriff der Absolutheit der Bewegung ein philosophischer Begriff sei, der Begriff der Relativität der Bewegung dagegen sei ein physikalischer Begriff. Eine solche Lösung kann uns natürlich nicht befriedigen, verletzt sie doch die elementare Forderung der dialektischen Logik nach der Einheit polarer Begriffe. Man muß vor allem zeigen, daß Absolutheit und Relativität sowohl in der Philosophie als auch in der Physik gemeinsam auftreten müssen. Übrigens hat das Referat von A. D. Alexandrow sehr überzeugend gezeigt, daß gerade in der Relativitätstheorie Absolutes und Relatives in einer unbedingten Einheit auftreten; unsere Pflicht ist, unsere Aufmerksamkeit gerade dieser Seite des Problems in der Philosophie zuzuwenden.

Weiterhin geschah etwas völlig Ungeheuerliches: Viele fingen an, eine beliebige objektive Erscheinung als Absolutes zu betrachten und zu behaupten, daß nur das Absolute objektiv sei, alles Relative aber sei subjektiv. Das ist ein grober Fehler. Aber selbst in einem guten, vernünftigen Artikel, in welchem die Frage der Interpretation der Relativitätstheorie richtig gestellt wurde, — ich meine den Artikel des Genossen Naan — wird der Gedanke ausgesprochen, daß die physikalische Relativität nicht mit der Relativität im philosophischen Sinne, im Sinne der Relativität der Wahrheit verwechselt werden dürfe. Das ist eine unvollständige Lösung, denn gerade die wichtigste, die ontologische Seite der Frage ist weggelassen.

Die Relativität und die Absolutheit der Wahrheit — das ist der gnoseologische Aspekt, das ist ein Teil des Problems, aber das Hauptproblem, das ist der ontologische Sinn der Absolutheit und der Relativität. Dieses Problem erwies sich als völlig ungelöst, es fiel aus dem Gesichtsfeld der Philosophen heraus. Das führte zu äußerst bedauerlichen Komplikationen und Fehlern. Eine ganze Reihe unserer verehrten Physiker und Philosophen erklärte: Wenn es eine relative Wahrheit von der Trajektorie gibt, und wenn die Summe der relativen Wahrheiten zur absoluten Wahrheit führt, dann muß es folglich auch eine absolute Trajektorie geben; wenn es ein relatives Wissen von der mechanischen Bewegung gibt, so muß die Anerkennung der absoluten Wahrheit in diesem Falle dazu führen, daß eine absolute mechanische Bewegung existiert. Das relative Wissen aber vom Inertialsystem führt zum absoluten „inertialsten" System. All das ist völlig falsch. Das absolute Wissen von irgendeinem Gegenstand bedeutet keineswegs die Absolutheit des betreffenden Gegenstandes. Wenn man die Frage so stellen würde, so könnte man sagen, daß, insofern der Marxismus die absolute Wahrheit vom Kapitalismus erfaßt, damit die absolute Existenz des kapitalistischen Systems bewiesen wird. Eine völlige Absurdität!

Obwohl wir nicht nur naturwissenschaftliche, sondern auch philosophische Exaktheit bei der Lösung dieser oder jener Probleme fordern, können wir dieser Forderung nicht immer genügen, weil gegenwärtig nicht alles bei uns entwickelt ist, weil man nicht alles als fertige Formel nehmen kann. Davon wurde schon in den Referaten gesprochen, darüber wird in den gedruckten Texten gesprochen; das ist ein sehr richtiger Gedanke. Eine ganze Reihe von Dingen können wir jetzt nicht anwenden; wir müssen sie in Übereinstimmung mit der modernen Wissenschaft weiterentwickeln. Eine ganze Reihe von Dingen können wir gegenwärtig noch nicht anwenden. Wir müssen sie noch in Übereinstimmung mit der modernen Wissenschaft bis zu Ende entwickeln.

In dieser Hinsicht werde ich die Deutung von Raum und Zeit als allgemeine Struktur durch A. D. Alexandrow betrachten. Ich selbst stehe auf dem gleichen Standpunkt, nämlich Raum und Zeit als Strukturen zu betrachten. Ich will aber etwas anderes sagen. Diesen Standpunkt nahmen in der Geschichte auch andere ein. Bekanntlich betrachtete Aristoteles Raum und Zeit als Struktur; Leibniz trat gegen Newton auf und betrachtete Raum und Zeit als Struktur; Diderot betrachtete sie als Struktur; Lobatschewski betrachtete den Raum als Struktur usw. Mit der Struktur beschäftigt man sich sowohl bei den Untersuchungen der anorganischen als auch der organischen Natur. Das Referat von Akademiemitglied Oparin enthält auch die Anerkennung der prinzipiellen Bedeutung der Struktur und ihrer qualitativen Entwicklung. Auch die Logiker beschäftigen sich mit der Struktur.

Wir in Leningrad bemühen uns, den Begriff der Struktur auszuarbeiten, und wir wenden ihn bei der Auffassung der Qualität, beim Aufdecken der Gesetzmäßigkeiten der Sprünge usw. und bei der Lösung des Problems der qualitativen Mannigfaltigkeit an. Viele Probleme lassen sich recht gut mit Hilfe des Strukturbegriffs lösen.

Die Ausarbeitung des philosophischen Strukturbegriffs ist also äußerst wichtig.

Ich führe jetzt ein anderes Beispiel an: Nehmen wir das Gesetz $E = mc^2$, das Gesetz der Proportionalität von Masse und Energie. Die ersten Versuche seiner philosophischen Deutung bestanden darin, daß man die Energie mit der Bewegung, die Masse aber mit der Materie identifizierte und in der Masse einen adäquaten Inhalt der Materialität suchte. Das führte zu nichts.

Die in der Leningrader Universität durchgeführten Untersuchungen gestatten uns, von einer etwas anderen Seite an die Lösung dieses Problems heranzugehen.

Wir gehen von der Widersprüchlichkeit der Bewegung aus, die sich in der Einheit von Stabilität und Veränderlichkeit äußert. Wenn man die Masse als Charakteristikum nur für die in erster Linie inertialen Eigenschaften betrachtet, so kann man annehmen, daß das Gesetz $E = mc^2$ ein eigenartiger Ausdruck dieser allgemeinen Gesetzmäßigkeit der Einheit von Stabilität und Veränderlichkeit ist.

Zum Schluß noch die Frage der Unendlichkeit.

Viele Autoren nehmen die primitive Position der alten „schlechten" Unendlichkeit ein. Der Hegelsche Begriff der wahren Unendlichkeit kann uns ebenfalls nicht befriedigen, da er viele fehlerhafte Momente enthält.

Ich möchte Hegels klassisches Beispiel der Bewegung eines Punktes auf einer geschlossenen Kurve anführen, welches seiner Meinung nach die Einheit von Endlichem und Unendlichem zum Ausdruck bringt. Aber solch ein Bild ist für uns nicht annehmbar; denn hier werden der materielle Punkt, die mechanische Bewegung, die Metrik des Raumes, welche die Geschlossenheit dieser Kurve gewährleistet, und anderes mehr verabsolutiert. Sich auf die entsprechenden Äußerungen Engels' stützend, muß man den Begriff der realen Unendlichkeit in dem Sinne präzisieren, daß dieser Begriff den Begriff der Bewegung, der Entwicklung durch nichts einschränkt, daß er automatisch das Gesetz des Maßes berücksichtigt, daß er mit den fundamentaleren Begriffen des Absoluten und Relativen verbunden ist usw. Dann erhält man eine mehr oder weniger richtige Auffassung.

*

Dozent W. Perfiljew. Ich will vor allem auf die statistischen und die dynamischen Gesetze der Physik Bezug nehmen, die bekanntlich sowohl vom Standpunkt der weiteren Entwicklung der Theorie, als auch vom Standpunkt des Kampfes gegen den „physikalischen" Idealismus eine große philosophische Bedeutung haben.

Das Problem der Wechselbeziehungen von dynamischen und statistischen Gesetzen entstand schon vor langer Zeit. Dieses Problem entstand noch in der Zeit Lomonossows, in der Zeit, als die Grundlagen der wissenschaftlichen Atomhypothese ausgearbeitet wurden. Aber man darf es auch heute noch nicht als gelöst betrachten, weil die stürmische Entwicklung der physikalischen Wissenschaft in unserer Zeit dieses Problem auf neue Art stellt und ihm einen neuen Inhalt gibt. Die Frage nach der Wechselbeziehung dynamischer und statistischer Gesetze, die Frage nach ihrem physikalischen Inhalt, erhob sich mit besonderer Dringlichkeit in Verbindung mit der Entwicklung der Quantenmechanik, die in der modernen Physik eine führende Stellung einnimmt.

In der Quantenmechanik hat die statistische Methode als besondere Ausdrucksart physikalischer Gesetze eine große Bedeutung erlangt. Bekanntlich vollzog sich die Entstehung und die Entwicklung der Quantentheorie auf der Grundlage der statistischen Betrachtung der Lichtemission und -absorption; dadurch ergibt sich der statistische Charakter der Quantenmechanik nicht nur aus ihrem Inhalt, wie dies bei der Theorie vom Ensemble der Mikroobjekte der Fall ist, sondern auch aus ihrer Entstehung und historischen Entwicklung.

Ich denke, daß man zur richtigen Klärung der Wechselbeziehung dynamischer und statistischer Gesetze in der modernen Physik zunächst vor allem die Frage nach den Ursachen des statistischen Charakters der Quantenmechanik lösen muß. Es gibt keinen Streit darüber, daß die Quantenmechanik statistischen Charakter hat. Diese Frage ist klar. Aber in welchem Maße tritt in der Quantenmechanik die dynamische Gesetzmäßigkeit auf? Auf diese Frage werden die widersprechendsten Antworten gegeben.

Professor Omeljanowski weist in seinem Vortrag darauf hin, daß diese Gesetzmäßigkeiten hinsichtlich ihres Wahrheitsgehaltes gleichberechtigt sind, daß sie miteinander verbunden und voneinander untrennbar sind. Wenn es sich so verhält, dann muß die dynamische Gesetzmäßigkeit (sofern sie von der statistischen untrennbar ist) auch in der Quantenmechanik eine beachtliche Rolle spielen. Aber diese Rolle, die die dynamische Gesetzmäßigkeit in der Quantenmechanik spielt, hat bisher noch niemand in ihrer Gleichberechtigung mit der statistischen Gesetzmäßigkeit aufgezeigt.

Es scheint, daß es deshalb schwierig ist, die dynamische Gesetzmäßigkeit in der Mikrowelt aufzuzeigen, weil es sie für die Mikroobjekte überhaupt nicht gibt, und daher können die Nachforschungen nach ihr nicht erfolgreich sein.

Die Schwierigkeit bei der Erklärung der statistischen Bedeutung der Quantenmechanik wird hier auf ein anderes Gebiet übertragen, auf das Gebiet, in dem das Wesen der Welleneigenschaften der Mikroobjekte geklärt wird. Aber was sind das für Wellen, und welche Beziehung haben sie zu den Teilchen?

Auf diese Frage gibt die moderne Physik keine Antwort.

Professor Omeljanowski gibt dies selbst zu. Er schreibt: „Aber diese Idee (die Einheit der Korpuskel- und Welleneigenschaften der Mikroteilchen) findet in der zeitgenössischen physikalischen Literatur noch keine genügend adäquate Darstellung." Es ist nicht ausgeschlossen, daß Teilchen, die eine komplizierte Struktur in dem Sinne besitzen, daß ihre Eigenschaften unerschöpflich sind, keinerlei Wellen haben. Aber insofern sich diese Teilchen nicht im leeren Raum, sondern im

Vakuum bewegen, das physikalische Eigenschaften besitzt und mit den Teilchen in Wechselbeziehung steht, insofern ist es möglich, daß in der Umgebung infolge dieser Wechselwirkung Wellen entstehen. Dann bestätigt sich in noch größerem Maße das Wesen der statistischen Erscheinungen der Quantenphysik als Resultat der Wechselwirkung der Mikroobjekte mit der Umgebung, dem Vakuum, das eine Form der sich bewegenden Materie darstellt.

Das Vorhandensein einer nicht wegzuleugnenden dynamischen Wechselwirkung der Mikroobjekte mit der Umgebung, der spezifische Quantencharakter dieser Wechselwirkung, bestimmt auch die Eigenschaften des Mikroobjektes und sein statistisches Verhalten.

Also ist die Umgebung die Ursache der Statistik und gleichzeitig der statistischen Gesetze der Physik.

Professor Omeljanowski leugnet nicht die Wechselwirkung zwischen Mikroobjekten und ihrer Umgebung, aber er sieht in dieser Wechselwirkung nicht die Ursache des statistischen Charakters der Quantenmechanik. Er ist der Meinung, daß „die Grundlage des statistischen Charakters der Quantenmechanik nicht darin besteht, daß die Mikroerscheinungen untrennbar mit den Makrobedingungen verbunden sind, sondern daß die Objekte, die zum Quantenensemble gehören, untrennbare Korpuskel-Wellen-Eigenschaften besitzen."

Die fehlerhafte Behauptung über die Ursachen des statistischen Charakters der Quantenmechanik führt Professor Omeljanowski zu einer fehlerhaften Auslegung der dynamischen Gesetze der Physik und ihrer Beziehung zu den statistischen Gesetzen. Er ist der Meinung, insofern es individuelle atomare Erscheinungen gibt, muß es auch Gesetze dieser Erscheinungen geben, die nur dynamischer Natur sein können. Unter der Bedingung völliger Isolation der Einzelerscheinungen von der Umgebung und bei ihrer Betrachtung ohne Beziehung zur äußeren Welt wäre diese Ansicht richtig. In den Prozessen, die dem dynamischen Gesetz untergeordnet sind, gibt es im Grunde genommen keine Wechselwirkung mit der Umgebung, und man betrachtete sie, indem man von dieser Umgebung abstrahiert. Eine solche Betrachtung macht den Prozeß selbst ärmer, einfach, „individuell", läßt keine weitere Aufgliederung zu.

Aus diesem Grunde kann man die Gesetzmäßigkeit eines solchen „isolierten" Prozesses als elementar, als dynamisch betrachten.

Es ist allgemein bekannt, daß physikalische Gesetze gewöhnlich in mathematischen Formeln ausgedrückt werden. Und schon bei oberflächlicher Betrachtung kann man feststellen, daß die Formeln, die dynamische und statistische Gesetzmäßigkeiten ausdrücken, sich äußerlich unterscheiden; sie enthalten Konstante und Variable, die sich bei der Beschreibung des einen oder anderen Prozesses verschieden verhalten. In den Formeln, die dynamische Gesetzmäßigkeiten ausdrücken, verändern sich die konstanten Größen unter den verschiedenartigsten äußeren Bedingungen nicht, sie sind die gleichen zu Beginn und am Ende des Prozesses. Umgekehrt verhält es sich mit den Konstanten in den Gleichungen, die eine statistische Gesetzmäßigkeit widerspiegeln (Diffusionskoeffizienten, Koeffizienten der inneren Reibung, der Wärmeleitfähigkeit usw.). Diese Konstanten hängen von den äußeren Bedingungen ab und verändern sich mit der Veränderung der äußeren Bedingungen.

Diese Abhängigkeit der physikalischen Prozesse von den äußeren Bedingungen erzeugt in ihnen zufällige Elemente, und die Prozesse selbst sind komplizierter, haben statistische Natur.

Die Analyse der grundlegenden Errungenschaften der Quantenmechanik vom Standpunkt des dialektischen Materialismus gewinnt unter den Bedingungen des gegenwärtigen Kampfes zwischen Materialismus und Idealismus ganz besondere Bedeutung.

Es ist sehr wichtig zu zeigen, daß die Physik, wie schon von jeher, auf ihrem eigenen Gebiet, insbesondere in der Quantenmechanik, zu Resultaten gelangt, die die bürgerlichen idealistischen und metaphysischen Konzeptionen bis in ihre Grundlagen zerschlagen.

In diesem Zusammenhang möchte ich einige Worte über das sogenannte Quantenensemble und über die Wellenfunktion sagen. Ich möchte deswegen darüber sprechen, weil es bei uns mit der Interpretation des Quantenensembles und der Wellenfunktion nicht günstig steht. Wir haben hier ein großes Durcheinander, wodurch große Schwierigkeiten bei der Darlegung der physikalischen Bedeutung der Quantenmechanik in unserer Unterrichtstätigkeit entstehen.

Im Referat des Akademiemitglieds Fock wurde richtig gesagt, daß „die in der Quantenmechanik zu untersuchenden Elemente der statistischen Kollektive nicht die Mikroobjekte selbst sind, sondern die Resultate der mit ihnen durchgeführten Versuche, wobei eine bestimmte Versuchsanordnung einem bestimmten Kollektiv entspricht."

Das Ensemble ist folglich ein sekundäres, ein abgeleitetes Gebilde, und man darf es auf keinen Fall mit der realen Gesamtheit der Mikroobjekte identifizieren, wie dies Professor Omeljanowski tut. Der Gerechtigkeit halber muß bemerkt werden, daß die Ansichten Professor Omeljanowskis über das statistische Ensemble und die Wellenfunktion eine bemerkenswerte Evolution von den Ansichten Professor Blochinzews zu den Ansichten von Akademiemitglied Fock durchgemacht haben. Dies bestätigt das Referat auf der gegenwärtigen Beratung, in dem man lesen kann, daß „die Wellenfunktion als Begriff, welcher in quantitativer Hinsicht die objektive Möglichkeit widerspiegelt, sich auf einen einzelnes atomares Objekt bezieht."

*

A. A. Markow, Korrespondierendes Mitglied der Akademie der Wissenschaften der UdSSR. Im Zusammenhang mit dem Referat S. L. Sobolews und A. A. Ljapunows möchte ich einige Bemerkungen machen. Diese Bemerkungen betreffen einen Grundbegriff der neuen Wissenschaft, der Kybernetik, die ich sehr schätze und der ich jeglichen Erfolg wünsche.

Einer der Grundbegriffe dieser Wissenschaft ist der Begriff der Information. Es gibt gegenwärtig keine exakte Definition dieses Begriffs, ja, es gibt sogar überhaupt keine Definition. Was sagt man in der Kybernetik von der Information und was wurde insbesondere im Referat von ihr gesagt? Die Information kann gespeichert werden, oder, wie man es manchmal ausdrückt, sie kann memoriert werden; sie kann übertragen werden, man kann sie transformieren, und dann spricht man noch von der Informationsmenge. Man kann also in verschiedener Hinsicht offensichtlich verschiedenes Sinnvolles über die Information sagen, aber was die Information eigentlich ist, kann keiner sagen. Dabei wird dieser Begriff in dieser Wissenschaft offensichtlich nicht im naiven, alltäglichen Sinne angewendet, wie wir es gewöhnt sind; das zeigt sich z. B. schon daran, daß eine Informationsübertragung von den Keimzellen zum erwachsenen Organismus erfolgt, eine Information, die zum Beispiel die Augenfarbe dieses Organismus bestimmt.

Es ist natürlich nicht ganz befriedigend, daß eine solche Definition nicht gegeben wird. Ich möchte den Wunsch aussprechen — da ja die Kybernetik offensichtlich schon aus dem Säuglingsalter herauskommt —, daß die grundlegenden Begriffe dieser Wissenschaft nach Möglichkeit exakt definiert werden.

Es ist möglich, daß es hinsichtlich der Information schwierig ist, eine klare Definition dieses Begriffs zu geben; aber dann sollte man wenigstens bei seiner Anwendung bestimmte Hinweise geben: Wann soll man von Informationsübertragung, wann von Informationsverarbeitung usw. sprechen? Ließe es sich so machen? Oder schließlich ist noch ein dritter Weg möglich, der axiomatische. Aber das ist doch wohl am wenigsten wünschenswert. Es ist wünschenswert, daß die Kybernetik keine axiomatische, sondern eine inhaltliche Wissenschaft ist, wo verständlich ist, wovon geredet wird.

Jetzt möchte ich noch einige Bemerkungen im Zusammenhang mit dem Diskussionsbeitrag von Professor Kolman machen, der gestern hier über die konstruktive Richtung in der Mathematik gesprochen hat und behauptete, daß man diese Richtung, wie er es ausdrückte, von der „idealistischen Hülle befreien muß".

Wie sah die Argumentation Professor Kolmans aus? Im Grunde genommen gab es hier gar keine Argumentation; gesagt wurde folgendes: In der konstruktiven Richtung gibt es ein subjektives Element. Aha! Etwas Subjektives, also ist es subjektiver Idealismus. Ein subjektives Element bedeutet nicht subjektiver Idealismus. Ein subjektives Element gibt es fast überall in der Wissenschaft. Die Wissenschaft beginnt mit der Beobachtung. Das ist ein subjektives Element. Aber das heißt nicht, daß es sich hier um subjektiven Idealismus handelt. Wir streben danach, die objektive Realität zu erkennen, aber diese objektive Realität liegt sozusagen nicht auf der Straße herum. Mit Hilfe subjektiver Mittel muß man sie zu finden verstehen. Und wenn Professor Kolman sich gründlicher mit dem befaßt hätte, worüber er gesprochen hat, so hätte er gesehen, daß die Theorie, die von den Mathematikern der konstruktiven Richtung entwickelt wird, gerade die objektive Seite der Konstruierbarkeit in der Mathematik hervorkehrt.

G. I. Naan, Mitglied der Akademie der Wissenschaften der Estnischen SSR. Gestatten Sie mir, mit einer kurzen Bemerkung allgemeiner Natur zu beginnen. Heute, zu Beginn der zweiten Hälfte des 20. Jahrhunderts, nachzuweisen, daß die Physik mit Siebenmeilenschritten vorwärtsschreitet, würde bedeuten, offene Türen einzurennen. Neue Entdeckungen, darunter auch Entdeckungen von fundamentaler Natur, werden buchstäblich jedes Jahr und sogar noch öfter gemacht. Leider finden sie nicht immer eine genügende Widerspiegelung in unserer philosophischen Literatur.

Wenn man sich ansieht, womit wir uns im Verlaufe, sagen wir der letzten zehn Jahre in Diskussionen zu philosophischen Fragen der Physik beschäftigt haben, so zeigt sich, daß diese Fragen nicht sehr neu sind. Intensiv wurden Fragen der (nichtrelativistischen) Quantenmechanik erörtert, also Fragen, die vor dreißig Jahren durch die Physik aufgeworfen wurden. Ferner gab es eine große Diskussion über die Deutung der Formel $E = mc^2$. Diese Frage wurde durch die Physik vor etwa einem halben Jahrhundert aufgeworfen. Es gibt noch weiter zurückliegende Fragen. Das geht soweit, daß es vor einigen Jahren einigen Genossen, die sich für äußerst angesehene Fachleute in philosophischen Fragen der Naturwissenschaft hielten, hartnäckig zu beweisen einfiel, daß die Bahnkurve physikalisch kein absoluter Begriff ist, obwohl diese Frage in der Physik völlig eindeutig vor dreihundert Jahren durch Galilei gelöst wurde.

Es ist klar, daß dies bisweilen den Gegnern unserer Weltanschauung Anlaß zu der Behauptung gibt, daß der dialektische Materialismus nicht fähig sei, die modernen Fragen zu bewältigen, sondern mit Problemen operiere, die zu Beginn unseres Jahrhunderts oder sogar im vergangenen Jahrhundert aufgeworfen wurden. In unserer philosophischen Praxis kann man mitunter auch noch einen anderen recht seltsamen Umstand beobachten. Sowie nur irgendetwas Neues auftritt, erklären es einige Genossen als Idealismus. Später — wenn sich herausstellt, daß diese Sache besteht, so wird sie irgendwie mit den Schwierigkeiten selbst fertig — kann man sich von dieser Einschätzung lossagen.

Dies kann man am Beispiel der Kybernetik anschaulich sehen. Leider verfahren wir recht oft so auch mit Folgerungen, die von unseren Kollegen Philosophen und sogar Naturwissenschaftlern gezogen werden, wenn es sich um neue, ungewohnte Fragestellungen handelt. Das sind zwei charakteristische Züge, die nach meiner Ansicht recht anschaulich zeigen, daß unsere Arbeit auf dem Gebiet der philosophischen Fragen der Naturwissenschaft sehr merklich sowohl hinter den Aufgaben des ideologischen Kampfes als auch hinter den Bedürfnissen der Entwicklung der Naturwissenschaften zurückbleibt. Um die Ausarbeitung dieser Fragen wirklich voranzutreiben, scheint es mir vor allem notwendig, sich mit völliger Klarheit darüber Rechenschaft abzulegen.

Nun möchte ich noch einige Bemerkungen im Zusammenhang mit den Vorträgen von A. D. Alexandrow und W. A. Ambarzumjan machen, aber nicht unmittelbar zu diesen Vorträgen, sondern zu jenem Wissensgebiet, in dem sich die Gegenstände beider Vorträge berühren. Ich meine die Kosmologie.

Die Anwendung der relativistischen Gravitationstheorie auf Probleme des Aufbaus des Weltalls war ein großer Erfolg der Wissenschaft. Aber zugleich, beginnend etwa mit dem Ende der 20er Jahre, bürgerte sich im Westen allmählich die Auffassung ein, wonach die Metagalaxis und sogar das ganze Weltall durch eine Katastrophe entstanden seien. Es ist natürlich, daß ein solches Bild der Entwicklung ein dankbarer Boden für verschiedene fideistische Spekulationen war, denn physikalisch blieb alles vollkommen unklar. Heute kann man die Vorstellung vom explosiven Beginn der Entwicklung der Metagalaxis nur dann mit dem Schöpfungsakt verbinden, wenn man die Sache an den Haaren herbeizieht, obwohl dies immer noch gemacht wird. Entstehen doch die Atome, die Sterne und Galaxen hier nicht aus dem Nichts, sondern aus Materie, die sich wohl in einem durchaus nicht gewöhnlichen, so aber doch durchaus möglichen Zustand befindet. Eine mutmaßliche Explosion mit thermonuklearer Synthese der Elemente ist ebenfalls im Prinzip möglich, so daß hier keinerlei unmittelbare Widersprüche vorliegen. Es gibt hier allerdings eine Reihe wirklich ernster Fragen, die noch nicht gelöst oder noch nicht einmal gestellt sind, denn die theoretische Verallgemeinerung des Materials bleibt merklich hinter der raschen Anhäufung des ermittelten Faktenmaterials zurück. Es gibt auch eine Tendenz, neue Befunde nach alten Schemata aufzubereiten.

Man muß zum Beispiel folgende Frage stellen. Der Zustand des Stoffes vor der Sternbildung kann, wenn er irgendwie in der Art vorkommt, wie man sich das vorstellt, nicht ewig andauern. Es erhebt sich das Problem seiner Entstehung. Es ist möglich, daß die Hypothese des Zusammenstoßes von Stoff und Antistoff unter Ausbildung äußerst konzentrierter Strahlung sich als annehmbare physikalische Hypothese erweist, obwohl ich den Vorbehalt machen muß, daß ich nicht versucht habe, irgendwelche Berechnungen anzustellen. Aber davon unabhängig steht eine große Frage philosophischen und physikalischen Charakters: Ist überhaupt die Annahme einer Entwicklung durch eine Katastrophe zur Erklärung der Gesamtheit jener Faktoren, die uns bekannt sind, wirklich notwendig? Befinden wir uns hier nicht in einer Lage, die der in der Paläontologie vor Darwin analog ist, als es unmöglich schien, den Formenwechsel der organischen Welt zu erklären, ohne sich auf die Hypothese von einer Reihe aufeinanderfolgender Katastrophen zu berufen? Die ganze Geschichte der Wissenschaft und der Katastrophenhypothesen in ihr muß uns, scheint mir, veranlassen, auf der Hut zu sein.

Das Beobachtungsmaterial ist vorläufig, unbesehen seiner raschen Anhäufung, vollkommen ungenügend, um ein befriedigendes Modell der Metagalaxis aufzubauen. Aber es genügt wahrscheinlich für die Folgerung, daß die Katastrophenhypothese in der Kosmologie nicht notwendig ist.

Als Beispiel erwähnen wir nur einen Umstand. Bis in die jüngste Zeit konnte es scheinen, daß einer der stärksten Beweisgründe zugunsten der Katastrophenhypothese das Problem der Entstehung der Elemente ist. Es schien fast unmöglich, die kosmische Verbreitung der Elemente und eine Reihe damit zusammenhängender Details anders zu erklären, als durch die Annahme, daß sie vor einigen Milliarden Jahren im Zustand des Stoffes vor der Sternbildung oder im Verlaufe der ersten halben Stunde der Expansion entstanden. In letzter Zeit wurde immer klarer, daß augenscheinlich alle erforderlichen Prozesse der Nukleogenese in den realen Sternen verschiedenen Typs vor sich gehen können. Ein ausführlicher Artikel zu dieser Frage befindet sich in der letzten Nummer der „Reviews of Modern Physics".

Die in den letzten Jahren erhaltenen Angaben gestatten auch, wichtige Folgerungen über kosmologische Extrapolationen und über die Bedeutung der räumlichen Eigenschaften von Modellen zu ziehen. Im Vortrag von W. A. Ambarzumjan wurde bereits darauf hingewiesen, daß die Vorstellung von einer homogenen Verteilung des Stoffes in der Metagalaxis durch die Vorstellung einer extremen Inhomogenität abgelöst wird. Ich möchte nur hervorheben, daß es für unsere Zwecke gar nicht erforderlich ist, soweit zu gehen.

Der Aufbau der Metagalaxis kann sich bei der weiteren, detaillierteren Erforschung als eine Einheit der Momente der Diskontinuität und Kontinuität, der Homogenität und Inhomogenität erweisen. Für uns genügt jener in den letzten Jahren festgestellte Fakt, daß die Mehrheit der Galaxen die Tendenz besitzt, Anhäufungen zu bilden. Auch wenn sich erweisen sollte, daß die Zentren der Anhäufungen im Mittel gleichmäßig verteilt sind, so fällt trotzdem bereits die Möglichkeit weg, für die ganze Metagalaxis und erst recht für das ganze Weltall eine mittlere Dichte des Stoffes einzuführen.

Ebenso kann man es heute als einen beinahe feststehenden Fakt ansehen, daß die Rotverschiebung nicht irgendein universeller kosmischer Effekt ist, den man z. B. als Ausdehnung des ganzen kosmischen Raumes deuten könnte.

Aus diesen beiden Umständen wird, infolge der Beziehungen, die in den kosmischen Modellen zwischen dem Hobbleschen Parameter, der Dichte des Stoffes, der Krümmung des Raumes und dem Typus der Evolution bestehen, völlig klar, daß alle unsere Schlußfolgerungen auf der Grundlage von Modellen sich notwendig nur auf bestimmte Stufen der hierarchischen Rangordnung beziehen (auf diejenigen nämlich, für die entsprechende Anfangsbedingungen gegeben sind, sagen wir im konkreten Falle auf die Metagalaxis) und daß von ihrer Extrapolation auf das Weltall im ganzen gar nicht die Rede sein kann. Philosophisch war das natürlich auch früher klar, aber jetzt wird es schließlich eine physikalische Tatsache. Deshalb gibt es keinen Grund, davon zu sprechen, daß die moderne Kosmologie die Endlichkeit des Weltalls bewiesen hat usw.

Es ist bekannt, daß auch die Frage der Krümmung des metagalaktischen Raumes vorläufig nicht gelöst ist. Im Ergebnis einer sorgfältigen Analyse von Angaben über die Rotverschiebung, die als Resultat einer zwanzigjährigen Zusammenarbeit der drei bedeutendsten Observatorien erhalten wurden, gelangten Humason, Mijall und Sandage 1956 zu der Schlußfolgerung, daß dieser Raum augenscheinlich eine positive Krümmung besitzt. Bohm neigt auf Grund elektronenoptischer Beobachtungen, die eine bei weitem geringere Anzahl von Objekten umfassen, die aber dafür weiter entfernt sind, augenscheinlich zur Folgerung einer Euklidizität des Raumes. Schließlich wurden unlängst Resultate radioastronomischer Beobachtungen sehr weit entfernter Objekte veröffentlicht, die zu der Folgerung einer negativen Krümmung des Raumes führen. Die Frage bleibt also nach wie vor offen, obwohl wir uns ihrer Lösung bedeutend genähert haben.

Nehmen wir aber an, aus den Beobachtungen werde festgestellt, daß der metagalaktische Raum eine positive Krümmung besitzt. Was dann? Dies wird entgegen einer sehr weit verbreiteten Auffassung durchaus keinen Beweis für die räumliche Endlichkeit des Weltalls darstellen. Von der Metrik her kann man noch nicht auf die Eigenschaften des Raumes im ganzen urteilen. Für die Beurteilung dieser Eigenschaften muß man den Charakter der Zusammenhangsstruktur des Raumes kennen. Aber das ist eine sehr viel kompliziertere Frage, jedenfalls in der Kosmologie.

Zum Schluß möchte ich eine Frage stellen, die auf den ersten Blick phantastischen Charakter haben mag. Bei der Analyse der Gesamtheit der Fakten, die der Wissenschaft bekannt sind, ist es schwer, dem Verdacht zu entrinnen, daß die Liste der fundamentalen Naturgesetze wesentlich unvollständig ist, daß in ihr mindestens ein sehr allgemeines Gesetz fehlt. In der Tat! Wir haben ein Gesetz oder Gesetze, die — grob gesagt — verantwortlich sind für die Stabilität und Aufeinanderfolge der Weltordnung. Das sind die Erhaltungsgesetze, vor allem das Gesetz von der Erhaltung der Energie. Wir haben ein anderes Gesetz, das verantwortlich ist für die Richtung der Naturprozesse, den zweiten Hauptsatz der Thermodynamik. Dieses Gesetz spricht von der universellen Evolution in Richtung immer größerer Unordnung, des Chaos, in Richtung, wenn man will, der Demobilisierung der Energie. Indessen beobachten wir in der Natur recht vielfältige Prozesse sozusagen mit Anti-Entropie-Charakter, Prozesse des Werdens, um sie philosophisch zu kennzeichnen, Prozesse der Entstehung des Komplizierteren oder des Einfacheren. Es kann sein, daß die Prozesse z. B. der Nukleogenese, der Entstehung der Sterne, Planeten und Galaxen, der Entstehung des Lebens wenigstens zum Teil gerade deshalb sich mit solcher Mühe aufdecken lassen, weil uns ein entsprechendes allgemeines Gesetz unbekannt ist und weil wir uns in der Macht der fest verwurzelten Vorstellung befinden, daß alle diese Erscheinungen nur als seltene Ausnahme von einer allgemeinen Regel eine Erklärung finden können. Es kann übrigens sein, daß die Sache sich gerade umgekehrt verhält: Wir können dieses allgemeine Gesetz gerade deswegen nicht formulieren, weil uns die konkreten Mechanismen dieser Prozesse des Werdens noch nicht einigermaßen ausführlich bekannt sind.

*

D. I. Blochinzew, Korrespondierendes Mitglied der Akademie der Wissenschaften der UdSSR. Ich möchte einige allgemeine Bemerkungen machen und mich dann auf Fragen konzentrieren, die mir näher liegen, auf Fragen der Quantenmechanik und der Physik hoher Energien.

Sehr oft hören wir und besonders von jenen Physikern, die an der philosophischen Arbeit nicht teilnehmen, daß es im Grunde genommen keinen Fortschritt in der Entwicklung unseres marxistischen philosophischen Denkens gibt. Ich möchte die Meinung zum Ausdruck bringen, daß diese These völlig unrichtig ist. Wer unsere philosophische Literatur über zehn, fünfzehn Jahre verfolgt hat, kann — wie mir scheint — einen sehr wesentlichen Fortschritt sehen. Insbesondere zeigen die Vorträge, die wir auf dieser Tagung hörten, wieviel reifer, tiefer und inhaltsvoller das marxistische philosophische Denken in der Sowjetunion wurde.

Man muß aber sagen, daß der Fortschritt bei weitem größer sein würde, wenn er nicht im Laufe vieler Jahre in sehr einfachen Dingen steckengeblieben wäre. Diese einfachen Dinge laufen darauf hinaus, daß es genügte, irgendwie festzustellen, daß diese oder jene Tatsache oder Theorie mit Idealismus oder Positivismus zusammenhängen oder in ihrem Sinne gedeutet werden könnte, um den ganzen Inhalt, der mit diesen Fakten oder Theorien in Zusammenhang gebracht wurde, schlechthin zu verwerfen. Man kann so sagen: Wenn man einen Kessel hatte mit gutem materialistischen Borschtsch, so genügte es irgendwie zu sagen: Aber dort ist eine idealistische Küchenschabe — und dieser Kessel wurde auf der Stelle umgekippt. Hinterher war es dann sehr schwer, herauszufinden, was Borschtsch war und ob in ihm eine Küchenschabe schwamm.

Es ist klar, daß eine solche Art der Tätigkeit unsere Vorwärtsbewegung sehr hemmte und verzögerte. Ich glaube, und heute wurde das allen sehr stark deutlich: Wir wurden reif genug, um nicht mehr vor einer „idealistischen Küchenschabe“ zu erschrecken.

Ich möchte an das erinnern, was hier Gen. Mitin im Zusammenhang mit dem 50. Jahrestag des Erscheinens des bedeutenden Leninschen Buches „Materialismus und Empiriokritizismus“ sagte. Lenin gab das Beispiel, wie man vom philosophischen marxistischen Standpunkt die Situation in der Naturwissenschaft analysieren muß, und — wie Sie sehr wohl wissen — schreckten ihn jene idealistischen Darlegungen und Äußerungen durchaus nicht, die damals mit der bekannten Krisensituation, die in der Philosophie der Physik in jenen Jahren bestand, in Zusammenhang gebracht wurden. Ich glaube, daß wir uns alle eine klare Antwort darauf geben müssen, daß keinerlei wissenschaftliche Probleme auf dem Wege eines Jonglierens mit Worten, auf dem Wege eines Schamanentums gelöst werden können. Auch auf dem Gebiet der Philosophie der Naturwissenschaften ist eine sehr ernste und tiefgehende Arbeit erforderlich.

Mir scheint, der Fortschritt bestand darin, daß sich verschiedene Standpunkte unserer Physiker und Philosophen annäherten, wobei diese Annäherung nicht auf der Grundlage eines Kompromisses vor sich ging, sondern auf der Grundlage einer tiefergehenden marxistischen Analyse sowohl der Relativitätstheorie als auch der Quantenmechanik und anderer Fragen, die uns interessierten und bewegten.

Wenn wir uns jetzt der Quantenmechanik zuwenden, so haben wir hier drei Standpunkte. Einer von ihnen wurde von W. A. Fock dargelegt, er ist allen bekannt, und ich werde ihn nicht wiederholen. Ein anderer Standpunkt, der in meinem Lehrbuch dargelegt wurde und der in meiner Polemik mit W. A. Fock eine Rolle spielte, wurde Standpunkt des „Quantenensembles“ genannt. Und schließlich gibt es den Standpunkt, der von Bohm, de Broglie und bei uns von Prof. Terletzki und anderen vertreten wird. Wenn wir diese Standpunkte sorgfältig analysieren, so sehen wir, daß in ihnen etwas Gemeinsames ist, daß sie alle auf den Positionen des Marxismus stehen. Wohl ist das Herangehen verschieden. Die Methode, die W. A. Fock anwendet, ist die Methode der „Destillation". Er nimmt die Quantenmechanik mit allen philosophischen Konzeptionen, die sich um sie herum befinden, und wärmt sie auf, wobei er damit rechnet, daß die leichtesten Fraktionen dieser Flüssigkeit: der Neopositivismus, der Idealismus und ähnliches verdunsten, die schwere Fraktion aber, die materialistische Fraktion, zurückbleibt.

Ich sehe nicht, warum diese Methode des Kampfes mit dem Idealismus zu verurteilen wäre, und es erweist sich doch wirklich, wenn man die Arbeit gründlich verfolgt, die W. A. Fock in dieser Richtung durchführte, daß sie sehr groß und zweifellos sehr positiv ist.

Aber es bleibt eine Frage offen. — Kann man eine individuelle Erscheinung voraussagen oder nicht? W. A. Fock antwortet, daß man es nicht kann. Die Grundkonzeption der Quantenmechanik ist die Konzeption des Übergangs des Möglichen in das Wirkliche.

In meiner Konzeption wird der Versuch unternommen, die Ursache für das Auftreten dieser Zufälligkeit zu zeigen, und zwar als Folge eines möglichen Zusammenhanges der Mikroerscheinungen und der makroskopischen Umstände.

Die Konzeption von Bohm, de Broglie und Terletzki setzt voraus, daß Impuls und Koordinaten des Teilchens gleichzeitig existieren, und indem sie sich auf diese Vorstellung stützen, glauben sie im Verständnis der Quantenstatistik weiter zu gelangen. Ich teile ihren Standpunkt nicht, weil er mir zu „klassisch" erscheint. Ich möchte sagen, daß es uns heute recht schwer fällt, eine Wahl zu treffen. Jeder von uns könnte genügend viel zur Verteidigung seiner Ansichten sagen und hat es schon gesagt, aber ein sachlicher und ernsthafter Abnehmer wäre enttäuscht, wenn er sich diese Konzeptionen näher betrachtet. Dieser Abnehmer sagt, daß jeder die Vorzüge seiner Konzeption hervorhebt. „Aber worüber regen sie sich auf? Mich drückt der Schuh nicht." Die Quantenmechanik arbeitet. Wo sind die praktischen Probleme, die uns nötigen würden, sie abzuändern? Nehmen wir an, es würde im Experiment festgestellt, daß man Koordinaten und Impulse eines Elektrons gleichzeitig finden kann. Dann würde sich die Quantenmechanik als unvollständig erweisen. Aber die Quantenmechanik arbeitet im Kreis der atomaren Erscheinungen einwandfrei. Deshalb erweisen sich viele Standpunkte zur Quantenmechanik im Sinne der praktischen Folgerungen als völlig gleichberechtigt, und sie sind nur im Sinne einiger Perspektiven und Tendenzen nicht gleichberechtigt, die man sich vorstellen könnte. Eben dieser Umstand macht die Diskussion und die Wahl des Standpunktes sehr schwer.

Wer von uns aber hat recht — Fock, Blochinzew, Terletzki und Bohm oder noch irgendwer? Auf diese Frage ist sehr schwer zu antworten, weil wir uns im Kreise eingebürgerter Quantenbegriffe drehen. Wenn wir sehr rasch entlang dieses Kreises gehen, so ist das Einzige, worauf wir hoffen können, den eigenen Schwanz zu sehen. Wir kommen nicht aus dem Teufelskreis der Begriffe der Quantenmechanik heraus, und das steht einer begründeten Wahl im Wege. Kann man sie aber treffen? Mir scheint, daß man es kann, aber das ist keine leichte Sache, dies kann man nicht nur durch Diskussionen erreichen. Ein Ausweg könnte gefunden werden, wenn wir uns solchen Erscheinungen zuwenden, die nicht mehr aus der Quantenmechanik hervorgehen, auf die sie ebenso wie die Relativitätstheorie nicht angewendet werden kann. Man muß eine dem Wesen nach neue Konzeption schaffen, und das ist keine Kleinigkeit, das ist die gewaltigste Aufgabe der modernen Physik.

Im Zusammenhang damit möchte ich über jene Erscheinungen sprechen, die tatsächlich Raum geben für neue Gesichtspunkte. Es handelt sich um die Erscheinungen, die mit der Physik hoher Energien oder, wie man oft sagt, mit der Physik der Elementarteilchen zusammenhängen. Wenn wir uns diesem Kreis von Erscheinungen zuwenden, so treffen wir auf solche Fakten, die man als eine sehr ernste Warnung gegen die Anwendung jener Konzeptionen interpretieren kann, mit denen wir uns bereits befaßten.

Heute sind, wenn man will, in der Physik hoher Energien einige Analogien zur Astronomie zu beobachten. Es ist sehr interessant zu wissen, wie es dem Weltall erging, was mit ihm sein wird, wie es entstand usw., aber auf diese Fragen ist nicht so leicht zu antworten — man muß arbeiten. Wie arbeiten? Man muß große Teleskope bauen, Radioteleskope, und die uns umgebende Welt untersuchen. Tritt eine neue Technik auf, treten auch neue Möglichkeiten auf, es erweitert sich der Kreis der Kenntnisse. Im Vortrag von W. A. Ambarzumjan wurden ganz neue Befunde über die Struktur des Weltalls angeführt, die unsere Vorstellungen über seine Evolutionen ändern können.

Dasselbe geschieht in der Atomphysik. Wir arbeiten heute in Gebieten mit einem Maßstab von 10^{-13} cm. Wie Sie sehen, ist der Maßstab sehr klein. In jüngster Zeit gingen wir in Zusammenhang mit der Inbetriebnahme eines großen Beschleunigers zu einem Maßstab von 10^{-14} cm über, das heißt, es trat eine Veränderung um das Zehnfache ein. Aber dabei mußte man die Energie des Beschleunigers um das -zigfache vergrößern. Heute ist es klar, daß die Beschleuniger, mit denen wir es zu tun haben, an die Grenze der Entwicklung gelangen und daß völlig neue physikalische und technische Ideen erforderlich sind, um weiter vorzudringen. Es ist aber schwierig, einen Beschleuniger schnell zu bauen. Wir entwickeln die Beschleuniger allmählich, das heißt, wir gehen zu immer kürzeren Strahlen über und dringen dabei immer tiefer in die Struktur der Elementarteilchen ein.

Die Erscheinungen in verschiedenen Tiefen der Elementarteilchen erweisen sich jedoch als stark miteinander verbunden. Es scheint sehr schwer, eine Theorie der Erscheinungen vom Maßstab 10^{-13} cm aufzubauen, ohne ins Innere vorzudringen. Es zeigt sich, daß das Innere der Teilchen stark auf die Peripherie wirkt. Es ergeben sich Unendlichkeiten und allerhand andere unangenehme mathematische Dinge. Andererseits wäre es methodologisch seltsam zu glauben, daß man eine Theorie aufbauen kann, die bis zu Null richtig wäre. Einige glauben, daß es von 10^{-14} bis Null nicht weit ist. In Wirklichkeit ist das gleich einer Unendlichkeit. Vom Standpunkt unserer Methodologie ist es schwer, sich vorzustellen, daß man sofort eine Theorie für beliebig kleine Maßstäbe aufbauen kann. Man müßte eine Grenze finden, wie es seinerzeit in der Atomtheorie gemacht wurde. Einige sagten: Es ist schlecht, daß das Atom als unveränderlich aufgefaßt wurde. Hätte man es aber als veränderlich angesehen, so wäre nichts getan worden. Es war sehr gut, daß für eine Zeit ein solcher Zaun aufgestellt wurde. Wir aber können einen solchen Zaun noch nicht finden. Deshalb befinden wir uns in einer sehr schwierigen Lage. Wir betreten gleichsam ein schmales Brett, und unter uns gähnt ein gewaltiger Abgrund.

Ich stimme mit vielen Diskussionsteilnehmern überein, die bemerkten, daß die Quantentheorie und die Relativitätstheorie sehr ferne Etappen sind. Längst existiert auch die Quantentheorie des Feldes; sie hatte bestimmte Erfolge bei der Erklärung der Erscheinungen der Physik hoher Energien. Sie ist eine gewisse Verbindung der Relativitätstheorie und der Quantenmechanik.

Es ist recht schwer, im Gebiet der Physik hoher Energien exakte Berechnungen anzustellen, man kann aber einige Abschätzungen durchführen. Stellen wir uns vor, daß zwei sehr energiereiche Teilchen, z. B. zwei Nukleonen zusammenstoßen. Bei der Abschätzung erhält man, daß die Wechselwirkungsenergie solcher Teilchen größer als ihre Eigenenergie ist. Es fragt sich, was unter diesen Bedingungen der Begriff Teilchen für eine Bedeutung besitzt. Dieser Prozeß spielt sich in einer sehr kurzen Zeit ab, in 10^{-23} sec, aber nur er ist von Interesse. Augenscheinlich ist im Moment der Wechselwirkung die Individualität der Teilchen sehr zweifelhaft. Hier sprach man viel über die neue Heisenbergsche Feldkonzeption. Wollen wir nur *ein* Feld als Grundlage der Theorie betrachten. Dann fragt man sich, wie zu bestimmen ist, was in diesem Felde x und t ist. Der Begriff Koordinate ist der Begriff Koordinate des Teilchens. Wenn es kein Teilchen gibt, wie ist dann der Begriff Punkt des Raumes zu bestimmen? Es entsteht der Eindruck, daß unsere grundlegenden Begriffe, solche wie der Teilchenbegriff (der äußerst tiefgehend mit der Quantenmechanik und der Relativitätstheorie verbunden ist) und die grundlegenden Begriffe von Raum und Zeit sich in kleinen Raum-Zeit-Gebieten als nicht stichhaltig erweisen. Wenn das so ist, dann müssen sich die Begriffe Raum und Zeit in Gebieten kleiner Maßstäbe wesentlich ändern.

Der Versuch zeigt, daß die Wechselwirkung der Teilchen bei großen Energien nicht abnimmt: Wenn zwei Nukleonen sehr großer Energie zusammenstoßen, so entsteht eine sehr große Anzahl von Teilchen (eine Kaskade).

Es fragt sich, wie kann man mit einfachen Mitteln diese Erscheinung betrachten? Es ist klar, daß wir allmählich vorankommen werden, indem wir von der Seite der Peripherie in die Tiefe der Elementarteilchen vordringen.

Mir scheint, wenn man die physikalischen Konzeptionen, die in etwa dreißig Jahren entwickelt wurden, betrachtet — das sind die lokale Theorie, die nichtlokale Theorie, die nichtlinearen Theorien u. ä., denen viele der hier anwesenden

Physiker zustimmen, und schließlich die jüngste Theorie, die Heisenberg vorschlug —, so kann man eine bestimmte Folgerung ziehen. Welcher Eindruck ergibt sich, wenn man diese Theorien betrachtet? Der Eindruck ist der, daß die Phantasie nicht reicht, das heißt, daß dies alles sich zu eng an bekannte klassische Konzeptionen anlehnt. Eben deshalb unterstütze ich weder die Konzeption von Bohm noch von de Broglie. Notwendig ist ein wesentlicher fundamentaler Schritt, der unsere Vorstellungen von den Teilchen und vom Raum radikal ändern würde. Das ist eine sehr komplizierte Frage. Man hat eben den Eindruck, daß alles, was bis heutzutage getan wurde, sich zu eng an das anlehnte, was uns gut bekannt ist, d. h. an die klassischen Konzeptionen. Deshalb ist ein ernsthafter fundamentaler Schritt vorwärts notwendig, und hier ist möglicherweise nur ein Wort angebracht. Die Idee muß irgendwie völlig „verrückt" sein.

Besonders als wir das letzte Mal die Theorie Heisenbergs erörterten, kamen wir zu dem Schluß, daß sie nicht „verrückt" genug ist. Alle Elemente sind dort bekannt. Natürlich kann man sagen, daß wahrscheinlich die Fakten nicht genügen, um eine vollständige Theorie aufzubauen. Das ist sehr wahrscheinlich. Aber vom rein professionellen Standpunkt, als Theoretiker und Philosoph, muß ich der Ansicht sein, daß die Fakten immer genügen und nur die Phantasie nicht ausreicht.

Damit möchte ich auch schließen und unser philosophisches Denken aufrufen, näher zu den philosophischen Problemen vorzurücken, die heute in der vordersten Front der Physik der Elementarteilchen entstehen.

Wenn diese Fragen gelöst sind, werden auch die Fragen aus dem Hinterland der Front, die wir heute diskutieren, einen anderen Grad von Klarheit und einen bei weitem größeren Grad von Eindeutigkeit gewinnen. Und dann werden wir sagen, daß die Quantenmechanik zu erörtern ebenso langweilig ist wie das Archimedische Gesetz.

*

Dozent N. M. Rutkewitsch (Swerdlowsk). Ich möchte Ihre Aufmerksamkeit nur auf Fragen lenken, die im Vortrag von Prof. Kedrow berührt wurden, — ein Vortrag, zu dem es bis jetzt noch keine kritischen Bemerkungen gab.

Das Problem der Bewegungsformen der Materie besitzt sehr große philosophische Bedeutung. Es stimmt, daß man mitunter von einigen Naturwissenschaftlern Äußerungen der Art zu hören bekommt, daß diesem Problem ein größeres Interesse abgehe, daß es sich „nur" um „Klassifikation" handle und um weiter nichts. Mir scheint, daß diese Genossen unrecht haben. Akademiemitglied Nesmejanow sagte in seiner Eröffnungsansprache sehr richtig, daß es in unserer Epoche der Bildung eines einheitlichen ausgedehnten Gewebes der Wissenschaft, das aus höchst verschiedenartigen Fasern besteht, notwendig ist, diesen Prozeß zu erfassen. Ein wesentliches Moment dieses Erfassens ist die Klärung des wechselseitigen Zusammenhangs der Wissenschaften und der objektiven Grundlage dieses wechselseitigen Zusammenhangs. Diese objektive Grundlage ist die Mannigfaltigkeit und Einheit der Bewegungsformen in der Natur.

Es ist allen bekannt, daß dieses Problem erstmalig von Engels auf Grund des Prinzips vom wechselseitigen Zusammenhang der Materieformen und der Bewegungsformen gelöst wurde. Aber man kann natürlich nicht von Engels verlangen, dieses Problem vor 70—80 Jahren vollständig gelöst zu haben. Man muß die Prinzipien von Engels, den Geist seiner Arbeit und die konkrete Verwirklichung dieser Prinzipien unterscheiden. Leider kann man in vielen philosophischen Arbeiten, sogar in solchen, die in den 50er Jahren des 20. Jahrhunderts veröffentlicht wurden, eine fast wörtliche Wiederholung dessen finden, was Engels schrieb. Aber Engels (wir behandeln nur die anorganische Natur) schrieb von (irdischen und himmlischen) Massen, von der mechanischen Bewegung als Art und Weise der Bewegung dieser Massen und von der Mechanik als Wissenschaft von dieser Bewegung; er schrieb von Molekülen und der Physik als Wissenschaft, die die Bewegung der Moleküle untersucht, und von Atomen und entsprechend von der Chemie als Wissenschaft von der Bewegung der Atome. Man könnte viele Beispiele dafür anführen, daß man Engels dogmatisch folgt. In „Der marxistische philosophische Materialismus" von A. W. Wostrikowa wird zum Beispiel wörtlich das Engelssche Schema wiederholt, dabei wird von der physikalischen Bewegungsform als einer einheitlichen Bewegungsform gesprochen, und die Korrekturen an Engels in diesem Punkte werden darauf reduziert, daß eine Bewegung innerhalb des Kerns hinzugefügt wird.

Es ist verständlich, daß ein Naturwissenschaftler, wenn er derartige Dinge liest, eine Mißachtung gegenüber den Philosophen zu empfinden beginnt und diese Mißachtung — was völlig falsch ist — auch auf die Philosophie ausdehnt.

Im Vortrag von Prof. Kedrow und in seinen vorangehenden Arbeiten wurde ein sehr interessanter und schöpferischer Versuch unternommen, den Engelsschen Ideen eine neue konkrete Verwirklichung zu geben. Mir scheint, daß man mit vielen wichtigen Thesen des Vortrags übereinstimmen kann. Hinsichtlich drei wesentlicher Momente ist es allerdings notwendig, diesen Vortrag zu vervollständigen, und in einigem kann man mit Prof. Kedrow überhaupt nicht einverstanden sein.

Erstens, im Vortrag von B. M. Kedrow wird mit Recht von physikalischen Bewegungsformen in vielfältiger Zahl gesprochen, denn die Physik ist heutzutage eine Wissenschaft, die eine ganze Reihe höchst verschiedener Bewegungsformen der Materie untersucht. Aber gleichzeitig wird im Vortrag des Genossen Kedrow — im Widerspruch zu seinem grundlegenden Standpunkt — zum Beispiel von *einer* physikalischen Bewegungsform gesprochen. Mir scheint, daß folgender Umstand an der gewissen Unentschiedenheit in dieser Frage schuld ist.

Genosse Kedrow widmet der Frage der Subordination der Bewegungsformen nach dem Grad der Kompliziertheit der strukturellen Einheit der Materie sehr große Aufmerksamkeit. Er beginnt mit den Elementarteilchen, geht zum Kern über, vom Kern zum Atom, vom Atom zum Molekül, dann zum Makrokörper, und mit jeder dieser Materieformen verbindet er eine bestimmte Bewegungsform.

Das ist richtig, aber mir scheint, daß man im Fundament der Materie nicht nur von einer Subordination, sondern auch von einer Koordination der Bewegungsformen der Materie sprechen muß. Aber diese Koordination wurde im Vortrag nicht betrachtet, sie wurde ignoriert.

Tatsächlich, wenn man die Grundtypen der Elementarteilchen und die ihnen entsprechenden Felder nimmt, so hat man hier qualitativ verschiedene Bewegungsformen — das Gravitationsfeld, das elektromagnetische Feld, das Elektron-Positron-Feld, das Mesonenfeld, das Nukleonenfeld. Das sind die grundlegenden, qualitativ verschiedenen Typen von Elementarteilchen und die entsprechenden Felder. Existiert denn zwischen ihnen nur ein Zustand der Subordination? Kann man zum Beispiel behaupten, daß zwischen Gravitationsfeldern und elektromagnetischen Feldern eine Subordination besteht oder zwischen dem elektromagnetischen und dem Elektron-Positron-Feld? Insofern man nach den gegenwärtigen Materialien urteilen kann, liegt hier ein wechselseitiger Zusammenhang vor und in der Mehrzahl der Fälle auch eine wechselseitige Umwandlung, das heißt, es liegt eine Koordination vor. Deshalb scheint uns, daß man das System der Bewegungsformen mit diesen allereinfachsten uns heute bekannten Formen der physikalischen Bewegung beginnen und dann erst zu jener aufsteigenden Reihe übergehen kann, die Gen. Kedrow aufstellte.

In diesem Rahmen möchte ich auch eine Bemerkung an den Gen. Kolman richten. Sein Beitrag erregte großes Interesse, insofern er sich bemühte, die jüngste Theorie Heisenbergs einzuschätzen, in der der Versuch unternommen wird, den wechselseitigen Zusammenhang der Elementarteilchen aufzudecken und so eine theoretische Grundlage für ihre Klassifikation zu schaffen. Offensichtlich kann diese Theorie als Anfang für einen großen Schritt vorwärts in der Wissenschaft dienen, für einen Schritt, der hier mit dem Schritt verglichen wurde, den D. I. Mendelejew bei der Schaffung seines periodischen Systems der chemischen Elemente vollzog. Was aber die philosophischen Verallgemeinerungen betrifft, die hinsichtlich der Theorie Heisenbergs aufzukommen beginnen, so muß man sich hier beeilen und gleichzeitig auch nicht beeilen. Man muß sich deshalb beeilen, weil die Philosophie nicht hinter der Vorwärtsentwicklung der Wissenschaft zurückbleiben darf — und man darf sich deshalb nicht beeilen, weil Eile häufig zu unbedachten Folgerungen führt.

Prof. Kolman behauptet, daß die Theorie Heisenbergs eine Rückkehr zu Anaximander bedeutet. Mag es auch keine reine Rückkehr, sondern eine Rückkehr auf höherer Stufe, wie man sagt, eine Negation der Negation sein, so soll man, nach unserer Auffassung, auch mit diesem Vorbehalt die Suche nach einer modernen physikalischen Geschichte der Elementarteilchen nicht als eine Rückkehr zu Anaximander darstellen. Anaximander sprach von einer gewissen qualitätslosen Materie, dem Apeiron, aus dem angeblich alle Körper bestehen. Kann man vom Standpunkt der modernen Physik her behaupten, daß alle Körper aus einer qualitätslosen Materie bestehen? Die Grundrichtung der Entwicklung der Physik der Elementarteilchen besteht nicht darin, zu einer Leugnung der qualitativen

Eigenarten, der Unterschiede zwischen den Typen der Elementarteilchen zu führen, sondern darin, ihren tiefen inneren wechselseitigen Zusammenhang zu finden.

Um den Vergleich mit Mendelejew weiterzuführen: Bedeutet denn seine Entdeckung des periodischen Gesetzes eine Bestätigung der Hypothese von Prout, daß alle chemischen Elemente sich auf ein einziges und dabei noch auf das einfachste Element, den Wasserstoff, reduzieren? Nein, das bedeutet es nicht. Uns scheint, daß auch hier schwerlich eine Rückkehr zu einem neuen Apeiron vorliegt, zu einer qualitätslosen Materie als zu irgendeiner „letzten" Grundlage der ganzen qualitativen Mannigfaltigkeit der Elementarteilchen.

Die zweite Bemerkung zum Vortrag von Prof. Kedrow hängt mit der mechanischen Bewegung und der Wärmebewegung zusammen. Schon bei Engels wird über die mechanische Bewegungsform in zweierlei Hinsicht gesprochen — sowohl als besondere Form der Bewegung, die großen Massen zukommt, als auch als äußere Seite einer beliebigen Bewegungsform. Zweifellos ist der zweite Gesichtspunkt richtig, denn heutzutage kann man nicht daran zweifeln, daß die mechanische Bewegung der irdischen und himmlischen Massen, von denen Engels schrieb, ihrem Wesen nach eine Gravitationsbewegung ist, eine Bewegung im Schwerefeld, das von eben diesen Massen geschaffen wird.

Im Vortrag von Prof. Kedrow wird mit Recht davon gesprochen, daß die mechanische Bewegung eine äußere Seite einer beliebigen anderen Bewegungsform ist, und es wird auch analysiert, daß diese mechanische Bewegung selbst sehr vielfältig ist in Abhängigkeit vom Typus der Objekte, von den Mikro- und Makroobjekten. Im Referat fällt aber die Frage der Wärmebewegung heraus, während doch diese Frage großes Interesse besitzt und der Wärme bei der Klassifikation der Bewegungsformen ein gebührender Platz zukommen muß.

Im 19. Jahrhundert wurde die Wärmebewegung oft mit der Bewegung der Moleküle von Gasen, Flüssigkeiten und festen Körpern identifiziert, d. h. mit der Molekularbewegung. Das ist natürlich, insofern die Enträtselung der Wärmebewegung vor allem als Molekularbewegung geschah. Aber in unserer Zeit ist sehr wohl bekannt, daß Wärmebewegung durchaus nicht nur Bewegung von Molekülen ist. Zum Beispiel nehmen in einem kristallinen festen Körper vor allem die Atome, die das Kristallgitter bilden, und auch die „freien" Elektronen am Wärmeaustausch teil. Im Innern der Sterne gibt es infolge der hohen Temperaturen keine Moleküle und Atome, dort sind Kerne und Elementarteilchen vorhanden, und doch gibt es auch dort ohne Zweifel Wärmebewegung.

Uns scheint, daß die Wärmebewegung, ähnlich wie die mechanische Bewegung, ebenfalls eine bestimmte Seite einiger anderer physikalisch-chemischer Bewegungsformen der Materie ist. Sie läßt sich nicht auf die mechanische Bewegung reduzieren, denn sie existiert nur dort, wo ein System mit einer großen Anzahl verhältnismäßig gleichartiger Elemente vorliegt, deren unregelmäßige statistische Bewegung eine neue Qualität erzeugt. Jedoch scheint uns, daß die Wärmebewegung nicht mit irgendeiner bestimmten Art der Materie, z. B. mit den Molekülen, verbunden werden darf, wie das früher schien, sondern daß man sie als eine bestimmte Seite statistischer Prozesse betrachten muß, die in verschiedenen physikalischen Bewegungsformen ablaufen.

Drittens gibt es bei Prof. Kedrow eine interessante Bemerkung zur geologischen Bewegungsform. Er behauptet, daß dies eine der Grundformen der Bewegung ist und wundert sich, warum Engels die geologische Bewegungsform nicht eine Grundform der Bewegung der Materie nannte.

In der Erdkruste, die der Geologe untersucht, gibt es eine Verflechtung physikalisch-chemischer Prozesse bei führender Rolle des Chemismus. Eine bestimmte, konkrete Wissenschaft muß nicht irgendeine besondere Bewegungsform zum Gegenstand haben, sondern sie kann auch eine ganze Reihe untereinander zusammenhängender Bewegungsformen in diesem oder jenem materiellen Objekt zum Gegenstand haben. Der Gegenstand der Geologie ist eben die Untersuchung der Gesamtheit der Bewegungsformen in der Erdkruste. Folgt aber daraus, daß die „geologische Bewegungsform", d. h. daß jene Verflechtung physikalisch-chemischer Prozesse, die in der Erdkruste existiert, eine der Grundformen der Bewegung der Materie ist? Uns scheint, daß es nicht an dem ist. In lebenden Organismen treten physikalisch-chemische Prozesse als Nebenformen der Bewegung auf, während geologische Prozesse, die, wie Prof. Kedrow selbst richtig bemerkt, eine Voraussetzung für die Entstehung und eine notwendige Bedingung für die Existenz des Lebens darstellen, im lebenden Organismus nicht vorhanden sind. Dies ist unserer Meinung nach auch die Ursache dafür, daß Engels die geologischen Prozesse nicht zu den Grundformen der Bewegung zählt, und diese seine These bleibt auch heutzutage vollkommen in Kraft.

In die Grundformen der Bewegung der nichtorganischen Natur darf man nach unserer Meinung nur jene einbeziehen, die im Fundament der Materie vorliegen und in der organischen Welt ebenfalls, als Nebenformen, auftreten.

Man kann auch nicht der Behauptung Prof. Kedrows zustimmen, die in einer seiner früheren Arbeiten hinsichtlich der „Symmetrie" der geologischen und biologischen Bewegungsform geäußert wurde. Im Text des Vortrages, der uns vorliegt, wird bereits nicht mehr von einer Symmetrie, sondern von etwas anderem — von der Polarisation der Materie in geologische und biologische Bewegungsformen gesprochen. Ohne Zweifel tritt hier eine Teilung der Natur in zwei Zweige auf, deren einer den Weg sozusagen „nach oben", zu höheren Bewegungsformen darstellt, während der zweite nicht dahin führt. Aber diese Teilung bedeutet, daß diese Zweige eben gerade nicht gleichberechtigt und folglich nicht symmetrisch sind, insofern man anerkennt, daß die geologischen Prozesse eine unumgängliche Bedingung für die Entstehung und die Existenz des Lebens sind.

Das waren die kurzen Bemerkungen zu diesem Vortrag, der mir im ganzen außerordentlich interessant, schöpferisch und der Aufmerksamkeit aller Naturwissenschaftler und Philosophen wert erscheint.

Zum Schluß möchte ich Gen. Sobolew zwei Fragen stellen. Im ursprünglichen Text des Referats wurde völlig klar gesagt, daß die Kybernetik angeblich beweist, es könne eine Vererbung erworbener Merkmale nicht geben, weil angeblich kein Informationsstrom von den somatischen Zellen zu den Geschlechtszellen fließt. In den Erläuterungen zum Vortrag klang das ein wenig geschmeidiger, aber man möchte den heutigen Standpunkt des Gen. Sobolew kennen.

Im ursprünglichen Text wird davon gesprochen, daß die Psyche des Menschen und die psychischen Funktionen „verwirklichte" Maschinen seien, die sich etwa so zueinander verhalten wie eine unendliche Gerade und Abschnitte auf dieser Geraden. Man möchte wissen, ob die verehrten Referenten an diesem Vergleich heute festhalten, der nach unserer Auffassung sehr anfechtbar ist und Grund gibt, die Referenten des Mechanizismus zu bezichtigen.

Jetzt noch zwei praktische Wünsche. Man muß eine spezifische Zeitschrift ins Leben rufen, die den philosophischen Problemen der Naturwissenschaft gewidmet ist, deren Redaktionskollegium aus den angesehensten Gelehrten, darunter Philosophen, bestehen müßte.

Man muß Konferenzen zu einzelnen philosophischen Problemen der Naturwissenschaft einberufen und solche öfter veranstalten, damit das kameradschaftliche Verhältnis, das hier herrscht, in vollem Maße auch dort fortgesetzt wird.

*

Prof. T. A. Lebedew (Leningrad). Die moderne Theorie der Mikroerscheinungen ist die Arena systematischer und heftiger Diskussionen. Die vorhandenen Meinungsverschiedenheiten auf diesem Gebiet erklären sich in überwiegendem Maße daraus, daß bis heute kein klares Verständnis sowohl für die Unterschiede als auch für die physikalische Übereinstimmung zwischen Mikro- und Makroerscheinungen besteht. Es gibt zwei Ansichten über das Verhältnis zwischen den genannten Erscheinungen. Obgleich diese Ansichten einander faktisch ausschließen, vertragen sie sich trotzdem friedlich in den Arbeiten ein und derselben Autoren.

Einige Forscher neigen dazu, hauptsächlich die krassen Besonderheiten der Mikroerscheinungen, den unüberbrückbaren Unterschied zwischen ihnen, hervorzuheben. So nahm z. B. Bohr an, daß die Quantentheorie einen vollständigen Bruch mit unseren früheren Vorstellungen darstellt; Akademiemitglied A. F. Joffe findet, daß es im Arsenal der klassischen Physik keine Wurzeln für die neuen Begriffe gibt; die Schlußfolgerung von Akademiemitglied W. A. Fock über den rein wahrscheinlichen (korpuskular-wellenmäßigen) Charakter des Verhaltens der Mikroobjekte führt faktisch ebenfalls zu einer Trennung der Mikroerscheinungen von den anderen Naturprozessen. Aber derartige Meinungen widersprechen der dialektischen These vom allgemeinen Zusammenhang in der Natur, sie berücksichtigen nicht, daß „die Widersprüchlichkeit und die Unterschiede, obwohl sie in der Natur existieren, doch nur relative Bedeutung besitzen" (Engels). Die zweite Ansicht über das Verhältnis zwischen Mikro- und Makroerscheinungen, die die mathematische Wahrnehmung der beobachteten Gesetzmäßigkeiten wiedergibt, führt die Autoren dahin, in das andere Extrem zu fallen. Diese Autoren erklären die klassischen Gesetze als speziellen Fall der „universellen" Gesetze der Mikrowelt und negieren gleichsam die Spezifik der Mikroerscheinungen überhaupt, insofern sie alle charakteristischen Züge der Mikrowelt („Energiequanten", Korpuskel-Welle-Dualismus, relativistische Effekte) im Prinzip auf die entsprechenden Makroprozesse übertragen.

Von der krassen Spezifik der Mikroerscheinungen führt folglich ein Weg zu der rein quantitativen Beschreibung der Naturprozesse. Obwohl dies alles einen merklichen Widerspruch in der existierenden Theorie darstellt, fordert es doch aus irgendeinem Grunde keine Einwände heraus und wird nicht entsprechend aufgedeckt und beseitigt.

Worin besteht das tatsächliche Verhältnis zwischen Mikro- und Makroerscheinungen und worauf sind wir verpflichtet, die Aufmerksamkeit zu lenken, wenn wir den Weg für die physikalische Deutung heute unverständlicher Erscheinungen finden wollen? Dazu müssen wir vor allem begreifen, daß es in der Natur keine absoluten Unterschiede gibt, sondern es gibt nur relative Unterschiede, obgleich sie zweifellos ihre qualitativen Besonderheiten besitzen.

Um die „rätselhaften" und „ungewöhnlichen" Naturerscheinungen zu begreifen, muß man vom Einfachen zum Komplizierten vorgehen. Indem wir allmählich den Rahmen der vorhandenen Kenntnisse erweitern, indem wir aufmerksam die aufeinanderfolgenden qualitativen Änderungen der Naturprozesse verfolgen (in dem Maße, wie wir in die Tiefe der von uns untersuchten Tatsachen vordringen), wobei wir immer das Folgende mit dem Vorhergehenden vergleichen, können wir uns letzten Endes auch mit solchen Besonderheiten der Natur vertraut machen, die uns anfänglich völlig unverständlich erscheinen und die weit außerhalb der Grenzen unserer gewöhnlichen Vorstellungen zu liegen scheinen.

Man kann gewiß sein, daß die Erklärung der in der Theorie der Mikroerscheinungen vorhandenen „Rätsel" nicht in Form ihrer direkten „Erstürmung" geschieht, sondern auf dem Wege, daß zu ihnen von seiten der vorhandenen Kenntnisse übergegangen wird, in Form der Entwicklung dieser Kenntnisse, auf dem Wege der dialektischen Verallgemeinerung der „alten" und „neuen" Tatsachen. Dieser oder jener Hinweis auf die „Besonderheit" der Mikroerscheinungen muß zweifellos beachtet werden, er dient aber nur dann als eine reale Grundlage, wenn es uns gelingt, die Entstehung (Entwicklung) der gegebenen „Besonderheit" zu verfolgen. Wenn das jedoch nicht gelingt, so kann die Existenz der „Besonderheit" nur als Hypothese angenommen werden, die man natürlich nicht als „Wahrheit letzter Instanz" aufdrängen und einführen darf. Gerade deshalb wurde unserem theoretischen Denken dadurch großer Schaden zugefügt, daß irgendwelche ausgewählten Hypothesen (z. B. die Annahme einer absoluten Geschwindigkeit in der Natur, die Hypothese von der Existenz von „Teilchen-Wellen" und andere) aus irgendeinem Grunde als die einzig möglichen angesehen wurden und daß aller Zweifel an diesen Hypothesen als „Vulgarisierung" der Wissenschaft, als eine Minderung des erforderlichen wissenschaftlichen Niveaus hingestellt wurde.

Wenn man aber nicht bei den schon genannten Thesen stehenbleibt, sondern entsprechend den neuen Fakten einige Hypothesen durch andere ersetzt, so können viele „Unklarheiten“ der modernen Theorie ihre Schärfe verlieren, und die Theorie der Mikroerscheinungen erfährt schließlich die gebührende physikalische Entwicklung.

*

A. W. Schugailin (Institut für Philosophie der Akademie der Wissenschaften der Ukrainischen SSR). Für die Entwicklung des Bündnisses von Naturwissenschaft und marxistisch-leninistischer Philosophie scheint es mir neben den kritischen Bemerkungen, die häufig von den Philosophen an die Adresse der Naturwissenschaftler und umgekehrt geäußert werden, notwendig, Arbeiten zu veröffentlichen und einzelne Probleme durch gemeinsame Bemühungen von Philosophen und Mitarbeitern naturwissenschaftlicher Forschungsinstitute und Hochschulen zu bearbeiten.

Ich glaube, daß das Präsidium der Akademie der Wissenschaften, die Institute für Philosophie in Moskau und in der Ukraine, wo ich arbeite, eine solche Koordination mit dem Institut für Physik und mit anderen Instituten in Gang bringen müßten. Wir haben viel über diese Koordination gesprochen, aber eine solche Koordination gab es nicht, weiter als bis zu Gesprächen ist die Sache nicht gediehen. Wir haben bis jetzt nicht ein Thema oder Problem, das vom Institut für Philosophie und vom Institut für Physik oder irgendeinem anderen Institut der Akademie der Wissenschaften der Ukrainischen SSR durch gemeinsame Arbeit gelöst worden wäre.

Mir scheint es angebracht, einige kritische Bemerkungen zum Vortrag von Akademiemitglied Fock zu machen. Die in seinem Referat anklingende Note hinsichtlich der Haltlosigkeit der Richtung, die im Ausland von de Broglie und seiner Schule ausgearbeitet wurde, ist nach meiner Meinung falsch. Diese Schule — so scheint mir — sagt sich vom Idealismus in einem Gebiet der Naturwissenschaft, im Gebiet der Quantenmechanik, los und geht zu den Positionen des Materialismus über, und deshalb müssen wir, Philosophen und Physiker, diese Richtung unterstützen.

Eine zweite Frage ist, daß innerhalb einer einheitlichen Weltanschauung der Kampf von Schulen und Richtungen stattfinden kann, z. B. der Schulen von Akademiemitglied Fock und Professor Blochinzew ebenso wie auch anderer Schulen. Das ist aber kein Kampf des Marxismus mit dem Idealismus, sondern ein Kampf von Schulen und Richtungen innerhalb der Wissenschaft, die auf den Positionen des Materialismus stehen.

Was die Kritik idealistischer Positionen von führenden Physikern auf dem Gebiet der Quantenmechanik (N. Bohr, W. Heisenberg, M. Born u. a.) anbetrifft, so würde ich persönlich von der Kritik, die in meinen Arbeiten an ihnen geübt wird, dazu übergehen, sie wie jeden Wissenschaftler auf jede Weise zu unterstützen, wenn sie tatsächlich von den Positionen des Idealismus zu den Positionen des

Materialismus gelangen. Leider war uns aber das Material, das von Akademiemitglied Fock soeben dargelegt wurde, bisher unzugänglich, und deshalb können wir dessen Zuverlässigkeit nicht kategorisch bestätigen. Wir möchten den Wunsch äußern, daß, wenn dieses Material veröffentlicht worden ist, es auch von unseren sowjetischen Physikern und Philosophen gründlich studiert wird.

Schließlich, glaube ich, kann unsere Konferenz nicht an einer solchen Frage vorübergehen wie der Ausbildung von Kadern für philosophische Fragen der Naturwissenschaft. Wo müssen wir diese Kader ausbilden? Aus welchen Kreisen müssen wir sie nehmen? Bekanntlich arbeitet ein sehr beschränkter Kreis von Wissenschaftlern an philosophischen Fragen der Naturwissenschaft. Es ist notwendig, daß sich mit diesen Fragen nicht nur Philosophen, sondern auch die Naturwissenschaftler selbst beschäftigen. Unsere Konferenz — so scheint mir — sollte eine Empfehlung an die naturwissenschaftlichen Forschungsinstitute annehmen bezüglich der Ausbildung von Kadern für philosophische Fragen der Naturwissenschaft innerhalb dieser Institute, damit die Ausbildung nicht allein im Institut für Philosophie erfolgt.

*

A. L. Selmanow (Staatliches astronomisches Institut „P. K. Sternberg“). Fragen der Kosmologie wurden schon im Vortrag von Akademiemitglied W. A. Ambarzumjan und im Beitrag des Mitglieds der Akademie der Wissenschaften der estnischen SSR G. I. Naan beleuchtet. Ich beschränke mich auf drei spezielle Teilfragen der Kosmologie und der allgemeinen Relativitätstheorie, nämlich 1. auf die Unendlichkeit des Raumes im Zusammenhang mit der allgemeinen Relativitätstheorie, 2. auf die Theorie des anisotropen inhomogenen Weltalls im Zusammenhang mit der Ausdehnung der Metagalaxis und 3. auf die sogenannte allgemeine Relativität.

1. In der vorrelativistischen Physik wurde die Frage nach der Unendlichkeit oder Endlichkeit des Raumes verhältnismäßig einfach gestellt. Der vorrelativistischen Fragestellung war die Gegenüberstellung von Unendlichkeit und Endlichkeit des Raumes als zweier logisch einander vollkommen ausschließender Möglichkeiten eigen. Der Raum kann entweder endlich oder unendlich sein, und die physikalische Theorie muß Antwort auf die Frage geben, welche dieser beiden Möglichkeiten vom Standpunkt dieser Theorie (wenn man sie als vollkommen genau annimmt) verwirklicht sein muß. Die Antwort der Newtonschen Physik auf diese Frage war bekanntlich eindeutig. Die Newtonsche Mechanik und die Newtonsche Gravitationstheorie hängen eng mit der Geometrie des unendlichen euklidischen Raumes zusammen. Sie sind, in ihrer unveränderlichen Form genommen, vereinbar mit der Idee der Unendlichkeit des Raumes und unvereinbar mit der Idee der Endlichkeit des Raumes in ihren beliebigen Varianten (d. h. ebenso bei nichteuklidischer wie bei euklidischer Metrik). In der allgemeinen Relativitätstheorie wurde seit ihrer Schaffung bis heute die Frage nach der Unendlichkeit oder Endlichkeit des Raumes fast ebenso wie in der vorrelativistischen Physik gestellt.

Bei der Fragestellung in der allgemeinen Relativitätstheorie hatte man ebenfalls im Auge, daß der Raum entweder unendlich oder endlich sein kann, und daß die Theorie Antwort auf die Frage geben muß, welche der zwei Möglichkeiten vom Standpunkt dieser Theorie verwirklicht sein muß (wenn man sie als vollkommen genau annimmt). Es ist bekannt, daß die allgemeine Relativitätstheorie in dem Sinne keine eindeutige Antwort auf diese Frage gibt, daß sie einfache theoretische Modelle des Weltalls zuläßt (hauptsächlich homogene isotrope Modelle), in denen der Raum unendlich ist, und zugleich auch einfache Modelle, in denen der Raum endlich ist.

Man muß jedoch sagen, daß eine derartige verhältnismäßig einfache Fragestellung, die der vorrelativistischen sehr ähnelt, überhaupt nur in bezug auf die erwähnten einfachen Modelle des Weltalls möglich ist. Bisher wurde diese Frage auch nur in dieser Hinsicht gestellt. Wenn wir aber auf kompliziertere Fälle stoßen, mit denen sich die Theorie des anisotropen, inhomogenen Weltalls beschäftigt — und in der modernen Kosmologie muß man zu dieser Theorie übergehen — so erweist sich die frühere einfache Fragestellung nach der Unendlichkeit oder Endlichkeit des Raumes als untauglich.

Im Grunde genommen ist diese Frage fast trivial. In der allgemeinen (und nicht nur in der allgemeinen) Relativitätstheorie sind die Eigenschaften des raumzeitlichen Kontinuums (der Welt) invariant, aber — allgemein gesprochen — nicht die Eigenschaften des dreidimensionalen Raumes, richtiger: nicht alle seine Eigenschaften. Es ist bekannt, daß die Aufspaltung des raum-zeitlichen Kontinuums in Raum und Zeit vom Bezugssystem — genauer, physikalisch gesprochen — von der Bewegung des Bezugssystems abhängt. Wenn aber in einem gegebenen Bezugssystem (d. h. bei gegebener Bewegung des Bezugssystems) ein sogenanntes Coriolisfeld wirkt, bleibt die Aufspaltung in Raum und Zeit auch bei vorgegebener Bewegung des Bezugssystems mehrdeutig. Solche Eigenschaften des Raumes wie seine Krümmung hängen von dieser Aufspaltung ab (sie hängen vom Bezugssystem ab), d. h. sie sind nicht invariant. So ist z. B. die Unendlichkeit der raumzeitlichen Welt invariant, es ist aber nicht von vornherein offensichtlich, ob auch die Unendlichkeit oder Endlichkeit des Raumes invariant ist.

Wenn wir es mit den einfachen Modellen, die ich erwähnt habe, zu tun haben, tritt die Frage der Nichtinvarianz der Eigenschaften des Raumes nicht auf, richtiger: wird sie stillschweigend übergangen. Erstens existiert in jedem dieser Modelle ein eindeutig bestimmtes physikalisch bevorzugtes Bezugssystem. Das ist das sogenannte — die Masse oder den Stoff — begleitende Bezugssystem (d. h. das System, das sich überall zusammen mit der Masse oder dem Stoff bewegt, so daß die Masse oder der Stoff relativ zu ihm überall ruht). Zweitens fehlt in jedem dieser Modelle im begleitenden System das Coriolisfeld. Folglich kann man, wenn man sich nicht für irgendein anderes Bezugssystem interessiert, die Frage nach der Unendlichkeit oder Endlichkeit des Raumes im bevorzugten — im begleitenden — Bezugssystem betrachten und für das gegebene Modell eine eindeutige Antwort erhalten. So verfährt man auch. Aber im allgemeinen Falle des anisotropen inhomogenen Weltalls existiert nicht unbedingt ein eindeutig bestimmtes physikalisch bevorzugtes Bezugssystem, z. B. existiert nicht immer ein begleitendes Bezugssystem im ganzen Raum. Wenn aber ein solches System existiert, so wirkt in ihm, allgemein gesprochen, ein Coriolisfeld. Also kann im allgemeinen Falle keine eindeutig bestimmte physikalisch bevorzugte Aufspaltung des raumzeitlichen Kontinuums in Raum und Zeit existieren.

In diesem Falle erhebt sich unumgänglich die Frage: Besitzen solche Eigenschaften des dreidimensionalen Raumes wie seine Unendlichkeit oder Endlichkeit Invarianz? Für den allgemeinen Fall ist das — angesichts einiger Schwierigkeiten prinzipieller und technischer Natur — noch nicht geklärt. Bei sehr einfachen, nicht realen Beispielen (sogenannten leeren Modellen) gelang es aber zu zeigen, daß Unendlichkeit und Endlichkeit des Raumes — allgemein gesprochen — nicht die Eigenschaft der Invarianz besitzen. (Der Beweis ist fast elementar, obwohl man ziemlich lange nach ihm suchen mußte.) Die untersuchten leeren Modelle gehören allerdings nicht zu den anisotropen inhomogenen Modellen, jedoch sind in ihnen (infolge des Fehlens von Masse) keine begleitenden Systeme definiert, und deshalb gibt es keine eindeutig bestimmte physikalisch bevorzugte Aufspaltung des raumzeitlichen Kontinuums in Raum und Zeit.

Wenn man spezielle Termini verwendet, kann man das Resultat folgendermaßen formulieren. Eine unendliche raumzeitliche Welt irgendeines Systems von vier Koordinaten, die in diesem System einen unendlichen dreidimensionalen Raum besitzt, kann zugleich einen endlichen dreidimensionalen Raum in einem anderen System haben. Dabei kann eine unendliche raumzeitliche Welt des zweiten Systems in dem letzteren einen endlichen oder unendlichen Raum besitzen. Die ganze raumzeitliche Welt des ersten Systems bildet einen Teil der raum-zeitlichen Welt des zweiten Systems. Also ergibt sich im besonderen, daß die Endlichkeit des Raumes in einem Bezugssystem seine Unendlichkeit in einem anderen Bezugssystem nicht ausschließt und daß es eine sich gegenseitig ausschließende Gegenüberstellung von Endlichkeit und Unendlichkeit des Raumes nicht gibt. (Die Unendlichkeit der raum-zeitlichen Welt ist — wie schon erwähnt wurde — invariant.)

Natürlich kann man sich zu dem angeführten Resultat verschieden verhalten. Überdies wiederhole ich, daß es in einfachsten und nicht realen Fällen erhalten wurde. Was im allgemeinen Fall sein wird, weiß ich nicht. Wie mir scheint, ist es aber klar, daß die alte, uns gewohnte Fragestellung, die aus der vorrelativistischen Physik ererbt und bei der Betrachtung einfacher Modelle zulässig ist, untauglich wird, sobald wir zu einigermaßen komplizierten und realen Fällen übergehen.

2. In der modernen Kosmologie muß man folgende Umstände beachten, die im Vortrag von Akademiemitglied W. A. Ambarzumjan erwähnt wurden. Erstens ist es bei der Betrachtung großer Gebiete des Weltalls — solcher, wie der gesamte durch Beobachtungen erfaßte Teil der Metagalaxis — notwendig, die allgemeine Relativitätstheorie zu benutzen. Zweitens muß man berücksichtigen, daß die Galaxen (genauer, die einzelnen Galaxen und die Anhäufungen von Galaxen) im uns umgebenden Teil des Weltalls sich gegenwärtig voneinander entfernen, insofern außer dem Dopplereffekt keine befriedigende Erklärung der metagalaktischen

Rotverschiebung gefunden wurde. Folglich ist eine relativistische Theorie des nichtstationären Weltalls notwendig, eine Theorie, die in jedem Falle auf genügend große Gebiete angewendet werden könnte.

Es ist bekannt, daß die sogenannte Theorie des homogenen isotropen Weltalls gut entwickelt ist. Die Bezeichnung dieser Theorie bedeutet, daß in ihr das Verhalten und die Eigenschaften der Materie und des Raumes, einschließlich deren quantitativer Charakteristika, erstens in allen Gebieten des Raumes (Homogenität des Weltalls) und zweitens in allen Richtungen (Isotropie des Weltalls) als gleichartig vorausgesetzt werden. Es ist klar, daß die Voraussetzung der Homogenität jene ungehemmte, schrankenlose Extrapolation in sich birgt, von der Akademiemitglied W. A. Ambarzumjan sprach. Denn nach dieser Voraussetzung ist der Zustand und das Verhalten aller Teile des Weltalls, und in diesem Sinne auch des gesamten Weltalls, gleichartig und sie stimmen folglich mit dem Zustand und dem Verhalten (einschließlich der quantitativen Charakteristika) des uns umgebenden Teiles des Weltalls überein. Kein Wunder, daß eine solche Extrapolation zu den wohlbekannten idealistischen Schlußfolgerungen führt. Sagt man sich von einer solchen Extrapolation los, so führt das dazu, sich von der Voraussetzung der Homogenität loszusagen und sie durch die Annahme einer Inhomogenität zu ersetzen. Zugunsten einer solchen Ersetzung spricht auch das Beobachtungsmaterial: Wie Akademiemitglied W. A. Ambarzumjan hervorhob, zeigt es, daß bei der Verteilung der Galaxen eine extreme Inhomogenität beobachtet wird.

Die Inhomogenität zieht — wie unschwer zu verstehen ist — auch die Anisotropie nach sich. Das ist physikalisch verständlich, und das kann man streng beweisen. Man muß also eine relativistische Theorie des anisotropen inhomogenen Weltalls aufbauen, die auf große Gebiete desselben anwendbar ist. Diese Aufgabe ist nicht einfach. Sie erforderte insbesondere die Entwicklung spezieller mathemathischer Mittel. Aber im allgemeinen ist die Aufgabe nicht hoffnungslos, es gelang einiges zu erreichen, und man kann hoffen, daß es gelingt, noch mehr zu erreichen. Hier erwähne ich nur folgendes.

Alle Abweichungen von der Isotropie kann man auf sechs Anisotropie-Faktoren zurückführen. Das sind z. B. die Deformations-Anisotropie (in der gegenwärtigen Epoche und im uns umgebenden Gebiet ist das eine Expansions-Anisotropie), die Anisotropie des Coriolisfeldes und einige andere Faktoren. Das Verhalten von vier dieser sechs Faktoren wurde untersucht (unter gewissen vereinfachenden Voraussetzungen). Es zeigte sich, daß sie die Tendenz haben, sich mit der Expansion rasch zu vermindern. Das bedeutet, daß, auch wenn es in der Gegenwart keine merklichen Anisotropien gäbe, das Fehlen von bedeutenden Anisotropien in der Vergangenheit keinesfalls garantiert werden könnte, insofern sich der uns umgebende Teil der Metagalaxis ausdehnt. Ferner beeinflussen die Anisotropie-Faktoren wesentlich das Verhalten der Metagalaxis. Hieraus folgt, daß die Theorie des homogenen isotropen Weltalls für alle wie auch immer gearteten kosmogonischen Schlußfolgerungen unzuverlässig ist, d. h. für alle wie auch immer gearteten Schlußfolgerungen, die sich auf die vergangene Geschichte der Metagalaxis beziehen. Diese Theorie, mit der verschiedene idealistische Schlußfolgerungen zusammenhängen, erweist sich also im ganz speziellen — im astronomischen und physikalischen — Gebiet als mißglückt. Augenscheinlich kann nur eine relativistische Theorie des anisotropen inhomogenen Weltalls eine reale Bedeutung besitzen. Nebenbei bemerkt führt auch gerade diese Theorie zu einer Überprüfung der Fragestellung nach der Unendlichkeit des Raumes.

3. Ist die allgemeine Relativitätstheorie Einsteins eine Theorie der allgemeinen Relativität? Verschiedene Autoren, die sich des Terminus „allgemeine Relativität" bedienen, legen einen unterschiedlichen Sinn in ihn hinein, und man muß teilweise feststellen, daß der Streit eher um die Bezeichnung als um den Inhalt der Theorie geht.

Es ist nicht überflüssig, sich der anfänglichen, sehr einfachen und physikalisch klaren Auffassung der „allgemeinen Relativität" zu erinnern, die von Einstein ganz zu Beginn der Schaffung der allgemeinen Relativitätstheorie geäußert wurde, (die er sich als eine Theorie der allgemeinen Relativität vorstellte). Das Wesen der Frage ist ziemlich einfach. Es existiert eine unendliche Menge von Bezugssystemen, in denen beliebig angeordnete freie Teilchen, die im Anfangsmoment der Zeit eine Geschwindigkeit gleich Null besitzen, in Ruhe verharren. Und es existiert eine unendliche Menge anderer Bezugssysteme, in denen beliebig angeordnete freie Teilchen, die im Anfangsmoment der Zeit eine Geschwindigkeit gleich Null haben, nicht in Ruhe verharren, sondern in Bewegung geraten. Offensichtlich ist der genannte Unterschied zwischen den Systemen dem Unterschied zwischen Inertial- und Nichtinertialsystemen in der Newtonschen Mechanik und der speziellen Relativitätstheorie analog. Ein derartiger Unterschied, und in diesem Sinne auch eine Nichtgleichberechtigung von Systemen, existiert in der Wirklichkeit.

Wodurch aber ist dieser physikalische Unterschied zwischen Systemen letzten Endes bedingt — durch die Eigenschaften des raum-zeitlichen Kontinuums oder aber durch das verschiedene Verhältnis dieser Systeme zu den Massen des Weltalls (d. h. durch den Unterschied in ihrer Bewegung relativ zu diesen Massen)? Anders gesagt: Existiert dieser Unterschied zwischen den Systemen unabhängig von der Existenz der Masse oder aber wird er insgesamt durch sie geschaffen?

Im ersten Falle kann man von einer Trägheit relativ zum Raume sprechen (richtiger, relativ zum raum-zeitlichen Kontinuum), im zweiten Falle von einer Trägheit relativ zu den Massen. Im ersten Falle fehlt die allgemeine Relativität in der ursprünglichen Auffassung von Einstein, im zweiten Falle ist sie vorhanden. Die allgemeine Relativität in diesem Sinne wird auch Relativität der Trägheit genannt.

Vom Standpunkt der Eigenschaften des raum-zeitlichen Kontinuums besteht der erwähnte Unterschied zwischen den Systemen darin, daß die Zeitlinien der einen Systeme geodätische Linien sind, die Zeitlinien der anderen aber nicht, und folglich wird dieser Unterschied unmittelbar durch das Vorhandensein einer bestimmten raum-zeitlichen Metrik geschaffen. (Wenn eine bestimmte Metrik existiert, so existiert auch der Unterschied zwischen geodätischen und nichtgeodätischen Linien.) Die Grundgleichungen der allgemeinen Relativitätstheorie stellen die Einsteinschen Gleichungen des Gravitationsfeldes dar. Wenn diese

Theorie eine Theorie der allgemeinen Relativität (nach der ursprünglichen Auffassung Einsteins) ist, so dürfen die Gleichungen des Gravitationsfeldes unter der Voraussetzung, daß Masse völlig fehlt, keine bestimmte Metrik zulassen, anders gesagt, sie dürfen keine sogenannten leeren Modelle zulassen, d. h. theoretische Modelle des Weltalls ohne Masse.

Es ist bekannt, daß die ursprünglichen Einsteinschen Gleichungen des Gravitationsfeldes (Gleichungen ohne die sogenannte kosmische Konstante, anders gesagt, mit einer kosmischen Konstanten gleich null) leere Modelle zulassen und folglich die Forderung der allgemeinen Relativität (im Sinne einer Relativität der Trägheit) nicht befriedigen. Einstein verallgemeinerte seine Gleichungen, indem er in sie eine positive kosmische Konstante einführte. Es stellte sich aber heraus, daß diese Gleichungen bei beliebiger kosmischer Konstante (gleich null, positiv oder negativ) leere Modelle zulassen. Somit erwies sich, daß die allgemeine Relativität in der ursprünglichen Auffassung Einsteins in seiner Theorie fehlte. Alles Gesagte ist in der Kosmologie bekannt. Ich füge nur folgendes hinzu.

Die Auffassung der „allgemeinen Relativität", die von Akademiemitglied W. A. Fock geäußert wurde, als er den physikalisch bevorzugten Charakter von harmonischen Koordinatensystemen untersuchte, hängt eng mit ihrer Auffassung im Sinne der Relativität der Trägheit zusammen. Das Wesen der Sache besteht in folgendem. Harmonische Systeme existieren immer. Wenn sie eindeutig bis auf lineare Transformationen definiert werden, kann man diese Systeme in der allgemeinen Relativitätstheorie als physikalisch bevorzugt ansehen. Sie stellen eine Verallgemeinerung der Galileischen (der inertialen cartesischen) Systeme der speziellen Relativitätstheorie dar. Das Vorhandensein solcher physikalisch bevorzugter Systeme bei gewissen Massenverteilungen wurde auch als Fehlen der allgemeinen Relativität angesehen. Um harmonische Systeme bis auf lineare Transformationen zu bestimmen, ist es notwendig, wenn auch nicht hinreichend, die Forderung zu stellen, daß im räumlich Unendlichen (hier ist das räumlich Unendliche insofern definiert, als die Koordinatensysteme gegeben sind) die Metrik galileisch ist (wenn man die Einsteinschen Gleichungen ohne kosmische Konstante nimmt). Diese Forderung ist nur bei gewissen Massenverteilungen erfüllbar. Aber die Vereinbarkeit dieser Massenverteilungen mit den Einsteinschen Gleichungen und folglich auch die Erfüllbarkeit der genannten Forderung hängt damit zusammen, daß die Einsteinschen Gleichungen ein leeres Modell zulassen. Wenn diese Gleichungen derart wären, daß sie kein leeres Modell zuließen, so würden sie auch keine galileische Metrik im räumlich Unendlichen zulassen. Also, die Auffassung von der allgemeinen Relativität in dem Sinne, daß harmonische Systeme fehlen, die bis auf lineare Transformationen eindeutig bestimmt sind, — diese ist logisch, wenn auch nicht äquivalent (das weiß ich nicht), so auf alle Fälle aber eng verbunden mit der Auffassung von der allgemeinen Relativität im Sinne einer Relativität der Trägheit: Aus dem Fehlen der allgemeinen Relativität in der ersten Auffassung ergibt sich logisch das Fehlen der allgemeinen Relativität in der zweiten Auffassung.

A. M. Deborin, Mitglied der Akademie der Wissenschaften der UdSSR. Ich beabsichtige, die allgemeine Frage des Wechselverhältnisses von Natur- und Gesellschaftswissenschaften zu behandeln.

Die idealistische Philosophie und die Theologie sind daran interessiert, den Menschen der Natur gegenüberzustellen. Der Mensch sei Träger eines anderen, geistigen Ursprungs, die Natur aber stelle angeblich eine niedere Sphäre des Seins dar. Der dialektische Materialismus stürzte diese pfäffische Theorie. Der Mensch ist — wie sich Marx äußerte — von menschlicher Natur. Der Kommunismus muß das Problem der Wechselbeziehungen des Menschen mit der Natur und des Menschen mit dem Menschen lösen. So wie der Marxismus das Verhältnis zwischen Mensch und Natur änderte, änderte er auch das Verhältnis zwischen Gesellschaftswissenschaft und Naturwissenschaft.

Lenin stellte die moderne Naturwissenschaft auf eine feste dialektisch-materialistische Basis. Der historische Materialismus, sagt Lenin, gab erstmalig die Möglichkeit, mit naturhistorischer Exaktheit die gesellschaftlichen Bedingungen des Lebens der Massen und die Veränderung dieser Bedingungen zu erforschen.

Es gibt eine allgemeine Erkenntnistheorie sowohl für die Naturwissenschaften als auch für die Gesellschaftswissenschaften. Die Naturwissenschaften entstanden historisch aus der gesellschaftlichen Produktion, und ihre weitere Entwicklung wurde und wird bestimmt durch die Entwicklung der Produktivkräfte und der Produktionsverhältnisse.

Die revolutionäre Philosophie der neuen gesellschaftlichen Klasse diente als Anleitung für das Verständnis der Naturprozesse. Der Führer der Kommunistischen Partei, Lenin, war von der Geschichte berufen, der Naturwissenschaft den Ausweg aus dem Krisenzustand zu weisen. Die moderne Wissenschaft unterscheidet sich von den vorangegangenen Abschnitten ihrer Entwicklung. Diese neue Phase ist durch zwei Züge charakterisiert: durch die Möglichkeit von Voraussagen — z. B. sagte Yukawa die Existenz des Mesons, Dirac die Existenz des Positrons voraus. Der zweite Zug ist die künstliche Schaffung dieser oder jener Elemente.

Nebenbei bemerkt, was das Positron anbetrifft, so scheint mir, daß seine Existenz lange vor Dirac von Lenin vorausgesagt wurde — im Jahre 1908. Lenin schrieb: „Von einem positiven Elektron wissen sie überhaupt nichts", und setzte folglich dessen Existenz, dessen Notwendigkeit voraus.

Die charakteristischste Eigenschaft der Elementarteilchen ist ihre *wechselseitige Umwandelbarkeit*, weil ihr *Wesen identisch* ist.

Mit der Entdeckung der inneratomaren Energie wurde besonders scharf deutlich, daß die Materie ein gigantischer Energiebehälter ist, der die Arbeit des gesamten Weltalls speist — die Arbeit und das Leben. Wir betonten schon, daß der Mensch heute nicht nur die Möglichkeit besitzt, die Natur zu erkennen, sondern auch die Natur „aufzubauen". Die Tabelle der Elemente Mendelejews wurde durch die künstlich vom Menschen geschaffenen Elemente bereichert. Die ganze Bedeutung des dialektischen Materialismus wird besonders klar, wenn uns die

Dialektik nicht als eine Gesamtheit von Beispielen entgegentritt, sondern als *Theorie, als Gesamtheit der Gesetze der Erkenntnis und des Seins.*

Der dialektische Materialismus vereinigt also unsere Kenntnisse zu einem einheitlichen Ganzen, indem er das Existierende als Prozeß betrachtet, das ein und denselben Gesetzen unterworfen ist. Die Welt ist sich bewegende Materie. Es gibt keine Materie ohne Bewegung, sondern die Bewegung ist das *Leben* oder, wie Hegel sich äußert, die Bewegung ist der „Weltgeist".

Die weitere Entwicklung des Marxismus-Leninismus als theoretisches System der materialistischen Erkenntnis der Welt und als praktisches Instrument des Aufbaus des Kommunismus erfordert eine neue philosophische Verallgemeinerung der Erfolge aller modernen Wissenschaften. Unter Verallgemeinerung ist nicht eine einfache Anführung der Ergebnisse oder ihre Summierung zu verstehen, sondern eine schöpferische Tätigkeit, die sich die Erklärung aller Seiten und Formen des Seins in ihrem inneren Zusammenhang, in ihrer Einheit zum Ziel stellt.

Für die Erfüllung dieser großen Aufgabe ist ein enges Bündnis von Naturforschern und Philosophen notwendig.

Ich gehe zu einer anderen Frage allgemeineren Charakters über.

In seinem Buch „Ludwig Feuerbach und der Ausgang der klassischen deutschen Philosophie" erklärte F. Engels die deutsche Arbeiterbewegung zum Erben der klassischen deutschen Philosophie. Damals war die deutsche sozialdemokratische Partei die einzige marxistische Partei. Deshalb sah Engels in ihr die Erbin der klassischen deutschen Philosophie. Aber seit jener Zeit geschahen in der Welt große Ereignisse, das bedeutendste von ihnen war die Große Sozialistische Oktoberrevolution. Heute existieren ein sozialistisches Weltsystem und eine kommunistische Weltbewegung, die Hunderte und aber Hunderte von Millionen Anhängern in ihren Reihen zählen, die also auch die Erben nicht nur der deutschen klassischen Philosophie, sondern aller großen Errungenschaften der Menschheit sind.

Die von Engels aufgeworfene Frage vom Proletariat als dem Erben der klassischen deutschen Philosophie entwickelte Lenin weiter, wobei er von der gleichen Konzeption wie Engels ausging.

Engels wie auch Lenin krönten die hohe Stufe der Entwicklung der Menschheit im 19. Jahrhundert, das mit dem Namen von Marx verbunden ist. Das 20. Jahrhundert ist mit dem Namen Lenins verbunden. Es ist das Jahrhundert Lenins, das Jahrhundert des Sozialismus, Lenin ist der Vollender der historischen Evolution der Menschheit wie auf dem Gebiet der Philosophie, so auf dem Gebiet der Soziologie und Politik in der jetzigen Etappe der Geschichte.

Die Frage des Erbes gewinnt unter den heutigen Bedingungen eine besonders wichtige Bedeutung. Marx, Engels und Lenin schritten auf der Hauptstraße der Geschichte. Deshalb besitzt ihre Lehre keinen speziellen, sondern einen welthistorischen Charakter.

Die weitblickendsten Ideologen der Bourgeoisie sehen ein, daß sie keine geschlossene Ideologie haben und beneiden leidenschaftlich die Kommunisten, die ihre allgemeine Weltanschauung, Logik, Erkenntnistheorie und allgemeine Methodologie besitzen. Die Bourgeoisie besitzt heute so ziemlich nur eine Philosophie — die Philosophie von Kannibalen, des Vernichtungskrieges.

Heute wären die bürgerlichen Ideologen gar nicht abgeneigt, den ihnen verhaßten Kommunisten etwas abzuzwacken, aber so, daß dieses Diebesgut gegen die Kommunisten gerichtet ist. Es handelt sich gerade um die „antikommunistische" Dialektik, von der die hervorragendsten Vertreter der modernen bürgerlichen Philosophie sprechen.

Unsere Aufmerksamkeit verdient die Gruppe von geistigen bürgerlichen Führern der modernen Reaktion, die danach streben, den Händen des Proletariats seine bedeutendste Errungenschaft zu entwinden — die revolutionäre Dialektik.

Die revolutionäre materialistische Dialektik bleibt ihnen im Halse stecken. Bürgerliche „Gelehrte", die immer von der Untauglichkeit der Dialektik sprachen, darüber, daß der dialektische Materialismus längst widerlegt sei, sind unter dem Druck der historischen Ereignisse gezwungen anzuerkennen, daß die Philosophie des Marxismus-Leninismus eine mächtige Waffe in den Händen des Proletariats und seiner Partei ist, und gleichzeitig, daß sie eine drohende Gefahr für die Bourgeoisie in sich birgt.

Es zeigte sich, daß die Dialektik zugleich der wertvollste Teil des kulturellen Erbes ist. Die bürgerlichen Ideologen sind sehr beunruhigt darüber, wer denn der Erbe des „gesamten europäischen Denkens" — wie sie sich ausdrücken — sei. Aber sie sehen, daß der Marxismus-Leninismus dem Wesen nach der wirkliche Nachfolger des gesamten „europäischen Denkens" wurde oder wird. Lakebrink, Georg Not, Monnerot und andere jammern darüber, daß man es nicht zulassen darf, daß „die Lebenselemente des europäischen Denkens dem Marxismus zugeschrieben wurden" oder daß „es uns nur noch bleibt, für einen teuren Preis bei den Russen das zu kaufen, was uns gehört".

„Die Weltgefahr des Kommunismus" — schreibt Not — „beginnt dort, wo im Zusammenhang mit der Dialektik sich schöpferische Kraft, Lebensfähigkeit, Zielstrebigkeit und geistige Tätigkeit entwickelt." Die Dialektik verbindet sich bei Marx und Engels „mit revolutionärer Prophezeiung". Die Dialektik von Marx und Lenin ist so gefährlich, weil sie die „Quelle des Glaubens an die Zukunft" ist.

Der hinterlistige Plan der bürgerlichen Philosophen besteht in der Schaffung einer Dialektik, sozusagen einer antikommunistischen Dialektik, damit sie das Gegenteil der Dialektik darstellt und in den Augen der Öffentlichkeit den Eindruck einer echten Dialektik hervorruft, die der Dialektik des Marxismus ähnelt. Ein sehr einfältiges Vorhaben.

„Der Glaube an die Dialektik", sagt Not, „steht in engem Zusammenhang mit dem Glauben an die sich bewegende Materie, aber entscheidend ist hierbei nicht der Glaube an die Materie, sondern der Glaube an ihre ‚Selbstbewegung'". „Die Dialektik wird im russischen Kommunismus zu einer Lehre von der notwendigen Bewegung und Veränderung der Welt."

Es ist sehr bemerkenswert, daß die bürgerliche philosophische Wissenschaft nicht in der Lage ist, dem Marxismus-Leninismus etwas, was auch nur der Wissenschaft ähnelt, entgegenzustellen. In Reserve blieb allein die Religion, und damit ist die bürgerliche Wissenschaft vollständig eingebrochen.

Worin besteht der hinterlistige Plan zur Überwindung des Marxismus-Leninismus? Dieser Plan besteht in dem Unterfangen, den Marxismus-Leninismus zur Religion zu erklären, aber zu einer unvollkommenen Religion, zu einer entstellten Religion, zu dem Zwecke, den Marxismus durch eine sogenannte echte, wahre Religion zu besiegen.

Dabei kann man ein in höchstem Maße lächerliches Bild betrachten. Wetter „beweist" in seinem Buch „Dialektischer Materialismus" die formale Ähnlichkeit des kommunistischen mit dem katholischen Denken. Die Aufgabe läuft auf eine Überwindung des Kommunismus hinaus, um „Kirche und irdische Welt zu vereinigen und auszusöhnen".

Monnerot erklärt in seinem dicken Band „Soziologie des Kommunismus", daß der Kommunismus eine Art des Islamismus ist und daß deshalb die Rettung durch eine Vereinigung des Marxismus-Leninismus mit dem Islam geschehen muß.

Und trotzdem muß in unserem ideologischen Kampfe mit der bürgerlichen Ideologie der Religion in allen ihren Formen besondere Beachtung zuteil werden, weil die religiöse Propaganda einen größeren Einfluß auf die Massen zeigt als irgendeine neue Erkenntnistheorie eines Privatschwätzers. Der Büchermarkt in der „freien Welt" ist überschwemmt von Veröffentlichungen zum Thema „Kommunismus und Christentum".

Es lenkt die Aufmerksamkeit auf sich, daß diese Christen unter dem Druck der Erfolge des Sozialismus gezwungen sind, sich auf die Brust zu schlagen und ihre „Pflicht" gegenüber dem Volke, für das sie nichts taten, anzuerkennen. Im Kampf mit dem Kommunismus, sehen Sie, erwachen sie zu einer aktiven „christlichen" Tätigkeit. Selbstverständlich ist das nur Demagogie.

Die Ideologen der Bourgeoisie träumen von einem „gereinigten geläuterten Christentum", das allein den Sieg über den Kommunismus davontragen könnte. Die Hauptfrage der Gegenwart, erklärt Not, sei die Frage, wer den heute leeren Thron Gottes einnimmt: Die Dialektik, die von den Kritikern zum Gott der Kommunisten erklärt wird, oder aber der echte Gott des Christentums oder auch des Islam.

Der Kampf gegen irgendeine Erscheinung, bemerkte Marx, ist die erste Form ihrer Anerkennung, ihrer Wirklichkeit, ihrer Kraft. Wir möchten damit hervorheben, daß der erbitterte Kampf, der heute gegen den Kommunismus und seine Ideologie geführt wird, eine offene Anerkennung seiner Macht ist. Im Kommunismus liegt der historische Sinn unserer Epoche.

Wir widmeten einer Reihe von Arbeiten aus jüngster Zeit verhältnismäßig viel Aufmerksamkeit (das betrifft hauptsächlich die fünfziger Jahre dieses Jahrhunderts, und das ist verständlich, weil dies die Zeit des sich festigenden sozialistischen Weltsystems ist, das gewaltige Erfolge errang), um zu zeigen, daß sich in dieser Zeit der Charakter des Kampfes der bürgerlichen Ideologen mit dem Kommunismus und dem Marxismus-Leninismus bedeutend verändert hat. Zum dialektischen Materialismus verhalten sie sich sehr ernst. Sie sehen in ihm eine große Waffe der wissenschaftlichen Forschung und des praktischen Kampfes für den Kommunismus. Gerade deshalb sind die modernen Ideologen der Bourgeoisie bestrebt, diese mächtige Waffe den Händen der Arbeiterklasse zu entwinden und die Bourgeoisie mit einer entstellten Form der Dialektik auszurüsten.

Der Marxismus-Leninismus, sagte Gen. N. S. Chruschtschow, bemächtigte sich des Verstandes und der Herzen von Millionen und aber Millionen Menschen und wurde zu einer großen materiellen Kraft. Diese Lehre entwickelt sich jetzt nicht in der Stille der Kabinette von Gelehrten und Theoretikern. Sie ist hinausgetreten in den weiten Raum des Lebens, und die Arbeiterklasse, die werktätige Bauernschaft, das ganze werktätige Volk wurden zu aktiven Kämpfern für diese Lehre, indem sie auf der Grundlage der theoretischen Leitsätze des Marxismus-Leninismus die neue kommunistische Gesellschaft aufbauen.

*

A. A. Tjapkin (Vereinigtes Institut für Kernforschung). Mein Beitrag betrifft die Relativitätstheorie. Im Zusammenhang mit der Relativitätstheorie kann man eine Reihe sehr wichtiger Fragen erörtern, es gibt aber eine Frage, an der man auf keinen Fall vorübergehen kann. Das ist die Frage, welche konkreten Eigenschaften der Bewegung und der Wechselwirkung der Materie die relativistischen Transformationen des Raumes und der Zeit widerspiegeln.

Selbst die Fragestellung, was die Relativitätstheorie sei, ob sie eine Theorie des Raumes und der Zeit oder ob sie eine Theorie von physikalischen Gesetzen sei, selbst diese Fragestellung beinhaltet schon ein Element des Unverständnisses für das Grundlegende, nämlich dafür, daß die Relativitätstheorie eine Theorie von Gesetzen ist, aber von allgemeinsten Gesetzen der Bewegung, so sehr allgemein, daß man sie eben beschreiben muß, indem man die Transformationen von Raum und Zeit ändert.

Die materialistische Grundlage der sogenannten allgemeinen Relativitätstheorie ist für alle offensichtlich. Sie besteht in der Gravitationswechselwirkung der materiellen Objekte. Gerade weil diese Wechselwirkung allgemein ist, d. h. weil jedes beliebige materielle Objekt dieser Wechselwirkung unterworfen ist, tritt eine Krümmung des Raumes und auch eben eine Änderung des Tempos oder des Rhythmus der materiellen Prozesse ein.

Was die spezielle Relativitätstheorie betrifft, die doch früher geschaffen wurde und die in mathematischer und physikalischer Beziehung bei weitem einfacher ist, so blieb eben diese Grundfrage — welche allgemeine Eigenschaft der Bewegung sie widerspiegelt — ungeklärt und ruft bis auf den heutigen Tag Streit hervor.

Ich stimme mit jenen Philosophen überein, die die Forderung stellen: Es ist konkret zu zeigen, welche Eigenschaften der Bewegung die Lorentztransformationen widerspiegeln. Wenn einige Physiker sich bemühen, einer Antwort auf die gegebene Frage zu entgehen, so ist das ein Element des oberflächlichen Verständnisses für eine sehr einfache Theorie — eine Theorie, deren Unterricht schon lange Zeit den Mittelschulen übertragen wurde und aus der kein Gegenstand für einen heftigen Streit auf einer solch hohen Konferenz zu machen ist.

Ich werde aber gerade die Grundlagen der speziellen Relativitätstheorie behandeln.

Ich meine, daß der richtige Weg für den Aufbau einer materialistischen Darlegung der Relativitätstheorie im Folgenden bestehen muß. Vor allem muß man erklären, was die Quantität der vergangenen Zeit ist. Die Grundformel des dialektischen Materialismus, von der man dabei ausgehen muß, besagt, daß die Zeit eine objektive Existenzform der Materie ist. Wir müssen sie konkretisieren, weil es in der Physik nicht um die Zeit schlechthin geht, sondern um die Quantität der Zeit. Man muß finden, wodurch die Quantität der vergangenen Zeit bestimmt wird, welche Bewegungsbedingungen durch die Lorentztransformation widergespiegelt werden, warum die Welt sich gerade so bewegt.

Wenn man über der Kursker Magnetanomalie eine Uhr aufstellt, so wird eine Uhr mit einem Federwerk, nehmen wir an, schneller gehen, aber niemand sagt, daß bei der Kursker Magnetanomalie die Zeit schneller vergeht. Wenn aber die magnetischen Kräfte auf alle Prozesse ohne Ausnahme einwirken würden, so hätten wir gesagt, daß in diesem Gebiet die Zeit schneller vergeht. Mögen im Punkt „A“ alle Prozesse die Geschwindigkeit auf das Doppelte verändert haben. Im Punkt „A“ wird es nicht möglich sein, dies zu entdecken, und die Behauptung selbst besitzt nur einen relativen Sinn, d. h. sie bedeutet, daß die Prozesse im Punkt „A“ um das Doppelte schneller ablaufen als im Punkt „B“. Um das zu finden, muß man den Alpha-Zerfall irgendeines Kernes im Punkt „A“ und den Alpha-Zerfall des gleichen Kernes im Punkt „B“ zum Vergleich nehmen.

Eine solche Fragestellung wird auch in der allgemeinen Relativitätstheorie gelöst. Wenn wir an die Stelle dieser Raumgebiete zwei sich relativ zueinander bewegende Systeme setzen und die Frage der Zeit stellen, so besitzt diese Frage direkte Beziehung zur speziellen Relativitätstheorie. Nur wird es hier vorzubehalten sein, was es für ein Prozeß ist, der in dem Koordinatensystem vor sich geht. Ein Koordinatensystem ist eine mathematische Abstraktion. Aber für die Erklärung des Rhythmus der Prozesse müssen wir in jedem System — nach einem Ausdruck Mandelstams — gleichartige Prozesse nehmen, das heißt, wenn wir einen Elektronenbeschleuniger nehmen, und diese Röhre ruht in dem einen System, so ist es für die Beobachtung notwendig, auch im anderen System eben denselben in ihm ruhenden Beschleuniger zu nehmen. Man muß begreifen, daß die Konstanz der Lichtgeschwindigkeit die Grundthese der speziellen Relativitätstheorie darstellt.

Es sei ein Ausgangssystem K und ein sich bewegendes K′ gegeben. Wenn wir annehmen, daß im Ausgangssystem die Lichtgeschwindigkeit in allen Richtungen gleich c ist, so ist völlig offensichtlich, daß die Geschwindigkeit ein und desselben

Photons im anderen System $c - v$ in der einen Richtung und $c + v$ in der anderen Richtung sein muß.

Diese Schlußfolgerung wird in den Lehrbüchern der Physik ziemlich unbedacht als unrichtig erklärt. Aber diese Folgerung ist richtig, wenn wir in den Zeiteinheiten des Ausgangssystems bestimmen, wie sich das Photon im sich bewegenden System bewegt.

Was tat Einstein? Er zeigte, wie die Geschwindigkeiten $c - v$ und $c + v$ in Abhängigkeit von der Eigenzeit des sich bewegenden Systems sich in die konstante Geschwindigkeit c verwandeln können.

Was aber kann es für uns Materialisten bedeuten, daß die Zeit im System K′ anders abläuft als im Ausgangssystem? Dies bedeutet, daß die Rhythmik in bezug auf das Ausgangssystem verschoben ist. Wie verschoben? Das kann man mit Hilfe der Lorentztransformationen berechnen. Aber formulieren kann man das, indem man die klassischen Vorstellungen von Zeit und Raum ausnützt; das bedeutet, die Ausgangsmaßstäbe zu kennen und aufzuschreiben, wie in K′ die Bewegung aller Prozesse vor sich geht. In den Lorentztransformationen steht zwischen der Zeit im System K und K′ kein Gleichheitszeichen, und das bedeutet, daß die Prozesse verschoben sind, anders verlaufen.

Man kann auch auf andere Weise ausrechnen, wie sich alle Prozesse verändern müssen, wie die Prozesse ihre Geschwindigkeit verändern müssen. Man kann dies tun, indem man fordert, daß das Relativitätsprinzip im gegebenen System K′ erfüllt ist. Wir werden dann sehen, daß es unmöglich ist, diese Veränderung der Geschwindigkeiten durch Versuche im gegebenen System K′ festzustellen. Aber existiert sie? Natürlich existiert sie. Derartige allgemeine Änderungen des Tempos der Prozesse in einem System existieren relativ zum Tempo der Prozesse in einem anderen System.

Ferner kommen wir dazu, daß das Ausgangssystem, das wir als ausgezeichnet annahmen, sich durch nichts auszeichnet. Mit dem gleichen Erfolg können wir als Ausgangssystem K′ nehmen, und wir erhalten, wenn wir in seinen Einheiten alles beschreiben, was im System K geschieht, aufs neue eine relative Verschiebung im Gang der Prozesse. Die Formel selbst, die diesen Unterschied im Gang der Prozesse zum Ausdruck bringt, sieht für viele Theoretiker fremd aus; das zeigt nur noch einmal, wieviel einseitiges Verständnis einer sehr einfachen Theorie in der Gegenwart existiert. Und wenn man gemäß der Relativitätstheorie in den Maßstabseinheiten des Systems K aufschreibt, wie die Prozesse im System K′ vor sich gehen, so erkennen viele darin nicht die Relativitätstheorie. Andere sagen, daß alles dies richtig sei, sie fragen aber, wozu ein solcher Aufbau der Relativitätstheorie notwendig wäre. Es gibt Streit aus Unverständnis dessen, was im Wesen die Lorentztransformationen widerspiegeln.

Nachdem wir auf diese Weise die Bewegungsbedingungen selbst, die kinematischen Verhältnisse festgestellt haben, müssen wir zu der Frage übergehen, worin die Ursache dafür liegt, daß in sich bewegenden Systemen alle Prozesse ihre Rhythmik ändern. Diese Theorie ist abgeschlossen, und die Ursache muß in der Theorie selbst zu finden sein.

In der üblichen Darlegung der Relativitätstheorie wird alles „von den Füßen auf den Kopf“ gestellt. Anfänglich erhält man neue raumzeitliche Transformationen, und dann findet man in Übereinstimmung mit ihnen das Gesetz der Änderung der Masse mit der Geschwindigkeit. Anfänglich entsteht alle Bewegung im dynamischen Prozeß. — Nehmen wir einen Elektronenbeschleuniger. Am Ausgang dieses Beschleunigers erscheint ein Elektron, es ist beschleunigt, und das ist ein dynamischer Prozeß. Wenn man das Anwachsen der trägen Masse berücksichtigt, so haben wir damit die gesuchte materielle Ursache, und wir erhalten jene Beziehungen, über die ich sprach.

Wenn in einem Ausgangssystem K aus einem Kern ein Teilchen mit der Geschwindigkeit u herausfliegt, so strahlt der Kern im sich bewegenden System das Teilchen mit einer von u verschiedenen Geschwindigkeit aus, wenn wir sie in den Maßeinheiten des Ausgangssystems K ausdrücken. Das ist mit dem Anwachsen der trägen Masse verbunden. Zunächst bezog man dieses Anwachsen auf die elektromagnetische Masse, aber dann erwies es sich als eine allgemeine Eigenschaft der Materie. Wie in der Relativitätstheorie völlig richtig dargelegt wird, bezieht sich dieses Anwachsen der trägen Masse auf alle materiellen Objekte. Davon muß nach meiner Ansicht die materialistische Interpretation der speziellen Relativitätstheorie ausgehen.

*

N. F. Owtschinnikow. Im Vortrag von A. D. Alexandrow wurde der Versuch unternommen, die wirklich philosophischen Fragen der Wissenschaft klar zu formulieren und sie zu beantworten. In seinem Vortrag wurde unter anderem das Problem des logischen Aufbaus der Relativitätstheorie herausgearbeitet. Tatsächlich ist die Untersuchung der Struktur einer naturwissenschaftlichen Theorie, die Interpretation der Logik ihrer Entwicklung eine der wichtigsten spezifischen Aufgaben der Philosophie der Naturwissenschaft. A. D. Alexandrow unterzieht die Logik des zur Zeit anerkannten Aufbaus der Relativitätstheorie einer Kritik. Obwohl es durchaus möglich ist, beim Aufbau der Theorie vom Relativen zum Absoluten zu gehen, so können sich doch bessere Resultate ergeben, wenn das theoretische System der Wissenschaft aufgebaut wird, indem man vom Absoluten zum Relativen geht. Unter der Voraussetzung der bekannten Auffassung von der Bedeutung der Termini absolut und relativ würde ich mit dieser Behauptung des Referenten übereinstimmen. Ich habe vor allem im Auge, daß sich diese Termini in der gegebenen Bedeutung nicht auf den Erkenntnisprozeß, sondern auf die objektiven Eigenschaften und die objektiven Beziehungen der zu erforschenden Erscheinungen beziehen. A. D. Alexandrow formuliert diese methodologische Forderung an die wissenschaftliche Theorie folgendermaßen: „Die Theorie muß vor allem das Absolute feststellen, um danach von ihm zum Relativen als einer Seite, einer Grenze, eines Aspekts des Absoluten überzugehen.“

Sehr gut. Aber das wichtigste und schwierigste Problem besteht gerade darin, das Absolute zu finden. Jedoch auf die direkte Frage, was denn jenes Absolute ist, was folglich als Grundlage der Relativitätstheorie dient, finden wir im Vortrag leider keine klare und befriedigende Antwort. Damit möchte ich sagen, daß die Antwort auf diese Frage nach dem Absoluten, wie sie im Vortrag gegeben wurde, in philosophischer Hinsicht nicht als begründet betrachtet werden kann. Im Vortrag ist zum Beispiel folgende Behauptung zu lesen: „Eine rationale Theorie von Raum und Zeit muß vom materiellen Zusammenhang der Erscheinungen ausgehen." Ich stimme völlig damit überein, daß dies ein zutiefst wahrer Gedanke ist. Aber von welchem Zusammenhang soll man denn ausgehen? Was können wir konkreter über diese materiellen Zusammenhänge aussagen? Auf diese Frage, so schien es, gibt es eine völlig bestimmte Antwort. A. D. Alexandrow schlägt vor, von folgendem Zusammenhang auszugehen: von der Einwirkung eines Ereignisses auf ein anderes. Jedoch wird gleichzeitig vorgeschlagen, nicht von „Einwirkung", sondern nur vom „zeitlichen Vorangehen" eines Ereignisses vor einem anderen zu sprechen. „Das Ereignis A" — sagt der Referent — „wirkt auf B ein, geht ihm zeitlich absolut voraus, d. h. hinsichtlich aller Bezugssysteme." Auf diese Weise wird faktisch vorgeschlagen, als Eigenschaft des Absoluten das zeitliche Vorangehen eines Ereignisses, aber nicht den Wirkungszusammenhang zu nehmen, denn in eben diesen Zusammenhängen ist das Absolute nicht aufgedeckt worden. Das Absolute kann man — und ich folge hier dem Gedanken des Referenten selbst — nur im zeitlichen Vorangehen finden. Nur indem wir vom physikalischen Inhalt der Ereignisse abstrahieren, können wir vom Vorangehen sprechen, d. h. auch das Absolute finden. Dabei zeigt es sich, daß dieses Absolute sich nicht auf die Ereignisse selbst, sondern auf den Raum und die Zeit bezieht. Folglich wird der Versuch gemacht, das Absolute nicht im Inhalt, sondern in der Form zu finden. „Es handelt sich vor allem um ein System von Beziehungen als Form, aber nicht um die Einwirkungen selbst", sagt der Referent. „Die erste Grundthese der Theorie besteht einfach in der Definition der Raum-Zeit", unterstreicht A. D. Alexandrow. — „. . . Die Raum-Zeit ist die Mannigfaltigkeit (Menge) aller Ereignisse, genommen nur vom Gesichtspunkt ihrer Struktur, die durch ein System von Beziehungen des Vorangehens (oder der Folge) bestimmt wird, in Abstraktion von allen anderen Eigenschaften." Gerade diese Struktur von Raum und Zeit ist auch jenes Absolute, welches man zur Grundlage der Theorie machen muß. Im Vortrag wurde darüber gesagt: „Der Ausgangspunkt ist die absolute Struktur von Raum und Zeit."

Dies kann man nur so verstehen, daß der Referent faktisch von der Aufgabe abrückt, die er selbst stellte. Ich erinnere an diese Aufgabe: „Eine rationale Theorie" — sagt Alexandrow — „muß von den materiellen Zusammenhängen der Erscheinungen ausgehen und aus den in ihnen (d. h. in den materiellen Zusammenhängen) entdeckten allgemeinen Gesetzen die Begriffe und Gesetze der raumzeitlichen Beziehungen ableiten." In der Tat stellt es sich jedoch heraus, daß der Referent die Grundlage der Theorie, das, von dem man ausgehen muß, jenes Absolute, mit dem man beginnen muß, nicht in den materiellen Zusammenhängen, sondern in den raumzeitlichen Beziehungen sieht. Das bedeutet jedoch, daß der logische Aufbau der Relativitätstheorie der alte, verkehrte bleibt. Tatsächlich werden die Eigenschaften der Raum-Zeit entsprechend dieser Logik aus den Eigenschaften des Raumes und der Zeit, aber nicht aus den Eigenschaften der materiellen Zusammenhänge der Erscheinungen abgeleitet. Mehr noch, wenn man von den Eigenschaften der Raum-Zeit ausgeht (selbst wenn dies absolute Eigenschaften sind, so hören sie damit noch nicht auf, die Eigenschaften gerade der Raum-Zeit zu sein), dann folgen einige materielle Zusammenhänge der Erscheinungen — zum Beispiel die Veränderung der Masse — aus diesen Eigenschaften der Raum-Zeit. Somit bleibt der logische Aufbau der Theorie der gleiche.

Natürlich können auf all dies Einwände folgen. Der Referent hebt trotz allem den sehr wichtigen Gedanken hervor, daß es notwendig ist, vom Begriff der Einwirkung der materiellen Ereignisse auszugehen, und obwohl der Begriff des zeitlichen Vorangehens losgelöst vom Begriff der Einwirkung gefaßt wird, ist er nichtsdestoweniger mit diesem verbunden. Im Vortrag wird ebenfalls der bekannte Zusammenhang zwischen den Kausalbeziehungen und der räumlich-zeitlichen Struktur der Welt betont. Obwohl dieser an sich höchst interessante Gedanke in der Geschichte des Kampfes um die Relativitätstheorie schon diskutiert wurde, so wäre es doch eine große Errungenschaft, wenn es uns gelänge, ausgehend von der Position des modernen Materialismus, den Zusammenhang zwischen den Kausalbeziehungen und Raum und Zeit zu verfolgen. Die Aufgabe besteht darin, im einzelnen zu verfolgen, auf welche bestimmte Weise man von der Kausalstruktur zur räumlich-zeitlichen Struktur übergehen kann. A. D. Alexandrow begründet diesen Übergang, indem er sich auf den Prozeß der Abstraktion beruft.

Es versteht sich von selbst, daß der Prozeß der Abstraktion ein unerläßliches und wertvolles Verfahren der theoretischen Forschung ist. Aber man darf nicht verschiedene Dinge identifizieren, den Prozeß der Abstraktion und den Prozeß des Aufbaus der Theorie aus den Grundbegriffen und Grundprinzipien.

Natürlich verläuft die Suche nach den grundlegenden Begriffen der Wissenschaft auf dem Wege der Abstraktion. Aber dieser Weg fällt nicht mit dem logischen Aufbau der Theorie selbst zusammen. Indessen wurde im Vortrag die Aufgabe gestellt, beim Aufbau der Relativitätstheorie, bei ihrer inneren Logik von den materiellen Zusammenhängen selbst auszugehen.

Der Referent behauptet, daß er beim Aufbau der Theorie vor allem von den Wirkungsverhältnissen der Ereignisse ausgeht, d. h. von den materiellen Zusammenhängen, in der Tat zeigt es sich jedoch, daß er von den Beziehungen des zeitlichen Vorangehens (oder der Folge) ausgeht. Der Abstraktionsprozeß, welcher ihn zur Kategorie des Vorangehens führt, bleibt natürlich außerhalb der Grenzen der Logik der Theorie. Uns bleibt die Aufgabe, zu prüfen, ob diese Abstraktion richtig ausgeführt wurde. Aber hier entsteht auch Zweifel. Vor allem entsteht Zweifel im Zusammenhang mit dem Begriff der Kausalität. Es ist natürlich richtig, daß der Begriff der Ursache nicht mit dem Begriff der Einwirkung übereinstimmt. Jedoch dort, wo ein Kausalverhältnis existiert, sagen wir zwischen den Ereignissen A und B, dort ruft das Ereignis A als Ursache unweigerlich das Ereignis B hervor, d. h. im bekannten Sinne, wirkt auf das Ereignis B ein. A. D. Alexandrow geht, wie ersichtlich ist, davon aus, daß das Kausalverhältnis notwendig ein Verhältnis des Vorangehens ist. Dieser Umstand läßt sich in keiner Weise leugnen, fordert aber noch einen speziellen Beweis dafür, daß die kausale Einwirkung den Charakter des Vorangehens, nicht aber der Gleichzeitigkeit trägt.

Hier sehe ich folgenden Einwand voraus. Es ist ja prinzipiell klar, daß in der Relativitätstheorie das Verhältnis des Vorangehens für räumlich getrennte Ereignisse, die durch einen Kausalzusammenhang miteinander verbunden sind, einen Platz hat. Wozu bedarf es da noch eines Beweises? Dazu könnte ich nur bemerken: Wenn die Aufgabe gestellt wurde, die Logik der Theorie umzustülpen und andere Grundbegriffe für ihren Aufbau zu schaffen, so besitzen wir kein Recht, ohne speziellen Beweis die Grundbegriffe aus der Theorie zu entnehmen, deren Logik wir umzubauen vorhaben. Im gegebenen Fall ist es notwendig, nicht von den fertigen Beziehungen zwischen der Kausalität und dem zeitlichen Vorangehen auszugehen, die in der allgemein vertretenen Deutung der Relativitätstheorie gegeben sind, sondern eine besondere Analyse dieses Zusammenhangs zu geben oder sich auf die entsprechenden Deutungen zu berufen. Ich wollte damit nur eines sagen: Der Zusammenhang zwischen dem Begriff der kausalen Einwirkung und dem Begriff des zeitlichen Vorangehens ist im Vortrag durch nichts begründet. Folglich ist auch die Behauptung, daß der Referent beim Aufbau der Theorie vom Begriff der Einwirkung ausgeht, unbegründet. Mindestens für die kausale Einwirkung ist dies ohne Zweifel. Was das mathematische Theorem betrifft, auf das sich Gen. Alexandrow stützt und das nach seiner Behauptung die bestimmende Rolle der Einwirkung hinsichtlich der Geometrie des Raumes und der Zeit beweist, so wird in ihm, wie es aus der Klärung des Sinnes dieses Theorems im Vortrag ersichtlich ist, nicht eigentlich von der Einwirkung, sondern nur vom Verhältnis des zeitlichen Vorangehens oder der Folge gesprochen.

Der Begriff der Einwirkung setzt, wie wir soeben sahen, nicht automatisch den Begriff des zeitlichen Vorangehens voraus. Es ist eine zusätzliche Analyse des Zusammenhangs des Begriffs der Einwirkung mit dem Begriff des zeitlichen Vorangehens erforderlich. Diese Analyse geht natürlich über den Rahmen des genannten Theorems hinaus. Die Analyse dieses Zusammenhangs finden wir im Vortrag nirgends. Wir gelangen im Ergebnis all dessen zu dem gleichen Schluß: Der Versuch, die Grenzen der Raum-Zeit-Beziehungen zu verlassen und sie, ausgehend von den materiellen Zusammenhängen, zu begründen, ist dem Verfasser nicht gelungen.

Mir scheint es, daß beim Versuch, die Relativitätstheorie logisch aufzubauen, die Invarianz der Naturgesetze, ihre Unabhängigkeit von der Wahl ihrer Darstellungsart eine große Bedeutung besitzt. Es ist möglich, daß eine tiefe Analyse des Invarianzprinzips auch jenes Absolute finden hilft, das unverändert erhalten bleibt und gestattet, das System der Gesetze der Relativitätstheorie folgerichtig aufzubauen. Im Zusammenhang damit überraschte mich im Vortrag folgende Behauptung sehr: „Das Relativitätsprinzip“, so schreibt A. D. Alexandrow,

„drückt jene objektive Tatsache aus, daß unter gleichartigen Bedingungen, die objektiv in verschiedenen Inertialsystemen existieren, Erscheinungen ein und desselben Typs gleichartig verlaufen. Aber der Ersatz dieser Tatsache durch die Behauptung der Unabhängigkeit der Naturgesetze von der Wahl ihrer Beschreibungsart nimmt dem Relativitätsprinzip den Charakter eines physikalischen Gesetzes, weil diese Behauptung, obwohl sie unbedingt richtig ist, dennoch keinerlei speziell physikalischen Inhalt ausdrückt."

Ich möchte eigentlich A. D. Alexandrow entschieden widersprechen, denn ich bin überzeugt, daß diese Behauptung in der Tat einen tiefen physikalischen und philosophischen Sinn besitzt. Aber leider nahm A. D. Alexandrow selbst mir die Möglichkeit, ihm zu widersprechen. Es handelt sich darum, daß schon auf der folgenden Seite zu lesen ist: „Die Formulierung des Relativitätsprinzips als Prinzip der Unabhängigkeit der Naturgesetze von ihrer Beschreibungsart ist kein philosophischer Kommentar zur Theorie, sondern die Formulierung ihres Grundgesetzes." Mit dieser letzten Behauptung muß man einverstanden sein. Aber sie widerspricht der ersten Behauptung. Ich lenke die Aufmerksamkeit nicht deshalb auf diesen Punkt des Vortrags, weil ich ein Beispiel eines logischen Fehlers finden will. Ich möchte damit nur hervorheben, daß es in keiner Weise folgerichtig ist, auf der Suche nach dem richtigen logischen Aufbau der Relativitätstheorie die Bedeutung des Prinzips der Invarianz der Naturgesetze zu verneinen.

Soweit ich den Vortrag A. D. Alexandrows verstehen konnte, leugnet er die Rolle dieses Prinzips beim Aufbau der Theorie. Aber die objektive Bedeutung dieses Prinzips dringt, unabhängig von der subjektiven Einstellung des Referenten, in den Vortrag ein. Als A. D. Alexandrow genötigt war, eine Kritik Eddingtons zu geben, war er im Gegensatz zu seiner früheren Erklärung gezwungen, die These in Anspruch zu nehmen, daß „die Formulierung des Relativitätsprinzips als Prinzip der Unabhängigkeit der Naturgesetze von ihrer Beschreibungsart kein philosophischer Kommentar zur Theorie ist, sondern die Formulierung ihres Grundgesetzes." Es ist klar, daß das Grundgesetz einer jeden beliebigen Theorie alle anderen Gesetze bestimmt und daß die Analyse des Inhalts des Grundgesetzes für ihren richtigen Aufbau unerläßlich ist. Ich kann hier jedoch diese Grundsätze nicht ausführlich entwickeln.

Zum Abschluß möchte ich einige allgemeine Bemerkungen zu anderen Vorträgen sowie zu unserer gesamten Arbeit bei der Ausarbeitung der philosophischen Fragen der Naturwissenschaft machen. Schon die Tatsache der Durchführung der Allunionskonferenz über philosophische Fragen der Naturwissenschaft nehmen wir Philosophen natürlich mit Befriedigung auf. Die Einberufung der Konferenz zeugt von dem gewachsenen Interesse für diese Probleme der philosophischen Wissenschaft. Man darf jedoch nicht verschweigen, daß in den Vorträgen, die speziellen Problemen der Wissenschaft gewidmet waren, eigentlich philosophische Fragen der Naturwissenschaft in keinerlei Hinsicht erschöpfend dargelegt wurden. Natürlich sind die Interpretationen grundlegender Probleme dieses oder jenes Wissensgebietes oder die ausführliche Verteidigung dieser oder jener naturwissenschaftlichen Hypothese für Philosophen von Interesse. Aber die eigentlich philosophischen Fragen der Naturwissenschaft müssen den Gegenstand eines besonderen Teils der philosophischen Wissenschaft bilden. Es ist natürlich möglich, von den verschiedensten Seiten die Notwendigkeit spezifisch philosophischer Fragen der Naturwissenschaft zu zeigen, die sich von den Fragen der Naturwissenschaft selbst unterscheiden.

Hier stelle ich nur soviel fest, daß schon der Begriff des Bündnisses von Naturwissenschaft und Philosophie, zu dem wir hier auf der Konferenz aufgerufen haben, die Existenz eines besonderen Zweiges der philosophischen Wissenschaft mit seinem spezifischen Gegenstand voraussetzt. Denn über welches Bündnis von Naturwissenschaft und Philosophie kann gesprochen werden, wenn die philosophischen Fragen der Naturwissenschaft mit den Fragen der Naturwissenschaft selbst identifiziert werden? In diesem Fall würde der Begriff des Bündnisses jeden Sinn verlieren. Bei der Ausarbeitung der philosophischen Fragen der Naturwissenschaft kann man zwei extreme Standpunkte beobachten. Unter Naturwissenschaftlern war man offensichtlich der Meinung, daß schon eine tiefe Kenntnis dieses oder jenes speziellen Gebietes der Wissenschaft garantiert, daß die philosophischen Probleme dieser Wissenschaft richtig gestellt und gelöst werden.

Andererseits meinten einige Philosophen, und es ist möglich, daß sie auch jetzt noch der Meinung sind, daß sozusagen schon richtige philosophische Fragestellungen an sich die richtige Lösung der philosophischen Probleme der Naturwissenschaft garantieren. Auf Grund dieser Ansichten, die sich im wesentlichen auf diesen und jenen zutiefst falschen Standpunkt zurückführen lassen, bildete sich eine solche Lage heraus, daß die Spezifik der philosophischen Probleme der Naturwissenschaft verlorenging. Tatsächlich beschäftigte man sich auf dem Gebiet der philosophischen Fragen der Naturwissenschaft zum Beispiel nur mit der Untersuchung der Weltanschauung hervorragender Naturwissenschaftler. Das ist an sich eine sehr wichtige Aufgabe. Die Untersuchung der Weltanschauung hervorragender Wissenschaftler besitzt eine bestimmte Bedeutung für die Lösung der eigentlich philosophischen Fragen der Wissenschaft. Streng genommen, gehört diese Aufgabe jedoch zur Kompetenz sowohl der Geschichte der Philosophie als auch der Geschichte der Wissenschaft. Die Fragen nach den Gesetzmäßigkeiten der Entwicklung der Wissenschaft jedoch, die Untersuchung der Struktur naturwissenschaftlicher Theorien, die philosophische Analyse spezifischer Methoden der modernen Wissenschaft, die logische Natur der Grundbegriffe und Grundgesetze der Wissenschaft usw. sind sehr wenig untersucht. Jedenfalls sind wir nicht gerade reich an solchen Arbeiten.

Jeder Spezialist weiß auf seinem Gebiet sehr gut, daß für die Lösung irgendeiner speziellen Aufgabe in einem speziellen Bereich der Erscheinungen zweifellos eine allgemeine Theorie dieser Erscheinungen notwendig ist. Für die Lösung einer solchen Aufgabe wird die schon vorhandene Theorie der Erscheinungen ausgenutzt. Aber häufig führt das Bedürfnis, eine neue Aufgabe zu lösen, zur Entwicklung der alten Theorie oder zum Aufbau einer völlig neuen Theorie. Wenn aber eine solche Theorie noch nicht geschaffen wurde, so bleibt die Lösung der Aufgabe im Stadium empirischer Forschung.

Was für eine erstaunliche Tatsache hat sich aber ergeben! Vor uns stand die spezielle Aufgabe, die Logik einer speziellen Theorie aufzubauen, sagen wir, der Relativitätstheorie. Und dabei wird aus irgendeinem Grunde angenommen, daß man bei der Lösung einer solchen Aufgabe ohne allgemeine Theorie, die die Logik der Wissenschaft untersucht, auskommen könne. Das Eindringen in die höheren Regionen der Wissenschaft, namentlich in die Theorie der wissenschaftlichen Theorie, bleibt aus irgendeinem Grunde versperrt oder es wird, was noch trauriger ist, bisweilen einfach die Existenz dieser höheren Regionen bestritten.

Hieraus entspringt auch, wenn man sich so ausdrücken darf, der Empirismus, den wir beim Stellen und bei der Lösung spezieller Probleme der Naturwissenschaft beobachten. Wenn wir ein fruchtbares Bündnis der Naturwissenschaft und der Philosophie anstreben, so können wir auf die Ausarbeitung dieser im eigentlichen Sinne philosophischen Fragen der Naturwissenschaft keinesfalls verzichten.

Ich möchte betonen, daß die philosophischen Fragen der Naturwissenschaft ein Spezialgebiet der Untersuchung sind, das sich von den Gebieten der eigentlichen Naturwissenschaft unterscheidet. In Anbetracht dessen ist eine Spezialisierung auf diese Probleme unerläßlich. Natürlich kann sich auch ein Spezialist der Naturwissenschaften mit diesen Problemen beschäftigen. Aber damit geht er über zur Untersuchung spezieller Probleme, die zwar mit dem Inhalt der eigentlichen Naturwissenschaft verbunden sind, sich aber trotzdem wesentlich vom Problem der Naturwissenschaft unterscheiden.

Ich verstehe gut, daß die philosophischen Fragen der Naturwissenschaft in unserem Lande von einem ganzen Kollektiv von Gelehrten, die auf diesem Gebiet arbeiten, einschließlich der Hochschullehrer, ausgearbeitet werden. Das Interesse für die philosophischen Fragen der modernen Naturwissenschaft ist bei den sowjetischen Gelehrten sehr groß.

Dieses Interesse widerspiegelt ein inneres Erfordernis der Wissenschaft selbst, aber auch ein Erfordernis in der Entwicklung der Philosophie. Um die Anstrengungen vieler Naturwissenschaftler und Philosophen, die auf dem Gebiet der philosophischen Fragen der Naturwissenschaft arbeiten, zu vereinen, ist eine spezielle Zeitschrift erforderlich. Ich befürworte brennend den Gedanken der Herausgabe einer solchen Zeitschrift.

*

Professor A. S. Shmudski (Kiew). Im Vortrag von M. E. Omeljanowski ist die Behauptung enthalten, daß die Krise der Physik, die Lenin analysierte, auch heute in den kapitalistischen Ländern existiert. Die Broschüre von Kolman, die im vergangenen Jahr erschien, enthält die entgegengesetzte Behauptung, daß die Krise, über die Lenin schrieb, beendet sei. Beide Philosophen bemühen sich in keiner Weise um eine Begründung der von ihnen aufgestellten Thesen. Unserer Auffassung nach verdient diese Frage eine detailliertere und allseitigere Betrachtung.

Lenin zerschlug in seinem Werk „Materialismus und Empiriokritizismus" den physikalischen Idealismus ideologisch als eine reaktionäre Strömung, die die Entwicklung der Wissenschaft hemmt.

Auf diese Weise begann Lenin mit der Beseitigung der Krise in der Physik. Sein Werk spielte und spielt eine entscheidende Rolle bei der bewußten Durchsetzung der Prinzipien des dialektischen Materialismus in der Naturwissenschaft.

In unserer Zeit gibt es jedoch eine Reihe grundlegender Faktoren, die die Überwindung der Krise der Physik begünstigten. Es handelt sich um mindestens drei solcher Faktoren. Betrachten wir sie.

Der erste und entscheidende Faktor, der die Überwindung der Krise in der Physik begünstigt, ist die Entstehung des sozialistischen Systems und die Arbeit der kommunistischen Parteien zur Verbreitung des dialektischen Materialismus in den verschiedenen Ländern.

Ein weiterer Faktor, der die Überwindung der Krise der Physik begünstigt, sind die Erfolge der Physik selbst, die breite Anwendung ihrer Resultate in der Produktion, in der Wissenschaft, in der Lebensweise und Kultur sowie auch die Entwicklung der internationalen wissenschaftlichen Verbindungen.

Im vergangenen Jahrzehnt erweiterten sich die Gebiete, in denen sich die Wissenschaft entwickelte und festigten sich die internationalen wissenschaftlichen Beziehungen. Das Institut für wissenschaftliche Information in Moskau erhält täglich 500 Bücher und Zeitschriften aus 85 Ländern, die in 50 Sprachen gedruckt sind.

Die Bibliothek der Akademie der Wissenschaften der UdSSR tauscht mit 2000 wissenschaftlichen Institutionen in 84 Ländern der Erde Bücher aus. In den vergangenen 5 Jahren wurden z. B. in Japan mehr als 800 Bücher sowjetischer Autoren über die vielfältigsten Wissenszweige in japanischer Sprache herausgegeben.

Während im Jahre 1910 auf dem Gebiet der Physik in Rußland 30 Arbeiten erschienen, wird heute im Laufe eines Jahres in den bibliographischen Zeitschriften über mehr als 30000 verschiedene Arbeiten über Physik berichtet, die in den verschiedenen Ländern der Erde erscheinen.

Es wuchs die Zahl der internationalen wissenschaftlichen Kongresse und Tagungen, an denen sowjetische Gelehrte aktiv teilnehmen, ein bedeutender Teil von ihnen wurde auch in der Sowjetunion durchgeführt. Es wurden internationale wissenschaftliche Aufgaben gelöst, z. B. wurde das Internationale Geophysikalische Jahr durchgeführt.

All dies förderte die Verbreitung der Prinzipien des dialektischen Materialismus und die Festigung seiner Positionen in der Masse der Naturwissenschaftler.

Die Physik als die führende Naturwissenschaft und zusammen mit ihr auch andere Wissenschaften und die Technik erzielten im vergangenen Jahrzehnt überaus positive Resultate bei der Untersuchung, der Umgestaltung und Ausnutzung der Naturkräfte. Heute ist klar, daß eine Wissenschaft, die sich mehr als 60 Jahre in der Krise befindet, solche Erfolge nicht aufweisen könnte.

Ein mächtiger Faktor, der die Beseitigung der Krise in der Physik begünstigte, ist der dialektische Charakter der Prozesse, der von der modernen Wissenschaft erforscht und in breitem Maße ausgenutzt wird, und die Ersetzung des metaphysischen durch den dialektischen Materialismus. Der dialektische Charakter der von der Physik erforschten Erscheinungen fördert diesen Prozeß.

Die moderne Physik benutzt in bedeutenderem Maße als die Physik am Ende des 19. und zu Beginn des 20. Jahrhunderts die Mathematik. Aber die modernen Physiker versuchen in allen Fällen, den Zusammenhang zwischen der mathematischen Struktur und den Elementen der materiellen Welt, auf die sie sich bezieht, zu zeigen.

Nicht nur Gelehrte der Länder des sozialistischen Lagers, sondern auch viele Gelehrte der kapitalistischen Länder beginnen, in ihren Untersuchungen bewußt die dialektische Methode anzuwenden und die Resultate ihrer Untersuchungen in Übereinstimmung mit der materialistischen Theorie zu interpretieren.

Erst jetzt kann man die ganze Größe des Optimismus Lenins verstehen, der schrieb: „Der fundamentale materialistische Geist der Physik wie aller modernen Naturwissenschaft wird alle möglichen Krisen überwinden, aber nur bei unbedingter Ersetzung des metaphysischen Materialismus durch den dialektischen.“[1]

Dank der Herrschaft des dialektischen Materialismus im sozialistischen System, dank dem Bemühen der Kommunistischen Parteien in allen Ländern um die Verbreitung des dialektischen Materialismus eroberte dieser in der Naturwissenschaft solide Positionen. Jetzt geht der Prozeß der Erweiterung und Festigung dieser Positionen vor sich. Die Periode der Herrschaft der Metaphysik und des Idealismus in der Naturwissenschaft ist beendet, und es begann die Periode der bewußten und aktiven Anwendung des dialektischen Materialismus.

Anzuerkennen, daß die Krise der Physik bei uns beseitigt, in den kapitalistischen Ländern jedoch die gleiche wie vor 50 Jahren sei, bedeutet einen Verstoß gegen die Wahrheit und bedeutet die Anerkennung der Existenz von zweierlei Physik sowie auch die Preisgabe der Physik in den kapitalistischen Ländern an den Einfluß des Idealismus.

Die Wissenschaft in unserer Zeit erreichte in beiden Systemen ein hohes Niveau. An der Wissenschaft sind die beiden sozialen Systeme interessiert und im friedlichen Wettbewerb, der geführt wird, wird der objektive Wert der wissenschaftlichen Theorien in den Vordergrund gestellt.

Im Vortrag von M. E. Omeljanowski gibt es keine Argumente, die jener Behauptung, die ich ganz am Anfang meiner Rede aufstellte, widersprechen. Jedoch gibt es dort eine andere Argumentation: Die Existenz der Krise in der Physik wird durch eine Verschärfung des Kampfes zwischen Materialismus und Idealismus erklärt. Das Material des ganzen Vortrags von Omeljanowski aber zeugt davon, daß die Krise in der Physik beseitigt ist.

[1] W. I. Lenin, Materialismus und Empiriokritizismus, Berlin 1952, S. 296.

Wir müssen feststellen, daß die Erklärung der Existenz der Krise durch eine Verschärfung des Kampfes zwischen Materialismus und Idealismus nicht richtig ist, weil die Stufe der Aktivität des Kampfes zwischen Materialismus und Idealismus nicht als Gradmesser für das Nichtbestehen oder Bestehen der Krise in der Physik dienen kann.

Folglich führte die gesellschaftlich-historische Bewegung, die zur Schaffung des sozialistischen Weltlagers führte, sowie die Entwicklung der Naturwissenschaft in den vergangenen 50 Jahren dazu, daß die Krise, wie Lenin auch voraussah, tatsächlich beseitigt ist, weil die Bedingungen, die sie hervorbrachten, aufgehoben wurden.

*

Professor S. A. Janowskaja. Ich möchte sagen, daß die heutige Konferenz vor allem davon zeugt, daß das Interesse für philosophische Fragen der Naturwissenschaft sowohl bei Philosophen als auch bei Naturwissenschaftlern außerordentlich groß ist.

Ich bin durchaus kein Spezialist in der Physik. Trotzdem aber bin ich tief davon überzeugt, daß einige Schwierigkeiten, mit denen die Physik zu tun hat, mit der Mathematik, die sie benutzt, verbunden sind. Gerade in der Mathematik — zumindest in der klassischen Mathematik — gehen wir faktisch von der Annahme aus, daß man jeden Punkt des Raumes und der Zeit individualisieren könne. In der Physik stimmt dies mit der Annahme überein, daß Raum und Zeit kontinuierlichen Charakter haben und daß man nichtsdestoweniger jeden ihrer Punkte hervorheben, individualisieren kann.

Sie wissen sehr gut, daß der grundlegende Streit der Dialektiker und Metaphysiker, auf den Lenin besondere Aufmerksamkeit richtete, sich vor allem auf die Frage bezog, wie die Bewegung darzustellen sei — in diesem Streit hing die grundlegende Schwierigkeit mit der Annahme der Möglichkeit der Individualisierung jedes Raumpunktes oder Zeitmomentes zusammen. Vor allem hinsichtlich des Zeitmomentes unterstreicht Lenin die Unbegründetheit einer solchen Annahme. Indem er sich gegen Tschernow wendet, sagt Lenin hinsichtlich des Momentes — „erfasse es!" — aber wie soll man dieses Moment erfassen? Gerade daraus, daß wir von der Annahme ausgehen, daß wir dies *immer* machen können, folgt nur, daß wir eine Aufgabe dadurch lösen, daß wir eine bekanntlich schwierigere, faktisch sogar unlösbare Aufgabe als gelöst betrachten. Die Frage nach der Rolle einer solchen Art von Idealisierung, wie die reine Ausdehnung „Moment" oder „Punkt" beim Erfassen der Bewegung — obwohl nur in der Annäherung — beschäftigt die Philosophen schon seit Aristoteles und verdient heute natürlich besondere Betrachtung. Hier wollte ich nur bemerken, daß man in der modernen Mathematik des Konstruktivismus versucht, von anderen Annahmen auszugehen. Im einzelnen heißt das, dort gibt es nicht die Annahme, daß jedes Moment der Zeit, jeder Punkt des Raumes individualisiert, erfaßt werden kann.

Mir scheint es in diesem Zusammenhang, daß, wenn man die philosophischen Fragen der Physik untersucht, eine Erörterung der philosophischen Fragen der Mathematik unerläßlich ist und daß hier nicht zufällig die Frage nach den mathematischen Richtungen, insbesondere nach dem Konstruktivismus, entstand.

*

N. M. Sissakjan, Korrespondierendes Mitglied der Akademie der Wissenschaften der UdSSR. Die gegenwärtige Etappe der Entwicklung der Naturwissenschaften ist hauptsächlich dadurch charakterisiert, daß sich nach der Beschreibung und Erforschung der Makrowelt vor den Naturforschern die Frage nach der Erforschung der Mikrowelt der uns umgebenden Erscheinungen erhebt. Die ersten ansporenden experimentellen Erfolge wurden durch Physiker erreicht, die nicht nur ein Beispiel für die Erkenntnis tiefer liegender Prozesse gaben, sondern auch notwendige Voraussetzungen, den wichtigen experimentellen Aufmarschraum für den frontalen Angriff auf noch nicht erkannte Naturerscheinungen schufen.

Es entstanden neue Vorstellungen, es traten neue Maßeinheiten auf, es bestätigten sich neue Methoden, die die Möglichkeit geben, experimentelle Beobachtungen mit größerer Zuverlässigkeit zu beurteilen. In Verbindung damit zeigten sich ausgedehnte Perspektiven für die Biologie und insbesondere für deren jüngsten Zweig — die Biochemie.

Bereichert mit der Erfahrung der Physik und Chemie und den Errungenschaften der Physiologie ging die Biochemie seit ihrer Entstehung an die Aufdeckung der qualitativen Eigenart des Chemismus der Lebenserscheinungen und die Bestätigung ihrer Materialität heran.

Die summarische Untersuchung der chemischen Zusammensetzung der Organismen im ganzen, ihrer Organe, Gewebe und Flüssigkeiten, die in der ersten Periode der Entwicklung der Biochemie charakteristisch war, und die erfolgreiche Durchführung der Synthese einiger wichtiger Verbindungen, die lebenden Organismen eigen sind, durch organische Chemiker führten zur Bestätigung der Vorstellung von der Einheitlichkeit des Chemismus, der allen lebenden Körpern zugrunde liegt. Dadurch wurde dem Idealismus und seiner besonders gefährlichen Abart in der Biologie, dem Vitalismus, der Todesstoß versetzt. Die Erfolge der organischen Synthese bargen zugleich die Gefahr einer falschen Deutung der Chemismen der belebten Welt in sich.

Die unkritische Auffassung der ersten Fortschritte führte einige Wissenschaftler zu einer mechanistischen Vorstellung über das Leben als einer einfachen Summe zahlreicher organischer Verbindungen.

Andererseits begannen die Vertreter der vitalistischen Weltanschauung, die in der Frage nach der Möglichkeit der künstlichen Synthese von Stoffen, aus denen sich tierische und pflanzliche Organismen zusammensetzen, eine Niederlage erlitten hatten, in einer angeblich unwiederholbaren Eigenart des Verlaufs der chemischen Umwandlungen in lebenden Körpern Zuflucht für ihre idealistischen Konstruktionen zu suchen.

Die Physik und Chemie brachten das Fundament hervor, auf welchem die eigentlichen Methoden der Biochemie entstanden und sich vervollkommneten. Dies bedingte die Möglichkeit, die chemische Natur der Prozesse aufzuklären, die den physiologischen Funktionen des Organismus zugrunde liegen: Atmung, Gärung, Muskelkontraktion, Biochemie der sekretorischen und Ausscheidungsprozesse, Chemismus der biochemischen Synthesen, insbesondere der Natur der Wirkung des enzymatischen Systems usw. Dies alles führte zur Bestätigung der fundamentalen These der modernen Biochemie von den wechselseitigen Zusammenhängen aller Glieder in den biologischen Stoffwechselprozessen.

Aber die umfassendste Ausnutzung und richtige Zusammenfassung der Methoden der chemischen Analyse und Synthese gestatteten der klassischen Biochemie nicht, hinlänglich nah an die Erkenntnis der intimen Seiten des Stoffwechsels heranzukommen, jene Gesichtspunkte des Chemismus der Lebenstätigkeit zu erklären, welche während einer Reihe von Jahren Gegenstand genialer, aber gleichzeitig naiver Vermutungen vieler Naturforscher waren. Eine solche Möglichkeit trat erst im Ergebnis der Revolution auf, die sich innerhalb der technischen Mittel des biologischen Experimentes vollzog. In der Biologie und besonders der Biochemie begann man die neuesten Errungenschaften der Physik und Chemie umfassend auszunutzen. Im Ergebnis gründlicher Vervollkommnungen der technischen Mittel der Wissenschaften, besonders in solchen Gebieten der Biologie wie der Biochemie und Biophysik, begannen nicht nur das Talent des Forschers, seine Individualität und methodologische Einstellung zu den Problemen, sondern auch die technische Ausrüstung eine entscheidende Bedeutung bei der Bearbeitung dieser oder jener Fragen anzunehmen.

Der Fortschritt in der experimentellen Technik der Biochemie eröffnete den Weg in die Mikrowelt der Zelle, brachte neue, ausgezeichnete Möglichkeiten für die Erkenntnis der biochemischen Funktionen innerzellulärer Strukturen hervor.

In den letzten zehn bis fünfzehn Jahren entstand die biochemische Zytologie, die sich zu einem selbständigen Zweig der Wissenschaft herausbildete und sich sehr schnell entwickelte. Sie beschäftigt sich mit der Erforschung der Gesetzmäßigkeiten der biochemischen Prozesse, die sich innerhalb der lebenden Zelle vollziehen, der Gesetzmäßigkeiten der räumlichen Isolierung, d. h. der Lokalisierung biochemischer Funktionen innerhalb der lebenden Zelle. Im Zellkern konzentrieren sich die Fermente des Nukleinsäurestoffwechsels. In den Plastiden finden die Prozesse der Photosynthese und eine Reihe anderer wichtiger biochemischer Synthesen statt. Die Mitochondrien, das sind kleinste Partikel, sind gleichsam Kraftwerke der Zelle. In ihnen findet die Bildung der Energie statt, die für die Aufrechterhaltung der Lebensfunktionen der Zelle notwendig ist. In den kleinsten intrazellulären Strukturen, den Mikrosomen, wird die Eiweißsynthese durchgeführt. In den strukturlosen Bereichen der Zelle verläuft der Abbau der Kohlenhydrate.

Die progressive Richtung der immer größer werdenden strukturellen Differenzierung des Objektes der biochemischen Untersuchung, die zur Vertiefung unserer

Vorstellung über den Chemismus des Lebendigen führt, kann den Forscher gleichzeitig zu einem vollständigen Abgehen von der Erkenntnis der Funktion des ganzen Organismus führen. Natürlich darf man die Gesetzmäßigkeiten, die für isolierte Strukturen aufgestellt sind, nicht mechanistisch auf die Zelle und den Organismus als einem Ganzen übertragen, obwohl uns die Untersuchung dieser Gesetzmäßigkeiten der Erkenntnis der Funktionen des ganzen Organismus näherbringt.

Außerdem ist es notwendig zu berücksichtigen, daß für die Erklärung des Wesens biochemischer Prozesse, die diesem oder jenem lebenden Körper eigen sind, die Beachtung der Besonderheiten der verschiedenartigen Entwicklungsstadien eine große Bedeutung besitzt, was einige Biochemiker ignorieren.

Der wechselseitige Zusammenhang und die gegenseitige Bedingtheit der Gegenstände und Erscheinungen, die durch die Methode der materialistischen Dialektik aufgedeckt werden, sind eine Gesetzmäßigkeit der Entwicklung aller Formen der sich bewegenden Materie. Gerade auf der Basis einer solchen biochemischen qualitativen Verschiedenheit werden der wechselseitige Zusammenhang und die Einheit der Prozesse des biologischen Stoffwechsels geschaffen.

In der Anfangsperiode der Entwicklung der Biochemie wurden auf Grund unzureichender Kenntnis einzelne Seiten des einheitlichen Stoffwechsels — der Austausch der Kohlenhydrate, der Eiweiße, der Lipoide, der organischen Säuren usw. — unabhängig voneinander als selbständige, isolierte, diskrete Prozesse betrachtet. Die glänzenden Erfolge der experimentellen Biochemie, zum Beispiel die Feststellung der Gesetzmäßigkeiten des Stoffwechsels in der Einheitlichkeit und dem wechselseitigen Zusammenhang ihrer verschiedenartigen Glieder, bestätigten mehr und mehr die wichtige These der marxistischen Dialektik vom wechselseitigen Zusammenhang der Dinge und Erscheinungen in der Natur. Vom Standpunkt des mechanischen Materialismus wird die Aufgabe, das Wesen des Lebens zu erkennen, darauf zurückgeführt, die Lebensprozesse auf der Grundlage der Gesetzmäßigkeiten der Physik und Chemie allein zu erklären, alle Lebenserscheinungen auf physikalische und chemische Erscheinungen zu reduzieren.

Die strenge Organisiertheit, die bestimmte gesetzmäßige Ordnung der großen Anzahl von Reaktionen, die ununterbrochen in der lebenden Materie verlaufen, wird durch biologische Gesetzmäßigkeiten bestimmt, die auf der Basis der Entwicklung der physikalisch-chemischen Gesetzmäßigkeiten entstehen und die ihrerseits die Spezifik der Physik und Chemie des lebenden Körpers bestimmen.

Die biochemische Desintegration der innerzellulären Elemente lehnt die Vorstellung der Ganzheit des Organismus und der Ganzheit der Zellen als biologischer Einheit nicht ab, sondern basiert umgekehrt auf ihr. Hier öffnet sich ein weites Feld für die gemeinsame Arbeit der Naturwissenschaftler und Philosophen, weil alle inneren wechselseitigen Zusammenhänge zwischen dem Verhältnis der Teile zum Ganzen und des Ganzen zu den Teilen ohne die Berücksichtigung des reichen Faktenmaterials, das es in großer Menge in der modernen Biochemie gibt, schwer zu verstehen sind.

Der Stoffwechsel als Grundlage aller Lebensfunktionen ist untrennbar mit Energieaustausch und -umwandlung verbunden. Die Ausnutzung der mannigfaltigen, überaus feinen physikochemischen Methoden führte zur Schaffung von Ganzheitsvorstellungen über die Gesetzmäßigkeiten der Bioenergetik, über die Bewegung der Energie innerhalb der Zelle, von Vorstellungen, wie die Übertragung der Elektronen von einer Verbindung zur anderen erfolgt, welchen Charakter die wechselseitigen Zusammenhänge zwischen den Prozessen, die Energie liefern, und den Prozessen, die sie verbrauchen, haben.

Die Untersuchung der Energetik der lebenden Körper widerlegt völlig die unrichtigen Vorstellungen von der Reduzierung des Chemismus der biologischen Oxydation auf den Mechanismus der gewöhnlichen Verbrennung. Biochemische Untersuchungen deckten nicht nur Züge der Einheit, sondern auch die Eigenart der energetischen Prozesse, die in den lebenden und in nichtlebenden Systemen ablaufen, auf.

Die Befunde der Biochemie zeigen, daß die Einheit des Lebens, die Zelle, normal funktionieren, d. h. sich ernähren, atmen, sich vermehren kann, solange sich in ihr unaufhörlich Stoffwechselprozesse vollziehen. Nach der heutigen Vorstellung entstehen und verlaufen die biochemischen Prozesse des Stoffwechsels bei Vorhandensein verschiedenartiger Stoffe und katalytischer Systeme.

Aus welchen Gliedern bildet sich die unaufhörliche Kette der Prozesse des biologischen Stoffwechsels, der Mikrostrukturen, denen Eiweiße und Fermentsysteme zugrunde liegen, die aus Eiweißen und anderen Stoffen, den Kofermenten und der Energiequelle bestehen, aus Stoffen, die mannigfaltigen Umwandlungen unterworfen werden? Die besondere Bedeutung der Eiweißkörper zeigt sich vor allem darin, daß ohne ihre Beteiligung kein einziger chemischer Prozeß mit meßbarer Geschwindigkeit in der lebenden Zelle ablaufen kann. Als Katalysator und Grundlage jener Mikro- und Makrostrukturen auftretend, aus denen alle lebenden Körper entstehen, bestimmen die Eiweiße die allgemeinste Linie der Einheit der organischen Welt; aber gleichzeitig zeigen die biochemischen Untersuchungen unbestreitbar, daß neben den Eiweißen andere Gruppen von Verbindungen, vor allem Nukleinsäuren, Lipoide und Polysaccharide, eine große Rolle im Stoffwechsel spielen.

Diese Untersuchungen zeigten, daß alle Fermente, Immunkörper, bakterielle Toxine, einige Hormone Eiweiße sind, daß Eiweiße die Grundlage aller lebenden Gewebe darstellen und daß sie, da sie eine ungewöhnliche Reaktionsfähigkeit besitzen, in Wechselwirkung mit fast allen im Organismus auftretenden Verbindungen stehen, wobei sie verschiedene Proteide bilden, in deren Resultat die katalytische Fähigkeit und Reaktionsfähigkeit der Eiweiße selbst um ein Vielfaches anwächst.

Daß neben den Eiweißen eine Gruppe von Stoffen auftritt, die auch eine sehr wichtige Rolle in den Lebensfunktionen des Organismus spielen, verringert nicht die Bedeutung der Eiweiße selbst im Stoffwechsel, sondern unterstreicht umgekehrt den Platz jeder Verbindung im Leben der Zelle.

Widerspricht dies alles dem bekannten Ausspruch von Engels, daß das Leben die Daseinsweise der Eiweißkörper ist? Mir scheint, es widerspricht dem nicht. Alle Befunde, die durch biochemische Untersuchungen in den letzten Jahren angehäuft wurden, offenbarten den Reichtum des Inhalts, der in der Definition des Lebens von Engels verborgen ist. Erlauben Sie mir, einige ergänzende Überlegungen dazu zu machen.

Seit jener Zeit, als Engels die Errungenschaften der Naturwissenschaften verallgemeinerte, vollzogen sich gigantische Wandlungen auf allen Gebieten der Wissenschaft, die die Welt der Lebewesen erforschen. Es entstanden neue Zweige der Wissenschaft, es wurden neue Verbindungen entdeckt und im einzelnen untersucht, von denen jede eine bestimmte Rolle in den Lebensfunktionen des Organismus spielt.

Als Engels die wissenschaftliche Definition des Lebens als Daseinsweise der Eiweißkörper gab, unterstrich er die Rolle des Hauptfaktors, der führenden Komponente der lebenden Materie, das heißt des Eiweißes. Dennoch, wie wichtig diese Rolle der Eiweiße auch sei, das Eiweiß würde für den Organismus tote Last sein ohne Wechselwirkung mit anderen Verbindungen, ohne Beteiligung am Stoffwechsel anderer Verbindungen.

Ihre Hauptfunktionen (die fermentativen und immunologischen Funktionen und die Funktionen der Reproduktion) erfüllen die Eiweiße nicht selbständig, sondern in Verbindung mit Stoffen anderer Natur und nicht selten einfachem Aufbau. Viele Eiweiße nehmen in Komplexen mit Vitaminen, Kupfer, Eisen, Kobalt, Zink und anderen Verbindungen einfachen Aufbaues Eigenschaften der Fermente an. Eiweiße werden Viren mit scharf ausgeprägten Funktionen der Autoreproduktion nur im Resultat der Bildung von Nukleoproteiden, das heißt der Verbindungen der Eiweiße mit Nukleinsäuren. Man muß auch darauf hinweisen, daß sowohl die Nukleinsäuren als auch die Eiweiße für sich genommen diese Eigenschaften nicht haben.

Es ist notwendig zu unterstreichen, daß selbst die Bildung der Eiweiße sich unter Teilnahme von Ribonukleinsäure verwirklicht, und andererseits alle biologischen Synthesen nur unter der Einwirkung der katalytisch aktiven Eiweiße, d. h. der Fermente, verlaufen. So besitzen wir hier ein neues Beispiel des wechselseitigen Zusammenhanges und der Wechselwirkung der verschiedenen Glieder im biologischen Stoffwechsel.

Der wechselseitige Zusammenhang in den Prozessen des Stoffwechsels vollzieht sich auf der Basis der Widersprüchlichkeit, die in seiner qualitativen Verschiedenartigkeit liegt. Das Wesen der biochemischen qualitativen Verschiedenartigkeit des Stoffwechsels besteht in der strengen Teilung der Funktionen sowohl zwischen den Strukturen als auch zwischen den Stoffen. Über die strukturelle qualitative Verschiedenartigkeit haben wir schon gesprochen. Was die Charakteristik dieser Erscheinung vom Gesichtspunkt der Einschätzung dieser oder jener Verbindungen im Stoffwechsel betrifft, so wissen wir aus den Angaben der Biochemie, daß die immunologische Spezifik hauptsächlich durch die Eigenschaften der Eiweiße und der spezifischen Polysaccharide bestimmt wird, daß die Nukleinsäuren außer ihrer lenkenden Rolle bei der Synthese der Eiweiße sehr eng mit der Artspezifik des Organismus verbunden sind. Wir wissen, daß sich in den verschiedenen Formen des Lebens der Zusammenhang zwischen den Eiweißen und den Nukleinsäuren verschiedenartig äußert.

Zum Beispiel ist beim Tabakmosaikvirus die Übertragung der Infektion abhängig von RNS und Eiweiß. Bei den Erscheinungen der Reproduktion der Bakteriophagen und der Verwandlung der Bakterien spielen jedoch Eiweiße und Desoxyribonukleinsäure (DNS) die entscheidende Rolle.

Im Resultat der biochemischen Untersuchungen wurde auch eine bestimmte Stabilität des qualitativen Aminosäurebestandes der Eiweiße festgestellt. Diese These ist das hauptsächliche Resultat, wenn man die Ergebnisse der Untersuchungen gerade der letzten Jahre nicht berücksichtigt, in denen an einigen Eiweißen, die hormonale und fermentative Eigenschaften besitzen (und zwar zuerst an Insulin, danach an Ribonuklease), das Eiweißmolekül anatomisch untersucht und die Reihenfolge des Wechsels der Aminosäurereste in der Polypeptidkette dieser Eiweiße geklärt wurde.

Gegenwärtig wird ein großer Schritt in bezug auf die Untersuchung der physiologischen Rolle einer anderen Klasse von Verbindungen (und zwar der DNS und der RNS) im Stoffwechsel des Organismus gemacht. Diese Untersuchungen führten zur Feststellung einer Reihe Fakten von grundsätzlicher Bedeutung. Außer den von uns schon angeführten Fakten wurde gezeigt, daß das Verhältnis zwischen Purinbasen und Pyrimidinbasen (d. h. jenen Bausteinchen, aus denen sich die Moleküle dieser Säuren bilden) sowohl für die DNS als auch für die RNS, die aus allen Geweben eines und desselben Organismus gewonnen werden, eine charakteristische Beständigkeit aufweist.

Gerade in letzter Zeit wurde experimentell festgestellt, daß bei der DNS verschiedener Herkunft eine verschiedene Reihenfolge des Wechsels der Nukleotide in der Kette ihrer Moleküle vorhanden sein kann. Diese Eigenschaften spiegeln die molekulare Spezifik der Nukleinsäuren wider. Sie kommen bisher sowohl bei den Eiweißen als auch bei dieser Klasse von Verbindungen vor. In den letzten Jahren tauchte eine immer größere Anzahl von Tatsachen und Beobachtungen auf, besonders in Versuchen mit niederen Organismen, die auch die Bedeutung der Nukleinsäuren bei der Übertragung der Erbeigenschaften des Organismus zeigen.

Der dialektische Materialismus charakterisiert das Leben als besondere Bewegungsform der Materie, als gesetzmäßige, notwendige Einheit von Äußerem und Innerem, von Form und Funktion, Konstanz und Veränderlichkeit.

Der gesetzmäßige Prozeß des Stoffwechsels, mit dessen Hilfe sich die Einheit des Organismus mit seinen Lebensbedingungen verwirklicht, besitzt neben der ausgezeichneten Plastizität und Dynamik einen sehr klar ausgeprägten Konservativismus. Hierin gerade bestehen die Grundwidersprüche, die in den Stoffwechselprozessen vorhanden sind.

Bei der Bestimmung sowohl der Plastizität und Dynamik als auch des Konservativismus spielen zwei Klassen von Verbindungen eine besondere Rolle: Eiweiße und Nukleinsäuren. Die Plastizität wird in erster Linie durch die quantitative Veränderlichkeit der Aminosäure-Zusammensetzung der Eiweiße, ihre ungewöhnliche Variabilität und durch die Fähigkeit, in Wechselwirkung mit fast allen Stoffen zu stehen, die im Organismus vorkommen, bestimmt. Daneben spielt in der Bestimmung der Plastizität des Stoffwechsels das Bestehen mannigfaltiger Wege der Umgestaltung ein und derselben Stoffe im Organismus eine entscheidende Rolle.

Der Konservativismus des Stoffwechsels wird durch folgende Gesamtheit grundlegender Faktoren bestimmt: a) durch die qualitative Zusammensetzung der Aminosäuren der Eiweiße, d. h., daß wir in der Vielfalt der Eiweiße niederer und höherer Organismen immer 18—20 natürliche Aminosäurereste finden; b) durch die Artspezifik der Eiweiße selbst, d. h., jede Art besitzt Eiweiße mit Eigenschaften, die sich in anderen Arten nicht wiederholen. Die Artspezifik wird durch die Reihenfolge des Wechsels der Aminosäurereste in der Polypeptidkette des Eiweißes bestimmt; c) durch die Spezifik der Nukleinsäuren: durch die charakteristische Beständigkeit des Verhältnisses zwischen den Purin- und Pyrimidinbasen und durch die streng bestimmte Reihenfolge des Wechsels der Nukleotide in der Kette des DNS-Moleküls.

Selbstverständlich ist es schwierig, als Biochemiker irgendwelche Verallgemeinerungen aus diesen Angaben zu machen, welche über den strengen Rahmen der Biochemie hinausgehen würden. Eines jedoch steht außer Zweifel: Die aufmerksame und objektive Analyse der angesammelten Fakten und Beobachtungen kann für die Erklärung sowohl des biochemischen Mechanismus der Vererbung als auch jener inneren Faktoren geeignet sein, welche die Möglichkeit der Anpassung des Organismus an die Umweltbedingungen schaffen.

Die Entwicklung der Wissenschaft verläuft auf der Basis der Feststellung und Verallgemeinerung neuer Tatsachen und der Entstehung neuer Ideen auf dieser Grundlage. Ein und dieselben Tatsachen können, wenn sie zuverlässig sind, in Abhängigkeit von der Weltanschauung und dem methodologischen Herangehen des Naturforschers verschieden verwendet und verallgemeinert werden und so eine unterschiedliche Rolle in der Entwicklung der Wissenschaft spielen. Aus diesem Grunde besitzt die rechtzeitige und wahrhaft wissenschaftliche materialistische Verallgemeinerung der Ergebnisse der experimentellen Untersuchungen eine besondere Bedeutung für den Fortschritt der Wissenschaft selbst. Jedoch bei aller Bedeutung der Arbeiten zur Verallgemeinerung besitzt für die Naturwissenschaften die Gewinnung neuer Tatsachen eine grundlegende Bedeutung.

Nicht die Tatsachen an und für sich, sondern die Tatsachen, die im Resultat einer außerordentlich gewissenhaft wiederholten Kontrolle mit direkten und indirekten Methoden zuverlässig geworden sind, erhalten materielle Kraft. Tatsachen, die in vielen Laboratorien eine breite Resonanz erhalten, beleuchten oft auf neue Art aufgestellte und gewohnte Postulate der Wissenschaft, widerlegen sie aber auch in einer Reihe von Fällen. Wenn im Auffinden der Tatsachen das entscheidende Wort den Naturforschern gebührt, so muß bei ihrer Verallgemeinerung das Bündnis der Philosophie und Naturwissenschaften, zu dem uns W. I. Lenin aufforderte, eine große Rolle spielen. Um diese Aufgabe zu erfüllen, die für die gegenwärtige Etappe der Entwicklung unserer Naturwissenschaft eine sehr große Bedeutung hat, ist ein tiefgründiges Studium der Naturwissenschaften durch die Philosophen und der marxistisch-leninistischen Philosophie durch die Naturwissenschaftler notwendig.

*

S. L. Rubinstein, Korrespondierendes Mitglied der Akademie der Wissenschaften der UdSSR. Wir haben die Erläuterungen N. I. Graschtschenkows zur Leninschen Widerspiegelungstheorie und zur modernen Physiologie der Sinnesorgane gehört. Dieses Thema ist mit einem ganzen Komplex von Problemen verbunden, die sowohl spezielle wissenschaftliche als auch allgemeine philosophische Bedeutung besitzen. Einige von ihnen traten besonders in letzter Zeit sehr deutlich in Erscheinung. Auf diese Probleme möchte ich eingehen.

Wie Ihnen gut bekannt ist, trug die Setschenow-Pawlowsche Konzeption wesentliche Veränderungen selbst in den Begriff der Sinnesorgane hinein. Eine solche war für die Physiologie vor Pawlow und ist für die moderne nicht-pawlowsche Physiologie in bedeutendem Maße der Begriff des peripheren Rezeptors. Der Setschenowschen und Pawlowschen Konzeption zufolge ist bekanntlich der letztere das periphere Ende eines einheitlichen Apparates, des Analysators, der einen zentralen Rindenteil und Leitungsbahnen hat, die den Rinden- und den peripheren Teil des Apparates verbinden. Selbstverständlich erkennt die Physiologie, die auf den Positionen der peripherischen Theorie steht, die Beteiligung des Gehirns, der Rinde, in der Tätigkeit, die zur Entstehung der Empfindung führt, an. Aber nach dieser peripherischen Konzeption ist das Gehirn entweder nur das Feld, durch das die Erregung von dem peripheren sensorischen auf den peripheren motorischen Apparat übertragen wird, in dem die Hauptarbeit stattfindet, oder die Instanz, in der die für die Entstehung der Empfindung notwendige Aufzeichnung der von der Peripherie eintreffenden Impulse stattfindet, oder schließlich die höhere Stufe, die die Arbeit ergänzt, die sich unabhängig vom Gehirn auf den niederen Etappen vollzieht. Entscheidend für die neue Konzeption ist die Tatsache, daß der Analysator wie ein *einheitlicher* Apparat arbeitet, daß sein zentraler Teil schon an den Prozessen teilnimmt, die sich an der Peripherie vollziehen.

Die Frage, was das „Sinnesorgan" seiner morphologischen Struktur nach ist, ist so mit der funktionellen Frage verbunden: Nach welchem Prinzip arbeitet es? Der rezeptorischen Konzeption steht hier die reflektorische gegenüber.

Die Untersuchungen sowjetischer Wissenschaftler, von Psychologen und Physiologen, besonders von Vertretern der Pawlowschen Schule, zeigten überzeugend, daß die Rezeption selbst, die äußere wie die innere Rezeption, sich nach einem reflektorischen Prinzip vollzieht. Zur Bestätigung dieser These hat die moderne Wissenschaft zahlreiches sowohl morphologisches Material zusammengetragen, das vom Vorhandensein efferenter Fasern in den Rezeptoren zeugt, die die Einwirkung des Zentrums auf die Peripherie leiten, als auch funktionelles Material, das von der Rolle der motorischen und überhaupt effektorischen Reaktionen bei der Bildung der Empfindung zeugt. So erhielt die reflektorische Konzeption der Tätigkeit der Sinnesapparate dem Wesen nach eine Bestätigung auch in Untersuchungen, die weit über die Grenzen der Pawlowschen Schule hinausgehen.

Auf allgemein-methodologischer, philosophischer Ebene ist die Frage nach dem reflektorischen (oder rezeptorischen) Charakter der Tätigkeit der „Sinnesorgane“ eine Frage nach der Determination der Tätigkeit dieses Apparates und des Endproduktes ihrer Tätigkeit — der Empfindung. Nach der reflektorischen Konzeption wird das Resultat der äußeren Einwirkung durch die Antworttätigkeit des Gehirns vermittelt. Diesen Gesichtspunkt, die Determination, muß man zweckmäßig in die Betrachtung der hier sich ergebenden Probleme einführen.

N. I. Graschtschenko ist bei der Müllerschen Auffassung des Gesetzes der spezifischen Sinnesenergien, die unmittelbar mit dem physiologischen Idealismus verbunden ist, stehengeblieben, den Lenin in „Materialismus und Empiriokritizismus“ stark kritisiert hat. Nach der Müllerschen Konzeption (ich formuliere dies in bezug auf diesen Gesichtspunkt so) ist die Empfindung die Funktion der Sinnesorgane, die ganz und gar nur von innen determiniert ist. Der äußere Erreger determiniert die Empfindung eigentlich nicht: Er veranlaßt nur die Sperrung der spezifischen Sinnesenergie, deren Qualität sich auch in der Qualität der Empfindung äußert. Der Fehler Müllers bestand nicht darin, daß er die Spezifik der Sinnesorgane anerkannte. Er verstand sie als das Vorhandensein innerer Bedingungen für die Tätigkeit der Sinnesorgane, welche zu negieren falsch wäre. Sein Fehler bestand darin, daß er nur von den inneren Bedingungen der Tätigkeit der Sinnesorgane ausging und sie von den äußeren trennte.

N. I. Graschtschenko sprach hier so ausführlich von dem Müllerschen Gesetz, daß ich nicht länger bei ihm verweilen will. Ich wollte nur zeigen, daß die Müllersche Fragestellung nur eine Seite eines umfangreicheren Problems ist.

Für die Aufdeckung des Wesens dieser Probleme ist es notwendig, auch die andere Seite zu berücksichtigen. Die Ausgangsposition von Helmholtz war genau genommen in einer bestimmten Beziehung der direkte Gegensatz zur Müllerschen, aber das Resultat, zu dem er gelangte, ging mit der Müllerschen Konzeption konform. Zu ihrer gemeinsamen kantianisch-idealistischen Konzeption gelangten Müller und Helmholtz auf physiologisch verschiedenartigen Wegen. In seiner „Physiologischen Optik“ und seiner „Physiologischen Akustik“, seinen großen Werken, stellte sich Helmholtz bekanntlich eine bedeutende wissenschaftliche Aufgabe, nämlich die, die Abhängigkeit der Empfindung vom physikalischen Agens, das die Empfindung hervorruft, festzustellen. Helmholtz betrachtet als Ausgangspunkt die Determination von außen, aber er denkt sie sich mechanistisch als unmittelbare Determination der Empfindung durch das physikalische Mittel, ohne jede innere Vermittlung seiner Einwirkung durch die Tätigkeit mittels Analyse der Erreger, ihrer Generalisierung usw., wie wir das in der Setschenow-Pawlowschen reflektorischen Theorie haben. Im Resultat erweist sich die Empfindung, die mechanisch den sich verändernden äußeren Einwirkungen der Erreger folgt, als den beständigen Eigenschaften des Objektes inadäquat.

Die Auffassung der Empfindung als Symbol, als Zeichen, ist bei Helmholtz und seinen Schülern von der mechanischen Auffassung der Determination der Empfindung durch den Erreger abgeleitet. Helmholtz sagte selbst bei dieser Entdeckung, daß unsere Empfindungen die Eigenschaften sind, die wir den Objekten „zuschreiben"; sie drücken nur die *Wirkung* der Objekte auf unsere Sinnesorgane aus, deswegen sind sie nur Zeichen der Objekte. Hier wiederholt sich auf der speziellen psycho-physiologischen Ebene dasselbe, was auf philosophischer Ebene einen der Hauptschwerpunkte der Philosophie der neueren Zeit von Descartes bis Berkeley und weiter bis zu solchen modernen Philosophen wie Russell bildete. Im Gegengewicht zur scholastischen Wahrnehmungstheorie stellte Descartes seine kausale Theorie der Wahrnehmung auf. Die fortschrittliche Tendenz dieser Theorie, verbunden mit der naturwissenschaftlichen Theorie des Sehvermögens, mit den Untersuchungen zur „Dioptrik", ist unbestreitbar. Aber gleichfalls unbestreitbar ist, daß durch die mechanistische Auffassung der Kausalität, die mit der allgemeinen Konzeption des mechanistischen Determinismus verbunden ist, die kausale Theorie der Wahrnehmung von Idealisten, angefangen von Berkeley, als Argument zum Nutzen des Idealismus ausgenutzt werden konnte und ausgenutzt wurde. Wenn der Gegenstand die Ursache unserer Empfindung ist und die Empfindung das Resultat seiner Einwirkung auf uns, auf unsere Sinnesorgane, so bedeutet dies doch nicht, daß wir nicht die Gegenstände empfinden und wahrnehmen, sondern nur das Resultat ihrer Einwirkung auf uns, die Veränderungen, die sie in uns erzeugen, so daß die Empfindungen nur jene Abwandlung ausdrücken, welche die Gegenstände in unseren Sinnesorganen erzeugen. Bei mechanistischer Auffassung der Ursache ergibt sich diese Abhängigkeit tatsächlich so. Diese Überlegungen, die seinerzeit von Berkeley ausgenutzt wurden, treten in der modernen Philosophie bei Russell ganz offen zutage. Seine in der gegenwärtigen anglo-amerikanischen erkenntnistheoretischen Literatur sehr verbreitete Theorie, die sogenannte Sense-data, die die Berkeleysche These wieder aufgreift, daß unsere Empfindungen selbst (die Sinnesdaten) das einzige uns zugängliche Objekt sind, begründet Russell direkt durch die kausale Theorie der Wahrnehmung, als deren Anhänger er sich deshalb ausgibt. Russell möchte gleichsam Berkeley aus Descartes ableiten, wobei er dafür dessen mechanistische Auffassung der Kausalität und des Determinismus überhaupt ausnutzt.

Mir scheint es, daß der Schlüssel zur richtigen Lösung der umstrittenen Fragen, die die Tätigkeit der Sinnesorgane und die Erkenntnistheorie (wie auch eine Reihe anderer wichtiger und sehr stark diskutierter Probleme verschiedener Gebiete der modernen Wissenschaft, insbesondere der Quantenphysik, aber auch der Biologie, wo die Frage über den Charakter der Determination, der Veränderlichkeit durch äußere Bedingungen im Mittelpunkt steht) betreffen, in der richtigen Auffassung der Determination der Erscheinungen, in der Überwindung des Indeterminismus und des mechanistischen Determinismus (der sich auf der Grundlage der Himmelsmechanik des 17. und 18. Jahrhunderts entwickelte) und der Verwirklichung der dialektisch-materialistischen Auffassung des Determinismus liegt, nach der, kurz gesagt, äußere Ursachen durch innere Bedingungen wirken.

In der richtigen Auffassung von der Determination der Tätigkeit des Gehirns, der Sinnesorgane und der Empfindung, ihres Produktes, besteht auch die Grundlage für die Lösung der sich hier erhebenden Probleme. Die Verwirklichung einer derartigen richtigen Auffassung von der Determination der Tätigkeit des Gehirns und der Analysatoren der Sinnesorgane bildet auch die Stärke der reflektorischen Theorie Setschenows und Pawlows. Die Lehre Pawlows von der höheren Nerventätigkeit, die das Prinzip des Determinismus verwirklicht, vermochte jene für die Tätigkeit des Gehirns spezifischen inneren Bedingungen und Gesetzmäßigkeiten zu entdecken, durch die die äußeren Beziehungen des Organismus mit der auf sie einwirkenden Umwelt vermittelt werden. Schon die Pawlowschen Gesetze der Neurodynamik, die die Wechselbeziehungen der Prozesse der Erregung und Hemmung ausdrücken, bestimmen die inneren Bedingungen, durch die der Effekt aller äußeren Einwirkungen vermittelt wird. Eine innere Bedingung, durch die der Effekt jeder äußeren Einwirkung vermittelt wird, ist weiterhin das System der beim Individuum gebildeten bedingten Verbindungen, in die diese Einwirkungen gelangen, wenn wir sie unter dem oben gezeigten Gesichtspunkt betrachten.

Nach der reflektorischen Theorie wird die Einwirkung der äußeren Reizursachen durch die von ihr hervorgerufene Antwortreaktion des Gehirns vermittelt, das diese Einflüsse der Analyse und Synthese, der Differenzierung und Generalisierung unterwirft. Dementsprechend determiniert nach der Abbildtheorie das Objekt die auf sich gerichtete Erkenntnistätigkeit, aber es determiniert sie nicht direkt, nicht unmittelbar, nicht mechanisch, sondern mittelbar, über die Gesetzmäßigkeiten der Erkenntnistätigkeit — die Gesetzmäßigkeiten der Analyse, Synthese, Verallgemeinerung, die die im Resultat der Einwirkung des Objektes entstehenden Ausgangsdaten, die ungeeignet sind, wesentliche Eigenschaften des Objektes widerzuspiegeln, umbilden, und dabei zu seiner gedanklichen, immer vollständigeren und tieferen Reproduktion im Prozeß der Erkenntnis führen. Hierin besteht die tiefere und intimere Gemeinsamkeit der reflektorischen und der Abbildtheorie. Ich würde sagen: Die reflektorische Theorie (Setschenow—Pawlow) ist die Ausdehnung des Prinzips der Determination in seiner dialektisch-materialistischen Auffassung (die Wirkung äußerer Ursachen durch innere Bedingungen) auf die psychische Tätigkeit als höhere Nerventätigkeit des Gehirns, und die Abbildtheorie ist die Ausdehnung desselben Prinzips auf die psychische Tätigkeit als Erkenntnistätigkeit des Menschen.

Wenn man die Lehre von der Tätigkeit der Sinnesorgane mit der Abbildtheorie, mit der Erkenntnistheorie in Beziehung setzt, so wird offensichtlich, daß man keinesfalls die psychische Tätigkeit ignorieren kann. Das psychophysische Problem, wenn man es in alter, in philosophischer Sprache ausdrückt, die Frage nach dem materialistischen Monismus, nach dem Verhältnis des Psychischen und Nervlichen, der psychologischen und physiologischen Lehre der höheren Nerventätigkeit, das alles scheint mir ein solcher zweiter großer Problemkreis zu sein, der notwendig mit der Lehre von der Tätigkeit der Sinnesorgane und der Abbildtheorie verbunden ist (wenn man zu dem ersten Problemkreis die Fragen zählt, die mit den Theorien der Determination und der Tätigkeit der Sinnesorgane und ihrer „Produkte", der Empfindungen, zusammenhängen).

Ich möchte mich hier vollständig der Meinung N. I. Graschtschenkows anschließen, daß neben der Lehre von der höheren Nerventätigkeit einerseits und der Gnoseologie andererseits die materialistische Psychologie im System der Disziplinen besteht, die das Bewußtsein des Menschen erforschen, und daß „die materialistische Psychologie sich nicht in der Physiologie der höheren Nerventätigkeit erschöpfen kann."

Unter Berücksichtigung der Tendenzen, die bei uns im Verlaufe der letzten Jahre vorherrschend waren und die bedauerlicherweise jetzt noch nicht völlig überwunden sind, war es nötig, dies offen und mit aller denkbaren Deutlichkeit auszusprechen, wie dies der Referent auch tat. Es ist an der Zeit, mit jenem praktisch schädlichen und methodologisch fehlerhaften negativen Verhalten zur Psychologie, das bei uns in den vorangegangenen Jahren festgestellt wurde, wirklich entschieden Schluß zu machen.

Aber ich möchte mich nicht auf die bloße Unterstützung der Psychologie beschränken, ohne dabei etwas über ihre Position, ihre Linie, insbesondere über ihre Einstellung zur Pawlowschen Lehre zu sagen, da diese Frage in den letzten Jahren Diskussionsgegenstand war. Manche denken auch heute noch und bemühen sich, anderen zu suggerieren, daß auf den Positionen der Pawlowschen Lehre zu stehen bedeutet, letzten Endes Kurs auf die Liquidierung der Psychologie zu nehmen, und daß die Existenz der Psychologie als selbständige Wissenschaft zu behaupten bedeutet, letzten Endes eine antipawlowsche Linie zu verteidigen. Dies ist eine von Grund auf falsche Idee. Die Lehre Pawlows liquidiert nicht die Psychologie, sondern sie schafft neue, umfangreiche Voraussetzungen für ihre Entwicklung, und die Entwicklung der Psychologie bedeutet nicht eine Absage von der Lehre Pawlows, sondern ihre schöpferische Ausnutzung.

In bezug auf die Lehre von der Tätigkeit der Sinnesorgane, von der hier speziell die Rede ist, ist es notwendig, mit aller denkbaren Bestimmtheit zu sagen: Es ist notwendig, alles Positive, was die wissenschaftliche Untersuchung der Tätigkeit der Sinnesorgane in mannigfaltigen Richtungen, in verschiedenartigen Methoden gibt, zu berücksichtigen und in den allgemeinen Hort der Wissenschaft einzubeziehen. Aber es kann von der Restaurierung der alten Psychophysiologie der Sinnesorgane, ihrer Prinzipien, d. h. Peripherisches, Rezeptorisches, Trennung der äußeren und der inneren Determination, keine Rede sein. Es kann auch von der Revision, von der Absage an die Grundprinzipien der Setschenow-Pawlowschen Lehre von den Analysatoren und der reflektorischen Theorie ihrer Tätigkeit keine Rede sein.

Es geht vielmehr um den Kampf mit derjenigen mechanistischen Revision der Lehre Pawlows, die sich in den letzten Jahren in den Versuchen einiger Physiologen ausdrückte, aus der Lehre Pawlows den Begriff der Empfindungsfähigkeit herauszunehmen und die Nerventätigkeit des Analysators von seinem gesetzmäßigen Produkt, der Empfindung, zu trennen, um letzteren Begriff ganz und gar zu beseitigen. Es geht um die Beseitigung des Hindernisses der Vorwärtsbewegung, und nicht darum, wieder zum Alten zurückzukehren. Genauso steht die Frage nach der Psychologie im ganzen. Eine gesunde und fruchtbare Entwicklung der Psychologie erfordert die breite Ausnutzung und nutzbringende Entwicklung aller Errungenschaften der reflektorischen Theorie. Es ist notwendig zu berücksichtigen, daß die Lehre von der höheren Nerventätigkeit die alten Wechselbeziehungen und die alten Grenzen zwischen Physiologie und Psychologie verschoben hat. Die Lehre von der höheren Nerventätigkeit ist eine jener Disziplinen, die auf der Grenze verschiedener Gebiete liegen, diese Grenzen überdecken und Übergänge zwischen ihnen schaffen. Das spielt eine große Rolle in der modernen Wissenschaft. Die Beziehungen zwischen der Psychologie und der Lehre von der höheren Nerventätigkeit stellen sich mir weniger analog den Beziehungen zwischen Biologie und Chemie als denen zwischen Biologie und Biochemie dar. Die Lehre von der höheren Nerventätigkeit untersucht auch die psychische Tätigkeit, jedoch unter spezifischem Aspekt. Die Gesetze der höheren Nerventätigkeit spielen bei der Erklärung psychischer Tätigkeiten eine bedeutende und unentbehrliche Rolle, jedoch erschöpfen sie nicht ihre Gesetzmäßigkeiten und sind nicht deren spezifische Gesetzmäßigkeiten, das heißt Gesetzmäßigkeiten, durch die die führenden, spezifischen Eigenschaften bestimmt werden. Die spezifischen Gesetze der psychischen Tätigkeit, durch die ihre führenden spezifischen Eigenschaften bestimmt werden, sind die Gesetze der Psychologie.

Man muß überhaupt sagen, daß es sich nicht um die Wiederherstellung der alten Wechselbeziehungen zwischen früherer Physiologie und früherer Psychologie handelt. Es handelt sich nicht um eine Rückkehr, sondern um eine Vorwärtsbewegung. In dieser Vorwärtsbewegung müssen alle Errungenschaften der reflektorischen Konzeption Setschenows und Pawlows aufbewahrt werden und eine weitere schöpferische Entwicklung auf der philosophischen Grundlage des dialektischen Materialismus im Ergebnis der konkreten und vielseitigen Untersuchungen erhalten, in deren System die psychologischen Untersuchungen einen bedeutenden Platz einnehmen müssen.

Wenn man die theoretischen Voraussetzungen der richtigen Entwicklung der Psychologie gewährleisten will, muß man noch auf organisatorische Fragen aufmerksam machen. Die theoretisch und methodologisch falsche Einstellung zur Psychologie führte bei uns zu einer unbefriedigenden Entfaltung des Netzes psychologischer Institutionen und zu einem unbefriedigenden Umfang ihrer Arbeit. Deswegen leistet unsere Psychologie verschiedenen Zweigen der Praxis nicht die

Unterstützung, die die Psychologie in einer Reihe anderer Länder leistet und die unsere Psychologen bei Bestehen eines hinlänglichen Netzes psychologischer Institutionen und eines ausreichenden Umfanges ihrer Arbeiten der Praxis unseres sozialistischen Aufbaues leisten könnten. Auf diese Weise wird nicht nur der psychologischen Wissenschaft, sondern auch in einem bestimmten Ausmaß den Volks- und staatlichen Interessen unseres Landes Schaden zugefügt.

Wir sprechen viel von der Verbindung der Wissenschaft und Philosophie mit der Praxis. Es wäre notwendig, daß unsere heutige Diskussion philosophischer Probleme der Naturwissenschaften zu bestimmten praktischen Resultaten führen würde. Wichtig wäre als ein praktisches Resultat der Diskussion der Vorträge, von denen einer (ich habe den Vortrag N. I. Graschtschenkows im Auge) die Bedeutung der Psychologie richtig unterstrich, die Einleitung von Maßnahmen (besonders im System der Akademie der Wissenschaften der UdSSR), die auf eine bedeutend breitere Entfaltung psychologischer Untersuchungen gerichtet sind.

*

Prof. G. W. Platonow. In unserer Zeit, der Zeit des Übergangs vom Kapitalismus zum Sozialismus, ist die materialistische Ausarbeitung theoretischer Probleme auf einem beliebigen Wissensgebiet sehr eng mit einer kritischen Analyse idealistischer Konzeptionen verbunden. Es schien, als ob dies auch in den Vorträgen auf der Unionskonferenz zu philosophischen Fragen der Naturwissenschaft einen bestimmten Platz finden würde. Aber in einer Reihe von Vorträgen, die in vielen Beziehungen sehr interessant und lehrreich waren, fehlt die Kritik idealistischer Konzeptionen oder ist kaum zu spüren. Dies kann man lediglich von den Vorträgen M. B. Mitins, A. I. Oparins und M. S. Omeljanowskis nicht sagen.

Die Unterschätzung der Rolle des Kampfes des Materialismus mit dem Idealismus in der modernen Naturwissenschaft hat sich überhaupt in den letzten Jahren unter einem bestimmten Teil unserer Naturforscher und neuerdings sogar unter den Philosophen etwas ausgebreitet. Worin liegt die Ursache dieser Unterschätzung? Es ist möglich, daß einige unserer Genossen ungeachtet der besonderen Warnung des Zentralkomitees unserer Partei das Prinzip der friedlichen Koexistenz von Ländern mit verschiedenen sozialpolitischen Systemen auch auf die Sphäre der Ideologie ausdehnen. Es ist möglich, daß der Verzicht auf den Kampf mit dem Idealismus eine eigenartige Reaktion auf jenes vulgäre Herangehen an die Kritik des Idealismus ist, das manchmal bei uns erfolgte, wo wegen einzelner idealistischer Äußerungen dieses oder jenes bürgerlichen Gelehrten seine ganze Theorie, der von ihm vollbrachte Beitrag zur Wissenschaft abgelehnt wurde.

Im Vortrag von Akademiemitglied S. I. Sobolew und Professor A. A. Ljapunow gibt es einen Abschnitt „Ist die Kybernetik eine idealistische Wissenschaft?“. Die Referenten geben mit Recht auf die gestellte Frage eine negative Antwort: Nein, sie ist es nicht. Es ist übrigens unbekannt, warum man diese Frage stellen mußte und wer sie heute anders beantwortet. Als sie davon sprachen, daß die Kybernetik im ganzen keine idealistische Wissenschaft ist, wiesen sie völlig richtig auf ihren materialistischen Charakter hin. Aber womit wird dieses richtige Herangehen begründet? Erstens dadurch, daß es „in der Naturwissenschaft keine materialistischen und keine idealistischen Tatsachen“ gibt; zweitens dadurch, daß der Gelehrte zu diesen oder jenen Auffassungen neigen kann, daß aber dies angeblich „nicht den objektiven Inhalt der Wissenschaft“ beeinflußt; drittens „ist die Kybernetik, wenn sie die objektiv existierenden Prozesse untersucht, auf diese Weise in ihrer Grundlage materialistisch“.

Es ist absolut unbestreitbar, daß es keine idealistischen Tatsachen gibt. Aber unter Wissenschaft versteht man nicht nur Tatsachen, sondern auch eine bestimmte Interpretation der Tatsachen, und die Interpretation kann nicht nur materialistisch sein, sondern auch idealistisch. In der Kybernetik gibt es ebenso wie in jeder anderen Naturwissenschaft nicht wenig Liebhaber für eine idealistische Interpretation von Tatsachen.

Analog verhält es sich mit dem dritten Argument, nach dem die Kybernetik gerade deshalb materialistisch ist, weil sie objektiv existierende Prozesse erforscht. Aber es ist gut bekannt, daß auch die Philosophie des Idealismus, der Vitalismus und die reaktionäre bürgerliche Soziologie es mit objektiv existierenden Prozessen zu tun haben!

Beliebige idealistische Konzeptionen auf einem beliebigen Wissensgebiet haben es mit der Erforschung objektiv existierender Prozesse zu tun. Nur geben sie im Unterschied zu materialistischen Theorien diesen Prozessen eine falsche, verzerrte Deutung. Sogar die Religion ist nichts anderes als die phantastische Widerspiegelung der Herrschaft objektiv existierender spontaner Kräfte der Natur und der Gesellschaft über den Menschen.

Man kann auch das zweite Argument der Verfasser des Vortrages nicht anerkennen, nämlich ihre Behauptung, daß die allgemeinphilosophischen Anschauungen der Gelehrten sich nicht im Inhalt der von ihnen geschaffenen wissenschaftlichen Theorien widerspiegeln. Natürlich fallen der Charakter der Weltanschauung des Gelehrten und der Inhalt seiner wissenschaftlichen Entdeckungen bei weitem nicht immer zusammen. Oft gibt es zwischen dem einen und dem anderen eine bestimmte Nichtübereinstimmung. Seiner philosophischen Auffassung nach kann der Gelehrte Idealist sein, aber die von ihm geschaffene Theorie erweist sich dennoch manchmal im Grunde als wissenschaftlich, als materialistisch. So war es z. B. mit Einstein und der von ihm geschaffenen Relativitätstheorie. Es ist bekannt, daß das philosophische Credo Einsteins dem Idealismus näher war als dem Materialismus. Jedoch die von ihm geschaffene Relativitätstheorie ist ungeachtet dessen, daß in ihr eine Reihe fehlerhafter idealistischer Thesen vorkommen, dennoch in ihrer Grundlage wissenschaftlich, materialistisch.

Dasselbe kann man auch von der Quantenmechanik sagen, bei deren Ausarbeitung solche idealistischen Physiker eine bedeutende Rolle gespielt haben wie Bohr, Heisenberg u. a. Aber sogar in diesen Fällen bleibt die idealistische Weltanschauung des Gelehrten nicht neutral, unschädlich in bezug auf die von ihm geschaffenen Theorien. Deshalb muß man, wenn man diese Theorien verwendet, in sehr aufmerksamer Weise eine Reinigungsarbeit durchführen, um den gesunden Kern objektiver Wahrheit vom Unkraut idealistischer Schichten zu trennen. Dieses Unkraut nicht zu bemerken, ist für die Wissenschaft nicht weniger schädlich, als wegen des Unkrauts die ganze Ernte des wissenschaftlichen Schöpfertums dieses oder jenes Naturforschers zu verwerfen. Man muß besonders unterstreichen, daß der Einfluß der idealistischen Weltanschauung weitaus nicht immer auf ähnliche relativ einfache Fälle beschränkt ist. Es kann auch so sein, daß der Idealismus nicht einzelne Teile, einzelne Glieder der theoretischen Konstruktionen des Gelehrten erfaßt, sondern in das Wesen seiner Theorie selbst eindringt. Eine typische Erscheinung einer derartigen Verletzung des Organismus der Wissenschaft durch den Idealismus sind solche idealistischen Konzeptionen in der Biologie wie der Vitalismus, der Finalismus, die Lehre von der „emergenten Evolution", schon gar nicht zu sprechen vom offenen Kreationismus.

Es wäre unrichtig anzunehmen, daß sich alle diese Lehren auf eine ferne Vergangenheit beziehen. Im Gegenteil, in den letzten Jahren erhielten sie im Ausland eine außerordentlich weite Verbreitung, besonders in den USA, in England, Frankreich und Westdeutschland. Sie alle betrachten das Leben, seine Äußerungen und noch mehr seine historische Entwicklung als das Ergebnis eines Wunders, als Verwirklichung irgendwelcher vorherbestimmter Zwecke.

Gleichzeitig operieren die Vertreter dieser Lehren mit Tatsachen, sie deuten alle diese oder jene objektiven Prozesse auf ihre Art. Einige von ihnen führen sogar wertvolle Experimentalforschungen durch, aber deswegen werden die von ihnen geschaffenen Lehren noch nicht materialistisch.

In den letzten Jahren wurde bei uns manchmal der Gedanke ausgesprochen, daß der Meinungskampf in der Wissenschaft (man meint die Naturwissenschaften) nichts mit dem ideologischen Kampf gemein hätte, daß der Kampf des Materialismus mit dem Idealismus in der Naturwissenschaft (zum Beispiel in der Genetik) nicht mehr sei als eine Erfindung von Dogmatikern.

Natürlich verläuft der Streit zwischen Gelehrten oft in den Grenzen des Materialismus und ist nicht mit ideologischen Differenzen zwischen den Diskussionsteilnehmern verbunden. Aber so ist es bei weitem nicht immer. Oft findet in der Wissenschaft, darunter auch in der Biologie, ein Kampf des Materialismus mit dem Idealismus statt. Das darf man niemals vergessen. Das Gesagte muß man um so mehr unterstreichen, weil heute der zügelloseste Revisionismus die Idee des Veraltens der marxistischen These vom Kampf des Idealismus mit dem Materialismus und des eng damit verbundenen Prinzips der Parteilichkeit in der Wissenschaft vertritt. Diese Idee propagieren sowohl die österreichischen als auch die jugoslawischen und polnischen Revisionisten.

Es ist notwendig, dieser revisionistischen Idee eine entschiedene Abfuhr zu erteilen. Außerdem tritt in den letzten Jahren bei uns mit einer Kritik idealistischer Konzeptionen in der Naturwissenschaft nur ein sehr kleiner Kreis sowjetischer Naturwissenschaftler auf. Unter den Biologen sind dies das korrespondierende Mitglied der Akademie der Wissenschaften Ch. S. Koschtojanz, N. I. Nushdin, das Mitglied der W. I. Lenin-Akademie der Landwirtschaftswissenschaften M. A. Olschanski, Dozent N. I. Feiginson und einige andere. Jedoch solche Presseorgane wie die „Botanische Zeitschrift“ oder das „Bulletin der Moskauer Gesellschaft der Naturforscher (Biologische Serie)“ treten nicht mit der Kritik idealistischer Theorien bürgerlicher Wissenschaftler auf. Ihren ganzen Eifer, ihre ganze polemische Leidenschaft verausgaben sie dafür, um auf jede Art bedeutende sowjetische Mitschurin-Anhänger unter den Wissenschaftlern zu diskreditieren.

Man muß erwähnen, daß zu Beginn unserer Tagung einer der hier anwesenden ausländischen Gäste mich mit Befremden fragte: „Sagen Sie, womit kann man es erklären, daß zur gleichen Zeit, in der die Sowjetregierung unlängst noch einmal Akademiemitglied T. D. Lyssenko für seine großen Verdienste bei der Entwicklung der Landwirtschaftswissenschaften auszeichnete, die „Botanische Zeitschrift“ dagegen mit Artikeln auftrat, in denen nachgewiesen wird, daß Lyssenko nicht nur die Wissenschaft nicht entwickelt hätte, sondern umgekehrt ihre Entwicklung hemmt?“ Während ich überlegte, wie man am besten auf diese Frage antworten könnte, erklärte unser Gast: „Offensichtlich liegt dies daran, daß die Sowjetregierung hier wie immer an die Einschätzung der Ereignisse und der Rolle von einzelnen Menschen vom staatlichen, marxistischen Gesichtspunkt herangeht, die „Botanische Zeitschrift“ aber sich noch in keiner Weise von den Schranken subjektiver Gruppenmeinungen freigemacht hat.“ Mir blieb nichts weiter übrig, als dieser Erklärung zuzustimmen. Leider ist das, was für unseren Gast völlig klar und offensichtlich ist, für die „Botanische Zeitschrift“ noch ein Buch mit sieben Siegeln geblieben.

Genossen, ich bin weit davon entfernt, jedes Wort von Akademiemitglied T. D. Lyssenko für eine Wahrheit letzter Instanz zu halten. Mit ihm kann man (und in einer Reihe von Fragen muß man auch) wie mit einem beliebigen anderen Wissenschaftler polemisieren. Aber ich stelle mir vor, daß man dies nicht so machen darf, wie es die „Botanische Zeitschrift“ macht. Die „Botanische Zeitschrift“ wäre richtiger aufgetreten, wenn sie den Schwung ihrer Kritik nicht gegen Akademiemitglied T. D. Lyssenko und die Mitschurinsche Lehre gerichtet hätte, sondern gegen die idealistischen Konzeptionen, die von reaktionären bürgerlichen Wissenschaftlern verbreitet werden. Die sowjetischen Biologen haben es heute wie nie zuvor nötig, einen einmütigen und entschiedenen Kampf gegen den Idealismus in der biologischen Wissenschaft zu führen. Das Jahr 1959 ist ein Jahr bedeutender wissenschaftlicher Gedenktage: 1. 50 Jahre sind seit der Veröffentlichung des unsterblichen Werks von Lenin „Materialismus und Empiriokritizismus“ vergangen, 2. 100 Jahre seit dem Erscheinen von Darwins bedeutendem Buch „Über die Entstehung der Arten“. In dieses Jahr fällt auch der 150. Geburtstag seines Verfassers. 3. 150 Jahre sind seit dem Erscheinen der berühmten Arbeiten Lamarcks „Philosophische Zoologie“ verflossen. Wir begehen 1959 auch den 130. Todestag des Autors, wie auch 4. den 145. Geburtstag des großen russischen

Evolutionisten K. F. Rulje und 5. den 125. Geburtstag des bedeutenden deutschen Darwinisten Ernst Haeckel.

Neothomisten und andere Idealisten aller Schattierungen in den kapitalistischen Ländern bereiten sich verstärkt auf die Gedenktage vor, die mit dem Namen Darwins verbunden sind. Ihnen sind eine Menge von Büchern, Broschüren und Artikel gewidmet. Einige von ihnen lehnen den Darwinismus völlig ab. Andere frisieren ihn unter der biblischen Schöpfungslegende. Leider ist bis jetzt noch nicht zu sehen, ob unsere Biologen und Philosophen dieser trüben Welle der Reaktion eine genügend mächtige und aktive, nicht sich verteidigende, sondern angreifende Linie des Schutzes des Materialismus und der Dialektik in der biologischen Wissenschaft entgegensetzen.

Zum Schluß möchte ich den Gedanken unterstützen, der hier von einer Reihe von Genossen vorgebracht worden ist, bezüglich der Organisierung einer speziellen Zeitschrift, die „Fragen der Dialektik der Natur" oder „Philosophische Probleme der modernen Naturwissenschaft" genannt werden könnte.

*

Prof. K. J. Kostrjukowa. Ich trete hier nicht nur in meinem Namen auf, sondern auch im Namen von M. W. Tschernojarow und I. A. Glinski, die durch eine Reihe von Umständen an dieser Konferenz nicht teilnehmen konnten.

Allen ist bekannt, daß in unserer Sowjetwissenschaft über ein Vierteljahrhundert die Diskussion zwischen der sogenannten Gentheorie und der Mitschurinschen Entwicklungstheorie andauert. Die Schärfe dieser Diskussion hat sich nicht verringert. Im Gegenteil, man bemerkt in der letzten Zeit eine Verschärfung dieses Kampfes.

Leider gab es auf der heutigen Konferenz keinen speziellen Vortrag, der dieser Frage gewidmet war. Die genannte Diskussion fand jedoch in einer Reihe anderer Vorträge ihre Widerspiegelung, gestern besonders im Vortrag von Akademiemitglied S. L. Sobolew und Prof. A. A. Ljapunow. Akademiemitglied A. I. Oparin berührte in seinem Vortrag diese Frage ebenfalls; ihr wurde auch im Vortrag des korrespondierenden Mitglieds der Akademie der medizinischen Wissenschaften der UdSSR G. M. Frank und des Akademiemitglieds W. A. Engelhardt Aufmerksamkeit gewidmet.

Man muß sagen, daß sich in der letzten Zeit eine gewisse Aufwärtsentwicklung in der Position der Anhänger der Gentheorie der Vererbung vollzogen hat. Entgegen früheren Theorien der Unveränderlichkeit des Gens, seiner Unabhängigkeit von den es umgebenden äußeren Bedingungen, erschienen Mitteilungen über den Zusammenhang zwischen erblichen Veränderungen einerseits und äußeren Einwirkungen andererseits, zwischen Mutationen und Stoffwechsel in der Zelle. Alle diese Angaben können nicht durch die frühere Theorie erklärt werden, die sich als völlig ungeeignet für die Erklärung der neuen Fakten erwies, die man erhalten hatte. Im Zusammenhang damit hat sich die Theorie etwas verändert. Es werden interessante Angaben ausgenutzt, die man auf dem Gebiet der Biochemie erhalten hat, aber auch auf dem der Veränderlichkeit von Mikroorganismen. Die frühere morphologische Theorie nimmt eine andere Form an: Das Gen wird nicht mehr als eine Korpuskel aufgefaßt, man stellt es sich nicht mehr als eine Perle auf einer Perlenkette vor, sondern als einen chemischen Stoff. Das Gen wird als ein Teil des linearen Moleküls der DNS betrachtet.

Gewinnen dadurch die methodologischen Grundlagen der Theorie? Die Anhänger der Gentheorie nehmen an, daß dies der Fall ist. Ein so bekannter Vertreter dieser Richtung wie N. P. Dubinin spricht direkt im Zusammenhang mit den neuen Entdeckungen von einem großen Sieg des marxistischen philosophischen Materialismus. Solch begeisterte Aufmerksamkeit widmet er der bekannten Arbeit von Watson und Crick, in der die Autoren auf der Grundlage einer Röntgen-Strukturanalyse ein stereochemisches Modell der DNS vorschlagen. In der Einleitung zu dieser Arbeit teilen die Autoren mit, daß sie sich die Aufgabe stellten, eine Hypothese der Verdoppelung der DNS zu geben, wobei sie diese als Vererbungsstoff betrachteten. Wir bemerken hier gleich, daß hier von der Verdoppelung die Rede ist und nicht von der Aufspaltung des Einheitlichen in Gegensätze, d. h. von der Wiederholung, von der Vergrößerung und nicht von der Entwicklung.

Es ist deshalb nicht erstaunlich, daß die Autoren, wie sie dann am Schluß mitteilen, bemerken, daß ihre Hypothese auf Schwierigkeiten stößt. Die Konzeption, die dieser Hypothese zugrunde liegt, ist von Lenin schon längst als tote Konzeption charakterisiert worden, wobei er ihr die dialektisch-materialistische Konzeption der Entwicklung gegenüberstellte.

In dem interessanten Vortrag von Akademiemitglied A. I. Oparin wurde gezeigt, daß auch auf dem Gebiet der biochemischen Forschungen diese neue Hypothese auf Schwierigkeiten stößt. Diese Schwierigkeiten entstehen jedesmal, wenn irgendwelche aus dem lebenden Stoff herausgelösten Elemente mit den ausschließlichen Eigenschaften der „Träger des Lebens“, der „Träger der Vererbung“ versehen werden. Diese Theorien müssen auf Schwierigkeiten stoßen.

In diesem Zusammenhang können wir sagen, daß die Form der sogenannten Chromosomen- oder, wie man heute sagt, Gentheorie sich verändert, aber der Inhalt derselbe bleibt. Daß dies wirklich so ist, davon zeugen am besten Aussprüche N. P. Dubinins selbst. Schon 1956 schrieb er bei der Darlegung neuer wissenschaftlicher Angaben in der Zeitschrift „Biophysik“: „. . . das Gen als besondere strukturelle unzerlegbare biologische Einheit existiert nicht, aber gleichzeitig ist die Differenzierung des Chromosoms so, daß der Einfluß seiner Teile auf die Synthese von Eiweißen und anderen Stoffen sich in der Weise realisiert, als ob es sich aus strukturellen Details zusammensetzt, den Genen.“ Zu diesem Ausspruch, scheint uns, braucht man nichts hinzuzufügen.

Ungeachtet der Annahme der chemischen Theorie des Gens gibt es jedoch in den Reihen der Anhänger dieser Theorie verschiedenartige Ansichten. Dafür Beispiele.

Unlängst wurde in der „Botanischen Zeitschrift“ ein Artikel M. S. Nawaschins veröffentlicht. In diesem Artikel (der Verfasser ist Zytogenetiker) werden reichlich Illustrationen gegeben. Wir als Zytologen betrachten vor allem die Illustrationen immer aufmerksam. Was stellen sie jedoch dar? Auf ihnen sind nur Metaphasen-Chromosomen abgebildet, dabei aus Zellen herausgenommene, die als autonom existierende Gebilde dargestellt werden. Nichts anderes bemerkte der Autor in der Mannigfaltigkeit der Umwandlungen mikroskopischer Strukturen. Nur auf dieses Moment richtete er seine Aufmerksamkeit.

Es ist interessant, welche methodologischen Positionen der Verfasser hat. Er legt sie sehr präzise dar. So sagt er, daß der Chromosomenmechanismus bei Algen und bei Bedecktsamigen identisch ist, d. h. auf allen Entwicklungsstufen der Pflanzenwelt. Aber der Chromosomenmechanismus ist nach der Gentheorie der Mechanismus der Vererbung. Weiter bemerkt er mit Genugtuung: Die Evolution konnte nicht irgendeine Vervollkommnung in diesen Mechanismus hineintragen. Anders gesagt, die Chromosomen sind nicht der Evolution unterworfen. Es ist reichlich seltsam, eine so klar und offen dargelegte Behauptung am Vorabend des hundertjährigen Jubiläums des Erscheinens von Darwins „Über die Entstehung der Arten“ zu lesen.

Es ist interessant, welche Ansichten der Verfasser über die individuelle Entwicklung hat. Er teilt sie im weiteren auch mit voller Offenheit mit. Er sagt: Chromosomen sind im Verlauf der Ontogenese nicht analog allen anderen sich entwickelnden Merkmalen der Differenzierung unterworfen. Das heißt, Chromosomen entwickeln sich nicht, weder in der Phylogenese noch in der Ontogenese. Der Gedanke ist klar, klar sind auch die methodologischen Grundlagen dieser Aussagen, sie erinnern in erstaunlicher Weise an die versteinerte, erstarrte Weltanschauung, die Engels in der „Dialektik der Natur“ so gut charakterisiert hat.

Nicht weniger klar sind die methodologischen Positionen auch eines anderen Autors, von Timofejew-Resowski, dargelegt worden, der seinen Artikel ebenfalls in der „Botanischen Zeitschrift“ veröffentlicht hat. Das Problem ist bei ihm ein anderes, der Evolutionsprozeß, die Einstellung aber dieselbe. Er verteidigt mit beständiger Hartnäckigkeit das Gen, ignoriert völlig den Einfluß der Umwelt. Er behauptet, daß die Mutationen zufällig und ungerichtet sind. Alle, die genötigt waren, Morgans Arbeit „Strukturelle Grundlagen der Vererbung“ zu lesen, können das völlige Zusammenfallen der Ansichten von Morgan und Timofejew-Resowski sehen.

Jedoch fesseln solche theoretischen Positionen Spezialisten aus einem anderen Wissenschaftsgebiet. Im Vortrag von Akademiemitglied Sobolew und Professor Ljapunow über die Kybernetik gibt es einen besonderen Paragraphen „Kybernetik und Genetik“. Ich möchte nicht, daß Akademiemitglied Sobolew mein Auftreten so deutet, daß ich mich zur Kybernetik ohne Achtung verhalte. Umgekehrt, ich schätze die Kybernetik hoch, ich bin der Meinung, daß ihr die Zukunft gehört, daß sie einen sehr großen Beitrag zur Wissenschaft und Technik geleistet hat und einen solchen in Zukunft noch viel mehr leisten wird. Aber hinsichtlich der Genetik möchte ich meine Meinung sagen.

Für das Herangehen der Referenten an biologische Erscheinungen ist das Unverständnis der Entwicklung charakteristisch. Für sie ist eine Reihe sich ablösender Generationen von Lebewesen nur die „Zirkulation von Informationen“. Dasselbe Unverständnis der Entwicklung zeigt sich auch in der Frage der Vererbung erworbener Eigenschaften. Wir wissen, daß diese Frage in grundlegender Weise die Grenzen zwischen der Gentheorie und der Mitschurinschen Theorie zieht. Wie betrachten sie die Verfasser des Vortrags? Sie sagen, daß die Vererbung erworbener Eigenschaften unmöglich ist. Aber in der Mitschurinschen Lehre wird dargelegt, daß, wenn sich die Organismen unter veränderten Umweltbedingungen entwickeln, sie notwendigerweise sich entsprechend diesen Bedingungen verändern. Die Geschlechtszellen, die ein Produkt der Entwicklung der Organismen sind, Teile ihrer Körper, zeigen sich auch entsprechend verändert, und deshalb entstehen im Ergebnis der Befruchtung neue Generationen, die nicht mit den Vorfahren identisch sein können. So vollzieht sich die Entwicklung.

Die Verfasser entlehnen ihre Terminologie der Kybernetik. In „Materialismus und Empiriokritizismus“ gab Lenin eine philosophische Einschätzung einer ähnlichen Übertragung der Terminologie aus einem Gebiet auf ein anderes. Er sagte, daß dies eine leere Phrase ist und gar nichts für die Erklärung des Wesens des Gegenstandes liefert. Daran müßte man alle erinnern, die eine ähnliche Übertragung der Terminologie durchführen.

Wir möchten den Referenten eine Frage stellen: Auf welcher Grundlage treten Sie so entschieden in der Rolle eines Schiedsrichters in dieser schon so lange diskutierten Frage auf, die ihre längere Geschichte hat? Erforschten Sie etwa die aufeinanderfolgende Ablösung von Generationen lebender Körper oder untersuchten Sie möglicherweise die Entwicklung des Chromosoms im Prozeß der Umwandlung der Zellen? Mit genau demselben Recht könnten wir Zytologen über die Reduktionsteilung in Elektronenrechenmaschinen sprechen ... aus dem Grunde, daß sie auf dem Zweierprinzip aufgebaut sind.

Ich denke, daß sich kein Biologe einen derartigen Dilettantismus auf dem Gebiet der Mengentheorie, der Gruppentheorie oder der Probleme der Topologie erlauben würde.

Was N. P. Dubinin betrifft, so unterscheiden sich seine Äußerungen sehr stark von dem, was er früher sagte. So spricht er z. B. davon, daß das Gen chemisch reaktiv ist und nicht beständiger als andere chemische Verbindungen. Er erkennt auch die relative Gerichtetheit und Nichtzufälligkeit der Mutationen an.

Der Rückzug vor dem Andrang der Ideen der Mitschurinschen Theorie geht, so scheint es, an der ganzen Front vor sich. Aber dies scheint nur so. Es ist berechtigt zu fragen, wer denn die geistigen Freunde und wer die geistigen Feinde N. P. Dubinins sind. Es ist interessant zu sehen, welches Verhältnis N. P. Dubinin zu den Vertretern der Gentheorie des anderen Pols besitzt. Welches Verhältnis hat er zu den Mitschurinisten?

Eine Durchsicht seiner Artikel zeigt, daß er sich sehr wohlwollend über viele ausländische und viele unserer eigenen Genetiker äußert. In einigen Fällen kann man sogar lobende Urteile über sie finden. Andererseits findet man bei ihm nicht einen Hinweis auf Vertreter der Mitschurinschen Richtung, obgleich die Ideen der

Mitschurinschen Richtung auf ihn großen Einfluß ausüben. Es gibt sogar keine Erwähnung der Arbeiten des großen Umgestalters der Natur über das Altern der Samen. Jedoch streicht N. P. Dubinin gerade im Zusammenhang mit den Arbeiten über Mutation beim Altern der Samen M. S. Nawaschin heraus. Was ist dies, Unverständnis, Vergeßlichkeit? Die Sache liegt hier tiefer, sie besteht darin, daß die Mitschurinisten, darunter der große Umgestalter der Natur, die geistigen Feinde N. P. Dubinins sind. Seine Gesinnungsgenossen sind ungeachtet der scheinbar großen Unterschiede die Vertreter der Gentheorie. Hieraus ist ersichtlich, daß alle Anhänger der Gentheorie ungeachtet des Unterschieds ihrer Äußerungen eine einheitliche geschlossene Gruppe im Kampf gegen die Mitschurinsche Theorie bilden. Ihre innere Einheit geht aus der Anerkennung einer besonderen, mit der lebenden Substanz nicht zusammenfallenden Vererbungssubstanz hervor.

Man muß sagen, daß die Vertreter der Gentheorie ihre Beweise aus der Zytologie schöpfen und der Meinung sind, daß sie eine gut ausgearbeitete zytologische Basis besitzen. Sie ignorieren, daß auch die Vertreter der Mitschurinschen Richtung ihre eigene entfaltete, sich entwickelnde zytologische Basis haben, die die Unrichtigkeit jener Beweise nachweist, die einst der Chromosomentheorie zugrunde lagen.

Infolge der Kürze der Zeit kann ich nur nennen, was gerade in der Mitschurinschen Zytologie getan wurde. Vor allem möchte ich auf die Arbeiten über Reduktionsteilung von M. W. Tschernojarow hinweisen, der in seinen Untersuchungen zeigte, daß sich die Konjugation der Chromosomen nicht vollzieht, daß die sogenannten Bichromosomen nicht die Vereinigung der homologen Chromosomen des diploiden Kerns sind, wie dies in zytogenetischen Arbeiten dargelegt wird. Die Bichromosomen entstehen aus dem Kernchromatin auf dem Wege des Zusammenrückens und Zusammenklebens einzelner Teile des Chromatingerüstes oder ganzer Bündel feiner Fäden, so daß eine Aufeinanderfolge der Chromosomen diploider und haploider Kerne, die der wichtigste zytologische Beweis der Richtigkeit der Chromosomentheorie der Vererbung ist, einfach nicht existiert. Auf diese Art und Weise wurde den Anhängern der Chromosomentheorie der wichtigste Beweis aus den Händen geschlagen.

Die 1924 begonnenen Arbeiten Tschernojarows wurden bis in die jüngste Zeit fortgesetzt (die letzte Veröffentlichung erfolgte 1951).

Eine andere zytologische Stütze der Chromosomentheorie der Vererbung sind die Angaben aus dem Gebiet der somatischen Karyokinese. Lange Zeit hindurch wurden sie als Beweis für die Richtigkeit der Thesen der Chromosomentheorie verwendet. Die Karyokinese wurde als Mechanismus für die genaue Teilung des Kernchromatins angesehen, das man für den „Vererbungsstoff“ hielt. Man muß sagen, daß schon lange sowohl von der faktischen als auch von der methodologischen Seite her eine Kritik dieser Theorie der Karyokinese erfolgte. Von O. B. Lepeschinskaja wurde eine neue Erklärung der Karyokinese vorgeschlagen, als Entstehung einer neuen Zelle aus einer alten, die im weiteren unausbleiblich altert und abstirbt. Diese These erhielt eine solide Basis durch Fakten. Heute ist an lebenden Objekten gezeigt worden, daß die Zellen in der Karyokinese qualitativ verschieden sind: Die einen sind neu, jung, entwickeln sich, steigen auf die höchste Entwicklungsstufe, andere dagegen altern früher oder später und gehen zugrunde.

So verwerfen die neuen Angaben über die Karyokinese deren frühere Auffassung.

Besonders groß ist die Bedeutung der Arbeiten auf dem Gebiet der Erforschung der direkten Teilung. Die Chromosomentheorie leugnete die Möglichkeit, daß die direkte Teilung vollwertig sei. Heute ist umfangreiches Material angesammelt worden. Ich kann hier nicht einmal die Autoren aufzählen, die auf diesem Gebiet arbeiten. Diese Arbeiten zeigen, daß die direkte Teilung eine vollwertige Teilung ist, daß man sie sowohl in differenzierten als auch in jungen, sich entwickelnden Geweben antrifft. Diese These wurde auch ins Lehrbuch von Sawarsin und Schtschelkunow aufgenommen. Große Bedeutung haben Arbeiten, die zeigen, daß auch hier ein Entwicklungsprozeß verläuft.

In diesem Jahr (1959 — d. Herausg.) demonstrierte I. A. Glinski auf dem VI. Kongreß der Anatomen, Histologen und Embryologen äußerst interessante Präparate zur Entstehung einer jungen Zelle in einer alten. Dieses Material zeigt ebenfalls klar, daß auch hier ein Entwicklungsprozeß verläuft.

*

Professor J. P. Frolow. Die Pawlowsche Physiologie ist auf der hier stattfindenden Konferenz der Naturwissenschaftler und Philosophen nicht durch ein spezielles Referat vertreten. Das heißt natürlich nicht, daß sie als eine Errungenschaft der Vergangenheit von unserer philosophischen Diskussion ausgeschlossen wurde. Im Gegenteil. Die Pawlowsche Konzeption der höheren Nerventätigkeit ist nach wie vor eine der festesten naturwissenschaftlichen Stützen des dialektischen Materialismus in der Biologie und Psychologie. In der letzten Zeit rückte sie einigermaßen unerwartet ins Zentrum der Aufmerksamkeit der Kybernetiker, der Sprachwissenschaftler, teilweise der Ästhetiker und anderer Wissenschaftler.

Die Grundthesen der Pawlowschen Konzeption über bedingte Reflexe und ihre gewaltige Bedeutung für die wissenschaftlich-materialistische Weltanschauung wurden in den Referaten von G. M. Frank, W. A. Engelhardt und N. I. Graschtschenkow berührt.

Die Aufgabe dieser Referate bestand nach unserer Meinung nicht nur darin, die experimentellen Fakten darzulegen, was an sich wertvoll und wichtig ist, sondern auch darin, die Entwicklungsperspektiven des modernen sowjetischen philosophischen Gedankenguts in seinem engen Zusammenhang mit der Praxis der Naturwissenschaften aufzuzeigen. Ich meine damit die gesellschaftliche Praxis, Fragen der Arbeit und alles, was aus der Auffassung der Arbeit folgt. Das Kriterium der Praxis gewinnt besonders unter den Bedingungen des sich verstärkenden Kampfes des Idealismus gegen den Materialismus an Bedeutung. Der Idealismus äußert sich nämlich auch über die Arbeit und die Besonderheiten der Arbeit des Gelehrten. Aber er behandelt diese Frage metaphysisch; er betrachtet diese Arbeit als Dienst an der „reinen" Wahrheit. Unsere sowjetischen Philosophen müssen nicht nur die Menschen, die eine absolut entgegengesetzte Weltanschauung haben und wohl kaum noch umzuerziehen sind, mit allen Mitteln überzeugen, sondern sie sind verpflichtet, sich zu bemühen, einen Einfluß auf die Schwankenden und die Skeptiker zu gewinnen, von denen es sehr viel, sowohl im Ausland als auch bei uns, gibt. An Hand klarer Beispiele muß man ihnen die Überlegenheit der dialektisch-materialistischen Weltanschauung beweisen. Man muß ihnen ohne Dogmatismus und ohne formales Aufkleben von philosophischen Thesen auf naturwissenschaftliche Errungenschaften die Großartigkeit des Materialismus an den Erfolgen ihrer Wissenschaften demonstrieren.

Man soll aber auch nicht den wunden Punkten in den problematischen Fragestellungen der Biologie ausweichen. Dies wäre ebenfalls nicht richtig. Zu solchen Fragen gehört das Problem der Entstehung des Lebens und des Bewußtseins. Fragen also, die mindestens genau so wichtig sind, wie die von der modernen Physik der Mikrowelt und der Mathematik berührten Probleme.

Im Referat von G. M. Frank und W. A. Engelhardt wurde klar gezeigt, wie die moderne physikalische Chemie in die Sphäre der Grundlagen des Lebens eindringt. Es wurde eine Art Manifest der physikalisch-chemischen Analyse des Lebens verkündet, wobei man jedoch die qualitativen Eigenarten der höchsten Bewegungsformen der Materie im Vergleich zu den niederen anerkennt. Im Referat wurde anerkannt, daß sich auch die zellularen Prozesse „prinzipiell von Prozessen unterscheiden, die in der unbelebten Natur vor sich gehen". Die Autoren des Referats unterstreichen mit Recht, daß im Entwicklungsprozeß des Lebens mit dem Erscheinen höherer Lebensformen auch neue Qualitäten der Erscheinungen entstehen, die von neuen, bisher unbekannten Gesetzmäßigkeiten gelenkt werden. Diese Tatsache zwingt die Forscher, in neuen philosophischen Kategorien zu denken und sich nicht auf das zu beschränken, was man für die Analyse auch in der anorganischen Natur finden kann.

Dank der Anwendung der Isotope wurde in der letzten Zeit in der Biologie und Physiologie sehr viel neues Material erhalten. Den Referenten gelang es sehr gut, die mehrmalige Umlauffähigkeit der chemischen Stoffe und die Ausnutzung ihrer Bruchstücke im Prozeß der Metabolie hervorzuheben. Es stellte sich dabei heraus, daß man es bei diesen Prozessen mit gewaltigen, früher in der Biologie nie gekannten Geschwindigkeiten der Bewegung der Materie zu tun hat. Dem entspricht der Begriff der maximalen Labilität des organischen Substrats und solch eine Stufe der Adaption, von der die Vertreter der Wissenschaften früher nicht einmal träumen konnten.

Gleichzeitig vergaßen aber die Referenten, darauf hinzuweisen, daß, wenn im Prozeß der Lebenstätigkeit ein Austausch im Verlauf von millionsten Teilen einer Sekunde vor sich geht, wir hier an die Frage der Strahlung in lebenden Geweben herankommen, an die Lösung eines der wichtigsten Grenzprobleme der Physik und Biologie, d. h. an die Frage, ob es im Organismus Erscheinungen gibt, die mit einer Geschwindigkeit nahe der Lichtgeschwindigkeit abrollen. Diese Idee, die Professor D. I. Blochinzew, der vor mir sprach, mit Recht eine „irrsinnige", d. h. neue und unerwartete Idee hätte nennen können, ohne die aber keine Vorwärtsbewegung unserer Wissenschaft möglich ist, wurde in den Referaten über Fragen der Biologie nur sehr zaghaft angedeutet, und zwar in Form der Anerkennung solcher Geschwindigkeiten in den Zellen, mit denen es die Biologie bisher nicht zu tun hatte.

Warum hat die Frage der Geschwindigkeiten in der Biologie philosophische Bedeutung? Deshalb, weil die Relativitätstheorie die physikalischen Systeme bis zum heutigen Tage sehr ausdrücklich den biologischen gegenüberstellt.

Es ist möglich, daß hier teilweise die Autorität Albert Einsteins schuld hat, der auf die von Moschkowski gestellte Frage antwortete, daß die Anwendung der Relativitätstheorie auf Fragen der organischen Natur Unsinn sei, der nur kirchlichen Komikern zukäme. Dieser Ausdruck des Dualismus, wie er aus einigen Besonderheiten der Weltanschauung Einsteins folgt, wird jedoch in Frage gestellt und eine ernsthafte Diskussion darüber liegt sehr nahe.

Anders bliebe es unverständlich, warum lebendes Gewebe so empfindlich für ionisierende Radiation, so verwandt mit ihr ist. Wir wollen, daß unsere Biophysiker, die sich mit philosophischen Problemen der Biologie befassen, an der Lösung dieser Frage mitarbeiten und dadurch helfen, solche äußerst wichtigen Gebiete, wie es die physikalische und biologische Bewegungsform sind, zu einem einheitlichen System zu vereinigen oder daß sie wenigstens die Grenze zwischen den entsprechenden Wissenschaften auffinden.

Im zweiten Teil des Referats von G. M. Frank und W. A. Engelhardt, der im wesentlichen der Entstehung des Bewußtseins gewidmet ist, finden wir schon umstrittenere Thesen. Es handelt sich hier um die Anwendung verschiedener Arten von Modellen nicht nur auf niedere Gebiete und Formen der organischen Natur, sondern auch auf höhere Gebiete, darunter auch auf grundlegende physiologische Prozesse im Gehirn, wobei die Möglichkeit dieser Modellbildung von einigen im breitesten Rahmen zugelassen wird. Vom Gesichtspunkt der experimentellen Errungenschaften der objektiven Pawlowschen Methode aus kann es keinen zweiten Weg der Lösung der Frage nach der Entstehung des Bewußtseins geben.

Im Referat von G. M. Frank und W. A. Engelhardt wird vergessen, daß sich das Substrat der höheren Nerventätigkeit dadurch auszeichnet, daß das Gehirn mit der Herausbildung des Bewußtseins, insbesondere des gesellschaftlichen Bewußtseins vermittels der Arbeit verbunden ist. Überhaupt kann man die Arbeit kybernetischer Maschinen nicht in eine Reihe mit den Widerspiegelungssystemen der Natur stellen.

Aus diesem Anlaß möchte ich auch einen Vorwurf an Professor E. Kolman richten, der annimmt, daß elektronischen Rechenmaschinen ein gewisser Widerspiegelungszustand eigen ist, der angeblich in der gesamten Natur verbreitet ist. Dabei stützt er sich auf den bekannten Hinweis Lenins. Man kann jedoch nicht einen Stein (Meteor) und eine Elektronenmaschine vergleichen, wie dies Kolman macht, denn die Elektronenmaschine ist wie jede andere Maschine auch das Produkt der Tätigkeit großer Menschenkollektive, die unter sich durch die sich historisch entwickelnde Arbeit, ihre besondere Organisation verbunden sind. Sie ist ein gesellschaftliches Produkt, das man selbstverständlich nicht in eine Reihe mit natürlichen Produkten stellen kann.

Man könnte noch auf einige andere wichtige Seiten des Referats von G. M. Frank und W. M. Engelhardt hinweisen. Aber mir scheint es, daß es am wichtigsten wäre, zu klären, was man unter dem Wort „Analogie" versteht, das sehr häufig in der Biophysik benutzt wird. In der klassischen Logik hielt man bisher die Ausnutzung wesentlicher Eigenschaften zweier verschiedener Erscheinungen für eine Analogie. Darauf baute dann die experimentelle Wissenschaft auf.

Die wesentlichste Eigenschaft des Lebens ist der Stoffwechsel, den es in der Maschine nicht gibt und auch nicht geben kann. Die Verteidiger der Kybernetik selbst, sogar ihre glänzendsten Vertreter erkennen an, daß der Stoffwechsel in der Maschine selbstverständlich fehlt und man hier keine volle Analogie anführen kann. Eher kann man über die Ähnlichkeit jener Differentialgleichungen sprechen, mit deren Hilfe man verschiedene Erscheinungen, in unserem Falle also physiologische und biologische, beschreibt.

Im anderen Referat von N. I. Graschtschenkow über die Sinnesorgane und die Widerspiegelungstheorie wurde sehr gut das Entwicklungsbild einer allmählichen Vervollkommnung der Widerspiegelungsmittel gezeigt. Dabei wurden die Daten S. I. Wawilows über das Auge und die Sonne benutzt, wie auch, und das ist sehr wertvoll, die Daten des Begründers der Biophysik in der UdSSR, P. P. Lasarews, über die hier noch niemand gesprochen hat, obwohl sie historisch gesehen einen sichtbaren Platz in der Entwicklung dieses Problems einnehmen. Desgleichen kamen auch die Daten von L. A. Orbel zur Sprache, die ebenfalls eine große Bedeutung haben (insbesondere seine Theorie der adaptiv-trophischen Invariation der Sinnesorgane).

Trotzdem muß man dem Autor einen gewissen Vorwurf dahingehend machen, daß der Pawlowsche Begriff des Analysators, den er mit der Widerspiegelungstheorie in Verbindung bringt, im Referat nicht genügend klar zum Ausdruck kam. N. I. Graschtschenkow, der sich zu sehr für den peripheren Teil, für die Rezeptoren begeistert, beleuchtet ungenügend das zentrale Glied — die Arbeit des Gehirns. Wir begrüßen natürlich die Hervorhebung der Dialektik von Peripherie und Zentrum, jener Vielfalt also, die die Pawlowsche Lehre in dieses Problem hineintrug, aber es wäre besser gewesen, all jenes zu beleuchten, was mit dem Sprung, mit dem Übergang nicht nur von der Materie zur Empfindung, sondern auch von der Empfindung zum gesellschaftlichen Bewußtsein des Menschen verbunden ist.

Und noch einen, wenn auch kleineren, so doch wesentlichen Vorwurf. N. I. Graschtschenkow sprach in ausgezeichneter Form über die Tastrezeptoren, über das Auge und über die Gleichgewichtsorgane. Aber er sprach sehr wenig über die Propriorezeptoren, die ein vortreffliches Modell jener Rückverbindungen sind, auf denen sich die heutige Arbeitsphysiologie aufbaut. Überhaupt hat der Referent über die Arbeit, über ihre Rolle in der Erkenntnis der Welt und ihre Widerspiegelung nicht ein Wort gesagt, was die im allgemeinen gute Konzeption der Evolution der Sinnesorgane etwas gestört hat.

Weiter: Warum kann man nur über eine chemische Geruchstheorie sprechen? Das wurde schon zum Truismus. Warum soll man unter den Bedingungen der Entwicklung der Technik die Frage einer physikalischen Geruchstheorie nicht auf das nötige Niveau heben, obwohl diese Theorie schon Lomonossow zu seiner Zeit verteidigte, und sie eine große Bedeutung für die Entwicklung der chemischen Industrie hat?

Bei N. I. Graschtschenkow gibt es auch einen indirekten Hinweis auf die Ermüdung und Hemmung, welche eine große Rolle im Kampf gegen eine falsche Arbeitsorganisation spielen. Der Unterschied zwischen diesen beiden Begriffen wird jedoch nicht aufgezeigt. Im Referat werden auch fast keine neuen Daten über die vergleichende Physiologie der Sinnesorgane der Fische, Vögel und Fledermäuse angeführt, die besondere Organe zur Lokalisation besitzen. Diese Daten sind jedoch nicht nur für den Biologen und Tierzüchter prinzipiell wichtig, sondern auch für den Philosophen, denn die Kenntnis dieser Seite der Widerspiegelungstheorie gibt Antwort auf eine Frage, die schon der große Lenin stellte: Wüßte der Mensch mehr über die Welt, wenn er noch ein Sinnesorgan mehr hätte? Lenin antwortete: Nein! Es kommt nicht auf die *Quantität* der Sinnesorgane an, sondern auf den qualitativen Sprung, der durch das zweite Signalsystem des Menschen hervorgerufen wurde. Darüber haben wir heute fast nichts gehört.

Über terminologische Differenzen mit dem Autor bei der Bestimmung des Wesens des Analysators werde ich nicht sprechen. Der Begriff des Analysators ist allgemeiner als der des Sinnesorgans. Im Referat werden jedoch beide Begriffe als gleichberechtigt angesehen.

Ich möchte noch etwas über das Hauptsächliche sagen und dann meinen Diskussionsbeitrag beenden. Ich sah in den Referaten zu Fragen der Sinnesorgane nicht den großen Unterschied, der zwischen dem Sensualismus des 18. Jahrhunderts — N. I. Graschtschenkow stützte sich hier mit Recht auf Diderot — und der modernen Lehre über die Sinnesorgane existiert. Gestattet es die moderne Physiologie der Sinnesorgane, eine Wissenschaft also, die sich auf die Leninsche Widerspiegelungstheorie gründet und mit einer erstklassigen elektronischen Technik ausgerüstet ist, auch solche subsensorische Reaktionen des Menschen, solche unbewußten Antworten zu erforschen, die wir vorfinden, wenn er auf Reize reagiert, die unter seiner Bewußtseinsschwelle liegen? Die Erforschung dieser Frage war der Gegenstand der neuesten Versuche einer der größten Pariser Organisationen — des physiologischen Laboratoriums an der Sorbonne.

Im Verlaufe der Arbeit über die Propriorezeption der Stimme und des Sprechens wurde gezeigt, daß man außer den hörbaren Tönen noch eine unhörbare Stimme und Sprache vorfinden kann. Dies Resultat wurde auf eine sehr einfache Weise erreicht: durch die Einführung von ... Elektroden in die Stimmbänder des Menschen. All dies kann eine neue Epoche in der Erforschung des zweiten Signalsystems des Menschen einleiten.

Zum Abschluß möchte ich noch den Wunsch aussprechen, daß — wie S. I. Rubinstein in seinem Diskussionsbeitrag richtig bemerkte — die Frage der Erforschung der höheren Nerventätigkeit zusammen mit den Fragen der Psychologie und der wechselseitigen Beziehungen dieser Wissenschaften in das Programm einer besonderen Konferenz aufgenommen wird, zu der es notwendig sein wird, auch Vertreter der Kybernetik, der Sprachwissenschaft und anderer Wissenschaften einzuladen.

*

W. L. Ryshkow, Korrespondierendes Mitglied der Akademie der Wissenschaften der UdSSR. Ich glaube, daß Akademiemitglied K. W. Ostrowitjanow sehr weise verfuhr, als er uns bat, uns in der Diskussion nur auf die gestellten Probleme zu beschränken. Wir würden in eine sehr schwierige Lage geraten, wenn wir versuchten, in den Wirrwarr einzudringen, der um eine der fortschrittlichsten und exaktesten Wissenschaften, nämlich um die Genetik geschaffen wurde. Es kann sein, daß sogar einige der Referenten sich ganz und gar nicht richtig verhalten haben, wenn sie gleichsam Probleme der Genetik streiften. In bezug auf die Genetik gibt es so viel unrichtige Vorurteile, und so oft wird mit Vorstellungen Krieg geführt, die niemals von Genetikern geäußert wurden, daß dies eine besondere Diskussion erfordert. Ich glaube, daß die Fragen der Genetik eine so erstrangige Bedeutung für unsere materialistische Weltanschauung haben, daß es eine sehr aktuelle Aufgabe wäre, ihnen eine besondere Beratung möglichst bald zu widmen, wo sie ruhig, gründlich, mit vollständiger Dokumentation dargelegt werden. Man kann den Nebel und die Verschwommenheit auf diesem Gebiet, in einer sehr exakten Wissenschaft, nicht dulden.

Ich komme jetzt unmittelbar zu Erwägungen zu den biologischen Vorträgen. Ich muß sagen, daß diese Vorträge bei mir das Gefühl einer sehr großen Unzufriedenheit hervorriefen. Diese Unzufriedenheit hängt vor allem damit zusammen, daß, kurz gesagt, der Inhalt der Vorträge, wie dies der letzte Opponent schon sagte, hinter der Gegenwart zurückgeblieben ist. Wenn man sie genauer lokalisieren will, wie dies die Paläontologen machen, so gehören sie in die zweite Hälfte des vorigen Jahrhunderts, und daß hier elektronenmikroskopische Aufnahmen gezeigt wurden, rettet nicht die Lage der Dinge. Das wird besonders offensichtlich, wenn man die bemerkenswerten Ereignisse berücksichtigt, die sich heute in der Biologie gerade auf der Ebene vollziehen, von der unsere verehrten Referenten sprachen, gerade an der Grenze von Chemie, Physik und Biologie.

Wenn man impressionistisch charakterisieren will, was sich in der Biologie vollzieht, so kann man sagen: Noch gestern hätte jeder von uns Biologen seine Unterschrift geben können, daß dasjenige unmöglich ist, was heute schon ein völlig bestätigter Fakt ist. Hier zeigen wir uns in der anekdotischen Lage jenes Zoobesuchers, der erklärte, als er zum erstenmal eine Giraffe erblickte: „Das kann nicht sein." Noch gestern hätten wir gesagt, daß die gewaltigen Fäden der Nukleinsäure, die ein millionenfach höheres Gewicht als das Wasserstoffatom besitzen, nicht die feste Hülle einer Bakterienzelle durchdringen. Sie haben jedoch genug Freiheit, sie zu durchdringen. Gestern konnten wir uns schwerlich vorstellen, daß ein Bakteriophag, bei dem ultraviolette Strahlen einen Bruch und die Zerstörung des Nukleoproteid-Apparates hervorriefen und der infolgedessen inaktiviert wurde, bei einem anderen ebenso „toten“ Bakteriophagen die fehlenden Stücke dieses Apparates entlehnt, und aus zwei „toten“ Teilchen sich ein lebendes zusammensetzt. Noch weniger wahrscheinlich schien es, daß ein inaktivierter Bakteriophag dem Nukleoproteid-Apparat einer Bakterie, in der er lebt, „Prothesen“ entlehnen kann und so wieder zum Leben zurückkehrt.

Wir führten nur wenige Fakten an. Sie alle erfordern ihre logische Analyse und gedankliche Durchdringung. Wir könnten sagen, daß die Biologie in unserer Zeit eine kritische Periode durchmacht, die der analog ist, die die Physik anfangs unseres Jahrhunderts erlebte, als Lenin sein Werk „Materialismus und Empiriokritizismus“ schuf, das die marxistische Philosophie der Naturwissenschaft begründete.

Wie wenig wir uns jedoch mit der Logik der Biologie beschäftigt haben, wurde auf dem Symposium zur Entstehung des Lebens deutlich. Es trat eine völlige Verwirrung in Erscheinung, als von den Kriterien des Lebens die Rede war, und einige Referenten verteidigten die These, daß es heute schon nicht mehr so wichtig sei, was man als belebt und was man als unbelebt bezeichne. Nach Meinung Stanleys ist es eine Sache des Geschmacks, ob man die Viren für belebt hält oder nicht. Was ist das, wenn nicht der völlige Zusammenbruch des logischen Apparates der modernen Biologie? Mich stimmt es sehr traurig, daran zu erinnern, daß gerade dort, wo dem Anschein nach der Sowjetwissenschaftler, der mit der Methode des dialektischen Materialismus ausgerüstet ist, hätte helfen können, aus den Schwierigkeiten herauszufinden, indem er eine wissenschaftliche Analyse des Begriffs des Lebens gegeben hätte, eine vollkommene Verwirrung in Erscheinung trat und nahezu niemand versuchte, mit den Anhängern der Aufhebung der Grenzen zwischen Belebtem und Unbelebtem zu polemisieren. Weshalb geschah dies? Mir scheint, deshalb, weil wir den dialektischen Materialismus gewöhnlich unrichtig ausnutzen. Ich glaube, daß wir, die Biologen, ihn am wenigsten als schöpferische Methode verwenden, obwohl er vor allem eine Methode zur Aufdeckung der Wahrheit ist. Sehr oft schaffen wir einige Wiederholungsabdrucke von längst gegossenen Matrizen und sehen darin die Aufgabe der materialistischen Deutung der Biologie. In anderen Fällen jedoch beschränken wir unsere Arbeit darauf, daß wir bestimmte Fakten, Gesetzmäßigkeiten und Begriffe an früher von uns formulierte Lehrsätze, die wir für marxistisch halten, anpassen.

Kann es etwas undialektischeres, unwahreres und unfruchtbareres geben als den Versuch, das Leben mit Hilfe eines beliebigen Kriteriums zu definieren und darauf schon mechanisch Körper in Abhängigkeit davon für belebt oder unbelebt zu halten, ob sie dies Kriterium erfüllen oder nicht. Eine derartige Arbeit könnte sogar eine Rechenmaschine primitivster Bauart verrichten.

Am gangbarsten ist bei uns eine solche Vorstellung: Wenn es Stoffwechsel gibt, ist das Objekt belebt, wenn nicht, ist es unbelebt. Stanley hält die Fähigkeit, sich zu vermehren und den Besitz der Vererbung für die Hauptkriterien des Lebens.

Jemand hat sogar behauptet, weil es im Virus kein Biotin (ein Vitamin) gibt, ist es unbelebt, da in lebenden Körpern gewöhnlich Biotin vorkommt. In der Welt der Viren wurden prinzipiell neue Erscheinungen entdeckt, mit denen die Wissenschaft früher niemals zusammengetroffen war. Wie muß ein Marxist auftreten? Offensichtlich muß er die Erscheinung in allen ihren Zusammenhängen untersuchen, wobei er sich nicht mit der Anwendung formaler Definitionen beeilt. Bekanntlich unterstrich Engels selbst, daß Definitionen keinen großen wissenschaftlichen Wert besitzen.[1] Man muß den ganzen Inhalt der Begriffe aufdecken, aber das ist schon keine Definition mehr. Natürlich genügt, um die Stellung des Virus in der Natur zu bestimmen, nur das Kriterium des Vorhandenseins oder des Fehlens des Stoffwechsels allein nicht. Es ist bekannt, daß in lebenden Körpern in Abhängigkeit vom Entwicklungsstadium oder von äußeren Bedingungen der Stoffwechsel zeitweilig unterbrochen werden kann. So unterhalten gut getrocknete Samen von Pflanzen keinen Stoffwechsel und behalten ihre Keimfähigkeit nach dem Aufenthalt in flüssigem Helium (—269 °C). Stückchen des Herzens eines Hühnerembryos können in flüssigem Stickstoff (—195 °C) eingefroren und darauf wieder belebt werden. Unsere Begriffe vom Leben und die Frage der Grenze des Lebens bedürfen einer tiefgehenden philosophischen Analyse.

Die Situation, daß die Biologie heute die Möglichkeit erhalten hat, das Leben auf molekularer Ebene zu untersuchen, eröffnete gewaltige Perspektiven, aber sie schuf auch bestimmte Schwierigkeiten, stellte Aufgaben, die man auf einer philosophischen Konferenz diskutieren muß, aber sie wurden von den Referenten umgangen. Viele Fehler können durch die in der letzten Zeit zu bemerkende Tendenz, die Begriffe des rein Biologischen und des Chemischen zu vermengen, entstehen. Man muß sagen, daß der Biologe den Begriff „Molekül" mit weitaus weniger Umsicht benutzt als der Chemiker. Wir sprechen oft von den Molekülen der DNS (Desoxyribonukleinsäure), aber wir meinen hochpolymere Verbindungen, wobei die Ausmaße der einzelnen Teile, die von uns Moleküle genannt werden, sehr stark variieren können, weshalb die Benutzung des Terminus „Molekül" nicht sehr berechtigt ist. Noch weniger berechtigt ist es, solche Fetzen von Strukturelementen der Zelle, die überwiegend aus DNS aufgebaut sind und die wir im Ergebnis einer ziemlich groben chemischen oder mechanischen Bearbeitung von Bakterien und Geweben erhalten, als DNS-Moleküle zu bezeichnen. Zweifellos sind diese Fetzen nicht chemisch reine DNS, nicht immer ist sogar bewiesen, daß in ihnen Eiweiß nicht vorhanden ist. Ohne Zweifel sind in der sogenannten DNS des Bakteriophagen Metallionen und einige Amine vorhanden.

Es ist notwendig, besondere Sorgfalt bei der Verwendung von Begriffen und Definitionen dort zu wahren, wo von prinzipiell wichtigen Fragen die Rede ist. Leider wurde in den letzten Jahren ein gewisser Niedergang der philosophischen Kultur in der Biologie beobachtet, was in einer ziemlich großen Schlamperei in

[1] Vgl. F. Engels, Herrn Eugen Dührings Umwälzung der Wissenschaft, Berlin 1953, S. 99 und 425.

der Terminologie und in der Tendenz seinen Ausdruck fand, wissenschaftliche Begriffe und wissenschaftliche Erklärungen durch Metaphern zu ersetzen. Wir stritten zum Beispiel viel über die Existenz nichtzellularer Formen des Lebens, aber wir machten uns nicht die Arbeit zu definieren, was wir unter einer Zelle verstehen. Weit im Umlauf ist zum Beispiel der Ausdruck „erschütterte Vererbung". Was bedeutet das? Ich denke, daß dies nur eine Metapher ist, aber was dies materiell bedeuten könnte, kann niemand erklären. Es gibt keinen Vererbungsstoff, wie man sagt, aber es gibt irgendeine Vererbung, eine absolut abstrakte, die erschüttert werden kann. Oder man spricht hier zum Beispiel von der Assimilation der äußeren Bedingungen. Wie eine Metapher in Gedichten ist das, es kann sein, auch keine schlechte, aber welchen wissenschaftlichen Sinn kann das haben? Der Wind ist eine äußere Bedingung, versuchen Sie einmal, ihn zu assimilieren; die Landschaft ist auch eine äußere Bedingung, aber wie assimilieren Sie sie? Eine beliebte Metapher einer anderen Gruppe von Biologen, die „führende Rolle des Kerns", hat es ebenfalls nötig, konkreter dechiffriert zu werden, sonst wird sie sich wenig von der „erschütterten Vererbung" usw. unterscheiden.

Einige unserer Referenten legten einen schwierig zu lesenden Text vor, geschrieben in langen Perioden und reich an nicht immer glücklich gewählten Metaphern. Hier trifft man ein „befruchtetes Niveau" und „wachsende Hierarchien" an. In philosophischen Schriftstücken wäre eine exaktere Sprache wünschenswert. Ich möchte noch etwas im Zusammenhang mit dem Vortrag A. I. Oparins sagen. Ich glaube, daß der Referent zu Beginn seiner Rede nicht ganz im Recht war, als er sagte, daß es ihm schwerfalle, einen Vortrag über die Entstehung des Lebens zu halten, da hier von Prozessen die Rede sei, die sich in Millionen von Jahren vollzogen haben, ihm aber nur eine halbe Stunde für den Vortrag zur Verfügung stände. Ich glaube, daß es tiefer liegende Gründe gibt, die einen Vortrag über die Entstehung des Lebens schwierig machen. Dieses Problem ist natürlich sehr wichtig und Akademiemitglied Oparin hat natürlich sehr viel zur Ausarbeitung dieses Problems getan, und man muß den Mut begrüßen, mit dem er sich dieser Aufgabe gewidmet hat. Mir scheint jedoch, daß die Methodologie seiner Forschungen auf dem Gebiet der Entstehung des Lebens nicht immer vollkommen richtig ist.

Mir hat der Vortrag von Akademiemitglied Ambarzumjan sehr gut gefallen. In ihm wird deutlich unterstrichen, daß die methodologischen Fragen der Kosmogonie mit der möglichst vollständigen Ausnutzung des konkreten Materials über die Struktur des Weltalls zusammenhängen. Die Schaffung einer Theorie ad hoc kann sich als nicht genügend effektiv erweisen, weil man sie glauben kann oder nicht, eben, weil sich alles so vollzogen haben kann, wie es beschrieben wurde, aber es sich auch auf einem völlig anderen Weg vollzogen haben könnte. Mir scheint, daß A. I. Oparin ungenügend das Faktenmaterial verwendet, über das die Biologen in ihrer Theorie der Entstehung des Lebens verfügen. In seiner Theorie nimmt die Bildung von Koazervaten einen zentralen Platz ein. Dabei wird ignoriert, daß das Leben sehr weitgehend Kristallstrukturen, eine primitive kristalline Geordnetheit verwendet. Wir treffen diese insbesonders bei niederen Formen des

Lebens an, aber auch in Sporen und Spermien höher organisierter Wesen. Geben diese Strukturen nicht einen Hinweis darauf, daß das Leben Etappen durchlief, in denen die Kristallstrukturen komplizierter wurden und infolge der immer größeren Heterogenität und Komplizierung gelockert wurden? Ich bin sehr damit zufrieden, daß der Referent heute so entschieden von den Empedoklesschen Vorstellungen auf molekularer Ebene abrückt, nach denen früher einzelne Aminosäuren, Nukleinsäuren usw. entstanden und darauf sich eine Kombination aller dieser Bestandteile bildete.

Es ist sehr gut möglich, daß das Auftreten des Lebens ganz anders vonstatten ging als auf dem Weg, auf dem der Chemiker seine Synthesen im Labor durchführt. Es kann sein, daß Eiweiß und Nukleinsäuren nur Differenzierungsprodukte innerhalb des lebenden Körpers sind. Es ist interessant, einige Synthesen im Organismus den Syntheseprogrammen gegenüberzustellen, die der Chemiker entwirft und verwirklicht. Nehmen wir an, man hat die Aufgabe, Adenylsäure zu synthetisieren. Natürlich nimmt der Chemiker für diese Synthese Adenin, Ribose und Phosphorsäure und schafft daraus eine Verbindung, die wir Adenylsäure nennen, jedoch im lebenden Körper vollzieht sich dies nicht so. In lebenden Körpern bildet sich eine Verbindung von Ribose, einem Phosphorsäurerest und des 4-Amino-5-Karbamid-Imidazols — eines Stoffes mit offenen Ringen. In letzteren nun geht ein Kohlenstoffatom ein, schließt den Ring — im Ergebnis bildet sich Adenin.

Dieses kleine Beispiel zeigt uns, daß es nicht genügt, logisch mögliche Wege des Auftretens des Lebens zu suchen; wünschenswert ist die möglichst breite Ausnutzung dessen, was wir faktisch in lebenden Körpern beobachten. Sehr wichtig ist auch die Beachtung des Aufbaus der rezenten einfachsten Formen des Lebens. In dieser Hinsicht sind die wenig untersuchten saprophytischen Ultramikroben besonders interessant. Ich möchte in keiner Weise die gewaltige Arbeit herabsetzen, die von Akademiemitglied Oparin geleistet wurde, aber wenn man die oben angeführten Fakten berücksichtigt, so scheint es mir, daß das Niveau dieser Arbeiten zu erhöhen ist.

Zum Schluß möchte ich bitten, in die Entschließung die Frage aufzunehmen, daß es notwendig ist, in nächster Zeit eine Konferenz über Genetik einzuberufen. Ich würde auch den Vorschlag unterstützen, in einer besonderen Konferenz Fragen der Psychologie zu behandeln. Die Psychologie wird in der sozialistischen Gesellschaft außer der theoretischen Bedeutung immer größere praktische Bedeutung erlangen. Schließlich möchte ich zur Ausarbeitung der Logik der Naturwissenschaften aufrufen.

*

B. W. Gnedenko, Mitglied der Akademie der Wissenschaften der Ukrainischen SSR. Die Aufmerksamkeit, mit der dem letzten Diskussionsbeitrag zugehört wurde, und der Beifall, den er erhielt, zeigen völlig eindeutig, wie sehr die Notwendigkeit einer allseitigen Diskussion philosophischer Grundfragen der modernen Biologie herangereift ist. Eine derartige Diskussion reifte heran, aber in den Referaten, die vom Standpunkt des Kennenlernens der Gedanken sehr interessant waren, waren leider scharf gestellte philosophische Fragen nicht zu finden. Und dennoch, ich hörte dem Vortrag von G. M. Frank und W. A. Engelhardt mit Vergnügen zu. Zum Teil kam das daher, daß von ihnen Fragen berührt wurden, die denen nahe kommen, über die ich hier einige Worte sagen wollte.

Wir hatten die Möglichkeit, uns heute davon zu überzeugen, daß die moderne Biologie dem Wesen der Sache nach darauf angewiesen ist, die Methoden der Physik, Chemie und anderer Zweige der Naturwissenschaft weitgehend zu verwenden. Es ist natürlich, daß diese Tendenz unausbleiblich zur indirekten Verwendung mannigfaltiger Methoden und Ergebnisse modernster mathematischer Forschungen durch die Biologie führt. Eigentlich ist die Biologie heute auch dicht an die breiteste unmittelbare Verwendung der Mathematik in ihren mannigfaltigen und teilweise auf eine große Perspektive gerichteten Arbeiten herangekommen. Man muß jedoch sagen, daß diese unmittelbare Verwendung der Mathematik in der Biologie manchmal auf stummen, mitunter auch auf offenen Widerstand trifft. Unlängst blätterte ich unsere biologischen Zeitschriften durch und war buchstäblich erschüttert über die Fülle mathematikfeindlicher Äußerungen, auf die ich dort stieß. Insofern die Motivierung der Zweifel an der Möglichkeit, die mathematische Methode in der Biologie auszunutzen, nicht nur biologischen, sondern auch philosophischen Charakter trägt, erlaube ich mir, dabei zu verweilen. Als Beispiel führe ich einige solcher Äußerungen an: „Biologische Gesetzmäßigkeiten darf man nicht mathematischen Forschungen unterordnen“; „Die Anwendung der Mittel der Mathematik lenkt uns, die Naturforscher, von der Erkenntnis der Natur ab“.

Ich muß sagen, daß ich bis zur Bekanntschaft mit diesen biologischen Arbeiten immer der Meinung war, daß die Mathematik zur Erkenntnis der Gesetzmäßigkeiten der Natur und darunter auch der biologischen Gesetzmäßigkeiten beitragen kann.

In einem Vortrag, der vor einem ziemlich qualifizierten Auditorium gehalten wurde, motivierte der Referent (ein Biologe) seine mathematikfeindlichen Anschauungen durch einen Hinweis auf W. I. Lenins „Materialismus und Empiriokritizismus“, ein meiner Meinung nach sehr seltsamer Hinweis. Ich schrieb mir diese Stelle auf und kann sie deshalb wörtlich bringen: „Allen ist bekannt, daß W. L. Lenin auf die breite Anwendung mathematischer Verfahren in der Physik als eine der Ursachen des physikalischen Idealismus hinwies. Gerade die Mathematik führte dazu, daß ‚die Materie verschwindet, nur die Gleichungen bleiben‘. Die Biologen müssen der Ausbreitung des Idealismus den Weg versperren, und deshalb muß die Mathematik aus biologischen Forschungen ausgeschlossen werden.“

Gestatten Sie mir, heute nicht die Namen der Autoren dieser Äußerungen zu nennen. Die Biologen kennen sie gut genug. Ich möchte aber nicht die Diskussion über allgemeine Probleme auf Fragen persönlichen Charakters lenken.

Jedem, der aufmerksam „Materialismus und Empiriokritizismus“ gelesen hat, muß klar sein, daß eine derartige Darstellung den Gedanken Lenins verzerrt. In demselben Werk unterstreicht Lenin, daß die Verwendung der Mathematik völlig unumgänglich wird, wenn die Naturwissenschaft zur Untersuchung einfachster Formen, der Elemente der Materie, gelangt. Die ideologischen Verzerrungen, die mit ihrer Anwendung verbunden sind, werden nicht durch die Mathematik selbst bedingt, sondern dadurch, wie sie verwendet wird, welche allgemeinen philosophischen Folgerungen dabei gemacht werden. Aber in einer solchen Situation befindet sich nicht nur die Mathematik, sondern auch die Physik, die Chemie und auch die Biologie selbst. Und davon, wie man diese oder jene Methoden und Ideen, darunter auch biologische, zur Erkenntnis der Lebenserscheinungen verwendet, wird abhängen, ob diese oder jene Theorie materialistisch oder idealistisch wird. Natürlich kann man die Mathematik in der Biologie auch so anwenden, daß diese Anwendung den Biologen vom Wege abführt (wenn nur der Biologe selbst dies will).

Es entsteht jedoch die andere Gefahr, daß die Ignorierung der Mathematik, der Widerwillen, in enger Gemeinschaft mit Mathematikern zu arbeiten, auch die Biologie und andere Wissenschaften von der tiefen und allseitigen Erkenntnis der Natur ablenken kann.

Vor einigen Jahren wurde ich im Zusammenhang damit, daß sich Toxikologen wegen einer Konsultation an mich wandten, mit einer großen Anzahl von Arbeiten über Toxikologie und Pharmakologie bekannt. Es ging um die Anwendung der Berensschen Integrationsmethode, die im Buch von Prof. N. S. Prawdin („Methodik der kleinen Toxikologie industrieller Gifte", 1947) und in einer großen Anzahl von Artikeln in der Zeitschrift „Pharmakologie und Toxikologie" dargelegt wurde. Es kann sein, daß ich einen Fehler gemacht habe, da ich mich mit dieser Methode sozusagen aus zweiter Hand bekanntgemacht habe und nicht die Originalarbeiten von Berens las. Die Anwendung jedoch, die ich sah, führte offensichtlich vom Verständnis des wirklichen Bildes der biologischen Erscheinung ab, führte zu einem Abgehen von wirklich beobachteten Gesetzmäßigkeiten. Ich hielt es für notwendig, meine Beobachtungen den Biologen mitzuteilen und richtete zu diesem Zweck an die Zeitschrift „Pharmakologie und Toxikologie" eine kürzere praktische Notiz, in der ich mittels der Betrachtung einfacher arithmetischer Modelle zeigte, daß es genügt, nur die Zahl der Beobachtungen oder die Zahl der betrachteten Konzentrationen zu verändern, dann verändert die Bearbeitung der Versuchsergebnisse mittels der „Berensschen Integration" wesentlich die Folgerungen. Als ich diese Notiz an die Zeitschrift richtete, beabsichtigte ich in keinem Fall, irgendwen in Verruf zu bringen oder die wissenschaftlichen Verdienste dieses oder jenes Autors zu bezweifeln. Ich ließ mich einzig und allein von dem Wunsch leiten, den Genossen Toxikologen zu helfen und in einer gemeinsamen Diskussion den richtigen Weg zur Lösung der vor ihnen stehenden Aufgaben zu finden. Jedoch entschied die Redaktion der Zeitschrift anders und antwortete mir mit einem Brief, in dem gesagt wurde: „Werter Genosse! Machen Sie sich mit den Elementen der mathematischen Statistik bekannt, dann werden Sie Ihren Irrtum schon finden."

Ich glaube, daß derartige Mißverständnisse nicht vorzukommen brauchen, und sie werden nicht vorkommen, wenn es uns gelingt, normale Beziehungen zwischen den Vertretern verschiedener Disziplinen herzustellen.

Es ist bekannt, daß heute in der Regel Mathematiker und Biologen völlig getrennt voneinander arbeiten. Ich kenne fast keinen Mathematiker, der für ständige ernsthafte gemeinsame Arbeit in ein biologisches Kollektiv aufgenommen wurde, für solche Arbeiten, bei denen der Mathematiker die Probleme der Biologie als seine eigenen Probleme zu empfinden begänne. Es ist notwendig, daß biologische Probleme, die die Anwendung mathematischer Methoden erfordern, von Biologen und Mathematikern in ständiger schöpferischer Zusammenarbeit untersucht werden. Es ist möglich, daß schon jetzt die Zeit herangereift ist, daß in großen biologischen und wissenschaftlichen Einrichtungen in der Regel und nicht als Ausnahme Abteilungen für mathematische Biologie existieren. Diese Abteilungen muß man nicht organisieren, um in biologischen Einrichtungen den Idealismus zu säen, sondern, um den Kampf mit dem Idealismus mit allen Mitteln zu führen und um tiefer in die Natur der lebenden Materie einzudringen.

In unserer Zeit entbrennt, wie wir alle wissen, der Kampf der materialistischen Tendenzen mit den idealistischen mit neuer Kraft. Dieser Kampf begleitete die Entwicklung der Naturwissenschaft von der Wiege an. Ich möchte bemerken, daß in einigen historischen Epochen der Idealismus und die reaktionären Kräfte mit der Mathematik als ihrem ideologischen Hauptfeind, als der für den Idealismus gefährlichsten Kraft kämpften. Zu diesem Zweck führe ich einige Äußerungen von Vertretern einer der verbreitetsten idealistischen Konzeptionen, der Religion, an.

Der heilige Augustin lehrte, daß „die Mathematik von Gott abführt", der heilige Hieronymus sagte, daß „die Mathematik keine Frömmigkeit lehre", und der heilige Ambrosius schrieb, „sich mit Astronomie und Geometrie zu beschäftigen, bedeutet, den Weg der Rettung zu verlassen und den Weg des Irrtums zu wählen". Nach Meinung des heiligen Ambrosius verließ ich den Weg der Rettung und wählte den Weg des Irrtums. Ich bin nicht traurig darüber, aber ich wünschte, daß auf diesem Weg des Irrtums entsprechend auch die Biologen auftreten! Gemeinsam wird es uns gelingen, Gott und dem Idealismus noch mehr Positionen zu entreißen.

Heute wird in der biologischen Wissenschaft der Welt eine große Anzahl von Arbeiten angefertigt, in denen sehr weitgehend die mathematische Methode herangezogen wird. Ich glaube, daß ich nicht allzusehr fehlgehe, wenn ich sage, daß für einen bedeutenden Teil unserer Biologen diese Forschungen ein Buch mit sieben Siegeln bleiben. Es ist möglich, daß der überwältigende Teil dieser Arbeiten für die Biologie von keinem ernsthaften Interesse ist, und es kann sein, daß sie sogar eine sehr scharfe Kritik verdienen. Aber um zu kritisieren, muß man wissen, und dazu muß man in das Wesen dieser Arbeiten eindringen, aber ohne Mathematik darf man das nicht machen. Wir gelangen wieder zur Notwendigkeit der systematischen gemeinsamen Arbeit von Biologen mit Mathematikern.

Zum Schluß möchte ich zwei Thesen vorbringen. Die erste These besteht darin, daß nach meiner tiefen Überzeugung die Mathematik sich bis in die jüngste Zeit unter dem überwältigenden Einfluß der Physik und der Technik entwickelt hat. Der Einfluß der Biologie auf ihre Entwicklung war geringfügig. Es ist möglich, daß gerade aus diesem Grunde die Mathematik, ihre Methoden und Erkenntnisse besonders gut an die Untersuchung physikalischer Erscheinungen und technischer Probleme angepaßt sind. Jetzt ist möglicherweise die Zeit gekommen, darauf zu achten, was die Biologie von der Mathematik braucht, welche ihrer Zweige für die Lösung biologischer Probleme besonders wichtig sind. Es kann sein, wenn die Biologen gemeinsam mit den Mathematikern ernsthaft die mathematische Untersuchung biologischer Probleme beginnen, daß man dann wieder neue Zweige der Mathematik schaffen muß. Wenn man sich an die Geschichte der Entwicklung der mathematischen Statistik erinnert, kann man bemerken, daß diese Entwicklung sich in bedeutendem Maße gerade unter dem Einfluß der Biologie vollzog. Dieser Umstand unterstreicht in gewissem Grade die vorgebrachte These. Ohne Zweifel zwingt die moderne Entwicklung der Wissenschaft, neue mathematische Mittel zur Beschreibung jener tieferliegenden biologischen Erscheinungen zu suchen, an deren Erforschung die Menschheit heute dicht herangekommen ist.

Die zweite These, die man notwendigerweise vorbringen muß, betrifft die mathematische Ausbildung der Biologen. Die Biologen verdienen eine wirkliche mathematische Ausbildung, die den Besonderheiten ihrer Wissenschaft entspricht, aber nicht Brosamen vom Tisch der mathematischen Ausbildung der Mathematiker. Mir scheint, daß wir heute dicht an diese gestellten Fragen herangekommen sind. Wir müssen allmählich zu ihrer Lösung übergehen. Der Kurs der Mathematik für Biologen muß so aufgebaut sein, daß die Studenten der Biologie darin nicht einfach ein Examensfach sehen, sondern ein ernsthaftes Hilfsmittel für ihre gegenwärtige und zukünftige Arbeit. Man muß den Kurs der Mathematik so aufbauen, daß darin auch die philosophischen Probleme der modernen Wissenschaft, insbesondere die Wechselwirkung der Mathematik mit den anderen wissenschaftlichen Disziplinen berührt werden.

*

Dozent N. P. Antonow (Iwanowo). Der hohe Stand der modernen Physiologie in der Aufdeckung des Mechanismus der Widerspiegelungstätigkeit des Gehirns und die Modellierung dieser Tätigkeit in selbstregulierenden automatischen Mechanismen wirft mit aller Schärfe die Frage auf: Ist das Bewußtsein eine Form der Bewegung der Materie, kann man Denken und Bewußtsein des Menschen auf Bewegung des Stoffes, auf neurodynamische Prozesse im Gehirn zurückführen?

Die richtige Antwort auf diese Frage hilft, die Natur und das Wesen des Bewußtseins in Übereinstimmung mit dem erreichten Niveau der Wissenschaft tiefer aufzudecken. Im Zusammenhang damit hilft sie auch zu erklären, warum die physiologische widerspiegelnde Tätigkeit des Gehirns von subjektiv-bewußten Wahrnehmungen begleitet wird, warum und wie sich im Gehirn des Menschen eine Umwandlung der Energie äußerer Reize in eine Bewußtseinstatsache vollzieht.

Diese Fragen stehen vor den Philosophen und den Naturwissenschaftlern als höchst wichtige Fragen, deren Lösung erforderlich ist.

Es ist bekannt, daß jeder Gedanke und Bewußtseinsakt seinen Anfang, seine Fortdauer und sein Ende hat, sich entwickelt, verändert, d. h. sich in Bewegung befindet. Das Vorhandensein der Bewegung unserer Gedanken, Begriffe, Urteile und Schlußfolgerungen ist eine offensichtliche und unbestreitbare Tatsache.

Wenn man das Denken und das Bewußtsein nur als eine rein ideelle, subjektive, geistige Erscheinung versteht, dann muß man zur Erklärung der Tatsache der Bewegung der Gedanken notwendig das Vorhandensein von Bewegung, die nicht mit der Materie verbunden ist, anerkennen, was auch bei den Idealisten der Fall ist. Aber das zuzulassen, bedeutet, die Existenz des Denkens unabhängig von der Materie anzuerkennen, Bewegung ohne Materie zu gestatten, aber das ist Idealismus. Die Verneinung der Tatsache, daß Denken und Bewußtsein untrennbar mit der Materie verbunden sind und ihre physiologische Grundlage in Nervenprozessen des Gehirns haben, schließt das Bewußtsein aus der Welt der natürlichen Erscheinungen aus, die sich in Raum und Zeit vollziehen und sowohl den objektiven Gesetzmäßigkeiten als auch dem Prinzip der Kausalität unterworfen sind.

In der Tat, wenn man das Bewußtsein nur als eine ideelle, geistige Erscheinung versteht, losgelöst von den physiologischen Prozessen im Gehirn, die die materielle Grundlage des Bewußtseins bilden, dann kann das Bewußtsein nicht den objektiven Gesetzen der Entwicklung der materiellen Welt untergeordnet, nicht durch materielle, physische Ursachen determiniert werden und sich nicht wie alle übrigen Naturerscheinungen in Raum und Zeit befinden.

Wie wir sehen, führt die Trennung des Bewußtseins von der Bewegung der Materie zu Idealismus und Mystik. Die moderne Physik bestätigt den Leitsatz des dialektischen Materialismus, daß eine Bewegung ohne Materie undenkbar ist. Wenn es Bewegung gibt, dann gibt es auch immer etwas, das sich bewegt. Bewegung der Bewegung, Bewegung des leeren Ortes in der Natur gibt es nicht und kann es nicht geben. Wenn sich unsere Gedanken bewegen, dann vollzieht sich in dieser Zeit eine Bewegung der physiologischen Nervenprozesse im Gehirn, als deren Eigenschaft ein gegebener Gedanke auftritt.

Die Geschwindigkeit, mit der die psychischen Prozesse ablaufen, hängt ab von der Geschwindigkeit, mit der sich die Reize durch die Nervenfasern von dem entsprechenden Rezeptor zum Gehirn und vom Gehirn zum Vollzugsorgan bewegen, aber auch von der Zeit, die erforderlich ist zur Bildung von zeitweiligen Verbindungen, von Prozessen der Erregung und Hemmung, Prozessen der Analyse und Synthese, die im Gehirn bei der Lösung der verschiedenen Aufgaben entstehen. Diese Tatsache dient auch als Beweis dafür, daß die Bewegung des psychischen Prozesses zur gleichen Zeit eine Bewegung des Nervenimpulses darstellt, d. h. dient als Beweis dafür, daß das Bewußtsein mit der Bewegung der Materie tatsächlich untrennbar verbunden ist, denn Geschwindigkeit besitzt nur die Bewegung materieller Körper oder die Veränderung materieller Prozesse, die sich in Raum und Zeit vollziehen.

Die Geschwindigkeit, mit der die psychischen Prozesse ablaufen, fällt zusammen mit der Geschwindigkeit der Nervenimpulse im Nerv und der neurodynamischen Prozesse in der menschlichen Großhirnrinde. Wir können diese Geschwindigkeit messen, was auch ein Beweis dafür ist, daß die Bewegung der Gedanken mit der Bewegung des neurodynamischen Prozesses in der menschlichen Großhirnrinde verbunden ist. Alle diese Tatsachen zeugen direkt davon, daß die Bewegung unserer Gedanken ein Resultat der Bewegung der physiologischen Nervenprozesse im Gehirn ist.

Die Tatsache der Abhängigkeit der Nervenreaktion von der Geschwindigkeit, mit der die Erregung und Hemmung in der menschlichen Großhirnrinde abläuft, wurde von I. P. Pawlow festgestellt und von ihm eingehend studiert.

Zu Beginn des 20. Jahrhunderts war durch die Arbeiten von W. I. Tschagowetz, S. Ljob, Nernst und P. P. Lasarew die physikalisch-chemische Theorie der Nervenprozesse begründet worden. Ihr Wesen besteht darin, daß die Nervenerregung verbunden ist mit der Veränderung der Ladung und Konzentration der Ionen in der einen Leiter darstellenden Nervenfaser. Den Nervenimpuls kann man sich vom Gesichtspunkt P. P. Lasarews aus als eine Verschiebung der Ionenkonzentration in der Nervenfaser vorstellen.

Nach den heutigen Vorstellungen vollzieht sich die Bewegung der Nervenimpulse entweder mit Hilfe der Verschiebung der Ionen selbst oder mittels der Übertragung der Bewegung stoßweise von Ion zu Ion oder durch die Bewegung der Elektronen. Die Geschwindigkeit solch einer Fortpflanzung durch die Nervenfaser kann bis zu 120 Meter pro Sekunde betragen.

Ist es nun möglich, ausgehend von den Fakten der untrennbaren Verbindung des Denkens und des Bewußtseins mit der Bewegung der physiologischen Nervenprozesse im Gehirn, das Bewußtsein als eine Bewegungsform der Materie zu betrachten? Unserer Ansicht nach darf man das nicht. Die bekannte These Engels', daß Denken und Bewußtsein eine Form der Bewegung der Materie sind, darf man nicht im Sinne einer Identität des Denkens mit der sich bewegenden Materie verstehen. Man darf nicht das Bewußtsein auf die Bewegung der Materie reduzieren.

Der Gedanke, das Bewußtsein ist eine Eigenschaft der sich bewegenden Materie, aber nicht selbst Materie. Man kann nicht den Gedanken auf die Bewegung eines Stoffes im Gehirn reduzieren. Der Gedanke ist eine Eigenschaft der Bewegung des Stoffes des nervenphysiologischen Prozesses im Gehirn. Er ist nicht selbst Materie, nicht selbst Bewegung des Stoffes. Die Interpretation der Äußerung von Engels im Sinne einer Identifizierung der Materie und des Bewußtseins, des Physischen und Psychischen, führt unvermeidlich zum Vulgärmaterialismus, was keine richtige Lösung des Problems darstellt. W. I. Lenin schrieb, daß die Auffassungen des Materialismus nicht darin bestehen, „daß man die Empfindung aus der Bewegung der Materie ableitet oder auf die Bewegung der Materie reduziert, sondern vielmehr darin, daß die Empfindung als eine Eigenschaft der sich bewegenden Materie anerkannt wird.“[1] Auf diese Weise drückt hier Lenin ganz entschieden den Ge-

[1] W. I. Lenin, Materialismus und Empiriokritizismus, Berlin 1952, S. 36.

danken aus, daß die Empfindung als psychischer Prozeß keine sich bewegende Materie ist, sondern eine Eigenschaft der sich bewegenden Materie.

Diesen gleichen Gedanken sprach auch Engels aus, als er erklärte, daß für den Materialisten die Empfindung, der Gedanke, das Bewußtsein ein innerer Zustand der sich bewegenden Materie ist, aber nicht selbst Materie. In diesem Sinne muß man seine Äußerung vom Bewußtsein als der höchsten Bewegungsform der Materie verstehen. Solch eine höchste Bewegungsform der Materie, als deren Eigenschaft unser Denken und Bewußtsein erscheint, sind die höhere Nerventätigkeit, die physiologischen und neurodynamischen Prozesse, die in der menschlichen Großhirnrinde bei der Widerspiegelung der objektiven Realität entstehen.

Die Widerspiegelung der objektiven Realität im Gehirn des Menschen in der Form des Denkens und des Bewußtseins vollzieht sich als materieller physiologischer Prozeß, in Form der Bewegung verschiedener Nervenprozesse in der menschlichen Großhirnrinde, der Bildung zeitweiliger Verbindungen, der Erregung und Hemmung, der Analyse und Synthese, der Konzentration und Irradation und in Form von anderen Prozessen, die eine außerordentlich komplizierte neurodynamische Form der Bewegung der Materie darstellen und in sich die physikalisch-chemischen und biologischen Bewegungsformen der Materie einschließen.

Die höhere Nerventätigkeit, die widerspiegelnde, bedingt-reflektorische Tätigkeit des menschlichen Gehirns ist auch jene spezifische, qualitativ neue, höhere Bewegungsform der Materie, deren Eigenschaft das Bewußtsein ist. Aus der Form der Bewegung der Materie entstehen auch die Eigenschaften der sich bewegenden Körper.

Die höhere Nerventätigkeit der menschlichen Großhirnrinde, insbesondere das zweite Signalsystem als Form der Bewegung der Materie, entstand und entwickelte sich auf der Grundlage der biologischen und sozialen Bewegungsform der Materie. Denken und Bewußtsein als Funktion des Gehirns sind nicht nur das Produkt der biologischen, sondern auch und vor allem der sozialen Entwicklung des Menschen. Deshalb kann tatsächlich die höhere Nerventätigkeit der menschlichen Großhirnrinde als höchste Form der Bewegung der Materie betrachtet werden, das Denken und das Bewußtsein jedoch als ihre Eigenschaft. Als Eigenschaft der höchsten Bewegungsform der Materie sind Denken und Bewußtsein nicht auf diejenigen physikalisch-chemischen Prozesse reduzierbar, die im Gehirn vor sich gehen; es erschöpft sich darum nicht in ihnen, da auf der Grundlage dieser Prozesse die subjektiv-bewußte Wahrnehmung der uns umgebenden Welt entsteht, ihre ideelle Widerspiegelung in Form der Begriffe, Urteile und Schlüsse.

Um das Bewußtsein zu studieren, müssen wir die Beziehung des Bewußtseins zu der uns umgebenden objektiven Welt als zum Objekt der Widerspiegelung und das Verhältnis des Bewußtseins zum Gehirn unterscheiden. Das Verhältnis des Bewußtseins zum Gehirn als zu einem Organ der Widerspiegelung ist eine besondere Beziehung. In bezug auf das uns umgebende Milieu tritt das Bewußtsein in seinem gnoseologischen Aspekt als subjektive, ideelle Widerspiegelung der materiellen Welt,

d. h. als eine geistige Erscheinung auf. Das zu verneinen, hieße den Unterschied zwischen dem objektiven Gegenstand und seiner Widerspiegelung im Gehirn in Form von Gedanken und Begriffen nicht zu sehen. Jedoch in bezug auf das Gehirn ist das Bewußtsein Eigenschaft der materiellen physiologischen Prozesse, die bei der Widerspiegelung der uns umgebenden Welt vor sich gehen. Der Prozeß der Widerspiegelung der materiellen Welt in Form von Begriffen, Urteilen und Schlüssen, in Form des Denkens und des Bewußtseins, vollzieht sich im Gehirn als materieller physiologischer Prozeß der Tätigkeit der menschlichen Großhirnhemisphäre. Seiner physiologischen Grundlage nach ist das Bewußtsein ein materieller Prozeß der Analyse und Synthese der Reize durch das menschliche Großhirn, die in das Großhirn sowohl aus der uns umgebenden Welt wie auch von den inneren Organen eintreffen. Die Reduzierung des Bewußtseins entweder nur auf die ideelle Erscheinungsform oder nur auf die materielle physische Grundlage führt unvermeidlich zu Fehlern und Verwirrungen.

Die kategorische Behauptung, das Bewußtsein sei eine rein ideelle, subjektive Erscheinung, führt unvermeidlich zur Loslösung, zur Isolierung des Bewußtseins von den physiologischen Prozessen im Gehirn, und zu einem Abgleiten in den Idealismus. Und umgekehrt, die Leugnung des ideellen, subjektiven Charakters des Bewußtseins, seine Reduzierung auf die physiologischen Prozesse im Gehirn, führt unvermeidlich zur Identifizierung von Bewußtsein und Materie, zur Verwischung des Unterschiedes zwischen dem Gegenstand und seiner Widerspiegelung im Gehirn, und damit zu einem Abgleiten in den Vulgärmaterialismus.

Insofern das Bewußtsein als subjektive, ideelle Widerspiegelung der materiellen Welt nicht auf physiologische Prozesse im Gehirn reduziert wird und sich nicht in ihnen erschöpft, insofern erscheint es nicht als Form, sondern als Eigenschaft der sich bewegenden Materie, d. h. der nervenphysiologischen Prozesse, die im Gehirn ablaufen. Diese Eigenschaft äußert sich in der subjektiv bewußten Wahrnehmung der uns umgebenden Welt, die auf die Sinnesorgane einwirkt, und in der Erfassung der Kausalbeziehungen zwischen den Erscheinungen. Die Reduzierung des Bewußtseins nur auf seine physiologische Grundlage und die Auffassung des Bewußtseins als Bewegungsform der Materie gibt keine Möglichkeit, auf die oben vorgelegte Frage zu antworten: Warum ist die physiologische Widerspiegelungstätigkeit des Gehirns begleitet von der subjektiv-bewußten Wahrnehmung und warum erfolgt im Gehirn des Menschen eine Umwandlung der Energie der äußeren Reize in eine Bewußtseinstatsache?

In den modernen kybernetischen Anlagen können wir einige physiologische Mechanismen der Widerspiegelungstätigkeit des Gehirns nachbilden, dank deren die Elektronenrechenmaschinen Operationen ausführen können, die äußerliche Ähnlichkeit mit den Operationen des menschlichen Gehirns haben. Die Kybernetik und die Physiologie der höheren Nerventätigkeit müssen einen engeren Kontakt herstellen, der der einen Wissenschaft besser hilft, die physiologischen Mechanismen der Tätigkeit des Gehirns zu verstehen und der anderen, immer vollkommenere Maschinen zu schaffen.

Wenn das Bewußtsein eine Bewegungsform der Materie wäre und vollkommen auf die neurodynamischen Prozesse reduzierbar wäre, die sich im Gehirn vollziehen, und sich in ihnen erschöpfen würde, dann müßte die Analogie zwischen dem Gehirn und den Elektronenrechenmaschinen umfassender sein. Bekanntlich äußert sich das Bewußtsein in der Erkenntnis der uns umgebenden Welt durch den Menschen, in der Erkenntnis seiner selbst, seiner Beziehung zu dieser Welt, seiner Wünsche und Gefühle, seiner Bedürfnisse und der Methoden ihrer Befriedigung. Zugleich tritt es als ideelles, anregendes Motiv der zielgerichteten Tätigkeit des Menschen auf. Bis jetzt ist davon in unseren kybernetischen Anlagen nichts vorhanden. Die Maschine begreift sich selbst nicht als „Ich", als Subjekt der Erkenntnis und der Tätigkeit. Die äußeren Einwirkungen rufen in den Maschinen keine subjektiven Zustände hervor, auf deren Basis eine Trennung des Subjekts vom Objekt der Widerspiegelung erfolgen würde. Die Maschine besitzt keine Wünsche und keinen Willen wie eine Persönlichkeit, die sich selbst erkennt und ihre Beziehung zur umgebenden Welt hat; sie besitzt keine willkürlichen bewußten Tätigkeiten und keine Erkenntnis der Kausalverhältnisse zwischen den Erscheinungen der uns umgebenden Welt, d. h., sie hat kein Bewußtsein und kann keines haben.

Dieser Unterschied zwischen der Tätigkeit des menschlichen Gehirns und den Elektronenrechenmaschinen wird dadurch bestimmt, daß das Bewußtsein als eine Eigenschaft des Gehirns ein Produkt der sozialen Entwicklung des Menschen ist, der eine langwierige biologische Evolution vorangegangen ist. Die Kybernetik kann gewisse Operationen der Widerspiegelungstätigkeit des Gehirns nachbilden, die einem Algorithmus und einer mathematischen Bearbeitung unterziehbar sind, aber die künstlich geschaffenen Maschinen besitzen nicht die Eigenschaft einer subjektiv-bewußten Wahrnehmung der uns umgebenden Welt. Diese Tatsache bestätigt unseres Erachtens die Ansicht, daß das Bewußtsein keine Form, sondern eine Eigenschaft der sich bewegenden Materie ist; eine Eigenschaft, die entstanden ist im Prozeß der sozialen Entwicklung des Menschen, gleichzeitig mit der Entstehung der Sprache, und die sich herausgebildet hat zusammen mit der Entwicklung der Sprache.

*

G. W. Nikolski, Korrespondierendes Mitglied der Akademie der Wissenschaften der UdSSR. Der Kampf, der heute auf dem Gebiet der Methodologie der Naturwissenschaften vor sich geht, gewinnt im gegenwärtigen Moment eine immer größere Schärfe. Es ist der Kampf um die Frage, wem und welchen Interessen die Wissenschaft erfolgreich dient und in welchem Maße sie dies tut.

Wir Spezialisten, die wir eine unmittelbare Beziehung zur Lösung bedeutender wirtschaftlicher Probleme besitzen, müssen uns wahrscheinlich schärfer mit dieser Frage auseinandersetzen und den negativen Einfluß einer fehlerhaften Methodologie stärker empfinden, als die Wissenschaftler, die über allgemeine Fragen der Naturwissenschaften arbeiten.

Ich stimme mit W. L. Ryshkow überein, daß unsere Konferenz sehr aktuell ist, vielleicht ist sie sogar ein wenig verspätet, aber sie ist nicht vorwiegend auf jene Hauptgebiete gerichtet, auf denen sich gegenwärtig der Kampf zwischen Materialismus und Idealismus in der Naturwissenschaft abspielt.

Diese Grundlinie lag bei uns irgendwie abseits, und in den Vorträgen ist sie praktisch sehr wenig zum Ausdruck gekommen. Die Mehrheit der Vorträge, wie hier richtig vermerkt wurde, trug eher einen allgemeinbildenden Charakter und war mehr für die Zeitschrift „Priroda" brauchbar, als für unsere Konferenz.

Die Probleme, um die es bei uns heute einen sehr scharfen Kampf gibt (ich habe dabei natürlich die Biologie im Sinn) — das Problem der Entwicklung, die Spezifik der Bewegungsformen der Materie, die Beziehung von Äußerem und Innerem, Zufall und der Notwendigkeit, die Einheit von Theorie und Praxis —, werden nicht nur im Ausland, sondern auch in unserer Wissenschaft sehr scharf gestellt. Auf der Konferenz stehen jedoch diese Probleme nicht auf der Tagesordnung. Ich glaube, wir alle müssen die Hoffnung äußern, daß unsere Konferenz ungeachtet einer ganzen Reihe wesentlicher Mängel eine sehr große Bedeutung als Beginn einer neuen Etappe großer und angestrengter gemeinsamer Arbeit von Naturwissenschaftlern und Philosophen auf dem Gebiet der Ausarbeitung der marxistischen Methodologie unserer Wissenschaft und auf dem Gebiet der Organisierung einer Kampffront gegen die Angriffe einer uns fremden Methodologie haben wird.

Es scheint mir, daß das, was bei uns in der Methodologie der Naturwissenschaften vor sich geht, im gewissen Maße daran erinnert, was im Vaterländischen Krieg geschah, als wir nach einem gewissen Rückzug allmählich umgruppierten, nachdem wir unsere Fehler erkannt hatten, und dann in die Offensive übergingen, die nach schweren Kämpfen zu einem vollen Sieg führte. Natürlich ist der Vergleich sehr allgemein. Auf der methodologischen Front waren die letzten Jahre durch einen gewissen Rückzug von uns unter dem Druck der ausländischen Philosophie charakterisiert. Heute haben wir uns gruppiert und sind zur Offensive übergegangen. Aber diese Offensive muß man nicht an Nebenabschnitten organisieren, sondern an den Hauptabschnitten, wo man eine Hauptschlacht gewinnen kann.

In unserer Resolution müssen wir die Notwendigkeit hervorheben, in allernächster Zeit Konferenzen mit möglicherweise engerer Thematik durchzuführen, die solchen Fragen gewidmet sind wie der Veränderlichkeit der Entwicklung und einer Reihe anderer Probleme.

Ich bin Biologe und ich erlaube mir naturgemäß, bei biologischen Fragen zu verweilen. Im Vortrag von S. L. Sobolew und A. A. Ljapunow heißt es:

„Die Unterschätzung der Bedeutung der Zirkulation der erblichen Information führt nicht selten zu traurigen Folgen. So zum Beispiel hatte sich unter den Biologen die These von der anpassenden Vererbung verbreitet, d. h. die These, daß mit Hilfe der Vererbung hauptsächlich günstige Vorzeichen übergeben werden, was zur Begründung das Vorhandensein eines Stromes erblicher Information von den Organismen der Nachkommen zu den Organismen der Eltern erfordert. Jedoch stellt sich das Vorhandensein eines solchen Stromes als sehr problematisch heraus. Wenn dieser Umstand beachtet würde, würde kein Gelehrter die These von der anpassenden Vererbung oder gerichteten Evolution, die unabhängig von der Zuchtwahl ist, aufwerfen."

Es scheint mir, daß diese These der Referenten eine traurige Folge ungenügender objektiver Information ist, die die Referenten über den Stand der Kenntnisse auf dem Gebiet jener biologischen Probleme erhalten haben, über die sie urteilen.

Bis in die letzte Zeit herrschte in der Biologie die Ansicht vor, daß die Veränderlichkeit einen unbestimmten, ungerichteten Charakter trägt und entweder durch einen zufälligen äußeren Anstoß oder durch ein „Streben" nach Veränderlichkeit hervorgerufen wird. Aber der gewaltige Strom der Tatsachen, die die Wissenschaftler verschiedener Richtungen erhalten haben, hat gezeigt, daß die Veränderlichkeit einen gerichteten Charakter trägt und den einwirkenden Faktoren adäquat ist (selbstverständlich in den Grenzen einer bestimmten Streuung).

Dabei sind jene Wissenschaftler im Recht, die die Richtung dieser „Antwort" als Anpassung betrachten. Es ist naiv, zu denken, daß dazu irgendeine Information von den Nachkommen zu den Vorfahren erforderlich ist. Die Sache verhält sich zweifellos einfacher, aber anders. Die Art ist fähig, auf die Einwirkung der Faktoren ihrer Umwelt anpassend zu reagieren. Falls ein neuer Faktor oder ein neuer Gradient des Faktors auftritt, so antwortet die Art auf ihn so, wie sie auf einen dem Wirkungsmechanismus nahen Faktor antworten würde.

Diese Antwort erweist sich jedoch unter neuen Bedingungen weitaus nicht immer als zweckmäßig. Wenn die Reaktion sich als unzweckmäßig erweist, geht die Population unter, wenn sie sich als nützlich erweist — bleibt sie erhalten.

Ich erlaube mir, mich auf die jüngste Rede S. Hinshelwoods zu berufen, den man kaum für einen dialektischen Materialisten halten kann, der aber versucht, die Lage auf dem uns interessierenden Gebiet objektiv zu analysieren. Diese Rede, die sehr interessant ist, wurde in unserer Zeitschrift „Allgemeine Biologie" abgedruckt. Ich meine, daß Hinshelwood recht hat, wenn er darauf hinweist, daß sich die Zelle neben beliebigen Mutationen auf dem Wege dynamischer Anpassung adaptiv verändern kann; und weiter sagt er völlig richtig, daß ein Mißbrauch der Prinzipien der Genetik vorliegt, wenn man sie zur Negation aller Mechanismen außer der Auswahl zufälliger Mutanten und günstiger Genkombinationen benutzt.

Ich meine, daß er auch recht hat, wenn er sagt, daß die Annahme der Hypothese von Genen im Grunde ein statistisches Bild gibt. Die Erscheinungen des Wachstums, der Anpassung und der Reproduktion erfordern jedoch eine dynamische Erklärung. Die Reduzierung aller Erscheinungen der Vererbung auf die Gentheorie ist, nach Meinung Hinshelwoods, „eine gefährliche Übervereinfachung".

Die Vorstellung von einer adäquaten anpassenden Veränderlichkeit erfordert keineswegs die Existenz irgendwelcher jenseitiger Kräfte.

Die methodologische Grundlage dieser Vorstellung sind die Leninsche Widerspiegelungstheorie und die Bemerkungen Engels' über die Anpassungsreaktion des Protoplasmas.

Die Gentheorie hängt in ihrer reinen Form mit dem klassischen Evolutionsschema der Auslese einzelner, zufällig entstandener, oft vom Einfluß äußerer Bedingungen unabhängiger Abweichungen zusammen. Methodologisch stützt sich dieses Schema auf die Verabsolutierung des Zufalls und auf die metaphysische Vorstellung vom allmählichen Verlauf der historischen Entwicklung. Einige unserer Wissenschaftler sehen in diesem Schema ein dialektisches Verhältnis von Zufall und Notwendigkeit.

In dieser Frage müssen die Philosophen uns Biologen helfen, Klarheit zu finden. Ich bin einverstanden mit den Philosophen, die meinen, daß Darwin kein dialektischer Materialist war, daß seine philosophische Grundlage eher mechanistisch und empirisch war, daß er sehr wenig Aufmerksamkeit irgendeiner Philosophie schenkte; aber seine Indifferenz zur Philosophie führte zu einer Reihe Inkonsequenzen und äußerte sich in der Annahme der Ideen von Malthus.

Ich bin tief davon überzeugt, daß jene marxistischen Philosophen recht haben, die das von Darwin dargelegte Schema des Evolutionsprozesses für mechanistisch und metaphysisch halten.

Wir können nicht die Worte Engels' über die Beweisführung der Evolution durch Darwin vergessen, daß der Kampf ums Dasein und die darauf begründete natürliche Auslese für einen zeitweiligen und unvollständigen Beweis einer gerade erst entdeckten Tatsache zu halten ist. Dabei stellte er fest, daß Anpassung und Vererbung auch den ganzen Entwicklungsprozeß ohne jeglichen Malthusianismus und ohne jegliche Auslese erklären können.[1]

Professor Kedrow hält sich an einen anderen und meiner Meinung nach völlig falschen Gesichtspunkt. Er meint, daß die Grundlage der Entwicklung der äußere Widerspruch in Form der Konkurrenz, des Kampfes mehr oder weniger angepaßter Individuen in der gemeinsamen Umwelt zu finden ist, d. h., er erkennt das malthusianistische Schema der historischen Entwicklung, das vom klassischen Darwinismus angenommen wurde, als dialektisch-materialistisch an. Dieses Schema ist meiner Meinung nach sehr weit entfernt vom dialektischen Materialismus, es geht von der Ansicht aus, daß ein äußerer Widerspruch die Grundlage der Entwicklung ist; außerdem spricht Kedrow im Unterschied zum marxistischen Standpunkt, wie er von Mao Tse-tung in seiner Arbeit „Über den Widerspruch" entwickelt wurde, von einem ständig führenden Widerspruch, den er aus dem gesamten übrigen System der Widersprüche heraushebt, das die Einheit von Organismus und Umwelt bestimmt. Es scheint mir, daß Kedrow der völlig falschen Meinung ist, daß es außer einerseits dem Darwinschen Schema des Primats des innerartlichen Kampfes und der primären Rolle dieses Kampfes in der historischen Entwicklung und andererseits der entogenetischen Konstruktion Lamarcks keinen anderen Weg zur Lösung des Problems der historischen Entwicklung gibt.

Die dialektisch-materialistische Theorie der historischen Entwicklung der organischen Welt, deren allgemeine Grundthesen überaus klar durch die Klassiker

[1] Vgl. Engels, Dialektik der Natur, Berlin 1952, S. 224 u. 326—327.

des Marxismus formuliert wurden, verneint sowohl das Schema der primären Rolle des innerartlichen Kampfes in der historischen Entwicklung als auch die Ektogenese Lamarcks. Sie geht aus von der Einheit des Äußeren und Inneren, von der unterbrochenen Stetigkeit des Verlaufes der historischen und individuellen Entwicklung, von der Einheit von Organismus und Umwelt. Mir scheint, unsere Philosophen müssen sehr ernsthaft überlegen, ob das Darwinsche Schema der Auslese einzelner auffälliger Abweichungen, die Vorstellung vom Kampf mehr oder weniger angepaßter Individuen um ein und dieselbe Umwelt mit der dialektisch-materialistischen Auffassung von der Einheit der Organismen und der Umwelt als Einheit der Gegensätze vereinbar sind. Ich persönlich bin vollkommen davon überzeugt, daß sie unmöglich vereinbar sind. Und zweifellos sind auch jene Biologen im Recht (ich denke an Johannsen, Kryshanowski und andere), die die sowjetischen Wissenschaftler zur weiteren Ausarbeitung einer dialektisch-materialistischen Theorie der historischen Entwicklung der organischen Welt auffordern. Diese Theorie ist, wie W. I. Lenin sagte, grundsätzlich verschieden von den „verbreiteten Evolutionstheorien". Wir hörten von G. M. Frank und Akademiemitglied W. A. Engelhardt eine Reihe richtiger Überlegungen, insbesondere bezüglich des Modellierens. Indem ich mich an unsere Physiker und Mathematiker wende, möchte ich nur sagen, daß das Modellieren in zwei Richtungen gehen muß.

Einerseits sind wir vollkommen berechtigt, biologische Erscheinungen zu modellieren, andererseits ist die Übertragung biologischer Strukturen in die Mechanik und die Physik sehr nützlich und wird seit der Arbeit H. E. Shukows längst getan, was bedauerlicherweise die Physiker und Mathematiker jetzt oft vergessen. G. M. Frank hat hier vollkommen richtig gesagt, daß durch die Anwendung moderner Forschungsmethoden die Biophysik und die Biochemie eine ganze Reihe solcher Strukturen aufdecken können, solche Fragen lösen können, die wir früher zu lösen nicht imstande waren. Wenn von neuen Forschungsmethoden Gebrauch gemacht wird, können wir eine ganze Reihe sehr wesentlicher biologischer Erscheinungen aufdecken. Ich möchte nur betonen, daß man sowohl in der Biophysik als auch in der Biochemie nicht eine zweite Gruppe von Fragen vergessen darf. Der Gebrauch neuer Methoden und die Verwendung neuer Apparate erlaubt uns, auf die Frage „wie" zu antworten, d. h. den Wirkungsmechanismus aufzudecken. Aber die Aufgabe der Biologen besteht doch auch darin, auf die grundlegende Frage „wozu" zu antworten. Das ist die Grundfrage der Biophysik, der Biochemie, und die anderen Biologen haben nicht das Recht, sie in ihren Untersuchungen zu vergessen, wenn sie Biologen bleiben wollen.

Mir scheint, als ob auf dieser Konferenz zur Genüge eine traurige Tatsache demonstriert worden ist, über die uns ernsthaft zu verständigen notwendig ist. Es geht um folgendes: Die Naturwissenschaftlerer wiesen sich als völlig „unberührt" auf dem Gebiet der Philosophie, aber die Philosophen als ebenso „unberührt" von den Naturwissenschaften. Das spricht dafür, daß es nötig ist, unsere Aufmerksamkeit sehr ernsthaft auf eine entsprechende philosophische Ausbildung der Biologen, Physiker und Chemiker und eine entsprechende Spezialausbildung der Philosophen zu richten, vielleicht sogar unter Einschluß entsprechender Praktika in ihre Ausbildungspläne, d. h. eines notwendigen minimalen Umfangs konkreter Kenntnisse.

Eine letzte Frage betrifft die Zeitschrift. Eine Zeitschrift ist unbedingt nötig, je früher desto besser.

*

Professor A. A. Prokofjewa-Belgowskaja. Im Zusammenhang mit dem Referat von G. M. Frank und W. A. Engelhardt muß man, wenn auch kurz, auf die Bedeutung der Methoden der modernen Physik und Chemie bei der Erforschung des Zellkerns eingehen.

Durch Arbeiten am Ende des vergangenen Jahrhunderts und in der ersten Hälfte des jetzigen Jahrhunderts auf den Gebieten der Zytologie, der experimentellen Genetik und Embryologie wurde eine große Menge von Fakten erhalten, die besagen, daß der Vererbbarkeit, d. h. der Reproduktion eines ähnlichen Stoffwechseltyps in den nachfolgenden Generationen die Aufeinanderfolge konkreter Strukturelemente des Kerns und des Zytoplasmas nukleoproteider Natur zugrunde liegt. Die Fähigkeit dieser Strukturen zur Autoreproduktion, die mit dem Vorhandensein von Ribonukleinsäuren oder Desoxyribonukleinsäuren in ihnen verbunden ist, führt zu einem gesetzmäßigen und geordneten Übergang dieser Strukturen aus einer Zellgeneration in die andere, was eben die Aufeinanderfolge der Stoffwechseltypen, der Formen und Funktionen des Organismus bedingt. Einige dieser Strukturen sind beständige Komponenten des Zytoplasmas. Ihr Verhalten in einer Reihe von Zellgenerationen bildet die Grundlage der zytoplasmischen Vererbung.

Die größte Genauigkeit bei der Autoreproduktion besitzen die strukturellen Nukleoproteide, die in den Bestand des Zellkernes eingehen und dort die Chromosomen bilden. Die Genauigkeit ihrer Verteilung in den Tochterzellen ist bei allen tierischen und pflanzlichen Organismen im komplizierten Prozeß der indirekten Zellteilung, die noch im Film gezeigt wird, evolutionär gefestigt worden.

Beginnend mit den klassischen Forschungen Tschistjakows, Flämings und Straußburgers und endend mit den letzten Arbeiten im Jahre 1958 auf dem Gebiet der Autoradiographie reduplizierender Chromosomen mit radioaktiven Isotopen wurde in einer Periode von rund 90 Jahren durch die Zytologen, Embryologen und Genetiker ein ungeheures Material gesammelt, das die Richtigkeit der Schlußfolgerung beweist, daß die primäre und grundlegende Funktion der Mitose in der gleichmäßigen Verteilung der Vererbungsfaktoren, die über die Länge der Chromosomen verteilt sind, zwischen den beiden Tochterzellen besteht.

Ungeachtet dessen, daß die Mitose schon zu Ende des vergangenen Jahrhunderts entdeckt wurde, sind bis zur Gegenwart viele Seiten dieses ob seiner Kompliziertheit, Gesetzmäßigkeit und Universalität erstaunlichen Prozesses noch nicht untersucht und bilden noch heute den Gegenstand exaktester Forschungen in vielen modernen Laboratorien unter Ausnutzung der neuesten Technik.

Man muß bemerken, daß auf keine der biologischen Strukturen eine solche gewaltige Vielfalt von Forschungsmethoden angewandt wurde wie auf die Erforschung der Struktur der Chromosomen und ihres Verhaltens im Teilungsprozeß der Zelle.

Die Entwicklung dieses Gebiets ist aufs engste mit der Entwicklung chemischer Methoden verbunden, unter denen in der Gegenwart die Erforschung des Zellkerns durch Einschluß von radioaktiven Verbindungen und die Methoden der Autoradiographie eine besonders große Bedeutung haben. Das gleiche betrifft die physikalischen Methoden, unter denen man als wichtigste die Methoden der Elektronenmikroskopie und der Phasenkontrastmikroskopie hervorheben muß. Ich wurde gebeten, einen Film zu zeigen, der von den polnischen Zytologen Andrey Bayer und Jadwiga Mole-Bayer, Mitarbeitern der Jagiellonischen Universität Krakow, geschaffen wurde.

Als Aufnahmeobjekt dienten die sich in Teilung befindlichen Zellen des Endosperms der Schwertlilie, des Schneeglöckchens und des Hemantus anderer Pflanzen. Für diese Mikroaufnahmen benutzte man die modernste Technik der Phasenkontrastmikroskopie, die es gestattet, in das Innerste der Zellstrukturen zu schauen. Der Film ist der Teilung der Zelle im Normalzustand, bei Einwirkung von ionisierter Radiation und von Kolchizin gewidmet. Die Geschwindigkeit der Vorführung: pro Sekunde 16 Bilder, was 30 Minuten des Zellzyklus entspricht. (Vorführung des Filmes.)

Zum Film selbst kann man zwei Bemerkungen machen.

I. Die grundlegenden Gesetzmäßigkeiten der Mitose bestehen in einer Längsspaltung jedes Chromosomen und in der Abwanderung der einzelnen Hälften nach entgegengesetzten Polen. Solch ein Mechanismus gewährleistet eine hohe Beständigkeit des Chromosomensatzes, des Stoffes des Zellkernes in der Reihe der Zellgenerationen. Diese Gesetzmäßigkeiten sind universell. Sie zwingen uns anzunehmen, daß solch ein Verhalten des Zellkerns bei der Zellteilung mit fundamentalen Lebenseigenschaften der Zelle verbunden ist.

II. Viele der hier gezeigten Bilder des Verhaltens des Kerns in der lebenden Zelle sind uns aus fixierten Präparaten gut bekannt. Um so tiefere Achtung erfüllt uns für die mühselige Arbeit vieler Generationen von Biologen, die auf der Grundlage von fixierten Präparaten ein genaues, reales Bild von den Prozessen sowohl bei der Mitose als auch bei der Meiose einschließlich der Konjugation der Chromosomen gaben.

Zusammen mit der Erörterung der Mitose betrachten wir auch die Grundprobleme der modernen Erforschung des Zellkerns: das Problem der Organisation der Chromosomen, das Problem der Einwirkung von ionisierenden Radiationen auf Chromosomen und das Problem des mikroskopischen (submikroskopischen und molekularen) Aufbaus der Chromosomen. Für die moderne Erforschung dieser Probleme sind die Ausnutzung aller Methoden, die der Zytologie, der Genetik, Chemie und Physik zur Verfügung stehen, charakteristisch, sowie die komplexen Anstrengungen der Spezialisten der verschiedenen Gebiete und die Exaktheit der

Analyse, in der die Methoden der quantitativen Bestimmung eine große Bedeutung errangen.

Bei den Untersuchungen einiger Probleme, an denen in der jetzigen Zeit besonders angespannt gearbeitet wird (z. B. der Erforschung der Reproduktion der Chromosomen und des Problems, auf welche Weise die Stoffe, die in den Bestand der Chromosomen eingehen, den erblichen Charakter der Entwicklung gewährleisten), gibt es noch viele rein theoretische Konstruktionen und viele widersprüchliche Daten. Aber den Übergang der Untersuchung der Natur der materiellen Grundlage der Vererbung vom Niveau der genetischen und zytologischen Forschung auf das Niveau der Forschung mit Hilfe chemischer und physikalischer Methoden muß man als einen gewaltigen Fortschritt auf diesem wichtigsten Gebiet der Biologie ansehen.

Natürlich ist das Problem der Mitose und der Reproduktion der Chromosomen, das hier demonstriert wurde, auf das engste mit den Problemen der modernen Genetik verbunden. Auf Grund der Kompliziertheit, Wichtigkeit und Aktualität der Genetik sollte ihre Erörterung das Thema einer speziellen Konferenz sein. Ich schließe mich dem Vorschlag von W. L. Ryshkow über die Notwendigkeit der Einberufung einer Konferenz zu Fragen der modernen Genetik in allernächster Zeit an.

*

Professor I. N. Maiski. Ich möchte einige Überlegungen über die Rolle der Physik und Chemie in der Biologie zum Ausdruck bringen. Der dialektische Materialismus lehrt uns, daß alles, was in der Natur vor sich geht, darunter auch die Lebensprozesse, eine materielle Grundlage hat. Die Naturwissenschaften decken Schritt für Schritt die materialistischen Gesetzmäßigkeiten auf, die den biologischen Prozessen zugrunde liegen und lassen somit den idealistischen Konzeptionen in der Biologie, deren Existenz — wenn man die gnoseologische Seite der Sache nimmt — hauptsächlich durch das bedingt ist, was die Wissenschaft noch nicht erkannt hat, immer weniger Raum.

Die Biologie, Chemie, Physik und andere Naturwissenschaften erklärten eine große Anzahl biologischer Erscheinungen, die bei den Lebensprozessen vor sich gehen und bestätigten dadurch deren materielle Grundlage. Jedoch ist, wie es uns scheint, die Frage nach der Rolle und dem Platz der Forschungen der verschiedenen Wissenschaften und der von uns benutzten Methoden, die wir bei der Lösung komplizierter Fragen, die mit dem Lebensprozeß im Zusammenhang stehen, anwenden, nicht ganz klar.

Indessen hat das richtige Verständnis dieser Erscheinung nicht nur theoretische, sondern auch praktische Bedeutung. Dies würde eine Unterstützung und eine Ausbreitung der Untersuchungen in jene Richtungen begünstigen, denen manchmal nicht die Aufmerksamkeit gewidmet wird, die ihnen zukommt.

In der Gegenwart gibt es immer noch Forscher, die annehmen, daß alle Lebensprozesse auf einfache physikalisch-chemische Reaktionen reduziert werden können. Als Beispiel können uns die Ansichten einiger ausländischer Forscher dienen. So ist z. B. Bertrand Russell der Auffassung, daß die Grundgesetze, die die organische Materie steuern, „die gleichen sind, wie jene, die das Verhalten des Wasserstoffatoms steuern, nämlich die Gesetze der Quantenmechanik".

E. Schrödinger, M. Delbrok und andere erklären den Vorgang der Mutation bei lebenden Organismen durch „Quantensprünge", die letzten Endes zur Veränderung der Konfiguration der Atome führen. Nach ihrer Meinung sind die Mutationen zufällig und hängen nicht von den Faktoren des äußeren Milieus ab. Ansichten ähnlicher Art gibt es auch unter einigen sowjetischen Forschern. Im Zusammenhang mit der Erforschung der Rolle der Nukleinsäuren bei der Vererbung versuchen sie alle Fragen der Vererbung auf einfache chemische Reaktionen zu reduzieren. Andererseits lösen einige Biologen die Biologie von der Physik und Chemie völlig los und richten zwischen diesen Wissenschaften eine unüberbrückbare Kluft auf. Gleichzeitig zeigt aber die historische Erfahrung, daß das richtige Verständnis der Rolle verschiedener Naturwissenschaften bei der Erforschung der Lebensprozesse zu überaus positiven Resultaten führt. Es ist äußerst wichtig, die Bedeutung und den Platz der biologischen und physikalisch-chemischen Methoden bei der Untersuchung der Lebensprozesse zu bestimmen.

Zu einer richtigen Lösung dieser Frage kann die Erörterung der Frage nach dem Verhältnis der höheren und niederen Bewegungsformen zueinander beitragen. Bei der Analyse des Zusammenhangs zwischen den hauptsächlichsten Naturwissenschaften betrachtete Engels die Physik als Wissenschaft von der Mechanik der Moleküle, die Chemie als Physik der Atome und die Biologie als die Chemie der Eiweiße.

Es ist bekannt, daß jede höhere Bewegungsform der Materie die vorhergehenden niederen Formen in sich einschließt. So schließt die chemische Bewegungsform die physikalische und mechanische in sich ein; die biologische Bewegungsform ihrerseits als höhere Form schließt die chemische, physikalische und mechanische Bewegungsform der Materie ein. Folglich ist der höheren Form eine Reihe von Gesetzmäßigkeiten und Prozessen eigen, die mit den niederen Formen, die in die höhere eingehen, verbunden sind. Daher kann eine Reihe von biologischen Prozessen (fermentative Reaktionen, Prozesse der Permeabilität usw.) mit Hilfe von chemischen und physikalischen Methoden erforscht werden.

Der Einschluß der niederen Formen in höhere führt dazu, daß Prozesse, die auf der Basis niederer Bewegungsformen ablaufen, jetzt auf einem höheren Niveau vor sich gehen; es entsteht eine neue Bewegungsform mit Merkmalen einer neuen Qualität.

Obwohl also der Eiweißsynthese eine Kette von einfachen chemischen Reaktionen zugrunde liegt, geht doch eine gerichtete Synthese mit dem Ziel der Bildung spezieller Eiweiße nur auf dem Niveau der Zellen und der zellularen Organismen vor sich. Daher verwirklicht sich auch die Synthese von Eiweißen, Nukleinsäuren, Polysacchariden und anderen biologischen Polymeren in der Zelle im Verlaufe von Minuten oder Stunden, während in der anorganischen Natur für die Bildung dieser Stoffe Millionen von Jahren erforderlich waren.

Jede höhere Form weist neben Prozessen, die für die in sie eingeschlossenen niederen Formen charakteristisch sind, noch eine Reihe von qualitativ neuen Prozessen auf, deren Erkenntnis eigene Methoden erfordert. Die Gesetzmäßigkeiten der höheren Bewegungsformen können nicht mit Methoden und Verfahren erforscht werden, die für die Analyse der niederen Bewegungsformen der Materie benutzt wurden. So hat man zum Beispiel in der biologischen Bewegungsform der Materie neben Prozessen, die auf molekularem Niveau verlaufen und die mit Hilfe der Chemie und Physik erforscht werden können, auch eine Reihe von solchen Prozessen, deren Gesetzmäßigkeiten prinzipiell nicht in den Rahmen von chemischen oder physikalischen Gesetzen einzuordnen, sondern speziellen biologischen Gesetzen unterworfen sind. Es wäre wohl kaum richtig, von der Position der Chemie, Physik und Mechanik aus zu versuchen, das Wesen der Art als biologische Einheit, die Gesetze der Population, der natürlichen Zuchtauswahl usw. zu erfassen. Es ist auch unmöglich, biologische Gesetzmäßigkeiten mit physikalischen und chemischen Methoden aufzudecken, wenn man die lebenden Organismen und ihre Wechselbeziehungen mit der Umwelt nicht kennt.

Das Studium der Gesetze, wie sie den niederen Formen eigen sind, hilft bei der Aufdeckung der Gesetzmäßigkeiten der höheren Bewegungsformen der Materie. Gleichzeitig bestimmt die Erforschung der höheren Formen in bestimmten Abschnitten die Richtung der Erforschung der niederen Formen.

Die von den Wissenschaften angehäuften Fakten zeigen, daß bei der Aufdeckung der biologischen Gesetzmäßigkeiten die entscheidende Bedeutung den biologischen Forschungsmethoden zukommt.

Das Beispiel der Forschungen K. A. Timirjasews als Biologe zeigt, daß die von ihm mit Hilfe von biologischen Methoden erhaltenen Ergebnisse auf dem Gebiet der Fotosynthese bei Pflanzen zur Aufdeckung zahlreicher Lebensprozesse der Pflanzen führte, die von Physikern und Chemikern erforscht wurden, was seinerseits einen ganzen Entwicklungsabschnitt in der Wissenschaft darstellte. Nachdem er die Chlorophyllfunktionen der grünen Pflanzen und die Bedeutung des Sonnenlichts in diesen Prozessen studiert hatte, zeigte er den engen Zusammenhang zwischen der organischen und der anorganischen Natur, insbesondere den zwischen den Pflanzen, dem Sonnenlicht, dem Boden, der Luft, den Tieren usw. Die Forschungen Timirjasews sind bis zum heutigen Tag ein vorwärtstreibender Faktor in der Erforschung des Lebens der Pflanzen durch die Chemiker, Physiker und andere Spezialisten.

Die biologischen Forschungen I. Metschnikows über die Unempfindlichkeit (Immunität) führten zur Ausarbeitung neuer hocheffektiver serologischer Reaktionen, insbesondere der Reaktionen der Verbindung des Komplements, die es ermöglichten, die Antikörper und Antigene zu studieren, und die andererseits eine Anregung für die Untersuchung einer großen Gruppe von Eiweißen im System des Komplements waren. Insbesondere wurde in den letzten Jahren, ausgehend von der Lehre über das Komplement, ein in den biologischen Schutzreaktionen äußerst wichtiges Eiweiß, das Properdin, entdeckt. Die Forschungen Metschnikows legten den Grundstein für eine neue Wissenschaft — die Immunchemie.

Die Untersuchungen I. W. Mitschurins zu Fragen der Vererbung und Veränderlichkeit unter Anwendung der Methoden der vegetativen Hybridisation, wo man die Übertragung vererbbarer Eigenschaften vom Wildling auf den Pfropfreis nicht anders betrachten kann als durch die Nährstoffe, gaben diesen Prozessen eine materielle Grundlage, was andererseits zur Entfaltung der Forschungen über die Veränderlichkeit lebender Organismen und der materiellen Grundlagen der Vererbung in ausgesprochen großen Maßstäben führte. Das alles ist nichts anderes als das Resultat des Einflusses der Forschungen Mitschurins, der den geheimnisvollen Schleier lüftete, den die Anhänger Weismanns und Morgans über die Fragen der Vererbung gedeckt hatten.

Die in dieser Richtung durchgeführten Forschungen führten zu Resultaten von gewaltiger wissenschaftlicher Bedeutung (und werden im weiteren in noch größerem Maße dazu führen).

Es ist allgemein bekannt, daß die Untersuchungen I. M. Setschenows und I. P. Pawlows bestimmender Faktor für physikalisch-chemische Untersuchungen der Lebensprozesse im Organismus der höheren Tiere und des Menschen waren. Das bezieht sich auf die Verdauung, den Blutkreislauf, das Studium der fermentativen Systeme und auch auf das Studium von Fragen, die mit der höheren Nerventätigkeit verbunden sind.

Man könnte eine gewaltige Anzahl von Fakten anführen, die davon zeugen, daß die biologischen Forschungen schon immer als bestimmender Faktor für die chemischen und physikalischen Untersuchungen dienten und zu Resultaten führten, die von theoretischer, aber auch praktischer Bedeutung waren.

So wurden zum Beispiel die Filterviren, die Erreger vieler Krankheiten bei Pflanzen, Tieren und bei Menschen, kleinste lebende Organismen, die unter einem gewöhnlichen optischen Mikroskop nicht sichtbar sind, durch D. I. Iwanowski beim Tabak bei der sogenannten Tabak-Mosaik-Krankheit durch biologische Methoden entdeckt.

Später wurde mit Hilfe physikalisch-chemischer Methoden und unter ständiger Kontrolle der biologischen Methoden der chemische Aufbau der Viren geklärt; es wurde gezeigt, daß sie aus Nukleoproteiden bestehen und unter bestimmten Bedingungen gelang es auch, sie in reiner Form auszuscheiden. Die Untersuchungen von Iwanowski waren die Grundlage für die Schaffung einer neuen Wissenschaft über die Viren.

Zahlreiche Antibiotika, die in den letzten Jahren den Bestand der wirksamsten Arzneimittel füllten, wurden in lebenden Organismen mit Hilfe biologischer Methoden entdeckt. Im weiteren wurden sie dann von Physikern und Chemikern untersucht, und viele von ihnen werden heute synthetisch hergestellt. Diese These kann man auch voll und ganz auf die Vitamine beziehen.

Die Untersuchung der Zellen und Gewebe anfangs mit biologischen Methoden durch die Beobachtung der Lebensprozesse unter dem Mikroskop in histologischen

Präparaten, in hängenden Wassertröpfchen oder Gewebekulturen führte im weiteren Verlauf zur Erklärung einer Reihe von Daten der Physik und Chemie der Zelle. So begünstigte die Anwendung der Methode der Elektrophorese die Aufdeckung der Rolle von Ionen der verschiedensten Stoffe in den Lebensprozessen des Protoplasmas. Die Anwendung feiner chemischer Methoden führte zur Begründung neuer biologischer Spezialgebiete: zur Histochemie und Zytochemie. All dies begünstigte die Aufdeckung neuer Fakten über die Lebensprozesse in den Zellen und Geweben des Organismus.

Zahlreiche Untersuchungen, die mit biologischen Methoden zum Studium der Veränderlichkeit von Mikroben durchgeführt wurden, ermöglichten es festzustellen, daß sich im Prozeß der Veränderlichkeit auch die biologischen Eigenschaften der Mikroben ändern, was seinen Ausdruck im Sinken oder in der Erhöhung der virulenten Eigenschaften findet. Es wurde gezeigt, daß sich bei der Veränderlichkeit der Mikroben auch das fermentative System ändert, was durch das Verhältnis der Mikroben zu Zuckern und verschiedenen elektiven Umgebungen bestätigt wird. Durch spezifische Sera kann sich auch die Agglutinabilität der Mikrobenzellen verändern. Es wurde festgestellt, daß sich mit der Veränderung der virulenten und fermentativen Eigenschaften auch die antigene Struktur der Mikroben ändert, was von Veränderungen in der Eiweiß-, Polysaccharid- und Lipoidzusammensetzung der Mikrobenzelle zeugt. So wurde geklärt, daß sich unter dem Einfluß einiger äußerer Faktoren die Form der Mikrobenzelle schroff ändert. So bilden sich zum Beispiel unter der Einwirkung von Bakteriophagen, Antibiotika und anderen Faktoren filtrierende Formen, die unter einem gewöhnlichen optischen Mikroskop zu sehen nicht gelingt. Unter dem Einfluß anderer Faktoren entstehen gigantische Gebilde in Form von großen Kugeln, Kolben usw., die die Bezeichnung d-Form erhielten.

Einige Veränderungen, die an den Mikroben durch biologische Methoden festgestellt wurden, sind im gegebenen Moment von den Chemikern schon untersucht. So wurde zum Beispiel von G. K. Schipizina gezeigt, daß sich seiner chemischen Zusammensetzung nach der antigene Komplex virulenter Tularstämme bedeutend vom antigenen Komplex avirulenter und vakziner Stämme unterscheidet. Der virulente Stamm enthält zweimal mehr Hexosoasamin als ein avirulenter Stamm. Der Kohlenwasserstoffbestand der Polysaccharide bei virulenten Stämmen unterscheidet sich von vakzinen oder schwachvirulenten Stämmen. Im ersten Fall wurde Glukose, Xylose und eine geringe Menge von Harnsäure festgestellt. Im zweiten Fall fand man Galaktose, Arabinose, Xylose, Ramnose, Harnsäure und geringe Mengen von Mannose und Glukose. Ihrer aminosauren Zusammensetzung nach unterscheiden sich die Eiweißkomponenten der Antigene virulenter und nichtvirulenter Stämme ebenfalls voneinander. Diese Daten zeugen davon, daß sich zusammen mit der Veränderung biologischer Eigenschaften bei den Mikroben auch die physikalisch-chemische Zusammensetzung des Zellinhalts ändert.

Interessant sind auch die Daten, die von einer verschiedenen chemischen Zusammensetzung von Mikroben, die sich durch große artbildende Veränderlichkeit auszeichnen, zeugen. Hier wurde von den Chemikern gezeigt, daß sich die Ausgangsstämme ihrer chemischen Zusammensetzung nach schroff von den Stämmen unterscheiden, die im Resultat der Veränderung erhalten wurden. Im vorliegenden Falle haben wir die von Lenskaja, Shukow-Wereschnikow, Iwanowski, Tumanski und anderen veröffentlichten Arbeiten über die Aneignung biologischer Eigenschaften der Mikroben der Pseudotuberkulose bei Nagern durch die Pestmikroben im Prozeß der Veränderlichkeit im Sinn, aber auch die Arbeiten von Timakow, Kudlai, Gratschewa und anderen über die Aneignung von Eigenschaften mikrobischer Alkalibildner durch den Darmbazillus und die Dysenteriemikroben. All diese Daten sind für das Verständnis von Fragen der Vererbung und Veränderlichkeit bei Mikroben von großem Interesse und zeugen von dem höchst fruchtbaren Einfluß der Biologen auf die Untersuchungen dieser Objekte durch die Chemiker und Physiker.

Gleichzeitig muß man aber sagen, daß viele Fakten zu Fragen der Veränderlichkeit, die durch biologische Forschungsmethoden erhalten wurden, mit Hilfe physikalisch-chemischer Methoden noch nicht untersucht wurden. So ist zum Beispiel die chemische Zusammensetzung der filtrierenden Formen, der aus diesen erhaltenen „sekundären" Kulturen, der sogenannten *l*-Formen und der obenerwähnten *g*-Formen und anderer nicht bekannt.

Am Beispiel der Untersuchung der Veränderlichkeit von Mikroben, die eine große Bedeutung für die Erforschung der Vererbung bei lebenden Organismen und die Erhaltung von lebenden Vakzinen gegen verschiedene Krankheiten hat, ist zu ersehen, daß die biologischen Forschungsmethoden auch hier die bestimmenden waren. Die erhaltenen Fakten über die biologische Veränderlichkeit der Mikroben erlaubten es den Chemikern, höchst wichtige Untersuchungen zu machen, die unsere Vorstellungen über die biologischen Prozesse, wie sie bei den Mikroben im Resultat ihrer Veränderlichkeit vor sich gehen, sehr erweitert haben. Gleichzeitig müssen wir aber bemerken, daß viele mit der biologischen Methode entdeckte Tatsachen ihrer Klärung von seiten der Physiker und Chemiker noch harren.

Es ist allgemein bekannt, daß es manchmal noch nicht gelingt, gewisse Erscheinungen, die zu entdecken mit biologischen Methoden gelang, mit physikalisch-chemischen Methoden zu erklären. Man muß berücksichtigen, daß biologische Reaktionen, die die Spezifik aktiver Stoffe bestimmen, viel feiner und empfindlicher als chemische sind. Daher zeigen gerade biologische Methoden den Weg für die Chemiker und Physiker, obwohl der biologischen Aktivität einzelner Stoffe eine chemische Spezifik zugrunde liegt.

Äußerst klare Beispiele der führenden Rolle der biologischen Methode in der Erkenntnis biologisch aktiver Stoffe in einer Reihe von Prozessen kann man aus dem Gebiet der Immunologie anführen.

Nur unter der Kontrolle rein biologischer Methoden und der Ausnutzung der Reaktion der Prizipitation und der Anaphylaxis und anderer gelang es Landsteiner, eine Reihe glänzender Untersuchungen durchzuführen, die die Rolle der chemischen funktionalen Gruppen in der antigenen Aktivität aufzeigen.

Die immunologischen Methoden spiegeln solch feine Unterschiede in der Struktur der Eiweiße wider, die mit den modernen Methoden der Physik und Chemie festzustellen nicht gelingt. So konnten bis heute keine sichtbaren chemischen Unterschiede zwischen den normalen Gamma-Globulinen und den immunen globulinen Antikörpern festgestellt werden. Das Molekulargewicht, der Grad der Asymmetrie, die isoelektrischen Punkte, die elektrophoretische Beweglichkeit, die aminosaure Zusammensetzung, der Gehalt an amidem Sauerstoff und an Sauerstoff überhaupt, das Verhalten zu denaturalisierenden Agenzien ist bei der Mehrzahl der Antikörper identisch mit den Daten, die man für die Gamma-Globuline erhielt. Gleichzeitig unterscheiden sich aber die Immuneiweiße schroff durch ihre Fähigkeit, Komplexe mit den entsprechenden Antigenen zu bilden, von den entsprechenden normalen Eiweißen. Es ist offensichtlich, daß hinter dieser wichtigen biologischen Eigenschaft irgendwelche, bisher nicht entdeckte Gesetzmäßigkeiten stecken, die von den Immunchemikern hartnäckig gesucht werden. Auf diese Weise ist die Aufdeckung biologischer Unterschiede der Antikörper von den Gamma-Globulinen ein wichtiger Anreiz zur chemischen Untersuchung einer großen Klasse von Verbindungen — der Immuneiweiße.

Bei der Lösung der Frage der spezifischen Eiweißsynthese bedienen sich die Chemiker immer häufiger der Methoden der Immunologie. Als Beispiel kann folgendes dienen: Nachdem die Eiweißsynthese in Querschnitten der Leber auf chemischem Wege festgestellt worden war, gelang es nur auf immunologischem Wege zu zeigen, daß diese Synthese eine spezifische ist, in deren Resultat sich in bezug auf eine Art charakteristische Eiweiße bilden.

Beispiel für das Obengesagte ist die Bestimmung der Gruppenzugehörigkeit des Blutes bei Bluttransfusionen, die bis jetzt ausschließlich mit biologischen Mitteln verwirklicht wird. Die Artzugehörigkeit der Zellen und Gewebe kann man mit Hilfe der immunologischen Reaktionen genau bestimmen, wovon in der Praxis der Gerichtsmedizin auch Gebrauch gemacht wird. Mit Hilfe von physikalisch-chemischen Methoden gelingt es jedoch fast nicht, diese Frage zu lösen. Heute wissen wir zuverlässig (aus Arbeiten, die am Institut für Experimentalbiologie der Akademie der Medizinischen Wissenschaften der UdSSR von Kapitschnikow, Sotikow, Pechow und anderen durchgeführt wurden), daß die Transplantation von Geweben von einem Menschen auf den anderen oder von einem Tier auf ein anderes und ihr Anwachsen gehemmt werden durch das Vorhandensein unvereinbarer fremder Antigene, die Schutzreaktionen des Organismus des Empfängers hervorrufen und eine Abtrennung des fremden Gewebes notwendig machen. Bis jetzt wissen wir jedoch noch nicht die chemische Zusammensetzung der Antigene, die die Ursache für die Unvereinbarkeit der Gewebe bilden. Die Lösung dieser Fragen würde zu höchst wichtigen positiven Resultaten führen, welche große Bedeutung für die Medizin haben.

Durch die Anwendung immunologischer Reaktionen bei der Untersuchung des Entwicklungsprozesses des Organismus stellte es sich heraus, daß sich in jedem Stadium der Entwicklung des Organismus neue Antigene bilden, die durch das

Vorhandensein spezifischer Eiweiß-Polysaccharid-Komplexe bedingt sind (die Arbeiten von Wjasow, Konjuchow und andere). Es ist bekannt, daß die Bildung neuer Antigene mit der Veränderung der formbildenden Prozesse im Organismus verbunden ist, was seinen Ausdruck in der Bildung morphologischer Strukturen findet.

Jedoch wissen wir vorläufig nicht, welche physikalisch-chemischen Prozesse in den Zellen und Geweben im Prozeß ihrer Entwicklung vor sich gehen. Mit Hilfe der immunologischen Reaktion gelingt es zum Beispiel festzustellen, daß die antigene Gemeinsamkeit zwischen der Kaulquappe und dem Wassermolch größer ist als bei der Kaulquappe und einem erwachsenen Frosch. Das zeugt davon, daß die Kaulquappe auf einer bestimmten Entwicklungsstufe dem Wassermolch näher steht als einem erwachsenen Frosch. Solche feine qualitative Analysen mit Hilfe von physikalisch-chemischen Methoden durchzuführen gelingt nicht.

Durch Immunreaktionen gelingt es heute, das Vorhandensein von Krebsantigenen in den Geschwulstgeweben beim Menschen und bei Tieren zu konstatieren. Jedoch wissen wir bis heute nicht mit Zuverlässigkeit, was die Antigene in physikalisch-chemischer Hinsicht darstellen. Die Lösung dieser Frage würde ohne Zweifel zu einer schnelleren Lösung des wichtigsten Problems der Medizin, des Krebsproblems, führen, was unbedingt durch die gemeinsamen Untersuchungen von Biologen und Chemikern gelöst werden kann. Mit Hilfe der Immunreaktionen gelingt es, Veränderungen in der antigenen Zusammensetzung der Gewebe und Zellen festzustellen, die im Prozeß der Heterotransplantation oder bei der Einwirkung von Röntgenstrahlen auf das Gewebe vor sich gehen (die Arbeiten von Maiski, Suworowa, Lomakin, Podoplelow, Petrow und anderer).

Die breite Anwendung immunologischer Methoden in den letzten Jahren in der Biologie führte zur Schaffung einer neuen wissenschaftlichen Disziplin, der Nichtinfektionsimmunologie. Die hier aus der Geschichte der Entwicklung der Biologie angeführten Fakten zeugen davon, daß die Ausnutzung biologischer Methoden eine bestimmende Bedeutung für die Physiker und Chemiker hatte, die auf dem Gebiet der Biologie arbeiteten. Die wenigen hier angeführten Beispiele lassen weiter erkennen, daß in der Gegenwart in der Biologie eine große Menge von Fakten angesammelt wurde, die jetzt der Untersuchung durch physikalisch-chemische Methoden bedürfen. Gleichzeitig zeigt das angeführte Material, daß sich bei der Untersuchung der Lebensprozesse biologische, chemische und physikalische Forschungsmethoden vereinigen müssen unter Berücksichtigung der Beziehungen der höheren und niederen Bewegungsformen der Materie zueinander, um nicht die Spezifik der Bewegungsform aus den Augen zu verlieren, wie sie den lebenden Organismen eigen ist. Die Ignorierung dieser Spezifik führt zur Verbreitung des Indeterminismus und Mechanizismus in der Biologie. Den biologischen Forschungsmethoden, die sich von anderen Methoden durch ihre feine Spezifik unterscheiden, und die bei der Untersuchung der Lebensprozesse eine bestimmte Rolle für die Physik und Chemie spielen, muß man besondere Aufmerksamkeit widmen.

Gleichzeitig darf man aber nicht in der Aufmerksamkeit für die physikalisch-chemischen Methoden nachlassen, die sich hinsichtlich ihrer Empfindlichkeit und Genauigkeit allmählich vervollkommnen und schon viel zur Vertiefung einer Reihe biologischer Gesetzmäßigkeiten beigetragen haben.

Man muß unterstreichen, daß es bei dem heutigen Forschungsniveau äußerst wichtig ist, der Ausnutzung von Komplexmethoden Aufmerksamkeit zu schenken. Hierbei sollen sich in der Untersuchung komplizierter Lebenserscheinungen biologische und physikalisch-chemische Methoden ergänzen. Als Beispiel dafür kann bei der Untersuchung biologischer Prozesse die breite Anwendung von Isotopen und fluoreszierenden Stoffen dienen, die es bei ihrer Einführung in den Organismus gestatten, verschiedene physiologische und metabolische Zustände des Organismus tiefer zu erklären.

Aus all dem Gesagten folgt, daß die Untersuchung komplizierter biologischer Erscheinungen in der gegenwärtigen Etappe der Entwicklung der Wissenschaft nur dann fruchtbar sein kann, wenn die neuesten Methoden der Biologie, Physik und Chemie zur Anwendung kommen. Jedoch muß man dabei immer die bestimmende Bedeutung des biologischen Herangehens an physikalisch-chemische Untersuchungen in der Biologie im Auge behalten.

*

Professor I. Pantscheff (Volksrepublik Bulgarien). Verehrte Genossen! Im Namen der Bulgarischen Akademie der Wissenschaften und der Wissenschaftler Bulgariens danke ich der Akademie der Wissenschaften und dem Ministerium für Hochschulbildung der UdSSR herzlich für die freundliche Einladung unseres Vertreters, an der gegenwärtigen Konferenz teilzunehmen, die philosophischen Fragen der Naturwissenschaft gewidmet ist. Es ist für mich schmeichelhaft, daß die Ehre, an dieser Konferenz teilzunehmen, mir zuteil wurde. Erlauben Sie mir, im Namen der Philosophen und aller Wissenschaftler Bulgariens Ihnen ihre Grüße zu überbringen und zu versichern, daß wir Schulter an Schulter mit Ihnen und allen ehrlichen Gelehrten der Welt für den Fortschritt der Wissenschaft, für die Erhaltung des Friedens und für das Wohl der Völker kämpfen werden.

Die Genossen, die zur Diskussion sprachen, warfen in ihren Vorträgen viele verschiedenartige Fragen auf. Ich werde drei prinzipielle Fragen berühren, und zwar: die Bedeutung von Lenins Buch „Materialismus und Empiriokritizismus" im Kampf gegen Revisionismus und bürgerliche Ideologie; den klassengebundenen, parteilichen Charakter der Wissenschaft (genauer der Naturwissenschaft) und die Frage, inwieweit wir Physik und Chemie in der Biologie anwenden können.

Das geniale Werk Lenins „Materialismus und Empiriokritizismus", das vor einem halben Jahrhundert geschrieben wurde, ist heute genau so aktuell, lebendig und frisch wie nach der stürmischen Periode von 1905—1907. Wenn wir jedoch die damalige gesellschaftlich-politische Situation und die heutige flüchtig betrachten, so sehen wir grundlegende Unterschiede. In den Jahren 1905—1907 wurde die Revolution niedergeschlagen, ein bedeutender Teil ihrer Anhänger schwankte, bei der kleinbürgerlichen Intelligenz, die sich der Revolution angeschlossen hatte, traten Zweifel am künftigen Sieg des Sozialismus auf, und schließlich wurde der Versuch gemacht, den Marxismus zu revidieren, zu „vervollständigen". Einige gingen sogar bis zur völligen Verneinung des Marxismus. Dieser Teil der sich abspaltenden Marxisten traf auf den Widerstand seitens des gesunden marxistischen Kerns mit Lenin an der Spitze.

Die heutige Situation unterscheidet sich grundlegend von der jener Jahre: An Stelle der Niederlage der sozialistischen Revolution sehen wir ihren Siegeszug in Europa und Asien. Jetzt hat mehr als ein Drittel der Bevölkerung der Erde mit dem Kapitalismus Schluß gemacht und baut erfolgreich den Sozialismus und Kommunismus auf.

Ungeachtet dieses unzweifelhaft großen Umschwungs, der hellsten Seite in der Geschichte der Menschheit, sehen wir auch heute, wie sich die „Helden" aus Lenins Buch „Materialismus und Empiriokritizismus" in der internationalen Arbeiterbewegung betätigen. Das sind jetzt schon nicht mehr die Juschkewitsch und Basarow, Bogdanow und Berman. Ihre Ideologie bedient sich unter den neuen Verhältnissen einer neuen Argumentation, um den alten Revisionismus unter der Maske des Kampfes gegen Dogmatismus und Personenkult zu beleben.

Niemand bewies besser als Lenin, daß wir uns zum Marxismus nicht als zu einem Dogma, sondern als zu einer Anleitung zum Handeln verhalten müssen. Niemand anders als Lenin führte, indem er den Marxismus schöpferisch entwickelte, einen kühnen und unerbittlichen Kampf gegen den Revisionismus, für die Erhaltung der Prinzipien des Marxismus, der Philosophie der internationalen Arbeiterbewegung.

Aber hier entsteht die Frage: Warum entstand „Materialismus und Empiriokritizismus" nach der Niederschlagung der Revolution und warum lebte jetzt, beim Sieg des Sozialismus und seiner Umwandlung in ein Weltsystem, der Revisionismus von neuem auf? Das hat mehrere Gründe:

1. Der Aufbau des Sozialismus stößt in jedem einzelnen Land auf die verschiedenartigsten Schwierigkeiten. Diese Schwierigkeiten, verflochten mit einigen ernsten Fehlern, sind günstige Bedingungen für Schwankungen unerfahrener Marxisten, und das öffnet den Weg zum Revisionismus.

2. Die kleinbürgerliche soziale Herkunft der Intelligenz in der Arbeiterbewegung ist ebenfalls eine günstige Bedingung für das Auftreten des Revisionismus.

3. Der starke Druck der Bourgeoisie, ihre geschmeidige Politik und die geschickte Ausnutzung der Schwächen der Intelligenz ermöglicht das Eindringen der bürgerlichen Ideologie in die Reihen der Arbeiterbewegung und das Auftreten des Revisionismus. Beispielsweise kokettiert die Bourgeoisie sehr mit dem Prinzip der Gewissensfreiheit und der Redefreiheit der Schriftsteller, der Künstler, der Wissenschaftler usw. Für schwache, ungefestigte Marxisten, die nicht zwischen der bürgerlichen formalen Freiheit und der wirklichen Freiheit im Sozialismus unterscheiden können, sind diese Ideen sehr verlockend und deshalb sehr häufig bei der Intelligenz mit kleinbürgerlicher Denkweise anzutreffen. Das zeigte sich in Ungarn im Petöfi-Kreis; in Polen, wo in einer von der Redaktion der „Po Prostu"

organisierten biologischen Diskussion einer der Teilnehmer sagte, daß die Wissenschaftler „die Freiheit des Maulkorbs" besitzen und in Bulgarien unter einigen Künstlern, Schriftstellern, Journalisten usw. Der Revisionismus fand besonders günstigen Boden in Jugoslawien, wo sich das Programm des Bundes der Kommunisten Jugoslawiens in einen eigenartigen Kodex des Revisionismus verwandelte.

Daher ist heute der Kampf gegen den Revisionismus, sogar nach dem Sieg des Sozialismus in einer Reihe von Ländern, genauso erforderlich und notwendig wie vor 50 Jahren nach der Niederschlagung der Revolution. Mehr noch, jetzt ist der Revisionismus die größte Gefahr in der internationalen Arbeiterbewegung und deshalb muß sich das Hauptfeuer gegen ihn richten! Deshalb ist die Arbeit Lenins „Materialismus und Empiriokritizismus" genau so aktuell und frisch wie vor einem halben Jahrhundert. Sie gibt eine Anleitung zum Kampf mit allen Äußerungen des Revisionismus — von seinen verschleierten Formen bis zur offenen bürgerlichen Ideologie.

Eine der Äußerungen der bürgerlichen Ideologie, gegen die Lenin einen entschlossenen Kampf führte, ist das objektivistische Verhalten einer Reihe Wissenschaftler zu wissenschaftlichen Problemen, die Verneinung des Klassencharakters der Wissenschaft, der klassengebundenen Elemente in ihr.

Diese Frage hat prinzipielle Bedeutung und verdient, auf der gegenwärtigen Konferenz, die philosophischen Fragen der Naturwissenschaft gewidmet ist, einen ihr gebührenden Platz zu finden.

Zuerst ist es nötig, die Aufmerksamkeit auf die Tatsache zu richten, daß Lenin in seiner Arbeit „Materialismus und Empiriokritizismus" den klassengebundenen parteilichen Charakter der Wissenschaft nachwies und sich dabei nicht auf die Gesellschaftswissenschaften berief, sondern von den Tatsachen der experimentellen Wissenschaften ausging: der Naturwissenschaft, der Mathematik, der Physik, der Chemie und teilweise der Biologie. Folglich ist die ganze Arbeit Lenins, die sich gegen das Eindringen des Idealismus in die Physik richtet, ein Beweis dafür, daß die experimentellen Wissenschaften nicht vom Geist klassengebundener parteilicher Ideologie frei sind. Es versteht sich, daß dieser Geist nicht an Oberflächen zutage tritt, so, daß er von jedem stets entdeckt werden kann. Aber gerade darin besteht das Wesen der Frage. Wenn wir behaupten würden, daß die experimentellen Wissenschaften keine klassengebundenen parteilichen Elemente besitzen, so besteht natürlich kein Anlaß, sie zu suchen, aber wenn wir an dem Standpunkt festhalten, daß sie solche Elemente besitzen, dann ist es unsere Aufgabe, sie aufzudecken, sie zu analysieren und zu kritisieren. Als Vorbild kann uns in dieser Hinsicht Lenin mit seinem Buch „Materialismus und Empiriokritizismus" dienen.

Wie wir alle wissen, ist die Erforschung der Gesetzmäßigkeiten der Wirklichkeit die Aufgabe der Wissenschaft. In diesem Sinne besitzen alle Gesetze in der Natur, in der Gesellschaft und im menschlichen Denken die gleiche Kraft und sind für alle verbindlich. Das zeigt, daß die Wissenschaft ihrem Wesen und ihrer Bestimmung nach keinen Klassencharakter besitzt. Das bedeutet, daß die Wissenschaft eine objektive Erkenntnis der Welt vermittelt. Objektives Wissen hat keinen zeitweiligen Charakter, es überträgt sich von Generation zu Generation. Das gewährleistet *die Kontinuität in der Wissenschaft.* Letztlich ist die subjektive Erkenntnis die Grundlage für die Veränderung der Natur und der Gesellschaft. Ohne objektive Kenntnis der Welt keine Beherrschung der Natur, ohne Erkenntnis der objektiven Gesetze der gesellschaftlichen Entwicklung keine richtige Politik. Diese These ist gleichermaßen von Bedeutung für Physik und Chemie, für Biologie und Politik. Das zeigt, daß die Entdeckung der objektiven Zusammenhänge in der Natur und in der Gesellschaft unumgänglich ist, und es notwendig ist, einen mutigen Kampf gegen solche Auffassungen zu führen, die diese Zusammenhänge in einem verzerrten Licht darstellen. In der Arbeit „Materialismus und Empiriokritizismus" enthüllt Lenin, wie einige Wissenschaftler versuchen, die tatsächlichen Ergebnisse der Wissenschaft durch verzerrte Darstellungen und Auffassungen zu verdecken. Lenin gab uns das Beispiel einer klassenmäßigen parteilichen Einschätzung der wirklichen und scheinbaren Ergebnisse der Wissenschaft.

Worin zeigt sich der klassengebundene parteiliche Charakter der Wissenschaft? Er zeigt sich schon in der Auswahl des Forschungsgegenstandes. So hat die Psychoanalyse unbewußte Komplexe, in der Kindheit überstandene seelische Erschütterungen und anderes zum Gegenstand. Die Lehre Freuds will die komplizierten Klassengegensätze der Gesellschaft durch den Geschlechtstrieb des Menschen erklären.

Der Gegenstand der sogenannten Parapsychologie ist klassengebunden, weil sie sich mit dem „Verkehr" mit toten Seelen befaßt. Der Gegenstand der Eugenik, die in den Chromosomen, in der Natur des Menschen den Grund der Ungleichheit der Menschen in der Gesellschaft sucht, hat typisch klassengebundenen Charakter. Deshalb begegnen wir in der westlichen Literatur solchen Themen wie „Psychoanalyse der fliegenden Untertasse", „Alpdrücke der Natur", „Das Privatleben der Schlangen" usw.

Der klassengebundene parteiliche Charakter der Wissenschaft erscheint besonders klar bei Betrachtung der Frage, *wem die Wissenschaft dient.* Wem dient die Mikrobiologie, trägt sie zur Steigerung der Fruchtbarkeit des Bodens durch Anwendung der Stickstoffbakterien bei, oder dient sie der Vernichtung der friedlichen Bevölkerung, wie das die japanischen Militaristen demonstrierten? Wem dient und welche Ziele verfolgt die Wissenschaft in den bürgerlichen Ländern, in denen die Atomenergie erforscht wird? Wird sie für die Erhöhung des Wohlstandes der Völker ausgenutzt oder dient sie den Imperialisten bei der Vorbereitung eines neuen Weltkrieges?

Der klassengebundene parteiliche Charakter der Wissenschaft zeigt sich auch bei der Feststellung der Priorität in der Wissenschaft, des Anteils, den die Völker an der Entwicklung der Kultur haben. Eine Reihe westlicher Gelehrter unterschätzt absichtlich die Rolle der slawischen Völker in der Entwicklung der Wissenschaft, der Philosophie und der Literatur. Man braucht gar nicht ausführlich auf diese Frage einzugehen. Es genügt schon festzustellen, daß der nazistische Gelehrte Lenard in seiner „Geschichte der Wissenschaften" nicht einen einzigen

Namen eines slawischen Gelehrten erwähnt, weder Lomonossow und Tesl, noch Mendelejew und Butlerow, Setschenow oder Pawlow. Er spricht nicht von der Erfindung des Radios durch A. S. Popow und des Dampfkessels durch I. Polsunow usw. usf.

Der Kern des klassengebundenen parteilichen Charakters der Wissenschaft zeigt sich in der unterschiedlichen Interpretation ein und derselben Fakten. Schon I. P. Pawlow lehrte, daß jeder Gelehrte experimentieren, Fakten zusammentragen muß, weil es ohne sie keine Wissenschaft gibt, aber er hob auch hervor, daß man sich nicht in einen Archivar von Fakten verwandeln oder an der Oberfläche der Fakten stehenbleiben darf. Man muß in ihr Wesen eindringen. Gerade hier zeigt sich der klassengebundene parteiliche Charakter der Theorie, die diese Fakten auswertet. Jede Wissenschaft führt in ihren theoretischen Verallgemeinerungen zum Idealismus oder Materialismus, und darin zeigt sich ihre Parteilichkeit. Heute leugnet bereits niemand mehr die Evolution in der Natur, aber Darwin erklärt sie auf eine Art und H. Driesch, A. Bergson usw. auf eine völlig andere.

Professor Kafka will uns in seiner Arbeit „Die Menschenrassen", ausgehend von der allgemein bekannten Tatsache, daß die ektoderme Keimschicht die Haut und das Nervensystem bildet, allen Ernstes davon überzeugen, daß man von der Haut eines Menschen auf seine geistigen Fähigkeiten schließen kann. Von seinem Standpunkt aus kann die Keimschicht nicht schwarze, derbe Haut und gleichzeitig ein feines Nervensystem hervorbringen. Hier wird ein völlig unbestrittener Fakt der Embryologie zur Begründung einer reinen Klassenideologie bemüht.

Unbestritten ist die Tatsache, daß die Tuberkulose-Sterblichkeit in den USA unter den Kindern der Farbigen größer ist als unter denen der Weißen. So beträgt die Sterblichkeit unter den weißen Kindern bis fünf Jahre 11%, aber unter den farbigen 45,6%. Die bürgerlichen Gelehrten erklären diese Tatsachen mit der Konstitution und der Vererbung der Organismen und nicht mit den schlechten sozialen Bedingungen. Sowohl die eine wie die andere Erklärung wird vom Standpunkt der Wissenschaft gegeben, aber die eine ist die richtige materialistische Erklärung und die andere die falsche idealistische.

Nun könnte man sagen, daß sich dies auf die ferne Vergangenheit bezieht und nicht auf unsere Gegenwart. Jedoch dies ist nicht so. Nehmen wir die Umwandlung der Elektronen in Photonen und umgekehrt. Führte das nicht eine Reihe westlicher Gelehrter zu der Behauptung der sogenannten „Annihilation" (dem Verschwinden) der Materie, zur Leugnung des Gesetzes von der Erhaltung der Materie? Viele Autoren begannen den Determinismus, die Kausalität zu leugnen. Dies ist im Vortrag von M. E. Omeljanowski gut hervorgehoben, der die Ansicht Borns zitiert über den Determinismus als „Idol aber nicht als Ideal bei der Erforschung der Natur". Diese und eine Reihe anderer Errungenschaften der Physik wurden und werden idealistisch erklärt, und zwar nach Lenin „hauptsächlich gerade deswegen, . . . weil die Physiker die Dialektik nicht kannten".[1]

[1] W. I. Lenin, Materialismus und Empiriokritizismus, Berlin 1952, S. 252.

Ich möchte Ihre Aufmerksamkeit auf die letzten Forschungen eines Kollektivs unter der Leitung von Professor Benoit bezüglich der Rolle der DNS im Vererbungsprozeß richten. Diese Versuche werden völlig unterschiedlich von den Anhängern Mitschurins und Lyssenkos und den Anhängern der formalen Genetik erklärt. Die Anhänger Weismanns, Mendels und Morgans sind der Ansicht, daß diese Versuche ein Beweis für die Gentheorie sind, während die Redaktion der Zeitschrift „Agrobiologie" die Artikel des französischen Kollektivs als Beweis gegen die Gentheorie übersetzte und druckte.

Hier sehen wir, daß ein und derselbe Fakt völlig entgegengesetzt ausgelegt wird. Ferner muß man beachten, daß diese Versuche des Kollektivs Benoit in gewisser Hinsicht die Versuche Kuschners, Sopikows und anderer sowjetischer Gelehrter wiederholen, die sechs, sieben Jahre früher durchgeführt worden waren. Einige zweifeln an der Genauigkeit dieser Versuche, jedoch sind diese schon in der Produktion eingeführt und jeder, der es will, kann sie in der Sowchose „Bolschewik" bei Leningrad sehen. Außerdem werden die Versuche Benoits in der englischen Zeitschrift „Nature" kritisiert, was jedoch nicht genügend beachtet wird.

All dies zeigt, daß der Materialismus in der Biologie gegen Voreingenommenheit zu kämpfen hat. Hier ist es angebracht, an die Werke F. Cricks zu erinnern, der sagte: „Man darf die russischen Arbeiten über die Genetik nicht auf grobe Fehler im Experiment zurückführen, wie das früher üblich war. Diese Arbeiten verdienen sehr ernste Aufmerksamkeit und Achtung von seiten der westlichen Wissenschaftler." Ich denke, daß bei diesen Worten eines westlichen Gelehrten auch einige sowjetische Genetiker aufhorchen müssen.

So entwaffnet die materialistische Biologie dank ihrer Errungenschaften ihre Gegner. Eine richtige Methodologie muß zu wertvollen praktischen Resultaten führen, und die Praxis ist das Kriterium der Wahrheit.

Wenn wir uns der Medizin zuwenden, so können wir sehen, daß zu der Zeit, in der sich die sowjetische medizinische Wissenschaft auf die Lehre Setschenows und Pawlows stützt, die westliche medizinische Wissenschaft ihre Stütze in der Lehre der kanadischen Mediziner Sily und Pamfield sucht. Sowohl Pawlow als auch Sily sind bedeutende Experimentatoren. Aber Setschenow und Pawlow stützten sich auf die materialistische Weltanschauung der russischen revolutionären Demokraten und spiegelten bei der objektiven Betrachtung der Gesetzmäßigkeiten der höheren Nerventätigkeit die Prinzipien des dialektischen Materialismus richtig wider, wogegen sich Sily bemüht, die gesamte Tätigkeit des Organismus der Wechselwirkung zwischen der Hypophyse und den Nebennieren unterzuordnen.

Pamfield verbindet die Prozesse, die sich im Bewußtsein vollziehen, mit der unteren Rinde, d. h. mit dem Dienzephalon-Mesenzephalon und dem Metenzephalon. Hieraus wird ersichtlich, daß Pamfield die höhere Nerventätigkeit von der Großhirnrinde lostrennt und sie nur mit der unteren Rinde verbindet.

Man kann sagen, daß ein und dieselben Fakten Pawlow zur Schaffung einer harmonischen materialistischen Theorie von der höheren Nerventätigkeit dienten, Pamfield hingegen führten sie dazu, eine falsche idealistische Position einzunehmen.

Aus all dem Gesagten wird deutlich, daß wir in allen Experimentalwissenschaften den Kampf zwischen Materialismus und Idealismus sowie zwischen dem Wesen nach entgegengesetzten materialistischen oder idealistischen Interpretationen ein und derselben Fakten sehen. Wir müssen dies klar erkennen und dürfen nicht dem Einfluß der Theorie von der reinen, über den Klassen stehenden Wissenschaft erliegen, da häufig versucht wird, unter dieser Devise die reaktionärsten Ideen einzuschmuggeln.

Als bester Beweis hierfür kann der Sammelband „Biologie und Politik“ dienen, in dem sich die Teilnehmer einer biologischen Diskussion in Polen 1956 für die „reine Wissenschaft“ einsetzen und dabei dem Einfluß antisowjetischer Stimmungen verfielen. Dieser Sammelband wird immer der beste Beweis dafür sein, wie „rein“ das Gewissen derer ist, die für die „reine“ Wissenschaft kämpfen.

Die dritte Frage, auf welche ich Ihre Aufmerksamkeit lenken möchte, ist mit dem Vortrag von G. M. Frank und W. A. Engelhardt „Über die Rolle der Physik und Chemie bei der Erforschung biologischer Probleme“ verbunden. In diesem Vortrag ist eine sehr wichtige und prinzipielle Frage aufgeworfen worden, und deshalb ermöglicht er einen breiten Meinungsstreit über methodologische Fragen.

Die Lebensprozesse sind viel komplizierter als die Prozesse der unbelebten Natur, die Forschungsgegenstand der Physik und Chemie sind. Deshalb befreite sich die Biologie später vom Idealismus und der Metaphysik als die Astronomie, Geologie, Physik und Chemie. Die idealistischen Strömungen in Physik und Chemie, die mit der Theorie vom Wärmestoff, dem Phlogiston, dem lapis philosophorum der Periode der Alchimie und anderem verbunden waren, sind von der Geschichte längst überlebt. Jedoch in der Biologie sind bis heute Idealismus und mechanischer Materialismus neben der sich in ihr sehr spät durchsetzenden dialektisch-materialistischen Erklärung des Lebens vorhanden. Bis zu der Diskussion in der UdSSR meinten viele, daß sich die physikalisch-chemische Erklärung der Lebensprozesse mit der dialektisch-materialistischen Konzeption deckt. Heute teilt keiner von uns diese Ansicht. Das bedeutet natürlich nicht, daß in speziellen Fällen keine mechanistische Auffassung des Lebens auftritt. Dies muß gerade bezüglich des Vortrages von G. M. Frank und W. A. Engelhardt gesagt werden. Darin sind besonders im ersten Teil eine Reihe völlig richtiger dialektisch-materialistischer Erläuterungen der komplizierten Lebensprozesse gegeben, aber diese Linie wird bedauerlicherweise nicht bis zum Ende durchgeführt.

Das Leben ist das Resultat der Entwicklung der Materie und hat seinen Ursprung in der toten Materie. In jedem beliebigen dialektischen Entwicklungsprozeß beobachten wir den Übergang von einer Qualität in eine andere. Dies nennen wir Sprung, unabhängig von seiner zeitlichen Dauer. Die neue Qualität ist die Negation der alten, jedoch enthält sie immer auch Elemente der vorausgegangenen Entwicklungsstufe der Materie. Die Dialektik der Entwicklung ist widerspruchsvoll. Die neue Qualität kann sich nicht bei völliger Vernichtung der alten herausbilden und entwickeln. Das Leben ist eine neue Qualität in der Entwicklung der Natur, aber es enthält eine Reihe Elemente der toten Natur: Wasser, Salz und anderes mehr. Sie existieren natürlich nicht nebeneinander, sie sind keine Bestandteile eines Konglomerats, sondern sie bilden eine Einheit. Die lebende Zelle ist nicht die Gesamtheit der Eigenschaften ihrer Bestandteile, sondern sie ist etwas völlig Neues. Das wird besonders verständlich, wenn wir als Beispiel H_2O und NaCl nehmen. Wasser besteht aus Wasserstoff und Sauerstoff, aber es brennt nicht wie H und fördert keine Verbrennung. Natrium, auf die Haut gekommen, verbrennt sie augenblicklich, und Chlor ist ein stark giftiges Gas. Trotzdem benutzen wir täglich Kochsalz ohne jede Gefahr für unser Leben.

Es ist völlig natürlich, daß bei einer solchen Kontinuität in der Entwicklung der Materie bei ihrem Übergang vom toten Zustand zum Leben die physikalischen und chemischen Prozesse nicht verschwinden, aber sie werden biologischen Gesetzmäßigkeiten unterworfen.

Dafür einige Beispiele: Wenn ein Mensch einen hohen Berg besteigt, verringert sich die Menge des Sauerstoffs der Luft und der menschliche Organismus vergrößert die Anzahl der roten Blutkörperchen, um die für ihn notwendige Menge Sauerstoff zu erhalten. Der Oxydationsprozeß ist ein chemischer Prozeß, der Anpassungsprozeß jedoch ist ein biologischer, der sich historisch herausgebildet hat.

Im gegebenen Falle können wir daher die nötige Menge von Sauerstoff künstlich vermehren oder vermindern, während wir keinesfalls dem Organismus einen Teil der Anpassungsfähigkeit wegnehmen oder hinzufügen können. Defekte des menschlichen Auges können wir leicht mit Hilfe verschiedener Brillen beheben. Dies ist mit rein physikalischen Gesetzmäßigkeiten verbunden. Jedoch die Entwicklung des Auges von den Pigmentflecken über die Facettenaugen bis zum Auge des Menschen ist das Resultat einer langen Evolution. Die Physik und die Chemie können diese Evolution nicht erklären.

Wenn der Blutegel ein Loch in die Haut der Tiere beißt, ist das eine gewöhnliche physikalische Erscheinung. Wenn er beginnt, das Ferment Hirudin gegen die Blutgerinnung abzusondern, damit das Blut seine Mundöffnung nicht verklebt, so beobachten wir einen rein biochemischen Prozeß. Aber wenn wir versuchen zu erklären, wie er zu dieser Anpassung kam, so werden wir sehen, daß uns keine Physik, keine Chemie oder Mathematik, welche Errungenschaften man ihnen auch bei der Entzifferung von Codes zuschreibt, helfen kann, diesen Prozeß zu enträtseln.

In der Biologie und der Physiologie der Organismen können wir auf eine Reihe von Erscheinungen hinweisen, die leicht durch die Gesetzmäßigkeiten der Physik, der Chemie oder der Biochemie erklärt werden können. Jedoch daneben gibt es in der belebten Natur, im Prozeß der Evolution solche neue Qualitäten, die keinesfalls durch die Physik und die Chemie erklärt werden können. Mit welchem physikalischen oder chemischen Gesetz wollen wir z. B. den Kampf ums Dasein, die Veränderungen, die Anpassungen, die Symbiose, den Parasitismus, den Komensalismus und die Evolution der Organismen erklären? Es ist klar, daß es solche Gesetze nicht gibt.

Deshalb ist es falsch, die Physik und die Chemie für die biologische Wissenschaft völlig abzulehnen, aber nicht weniger falsch ist es zu glauben, daß sich in der Physik und der Chemie die biologischen Erscheinungen erschöpfen. Darwin ist nicht deshalb ein großer Revolutionär in der Naturwissenschaft, weil er die Physik und Chemie in der Biologie einführte, sondern weil er die spezifischen Gesetzmäßigkeiten der lebenden Natur entdeckte, weil er eine materialistische (und obendrein dialektisch-materialistische und nicht mechanistische) Erklärung der Zweckmäßigkeit in der Natur gab und damit dem Idealismus in der Biologie einen außerordentlich starken Schlag versetzte.

Mit einer solchen Fragestellung sind wir alle einverstanden, jedoch die oben genannten Referenten meinen, daß man die komplizierten biologischen Erscheinungen, bei denen die Gesetze der Physik und Chemie nicht angewandt werden können, von der Vererbung trennen muß, die nach ihrer Meinung mit Hilfe der Physik, Chemie und Mathematik enträtselt werden kann. So lesen wir in dem Referat: „Es unterliegt keinem Zweifel, daß die in den neuesten Anschauungen der Physik und Chemie steckenden Möglichkeiten, sogar die kompliziertesten biologischen Erscheinungen aufzudecken, mit noch größerer Deutlichkeit bei dem Studium der materiellen Grundlagen des Vererbungsmechanismus in Erscheinung treten."

Diese Frage wurde von den Autoren in deklarativer Form aufgeworfen. Sie führen keinerlei Fakten an und geben keine methodologische Begründung für ihre Schlußfolgerungen, ungeachtet dessen, daß das ganze Referat darauf angelegt ist, daß wir es nicht immer, wenn wir die Physik und Chemie benutzen, mit einer mechanistischen Erklärung biologischer Erscheinungen zu tun haben.

Diese richtige Schlußfolgerung muß an jeder Erscheinung überprüft und konkret angewandt werden. Hier muß der Forderung des dialektischen Materialismus über das konkrete Herangehen an die Erscheinungen Rechnung getragen werden. Die Autoren taten das nicht und deshalb konnten sie nicht überzeugen. Aber wenn hier auch nicht alles zur Sprache kam, so hat sich Akademiemitglied W. A. Engelhardt in der „Komsomolskaja Prawda" sehr nachdrücklich für die These eingesetzt, wonach die chemisch-physikalische Grundlage der Vererbung die DNS ist. Diese Frage steht jetzt nicht zur Diskussion, aber sie wird im Referat aufgeworfen und man kann sie nicht umgehen. Deshalb möchte ich hervorheben, daß die Zurückführung der Vererbung auf die DNS eine Wiederauferstehung der Metaphysik in der Biologie ist, da die Fakten dieser Behauptung widersprechen und sie auch methodologisch keiner Kritik standhält.

1. DNS fehlt bei allen pflanzlichen Viren, man kann jedoch nicht damit einverstanden sein, daß ihnen auch die Vererbung fehlt.

2. DNS verschwindet in einer bestimmten Periode des Lebens der Zellen. Die Zelle bringt es später wieder hervor. Fehlt DNS, so verliert die Zelle nicht ihre Vererbungseigenschaften. Mehr noch, wenn die Zelle selbst die DNS hervorbringt,

so folgt daraus, daß die DNS von der Natur der Zellen abhängig ist und nicht umgekehrt.

3. Spermatozoide und Eizellen sind genetisch gleichwertig. In der Natur jedoch beobachten wir vielfach, daß die Spermatozoide zehn und hundertmal mehr DNS enthalten und in anderen Fällen auch umgekehrt.

4. Der Gehalt an DNS ist in den Pflanzenzellen in verschiedenen Stadien verschieden.

5. Eine Reihe von Effekten, die unter Einfluß von DNS erzielt werden, können auch ohne jede Teilnahme von DNS erreicht werden.

Darüber hinaus möchte ich noch etwas über einige wertvolle Versuche sagen. Schon 1909 entnahm Emil Godlewski dem Ei des Seeigels den Kern und befruchtete diese Eizellen mit Spermatozoiden der Seelilie. Die daraus hervorgegangenen Individuen nahmen sowohl die Eigenschaften der Mutter als auch die des Vaters an. Nun fragt es sich, wie die kernlose Zelle, d. h. eine Zelle ohne DNS, ihre Eigenschaften übertrug?

Interessant ist auch der Versuch von Petrow, der dem Roggensamen in der Wachsreifeperiode Saft von schwarzer Gerste hinzufügte und die Sorte „Schwarzer Roggen" erhielt. Auch hier sind im Endosperma keine Spuren von DNS enthalten. Der interessanteste Versuch ist in der „Embryologie" 1953 von Barth (Columbia-Universität) beschrieben. Er entnahm den Eiern des Seeigels den Kern. Das kernlose Ei behandelte er mit Natriumchlorid und es begann sich bis zum Madenzustand zu entwickeln. Hier ist weder der Kern der Eizelle noch der der Spermatozoide vorhanden und die ganze Entwicklung und folglich auch die Übertragung der Erbeigenschaften vollzog sich ohne DNS.

Die Fakten veranlassen uns folglich, uns von der These loszusagen, wonach DNS das alleinige physikalisch-chemische Vererbungssubstrat ist. Weiter muß man feststellen, daß in methodologischer Hinsicht alle Argumente gegen die Gentheorie ihre volle Bedeutung behalten, deshalb werden wir sie nicht wiederholen.

Daher müssen wir, wenn wir dies alles ohne Vorurteile analysieren, zu dem Schluß gelangen, daß in letzter Zeit wohl viel Lärm um die chemisch-physikalische Richtung in den Vererbungsfragen gemacht wurde, daß man das Resultat aber mit der Komödie von Shakespeare „Viel Lärm um nichts" charakterisieren kann.

Ein Beispiel für die Benutzung der Biochemie ohne Übertreibung und ohne Reduzierung der biologischen Prozesse auf biochemische Reaktionen sind die Arbeiten von Akademiemitglied A. W. Palladin. Die Biochemie des Großhirns wird hier unter den Bedingungen von Erregung und Hemmung mit großer Meisterschaft erforscht, aber nirgends behauptet Palladin, daß sich darin das Wesen des Menschen erschöpft.

Die Psyche und die Vererbung, das sind zwei der kompliziertesten Lebenserscheinungen, und deshalb müssen wir uns immer von dem folgenden Gedanken von Engels leiten lassen: „Wir werden sicher das Denken einmal experimentell auf molekulare und chemische Bewegungen im Gehirn ‚reduzieren', ist aber damit das Wesen des Denkens erschöpft?"[1]

Das, was Engels über das Denken sagt, bezieht sich auch auf die Vererbung.

Abschließend möchte ich folgendes sagen: Die Konferenz über philosophische Fragen der Naturwissenschaften ruft in unserem Lande großes Interesse hervor. Dies ist auch hier sichtbar, wenn man nach der großen Zahl der Genossen urteilt, die sich zur Diskussion meldeten. Das zeigt, daß die Konferenz zur rechten Zeit stattfand.

Ich schlage vor, daß die Akademie der Wissenschaften der UdSSR und das Ministerium für Hochschulwesen der UdSSR die Initiative ergreifen und eine ähnliche Konferenz mit Vertretern aus den Ländern der Volksdemokratie oder sogar eine internationale Konferenz über vorher vereinbarte Fragen durchführen.

*

Professor A. S. Konikowa. Das derzeitige Entwicklungsniveau der Naturwissenschaften zeigt, daß kein einziges naturwissenschaftliches Gebiet die Frage nach den Gesetzmäßigkeiten, welche die Entstehung des Lebens auf der Erde bedingen, selbständig klären kann. Je mehr Wissenschaften daher zur Lösung dieses Problems herangezogen werden, um so mehr wächst und kompliziert sich die Rolle der Philosophie in der Entwicklung derselben.

In diesem Zusammenhang muß man unterstreichen, daß, wie groß das spezifische Gewicht der konkreten Wissenschaften auch sei, man ohne einen allgemeinen methodologischen Leitfaden und philosophische Interpretationen der neuesten Fakten und der Naturgesetze weder das Wesen des Lebens erklären noch klar und richtig die Wege zur Ausarbeitung des Problems der Entstehung des Lebens aufzeigen kann.

Als klares Beispiel der führenden Rolle der Philosophie bei der Lösung dieses Problems dienen uns die Arbeiten von Friedrich Engels. In seinen Arbeiten wurde die Vorstellung formuliert, daß das Leben eine qualitativ besondere Bewegungsform der Materie ist, die als Resultat der Entwicklung vom Einfachen zum Komplizierten entstanden ist. Des weiteren wurde in seinen Werken der Punkt des Übergangs der Chemie zur Biologie aufgezeigt, welcher sich dergestalt vollzogen hat, daß sich das komplizierteste chemische Gebilde in das einfachste biologische verwandelte, das dann seinerseits die Grundlage für alle im Evolutionsprozeß des Lebens entstandenen Formen bildete.

Diese Vorstellung ist die Hauptidee, die in der heutigen Zeit die fruchtbringenden Bemühungen vieler Forscher, die das Problem der Entstehung des Lebens bearbeiten, zusammenfaßt. Unter diesem Gesichtspunkt wurde es klar, daß die Entdeckung der konkreten Gesetzmäßigkeiten der Entstehung des Lebens nur dann möglich ist, wenn die abiogenetische Grenze der chemischen Entwicklung bis zu Ende erforscht ist.

[1] F. Engels, Dialektik der Natur, Berlin 1952, S. 264.

Es muß aber gesagt werden, daß ungeachtet des Vorhandenseins der Leitidee auf diesem Gebiet und ungeachtet dessen, daß die Arbeit an diesem Problem von vielen Gelehrten der verschiedensten Wissensgebiete hartnäckig und unermüdlich durchgeführt wird, dieser Forschungsgegenstand so kompliziert ist, daß sich das wissenschaftliche Denken auch heute noch nur am Anfang der Entdeckung der konkreten Gesetzmäßigkeiten der Entstehung des Lebens befindet.

Die außerordentliche Kompliziertheit der Lösung dieses Problems ist verbunden mit den besonderen Eigenschaften der biologischen Bewegungsform der Materie, die in der Hauptsache in der ununterbrochenen Entwicklung und Komplizierung aller organischen Objekte bei gleichzeitiger Erhaltung der Ähnlichkeit zwischen ihnen besteht.

Daher sind die Unterschiede zwischen den organischen und anorganischen Formen in der Periode der ursprünglichen Entstehung der biologischen Bewegungsform der Materie minimal, wesentlich einfacher, aber auch gleichzeitig weniger sichtbar und schwerer zu bestimmen, als dies in späteren Etappen ihrer Entwicklung der Fall ist.

Außerdem ergeben sich große Schwierigkeiten bei der Ausarbeitung des Problems der Entstehung des Lebens aus dem Fehlen eines eindeutigen Begriffs vom Wesen des Lebens bei den an diesem Problem arbeitenden Gelehrten. Infolgedessen suchen sie die Entstehung der verschiedenen Erscheinungen in Abhängigkeit davon, was sie selbst unter Leben und seinen ursprünglichen Formen verstehen.

Solange die Aufgabe der künstlichen Schaffung von organischen Erscheinungen noch weit entfernt von ihrer Verwirklichung war, entstand auch kein harter Meinungsstreit um die Eindeutigkeit des Begriffs vom Wesen des Lebens und um die Konkretisierung der Vorstellungen über die ursprüngliche Form des Lebens. Nachdem sich aber die Chemie so weit entwickelte, daß sie fast in der Lage war, einen solch komplizierten Stoff zu schaffen, wie es das Eiweiß (das Grundsubstrat aller organischen Objekte) ist, wurde es notwendig, in die Definition des Begriffes „Leben" ein Minimum an Merkmalen aufzunehmen, die den Unterschied der anorganischen Natur von der organischen charakterisieren und das Wesen dieser Erscheinung widerspiegeln. Damit entstand auch das Bedürfnis, eine Charakteristik gerade der Anfangstypen der biologischen Bewegungsform der Materie, welche die chemische ablöste, zu geben.

Aus diesem Grund ist ein wesentliches Moment bei der Ausarbeitung des Problems der Entstehung des Lebens nicht die Charakteristik der Eigenschaften allgemein, durch welche sich bei aller Vielfalt die biologische Bewegungsform der Materie von den vorhergehenden Formen der anorganischen Materie unterscheidet, sondern es muß eine unbedingte Forderung sein, daß diese Charakteristik ein Minimum von Unterschieden der anorganischen von der organischen Materie widerspiegelt und damit das Neue, was sich unmittelbar an die der Erscheinung des Lebens vorhergehende chemische Bewegungsform der Materie anschließt.

Die im Referat von Akademiemitglied A. I. Oparin dargelegten Vorstellungen über das Leben und die Wege seiner Entwicklung können der oben ausgesprochenen Forderung nicht genügen und folglich auch nicht die Konkretisierung der ursprünglichen Formen des Lebens und die Entdeckung der Gesetzmäßigkeiten des Übergangs der chemischen in die biologische Bewegungsform im Entwicklungsprozeß der materiellen Welt begünstigen.

Die anfechtbarste Stelle in der Theorie A. I. Oparins ist die Darstellung des Übergangs von der anorganischen Materie zur organischen. Wie aus dem Referat ersichtlich, reißt der Entwicklungsprozeß der Materie nach der Entstehung der Polypeptide und Nukleotide, noch vor der Entstehung der Eiweiße also, schroff ab. Nach der Meinung A. I. Oparins bilden sich komplizierte chemische Stoffe, insbesondere das Eiweiß, schon nicht mehr auf abiogenetischem Wege, sondern nur noch im lebenden Organismus.

Aus dieser Theorie folgt, daß die chemische Bewegungsform der Materie nicht in der Lage ist, ein solch kompliziertes Niveau zu erreichen, auf welchem sich ein chemischer Stoff bildet, der in der Lage wäre, die Entstehung von biologischen Erscheinungen zu begünstigen und als strukturelles Material der ursprünglichen Form des Lebens zu dienen, das aber heißt, daß zwischen der chemischen Form und der biologischen kein unmittelbarer Übergang existiert.

Solch eine Vorstellung zwingt aber Akademiemitglied A. I. Oparin, die Existenz von Erscheinungen in der Natur anzuerkennen, die weder zu den physikalischen, noch zu den chemischen oder biologischen gehören. Es ist offensichtlich, daß eine solche Konzeption der dialektisch-materialistischen Vorstellung über die Entstehung des Lebens als unmittelbares Resultat der Höherentwicklung der chemischen Bewegungsform der Materie, welche letzten Endes auf abiogenetischem Wege zur Entstehung des Lebenssubstrats — des Eiweißes — führt, nicht entspricht.

A. I. Oparin läßt eine abiogenetische Entstehung des Eiweißes, der Fermente und Hormone nicht zu. Er ist der Meinung, daß die Entstehung der genannten Stoffe nicht durch chemische Gesetzmäßigkeiten, sondern durch andere, besondere Prozesse bedingt ist.

Das einzige, was er über diese Prozesse sagen kann, ist, daß es keine chemischen sind und daß sie der natürlichen Auslese ähneln, ohne selbst eine solche zu sein.

Da sich aber chemische Stoffe nicht außerhalb chemischer Gesetzmäßigkeiten bilden können, hört A. I. Oparin auf, die Eiweiße als chemische Stoffe zu betrachten. Er zählt das Eiweiß und die Nukleoproteide zu den Organen des Protoplasmas, wobei er alle Evolutionsgesetze der organischen Formen in der Natur ignoriert, wie auch die Tatsache, daß Organe nur auf dem Entwicklungsniveau von vielzelligen Organismen entstehen, unbedingt eine biologische Struktur haben und aus verschiedenen Zellen bestehen. Diese Gleichsetzung von chemischen Verbindungen mit hochorganisierten komplizierten morphologischen Gebilden, wie es die Organe sind, ist offensichtlich nur dann möglich, wenn man das Gesetz der Entwicklung der Materie vom Einfachen zum Komplizierten nicht in Rechnung stellt, genausowenig wie die Evolution aller Bewegungsformen der Materie durch die Entstehung des Nachfolgendem aus dem Vorhergehenden.

Eines der Momente, welche die Nichtübereinstimmung der Konzeption, wie sie von A. I. Oparin aufgestellt wurde, mit den Entwicklungsgesetzen der Materie bedingen, besteht darin, daß Oparin das Wesen des Lebens nicht im komplizierten, chemischen Stoffwechsel des Eiweißes sieht, das in Übereinstimmung mit den dialektisch-materialistischen Vorstellungen diesen Stoffwechsel im Prozeß der Wechselwirkung mit der Umwelt zur Reproduktion ähnlicher und von sich selbst verschiedener Formen führt, sondern in der Harmonie und der Vollkommenheit von chemischen Reaktionen, die von übermolekularen Strukturen mit dem Ziel der Eigenerhaltung verwirklicht werden.

Die logische Schlußfolgerung aus einer solchen Vorstellung vom Wesen des Lebens war die Negierung der chemischen Evolution als einer der Entstehung des Organischen unmittelbar vorangegangenen Etappe, weil die Hauptmerkmale der ursprünglichen Form des Lebens (die Vollkommenheit und Zweckmäßigkeit der chemischen Reaktionen) nach Oparin nicht die Folge einer chemischen Höherentwicklung sein können, welche Kompliziertheit diese auch im Evolutionsprozeß der materiellen Welt erreicht haben möge.

Solche Eigenschaften, wie Vollkommenheit und Zweckmäßigkeit der chemischen Reaktionen konnten sich nur auf Grund von biologischen Gesetzmäßigkeiten bei der Entwicklung der organischen Formen im Prozeß der natürlichen Auswahl herausbilden. Ungeachtet dessen hält Akademiemitglied A. I. Oparin an dem Gedanken fest, daß die zweckmäßige Vervollkommnung der chemischen Reaktionen sich vor der Entstehung des Lebens und vor Beginn der biologischen Evolution vollzogen hat.

Da physikalische und chemische Gesetzmäßigkeiten die erwähnten der anorganischen Materie nicht zukommenden Eigenschaften der zweckmäßigen Vervollkommnung nicht bedingen können, zieht Akademiemitglied A. I. Oparin die natürliche Auswahl heran, wobei er es für möglich hält, die genannte Gesetzmäßigkeit der biologischen Entwicklung in die anorganische Natur zu übertragen.

Dabei beläßt A. I. Oparin die Fortpflanzung, die Kreuzung, den Kampf um das Dasein und die Vererbung von Merkmalen — alles Erscheinungen also, ohne die sich die natürliche Auswahl nicht vollzieht — durchaus im Bereich der organischen Materie. Er ist der Meinung, daß gerade diese Ähnlichkeit der natürlichen Auswahl die Zielgerichtetheit der Evolution bedingte, die zur Entstehung der organischen Formen führte, die sich ihrerseits durch Harmonie und Vollkommenheit der chemischen Reaktion auszeichnen.

Die in der Konzeption von A. I. Oparin zwischen Chemie und Leben sich befindende Periode der zweckmäßigen Vervollkommnung, deren Mechanismus nicht erkennbar und künstlich auch nicht produzierbar ist, schafft eine unüberbrückbare Kluft zwischen der chemischen und der biologischen Bewegungsform der Materie und dient dem Agnostizismus als willkommenes Argument. Die zwischen der Chemie und dem Leben sich befindenden Systeme sind bei A. I. Oparin ebenfalls nicht erkennbar. Es ist vollkommen unbekannt, aus welchem materiellen Substrat die obenerwähnten Vorgänger des Lebens bestehen.

Die chemische Höherentwicklung der Natur auf abiogenetischem Wege endet nach den Behauptungen des Referenten schon auf dem Niveau der Polypeptide; Eiweiße und Nukleoproteide entstanden nicht auf abiogenetischem Wege, da sie sich vor der Entstehung des Lebens nicht bilden können. Daher verläuft der Prozeß der Herausbildung und der Vervollkommnung der Zweckmäßigkeit immer auf der Grundlage von unbekannten Stoffen, aber immer mit dem bekannten Ziel, die biologische Funktion der zukünftigen organischen Wesen zu gewährleisten.

In keiner seiner Arbeiten hat A. I. Oparin seine Konzeption der dialektisch-materialistischen Entwicklungstheorie von Engels so offen gegenübergestellt wie in diesem Referat, wo er die Entstehung von Eiweißen auf abiogenetischem Wege kategorisch verneint.

Diese These stellt er seiner eigenen Konzeption zu Gefallen mit der Begründung auf, daß es bisher niemandem gelungen sei, eine Eiweißsynthese durchzuführen. Dabei vergißt der Referent, daß bis in die letzte Zeit die Eiweißsynthese nicht etwa deshalb unmöglich war, weil sie auf abiogenetischem Wege nicht zu verwirklichen ist, sondern weil die chemische Zusammensetzung und der Aufbau der Eiweißmoleküle mit Hilfe der alten Forschungsmethoden der Erkenntnis nicht zugänglich waren.

Die in den letzten Jahrzehnten entwickelten Methoden der Spektralanalyse, der Chromatographie, Elektrophorese sowie anderer chemischer und physikalischer Forschungsverfahren führten zur Aufdeckung des Feinaufbaus der biologisch-aktiven Hormonstoffe, wie es zum Beispiel das Insulineiweiß ist, oder der Eiweiße der Fermente, z. B. der Ribonukleasen. Diese Methoden führten aber auch zur vollständigen chemischen Synthese der Hormone Oxistozin und Aldesteron.

Die tiefgründige Analyse des chemischen Aufbaus der biologischen Katalysatoren — der Fermente — führte zur Feststellung des chemischen Aufbaus und zur Lokalisierung jener Teile der Eiweißmoleküle, welche die biologisch-fermentative Aktivität der Eiweiße bedingen.

Diese Forschungen führten zur genauen Feststellung der Reihenfolge der aminosauren Reste und der chemischen Verbindungen zwischen den einzelnen Atomen der Eiweißmoleküle, deren Zerstörung und Wiederherstellung auf chemischem Wege zur Liquidierung und Wiederherstellung der fermentativen Aktivität der Eiweiße führt (proteolythische Fermente und Ribonukleasen). Außerdem wurde mit Hilfe markierter Atome der Prozeß der Selbsterneuerung des Eiweißmoleküls entdeckt.

Die angeführten Arbeiten erlauben es uns anzunehmen, daß fermentative, hormonale und andere Formen der biologischen Aktivität der Eiweiße durch chemische Gesetzmäßigkeiten bedingt werden und daß die Eiweiße (als einfachste Form des Lebens) auf abiogenetischem Wege im Prozeß der Höherentwicklung der chemischen Bewegungsform der Materie entstehen, wobei der aufgezeigte abiogenetische Weg der Eiweißsynthese zum Teil schon in wissenschaftlichen Laboratorien durchgeführt wurde.

A. I. Oparin verneint also den abiogenetischen Weg der Eiweißbildung und stellt seine Konzeption der realen Wirklichkeit gegenüber.

Das Verdienst A. I. Oparins besteht darin, daß er als Biochemiker sich bis auf die Stufe hoher philosophischer Verallgemeinerungen erhob und eine Theorie der Entstehung des Lebens ausarbeitete. Es ist aber notwendig, daß diese Theorie wirklich die Fakten widerspiegelt, die auf dem gegenwärtigen Niveau der Naturwissenschaften festgestellt wurden. Nur dann kann sie alle Anstrengungen der Forscher auf die Erkenntnis der Gesetzmäßigkeiten der Entstehung des Lebens richten und diese vorwärts bringen.

*

Professor W. P. Tschertkow. Im Verlaufe der Konferenz wurde schon mehrmals unterstrichen, daß die moderne Wissenschaft immer tiefer in die Erscheinungen der Mikro- und Makrowelt eindringt, daß sie immer neue qualitative Gebilde der Materie und qualitativ neue Gesetzmäßigkeiten entdeckt und sich selbst dabei immer mehr differenziert. All dies erhöht in den wissenschaftlichen Forschungsarbeiten die Rolle einer solch allgemeinmethodologischen Wissenschaft, wie es der dialektische Materialismus ist, außerordentlich. Es ist nur zu natürlich, daß unter diesen Bedingungen auch der dialektische Materialismus als Weltanschauung und als wissenschaftliche Methode nur dann einen großen und wachsenden Einfluß auf den Entwicklungsgang aller Spezialwissenschaften ausüben kann, wenn er sich selbst ständig entwickelt, wenn alle Möglichkeiten, die in dieser Wissenschaft liegen, bis zuletzt ausgeschöpft werden.

In meinem Diskussionsbeitrag möchte ich zeigen, daß wir, die Philosophen und Naturwissenschaftler, das wichtigste Prinzip der materialistischen Dialektik — das Prinzip der Einheit der Welt — bis jetzt noch nicht in aller Tiefe aufgedeckt haben. Es ist bekannt, daß die marxistische Philosophie die Einheit der Welt in ihrer Materialität betrachtet. Wenn wir über die Einheit der Welt sprechen, so haben wir das Gesetz von der Erhaltung und der Umwandlung der Materie, die Zellenstruktur der Pflanzen und Tiere und überhaupt die gesamte Evolutionslehre im Auge. Außerdem begann man in den letzten Jahren, wenn man über die Einheit der Welt sprach, mehr und mehr die Frage nach der Struktur der Materie zu betrachten. All dies hat zweifellos direkte Beziehung zu der hier vorliegenden Frage. Trotzdem bin ich der Meinung, daß dies alles für das volle Verständnis der Einheit der Welt ungenügend ist. Das wäre auch ungenügend, selbst wenn wir die Zahl der verschiedenen Erscheinungen und Gesetzmäßigkeiten, welche von der modernen Naturwissenschaft erforscht werden, vergrößern würden.

So führt man z. B. in dem vor kurzem erschienenen Buch „Grundlagen der marxistischen Philosophie“ als Beweis der Einheit der Welt Gesetze aus allen Wissensgebieten an, beginnend mit den Gesetzen der Mechanik und endend mit den Gesetzen des gesellschaftlichen Lebens. Bei solch einer Behandlung dieser Frage scheint es, als ob man tatsächlich alles ausnutzt, um wirklich zu zeigen, daß diese Frage nicht, wie Engels sagte, mit ein paar Taschenspielerphrasen gelöst wird, sondern dadurch, daß man aufzeigt, welchen langen und schweren Entwicklungsweg die Geschichte der Wissenschaft und Philosophie zurückgelegt hat.

Aber ungeachtet dessen ist das Wesen der Einheit der Welt bei weitem noch nicht vollständig begriffen, weil man alles auf die Analyse lediglich der Gesetze der Naturwissenschaften zurückführt. In Wirklichkeit ist die Frage der Einheit der Welt in erster Linie ein philosophisches Problem, welches selbstverständlich auch seine naturwissenschaftlichen Grundlagen hat. Es ist daher verständlich, daß die wichtigsten Grundsätze des dialektischen Materialismus gleichzeitig Grundsätze sind, welche die Einheit der Welt aufzeigen.

Die materielle Einheit der Welt wird durch das Gesetz vom Übergang quantitativer Veränderungen in qualitative bestätigt. Dies ist ein allgemeines Gesetz, es wirkt immer und überall. Von dieser Einheit der Welt zeugt eine bestimmte innere, organische wechselseitige Abhängigkeit, welche zwischen den gegensätzlichen Tendenzen, wie sie allen Erscheinungen der organischen und anorganischen Natur eigen sind, existiert.

Die Lehre des dialektischen Materialismus, daß allen Erscheinungen der belebten und unbelebten Natur eine einheitliche Quelle der Entwicklung zukommt — der Kampf der Widersprüche —, gibt doch die Möglichkeit, umfassender die Einheit der Welt zu untersuchen als der Hinweis auf dieses oder jenes Gesetz einer Spezialwissenschaft. Ich bin der Meinung, daß wir noch nicht alles aus dem reichen philosophischen Erbe, das uns Lenin hinsichtlich dieser Frage hinterlassen hat, geschöpft haben. Ich bin jedesmal, wenn die Rede auf die Einheit der Welt kommt, der Meinung, daß die Philosophen, insbesondere auch die Physiker, die nur über die Grundsätze aus dem Werke Lenins „Materialismus und Empiriokritizismus" sprechen, nicht recht haben. Für das richtige Verständnis vieler Probleme, insbesondere eines solch allgemeinphilosophischen Problems, wie das der Einheit der Welt, ist es notwendig, all das Neue, um das Lenin den dialektischen Materialismus bereicherte, auszunutzen. Im „Philosophischen Nachlaß" Lenins ist eine ganze Reihe tiefer Gedanken dargelegt, die die wichtigsten Grundthesen des Materialismus bereichern und entwickeln; Lenin sagt: „Außerdem muß das allgemeine Entwicklungsprinzip mit dem allgemeinen Prinzip der Einheit der Welt, der Natur, der Bewegung, der Materie etc. vereinigt, verknüpft, vereinbart werden".[1] Alle kennen diese These. Aber wenn die Rede auf die Einheit der Welt kommt, wird sie nicht einmal erwähnt. Die objektive Dialektik im ganzen charakterisierend, spricht Lenin darüber, daß die letztere die „Allseitigkeit des materiellen Prozesses und seine Einheit"[2] darstellt. Es ist bedauerlich, daß solche und ähnliche Grundsätze bei uns nicht ausgenutzt werden, wenn man ein solch äußerst wichtiges Prinzip des dialektischen Materialismus, wie es die These über die Einheit der Welt ist, erläutert, während doch gerade diese Thesen Lenins den Engelsschen Gedanken über die Einheit der Welt bereicherten und entwickelten.

[1] W. I. Lenin, Aus dem Philosophischen Nachlaß, Berlin 1954, S. 190.
[2] Ebenda, S. 27.

Von der Einheit der Welt zeugt nicht nur jedes Gesetz der Dialektik im einzelnen betrachtet; davon zeugt auch die Tatsache, daß die allgemeinen Gesetze, die durch die Wirkung des Grundgesetzes von der Einheit und dem Kampf der Gegensätze miteinander verbunden sind, in der realen Natur immer in Form eines bestimmten Systems von Gesetzen wirken. Die Gesetze der Dialektik wirken nicht als mechanische Summe von Gesetzen, nicht eines neben dem anderen, sondern in ihrem wechselseitigen Zusammenhang. Und gerade deshalb ist der dialektische Materialismus ein im wahrsten Sinne einheitliches, in sich geschlossenes philosophisches System. Diese Tatsache hilft uns ebenfalls, das Wesen der Einheit der Welt zu begreifen. Wenn jedes der dialektischen Gesetze die Welt zu einer Einheit zusammenfaßt, indem es bestimmte allgemeine Seiten aller Gegenstände aufdeckt, so geben alle Gesetze der Dialektik zusammengenommen ein einheitliches Bild der wechselseitigen Zusammenhänge aller Seiten der Erscheinungen, der Gegenstände der ganzen Welt.

Ich möchte weiter darauf hinweisen, daß in unserer Auffassung der Gesetze der Dialektik der Mangel besteht, daß wir sie sehr häufig in größerem Maße als dies nötig und auch möglich ist, isoliert betrachten, indem wir die Selbständigkeit jedes einzelnen Gesetzes unterstreichen, gleichsam, als ob sie in gewissem Maße getrennt voneinander wirken würden. Ich bin der Meinung, daß in den realen Dingen der Welt keinerlei dialektisches Gesetz wirkt, ohne dem Einfluß anderer Gesetze zu unterliegen oder selbst diese oder jene Wirkung auf andere Gesetze auszuüben.

Wenn man die Arbeiten von Philosophen und Naturwissenschaftlern betrachtet, so kann man nicht umhin, festzustellen, daß, wenn dieser oder jener Autor über die Quelle der Entwicklung schreibt, er sich doch tatsächlich bemüht, diese Fragen nur vom Standpunkt der Assimilation und Dissimilation zu analysieren. Wenn der gleiche Autor aber über den Prozeß der Artbildung schreibt, so ist er bemüht, lediglich Fragen der quantitativ-qualitativen Veränderungen zu analysieren. Im wirklichen Leben aber sind die Assimilation und Dissimilation und die quantitativ-qualitativen Veränderungen keine zwei parallel wirkenden Prozesse, sondern ein Prozeß, sowohl der Zeit als auch dem Wirkungsbereich nach. Obwohl keines der Gesetze seine Selbständigkeit einbüßt, wirken sie nur in ihrem wechselseitigen Zusammenhang und in ihrer wechselseitigen Bedingtheit.

Ich erkläre mich nicht einverstanden mit der bei uns noch verbreiteten Auffassung über die Rolle des Gesetzes von der Einheit und vom Kampf der Gegensätze, daß nur dieses Gesetz die Quelle der Entwicklung darstellt, während den anderen Gesetzen dies nicht zukommt, da sie nur diese oder jene andere Seite des Entwicklungsprozesses ausdrücken würden. Was die anderen Gesetze betrifft, haben die einen den Charakter der Entwicklung, die anderen die Form usw. zum Gegenstand.

Der Prozeß der Selbstbewegung kann nicht allseitig und vollständig aufgedeckt und verstanden werden, wenn man die Selbstbewegung so auffaßt, als ob sie nur durch die Wirkung eines einzigen Gesetzes, wenn auch des wichtigen Gesetzes vom Kampf und der Einheit der Gegensätze, bedingt und aufgedeckt wird.

In Wirklichkeit ist der Prozeß der Selbstbewegung nicht nur durch das wichtigste Gesetz der Dialektik bedingt, dem die wichtigste, wenn auch nicht alleinige Rolle zukommt, sondern auch durch die Wirkung der anderen Gesetze.

Wenn man daher über den Kern der Sache spricht, so ist es müßig, darunter nur die Rolle und die Bedeutung eines in seiner Isolierung betrachteten Gesetzes zu verstehen. Das Wesen dieses Kernproblems besteht in der Klärung der Rolle des wichtigsten Gesetzes in den Wirkungen aller übrigen, liegt im wechselseitigen Zusammenhang aller Gesetze der Dialektik und in der entscheidenden, wenn auch nicht ausschließlichen Rolle eines von ihnen.

Ich möchte ein Beispiel anführen. In unseren Arbeiten betrachtet man schon lange den Widerspruch von Inhalt und Form im Zusammenhang mit der Wirkung des Gesetzes vom Kampf und von der Einheit der Gegensätze. Aber erst in letzter Zeit gab man, wie es mir scheint, das erste Mal eine Interpretation des Zusammenhangs des Widerspruchs von Inhalt und Form mit der Einheit und dem Kampf der Gegensätze. Ich meine hierbei das Buch „Grundlagen der marxistisch-leninistischen Philosophie".

In diesem Buch wird der Gedanke zum Ausdruck gebracht, daß der zwischen Inhalt und Form existierende Widerspruch ebenfalls eine Quelle der Entwicklung darstellt. Ich denke, daß dieser im Lehrbuch dargelegte Gedanke sehr interessant ist.

Wenn Sie sich einige der Sammelbände zu Fragen der Naturwissenschaften, wie sie vom Institut für Philosophie herausgegeben werden, betrachten, so werden Sie sehen, wie isoliert von der Entwicklungsquelle die Betrachtung des Widerspruchs von Inhalt und Form vorgenommen wird. In Wirklichkeit ist der Widerspruch zwischen Inhalt und Form sowohl in der anorganischen als auch in der organischen Natur seinerseits Quelle der Entwicklung und bedingt den Prozeß der Selbstbewegung. In all diesem darf man nicht nur eine allgemein philosophische Frage sehen, sondern auch eine Tatsache, ohne die der Prozeß der Selbstbewegung in der Natur unverständlich bleibt.

Ich möchte noch kurz bei einer anderen Frage verweilen: bei der Frage der Dialektik als Erkenntnismethode. Die hier stattfindende Konferenz hat insbesondere folgende Tatsache widergespiegelt. Viele Genossen sprachen hier von dieser Stelle aus über die physikalischen, chemischen und mathematischen Erkenntnismethoden. Die Rede kam auch auf kybernetische Einrichtungen, die eine gewaltige Rolle im Erkenntnisprozeß spielen.

Ich denke, daß die Logik der Entwicklung der Wissenschaften tatsächlich die Frage nach den verschiedenen Erkenntnismethoden stellt. Wenn dies jetzt schon der Fall ist, so müssen wir gleichzeitig damit alle diese Erkenntnismethoden in Zusammenhang bringen und in ihnen die besonders wichtige methodologische Rolle der Dialektik als allgemeine Erkenntnismethode untersuchen.

Die Tatsache, daß in unseren Publikationen jegliche Versuche fehlen, all diese Erkenntnismethoden miteinander zu verbinden und die entscheidende, grundlegende Rolle der dialektischen Erkenntnismethode in ihnen zu untersuchen, führt dazu, daß einige Wissenschaftler, ob sie wollen oder nicht, im spontanen Gang der Forschungen zu der Schlußfolgerung kommen, daß sie ihre eigene Erkenntnismethode haben, welche angeblich auch alle Fragen löst. Und solange wir diese Erkenntnismethoden nicht miteinander verbinden und nachweisen, daß, welche Methode der Erkenntnis der Naturwissenschaftler auch anwenden möge, die dialektische Methode die hauptsächlichste und tragende ist, die die allgemeinsten Voraussetzungen jeder Forschung aufdeckt, solange sind wir auch nicht in der Lage, den organischen Zusammenhang der Philosophie mit jenen Forschungen zu zeigen, die die heutigen Naturforscher beschäftigen.

Diese Frage ist sehr interessant. Ich denke, daß man von diesem Gesichtspunkt aus von der dialektischen Methode sprechen muß als von der allgemeinsten Erkenntnismethode, die die tiefsten methodologischen Grundlagen jeder Forschung aufdeckt. Die Dialektik, das ist nicht eine Methode schlechthin, sondern sie ist die allgemeinste Erkenntnismethode. Das heißt aber gleichzeitig, daß sie nicht etwa andere Methoden, die Methoden der Spezialwissenschaften ersetzt oder gar negiert. Die Verbindung der Philosophie mit den Naturwissenschaften muß sich im einzelnen in der Notwendigkeit der Untersuchung des Zusammenhangs der allgemeinen mit den besonderen Erkenntnismethoden ausdrücken. Dann findet auch die Philosophie in größerem Maße eine gemeinsame Sprache mit den Naturwissenschaftlern.

*

Professor W. N. Kolbanowski. Bis zum heutigen Tag gibt es in der Frage nach dem Platz der Psychologie im System der Wissenschaften noch keinen einheitlichen Standpunkt. Bekanntlich entwickelte sich die Psychologie lange Zeit, fast seit Aristoteles, im Rahmen der Philosophie, was dem Charakter dieser Wissenschaft einen bestimmten Stempel aufdrückte. Man muß es dem Begründer der russischen Physiologie I. M. Setschenow als sein historisches Verdienst anrechnen, daß er unter dem Einfluß der fortschrittlichen Ideen der materialistischen russischen Philosophie des vergangenen Jahrhunderts als erster in der Geschichte versuchte, das Wesen der psychischen Erscheinungen wissenschaftlich zu bestimmen und die Frage zu lösen, wer sie und wie man sie zu untersuchen habe.

Es ist bekannt, daß die Ausarbeitung der Reflextheorie der Psyche, deren Formulierung I. M. Setschenow in seinen theoretischen Untersuchungen gelang, mit seinem Namen verbunden ist. Der große Nachfolger und Fortsetzer der Ideen Setschenows, Iwan Petrowitsch Pawlow, arbeitete noch im ersten Drittel unseres Jahrhunderts experimentell die fruchtbaren Ideen Setschenows aus und entwickelte sie weiter. Zusammen mit der Schar seiner Mitarbeiter schuf er das feste und großartige Gebäude der Physiologie der höheren Nerventätigkeit.

Mit der Veröffentlichung der Setschenowschen Arbeiten erhielt die Psychologie eine naturwissenschaftliche Grundlage für ihre Entwicklung, bekam sie ihr festes Fundament. In der heutigen Zeit gibt es unter den sowjetischen Psychologen keine zweierlei Meinungen darüber, auf welcher Grundlage sie ihre Wissenschaft aufbauen müssen. Diese Grundlage ist die Physiologie der höheren Nerventätigkeit, die die Entstehung und den Mechanismus aller psychischen Erscheinungen aufdeckt.

Gleichzeitig jedoch reduziert die sowjetische Psychologie die psychischen Eigenschaften nicht auf ihre physiologische Grundlage.

Wie allgemein bekannt ist, definierte schon Aristoteles den Menschen als gesellschaftliches Tier. Vom marxistischen Gesichtspunkt aus wird die gesamte gesellschaftliche Entwicklung als ein naturgeschichtlicher Prozeß betrachtet, was nicht die Spezifik der gesellschaftlichen Entwicklungsgesetze und ihren bestimmenden Einfluß auf den Menschen ausschließt. Es ist nicht zu bezweifeln, daß man auch die Psyche des Menschen, sein Bewußtsein als Produkt der gesellschaftlichen Einflüsse, als Widerspiegelung des gesellschaftlichen Seins betrachten muß.

Gerade deshalb kann man auf die Frage nach dem Platz der Psychologie im System der Wissenschaften mit aller Bestimmtheit antworten, daß sich dieser Platz an der Grenze zwischen Naturwissenschaft und Gesellschaftswissenschaft befindet. Solch ein Gesichtspunkt erlaubt es, sich von Fehlern zu befreien und jene extremen Gesichtspunkte zu vermeiden, die bei uns nicht nur vor der Vereinigten Pawlow-Tagung der beiden Akademien zu beobachten waren, sondern auch noch nach ihr. Einige Physiologen begannen den Anspruch zu erheben, die Psychologie völlig in die Physiologie der höheren Nerventätigkeit aufzulösen. Einige Psychologen, die ihrerseits den Verlust der Selbständigkeit ihrer Wissenschaft befürchteten, begannen eine Lostrennung von ihrer naturwissenschaftlichen Grundlage anzustreben und suchten Rettung im Schoße der Gesellschaftswissenschaften.

In Wirklichkeit gibt es keinerlei Begründungen für die Flucht in eines dieser Gebiete, in eines dieser Extreme. Nur ein enger Zusammenhang der Psychologie mit der Physiologie der höheren Nerventätigkeit kann die Umgestaltung der Psychologie zu einer wahren Wissenschaft gewährleisten. Dieser einzig richtige Entwicklungsgang der Psychologie wurde von W. I. Lenin vorausgesehen. Schon in einem seiner frühen Hauptwerke, in „Was sind die ‚Volksfreunde' und wie kämpfen sie gegen die Sozialdemokraten" schrieb Lenin, indem er einen wissenschaftlichen Psychologen im Gegensatz zu einem metaphysischen charakterisierte: „Er, dieser wissenschaftliche Psychologe, hat die philosophischen Theorien über die Seele beiseite geworfen, sich unmittelbar an die Untersuchung des materiellen Substrats der psychischen Erscheinungen — die Nervenprozesse — herangemacht."[1] In dieser These, die unter dem unzweifelhaften Einfluß der Ideen I. M. Setschenows, dessen Werke Lenin vorzüglich kannte, verfaßt wurde, ist das Programm der Entwicklung einer wissenschaftlichen Psychologie auf der Grundlage der Naturwissenschaften enthalten.

Das naturwissenschaftliche Herangehen an die Untersuchung der psychischen Erscheinungen befreite die Psychologie von der Herrschaft idealistischer, metaphysischer und unverhüllt mystischer Vorstellungen von der Seele und der seeli-

[1] W. I. Lenin, Was sind die ‚Volksfreunde' und wie kämpfen sie gegen die Sozialdemokraten?, Berlin 1950, S. 23.

schen Tätigkeit und stellte die Erforschung der psychischen Erscheinungen als Eigenschaft des Gehirns auf ein festes Fundament. Gleichzeitig wäre es auch unrichtig, den ganzen überreichlichen Inhalt der menschlichen Psyche, des Bewußtseins, auf die Nervenprozesse zu reduzieren. Als subjektive Widerspiegelung der objektiven Realität widerspiegelt die menschliche Psyche nicht nur die Vielfalt der Naturerscheinungen, sondern auch die nächste und unmittelbare Einwirkung der gesellschaftlichen Umgebung, in welcher sich der Mensch entwickelt und in der er wirkt. Die Begründer des Marxismus, die die Gesetzmäßigkeiten der gesellschaftlichen Entwicklung entdeckten, konstatierten auch die ausschließliche Rolle der Arbeit in diesem Prozeß und ihren bestimmenden Einfluß auf wesentliche Veränderungen in der Natur des Menschen. Sie betrachteten die Sinnesorgane des Menschen als Produkt der Weltgeschichte, sie klärten die Entstehung der Sprache als Produkt der gegenseitigen gesellschaftlichen Beziehungen der Menschen im gesellschaftlichen Produktionsprozeß und erläuterten die Bedeutung der Sprache als reale Wirklichkeit des Bewußtseins und des Wortes als materielle Hülle des Gedankens. Und nicht zuletzt erklärten sie das Wesen des Bewußtseins als Produkt des gesellschaftlichen Seins der Menschen, das einen großen und entscheidenden Einfluß auf die menschliche Tätigkeit ausübt.

Die Notwendigkeit, die menschliche Psyche von den Positionen der Naturwissenschaft und der Gesellschaftswissenschaft zu erforschen, enthält keinerlei Widersprüche, wenn man wie Lenin die gesellschaftliche Entwicklung als naturgeschichtlichen Prozeß betrachtet. Zweifellos wird die gesamte gesellschaftliche Einwirkung wie auch jede natürliche Einwirkung auf die Psyche des Menschen durch das menschliche Gehirn vermittelt. Es gibt nicht eine psychische Erscheinung, die nicht unter der unmittelbaren oder mittelbaren Einwirkung der objektiven Realität auf das Gehirn des Menschen entsteht.

Die Tendenz, die Psychologie nur als ein Gebiet der Naturwissenschaft zu betrachten, birgt die Gefahr in sich, die psychischen Erscheinungen auf physiologische Mechanismen zu reduzieren, was ein Abgleiten in den Vulgärmaterialismus bedeuten würde. Die entgegengesetzte Tendenz, die Psychologie nur dem Gebiet der Gesellschaftswissenschaften zuzuordnen, und sie von der Naturwissenschaft loszureißen, ist durch die noch größere Gefahr des Abgleitens in eine bloße Beschreibung der psychischen Erscheinungen gekennzeichnet. An Stelle einer wissenschaftlichen Erklärung kommt man zu einer jeder Grundlage baren Debattiererei oder, wie I. P. Pawlow die alte Psychologie vernichtend charakterisierte, zu einer „leeren Wortspielerei“.

Nur das dialektisch-materialistische Herangehen an die Psyche als an eine Widerspiegelung der objektiven Realität im menschlichen Gehirn, in welcher sowohl der Widerspiegelungsmechanismus, d. h. die reflektorische Tätigkeit des Gehirns, als auch der vorwiegend von gesellschaftlichen Einflüssen bestimmte Inhalt der Widerspiegelung berücksichtigt werden muß, verwandelt die Psychologie in eine wirkliche Wissenschaft, die „Voraussicht und Autorität“ (I. P. Pawlow) besitzt.

Die Lage der Psychologie an der Grenze der Naturwissenschaften und Gesellschaftswissenschaften schafft günstige Bedingungen für die Entwicklung dieser Wissenschaft, deren gesellschaftliche Bedeutung und Rolle mit zunehmender progressiver Entwicklung der Gesellschaft wachsen wird.

Wenn auch die Reflextheorie der Psyche, die Engels nicht bekannt war, nicht in den Abriß der großen naturwissenschaftlichen Entdeckungen des 19. Jahrhunderts einging, so muß sie doch in unserem Jahrhundert auf der Grundlage der hervorragenden Forschungen I. P. Pawlows unter den anderen großen Entdeckungen des 20. Jahrhunderts hervorgehoben werden, wobei wir nicht die wissenschaftliche Großtat I. M. Setschenows vergessen dürfen, der schon im Jahre 1863 den Grundstein für diese Theorie legte.

Es ist nicht zu bezweifeln, daß sich Lenin bei der Entwicklung der marxistischen Widerspiegelungstheorie in seinem berühmten Werk „Materialismus und Empiriokritizismus" auf die Setschenowsche Reflextheorie der Psyche als auf die naturwissenschaftliche Grundlage dieser Theorie stützte. In diesem Buch betrachtet W. I. Lenin alle psychischen Erscheinungen als Produkt der Tätigkeit des Gehirns, als Resultat der Einwirkung der Körper oder Dinge auf unsere Sinnesorgane. Mit anderen Worten: Er betrachtet sie als Widerspiegelung der objektiven Realität im Gehirn des Menschen. Im Gegensatz zu den Vertretern der machistischen „hirnlosen Philosophie", welche behaupteten, daß sich die psychischen Prozesse außerhalb des Gehirns abspielen und lediglich in das Gehirn introjiziert werden, d. h. hineingelegt werden können, behauptete W. I. Lenin in Übereinstimmung mit den naturwissenschaftlichen Tatsachen den sekundären, abgeleiteten Charakter der psychischen Prozesse, der seinerseits von der Einwirkung der objektiven Welt auf das Gehirn des Menschen abhängt. Lenin bewies dabei, daß das Widerspiegelnde — die Psyche des Menschen — völlig vom Widergespiegelten — der objektiven Realität — abhängt, währenddessen das Widergespiegelte in keiner Weise vom Widerspiegelnden abhängt.

Es ist bekannt, daß der vormarxsche Materialismus nicht in der Lage war, auf die Frage nach der Entstehung der Psyche zu antworten, obwohl er dieselbe sogar als eine inhärente Eigenschaft der Materie betrachtete (Spinoza). Er begriff nicht das Wesen der Psyche als Widerspiegelungsfunktion des Gehirns. Als Antwort an den Idealisten Pearson, der die Behauptung, die gesamte Materie sei bewußt, unlogisch fand, schrieb I. W. Lenin: „... es ist aber logisch anzunehmen, daß die ganze Materie eine Eigenschaft besitzt, die dem Wesen nach der Empfindung verwandt ist, die Eigenschaft der Widerspiegelung."[1]

Der Gedanke von der Widerspiegelung als universelle Eigenschaft der gesamten Materie ist außerordentlich tief und bedarf einer speziellen Betrachtung, die bis zum heutigen Tag noch keinen gebührenden Platz in der philosophischen Literatur gefunden hat. Der Terminus „Widerspiegelung" besitzt einen vieldeutigen Charakter. In seiner allgemeinsten Form drückt er einen Spezialfall

[1] W. I. LENIN, Materialismus und Empiriokritizismus, Berlin 1952, S. 82.

der Wechselwirkung von Körpern, Dingen und Erscheinungen aus. Die Widerspiegelung kann sowohl in der anorganischen als auch in der organischen Natur beobachtet werden. Jedoch verläuft sie in diesen Gebieten auf verschiedene Weise.

Den Meteorologen z. B. ist seit langem bekannt, daß ein verstärkter Ausstoß von Protuberanzen an der Oberfläche der Sonne von Magnetstürmen in der Lithosphäre bekleidet ist, die ihrerseits Zyklone und Taifune nach sich ziehen. Erscheinungen, welche in der Erdrinde oder über der Erde vor sich gehen, betrachtet man in diesem Falle als Widerspiegelung, obwohl jede dieser Erscheinungen nach eigenen spezifischen Gesetzen abläuft.

In anderer Form verläuft die Widerspiegelung der Gegenstände und Erscheinungen im Spiegel, durch eine Wasseroberfläche, durch polierten Marmor oder Granit. An diesen Oberflächen werden die Gegenstände nach den Widerspiegelungsgesetzen der Strahlungsenergie widergespiegelt. Dabei verhalten sich die widerspiegelnden Oberflächen gleichgültig zu den widergespiegelten Gegenständen.

Die Widerspiegelungsprozesse in der anorganischen Natur rufen in der Substanz der widerspiegelnden und widergespiegelten Körper keine wesentlichen Veränderungen hervor. Völlig anders verläuft die Widerspiegelung in der organischen Natur. Hier vermitteln die lebenden Organismen, indem sie die Einwirkungen der Gegenstände und Erscheinungen des sie umgebenden Milieus widerspiegeln, diese Einwirkungen. In den einen Fällen assimilieren sie diese, in anderen weisen sie sie zurück, was die bekannten Veränderungen in den Organismen nach sich zieht.

Man kann eine Analogie zwischen den qualitativ verschiedenen Widerspiegelungsprozessen in der organischen und anorganischen Natur und dem Stoffwechsel anführen, der seinem Charakter nach in diesen verschiedenen Bewegungsformen der Materie ebenfalls verschieden ist. Ich möchte nicht die allen gut bekannte Argumentation Friedrich Engels' in dieser Frage anführen. Ich erinnere nur an seine Schlußfolgerungen: Während der Stoffwechsel in der anorganischen Natur zum unausbleiblichen Untergang der Körper führt, die in diesen Stoffwechsel eingetreten sind, ist er für die lebenden Organismen eine Bedingung ihrer Existenz.

Wenn wir die Prozesse der Widerspiegelung der zahlreichen und sehr verschiedenen äußeren Einwirkungen durch die lebenden Organismen betrachten, so sehen wir in dieser Widerspiegelung eine entscheidende Bedingung für die Anpassung der lebenden Organismen an die sich ständig ändernde Umwelt. Auf den niederen Entwicklungsstufen der organischen Natur tragen die Widerspiegelungsprozesse einen primitiven Charakter. In der Pflanzenwelt entwickelten sich die Prozesse der Reizbarkeit, die die Grundlage der Widerspiegelung bilden, unabhängig von der Organisationsstufe der Pflanzen nicht weiter als bis zur gewöhnlichen physikalisch-chemischen und biologischen Reaktion auf die Einwirkungen des äußeren Milieus. Selbst Keime von Empfindungen hat man bei Pflanzen nicht entdeckt.

Nur bei Tieren kann man, beginnend bei den einfachsten und endend bei den höchsten einschließlich des Menschen, in Abhängigkeit von den Lebensbedingungen, aber auch vom Bau und der Funktion des Organismus sich immer komplizierter gestaltende Formen der Widerspiegelung der Außenwelt betrachten. Je höher das Tier seinem Organisationsniveau nach steht, je vollkommener und differenzierter seine spezialisierten Systeme sind, um so reicher und inhaltsvoller sind die Formen der Widerspiegelung der Umwelt durch das Tier.

Natürlich kann sich die Mehrheit der Tiere, darunter auch die höheren, d. h. solche, die ein entwickeltes Nervensystem mit seinen zentralen und peripheren Abschnitten besitzen, in ihrer Fähigkeit, die Außenwelt widerzuspiegeln, nicht höher als bis zum Niveau der richtigen sinnlichen Widerspiegelung erheben. Wesentlich höher ist die Verstandestätigkeit der Haushunde und menschenähnlicher Affen, bei denen sich schon viele Voraussetzungen des Intellekts bemerkbar machen. Aber nur beim Menschen, dessen Gehirn die höchste Stufe der Vollkommenheit erreicht hat, wurde dieses Organ zu einem Mittel „der feinsten und genauesten Anpassung an die äußere Natur" (I. P. Pawlow), zu einem gewaltigen Mittel der Widerspiegelung der objektiven Realität, zum Fundament der Erkenntnistheorie.

Völlig berechtigt stellt I. P. Pawlow fest, daß wir es beim Menschen mit drei Stufen der Widerspiegelungstätigkeit gleichzeitig zu tun haben: mit dem unbedingt-reflektorischen, mit dem bedingt-reflektorischen im 1. Signalsystem und den bedingt-reflektorischen im 2. Signalsystem, welches nur für den Menschen spezifisch ist. Wenn die ersten zwei Stufen der Widerspiegelungstätigkeit des Gehirns, welche dem Menschen und den höheren Tieren gemein sind, ihm die Möglichkeit einer unmittelbaren, sinnlichen Erkenntnis der Wirklichkeit geben, so hebt das dritte Niveau, d. h. die Widerspiegelung auf der Stufe des 2. Signalsystems den menschlichen Geist auf die Höhen der Abstraktion und Verallgemeinerung, bedingt es eine solche Möglichkeit der Wirklichkeitserkenntnis, die den übrigen Lebewesen unerreichbar ist.

Indem sich das 2. Signalsystem der Wirklichkeit die niederen Stufen der Widerspiegelung unterordnet, gibt es den Menschen die Möglichkeit, durch Abstraktion von den konkreten Erscheinungen der Wirklichkeit und ihre Verallgemeinerung die Natur tiefer und umfassender zu verstehen, in ihre Geheimnisse einzudringen, ihre Gesetze zu entdecken und durch deren kluge Anwendung die Natur seinem Willen unterzuordnen.

Beiläufig bemerken wir, daß es zur Vermeidung eines allzugroßen Stolzes des Bewußtseins ob solch einer Überlegenheit über die Natur angebracht ist, sich des weisen Aphorismus von J. W. von Goethe zu erinnern: „Unsere Herrschaft über die Natur besteht in der Unterordnung unter sie."

Die Kompliziertheit der Widerspiegelungstätigkeit des menschlichen Gehirns wurde von W. I. Lenin in folgender bekannter Bemerkung auf dialektische Weise erläutert: „Die Erkenntnis ist die ewige, unendliche Annäherung des Denkens an das Objekt. Die *Widerspiegelung* der Natur im menschlichen Denken ist nicht

‚tot', nicht ‚abstrakt', *nicht ohne Bewegung*, nicht ohne Widersprüche, sondern im ewigen Prozeß der Bewegung, der Entstehung und Aufhebung von Widersprüchen aufzufassen."[1]

Die Physiologie der höheren Nerventätigkeit deckte den komplizierten Charakter der Wechselwirkungen in der Tätigkeit der verschiedenen Abschnitte des Nervensystems auf. Beginnend bei den Rezeptoren, die die Einwirkungen der Außenwelt, aber auch des inneren Milieus des Organismus in das Gehirn leiten, untersuchte sie auch die Verarbeitung dieser vielfältigen Einwirkungen im menschlichen Gehirn und den bestimmten, selektiven Charakter der Reaktionen des Gehirns auf diese vielfältigen Reize. Als Antwort auf die äußeren und inneren Reize kann man neben selektiven, neuen, originellen und genauesten, auf feinste Reizanalyse und -synthese in Übereinstimmung mit ihrer objektiven zielgerichteten biologischen und sozialen Bedeutung beruhenden Widerspiegelungen auch schablonenhafte, stereotype Widerspiegelungen beobachten.

Gleichzeitig kann man auch eine Verzögerung der Antworten beobachten, die ebenfalls von der objektiven Zweckmäßigkeit bedingt wird, welche ihrerseits sowohl durch die entstandene Situation als auch durch die gesammelte individuelle Erfahrung hervorgerufen wurde.

Der Psychologie wird die inhaltliche Seite dieses Widerspiegelungsprozesses im Gehirn des Menschen zugänglich. Diese drückt sich aus in der äußerst reichen und vielfältigen Welt seiner geistigen Tätigkeit: in Bildern, welche die sinnlichen Einwirkungen, die Gegenstände, Körper und Erscheinungen widerspiegeln, aber auch in Begriffen, die es uns gestatten, tiefer in das Wesen der Erscheinungen und der natürlichen und gesellschaftlichen Prozesse einzudringen. Die Bilder und Begriffe aber sind Baumaterial des Erkenntnisprozesses. Für die Verwirklichung des Erkenntnisprozesses selbst muß man sie in Bewegung setzen, in eine Bewegung, die die Bewegung der objektiven Realität selbst widerspiegelt. Diese geht dann auch im Denkprozeß vor sich, dessen subjektive Logik die objektive Logik der Wirklichkeit widerspiegelt (wenn der Denkprozeß richtig ist).

Eine vergleichende Charakteristik der elementaren (formalen) Logik mit der dialektischen Logik zeigt, daß wir es auch hier mit verschiedenen Stufen der Widerspiegelung der Wirklichkeit zu tun haben. Die formale Logik und ihre Grundgesetze befriedigen die Anforderung des Denkens im beschränkten Rahmen der gewöhnlichen Vernunftstätigkeit. Außerhalb dieser Grenzen ist sie ungenügend und das menschliche Denken muß sich auf eine höhere Stufe, auf die Stufe der dialektischen Logik erheben. Die formale Logik ist bei der Lösung der Antinomien von Gegenstand und Prozeß, Endlichkeit und Unendlichkeit, Raum und Zeit, Kontinuität und Diskontinuität der Materie, von Teilchen und Welle sowie absoluter und relativer Wahrheit usw. hilflos, während die dialektische Logik all diese Fragen löst. Dies geschieht auf Grund der Lösung der inneren Widersprüche im Widerspiegelungsprozeß und im Denken der Menschen selbst.

[1] W. I. Lenin, Aus dem Philosophischen Nachlaß, Berlin 1954, S. 115.

Die Grundlage der Erkenntnis der objektiven Realität durch den Menschen ist die Praxis. Unter dem Einfluß der praktischen Bedürfnisse orientiert sich der Mensch im umgebenden Milieu, indem er die Körper, Dinge und Erscheinungen in ihrer sinnlichen Zuverlässigkeit untersucht. Die Erkenntnis geht von der lebendigen Anschauung zum abstrakten Denken und von ihm erneut zur Praxis. Auf Grund der Wahrnehmung der Außenwelt, der Verarbeitung derselben im Denkprozeß, aber auch auf der Grundlage des sinnlichen Verhältnisses zur Wirklichkeit wird es möglich, zu einer bedachten Handlung im weitesten Sinne des Wortes, zur Willenshandlung überzugehen. Im Bewußtsein des Menschen fließen alle Einwirkungen, die auf den verschiedensten Kanälen ins Gehirn gelangen, zusammen. Aus all diesen Gründen besitzt das Bewußtsein eine solche kolossale Macht und einen bestimmenden Einfluß auf die menschliche Praxis.

Wenn man die ganze Kompliziertheit des Widerspiegelungsprozesses im menschlichen Gehirn betrachtet, so wirken die Behauptungen einiger Kybernetiker, daß kybernetische Maschinen eine reflektorische Tätigkeit besitzen, zumindestens seltsam. Wenn die Kybernetiker ihre Maschinen „denkende Maschinen" oder „mechanische Gehirne" nennen, so überschätzen sie klar den Charakter ihrer Tätigkeit. Solche Vergleiche kann man lediglich metaphorisch auffassen. Der Charakter der mechanischen Widerspiegelung der empfangenen Signale, ihre Verarbeitung und die Antwort auf sie besitzen nur eine äußerliche Ähnlichkeit mit der reflektorischen Tätigkeit des Gehirns. In Wirklichkeit besteht zwischen dem menschlichen Gehirn und der vollkommensten Rechenmaschine ein ungeheurer Unterschied.

Dies wiederum verringert in keiner Weise die Überlegenheit einer Rechenmaschine über die Arbeit selbst des begabtesten Rechners. Man darf nur nicht vergessen, daß die gesamte Arbeit der Maschine und ihre Konstruktion von Menschen programmiert und projektiert wurde.

Man muß darauf hinweisen, daß unter den sowjetischen Psychologen in letzter Zeit die Tendenz zu beobachten ist, ihr Verhalten zur Reflextheorie der Psyche zu überprüfen und die „Ehe" der Psychologie mit der Physiologie zu lösen. Dies wird mit der Erwägung motiviert, daß die Reflextheorie der Psyche lediglich zur Erklärung elementarer psychischer Prozesse brauchbar wäre. Was die höhere psychische Tätigkeit, die schöpferischen Äußerungen des menschlichen Geistes betrifft, so sei die Reflextheorie der Psyche für deren Erklärung ungenügend. Man müsse irgendwelche „überreflektorische Mechanismen" oder andere integrierende Formen der Gehirntätigkeit finden, welche in der Reflextätigkeit nicht enthalten sind.

Man kann sich denken, daß diese Überlegungen die Psychologie erneut in den Sumpf der idealistischen Reaktion führen. Sowohl die einzelne Nervenzelle als auch das gesamte Nervensystem arbeiten nach dem Reflexsystem. Der Begriff des Reflexes selbst, der vor mehr als 300 Jahren von Descartes in die Wissenschaft eingeführt wurde, verändert und bereichert sich laufend auf Grund der Entdeckung neuer Besonderheiten der reflektorischen Tätigkeit der verschiedensten Abschnitte des Nervensystems und ihrer Wechselwirkungen untereinander. Es genügt schon, auf die Entdeckung besonderer Qualitäten der reflektorischen Tätigkeit, welche dem Denken, den Sinnen und dem Willen zugrunde liegen, durch I. M. Setschenow hinzuweisen.

Die Aufgabe der Psychologen, die bestrebt sind, die Leninschen Ratschläge zu verwirklichen und die Psychologie zu einer wirklichen Wissenschaft zu entwickeln, besteht in einer allseitigen und tiefen Erforschung der reflektorischen Tätigkeit des Gehirns, wobei sie von der Aufdeckung der Mechanismen der elementaren psychischen Erscheinungen bis zu den höchsten schöpferischen Äußerungen der menschlichen Vernunft voranschreiten müssen.

*

I. Marculescu-Churduk (Rumänische Volksrepublik). Von allen Anforderungen, die an die Philosophie gestellt werden müssen, um sie zu jenem wirksamen methodologischen Mittel zu machen, das sie in bezug auf die Naturwissenschaften zu sein verpflichtet ist, tritt heute das Vermögen in den Vordergrund, die Prinzipien des ideologischen Klassenkampfes vom einfachen Meinungsstreit und jener Negation der Negation zu unterscheiden, wie sie in der sich normal entwickelnden Wissenschaft vorkommt. Das Vermögen, diese Kriterien zu unterscheiden, bewahrt die Wissenschaft vor Stagnation und die Philosophie vor einem sowohl für die Wissenschaft als auch für sie selbst nutzlosen und leeren Herumphilosophieren.

Um aber diese Kriterien unterscheiden zu können, muß man sich über den Charakter des Zusammenhangs der Philosophie mit den Naturwissenschaften einerseits und der Gesellschaft andererseits völlig im klaren sein. Der ontologische Teil der marxistischen philosophischen Wissenschaft verschmilzt so eng mit der theoretischen Interpretation des naturwissenschaftlichen Materials, daß er von den Wissenschaften selbst kaum zu unterscheiden ist. Nur in methodologischer und gnoseologischer Hinsicht bewahrt sich die Philosophie in bezug auf die Wissenschaften ihre relativ selbständige Rolle. Über die Logik vollzieht sie den Übergang in ihr Spezialgebiet, in die Theorie des Denkens. Aber auch hier offenbart sich ein doppelter Zusammenhang der Philosophie mit den Naturwissenschaften. Die Logik ergibt sich aus der Psychologie in ähnlicher Weise, wie sich die zweite Erkenntnisstufe aus der ersten ergibt. Die Psychologie ihrerseits ergibt sich auf der Grundlage der entsprechenden Gesetze aus der Physiologie der höheren Nerventätigkeit. Die logische Widerspiegelung der Welt mit Hilfe von Begriffen, Urteilen und Schlüssen ist das Resultat einer lang andauernden Evolution der Widerspiegelungseigenschaft der Materie auf den verschiedenen Organisationsstufen in Abhängigkeit von der Höherentwicklung der Struktur. Aus diesem Grund behält sie auch die Grundgesetze aller Bewegungsformen der Materie bei, obwohl sie natürlich diese verändert. Es ist daher nicht verwunderlich, daß kybernetische Modelle einen gewissen Teil der Funktionen des abstrakt-logischen Denkens mit Erfolg ausführen. Dabei kann jedoch nur das Mechanische, welches sich auf der Stufe des logischen Denkens erhalten hat, durch elektronische Mechanismen reproduziert werden.

Chemische Modelle können die Stoffwechselchemie von Nervenzellen reproduzieren, und die Gesetze der biologischen Bewegungsform beschreiben mit genügender Vollständigkeit die immer komplizierter werdenden Formen der Anpassungsmechanismen des Organismus.

Für das logische Denken sind dies jedoch nur die notwendigen Voraussetzungen. Nur die zweite Form der Verbindung der wissenschaftlichen Logik mit den Naturwissenschaften ist eine hinreichende Bedingung für die Verwirklichung dieser Reflexion des Geistes über sich selbst, wie dies die Logik ist. Es ist dies die Aufdeckung der logischen Struktur des höchsten Typs der Erkenntnis, der wissenschaftlichen Erkenntnis. Dabei fällt in der Unendlichkeit die logische Struktur der Wissenschaften als Objekt mit der logischen Struktur des Denkens selbst als Subjekt zusammen, und da sich die logische Struktur der Wissenschaften asymptotisch der Reproduktion der dialektischen Struktur der Welt nähert, so verwirklicht sich hier auf materialistischer Grundlage jenes dynamische Zusammenfallen der Dialektik als Ontologie mit der Erkenntnistheorie und Logik, von dem Lenin sprach.

Zwei Arten von Hindernissen stehen der Wechselwirkung von Philosophie und Naturwissenschaft entgegen. Das eine Hindernis ist gesellschaftlichen Charakters, das zweite besteht in der ungenügenden Elastizität und im ungenügenden dialektischen Charakter der Begriffe, mit denen sowohl die Philosophie als auch die Naturwissenschaft operieren. Die gesellschaftlichen Ursachen wirken gewöhnlich nicht unmittelbar, sondern vermittels des gesellschaftlichen Bewußtseins. In den kapitalistischen Ländern ist das gesellschaftliche Bewußtsein sogar der fortschrittlichen Gelehrten von vielen Vorurteilen, von Aberglauben und Zweifel an der Kraft der menschlichen Vernunft durchdrungen, die nicht in der Lage sei, die Fehler der kapitalistischen Ordnung auszumerzen. Und obwohl sich eine ganze Reihe von Gelehrten allmählich vom Idealismus und der metaphysischen Denkweise befreit, verbleiben ihre herrschenden Vorstellungen doch in der Gefangenschaft der formalen Logik, überschreiten sie nicht das Gesetz des Widerspruchs, sind ihre weltanschaulichen Voraussetzungen nach wie vor spiritualistisch.

In den sozialistischen Ländern ist die allgemeine philosophische Grundlage, auf der das gesellschaftliche Bewußtsein beruht, materialistisch-dialektisch und kann nicht anders, als eben auf Grund ihrer Natur die Entwicklung der Naturwissenschaften und der Philosophie fördern. Die maximale Entwicklung der Wissenschaften ist ein fundamentales Interesse der Arbeiterklasse. Und trotzdem gibt es Verzögerungen in der Entwicklung einzelner Wissenschaften, ja sogar der Philosophie, und das nur mit der Begründung, daß einzelne Thesen einiger Wissenschaften nicht mit den Grundprinzipien unserer philosophischen Weltanschauung übereinstimmen.

Es ist unbedingt so, daß es kein ein für allemal gegebenes Kriterium gibt, um Thesen, die Prinzipien des dialektischen Materialismus berühren, von Thesen zu unterscheiden, die rein faktenmäßigen Charakter haben und neutral zur Philosophie sind. Und trotzdem kann man durch konkrete Analyse eines jeden einzelnen Falles einige allgemeine Regeln aufstellen, deren Beachtung eine solche Verwechslung, wenn auch nicht unmöglich macht, so doch weitgehend einschränkt.

Erstens muß jede These, die die Materialität irgendeines Prozesses, der in der Welt vor sich geht, direkt leugnet, verworfen werden, und zwar nicht einfach mechanisch, auf Grund dessen, daß sie unserer Weltanschauung widerspricht, sondern weil der Idealismus unweigerlich die Vorwärtsbewegung unserer Erkenntnis aufhält.

Wenn man im Namen der Spezifik irgendeiner Erscheinung und ihrer mangelnden Ähnlichkeit mit allem schon früher Erforschten diese anders als materiell erklärt und vorschlägt, von ihrer Erforschung mit Hilfe von materiellen Mitteln Abstand zu nehmen, so sind wir zweifellos der Gefahr des Idealismus ausgesetzt.

Eine Erscheinung nimmt hierbei allerdings einen privilegierten Platz ein. Ihre Darstellung als etwas Nichtmaterielles zieht keine unweigerliche Appellation an den Idealismus nach sich. Es ist dies das Bewußtsein, das dem Sein, der Materie als etwas ihr Entgegengesetztes, Nichtmaterielles gegenübergestellt wird. Hierbei wurde jedoch ein äußerst wichtiger Umstand vergessen, nämlich der, daß sich diese Erscheinung selbst als Gegenstand der Wissenschaft, als vergegenständlichtes Bewußtsein außerhalb des erkennenden Subjekts befindet und dadurch ein objektiver Gegenstand der Wissenschaft wird. Die Gegenüberstellung von Materie und Bewußtsein hat nur im Rahmen der Grundfrage der Philosophie einen Sinn. Außerhalb dieser Frage müssen Bewußtsein und Denken mit den gleichen objektiven materiellen Mitteln erforscht werden, wie alle anderen beliebigen Gegenstände der materiellen Welt, wobei man auf die Introspektion als ein spezifisches Hilfsverfahren in der Forschung nur in den äußersten Fällen zurückgreift. Aber diese besondere Lage treffen wir sonst nirgends mehr in der Welt der wissenschaftlich zu erforschenden Erscheinungen an, wir können sie daher getrost außer acht lassen.

Ein Beispiel aus der Biologie illustriert diese These noch gründlicher. Die formale Genetik wurde auf Grund dessen, daß sie der Vererbung einen lokalisierten Charakter zuschrieb, als idealistisch erklärt. Daß die Funktion der Vererbung mit einer bestimmten Struktur — sei es das Gen oder seien es Nukleinsäuren — verbunden ist, hält man vom philosophischen Standpunkt aus für unzulässig. A. M. Olschanski, der sich zu dieser Frage in Heft 6, Jahrgang 1958 der Zeitschrift „Fragen der Philosophie“ äußerte, erklärt: „In der Mitschurinschen Biologie gibt es keine Frage nach einem speziellen materiellen Träger der Vererbung, ähnlich, wie es in der Biologie auch keine Frage nach materiellen Trägern des Lebens gibt.“ Auf diese Weise wird mit einem Wort die ganze Frage der Eiweißkörper als spezifischer Träger des Lebens aus der Welt geschafft.

Indessen ist es unzweifelhaft, daß jede Bewegungsform der Materie und jede materielle Funktion oder Eigenschaft notwendigerweise mit einer bestimmten Form der Materie, mit einem ihrer Aggregatzustände verbunden ist. Uns scheint es, daß die dynamische Verbindung der Funktionen, der Eigenschaften mit einer bestimmten materiellen Struktur, das, was wir Lokalisation nennen, ein notwendiger Schritt bei der Erforschung beliebiger Funktionen und beliebiger Eigenschaften der Materie ist. Natürlich ist es unbedingt so, daß eine absolute raum-zeitliche Lokalisation irgendeiner Funktion oder Eigenschaft unmöglich ist. Diese Unmöglichkeit zeigt sich sogar auf dem Niveau der Elementarteilchen, wo die Lokalisation einen reinen Wahrscheinlichkeitscharakter trägt. Um so mehr ist die Lokalisation solcher äußerst komplizierter Funktionen der Materie wie des Lebens, der Vererbung oder des Bewußtseins nicht absolut und auch nicht einfach. Aber auch die umgekehrte Behauptung, daß die Lokalisation entweder absolut unmöglich sei oder sich vom philosophischen Standpunkt aus nicht rechtfertige, scheint uns falsch zu sein. Und wirklich, eine bestimmte Einschränkung des Kreises der erforschten Strukturen, eine bestimmte Bedingtheit in der Auswahl dieser Struktur — und je bewußter diese Einschränkung und Bedingtheit, um so besser — würden die Aufdeckung der Wirkungsmechanismen eben dieser Funktionen oder Eigenschaften, mit denen wir uns befassen, begünstigen. Das Prinzip der Erforschung der raum-zeitlichen Struktur der Ereignisse muß man unserer Meinung nach auch auf die Erforschung biologischer Erscheinungen ausdehnen. Die Arbeiten des Akademiemitgliedes A. I. Oparin beweisen unbestreitbar die Abhängigkeit der grundlegenden Eigenschaften organischer Systeme von der räumlichen Struktur und der zeitlichen Folge der Reaktionen in ihnen.

Das gleiche Prinzip der Lokalisation der Eigenschaften muß auch in der Genetik und Psychologie anwendbar sein. Der unbegründeten Negierung jedweder Möglichkeit der Lokalisation, darunter auch der dynamischen, stellen wir die Notwendigkeit einer bestimmten Beschränkung durch die Erforschung einiger der wichtigsten Strukturen gegenüber, die im Produktionsmechanismus dieser Eigenschaft eine unbezweifelbare Rolle spielen. Die Wahrscheinlichkeit, Übereinstimmungen zwischen der Vererbung und einfacheren älteren phylogenetischen Strukturen zu finden, ist größer, als die Wahrscheinlichkeit, solche Übereinstimmungen mit späteren, vervollkommneteren Strukturen zu finden, da selbst die primitivsten organischen Systeme in undifferenzierter Form die Eigenschaft der Vererbung besitzen mußten. Die Spezialisierung der Selbstreproduktion im Evolutionsprozeß der organischen Welt mußte auch zu vollkommneren und spezialisierteren Mechanismen der Erbübertragung führen. Wir müssen berücksichtigen, daß sich die Mechanismen der Übertragung erblicher Eigenschaften bei Viren und bei Menschen nur in den allgemeinsten Zügen ähneln können, die durch die Gesetze der Informationstheorie und die allgemeinen Gesetze der Biologie und Chemie bestimmt werden. Aber selbst der Informationsstrom, der Chemismus und die allgemeinen biologischen Gesetze verändern sich, nachdem sie in die Psychologie übergingen, durch letztere sehr wesentlich, wobei auf der Stufe der Vererbung von geistigen Fähigkeiten des Menschen die Gesetze des einfachen biologischen Determinismus durch höhere aufgehoben werden, die sozial bedingte zielgerichtete Bestrebungen des Menschen, einen neuen Determinismus, in sich einschließen.

Damit ist nach unserer Meinung Materialismus die Anerkennung der Verbindung einer beliebigen Eigenschaft mit einer bestimmten Struktur. Das ist der einzige Ausgangspunkt, der es uns erlaubt, die Mechanismen der Realisierung einer gegebenen Eigenschaft oder Funktion aufzudecken und die Wiederholung unter künstlichen Bedingungen zu ermöglichen. Das umgekehrte Herangehen, das wegen einer gewissen Spezifik jedwede Möglichkeit der Erforschung der mechanischen Seite des Prozesses negiert, führt unweigerlich zur Stagnation des wissenschaftlichen Denkens. Hier verflechten sich auch die Fragen nach dem Verhältnis der höheren und niederen Bewegungsformen zueinander. Die Zergliederung der höchsten Form der Bewegung in ihre Komponenten und die Erforschung zuerst der mechanischen Komponenten aller Arten von Bewegungen ist unumgänglich. Daher müssen wir in der Biologie damit beginnen, daß wir feststellen, daß der Organismus, darunter auch die Funktionen des Organischen, etwas Gemeinsames mit der Mechanik haben, auch mit der Quantenmechanik, wonach wir dann zur Chemie übergehen. Lediglich durch die Zusammenfassung dieser Eigenschaften zu einer höheren Einheit des Organismus mit der Umwelt erzwingen wir die Erkenntnis der biologischen Gesetzmäßigkeiten. Das sogenannte rein biologische Herangehen trägt beschreibenden, phänomenologischen Charakter und schließt als solches die Steuerung der Lebenserscheinungen aus.

Das zweite Kriterium der ideologischen Richtigkeit oder Unrichtigkeit der Theorie ist ihr Verhältnis zum Prinzip der Erkennbarkeit der Welt. Hier kommt der richtigen Einschätzung des Verhältnisses von Relativem und Absolutem in der Erkenntnis wesentliche Bedeutung zu. Die Behauptung der Relativität der Erkenntnis irgendeines Objekts durch den Menschen darf nicht verwechselt werden mit der Behauptung einer prinzipiellen Unmöglichkeit der gleichzeitigen Erkenntnis sich widersprechender und gegenseitig ausschließender Seiten eines Gegenstandes. Und zwar in dem Sinne, daß, wenn auch die Unbestimmtheitsrelation Heisenbergs eine unbestreitbare Tatsache ist, so doch die Ausdehnung dieser Unbestimmtheitsrelation auf beliebige dualistische Aspekte der Wirklichkeitserkenntnis, darunter auch auf die Biologie und Psychologie (was der Inhalt der Komplementaritätstheorie ist) nicht zulässig ist. Und tatsächlich: Aus der Ungleichzeitigkeit des Auftretens zweier gegensätzlicher oder einfach verschiedener Aspekte im Experiment folgt keinesfalls die Nichterkennbarkeit der Welt. In der formalen Logik werden die Widersprüche als nacheinander auftretend gedacht, während sich die dialektische Logik die Aufgabe der Formalisierung einer solchen Denkweise stellt, in der die Gegensätze als gleichzeitig gegeben erscheinen. Die Ersetzung des universellen logischen Gesetzes vom Widerspruch $(a\ V\ \bar{a})$ durch das dialektisch-logische Gesetz $(a, \bar{a})$, die Aufdeckung der Form des Prinzips der dialektischen Folgerichtigkeit des Denkens (coherence) bei der Widerspiegelung objektiver Widersprüche werden eine neue Interpretation der Unbestimmtheitsrelation und aller aus ihr folgenden gnoseologischen Schlußfolgerungen sowie auch aller paradoxen Thesen der modernen Naturwissenschaft fördern.

Die Frage nach der Erkennbarkeit führt uns somit dicht an die Frage nach dem dialektischen Charakter der Begriffe und Kategorien heran. Die Analyse der Kategorien ist für die Philosophie des Materialismus genau so wichtig wie für alle anderen Wissenschaften. Die absolute Gegenüberstellung von Determinismus und Zweckmäßigkeit erklärt sich zum Beispiel durch den Widerspruch zwischen dem deterministisch aufgefaßten Gesetz der natürlichen Zuchtwahl und dem Prinzip der anpassenden oder adaptiven Veränderlichkeit des Organismus. Die Anhänger der letzteren Theorie werden der Teleologie und des Vitalismus beschuldigt. Dabei wird aber nicht berücksichtigt, daß man in der Anpassungstätigkeit der organischen Körper eine der ersten Formen der Verwirklichung der Zweckmäßigkeit in unbewußter Form sehen muß, die erst bei Menschen einen bewußten Charakter annimmt. Der Begriff des Zieles muß dementsprechend verändert werden, man muß aus ihm das Element der Bewußtheit ausschließen. Die zielgerichtete Tätigkeit der elektronischen Schildkröte oder des einfachen Homeostaten von Ashby besteht darin, daß der umgekehrte Informationsstrom die Bewegung der Maschine entsprechend den außer ihr existierenden Bedingungen reguliert. Der Determinismus des umgekehrten Stromes — feed-back — ist ein von außen nach innen umgekehrter Determinismus, die umgekehrte afferente Verbindung im Nervensystem. Er verlangt das Schema einer einfachen, aber fundamentalen Form eines neuen Typs des Determinismus, die Form der Zweckmäßigkeit, der zielgerichteten Tätigkeit, das heißt einer Tätigkeit unter Berücksichtigung des Endeffektes. Der Begriff des Zieles tritt hier als Resultat eines solchen zweifachen Determinismus auf und hat, meiner Meinung nach, eine gewaltige Bedeutung sowohl für die Biologie als auch insbesondere für die Psychologie als Übergangswissenschaft von den Naturwissenschaften zu den Gesellschaftswissenschaften.

Die Zeit erlaubt es mir nicht, noch auf andere logische Kategorien einzugehen, die die gleiche Bedeutung für die Naturwissenschaft haben. Ich möchte zum Schluß nur noch darauf hinweisen, daß die Untersuchung der ideologischen Seite der theoretischen Interpretation der Naturwissenschaft nicht von äußerer Ähnlichkeit der Prinzipien ausgehen darf, nicht von oberflächlichen Analogien, sondern vom Wesen und von dem Geist der materialistischen Philosophie.

Dabei wird klar, daß die Streitgespräche über die kalte oder heiße Entstehung der Erde, über dynamische oder statistische Gesetze in der Mikrophysik, darüber, ob sich das Weltall ausbreitet oder nicht, oder auch darüber, welche Hybriden besser sind, liniengekreuzte oder sortengekreuzte, daß all diese Fragen bei weitem nicht ideologischen Charakters sind. Aber sie erfordern für ihre Lösung die Anwendung der Dialektik und insbesondere der dialektischen Fähigkeit zur Negierung veralteter Thesen und zur synthetischen Vereinigung organisch entgegengesetzter Gesichtspunkte hinsichtlich Erscheinungen, die aus der objektiven Widerspiegelung der Dinge selbst folgen. Der Beweis der Überlegenheit einer Theorie über eine andere wird zu einer Sache der Ansammlung eines genügenden Faktenmaterials, das diese Theorie beweist, zu einer Sache der Fähigkeit, am vollständigsten und am konkretesten die Erscheinungen des eigenen und der angrenzenden Anwendungsgebiete zu erläutern.

SCHLUSSWORTE DER REFERENTEN

Schlußwort von Akademiemitglied W. A. Fock. Das, was D. J. Blochinzew sagte, ist vom wissenschaftlichen Gesichtspunkt eine völlig ernsthafte Fragestellung, die man durchaus diskutieren kann. Aber mit dem Standpunkt D. J. Blochinzews stimme ich nicht überein. Welche grundlegende Frage stellte er? Es ist die Frage: „Kann man im atomaren Bereich die individuelle Erscheinung voraussagen oder nicht?“ Darauf kann man eine eindeutige Antwort geben. Wenn die Ungleichung Heisenbergs gerechtfertigt ist, ist es unmöglich, die individuelle Erscheinung vorauszusagen. Eben unter diesem Gesichtspunkt stellte Einstein die Frage nach der Voraussagbarkeit der individuellen Erscheinung im atomaren Bereich in seiner Diskussion mit Bohr. Alle Gedankenexperimente, die von Einstein ausgedacht und durch Bohr analysiert wurden, hatten das Ziel, die Ungleichung Heisenbergs zu umgehen, und da das nicht gelang, da jedesmal eine Ungenauigkeit in den Überlegungen aufgedeckt wurde, so ist man genötigt, auf die Frage — kann man die individuelle Erscheinung voraussagen oder nicht? — eine verneinende Antwort zu geben. Also muß man, um diese Frage ernsthaft zu stellen, mindestens auf solche Tatsachen hinweisen, die Mißtrauen in die Anwendbarkeit der Ungleichungen Heisenbergs säen könnten. Einstweilen ist das nicht der Fall, und mir scheint, daß es unmöglich ist, eine andere Antwort auf diese Frage zu geben, außer der, die die gewöhnliche statistische Quantenmechanik gibt.

Was das Suchen nach neuen Theorien betrifft, so ist das eine spezifische Frage. Hier wurde die Meinung ausgesprochen, daß die Quantenmechanik sozusagen Hinterland, nicht vorderste Front ist. Aber wenn man auch anerkennt, daß die Quantenmechanik Hinterland ist, so ist sie das Hinterland, das ungenügend gegen Angriffe von den verschiedensten Seiten verteidigt wurde. Wenn um die Quantenmechanik in der gewöhnlichen statistischen Auffassung nicht soviel Streit geführt worden wäre, dann wäre es auch hier auf unserer Beratung nicht notwendig gewesen, soviel darauf einzugehen, aber daß hier Streit geführt wurde, zeigt, daß die Frage aktuell ist.

Nun einiges zu den Hoffnungen, daß die zukünftige Feldtheorie die Quantenmechanik gewissermaßen überspringen wird, daß sie keine Entwicklung von ihr, sondern in gewissem Grade eine Widerlegung sein wird. Beispielsweise gibt es Hoffnungen darauf, daß eine andere Antwort auf die Voraussagbarkeit individueller Erscheinungen gegeben werden kann. Ich teile diese Hoffnungen durchaus nicht.

In seinen Darlegungen erinnerte D. J. Blochinzew an drei Standpunkte der Quantenmechanik, die nach seiner Meinung gegenwärtig existieren: der eine Standpunkt, das ist die gewöhnliche statistische Deutung der Quantenmechanik, die insbesondere meinem Referat zugrunde gelegt wurde, danach sprach Dimitri Iwanowitsch über seinen Standpunkt der Ensembles und zuletzt über den Standpunkt der Schüler de Broglies.

Was die Ensembles betrifft, so scheint mir, ist es unmöglich, das einen spezifischen Standpunkt zu nennen. In dem Maße, wie die Theorie der Ensembles eine bejahende Antwort auf die Frage nach der Voraussagbarkeit der individuellen Erscheinungen im atomaren Bereich als möglich voraussetzt und folglich eine Verletzung der Ungleichung Heisenbergs für nicht ausgeschlossen hält, in dem Maße fällt sie mit dem Standpunkt der Schule de Broglies zusammen. Aber die Fragen über den Zusammenhang des Begriffs des Ensembles oder der statistischen Gesamtheit mit dem Begriff der Wahrscheinlichkeit sind sehr leicht zu beantworten. Ebenso leicht beantwortet sich die Frage, welche Ensembles in der Quantenmechanik betrachtet werden müssen. Ich wiederhole in wenigen Worten die Lösung.

Wenn unter Ensemble eine statistische Gesamtheit zu verstehen ist, so kann man diesen Begriff als Gesamtheit der Verwirklichung der potentiellen Möglichkeiten deuten, die objektiv auch für individuelle Objekte existieren. So gibt es dann zwei Seiten — die Wahrscheinlichkeit und die Statistik. Darüber habe ich in meinem Referat gesprochen, ich will nicht wiederholen.

Was die Frage betrifft, welche Ensembles zu betrachten sind, so entspricht dem Ensemble oder der statistischen Gesamtheit eine bestimmte Wahrscheinlichkeitsverteilung für bestimmte Größen. Insofern aber in der Wellenmechanik die Wellenfunktion in sich die Wahrscheinlichkeitsverteilung nicht nur für eine Größe enthält, sondern für die mannigfaltigsten Größen — für die Koordinaten der Bewegungsgröße usw. —, kann die Wellenfunktion nicht mit bestimmten Ensembles zusammenfallen. So wird die Frage nach den Ensembles im engeren Sinne beantwortet, d. h. die Frage, welche Ensembles in der Quantenmechanik betrachtet werden.

Jetzt möchte ich noch über eine andere Bemerkung D. J. Blochinzews sprechen, über seine Behauptung, daß alle von ihm vertretenen Standpunkte gleichberechtigt sind. Damit bin ich entschieden nicht einverstanden. Die Ensembles führen zu keinem spezifischen Standpunkt. Der Standpunkt der Schüler de Broglies aber, den hier auch Prof. Terletzki verteidigt, stellt die Aufgabe so: Man nimmt das fertige Resultat aus der gewöhnlichen statistischen Quantenmechanik und versucht, dafür eine mechanistische Schlußfolgerung auszudenken, was erfolglos ist, denn wenn dieser Schluß auch noch für die Betrachtung der Wahrscheinlichkeit der Koordinaten taugt, so taugt er doch nicht für die Betrachtung der Wahrscheinlichkeit der Bewegungsgröße. So kann man kein einziges Resultat dieses Standpunkts als Aktivposten notieren.

Andererseits ist die gewöhnliche statistische Quantenmechanik außerordentlich reich an Resultaten. Es gibt keine Universität, kein Laboratorium für Physik, wo nicht ihre Resultate so oder anders ausgearbeitet wurden.

Im Zusammenhang damit möchte ich noch eine Frage berühren, und zwar die folgende. Wir mir scheint, stützt sich Prof. Terletzki in seinem Beitrag, und in jedem Fall tun es die Gelehrten der Schule de Broglies in ihren Büchern, auf Erwägungen philosophischer Art. Sie sagen, daß die statistische Quantenmechanik vom Standpunkt des Materialismus unzuverlässig ist und daß der Materialismus direkt zwingt, sich mit jener Richtung zu befassen, die annimmt, daß hinter den Wahrscheinlichkeiten irgendein Mechanismus verborgen ist. Mir scheint, daß man sich auf keinen Fall diesem Standpunkt anschließen kann. Es ist sogar seltsam, daß materialistische Gelehrte einen solchen Standpunkt vertreten. Es gibt doch dabei einerseits eine in höchstem Grade nützliche, an Ideen reiche, produktive Theorie — und ihr argwöhnt man vom Standpunkt des dialektischen Materialismus; andererseits gibt es eine Theorie, die nicht dem Kriterium der Praxis entspricht — und sie steht unter dem Schutz des dialektischen Materialismus. Eine solche Auffassung des Materialismus und seiner Rolle bei der Entwicklung der Wissenschaft von der Natur ist unzulässig, und keiner von uns, dessen bin ich sicher, kann mit ihr übereinstimmen.

So scheint mir, daß im Bereich der Atomphysik die Anwendung des dialektischen Materialismus nicht im Versuch der Reduktion auf alte Schemata bestehen darf, sondern im Verständnis dieser „seltsamen" Erscheinungen in der Natur, deren Existenz Lenin voraussagte, von einem breiteren Standpunkt.

*

Schlußwort des Mitglieds der Akademie der Wissenschaften der Ukrainischen Sozialistischen Sowjetrepublik M. E. Omeljanowski. Zu meinem Referat gab es wenig Einwände. Ich nehme an, daß die Hörer im wesentlichen mit dem Referat einverstanden sind. Ich möchte auf diese wenigen Einwände eingehen.

Erlauben Sie mir, vor allem auf eine Frage zu antworten, die mir gestellt wurde: „Im Referat wurde gesagt, daß es in der alten Physik häufig keinen Hinweis auf die neuen Theorien und Konzeptionen gibt. Wie meinen Sie das — keinen Hinweis? Insbesondere verteidigen Sie die Idee von der Existenz der Teilchen-Welle. Kann man annehmen, daß man in der alten Physik keinen Hinweis auf die Teilchen-Welle findet, was im gegebenen Fall heißt, daß es einen Riß zwischen alten und neuen Vorstellungen gibt."

Mir scheint, diese Frage muß man richtigstellen. Ein Hinweis, das ist eine schwache Ähnlichkeit mit irgendetwas. Gibt es in der klassischen Physik eine schwache Ähnlichkeit mit der Quantenmechanik? Mir scheint, daß das nicht der Fall ist, obwohl das ganz und gar nicht bedeutet, daß die klassische Physik und die

Quantenmechanik losgerissen voneinander sind. Im Gegenteil. Es gibt verschiedene Übergänge. Im gegebenen Fall, wenn man vom Zusammenhang der klassischen Physik und der Quantenmechanik spricht, dann liegt, wie ich sagen würde, ein solcher Übergang vor, der die Bezeichnung dialektischer Übergang trägt. Wie unterscheidet er sich vom nichtdialektischen? Lenin sagte: durch den Sprung, die Widersprüchlichkeit, durch die Unterbrechung der Allmählichkeit. Im gegebenen Fall liegt das auch vor. Wenn man über das Verhältnis der klassischen und der Quantenmechanik spricht, so scheint es mir, daß dies genügend plastisch ausgedrückt ist wohl auch in der Tatsache, daß die klassische Mechanik ebenso ein Grenzfall der Quantenmechanik ist, wie sie ein Grenzfall der Relativitätstheorie ist. Darüber muß man sich Gedanken machen. Das zeigt sich insbesondere in den bekannten Ergebnissen und Tatsachen. Wenn Akad. Landsberg beispielsweise den Photoeffekt deutete, so beschränkte er sich nicht, wie man es gewöhnlich macht, nur auf den Hinweis auf die korpuskularen Eigenschaften, sondern unterstrich auch das Auftreten der Welleneigenschaften. Das ist eben das Herangehen, das, von meinem Standpunkt aus, die Dialektik fordert.

Unter anderem ist das eines der interessantesten Momente in dem bekannten „Kursus über Optik“ von Akad. Landsberg; gut ist auch sein Lehrbuch „Elementarphysik“. Es wäre sehr nützlich, wenn unsere Philosophen, die nicht genügend die Physik kennen, dieses Buch lesen würden. Mir scheint, daß diese Frage ebenso gelöst werden muß.

Jetzt eine Bemerkung zu der hier vertretenen Meinung, daß die Theorie der Elementarteilchen in den Referaten angeblich vergessen worden wäre, und zu den auf der Konferenz gestellten Fragen, die sich auf das „Hinterland“ der Wissenschaft beziehen. Diese Meinung wurde durch einige Kollegen vertreten — sowohl durch Physiker als auch durch Philosophen, wobei ich glaube, daß der Aspekt bei den Physikern richtiger war als bei den Philosophen.

Wie steht die Frage eigentlich? Vor allem über die Theorie der Elementarteilchen wurde gesprochen, insbesondere in meinem Referat. Hier sagte ein Kollege, daß im Referat darüber überhaupt nichts gesagt wurde. Das ist falsch. Es wurde etwas gesagt. Vielleicht möchte man, daß mehr gesagt worden wäre, aber das ist schon eine andere Frage. In der Hinsicht, in der sich meine Opponenten äußerten, wurde gesprochen, und zwar über die Notwendigkeit der Veränderung der raumzeitlichen Begriffe, über die Notwendigkeit der Veränderung der Prinzipien der Quantenmechanik, über das Problem der Kontinuität und Diskontinuität und anderes. Es besteht keine Notwendigkeit, jetzt alles das zu wiederholen, man kann sich einfach an das Referat halten. Freilich wurde im Referat nichts gesagt über das letzte Programm, das Heisenberg realisiert — und das nicht erfolglos —, nichts über die einheitliche Theorie der Materie. Aber mein Referat war früher veröffentlicht worden als das Programm Heisenbergs. In meinem Beitrag sagte ich über dieses Programm nur soviel, wie mir die Zeit erlaubte. Alles das sage ich nicht deshalb, um mich zu rechtfertigen, sondern deshalb, um die Wahrheit ins Gedächtnis zu rufen. Mir scheint, daß, obgleich die Relativitätstheorie und die Quantentheorie, wenn man sie vulgär wiedergibt, einen genügend langen Bart haben, sie dennoch kein philosophisches Hinterland sind, wie das einer der Philosophen hier sagte. Mir scheint, Wladimir Alexandrowitsch Fock gab eine erschöpfende Auskunft darüber. Wenn die Sache anders gewesen wäre, wären nicht in den „Physikalischen Blättern" — der bekannten deutschen physikalischen Zeitschrift —, in vielen amerikanischen und englischen Zeitschriften in den vergangenen Jahren soviel Diskussionen und Artikel über philosophische Probleme der Quantenmechanik und der Relativitätstheorie zu finden gewesen, wobei als Autoren der Artikel solche bedeutenden Physiker wie Heisenberg, Bohm und viele andere auftraten. Handelt es sich hier denn um philosophisches Hinterland? Es ist eine andere Sache, daß jetzt tatsächlich die Theorie der Elementarteilchen in der Physik in den Vordergrund rückte. Es ist selbstverständlich, daß man sich ernsthaft mit den Problemen beschäftigen muß, die sich hieraus ergeben und die für den dialektischen Materialismus große Bedeutung haben — und es ist beabsichtigt, das zu tun. Ich denke, daß sich unsere Konferenz mit dem Plan der philosophischen Arbeit in der Naturwissenschaft bekannt macht, in dem gerade Probleme der Art enthalten sind wie die philosophischen Fragen der Theorie der Elementarteilchen. Außerdem beabsichtigen wir, eine Konferenz in anderthalb Jahren durchzuführen, die den Fragen der Theorie der Elementarteilchen gewidmet ist.

Ich gehe zum Beitrag des Gen. Perfiljew über, in dem nicht so sehr über die Fragen, die in meinem Referat „Lenin und die philosophischen Probleme der modernen Physik" enthalten sind, gesprochen wurde, wie über mein Buch „Philosophische Fragen der Quantenmechanik".

Mir scheint, daß es hier nicht ganz angebracht ist, Gen. Perfiljew zu antworten, wenn man berücksichtigt, daß das Thema seines Beitrags mein Buch ist; auf der Konferenz wurde über anderes gesprochen, aber dennoch muß man zwei, drei Bemerkungen machen.

Gen. Perfiljew wendet sich dagegen, daß im Buch über die Einheit der dynamischen und statistischen Gesetzmäßigkeiten und anderes gesprochen wird, indem man sich auf die Quantenmechanik beruft. Aber die Sache ist die, daß bei mir von der Einheit der dynamischen und statistischen Gesetzmäßigkeiten in der *Natur* gesprochen wird, die Quantentheorie ist jedoch *Theorie*, und folglich ist die Beziehung dynamische und statistische Gesetzmäßigkeiten in der Quantentheorie ein besonderes Problem. Es ist hinreichend, soweit es möglich war, in meinem Buch betrachtet worden. Die Behauptung des Gen. Perfiljew: Wenn die Quantenmechanik eine statistische Theorie ist und nichts über dynamische Gesetzmäßigkeiten aussagt, so widerspricht das der These, daß in der Natur die Einheit der statistischen und dynamischen Gesetzmäßigkeiten existiert — bedeutet, daß Genossen Perfiljew ein Mißverständnis unterlaufen ist. Ein einfaches Beispiel erklärt meinen Gedanken. Die Statistik kann berechnen, daß in einer bestimmten Stadt im Verlauf einer bestimmten Zeit soundsoviel Opfer von Autounfällen sein werden. Aber das bedeutet ganz und gar nicht, daß der, der betroffen wurde, von der Einwirkung einer „dynamischen" Gesetzmäßigkeit frei ist. Und gleichzeitig erlaubt die Statistik nicht, zu bestimmen, daß gerade diese Person unter das Auto gerät und keine andere.

So sind die Einheit der dynamischen und statistischen Gesetzmäßigkeiten in der Natur und die statistische Theorie verschiedene Dinge, und man darf sie nicht verwechseln.

Es wurde durch Gen. Perfiljew die Frage gestellt: Wenn man über die Begründung der Quantenstatistik spricht und Omeljanowski meint, daß diese Begründung in der korpuskular-wellenförmigen Eigenschaft der Mikroobjekte liegt, so ist das falsch, und hier hat Akad. Fock recht, der seine bekannten Sätze zu dieser Frage aufstellte. Aber gleichzeitig muß man auch die These unterstützen, hebt Gen. Perfiljew hervor, daß die Begründung der Quantenstatistik auf dem unlösbaren Zusammenhang des Teilchens und der Umgebung beruht.

Aber das, was Akad. Fock zu dieser Frage schreibt, und jene Thesen, die Gen. Perfiljew zu ergänzen für möglich hält, stimmen nicht miteinander überein. Eines kann nur sein. Mir scheint jedoch, daß dieser Gedanke, der, obwohl er ganz und gar nicht meiner ist, in meinem Buch entwickelt wurde, im Wesen der Sache übereinstimmt mit dem, was Akad. Fock zu dieser Frage schrieb, und überhaupt mit ganz elementaren Dingen in der Quantenmechanik zusammenfällt.

Als Beispiel lese ich aus dem Lehrbuch „Atomphysik“ von Prof. Schpolski vor: „Die Existenzmöglichkeit von Zuständen, in denen diese oder jene mechanische Größe keinen bestimmten Wert besitzt, ist eine der charakteristischen Besonderheiten der Quantenmechanik. Sie ergibt sich letzten Endes aus der dualistischen Natur der Mikroteilchen“ (deutsche Ausgabe Bd. II, S. 25).

Das Letzte betrifft schließlich meine „Fluktuationen“. Es scheint, als ob Omeljanowski in seinem Buch die Idee Blochinzews über die Quantenensembles und im Referat die Idee von Akad. Fock unterstützt. Die Wellenfunktion bezieht sich auf ein einzelnes Objekt, und das ist eben die „Fluktuation“. Ich fürchte, daß hier ein gewisses Mißverständnis vorhanden ist, weil Fluktuationen dann vorkommen, wenn es Massenerscheinungen, Statistik gibt, und hier gibt es nicht nur keine Statistik, sondern auch keine einfache objektive Beschreibung.

Ich bleibe bei der Ansicht, daß ein Gelehrter, wie auch Voltaire sagte, sich verändert, und wenn er sich nicht verändert, dann ist er dumm. Es ist natürlich, daß ein Gelehrter das Recht hat, bei bestimmten Bedingungen seinen Standpunkt zu verändern. Aber wie? Indem er den Kampf für die Wahrheit führt, ihre prinzipiellen Thesen verteidigt und entwickelt, indem er das Fremde, Unnötige, Falsche aufgibt und sich vorwärts bewegt. Mir scheint, daß ich versucht habe, soweit es mir die Möglichkeiten erlaubten, das zu tun; aber ich denke, daß nicht nur ich so verfahre, auch größere Gelehrte verfahren so.

Erlauben Sie mir, in diesem Zusammenhang auf die Entwicklung der Anschauung von Akad. Fock von der Wellenfunktion einzugehen. Daß W. A. Fock ein großer Gelehrter ist, ist allen gut bekannt, aber er verteidigt den dialektischen Materialismus auch so, daß es gut wäre, wenn unsere Philosophen ihn so verteidigen würden. Das ist meine tiefe Überzeugung.

Zum Beispiel schrieb W. A. Fock in seinem einleitenden Artikel zur bekannten Diskussion zwischen Einstein und Bohr insbesondere folgendes: „Zu den objektiven Begriffen gehört nicht der Begriff des Zustands im quantentheoretischen Sinne. In der Quantenmechanik beschreibt die Wellenfunktion keinen Zustand im gewöhnlichen Sinn, sondern eher Angaben über den Zustand."

Die Formulierung und die Theoreme sind hier derart, daß die Philosophen sie nicht annehmen können, obgleich das nicht bedeutet, daß hier Fock den Idealismus und Agnostizismus verteidigt.

Noch eine Aussage über die Wellenfunktion aus einer späteren Arbeit W. A. Focks: „Wir betrachten den Standpunkt als richtig, gemäß dem die Wellenfunktion einen realen Zustand der Mikroobjekte widerspiegelt. Der Begriff des Zustands selbst ist in der Quantenmechanik eng mit dem Begriff der Wahrscheinlichkeit verbunden." Hier wurde schon genauer die Idee von der Realität des Zustands ausgesprochen.

Jetzt die letzte Formulierung, die in dem Referat angeführt wurde, das wir auf unserer Konferenz erörtern: „Der von der Wellenfunktion beschriebene Zustand des Objekts ist objektiv in dem Sinne, daß er eine objektive (vom Beobachter unabhängige) Charakteristik der potentiellen Möglichkeiten dieses oder jenes Resultats der Wechselwirkung des atomaren Objekts mit dem Gerät darstellt. Im gleichen Sinne bezieht er sich eben auf das gegebene einzelne Objekt. Jedoch ist dieser objektive Zustand noch nicht in dem Sinne ein wirklicher, da für das Objekt im gegebenen Zustand die genannten potentiellen Möglichkeiten sich noch nicht verwirklicht haben." Und so weiter.

Die letzte Formulierung widerspiegelt, wie mir scheint, sehr klar in der Quantenmechanik das, was der Philosoph die Umwandlung der Möglichkeit in Wirklichkeit genannt hätte. Von diesem Standpunkt ging auch ich in meinem Referat an die Wellenfunktion heran, als ich schrieb, daß sie sich auf ein einzelnes Objekt bezieht.

Wenn man aber die entsprechende Stelle meines Referats vollständig liest, so sehen Sie, daß ich dort eben unterstreiche, daß die objektive Möglichkeit in Wirklichkeit übergeht und ich von diesem Standpunkt die Wellenfunktion in der Auffassung W. A. Focks für die richtige halte. Aber zugleich unterstreiche ich, daß auch Prof. Blochinzew in seiner Idee des Quantenensembles die Aufmerksamkeit auf die „Wirklichkeit" lenkte, wie es die Philosophen gesagt hätten. Mit anderen Worten: Das Herangehen von Akad. Fock und Prof. Blochinzew schließen einander keineswegs aus, wie es auf den ersten Blick erscheint.

Zuletzt möchte ich Prof. Shmudski antworten. Er trat hier sehr feurig auf und erklärte, daß das, was von mir über die Krise der Physik gesagt wurde, unrichtig, unbewiesen ist, letzten Endes großen Schaden bringt usw. usf. Er brachte eine ganze Reihe angeblicher Argumente herbei, ein großes, so schien es, Tatsachenmaterial für die Verteidigung seiner Position usw. Aber darüber habe ich in meinem Referat auch gesprochen, jedoch wurde es anders gesagt. In welcher Hinsicht habe ich darüber gesprochen?

Um welche Krise der Physik geht es? Mir schrieb Prof. Shmudski zu, daß ich über zwei Physiken sprach: die Physik der kapitalistischen Welt und die Physik der Welt des Sozialismus. In Wirklichkeit geht es um etwas anderes: eben um die Krise der philosophischen Grundlagen der Physik. Gerade über diese Krise schrieb Lenin im „Materialismus und Empiriokritizismus“. Um diese Frage genau zu beantworten, muß man sich an die Definition der Krise der Physik halten, die W. I. Lenin gab. Dort spricht er beiläufig darüber, daß die Philosophen es nicht lieben zu definieren, daß man aber genau definieren muß.

W. I. Lenin gab immer genaue Definitionen. Er schrieb über die Krise, daß „in philosophischer Hinsicht das Wesen der ‚Krise der modernen Physik‘ darin besteht, daß die alte Physik in ihren Theorien ... die Widerspiegelung einer objektiven Realität sah. Die neue Strömung in der Physik sieht hingegen in der Theorie nur Symbole, Zeichen, Merkmale für die Praxis ...“. Oder noch eine andere Stelle: Die Krise der Physik besteht „in ihrem Zurückweichen vor der direkten, entschiedenen, unabänderlichen Anerkennung des objektiven Werts ihrer Theorie“.

So geht es in der Philosophie darum, wie die philosophischen Probleme der Physik gelöst werden. Aber wie werden sie durch die Ideologen der kapitalistischen Länder gelöst? Ebenso wie durch die Ideologen der sozialistischen Welt? Nein, sie werden vollkommen verschieden gelöst. Wenn die Sache anders wäre, dann wären nicht Amerika, die kapitalistischen Länder Europas usw. durch idealistische Literatur über philosophische Fragen der Naturwissenschaft überschwemmt. (In meinem Referat wurde das entsprechende Material angeführt.) Wenn die Sache anders wäre, würden die marxistischen Philosophen nicht den Kampf mit den philosophischen Idealisten in den kapitalistischen Ländern um die Naturwissenschaftler führen, die es zum dialektischen Materialismus zieht, aber die durch die sozialen Bedingungen, in denen sie sich befinden, so oder anders dem Einfluß des Idealismus unterliegen. Nicht zufällig breitete sich der Positivismus in dieser oder jener Form in der Naturwissenschaft Westeuropas und Amerikas aus. Diese bekannte Tatsache wurde auch in meinem Referat unterstrichen. Im Referat wurde auch gesagt, daß die Krise der Physik, über die Lenin schrieb, in unserer Zeit sich vertieft hat und neue Formen annahm, die sich in einem scharfen Kampf der materialistischen und idealistischen Strömungen in der modernen Physik widerspiegeln.

Der dialektische Materialismus bestätigt sich in unserer Zeit immer mehr und mehr in der Physik, wenn sie ihre philosophischen Fragen löst, und der Kampf zwischen materialistischen und idealistischen Richtungen in den philosophischen Fragen der Physik entwickelt sich in unserer Zeit als Kampf zwischen dialektischem Materialismus und Idealismus. Jetzt kämpfen die Philosophen der kapitalistischen Welt, sowohl bedeutende als auch unbedeutende, eben gegen den dialektischen Materialismus! Das fühlten wir auch sehr gut, als die Delegation unserer Philosophen, die von Akad. Mitin geleitet wurde, auf dem Kongreß in Venedig, der vor kurzem stattfand, mit bürgerlichen Philosophen zusammentraf. Das ist es, warum es unmöglich ist, mit Prof. Shmudski übereinzustimmen. Es ist notwendig, in unseren Arbeiten den Inhalt der Krise der Physik tiefer aufzudecken, die neuen Formen und Erscheinungen der Krise zu zeigen; es ist notwendig, gegen den modernen

Idealismus zu kämpfen, insbesondere gegen den Neothomismus, der versucht, die Physik unter seine Herrschaft zu bringen. Deshalb steht die Sache in den kapitalistischen Ländern mit den philosophischen Grundlagen der Physik keineswegs so günstig, wie es sich faktisch aus den Behauptungen Prof. Shmudskis ergibt.

So scheint mir, muß man die Frage beantworten; deshalb kann ich nicht mit Prof. Shmudski übereinstimmen, daß in den kapitalistischen Ländern die Krise der Physik nicht existiert. Die Fragestellung nach der Krise der Physik durch Gen. Shmudski hebt in der Tat die Notwendigkeit des Kampfes des dialektischen Materialismus gegen den Idealismus in den philosophischen Fragen der Naturwissenschaft auf, und das ist nur für die Gegner des Marxismus nützlich.

*

Schlußwort von B. M. Kedrow. Zunächst nur einige Bemerkungen. Erstens zur Überlegung M. N. Rutkewitschs über die Wärme, die analog zur mechanischen Bewegung allgemeinen Charakter hat und die nicht an bestimmte materielle Träger gebunden ist. Die letzte These ist richtig und in meinem Vortrag wird gerade dieser Gedanke betont. Die Analogie mit der mechanischen Bewegung ist jedoch nicht vollständig.

Zweitens. Ich bin sehr erfreut, feststellen zu können, daß in den Diskussionsbeiträgen der Gedanke, daß die chemische Bewegungsform als besondere Form existiert, Unterstützung erhielt, worauf B. W. Jerofejew u. a. hinweisen.

Drittens zur geologischen Bewegungsform. Es ist schade, daß keine Geologen sprachen. Der Beitrag M. N. Rutkewitschs war nicht gegen, sondern für die Anerkennung dieser Form, weil die Anerkennung der Tatsache, daß die physikalische, mechanische und chemische Bewegungsform eine gewisse Einheit bilden und innerhalb der geologischen Gebilde wirken, die Anerkennung des Vorhandenseins von etwas qualitativ von der mechanischen, chemischen und physikalischen Bewegungsform, jede für sich betrachtet, Verschiedenem bedeutet. Das ist ein ganzer Komplex, der durch seine Unteilbarkeit etwas qualitativ Neues ist. Ich nenne das die geologische Bewegungsform, aber M. N. Rutkewitsch einen Komplex. Wenn das so ist, dann unterscheiden wir uns nur durch Worte.

Viertens. Ich erhielt einen Zettel, der den Weismannismus betrifft. Wer die Lage auf dem Gebiet der Vererbungslehre verfolgt hat (aber das ist nicht Gegenstand unserer Konferenz, sondern Gegenstand einer besonderen Diskussion), weiß, wie jäh sich sowohl die theoretischen Vorstellungen als auch die experimentellen Angaben im Zusammenhang mit der Entdeckung der stofflichen Träger bestimmter biologischer Eigenschaften veränderten. Im Ergebnis wurde der Weismannismus, der die Träger biologischer Eigenschaften auf einen phantastischen, erfundenen, unerkennbaren und isolierten „Stoff" zurückführte, durch die Entwicklung der Wissenschaft selbst zerschlagen. Gerade das meinte ich auch.

Eine große Rolle spielt die Terminologie. Ich kann das leider nicht entwickeln. T. N. Gornstein sprach mit mir in der Pause ausführlich darüber. Wenn schon Fragen der Terminologie präzisiert gewesen wären, dann wären nicht solche Mißverständnisse, wie die Voraussage des Positrons Lenin zuzuschreiben, vorgekommen. Lenin ging es um die Frage nach der Verteilung der positiven Ladung, was danach in den Vorstellungen über den Atomkern verwirklicht wurde. Oder es wäre nicht eine solche Lage eingetreten, daß einige Philosophen vorschlugen, den dialektischen Materialismus in die Naturwissenschaft mit Hilfe verschiedener Termini einzuführen: nicht „Verbindung und Dissoziation der Atome“, sondern „Grundwiderspruch der Verbindung und Dissoziation der Atome“. Natürlich bringt uns das nicht weiter.

Philosophen und Naturwissenschaftler gebrauchen viele Begriffe manchmal in verschiedener Bedeutung, mitunter sogar auch in ein und derselben Arbeit. Beispielsweise gebrauchen die Physiker, von den Biologen ganz zu schweigen, den Terminus „Masse“ in verschiedenen Bedeutungen, so daß Unklarheiten nicht ausbleiben können und die Durchführung von Diskussionen sehr erschwert wird. All das zeigt die Notwendigkeit einer stärkeren Arbeit zur Präzisierung einer wissenschaftlichen Terminologie, wobei man sie in Übereinstimmung mit dem wirklichen Inhalt der Begriffe durchführen muß.

In diesem Zusammenhang möchte ich bemerken, daß die Bestimmung des Gegenstandes der einzelnen Wissenschaften enorme Bedeutung hat, aber bisher leidet sie unter großer Unbestimmtheit. Versuchen Sie einmal zu bestimmen, was Physik, was Chemie ist. Und einer der Diskussionsredner versuchte eine neue Definition der marxistischen Philosophie zu geben, in der er die These in Zweifel stellte, daß sie die Wissenschaft von den allgemeinsten Entwicklungsgesetzen ist, mit der Begründung, daß das Gesetz etwas Dauerhaftes ist, aber es in der Dialektik nötig sei, die Widersprüche zu unterstreichen. Aber eines der Grundgesetze der Dialektik ist das Gesetz vom Widerspruch, das den Kern der Dialektik erfaßt. Deshalb ist es lächerlich, hier Gesetz und Widerspruch entgegenzusetzen.

Eine wichtige Frage, die in der Rede M. N. Rutkewitschs berührt wurde, bei der ich verweilen möchte und zu der ich einen Zettel erhielt, betrifft die „Elementar“-teilchen. Tatsächlich wurde diese Frage in meinem Vortrag fast nicht beleuchtet. Sie lautet: Kann man die Bewegung dieser Teilchen für eine besondere Grundform der Bewegung halten, die nicht zu der physikalischen Form gehört, oder ist sie als eine Bewegungsform, die innerhalb der physikalischen Form existiert, anzusehen? Ich halte an der zweiten Antwort fest, daß dies eine besondere physikalische Bewegungsform ist, die von früher bekannten verschieden ist.

In den Reden D. D. Iwanenkos, D. J. Blochinzews, E. Kolmans wurde diese Frage, wie mir scheint, von verschiedenen Standpunkten beleuchtet, und dies zeigt, daß eine Menge philosophischer Probleme entstehen, die die Wechselwirkung der einfachsten uns bis jetzt bekannten Bewegungsformen mit anderen, schon früher untersuchten Bewegungsformen betreffen.

Gleichzeitig wäre die Fehlerhaftigkeit des Standpunktes von M. N. Rutkewitsch zu bemerken. Er meint, daß in bezug auf die Elementarteilchen angeblich das Problem der Subordination abgeschafft würde und alle Beziehungen sich nur auf die Frage ihrer Koordination reduzierten. Subordination setzt Entwicklung voraus, aber Koordination setzt Koexistenz voraus. Man kann aber nicht sagen, daß die ganze Skala komplizierter werdender „Elementar"teilchen — von den einfachsten bis zu den kompliziertesten — keine Entwicklungsreihe der Materie, sondern nur eine Reihe koexistierender Teilchen ist. In Wirklichkeit findet doch hier Entwicklung statt, und alle Umwandlungen der Teilchen beweisen das. Darum wäre es falsch, hier undialektisch die Frage so zu stellen: nicht Subordination, sondern Koordination.

Mir gefällt die Idee D. I. Blochinzews über den „verrückten" Gedanken, den man finden muß, den man vorbringen muß, um einen echten Umschwung in den früheren physikalischen Anschauungen über die Diskretheit der Materie, ihre Eigenschaften und Gesetzmäßigkeiten durchzuführen. Zweifellos ist diese These richtig, aber man muß sie richtig verstehen. Man muß sich hineindenken in das Beispiel, das D. I. Blochinzew selbst anführt. Es zeigt, daß die bedeutenden Entdeckungen, die in der letzten Zeit gemacht wurden, nicht darin bestanden, daß die alten Begriffe vollständig verworfen wurden, sondern darin, daß Begriffe, die für ein Gebiet physikalischer Erscheinungen angewendet wurden, daraufhin auch auf solche Gebiete ausgedehnt wurden, die früher dafür vollkommen unpassend schienen, und die Ungewöhnlichkeit bestand gerade darin, daß zum Beispiel die Begriffe Atomismus, Diskontinuität, Diskretheit, die früher nur auf den Stoff angewendet wurden, von Planck und Einstein auf die Energie (Wirkungsquanten) und auf das Licht (Photonen) ausgedehnt wurden.

Doch wenn D. I. Blochinzew über die Quantentheorie Plancks spricht, hat er im Auge, daß der Begriff Diskretheit, der sich schon früher auf den Stoff bezog, d. h., der in bezug auf ein Gebiet von Naturerscheinungen ausgearbeitet war, auf einmal auf ein anderes Gebiet ausgedehnt wurde, und „verrückt" mußte damals gerade diese Ausdehnung des schon Bekannten auf Neues, Unbekanntes erscheinen, d. h. eine Vorstellung, die man früher für völlig unvereinbar mit der Physik gehalten hätte, die die Energie als stetige Größe, das Licht aber als reinen Wellenprozeß behandelte.

Nehmen Sie die Quantenmechanik, hier ist im Prinzip dasselbe Bild, ist eine ebensolche Ausdehnung von Begriffen vollzogen, aber nur aus dem Gebiet des Lichtes auf das Gebiet des Stoffes. Die Vorstellung über die Wellennatur des entsprechenden physikalischen Objektes (das Licht) wurde hier auf den Stoff ausgedehnt. Es fand gleichsam ein Erfahrungsaustausch zwischen Optik und Lehre vom Stoff statt. Es ist selbstverständlich nicht die Rede von der mechanischen Übertragung der Begriffe aus einem Gebiet der Physik auf ein anderes, denn Photon und Wirkungsquant sind etwas qualitativ von chemischen Atomen und Molekülen Unterschiedenes. Es ist nur die Rede von der Ausdehnung einer allgemeinen Idee, eines allgemeinen Prinzips, einer allgemeinen Gesetzmäßigkeit, die den entsprechenden Begriffen zugrunde liegen.

Nehmen Sie weiter das periodische Gesetz und überhaupt eine beliebige der bedeutendsten naturwissenschaftlichen Entdeckungen der letzten Zeit und Sie sehen, wesentlich gerade ist, daß aus Begriffen, die schon früher gebildet wurden als Elemente oder „Bausteine“, gleichsam das neue Gebäude kombiniert und gebaut wird, in dem sich ein neuer, unerwarteter und ungewöhnlicher Zusammenhang der Erscheinungen enthüllt. So muß man auch hier die Frage stellen.

Das Verdienst Heisenbergs besteht auch darin, daß er von früheren „Bausteinen“ jene aufbewahrt, welche schon zugeschnitten sind, aber er versucht das Gebäude aus diesen „Steinen“ aufs Neue aufzubauen. Aber wenn wir erklären, daß man nicht nur einen neuen Bau errichten muß, sondern daß auch selbst die „Steine“ weggeworfen werden müssen, dann stellen wir tatsächlich der Wissenschaft eine unlösbare Aufgabe.

Bei Mendelejew gibt es ein vortreffliches Wort. Er sagte, daß in der ideellen Welt genau wie in der materiellen Welt aus nichts nichts entsteht, daß folglich eine gesetzmäßige Aufeinanderfolge der Ideen vorhanden ist. Und wenn M. N. Rutkewitsch zu E. Kolman sagte, daß man die Idee Heisenbergs nicht als seine Art der Rückkehr zum Apeiron Anaximanders betrachten dürfe, so nahm er an, daß das Apeiron etwas Qualitätsloses, eine Urmaterie ist, auf welche man natürlich die qualitative Mannigfaltigkeit der „Elementar“teilchen nicht reduzieren darf. Dabei berief sich M. N. Rutkewitsch darauf, daß E. Kolman dies als „Negation“ erhält, aber dies ist kein Beweis. Soviel mir bekannt ist, bezweifelte E. Kolman ebenso wie auch M. N. Rutkewitsch gelegentlich die Allgemeinheit des Gesetzes der „Negation der Negation“. Indessen ist natürlich keineswegs die Rede davon, daß man die qualitativ verschiedenen Teilchen auf eine einheitliche qualitätslose Materie, ähnlich dem alten Apeiron reduziert, d. h., daß man sich auf den Standpunkt des Mechanizismus stellt, und ich habe den Beitrag E. Kolmans nicht so verstanden. Es ist die Rede davon, daß man an Stelle einiger -zig heute noch isolierter Teilchen eine Vorstellung über eine einheitliche Kette ihrer Entwicklung einführt, wo jedes Teilchen selbst ein Glied darstellt, das in einer folgerichtigen Ordnung unter Einhaltung bestimmter Bedingungen der allgemeinen Gleichung, die gegenwärtig Heisenberg zu finden versucht, gesetzmäßig entsteht. In diesem Sinne, und gerade darin, daß die Entwicklung der Vorstellung über die „Elementar“teilchen sich in Richtung der Aufdeckung der tiefen Grundlagen der Idee von der Einheit der Welt bewegt, zeigt sich nach meiner Ansicht eine bestimmte Art „Negation der Negation“. Das gab es nicht nur in der antiken Philosophie, als an Stelle der qualitativen Mannigfaltigkeit verschiedenartiger „Prinzipien“ das Apeiron von Anaximander gesetzt wurde, nicht nur in der mechanistischen Naturwissenschaft, als an Stelle der getrennten „tria prima“ der Alchimisten die primären Korpuskeln Boyles gesetzt wurden, sondern auch im XIX. Jahrhundert, als an die Stelle vieler isolierter „Kräfte“ und „Fluida“ ein einheitlicher Energiebegriff trat, und an Stelle vieler vereinzelter chemischer Elemente ihr System, das sie einem einheitlichen periodischen Regime unterwarf und danach sich eine einheitliche Auffassung des Elektronenaufbaus des Atoms bildete. Lenin sagte nicht zufällig, daß der wirkliche Inhalt der Phrase über die „Ersetzung“ der Materie durch Elektrizität, über das „Verschwinden der Materie“ eine Anerkennung der Tatsache ist, daß die Naturwissenschaft zur Einheit der Materie gelangt.

Im Grunde genommen sehen wir das in unserer Zeit. Obwohl M. N. Rutkewitsch das ironisch sagte, haben wir hier der Sache nach wirklich „Negation der Negation" und gleichzeitig eine konkrete Bestätigung jenes Gedankens Mendelejews, über den ich schon sprach.

Aus dem Arsenal von philosophischen und naturwissenschaftlichen Ideen wählen die modernen Naturwissenschaftler diejenigen aus, die früher auf ein gegebenes Gebiet von Erscheinungen nicht anwendbar schienen, konkretisieren sie, verwandeln sie in eine naturwissenschaftliche Theorie und vollbringen damit einen Umschwung in den theoretischen Vorstellungen. Darin besteht auch jene „Verrücktheit", im Sinne von Ungewöhnlichkeit, Seltsamkeit, über die D. I. Blochinzew sprach.

Im Zusammenhang damit möchte ich einen Gedanken untersuchen, der vor mehr als 12 Jahren von mir geäußert wurde. Eine dieser „verrückten" Ideen ist der Versuch, die Idee der Periodizität, die sich auf ein ganz bestimmtes Objekt bezog, und zwar auf chemische Elemente, weiter auszudehnen, und diese Idee auf „Elementar"teilchen anzuwenden. Das ist deshalb eine der „verrückten" Ideen, weil sie bis jetzt unzulässig, unmöglich schien.

Und warum sollte man dies nicht tun? Auf einmal erweist sich, daß diese Ausdehnung einer Idee, die schon eine Bestätigung in einem Gebiet der modernen Naturwissenschaft erhalten hatte, den Schlüssel zum Verständnis der Natur der „Elementar"teilchen gibt. Und dann kann man statt von der „Urmaterie", über die D. D. Iwanenko sprach, von einer fundamentalen Eigenschaft der „Elementar"-teilchen sprechen, die periodischen Charakter hat. Wenn sich jedoch die Idee als nicht stichhaltig erweist, wie das in solchen Fällen häufig vorkommt, so kann eine Kritik dieser Idee den Physikern helfen und sie auf andere fruchtbarere und richtigere Gedanken führen.

Zum Schluß möchte ich bemerken, daß in bezug auf das Verhältnis der Bewegungsformen alle Diskussionsredner — und das ist eine sehr erfreuliche Erscheinung — mit der allgemeinen Formulierung und mit der allgemeinen These einverstanden waren, die eine Plattform für die weitere Bearbeitung sehr vieler bedeutender Probleme der modernen Naturwissenschaft sein kann, nämlich der, daß die niedere Bewegungsform in die höhere übergeht und daß die höhere Bewegungsform nicht von der niederen getrennt werden kann, im Zusammenhang mit der Erforschung der niederen Formen untersucht werden muß und daß andererseits die höhere Bewegungsform nicht auf die niedere reduziert werden kann, d. h. nicht durch die niedere Form erschöpft werden kann.

Aber zum Teil treten bei der konkreten Anwendung auf jeden speziellen Fall sehr ernsthafte Meinungsverschiedenheiten auf, und diese ernsthaften Meinungsverschiedenheiten führen häufig zum Widerspruch mit der allgemeinen Formel. Und dieser Widerspruch muß in der weiteren freundschaftlichen gemeinsamen Arbeit irgendwie überwunden werden, weil hier ein Riß zwischen der richtigen allgemeinen Fragestellung und dem einseitigen Verständnis dieser allgemein richtigen Formel bei ihrer Anwendung auf den konkreten Fall besteht.

In den Reden einiger Genossen, die über die Rolle von Physik und Chemie in der Biologie sprachen, schimmerte die Furcht durch, daß die physikalischen und chemischen Forschungen die biologische Spezifik der untersuchten Erscheinungen verdecken könnten. Dies zeugt davon, daß es noch notwendig ist, über viele Dinge nachzudenken und sich mit ihnen zu beschäftigen.

In dieser Hinsicht scheint es mir, darf man nicht nur die biologische Seite untersuchen und behaupten, daß die physikalische Seite in diesen Prozessen keinerlei Rolle spiele. Dies wäre eine Unterschätzung der Rolle der physikalischen und chemischen Prozesse. Aber niemand darf natürlich die biologische Seite schmälern, indem er andere Seiten biologischer Prozesse an die erste Stelle rückt. Ich könnte G. M. Frank entgegnen, daß es allzu kategorisch wäre, von vornherein zu sagen, daß die Evolutionsprozesse nicht vom physiko-chemischen Standpunkt erforscht werden können. Warum kann die Evolution der biologischen, der lebenden Welt nicht mit der Evolution des Eiweißes zusammenhängen? Warum kann das Eiweiß selbst sich nicht entwickeln? Mir scheint, man kann den biologischen Evolutionsprozeß auch vom physiko-chemischen Standpunkt betrachten. Darum ist es nicht nötig, gleich eine kategorische Antwort zu geben, sondern man muß diese Prozesse konkret untersuchen.

In diesem Zusammenhang möchte ich bemerken, daß in der Wissenschaft in der Regel das auf den ersten Platz gerückt wird, was neu ist. Man kann alte Ideen bearbeiten, sie erneut entwickeln, aber alles, was in der Wissenschaft als Neues entsteht, fesselt in erster Linie die Aufmerksamkeit. Darum kann man leicht jene begreifen, die sich mit dem Studium der Kybernetik, der quantenmechanischen Seite chemischer Prozesse, der physiko-chemischen Seite biologischer Prozesse beschäftigen, wobei sie diese Seiten der Naturerscheinungen auf den ersten Platz rücken, weil dies das Neue ist, was in der Wissenschaft geboren wurde. Und jene, die Neuerer in der Wissenschaft sind, rücken natürlich gerade neue Seiten der Erforschung der Natur in den Vordergrund. Man muß sich davor hüten, daß diese neuen Seiten aufgebauscht werden, daß sie das nicht verdecken, was schon früher entdeckt, untersucht und ausgearbeitet worden ist.

Mir scheint, daß alle Teilnehmer dieser Konferenz das beachten. Einzelne Abweichungen konnten vorkommen, aber die allgemeine Linie war richtig. Und gerade daß auf dieser Konferenz neue Ideen erzeugt wurden, denen möglicherweise die Zukunft gehört, ist Zeugnis dafür, daß unsere Konferenz nicht auf dem Niveau der Naturwissenschaften vom Ende des XIX. Jahrhunderts oder Anfang des XX. Jahrhunderts, sondern auf dem Niveau der modernen Naturwissenschaft stand, d. h., sie war im vollen Sinne des Wortes eine Konferenz zu Problemen der modernen Naturwissenschaft.

Ich wollte in diesem Zusammenhang bemerken, daß wir bei Betrachtung der physiko-chemischen Seiten des biologischen Prozesses keineswegs in Zweifel stellen, daß biologische Prozesse im Grunde ihr biologisches Wesen haben. Ich erinnere an die bekannte Definition des Lebens, auf die sich hier alle beziehen und die keinen Widerspruch hervorruft; sie wurde von Engels gegeben und beinhaltet, daß das Wesen des Lebens im Chemismus der Eiweiße besteht. Diesen Gesichtspunkt verteidigen sowohl die Biologen als auch die Physiker und Chemiker. Das Leben ist ein chemischer Prozeß, der sich in den Eiweißen vollzieht. Die Aufdeckung dieser Seite verdeckt nicht das Wesen der biologischen Erscheinungen. Das ist jene wesentliche Seite der biologischen Erscheinung, durch deren Erkenntnis man erst in das Wesen der Erscheinung eindringen kann. Diese Seite würde ich nicht nur als ein Mittel für das Eindringen in das Wesen der biologischen Erscheinungen halten, sondern für eine wesentliche Seite der biologischen Erscheinungen, für eine Seite ihres Wesens selbst.

Zum Schluß werde ich über die an meine Adresse gerichteten Ausführungen des korrespondierenden Mitglieds der Akademie der Wissenschaften der UdSSR G. W. Nikolski sprechen. Ich glaube, daß diese Ausführungen viele Mißverständnisse enthalten. Einige Dinge verstand G. W. Nikolski etwas eigenartig. Zum Beispiel stellte ich nicht die Frage, welche Rolle der innerartliche Kampf im Evolutionsprozeß spielt. Diese Frage gibt es bei mir nicht. Deshalb gibt es keinen Grund zu behaupten, daß ich diese Frage vom Standpunkt des malthusianischen Entwicklungsschemas stelle. Ich sagte, daß man die Bewegungsformen vom Standpunkt der wechselseitigen Zusammenhänge betrachten muß, wobei man von der zentralen These der Mitschurinschen Theorie über die Einheit von Umwelt und Organismus ausgeht, die der Eckpfeiler des gesamten gegenwärtigen Fortschritts in der biologischen Wissenschaft ist. Man darf keine Begriffe schaffen, die dieser zentralen mitschurinschen These und dem allgemeinen Prinzip der deterministischen Erklärung der untersuchten Erscheinungen widersprechen. Was hat dabei der Malthusianismus zu suchen? Diese Art von Begriffen, die ein Resultat einer ganz und gar nicht exakten Anwendung philosophischer Prinzipien auf konkrete Untersuchungen sind, müssen wir kritisieren und genauere Begriffe in gemeinschaftlicher und freundschaftlicher Zusammenarbeit ausarbeiten. Ausgehend von der Grundidee der Einheit von Organismus und Umwelt, zu der auch die physikochemischen Grundlagen des lebenden Organismus und der biologischen Prozesse gehören, müssen wir die deterministische materialistische Grundlage des Prozesses finden. Mir scheint, G. W. Nikolski verstand meinen Vortrag einfach nicht. Aber ich bin über den Beitrag G. W. Nikolskis erfreut, weil er den Philosophen bestimmte Fragen stellte. Häufig ist es so, daß ein Naturwissenschaftler nicht versteht, was von einem Philosophen geschrieben wurde oder daß er dies entsprechend seiner Auffassung der gegebenen Frage anders deutet.

Zu Zufall und Notwendigkeit. G. W. Nikolski sagte, wieso ist es Dialektik, wenn sich Zufall in Notwendigkeit verwandelt? Die Dialektik besagt, daß Zufall und Notwendigkeit untrennbar miteinander zusammenhängen. Und das ist richtig. Dies steht nicht im Gegensatz dazu, daß unter bestimmten Bedingungen Gegensätze ineinander übergehen. Quantität und Qualität sind untrennbar verbunden, nichtsdestoweniger geht Quantität in Qualität über. Hier ist nichts Undialektisches. Einige Formulierungen, die seinerzeit aufgestellt wurden, gilt es sorgfältig zu überprüfen, damit nicht statt des richtigen Inhalts verschiedenartige unklare, verschwommene Formulierungen in unsere Wissenschaft, die Philosophie, eindringen. Die Formel: „Die Wissenschaft ist ein Feind des Zufalls" ist keine exakte Formel, weil man unter Zufall zwei verschiedene Dinge verstehen kann. Zufall als etwas nicht Gesetzmäßiges, als etwas der Wissenschaft Feindliches und Zufall als Erscheinungsform der Notwendigkeit, die als eine objektive Erscheinung untersucht werden muß. Mehr noch, nur durch diesen Zufall kann man den Prozeß selbst in seiner Notwendigkeit erkennen. Einen anderen Weg der Erkenntnis gibt es nicht.

Diese Art der Hilfe der Philosophen für die Naturwissenschaftler bei der Ausarbeitung konkreter Fragen scheint nützlich und interessant. Ich unterstütze, was W. L. Ryshkow über die Notwendigkeit der Ausarbeitung logischer Probleme der Naturwissenschaft sagte. Es ist nicht nötig, darüber zu streiten, wenn die einen den Sprung als einschneidende Veränderung, die anderen ihn aber als qualitative Veränderung überhaupt ansehen. Man muß die Methoden und die Logik der wissenschaftlichen Forschung ausarbeiten.

Naturwissenschaftler und Philosophen müssen vor allen Dingen prinzipiell sein. Man soll nicht auf der Basis praktizistischer Erwägungen, sondern auf der Basis der gegenseitigen Hilfe und Kritik zusammenarbeiten. Die Philosophen müssen helfen, allgemeine theoretische Leitsätze, die philosophischen Charakter tragen, und ohne deren Ausarbeitung es keinen Fortschritt der modernen Wissenschaft gibt und geben kann, zu verbessern, zu präzisieren und zu entwickeln.

*

Schlußwort des Akademiemitglieds S. L. Sobolew. Ich erhielt eine Anzahl Fragen zur Terminologie; ich werde nicht auf sie eingehen. Wesentlich waren zwei Fragen: Die erste bezieht sich auf den Zusammenhang von Kybernetik und Genetik und auf jene These im Referat, in der davon gesprochen wird, daß die Kybernetik die Möglichkeit der Übertragung von Eigenschaften auf die Nachkommenschaft kategorisch ablehnt. Um genau zu sein, muß gesagt werden, daß nur von den erworbenen Eigenschaften die Rede war.

Ich möchte mich so äußern: Um die Vererbung erworbener Eigenschaften zu erklären, ist es unumgänglich, die Art und Weise der Informationsübertragung vom Organismus der Eltern auf den Organismus der Nachkommen, wobei auch Informationen über die äußeren Bedingungen, unter denen sich die Entwicklung dieser Eltern vollzieht, übertragen werden, zunächst anzunehmen und dann konkret nachzuweisen. Diese Information muß übertragen und dann in der Keimzelle kodifiziert werden. Ein solcher Prozeß ist von geringer Wahrscheinlichkeit, wenn man nicht einen göttlichen Schöpfer zuläßt, denn es ist schwer, sich eine solche nicht zufällige, sondern in höchstem Maße zweckgerichtete Verarbeitung der Information vorzustellen, um die es sich hier handelt.

Ich möchte meine persönliche Meinung sagen: Eine solche Art des Mechanismus der Verarbeitung von Informationen ist vorläufig wenig wahrscheinlich. Mögen sich die Biologen darüber äußern. Das ist meine persönliche Meinung und ich möchte nicht, daß diese Frage mit dem übrigen Teil des Inhaltes des Referats vermengt wird.

Die zweite Frage: Ich sagte, daß die Kybernetik keine idealistische Wissenschaft ist, weil sie Tatsachen studiert, und Tatsachen pflegen weder materialistisch noch idealistisch zu sein. Genossen, man hat mich offensichtlich nicht richtig verstanden. Man darf die Physik nicht in eine materialistische und eine idealistische Physik unterteilen.

Man darf nicht sagen, daß dies eine materialistische und jenes eine idealistische Atombombe ist, oder daß dies ein materialistischer und das ein idealistischer Teilchenbeschleuniger ist. Solche Dinge gibt es nicht. Der Hauptentwicklungsweg der Physik ist ein streng wissenschaftlicher Weg. Es mag diese oder jene philosophischen Ansichten geben, aber die Fakten und Theorien, die zu den gewaltigen Errungenschaften der modernen Physik, die wir erleben, führten, kann man nicht als Materialismus und Idealismus klassifizieren. Genauso steht es mit der Kybernetik, die ganz bestimmte von ihrer unmittelbaren physikalischen oder chemischen Natur unabhängige Tatsachen beschreibt. Und weil das so ist, darf man sie nicht als materialistische oder idealistische Kybernetik bezeichnen oder mehr noch, sie vollkommen als Idealismus ablehnen, wie das in dem Artikel „Die Kybernetik — eine Wissenschaft der Dunkelmänner" und anderen getan worden ist, die in unserer Presse veröffentlicht wurden.

Es gibt einige andere Fragen hinsichtlich meines persönlichen Verhältnisses zur Kybernetik im gesellschaftlichen Bereich. Diese Frage ist sehr kompliziert. Es ist sicher, daß man von der Übermittlung, Verarbeitung und Speicherung von Informationen bei einigen gesellschaftlichen Erscheinungen sprechen kann. Es wäre aber unsinnig, darauf gesellschaftliche Erscheinungen gänzlich zu reduzieren, genauso, wie es unmöglich ist, die ganze Radiotechnik und Radiophysik auf die Frage der Nachrichtenübermittlung durch Kanäle zurückzuführen. Das ist eine viel kompliziertere, vielgestaltigere und schwierigere Sache. Die Kybernetik berührt nur einen und außerdem sehr engen Bereich dieser Erscheinungen, aber es ist unbestreitbar, daß es unter den gesellschaftlichen Erscheinungen einige Dinge gibt, die man als Übertragung, Speicherung und Verarbeitung von Informationen kennzeichnen kann. Ich möchte damit schließen, will aber noch zwei Worte sagen.

Leider wird an den behandelten Fragen ersichtlich, daß wir uns mit den Philosophen nicht immer gut verstehen. Die Formulierung, die ich ganz am Anfang des Vortrages machte, daß es erforderlich sei, „die philosophische Bedeutung der elektronischen Rechenmaschine materialistisch zu erklären", dechiffriert keiner der Naturwissenschaftler und Mathematiker. Offenbar verstehen das die Philosophen. Es gibt andere Begriffe, die nicht alle Philosophen verstehen. Mir scheint, daß das beiderseitige Studium dieser Dinge absolut notwendig ist. Wie kann jemand über die Kybernetik urteilen, wenn er selbst nie ein Programm für eine Rechenmaschine entworfen hat. Zum Beispiel kann ich als Mathematiker im allgemeinen einiges mehr über die Kybernetik sagen, als die Vertreter anderer Fachgebiete, aber ich hätte niemals riskiert, damit aufzutreten, wenn ich nicht Autor einiger Programme wäre, in denen ich selbst Informationen verarbeitet habe, wenn ich nicht wüßte, wie ein solches Programm zu schaffen und zu verwirklichen ist.

Wenn man nicht mit den „Händen" oder dem Kopf auf diesem Spezialgebiet gearbeitet hat, ist es unmöglich, darüber zu urteilen. Ich glaube, das ist richtig. Es ist sehr wichtig, das hervorzuheben und ich glaube, daß es notwendig ist, in den Beschlüssen unserer Konferenz festzuhalten, daß auf dem Gebiet der „Philosophie einer Wissenschaft" nur der arbeiten kann, der in dieser Wissenschaft wirklich etwas geleistet hat.

*

Schlußwort des Korrespondierenden Mitglieds der Akademie der Wissenschaften der UdSSR A. D. Alexandrow. Man richtete an mich Fragen, die die Wirkung betreffen. Erstens, warum ich die elektromagnetische Wirkung hervorgehoben habe und wie es mit den anderen Wirkungen stehe.

Zweitens, W. A. Fock behauptet: „... daß es Wirkungen gibt, die nicht auf Kräften beruhen, Sie sprechen jedoch von der Übertragung der Energie bei Wirkungen."

Ich will das erläutern: Die Darlegung beginnt in dem schriftlichen Referat mit der elektromagnetischen Wirkung aus zwei Erwägungen: Erstens aus Erwägungen der populären Darstellung und zweitens, um die Frage auf ein einigermaßen gut bekanntes und für alle, denen die Relativitätstheorie bekannt ist, gewohntes Fundament zu stellen, weil die Relativitätstheorie auch von den elektromagnetischen Erscheinungen ausgeht. (Übrigens nannte sich die erste Arbeit Einsteins durchaus nicht „Relativitätstheorie" oder „Theorie des Raumes und der Zeit", sondern einfach „Zur Elektrodynamik bewegter Körper".) Und dann wird im Vortrag speziell, um die Frage ganz allgemein zu stellen, gesagt: Wir wenden uns nunmehr von dem anschaulichen Bild ab oder erheben uns über dasselbe und werden von Wirkung überhaupt sprechen, unabhängig von ihrer konkreten Natur, mag es die Gravitations- oder irgendeine andere Wirkung sein. Hier liegt also keine spezielle Hervorhebung der elektromagnetischen Wirkung vor.

Was die Frage betrifft, daß ich sagte, die Wirkung kann als Übertragung von Energie definiert werden, ... wenn die Relativitätstheorie gilt, dann ist das auch so. Was die Wirkung, die nicht auf Kräften beruht, betrifft, so beabsichtige ich nicht, dieses Problem zu erörtern, weil es mir nicht sehr einfach zu sein scheint. Das würde die schon ohnehin nicht einfache Frage der Begründung der Relativitätstheorie verwirren.

Ich sage nicht, daß man die Übertragung der Energie unbedingt mit dem Begriff der Wirkung verknüpfen muß. Wenn man sich auf den allgemeinsten Standpunkt stellt, so ist Wirkung eben Wirkung. Ich weiß nicht, wie man es weiter erklären soll. Um das zu beschreiben, entscheide ich so, wie beim Aufbau der Theorie die Wirkung behandelt wird. Das ist mein allgemeiner Standpunkt.

Zweitens: Prof. Schirokow sagte, daß Alexandrow das allgemeine Relativitätsprinzip leugnet. Daraus folgt, daß Alexandrow leugnet, daß die Geometrie nichteuklidisch ist. Das ist ein Mißverständnis, in meinem Vortrag wurde das vollkommen klar gezeigt. Ich bestätige und wiederhole dies als Mathematiker, mit der vollen Verantwortung für die mathematische Zuverlässigkeit dessen, was ich sage, daß die allgemeine Relativitätstheorie die Theorie der Raum-Zeit ist, die diese als inhomogenen Raum und inhomogene Zeit im Geiste der Riemannschen Geometrie auffaßt, so daß dies die Theorie des absoluten Raumes und der absoluten Zeit ist.

Welcher Art auch die Inhomogenität dieser Geometrie ist, von der gleichen Art ist auch das Gravitationsfeld. Also ist die Theorie der gekrümmten Raum-Zeit gleichzeitig auch die Gravitationstheorie.

Ich wiederhole, daß die allgemeine Relativitätstheorie eine Theorie ist, die Raum und Zeit als inhomogen betrachtet. Diese Inhomogenität wird durch die Materie hervorgerufen und bestimmt gleichzeitig das Gravitationsfeld. So wird aus dieser Formulierung ersichtlich, daß es sich nicht um eine allgemeine Theorie der Relativität, sondern um eine Theorie der Gravitation handelt.

N. F. Owtschinnikow sagte in seinem Beitrag, daß Alexandrow zu recht davon spricht, daß man das Absolute als das Primäre und das Relative als das Sekundäre ansehen muß, allerdings finde sich auf die direkte Frage, was denn das Absolute sei, das man der Relativitätstheorie zugrunde legen muß, im Vortrag keine Antwort.

Entschuldigen Sie, ich habe das nicht verstanden. Wieso keine Antwort? Womit befaßt sich denn der Vortrag? Worüber habe ich denn gesprochen? Wie man die Raum-Zeit als absolute Existenzform der Materie bestimmen kann. Die Gesamtheit der Ereignisse übt Wirkungen aus. Ein Ereignis ist etwas Absolutes, denn es ist das, was in der Welt existiert. Dieses Absolute bestimmt die absolute Form der Materie. Aber die Raum-Zeit als solche ist eine Form, ein Aspekt, der von bestimmten Verhältnissen abhängt. Wieso ist das Absolute nicht zu sehen? Gerade darüber habe ich im Vortrag gesprochen.

W. I. Swiderski hat mir vorgeworfen, daß ich angeblich die philosophische Theorie des Raumes und der Zeit nicht anerkenne. Ich erkenne tatsächlich diese Theorie nicht an. Man darf die philosophische Theorie der physikalischen nicht gegenüberstellen. Die Aufgabe unserer Konferenz besteht gerade darin, nicht zu sagen: So urteilen die Philosophen und so die Physiker. Ich habe mich in meinem Vortrag und in meiner wissenschaftlichen Tätigkeit gerade bemüht, Folgendes zu zeigen: Wir lösen diese oder jene Frage nur dann, wenn die philosophische Fragestellung zur realen, theoretisch-physikalischen Forschung, zumindest zur theoretisch-physikalischen führt, und wenn die Fragen der physikalischen Theorie zur theoretischen Verallgemeinerung führen.

*

Schlußwort des Akademiemitglieds W. A. Ambarzumjan. Mir wurde die Frage gestellt, wie ich zur relativistischen Kosmologie stehe. Man muß sagen, daß die Kosmologie nur relativistisch sein kann, und im Text meines Vortrages wurde völlig klar gesagt, woraus sich das erklärt.

Wenn wir die Metagalaxis als System betrachten, so ist ihr Gravitationsradius von der gleichen Ordnung, von der gleichen Größe, wie ihre linearen Ausmaße. In diesem Falle werden die Effekte der allgemeinen Theorie Einsteins sehr groß und deshalb muß die Kosmologie relativistisch sein. Aber zu den vorgeschlagenen Lösungsschemata dieser Fragen verhalte ich mich negativ infolge der außerordentlichen Vereinfachungen, die in ihnen enthalten sind.

Es wird die Frage gestellt, ob irgendeine andere Erklärung der Rotverschiebung außer mit Hilfe des Dopplereffektes möglich ist. Nein, das ist nicht möglich, auf jeden Fall, solange nicht eine andere glaubwürdigere Deutung vorgeschlagen wird. Deshalb muß man annehmen, daß sich das System der uns umgebenden Galaxen und Anhäufungen von Galaxen ausdehnt. Das ist eine der fundamentalsten Tatsachen der modernen Wissenschaft.

Man fragt mich, ob das keine Beziehungen zur Ausbreitungserscheinung besitzt, die in bezug auf Sternenassoziationen untersucht und gefunden wurde. Gegenwärtig ist es schwierig, darüber zu sprechen, das wäre eine sehr große Extrapolation. Aber man kann auf die Existenz einiger Gruppen von Galaxen verweisen, die sich augenscheinlich auflösen. Gegenwärtig ist eine Anhäufung von Galaxen entdeckt worden, die sich als System mit positiver Energie erweist.

Wie wird gegenwärtig im Zusammenhang mit der Überprüfung der Entfernungsskala der Galaxen das Alter des Weltalls geschätzt? Gegen den Terminus Alter des Weltalls im direkten Sinne erhebe ich Einwände. Ich meine, daß es sich um eine Konstante handelt, die die relative Ausbreitungsgeschwindigkeit der Metagalaxis charakterisiert. Diese beträgt jetzt nicht mehr 2—3 Milliarden Jahre, sondern besitzt eine Größenordnung von 12 Milliarden Jahren.

Zum Schluß möchte ich mich dem anschließen, was S. L. Sobolew sagte. Es ist wünschenswert, daß wir einander besser verstehen, daß Leute, die sich mit philosophischen Fragen der Naturwissenschaft beschäftigen wollen, sich eingehender mit den Gebieten der Naturwissenschaft beschäftigen, die ihr unmittelbares Interessengebiet sind, und dort unmittelbar arbeiten. Es darf kein abstraktes Interesse sein, sondern es muß ein schöpferisches Interesse sein.

*

Schlußwort des Korrespondierenden Mitglieds der Akademie der Medizinischen Wissenschaften der UdSSR G. M. Frank. In der recht lebhaften Diskussion wurden eine Reihe wertvoller und interessanter Bemerkungen an die Adresse der Referenten, die der Konferenz Materialien über die Wege der Ausnutzung von Physik und Chemie in der Biologie vorgelegt haben, gerichtet. Zweifellos sind eine Reihe Bemerkungen vollkommen richtig, in erster Linie die Bemerkungen, in denen über unsere, der Referenten, unzureichende philosophische Erfahrungen gesprochen wurde und über die unzureichende philosophische Analyse des Dargestellten. Doch die Aufgabe unserer Konferenz war die Annäherung des Denkens der Naturwissenschaftler und der Philosophen, die Bearbeitung eines gewissen allgemeinen Gesichtspunktes.

Gleichzeitig konnte man den Eindruck gewinnen, daß die Verlagerung des Schwerpunktes unseres Vortrages in erster Linie auf Tatsachen und Beispiele nicht erfolglos war. Immerhin ist ein verschiedenes Herangehen an die Fragen möglich. Man kann versuchen, mit einigen allgemeinen Worten die Idee des Vortrages darzulegen, man kann aber auch in entsprechender Art und Weise das Faktenmaterial darzustellen versuchen.

Die Aufgabe der Beispiele, die wir gebracht haben, besteht vor allem darin, zu zeigen, daß man sich vor der breiten Ausnutzung der Physik und Chemie in der Biologie nicht fürchten darf, daß die breite Ausnutzung der Physik und Chemie in der Biologie durchaus nicht zur Vereinfachung, zum künstlichen Herausreißen der einzelnen Seiten oder einzelner Glieder der biologischen Erscheinungen führt. Die Verwendung der Physik und Chemie in der Biologie hilft das materielle Wesen der Lebenserscheinungen, besonders den Verlauf biologischer Prozesse, tiefer aufzudecken.

Unter diesem Gesichtspunkt ist die Fragestellung vollkommen unverständlich, die uns auf einem Zettel zugegangen ist: „Sie sagten, daß die Physik und die Chemie in das Wesen biologischer Erscheinungen einzudringen gestatten.“ Erstens heißt es nicht „eindringen“, sondern vordringen, sich in dieser Richtung bewegen, weil dies materialistisches Herangehen an die Erforschung komplizierter Probleme ist. Und dann steht auf dem Zettel ein zweiter Satz: „Wenn das Wesen der Erscheinungen ein physikalisch-chemisches ist, was ist dann die biologische Bewegungsform der Materie?“ Der erste Satz stimmt mit dem zweiten nicht überein. Physik und Chemie sind ein Mittel zum Eindringen in das Wesen der biologischen Erscheinungen, sind ein Mittel für die Aufdeckung der Besonderheiten der Bewegung der Materie, ein Mittel, um nicht vom experimentellen, sondern, wenn Sie wollen, vom philosophischen Gesichtspunkt die besondere Bewegungsform der Materie zu demonstrieren, die, wenn wir diese Terminologie benutzen wollen, beim Ablauf biologischer Prozesse beobachtet werden kann.

Man kann kaum völlig mit der Formulierung eines der Genossen einverstanden sein, der in der Diskussion sagte, daß in unserem Vortrag eine wichtige Frage aufgeworfen, aber gleichzeitig daran gezweifelt wird, ob physikalische und chemische Prozesse sich selbst genügen können und ob es nicht unnötig sei, das Problem zu stellen, daß physikalische und chemische Prozesse sich in Unterordnung zu den biologischen Prozessen befinden. In dieser Fragestellung gibt es eine gewisse künstliche Trennung. Einerseits gibt es Physik und Chemie innerhalb der Lebenserscheinungen, andererseits die Lebenserscheinungen als solche. Das Wesen der Sache besteht darin, daß im komplizierten System der Lebenserscheinungen physikalische und chemische Prozesse organisch eingefügt sind, daß das physikalische und chemische System, das Organismus genannt wird, besonders kompliziert ist, daß in diesem komplizierten System diese chemischen und physikalischen Prozesse sich in einer komplizierten Kombination befinden und sich anders als in der anorganischen Natur zeigen.

W. L. Ryshkow machte hier eine Reihe Vorwürfe. Selbstverständlich war der schwerste und für den Referenten unangenehmste Vorwurf der, daß das ganze

Faktenmaterial unseres Vortrages der zweiten Hälfte des 19. Jahrhunderts zugeschrieben wurde. Dieser Vorwurf ist natürlich sehr schwerwiegend. Witali Leonidowitsch benutzte in seiner Beweisführung jedoch — wenn man so sagen kann — einen verbotenen Schlag — einen Tiefschlag. Zuerst teilte er eine Reihe Thesen mit, von denen wir nicht sprachen, um sie dann zu zerschlagen. Außerdem hat er uns vorgeworfen, daß im Vortrag insbesondere Viren, Bakteriophagen, die Rolle des Eindringens der Nukleinsäuren in die Bakterienzelle nicht erwähnt wurden, was vom physiko-chemischen Gesichtspunkt in unserem Vortrag ausführlich genug dargelegt worden ist. Darüber in meiner Erläuterung zu sprechen hatte ich keine Zeit.

Aber das ist möglicherweise keine wesentliche Frage. Was mich wirklich beunruhigt, ist das Bemühen W. L. Ryshkows, dem Biologen das Recht abzusprechen, nicht nur eine neue Terminologie, sondern auch irgendwelche bestimmten Begriffe zu verwenden, die sich hinter dieser Terminologie verbergen. Er sagte: Wozu dienen solche Worte, die auf einem anderen Wissensgebiet Mode geworden sind, wie z. B. Information, Kodierung? Sehen Sie, das sind nicht einfach Termini. Es ist ein neues Wissensgebiet geschaffen worden, auf dem bestimmte Gesetzmäßigkeiten untersucht werden. Der Biologe hat das Recht, vom Gesichtspunkt gerade dieser Gesetzmäßigkeiten zu betrachten, welche Eigenart der Verlauf biologischer Prozesse besitzt und diese Terminologie bei der Analyse der beobachteten Erscheinungen zu verwenden.

Wenn man einen logischen Schluß aus den hier vorgebrachten Äußerungen zieht, so würde von diesem Gesichtspunkt aus verboten sein, in der Biologie auch solche Termini wie Potential, elektrisches Potential zu verwenden. Heute untersuchen wir elektrische Erscheinungen, obwohl dies vor einiger Zeit noch nicht der Fall war, und führen den Begriff des elektrischen Potentials nicht nur ein, wenn wir Ereignisse in der Nachbardisziplin, der Physik, analysieren, sondern auch, wenn wir biologische Gesetzmäßigkeiten selbst analysieren. Wenn wir in der vorgeschlagenen Weise vorgehen, verschließen wir uns den Weg der Wechselwirkung und des gegenseitigen Austausches mit den benachbarten Disziplinen überhaupt, und so darf man natürlich nicht vorgehen.

Sehr interessant war die Äußerung von Genossen Nikolski zur Bildung von Modellen. Er erkannte die Möglichkeit und die Berechtigung eines derartigen Herangehens an die Betrachtung biologischer Probleme an und sagte etwas durchaus Richtiges zu einer Frage, über die ziemlich wenig gesprochen wurde: Die Durchdringung der verschiedenen Nachbardisziplinen muß wechselseitig erfolgen, und wenn die Biologie etwas von der Physik, der Physikochemie, der Chemie der Polymere nimmt, so muß man überlegen, ob sie nicht umgekehrt etwas geben kann.

Und wirklich, das ist möglich. Nehmen wir ein Beispiel, bei dem ich verweilen möchte: der Muskel als Motor — das ist doch ein eigenartiges System. In der Technik kennen wir bis heute einen derartigen Motor nicht, wo die Energie der chemischen Verbindungen unmittelbar in mechanische Energie übergeht, wobei die Wärmephase vermieden wird. Das ist ein eigenartiger hochpolymerer Motor, der bisher von der Technik nicht geschaffen worden ist. Wir haben nur irgendwie Ansatzpunkte dazu. Eine verbindliche Untersuchung der intimen, sowohl — wir fürchten diese Worte nicht — physikalischen als auch chemischen Grundlagen der Arbeit des Muskels als eines vortrefflichen, mit einem hohen Wirkungskoeffizienten arbeitenden Motors, kann möglicherweise dem Verstand der Techniker für die Schaffung derartiger hochpolymerer Maschinen in vielem Nahrung geben.

Auf dem Gebiet der modernen Automatik können die Vertreter der Technik bei lebenden Systemen ebenfalls viel lernen. Es geht darum, daß die Regulation der chemischen Prozesse in der Natur in Millionen Jahren im Prozeß der Evolution herausgearbeitet worden ist, während die Technik erst heute in schwacher Form zu solchen Größen der Regulierbarkeit der Prozesse gelangt, die in biologischen Systemen stattfinden.

Insbesondere wissen wir, daß sich im lebenden System eine ganze Reihe periodischer Prozesse vollzieht. Elektrische Erscheinungen verlaufen durch Impulspakete. So gelang es unlängst zu beobachten, daß Oxydationsprozesse rhythmisch verlaufen. Es ist möglich, daß dies die Folgen einer vollkommeneren Relais- oder Impulsform der Regulation von Prozessen sind als die es ist, die wir heute als vollkommen anerkennen, nämlich wenn es nicht notwendig ist, den Prozeß auf einem thermostatischen Niveau zu halten, sondern ihn immer den Umständen entsprechend zu verändern. Das lebende System, der lebende Organismus aber, der in der Einheit mit der Umwelt existiert, ist immer an sie angepaßt und reguliert sich immer auf einem verschiedenen Niveau.

Leider wurde aus Zeitmangel nicht genügend Aufmerksamkeit der Frage der Anwendung der Mathematik in der Biologie gewidmet. Ich glaube, daß man sich auch ohne den Hinweis auf den Heiligen Augustin nicht zu fürchten braucht, die Mathematik auszunutzen. Mir gefiel der Gedanke, daß Physik und Technik auf die Entwicklung einiger Seiten der Mathematik einwirkten. Ich glaube, wenn die Mathematiker in einer breiteren Front zur gemeinsamen Arbeit mit Biologen übergehen, nämlich zur schöpferischen Arbeit und nicht zur Schaffung abstrakter Schemata, daß dies auch der Mathematik einen sehr großen Nutzen bringen wird.

*

Schlußwort von Akademiemitglied A. S. Oparin. Am Anfang erlaube ich mir, auf die Fragen zu antworten, die mir schriftlich gestellt worden sind.

Die erste Frage trägt einen ziemlich speziellen Charakter:

„Sie schreiben in Ihrem Buch, daß die Biosynthese der Eiweiße bei der Zerstörung des Protoplasma unumkehrbar (irreversibel) gestört wird, sogar wenn diese Zerstörungen mit sehr schwachen Mitteln durchgeführt werden. Beharren Sie heute noch auf dieser Auffassung?" In dieser Richtung führen wir weitere Forschungen durch. Die erwähnte These hat sich nicht nur völlig bestätigt, sondern wir erhielten auch eine Reihe neuer Faktoren, die uns halfen, diese Leitsätze zu konkretisieren.

Die zweite Frage: „Wie wird die gegenwärtig in unserer Literatur vorkommende Idee eingeschätzt, wonach zellulare Formen aus belebter Materie entstehen?"

Über den Ursprung lebender Körper, die Entstehung des Lebens aus unbelebten Objekten, aus der anorganischen Natur ist von mir schon genug geschrieben und gesagt worden. Hinsichtlich des Übergangs der nichtzellularen Form in die zellulare muß gesagt werden, daß dies schon eine Frage der weiteren biologischen Evolution ist.

Nun möchte ich ganz kurz auf einige Bemerkungen antworten, die in der Diskussion gefallen sind. Vor allem will ich auf eine Bemerkung antworten, die W. L. Ryshkow machte. Er sagte, daß ich meine ganze Aufmerksamkeit den vielmolekularen Systemen, den Koazervaten, zuteil werden lasse. Selbstverständlich kann man nicht das Unermeßliche erfassen, alles erforschen. Man muß seine Aufmerksamkeit auf Grundlegendes richten, das man für wesentlich hält. Ich möchte aber trotzdem aufzeigen, warum ich gerade mein Augenmerk auf die Koazervate als die für die Evolution ursprünglichen Systeme auf dem Wege zur Entstehung des Lebens richte. Erstens sind die Koazervate die wirkungsvollste Methode der Konzentration hochmolekularer organischer Stoffe. Auf diese Weise ist dies die einfachste der möglichen Formen der Konzentration von Eiweißen und anderen hochmolekularen Verbindungen. Und andererseits befindet sich das Protoplasma in koazervatem Zustand, sein nichtstruktureller Teil trägt vom Gesichtspunkt der Kolloidchemie aus koazervaten Charakter. Diese These wird durch eine sehr große Anzahl von Faktoren bestätigt und selbstredend veranlassen uns diese zwei Thesen, im gegebenen Fall gerade auf die Koazervate die größte Aufmerksamkeit zu richten. Bei unseren Untersuchungen stellen wir uns das Ziel, künstliche, statische Koazervate in ein stationäres System umzuwandeln, wobei in ihnen diese oder jene chemischen Prozesse durchgeführt werden, die die Grundlage für das Entstehen eines Netzes chemischer Reaktionen bilden. Bis zu einem gewissen Grade gelang das in unserem Laboratorium. Wir schließen tatsächlich in die Koazervate Fermente ein und rufen hier bestimmte chemische Umwandlungen hervor.

Jetzt möchte ich noch einige Worte zur Rede A. S. Konikowas sagen, hauptsächlich deshalb, weil sie bedauerlicherweise am Schluß ihrer Rede meine großen Verdienste bei der Schaffung der Theorie von der Entstehung des Lebens anerkannte. Da sie aber gleichzeitig sagte, daß diese Theorie an einer Unzulänglichkeit krankt — nämlich der, nicht der Realität zu entsprechen —, so ist das ein Lob, von dem man sich nicht wieder erholt. Wenn diese Theorie tatsächlich nicht der Realität entspricht, so müßte A. S. Konikowa anstelle des Lobes sagen, daß Oparin großen Schaden anrichtete, als er eine Theorie schuf, die nicht der Wirklichkeit entspricht.

Es ist sehr schwer, auf so eine Rede wie die von A. S. Konikowa zu antworten, weil sie sich eines unzulässigen Vorgehens bedient: Erst schreibt sie ihren Opponenten eine Unsinnigkeit zu, worauf sie dann ausführlich beweist, daß diese Unsinnigkeit unsinnig ist. Wie kann man sagen, daß ich über ein völlig unbekanntes Substrat schreibe, in dem sich eine Evolution auf dem Wege zur Entstehung des Lebens vollzieht? Das kann man nur, wenn man sicher ist, daß keiner der hier

Anwesenden mein Buch gelesen hat, weil in ihm ganze Kapitel diesen Fragen gewidmet sind und in ihm alles vom Standpunkt der Chemie dargelegt ist. Natürlich ist es sehr schwer zu widersprechen, wenn mir etwas zugeschrieben wird, was ganz und gar nicht dem entspricht, worüber ich schreibe und spreche.

Ich möchte bei der Frage verweilen, über die ich in Anbetracht der Kürze der Zeit in meinem Vortrag wenig gesagt habe. Inzwischen haben sich ziemlich viele Teilnehmer der Konferenz in der Pause mit der Bitte an mich gewandt, diese Frage in meinem Schlußwort darzulegen. Wenn es erlaubt ist, möchte ich es jetzt tun.

Das Studium des historischen Weges, in dessen Verlauf sich die Entstehung und weitere Entwicklung des Lebens vollzog, gibt eine konkrete Vorstellung davon, auf welche Weise die Materie aus der einen Bewegungsform in eine neue, höhere Form übergeht. Dabei bilden sich nicht nur neue Gesetzmäßigkeiten und neue Qualitäten heraus. Charakteristisch für diese weitere Entwicklung der Materie ist, daß beim Übergang zu jeder neuen Entwicklungsstufe das Tempo dieser Entwicklung wesentlich zunimmt und sich folglich die ganze Entwicklung der Materie zeitlich wie nach einer steil nach oben gekrümmten Kurve vollzieht. Dabei sehen wir tatsächlich, daß die abiogenetische Evolution der organischen Stoffe für ihre Realisierung eine zeitliche Periode von einigen Milliarden Jahren benötigte. Mit der Entstehung des Lebens vollzog sich die Entwicklung um vieles schneller. Sie beläuft sich nur noch auf hunderte Millionen Jahre. Für die Formierung und biologische Entwicklung des Menschen war eine Periode von nur einer Million Jahre nötig. Schließlich gehen die sozialen Umgestaltungen im Verlaufe von tausend Jahren und sogar Jahrhunderten vor sich. Heute bemerken wir leicht wesentliche Fortschritte in der Entwicklung der menschlichen Gesellschaft schon in Zeitabschnitten von Jahrzehnten.

Wird der Unterschied des Entwicklungstempos nicht berücksichtigt oder der Versuch gemacht, die Verschiedenheit der Bewegungsformen der Materie nicht zu beachten, so führte und führt das zu äußerst groben Fehlern.

Bei der Entstehung einer beliebigen neuen Bewegungsform bleiben die alten Formen natürlich erhalten, aber ihre Rolle erweist sich im weiteren Verlauf als äußerst gering, da ihr Entwicklungstempo um einige Grade niedriger ist als das Entwicklungstempo der neuen Bewegungsform.

So sahen wir am Beispiel der Entstehung des Lebens, wie die alten abiogenetischen Methoden der Synthese der organischen Stoffe im Vergleich zur biologischen Synthese in den Hintergrund traten. Dies gilt auch in vollem Umfang hinsichtlich des Übergangs von der biologischen zur sozialen Bewegungsform der Materie.

Vor einigen Jahren, während meines Aufenthaltes in Paris, wurde unter den Teilnehmern eines internationalen wissenschaftlichen Kongresses eine Umfrage durchgeführt. Dabei war die Hauptfrage: „Wie wird ihrer Meinung nach der Mensch in 500 Jahren beschaffen sein?“ Ein sehr bedeutender Naturforscher antwortete auf diese Frage ungefähr so: Die Entwicklung des Menschen vollzieht sich mit solcher Schnelligkeit, daß er in 500 Jahren den heutigen Menschen verstandesmäßig so überlegen sein wird wie diese den Kühen!

Jedoch urteilen wir über die Zukunft immer auf Grund des Studiums der Vergangenheit. Deshalb muß im Zusammenhang mit einer solchen Antwort daran erinnert werden, daß nicht vor 500, sondern vor fast zweieinhalbtausend Jahren ein solcher Mensch wie Aristoteles lebte, und wenn wir die Macht seines Verstandes mit den geistigen Fähigkeiten einiger unserer Zeitgenossen vergleichen, so wird dieser Vergleich schwerlich zugunsten der letzteren ausfallen. Folglich hat der Mensch als Persönlichkeit, als biologisches Individuum, im Verlauf von 2000 Jahren nicht so stark „an Verstand gewonnen", sich vervollkommnet oder sich in genannter Hinsicht entwickelt.

Gleichzeitig weiß natürlich heute jeder Schüler mehr als Aristoteles. Jedoch der Schüler gelangte nicht durch seinen Verstand zur Lösung des pythagoreischen Lehrsatzes oder zur Aufstellung des allgemeinen Gravitationsgesetzes. Die Resultate, die ihm bekannt sind, erhielt er vermittels mündlicher und schriftlicher Überlieferung, als Resultat der Entwicklung der menschlichen Gesellschaft, der sozialen Bewegungsform der Materie, die eine bei weitem vollkommenere als die biologische ist und sich daher auch mit einer unvergleichlich größeren Schnelligkeit entwickelt.

Als das Leben entstanden war, verlor die bis zu diesem Ereignis dominierende langwierige und komplizierte abiogenetische Bildung von organischen Stoffen jede Bedeutung im evolutionären Prozeß, da sie in ihrem Tempo nicht mit den neuen, vortrefflich organisierten und deshalb sehr schnell verlaufenden Umwandlungen des Stoffwechsels zu vergleichen ist. In analoger Weise ist auch die Bedeutung der biologischen Entwicklung des Menschen für seinen Fortschritt angesichts der Entstehung neuer sozialer Entwicklungsformen der Materie heute höchst unbedeutend geworden.

In den letzten tausend Jahren hat sich der Mensch in biologischer Hinsicht kaum wesentlich verändert, doch er erlangte in dieser Zeit erstaunliche, bisher ungekannte Herrschaft über die ihn umgebende Natur. Er kann auf der Erde seinen Standort schneller wechseln als jeder Damhirsch, schwimmen kann er durch Wasser besser als jeder Fisch und in der Luft unvergleichlich rascher und weiter fliegen als jeder Vogel. Und das nicht deshalb, weil ihm in der genannten Zeit Flügel wuchsen oder sich Flossen bildeten und Kiemen. Die vom Menschen erworbenen Fähigkeiten sind das Resultat der gesellschaftlichen, sozialen und nicht der individuellen, biologischen Entwicklung. Beweise dafür treffen wir auf Schritt und Tritt, sogar beispielsweise auf so scheinbar rein biologischem Gebiet wie der Verlängerung des Lebens der Menschen.

Es bedurfte mehrerer Jahrzehntausende und hunderter Millionen Menschenleben, damit der Mensch bei sich auf biologischem Wege, im Prozeß der natürlichen Zuchtwahl, die Widerstandsfähigkeit gegen einige Arten von Bakterien herausbildete. Gerade in den letzten 20—30 Jahren machte er in dieser Hinsicht einen ungeheuren Sprung nach vorn. Heute insbesondere besiegt der Mensch leicht die Erreger der Lungenentzündung oder der Blutvergiftung, was ihm unlängst nur mit Mühe gelang. Dies erreichte er jedoch nicht deshalb, weil sein Organismus selbst in genannter Hinsicht biologisch kräftiger wurde, sondern deshalb, weil der Mensch heute auf industriellem Wege gewonnene Antibiotika anwendet. Ohne diese Gabe der sozialen Entwicklung würde er auch heute an diesen Krankheiten sterben wie vor zweihundert Jahren. Deshalb haben jene nicht recht, die ähnlich dem erwähnten Gelehrten die Zukunft des Menschen in irgendeiner ungewöhnlichen biologischen Vervollkommnung sehen, darin, daß ihm ein Kopf vom Ausmaß eines Bierfasses wächst oder daß er sich überhaupt durch seinen Verstand in eine Art Übermensch verwandelt.

Der weitere Weg des menschlichen Fortschritts verläuft heute nicht in Richtung einer biologischen Entwicklung der individuellen menschlichen Persönlichkeit, sondern in Richtung der Vervollkommnung seines gesellschaftlichen Lebens, des Fortschritts der sozialen Bewegungsform der Materie.

So gesehen haben solche biologischen Besonderheiten wie die Hautfarbe oder die Form des Auges entschieden keinerlei Bedeutung bei diesem Fortschritt. Damit wird der ungeheuer große Schaden verständlich, den die Rassentheorie oder die Bemühungen, die menschliche Natur durch Methoden der Viehzucht zu vervollkommnen, und ähnliche Hirngespinste des Faschismus der Menschheit zufügen.

Das alles ist nur der Ausdruck des tiefen Unverständnisses für die Entwicklungsgesetze der Natur und Gesellschaft, und mit dem Fortschreiten unseres Wissens wird dies unweigerlich der Vergangenheit angehören.

*

Schlußwort des Korrespondierenden Mitglieds der Akademie der Wissenschaften der UdSSR N. I. Graschtschenkow. Genossen! Erlauben Sie mir, zuerst die mir gestellte Frage bekanntzugeben: „In Ihrem heutigen Beitrag unterstrichen Sie vielfach die Vielfarbigkeit der objektiven Außenwelt. In diesem Zusammenhang die Frage: *Ist die Farbigkeit eine objektive Eigenschaft der Gegenstände (Prozesse)*, die unabhängig von der Wechselwirkung mit dem erkennenden Subjekt, von den Empfindungen existiert? Wenn ja, wie kann dann die Farbigkeit definiert werden, was ist sie?".

Wenn ich auf diese Frage antworte, darf ich mich zuerst auf das von mir demonstrierte Illustrationsmaterial berufen, das eine Art Einleitung zu meinem Vortrag ist. Bei dieser Demonstration wurde nachdrücklich die Rolle der Umwelt oder der Außenwelt mit ihren vielen Qualitäten und folglich auch mit ihrer Vielfarbigkeit unterstrichen, die objektiv außerhalb der Abhängigkeit von unserem Wissen existiert. Gerade diese vielgestaltige und vielfarbige Welt formt unsere spezifischen Sinnesorgane und schafft die Möglichkeit für ein adäquates Wahrnehmen der vielgestaltigen Außenwelt.

Besonders muß an das erinnert werden, was ich am Charakter der Netzhaut des Auges und der Nervenzentren des Sehorgans auf dem Niveau der unteren Gehirnrinde und der Rindenbildungen des Gehirns zeigte. Ich sagte, wobei ich auf die Zeichnung hinwies, daß die Netzhaut unseres Auges der Wahrnehmung sowohl achromatischer als auch chromatischer Lichtreize angepaßt ist, d. h. Licht und

Farbe. Die Wahrnehmung geht auf Grund jenes eigentümlichen wirbelartigen Metabolismus fotochemischer Reaktionen vor sich, der in den Elementen der Augennetzhaut enthalten ist.

Es gibt eine Reihe von Theorien über die Bildung von Farben, insbesondere über die Entstehung der verschiedenen Farben durch Mischung der Grundfarben. Schon M. W. Lomonossow hat seinerzeit eine Theorie des Geruchs und des Farbempfindens ausgearbeitet. Jedoch diese Theorie leugnete nicht das Vorhandensein sowohl verschiedener chemischer Agenzien, denen diese oder jene Geruchsqualitäten eigen sind, als auch der Grundfarben, durch deren Mischung das große Spektrum der Farben entstehen kann.

Natürlich entdecken wir ohne ein erkennendes Subjekt nicht die volle Vielfalt der Farbigkeit, aber das bedeutet nicht, daß die Farbtöne nicht zur äußeren Welt gehören. Es ist bekannt, daß die Bienen sehr leicht die verschiedenen Farben der Pflanzen herausfinden, die sich durch einen kleineren oder größeren Honiggehalt unterscheiden. Die Bienen machen die honighaltigen Gräser und Blumen, wie Experimente zeigten, vermittels Geruchs- und Gesichtsreizen ausfindig und folglich auch vermittels Farbreizen. Weiter ist aus der medizinischen Praxis bekannt, daß Strukturdefekte der Augennetzhaut entweder zur völligen Blindheit oder zur Farbenblindheit oder zum Wahrnehmen nur einzelner Farbschattierungen führen können oder führen. Aber das bedeutet nicht, daß diese Farbobjekte in der Natur nicht existieren, sondern es bedeutet, daß das erkennende Subjekt die außerhalb seines Bewußtseins existierende Welt infolge eines Strukturfehlers der wahrnehmenden Farb- und Lichtorgane des Auges, die die Natur für ihre spezifischen Einwirkungen auf den Organismus geschaffen hat, nicht adäquat wahrnimmt und folglich nicht objektiv widerspiegelt.

Mir scheint, daß auch hinsichtlich der Farbwahrnehmung für uns keinerlei Grund besteht, dem subjektiven Idealismus auch nur das kleinste Zugeständnis in dem Sinne zu machen, daß die Farbwahrnehmung von angeborenen spezifischen Eigenschaften unserer Sehorgane abhängig ist. Wenn diese Eigenschaften, die durch den Einfluß der Umwelt adäquat hervorgerufen wurden, im Sehorgan existieren, und wenn vermittels dieses Sehorgans eine adäquate Wahrnehmung der äußeren Farben und des Lichts entsteht, so kommt durch die dialektisch-materialistische Einheit von Objektivem und Subjektivem die Farbwahrnehmung zustande. Wohl haben im Mechanismus der Farbwahrnehmung das Bewußtsein und die menschliche Praxis die größte Bedeutung. Aber das bedeutet ganz und gar nicht, daß keine achromatischen und chromatischen Reizquellen objektiv außerhalb unseres Bewußtseins existieren.

Nun möchte ich mich zu einigen Beiträgen über meinen Vortrag äußern.

Prof. S. L. Rubinstein unterstrich richtig die Rolle des motorischen Systems bei Rezeption und Empfindung und konkretisierte die in meinem schriftlich niedergelegten Vortrag aufgestellte These über das Wesen der spezifischen Energien Johannes Müllers und über die mechanistischen Fehler von Helmholtz in der Akustik und Optik.

Prof. S. L. Rubinstein unterstrich völlig richtig die psycho-physiologische Einheit und Gesetzmäßigkeit in der materialistischen Psychologie, die ihren eigenen Gegenstand und ihre Methode hat, die nicht auf Physiologie der höheren Nerventätigkeit reduziert werden kann. Darüber habe ich mich klar in meinem Vortrag geäußert.

Ich bin auch völlig einverstanden mit Prof. S. L. Rubinstein, daß die allseitige Entwicklung der materialistischen Psychologie, die auch gesetzmäßig die Psychologie der Wahrnehmung und Empfindung studiert, nicht als Restauration der alten Psycho-Physiologie der Sinnesorgane verstanden werden kann.

Prof. J. P. Frolow richtet eine Reihe Bemerkungen an meine Adresse, aber ich hatte den Eindruck, daß diese Bemerkungen ihr Ziel verfehlen und daß Prof. J. P. Frolow sie beim Lesen der ersten Variante des Manuskriptes zu meinem Vortrag machte. Diese seine Bemerkungen wurden von mir seinerzeit berücksichtigt, und im gedruckten und an die Kongreßteilnehmer ausgegebenen Vortrag sind jene von Prof. J. P. Frolow kritisierten Stellen schon nicht mehr zu finden. So sagt er z. B., im Vortrag sei angeblich der Begriff der Analysatoren, der von I. P. Pawlow herausgearbeitet wurde, nicht genügend behandelt. In diesem Zusammenhang kann man Prof. Frolow auf die entsprechende Seite des Vortrages verweisen, damit er sich überzeugen kann, daß darüber genügend gesagt worden ist und insbesondere die Pawlowsche Klassifikation der Analysatoren angeführt ist.

Der zweite Vorwurf ist der, daß ich angeblich wenig über die Propriorezeptoren und über die Rolle der Arbeit bei ihrer Entwicklung gesagt hätte. Das entspricht ebenfalls nicht der Wirklichkeit, ja, ich zeigte speziell eine Zeichnung, auf der die Mannigfaltigkeit der Rezeptoren des Muskelapparates dargestellt wurde. All dies sind nichts anderes als die Propriorezeptoren.

Was die Rolle der Arbeit betrifft, so habe ich nicht nur einmal im Vortrag und in meiner Rede über die Rolle der Praxis in der Widerspiegelungstheorie gesprochen, und was ist die Praxis, wenn nicht Arbeit?

Der Vorwurf, daß ich wenig Fakten für die vergleichende Anatomie der Sinnesorgane bringe, mag im Illustrationsteil berechtigt sein, da ich nur in einem Falle den Vestibularapparat des Haifisches und des Menschen verglich. Jedoch im prinzipiellen Teil, besonders im Vortrag, wird wiederholt über die Evolution der peripheren und zentralen Sinnesorgane oder Analysatoren gesprochen, und folglich versteht es sich von selbst, daß wir, wenn wir von Evolution sprechen, alle Entwicklungsstufen der Sinnesorgane in Zusammenhang mit den Existenzbedingungen des Organismus in der Umwelt in Betracht ziehen.

Prof. I. P. Frolow warf mir ferner vor, daß ich ein Gleichheitszeichen zwischen die Physiologie der Sinnesorgane und die Physiologie der Analysatoren setze. Wenn die Rede von einem Gleichheitszeichen zwischen der alten Physiologie der Sinnesorgane und der Lehre I. P. Pawlows von den Analysatoren ist, so ist dies natürlich unsinnig, und ich habe das nie getan. Wenn aber allgemein von der modernen Physiologie der Sinnesorgane gesprochen wird, so ist es völlig berechtigt, den Terminus Sinnesorgane gleicherweise wie den Terminus Analysatoren zu verwenden. I. P. Pawlow, der die Lehre von den Analysatoren aufstellte und begründete, charakterisierte hauptsächlich die Analysatoren der Gehirnrinde, wenngleich er auch über das periphere Ende und den rezipierenden Teil des Geruchs- und Gesichtsanalysators sprach. Wenn wir die Terminologie der Physiologie der Sinnesorgane benutzen, besonders bei der Begründung des dialektischen Materialismus und der Leninschen Widerspiegelungstheorie, so gehen wir von derselben These aus, die W. I. Lenin über die Bedeutung dieses Teils der Naturwissenschaft für die Entwicklung der dialektisch-materialistischen Erkenntnistheorie äußerte.

In diesem Zusammenhang erinnere ich an die klaren und oftmals wiederholten Äußerungen W. I. Lenins über die Rolle, die die Physiologie der Sinnesorgane in der Erkenntnistheorie des dialektischen Materialismus spielen muß. Deshalb erlaube ich mir eine Bemerkung Lenins zu zitieren, die Lenin in einem Konspekt eines Buches von Lassalle machte. W. I. Lenin spricht davon, woraus die Erkenntnistheorie des dialektischen Materialismus bestehen soll, aus welchen Elementen sie sich zusammensetzen muß und führt die konkreten Wissenschaften auf, deren weitere Entwicklung die Grundlagen für die Erkenntnistheorie des dialektischen Materialismus liefern soll. Darunter befindet sich die Geschichte der geistigen Entwicklung des Kindes, die Geschichte der Entwicklung der Lebewesen, die Geschichte der Entwicklung der Sprache, die Geschichte der Entwicklung der Psychologie und die Geschichte der Entwicklung der Physiologie der Sinnesorgane. Aus den Ergebnissen der Ausarbeitung dieser Gebiete soll sich dann auch die Erkenntnistheorie des dialektischen Materialismus und die Dialektik zusammensetzen.

Mir scheint, wir haben keinerlei Grund, die Formulierungen und Leitsätze, die Lenin hinsichtlich der Erkenntnistheorie des dialektischen Materialismus aufstellte, durch die physiologischen Formulierungen Pawlows über die Analysatoren zu ersetzen, ungeachtet der hohen Verehrung für I. P. Pawlow. Nicht zufällig sprach Pawlow selbst in seiner Klassifikation der Analysatoren vom peripheren Ende oder dem rezipierenden Teil der Analysatoren.

Ich zeigte in meinen Ausführungen, wie vielseitig in struktureller und funktioneller Hinsicht dieser rezipierende Teil der Analysatoren ist. Diese strukturelle und funktionelle Vielfalt erfordert komplexe Methoden bei der Erforschung. Nicht zufällig entwickelte sich die Physiologie der Sinnesorgane in engstem Zusammenhang mit der Biophysik der Sinnesorgane und in letzter Zeit mit der physikalischen Chemie und der Mikrobiochemie (Histochemie) der Sinnesorgane.

Das richtige Verstehen des materiellen Wesens der Empfindung und Wahrnehmung und der dialektisch-materialistischen Wechselbeziehung zwischen dem erkennenden Subjekt und der objektiven, außerhalb unseres Bewußtseins existierenden äußeren Welt hängt davon ab, inwieweit wir den Mechanismus der adäquaten Wahrnehmungen, die durch die verschiedenartigsten Sinnesorgane oder den rezipierenden Teil der Analysatoren zustande kommen, richtig verstehen.

In den letzten zehn Jahren wurden in unserem Lande keine komplexen Forschungen über diesen rezipierenden Teil bzw. auf dem Gebiet der Physiologie der Sinnesorgane überhaupt durchgeführt, was zu einer Reihe wesentlicher Versäumnisse sowohl in der Praxis als auch bei der philosophischen Verallgemeinerung auf diesem Forschungsgebiet führte.

Ich möchte die Gelegenheit benutzen und mein tiefes Bedauern ausdrücken, daß es mir nicht gelang, auf einer richtigen Einschätzung und richtigen Beantwortung der Fragen zu bestehen, die ich in einer speziellen Zuschrift an den Präsidenten der Akademie der Wissenschaften der UdSSR, A. N. Nesmejanow, und den bisherigen Sekretär der Abteilung Biologische Wissenschaften der Akademie der Wissenschaften der UdSSR, Akademiemitglied A. I. Oparin, über die Notwendigkeit, Laboratorien zum komplexen Studium der Sinnesorgane zu schaffen, gerichtet habe. Diese Fragen wurden von mir Anfang 1951 aufgeworfen, aber auf sie erfolgte keinerlei Reaktion, weil 1950 eine Konferenz der beiden Akademien stattfand, die der physiologischen Lehre von I. P. Pawlow gewidmet war, und weil der Eindruck entstand, daß die Formulierungen von Pawlow hinsichtlich der Rindenanalysatoren in ihren rezipierenden Teilen diese erschöpfend behandelten und eine komplexe Erforschung des rezipierenden Teils überflüssig machen. Ich bin überzeugt, daß das Leben eine Korrektur in dieser Frage fordert.

Prof. J. P. Frolow warf mir weiterhin vor, daß ich nichts über die subsensorischen Empfindungen gesagt hätte, die nach seinen Worten so erfolgreich von französischen Forschern an der Sorbonne unter Anwendung der Chronaxie der Sprachmuskeln usw. bearbeitet werden. Ich habe in meinem Referat gesagt, wie ich die physiologische Rolle subsensorischer Empfindungen einschätze. Ich kann nur wiederholen, daß die Forschungen auf dem Gebiet der subsensorischen Empfindungen leider von den Neofreudisten und jenen Idealisten und Dunkelmännern ausgenutzt werden, die die Telepathie in die moderne Wissenschaft einzuführen versuchen. Von unserer dialektisch-materialistischen Position aus beruht das Verständnis der subsensorischen Empfindungen auf den Daten der vaterländischen Schulen der Neurophysiologen und erhebt begründete Ansprüche auf eine Ausarbeitung.

Ich bin völlig mit Prof. J. P. Frolow einverstanden, daß man das Problem der höheren Nerventätigkeit und der materialistischen Psychologie sowie das Problem der Analysatoren und der Physiologie der Sinnesorgane unbedingt zur Diskussion stellen muß.

In einer Reihe von Diskussionsreden wurde auf die Notwendigkeit hingewiesen, die Probleme des Bewußtseins auf der Grundlage des dialektischen Materialismus auszuarbeiten.

Ich kann diese Vorschläge nur unterstützen, um so mehr, als sich in letzter Zeit das Interesse verschiedener Kreise von Naturwissenschaftlern auf das Problem des

Bewußtseins richtet. So wurde zum Beispiel auf dem letzten Kongreß der neurologischen Wissenschaften im Juli 1957 in Brüssel das Problem des Bewußtseins unter neurologischem Gesichtspunkt breit erörtert. Leider wurden diese Erörterungen auf der Grundlage des psycho-physiologischen Parallelismus geführt, wie das besonders deutlich im Vortrag des Freundes unseres Landes und ausländischen Mitglieds der Akademie der Wissenschaften der UdSSR Prof. Panfield (Kanada) zum Ausdruck kam, oder von vulgär-mechanistischer Position, wie das im Vortrag Prof. Busses (Chikago) anklang, oder von der Position des modernen Idealismus aus, wie das aus dem Auftreten von Prof. Walsh (England) hervorging.

Jedoch muß in der dialektisch-materialistischen Ausarbeitung des Bewußtseinsproblems die Lehre I. P. Pawlows über die höhere Nerventätigkeit einschließlich der Analysatoren, wie auch die komplexe Erforschung der Physiologie der Sinnesorgane, eine nicht unwichtige Rolle spielen.

*

Schlußwort des Korrespondierenden Mitglieds der Akademie der Wissenschaften der UdSSR P. N. Fedossejew. Genossen, vor allem muß das große Interesse für die gegenwärtige Beratung zu den philosophischen Fragen der Naturwissenschaft hervorgehoben werden, das sich bei den Naturwissenschaftlern und Philosophen, aber auch in der breiten Öffentlichkeit zeigte. Dazu muß man mitteilen, daß weitaus nicht alle, die den Wunsch hatten, an dem Kongreß teilzunehmen, eingeladen werden konnten und daß weitaus nicht alle, die sich zur Diskussion gemeldet hatten, das Wort ergreifen konnten. Insgesamt hatten sich 113 Personen zur Diskussion gemeldet; auf den Plenartagungen traten 38, auf der fakultativen Abendsitzung zehn Personen auf. In dem Arbeitskreis für Physik erhielten 21 von 70 gemeldeten Rednern das Wort, im Arbeitskreis für Biologie 17 von 43. Sie sehen also, es verbleiben noch große Reserven, aber leider hatten wir keine Zeit mehr.

Das Organisationskomitee hat diese Beratung ziemlich lange vorbereitet, beinahe zwei Jahre lang. Es gab gewisse Schwierigkeiten, die es im Zuge der Vorbereitungsarbeiten irgendwie zu überwinden galt. Ich muß betonen, daß die Vorträge, die vom Organisationskomitee verschickt und die hier angehört wurden, nicht irgendwelche Leitmaterialien oder Direktiven darstellen. Dies waren Forschungsergebnisse von Wissenschaftlern oder von Gruppen von Wissenschaftlern oder von wissenschaftlichen Institutionen, die als Beitrag zur schöpferischen Diskussion, als Beitrag zum freien Meinungsaustausch vorgetragen wurden. Natürlich haben die Mitglieder des Organisationskomitees kameradschaftliche Ratschläge gegeben und einzelne Bemerkungen zu den Referaten gemacht. Diese Bemerkungen waren aber für die Referenten ebenfalls nicht bindend und ich wiederhole nochmals: die vorgelegten Referate sind als Material für einen schöpferischen Meinungsaustausch zu betrachten und nicht als Direktiven.

Ebenso prätendieren meine Bemerkungen zu einigen Ergebnissen unserer Beratung keineswegs darauf, obligatorisch zu sein oder eine Direktive darzustellen.

Im Verlauf der Beratung wurde ein breiter Kreis philosophischer Fragen berührt. Man muß sagen, daß sowohl die Referate als auch die Diskussionsbeiträge sehr viel für die Ausarbeitung der modernen philosophischen Probleme der Naturwissenschaft gaben. Es ist bekannt, daß in jeder großen Diskussion neben guten Beiträgen auch einige mißlungene vorkommen, daß mitunter auch falsche Formulierungen auftreten. Dies war natürlich auch auf unserer Konferenz der Fall: mit einzelnen Thesen der Diskussionsredner kann man sich nicht einverstanden erklären. Wenn man jedoch die Arbeit der Konferenz insgesamt einschätzt, so kann man mit voller Genugtuung sagen, daß unsere Diskussion unter dem Zeichen der marxistisch-leninistischen Philosophie stand, unter dem Zeichen des Triumphes der Ideen der materialistischen Dialektik in der modernen Naturwissenschaft.

In den Referaten und Diskussionsbeiträgen der Konferenzteilnehmer wurde die gewaltige Bedeutung des Leninschen philosophischen Erbes für die moderne Naturwissenschaft hervorgehoben, wurde das Fazit aus der schöpferischen Diskussion zu prinzipiellen philosophischen Problemen der Quantenmechanik und der Relativitätstheorie, zu einigen methodologischen Fragen der Kosmologie, zur Kybernetik, zur Rolle der Physik und Chemie bei der Untersuchung biologischer Probleme, zur Entstehung des Lebens, zum Verhältnis zwischen der Physiologie der höheren Nerventätigkeit und der Psychologie und zu anderen Problemen gezogen. Die Konferenzteilnehmer bemühten sich, die großartigen Errungenschaften der modernen Naturwissenschaft vom Standpunkt der wahrhaft wissenschaftlichen Philosophie, vom Standpunkt des dialektischen Materialismus aus zu durchdenken.

Die Konferenz zeigte zweifellos ein Wachstum der Kader auf dem Gebiet der Philosophie der Naturwissenschaft und ein gewisses Anwachsen der wissenschaftlichen Literatur zu diesen Fragen. Allerdings kann man sich hierauf nicht beschränken, sondern muß anerkennen, daß es bei uns in der Ausarbeitung der philosophischen Fragen der Naturwissenschaft viele Fehler und Mängel gab.

Es ist möglich, daß es unter den Philosophen wie auch unter den Vertretern der anderen Zweige der Wissenschaft einzelne selbstzufriedene Leute gibt, die der Meinung sind, daß alle Fragen bereits geklärt und gelöst sind, daß es weiter keine Schwierigkeiten gibt. Aber wenn wir das Kollektiv der Philosophen im ganzen nehmen, so muß ich sagen, daß es bei uns keine solchen Stimmungen gibt. Wohl aber ist das Bewußtsein der großen Mängel in der Arbeit und der Wunsch, diese Mängel zu beseitigen, vorhanden. Die moderne Wissenschaft entwickelt sich so stürmisch und rasch und verzweigt sich so weit, daß gewaltige Anstrengungen der Philosophen wie auch aller anderen wissenschaftlichen Mitarbeiter nötig sind, um die Resultate der wissenschaftlichen Untersuchungen zu verallgemeinern und die weitere Entwicklung der Wissenschaft gedanklich zu verarbeiten. Die Philosophen erkennen, daß sie sich unbedingt der Naturwissenschaft und den Naturwissenschaftlern nähern müssen, wenn sie nicht in der Sphäre der Abstraktionen, in der Sphäre der abstrakten Kategorien bleiben wollen.

Einige Genossen fragen, was denn der Problemkreis für die gemeinsame Arbeit der Philosophen und Naturwissenschaftler sei. Auch hier haben wir zwei Extreme. Einerseits sagt man, daß wir den Kreis der philosophischen Fragen in der Naturwissenschaft sehr stark erweitert haben. Ich hörte sogar ein solches Gespräch: „Die Konferenz ist natürlich interessant, es wird viel Wichtiges gesprochen, aber was hat das noch mit Philosophie zu tun?“ Anscheinend sind einige Genossen der Meinung, daß die philosophischen Fragen der Naturwissenschaft eine sehr begrenzte Summe irgendwelcher Kategorien darstellen und wenn man über diese spricht, dann ist das Philosophie, aber wenn über methodologische Probleme der Biologie, Physik und Chemie gesprochen wird, so ist das interessantes Material, aber keine Philosophie. Dieser Standpunkt ist natürlich falsch.

Andererseits gibt es die Meinung, daß jede wissenschaftliche Frage, jede neue Frage einer beliebigen Wissenschaft Philosophie darstelle. Ich denke, dies ist das andere Extrem. Dann wären die anderen Wissenschaften überhaupt nicht nötig, wenn die Philosophie jede wissenschaftliche Frage lösen könnte. Es gibt ein bestimmtes Gebiet philosophischer Probleme in der Naturwissenschaft und es scheint, daß unsere Konferenz, obwohl sie sich nicht speziell mit dieser Frage beschäftigte, praktisch bereits eine Definition dieses Gebiets der philosophischen Probleme gegeben hat. Ich würde sagen, daß dieses Gebiet die weltanschaulichen Fragen der Naturwissenschaft sind, das, was man häufig als Dialektik der Naturwissenschaft, als Dialektik der Natur bezeichnet. Gerade diese Fragen stellen das weite Feld der gemeinsamen Tätigkeit von Philosophen und Naturforschern dar.

In vielen Diskussionsbeiträgen wurde die Frage aufgeworfen, worin denn das Hindernis für die Zusammenarbeit der Philosophen und Naturwissenschaftler gelegen habe. Es ist nötig zu betonen, daß diese Zusammenarbeit nie aufgehört hatte, und es wäre falsch zu denken, daß wir hier zum erstenmal diese Zusammenarbeit herstellen oder sie erneuern wollen. Präziser wäre es, von einem ungenügenden Kontakt und sogar von einer gewissen Uneinigkeit zwischen einem bedeutenden Teil der Philosophen und Naturwissenschaftler zu sprechen, wodurch die gemeinsame fruchtbringende Arbeit gestört wurde.

Man könnte annehmen, daß das Haupthindernis hier in den ungenügenden Kenntnissen der Philosophen auf dem Gebiet der Naturwissenschaft und der Naturwissenschaftler auf philosophischem Gebiet lag. Dies kann jedoch kein unüberwindbares Hindernis sein, und die gemeinsame Arbeit ist gerade dazu notwendig, diesen Mangel zu beseitigen.

Vielleicht haben Meinungsverschiedenheiten in theoretischen Fragen zwischen Philosophen und Naturwissenschaftlern die Zusammenarbeit gestört? Aber auch dies ist kein unüberwindbares Hindernis für die gemeinsame Arbeit. Das Vorhandensein von Meinungsverschiedenheiten wäre in dem Falle ein Hindernis, wenn die Philosophen von jedem Naturforscher unbedingte Zustimmung zu irgendeinem bestimmten Standpunkt zu konkreten wissenschaftlichen Fragen fordern würden, und wenn jeder Naturwissenschaftler von den Philosophen fordern würde, gerade mit seinem Standpunkt einverstanden zu sein und alle anderen abzulehnen. Das ist glücklicherweise in der Mehrzahl der Fälle nicht so, sonst wäre auch jedes Bündnis sinnlos. Wir hörten im Arbeitskreis für Physik interessante Referate, interessante Streitgespräche zu theoretischen Fragen, z. B. über die Interpretation der Quantenmechanik. W. A. Fock und D. J. Blochinzew ergriffen das Wort. Es wurden verschiedene Standpunkte zu konkreten wissenschaftlichen Fragen der Interpretation der Quantenmechanik dargelegt. Nehmen wir an, daß W. A. Fock von den Philosophen fordern würde: ich werde mit euch zusammenarbeiten, wenn ihr meinen Standpunkt unterstützt und die übrigen verwerft, und D. J. Blochinzew würde seinerseits die Bedingung stellen: ich werde mit den Philosophen zusammenarbeiten, wenn ihr mit mir einverstanden seid und die anderen alle beschimpft. Wir sehen aber, daß keiner von ihnen eine solche Bedingung stellt, ungeachtet dessen, daß die einen Philosophen diesen Standpunkt vertreten und die anderen jenen. Das Vorhandensein eines Streits, gewisser Meinungsverschiedenheiten in konkreten theoretischen Fragen der Wissenschaft bildet also kein Hindernis für die Zusammenarbeit.

Es wäre unsinnig anzunehmen, daß irgendeinem unserer Philosophen der Gedanke kommen könnte: „Die Philosophen, das sind Materialisten, aber die Naturwissenschaftler neigen irgendwie zum Idealismus." Die Naturwissenschaftler, die es (in den Laboratorien, in der Produktion) mit der Natur zu tun haben, sind bei ihren wissenschaftlichen Untersuchungen unmittelbar mit der objektiven Dialektik der Materie verbunden. Die Dialektik der materiellen Umwandlungen, die sich im Laboratorium und in der Produktion vollziehen, ist die beste Bestätigung der materialistischen Dialektik. Unter anderen sozialen Bedingungen, wenn herrschende Ausbeuterklassen existieren, können die Köpfe der Naturforscher durch allerlei ideologische Vorurteile verdunkelt werden, die mit der Klassenlage der Bourgeoisie zusammenhängen. Bei uns jedoch sind die Klassenwurzeln des Idealismus und der Mystik beseitigt; wir haben eine gemeinsame weltanschauliche Grundlage, Philosophen und Naturwissenschaftler stehen auf dem gleichen Boden bei der gemeinsamen Ausarbeitung der theoretischen Fragen. Diese weltanschauliche Grundlage ist der dialektische Materialismus. Idealistische Fehler können sowohl bei einzelnen Naturwissenschaftlern als auch bei Philosophen auftreten: es gibt jedoch bei uns keine Klassen, deren Interessen diese Fehler erhärten und dazu führen würden, sie zu einem ganzen philosophischen System aufzublähen.

Wenn es bei uns Hindernisse für eine engere Zusammenarbeit zwischen Philosophen und Naturwissenschaftlern gab, dann lagen die Gründe hierfür nicht darin, daß keine einheitlichen Anschauungen zu bestimmten wissenschaftlichen Fragen vorhanden gewesen wären, sondern eher in einer mangelnden gegenseitigen Achtung und vielleicht sogar im Vorhandensein gewisser Elemente von Voreingenommenheit. Solche Dinge gab es, und leider nicht nur in den gegenseitigen Beziehungen zwischen Philosophen und Naturwissenschaftlern, sondern manchmal auch in den gegenseitigen Beziehungen unter einigen Philosophen ebenso wie auch unter Naturwissenschaftlern selbst. Je schneller wir dies überwinden, um so besser.

In diesem Zusammenhang möchte ich etwas zum Charakter der wissenschaftlichen Kritik sagen. Bei uns geht die Kritik manchmal über den Rahmen der Wissenschaft hinaus und kann nicht die Resultate bringen, die wir von ihr erwarten. Es wurde hier bereits über die Art der Kritik in der „Botanischen Zeitschrift" (Ботанический журнал) gesprochen. Nicht selten artet die Kritik in Gezänk aus, in ein Aufkleben von Etiketten, manchmal stellt sie eine unbegründete Ablehnung der Leistungen dieses oder jenes Autors dar, der das Fazit seiner Untersuchungen in einem Buch, einem Artikel oder einer Rede dargelegt hat.

Der Kampf gegen Idealismus, gegen die bürgerlichen Einflüsse muß äußerst entschlossen und konsequent geführt werden. Dies liegt im Interesse der marxistisch-leninistischen Erziehung, im Interesse der Entwicklung der Wissenschaft selbst. Man darf jedoch die Formen und Methoden des Kampfes mit der feindlichen Ideologie, mit dem Klassenfeind nicht auf die wissenschaftliche Polemik, auf die wissenschaftliche Erörterung der Fragen im Kollektiv der sowjetischen Gelehrten übertragen.

Bei der Einschätzung der Arbeit der gegenwärtigen Konferenz muß man sagen, daß sie unter dem Zeichen der Festigung des Bündnisses von Philosophen und Naturwissenschaftlern stand, unter dem Zeichen einer bedeutenden Verbesserung ihrer gegenseitigen Beziehungen und der Beseitigung der hierin vorhandenen Mängel. Hier vernahmen wir schon nicht mehr das unbegründete Aufkleben der Etiketten „Idealist", „Metaphysiker" usw. Auf der Konferenz wurde eine Atmosphäre der prinzipiellen kameradschaftlichen Diskussion geschaffen, und das ist sehr wichtig. Als gewisse Elemente von gruppenartigen Richtungen auftraten und sich unrichtige Entgegnungen und Einschätzungen zeigten, wurden diese vom Auditorium nicht unterstützt. Der allgemeine Charakter der Arbeit war normal. Hierin dürfte eine große erzieherische Bedeutung der heutigen Konferenz bestehen. Es wäre sehr schön, wenn auch in Zukunft auf allen unseren Konferenzen sowohl bei den Philosophen als auch bei den Naturwissenschaftlern normale Bedingungen für eine schöpferische Erörterung der wissenschaftlichen Probleme vorhanden wären.

Es ist notwendig, einige Bemerkungen zur Frage nach dem Charakter des Kampfes gegen den Idealismus zu machen. Das ist eine sehr bedeutsame Frage der gemeinsamen Arbeit von Philosophen und Naturwissenschaftlern in der augenblicklichen Etappe der Entwicklung. Es besteht jetzt keine Notwendigkeit, im einzelnen darüber zu sprechen, welche scharfen Formen der Kampf zwischen Materialismus und Idealismus, zwischen der fortschrittlichen und der reaktionären Weltanschauung in der Welt angenommen hat. Dieser Kampf widerspiegelt den Grundwiderspruch der gegenwärtigen Epoche, den Widerspruch zwischen Kommunismus und Kapitalismus.

Indessen kann man aus den Diskussionsbeiträgen einiger Genossen den Eindruck gewinnen, sie stellten sich den Kampf gegen den Idealismus so vor, daß die Namen einer Reihe von Idealisten und Zitate aus ihren Werken angeführt werden, die man mit kräftigen Ausdrücken an die Adresse jener versieht. Ähnliche Beiträge gab es bei uns in der Presse, in diesem Geiste wurden Lektionen gelesen. Sie erreichten aber nicht ihr Ziel, und wir brauchen keinen solchen Kampf gegen den Idealismus. Andererseits sind aber auch die im Unrecht, welche behaupten, daß der Kampf gegen den Idealismus keine spezielle Aufgabe sei, daß die Wissenschaft selbst den Idealismus widerlege. Die Anhänger dieser Meinung nehmen an, daß es genüge, die wissenschaftlichen Anschauungen in diesem oder jenem Gebiet richtig darzulegen, und der Idealismus löst sich von selbst auf. Dies ist ein offensichtlicher Irrtum. Der Idealismus hat seine gnoseologischen Wurzeln; ihn unterstützen und verbreiten reaktionäre imperialistische Kräfte. Die Wissenschaft kann sich im Kampf mit Idealismus und Pfaffentum nicht neutral verhalten. Es ist die Pflicht der Wissenschaftler, offen und entschieden für den Materialismus, gegen Idealismus und religiöses Dunkelmännertum einzutreten. Und es ist notwendig, nicht die ganze Arbeit zur Entlarvung des Idealismus auf das Aufzählen von Namen zu reduzieren, sondern seinen reaktionären Klassencharakter anzuprangern, seine gnoseologischen Wurzeln aufzudecken und zu zeigen, wie der Idealismus auf die Ergebnisse der modernen Naturwissenschaft spekuliert. Unsere Wissenschaftler würden ihrer internationalen Pflicht nicht nachkommen, wenn sie nicht den ausländischen Kollegen in den kapitalistischen Ländern helfen würden, sich von den idealistischen Vorurteilen zu befreien und sich immer bewußter auf die Position der materialistischen Weltanschauung zu begeben. Es wurde richtig bemerkt, daß auch die ausländischen Wissenschaftler dem Idealismus, dem Positivismus immer standhafter entgegentreten. Es ist auch richtig, daß sich dieser Prozeß des aktiven Kampfes und die Positionen des Materialismus um so erfolgreicher durchsetzen werden, je entschlossener, aktiver und konsequenter wir den Kampf gegen Dunkelmännertum, Mystik und Idealismus führen werden, die deshalb am lebendigen Baum der modernen Erkenntnis wachsen, weil die reaktionären Klassen an der Verdrehung der objektiven Wahrheit interessiert sind.

Die moderne Bourgeoisie ist nicht in der Lage, eine geschlossene wissenschaftliche synthetische Weltanschauung zu schaffen. In der Vergangenheit bemühten sich die Vertreter des bürgerlichen Denkens, ein geschlossenes philosophisches System auszuarbeiten, das eine geordnete und folgerichtige Theorie liefert und alle Erscheinungen der Welt erklärt. Im 18. Jahrhundert wurde ein solcher Versuch von den französischen Materialisten unternommen. Dies fand seinen Niederschlag in Holbachs „System der Natur“. Zu Beginn des 19. Jahrhunderts schuf Hegel auf idealistischer Grundlage seine Enzyklopädie der Wissenschaften. Sogar in der Mitte des 19. Jahrhunderts, als die europäische Bourgeoisie bereits zur Reaktion neigte, prätendierten ihre Ideologen noch auf die Schaffung einer synthetischen Philosophie auf der Grundlage der naturwissenschaftlichen Evolutionstheorie. Man kann zum Beispiel auf Spencer hinweisen.

In der gegenwärtigen Epoche stellen die bürgerlichen Philosophen sich nicht einmal die Aufgabe, etwas zu schaffen, was diesen Versuchen ihrer Vorgänger irgendwie ähnelt. Mehr noch, alle Anstrengungen der Neopositivisten, Pragmatisten, Semantiker, Existentialisten und dergleichen sind darauf gerichtet, zu beweisen, daß außerhalb unseres Bewußtseins keine objektive Realität existiert und daß die Philosophie nicht fähig ist, ja überhaupt nicht versuchen soll, solche — von ihrem Standpunkt aus — „metaphysischen“ Probleme zu lösen, wie zum Beispiel die Frage nach dem Wesen der Welt, nach der Existenz der Materie, nach dem Raum, der Zeit, der Gesetzmäßigkeit usw. Viele Abarten der idealistischen Philosophie — die verschiedenen Schulen des Positivismus usw. — bemühen sich, ihren Einfluß unter den Naturwissenschaftlern zu festigen, indem sie verkünden, daß die Philosophie für die Naturwissenschaft unnötig sei. Sie „befreien“ die Wissenschaft von der Notwendigkeit, ihre Schlußfolgerungen mit den Leitsätzen der verschiedenen „metaphysischen Systeme“ in Übereinstimmung zu bringen, wodurch ihrer Meinung nach der wissenschaftlichen Forschung völlige Freiheit gewährt wird. So paradox es auch klingt, aber bürgerliche Philosophen von diesem Schlage treten dem Wesen nach gegen die Philosophie auf.

Viele der bürgerlichen Philosophen geben selbst zu, daß sie keine synthetische Weltanschauung ausarbeiten können. Der nicht unbekannte amerikanische Philosoph John Dewey erklärte offen heraus, daß jetzt im Westen die synthetischen Arbeiten verworfen worden sind und daß alles auf die Analyse von Einzel- bzw. Teilproblemen zurückgeführt wird.

Den dringenden Ruf der Wissenschaft nach einer synthetischen Philosophie beantworten sie mit der Aufforderung, die Fakten und äußeren Erscheinungen zu beschreiben, und sich von der Erkenntnis der Gesetze, des Wesens der Prozesse loszusagen. Nach Ansicht der Neopositivisten besteht die Aufgabe der Philosophie nicht in der Erkenntnis der Wirklichkeit, sondern in der logischen Analyse der Sprache. Indem die Positivisten die Möglichkeit einer wissenschaftlichen Weltanschauung leugnen, die Rolle der Philosophie negieren, öffnen sie das Tor für die Religion.

Eine solche Situation wird durch die katholische Philosophie des Neothomismus ausgenutzt, die heute eine der einflußreichsten Strömungen der bürgerlichen Philosophie darstellt. Diese Strömung ignoriert nicht die weltanschaulichen Fragen, weicht den philosophischen Schlußfolgerungen nicht aus, sondern stellt sich im Gegenteil ganz offen die Begründung und Verteidigung der religiösen Weltanschauung als Aufgabe.

Es ergibt sich eine eigenartige Arbeitsteilung: Alle möglichen Arten Positivisten wiederholen ständig ihren Vers von der Nutzlosigkeit der Weltanschauung, von der Nutzlosigkeit der Philosophie, und gleichzeitig überlassen sie diese Weltanschauung den Theologen, den Neothomisten. Die katholischen Philosophen wiederum schriftstellern gerade auf dem Gebiet der allgemeinen weltanschaulichen Fragen und bemühen sich, immer mehr Menschen für ihre reaktionäre Ideologie einzufangen.

Der Neothomismus unterscheidet sich von den verschiedenen Formen des subjektiven Idealismus. Diese Strömung betrachtet die Gedanken als abstrakte Widerspiegelung der Gegenstände, die außerhalb und unabhängig von unserem

Bewußtsein existieren. Die Existenz der objektiv-realen äußeren Welt wird ebenfalls nicht negiert, sondern nur ihre Schöpfung durch Gott behauptet. Nach Meinung der katholischen Kirche besteht die Hauptaufgabe der Wissenschaft im Beweis dieses Dogmas. Dafür werden die Ergebnisse der modernen naturwissenschaftlichen Theorie verfälscht. Zum Beispiel werden die Ergebnisse der allgemeinen Relativitätstheorie so verdreht, daß daraus angeblich die Begrenztheit des Weltalls im Raum und der Anfang seiner Existenz in der Zeit folgen. Zur Begründung des „Endes der Welt" zieht man die Theorie vom „Wärmetod des Weltalls" heran usw.

Eine sehr verbreitete Idee der neothomistischen Naturphilosophie ist der Antievolutionismus, der eine Reaktion auf die dialektisch-materialistische Naturauffassung darstellt. Es ist nicht selten, daß westliche Gelehrte, die eine sehr bedeutende experimentelle Arbeit leisten, bei dem Versuch, ihre Ergebnisse philosophisch zu betrachten, unter dem Einfluß philosophisch-idealistischer Moderichtungen — insbesondere des Neothomismus — zum Idealismus, speziell zum Antievolutionismus, abgleiten. Im Ergebnis werden Schlußfolgerungen von der „Endlichkeit der Welt" und ähnliche verbreitet.

Nur der dialektische Materialismus kann mit den neuen Fragen, die von der modernen Naturwissenschaft gestellt werden, fertig werden und eine konsequent wissenschaftliche Antwort auf sie geben. Die ganze Geschichte des dialektischen Materialismus ist ein glänzendes Beispiel für die Lösung der grundlegenden Fragen der Wissenschaft, die durch den objektiven Gang der Entwicklung unseres Wissens gestellt wurden.

Im vergangenen Jahrhundert herrschte unter den Physikern noch die Vorstellung vom „absoluten Raum" und von der „absoluten Zeit" als äußeren Formen, die von der Materie und voneinander getrennt waren; der dialektische Materialismus jedoch wies überzeugend nach, daß Raum und Zeit untrennbar mit der Materie und miteinander verbunden sind. Vor der Naturwissenschaft zu Beginn des 20. Jahrhunderts erhob sich gerade erst die Frage nach der Kompliziertheit des Atomaufbaus, und die Mehrzahl der Wissenschaftler schrieb noch vom Elektron als vom „letzten", „unteilbaren", „absolut unveränderlichen Wesen der Welt", aber der große Dialektiker Lenin zog bereits den Schluß, daß es keine „letzten", „endlichen", unveränderlichen, unteilbaren Wesen gibt, daß die Materie unerschöpflich im Innern ist und daß das Elektron ebenso unerschöpflich ist wie das Atom.

Die dialektische Materialismus — das ist die wirklich geschlossene, synthetische wissenschaftliche Weltanschauung der Gegenwart. Alle Wissensgebiete sind in der führenden Philosophie unserer Zeit, im dialektischen Materialismus, verallgemeinert. Alle Wissenschaften von der Natur und Gesellschaft haben ein einheitliches philosophisches Fundament, alle Hauptergebnisse dieser Wissenschaften erfahren eine theoretische Durchdringung und materialistische Verallgemeinerung auf der Grundlage des dialektischen Materialismus.

Unsere Gegner sagen gewöhnlich: „Was beruft ihr euch ständig auf Marx und Engels? Marx und Engels schrieben ihre Werke beim Schein der Petroleumlampe, aber jetzt befinden wir uns doch im Jahrhundert der Elektrizität und Atomenergie. Die Wissenschaft schreitet vorwärts und der dialektische Materialismus kann ihrer Bewegung nicht folgen."

Auf diese Erklärung unserer Gegner ist zu antworten, daß Marx und Engels tatsächlich ihre Werke bei Kerzen und Petroleumlampen schrieben, aber das Licht ihrer großen Ideen, das Licht der Philosophie des dialektischen Materialismus scheint heute so hell wie die Mittagssonne im Sommer. Die zeitgenössischen idealistischen Philosophen jedoch verfassen ihre Traktate bei elektrischer Beleuchtung, sie verbreiten aber kein Licht, sondern Finsternis.

Als ich die Vorträge und Diskussionsbeiträge auf der gegenwärtigen Konferenz hörte, fragte ich mich, was sind wohl jetzt die philosophischen Hauptprobleme, welche theoretischen Kernfragen stehen vor uns? Und immer mehr und mehr drängte sich die Schlußfolgerung auf, daß jetzt, bei dem gewaltigen Anwachsen der Wissenschaft und insbesondere der neuen Wissenszweige, die Hauptforderung der Dialektik von entscheidender Bedeutung ist — die Forderung nach einem konkreten Herangehen an die zu untersuchenden Erscheinungen, die Forderung nach der konkreten Wahrheit, die Forderung nach der Verbindung der allgemeinen Gesetzmäßigkeiten mit den konkreten Bedingungen, die Forderung nach Berücksichtigung des Besonderen und Eigentümlichen. Das ist sozusagen der Brennpunkt der Gesamtheit all der großen philosophischen Probleme, die wir jetzt erörtern.

W. I. Lenin sagte, daß das ganze Wesen des Marxismus, seine lebendige Seele, die konkrete Analyse der konkreten Situation ist. Es muß betont werden, daß diese großartige Definition sich nicht nur auf die Gesellschaftswissenschaften, nicht nur auf die Erkenntnis der Gesellschaft bezieht. Im gleichen Maße gilt dies auch für die Naturwissenschaft. Ohne konkrete Analyse der konkreten Situation gibt es keine richtige Lösung wissenschaftlicher Fragen, darunter auch der philosophischen Fragen der Naturwissenschaft.

Und stellen nicht in der Tat die Quantenmechanik oder die Kybernetik oder aber die Frage nach der Anwendbarkeit chemischer und physikalischer Untersuchungsmethoden in der Biologie, die Frage nach dem Verhältnis der Lehre von der höheren Nerventätigkeit zur Psychologie, nach den Wechselbeziehungen von Organismus und Umwelt, von Lebendem und Nichtlebendem im Evolutionsprozeß — stellen nicht alle diese Fragen das grundsätzliche philosophische Problem der Verbindung des Allgemeinen und Besonderen und verlangen sie nicht die Fähigkeit, die allgemeinen Gesetzmäßigkeiten auf das konkrete Wissensgebiet anzuwenden?

Für die Philosophen und überhaupt für die Wissenschaftler, die sich mit den philosophischen Fragen der Naturwissenschaft beschäftigen, wird die Notwendigkeit immer dringender, die Probleme des Verhältnisses von Allgemeinem und Konkretem, von quantitativer Seite und qualitativer Eigenart der Prozesse zu untersuchen und die Probleme zu erforschen, wie es möglich ist, allgemeine Prinzipien auf qualitativ besondere Gebiete des Lebens, der Natur und der Erkenntnis anzuwenden.

Es ist nicht schwer zu bemerken, daß die Lösung vieler philosophischer Fragen der Naturwissenschaft wie auch die Lösung von prinzipiellen theoretischen Fragen der speziellen Wissenschaften (das trifft für die physikalisch-chemischen Wissenschaften ebenso wie für die biologischen zu) in vielerlei Hinsicht auf dem Problem der Wechselbeziehung von quantitativen und qualitativen Verhältnissen basiert, auf dem Problem der qualitativen Besonderheiten der Erscheinungen in den verschiedenen Bereichen der Welt und folglich auch in den verschiedenen Bereichen der Wissenschaft.

Die moderne Wissenschaft weist die alten, metaphysischen Vorstellungen zurück, wonach die Erscheinungen und Dinge der Welt einzelne, absolut selbständige, gegenseitig nicht miteinander verbundene, isolierte Arten der Materie und Formen ihrer Bewegung darstellen; sie weist ebenso die mechanistische Reduktion der Qualität auf die Quantität zurück, die Leugnung der qualitativen Vielfältigkeit der Welt, das „Aufschnüren" der qualitativen Knoten.

Wenn man vor 70 Jahren der Meinung war, daß die Materie aus einigen Dutzenden chemischer Elemente bestehe, welche absolut voneinander isolierte, selbständige Bausteine des Weltgebäudes darstellen, so zeigte die moderne Physik, daß es keine solchen „Elementar"teilchen gibt, die sich nicht unter entsprechenden Bedingungen in andere „Elementar"teilchen verwandeln könnten, sie zeigte, daß eine wechselseitige Umwandlung von Stoff in Licht und der einen chemischen Elemente in andere chemische Elemente vor sich geht.

Zugleich lehrt die Physik der „Elementar"teilchen, daß jedes dieser Teilchen qualitativ eigenartig ist, sich von anderen Teilchen unterscheidet, daß es seine besonderen Eigenschaften und seine besonderen Beziehungen zu anderen Teilchen besitzt. Das „Fundament des Gebäudes der Materie" bilden qualitativ eigenartige Mikroobjekte, die in allen bekannten Prozessen als einheitliches Ganzes in Wechselwirkung treten.

Der gnoseologische Ursprung der idealistischen und insbesondere der indeterministischen Schlußfolgerungen aus der Quantenmechanik liegt darin, daß die qualitative Spezifik der Mikroobjekte nicht verstanden wird oder daß diese Spezifik bis zu einer Gegenüberstellung von Mikroobjekten und Makroobjekten verabsolutiert wird. Die Gegenüberstellung von Mikroobjekten und Makrowelt, die Negierung ihres Zusammenhanges, führen zu der idealistischen Behauptung, daß den Elementarteilchen eine geringere Realität zukomme, daß in diesem Gebiet das Kausalitätsgesetz nicht anwendbar sei, daß das Elektron Willensfreiheit besitze und zu ähnlichem idealistischen Unsinn. Nur wenn man die qualitative Spezifik der Mikroobjekte beachtet, kann man verstehen, warum die Gesetze der klassischen Mechanik Newtons für die Erklärung ihrer Bewegung untauglich sind.

W. A. Fock begann sein Referat mit der These, daß in der Welt der atomaren Objekte die Kausalität erhalten bleibt, der mechanische Determinismus jedoch verschwindet. Und er zeigte konkret, worin das Neue besteht, das die Spezifik der Welt der atomaren Objekte charakterisiert, und daß demzufolge der mechanische Determinismus hier nicht anwendbar ist.

Sein Beitrag hinterläßt den klaren Eindruck eines dialektischen Herangehens an die Untersuchung der Erscheinungen; er zeigt, wie die allgemeine Wahrheit auf ein konkretes Gebiet angewendet wird, wie in einer neuen eigenartigen Situation die allgemeinen Gesetzmäßigkeiten modifiziert werden.

Die von W. A. Fock vorgeschlagene Lösung wird von vielen Wissenschaftlern unterstützt, aber er versteht selbst, daß sie noch nicht die absolute Wahrheit ist. W. A. Fock sucht schöpferisch nach neuen Lösungen, neuen Bestimmungen, nach einem neuen Herangehen, und in diesem Sinne sind seine Überlegungen von großem Interesse für den Fortschritt des wissenschaftlichen Denkens auf der Grundlage der Anwendung der Prinzipien der konkreten Analyse, das heißt der Anwendung des Wesens, der Seele der Dialektik.

Die Frage nach der Kausalität ist sehr umfangreich. Sie wurde hier eingehend zergliedert und bedarf noch einer speziellen Untersuchung. Ich kann nicht dabei verweilen und möchte nur sagen, daß der dialektische Materialismus bereits längst die mechanische Kausalitätsvorstellung verworfen und diejenigen Prinzipien theoretisch begründet hat, die der Untersuchung in jedem beliebigen Wissensgebiet zugrunde liegen müssen (natürlich in konkreter Anwendung).

Das Grundlegende besteht hier darin, daß der dialektische Materialismus den Fehler des alten, mechanistischen Materialismus, wonach die Kausalität die Zufälligkeit, Möglichkeit, Wahrscheinlichkeit usw. ausschloß, korrigierte und erklärte. Die dialektische Kausalitätsauffassung schließt keineswegs dieses große Spektrum der Äußerungen und Ergänzungen der Notwendigkeit aus. Daher setzen wir auch auf dem Gebiet der Quantenmechanik die Suche nach den konkreten Erscheinungsformen der Kausalität fort und werden sie zweifelsohne auch weiterhin fortsetzen. Der dialektische Materialismus bindet die Notwendigkeit nicht an eine bestimmte Erscheinungsform, aber er fordert natürlich die strenge Einhaltung des Kausalitätsprinzips; er fordert einen dialektisch verstandenen Determinismus, ein tiefes Eindringen in das Wesen der konkreten Prozesse.

Die Philosophen dürfen selbstverständlich nicht die Lösungen verwerfen, die von den Vertretern anderer Schulen und Richtungen vorgeschlagen werden, zum Beispiel von L. de Broglie, G. Vigier, D. Bohm und anderen. Jedes Suchen nach richtigen Lösungen, sei es auch zunächst noch ohne hinreichenden Erfolg, muß, wenn es sich um einen Versuch materialistischen Herangehens an neue Fragen handelt, unterstützt und aufmerksam verfolgt werden und kann zu bestimmten positiven Resultaten führen.

Eine solche neue Wissenschaft wie die Kybernetik, deren Bedeutung noch nicht von allen gebührend gewürdigt wird, führte zu einem Widerspruch mit den alten Vorstellungen, nach denen gewisse unüberschreitbare qualitative Schranken zwischen den verschiedenen Bewegungsformen der Materie bestehen. Es wäre jedoch falsch, die qualitativen Knotenpunkte in der Entwicklung der Materie zu leugnen und nur die quantitative Gemeinsamkeit zu fixieren. Die Fragen der Kybernetik wurden hier ausführlich diskutiert, insbesondere in dem Vortrag von Akademiemitglied S. L. Solobew und Professor A. A. Ljapunow, der unserer

Konferenz vorgelegt wurde. S. L. Sobolew besitzt große Verdienste bei der Ausarbeitung und Propagierung der Kybernetik, und er war mit seiner Polemik gegen die Versuche einiger wenig qualifizierter Leute, die Kybernetik zu einer idealistischen Pseudowissenschaft zu erklären, im Recht. Der grundlegende Einwand gegen diesen Vortrag, der auf der Konferenz zum Ausdruck gebracht wurde, bezog sich hauptsächlich auf die Anwendung der Kybernetik in der Biologie. Es dürfte, allgemein gesprochen, unsinnig sein, ein „Verbot" für die Anwendung der Kybernetik in der Biologie zu fordern. Man darf aber auch nicht die Biologie durch die Kybernetik ersetzen.

Natürlich muß auch in diesem Fall unser allgemeines Prinzip — konkrete Analyse der konkreten Situation — eingehalten werden. Was heißt das? Das heißt, daß die Anwendung mathematischer Methoden, ebenso wie die von physikalischen, chemischen und anderen Methoden, unter Berücksichtigung der konkreten Umstände, der konkreten Situation zu erfolgen hat; das bedeutet im gegebenen Falle unbedingt die Besonderheiten, die qualitative Eigenart des Organismus in seiner untrennbaren Verbindung mit der Umwelt im Lichte der Mitschurinschen Lehre zu beachten. Es ist selbstverständlich, daß eine solche komplizierte biologische Frage, wie die Frage der Vererbung, unmöglich mit der Methode einer beliebigen Wissenschaft gelöst werden kann, sei es nun die Kybernetik, die Chemie oder die Physik. Wenn wir es für falsch halten, wenn die Philosophen konkrete wissenschaftliche Fragen nur von der Warte allgemeiner Überlegungen aus zu lösen versuchen, so trifft das natürlich auch auf die Kybernetik zu. Selbstverständlich kann jeder Wissenschaftler seine Meinung zu einer beliebigen Frage sagen, und es wäre unsinnig, das zu verbieten. Wenn es sich jedoch um die Erforschung eines derart komplizierten Problems handelt, wie es das Problem der Vererbung darstellt, um die Erfassung einer Mannigfaltigkeit von Seiten, von inneren Prozessen des Organismus und seiner Wechselwirkung mit der Umwelt, so müssen dort selbstverständlich sowohl die Chemiker als auch die Philosophen und Mathematiker mit den Biologen gemeinsam arbeiten, damit keine Beschränktheiten und Einseitigkeiten auftreten, damit keine voreiligen Versuche unternommen werden, diese komplizierte Frage nur von einer einzelnen beliebigen Position aus zu lösen. Es mag sein, daß die Philosophen mit diesem oder jenem Wissenschaftler auf dem Gebiet der Physik, der Chemie oder der Kybernetik nicht einverstanden sind, wenn es sich um die Frage der konkreten Anwendung ihrer Wissenschaft in diesem oder jenem Gebiet handelt; aber das darf natürlich in keiner Weise unsere Zusammenarbeit, unsere schöpferische Diskussion über Fragen der Wissenschaft schmälern.

Gestatten Sie mir zum Schluß, die Zuversicht zu äußern, daß die Entwicklung einer umfangreichen, breiten Gemeinschaftsarbeit von Philosophen und Naturwissenschaftlern in unmittelbarer Zukunft dazu beitragen wird, alle Wissenschaftler noch enger auf den Positionen des dialektischen Materialismus zusammenzuschließen und alle Zweige der Wissenschaft zu einem neuen Aufschwung zu führen.

Entschließung der Allunionskonferenz
zu den philosophischen Fragen der modernen Naturwissenschaft

ÜBER DIE AUFGABEN BEI DER AUSARBEITUNG DER PHILOSOPHISCHEN FRAGEN DER NATURWISSENSCHAFT

Die moderne Naturwissenschaft durchläuft eine Periode stürmischer Entwicklung.

Die Revolution in der Naturwissenschaft des 20. Jahrhunderts stellt große und komplizierte philosophische Fragen. Die Naturwissenschaft kann heute mehr denn je ohne philosophische Schlußfolgerungen und Verallgemeinerungen nicht auskommen. Bereits auf der ersten Etappe dieser Revolution wurde von W. I. Lenin in seinem genialen Werk „Materialismus und Empiriokritizismus" wissenschaftlich bewiesen, daß nur der dialektische Materialismus die von der modernen Naturwissenschaft gestellten philosophischen Fragen richtig beantwortet.

Die Erfolge der modernen Naturwissenschaft enthüllen die Grundsätze des dialektischen Materialismus immer tiefgehender und bereichern sie. Die Entdeckungen der modernen Physik bestätigen die materialistische These von der Unerschöpflichkeit der Materie und ihrer Unendlichkeit im Inneren. Sie sind ein neuer Beweis für die philosophischen Leitsätze von der materiellen Einheit der Welt und dem objektiven Charakter ihrer Gesetzmäßigkeiten, von der untrennbaren Einheit von Materie und Bewegung und von der Einheit von Raum und Zeit und ihres Zusammenhangs mit der sich bewegenden Materie.

Die moderne Astronomie liefert neue wissenschaftliche Argumente für die Begründung der materialistischen Idee von der Unendlichkeit der Welt in Zeit und Raum.

In die moderne Naturwissenschaft dringen die Leitsätze des dialektischen Materialismus vom allgemeinen Zusammenhang und der Entwicklung der materiellen Welt, von Möglichkeit und Wirklichkeit, Endlichem und Unendlichem, Innerem und Äußerem, Kontinuierlichem und Diskontinuierlichem, von Qualität und Quantität und andere Ideen der marxistisch-leninistischen Philosophie immer tiefer ein. Die Entwicklung der grundlegenden naturwissenschaftlichen Begriffe und Theorien und ihre weitere Vertiefung ist Ausdruck der Dialektik von objektiver, absoluter und relativer Wahrheit.

Der Materialismus und die Dialektik fanden neue wissenschaftliche Bestätigung in den Ergebnissen der Biologie, in der weiteren Entwicklung des Darwinismus, in den Erfolgen der Lehre Mitschurins, der Lehre Pawlows von der höheren Nerventätigkeit der Tiere und des Menschen, in den Entdeckungen der Biochemie, Agrochemie, Biophysik, Mikrobiologie, Virologie, Selektion, Genetik und anderer Wissenschaften.

Die Voraussage Lenins ist in Erfüllung gegangen, daß der materialistische Geist der modernen Naturwissenschaft alle möglichen Krisen überwindet, „aber nur bei unbedingter Ersetzung des metaphysischen Materialismus durch den dialektischen.“[1]

In der letzten Zeit überzeugen sich immer mehr Wissenschaftler davon, daß die Erfolge bei der Erkenntnis der Natur entgegen den idealistischen und metaphysischen Konzeptionen gewonnen werden, im Kampf des Materialismus gegen den Idealismus in der Naturwissenschaft. Der Einfluß des Positivismus unter den Naturwissenschaftlern im Westen beginnt geringer zu werden. Die Erfolge der sowjetischen Wissenschaft und die von ihr entwickelten Ideen des dialektischen Materialismus üben einen immer bedeutenderen Einfluß auf die ausländische Naturwissenschaft aus. Gleichzeitig ist heute zu verzeichnen, daß die materialismusfeindlichen philosophischen Strömungen auch auf dem Gebiet der philosophischen Fragen der Naturwissenschaft aktiver geworden sind. Unter den Bedingungen der imperialistischen Reaktion spekulieren die idealistischen Philosophen auf die Schwierigkeiten beim Wachstum der modernen Wissenschaft und verzerren ihren wirklichen Inhalt; sie greifen dabei fehlerhafte philosophische Äußerungen einzelner Naturwissenschaftler auf und versuchen, die neuen naturwissenschaftlichen Entdeckungen und Theorien zugunsten des Idealismus auszunutzen. Der Positivismus, der den Anspruch erhebt, die Philosophie der Wissenschaft unserer Zeit zu sein, überläßt faktisch die Naturwissenschaft dem Idealismus, wenn er die Grundfrage der Philosophie nach dem Verhältnis des Bewußtseins zur objektiven Realität für unwesentlich erklärt und die Kategorien der Naturwissenschaft auf rein logische Konstruktionen reduziert.

Die Interessen der Naturwissenschaft selbst, ebenso wie die der wissenschaftlichen Philosophie unserer Zeit stellen die Aufgabe, den Kampf gegen Idealismus und Metaphysik zu verstärken. Ganz besonders eindringlich klingen heute die Worte Lenins; „daß keine Naturwissenschaft, kein Materialismus sich ohne eine gediegene philosophische Grundlage im Kampf gegen den Ansturm der bürgerlichen Ideen und gegen die Wiederherstellung der bürgerlichen Weltanschauung behaupten kann. Um diesen Kampf zu bestehen und ihn mit vollem Erfolg zu Ende führen zu können, muß der Naturforscher moderner Materialist, bewußter Anhänger des von Marx vertretenen Materialismus sein, das heißt, er muß dialektischer Materialist sein.“[2]

Nicht nur die Naturwissenschaft, sondern auch die materialistische Philosophie selbst, ihre Erkenntnistheorie, die dialektische Methode und Logik verlangen die

[1] W. I. Lenin: Materialismus und Empiriokritizismus, Berlin 1949, S. 296.
[2] W. I. Lenin: Über die Bedeutung des streitbaren Materialismus. In: W. I. Lenin: Marx—Engels—Marxismus, Berlin 1957, S. 528.

theoretische Verallgemeinerung der neuen wissenschaftlichen Daten auf der Grundlage der marxistisch-leninistischen Philosophie. Ohne eine Analyse der Ergebnisse der Quantenmechanik und der Theorie der Elementarteilchen, ohne Berücksichtigung der Entdeckungen auf dem Gebiet der Biologie, Biochemie und Biophysik, der Lehre von der höheren Nerventätigkeit, der Psychologie und anderer Wissenschaften können wir in der heutigen Zeit die Philosophie nicht weiterentwickeln.

Durch die gemeinsamen Anstrengungen der sowjetischen Naturwissenschaftler und Philosophen wurde eine bestimmte positive Arbeit bei der Verallgemeinerung der Ergebnisse der modernen Naturwissenschaft auf der Grundlage des dialektischen Materialismus und bei der Kritik der idealistischen Anschauungen geleistet. Diese Arbeit ist jedoch noch ungenügend, sie entspricht nicht den wachsenden Anforderungen der Wissenschaft und auch nicht den Aufgaben des Kampfes gegen die bürgerliche Ideologie und den modernen Revisionismus. Die Herausgabe von Literatur zu philosophischen Fragen der Naturwissenschaft ist völlig unzureichend. Die Zeitschrift „Вопросы философии" („Fragen der Philosophie") widmet der Ausarbeitung der philosophischen Fragen der Naturwissenschaft wenig Aufmerksamkeit. Unsere naturwissenschaftlichen Zeitschriften veröffentlichen fast keine Untersuchungen auf diesem Gebiet.

Die Beschlüsse des XX. Parteitages und der folgenden Plenen des ZK der KPdSU, die die Forderung stellten, die revolutionäre Theorie schöpferisch anzuwenden und auf der Basis der Verallgemeinerung der neuen historischen Erfahrungen, der Erfolge des kommunistischen Aufbaus, der Analyse der Fakten der lebendigen Wirklichkeit weiterzuentwickeln, zeigten damit auch den Weg zur erfolgreichen Lösung der Aufgaben, die die Entwicklung der modernen Naturwissenschaft und die Praxis des kommunistischen Aufbaus der Philosophie stellt.

Die Ausarbeitung der philosophischen Probleme der modernen Naturwissenschaft erfordert eine engere Verbindung und Koordinierung der Anstrengungen der philosophischen Kader und der Naturwissenschaftler. Besonders wichtig ist die schöpferische Zusammenarbeit der entsprechenden Institute der Akademie der Wissenschaften der UdSSR, der Akademien der Wissenschaften der Unionsrepubliken und der Hochschulen. Das Institut für Philosophie bei der Akademie der Wissenschaften der UdSSR muß seine Arbeit mit den physikalisch-mathematischen, biologischen und anderen Abteilungen der naturwissenschaftlichen und technischen Wissenschaften der Akademie koordinieren, ebenso mit den philosophischen Einrichtungen der Akademien der Wissenschaften der Unionsrepubliken und mit den Lehrstühlen für Philosophie an den Hochschulen.

Um eine breite fruchtbringende Arbeit auf dem Gebiet der Philosophie der Naturwissenschaft zu organisieren, ist die enge Gemeinschaftsarbeit von Philosophen und Naturwissenschaftlern notwendig, wobei das gründliche Studium der entsprechenden Zweige der Naturwissenschaften durch die Philosophen und der Philosophie des dialektischen Materialismus durch die Naturwissenschaftler unerläßliche Bedingung ist.

Die verschiedenen Formen der Zusammenarbeit von Philosophen und Naturwissenschaftlern sind in größerem Maße auszunutzen, um die allseitige Ausarbeitung der aktuellen philosophischen Fragen der modernen Naturwissenschaft zu gewährleisten. Es muß zur alltäglichen Praxis werden, daß Philosophen und Naturwissenschaftler gemeinsame Beiträge für die Presse liefern, daß man sich gegenseitig konsultiert und die Arbeiten erörtert, philosophische Seminare an den wissenschaftlichen Forschungsinstituten und gemeinsame Sitzungen der wissenschaftlichen Räte und Abteilungen zu philosophischen Fragen der Naturwissenschaft durchführt.

Die Lehrstühle für Philosophie an den höheren Lehranstalten können und müssen eine wichtige Rolle als Zentren für die Vereinigung von Wissenschaftlern verschiedener Fachrichtungen bei der Ausarbeitung der philosophischen Probleme der Naturwissenschaft spielen.

Neben der Zeitschrift „Вопросы философии" müssen die wissenschaftlichen Zeitschriften der verschiedenen Wissenszweige einen bedeutenden Platz bei der Erörterung der philosophischen Fragen der Naturwissenschaft einnehmen.

Die Beratung erachtet es für notwendig, spezielle Abteilungen für philosophische Fragen der Naturwissenschaft in den Referatenausgaben des Instituts für wissenschaftliche Information bei der Akademie der Wissenschaften der UdSSR einzurichten.

Eine sehr wichtige Voraussetzung für den Aufschwung unserer ganzen Arbeit wäre die Organisierung einer speziellen Zeitschrift zu philosophischen Fragen der modernen Naturwissenschaft, um die sich Naturwissenschaftler und Philosophen bei der Ausarbeitung der genannten Problematik zusammenschließen würden.

Für den Erfolg der Arbeit bei der materialistischen Verallgemeinerung der Ergebnisse der Naturwissenschaft besitzen schöpferische Diskussionen große Bedeutung. Es ist notwendig, regulär sowohl zu einzelnen als auch zu komplexen philosophischen Fragen der Naturwissenschaft Beratungen einzuberufen. Dabei ist es sehr wichtig, daß diese Diskussionen in einer Atmosphäre kameradschaftlicher Zusammenarbeit durchgeführt werden, daß sie die ganze zahlreiche Armee der sowjetischen Wissenschaftler zu einem einheitlichen und freundschaftlichen Kollektiv von Forschern zusammenschließen und die Vereinigung der Naturwissenschaftler und Philosophen auf der Basis des dialektischen Materialismus fördern.

Das höchste Kriterium für die Richtigkeit einer Theorie, für die Zuverlässigkeit von wissenschaftlichen Wahrheiten ist die Praxis. Letzten Endes werden die wissenschaftlichen Streitfragen durch das Experiment, die Technik und die Produktion entschieden. Die Arbeit zur Erkenntnis und Besitzergreifung der Naturkräfte findet ihr Endziel in der Befriedigung der materiellen und geistigen Bedürfnisse der Gesellschaft. Jeder wissenschaftlich Schaffende der Sowjetunion muß sein Hauptaugenmerk darauf richten, dem Volk, unserer Heimat und der gesamten fortschrittlichen Menschheit zu dienen.

Die Beratung ruft die Philosophen und Naturwissenschaftler auf, alle Kräfte anzustrengen, damit ihre Arbeit zu einem neuen Aufschwung von Naturwissenschaft und Philosophie im Interesse des großen Werkes des kommunistischen Aufbaus führt.

Anlage

Fakultative Sitzung*

A. I. Ignatow (Moskau). Die von uns besprochene Frage nach der Ausarbeitung der Klassifikation der Wissenschaften besitzt ernste Bedeutung. Die höchstmögliche Stufe der Verallgemeinerung ist die Klassifikation der Bewegungsformen der Materie. Engels schuf die Grundlage zu dieser Klassifikation, arbeitete die Prinzipien, denen wir folgen müssen, aus. Aber das Schema, das B. M. Kedrow vertritt, berücksichtigt einen sehr wichtigen Gedanken von F. Engels nicht. Engels zählte ja nicht nur alle Bewegungsformen auf, die ihm damals bekannt waren, sondern er hob auch ihre grundlegenden Formen hervor.

Um etwas zu klassifizieren, muß man das Grundprinzip, nach dem die Klassifizierung durchgeführt werden soll, herausarbeiten. Mir scheint, daß ein solches Prinzip die Existenz und Ähnlichkeit des materiellen Trägers, die Wechselwirkung der grundlegenden inneren Widersprüche und der Grundformen der Existenz und Bewegung der Materie sein könnte.

Die gesamte Materie stellt sich in zwei Formen dar, einerseits in Form des Feldes und andererseits in Form des Stoffes. Es ist völlig klar, daß sich die Bewegungsform des Feldes von der Bewegungsform des Stoffes unterscheidet.

Die Untersuchung der verschiedenen Arten des Feldes hat noch nicht einen solchen Stand erreicht, daß man eine detaillierte Klassifizierung der verschiedenen Bewegungsformen des Feldes durchführen könnte. Man kann nur die Arten des Feldes zeigen, die nach unserer Annahme heute existieren. Am bekanntesten ist das elektromagnetische Feld. Das Feld befindet sich in Wechselwirkung mit bestimmten Teilchen des Stoffes. Deshalb sagen die Physiker, daß sich auf einem bestimmten Niveau das Feld in Stoff und der Stoff in das Feld verwandelt.

Der Stoff tritt in Form von Gruppen von Erscheinungen auf: Es gibt Materieteilchen, Elementarteilchen, Atomkerne, Moleküle, d. h. solche Teilchen, die die Struktur der Materie bestimmen.

Ihre Bewegungsformen, die diese Strukturformen bestimmen, werden Strukturformen der Bewegung der Materie genannt.

Wenn wir die Strukturteilchen der Materie betrachten, erkennen wir, daß die Moleküle deshalb existieren, weil in ihrem Innern bestimmte spezifische Bewegungen erfolgen, die ihre Existenz bestimmen. Sie existieren, weil sie sich nicht in absoluter Ruhe befinden, weil in ihnen ständige Bewegung vor sich geht. Die Wechselwirkung des Kerns mit der Hülle ist die Grundlage für die Existenz des Kerns und der Hülle.

Alle diese Prozesse, die die Existenz dieser Strukturteilchen der Materie bestimmen, kann man innere strukturelle Formen der Bewegung der Materie nennen. Hier muß man solche Formen hervorheben wie das Leben (die Existenzform der Eiweißkörper), die Moleküle, das Atom, den Atomkern, die Elementarteilchen.

Nehmen wir die Elektronen, das sind die Elementarteilchen, die vor allem untersucht wurden. Wir beobachten, daß sie spezifische Prozesse bestimmen. Man kann auch über die Bewegung

* Die Diskussionsbeiträge werden gekürzt wiedergegeben. — Die Red.

der Atome und Moleküle sprechen. Die Eiweißkörper befinden sich im Prozeß eines ständigen Stoffwechsels mit der Umwelt, sie befinden sich fortwährend in Bewegung. Diese Gruppen können äußere strukturelle Formen genannt werden, die sich in enger Wechselwirkung, in einander bedingender Wechselwirkung mit inneren Prozessen befinden. Wenn sich die Eigenbewegung der Moleküle bei der gegebenen irdischen Temperatur auch nicht augenfällig zeigt, so zerfallen sie doch bei hohen Temperaturen, und das tritt offen zutage.

Die Wechselwirkung der inneren und äußeren Prozesse wird zur Bedingung für die Existenz jener inneren Umwandlungsprozesse der Eiweißkörper, die wir als Leben bezeichnen.

So verhält es sich mit jenen Strukturformen der Bewegung der Materie, die wir unter den Bewegungsformen des Stoffes hervorheben können.

Außerdem gibt es andere Gruppen von Körpern, das sind der kosmische Raum, die kosmischen Wolken u. a.

Es gibt eine unendliche Mannigfaltigkeit von grundlegenden Entwicklungsstufen der Materie. Sie werden durch die Wechselwirkung der inneren Strukturteilchen zu Komplexen verbunden. Wie in jedem Komplex, so führen hier quantitative Veränderungen zu qualitativen Veränderungen, entstehen neue Bewegungsformen der Materie, die man komplexe Bewegungsformen der Materie nennen könnte.

Die Entwicklung der Materie vollzieht sich im Ergebnis der Wechselwirkung aller Strukturformen der Bewegung.

*

W. D. Kiwenko (Rostow am Don). Der Referent stellte folgende Aufgabe: Bei der Bestimmung der Bewegungsformen der Materie ist von ihrer Struktur- und Wechselwirkungsform auszugehen. In unserer Literatur, in Nachschlagewerken, philosophischen Wörterbüchern und Lehrbüchern werden entweder fünf oder sechs oder sieben usw. Bewegungsformen hervorgehoben. Es ist für uns sehr wichtig, prinzipiell zu wissen, wovon man bei der Bestimmung der Bewegungsformen der Materie ausgehen muß. Ich gehe von folgender Charakteristik aus: Existenzformen von Materie anorganischer Natur und organische Materie. Jeder Existenzform der Materie sind ihre Strukturformen eigen. Die Form der Wechselwirkung der Strukturen bestimmt die Bewegung.

Wir identifizieren häufig die Formen der Bewegung und der Widerspiegelung. Dies führt zu großen Schwierigkeiten in der Philosophie und Naturwissenschaft. Jeder Bewegungsform der Materie entspricht ihre Form der Widerspiegelung, jeder grundlegenden Bewegungsform entspricht ihre Form der Widerspiegelung.

Hier bilden sich Bewegungsformen mit ihren Gesetzen heraus, ferner Formen der Bewegung und Gesetze der Widerspiegelung und schließlich die entsprechenden Wissenschaften, die die Formen der Widerspiegelung und die Gesetze entsprechend jeder Existenzform der Materie untersuchen.

Formen der Widerspiegelung, die allen vorangehenden Bewegungsformen der Materie eigen sind, sind auch dem Menschen eigen, aber dem letzteren ist auch eine spezifische Form eigen, die nicht auf eine der vorangehenden Formen reduziert werden kann.

*

P. G. Kusnezow (Institut für seltene Metalle). Als Engels die Schlußfolgerungen, die sich aus dem zweiten Hauptsatz der Thermodynamik ergeben, analysierte, sah er die Existenz von Prozessen voraus, die nicht zu einem Anwachsen, sondern zu einer Verminderung der Entropie führen. Das Auftauchen des Begriffs „negative Entropie“ oder „Information“ in der statistischen Physik und Kybernetik zeigt, daß die moderne Naturwissenschaft durch die Logik der Tatsachen zu Schlußfolgerungen gezwungen wird, die Engels vor mehr als einem halben Jahrhundert zog. Bekanntlich beharrte Engels auf der Existenz einer solchen Bewegungsform der Materie, in der die in den Weltraum ausgestrahlte Wärme sich von neuem konzentrieren und aktiv wirken kann.

Es taucht der Gedanke auf: Gibt es nicht unter den uns schon bekannten Formen eine solche Bewegungsform der Materie? Die Eigenschaft einer der Bewegungsformen der Materie, die wir „organisches Leben" nennen, erinnert sehr stark an eine solche Bewegungsform, auf deren Existenz Engels beharrte. Wenn dieser Gedanke Aufmerksamkeit verdient, so müßten jene Gelehrten, die die biologischen Prozesse erforschen, eine Abweichung vom zweiten Hauptsatz der Thermodynamik bemerken. Tatsächlich ist die Entstehung der Begriffe „negative Entropie" (Schrödinger) und „Negentropie", d. h. „Information" (Wiener), der Ausdruck der thermodynamischen Besonderheit biologischer Erscheinungen. Dieser Gedanke fand und findet seine Widerspiegelung in einer ganzen Reihe anderer Arbeiten.

Es erhebt sich die berechtigte Frage: Warum gelangen verschiedene Gelehrte bei der Betrachtung ein und derselben Fakten und Erscheinungen zu zwei ganz widersprüchlichen Schlußfolgerungen über das Verhältnis der biologischen Erscheinungen zum zweiten Hauptsatz der Thermodynamik?

Einerseits zeigt sich klar, daß das organische Leben eine solche Bewegungsform der Materie ist, in der sich in den Weltraum ausgestrahlte Wärme konzentriert und in der in Form der menschlichen Arbeit diese Wärme außergewöhnlich aktiv zu wirken beginnt. Andererseits gelangte ein Teil der Gelehrten, die auf diesem Gebiet arbeiten, noch nicht zu diesem Gesichtspunkt bezüglich der Natur biologischer Erscheinungen.

Genosse Kusnezow bezieht sich auf die Frage von Engels nach den Prozessen der Verminderung der Entropie, d. h. nach dem Schicksal der in den Weltraum ausgestrahlten Wärme, und geht dabei näher auf Untersuchungen des Mechanismus der Wechselwirkung zwischen Strahlungsenergie und dem atomaren und molekularen Bau des Stoffes ein. Das nächste Beispiel für einen solchen Prozeß ist die Wechselwirkung der Strahlungsenergie der Sonne mit der Oberfläche der Erde. Das Resultat dieser Wechselwirkung kann zweifach sein. Unter dem Einfluß der Strahlungsenergie kann sich der Körper entweder erwärmen oder er kann eine chemische endotherme Veränderung erleiden. Während der erste Typ der Veränderung uninteressant ist, verdient der zweite Typ der Veränderung — die photochemischen endothermen Reaktionen — besondere Aufmerksamkeit. Prozesse dieser Art führen zur Entstehung organischen Lebens und gewährleisten seine Existenz in der gegenwärtigen Zeit. Der Mechanismus der photochemischen endothermen Reaktionen stellt sich als der ungeklärte Weg dar, auf dem die im Weltraum zerstreute Strahlungsenergie die Möglichkeit erhält, sich von neuem zu konzentrieren.

Ein solches Herangehen an die Erscheinungen des Lebens erlaubt es, die Ursache der Entstehung organischen Lebens aus der unbelebten Natur festzustellen. Diese Ursache ist die Einwirkung der Strahlungsenergie. Unter diesem Aspekt wird die im Weltraum zerstreute Strahlungsenergie von uns nicht als degradierte oder entwertete Energie betrachtet, sondern als aktive, bewegende Kraft der endothermen chemischen Prozesse, die zur Entstehung organischen Lebens führen.

Es ist interessant, den historischen Aspekt der Entwicklung sowohl der belebten als auch der unbelebten Natur zu betrachten. Der Entwicklung der unbelebten Natur liegt ein Differenzierungsprozeß der Materie zugrunde: vom Bau der Neutronen und ihren Vorformen über die Bildung der Kerne der chemischen Elemente, über die Bildung der normalen Atome bis zum molekularen und kristallinen Aufbau vom Typ der geologischen Formationen der Erdoberfläche. Die Folge oder äußere Erscheinung dieses Differenzierungsprozesses der Materie ist die Entsendung von Strahlungsenergie in den Weltraum. Die Wissenschaft bemerkte früher die äußere Seite oder die äußere Erscheinung dieses historischen Prozesses — die Zerstreuung von Energie — und konzentrierte ihre Aufmerksamkeit hierauf. Die Zerstreuung von Energie, die den Prozeß der Differenzierung der Materie begleitet, wurde in den Rang eines Gesetzes erhoben — des zweiten Hauptsatzes der Thermodynamik oder des Gesetzes vom Anwachsen der Entropie.

Im Prozeß der Entwicklung der Materie entstehen einzelne Himmelskörper, die in Form des atomaren und molekularen Aufbaus nichtorganischer Stoffe existieren. Im Laufe der Zeit wächst auch die Dichte der in den Weltraum ausgesandten Strahlungsenergie. Mit den atomaren und molekularen Bildungen entsteht die stoffliche Voraussetzung für die Entstehung organischer Stoffe, von denen im Plasma der Sterne gar nicht die Rede sein kann. Mit der wachsenden Dichte der Strahlungsenergie entsteht die energetische Voraussetzung für den Ablauf endothermer chemischer Prozesse, die für die belebte Natur charakteristisch sind. Die organischen Stoffe speichern die Strahlungsenergie in Form der chemischen Energie der Eiweißkörper. Unter dem Einfluß der Strahlungsenergie entsteht und entwickelt sich in irreversibler Weise das organische Leben. Die Widersprüchlichkeit zwischen den Prozessen der Entwicklung der belebten und der unbelebten Natur läuft auf das Wirken der Strahlungsenergie hinaus. Wenn in der unbelebten Natur die Strahlungsenergie als Schlacke gilt, als eigenartiges Abfallprodukt bei der Differenzierung des Stoffes, so wird sie in bezug auf die Erscheinungen des organischen Lebens zur Ursache, die die Entstehung und Entwicklung der belebten Natur bedingt. Zum Abschluß gibt Gen. Kusnezow folgende Definition: Das organische Leben ist eine Bewegungsform der Materie, die unter dem Einfluß der in den Weltraum ausgesandten Wärme entsteht, eine Bewegungsform, in der die Wärme die Möglichkeit erhält, sich von neuem zu konzentrieren und aktiv zu wirken, und sich dabei zur höchsten Form der Aktivität in Form der menschlichen Arbeit entwickelt.

*

Professor N. F. Baluchowski (Kiew). B. M. Kedrow drückte in seinem Schlußwort sein Bedauern darüber aus, daß keiner der Geologen auf der Konferenz auftrat. Gestatten Sie mir, ausgehend vom geologischen Standpunkt, einige Worte über die Bewegungsformen der Erdrinde zu sagen.

Was sind geologische Prozesse? Nach den jetzigen Auffassungen ist das Alter der Erdrinde sehr groß, es liegt in der Ordnung von 3,5 Milliarden Jahren. Im Laufe dieser Zeit konzentrierten und fixierten sich in der Erdrinde alle Energiearten, die im Weltall existieren.

Die Geotektoniker arbeiteten über 10 Typen der tektonischen Bewegungen der Erdrinde heraus. Vom Gesichtspunkt der Aufgaben, die unsere Konferenz verfolgt, besitzen wohl zwei Typen der tektonischen Bewegungen die größte Bedeutung: die zyklischen Schwingungen, die sich unserer Meinung nach in Form von Spiralen entwickeln, und die wellenartigen Bewegungen.

Beim Studium der Schwingungsbewegungen der Erdrinde zeigte es sich, daß einige ihrer kleinen Abschnitte sehr stark bewegt sind, andere jedoch sehr stabil sind. Im Laufe von vielen hundert Millionen und Milliarden Jahren zeigten sich einige Elemente der Erdrinde, sogenannte Schilder, die ihre Stabilität bewahren.

Mit einem Wort, die ganze Erdrinde teilt sich in Blöcke oder prismatische Elemente mit verschiedener Schwingungsdauer. Wie erklärt sich das? Die vorhandenen Aufnahmen der Gravitation zeigen, daß wir in den Schildern ein Maximum an Gravitationsabweichungen haben und auf der anderen Seite ein Minimum an geosynklinalen Abweichungen. Man kann es sich so vorstellen, daß hier eine Verkleinerung des Gewichtes mit einer Vergrößerung der Schwingungsdauer verbunden ist, d. h., daß das Potential der kinetischen Energie der einzelnen Blöcke eine beständige Größe ist. Diese Schwingungen werden durch den Widerstand des Romanus hervorgerufen. Mathematisch kann man sie durch eine Formel ausdrücken, sie ist sehr einfach: $t = (a + b^3)$. Charakteristisch ist das Auftreten der dritten Potenz. Die Zyklik unterliegt dem Gesetz dreifacher Integration. Dies spricht für die Isotropie des Raumes bis zu einer gewissen Grenze. Lenken wir die Aufmerksamkeit auf die Umrisse dieser Oberfläche: Sie ist konkav, sie ist in das Innere der Erdkugel gerichtet. Es entsteht die Frage, sind diese Veränderungen geometrischer Eigenschaften gleichzeitig mit Veränderungen der Eigenschaften des Stoffes verbunden (wenn man auch die Veränderung der geometrischen Form des Raumes berücksichtigt)? Hier kommen wir zu einer philosophischen Frage. Das Intervall besitzt die Eigenschaft eines Romanus, der Raum ist vom Gesichtspunkt der Relativitätstheorie aus der Ausdruck von Masse. Er besitzt die Eigenschaft der Euklidizität, aber hier die Eigenschaft des von Lobatschewski beschriebenen Raumes, wenn mir erlaubt ist, dies so auszudrücken.

Betrachten wir diese Blöcke insgesamt. Sie wurden in einer bestimmten Etappe der Entwicklung der Erde formiert, da der geosynklinale Prozeß beendet ist. Wir haben ein tektonisches Ensemble. Wenn das tektonische Ensemble im Bereich der Geosynklinalität als Feld beschrieben wird, so muß man hier auch die Erscheinung der Hyperbolizität berücksichtigen. Es mag sein, daß ich mich irre, aber dies ist eine Schlußfolgerung philosophischen Charakters. Diese Bemerkung wollte ich zunächst machen, damit klar wird, was Gesetze der geologischen Zyklik sind.

*

Professor G. A. Maschtaler (Kiew). Zu den grundlegenden Etappen der Entwicklung der Natur, die sich in der Bewegung äußern, muß man folgende zählen: das erste Auftreten der Wechselwirkung von Körpern, das erste Fallen als Ausdruck der Wechselwirkung über die Entfernung; der Kontakt als Auftreten einer engeren Wechselwirkung, die Übertragung der Bewegung, ihre Verwandlung, der Austausch als komplizierte Form der Umwandlung der Energie der chemischen Reaktion aus der freien Energie, der biologische Stoffwechsel, der auch den chemischen Stoffwechsel zwischen Organismus und Umwelt mit umfaßt; die biologische Reaktion als Reaktion des Individuums, die Empfindung; die Anpassung an die Existenzformen; der Stoffwechsel zwischen Organismus und Umwelt; die Reaktionsformen des Organismus auf die Einwirkung der Umwelt; die Anpassung an die Natur, ihre Umgestaltung entsprechend den Bedürfnissen des Organismus durch die Entwicklung künstlicher Organe, das heißt der Werkzeuge; die bewußte Tätigkeit des Menschen und seine planmäßige Einwirkung auf die Natur.

Die Biologen fanden sich einst nicht mit dem Gedanken ab, daß die Gesetzmäßigkeiten der Entwicklung der biologischen Erscheinungen in den verschiedenen Etappen der Evolution verschieden verlaufen, daß man die höheren Erscheinungen nicht auf niedere zurückführen darf. So darf man die Arten nicht in gleicher Weise für höhere und niedere Organismen bestimmen. Die Definition der Arten muß einmal eingeengt, einmal erweitert werden. In bezug auf Mikroben muß die Artbestimmung anders sein als bei höheren Tieren.

Bei der Bestimmung der Art lenken wir immer unsere Aufmerksamkeit auf die Erbeigenschaften der Organismen, diese Eigenschaften erscheinen jedoch in verschiedenen Etappen — höheren und niederen — auf verschiedene Weise. Wenn wir niedere Formen des Organismus nehmen, so wird die Vererbung plastisch, instabil sein, so daß es schwer sein wird, sie von der Veränderlichkeit zu unterscheiden und zu differenzieren, d. h., Vererbung und Veränderlichkeit sind auf den niederen Etappen der Evolution etwas Einheitliches, Unzergliedertes, bei den höheren Organismen aber sind sie ein völlig selbständiger Ausdruck der Gesetzmäßigkeiten. So können wir hinsichtlich der Mikroben nicht vom Gesetz der Erschütterung der Merkmale sprechen. Es ist völlig klar, daß das Leben der Art, die Biologie der Art etwas höheres im Vergleich zur Biologie des Individuums ist.

Noch eine Frage. Die Biologen gebrauchen den Begriff der Veränderlichkeit sehr häufig in bezug auf die einfache Erscheinung der Veränderung der Eigenschaften des Organismus. In den Lehrbüchern kann man Hinweise finden, daß die Veränderlichkeit in Form einer Gruppenveränderlichkeit und in Form einer individuellen Veränderlichkeit existiert. K. A. Timirjasew sagte, daß wir unter Veränderlichkeit das Abweichen von den Arteigenschaften verstehen, d. h., Veränderlichkeit ist ein Artbegriff und kein Individualbegriff. Unsere Biologen vermengen häufig diese Begriffe. Die Veränderlichkeit ist auch eine Form der Bewegung höheren und niederen Typs, das heißt, hier liegt Subordination vor, die für niedere und höhere Bewegungsformen der Materie charakteristisch ist.

Man darf nicht die Artbildung auf einen einfachen Prozeß der Veränderlichkeit zurückführen. Leider kommt dies unter Biologen vor, wenn die Bedeutung der natürlichen Auslese ignoriert oder in irgendeinem Grade unterschätzt wird.

Große Bedeutung besitzen solche Fragen, wie die Fragen nach den Zwischenformen der Bewegung der Materie. B. M. Kedrow sprach in seinem Vortrag davon.

Man muß diese Formen, ihre Rolle bei der Entwicklung komplizierterer Bewegungsformen der Materie, bei der Entstehung des Lebens, beim Übergang von einer Bewegungsform zur anderen untersuchen.

Schließlich gibt es folgende Frage: Wie berühren sich die Erscheinungen der Veränderlichkeit, die von der Genetik untersucht werden, und die Erscheinungen der individuellen Entwicklung, die von der Entwicklungsmechanik, der Biochemie, untersucht werden? Ich habe die Entdeckung der Desoxyribonukleinsäure und ihre Rolle in biologischen Prozessen im Auge. Mir scheint es, daß hier ein Berührungspunkt zwischen Erscheinungen genetischer Ordnung und Erscheinungen der individuellen Entwicklung entsteht.

Die Entwicklung der Natur, insbesondere der organischen, ihre Erforschung vom Gesichtspunkt der Formierung der Vererbung verlangt von uns die Untersuchung solcher Erscheinungen, wie des Übergangs äußerer Faktoren in innere, wie des Wechsels der äußeren Faktoren und der Evolution der inneren Faktoren. Die Biologen führen leider nur Beispiele für den Übergang der äußeren in innere Faktoren an.

*

N. A. Warwarow (Vorsitzender der Sektion Astronautik der „Freiwilligen Gesellschaft zur Unterstützung der Armee, der Luftwaffe und der Flotte“ der UdSSR). Es ist heute noch nicht allen klar, welche praktische Bedeutung die Sputniks für die Wissenschaft besitzen werden. Sie geben die Möglichkeit, die Atmosphäre der Erde und jene Fragen, für die sich die Biologen interessieren, zu untersuchen. Dazu gehören das Problem der Klimaregulierung, der Prognosen, das Problem der langfristigen Regulierung des Wetters, das Problem der Entwicklung der kosmischen Helioenergetik, das Problem der Fernsehsendung um die ganze Welt, die Entwicklung der kosmischen Medizin und andere Probleme.

Die Raketentechnik kann, statt als Mittel der Zerstörung zu dienen, auf die Lösung dieser Aufgaben gerichtet werden. Aber auch dabei bleibt die Sache nicht stehen. Man wird das Problem der kosmischen Verbindungen lösen müssen. Vor den Gelehrten steht die Aufgabe, das Problem der Verbindungen mit den Sternen zu lösen. Wenn früher dieses Problem als phantastisch und märchenhaft betrachtet wurde, so ist es heute in den Bereich der exakten Wissenschaft übergegangen.

Bis zu den Sternen ist es weit. Wir wissen, daß der Flug zum nächsten Stern bei einer Geschwindigkeit von 20 km/sec 25000 Jahre dauern müßte und bei einer Geschwindigkeit von 100 km/sec etwa 10000 Jahre. Beim Vorhandensein eines Photonen- und Mesonenantriebs aber würden wir die Möglichkeit erhalten, den Flug zu bewerkstelligen.

Der wechselseitige Zusammenhang zwischen der Theorie Einsteins und den Erfolgen auf dem Gebiet des Stratosphärenflugs, welche wir erreicht haben, die glänzenden Perspektiven, die sie gibt, all das wird die Möglichkeit eröffnen, die Menschheit vorwärts zu bringen und eine ganze Reihe von Fragen vom Gesichtspunkt der Wissenschaft, der Praxis und des Lebens des Menschen zu lösen, die noch nebelhaft und dunkel, aber außerordentlich interessant und wichtig für das Leben von Generationen sind.

*

M. S. Schadejew (Leningrad) ging auf die Analyse des Schemas, das im Vortrag von B. M. Kedrow erläutert wurde, ein. Nach seiner Auffassung wird es in einer Reihe wesentlicher Umwandlungen benötigt. Außerdem machte M. S. Schadejew einige kritische Bemerkungen zu Fragen, die Akademiemitglied Fock im Vortrag erörterte.

*

B. M. Kedrow. Es scheint mir, daß es ungeachtet der unvermeidlichen Meinungsverschiedenheiten und Differenzen, ungeachtet der gegenseitigen Kritik, allgemeine Ideen gibt, die in meinem Vortrag gezeigt wurden und anscheinend von den Einwänden nicht getroffen werden; es werden nur einzelne Teilbereiche angefochten, man macht auf der Grundlage dieser allgemeinen Ideen Versuche, sie in der Anwendung auf ein gegebenes Problem von verschiedenen Seiten aus zu deuten.

A. I. Ignatow komplizierte zweifellos in unrichtiger Weise seinen Grundgedanken. Außer der Klassifikation der Gesamtheit der Elemente gibt es eine Klassifikation der Gesamtheiten selbst als ganzer Gebilde. Man darf nicht von der Betrachtung einzelner Gesamtheiten und ihrer Bewegung unmittelbar zu den Elementen anderer Gesamtheiten übergehen. Das von ihm vorgelegte Schema ist noch sehr wenig ausgearbeitet, darin gibt es viel Umstrittenes und Unklares.

Der Beitrag W. D. Kiwenkos war sehr interessant. Er könnte wahrscheinlich sein Schema vorlegen. Gerade seine Darlegungen über die Bewegungsformen der Materie sind sehr interessant, dabei wird eine Seite aller Bewegungsformen berücksichtigt, die als Widerspiegelung bezeichnet werden kann. Man kann diesen Versuch kritisieren, man kann darüber streiten, ob man diese oder jene Stufe der Widerspiegelung in die Charakteristik dieser oder jener konkreten Bewegungsform aufnimmt, aber die Erscheinungsform der Bewegung und der Widerspiegelung als parallel zueinander, in der allgemeinen Perspektive betrachtet — das ist sehr interessant und verdient Erörterung, verlangt ernsthafte Ausarbeitung.

Die Frage, die von Kiwenko aufgeworfen wurde, ist sehr eng mit der bekannten Leninschen Bemerkung verbunden, daß die Eigenschaft der Widerspiegelung im Wesen der Materie begründet sei, eine Eigenschaft, die der Empfindung verwandt ist und sich selbst im Prozeß der Komplizierung der Bewegungsformen entwickelt und spezialisiert.

Nun zur Bewegungsform der Wärme. Ich stelle diese Frage im Bereich der Thermodynamik. Die Thermodynamik wurde als kinetische Theorie der Materie für die Systeme der gasförmigen, festen und flüssigen Körper ausgearbeitet. Die Wärmetheorie tritt nicht als Theorie der Molekularbewegung, sondern als Theorie eines beliebigen physikalischen Ensembles, Kollektivs auf, in dem die Elemente Photonen, Elektronen und andere Materieteilchen sein können. Nicht weniger interessant ist die Frage nach der Wärmebewegung als Bewegung gewaltiger Sternansammlungen, die als statistische Ensembles auch von diesem Gesichtspunkt aus betrachtet werden können.

Man darf jedoch die Wärmebewegung nicht auf eine Ebene mit der mechanischen Bewegung stellen. Die mechanische Bewegung ist eine breitere und allgemeinere Bewegungsform. In bezug auf den lebenden Körper oder ein einzelnes Organ desselben kann die Bewegung den Charakter der mechanischen Bewegung tragen. Aber wir können nicht sagen, daß die Bewegung von Lebewesen identisch mit der Bewegung der Moleküle eines Gases ist. Der Träger der Wärmebewegung muß erstens ein großes Kollektiv, zweitens ein physikalisches Element sein, das sich in Gemeinschaft mit anderen Elementen der gleichen oder einer analogen Art befindet.

Eine Bemerkung in bezug auf die Geologie. N. F. Baluchowski bereitete seinen Beitrag zum Vortrag von A. D. Alexandrow vor. Er stellte eine sehr interessante Frage. Es muß gesagt werden, daß die Physiker beim Streit über die Relativitätstheorie einige sehr wichtige Seiten des Problems umgehen. Zum Beispiel ist für die Geologen der Umstand sehr wichtig, daß die metrischen Eigenschaften des Raumes von der den gegebenen Raum ausfüllenden Materie abhängen, d. h. der materielle Inhalt bestimmt die Form seiner Existenz, genauer die räumliche Form. Meist wird dies in einer solchen Formulierung angenommen, in der die Materie als Masse betrachtet wird, wobei die qualitativen Besonderheiten der Materie nicht berücksichtigt werden.

Eine Bemerkung zum Apeiron. Das Apeiron oder die Urmaterie, von der D. D. Iwanenko und E. Kolman sprachen, als ursprüngliche oder primäre Materie zu betrachten, ist Mechanizismus. E. Kolman jedoch meinte etwas anderes. Es wird davon gesprochen, daß die „Elementar"teilchen bisher isoliert voneinander und nicht als Knotenpunkte eines einheitlichen Prozesses betrachtet wurden, unabhängig davon, ob es ein Prozeß ist, der von einer Materieform, die für diesen Prozeß die Ausgangsform darstellt, oder von zwei, drei oder sogar mehreren Materieformen ausgeht und in dessen Resultaten sich die Gesamtheit der „Elementar"teilchen bildet.

Bei Fragen zur Produktsicherheit wenden Sie sich bitte an:
If you have any questions regarding product safety,
please contact:

Walter de Gruyter GmbH
Genthiner Straße 13
10785 Berlin
productsafety@degruyterbrill.com